生态文明关键词

黎祖交　主编

U0215452

中国林业出版社

图书在版编目（CIP）数据

生态文明关键词／黎祖交主编． 北京：中国林业出版社，2018.3
ISBN 978-7-5038-9276-9

Ⅰ.①生… Ⅱ.①黎… Ⅲ.①生态文明－中国 Ⅳ.① X321.2

中国版本图书馆 CIP 数据核字（2017）第 224947 号

出 版 人	刘东黎	
总 策 划	徐小英	
策划编辑	沈登峰	何 鹏
责任编辑	沈登峰	李 伟
美术编辑	赵 芳	

◆ ....

出版发行	中国林业出版社（100009 北京西城区刘海胡同 7 号）
	http://lycb.forestry.gov.cn
	E-mail:forestbook@163.com 电话：(010)83143515、83143544
设计制作	北京天放自动化技术开发公司
	北京捷艺轩彩印制版有限公司
印刷装订	北京中科印刷有限公司
版 次	2018 年 3 月第 1 版
印 次	2018 年 3 月第 1 次
开 本	787mm×1092mm 1/16
字 数	915 千字
印 张	40
定 价	120.00 元

《生态文明关键词》
编写组

主　编：黎祖交

分篇主编：

第一篇　蒋高明　（中国科学院　研究员）

第二篇　余谋昌　（中国社会科学院　研究员）

第三篇　卢　风　（清华大学　教授）

第四篇　廖福霖　（福建师范大学　教授）

第五篇　王德胜　（北京师范大学　教授）

第六篇　黎祖交　（国家林业局经济发展研究中心　教授）

第七篇　周宏春　（国务院发展研究中心　研究员）

第八篇　张春霞　（福建农林大学　教授）

第九篇　郇庆治　（北京大学　教授）

第十篇　赵建军　（中共中央党校　教授）

第十一篇　王国聘　（南京晓庄学院　教授）

第十二篇　张云飞　（中国人民大学　教授）

序

      在全国各族人民深入学习贯彻中国共产党第十九次全国代表大会精神的热潮中，由我国生态文明研究领域的知名专家学者共同撰写、由黎祖交教授主编的《生态文明关键词》一书和读者见面了。这是我国学术理论界积极主动响应党中央国务院关于"加强生态文明基础研究"的号召，以"关键词"的形式对生态文明建设的理论和实践进行全面梳理、系统解读、深度诠释的有益尝试，是专家学者们集体智慧的结晶。作为一部集生态文明关键词之大成，思想性、知识性、科学性、可读性都很强的专著，这本书的出版发行，对于在全社会大力推进生态文明建设，特别是大力加强生态文明理念的传播与应用，无疑具有重要意义。

      生态文明建设以实现人与自然和谐共生、协同发展为目标，以满足人民的物质、文化、生态等根本诉求为宗旨，既顺应了时代潮流又立足于现实国情。党的十八大以来，以习近平同志为核心的党中央高瞻远瞩，始终把生态文明建设放在治国理政的重要战略位置，创造性地提出了关于生态文明建设的一系列新理念、新思想、新战略。习近平同志反复强调的"生态兴则文明兴、生态衰则文明衰""绿水青山就是金山银山""保护生态环境就是保护生产力，改善生态环境就是发展生产力"等生态文明思想、理念日益深入人心，生态文明建设正在广泛而深刻地改变着中国经济社会的发展面貌。2016 年，联合国环境规划署发布《绿水青山就是金山银山：中国生态文明战略与行动》报告，标志着中国的生态文明建设理念和经验正在为全世界可持续发展提供重要借鉴。

      回顾十八大以来生态文明建设在理论创新、制度建设和实践探索等方面的历程和成就，人们的脑海里常常会浮现出一系列内涵丰富、立意新颖的关键词，诸如"五位一体""绿色发展""美丽中国""生命共同体""生态文明体制"等。这些关键词，作为生态文明建设一系列重要命题和科学论断的浓缩，集中反映了我国生态文明建设的新理念、新思想、新战略，勾勒出我国生态文明建设与改革发展的宏伟图景。广大读者在深入学习领会生态文明理论、积极参与生态文明建设的伟大实践中，着重理解和把握好生态文明的"关键词"，将起到提纲挈领、事半功倍的作用。

《生态文明关键词》一书精心梳理出 251 个关键词由撰稿者独立成文，并按照各关键词之间内在的逻辑关系分为十二篇，汇编成一个既彼此独立又相互联系的统一整体。读者一书在手，既可深入了解每一个关键词的涵义，又可对生态文明建设的理论和实践有一个总体的把握。"关键词"的撰稿者分别来自中央国家机关、科研机构、高等院校等不同单位和学科领域，有着较强的代表性和权威性。与通常意义的词典不同，书中的"关键词"既有已经形成定论和广泛共识的学术观点，也有作者本人的独到见解；既注重科学性、权威性，又讲求可读性和实用性。我在浏览书稿时感到，此书既可作为生态文明理论研究和实际工作者的工具书，也可作为各级党校、干校和大中专院校生态文明教学的参考书，还可作为广大社会读者深入学习贯彻党中央国务院关于生态文明建设战略部署和习近平总书记系列重要讲话精神的辅导读物。

书临付梓，可喜可贺。应编者之邀请，谨以此短文为序。

陈宗兴

2018 年 1 月 6 日

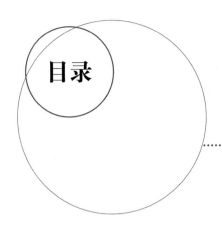

目录

第一篇

生态与生态系统

1.1　生物圈

生物圈最早由奥地利地质学家爱德华·苏威斯（E. Suess）于 1875 年提出，本来是一个地质学词汇，20 世纪 20 年代被赋予生态意义。今天，生物圈概念集合了生物学、天文学、地球物理学、气象学、生物地理学、环境科学、地质学、地质化学、水文学等多项科学内涵。

生物圈，顾名思义指的是有生命的圈层。地球上凡是有生命活动的区域，包括肉眼看不到的微生物，自下而上分布的地方都是生物圈的范围。该范围包括：大气圈底部、水圈大部、岩石圈表面、生物土壤圈和水圈。上至海平面以上约 10 公里的高空空间，下至海平面以下 11 公里深处。生物圈是地球特有的生命圈层，也是人类诞生和生存的空间，而人类活动对生物圈的影响越来越大。如果把地球看作 10 个足球直径大小，那么生物圈比一张纸还要薄。

从地质学的角度来看，生物圈是由所有生物以及空间环境的全球各类生态系统所组成，包括生物与岩石圈、水圈和空气的相互作用。按照目前人类的认知水平，地球是目前宇宙中唯一已知有生物分布的地方。

一般认为，生物圈是从 40 亿年前自生命起源后演化而来，而地球的年龄约为 46 亿年。地球是生物起源和进化的理想环境。已知的生命现象都离不开液态水。地球自转使地表温度足以维持液态水的存在；地球引力保证了大部分气态分子不致逃逸到太空去；地球磁场屏蔽了一部分高能射线，使地表生物免遭伤害，这一切为生命存在提供了可能性。地球现存的各种生物，都是几十亿年生物进化的结果，是生物与环境长期交互作用的产物。

当地球刚出现生命的时候，原始大气还富含甲烷、氨、硫化氢和水汽等含氢化合物，属还原性气体，大部分生物都不能在其中生存。后来出现了蓝藻，它可以通过光合作用放出游离氧，使大气含氧量逐渐增多，变为氧化性气体，为需氧生物的出现提供了有利条件。随着氧气的增多，在高空出现了臭氧层，阻止紫外线对生命的辐射伤害，于是过去只能躲在海水深处才能存活的生物就有可能发展到陆地上来。生物初到陆地上，遇到的只是岩石和风化的岩石碎屑，大部分高等植物不能赖以生存。在低等植物、微生物和岩石风化长期作用下，才形成了肥沃的土壤。生物进化的结果最终出现了广布世界的各种植物，栖息其间的各种动物和微生物，逐步形成了生物圈。

生物圈演化，指的是地球生物圈在漫长地质年代所发生的变化。因为生物圈是地球上有生命存在的特殊圈层，所以它的出现是从地球上生命起源开始的。生物圈演化是生物进化和生物与环境相互作用的结果，以及由此引起的生物圈进化。生物圈进化可以用生态系统进化来描述：

第一，生命在地球上诞生，单级生态系统出现。它是由原始异养生物和原生环境（原始海洋和原始大气）构成的自然生态系统。

第二，单级生态系统演化为二级生态系统。20 亿年前，绿色藻类出现，标志自养生物的出现，单极生态系统演化为具有自养和异养两种生物的生态系统。它导致地球大气中氧的出现，氧化性大气形成之后，原生生物圈发展为次生生物圈。

第三，三级生态系统出现。6亿多年前，多细胞动物出现，完成了二级生态系统向三级生态系统的发展，形成生产者（植物）、消费者（动物）和转化者（微生物）的三级结构，奠定了生态系统演化的基本格局。

第四，人类诞生引发地球生物圈演化质变。人通过自己的活动把天然生态系统改变为人工生态系统，人类智慧指导下的劳动，导致生物圈根本变化，从而使人成为生物圈演化的重要因素。

生物圈由生命物质、生物生成性物质和生物惰性物质三部分组成。生命物质又称活性物质，是生物有机体的总和；生物生成性物质是由生命物质所组成的有机矿物质相互作用的生成物，如煤、石油、泥炭和土壤腐殖质等；生物惰性物质是指大气低层的气体、沉积岩、黏土矿物和水。

地球与太空几乎没有物质交换，但却接受大量太阳辐射能。太阳能是维持一切生命活动的原动力，能量在生物圈中逐级传送，最后以热能形式散发到太空。光是太阳的辐射能以电磁波的形式投射到地球表面的辐射线，太阳辐射能是地球上一切能量的最终来源。到达地球上的太阳辐射能是十分巨大的。据统计，太阳散发的能量每秒钟达到 3.75×10^{26} 焦耳，而其中只有22亿分之一到达地球，尽管如此，地球每秒钟获得的能量仍然相当于燃烧500万吨优质煤所发出的能量。

太阳辐射能先通过光合作用被植物体固定下来，然后以化学能的形式沿食物链逐级传递；动物和微生物的取食活动就是传递能量的方式。一般来说，化学元素进入生物体内是靠生物的主动摄取，而化学元素在自然界中的循环运动则是由气流和水流来完成的。陆地生物生存于大气之中，气态营养物和废物很容易在生物与环境间循环运动。一般可溶性物质是随水进出生物体的。就全球来讲，江河中所携带的可溶性物质，随水流由高向低移动，最后归入湖泊和海洋。当湖水和海水蒸发时，这些物质被留下，最终形成沉积物。

生物圈中最活跃的部分为生物，生物是物质运动的最高形式。生物圈里繁衍着各种各样的生物，为了获得足够的能量和营养物质以支持生命活动，在这些生物之间，存在着食物链关系。生物圈是一个复杂的、全球性的开放系统，是一个生命物质与非生命物质的自我调节系统。生物圈的运转原理如下：

（1）获得足够太阳能并转化为化学能。一切生命活动都需要能量，能量的基本来源是太阳能（万米以下深海生物除外，那里的生物利用地热能）；绿色植物吸收太阳能合成有机物而进入生物循环；源源不断的太阳能是生物圈维持正常运转的动力。太阳能转变为生物能够利用的化学能，是通过绿色植物光合作用实现的。光合作用是地球上唯一能够在常温、常压下发生的能量转化与物质合成的生物化学反应，其生产过程不排放污染物，所合成的光合产物能够自然降解，至今人类还无法模拟。没有光合作用，就没有生物圈，也谈不上人类社会及其创造的文明。作为生态系统中最重要组分的生产者，绿色植物进行的光合作用奠定了生态系统最基本的特征，即能量流动与物质循环。

（2）有效利用水分。地球素有"水的行星"之称，地球表面约有70%以上被水所覆盖，地球总水量约为14.5亿立方公里，其中94%是海水，其余则以淡水的形式储存于陆地和两极的冰山中。生物起源于水，然后登陆，但依然离不开水。几乎所有的生物全都含有大量水分，没有水就没有生命。植物体的含水量一般为70%～80%，有些植物则可达90%以上；而种子的含水量<10%；细胞壁的含水量在8%左右。

（3）在适宜生命活动的温度条件下运转。在温度变化范围内的物质存在气态、液态和固态三种变化。生物体内的生物化学过程必须在一定温度范围内才能正常进行。一般说来，生物体内的生化反应会随着温度的升高而加快，从而加快生长发育速度；生化反应也会随温度的下降而变缓，从而减慢生长发育的速度。

（4）提供生命物质所需的各种营养元素。包括氧气、二氧化碳、氮、碳、钾、钙、铁、硫等元素，它们是生命物质的组成或中间产物。生物圈内生产者、消费者和分解者所形成的三级组分，接通从无机物到有机物，经过各种生物的多级利用，再分解为无机物重新利用的完整循环。

（5）生物圈具有自我调节能力。例如，大气中二氧化碳含量增加时，会使植物加强光合作用，增加对二氧化碳的吸收；一种生物绝灭后，生物圈中起相同作用的其他生物就会取代它的位置；某种植食性动物数量增加时，有关植物种群和天敌种群的数量也随之变化，从而使这种动物种群的数量得到控制。

作为地球上最大的生态系统，生物圈的结构和功能可以长期维持相对稳定状态，这一现象称为生物圈的稳态。生物圈虽然具有自我维持稳态的能力，但是，这种能力是有限度的。人类活动在许多方面对生物圈造成的影响已经超过这种限度，对生物圈的稳态构成严重威胁。

人已经不是传统生物链上的成员，而是生物圈中占统治地位的物种，能大规模地改变生物圈。然而，人类毕竟是生物圈中的一个成员，必须依赖于生物圈提供一切生活资料。人类对生物圈的改造应有一定限度，超过限度就会破坏生物圈的动态平衡，造成严重后果。在地球上出现人类以后大约300万年的时期里，人类与其周围的生物和环境处于合理的平衡之中。

自从人类学会栽培植物，随着农业技术和贮存方法的改善，人类生活不再局限于天天采集必需的食品，而能够从事更多的创造性活动。随着生产力提高，人口逐渐增加并向城市集中，制造商品的手工业日益发展，人类活动对环境的影响和冲击也日益增加。尤其是工业革命以后两三百年来，开矿、挖煤、采油、伐林、垦荒、捕捞等规模迅速扩大，生物圈面貌也发生了极大变化。这种变化不仅影响着其中的其他成员，也对人类自身产生巨大影响。

世界人口正以大约35年翻一番的速度猛增，但地球上可耕土地却是有限的，这必然造成全球范围的粮食问题。滥垦、滥牧、滥伐的日益严重，建设用地的高速扩展，都使全球植被减少。随之而来的后果是大范围的水土流失，耕地质量下降甚至发生荒漠化；失去了植被调节气候的作用，气温波动增大，水旱灾害增多；太阳辐射被反射散失的成分增加，绿色植物固定二氧化碳、产生氧气的能力随植被减少而降低。水域捕捞也已接近极限，某些鱼类多次大规模减产。化石燃料是现代工业的基石之一，但它的蕴藏量毕竟是有限的。随着使用速度的日益增长，燃料危机不断加剧。大量开采地下能源和矿物，并焚烧或加工化工产物，造成了大量环境污染物，严重威胁了地球生物圈。

　　生物圈是一个统一的整体，是人类及其所有生物共同的家园。人类必须明白，人也是生态系统中消费者的一员，人的生存和发展离不开整个生物圈的繁荣，但人类对地球生物圈的破坏超过所有的物种。当地球被人类破坏得不适应人类自身需求，而被淘汰出地球，即人类这个物种也灭绝的时候，一些更强适应力的物种将还会继续存在，生物圈会重新开始其慢吞吞的演化。因此，保护生物圈就是保护人类自己的家园。

（蒋高明）

1.2　生态与生态系统

　　生态与生态系统是两个独立的概念。但在日常生活中，很多人经常将其混淆，有必要将二者的概念及其关系明确说明。

　　生态是指生物的生活状态。《现代汉语词典》将其定义为：生态指生物在一定的自然环境下生存和发展的状态，也指生物生理特性和生活习性。在自然科学层面上，生态这一概念主要指生物多样性维护、生态平衡和生态环境保护，及其与人类可持续发展的关系。随着社会进步，生态已经渗透到很多领域，涉及的范畴也越来越广。生态无疑是当今世界最时髦的概念之一。那么，怎样理解生态呢？

　　（1）作为学术术语的生态。生态这个词汇是来自一门叫做生态学的学科。目前，我国已将生态学与数学、物理学、化学、天文学、地理学、生物学一起，并列作为一级学科对待。在此之前，生态学（ecology）是生物学中的一个分支。之所以将生态学从生物学中分离出来作为一级学科，是因为生态学在国民经济及人类生存与繁衍中的重要性越来越显著。生态（eco－）一词，源于古希腊 oikos，原意指"住所"或"栖息地"。经济学（economy）的词头也是 eco，但其意义不同。经济学中的 eco 有居家过日子的意思，但只管眼前不管长远；生态学中的 eco 则有如何与环境协调、可持续发展的意思，这不光要考虑当代还要考虑后代，不光要考虑局部还要考虑整体。当今很多的生态问题来自不当的经济活动，人们严重违背生态规律去发展经济，造成严重的环境污染与生态退化、生物多样性降低，危及人类生存。

　　生态学（oikologie）一词，是 1865 年勒特（Reiter）合并两个希腊字 logos（研究）和 oikos（房屋、住所）构成的。1866 年，德国生物学家海克尔（H. Haeckel）首次把生态学定义为"研究生物与有机及无机环境相互关系的科学"。日本东京帝国大学三好学于 1895 年把 ecology 一词译为"生态学"，后经武汉大学张挺教授介绍到中国。

　　（2）作为民间俗语的生态。通俗地理解，生态就是指一切生物的生存状态，重点考量生物与环境之间错综复杂的关系。在很多场合，生态是作为名词使用的。譬如，我们说某地有良好的生态，就是指这里的生态环境很好的意思；其次，诸如健康生态、政治生态、社会生态、学术生态等，都是延伸了生态固有的含义，分别指的是人体或社会健康，政治、社会、学术等处于一种良好的状态，非常和谐并可持续。这里的生态都是用作名词的。

　　（3）作为形容词的生态。当今社会，生态学已经渗透到各个领域，生态一词涉及的范畴也越来越广，几乎成了一种显学或哲学。人们常常用生态来定义许多美好的事物，如健康的、美丽的、和谐的、生机勃勃的等事物均可冠以生态修饰，这里的生态显然是作为形容词使用的。同理，我们经常看到的生态食品、生态农场、生态环境、生态文明、生态伦理、生态道德，生态省、生态市、生态县、生态城镇、生态村乃至生态沟等等生态含义，也都是借用的其形容词性质。当然，生态作为形容词的滥用也造成了很多误解，一些严重违背生态规律的做法也打着生态的旗号，是应当抛弃的，如生态大棚、生态地膜、生态植物工厂、草原上的生态林等。

(4)生态文明中的生态含义。本书重点是探讨生态文明，这里的生态因上升到文明的高度，就有其特殊的含义了。那么，在生态文明中的生态应当怎样理解呢？以下几点是必不可少的：

其一，生态环境要优美，即通常所说的"天蓝、地绿、水清"，绿水青山；远离环境污染；人类生产过程基本不排放污染物。

其二，经济发展方式要尊重生态学规律，即绿色发展、循环发展、低碳发展；利用大自然的利息而不伤害其根本；自然界中原本不存在任何垃圾。

其三，尊重自然、顺应自然、保护自然。生态系统有一定的自我修复力，对自然的利用不能超过其修复力，应节约资源和保护生态环境。

其四，维护生态平衡。自然界中的各种生物之间存在着相互依存、相互制约的关系，人类不能轻易打乱这种平衡，否则会付出沉重的代价。

其五，保护生物多样性。对于给我们提供衣、食、住条件的动物、植物、微生物，要存"怜悯之心"，要善待生命；对不会说话的一草一木给予关注，不是简单地利用它们，而是呵护它们；对野生动物的态度不是吃掉它们，而是欣赏它们、关爱它们。

其六，守护健康的食物链。目前，在地球上所有的生命中，人类已经不是传统意义的食物链上的成员，而是在制造甚至控制着食物链，并对其周围的自然生态系统施加前所未有的影响。人类虽部分解决了吃饭问题，但使用了大量化学物质和太多的不可再生能源以及有可能违背生态规律的技术。长期下去，人类必将遭受大自然的报复。

上面已经提到了生态系统的概念，这里再进一步阐述一下。

(1)生态系统提出的简要过程。英国生态学家，阿瑟·乔治·坦斯勒爵士(Sir Arthur George Tansley)被公认为生态系统概念的提出者。坦氏兴趣广泛，早期对植物生态学进行了深入的研究，发现土壤、气候和动物对植物的分布和丰盛度有明显的影响，于是产生了一个概念，即居住在同一地区的动植物与其环境是结合在一起的，生物与其特定的系统构成了地球表面上具有大小和类型的基本单位，这就是生态系统，其概念出现在《植物生态学概论》(Introduction to Plant Ecology，1946)中。有学者认为，坦斯勒提出生态系统的概念，是受丹麦植物学家尤根·瓦尔明(Eugenius Warming)影响，后者认为："生态系统是一个系统的整体。这个系统不仅包括有机复合体，而且包括形成环境的整个物理因子复合体。这种系统是地球表面上自然界的基本单位，它们有各种大小和种类。"

20世纪40年代，美国生态学家 R·L·林德曼(R. L. Lindeman)对赛达伯格湖(Cedar Bog Lake)进行生态系统研究。他定量分析后发现了生态系统在能量流动上的基本特点：能量在生态系统中传递具有不可逆转的特点；能量传递过程中逐级递减，递减率为10%～

20%；这也就是著名的林德曼定律。

在生态系统概念形成过程中，苏联地植物学家苏卡却夫也发挥了重要的作用，他几乎是与坦斯勒同时提出生态系统的概念。与生态系统的含义相似，他提出了"生物地理群落"概念(1940～1945)，即生物地理群落是地球表面的一个地段，在这一定的空间内，生物群落和其所在的大气圈、岩石圈、水圈和土壤圈都是相适应的，它们之间的相互作用具有同样的特征，即生物地理群落由生物群落(植物群落和动物群落)和所在生物环境(土壤环境和气候环境)组成。这一观点实质上就是生态系统的理论。

(2)生态系统的含义。一般理解的生态系统，是指生物与环境形成一个自然系统，简单理解就是生物＋环境。生态系统构成了地球表面上具有大小和类型的基本单元，它主要是功能上的单位，而不是生物分类学的单位，分类学的基本单位是物种。

如果更加全面一点理解生态系统，则是指在一定时间和空间内，共同栖居的所有生物(即生物群落)和非生物因子(物理环境)通过能量流动、物质循环、信息交换过程构成的统一整体，在这个统一整体中，生物与环境相互影响、相互制约，并在一定时期内处于相对稳定的动态平衡状态。

由此可见，一个完整的生态系统，需要有以下四方面的要素：①由生物和非生物成分组成；②各要素间有机地组织在一起，具有能量流动、物质循环、信息传递等功能；③生态系统是客观存在的实体，有时间、空间概念的功能单位；④生态系统是人类生存和发展的基础。

生态系统的重要特点包括：①生态系统是一个开放的系统，因为任何一个能够维持自身机能正常运转的生态系统必须依赖外界环境提供输入(太阳辐射能和营养物质)和接受输出(热、排泄物等)，其行为经常受到外部环境的影响。②生态系统和其他生命个体一样，具有自我修复功能。在一定限度内，生态系统自身的反馈机能能够使它进行自动调节，逐渐修复与调整因外界干扰而受到的损伤，维持正常的结构与功能，保持其相对平衡状态。因此，生态系统又是一个控制系统或反馈系统。③生态系统是一个极其复杂的多成分大系统。一个完整的生态系统是由非生物成分、生产者、消费者、分解者构成。其中生产者为主要成分，无机环境是基础，无机环境条件的好坏直接决定生态系统的复杂程度和生物群落的丰富度，生物群落又反作用于无机环境，生态系统各个成分紧密联系，使生态系统成为具有一定功能的有机整体。

(3)生态系统类型：生态系统可分为自然生态系统和人工生态系统。自然生态系统又可分成陆地生态系统和水域生态系统如海洋生态系统、河流生态系统、湖泊生态系统、池塘生态系统；人工生态系统包括城市生态系统、农田生态系统、果园生态系统等。生物圈是地球最大的生态系统。

全球共有十大陆地生态系统类型，分别是热带雨林、常绿阔叶林、温带落叶阔叶林、寒带针叶林、稀树疏林、红树林、草原、高寒草甸、荒漠、苔原。我国唯一缺乏典型的非洲萨王那(savanna)群落(稀树疏林草原生态系统)，但是中国的四大沙地(浑善达克、科尔沁、毛乌素、呼伦贝尔)在健康状态下，其结构与功能恰恰是萨王那群落类型的。如果成功恢复并保留该类生态系统，中国则具有全球所有的生态系统类型；再加上中国具有典型的海洋与湿地生态系统，中国是全球所有国家中生态系统类型最丰富的国家。 (蒋高明)

1.3　生态系统结构

一般理解的生态系统结构，是指其三大成分，即生产者、消费者、分解者。这三大类群相互作用、相互制约、相互依存，保障了自然生态系统的健康运转。

（1）生产者。主要指各种绿色植物，通过叶绿素吸收太阳能进行光合作用，并把从环境中摄取的无机物质合成为有机物质，将太阳能转化为化学能贮存在有机物质中。绿色植物从无机环境中同化的能量就是输入生态系统的总能量。除了绿色植物外，化能合成细菌与光合细菌也属于生产者。生产者是连接无机环境和生物群落的桥梁。

（2）消费者。是指不能用无机物直接制造成有机物、直接或间接地依赖于生产者所制造的有机物的生物。消费者以动物类异养生物为主。消费者根据取食地位和食性的不同，可分为以下几类：①植食动物：直接以植物体为营养的动物，属于初级消费者，如昆虫、啮齿类、马、牛、羊等。②肉食动物：以食草动物或其他动物为食，又可分为：一级肉食动物，又称二级消费者，是以植食动物为食的捕食性动物。二级肉食动物，又称三级消费者，是以一级肉食者为食的动物。将生物按营养阶层或营养级进行划分，居于最底层的生产者属于第一营养阶层，植食动物居第二营养阶层，以植食动物为食的肉食动物属于第三营养阶层，以此类推。

（3）分解者。以微生物等异养生物为主，包括部分土壤动物如蚯蚓、线虫、蜗牛等，它们依靠分解动植物的排泄物和死亡的有机残体取得能量和营养物质，同时把复杂的有机物分解为生产者可以利用的简单化合物或元素，并释放出能量，其作用与生产者相反。

上述生态系统三大组分都需要与周边环境发生关系，这些非生物成分包括太阳辐射、水、二氧化碳、氧气、氮气、矿物盐类以及其他元素和化合物，是生物赖以生存的物质和能量源泉，共同组成大气、水和土壤环境，成为生物活动的理想场所。

关于生态系统结构，还有人按照组分、时空、营养等划分，这是对生态系统结构的另外一种理解，一并介绍如下：

组分结构是指生态系统中，由不同生物类型以及它们之间不同的数量组合关系所构成的系统结构。组分结构主要讨论的是，生物群落的种类组成及各组分之间的量比关系，生物种群是构成生态系统的基本单元，不同物种（或类群）以及它们之间的不同量比关系，构成了生态系统的基本特征。

时空结构也称形态结构，是指各种生物成分或群落，在空间上和时间上的不同配置和形态变化特征，包括水平结构、垂直结构和时空分布格局。水平结构是指一定生态区域内生物类群在水平空间上的组合与分布。在不同地理环境条件下，受地形、水分、土壤、气候等环境因子的综合影响，造成植物在地面上分布的变化，形成了带状、同心圆式或块状镶嵌分布等景观格局。垂直结构是指随着海拔高度的变化，生物生存的生态环境因素发生变化，生物类型也因此出现有规律的分层现象。时间结构是指生态系统结构随时间的变动，一般有三个时间度量，即长时间度量，以生态系统进化为主要内容；二是中等时间度量，以群落演替为主要内容；三是昼夜、季节等短时间的变化。

营养结构是指生态系统内生物与生物之间，以食物营养为纽带所形成的食物链和食物网，它是构成物质循环和能量转化的主要途径，生态系统内各要素之间最本质的联系是通过营养来实现的。

食物链是生态系统内不同生物之间在营养关系中形成的一环套一环似的链条式的关系，食物链上的每一环节，成为营养阶层(营养级)。自然生态系统主要有三种类型的食物链：捕食性食物链(牧食食物链)，是以活的绿色植物为基础，从食草动物开始的食物链；腐食食物链(分解链)，是以死的动植物残体为基础，从真菌、细菌和某些土壤动物开始的食物链；寄生食物链，是以活的动植物有机体为基础，从某些专门营寄生生活的动植物开始的食物链。

在生态系统中，一种生物不可能固定在一条食物链上，而往往同时属于数条食物链，即通常一种生物被多种生物捕食，同时也捕食多种其他生物。因此，生态系统中的食物链很少是单条、孤立出现，往往是交叉链索，形成复杂的网络式结构，即食物网。食物网形象地反映了生态系统内各生物有机体间的营养位置和相互关系。自然界中的各种物种，正是通过食物网发生直接和间接的联系，才保持着生态系统结构和功能的相对稳定。

应当指出的是，生态系统结构其实指的就是其生产者、消费者和分解者，这个定义科学而简洁。其他学者理解的组分结构和营养结构已经在这三大组分中体现出来，至于组分结构，这里理解的是植物群落，因为生态系统的外貌和动态都是在植物群落中才能够体现的，而植物群落指的是生产者。

(蒋高明)

1.4 生态系统功能

生态系统功能，指的是生态系统通过物种之间、物种与环境之间，实现正常运转的能力。一个健康的生态系统，一定是能够自我维持、自我调节且自我修复的，这样就需要生态系统去做功。生态系统的基本功能包括能量流动、物质循环和信息传递。

物体做功就需要能量，生态系统同样需要能量，但这个能量是生态系统自己制造的(严格来讲是转化的太阳能)。能量流动是指生态系统中能量输入、传递、转化和消失的过程。能量流动是生态系统的重要功能，在生态系统中，生物与环境、生物与生物间的密切联系，是通过能量流动来实现的。

生态系统的能流，始于生产者通过光合作用固定的太阳能，在陆地上由各类绿色植物完成，在海洋中则由各种藻类完成。流入生态系统的总能量，是生产者通过光合作用固定的太阳能的总量，能量通过食物链和食物网进行传递。流入某营养级的能量，是指被这个营养级的生物所同化的能量，一个营养级的生物所同化的能量一般用于四个方面：一是自身的呼吸消耗；二是用于生长、发育和繁殖，其能量贮存在构成有机体的有机物中；三是流入下一个营养级的生物体内，及未被利用的部分。四是供分解者使用，有机物中能量有一部分是死亡的遗体、残落物、排泄物等被分解者分解掉；在生态系统内，能量流动与碳循环是紧密联系在一起的。

生态系统能量流动的特点是单向流动和逐级递减。单向流动是指生态系统的能量流动只能从第一营养级流向第二营养级，再依次流向后面的各个营养级，一般不能逆向流动。这是由生物长期进化所形成的营养结构所确定的。

能量逐级递减，是指输入到一个营养级的能量不可能百分之百地流入后一个营养级，能量在沿食物链流动的过程中是逐级减少的。能量在沿食物网传递的平均效率为 10% ~ 20%，即一个营养级中的能量只有 10% ~20% 的能量被下一个营养级所利用。而多余的能量哪里去了呢？从能量守恒的观点来看，能量是不会平白无故消失的，只能从一种形式转到另一种形式。其实，那些营养级传递之外的能量，大多作为热量消耗了。

生态系统的物质循环是指无机化合物或单质通过生态系统的循环运动。生态系统的物质循环又可分为三大类型，即水循环、气体型循环和沉积型循环。

水循环是指大自然的水通过蒸发，植物蒸腾，水汽输送，降水，地表径流，下渗，地下径流等环节，在水圈、大气圈、岩石圈、生物圈中进行连续运动的过程。水循环是生态系统的重要过程，是所有物质进行循环的必要条件。

气体型循环元素以气态的形式在大气中循环即为气体型循环，又称气态循环，气态循环把大气和海洋紧密连接起来，具有全球性。碳、氧循环和氮循环以气态循环为主。

沉积型循环发生在岩石圈内，元素以沉积物的形式通过岩石的风化作用和沉积物本身的分解作用，转变成生态系统可用的物质，沉积循环是缓慢的、非全球性的、不显著的循环。沉积循环以硫、磷、碘为代表，还包括硅以及部分碱金属元素。

生态系统中各生命成分之间还存在着信息传递，信息传递是生态系统的基本功能之一，在传递过程中伴随着一定的物质和能量的消耗。信息传递不同于物质循环和能量流动，往往是双向的。

生态系统中包含多种多样的信息，大致可以分为物理信息、化学信息、行为信息等。

物理信息。指通过物理过程传递的信息，它可以来自无机环境，也可以来自生物群落，生态系统中的光、热、声、电等都是物理信息。

化学信息。生态系统的各个层次都有生物代谢产生的化学物质参与传递信息、协调各种功能，这种传递信息的化学物质通称为信息素，包括生物碱、有机酸及代谢产物等。信息素虽然量不多，但种类多，功能强，涉及从个体到群落的一系列生物活动。

行为信息。许多植物的异常表现和动物异常行动传递了某种信息，可统称行为信息。行为信息可以在同种和异种生物间传递，行为信息多种多样，如蜜蜂的圆圈舞等。

（蒋高明）

1.5 海洋生态系统

地球是一个广阔无垠的蔚蓝色"水球"，海洋表面积占地球表面积的 71%，海洋是地球上最大的水库。海洋是大气中水汽和陆地水的主要来源，是地球气候的调节器，是海洋生物的栖息地；海岸带是海陆之间、河海之间关系最紧密的地带。全球的海洋是一个连续的整体。海洋和陆地、海洋与大气、海洋与海洋之间存在广泛的物质和能量交换。

虽然人们把世界海洋划分为几个大洋和若干附属海，但是它们之间并没有相互隔离。海水通过海流、潮汐等运动，使各海区的水团互相混合和影响。海洋生态环境具有如下的特点：

(1)海水温度：海洋中海水温度的年变化范围不大。两极海域全年温度变化幅度约为5℃，热带海区小于5℃，温带海区一般为10～15℃。在热带海区和温带海区的温暖季节，表层水温较高，但往下到达一定深度时，水温急剧下降，很快达到深层的低温。这一水层被称为温跃层。温跃层以上叫混合层，这一层的海水可以上下混合。温跃层以下的海水则十分稳定。太阳光线在水中的穿透能力比在空气中小得多，日光射入海水以后，衰减比较快。因此在海洋中，只有最上层海水才能有足够强的光照保障植物光合作用。在某一深度处，光照强度减弱，海洋植物光合作用生产的有机物质仅能补偿其自身的呼吸消耗。

(2)海水盐度：海水含盐量比陆地淡水高，平均3.5%，且比较稳定。各大洋表层的海水，受蒸发、降水、结冰、融冰和陆地径流的影响，盐度分布不均：两极附近、赤道区和受陆地径流影响的海区，盐度比较小；在南北纬20°的海区，海水的盐度则比较大；深层海水的盐度变化较小，主要受环流和湍流混合等物理过程所控制。

(3)海水运动：海水运动有风浪、海啸、潮汐、洋流等形式。大洋环流和水团结构是海洋的一个重要特性，是决定某海域状况的主要因素，由此形成各海域的温度分布带——热带、亚热带、温带、近极区(亚极区)和极区等海域。暖流和寒流海域，水团的混合程度，水团的垂直分布和移动，上升流海域等，都对海洋生物的组成、分布和数量形成重要影响。

(4)海洋沉积物：一是大陆边缘沉积(陆源沉积)，经河流、风、冰川等作用从大陆或邻近岛屿携带入海的陆源碎屑；二是远洋沉积(深海沉积)。海洋沉积物一般有红黏土、钙质软泥和硅质软泥。红黏土：从大陆带来的红色黏土矿物以及部分火山物质在海底风化而成，此外，还包括一些自然矿物(如锰结核)和一些生物成分(如放射虫软泥)。钙质软泥：主要由有孔虫类抱球虫和浮游软体动物的异足类，以及异足类的介壳组成，一般分布在热带和亚热带，水深不超过4700米的深海底。硅质软泥：主要由硅藻的细胞壁和放射虫骨针所组成的硅质沉积。硅藻软泥主要分布在高纬度；放射虫软泥则分布在低纬度，而且大多出现在深度超过4500米的海底。

海洋是一个开放的、具有多样性的复杂系统，其中有各种不同空间尺度和不同层次的物质存在和运动形态。对于海洋生态系统来说，也包括海洋生物和非生物两大部分，生物群落如相互联系的动物植物、微生物等是其中的生物成分，而非生物成分则构成海洋环境，包括阳光、空气、海水、无机盐等。海洋生态系统的结构也由生产者、消费者与分解者组成。

(1)生产者主要由能够进行光合作用的浮游生物组成，包括浮游植物、底栖植物，如单细胞底相藻类、海藻和维管植物等，它们数量多、分布广，是海洋生产力的基础，也是海洋生态系统能量流动和物质循环的主体。

(2)消费者包括各类海洋鱼类、哺乳类(鲸、海豚、海豹、海牛等)、爬行类(海蛇、海龟等)、海鸟以及某些软体动物(乌贼等)和一些虾类等,以及底栖动物等。

(3)分解者:主要由各海洋微生物组成。真正的海洋微生物的生长必需海水,海水中富含各种无机盐类和微量元素。海洋中分解有机物质的代表性菌群是:①分解有机含氮化合物的微生物,如分解明胶、鱼蛋白、蛋白胨、多肽、氨基酸、含硫蛋白质以及尿素等的微生物;②利用碳水化合物类微生物,如利用各种糖类、淀粉、纤维素、琼脂、褐藻酸、几丁质以及木质素等的微生物;③降解烃类化合物以及利用芳香化合物如酚等的微生物。海洋微生物分解有机物质的终极产物如氨、硝酸盐、磷酸盐以及二氧化碳等,都直接或间接地为海洋植物提供营养。

海洋环境(物质和能量、水文物理状况等)、海洋消费者(海洋生物和人类)、海洋微生物,共同构成了相互依存、相互制约、相克相生的海洋生态循环链。一个海洋中最普通的生态例子是,大鱼吃小鱼,小鱼吃虾米,虾吞海瘙,瘙吃海藻,海藻从海水中或海底中吸收阳光及无机盐等进行光合作用,制造有机物质,从而维持着这个弱肉强食的食物链。同陆地生态系统一样,物质循环、能量流动和信息传递是海洋生态系统的基本功能,海洋生态系统的物质循环和能量流动也遵循"生态金字塔"定律。海洋植物作为生产者是底层塔基,它吸收太阳辐射等,构成海洋生态系统的能量基础。

海洋生物生产力,是海洋生态系统的基本功能因素之一,是海洋生物通过同化作用生产有机物的能力,是海洋生态经济系统的重要物质来源,也是形成海洋产业结构的前提条件。海洋生产力可以细分为海洋初级生产力、次级生产力和终极生产力。浮游植物、底栖植物(包括定生海藻和红树、海草等植物)以及自养细菌等生产者,通过光合作用或化学合成制造有机物和固定能量的能力,称为初级生产力。海洋次级生产力包括海洋生物二级、三级、终级生产力(也称为海洋动物生产力)。海洋二级生产力,是以植物、细菌等初级生产者为营养来源的生物生产能力,包括大部分浮游动物、底栖动物和植食性游泳动物(主要是幼鱼、小型虾类等)。海洋三级生产力,是以浮游动物等二级生产者为营养来源的生物生产能力。海洋终级生产力,是指一些自身不再被其他生物所消费的生物生产能力,一般处于食物链的顶端,它们中绝大多数是海洋渔业的捕捞对象,其数量多寡直接影响海洋渔业丰歉。

海洋生物同化有机物,在一般情况下,需经过多级生产才能转化为人类食用的各种水产品,其中肉食性鱼类一般要经过三四级的转化。各级生产力的转化,通常是通过海洋食物链和海洋食物网的渠道来完成的。海洋生物生产力系统,是海洋生态经济系统的核心动力和物质基础,它为整个生态平衡和人类的生存发展提供了重要的渔业资源。

海洋生态系统是海洋中由生物群落及其环境相互作用所构成的自然系统。广义而言,全球海洋是一个大生态系统,其中包含许多不同等级的次级生态系统。每个次级生态系统占据一定的空间,由相互作用的生物和非生物,通过能量流和物质流,形成具有一定结构和功能的生态系统。海洋生态系统分类,若按海区划分,一般分为海岸带生态系统、大洋生态系统、上升流生态系统等;按生物群落划分,一般分为红树林生态系统、珊瑚礁生态系统、海洋藻类生态系统等。

(1)海岸带生态系统:处于浅海与陆地交界区域的生态系统。这一区域的主要生产者是固着生长的大型多细胞藻类,如海带、裙带菜和紫菜等。它们固着在岩石等其他物体上，形成水下植被，有时也称海底森林。

（2）大洋生态系统：指从沿岸带至开阔大洋的海洋生态系统。大洋生态系统面积很大，但水环境相当一致，唯有水温有变化，主要受暖流与寒流影响。其生产者主要为浮游植物和从浅海带漂来的生物碎屑，消费者则种类繁多，且具有分层现象。

（3）上升流生态系统：在上升流海域由特定的生物及周围的环境构成，食物链较短、生产力很高的生态系统。

（4）红树林生态系统：一般包括红树林、滩涂和基围鱼塘三部分。一般由藻类、红树植物和半红树植物、伴生植物、动物、微生物等生物及阳光、水分、土壤等非生物因子所构成。分解者种类和数量均较少，且以厌氧微生物为主，有机体残体分解不完全。消费者主要是鸟类尤其是水鸟和鱼类，底栖无脊椎动物、昆虫，两栖动物、爬行动物亦较常见，哺乳动物种类和数量较少。

（5）珊瑚礁生态系统：热带、亚热带海洋中由造礁珊瑚的石灰质遗骸，石灰质藻类堆积而成的礁石及其生物群落所构成的整体，是全球初级生产量最高的生态系统之一。

（6）海洋藻类生态系统：是由海洋藻类等生物为主与海洋环境构成的海洋生产力最大海洋生态系统类型。生态类型根据生活方式可以分成 5 种藻类生态类型：浮游藻类，如单细胞和多细胞的甲藻、黄藻、金藻、硅藻等门的多数藻类；漂浮藻类，藻体全无固着器，营断枝繁殖，在大西洋上形成大型的漂流藻区，如漂浮马尾藻等；底栖藻类，如石莼、海带、紫菜，体基部有固着器，营定生生活，主要生长在潮间带和潮下带；寄生藻类，如菜花藻寄生于别的藻体上；共生藻类，如红藻门的角网藻是红藻与海绵动物的共生体；一些蓝藻、绿藻和子囊菌类或担子菌类共生，成为复合的有机体——地衣。

浮游和漂浮海藻生长在近岸或大洋的表层中；底栖海藻主要生长在潮间带和潮下带。在温带，潮间带是海藻生长繁茂的场所；在热带，许多海藻都生长在潮下带；在两极海域，海藻则只见于潮下带。

（蒋高明）

1.6　森林生态系统

森林是以乔木为主体，具有一定面积和密度的植物群落，是陆地生态系统的主体。森林群落与其环境，所形成的一定结构、功能和自我调控能力的自然综合体就是森林生态系统。森林生态系统是陆地生态系统中面积最大、最重要的自然生态系统。

据专家估测，历史上森林生态系统的面积曾达到 76 亿公顷，覆盖着世界陆地面积的2/3，覆盖率为 60%。在人类大规模砍伐之前，世界森林约为 60 亿公顷，占陆地面积的45.8%。至 1985 年，森林面积下降到 41.47 亿公顷，占陆地面积的 31.7%。至今，森林生态系统仍为地球上分布最广泛的生态系统。

森林生态系统结构复杂，保持着最高的物种多样性，是世界上最丰富的生物资源和基因库。仅热带雨林生态系统就约有 200 万~400 万种物种。中国被子植物有 329 科 3172 属30000 多种；裸子植物计有 10 科 36 属 197 种，我国种子植物合计有 339 科 3208 属 30197

种。我国森林或森林区域中分布的含 200 种以上的植物种有 30 科 1793 属 17370 多种，是中国森林区系的优势种。此外，苔藓植物约 2200 种，蕨类植物约 2600 种。特有种约有 15000～18000 种，其中种子植物有 7 个科，243 特有属。森林生态系统具有多层次，有的多至 7～8 个。一般分为乔木层、灌木层、草本层和地面层等四个基本层次。有的层次明显，层与群纵横交织，显示系统复杂性。以森林或森林环境为生的动物和微生物种类更加庞大，全球物种最丰富的昆虫(约 100 万种)，大都在森林生态系统中分布。

森林生态系统类型多样。森林生态系统在全球各地都有分布，森林植被在气候条件和地形地貌的共同作用和影响下，既有明显的纬向水平分布带，又有山地垂直分布带。以我国云南省为例，从南到北依次出现热带北缘雨林、季节雨林、南亚热带季风常绿阔叶林、思茅松林、中亚热带和北亚热带半湿性常绿阔叶林、云南松林和温性针叶林等。

森林生态系统类型复杂，形成多种独特的生态环境。高大乔木宽大的树冠，能保持温度均匀，变化缓慢。在密集林冠内，树干洞穴、树根隧洞等，都是动物栖息场所和理想的避难所。许多鸟类在林中作巢，森林生态系统的安逸环境，有利于鸟类的育雏和繁衍后代。森林有多种多样的种子、果实、花粉、枝叶以及各种幼嫩组织等，都是林区哺乳动物和昆虫的食物。离开了森林食物或森林环境，森林生物多样性就难以保存。

丰富的生物多样性造成森林生态系统高的稳定性。森林生态系统经历了漫长的发展历史，形成了物种丰富、群落结构复杂、各类生物群落与环境相协调的格局，群落中各个成分之间以及与其环境之间相互依存和制约，从而保持着系统的稳态。森林生态系统具有很高的自调控能力，能自行调节和维持系统的稳定结构与功能，保持着系统结构复杂、生物量大的属性。森林系统内部的能量、物质和物种的流动途径通畅，系统的生产潜力得到充分发挥，对外界的依赖程度很小。森林植物从环境中吸收其所需的营养物质，一部分保存在机体内进行新陈代谢活动，另一部分形成凋谢的枯枝落叶，将其所积累的营养元素归还给环境。通过元素循环，森林生态系统内大部分营养元素不仅收支平衡，还大量积累某些元素，如碳、氮等元素来自大气，通过森林强大的光合作用，不断储藏在森林活生物量或森林土壤中。

森林生产力高、现存量大。森林具有巨大的林冠，伸张在林地上空，似一顶屏障，使空气流动变小，微环境也变小。森林生态系统是地球上生产力最高，现存量最大的生态系统，是生物圈的能量基地。据统计，每公顷森林年生产干物质 12.9 吨，而农田是 6.5 吨，草原是 6.3 吨。森林生态系统不仅单位面积的生物量最高，而且生物量约 16.8 亿吨，占陆地生态系统总量 18.52 亿吨的 90% 左右。

关于森林的功能，许多教科书上都有详细的介绍。这里有一组数据：每公顷森林每年可吸收灰尘 330～900 吨，这是说森林是很好的空气过滤器；有林地比无林地每公顷多蓄水 20 吨，即森林是"绿色水库"；每公顷防护林可保护 100 多公顷农田免受风灾，因此森林是农田的"呵护神"；每公顷森林放出的氧气可供 900 多人呼吸，因此森林是最好的天然"氧吧"；每公顷松柏林，一昼夜能分泌 30 公斤抗生素，杀死肺结核、白喉、伤寒、痢疾等细菌，所以森林还是我们的"保健医生"；噪声通过 40 米林带可减噪 10～15 分贝，即森林还可以让人安静下来；林地只要有 1 厘米的枯枝落叶层覆盖，就可以使泥沙流失量减少 94%，水土保持效果比裸地提高 44 倍。还有，森林冬暖夏凉，夏季日平均气温低 2℃ 左右，冬季日平均气温高 2℃ 左右。因此，适宜的人居环境里应当有森林。

森林在全球环境中发挥着重要的作用。森林是养护生物最重要的基地；森林可大量吸收二氧化碳；森林是重要的经济资源；森林在防风固沙、保持水土、抗御水旱、抵抗风灾等方面，具有十分重要的生态作用。森林在生态系统服务方面所发挥的作用，是无法用人力替代的。

森林的作用远不止这些。森林为人类提供了工业原料、燃料、饲料、肥料及油料；森林是国民经济持续、快速发展的重要保障，健康的森林是生态良好的标志。从全球环境看，森林生态系统还是控制全球变暖的缓冲器。森林减少对全球变暖的贡献率约占 30% ~ 50%。反过来讲，要控制全球变化，减少日益增加的空气二氧化碳，在适宜的地区大量发展森林无疑是最好的选择。正是由于这个原因，人们将热带雨林形象地比喻成"地球之肺"。

森林还是生物多样性的摇篮。除了人类起源于森林外，世界上 90% 以上的物种跟森林有关；热带雨林更是生物多样性的巨大宝库，它拥有 200 万物种，至少是地球上动植物种类的 50%。仅在巴西 Rordonia 地区 1 平方公里的热带雨林中，就有 1200 种蝴蝶，是美国和加拿大蝴蝶种类总和的 2 倍。

森林生态系统有以下几种主要类型。

(1)热带雨林生态系统：热带雨林主要分布于赤道南北纬 5° ~ 10° 以内的热带气候地区，以东南亚、非洲和南美洲为主。这里全年高温多雨，无明显的季节区别，年平均温度 25 ~ 30℃，最冷月平均温度也在 18℃ 以上，极端最高温度多数在 36℃ 以下。年降水量通常超过 2000 毫米，有的高达 6000 毫米。全年雨量分布均匀，常年湿润，空气相对湿度 90% 以上。

热带雨林生态系统是由热带树木组成的高大茂密、终年常绿的生态系统类型。我国的陆地南缘处于北热带，属印度—马来西亚的雨林大类，主要分布在广东和广西南部、云南南部及西藏东南部。雨林的特征是物种丰富，乔木高大、层次多，有老茎生花和板根等雨林的特有现象，藤本和附生植物丰富，一些藤本植物可以杀伤附主，成为雨林中的"绞杀者"，这也是雨林特有的现象。除了典型雨林外，我国还有山地沟谷雨林分布，具有一定的季风常绿阔叶林特点，樟科植物明显增加，茶科、壳斗科和裸子植物较常见。热带雨林里的主要动物，大家都不陌生，有亚洲象、长臂猿、犀鸟、鹦鹉、眼镜蛇等。

(2)亚热带常绿阔叶林生态系统：亚热带常绿阔叶林发育在湿润的亚热带气候地带，主要分布在北纬 22° ~ 40° 之间。常绿阔叶林生态系统处于明显的亚热带季风气候区，夏季高温多雨，冬季寒冷少雨，春秋温和，四季分明。年平均气温 16 ~ 18℃，最热月平均气温为 24 ~ 27℃，最冷月平均为 3 ~ 8℃；冬季有霜冻，年降水量 1000 ~ 1500 毫米。

在全球范围内，中国的常绿阔叶林生态系统最为典型，主要分布在我国广阔的亚热带地区，在丘陵、山地均有分布，所跨纬度很宽。典型常绿阔叶林为中亚热带水平地带性类型，分布范围为北纬 23°40' ~ 32°，东经 99° ~ 123° 之间的中亚热带地区，分布海拔在中亚热带东部为 1000 ~ 2000 米以下，西部为 1500 ~ 2800 米，主要见于长江以南至福建、广东、广西、云南的北部。常绿阔叶林主要由樟科、壳斗科、山茶科、金缕梅科、木兰科等科的常绿阔叶树组成，著名的树种包括银杏、水杉、鹅掌楸等。群落结构较热带雨林简单，乔木层通常 2～3 层，树冠较整齐。其建群种和优势种的叶子相当大，呈椭圆形革质、表面有厚蜡质层，具光泽，没有茸毛，叶面向着太阳光，能反射光线，因此也有人称之为"照叶林"。常绿阔叶林生态系统内的野生动物资源十分丰富，脊椎动物达 1000 余种，我国著名的有大熊猫、金丝猴、华南虎、云豹、金猫、红腹角雉等都分布在其中。

（3）落叶阔叶林生态系统：又称夏绿阔叶林，通常是指具有明显季相变化的夏季盛叶冬季落叶的阔叶林，它是在温带海洋性气候条件下形成的地带性植被类型。夏绿阔叶林主要分布在西欧，并向东伸延到欧洲东部。在我国主要分布在东北和华北地区。此外，日本北部、朝鲜、北美洲的东部和南美洲的一些地区也有分布。夏绿阔叶林分布区的气候是四季分明，夏季炎热多雨，冬季寒冷。年降水量为 500～1000 毫米，而且降水多集中在夏季。

夏绿阔叶林主要由杨柳科、桦木科、壳斗科等科的乔木植物组成，常见的有栎、山毛榉、槭、桦木、鹅耳枥、榆、杨等属。冬季完全落叶，春季发新叶，夏季形成郁闭林冠，秋季叶片枯黄，因此，夏绿阔叶林的季相变化十分显著。群落结构较为清晰，通常可分为乔木层、灌木层和草本层 3 个层次。草本层的季节变化十分明显，这是因为不同草本植物的生长期和开花期不同所致。夏绿阔叶林中有脊椎动物 200 多种，较大型的有鹿、獾、棕熊、野猪、狐狸、松鼠等，鸟类有雉、莺等，还有各种各样的昆虫。动物中较著名的有金钱豹、猕猴、褐马鸡、斑羚、红腹锦鸡等。

（4）北方针叶林生态系统：是指以针叶树为建群种所组成的各种森林群落的总称，包括各种针叶纯林、针叶树种的混交林，以及以针叶树为主的针阔叶混交林。北方针叶林也称寒温带针叶林，它是寒温带的地带性植被。寒温带针叶林主要分布在欧洲大陆北部和北美洲，在地球上构成一条壮观的针叶林带。此带的北方界线就是整个森林带的最北界线，也就是说，跨越此带再往北，则再无森林的分布了。寒温带针叶林区的气候特点是比夏绿阔叶林区更具有大陆性，即夏季温凉、冬季严寒。7 月气温为 10～19℃，1 月气温为 −20～50℃，降水量约 300～600 毫米，其中降水多集中在夏季。

北方针叶林又称泰加林，最明显的特征之一就是外貌十分独特，易与其他森林相区别。通常由云杉属和冷杉属树种组成，其树冠为圆锥形和尖塔形；而由松属组成的针叶林，其树冠为近圆形，落叶松属形成的森林，它的树冠为塔形且稀疏。云杉和冷杉是较耐阴的材种，因其形成的森林郁闭度高，林下阴暗，因此又称它们为阴暗针叶林。松林和落叶松较喜阳，林冠郁闭度低。林下较明亮，所以又把由落叶松属和松属植物组成的针叶林称为明亮针叶林。北方针叶林另一个特征就是其群落结构十分简单，可分为乔木层、灌木层、草本层和苔藓层四个层次，乔木层常由单一或两个树种构成。

（5）稀树疏林生态系统：典型的稀树疏林分布在非洲，由金合欢、猴面包树等稀疏乔木和广阔的草原组成。以往认为中国不具备这种类型，但根据多年研究，中国的"四大沙地"，即浑善达克、科尔沁、毛乌素、呼伦贝尔在健康的状况下，其景观和生态系统的结构与功能恰好是典型的稀树疏林类型，且其生产力略高于非洲的"萨王那"（savanna）生态类型。在中国，该类型目前被混同为沙漠，或混同于草原，其重要生态价值尚没有得到充分的重视。中国稀树疏林指示植物有沙地榆、白桦、山定子、沙柳、红柳、赖草、羊草、金莲花、红门兰，指示动物有狼、狍子、沙狐、草兔、鼢鼠等。

　　需要指出的是，发达国家无不例外地利用其强大的资金优势，将生态危机外部化。一方面他们强调国有森林要突出公益服务，保护森林生态系统，不追求经济利润；另一方面大量进口木材，保护本国的森林资源。日本对自己的森林，爱怜有加，但对别国尤其发展中的国家木材却大量进口，造成别国的生态环境破坏。

　　我国历史上曾经是一个多林的国家。经有关专家考证，在 4000 年前的远古时代，中国森林覆盖率高达 60% 以上。但是随着人口的增加，加上战乱、灾荒、开荒、开矿、放牧等人为活动，森林资源日趋减少。到 2200 年前的战国末期降为 46%；1100 年前的唐代约为 33%；600 年前的明代之初为 26%；1840 年前后约降为 17%；民国初期降为 8.6%。可见，中国的森林是被过度增加的人口"一口一口"地"吃"掉的。中华人民共和国成立以后，中央人民政府大力号召人工造林，以增加森林覆盖率。尤其毛泽东主席提出了"植树造林、绿化祖国"的口号以后，造林运动成为了全民的行动，也取得了举世瞩目的成就。目前我国的森林覆盖率由 20 世纪 50 年代的 12.5% 提高到了 21.63%。　　　　　　　　　　　（蒋高明）

1.7　湿地生态系统

　　湿地生态系统是指地表过湿或常年积水，生长着湿地植物的地区，湿地生物与周围环境共同组成了湿地生态系统。湿地的概念有广义和狭义之分。狭义上一般被认为是陆地与水域之间的过渡地带；广义上被定义为地球上除了海洋（水深 6 米以上）外所有大面积水体。1971 年在拉姆萨尔通过了《湿地公约》，该公约将湿地定义为："天然或人造、永久或暂时之死水或流水、淡水、微咸或咸水沼泽地、泥炭地或水域，包括低潮时水深不超过 6 米的海水区。"它包括所有的陆地淡水生态系统（如河流、湖泊、沼泽）以及陆地和海洋过渡地带的滨海生态系统，同时还包括了海洋边缘部分咸水和半咸水水域。它兼有水域和陆地生态系统的特点，国际上通常把森林、海洋和湿地并称为全球三大生态系统类型。严格来讲，湿地生态系统在地理单元是可跨多个气候带的，即在森林、草原、荒漠地区甚至海洋都有湿地的分布。

　　湿地生态系统具有如下特征：

　　(1)独特的自然环境：湿地表面长期或季节性处于过湿或积水状态，发育有水成或半水成土壤，生长着湿生植物，同时分布着以这些植物为生的动物和微生物群落。

　　(2)丰富的生物多样性：由于湿地是陆地和水体的过渡地带，因此它同时兼具丰富的陆生和水生动植物资源，形成了其他任何单一生态系统都无法比拟的独特生境。湿地具有复杂的动植物群落，对于保护物种、维持生物多样性发挥着难以替代的生态功能。

　　(3)较高的生产力：湿地生态系统与其他任何生态系统相比，初级生产力较高。据报道，湿地生态系统每年平均生产蛋白质 9 克/平方米，是陆地生态系统的 3.5 倍。

　　(4)湿地系统的多变性：湿地生态系统是水文、土壤、植被、气候等因素相互作用所形成的自然综合体。当这些因素受到自然或人为活动干扰时，都会或多或少地导致生态系统变化。特别是水文状态的显著改变，会直接影响生物群落结构，改变生态系统状态。当水量减少以致干涸时，湿地生态系统演变为陆地生态系统；当水量增加时，又会逐渐恢复为湿地生态系统。

（5）特殊的生态功能：湿地具有综合效益，它既有调蓄洪水、涵养水源、调节气候、净化水质、保存物种、提供栖息地等众多生态功能，发挥着无可替代的生态效益；也为工业、农业、能源、医疗业等提供大量生产原料，产生直接的经济效益。同时，作为科学研究、教育基地和休闲娱乐的重要场所，具有显著的社会文化效益。

水分是湿地形成发展的主要因素，气候和地貌条件决定了地表水状况。年降水量大于蒸发量，加之空气湿度大，在一些低地上，由于排水不畅，使地表常年处于过湿状态。此状态改变了土壤通气条件，抑制土壤动物和微生物活动，破坏土壤、大气、植物间正常物质交换。在长期缺氧条件下，土壤中矿物质的潜育化过程和有机质泥炭化过程作用下，形成了湿地。

湿地生态系统是个动态系统，系统的结构和功能随时间不断发生有规律的变化，即从一个群落经过一系列的演变而成为另一个群落，许多短暂性群落经交替演替，直到相对稳定，其组成与结构不同于原来的群落。湿地生态系统的演替通常属于水生演替，形成沼泽的演替通常有以下三种。

（1）湖泊形成的沼泽演替：初期多为富养薹草沼泽。随沼泽不断发育，泥炭藓的入侵，形成中养薹草、泥炭藓沼泽。此时沼泽化湖泊仍有静水层。在沼泽湖泊脱离地下水补给后，泥炭藓得到进一步发展，形成藓丘，演变为贫养沼泽。水从丘顶部向四面流失。藓丘表面干燥，通气较好。此时一有条件，木本植物立即进入地段，形成木本沼泽。

（2）森林形成的沼泽演替：这类演替从森林沼泽形成开始。森林沼泽由于泥炭持水量大，土壤及空气湿度增加，苔藓植物大金发藓和泥炭藓相继入侵，增加土壤湿度和酸度，为喜湿耐酸植物入侵提供条件。泥炭藓得以发展，在草丘间形成地被层，同时小灌木杜香和越橘生长，发展成中养沼泽。泥炭藓有特强吸水能力，持水量可达1600%～3000%，为自身重量的19～31倍。泥炭藓不断加厚，有力地抑制了高等植物的生长。泥炭藓随之发展成藓丘，并掩住草丘，使沼泽表面升高，脱离地下水补给，演替为贫养沼泽。在此时沼泽中树木生长不良，盖度多小于40%，为少林或无林的泥炭藓沼泽。

（3）草甸形成的沼泽：草甸形成沼泽后，由于积水和空气湿度大，泥炭藓入侵形成中养薹草、泥炭藓沼泽。草本植物有灯心草、刺子莞等。泥炭藓发展形成藓丘，使沼泽地表面升高，形成贫养泥炭藓沼泽。这类沼泽可在长江中下游，湖滨以及山地沟谷等低洼地区形成。群落外貌绿色，层次不明显。由于地形、土质差异，组成种类也不同。建群种有薹草、灯心草等。

湿地生态系统具有如下生态结构与功能特点。

（1）生产者：在湿地生态系统中，生产者是那些将无机物合成有机物的生物，主要包括光合细菌、小型藻类和大型水生植物等。大型水生植物是指除小型藻类以外的所有水生植物类群，包括非维管束植物、低级维管束植物和高级维管束植物。这类植物的一部分或全部永久或至少一年中数月沉没于水中或漂浮在水面上。大型水生植物包括湿生植物、挺水植物、浮叶植物、漂浮植物和沉水植物。在稳定的湖体中，水生高等植物的分布规律是自沿岸带向深水区呈同心圆式分布的，各种生活型带间是连续的。从沿岸向湖心方向各生活型的位置依次为湿生植物、挺水植物、浮叶植物、沉水植物，漂浮植物则分布其间。大型水生植被结构比陆生植被简单，一般各层片基本不重叠，植物群丛基本为单优势群丛或两种共同优势群丛。植被类型分为湿生、挺水、根生浮叶、漂浮和沉水等类型。浮游植物则是另一种重要的生产者，在清水湿地中大型水生植物是主要生产者，而在浊水湿地中浮游植物转化为主要生产者。

（2）消费者：在湿地生态系统中，消费者是指以其他动植物为食的各种动物，主要包括浮游动物、底栖动物、鱼类、虾蟹类、爬行类、鸟类等。直接吃植物的动物是一级消费者，如鲢鱼、草鱼等植食性鱼类；以植食性动物为食的动物是二级或二级以上消费者，如鳜鱼、鲶鱼、乌盘等肉食性鱼类和部分水禽；有些鱼类是杂食性的，如各种鲤科鱼类，它们吃水藻、水草，也吃无脊椎动物。

（3）分解者：在湿地生态系统中，指将有机物分解为无机物的生物，主要包括细菌、真菌和腐生动物等。分解者对于物质循环和能量流动具有非常重要的意义，是生态系统不可缺少的一个组成成分。由于有机物分解是一个非常复杂的逐步降解过程，除了细菌和真菌两类主要分解者外，其他大大小小以动植物残体为食的各种动物也在物质分解过程中发挥着独特的作用。

（4）能量流动：植物残株不能完全分解，一部分在嫌气条件下，以半分解形式转化为泥炭，将能量储存在地下。沼泽类型不同，生产量也不同。富养沼泽营养丰富，生产力较高，贫养沼泽营养不足，群落结构也简单，往往抑制植物生长，因此其生产力不高。

（5）物质循环：物质通过湿地中绿色植物光合作用进入生态系统，然后沿食物链从绿色植物转移到昆虫、软体动物、小鱼小虾等植食动物，再流经水禽、涉禽、两栖类、哺乳类等肉食动物，部分有机物被微生物分解，供循环利用。现以碳循环为例说明沼泽的物质循环：沼泽中的碳来自大气和水中以及泥炭中有机物质的分解。沼泽中的碳循环是从植物光合作用开始的，所合成的部分碳水化合物经植物呼吸作用消耗，产生二氧化碳，返回土壤和大气中。另一部分在植物残体通过泥炭化过程形成泥炭，在需氧性细菌作用下，泥炭中的有机物质被分解，释放出二氧化碳，参加生态系统碳素循环。在泥炭中的有机物质中含有纤维素和半纤维素等多糖类物质。在细菌微生物所分泌的水解酶的作用下，分解为葡萄糖等单糖。葡萄糖在季节性积水沼泽的干季，经好氧性的微生物分解，最后产生二氧化碳和水。常年积水沼泽中，葡萄糖经厌氧性细菌分解，首先形成有机酸和二氧化碳，最后释放出甲烷和氢气，二氧化碳为中间产物，部分返回大气。

我国是世界上湿地生物多样性最丰富的国家之一，是亚洲湿地类型齐全、数量多、面积最大的国家。初步统计，我国沼泽约 1100 万公顷，湖泊 1200 万公顷，滩涂和盐沼地 210 万公顷，稻田 3800 万公顷，共计 6310 万公顷。还没有包括江河、水库、池塘以及浅海水域，因此这个数字只是一个偏低的数字。

根据生物区系特征、气候特点和生物多样性的丰富程度，我国湿地可分为 8 个主要区域，即东北湿地、华北湿地、长江中下游湿地、杭州湾北滨海湿地、杭州湾以南沿海湿地、云贵高原湿地、蒙新干旱半干旱湿地和青藏高原高寒湿地。

湿地在我国有着广泛的分布，各气候带内的山地和平原几乎都有分布。我国东半部湿地面积远远大于西半部地区，占全国湿地面积的 3/4。东半部的东北山地和平原分布面积最大，占全国湿地面积的一半，而大面积的湿地集中在东北寒温带、温带气候区。西半部湿地的分布趋势是南部多于北部，南部为青藏高原，湿地集中分布于谷地，面积仅次于东北地区，约占全国湿地面积的20%。沼泽在山地的分布十分广泛，如东北大小兴安岭和长白山地，西北的天山、阿尔泰山等，华北的燕山、太行山地等。山地沼泽面积约占全国沼泽面积的60%。湿地分布的高度不同，如长白山地沼泽在海拔500米以下的山间盆谷地；而井冈山、武功山等多分布在海拔700米以上，而西藏的纳木错湖则高达4700米。

（蒋高明）

1.8 草原生态系统

草原生态系统，是以草本植物为主的生物群落及其周围环境组成的生态系统类型。草原分为温带草原和热带草原。温带草原是由耐寒的旱生多年生草本植物为主(有时为旱生小半灌木)组成的植物群落，它是温带地区的一种地带性植被类型。组成草原的植物，都是适应半干旱和半湿润气候条件下的低温旱生多年生草本植物，间杂一些灌木或乔木。

温带草原地区的气候比较干燥，降水量在200～750毫米，属于大陆性气候，夏季热，冬季冷，占优势的植物是多年生的草本。在欧亚大陆北部，温带草原常常分布在森林之间；在欧亚大陆南部，温带草原常分布在荒漠之间。热带草原大致分布在南北纬10°至南北回归线之间，以非洲中部、南美巴西大部、澳大利亚大陆北部和东部为典型。本类型分布区处于赤道低压带与信风带交替控制区，全年气温高，年平均气温约25°C。当赤道低压带控制时期，赤道气团盛行，降水集中；信风带控制时期，受热带大陆气团控制，干旱少雨。年降水量一般在700～1000毫米，有明显的较长干季，其自然景观为热带稀树草原。

世界草原总面积约2400万平方公里，约占陆地总面积的1/6。在欧亚大陆，草原从欧洲多瑙河下游起向东呈连续带状延伸，经过罗马尼亚、俄罗斯和蒙古，进入我国内蒙古自治区等，形成了世界上最为广阔的草原带。在北美洲，草原从北面的南萨斯喀彻河开始，沿着经度方向，一直到达德克萨斯，形成南北走向的草原带。此外温带草原在南美洲、大洋洲和非洲也都有分布。

草原生态系统具有如下的结构与功能特点。

(1)生产者：以各种草原植物尤其草本植物为主。生态条件越适宜种类越丰富，草本群落结构也越复杂，有地上及地下层的分化。反之，生态条件越严酷，种类越简单，群落结构也较简化。草甸草原生态系统每平方米约有种子植物20～30种以上；典型草原生态系统每平方米约有15～20余种；荒漠草原生态系统每平方米仅12种左右。草原优势植物以丛生禾本科为主，其中针茅属最重要，其净生产力强、能忍受环境的剧烈变化和干扰、对营养物质的需求也较少。草原上的植物大多耐旱；在形态上往往有绒毛、卷叶、叶面狭窄、气孔下陷、机械组织发达等；地下部分发达，发育良好。

(2)消费者：温带草原上拥有众多的动物。与草原相伴而生的还有大量的动物，以反刍动物和部分肉食动物为代表，以黄羊、狼、鹤、天鹅、鹰、鼠、兔等动物为主。在这些物种中，有些被人类视为有害动物，如草原上栖息着170多种啮齿目动物，形成鼠害的常见种类有80多种，如田鼠、鼢鼠、黄鼠、沙鼠、旱獭等。草原昆虫以植食性为主，也是草原食物链的重要一环。中国草原虫害以各种蝗虫、草原毛虫、草地螟、草原叶甲虫等为主，其中蝗虫多发生在新疆、内蒙古等干旱、半干旱区草原上。草原上，牧民饲养的五畜（绵羊、马、牛、骆驼、山羊）也是草原动物的重要组成部分。开阔的草原，适宜善于竞走的大型植食动物的生活，如野驴、野牛、骆驼、黄羊等，以穴居为主的啮齿类动物也是草原上常见的第一性消费者。在热带草原，生活着狮子、大象、犀牛、野水牛、猎豹、斑马、羚羊、河马、火烈鸟等野生动物等消费者，两类草原均分布有多种昆虫，食草动物为初级消费者，以此分为二级消费者和三级消费者等。温带草原的顶级消费者是草原狼，热带草原则为狮子或豹，凶猛的鹰隼类也往往位于消费级的顶端。

（3）分解者：草原上动植物死亡之后需要各种微生物、真菌或低等动物将其分解，一些食腐动物也充当分解者的角色。

（4）草原能量流动：草原能量流动是通过食物链实现的，即通过生产者与消费者之间吃与被吃这种关系。草原食物链包括生产者→初级消费者→次级消费者，在温带草原存在的主要食物链包括，草→田鼠→鹰；草→兔→鹰；草→蝗虫→麻雀→鹰；草→黄羊→狼等。营养级越多食物链越长。

对中国羊草草原的能量流动研究发现，每年到达羊草群落的太阳辐射能为232万千焦/（平方米·年），其中被反射约18%，被羊草吸收约42%，其他的被地面吸收。经羊草光合作用固定的占3%，群落净光合作用积累仅占太阳辐射能的1.5%。对美国禾草草原的食物链进行调查，发现生产者为禾草，一级消费者主要为田鼠和蝗虫，二级消费者主要为黄鼠狼。植物对太阳能的利用率约为1%，田鼠消费植物总净初级生产力的约2%，由田鼠转移给黄鼠狼约2.5%，大部分能量损失用于呼吸消耗。

（5）草原元素循环：草原上元素循环由生物合成作用和矿化作用完成，这两个过程紧密结合实现元素地球化学循环。合成作用是指绿色植物吸收空气、水、土壤中的无机元素（如碳、氮、硫、磷、氧等）后合成自身的有机质；植物有机质被动物吸收，通过食物链后又合成动物有机质；动植物残体经微生物分解为无机物释放回到环境中去。这种循环是开放性的，并具有不可逆性。需要指出的是，由于草原环境相对湿度小，温度低，元素循环多较缓慢，反刍动物如牛羊等起了很大的作用；草原火也起到了加速元素循环的作用。

中国草原生态系统是欧亚大陆温带草原生态系统的重要组成部分。它的主体是东北—内蒙古的温带草原，绵延约4500公里，南北延伸纬度17°（N35°～52°），东西跨越经度44°（E83°～127°）。面积400万平方公里，占国土面积的41%。中国境内主要草原生态系统类型如下：

（1）草甸草原：这是草原生态系统最湿润的类型，多分布在森林与干草原的中间地带，干旱区的河床附近也有分布，代表地段呼伦贝尔等。典型的草甸草原年降水量为350～420毫米，年均温为 – 2.8～3.1℃，黑钙土上的建群种为中旱生植物和广旱生的多年生草本植物。优势植物有贝加尔针茅、羊草和线叶菊等。还有花色艳丽而高大的杂草类，如芍药、马先蒿等，群落茂密而高大，生产力较高，是优质草场。在外貌上，夏季多花，也有人称该类型为"五花草甸"。

（2）典型草原：是草原中的典型类型。分布于比草甸草原更干燥的地区，以锡林郭勒草原为代表的类型，这里年降水量为 218 ～ 400 毫米，年均温为 - 2.3 ～ 4.5℃，建群种为旱密丛禾草植物，以大针茅、克氏针茅、羊茅和冰草等组成优势植物群落。层次分化明显，第一层由羊草及高杂草组成，高 50 厘米左右；第二层由丛生禾草的叶丛构成，高 20 ～ 25 厘米；第三层为寸草薹等，高度多在 10 厘米以下。

（3）荒漠草原：是草原生态系统中最旱的类型。分布在锡林郭勒往西到二连浩特、鄂尔多斯西部一带。建群种由强旱生丛生小禾草组成。这里气候越来越干燥，年降水量仅 150 ～ 280 毫米，年均温 2.6 ～ 4.7℃，土壤为棕钙土，草丛低矮不到 20 厘米，覆盖稀疏，不足 20%。以戈壁针茅、石生针茅、蓍状亚菊等为优势植物。

在上述三个东西并列的中温型草原生态系统以南，即阴山山地以南、鄂尔多斯高原中部和东部等地，分布有暖温型草原。这里年降水量为 330 ～ 477 毫米（赤峰、宁城），年均温较高为 4.5 ～ 7.9℃。

（4）山地草原：山地草原生态系统是指一定海拔高度以上的草原类型。如天山草原，其基带气候非常干旱，是典型的荒漠地区，年平均气温多在 - 5℃，年降水量都在 150 ～ 500 毫米，但随着海拔升高，气候变为冷湿，就发育了山地草原生态系统，甚至有与阴坡森林相间分布的草原。优势种为羽茅、狐茅等。

（5）高寒草原：是草原中高寒类型，在高山和青藏高原寒冷条件下，有非常耐寒的旱生矮草本植物占优势。常见的植物在藏北草原有紫花针茅、荒漠蒿等。

作为陆地上重要的绿色生态系统，草原具有多种生态功能，这些功能包括以下几个方面：

第一，固定二氧化碳，提供氧气。通过光合作用，草原植物可吸收大气中的二氧化碳并放出氧气。平均 25 平方米的草原就把一个人呼出的二氧化碳全部还原为氧气。草地生态系统中的植物、凋落物、土壤腐殖质构成了系统的三大碳库，是全球碳循环中的重要环节，对全球气候具有重大影响。

第二，过滤有害物质，净化空气。草原被誉为"大气过滤器"，发挥着改善大气质量的显著作用，为人类提供舒适怡人的生活环境。草原植物可以吸收、固定大气中的氨气、硫化氢、二氧化硫和汞蒸气等有害有毒气体，减少空气中有害细菌含量，并可过滤、吸附、空气中的尘埃，有效减少空气中的粉尘含量。据研究，草原上空的粉尘量仅为裸地的 1/6 ～ 1/3。

第三，防风固沙，稳定陆地表土。草原是陆地上重要的绿色植被覆盖层，广泛分布于陆地表面。草原植物对风蚀作用的发生具有很强的控制作用，寸草能遮丈风。据研究，当植被盖度为 30% ～ 50% 时，近地面风速可削弱 50%，地面输沙量仅相当于流沙地段的 1%。如果在干旱地区建立与风向垂直的高草草幛，风速要比空旷地区低 19% ～ 84%。草原植被贴地面生长，根系发达，能覆盖地表，深入土壤。

第四，涵养水源、防治水土流失。草原具有良好的拦截地表径流和涵养水源的能力。草原植被可以吸收和阻截降水，降低径流速度，减弱降水对地表的冲击，并渗入到地下，形成地下水。据研究，天然草原不仅能截留可观的降水量，而且因其根系细小，且多分布于表土层，因而比裸露地和森林有较高的渗透率，其涵养土壤水分、防止水土流失的能力明显高于灌丛和森林。这是由于草原植物具有发达的根系，具有极强大的固土和穿透作用，能有效增加土壤孔隙度和抗冲刷、风蚀的能力，有效降低水土流失和土壤风蚀沙化。

第五，保护生物多样性，为人类社会可持续发展提供大量种源。我国天然草原有野生植物1.5万种，冬虫夏草、雪莲等珍稀濒危植物数百种，植物种类占世界植物总数的10%以上。已知的草原饲用植物有6352种，其中包括200余种我国特有的饲用植物。草原上的药用植物多达6000种。有野生动物2000多种，草食家畜300多种，其中野骆驼、野牦牛、野驴、藏羚羊、白唇鹿等40余种被列为国家一级野生保护动物。

草原还具有十分重要的生产功能，即可为人类直接提供食物，满足人类物质生活的需要。以草原为基本生产资料的牧业，可为人类提供大量的肉、皮、乳、毛、绒，改善人类的生活条件，丰富人们的物质生活。内蒙古呼伦贝尔、锡林郭勒、科尔沁、乌兰察布、鄂尔多斯和乌拉特六大著名草原，生长着1000多种饲用植物，其中饲用价值高的就有100多种，尤其是羊草、羊茅、冰草、无芒雀麦、披碱草、野黑麦、黄花苜蓿、野豌豆、车轴草等禾本和豆科牧草，是著名的优良牧草。肥美的草原，孕育出丰富的畜种资源；充足的日照，更有利于植物的光合作用；丰富自然的植被食物链，尤其是独特的饲草饲料资源，富含奶牛所需的粗蛋白、粗脂肪、钙、磷等多种营养素，为奶牛提供了最优质的营养。

我国有各类草原60亿亩，约占国土面积41%，是耕地的3.2倍，草原本应在维护国家生态安全和食物安全方面发挥主导作用。遗憾的是，目前我国草业的生产方式极其落后，生产功能十分低下，畜牧业占农业总产值的比例较低，如内蒙古、新疆、四川、西藏、青海、甘肃等六大牧区，土地面积占全国的59.4%，但畜牧业产值仅占全国畜牧业产值的16%，占全国农业总产值的5%。从这组简单的数据不难看出，我国草地的生产功能并没有发挥应有的水平。

从生产功能来看，我国60亿亩草地仅承载1.6亿人口，而18亿亩耕地却供养着近8亿人口，并为4亿城市人口提供绝大多数的粮食、蔬菜、肉、蛋、奶等；全国耕地生产的地上生物产量（秸秆 + 粮食）高达12亿吨，而草地生物产量仅3亿吨，为农田的25%。测算表明，我国草地的生活供给能力仅为耕地的4%～5%；如果将其提高到耕地的10%，那么就相当于新增"耕地"6亿亩，能养活3.5亿～4亿人。因此，我国草地的生产潜力是巨大的。

（蒋高明）

1.9　荒漠生态系统

由超旱生半乔木、半灌木、小半灌木和灌木等植被为主的生物与其周围环境构成的生态系统称为荒漠生态系统。温带荒漠生态系统分布在干旱缺水、植被不郁闭、生命活动受限制的地区，主要位于亚热带和温带的干旱区域。从北非的大西洋岸起，东经撒哈拉沙漠、阿拉伯半岛、伊朗、阿富汗、印度和阿富汗的塔尔沙漠，再到中亚荒漠和我国新疆及内蒙古地区的大戈壁，构成世界上最为广阔的亚非沙漠区。此外，在南北美洲和澳大利亚也有较大面积的沙漠，为热带荒漠类型。中国的主要荒漠有新疆的塔克拉玛干大沙漠（世界第二大沙漠）、古尔班通古特沙漠、青海的柴达木盆地、内蒙古与宁夏的阿拉善高原、内蒙古的鄂尔多斯台地等。全球著名的大荒漠中，有的寒冷，有的灼热，有的有很深的峡谷，有的覆盖着沙子，千姿百态。不算南极洲，荒漠占地球土地面积的30%。

荒漠生态系统的环境相对严酷，具有以下特点：①终年少雨或无雨，年降水量一般少于250毫米，降水为阵性，愈向荒漠中心愈少。②气温、地温的日较差和年较差大，多晴天，日照时间长。③风沙活动频繁，地表干燥，裸露，沙砾易被吹扬，常形成沙暴，冬季更多。

荒漠以其生物数量稀少而著称，但是实际上沙漠的生物多样性是较高的。沙漠的植物种群主要包括：灌木丛、仙人掌属、滨藜和沙漠毒菊。大多数荒漠植物都耐旱耐盐，被称为旱生植物。许多荒漠物种使用 C_4 光合途径或景天酸代谢途径，这在干旱、高温、缺少氮和二氧化碳的情况下要优于大部分 C_3 植物。另外，荒漠植物通过的叶子表面有很厚的蜡质，防止水分损失。有些植物在其树叶、根系、枝干处存水。其他荒漠植物发展出广阔的根系，可以吸收更广、更深范围内的水。

即使如此，在荒漠水源较充足地区依然会出现绿洲，具有独特的生态环境利于生活与生产。生活在荒漠生态系统中的人们掌握了特殊的生存本能，如坎儿井就是人类在荒漠中运输水分用于灌溉的特殊发明。

干旱是荒漠中的强大因素，存在于年降水量少于200毫米或年降水量较多但季节分布不均匀的炎热地区，组成荒漠生态系统的生产者和消费者必须具有对干旱的适应能力，否则无法生存；在热带和亚热带荒漠中还必须能抵抗过热的胁迫。因此，荒漠生态系统必然具有相应的结构和功能。

（1）生产者：荒漠生态系统的生产者由荒漠植物为主，但植被极度稀疏，有的地段大面积裸露。按照适应特点的不同，荒漠植被主要分为3种生活型：①荒漠灌木及半灌木：具发达根系和小而厚的叶子，茎干多呈灰白色以反射强光，如霸王花、白刺、红砂等属的一些种。②肉质植物：多分布在南美及北非的荒漠中，如仙人掌科、大戟科与百合科的一些种。③短命植物与类短命植物：前者为一年生，后者系多年生，在较湿润的季节迅速完成其生活周期，以种子或营养器官度过不利时期。

（2）消费者：荒漠生态系统的主要消费者包括爬行类、啮齿类、鸟类及蝗虫等。各自进化出不同的方法来适应极度缺水的环境。如某些啮齿类动物能以干种子为生而不需要饮水，也不需要水调节体温。爬行类和一些昆虫都有相对不为水渗透的体被和干排泄物（尿酸和嘌呤）。据英国生态学家研究：沙漠昆虫是防水的，具有一种在高温下能保持不透水的物质。

（3）分解者：由适应干旱、高温或炎热的各种微生物以及食腐的动物、土壤线虫和蚯蚓等为主，这类生物负责将死亡的动植物分解，并还原为其他生物可以利用的物质。细菌、放线菌和真菌等构成荒漠生态系统的主要分解者，细菌以无芽孢杆菌为主，假单胞菌占优势；真菌均以青霉菌为主。此外，荒漠微生物中固氮菌占39%～54%，氨化菌占48%～60%，硝化菌和纤维素分解菌为数甚少。固氮菌除了分解有机碳，还可利用大气中的氮素，为贫瘠的荒漠提供营养。

（4）生产力元素循环：荒漠生态系统的初级生产力非常低，低于0.5克/（平方米·年）。生产力和降水量之间呈线性函数关系。由于初级生产力低，严重限制了能量流动和物质循环的规模，荒漠动物不是特化的捕食者，仅仅依靠一种类型的食物，无法维持生存，因此必须寻觅可能利用的各种能量来源。即使在荒漠中最肥沃的地方，绝大多数营养物质也只限于土壤表层10厘米左右。由于植物生长缓慢，动物也具有较长的生活史，造成了极低的物质循环速率。

提到荒漠生态系统，很多人会联想到很多负效应，认为它并没有太大作用，或者试图通过人的努力将荒漠覆盖绿色植被，其实这种想法是错误的。荒漠生态系统是陆地生态系统一个重要的子系统，也是最为脆弱的生态系统类型之一。如果没有地球上的少水和炎热环境，水气循环和风就很难形成。荒漠生态系统具有防风固沙、土壤保育、固碳释氧、水资源调控、生物多样性保育、旅游文化等六大功能。

荒漠生态系统发展的限制因子是水，有了水，环境就会改变，生产力会很大提高。但不适当的利用反而会事倍功半。因此对荒漠的开发利用必须十分谨慎。我国西部某些地区，为了实施三北防护林和京津风沙源治理工程曾大面积栽种乔木以试图固沙并减少地面蒸发，但乔木的吸水量和蒸腾强度很大，短期内使局部地下水位下降，以致地表草类和灌木先后死亡，促使流动沙丘重新形成。

由于荒漠生态系统具有脆弱性，如果利用不合理，很容易导致土地沙化、土壤次生盐渍化等一系列的生态问题，在荒漠的利用过程中应该注意以下问题。

（1）合理利用水资源，保护绿洲：在荒漠地区，水是最主要的限制因子，而绿洲农业是荒漠地区人类生存的最基本条件。合理利用水资源，保护绿洲是荒漠地区发展的关键。水资源的不合理利用可能导致绿洲向荒漠转化。在开发利用过程中应从生态系统观点出发，结合植物需水量，采取喷、滴灌等措施节约水源，并采用草、灌、乔综合治理才能改善环境以求得较大的生产力，否则必将受到自然界的报复。

（2）防风固沙：在荒漠地区，风沙经常威胁农业生产和人们的生活，开展防风固沙是农业生产的必要保证。防治荒漠化是我国的一项长期任务，只有深刻认识了荒漠生态系统的功能，才能更好地对干旱区进行生态恢复和保护区域环境，实现可持续发展。

（3）保护荒漠地区特有的生物多样性：特殊的自然条件造就了荒漠地区特殊的动植物种类，这些种类仅出现在荒漠地区。我国荒漠地区的珍稀植物有绵刺、裸果木、蒙古沙冬青等，珍稀动物有蒙古野驴和野骆驼等。这些珍惜的动植物资源都需要进行合理的保护与利用。

（蒋高明）

1.10　冻原生态系统

冻原生态系统又称为苔原。这一名词来源于芬兰语 tunturi，意思是没有树木的丘陵地带，是寒带植被的代表。冻原生态系统是由极地、高纬度高山或高原成分的藓类、地衣、小灌木、矮灌木等多年生草本组成的生物群落及其周边环境组成的综合体。

全球冻原主要分布于欧亚大陆北部和北美洲北部，形成一个大致连续的地带，位于最北的森林植被带和常年冰雪覆盖的北极地区之间。在南半球仅分布在马尔维纳斯群岛、南佐治亚群岛和南奥克尼群岛，我国也有少量分布。

冻原有两大类：位于广大平原地区上的称平地冻原；位于山顶和山地高原上的称山地冻原。前者环绕北冰洋构成一个冻原地带；后者不仅分布于极地，还向南分布到较低纬度的一些山地和高原。在欧亚大陆，随着从南到北气候条件变化，冻原又可分为 4 个亚带：森林冻原，灌木冻原，藓类、地衣冻原和北极冻原。

我国冻原仅分布在长白山海拔 2100 米以上和阿尔泰山 3000 米以上的高山地带。长白山高山冻原生态系统以小灌木、藓类为主，植物组成为多瓣木占优势，其次为越橘、牛皮杜鹃和松毛翠等。此外，还伴生许多高山特有的矮小草本植物，如北方蒿草、高山龙胆等。阿尔泰山西北部冻原生态系统主要以藓类、地衣为优势种，这些藓类在高寒地带密集丛生，形成垫状群落。这种藓丛与多种多样的地衣群落构成高山苔原特有景色。

冻原土壤的永冻层是冻原生态系最为独特的一个现象。冬季漫长且寒冷，夏季短暂，气温不超过 10℃。永冻层是指土壤下面永久处于冻结状态的岩土层，深度从几十米到几百米不等，甚至达 1000 米。它的存在阻碍了地表水的渗透，易引起土壤沼泽化。冻土层上部是冬冻夏融的活动层，其厚度在 0.7~1.6 米。活动层对生物的活动和土壤的形成具有重要意义：植物根系得到伸展，吸取营养物质；动物在此挖掘洞穴；有机物得到积累和分解，供给分解者营养。

冻原生态系统生物种类组成贫乏，群落结构简单。在长期对不利生态条件的适应过程中，形成了多种多样的生活型，它们的植物残体在土壤中炭化或泥炭化占优势。冻原生物群落表现有如下特点：①植物组成和群落结构简单，冻原植物种类的数目通常为 100~200 种。多是灌木和草本，无乔木。苔藓和地衣很发达，在某些地区为优势种。藓类和地衣具有保护灌木和草本植物越冬芽的作用。②具有抗寒和抗干旱的生理生态习性。许多植物的营养器官在严寒中不受损伤，甚至在雪上生长和开花。北极辣根菜的花和果实在冬季可被冻结，春季气温上升，解冻后又继续发育。③冻原植物通常为多年生植物。冻原没有一年生植物，如矮桧、酸果蔓、喇叭茶等均为多年生植物，这些常绿植物在春季能够很快进行光合作用，而不必花很多时间形成新叶。为适应大风，有些植物矮生，紧贴地面，匍匐生长，如北极柳、网状柳等。有些是垫状型，如高山蓼莪。这些是抵抗冻原大风，适应环境的重要特征。④北极冻原生态系统的动物很少。北极地区的动物绝大部分是环极地分布的，主要有驯鹿、麝牛、北极熊、旅鼠等。植食性鸟类比较少，几乎没有爬行类和两栖类动物，昆虫种类少，但数量很多。

生态环境条件的严酷性，使得冻原植物种类稀少，但分布面积大。冻原结构简单，对外界抗干扰能力差，植物根系或根茎是相互交织在一起的，起着涵养水源和保土作用。除此之外，气候寒冷，限制了农业的发展，使得高山冻原形成和保存了一些特别适应于高山苔原环境和具有特殊经济价值的植物资源。有些还具有药用价值，如牛皮杜鹃、藏黄连和雪莲花等。从冻原资源保护与利用的角度出发，建立苔原植物实验基地和培育原始材料圃很有必要。

近年来，受全球气候变暖的影响，永冻层以及高山地区融化加剧，对冻原生态系统造成了较大破坏。冻原生态系统对气候变暖非常敏感，加强冻原生态系统保护研究迫在眉睫。

（蒋高明）

1.11　生态系统承载力

生态系统承载力，指某一特定环境条件下（主要指生存空间、营养物质、阳光等生态因子的组合），某生物个体存活的最大数量。随着土地退化、资源短缺、环境污染和人口膨胀等问题不断出现，维护生态系统承载力被提到日程上来。今天，这一概念被广泛用于和生态有关的研究，如水资源承载力研究、土壤承载力研究、矿产资源承载力研究等。因为生态系统中各组分都处在相互影响和制约当中，人们倾向于综合研究生态系统承载力。

生态系统承载力包括三层基本含义：①生态系统的自我维持与自我调节能力；②资源与环境子系统的供容能力，为生态系统承载力的支撑部分；③生态系统内社会经济子系统的发展能力，为生态系统承载力的压力部分。

生态系统自我维持与自我调节能力是指生态系统的弹性大小；资源与环境子系统的供容能力则分别指资源和环境的承载能力大小；而社会经济子系统的发展能力，主要是指生态系统可维持的社会经济规模和具有一定生活水平的人口数量。通俗地理解，生态系统承载力是生态系统维持和调节能力的阈值；如果超过这个阈值，生态系统将失去维持平衡的能力，由高一级的生态系统降为低一级的生态系统，甚至遭到摧毁或归于毁灭。

生态系统承载力提出具有重要意义，其研究经历了从一般定性描述到定量和机制的探讨，从单学科、单要素的综述研究过程，越来越趋近于生态承载力的客观本质。认识生态系统的客观性、可变性和层次性，从资源开发与区域发展战略出发，找出生态系统的最大承载力，可为国家进行经济产业发展决策、规划、计划提供科学依据，从而避免生态灾难。

（1）客观性：生态承载力客观性，是生态系统最重要的固有功能之一。这种功能一方面是为生态系统抵抗外力的干扰破坏提供了基础，另一方面为生态系统向更高层次发育奠定了基础。

（2）可变性：生态系统稳定性，是相对意义的稳定，而不是固定不变的。生态承载力虽然客观存在，但并不是固定不变的，在一定范围内，人们可按照对自己有利的方式，去积极提高系统的生态承载力。

（3）层次性：生态环境稳定性，不仅表现为小单元的生态系统水平上，而且表现在景观、区域、地区以及生物圈各个层次上。在不同层次水平上，生态系统承载力也不同。

生态系统承载力的分析方法主要有三种。

（1）生态足迹评价方法：由加拿大大不列颠哥伦比亚大学资源生态学教授里斯（Willian E. Rees）和他的同事在 1996 年提出。生态足迹是指，为了承载一定生活质量的人口，所需的可供使用的可再生资源大小，包括能够消纳废物的生态容量，又称之为适当的承载力。2004 年，世界自然基金会《2004 地球生态报告》使用了生态足迹这一指标。如果生态足迹超过了生态承载能力，就是不可持续的。为实现全球可持续发展，每个人都有义务和责任来减少自然资源的消费，减小自身的生态足迹。

（2）自然植被净第一性生产力分析方法：它反映的是某一自然体系的恢复能力。自然植被净第一生产力作为表征植物活动的关键变量，是陆地生态系统中物质与能量运转研究的重要环节，其研究将为合理开发、利用自然资源及对全球变化所产生的影响采取相应的策略和途径提供科学依据。

（3）遥感和地理信息系统分析方法：利用 GIS 技术结合 RS、GPS 手段，可对区域环境开发、人类活动对区域生态承载力影响进行系统的分析，同时对影响累积、生态承载力大小，在区域、局域和局部进行多尺度转换。3S 分析手段能通过展现空间"拥挤"和"破碎"效应，预测生态承载力在人类开发活动累积影响下的空间结构变化。

除此以外，随着研究对象趋向多元化、研究领域呈现交叉化，生态系统承载力研究手段出现了系统动力学、状态空间法、生态脆弱性分析等。实践表明，以单要素承载力研究的局限性越来越突出，已不能适应生态系统资源开发与发展的要求，而以系统的观点，从综合多要素角度研究生态承载力，是今后生态承载力研究的方向和趋势。　　　　　（蒋高明）

1.12　生态系统健康

生态系统健康，是指生态系统自我维持与发展的综合特性，表征生态系统所具有的活力、稳定和自调节能力。一个生态系统在结构、功能上与理论上所描述的相近，那么它们就是健康的，否则就是不健康的。一个病态的生态系统往往是处于衰退、逐渐走向不可逆转的崩溃过程。生态系统健康是生态系统发展的一种状态，在这个状态中，地理位置、光照水平、可利用的水分、营养及再生资源都处于适宜或十分乐观的水平。评判生态系统健康的原则如下：

（1）生态系统健康具有物种多样性的特点。评判生态系统健康与否，不应该是建立在单个物种的存在、缺失或某一状态为基础的准则之上。生态系统结构复杂性和多样性对生态系统极为重要，它是生态系统适应环境变化的基础，也是生态系统稳定和优化的基础。维护生物多样性是生态系统管理计划中不可少的部分。

（2）生态系统中的资源都是有限的，不能无限开采。对生态系统的开发利用必须维持在资源再生和恢复的功能基础之上。生态系统对污染物也有一定限量的承受能力，当超过限量其功能就会受损甚至衰退。为此，对生态系统各项功能指标（功能极限、环境容量）都应该加以分析和计算。

（3）生态系统总是随着时间而变化，并与周围环境相互作用。生态系统动态，总是自动向物种多样性、结构复杂化和功能完善化的方向演替。生物与生物、生物与环境间联系，使系统输入、输出过程中，有支出也有收入，需要维持一定的平衡状态。生态系统评判中要关注这种动态变化，不断调整管理体制和策略，以适应系统的动态发展。

生态系统健康标准，包括防御功能、物种多样性、生物量、互惠共生微生物、外来物种、污染物排放、营养物、群落呼吸、转化率和分解率、元素循环等 10 个方面，它们分别属于生物物理范畴、社会经济范畴、人类健康范畴，以及一定的时间、空间范畴。具体指标含义如下。

（1）生态系统的防御功能指标：健康的生态系统具有防虫、防风、防旱、防火的功能，如果某些绿色植物防御性次生代谢物减少，就容易感染病害。另外，生态系统易受鼠害和虫害威胁，初级生产力下降，也都是不健康的。

（2）物种多样性：生物多样性贫乏，极端的例子是转变成单一优势种或物种组分向具有忍受压力的，或向 γ-对策者转变。反之就是健康的。

（3）生物量：生物量是生态系统健康重要的指标。在健康状况下，生物量尤其是初级生产者的质量，是不断累积的，而退化生态系统净初级生产力和生物量均呈下降趋势。

（4）互惠共生微生物数量：如果互惠共生微生物是减少的，生态系统就不健康；对生物生长不利的微生物增多也不健康。反之是健康的。

（5）外来种入侵：如果生态系统不能抵御外来种入侵，就会造成系统波动性及稳定性下降，生态系统不健康。反之是健康的。

（6）污染物排放：湖泊富营养化，海洋赤潮，大气和固体废弃物的负效应都是生态系统不健康的直观表现。

（7）营养物流失与否：健康的生态系统具有积累并利用营养物质的功能，如果生态系统中限制植物生长的营养物的流失量增加，这样的生态系统是不健康的。反之是健康的。

（8）群落呼吸：植物体或生物群落的呼吸量有明显增加，表明生态系统出现退化，否则是健康的。

（9）转化率和分解率：如果生态系统内产品转化率和分解速率增加，系统内养分损耗，则是不健康的；反之，枯枝落叶层的积累增加，则是健康的。

（10）元素循环：系统内水和营养物质损失严重，土壤的物理化学条件变劣，生态平衡失调，以非良性循环为主，这样的生态系统是不健康的；而健康的生态系统，元素能够自然循环，部分营养元素会出现积累如碳、氮等。

总之，生态系统健康的指标是多尺度、动态的。它具有结构（组织）、功能（活力）、适应力（弹性）三个方面，这三方面是系统健康的具体反映。健康的生态系统一定是能够自我维持的，具有自我修复能力，完全可脱离人类的干扰而自然存在，并生机盎然。

生态系统健康是与人类的生存和社会需求密切相关的。中国作为世界上最大的发展中国家，在经济社会取得了突飞猛进发展的同时，所引发的一系列生态和环境问题也非常突出。中国生态环境退化，既有全世界所面临的共同问题，又有它的特殊性。动态解析我国自然资源和环境质量时空演化、生态系统对全球变化和经济开发的响应特征，探讨环保型产业经营和不同类型生态系统的可持续管理、退化和受污染生态系统的恢复和重建，都是关乎生态系统健康的重要措施。

（蒋高明）

1.13　生态系统质量与稳定性

2017 年 10 月，党的十九大报告中指出，要实施重要生态系统保护和修复重大工程，优化生态安全屏障体系，构建生态廊道和生物多样性保护网络，提升生态系统质量和稳定性。该报告中指出的生态系统质量与稳定性的含义分别是什么呢？

（1）生态系统质量。生态系统质量，指的是生态系统的健康状态，这种状态表现为生态系统自我维持与抗干扰能力的大小。健康的生态系统具有良好的结构即生产者、消费者与分解者，有较高的生产力，能够发挥生态系统的多种功能，如生物多样性维护、水土保持、食物供应、气候调节、水循环等。高质量的生态系统中没有废物，元素循环与能量流动均能够正常进行。一般地，评价生态系统质量需要一些人为选择的指标，这些指标反映生态系统的内涵及特征。对于所有生态系统类型，通用的生态系统质量评估指标一般包括：

①生物物种：即植物、动物、微生物的种类和数量，及空间分布格局等。物种是生态系统的核心成分，不同物种相互关联，有竞争也有合作，共同维护生态系统运作，即能量流动与元素循环。

②大气质量：包括大气背景值；降雨、降雪 pH 值、空气污染物浓度等。大气是生态系统的气体成分，可为光合作用与固氮作用提供原料，同时提供水、热等资源，大气清洁度与正常流动是生态系统健康的重要标志。全球气候变暖就是由于大气中的二氧化碳等温室气体浓度升高而引起的。

③土壤质量：土壤承载着植被；很多底栖物种在土壤中生存；生态系统中的元素地球化学循环也主要发生在土壤圈内。土壤类型，土壤元素背景值，土壤质量（肥力、水分、质地、厚度）等都是土壤质量的重要指标。

④水分质量：生态系统中的水分包括淡水与海水（构成海洋生态系统的主体）两大类，一般陆地生态系统中的水以地表水状况、地下水状况为主，淡水中分布鱼类、两栖类，鸟兽类的饮用水也来自生态系统。人类不合理的经济活动首先引起陆地水污染，质量严重下降，其次是造成海洋污染如赤潮、白色污染等。

⑤气候要素：年降水量；降水分布均匀度；灾害性天气日数；无霜期；蒸发量；常年风速等构成生态系统的气候因素，这些指标均与生态系统质量有关。

⑥环境质量：环境指标是针对人类利用生态系统资源而定义的，一般将绿色植被覆盖率、人均绿地面积、资源和环境保护程度、土地资源土地总面积；森林面积；草原面积；农田面积；可利用水域面积；可利用山地丘陵面积；可利用滩涂面积；可利用湿地面积；水资源总量、可利用水资源量等列为生态系统中的环境质量指标。

除了上述自然生态系统质量，还有两大类生态系统质量出现了发展问题，必须引起高度重视。它们均以人工生态系统为主。

农业生态系统质量：农业与城市生态系统与人类活动密切相关。近一个世纪以来，农业生态系统由于大量采用工业化办法，出现了严重的耕地质量下降；农业生物多样性下降或消失，突出表现在天敌和授粉昆虫减少；人类培育了上万年的作物或动物优良遗传基因丧失；大量农药、化肥、地膜使用造成耕地污染，直接导致人类食物链污染。当今中国经济社会和谐发展，必须充分考虑到农业生态系统质量。针对我国农田生态系统退化问题，中央指示要严格保护耕地，扩大轮作休耕试点，健全耕地草原森林河流湖泊休养生息制度。采取生态农业办法修复退化的农田生态系统，维持较高的生产力与健康安全的食物多样性，是农业生态系统质量研究的重要内容。

城市生态系统质量：城市生态系统也属于人工生态系统，是在自然生态系统或农田基础上建立的人工生态系统。如果没有人为因素，它的抵抗力稳定性和恢复力稳定性都比较脆弱。增加物种数量和营养结构的复杂程度，可提高城市生态系统抵抗力与稳定性。当前，城市生态系统质量提升的重点在于增加城市生物多样性，减少硬化空间，发展海绵城市，加大城市代谢途径研究。城市垃圾尤其可降解生活垃圾转变有机肥，可为农业生态系统提供大量的有机肥，从源头减少矿山开采压力。城市发展好了，可以提升自然生态系统恢复潜力，并促进农业生态系统质量提升。

（2）生态系统稳定性。生态系统稳定性，指生态系统所具有的保持或恢复自身结构和功能相对稳定的能力，主要通过反馈（feedback）调节来完成。生态系统反馈条件又分为正反馈（positive feedback）和负反馈（negative feedback）两种。负反馈对生态系统达到和保持平衡是必不可少的。正负反馈的相互作用和转化，保证了生态系统可以达到一定的稳态。譬如，如果草原上的食草动物因为迁入而增加，植物就会因为受到过度啃食而减少；而植物数量减少以后，反过来就会抑制动物的数量，从而保证了草原生态系统中的生产者和消费者之间的平衡。自然生态系统中正反馈的例子不多，但也客观存在着。例如，有一个湖泊受到了水生植物入侵，大量枯落物加速湖泊富营养化，增加的营养让陆地植物更容易生长，最终乔木物种进入，原来的湖泊变成了森林。

不同生态系统的自我调节能力是不同的。一个生态系统的物种组成越复杂，结构越稳定，功能越健全，生产能力越高，它的自我调节能力也就越高。因为物种的减少往往使生态系统的生产效率下降，抵抗自然灾害、外来物种入侵和其他干扰的能力下降。而在物种多样性高的生态系统中，拥有着生态功能相似而对环境反应不同的物种，并以此来保障整个生态系统可以因环境变化而调整自身以维持各项功能的发挥。因此，物种丰富的热带雨林生态系统要比物种单一的农田生态系统的自我调节能力强。

生态系统稳定性不仅与生态系统的结构、功能和进化特征有关，而且与外界干扰的强度和特征有关，因此稳定性是一个比较复杂的概念。目前，生态学界公认的生态系统稳定性是指生态系统保持正常动态的能力，主要包括抵抗力稳定性和恢复力稳定性。长期以来，人们认为抵抗力稳定性与恢复力稳定性是相关的，抵抗力稳定性高的生态系统，其恢复力稳定性低。

但是，抵抗力稳定性与恢复力稳定性也存在相反的情况。例如，热带雨林大都具有很强的抵抗力稳定性，因为它们的物种组成十分丰富，结构比较复杂；在热带雨林受到一定强度的破坏后，恢复时间会十分漫长。相反，对于极地苔原（冻原），由于其物种组分单一、结构简单，它的抵抗力稳定性很低，在遭到过度放牧、火灾等干扰后，就会很快恢复。因此，直接将抵抗力稳定性与恢复力稳定性比较，可能这种分析本身就不合适。如果要对一个生态系统的两个方面进行说明，则必须强调它们所处的具体环境条件。一般情况下，环境条件好，生态系统恢复力和稳定性较高，反之亦然。

（蒋高明）

1.14　生态系统服务

生态系统服务，是指人类直接或间接从生态系统得到的利益，主要包括向经济社会系统输入有用物质和能量、接受和转化来自经济社会系统的废弃物，以及直接向人类社会成员提供服务（如人们普遍享用洁净空气、水等舒适性资源）。与传统经济学意义服务不同的是，生态系统服务只有一小部分能够进入市场，大多数生态系统服务是公共品或准公共品，无法进入市场交易。生态系统服务以服务流的形式出现，能够带来这些服务流的是由生态系统构成的自然资本。

关于生态系统服务分类，主要从生态系统服务功能和价值入手。这里先谈谈生态系统服务功能的有关分类提法。

1997 年康斯坦赞（Costanza）强调生态系统服务这一观点，并对其进行分类研究。此后，许多研究者都从自己的研究角度出发，对生态系统服务功能进行分类，具体为大气调节、气候调节、扰动调节、水分调节、水供应、侵蚀控制、土壤形成、营养物质循环、废物处理、传粉、生物控制、栖息地、食物供应、原材料、基因资源、娱乐、文化等 17 类。最早的分类体系，体系完整，应用范围很广。

Daily 等在 1997 年，将生态系统服务功能分为缓解干旱和洪水、废物降解、产生和更新土壤、植物授粉、农业病害虫控制、稳定局部气候、支持不同的人类文化传统、提供美学和文化、娱乐等 13 类。该分类系统较小，但类型内部的研究比较详细。

2000 年前后，国内有学者将生态系统服务的功能类型分为生物生产、调节物质循环、土壤形成与维持、调节气象气候及气体组成、净化环境、生物多样性保护、传粉播种、防灾减灾和社会文化源泉等 9 类，并对各类别进行了简单的概括。

2005 年，联合国《千年生态评估》报告，将生态系统服务功能分为供给服务（食物、淡水、燃料、纤维、基因资源、生化药剂）；调节服务（气候调节、水文调节、疾病控制、水净化、授粉）；文化服务（精神与宗教价值、故土情节、文化遗产、审美、教育、激励、娱乐与生态旅游）；支持服务（土壤形成、养分循环、初级生产、制造氧气、提供栖息地）4 大类 23 种。这种分类体系系统性强，覆盖度较广。

2010 年，国际上继续将生态系统服务分为：提供服务（包括食物、水、原料、药用和遗传、观赏植物资源）；监管服务（监管空气质量、气候、水土流失、水质、土壤肥力、极端事件、水流、授粉和生物控制）；生物多样性的经济学考量；迁徙物种的生命周期维护（栖息地）和基因库保护；美化和审美服务（审美信息、娱乐和旅游的机会、文化艺术和设计的精神体验和供应认知发展的信息）等，其分类比较全面，并且注重文化等服务功能的测度。

2012年，国外有学者提出生态系统服务的功能类型，包括气候调节、干扰的预防、淡水的调节和供应、废物的吸收、营养调节、珍稀物种栖息地的保护、娱乐、美学和舒服性、土壤保持和形成、授粉10类。这种分类虽较为全面，但不够详细。

同时，有人提出生态系统功能服务，应包含生态完整性(无生命的非均质性、生物多样性、生物水流、代谢效率、获得能量、减少养分损失、存储容量)；调节性服务(调节当地气候、调节全球气候、防洪、地下水补给、空气质量监管、侵蚀监管、调控营养、净化水、授粉)；提供性服务(作物、牲畜、饲料、捕捞渔业、水产养殖、野生食物、木材、木头燃料、生物能源、生化和医学药剂、淡水)；文化性服务(娱乐与审美价值、生物多样性的内在价值)等4类29种。这种分类比较系统、全面，但体系较为复杂。

生态系统服务功能的种类，涉及多重价值属性，因而，对生态系统服务价值的各项功能进行服务价值属性归类是科学、合理量化其价值的一个前期工作，为此国内外学者也做了不少尝试。

有人从生态系统服务功能的价值与市场联系的角度，将生态系统服务价值分为3类：①能以商品形式出现于市场的功能；②虽不能以商品形式出现于市场，但有与某些商品相似的性能或能对市场行为有明显影响的功能；③既不能形成商品，又不能明显地影响市场行为的功能，其与现行市场机制有关，需用特殊途径加以计量。

还有人将生态系统服务价值简要总结为4类，即：

(1)直接价值：指生态系统服务功能中可直接计量的价值，是生态系统生产的生物资源的价值，包括食品、医药、景观娱乐等。

(2)间接价值：指生态系统给人类提供的生命支持系统的价值，如保护土壤肥力、净化空气、涵养水源等。

(3)选择价值：指个人和社会为了将来能利用(直接利用、间接利用、选择利用和潜在利用)生态系统服务功能的支付意愿如人们为将来能利用生态系统的涵养水源、净化大气以及游憩娱乐等功能的支付意愿。选择价值又可分为三类：自己将来利用、子孙后代利用(遗产价值)、别人将来利用(替代消费)。

(4)存在价值：也称内在价值，是指人们为确保生态系统服务功能的继续存在(包括其知识保存)而自愿支付的费用。

对生态系统的服务功能进行价值量化，这一过程，其本身并不能改变对生态系统利用的正当与否这一动机。为了考虑生态系统的服务功能价值，必须对其进行尽可能完善的评估，随着生态经济学、环境和自然资源经济学的发展，生态学家和经济学家在评价生态系统服务的变动方面做了大量研究工作，Costanza等人(1997)关于全球生态系统服务与自然资本价值估算的研究工作，指出全球生态系统服务每年的总价值为16万亿~54万亿美元，平均为33万亿美元。33万亿美元是1997年全球GNP的1.8倍。那么这些服务价值是如何测算的呢？目前生态系统服务功能价值评价的主要方法见表1-1。

表 1-1 生态系统服务功能主要价值评价方法

类型	具体评价方法	方法特点
市场 价值法	生产要素价格不变	将生态系统作为生产中的一个要素，其变化影响产量和预期收益的变化。
	生产要素价格变化	
替代市场 价值法	机会成本法	以其他利用方案中的最大经济效益作为该选择的机会成本
	影子价格法	以市场上相同产品的价格进行估算
	影子工程法	以替代工程建造费用进行估算
	防护费用法	以消除或减少该问题而承担的费用进行估算
	恢复费用法	以恢复原有状况需承担的治理费用进行估算
	资产价值法	以生态环境变化对产品或生产要素价格的影响来进行估算
	旅行费用法（TCM）	以游客旅行费用、时间成本及消费者剩余进行估算
假想市场 价值法	条件价值法（CVM）	以直接调查得到的消费者支付意愿（WTP）或 WTA 来进行价值计量

生态系统服务功能价值评价具有如下意义：

第一，可有效地帮助人们定量地了解生态系统服务的价值，从而提高人们对生态系统服务的认识程度，进而提高人们的环境意识，促使商品观念的转变。商品的价值，除了原有的传统的商品价值意义之外，还应包括生态系统服务中没有进入市场的价值。这样，生态系统服务价值研究就打破了传统的商品价值观，为自然资源和生态环境的保护，找到了合理的资金来源，具有重要的现实意义。

第二，促进将环境保护纳入国民经济核算体系。党的十八大提出建设社会主义生态文明，加强生态文明制度建设，建立面向生态文明的束缚机制；要把资源消耗、环境损害、生态效益纳入经济社会发展评价体系，建立体现生态文明要求的目标体系、考核办法、奖惩机制；要实现上述目标，必须深化资源性产品价格和税费改革，建立反映市场供求和资源稀缺程度，体现生态价值和代际补偿的资源有偿使用制度，并实施生态补偿制度。

第三，生态系统服务功能价值评价研究，可有助于了解生态系统给人类提供的全部价值，促进环保措施的合理评价。

第四，为生态功能区划和生态建设规划奠定基础。通过区域生态系统服务的定量研究，能够确切地找出区域内各生态系统的重要性，发现区域内生态系统敏感性空间分布特征，确定优先保护生态系统和优先保护区，为生态功能区的划分和生态建设规划提供科学依据。

需要指出的，国内外学者都是从生态系统本身的功能角度，探讨生态系统可能服务的各种类型，并将其赋值，警示人们如果在生态系统破坏后，将付出巨大的治理代价，有些甚至无从弥补，如物种消失后不能再生。其分类系统大同小异，这些分类大都是站在人类的角度，以资本的角度出发考虑问题较多，这种分类虽有一定的客观性，但显然具有明显的功利性。所有这些，都需要向国内使用这一概念的研究者或决策者客观指出来。

（蒋高明）

1.15　千年生态系统评估

《千年生态系统评估》（The Millennium Ecosystem Assessment，简称 MA）是联合国于 2001 年 6 月 5 日世界环境日之际，由世界卫生组织、联合国环境规划署和世界银行等机构或组织开展的国际合作项目，首次对全球生态系统进行的多层次综合评估。作为 MA 主要成果的技术报告、综合报告、理事会声明、评估框架和若干个数据库，已于 2005 年完成并公开发布。MA 是迄今为止全球生态学家组织和参与的最大规模的研究项目，它对全球生态系统的状态和变化趋势进行了总体评估，并取得了重大而可靠的研究成果。

《千年生态系统评估》是为了满足决策者和公众对相关科学信息的需求而开展的，这些科学信息包括生态系统的状态、生态系统变化对生态系统满足人类需求能力的潜在影响，以及提高生态系统管理水平的方针政策和工具等。

MA 目标为，通过完善决策者和公众所使用的科学信息，提高实施生态系统评估能力以及提高应用评估成果的能力，提高政府进行经济决策与环境决策的能力，提高生态系统管理水平，促进人类可持续发展。

其核心任务是：①生态系统现状评估，重点是对生态系统过程、生态系统所提供的产品和服务进行评估；②预测生态系统的未来变化，由于人口增加、经济增长、技术进步以及气候变化等驱动力的作用，生态系统必然会发生变化，对这种变化预测也是千年生态系统评估的一个核心任务；③提出对策，要提高生态系统为人类提供各种产品和服务的能力，应采取什么样的对策；④在一些典型地区，启动若干个区域性生态系统评估计划。

MA 是对人与自然关系的综合评估，包括全球生态系统现状和历史演替趋势的评估、情景分析和响应机制等三大部分。

MA 系统论述了供给（淡水、食物、木材、生物制品）、支持和调节（生物多样性、营养物质循环和土壤肥力、大气质量和气候、感染人类疾病的菌原体、废弃物处理和降解、缓解自然灾害）以及文化和美学等 9 类生态服务；评估了全球农田、旱地、林地、城市、水域、海岸带、海洋、极地、山地、海岛等 10 类生态系统；开展了全球一体化、生态工程、强权维序及适应性管理等四类情景分析，并最终落实了 8 项。

MA 特别关注的是生态系统服务与人类福祉之间的联系。生态服务的对象就是人类福祉，包括维持高质量生活所需的基本物质条件、自由权与选择权、健康、良好的社会关系，以及安全等。从这个角度来看，贫困的定义是"对福祉的断然剥夺"，而福祉则是它的反面。

MA 主要侧重于以下几个方面进行评估：生态系统服务功能的变化是怎样影响人类福祉的？在未来的几十年中，生态系统的变化可能给人类带来什么影响？人类在局部地区、国家和全球尺度上，采取何种对策才能改善生态系统管理状况，从而改善人类福祉和消除贫困？MA 的特色在于，探索生态系统和人类福祉之间的耦合关系，将人从传统的外生变量，变成内生变量，将经济、环境、社会和文化纳入生态系统范畴进行综合，从而对自然科学和社会科学方面的信息进行整合。具体内容包括，对生态系统服务进行定量（系统分析)和定性(情景分析)研究,将实验性和机理性研究结合起来,将整体论与还原论结合起来,从而对生态系统进行综合规划、管理与建设。

千年生态系统评估关注的是,生态系统变化对人类的基本需求,如食物、燃料、纤维、水等的影响;生态系统的变化对局地气候的影响,对人类健康和经济状况的影响;对文化、道德、美学以及伦理价值的影响等。人类对生态系统的影响,首先改变生态系统对人类提供产品和服务能力,改变相邻系统的物质能量流。千年生态系统评估,不仅根据生物学或生态学原理,还根据社会和经济的思想,来研究生态系统的产品和服务。考量生态系统服务的经济贡献,生态系统服务的供给变化,对地方和国家经济的影响,对就业的影响,对穷人的影响;考虑生态系统服务的变化对人类的影响;考虑生态系统变化对不同社会群体尤其是妇女人群等不同影响;考量人口格局和人口迁移的影响等等,都在 MA 的框架之内。千年生态系统评估的概念框架如图。

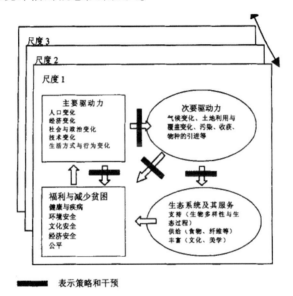

千年生态系统评估的概念框架

千年生态系统评估的方法和步骤如下:

(1)确定评价地区的地理范围。评价范围大到整个地球、小到一个行政区域、地理区域或流域。

(2)与用户一起确定信息和能力需求。

(3)确定分析单元(即整个范围内的亚地理单元、景观要素、农业生态带等)。可把要评价的区域看作一个生态系统,也可以看做是一系列的不同的生态系统或景观要素。通常根据主要植被覆盖类型(森林、草地)、土地利用(农业生态系统)或自然特征(淡水生态系统、海洋生态系统),来定义区域或生态系统。

(4)对地区特征及生态系统随时间变化的特征进行表述。这些特征包括土地覆盖、陆地群落、水生群落、土壤、水资源等的空间分布和范围、生态系统间的物质能量流、火、干扰、破碎化格局以及这些特征的历史趋势等。

(5)对人类生态系统提供的产品和服务情况进行表述,包括以下内容:生态系统利用现状、生态系统在满足人类对各种产品和服务(如食物、水、纤维、木材、生物量、能量、清洁空气、保护功能、文化和美学价值、提供娱乐机会、肥料、饲料及其他具有社会经济意义的产品和服务)的能力、产生各种产品和服务的量的多少及其经济价值、对人类健康、生活与工作的影响等。

(6)刻画生态系统状态及其随时间变化趋势。从生态学的观点来看，生态系统状态指的是生态系统的生物特征和自然特征，如物种、初级生产力、蒸散量等，这些都是长期监测生态系统最重要的信息。然而，对决策者和公众来说，他们更关心的是，生态系统满足人类特殊的目的和需求情况。因此，千年生态系统评估强调按照生态系统满足人类特殊目的和需求的能力，来刻画生态系统的状态，同时也注重那些与生态系统的产品和服务直接联系的生态系统特征，如净初级生产力、土壤有机质等。因为这些状态特征是监测生态系统变化的基本特征。

(7)对影响生态系统的驱动力进行预测。人口动态、经济福利、生活方式，对能源、原材料、食物和水的需求等，都构成影响生态系统演变的驱动力，要对其进行科学预测。

(8)评价各种预测结果对生态系统提供的产品和服务的影响。在提出预案后，就要评价各种驱动力的变化对生态系统的产品和服务影响，在全球尺度上或其他尺度上对结果进行评价或验证。

(9)制定政策，寻求适宜技术手段来减少生态系统变化的负面影响，增加生态系统总服务能力。

(10)确定进行监测与研究的各种需求，确定参与机构和人员的各种需要，以便能更好地进行生态系统状态评估，提高评估能力。

目前，我国已经进入到一个建设以人为本，社会经济可持续发展为目标的和谐社会的新时期。我国所面临的严酷现实是，由于人口多、经济结构不尽合理和有些地方对自然资源的掠夺式开发，我国面临着水旱灾害频繁、水土流失严重、荒漠化扩展、水体污染加剧、外来物种入侵、生态系统全面退化，以及生物多样性丧失等严重的生态问题，这些已成为严重影响我国经济社会乃至政局稳定的瓶颈问题。

健康的生态系统及不断改善的生态系统服务，是人类生存和社会经济发展的基本保障。基于这种认识，我们应密切关注并积极参与 MA 的后续行动，为实现其总体目标和各项任务发挥积极作用。通过参与 MA 的后续活动，从理念、机制和途径等各个方面，推进我国的生态系统管理工作，并由此带动我国生态科学、环境科学、资源科学和地理学发展，让这些学科在国民经济主战场发挥重要引领作用。

（蒋高明）

1.16　自然资产

自然资产是具有明确的所有权，且在一定的技术经济条件下，能够给所有者带来效益的自然资源。随着全球生态形势的进一步恶化，以及人们对生态环境认识水平的不断提高，人们对自然资产概念的理解，不再局限于自然资源的价值，而是涵盖了自然环境中可以为人类所利用的、表现形式丰富多样的所有物质，或其非物质价值形态，如气候、海洋、森林、河流、土壤以及生物、生态系统产品等生态服务价值。自然资产是一种生态资产，自然资产也进入经济社会记账系统。联合国和世界银行记账系统（The UN System of National Accounts，SNA）及联合国环境与经济综合记账系统（UN Integrated System of Environmental and Economic Accounts，SEEA）都将自然资产纳入其中。

自然资源资产的类别极其多样，可以有多种分类方法：

(1)按自然资源资产的主体性质划分，可分为公有（国家所有、集体所有）自然资源资产、私有自然资源资产、共有（混合所有）自然资源资产以及无主的自然资源资产。在我国，自然资源资产公有制是主体。随着改革深入，自然资源资产共有、私有形式亦将不断出现，但在法律上目前还难以认定。

(2)按自然资源资产的实物性质划分，可分为土地资源资产、水资源资产、矿产资源资产、生物资源资产、生态资源资产和综合性资源资产。其中，由于土地的空间属性，土地资源资产是最重要、最基础的自然资源资产，其他自然资源资产往往与此有高度的关联性。

(3)按自然资源资产的使用性质划分，可分为公益性资源资产、非公益性资源资产和介于二者之间的准公益性资源资产。公益性资源资产，顾名思义，指完全用于公共目的、不以获取经济利益为目的的资源资产，如气候资源、水资源与森林资源、草资源等。

(4)按自然资源资产存在的位置特性划分，可分为原位性自然资源资产和开采性或非原位性自然资源资产。前者位置不可移动，如土地；后者位置可以移动，如矿产资源。在评价一个地区的自然资源资产时，应把重点放在原位性资源资产上，非原位性资源资产可通过贸易、合作等方式来获得。

(5)按自然资源资产的所有权分割特性划分，可分为专有资源资产和共享资源资产。前者边界清楚、可以分割、可以排他；后者可能边界不清、或不可分割、或不可排他、或没有法律硬性规定。公共资源资产，要交由政府进行公开配置或代为管理，专有资源资产，主要交由市场配置，并接受政府监管。

(6)按自然资源资产的重要性大小划分，可分为战略性资源资产和非战略性资源资产。前者关系国计民生，是资源资产中最活跃、位置最关键、在非常态下难以从国际市场获得的资源资产；后者的作用则非基础性、关键性、战略性的。在构建国家自然资源资产管理体系、建立健全自然资源资产管理体制时，应重点关注战略性资源资产，包括耕地资源资产、水资源资产、重要能源资产、森林资源资产等。

自然资产具有6个特点：

(1)与经济社会发展的互动性：很多生态环境好、生态资产大的地方，经济不发达，贫困现象非常普遍。导致这种情况的根本性原因是没有将生态资产与经济社会发展密切结合，缺乏互动性。自然资产政策制定，应更多地考虑与区域或全球人类经济社会发展相结合，应注重揭示生态环境与人类经济社会发展相互制约、相互影响的发展规律，寻求生态环境与人类经济社会协调、整合和互动的可持续发展途径。

(2)变异性：在自然力和人类的共同作用下，生态环境自身在时间、空间尺度上不断发生着变化，同时人类生存发展对生态资产的需求、消耗也在改变。这些变化都会使全球或区域性的自然资产总量和类型发生变异，并进一步影响生态环境及其供给的人类社会的各种福利。

（3）开放性与可转移性：生态环境及人类社会总是不断地与外界进行物质、能量与信息的交流，开放性是二者共有的属性和本质特征。开放性决定了二者的生态结构、组成和机能永远处在动态变化之中，并保证其存在和持续发展的可能性。自然资产作为生态环境供给人类的福利和服务，必然具有开放性。由于生态环境的类型、质量、结构组成等在空间上存在差异，不同地域经济社会发展水平、发展规模也不同，导致区域经济社会发展对生态资产需求的不平衡。以大气、水为介质和以动物、植物为载体的生态资产跨区域流动，是生态环境中十分普遍的现象，而人类经济活动中矿产资源、工农业产品的跨区域运输，也体现了区域生态资产的开放性和可转移性的特点。

（4）整体性与地域性：整体性是生态系统的根本属性。生态系统及生态环境的各组成要素总是在相互联系、相互制约、相互作用的动态过程中，即任何一个生态要素受到影响，其他生态要素在状态和功能上都对这种影响做出反馈和反应，必然波及生态系统及其生态环境供给人类的服务和福利。以生态服务和自然资源为核心的生态资产的组成、结构、功能、类别也将随区域的自然地理条件和经济社会条件的不同而产生变化，这就是生态资产的地域性特征。

（5）累积效应与可折损性：由于生态系统中动植物生长是一个不断积累有机质和能量、吸纳烟尘和废气、清洁空气、美化景观等为人类提供福利和服务的过程。只要这样的过程在不断地进行，并且人类对生态产物的消耗量和损失量少于其累积量的话，生态环境供给人类的福利和服务的总量就会不断增加，即自然资产具有累积效应，人类应当利用大自然的利息，而不能动其根本。但生态资产在具有累积特征的同时，由于人类经济社会发展对生态资产的消耗、环境污染和生态破坏，降低其生态服务功能，因此也具有可折损性。

（6）不可替代性和公益性：不同区域生态环境所提供的福利和服务不同，为了使不同区域间的自然资产可以横向分析比较，自然资产的评估和研究通常都以货币进行度量。但需明确的是，自然资产对人类的服务和福利是人类经济社会中的货币所无法替代的，生态服务是整个人类社会生存和发展的物质与环境基础；任何空间或区域的生态环境都不可复制，也不可能被替代。自然资产在一定意义上为人类所共有，是全人类的公益性资产，对生态资产的合理调节与分配是实现可持续发展的必然选择。

党的十八届三中全会做出了《中共中央关于全面深化改革若干重大问题的决定》，并指出，要探索编制自然资源资产负债表，对领导干部实行自然资源资产离任审计，建立生态环境损害责任终身追究制。改革开放三十多年来，中国经济取得了举世瞩目的成就。但严酷的现实是，中国的环境和生态也遭到了极大的破坏。为了完善环境治理和生态修复制度，加强对领导干部的考核，首次提出了自然资源资产负债表这一新概念。在全面深化改革的新形势下，这一概念的提出，有其重要的现实意义和深远的历史意义。

自然资源资产负债表是自然资源资产状况表，指的是发展经济所耗用的自然资源资产、生态环境破坏程度的状况，包含资产量、消耗量、损害程度、结余量等综合列表。该做法把自然资源资产进行量化，通过存量、消耗、结余（正或负）进行衡量，考核领导干部发展经济对资源和生态环境的破坏状况或修复程度。

自然资源资产负债表就是财产有一个存量，有一个消耗量，把自然资源开发出来，就能够发展经济、改善生活等。但是，自然资源那一部分有所减少，环境质量有所下降，生态系统有所退化，在一定限度内是可以承受的。自然资源资产负债表的提出，为今后的发展经济指明了方向。发展经济，必须以合理利用自然资源资产，保护生态环境为前提。

编制自然资源资产负债表，更多是从经济的角度，加强生态环境保护，类似于绿色 GDP。绿色 GDP 是从传统 GDP 中减掉污染的损失，然后再扣除资源耗减成本和环境降级成本。自然资源资产负债表的提出，是中国管理制度的创新，使中国自然资源资产由管理向治理迈出了坚实的一步。我国自然资源涉及面广、地理范围大，需要中央政府统筹兼顾，协调各地政府对资源环境进行管理，同时自然资源又涉及许多的利益主体，在 GDP 的驱动下，利益主体之间进行着利益博弈，单靠政府管理很难解决环境问题。自然资源资产负债表把政绩与生态保护挂钩，资源环境由管理转向治理。

自然资源包含的领域广、范围大，不仅包括土地、森林、矿产，还有河流、湖泊和湿地等，有些资源能够看得见，便于计算和统计；有些资源深藏在地下；还有些具有很强的流动性，对这些资源进行数字化或价值化的统计难度较大。编制自然资源资产负债表，是一个过程极其复杂、内容海量的工程。而自然资源环境的影响是一个长期的问题，有的可能需要几年以后才能暴露出来，所以编制自然资源负债表不是一蹴而就，需要探索和试验，就像当年研究绿色 GDP 那样，会遇到很多困难和问题，特别是数据的来源、采用的技术方法、核算的口径等等。编制自然资源资产负债表，应优先注重实物量资产负债表核算，同时区分存量核算和增量核算。

（蒋高明）

1.17　社会—经济—自然复合生态系统

社会—经济—自然复合生态系统，是人与自然和谐共生的一种形态，由自然、经济和社会三种子系统组成。自然子系统，是由水、土、气、生、矿及其间的相互关系来构成的人类赖以生存、繁衍的生存环境；经济子系统，是指人类主动地为自身生存和发展组织有目的的生产、流通、消费、还原和调控活动；社会生态子系统，是人的观念、体制及文化构成。这三个子系统是相生相克，相辅相成的。复合生态系统理论的核心是生态整合，通过结构整合和功能整合，协调三个子系统及其内部组分的关系，使三个子系统的耦合关系和谐有序，实现人类社会、经济与自然间复合生态关系的可持续发展。

（1）自然子系统：人的生存环境，可以用水、土、气、生、矿及其间的相互关系来描述，是人类赖以生存、繁衍的自然子系统。自然子系统中首先是水，水资源、水环境、水生境、水景观和水安全，水有利有弊，既能成灾，也能造福；其次是土，人类依靠土壤、土地、地形、地景、区位等提供食物、纤维，支持社会经济活动，土是人类生存之本；第三是气和能，人类活动需要利用太阳能以及太阳能转化成的化石能，能的驱动导致了一系列空气流动和气候变化，提供了生命生存的气候条件，也造成了各种气象灾害、环境灾害；第四是生物，即植物、动物、微生物，特别是人类赖以生存的农作物，还有灾害性生物，比如病虫害甚至流行病毒，与人类生产和生活都休戚相关；第五是矿，即生物地球化学循环，人类活动从地下、深山、海洋开采大量的建材、冶金、化工原料以及对生命活动至关重要的各种微量元素，但我们开采、加工、使用过程中只用了其中很少一部分，大多数以废弃物形式出现，产品用完或没有用完废弃会造成污染。这些生态因子数量的过多或过少都会发生问题，比如水多、水少、水浑、水脏就会发生水旱灾害和环境事故。

（2）经济子系统：即以人类的物质能量代谢活动为主体的经济生态系统。人类能主动地为自身生存和发展组织有目的的生产、流通、消费、还原和调控活动。人们将自然界的物质和能量变成人类所需要的产品，满足眼前和长远发展的需要，就形成了生产系统。生产规模大了，就会出现交换和流通，包括金融流通、商贸物质流通以及信息和人员流通，形成流通系统。接下来是消费系统，包括物质的消费，精神的享受，以及固定资产的耗费等。再后是还原系统，城市和人类社会的物质总是不断地从有用的东西变成"没用"的东西，再还原到自然生态系统中进入生态循环，包括我们生命的循环。最后是调控系统，调控有几种途径，包括政府的行政调控、市场的经济调控、自然调节以及人的行为调控。

（3）社会子系统：社会的核心是人。人的观念、体制和文化构成复合生态系统的第三个子系统即社会生态子系统。首先是人的认知系统，包括哲学、科学、技术等；第二是体制，是由社会组织、法规、政策等形成的；第三是文化，是人在长期进化过程中形成的观念、伦理、信仰和文脉等。三足鼎立，构成社会生态子系统中的核心控制系统。

上述三个子系统相互之间相生相克，相辅相成。三个子系统之间在时间、空间、数量、结构、秩序方面的生态耦合关系，其中时间关系包括地质演化、地理变迁、生物进化、文化传承、城市建设和经济发展等不同尺度；空间关系包括大的区域、流域、政域直至小街区等；数量关系包括规模、速度、密度、容量、足迹、承载力等量化关系；结构关系包括人口结构、产业结构、景观结构、资源结构、社会结构等；还有很重要的序，每个子系统都有其自己的关系，包括竞争序、共生序、自生序、再生序和进化序。

组成社会—经济—自然复合系统的三个子系统，均有各自的特性。社会系统受人口、政策及社会结构的制约，文化、科学水平以及传统习惯都是分析社会组织和人类活动相互关系必须考虑的因素。在计划经济体系内，物质的输入输出，产品的供需平衡，以及影响扩大再生产的资金积累速率与利润，是分析经济经营水平的依据。自然界为人类生产提供的资源，随着科学技术进步，人类利用自然的能力越来越大。然而，自然资源是有限度的。矿产资源属于非可再生资源，不可持续利用；生物资源是再生资源，但是在提高周转率和大量繁殖中，亦受到时空因素及开发方式的限制。按照生态学的基本规律，要求系统在结构上要协调，在功能方面要在平衡基础上进行循环，从而不停地代谢与再生。

违背生态规律的生产管理方式，将给自然环境造成严重的负担与损害；稳定而积极的发展需要持续的自然资源供给、良好的工作环境和不断的技术更新；大规模的经济活动必须通过高效的社会组织，合理的社会政策，方能取得相应的经济效果。反过来，经济振兴必须促进社会发展，增加积累，提高人类的物质和精神生活水平，促进社会对自然的保育和改善。因而，自然社会与人类社会具有一定的制约与互补关系。

人类社会的经济活动，涉及生产加工、运输及供销等。生产与加工所需的物质与能源仰赖自然环境供给，消费的剩余物质又还给自然界，通过自然环境中的物理的、化学的与生物的再生过程，供给人类生产的需要。人类生产与加工的产品数量受自然资源可能提供数量的制约，此类产品数量能否满足人类社会需要，做到供需平衡，并取得一定的经济效益，取决于生产过程、消费过程的成本、有效性及利用率。

在此类复合系统中，最活跃的积极因素是人，最强烈的破坏因素也是人。因而它是一类特殊的人工生态系统，兼有复杂的社会属性两方面的内容。一方面，人是社会经济活动的主人，以其特有的文明和智慧驱使大自然为自己服务，使其物质文化生活水平以正反馈为特征持续上升；另一方面，人毕竟是大自然的一员，一切宏观性质的活动，都不能违背自然生态系统的规律，都要受到自然条件的约束和调节。这两种力量间的平衡与冲突，正是复合生态系统的一个最基本特征。

复合系统既然由相互制约的三个子系统构成，衡量此系统是否健康的标准，就要看其是否具有明显的整体观。这就要求：

(1)社会科学和自然科学各个领域的研究者，要打破学科界限，紧密配合，协同作战。未来的系统生态学家，应是既熟悉自然科学，又接受社会科学训练的多面手。

(2)着眼于系统组分间关系的综合，而非组分细节的分析，重在探索系统的功能与趋势，而不仅在其数量的增长。

(3)突破传统的因果链关系和单目标决策约束，进行多目标，多属性的决策分析。

(4)针对系统中大量存在的不确定因素，以及完备数据取得的艰巨性，需要突破决定性数学及统计数学的传统方法，采用宏观和微观相结合，确定性与模糊性结合的方法开展研究。

一般来说，复合生态系统的研究是一个多维决策过程，是对系统组织性、相关性、有序性、目的性的综合评判、规划和协调，其目标集是由三个子系统的指标结合衡量的，即：

自然系统：是否合理看其是否合乎于自然界物质循环不已、相互补偿的规律，能否达到自然资源供给永续不断，以及人类生活与工作环境是否适应与稳定；

经济系统：是否有利是消耗抑或发展，是亏损抑或盈利，是平衡发展抑或失调，是否达到预定的效益；

社会系统：是否考虑各种社会职能机构的社会效益，看其是否行之有效，并有利于全社会的繁荣昌盛。从现有的物质条件(包括短期内可发掘的潜力)、科学技术水平以及社会的需求进行衡量，来看政策、管理、社会公益、道德风尚等是否符合整体社会效益。

(蒋高明)

1.18　生态环境

"生态环境"一词目前在我国新闻出版物中是一个高频词，在生态文明建设语境中更是一个不可或缺的关键词。它由"生态"和"环境"两个词组成，因其中的"生态"既可用作名词，又可用作形容词，"生态环境"一词也相应地既可用作联合词组，也可用作偏正词组。

有资料显示，"生态环境"一词，最早出现在 20 世纪 70 年代末我国恢复高校招生制度的媒体报道中。当时在相关高校公布的招生专业目录中首次出现了作为"生态学与环境科学专业"简称的"生态与环境专业"。后来在有关领导的讲话稿中则出现了"生态、环境专业"的字样。这原本是同一个意思，只因"生态、环境"在口头表达时无法将其中的顿号（、）说出，致使媒体在相关报道时将"生态、环境"变成了"生态环境"，但在当时并没有引起人们太多的注意。从词义上分析，这显然是一个联合词组。

"生态环境"一词真正引起社会的广泛关注，源自 1982 年五届全国人大讨论《宪法》草案的一次会议，其发端者是已故五届全国人大常委、中国科学院院士黄秉维。在那次会议上，黄秉维院士针对《宪法》草案中"保护生态平衡"的提法认为，生态平衡是动态的，自然界总是不断打破旧的平衡，建立新的平衡，因此指出"保护生态平衡"不够确切，建议改为"保护生态环境"，意在"保护生态系统和环境"。他的建议在当时的《宪法》修改时被采纳。于是，便有了 1982 年 12 月 4 日五届全国人大五次会议通过的《宪法》第 26 条中的法定表述："国家保护和改善……生态环境。"从此，"生态环境"一词成为法定名词，相继在我国各级官方文件、新闻媒体和其他各类出版物中广为流传。

但是人们没有想到，黄秉维院士在他的晚年曾认为自己关于"生态环境"的提法"是错误的"。如在他的一篇题为《地理学综合工作与学科研究》的文章中就说过："顾名思义，生态环境就是环境，污染和其他的环境问题都应包括在内，不应该分开，所以我这个提法是错误的"。（《陆地系统科学与地理综合研究——黄秉维院士学术思想研讨会论文集》，科学出版社，1999 年）。在一次与人交谈时他还说过，"生态环境"一词"是个语意不够明确的词，没有定义……当时十分仓促，并没有多考虑"。

对于黄秉维院士的这番表态，以往在学术界大都将其视为否定"生态环境"提法的依据。但是，只要对黄秉维院士当初提出"生态环境"一词的特定背景和他晚年的上述表态联系起来分析，就不难发现黄秉维院士之所以认为"生态环境"一词"是错误的"，主要是认为这个词"语意不够明确"，容易使人误认为"生态环境就是环境"。这恰好表明，黄秉维院士提出"保护生态环境"的本意是要把生态系统与环境区分开来。换句话说，就是要告诉人们，他提出的"生态环境"是个联合词组，其意涵就是"生态系统和环境"。

由此不难看出，"生态环境"一词在其早期出现的时候，都是用作联合词组，指的都是"生态和环境"，只不过它最早在媒体报道时指的是"生态学和环境科学"，而黄秉维院士在五届人大《宪法》草案讨论会上提出建议时指的是"生态系统和环境"。

从五届全国人大五次会议至今已经过去 30 多年，期间我国《宪法》虽经数次修改，但其中第 26 条关于"保护和改善……生态环境"的提法一直保持不变。不仅如此，在 2012 年 11 月 8 日党的十八大《报告》中又出现了与《宪法》第 26 条中"国家保护和改善……生态环境"涵义相同而力度更大的重要论述："加大自然生态系统和环境保护力度"。其中的"生态系统和环境"正是《宪法》第 26 条中用作联合词组的"生态环境"意涵的准确表述。这表明，"保护和改善生态环境"（即"保护和改善生态系统和环境"）不仅是我们国家的意志，也是我们党的意志。同时也进一步表明，我国《宪法》和党的十八大报告中的"生态环境"一词，其意涵是一样的，都是指的"生态系统和环境"。

特别令人高兴的是，党的十八大以来"生态环境"一词比以往任何时候都更加频繁地出现在党和国家的重要文献中，而且大多为联合词组，指的是"生态系统和环境"。

譬如，在党的十八大《报告》第八部分中，"生态环境"一词就接连出现七处，即：

——"从源头上扭转生态环境恶化趋势"；

——"保护海洋生态环境"；

——"节约资源是保护生态环境的根本之策"；

——"良好生态环境是人和社会持续发展的根本基础"；

——"保护生态环境必须依靠制度"；

——"健全生态环境保护责任追究制度"；

——"营造爱护生态环境的良好风气"。

在党的十九大《报告》第一、第三部分的相关段落和第九部分中，"生态环境"一词更是多达 10 次以上，如：

——"忽视生态环境保护的状况明显改变"；

——"生态环境治理明显加强"；

——"生态环境保护任重道远"；

——"像对待生命一样对待生态环境"；

——"实行最严格的生态环境保护制度"；

——"满足人民日益增长的优美生态环境需要"；

——"改革生态环境监管体制"；

——"完善生态环境管理制度"；

——"坚决制止和惩处破坏生态环境行为"；

——"为保护生态环境作出我们这一代人的努力"。

同样，在习近平总书记的系列重要讲话中，也包含许多关于"生态环境"的重要论述，其中一些论述已经深入人心，成为人们耳熟能详的至理名言，如：

——"良好生态环境是最公平的公共产品，是最普惠的民生福祉"；

——"生态环境保护是功在当代、利在千秋的事业"；

——"保护生态环境就是保护生产力，改善生态环境就是发展生产力"；

——"要把生态环境保护放在更加突出位置，像保护眼睛一样保护生态环境，像对待生命一样对待生态环境"；

——"生态环境保护是一个长期任务，要久久为功"；

……

如此等等。其中的"生态环境"一词大多为联合词组，指的是"生态系统和环境"。

与用作联合词组的"生态环境"在社会广为流传不同，用作偏正词组的"生态环境"在我国学术界曾存有争议。譬如：

1998 年长江洪灾过后，在由中国绿色时报社主办的"洪灾过后的反思"专家座谈会上，就有学者针对大会发言中提到的"生态环境"一词提出：这个提法恐怕有问题，因为"生态"的含义已经包含了"环境"，用"生态"来修饰"环境"说不过去。当时在场的中国工程院院士沈国舫也说，在他会见外国专家时，也曾有外国专家向他指出过这个词的问题，国外根本就没有这个词。

2005 年 5 月 17 日，在全国科学技术名词审定委员会根据国务院领导批示召开的"生态环境建设"一词讨论会上，更是形成了两种明显不同的意见。一种意见认为："生态环境"用作偏正词组不科学，也不符合用语规范，从实际效果看还容易使人将生态与环境混为一谈，因而主张纠正这一提法。另一种意见则认为，用作偏正词组的"生态环境"，只是约定俗成的习惯用语，不必要辨清是否科学，那最多是科学家和翻译家的事情，普通百姓只要明确它指的是什么就可以了，特别是已用惯了，就不必去硬纠正。正是由于这些分歧的存在，此次讨论会并没有对"生态环境"一词达成共识。

值得庆幸的是，随着学术界关于"生态环境"一词讨论的逐步深入，不少学者最终还是透过其中折射的智慧之光，指明了用作偏正词组的"生态环境"的实际意涵，即：它是从生态学角度讲的人的环境，实际指的就是生态系统，或生态系统状态。只是这种意涵在不同的学者笔下有着不同的表述。譬如：

沈国舫在他的一篇收录在《中国环境问题院士谈》中题为《植被建设是我国生态环境建设的主题》的文章中写道："当人们乐于运用'生态环境'一词时，实际上在强调生物与环境相互关系的一面。"（《中国环境问题院士谈》，中国纺织出版社 2001 年 5 月第 1 版第 215 页）

蔡晓明在《有关"生态环境"词义的探讨》一文中写道："生态环境"一词"具有了生态学的理念""表示从生态学角度看问题，可以与文化环境、战争环境相提并论。"（《中国科技术语》2005 年第 7 期第 33～34 页）

《现代汉语词典》第 6 版写道：生态环境是"生物和影响生物生存和发展的一切外界条件的总和。由许多生态因素综合而成"。

涂同明、涂俊一主编的《生态文明建设知识简明读本（概念篇）》写道："生态环境就是'由生态关系组成的环境'的简称"。（涂同明和涂俊一，2013）。

吴季松在《生态文明建设》一书中写道："'生态环境'的定义应该是'在人与生物圈中，自然生态系统的状态'。"（吴季松，2016）

蔡晓明、蔡博峰主编的《生态系统的理论和实践》一书写道："生态环境影响评价……也可以称之为'生态系统影响评价'。"（蔡晓明和蔡博峰，2012）

石山在《恪守生态规律——人类生存的唯一选择》一书中更是明确写道："生态系统即生态环境。"（石山，2011）

由此可见，对于用作偏正词组"生态环境"的意涵，学者们无论怎么表述，都离不开生态学中"生态系统"的意涵，也可以说它实际指的就是生态系统，或生态系统状态。

综上所述，"生态环境"一词既可用作联合词组，也可用作偏正词组，人们在具体的语言实践中要根据其不同意涵和特定语境正确地加以理解和运用。如果它兼具"生态系统"和"环境"（有时特指"生态学"和"环境科学"）的意涵，表示对生态系统和环境的兼顾，意在强调两者的并列关系，即为联合词组；如果它只具"生态系统"或"生态系统状态"的意涵，表示从生态学的角度看人的环境问题，意在与经济环境、社会环境、文化环境、政治环境等相区别，即为偏正词组。

需要指出的，是"生态环境"一词作为联合词组或偏正词组的这种区别运用只是相对的。因为，在生态学语境中，"生态系统"的意涵已经包含了"环境"（顺便说一句，"环境"

的意涵已经包含了"资源"），用作联合词组的"生态环境"，说到底还是指的生态系统。从这个意义上说，用作联合词组的"生态环境"与用作偏正词组的"生态环境"的意涵并没有本质的区别。正因为如此，有些学者和出版物，包括本文前述沈国舫、蔡晓明等学者和《现代汉语词典》在内，就没有对"生态环境"一词加以区分，而只认为"生态环境"指的就是生态系统或生态系统状态。同理，人们在阅读中看到"生态环境"一词时，除了特指"生态学和环境科学"意涵的情况外，也未必一定要将其严格地区分为联合词组还是偏正词组，只要将其意涵统一理解为"生态系统"或"生态系统状态"就可以了。

　　但是，还有一点必须提及：人们虽然可以不加区分地认为"生态环境"一词指的就是生态系统，但是决不能不加区分地把"生态环境"都当作偏正词组而把用作联合词组的"生态环境"排除在外，否则将无法解释前述"生态环境"用作联合词组的种种重要的语言现象。譬如，"生态环境"一词最早在 20 世纪 70 年代末的媒体报道中出现时就只能用作联合词组，因为它指的是"生态学和环境科学"，如果把它当成偏正词组就背离了它的本意。同样，在党的十八大报告关于生态环境保护的论述中出现的"生态环境"一词也都是联合词组，其意涵都是"生态系统和环境"，如果都把它视为偏正词组，也不符合该报告既要加大自然生态系统保护力度，又要加大环境保护力度的本意。

(黎祖交)

1.19　生态平衡

　　生态平衡是指在一定时间内生态系统中的生物和环境之间、生物各个种群之间，通过能量流动、物质循环和信息传递，使它们相互之间达到高度适应、协调和统一的状态。当生态系统处于平衡状态时，系统内各组成成分之间保持一定的比例关系，能量、物质的输入与输出在较长时间内趋于相等，结构和功能处于相对稳定状态，在受到外来干扰时，能通过自我调节恢复到初始的稳定状态。

　　上世纪 70 年代末，经济大潮开始席卷中国大地，各地掀起了向自然进军的浪潮，向草原要粮、向江河要效益、向沙漠进军、围湖造田、围海造田、退林还耕、拦水建坝等等经济活动，已经开始出现，但远没有达到今天遍地开花的程度。针对当时那些可能对自然生态带来毁灭的过激行为，中国科学院学部委员、植物研究所研究员侯学煜先生及时向国人提出了要"尊重生态规律，维护生态平衡"的忠告。

　　用通俗的语言理解，生态平衡就是，生物与环境之间、生物与生物之间，以能量、物质和信息为纽带，达到高度适应、和谐与统一的状态。当生态系统处于平衡状态时，系统内各组分之间保持一定的比例关系，对外来干扰通过自身调节恢复到干扰前的稳定状态。生态系统各要素之间如果失去平衡，就会走向崩溃。

　　为了打消人们担心平衡就是不发展的顾虑，侯先生还用骑自行车这一生动的例子来阐明：生态平衡不是静止不动的，正如人骑在自行车上，如果自行车是静止的，人肯定会掉下来的，只有运动中的自行车才能稳定。反之，如果在平衡运动中的自行车，破坏其中的一个零件，或车把不灵、刹车失灵、轮胎漏气，平衡被打乱了，人也就不能前行，欲速则不达。

生态平衡包括生态系统的结构平衡和功能平衡。①结构平衡是指生态系统中的生产者、消费者、分解者在种类和能量上能较长时间保持相对稳定。②功能平衡是指生态系统的物质和能量输入、输出基本相等。生态系统只有发展的成熟阶段才具有平衡功能。成熟阶段是指在这一时期，生态系统中所有的生活空间都被各种生物所占据，环境资源被最合理、最有效的利用，生物彼此间协调生存。

生态平衡是一种相对动态平衡。因为生态系统的结构和功能总是处在动态变化过程中。这种动态的变化表现为生态系统的生物个体不断的出生和死亡、迁入和迁出，物质和能量不断地从无机环境进入到生物群落，又不断地从生物群落返回到无机环境中去。

生态系统内部具有一定的自我调节能力。一般来说，生态系统成分越单纯，营养结构越简单，自动调节能力就越小。反之，生态系统成分越复杂，食物链中各个营养的生物种类越多，自动调节能力就越大，生态平衡就越容易维持。

在今天看来，20世纪80年代以侯学煜先生为主的生态学家强调的生态平衡理论，对社会经济发展依然具有重要的指导作用。35年后，生态平衡无人提及，取而代之的是各种生态开发。"先污染后治理，先破坏后发展""宁被污染熏死，也不因落后穷死"，这样的声音一度被各级官员奉为经典。发展是硬道理，GDP至上，人们早将侯先生生态平衡的忠告忘到爪哇国了，甚至连侯学煜本人也很快被人遗忘了。

当前，我们的自然和人工生态系统几乎无一例外地面临各种危机：草原因过度放牧、煤矿开采而大踏步退化；草原灭蝗同时消灭了鸟类及益虫等天敌；遍布北方乡村的天然湿地被人为排空，几乎所有的地表水都成了藏污纳垢的场所；因湿地污染造成近海赤潮爆发；天然森林被各种理由蚕食，森林无法平稳更新；乡村中的大树，被五花大绑运往城市搞"速绿"；生物入侵频频告急，甚至连自然保护区里也出现了入侵的不速之客。

再来看农田生态系统。由于过分强调人在生态干预中的作用，农田里大量使用化工原料，化肥、农药、农膜、除草剂、添加剂、转基因技术等严重打乱了农田生态平衡。化肥使用量从20世纪50年代初到今天升高了一百多倍。施肥长期强调氮磷钾等矿质元素，而不重视有机质还田，碳氮比严重失衡，造成土壤板结和土壤酸化，地力下降达到前所未有的程度。对于虫害，过分依赖农药灭杀，连天敌一起杀掉了；害虫不断产生抗药性与人类竞争，人们被迫使用更毒的农药。应用除草剂灭杀杂草，虽可暂时控制草害，但来年杂草又卷土重来，令除草剂用量也高居不下。农膜到处都是，农田充满了"白色恐怖"。昔日空气、水、食物新鲜的乡村，如今到处充满了杀机。其后果是：害虫杂草越来越多；农民因长期接触农药，患各种疾病尤其癌症的越来越多；食品中农药、除草剂与生长激素残留量越来越高，进而影响了城市人群健康。这些严重的教训，都是人类狂妄自大，打乱生态平衡酿成的苦果。

更令人担忧的是，人们不从生态失衡的源头找原因，而在害虫杂草大量出现后继续采取对抗的做法。将杀虫的Bt基因转移到作物中，使作物细胞成为"农药制药厂"，再配合专门的农药，内外夹击害虫；对于杂草，则采取更致命的草甘膦除草剂，仅保护抗草甘膦的转基因作物，对其他绿色生命统统杀死。进入到生态环境、粮食甚至人体中的草甘膦，其危害根本不对公众说明。

对于转基因作物安全性，这样一个浅显的生态学问题，能够争论近20年，真是生态科学的悲哀。背后的资本集团收买科学家、媒体，游说官员，忽悠不明科学道理的老百姓，但他们本人不吃转基因食物。为什么说转基因食物不安全，道理很简单，原本不带毒的植物，通过一定的技术手段让它带毒了，抗虫也抗除草剂了。但对于这样的食物，人类祖先是根本不会考虑用作食物的，转基因植物释放到环境中去，肯定是会打乱生态平衡的。转基因是在农田生态平衡打乱后，采取的更加雪上加霜的做法。转基因作物种植20年后，美国农田里出现了难以对付的"超级杂草"和"超级害虫"。在转基因作物种植最多的美国，农业区域已发现水系、空气受到转基因成分的规模污染。由于转基因功能失效，农药用量和种地成本剧增，美国农民饱受其害。这些都是人类破坏生态平衡后遭受的大自然报复。

人类要在地球上可持续生存下去，必须搞好与大自然的关系。科学技术是第一生产力，但如果应用不当也是第一破坏力。没有了生态系统的呵护，人类社会也必将崩溃无疑。我们要接受玛雅文明消失的教训，接受最近几十年来"重发展、轻保护"造成各种生态失衡的教训，重新回到生态平衡的正确轨道上来。

（蒋高明）

1.20　元素循环

元素循环是指由生物合成作用和矿化作用所引起的化学元素的循环运动过程。其中合成作用是指绿色植物吸收空气、水、土壤中的无机养分后合成自身的有机质，植物有机质被动物吸收（通过食物链又合成动物有机质）的过程。矿化作用（即分解作用）指动植物死后，其残体经微生物分解为无机物释放回到空气、水、土壤中的过程，这是元素在无机环境与生物体之间的循环过程。在元素循环迁移过程中，伴随着物质的形态、组成与性质的变化，这种循环是开放性的，并具有不可逆性。

元素循环可分为三大类型，即水循环（或氢氧循环）、气体型循环和沉积型循环。在气体型循环中，物质的主要储存库是大气和海洋，其循环与大气和海洋密切相连，具有明显的全球性，循环性能最为完善。

（1）水循环（氢氧循环）：氧与氢两种活跃元素尤其是氧的循环是通过水循环实现的。水循环又分为海洋—海洋、陆地—陆地的小循环（或内循环），以及海洋—陆地的大循环（外循环）。水循环受到来自太阳能能流的驱动，直接或间接影响了气态与沉降型循环。

在陆地—海洋之间的整个过程即为水的全球循环。陆地上的降水来自海洋蒸发，大部分降水直达地面，小部分被植被截留后蒸发或间接落到地面。降雨先是形成涓涓细流，然后形成河流，通过重力落差作用，搬运到海洋。这是陆地向海洋输送水分的主要途径，还有一部分水汽是通过大气环流运输到海洋上端，并形成降水（雨、雪等），水分回到海洋。

（2）气体型循环：凡属于气体型循环的物质，其分子或某些化合物常以气体形式参与循环过程，属于这类的物质有氧、二氧化碳、氮、氯、溴和氟等。气体型循环表现得较为快速，循环性能一般较为完善。

（3）沉积型循环：参与该循环的物质，其分子或化合物绝无气体形态，这些物质主要是通过岩石的风化和沉积物的分解转变为可被生态系统利用的营养物质，而海底沉积物转化为岩石圈成分则是一个缓慢的、单向的物质移动过程，时间要以数千年计。这些沉积型循环物质的主要储存库是土壤、沉积物和岩石，而无气体形态属于沉积型循环的物质有磷、钙、钾、钠、镁、铁、锰、碘、铜、硅等，其中磷是较典型的沉积型循环物质，它从岩石中释放出来，最终又沉积在海底并转化为新的岩石。

就生物圈而言，上述参与循环的元素中，碳、氮、磷、硫四种元素尤其受到关注。

（1）碳循环：碳是构成一切有机物的基本元素。绿色植物通过光合作用将吸收的太阳能固定于碳水化合物中，这些化合物再沿食物链传递并在各级生物体内氧化放能，从而带动群落整体的生命活动。因此碳水化合物是生物圈中的主要能源物质。生态系统的能流过程即表现为碳水化合物的合成、传递与分解。自然界有大量碳酸盐沉积物，但其中的碳却难以进入生物循环。植物吸收的碳完全来自气态 CO_2。生物体通过呼吸作用将体内的 CO_2 作为废物排入空气中。

（2）氮循环：虽然大气中富含氮元素（79%），植物却不能直接利用，只有经固氮生物（主要是固氮菌类和蓝藻）将其转化为氨（NH_3）后才能被植物吸收，并用于合成蛋白质和其他含氮有机质。

在生物体内，氮存在于氨基中，呈 $^{-3}$ 价。在土壤富氧层中，氮主要以硝酸盐（$^{+5}$ 价）或亚硝酸盐（$^{+3}$ 价）形式存在。土壤中有两类硝化细菌，一类将氨氧化为亚硝酸盐，一类将亚硝酸盐氧化为硝酸盐，两类都依靠氧化作用释放的能量生存。除了与固氮菌共生的植物（主要为豆科）可能直接利用空气中的氮转化的氨外，一般植物都是吸收土壤中的硝酸盐。植物吸收硝酸盐的速度很快，叶和根中有相应的还原酶能将硝酸根还原为 NH_3，但这需要供能。土壤中还有一类细菌为反硝化细菌，当土壤中缺氧而同时有充足的碳水化合物时，它们可以将硝酸盐还原为气态的氮（N_2）或一氧化二氮（N_2O）。由进化的角度来看，这一步骤极为重要，否则大量的氮将贮存在海洋或沉积物中。

在原始地球的大气中可能含有氨，但大量生物合成耗尽这些氨后，固氮作用便成为必需。现已发现具有固氮作用的微生物是一些自由生活或共生的细菌以及某些蓝藻。它们的营养方式有异养的，也有光能合成和化能合成的。除生物外，空中的雷电以及高能射线也能固定少量氮气。

（3）磷循环：磷主要以磷酸盐形式贮存于沉积物中，以磷酸盐溶液形式被植物吸收。但土壤中的磷酸根在碱性环境中易与钙结合，酸性环境中易与铁、铝结合，都形成难以溶解的磷酸盐，植物不能利用；而且磷酸盐易被径流携带而沉积于海底。磷质离开生物圈即不易返回，除非有地质变动或生物搬运。因此磷的全球循环是不完善的。磷与氮、硫不同，在生物体内和环境中都以磷酸根的形式存在，因此其不同价态的转化都无需微生物参与，是比较简单的生物地球化学循环。

磷是生命必需的元素，又是易于流失而不易返回的元素，因此很受重视。据观察，某些含磷废物排入水体后竟引致藻类暴发性生长，这说明自然界中可利用的磷质已相当缺乏。岩石风化逐渐释放的磷质远不敷人类的需要，而且磷质在地表的分布很不均匀。目前开采的磷肥主要来自地表的磷酸盐沉积物，因此应该合理开采和节约使用。同时应注意保护植被，改造农林业操作方法，避免磷质流失。

(4)硫循环：硫主要以硫酸盐的形式贮存于沉积物中，以硫酸盐溶液形式被植物吸收。但沉积的硫在土壤微生物的帮助下却可转化为气态的硫化氢，再经大气氧化为硫酸复降于地面或海洋中。与氮相似的是，硫在生物体内以$^{-2}$价形式存在，而在大气环境中却主要以硫酸盐($^{+6}$价)形式存在。因此在植物体内也存在相应的还原酶系。在土壤富氧层和贫氧层中，分别存在氧化和还原两种微生物系，可促进硫酸盐与水之间的相互转化。

人类活动创造出新的物理化学条件，使地球化学循环具有新的特点。据 20 世纪 80 年代初的资料，人工合成的化合物迄今已达 500 万种，每年的生产量也在 6000 万吨以上。人类活动释放到环境中的化学物质的数量，相当于火山活动和岩石风化过程释放的 10 ~ 100 倍。所有这些物质都进入地球化学循环，从而改变着原有的元素迁移平衡，加速化学循环，形成新的地球化学过程。

翻耕土地也使土壤中容纳的一部分 CO_2 释放出来，腐殖质氧化产生的 CO_2 更多。燃烧煤炭和石油等燃料也能产生 CO_2，特别是工业化以后，以这种方式产生的 CO_2 量逐渐增大，甚至超过来自其他途径的 CO_2 量。大气中的 CO_2 一方面因植物的减少而降低了消耗，另一方面又因上述燃料使用量的增加而增多了补充，所以浓度有增加的趋势。

20 世纪发展起来的氮肥工业，以越来越大的规模将空气中的氮固定为氨和硝酸盐。现在全球范围的固氮速度可能已超过反硝化作用释放氮的速度。

人类最关心的环境污染都是人类破坏元素自然循环发生的。人类技术过程每年提炼数亿吨纯金属，如铁、铝、锡、铅、锌等；人类生产和生活的废弃物排放也不断增加，仅美国一个国家每年排放废弃物约 19440 万吨，其中各种化学物质达 60 万种以上。人类活动造成的离子流失量每年约 12 亿 ~ 18 亿吨。

为了生存与发展，人类不断用人为的农业生态系统代替自然生态系统，用人为的物质循环渠道代替自然的物质循环渠道。例如在农田中，一年生作物的单种栽培代替了自然植被，消灭了大量肉食动物，只保留少数役用和肉用植食动物。人工灌溉系统减轻了缺水地区和缺水季节的供水问题，稻秆喂饲家畜和粪肥施田形成了局部循环，但不恰当的耕作方法却造成水土流失。特别是工业化以后，大量生产矿质肥料和人造氮肥，极大地改变了自然界原有的元素循环。

(蒋高明)

1.21　生物多样性

生物多样性是指在一定时间和一定地区所有生物(动物、植物、微生物)物种及其遗传变异和生态系统的复杂性总称，其定义为生命有机体及其生存的生态综合体的多元化。生物多样性概念是个舶来品，是 20 世纪 80 年代末左右传入中国的。目前理解的生物多样性，一般从 3 个层次进行描述，即遗传多样性、物种多样性、生态系统多样性。

(1)遗传多样性：广义的遗传多样性，是指地球上所有生物所携带的遗传信息的总和。但一般所说的遗传多样性，是指种内遗传多样性，即种内所有生物个体所包含的各种遗传物质和遗传信息，既包括了同物种不同种群的基因变异，也包括了同种种群内的基因差异。复杂的生存环境和多种生物起源，是造成遗传多样性的主要原因。丰富的遗传多样性对生物物种维持和繁衍，适应多变的环境、抵抗环境胁迫与灾害都是十分必要的。

（2）物种多样性：物种多样性是指多种多样的生物种类。物种多样性代表着生物进化空间范围和对特定环境的生态适应性，是进化机制的最主要产物。物种多样性包括两个方面：一方面是指一定区域内的丰富程度，可称为区域物种多样性；另一方面是指生态学方面的物种分布的均匀程度，可称为生态多样性和群落多样性。物种多样性是衡量一个地区生物资源丰富程度的一个客观指标，是生物多样性的核心内涵。

（3）生态系统多样性：生态系统多样性是指生态系统中生境类型、生物群落和生态过程的丰富程度。本书介绍的主要生态系统类型，包括海洋生态系统、陆地生态系统等都是组成生态系统多样性的重要基础。从生态系统多样性角度来看，中国是地球上生态系统多样性最丰富的国家，包括十大陆地生态系统类型和主要的海洋生态系统。

有人还在上述层次上继续增加了景观多样性、文化多样性等，这些都是对生物多样性概念的延伸。一个概念无限扩大就失去了概念的严谨性，因此，本文作者提倡沿用生物多样性这个概念本身的含义，以上述三个层次为主。

生物多样性的空间分布有一定的规律。在纬度上，从赤道往两极，物种数目有规律的降低，并且这种格局不仅存在于陆地生态系统中，深海的物种多样性也有相似规律。

（1）从低纬度到高纬度，物种多样性逐渐减小。纬度本身并未使生物多样性形成梯度，而是一些生物或非生物因素（如总的陆地面积、温度、降水、能量流动、动植物的互利共生等）及其相互作用在与纬度变化一致的多个尺度上影响了生物的多样性。不过，这仅是大尺度规律。有些类群或栖息地中物种多样性不随纬度变化，甚至在多孔真菌、淡水浮游植物中多样性在温带地区有所上升。在有些生物类群中，纬度格局在南北半球的表现不同，如在南半球，树种多样性从赤道到温带比在北半球下降得快。

（2）经度控制的生物多样性一般取决于离开海洋的距离。如中国北纬43°左右，经度较小，即东北地区分布有森林群落；而随着经度增大，群落结构逐渐降低，由森林改变为森林草原、草原，直到荒漠，表现为随经度增大，生物多样性降低的特点。

（3）海拔高度对生物多样性的影响。一般地，生物多样性随海拔升高而降低，但在不同水热条件下，表现出不同的垂直分布格局。随着海拔增加，物种多样性逐渐减小，因为海拔增加，可供生物生存利用的土地面积一般是减少的，而物种数和面积大小之间一般为正相关关系。能量流动和温度与海拔呈负相关，也是海拔升高引起多样性降低的原因。

对于群落尤其植物群落主导的生物多样性，生物多样性空间分布又有其特点：

在温带陆生植物群落中，湿度中等的群落往往比潮湿或很干燥环境中的群落物种多样性高。在湿度中等的群落中，具密闭林冠而下木生长受抑制的森林群落，其物种多样性要比乔木稀少、下木和草本植物茂密的群落低。常绿针叶林要比落叶阔叶林的物种多样性低。中度扰动强度下，草地群落的物种多样性较高。

结构简单的生态系统，如海洋、草原、冷热荒漠的物种多样性较低，可通过能量流动和物质循环来解释。随着气候干燥度的增加，物种多样性逐渐减小。

岛屿物种多样性与其面积、与大陆的距离有关。岛屿上生物定殖率低、灭绝率高、缺乏特殊资源，也引起多样性低。在淡水生态系统中，随盐度增加，物种多样性降低。

我们今天生活的地球，面临来自人类的严重挑战。工业革命后，人口增加、环境污染、全球气候变化、大气臭氧层消失等生态灾难，制约了人类的发展，生物多样性也以前所未有的速度在减少。目前，全球人口已超过 70 亿，新近增长的 10 亿人口仅仅用了 12 年，伴随的严重问题是自然生态破坏和大规模的物种灭绝。

生物多样性是人类的食物、水和健康的重要保障。人类是动物大家族的一员，动物自身不能制造食物，需要绿色植物提供。在全球 30 万种植物中，人类经常利用的农作物不到 200 种，加上药用植物，所开发利用的也不到 1000 种。小麦、水稻、玉米是全人类的淀粉来源，大豆、花生是主要的脂肪来源。可以说，没有生物的多样性就没有人类的食物来源。

生物的多样性又保证了人类必需的水资源。植被通过蒸腾作用将土壤中的水输送到大气，然后参加大气水循环；地球如果没有绿色植被覆盖，水循环就绝对不是今天的样子。

生物多样性对人类健康有重要的守护功能。我们都知道，在化学制药没有发明前，我们的祖先就是用天然动植物成分充当药物，至今生物制药的主要成分依然是各种动植物；另外，我们呼吸的氧气也是植物制造的。光合作用、生物固氮作用是地球上发生的规模最大的两个生物化学反应。更难得的是，这两个反应是在常温、常压下发生的，没有任何环境污染，是没有任何成本的最完美的化学反应，它们为人类提供了食物、水、氧气和优美的生态环境，这是无法用化学合成产品取代的。生物多样性还具有保持能量合理流动、改良土壤、净化环境、涵养水源、调节气候等多方面的功能。

中国是世界上生物多样性特别丰富的国家之一，为全球生态系统第一大国、生物多样性第三大国。中国有高等植物 3 万余种，脊椎动物 6347 种，分别占世界总种数的 10% 和 14%。中国生物物种不仅数量多，而且特有程度高，生物区系起源古老，成分复杂，并拥有大量的珍稀孑遗物种。中国广阔的国土、多样化的气候以及复杂的自然地理条件形成了类型多样化的生态系统，包括森林、草原、荒漠、湿地、海洋与海岸自然生态系统，还有多种多样的农田生态系统，这些多样化的生态系统孕育了丰富的物种多样性。中国有 7000 年的农业历史，在长期的自然选择和人工选择作用下，为适应形形色色的耕作制度和自然条件，形成了异常丰富的农作物和驯养动物遗传资源。

非常不幸的是，人类在自身发展的同时，很少考虑到生物多样性的存在。中国是生物多样性受到最严重威胁的国家之一：原始森林由于长期乱砍滥伐、毁林开荒等，已基本不存在了；草原由于超载放牧、毁草开荒等，退化面积达 87 万平方公里，目前约 90% 的草地处在不同程度的退化之中。中国十大陆地生态系统无一例外地出现退化现象，就连青藏高原生态系统也不能幸免。以红树林为例，中国红树林主要分布在福建沿岸以南，历史上的最大面积曾达 25 万公顷，20 世纪 50 年代约剩 5 万公顷，而现在仅剩 1.5 万公顷，仅为历史最高时期的 6%。高等植物中有 4000 ~ 5000 种受到威胁，占总种数的 15% ~ 20%。《濒危野生动植物种国际贸易公约》列出的 640 个世界性濒危物种中，中国就有 156 种，约为其总数的 25%。中国生物多样性保护形势十分严峻。

生物多样性保护关系到中国的生存与发展。中国是世界上人口最多、人均资源占有量极低的农业大国，70% 左右的人口生活在农村，对生物多样性具有很强的依赖性。近年来经济的持续高速发展，在很大程度上加剧了人口对环境特别是生物多样性的压力。若不立即采取有效措施，遏制当前的恶化态势，中国的可持续发展是不可能实现的。

迅猛增长的人口是生物多样性丧失的根本原因，人们对自然资源过度利用，忽视生态、经济、社会的可持续发展，导致生物栖息地丧失，外来生物入侵，环境污染严重，使生物多样性受到严重破坏。保护生物多样性的重点是保护物种多样性，建立自然保护区，实行就地保护，这种举措在我国生物多样性保护工作中发挥了不可替代的作用。但目前的自然保护区与社区发展的矛盾日益尖锐，阻碍了保护作用的充分发挥，应通过政府部门、科学家与社区居民共同参与，进行平等对话予以解决。而要实现这一切，须让更多的人加入到生物多样性与环境保护的队伍中来。　　　　　　　　　　　　　　　（蒋高明）

第二篇

文明与生态文明

2.1　文化与文明

　　文化与文明是人类两项最伟大的创造。它区别于自然，但人类是在自然的基础上创造文化与文明，因而又与自然有不可分割的密切联系；而且，人类在创造文化与文明的同时创造了新的自然界——人类学的自然界。因而，文化又是自然界的发展和进化。

　　文化，狭义的意思是指人的意识、科学知识、习俗，制度，等等。比如说，人的文化水平有小学、中学、大学等。广义的文化，是指人类在自然的基础上创造的物质财富和精神财富的总和。

　　在人类思想史上，关于"文化"的概念众说纷纭，人们提出数百种有关文化的定义。在拉丁语中，文化（culture）一词是耕种、栽培的意思，如农业（agriculture），园艺（horticulture）、小麦改良（culture of wheat）等。西方早期把文化定义为"人类使土地肥沃、种植树木、栽培植物所采取的耕耘和改良措施"（《通用词典》，1960）。它表示，文化是人以劳动改变自然。

　　在我国典籍中，"文化"一词源于《周易·贲卦》："观乎天文，以察时变；观乎人文，以化成天下。"意思是，观察天的规律以明四时的变化，观察人的伦常以教化天下。西汉刘向最早合用"文化"二字，他说："圣人之治天下，先文德而后武力。凡武不兴，为不服也，文化不改，然后加诛。"文化指人的道德伦常，是与武力相对的"文德教化"。这是狭义的文化。

　　我国近代学者梁漱溟认为，文化乃是"人类生活的样法"（1920）。蔡元培认为，文化"是人生发展的状况"（1920）。梁启超说："文化者，人类心能开释出来之有价值的共业也。"（1922）胡适说："第一，文明（civilization）是一个民族应付他的环境的总成绩；第二，文化（culture）是文明形成的生活的方式。"（1926）这是广义的文化。

　　我们赞同"文化是人类的生存方式"的定义。这个定义把人与动物区别开来。动物以本能的方式，即以自然的方式生存。它利用现成的地球资源，当环境发生变化时，动物以自身的变化去适应环境。人以文化的方式生存，用劳动改变环境，以使自然满足自己的需要，包括适应和使之适应两个方面。"使之适应"是人类用文化的伟大力量改造自然，使之适应地球上生存。

　　什么是"文明"？也有狭义和广义之分，狭义指人的行为有文化素养，如友爱助人、保护环境等；广义指社会形态，如农业文明、工业文明等。在拉丁语中，文明（civitas）意思是"公民的""有组织的"，主要指社会生活的规则和公民道德等。在我国典籍中，"文明"一词早于"文化"，《尚书·舜典》："睿哲文明，温恭永塞。"《易经》："见龙在田，天下文明""其德刚健而文明"。

　　美国著名学者摩尔根在《古代社会》（1877）一书中，把人类从低级阶段到高级阶段的发展分为蒙昧、野蛮、文明三个阶段。在人类最近10万年的历史中，蒙昧时期占6万年，野蛮时期占3.5万年，文明时期只有5000年。

　　文化比文明早。恩格斯《劳动在从猿到人转变过程中的作用》一文认为，劳动创造了人。大约 300 万~700 万年前，制造和使用石器表示人类的产生，人类用劳动改造自然，从此就有了文化，有了历史。文明是人类社会发展到高级阶段才出现的。文明的主要标志是：①文字的发明。摩尔根说："没有文字记载，就没有历史，也就没有文明。"②铁的使用。恩格斯认为：人类"从铁矿的冶炼开始，并由于文字的发明及其应用于文献记录而过渡到文明时代"。

　　人类文化和文明是历史地发展的。文明作为人类文化创造的伟大成果，主要包括物质文明、社会文明(政治文明、制度文明)和精神文明。人类的创造从文化到文明，由此构筑了整个人类世界的历史。

　　我们用两个简表(表 2-1、表 2-2)表示人类文化和人类文明的历史发展。

表 2-1　人类文化的 4 种形态

人类文化形态	自然文化	人文文化	科学文化	生态文化
社会形态	原始社会	奴隶社会和封建社会	资本主义社会	生态文明社会主义社会
社会中心产业	渔猎	农业	工业	生态产业
社会中轴(社会财富形式)	道德(原始资本)	权势(产业资本)	经济(金融资本)	智力(智慧资本)

　　注：社会中轴，指社会发展中占主导的要素。

表 2-2　人类 4 种文明形态

		原始文明	农业文明	工业文明	生态文明
1	生产方式	运用人的体力	畜力使用	机械化、自动化	信息化、智能化
2	技术工具	石器	青铜和铁器	机器系统、电子计算机	智能机
3	资源开发方向	物质	物质	能量	信息和智慧
4	能源形式	人的体力	薪材和畜力	化石燃料	太阳能
5	材料	石块	铜、铁	各种金属、非金属	合成材料
6	社会主要财产	动植物	土地	资本	知识
7	社会主体	公社社员	奴隶和奴隶主 地主和农民	工人和资本家	知识分子
8	知识生产	与物质生产混为一体	从物质生产中产生	从物质生产分离为独立部门	独立发展
9	科学形态	萌芽	经验	理论	信息
10	人与自然关系	崇拜自然自发力	掠夺自然	掠夺自然	合理利用自然
11	哲学表达式	图腾崇拜和自然崇拜	天命论	人统治自然	尊重自然
12	主要环境问题	物种资源丧失	土地、森林破坏	环境污染	(未知)

　　这里需要说明的是：表 2-1 是人类文化发展的最高层次的状况；表 2-2 是它的次一级层次的状况。人类文化和文明具有无限的丰富性和整体性，列表只是简述它的主要方面。需要指出的是：

　　人类文化和文明发展是连续的，既有稳定性又有继承性等特点。但是，文化和文明发展的不同阶段又有不同质的规律性，并据此分出不同发展阶段，但这种划分具有相对性。

表中人类文化和文明发展的不同阶段，后一阶段包含前面阶段发展的内容。例如，人文文化发展中包含自然文化；科学文化发展中包含自然文化、人文文化；生态文化发展中包含前面三种文化，但是它们的形式和内容都发生了变化。例如，社会中轴，指社会发展的决定性因素，按道德社会、权势社会、经济社会、智力社会发展中，它在转换时，后者包容前者，例如，在权势社会，道德仍然起作用；在经济社会，道德、权势仍然有重要作用；在智力社会，道德、权势、经济这些因素仍然存在，只是智力成为社会的决定性因素（中轴），其他因素以新的形式继续存在和发挥作用。

同样，现在社会形态已发展到资本主义和生态社会主义，但某些个别地区仍然存在奴隶制和封建制的社会形式。我们以社会中心产业划分社会形态，农业社会中农业成为社会的中心产业，但采集和狩猎依然存在；工业社会中工业成为社会的中心产业，但渔猎、农业依然是重要产业，只是用工业革命的成果对传统产业进行技术改造；生态文明社会，生态产业成为社会的中心产业，它不是否定农业、工业和第三产业，而只是抛弃它们的不完善方面，采用新技术（生态技术）改造传统产业，生态产业成为社会中心产业。

人类社会对资源的开发利用，在所有社会发展阶段，均包括物质、能量、信息和智慧。例如，不能说原始社会生产力发展不包含人的智慧，它也包含物质、能量、信息和智慧全部四个方面，表中说的只是人类开发资源的主要方向或主要方面不同。

其他方面也可以作类似的说明，例如环境问题，原始文明时代，过度狩猎导致物种资源损失；农业文明时代，土地和森林破坏为主要环境问题，但同时有物种资源损失的问题；工业文明时代，环境污染成为主要环境问题，但同时有生态破坏和生物多样性减少的问题。在新的文明时代，这些环境问题可能以一定的形式得到解决，但还会有新的环境问题出现。

人类文化和文明不断发展，人类社会不断进步，世界会越来越美好。这是可以肯定的。现在人类历史正在经历一次伟大的根本性变革，从工业文明到生态文明的发展。生态文化作为一种新文化，是人类新的生存方式。它指导人类社会发展，创造生态文明的新社会。

（余谋昌）

2.2　生态与文明

生态与文明的关系，生态是文明建设的自然基础，是支持文明发展的重要力量；文明建设创造新的生态，是自然生态发展进化的重要力量。生态与文明，两者相互作用，相互依赖、共同发展、共同进化，是统一的不可分割的、共存共荣的生命共同体，正所谓"生态兴则文明兴，生态衰则文明衰"。

人类文明在自然生态的基础上创造、存在和发展。约700万年前，人从动物进化而来，经过艰苦卓绝的斗争，约1万年前创造了农业，开创人类第一个文明时代。人类运用自己的智慧和智慧指导下的劳动，开发利用土地、水和其他生物资源，创造了光辉灿烂的古代文明。最著名的有古埃及文明、巴比伦文明、古希腊文明、哈巴拉文明、玛雅文明和中华文明。这是世界最著名的伟大的古代文明，是典型的农业文明。

但是，历史告诉我们，人类文明的辉煌成就大多以环境破坏为代价。

古埃及文明。公元前 5 千年，古埃及人在尼罗河洪水冲积的肥沃土地上发展灌溉农业，创造了古埃及文明，约公元前 2500 年建造世界奇观金字塔，达到鼎盛时期。过度开发土地，以及公元前 525 年被波斯人征服，此后长期遭受希腊、罗马、阿拉伯、土耳其、英国等异族统治和战争，造成生态破坏和文明衰败而毁灭。直到 20 世纪，埃及才再度成为独立国家。建于公元前 3 世纪的亚历山大古城遗址，1996 年才在地中海海底被发现。

巴比伦文明。公元前 4 千年，苏美尔人和阿卡德人在肥沃的美索不达米亚两河流域发展灌溉农业，利用两河之间海拔的高度不同，幼发拉底河高于底格里斯河，用幼发拉底河的水灌溉农田，然后灌溉水排入底格里斯河，再流入海，发展自流灌溉的农业，建设发达的农业文明，在两河流域建立宏伟的城邦。公元前 20 世纪，建立古巴比伦王国，创造了光辉灿烂的巴比伦文明。约公元前 540 年波斯人入侵，公元前 323 年被马其顿征服，巴比伦文明毁灭，并被埋藏在沙漠下近 2 千年。20 世纪中叶，通过考古发掘，它以古迹的形式重新展示在人们面前。

古希腊文明。公元前 1600 年，古希腊的哲学、科学和文化达到极高的成就，甚至至今影响整个欧洲和世界文化。但是，在经历 30~40 世代的繁荣后，古希腊文明于公元前 431~404 年毁灭了。虽然它起因于伯尼奔尼撒战争，但根本原因是耕地受到严重侵蚀，只能产出很少的农产品，是由于环境破坏而衰亡的。

哈巴拉文明。公元前四五千年，它起源于印度河流域发达的农业，但是它的繁荣只有一千多年，过度开发土地，在公元前 17 世纪开始衰落，至公元前 12 世纪完全被淹埋在沙漠下。1922 年，考古学家发发掘出它的古城遗址，人们才知道这一伟大的古代文明。

玛雅文明。这是在中美洲热带低地森林中发展起来的农业文明。公元 250 年，玛雅文化、建筑、人口达到鼎盛时期，公元 800 年开始衰落，不到 100 年时间便全部毁灭，民族和文明没有了，文化只是作为历史留存在遗迹之中，直到 20 世纪中叶，探险家在这里发现用巨大的石块建造的雄伟壮观的神殿庙宇，人们才知道玛雅文明的存在。

中华文明。公元前 5 千年，中华文明发源于黄河流域，然后传播到华北平原和沿海地区，约公元前 5 世纪传播到长江流域、东北和全中国。我们的祖先发明了青铜器和铁器，创造了最优秀的古代农业文明，象形文字，四大发明，以及一系列发明创造，曾经在几十个世纪扮演了世界文明中心的角色。虽然黄河流域的许多地方从森林区变为荒原，但是同上述古代文明不同，中华文明绵延 5 千年，世代相传从未中断过。这是世界民族和文化史上的一个奇迹。因为中华文化有坚韧的构架，中华民族有宏深的智慧，中华大地有极大的回旋余地，华夏文明有永恒的生命力。

18 世纪，工业文明发源于英国，以蒸汽机和纺纱机的发明和应用为标志，煤炭、石油和天然气使用提供巨大的动力，机械化、电气化、自动化的工业生产创造了巨大的生产力，开创了工业文明新时代。以后，工业革命从英国传播到欧洲和北美，扩展到世界各地，实现世界工业化。它不仅创造了巨大的财富和整个人类现代化的生活，而且创造了地质新时代——"人类世"时代。但是，它伴随更加严重的生态破坏，20 世纪中叶，以环境污染、生态破坏和资源短缺表现的全球性生态危机，以及社会不平等表现的全球性社会危机，对人类和地球的持续生存提出严峻的挑战。这是应了"生态兴则文明兴，生态衰则文明衰"的话。

人类文明发展的历史告诉我们，我们既要金山银山，又要绿水青山，而且，绿水青山就是金山银山。

如何保护绿水青山？实施保护环境的基本国策。党的十八大提出，优化国土空间开发格局，保护生态文明建设的空间载体，落实生态空间管控，严守18亿亩基本农田保护红线，按照人口—资源—环境相均衡、经济—社会生态效益相统一的原则，控制开发强度，放慢开发速度，调整空间结构，促进生产空间集约高效、生活空间宜居适度、生态空间山清水秀，给自然留下更多修复空间，加快实施主体功能区战略，推动各地区严格按照主体功能定位发展，构建科学合理的城市化格局、农业发展格局、生态安全格局，管控开发强度，划定和严守生态保护红线，给子孙后代留下天蓝、地绿、水净的美好家园。

绿水青山如何转化为金山银山？实施建设生态文明的国家战略，在生态文明建设中保护绿水青山，同时使绿水青山转化为金山银山。这样，中国率先在世界走向建设生态文明的道路，实际解决全球性的生态危机和社会危机挑战，建设人与自然和解，以及人与社会和解的和谐社会，引领世界走向生态文明新时代，创造人类和地球持续生存的新前景。这是中华民族的新光荣。

（余谋昌）

2.3 人与自然的关系

人与自然的关系，是世界上一个最根本的关系。这种关系是双向的，一是人对自然的作用，通过劳动改变自然，开发利用自然资源，人依赖自然生活、生存和发展。这是以人为主体的关系。二是自然对人的作用，自然界以资源的形式参与社会历史的创造，对人和社会的发展作出贡献，或者以异化的形式对人的反作用。这是以自然为主体的关系。如果人类活动符合自然规律，地球有能力支持人类的生存和发展；但是，如果违背自然规律，自然界会对人类进行报复。例如，人类利用自然资源进行社会物质生产，工业文明时代，社会物质生产采用"资源（原料）—产品—废物"的模式。这是一种线性非循环的生产工艺。它以排放大量废物为特征。随着工业生产规模不断扩大，大量开发利用自然资源，大量排放废物，造成严重的环境污染、生态破坏和资源短缺的现象。这种现象以全球性生态危机的形式表现，对人类持续生存和发展提出严峻挑战。这是以自然规律作用表现的大自然对人类的报复。人类应对这种挑战，需要通过世界历史的一次根本性的变革加以解决，从工业文明的社会向生态文明的社会转变。

为此，必须重新审视人与自然的关系。

首先，从人在自然界的位置看，人类与自然是"一体关系"——自然是人类依存的整体，人类是自然的一部分。

第二，从自然进化过程和自然界作为人类活动的对象看，人类与自然是"母子关系"——自然是人类的母亲，人类是自然之子。

　　第三，从自然界作为人类的知识和力量的源泉看，人类与自然是"师生关系"——自然是人类的老师，人类是自然的学生。

　　第四，从自然界生存与人类生存的关系看，人类与自然是"朋友关系"——自然是人类的朋友，人类也是自然的朋友（姜春云，2012）。

　　人与自然关系的本质是和谐共生。

　　十九大报告指出，人与自然是生命共同体。人类必须尊重自然、顺应自然、保护自然。人类只有遵循自然规律才能有效防止在开发利用自然上走弯路，人类对大自然的伤害最终会伤及人类自身，这是无法抗拒的规律。坚持人与自然和谐共生，必须树立和践行绿水青山就是金山银山的理念，坚持节约资源和保护环境的基本国策，像对待生命一样对待生态环境，统筹山水林田湖草系统治理，实行最严格的生态环境保护制度，形成绿色发展方式和生活方式，坚定走生产发展、生活富裕、生态良好的文明发展道路，建设美丽中国，为人民创造良好的生产生活环境，为全球生态安全作出贡献。生态文明建设功在当代、利在千秋，坚持人与自然和谐共生，建设生态文明是中华民族永续发展的千年大计。我们要牢固树立社会主义生态文明观，推动形成人与自然和谐发展的现代化建设新格局，为保护生态环境作出我们这代人的努力！

　　我们从历史走来。历史告诉我们，人与自然的关系是历史的发展的，它贯穿人类发展的全过程。人类的史前时期（原始文明时代），人依靠采集植物和捕猎动物为生，是一种直接利用自然物的、完全依赖自然的生活。因为那时人口较少，生产力有限，人类活动对自然的改变，在过度采集和捕猎减少生物多样性时，人类的持续生存受到威胁，便通过迁徙加以解决，自然过程得以自动恢复，没有生态危机。一万年前，农业的发明创造，生产力发展特别是铁器等工具的使用，人类进入农业文明时代。这是世界历史的一次根本性变革。最早的农业采用刀耕火种的形式，大片森林和草原变为农田，农业发展创造的经济成果超过以往数百万年的总和。农业虽然创造了巨大的财富，但是发展农业又导致水土流失、土地和森林破坏、生物多样性减少等环境问题。这只是局部地区的生态危机，没有成为全球性问题。300年前，科学技术革命推动工业革命，人类进入工业文明社会。煤炭、石油和天然气使用，大量金属和非金属矿藏的挖掘和使用，机械化、电气化、自动化的生产，创造了更多更大的财富，经济快速发展、人口大量增加，人类享受现代化的生活。但是，它伴随严重的环境污染、生态破坏和资源短缺问题，造成生态危机的全球性威胁，导致世界历史的又一次根本性变革，迎来生态文明新时代。

　　人与自然关系历史发展的哲学表达有三个目标。

　　原始文明时代：图腾崇拜。人类远古时代，人刚从动物分化出来，没有把自己与动物区别开来，没有把自己同自然界分开，把动物祖先当作神，这是人—神—兽三位一体的时代。面对强大的自然力，产生了自然宗教的第一个神——图腾神。人以某一个或多个动物作为崇拜和信仰的对象，祈求它们保佑，即图腾崇拜。恩格斯说："自然界起初是作为一种完全异己的、有无限威力的和不可制服的力量与人对立的。人们同它的关系完全像动物同它的关系一样，人们就像牲畜一样服从它的权力，因而，这是对自然界的纯粹动物式的意识（自然宗教）。"

　　农业文明时代：天命论和环境决定论。农业的创造，人类进入真正的文明时代。农业生产特别重视和依靠自然力，自然条件，如肥沃的土地、丰富的水源，良好的气候条件等，对于农业生产和动物饲养有非常重要的影响，而且它又无比强大，因而在人们的思想中把天命（自然力，不是神）奉为万物的主宰。我国古代思想家提出"天命论"，如孔子宣扬尊天命和畏天命的思想。管仲《水地》一文说："地者，万物之本源也。"表达了中国人对土地的热爱和崇拜。这是环境决定论思想的最早表述。

工业文明时代：人统治自然。18 世纪工业革命以来，现代科学技术进步，推动世界工业化迅速发展，人类对自然界为所欲为，完全不受限制地挖掘地下矿藏，完全不受限制地砍伐森林、开发土地、水源和其他生物资源，完全不受限制地向环境排放废物，对自然界取得一个又一个伟大胜利。这是在人类中心主义社会核心价值观指导下，依据人统治自然的思想和实践，不断地战天斗地的伟大成绩。在这样伟大的胜利面前，人们以为自己已经完全征服自然，已经战胜自然，自然力已经不在话下，人的力量可以而且已经统治自然界，再不需要敬畏自然，不需要爱护和保护自然。著名历史学家汤因比说，"现代历史观的演变，其本质莫不是人类本性中的自我中心主义。"这种人与自然的关系中，只有人有地位，没有自然的地位。这是不可持续的。

生态文明时代：人与自然和谐共生。20 世纪中叶，反思全球性生态危机的挑战兴起生态文化，反思什么是人与自然的关系，人们主张需要超越人统治自然的思想，实现人与自然和谐。美国生态学家利奥波德提出"大地共同体"概念认为，土壤、水源、植物、动物等构成完整的集合：大地；人与大地（自然界）构成"大地共同体"，人是这个共同体的一员，而不是大地的征服者。他说："大地伦理学改变人类的地位。从他是大地—社会的征服者转变为他是其中普通一员和公民。这意味着人类应当尊重他的生物同伴，而且也以同样的态度尊重大地社会。"人类需要用全新的价值观重建人类理性的大厦，重建人与自然的关系。

实现人与自然和谐共生，我们要尊重人与自然关系的规律性，只有遵循自然规律，才能协调人与自然和谐发展。值得注意的有如下几点。

人类活动必然引起自然界变化，而且随着生产规模扩大，人类活动引起的自然界的变化也越来越大。这是不可避免的。有一种反对干预自然的观点认为，人类干预自然必然破坏自然。这种观点是不正确的。人类干预自然过程不一定要破坏自然。自然生态系统对人而言不一定是最理想的。人类运用自己的智慧和劳动，可以建设比自然生态系统有更高生产力的生态系统。这里，人类打破旧的自然平衡，建立有利于人的新的平衡。这是世界的进步。

人、社会和自然高度相关。在人与自然的关系中，一方面人决定自然，这是自然的人化。另一方面是自然决定人，这是人的自然化。现代世界，两者越来越紧密相互渗透和交织在一起。这种相关性是历史地发展的。随着人类社会的发展，人与自然相关性越来越紧密，越来越完善，生态文明时代将达到这种相关的新阶段。它要求相应的社会组织形式，如更合理的社会制度和政策与之相适应；要求符合时代的社会生产方式和生活方式与之相适应；要求有更高文化和更高创造力和责任感的人与之相适应。

人和社会活动加速自然进化过程。一是加速地球有序化和地球物质进化。虽然环境污染和生态破坏使地球物质无序化，但这是非常态，只是阶段性的，人工生态系统建设的总体是朝有序化方向发展；二是加速地球表面物质的化学进化，大量化学物质在生产和使用中参与地球表面的物质循环，使地球物质运动，从"生物—地球化学循环"向"人类—生物—地球化学循环"发展；三是人类和地球共同进化。这是人与自然关系的常态。

十九大报告指出，生态文明时代，建设人与自然和谐共生现代化，以建设美丽中国为目标，既要创造更多物质财富和精神财富以满足人民日益增长的美好生活需要，也要提供更多优质生态产品以满足人民日益增长的优美生态环境需要。必须坚持节约优先、保护优先、自然恢复为主的方针，形成节约资源和保护环境的空间格局、产业结构、生产方式、生活方式，还自然以宁静、和谐、美丽。

建设美丽中国"四大举措"，一是要推进绿色发展；二是要着力解决突出环境问题；三是要加大生态系统保护力度；四是要改革生态环境监管体制。开展国土绿化行动，推进荒漠化、石漠化、水土流失综合治理，强化湿地保护和恢复，加强地质灾害防治，完善天然林保护制度，扩大退耕还林还草。严格保护耕地，扩大轮作休耕试点，健全耕地草原森林河流湖泊休养生息制度，建立市场化、多元化生态补偿机制。

总之，人与自然的关系本质上是一种合作共生、和谐共生的关系：人类开发利用自然，依赖自然界而生存，自然的力量支持人类发展；人类劳动改变自然，工业化发展创造了地质新时代——人类世时代，人类的力量创造了新的自然界。这是一种和谐共生互利互惠相互依赖不可分割的关系。在这里，人与自然关系的正常状态、本质和规律是和谐共生，它的运动方向或目标是共生、共荣和共同进化。

（余谋昌）

2.4　人与自然和谐

人与自然和谐是人与自然关系的本质、规律和目标。这是它的本体论的解说。古代社会人臣服于自然，现代社会人统治自然。这不是人与自然关系的正常状态，它是不可持续的。因为它不符合人与自然关系的本质和规律，"和谐"才是人与自然关系的自然本性。

人与自然和谐是马克思主义的历史观。马克思主义历史观以"人与自然界和谐"为目标，反对"自然与历史的对立"，主张"人和自然的统一性"。马克思和恩格斯指出："对实践的唯物主义者，即共产主义者来说，全部问题都在于使世界革命化……特别是人与自然界的和谐。"他们认为，这种"世界革命化"，是"我们这个世界面临的两大变革，即人同自然的和解以及人同本身的和解"，建设人与自然、人与社会和谐的世界。

从价值观的角度，人与自然和谐是生态文明的社会核心价值观。

文化是社会进步的先导，其中社会核心价值观起决定性作用。人类文明的历史发展表明，从农业文明到工业文明，再到生态文明，所有社会的发展，由社会核心价值观指引，在社会核心价值观指导下取得人类文明建设的伟大成就。

我国农业文明的核心价值观是"三纲五常"。"三纲"是君为臣纲、父为子纲、夫为妻纲；"五常"是仁、义、礼、智、信。它起源于《周易》，所谓"有君臣，然后有上下。有上下，然后礼义有所错。"（《易经·序卦传》）春秋战国时期，中国古代文化大发展大繁荣，有诸子百家之百家争鸣，哲学、文学和科学七彩纷呈地发展，推动农业文明核心价值观的形成，例如，孔子强调"君君、臣臣、父父、子子"的观念；韩非子指出"臣事君，子事父，妻事夫"是"天下之道"，这是"三纲"最早的提法。到汉代，董仲舒明确提出"君为臣纲，父为子纲，夫为妻纲"。"五常"是董仲舒依据孟子"仁义礼智"四维加上"信"而形成；宋代朱熹首次联用"三纲五常"的提法。作为农业文明社会的核心价值观，它指引中国古代社会的发展，一直到民国。

中国古代社会，皇帝称为"天子"，君权神授，统治者的合法性是世袭的，并且在各朝各代为统治者和臣民接受和遵从。"三纲五常"的观念，作为社会的伦理观念和行为规范，被历朝历代的统治者和臣民接受和遵从，从而形成高度稳态的社会秩序，中华文化延绵5000多年，这在人类文明史上是没有的，是农业文明核心价值观指导的结果。

工业文明的核心价值观是人类中心主义，或人类中心论。这是一种以人为中心的观点。它的实质是，一切以人为中心，或一切以人为尺度，为人的利益服务，一切从人的利益出发。但是，在整个工业文明时代，人类中心主义作为社会核心价值观指导人的行动时，从来都没有，而且也不是以"全人类"为尺度，或从"全人类的整体利益"出发；更没有考虑自己的活动对自然环境的影响。实际上，它只是以"个人（或少数人）"为尺度，是从"个人（或少数人）"的利益出发的。个人和家庭的活动从个人和家庭的利益出发；企业的活动从企业的利益出发；阶级的活动从阶级的利益出发；民族和国家的活动从民族和国家的利益出发，而没有顾及其他，不顾及他人，不顾及子孙后代，更不顾及生命和自然界。它的实质并不真是"人类中心"的，而是"个人中心"的。个人主义是整个现代主义的世界观，是工业文明的全部人类行为的哲学基础。

人类中心主义是一种伟大的思想。它的产生是人类认识的伟大成就。它的实践建构了整个现代文明。这种价值观的形成经历两个世纪，起始于16世纪欧洲文艺复兴，首先在文学领域，诗人但丁发表《神曲》，尽情揭露中世纪宗教统治的腐败；彼特拉克发表《歌集》，以"人的思想"代替"神的思想"，提倡科学文化，反对蒙昧主义，被称为"人文主义之父"；薄伽丘发表代表作《十日谈》，批判宗教愚昧，禁欲主义，肯定人权，反对神权，主张"幸福在人间"。

接着，科学革命，代表人物和著作有：哥白尼《天体运行论》（1543）；牛顿《自然哲学的数学原理》（1687）；达尔文《物种起源》（1859），它阐述了地球上的一切生命，植物、动物和人类，都是由原始单细胞生物发展而来的，以生物生存斗争和自然选择的思想，创立生物进化论，批判并代替神创论。

1789年7月14日，法国革命，发表《人权宣言》，宣告"人生来是自由的、在权利上是平等的"，形成"天赋人权、三权分立、自由、平等、博爱"等思想。

最后，哲学家归纳总结，法国哲学家笛卡尔（1569～1650年），创建主—客二分的哲学和数学归纳法，在人与自然的分离和对立中，人成为主宰者，自然界是被主宰的对象，他主张"借助实践哲学使自己成为自然的主人和统治者"。

英国哲学家培根（1561～1626年）和洛克是把人类中心主义从理论推向实践的伟大思想家，他是现代实验科学实验归纳法的创始人。他认为，真正的哲学应具有"实践性"。他提出"知识就是力量"的名言，他认为，人类为了统治自然需要认识自然、了解自然，科学的真正目标是了解自然的奥秘，从而找到一种征服自然的途径。他说："说到人类要对万物建立自己的帝国，那就全靠方术和科学了。因为若不服从自然，我们就不能支配自然。"

英国哲学家洛克(1632～1704 年)，主张事物的质分为第一性的质和第二性的质，坚持人的经验性原则。他认为，人类要有效地从自然的束缚下解放出来，"对自然的否定就是通往幸福之路"。

德国哲学家康德(1729～1804 年)提出"人是目的"这一著名的命题。他认为，人是目的，而且只有人是目的，人的目的是绝对的价值。而且，据此人要为自然界立法，"人是自然界的最高立法者"。因而学术界认为，康德是使人类中心主义最终在理论上完成的思想家。

人类中心主义作为现代社会的核心价值观，指导工业文明的社会建设，是工业文明所有成就的思想根源，同时又是它的所有问题的思想根源。

20 世纪中叶，环境污染、生态破坏和资源短缺的全球性生态危机导致历史变革。顺应时代需要，兴起生态文化，形成又一个文化百花齐放、百家争鸣的局面，生态哲学、生态政治学、生态马克思主义、生态社会主义、生态伦理学、生态经济学、生态法学、生态文艺学、生态女性主义和生态神学等，它们一致批判和超越人与自然主—客二分哲学，超越还原论分析思维方式，主张"人与自然和谐"的价值观。这是形成生态文明社会核心价值观重要步骤。

人类社会的历史，由文化特别是社会核心价值观指引。每一次世界历史的根本性变革，首先会兴起新文化，在新文化百花齐放和百家争鸣中形成社会核心价值观，指导新社会的建设，指导新社会不断进步、不断完善。不同的社会有不同的社会核心价值观。但是，它作为人类认识的伟大成就，作为指导社会建设的伟大思想，又有其普世性的方面，如农业文明的仁、义、礼、智、信；工业文明的民主、自由、人权等，它会包容在新的价值观之中。

人与自然和谐是生态文明的社会核心价值观。人类高举生态文明的伟大旗帜，也就是高举人与自然和谐的伟大旗帜，建设人与自然和谐、人与人和谐的新社会。　　　（余谋昌）

2.5　物质文明

物质文明是人类文明建设创造的物质成果的总和。物质文明是人类在自然物质的基础上，即在自然物质生产的基础上，主要通过社会物质生产，把自然物质变为社会物质，为人类提供生存、享受和发展所需要的物质。它是人和社会存在和社会建设的基础。它来源于自然物质，因而具有自然性；同时它又是社会物质生产的创造，因而又成为社会物质而具有社会性，是它的自然性和社会性的统一。

自然物质是地球上人与社会以外所有事物的总称。物质是客观的、不断地运动和变化的。它有无限多样的内容，无限多样的性质，无限多样的形态和无限多样的运动。能量、信息、时间和空间是物质的存在形式或运动形式。物质不灭定律，指它不能被创造，也不能被消灭，只能从一种形式转化为另一种形式。地球物质不断的运动、进化和发展，从无机物，到有机物，到生命和人的产生。这是自然物质从一种形式转变为另一种形式。俄国著名科学家维纳茨基把地球上全部生命有机体的总和称为"活物质"。活物质也是自然物质。活物质的运动、进化和发展，人从动物分化出来，人、社会和精神是地球物质进化的最高产物。这是地球物质，从无机地球—生物学地球—人类学地球的进化。

维纳茨基提出"智慧圈"和"人的地质作用"概念。他说："智慧圈是地球新的地质现象。在这里，人首次成为巨大的地质力量。他能够而且应该用自己的劳动和思想改造自己的生存领域，与过去的改造相比，这是根本性的改造。也许我们的儿孙辈可以接近智慧圈的繁荣。"这是人类运用文化的伟大力量，主要是人的智慧和智慧指导下的劳动改造自然，创造人类文明。

物质文明是人类用文化的力量创造的物质成果。在人类历史上，它随着人口增加、科学技术进步和社会物质生产的发展以及人的力量不断增强，而不断发展和繁荣。

人类前文明(原始文明)时代，人类利用石器工具，主要是运用自身的体力，以采集植物和捕猎动物为生，树上筑巢或辟洞为居，人类主要依赖自然物而生，物质文明的自然性是主要的，它的成果很有限。

农业文明时代，人类使用青铜和铁器，以及薪材和畜力的使用增强了人类的力量，砍伐森林开发土地种植庄稼饲养牲畜，建筑皇宫和民居，开始道路、乡村和城市建设，人口增加和社会生产力发展，人对自然的作用不断增强，开发更多的自然物质，物质文明的成果有了很大的增长和丰富。

工业文明时代，现代科学技术发展，推动世界工业化，矿山建设，各种金属和非金属矿藏从地下挖掘出来，特别是煤炭、石油和天然气的使用开发了强大的动力，电力的开发，推动工业生产的机械化、自动化和电气化的发展，工业生态系统建设，工厂生产了各种各样的制造品；农业生态系统和牧业生态系统建设，生产了各种各样的食品；森林生态系统建设，人造森林和广大的绿化带；草原生态系统建设；海洋生态系统建设，海岸养殖、港口、码头和航运建设；城市和乡村生态系统建设，无数的高楼大厦和各种各样的房屋，铁路、公路和桥梁；航空和航天事业，机场和发射场建设；林林总总，科学家把它称为"技术圈"。也就是说，它区别于自然生物圈，是人类运用科学技术的力量建造的地球新的圈层，或者称为"人类圈"，是物质文明的伟大成就。

现在，人类运用自己的劳动和智慧，运用现代科学技术的力量，改变自然物质已经具有行星的规模，人类创造的"技术圈"。它是新的地质时代的地球新圈层。它的总量很难计算，2016 年美国某研究机构报告针对"地球的人造物，到底有多少?"的问题研究发现，城市和农村的所有基础设施，所有车辆和机器，陆上、海上和空中的所有设备和建筑，所有技术产品，以及垃圾填埋场中的所有垃圾，估计总量约 30 万亿吨，全球财富总值已经达250 万亿美元。

30 万亿吨"人造物"合 250 万亿美元，这是人类文明建设的物质总成果。它大致可分为两类，一是正面成果，作为人类生存、享受和发展需要的"技术成果"；二是负面成果，作为被扔掉的"垃圾"，它对人类持续生存和发展提出严峻的挑战。例如，世界城市每年固体废弃物排放达百亿吨，堆积在城市周边造成"垃圾围城"的现象；数百亿吨废水排入江河湖海，造成水体污染；数百亿吨排入大气，报道说全球大气中有害气体 6 亿吨；这些污染物流动进入土壤，通过生物链污染农作物和畜产品，造成食品安全问题。人们喝脏水，呼吸有毒的空气，吃不安全的食物，直接危害人体健康；全球二氧化碳年排放量为323亿吨（2014），地球"温室效应"成为全球性问题；许多城市，特别是发达国家废弃设备堆积如山，它的总量以万亿吨计，每年新增100多亿吨，并制造了相当规模的钢铁坟墓、汽车坟墓、飞机坟墓、舰船坟墓、轮胎坟墓，等等，出现资源全面短缺的危机。

这是工业文明建设之物质文明的另类果子。它对人和社会持续生存和发展提出严峻挑战。按照工业文明的发展模式，它的产生是必然的；用工业文明的办法，例如，现在建设宏大的环保产业对废弃物进行净化处理；或者运用科学技术节约资源使用，它只能推迟资源枯竭时代的到来，并不能根本解决资源短缺的问题。建设生态文明，用生态文明物质生产取代工业文明物质生产，这是解决这"另类果子"问题的唯一途径。　　　　　（余谋昌）

2.6　精神文明

精神文明是人类创造的精神文化成果的总和。它与物质文明对应，是在物质文明的基础上，依据人类思维、智慧和精神，按照人的一定的观念和思想所创造的文化成果。例如，思想理论、科学技术、伦理道德、文学艺术、医疗保健、卫生和体育、教育培训、网络影视、休闲旅游等等人类精神和文化领域创造的总成果。精神文明的创造在物质文明的基础上进行，物质文明成果为精神文化建设提供物质条件和实践经验；同时，精神文化又是社会物质文明发展的巨大力量，是社会发展的先导，它是物质文明建设的指导力量，为物质文明的发展提供指导思想、精神动力和智力支持，又是物质文明建设的依靠力量。

人类文明发展史上，所有社会都重视精神文明建设，重视以一定的社会精神指导社会实践，重视制定一定的社会规则和规范指导和约束人的行为，重视精神文明对社会建设的伟大作用。我国春秋战国时期，学术百家争鸣促进中华文化大发展大繁荣，它指导农业文明发展，中华文化在2000多年的时间里站在世界最高峰。丰富的中华文化，包括文献典籍，至今仍然绽放灿烂光芒，至今仍然具有重大意义，仍然在发挥它的伟大作用。

16世纪，从意大利开始的文艺复兴运动，促进西方文化大发展大繁荣，推动现代科学技术产生和发展，导致工业文明社会的到来，实现世界工业化发展，以及人类生活现代化。这是社会的伟大进步。

20世纪中叶，世界环境保护运动，一个新的百花齐放百家争鸣时代，一种新文化——生态文化的产生和发展，又一次人类文化大发展大繁荣，标志人类新时代——生态文明时代的到来，人类迎来生态文明新时代。

中国政府历来重视精神文明建设，大力发展社会主义的精神文明。1979年10月，邓小平在中国文学艺术工作者第四次代表大会上说："我们要在建设高度物质文明的同时，提高全民族的科学文化水平，发展高尚的丰富多彩的文化生活，建设高度的社会主义精神文明。"

1986年9月，十二届六中全会制定《中共中央关于社会主义精神文明建设指导方针的决议》，指出"社会主义精神文明建设的根本任务，是适应社会主义现代化建设的需要，培养有理想、有道德、有文化、有纪律的社会主义公民，提高整个中华民族的思想道德素质和科学文化素质"。

2012 年，党的十八大制定"扎实推进社会主义文化强国建设"战略，报告指出："文化是民族的血脉，是人民的精神家园。全面建成小康社会，实现中华民族伟大复兴，必须推动社会主义文化大发展大繁荣，兴起社会主义文化建设新高潮，提高国家文化软实力，发挥文化引领风尚、教育人民、服务社会、推动发展的作用。"重点是，加强精神文明建设，文化软实力建设，增强文化整体实力和竞争力；全面提高公民道德素质、科学技术水平和社会文明程度；丰富人民精神文化生活，增强全民族文化创造活力；文化产业成为国民经济支柱性产业，加强公共文化服务体系的基本建设，解放和发展文化生产力；人民思想道德素质和科学文化素质全面提高；树立高度的文化自觉和文化自信，向着建设社会主义文化强国宏伟目标阔步前进。

为此，设立"中央精神文明建设指导委员会"，以及地方各级精神文明建设指导委员会，全面落实精神文明建设的各项任务，主要是解决思想道德建设、科学文化建设的问题，培育有理想、有道德、有文化、有纪律的社会主义公民，提高整个中华民族的思想道德素质和科学文化素质；解决整个民族的精神支柱和精神动力问题，以及教育科学文化建设，整个民族的科学文化素质和现代化建设的智力支持问题，发展社会主义教育事业。这是实现社会主义现代化建设的基础。

为落实"社会主义文化强国建设"战略，2015 年十八届五中全会提出：推动物质文明和精神文明协调发展，使社会主义核心价值体系深入人心，国民素质和文明程度明显提高；文化产品更加丰富；中华文化走出去迈出更大步伐，社会主义文化强国建设基础更加坚实。

关于物质文明和精神文明建设的关系，习近平主席指出："只有物质文明建设和精神文明建设都搞好，国家物质力量和精神力量都增强，全国各族人民物质生活和精神生活都改善，中国特色社会主义事业才能顺利向前推进。"建设社会主义文化强国，关键是加强社会主义核心价值体系建设，增强全民族文化创造活力，全面提高公民道德素质，丰富人民精神文化生活，增强文化整体实力和竞争力。文化实力和竞争力是国家富强、民族振兴的重要标志。实现中国梦必须弘扬中国精神。这就是以爱国主义为核心的民族精神，以改革创新为核心的时代精神，全国各族人民一定要弘扬伟大的民族精神和时代精神，不断增强团结一心的精神，具有纽带和自强不息的精神动力，永远朝气蓬勃迈向未来。

在这里，精神文明是人类文化和精神世界，它的存在、发展和进化，如恩格斯说，思维着的精神是"地球上最美丽的花朵"。它是地球上最精彩的，也是非常重要的方面。而且，它可以直接转化为物质文明，是地球上的第一生产力。著名学者丁肇中教授指出，100 年前，最尖端的科学光学、力学，现在被用在电视、无线电、航空航天工程；20 世纪 30 年代，最尖端的科学量子力学和原子物理，当时所有人都不理解它的用处，现在被用在信息技术上；20 世纪 40 年代最尖端的科学原子核物理，现在被用在核聚变。从大距离方面看，20 世纪 30 年代最尖端的科学，就是对太阳系的研究，现在被用在导航和定时上，科学技术金字塔不断地增高。

我们相信，精神文明在生态文明时代，会占有越来越重要的地位，发挥越来越重要的作用。我们期待，"地球上最美丽的花朵"，会更加灿烂更加精彩更加美丽的绽放全世界。

（佘谋昌）

2.7　政治文明

政治文明，是人类文明社会建设的政治成果的总和。政治，主要指国家的政治权力、政治制度、政治观念和政治行为，如国家制度、政治制度、政党组织、政治精神、伦理规范，等等。它是保障社会良好运行，维护社会连续和稳定发展的必要条件，又称社会上层建筑，是社会建设的领导力量。政治建设成果就是政治文明。

人类文明发展史上，政治文明建设是不断发展的。

农业社会的政治文明建设，以中国为例。农业社会的政治以"权势"为社会中轴，是一种权势社会。人类生存是以一定的社会关系生存，以这种社会关系与自然发生关系而生存。约公元前 11 世纪，我国夏商周时代，社会关系中，权贵阶层已经形成，他们主导建立国家政权，并实行世袭制中央集权的国家制度。秦统一中国后全面确立中央集权的政治制度，主要性质是"王权"专政，王权凌驾于全社会之上；社会贵重物品的制作和稀缺资源，为持有王权的权贵阶层所控制；权贵阶层通过对宗教祭祀权力的垄断，掌握对整个社会的控制权。这种政治制度，主要包括分封制、宗法制和礼乐制。这是封建权贵专制主义社会。中国封建专制社会，从夏商周三代的"王政"阶段→公元前 221～1911 年的"帝制"（封建君主专制）阶段，它是一脉相承的。这种政治制度的主要特点：一是分封制，产生严格的社会阶层的划分，如官员分为"王—诸侯—卿大夫—士"四等，清朝的官员有"公—侯—伯—子—男"五等，统治阶层主导社会阶层的划分，人民以多种标准分为三六九等，老百姓接受这种划分，信仰"天—地—君—亲—师"的辈分；二是宗法制，权力的世袭制，权位父传子，子传孙；三是礼乐制，遵守周礼的典章、礼仪和道德规范。这种由夏朝开创、秦朝确立、汉代初步发展、唐宋元发展完善、明清走向顶峰的分封、封建和宗法制的专制政治，领导中国社会发展，维持中国社会 2 千多年持续、发展和繁荣，创造辉煌的中华文明，的确是一项伟大的文明成果。

工业社会的政治文明建设。18 世纪，英国工业革命开启工业文明新时代，创立资本主义的政治制度。以科学技术进步为特征的机械化、自动化和电气化的工业生产大发展，生产集中导致资本集中，形成工业垄断资本、金融资本和银行垄断资本的结合和融合。垄断资本家掌控国家政权。工业社会的政治以"资本"为社会中轴，政治为资本最大限度增殖服务。它的实质是资本专制主义。为了实现资本利润最大化的目标，必然要不断加大对工人剩余劳动的剥削，同时必然要不断加大对自然的剥削，两种剥削同时进行彼此加强，导致社会基本矛盾，人与人社会关系矛盾，以及人与自然生态关系矛盾不断加剧。资本专制主义的运行导致许许多多社会矛盾、对抗和冲突。但工业文明建设需要稳定的社会秩序，需要完善的国家领导和社会治理。工业文明的政治建设，主要是通过设立国家立法、行政、司法三大权力机关，通过代议制或两院制，通过立法、司法独立和民主选举制，通过新闻自由和人民监督。这些被称为"制度笼子"，以制度、规则和规范，抑制政治权力和减少腐败，抑制资本过分贪婪和减轻剥削，用道德的力量和法制的力量，实行对资本和权力的制约，实行尊重民主、自由和人权的政策，使百姓生活得下去，过有尊严的生活。它保障300年工业生产大发展，经济大繁荣，以及人民现代化的生活。这是工业社会政治文明建设的伟大成就。

现在，我们正在迎来生态文明新时代。生态文明的政治建设，以"人民民主"的政治制度，取代"资本专制主义"的政治制度。这是新时代的主要政治特征。它的主要特点是，人民主体地位、人民的权力和人民的利益不断加强和扩大，为政以民生为要。这就是国家的"权为民所用，情为民所系，利为民所谋"。十八大"强调坚持以人为本、全面协调可持续发展，提出构建社会主义和谐社会、加快生态文明建设，形成中国特色社会主义事业总体布局，着力保障和改善民生，促进社会公平正义，推动建设和谐世界，推进党的执政能力建设和先进性建设，成功在新的历史起点上坚持和发展了中国特色社会主义。"报告提出，建设中国特色社会主义，要大力推进政治体制改革。报告强调保障人权和民主，提出"协商民主"制度，要求"人民民主不断扩大。民主制度更加完善，民主形式更加丰富，依法治国基本方略全面落实，法治政府基本建成，司法公信力不断提高，人权得到切实尊重和保障"；发展社会主义政治文明，实施消除贫困、改善民生的政策；关心人民群众切身利益，不只要解决温饱问题，而且富裕程度普遍提高、生活质量明显改善，人居环境更加美化、人与自然关系更加和谐。这是人民对未来生活的新期待。习近平总书记说："人民对美好生活的向往就是我们的奋斗目标。"这是生态文明的政治要求。为了满足人民群众对于未来生活的新期盼，我们必须建设生态文明，坚持走生产发展、生活富裕、生态良好、全面发展的生态文明道路。

人类未来社会，生态文明的政治建设，为人民利益，为国家富强，为社会发展服务，将会取得更加辉煌的成就。

（余谋昌）

2.8　社会文明

社会文明，作为一个与物质文明、政治文明、精神文明、生态文明并列的概念，是在党的十九大报告中首次提出的。其中最振奋人心，也最能体现"社会文明"意涵的表述出现在该报告的第四部分"决胜全面建成小康社会，开启全面建设社会主义现代化国家新征程"中，这就是："从二〇三五年到本世纪中叶，在基本实现现代化的基础上，再奋斗十五年，把我国建成富强民主文明和谐美丽的社会主义现代化强国。到那时，我国的物质文明、政治文明、精神文明、社会文明、生态文明将全面提升，实现国家治理体系和治理能力现代化，成为综合国力和国际影响力领先的国家，全体人民共同富裕基本实现，我国人民将享有更加幸福安康的生活，中华民族将以更加昂扬的姿态屹立于世界民族之林。"

值得指出的是，同人们以往所说的广义的社会文明不同，这里所说的社会文明是狭义的社会文明。广义的社会文明，是人类文明的同义词，是全面体现人类社会的开化状态和进步程度的文明形态，是人类改造客观世界和主观世界所获得的一切积极成果的总和。狭义的社会文明，是体现人们置身其中的社会的和谐状态和进步程度的文明形态，是人们进行社会建设、发展社会事业所获得的一切积极成果的总和。广义的社会文明是物质文明、政治文明、精神文明、社会文明、生态文明的统称。狭义的社会文明只是广义的社会文明的一个组成部分。

还值得指出的是，在上述十九大报告的论述中，作为从 2035 年到本世纪中叶将要全面提升的"五大文明"之一的"社会文明"是与同期将要建成的"社会主义现代化强国"五个修饰语中的"和谐"一词相对应的，因而也可以说是同"社会建设"相对应的。

这就告诉我们，社会文明的本质特征和目标指向是社会和谐，实现社会和谐的根本途径是社会建设。

由此还可以进一步得出结论：社会文明的衡量标准是社会和谐的状态或者社会和谐的程度，集中表现为人们对社会建设中各种积极成果的共享程度。其中主要包括：人民日益增长的美好生活需要的满足程度，公共服务体系的完善程度，社会公平正义的实现程度，社会治理、社会秩序、社会风尚的良好程度，人民的获得感、幸福感、安全感的提升程度等。

自党的十七大提出"加快推进以改善民生为重点的社会建设"以来，社会建设在我们国家发展全局中的地位逐步提升，各项社会事业不断取得新的进展，社会文明程度不断增强。党的十八大后，以习近平总书记为核心的党中央深入贯彻以人民为中心的发展思想，进一步推动社会建设向纵深发展，一大批惠民举措落地实施，人民获得感显著增强。脱贫攻坚战取得决定性进展，6 千多万贫困人口稳定脱贫，贫困发生率从 10.2% 下降到 4% 以下；教育事业全面发展，中西部和农村教育明显加强；就业状况持续改善，城镇新增就业年均 1300 万人以上；城乡居民收入增速超过经济增速，中等收入群体持续扩大；覆盖城乡居民的社会保障体系基本建立，人民健康和医疗卫生水平大幅提高，保障性住房建设稳步推进。社会治理体系更加完善，社会大局保持稳定，国家安全全面加强。

同时，也必须看到，我国的社会建设还存在许多不足，民生领域还有不少短板，脱贫攻坚任务艰巨，城乡区域发展和收入分配差距依然较大，群众在就业、教育、医疗、居住、养老等方面面临不少难题。总的来说，是社会文明水平尚需提高。

为此，必须在巩固社会建设现有成果的基础上，以习近平新时代中国特色社会主义思想为指导，以提高社会文明水平为目标，进一步加大社会建设力度，提高保障和改善民生水平，加强和创新社会管理。具体说来，就是要努力完成好十九大报告中提出的加强社会建设的七项任务。

（1）优先发展教育事业。建设教育强国是中华民族伟大复兴的基础工程，必须把教育事业放在优先位置，加快教育现代化，办好人民满意的教育。要全面贯彻党的教育方针，落实立德树人根本任务，发展素质教育，推进教育公平，培养德智体美全面发展的社会主义建设者和接班人。推动城乡义务教育一体化发展，高度重视农村义务教育，办好学前教育、特殊教育和网络教育，普及高中阶段教育，努力让每个孩子都能享有公平而有质量的教育。完善职业教育和培训体系，深化产教融合、校企合作。加快一流大学和一流学科建设，实现高等教育内涵式发展。健全学生资助制度，使绝大多数城乡新增劳动力接受高中阶段教育、更多接受高等教育。支持和规范社会力量兴办教育。加强师德师风建设，培养高素质教师队伍，倡导全社会尊师重教。办好继续教育，加快建设学习型社会，大力提高国民素质。

（2）提高就业质量和人民收入水平。就业是最大的民生。要坚持就业优先战略和积极就业政策，实现更高质量和更充分就业。大规模开展职业技能培训，注重解决结构性就业矛盾，鼓励创业带动就业。提供全方位公共就业服务，促进高校毕业生等青年群体、农民工多渠道就业创业。破除妨碍劳动力、人才社会性流动的体制机制弊端，使人人都有通过辛勤劳动实现自身发展的机会。完善政府、工会、企业共同参与的协商协调机制，构建和谐劳动关系。坚持按劳分配原则，完善按要素分配的体制机制，促进收入分配更合理、更有序。鼓励勤劳守法致富，扩大中等收入群体，增加低收入者收入，调节过高收入，取缔非法收入。坚持在经济增长的同时实现居民收入同步增长、在劳动生产率提高的同时实现劳动报酬同步提高。拓宽居民劳动收入和财产性收入渠道。履行好政府再分配调节职能，加快推进基本公共服务均等化，缩小收入分配差距。

（3）加强社会保障体系建设。按照兜底线、织密网、建机制的要求，全面建成覆盖全民、城乡统筹、权责清晰、保障适度、可持续的多层次社会保障体系。全面实施全民参保计划。完善城镇职工基本养老保险和城乡居民基本养老保险制度，尽快实现养老保险全国统筹。完善统一的城乡居民基本医疗保险制度和大病保险制度。完善失业、工伤保险制度。建立全国统一的社会保险公共服务平台。统筹城乡社会救助体系，完善最低生活保障制度。坚持男女平等基本国策，保障妇女儿童合法权益。完善社会救助、社会福利、慈善事业、优抚安置等制度，健全农村留守儿童和妇女、老年人关爱服务体系。发展残疾人事业，加强残疾康复服务。坚持房子是用来住的、不是用来炒的定位，加快建立多主体供给、多渠道保障、租购并举的住房制度，让全体人民住有所居。

（4）坚决打赢脱贫攻坚战。让贫困人口和贫困地区同全国一道进入全面小康社会是我们党的庄严承诺。要动员全党全国全社会力量，坚持精准扶贫、精准脱贫，坚持中央统筹省负总责市县抓落实的工作机制，强化党政一把手负总责的责任制，坚持大扶贫格局，注重扶贫同扶志、扶智相结合，深入实施东西部扶贫协作，重点攻克深度贫困地区脱贫任务，确保到2020年我国现行标准下农村贫困人口实现脱贫，贫困县全部摘帽，解决区域性整体贫困，做到脱真贫、真脱贫。

（5）实施健康中国战略。人民健康是民族昌盛和国家富强的重要标志。要完善国民健康政策，为人民群众提供全方位全周期健康服务。深化医药卫生体制改革，全面建立中国特色基本医疗卫生制度、医疗保障制度和优质高效的医疗卫生服务体系，健全现代医院管理制度。加强基层医疗卫生服务体系和全科医生队伍建设。全面取消以药养医，健全药品供应保障制度。坚持预防为主，深入开展爱国卫生运动，倡导健康文明生活方式，预防控制重大疾病。实施食品安全战略，让人民吃得放心。坚持中西医并重，传承发展中医药事业。支持社会办医，发展健康产业。促进生育政策和相关经济社会政策配套衔接，加强人口发展战略研究。积极应对人口老龄化，构建养老、孝老、敬老政策体系和社会环境，推进医养结合，加快老龄事业和产业发展。

（6）打造共建共治共享的社会治理格局。加强社会治理制度建设，完善党委领导、政府负责、社会协同、公众参与、法治保障的社会治理体制，提高社会治理社会化、法治化、智能化、专业化水平。加强预防和化解社会矛盾机制建设，正确处理人民内部矛盾。树立安全发展理念，弘扬生命至上、安全第一的思想，健全公共安全体系，完善安全生产责任制，坚决遏制重特大安全事故，提升防灾减灾救灾能力。加快社会治安防控体系建设，依法打击和惩治黄赌毒黑拐骗等违法犯罪活动，保护人民人身权、财产权、人格权。加强社会心理服务体系建设，培育自尊自信、理性平和、积极向上的社会心态。加强社区治理体系建设，推动社会治理重心向基层下移，发挥社会组织作用，实现政府治理和社会调节、居民自治良性互动。

（7）有效维护国家安全。国家安全是安邦定国的重要基石，维护国家安全是全国各族人民根本利益所在。要完善国家安全战略和国家安全政策，坚决维护国家政治安全，统筹推进各项安全工作。健全国家安全体系，加强国家安全法治保障，提高防范和抵御安全风险能力。严密防范和坚决打击各种渗透颠覆破坏活动、暴力恐怖活动、民族分裂活动、宗教极端活动。加强国家安全教育，增强全党全国人民国家安全意识，推动全社会形成维护国家安全的强大合力。

（黎祖交）

2.9　原始文明

原始文明，又称史前文明，是人类第一个文明农业文明以前，人类历史第一个阶段的社会。美国著名学者摩尔根，把人类社会从低级到高级阶段的发展分为蒙昧、野蛮和文明三个阶段。蒙昧和野蛮时期是原始文明的社会发展时期。农业产生于一万年前，人类文明史只有 5 千多年，人类从地球上产生有 300 万~700 万年的历史，原始文明占人类历史的绝大部分时间。另一种说法是，原始社会，从前公元前 170 万年到公元前 21 世纪的历史时期。

社会生产方面。原始文明，以石器为主要工具，采取采集和渔猎的方式，人们靠采摘野生植物的果实或捕捉鹿、牛、古象、剑齿象等大型哺乳动物，以及水中鱼虾，靠人自身的体力，石器工具又非常简陋，捕猎只起辅助作用，主要以采集为获得食物的来源。利用现成的石块打制成工具，经历早石器时期，如砍砸器、刮削器、尖状器等；中石器时期，出现石锥和一物多用的石器；弓箭发明和使用进入新石器时期。北京猿人文化的研究表明，距今 50 万~24 万年前，北京猿人以洞穴为居，在这里遗留下 2 万多件石器，按石器的制作水平，科学家分为早、中、晚三个时期。

社会关系方面。原始文明，面对巨大的自然力，人的生活非常艰难。人们以有血缘关系的氏族结合起来，结成小群的人沿着河边、湖岸和森林边缘过着迁徙流动的生活。科学家推断，那时人类自身的生产，基本上同动物界一样，性关系是亲子、兄妹之间杂婚。旧石器时代的中期，如我国河套文化和丁村文化时期，开始出现氏族制的萌芽；旧石器时代晚期，如我国山顶洞文化时期，氏族公社制度形成，开始早期母系氏族社会，这时亲子婚已被禁止。中石器时代，氏族公社从母系氏族到父系氏族过渡，并延续到新石器时代，几个氏族组成胞族，或者几个胞族组成部落为主要的社会组织形式。那时，由于生产力低下，很少有剩余产品，因而没有私有财产，在氏族公社内实行平等的、原始共产主义社会的分配制度，表现社会生活的平等性和共产的自然性。

精神文化方面。原始社会，人类劳动的发展，以及劳动中交往的需要产生了语言，由此推动思维的产生与发展，以及人类自我意识的形成。在早期人类意识中，人与自然是混为一体的，由于自然力过于强大，人们崇仰自然力，实行图腾崇拜和自然崇拜的信仰。这是人类意识的自然性。由于采集和狩猎的需要，人们注意季节和气候变化；由于计数和交往的需要，开始结绳或刻痕计数；中石器时代，出现一些简单的图案或符号，以表达思想和帮助记忆，最终发展为象形文字，以逼真的形式表达山、水、月亮和太阳等。这时，人类的知识与采集和狩猎实践混为一体，科学以萌芽的形式存在。

爱美是人的天性。考古发掘表明，我们的远古祖先用美丽的卵石或动物的骨头制成装饰品，如动物形象的小雕刻，妇女形象的小雕像；在岩石壁画上、建筑物上、陶器上描绘颜色鲜艳和形象逼真的动物或纹饰。有以表现图腾的各种动物形象，有反映人群的狩猎生活，如飞跑的人群手持弓箭追逐受惊的山羊；或表现种种野兽的动态，如受惊的野猪、飞奔的鹿群等。它们表现了纯朴的自然主义的艺术特色。世界各地的考古发掘都发现有相当高艺术水平的珍品，如我国新石器时代仰韶文化时期的彩陶罐，有复杂的纹饰，有的点缀美丽的鸟纹、鱼纹、蛙纹、犬羊图形、人形纹等，是非常精致美丽的艺术品。它们是直接反映和表现大自然和人类生活的艺术品。

我国古籍中，如《韩非子·五蠹篇》关于"构木为巢，以群辟害"的有巢氏时代的记载；关于"钻燧取火，以化腥臊"的燧人氏时代的记载；《易经·系辞》关于"作结绳以为网罟，以佃以渔"的伏羲氏时代，以及"断木为耜，揉木为耒""日中为市"的神农氏的记载；《列子·汤问篇》关于古代社会"男女杂游，不媒不聘"，《白虎通·号篇》关于母系氏族"但知其母，不知其父"的记载，反映了古代学者对人类远古时代文化的认识。这是值得珍视的。

（余谋昌）

2.10　农业文明

农业文明是人类第一个文明社会。马克思把农业称为"本来意义上的文明"。中国是农耕古国，中国古代社会是农业文明社会。智慧的中国人民创造了光辉灿烂中华文明，这是伟大的农业文明。一万年前，种植作物表示农业产生。小麦是人类最早种植的粮食作物，在古埃及的石刻中，有栽培小麦的记载；考古学家在金字塔的砖缝里发现小麦。它已经有一万年的历史。中国在世界上最早培植水稻和粟两种农作物。考古资料显示，中国已经有7000年的蚕桑养殖史和6400年的稻作农业史。距今7000年前的河姆渡遗址的出土物中，有稻谷和麦粒。

农业文明在农业生产的基础上产生、形成和发展。这是漫长的历史过程。原始文明向农业文明转变有一个过渡时期。人类史学家认为，人类文明时代以文字的发明和铁器使用为标志，它有5000年的历史。也就是说，从农业产生到农业文明的形成历经5000年。这是原始文明向农业文明转变的过渡时期。

农业是古代社会的中心产业，作为社会的经济基础，它决定上层建筑和社会发展。农业文明的社会，奴隶和奴隶主、农民和地主是社会主体；人和土地是主要的社会资产；利用薪材和畜力为主要动力，应用青铜器和铁器工具开发土地、森林和其他生物资源，发展以自给自足为特征的农业经济。严格等级制的社会制度和伦理规范维护农业社会的稳定和发展。中华文明创造了世界农业文明的最高成就。这是中国人民的一系列创造的结果，包括农业文明的物质成果和精神成果。中华文明是农业文明的典范，它的成就概述如下：

中国是有机农业的发源地。书云："上因天时，下尽地财，中用人力。是以群生遂长，五谷蕃殖"。有机农业主要特点是，依据自然条件，遵循自然规律，因地制宜，因时制宜，精耕细作，积造和施用有机肥，充分和合理地利用水、土地和生物资源。土地开发，采用养用结合、轮作、间作、套种的耕作方式；重视改良土壤，肥培土壤，变薄田为良田，保持地力常壮常新；重视自然循环，应用生物除虫和综合防治病虫害的植物保护等。它以遵循自然的方式，开发和建设农业生态系统，生产动物和植物性食品，支持人类生存和发展，形成有机农业的优良传统。

"桑基鱼塘"是中国农民的伟大创造。据记载，它产生于明朝中叶，当时，江苏常熟地区的人，为了防止水淹农地，总是把低洼的地方填高起来；但是，一位有智慧又善于经营的农民，恰恰相反，他却将低洼地挖深变成水塘，用于养鱼；挖出的泥土堆放在水塘的四周堆成堤岸，岸上种桑树或其他果树，池塘边种茭白等水生蔬菜，池塘上又架起了猪圈，用于养猪。这样，养猪可以不占用耕地，猪粪直接落入池塘喂鱼。基和塘的比例为六比四，六分为基，四分为塘。史称："基种桑，塘蓄鱼，桑叶饲蚕，蚕矢饲鱼，两利俱全，十倍禾稼"。这种基上种桑，塘中养鱼，桑叶用来喂蚕，蚕屎用以饲鱼，而鱼塘中的塘泥又取上来作桑树的肥料，是一个完整和多产出的生态系统。同时，堤外农田种植水稻，通过水塘的水进行排灌，又可做到旱涝保收。这种中国农民创造的一种农业模式，从浙江传播到珠江三角洲等地。这是最早的生态农业，至今仍然在许多地方发挥重大作用。

"修筑梯田"是中国农业文明的又一个伟大创造。最著名的有哈尼梯田，已列入联合国教科文组织世界遗产名录(2013 年)。它开发于 2000 多年前的春秋战国时期。现在，云南省元阳县境内有 17 万亩，又称元阳梯田。元阳哈尼族人民，随山势地形变化开垦的梯田，坡缓地大则开垦大田，坡陡地小则开垦小田，甚至沟边坎下石隙也开田，因而梯田大者有数亩，小者仅有簸箕大，往往一坡就有成千上万亩，梯田最高级数达 3000 多级。经过1000 多年的开发利用，养育数十世代的子民，至今仍非常美丽，生命茂盛，出产丰富。它没有水土流失之患，没有水、旱灾害之患。这是一个可持续发展的奇迹。著名的还有浙江省云和县的云和梯田，开发于唐初，有 1000 多年历史，总面积 51 平方公里，最多的有700 多层。现在，我国南方丘陵地区还分布许多梯田。

现在，全球每年流失的土壤 240 亿吨。水土流失的问题是现代农业发展的一个大问题，被称为人类可持续发展的头号问题。中国梯田，以及中国有机农业的生产方式，一二千年能永保土地生命力，的确是一个奇迹。它为解决水土流失的世界难题提供了经验和范例。

中国有机农业创造了世界农业文明的最高成就，至今仍然光照世界。

中国农业经济发展，宋朝的经济总量占世界 GDP 的 65%，最高时占当时世界的 80%，按美元计算的人均 GDP 达 2280 美元；明朝万历期间仍占世界 GDP 的 80%，后来有所减少，至清朝仍然占全球 GDP 的 35% ～ 10%。中国经济是世界经济的主要力量。

中国造纸术、火药、指南针和活字印刷术，誉为"四大发明"；丝绸、瓷器、中药、茶叶是"四大技术发明"；中国的技术和工艺学，据统计，公元前 6 世纪至公元 1500 年的 2000 多年中，发明成果约占全世界的 54%，长期影响和推动世界技术的发展；中国古代哲学，如易学、道家、儒家、佛家、墨家、名家、法家、兵家等的伟大成就；中国古代科学，如农学、天文、历法、地学、数学、运筹学、工艺学和灾害学等伟大成就；中国水利建设，秦昭王末年兴建都江堰和秦统一后兴建灵渠水利工程，公元 7 世纪隋代兴建京杭大运河工程，至今仍有巨大的生命力，发挥它的巨大的效益；中国古代冶金、青铜器和炼铁、陶瓷术、造船术、航海术、建筑技术、路桥技术、园林工艺、农业技术都达到当时世界科学、技术和工艺的顶峰；中国古代宏伟的建筑，如北京紫禁城宫殿群、万里长城、七大古都、十大古城等，遍布中国各地，至今熠熠生辉。

中华文明是伟大的农业文明。中国农业文明站在当时世界和历史的巅峰，标志农业文明的最高成就，历经 5000 年没有中断过，她的伟大成果至今仍然绽放灿烂的光彩。这是中华民族的骄傲。

（余谋昌）

2.11　工业文明

工业文明是人类继农业文明之后的第二个文明社会。18 世纪，英国工业革命推动世界工业化，从瓦特蒸汽机和珍妮纺纱机应用开始，以煤炭和石油等作动力，现代科学技术广泛应用于物质生产，社会物质生产的机械化、自动化和电气化的发展，人类进入工业文明新时代。这是以现代科学技术进步为特征的时代。

马克思和恩格斯在《共产党宣言》中，对工业生产运用科学技术取得的伟大成就给予高度评价。他们说："资产阶级在它的不到一百年的阶级统治中所创造的生产力，比过去一切世代创造的生产力还要多，还要大。自然力的征服，机器的采用，化学在工业和农业中的应用，轮船的行驶，铁路的通行，电报的使用，整个整个大陆的开垦，河川的通航，仿佛用法术从地下呼唤出来的大量人口，——过去哪一个世纪能够料想到有这样的生产力潜伏在社会劳动里呢？"

20 世纪以后的一百多年，现代科学技术推动的工业文明建设迅速发展，它创造的生产力比那时又不知还要多、还要大多少倍。例如：20 世纪人口从 17 亿增至 60 亿，2016 年达到 72 亿；20 世纪，粮食产量增加 4 倍，工业生产增长 100 倍，能源消耗增长超过 100 倍；每年消耗能源 100 多亿吨标准煤；2012 年全世界国民生产总值达 71.7 万亿美元。

20 世纪科学技术进步。量子论、相对论的提出，生物遗传工程应用；系统论、控制论和信息论，以及耗散结构理论、混沌理论和协同学的建立，人类对宏观世界、微观世界和自身的认识都有了飞跃性发展。

现代通信技术开发。无线电发明（1903），激光（1960），通信卫星发射（1962），光纤电缆开发（1970），电子计算机在通信中应用（1971），因特网（1990），人们可以随时方便地得到世界各地的方方面面的信息；每秒 33.86 千万亿次超级计算机"天河二号"（2013，中国），每秒运算 11 万亿次超级计算机曙光 4000A 在上海正式启动（2014）；量子科学实验卫星和量子通信干线（2014，中国）。

航空技术。飞机发明并用于空中交通（1903），超音速飞机研制成功（1947），宽体双倍音速飞机，满载乘客当天可以达到世界各个地区。

航天技术。人造卫星发射（1957），人类进入太空（1961）和登上月球（1969），航天飞机飞行（1981），人类进入太空时代，"好奇"号火星探测器登陆火星（2012），航天技术促进遥感技术、信息技术和其他高科技的开发利用。

电子技术。晶体管开发（1848），集成电路板（1960）和微芯片（1975）开发；计算机技术，电子数字计算机（1946）和通用自动计算机（1951）开发，个人电子计算机广泛应用（1971），人类进入微电子时代，3D 打印、4D 打印（2004），将改变人类的技术形式。

生物技术。遗传物质发现（1944），DNA 双螺旋结构发现（1953），遗传密码揭示（1954），基因合成、DNA 重组的实现（1970），基因工程技术的发明和应用（1973），为人类生物性生产、农业和医学创造巨大福利，克隆羊多利问世（1997），人类基因组排序（2000）。

新能源技术。核反应堆的建立（1942），受控裂变反应堆（1954），它们应用于核电站建设；核聚变研究取得进展（2014）；太阳能电站开发利用，新型太阳能电池成本降低 25%（2014），为人类提供大量干净能源。

新材料技术。塑料（1909），尼龙（1931），人造金刚石（1953），高温超导材料（1987）；机器人技术和各种高新技术在工业生产中的应用，使工业生产线从自动化向智能化发展。

高速铁路。日本新干线（1964），新高铁网（2016，中国）。

美国是工业文明的典范。它吸纳全世界最优秀的科学技术人才，培养世界最优秀的科学家，发展世界最先进的科学技术（自然科学、社会科学和技术科学），把高科技应用于工业生产，称为"科学理论与实践相结合"，取得巨大的成功，发展出完整的机器制造体系，生产各种各样世界最先进的设备，工业化成果应用于建设现代化大城市，机器制造的产品支持现代化的物质生活和精神文化生活。"美国梦"吸引世界各地的人民。

同农业文明取代原始文明，以农业为社会的中心产业，但不是取消渔猎，而是用农业文明的成果改造渔猎业，用更先进的技术进行渔猎，特别是发展养殖（畜牧）业，生产出更加丰富的产品。同样，工业文明的社会，以工业为社会的中心产业，它不取消渔猎，而是用更先进的技术进行渔猎，特别是发展高科技的养殖业；它也不是取消农业，而是用工业化的成果改造农业，发展工业化的农业。美国现代化农业，首先是机械化、自动化和工厂化的农业，接着"石油农业"发展，现代转基因技术的应用，发展"转基因农业"。美国工业化农业的发展，丰富的农产品不仅供给本国人民，而且出口到世界各地。

21 世纪，工业化向高端产业前进，发展高科技产业和服务业，金融业成为社会中心产业。先进的工业化国家先后向后工业社会转变；发展中国家先后实现工业化。60 多年来，中国工业化取得伟大成就，已经建成门类齐全、独立完整的机器制造产业体系。现有世界工业体系 39 个工业大类中，中国拥有全部 39 个工业大类，191 个中类，525 个小类，成为全世界唯一拥有联合国产业分类中全部工业门类的国家。"中国制造"的发展，强力推动工业化和现代化进程。现在，全球机器制造业一半在中国，钢铁、水泥等1485种工业产品已占世界第一；"中国制造"（Made in China）成为全球最重要的商标，中国制造的产品营销世界一百多个国家。中国的高铁、航天和核电，被称为世界先进的"超级产业"。2013年中国的工业产值为美国同期的126%。中国成为伟大的工业化国家。

值得指出的是，伴随世界工业化的伟大成就，以环境污染、生态破坏和资源短缺表现的生态危机，成为威胁人类生存和经济—社会持续发展的全球性问题，表示世界历史的一次根本性转折的到来，人类正在迎来生态文明新时代。　　　　　　　　　　　（余谋昌）

2.12　生态文明

生态文明是继农业文明和工业文明之后的人类新的文明。20世纪，以环境污染、生态破坏和资源短缺为表现的生态危机成为全球性问题；21世纪，金融危机、信贷危机和社会危机的全球性爆发。全球性危机对人类生存提出严峻挑战。中华文化中，"危机"一词表示"危险"和"机会"双层意思；马克思在《资本论》中说，危机表示转折。全面危机，全球性生态危机和全球性社会危机的爆发，以20世纪中叶一场轰轰烈烈世界环境保护运动为标志，它表示世界工业文明已经开始走下坡路，一种新文明——生态文明正成为上升中的人类新文明。这是世界历史的一次伟大的根本性变革，从工业文明社会到生态文明社会的发展。

生态文明作为人类新文明，是人类新的生存方式。它的主要特征是人类社会全面转型。在人类文化的社会制度层次、物质层次和精神层次的全面生态文明建设，人类将建设一个可持续发展的新社会，人与人社会和谐、人与自然生态和谐的生态文明社会。

生态文明由社会全面转型实现，我们可作如下简述。

价值观转型，走出人类中心主义。人类中心主义是一种伟大的思想，作为工业文明的核心价值观，它的产生是人类认识的伟大成就，它的实践建构了整个现代文明。但是，这种价值观只承认人的价值，否认生命和自然界的价值；人类活动在追求人的价值时，主要以个人或少数人的利益为尺度，在追求自己的发展，实现自己的利益时，不顾及他人，不顾及后代，不顾及社会，更不顾及生命和自然界，导致人与自然的生态关系矛盾不断加剧，人与人的社会关系矛盾不断加剧，是生态危机和社会危机的思想根源。超越人类中心主义价值观，确立"人与自然和谐"的价值观，是建设生态文明的先导。"人与自然和谐"是生态文明社会的核心价值观。它由马克思和恩格斯首先提出。马克思主义历史观以"人与自然界和谐"为目标，反对"自然与历史的对立"，主张"人和自然的统一性"。马克思和恩格斯指出："对实践的唯物主义者，即共产主义者来说，全部问题都在于使世界革命化，实际地反对和改变事物的现状……特别是人与自然界的和谐。"他们认为，这种"世界革命化"，是"我们这个世界面临的两大变革，即人同自然的和解以及人同本身的和解"，建设人与自然、人与社会和谐的世界。20世纪中叶环境保护运动中产生的生态文化，主张超越人与自然主—客二分哲学，建设人与自然和谐的世界。

哲学转型，从人统治自然的哲学走向人与自然和谐的哲学。现代哲学是人与自然主—客二分哲学。在主—客二分的理论模式中，只有人是主体，只有人有价值，生命和自然界作为客体是人的对象。人作为主体是主宰者和统治者，生命和自然界作为客体是人征服、利用和改造的对象。它指导工业文明时代人统治自然的实践，并取得伟大胜利。但是，这种胜利是局部的，因为对于人类的每一个胜利，自然界都进行了报复，表现了这种哲学的局限性。环境哲学承认生命和自然界是生存主体、价值主体、认识主体、权利主体；它具有目的性、创造性、智慧和价值，是值得尊重的。确立人与自然和谐哲学是建设生态文明的理论基础。

社会政治转型，从资本专制主义到人民民主主义。工业文明的社会形态是资本主义。资本专制主义是它的主要政治特征。资本的唯一目标是利润最大化。增值资本是资本主义发展的主要动力。为了实现资本的利润最大化目标，它需要维护资本主义的政治制度和经济制度。这是资本的经济和政治两个主要的根本属性。只要资本及其运行存在，马克思《资本论》揭示的资本的性质及其运动规律就存在和继续起作用。为了实现资本增值，它必然不断加剧对工人剩余劳动的剥削，同时不断加剧对自然价值的剥削；两种剥削同时进行彼此加强，导致工业文明社会的基本矛盾：人与人社会关系矛盾、人与自然生态关系矛盾不断加剧和恶化，最终导致全球性的社会危机和生态危机。这是当今世界问题的总根源。以人为本是生态文明社会的主要政治特征，深化政治体制改革，加快推进生态文明社会主义民主政治的制度化、规范化和程序化，建设实行严格法治的国家，强化权力运行的制约和监督制度建设，发展更加广泛、更加充分、更加健全的人民民主，促进社会公平正义；坚持用制度管权管事管人，让人民监督权力，让权力在阳光下运行，把权力关进制度的笼子。为生态文明建设提供坚强的政治保障，这是建设生态文明的关键。

生产方式转型，从线性经济到循环经济的发展。工业文明的生产方式，它的组织原则和技术原则是线性和非循环的。它的工艺模式是："原料—产品—废料。"这是一种线性的非循环的生产。虽然它有较高的效率，但是以排放大量废料为特征。这种生产大量消耗自然资源、大量排放废弃物，是一种原料高投入、产品低产出、环境高污染的生产，是造成全球生态危机的直接根源。生态文明的生产方式是，学习自然界的智慧，创造和实行生态工艺的生产。它的组织原则和技术原则是非线性和循环的，以模式表示为："原料—产品—废料—产品……"它以原料多次利用或重复利用、产品高产出、环境低污染为特征，是一种更高效率的生产。这是生态经济、循环经济和低碳经济的生产方式。

生活方式转型，从高消费到绿色消费。工业文明的消费生活有巨大财富、先进的科学技术和丰富充足的产品支持，以高消费为主要特征。但是，地球没有能力支持全球60多亿人过这样的生活。生态文明的生活方式，从高消费到绿色消费转型，倡导简朴生活、低碳生活和公正生活。它以适度消费为标准，以消费绿色产品，生产、经销和使用知识和智慧价值高的产品为荣，从崇尚物质享受转向崇尚社会和精神需求。这是可持续的生活方式，一种更高级的生活结构。

文化转型，科学技术、伦理道德和文学艺术的生态化。现代科学技术、伦理道德和文学艺术等各种文化形态，是以人为中心的，它为社会服务取得了伟大成就。所谓"文化转型"是生态文化建设，不仅要有人和社会利益的目标，而且要有人与自然和谐的目标，大力发展生态文化的产业和事业，发展生态哲学、生态伦理学、生态政治学、生态经济学、生态法学、生态文艺学和生态科学技术等，不断提高全社会的生态意识、生态价值观念、生态思维和生态生产创造力，不断提高文化整体实力和竞争力。

从工业文明社会向生态文明社会过渡，是现在世界形势的主要特征。大势已定，当今世界的主要问题，无论是人与自然的生态关系方面的生态危机，还是人与人的社会关系方面的社会危机，只有通过建设生态文明的社会，实现社会全面转型，才能得以根本解决。中国和世界只有一种前途，这就是迎接生态文明新时代，高举生态文明的伟大旗帜，建设生态文明的新社会。

2012 年，党的十八大制定"大力推进生态文明建设"战略，实施生态文明建设深刻融入和全面贯穿经济建设、政治建设、文化建设和社会建设"五位一体"的总体战略。实施这一战略，全国生态文明试验区建设，生态省、生态市、生态县建设普遍启动，在党的领导下，建设生态文明成为全国人民的伟大实践，在世界上率先走上建设生态文明的道路。

2017 年，习近平总书记的十九大报告，总结生态文明建设经验，他说：五年来，我们统筹推进"五位一体"总体布局，全面开创新局面，生态文明建设成效显著。大力度推进生态文明建设，全党全国贯彻绿色发展理念的自觉性和主动性显著增强，忽视生态环境保护的状况明显改变。大力推进绿色发展，着力解决突出环境问题，加大生态系统保护力度，改革生态环境监管体制。

十九大报告强调，加快生态文明体制改革，建设美丽中国，生态文明制度体系加快形成，主体功能区制度逐步健全，国家公园体制试点积极推进；全面节约资源有效推进，能源资源消耗强度大幅下降；重大生态保护和修复工程进展顺利，森林覆盖率持续提高，生态环境治理明显加强，环境状况得到改善；引导应对气候变化国际合作，成为全球生态文明建设的重要参与者、贡献者、引领者。建设生态文明是中华民族永续发展的千年大计，中华民族正以崭新的姿态屹立于世界的东方，日益走近世界舞台的中央，为人类作出更大的贡献。

（余谋昌）

2.13　社会主义生态文明

社会主义生态文明，是社会主义的新思想，中国特色社会主义建设是社会主义生态文明实践的起步。十八大高举中国特色社会主义的伟大旗帜，领导人民建设社会主义生态文明，制定"大力推进生态文明建设"战略，实施生态文明深刻融入和全面贯穿经济建设、政治建设、文化建设和社会建设"五位一体"的总体战略，建设生态文明的新社会。也就是说，建设生态文明纳入中国特色的社会主义事业的总体布局，中国迈入社会主义生态文明新时代，建设中国特色社会主义新社会的历程。

什么是社会主义生态文明？十八大修改并通过的党章总纲规定："中国共产党领导人民建设社会主义生态文明。树立尊重自然、顺应自然、保护自然的生态文明理念，坚持节约资源和保护环境的基本国策，坚持节约优先、保护优先、自然恢复为主的方针，坚持生产发展、生活富裕、生态良好的文明发展道路。着力建设资源节约型、环境友好型社会，形成节约资源和保护环境的空间格局、产业结构、生产方式、生活方式，为人民创造良好生活环境，实现中华民族永续发展。"

人类思想史上，社会主义思想是资本主义社会矛盾—工人阶级与资产阶级矛盾—斗争的产物。随着资本主义的发展，它已经有多种多样的形态，学者统计有数 10 种社会主义思想。社会主义思想是历史地发展的。它作为人类思想宝贵财富进入人类思想宝库。

空想社会主义思想是最早的社会主义思想。它产生于 16 世纪初，19 世纪著名的思想领袖和代表作有：欧文的《新社会观》《人类思想和实践中的革命》；圣西门的《论实业制度》《新基督教》；傅立叶的《全世界和谐》《新世界》。他们主张废除生产资料私有制，废除私有财产，消灭剥削和压迫，消灭阶级和阶级差别；改变资本主义分配制度，实行共同劳动、合理分配，取消商品交换，有计划组织生产；消灭工农差别、城乡差别、脑力劳动和体力劳动差别；在批判资本主义私有制的基础上，实行公有制，建立共同劳动和平均分配产品的社会制度，建设一个"人人平等，个个幸福"的新社会。这时，资本主义刚刚兴起，他们提出这样的社会公平和正义的宝贵思想，的确是难能可贵的。

民主社会主义思想，1899 年伯恩斯坦在《社会主义的前提和社会民主党的任务》一书中，首次提出"民主社会主义"思想。他主张，建立社会民主党，在民主体制里进行社会主义运动，通过议会民主和议会斗争，掌握议会多数，获得国家权力，强调国家治理和扩大国有化，实施社会保障制度和建立福利国家，建立一个政治民主、经济民主、文化民主和社会民主的新社会。

科学社会主义思想，1848 年，马克思和恩格斯发表《共产党宣言》，提出"科学社会主义"思想，主要是工人阶级组成政党，通过无产阶级革命和无产阶级专政，以生产资料的公有制取代生产资料私有制，建立社会公有制社会。马克思说："这种社会主义就是宣布不断革命，就是无产阶级的阶级专政，这种专政是达到消灭一切阶级差别，达到消灭由这些阶级差别所产生的一切生产关系，达到消灭和这些生产关系相适应的一切社会关系，达到改变由这些社会关系产生出来的一切观念的必然的过渡阶段。"

生态文明社会主义思想，是 20 世纪环境保护运动中形成的社会主义新思想。它是生态学与马克思主义结合，以马克思主义解释和应对生态危机，以走向实现社会主义的新道路。它又称生态马克思主义，在西方有不同的学派。英国戴维·佩珀《生态社会主义：从深生态学到社会正义》一书，阐述了西方生态社会主义的重要观点。他提出"生态矛盾"概念，即资本主义制度内在倾向于破坏和贬低物质环境所提供的资源与服务，"需要一种把动物、植物和星球生态系统的其他要素组成的共同体带入一种兄妹关系，而人类只是其中一部分的社会主义。"

2007 年，党的十七大把建设生态文明作为全面建设小康社会的奋斗目标："建设生态文明，基本形成节约能源资源和保护生态环境的产业结构、增长方式、消费模式。循环经济形成较大规模，可再生能源比重显著上升。主要污染物排放得到有效控制，生态环境质量明显改善。生态文明观念在全社会牢固树立。"

2012 年，党的十八大正式把生态文明建设纳入中国特色社会主义事业"五位一体"的总体布局，明确提出："建设生态文明，是关系人民福祉、关乎民族未来的长远大计。面对资源约束趋紧、环境污染严重、生态系统退化的严峻形势，必须树立尊重自然、顺应自然、保护自然的生态文明理念，把生态文明建设放在突出地位，融入经济建设、政治建设、文化建设、社会建设各方面和全过程，努力建设美丽中国，实现中华民族永续发展。"

2017 年，党的十九大在对生态文明建设进行全面总结部署时进一步指出："建设生态文明是中华民族永续发展的千年大计。""要牢固树立社会主义生态文明观，推动形成人与自然和谐发展的现代化建设新格局。"

特别值得指出的是，十九大在明确新时代坚持和发展中国特色社会主义的"总任务是实现社会主义现代化和中华民族伟大复兴，在全面建成小康社会的基础上，分两步走在本世纪中叶建成富强、民主、文明、和谐、美丽的社会主义现代化强国"的同时，特别强调"我们要建设的现代化是人与自然和谐共生的现代化"。

这表明，自十七大、特别是十八大以来，我们党一直是把生态文明建设同小康社会建设和中国特色社会主义现代化建设紧密联系在一起的。由此也可以看出，我们要建设的生态文明就是社会主义的生态文明，我们要建设的社会主义就是生态文明的社会主义。

生态文明的社会主义，是生态文明原则与社会主义原则的结合，是人与人社会关系矛盾分析和人与自然生态关系矛盾分析的统一。这是完全符合经典马克思主义思想的。马克思和恩格斯认为："历史可以从两个方面来考察，可以把他们划分为自然史和人类史。但这两方面是密切相连的；只要有人存在，自然史和人类史就彼此相互制约。"他们还认为："自然界和人的同一性也表现在：人们对自然界的狭隘的关系制约着他们之间的狭隘的关系，而他们之间的狭隘的关系又制约着他们对自然的狭隘的关系。"①马克思主义的历史观认为，人与人的社会关系、人与自然的生态关系，两者是相互联系不可分割的，"人与自然界的和谐"是马克思主义社会历史观的根本观点。

这里说的生态文明原则是，人与自然是生命共同体，人类必须尊重自然、顺应自然、保护自然，必须遵循自然规律，坚持人与自然和谐共生。这里说的社会主义原则是，工人阶级组成政党，通过革命夺取政权取代资本主义，消灭剥削，实现生产资料公有制，以及社会平等、正义和共同富裕。

或者说，生态文明的社会主义是生态文明与社会主义的结合，这是社会主义本质的新发现。这一发现的重要之点是，社会主义的人与人的社会和解，必须是建立在人与自然和解的生态文明的基础上。这两者是相互联系不可分割的。

生态文明的社会主义作为生态文明的社会形态，它是人类新社会。怎样建设生态文明的社会主义，这是由时代的性质决定的。当今时代作为一个新时代，是从工业文明到生态文明过渡，建设生态文明的社会主义新时代，一个世界历史根本性变革的时代。它由生态文明建设实现。

（余谋昌）

---

①　马克思，恩格斯 . 德意志意识形态［M］. 北京：人民出版社，1961.

2.14　生态文明与科学发展观

科学发展观是生态文明的重要观念，又是建设生态文明的重要的指导思想，两者是一致的，生态文明观是科学发展观的深化、升华和发展。

什么是科学发展观？2007 年，在党的十七大，胡锦涛总书记《高举中国特色社会主义伟大旗帜，为夺取全面建设小康社会新胜利而奋斗》的报告说："科学发展观，第一要义是发展，核心是以人为本，基本要求是全面协调可持续性，根本方法是统筹兼顾。"他说："深入贯彻落实科学发展观，要求我们积极构建社会主义和谐社会。和谐社会是中国特色的社会主义的本质属性。科学发展与社会和谐是内在统一的。没有科学发展就没有社会和谐，没有社会和谐也难以实现科学发展。"

胡锦涛对科学发展观的完整表述是："坚持以人为本，树立全面、协调、可持续的发展观，统筹城乡发展，统筹区域发展，统筹经济社会发展，统筹人与自然和谐发展，统筹国内发展和对外开放，继续发展社会主义市场经济、社会主义民主政治和社会主义先进文化，促进经济社会和人的全面发展。"

科学发展观以建设中国特色的社会主义为目标，以建设人与人的社会和谐，以及人与自然的生态和谐的生态文明社会为目标。2003 年 10 月，胡锦涛在十六届三中全会说，落实以人为本为核心价值观的科学发展观，"实现全面建设小康社会宏伟目标，就是要使经济更加发展、民主更加健全、科学更加进步、文化更加繁荣、社会更加和谐、人民生活更加殷实。要全面实现这个目标，必须促进社会主义物质文明、政治文明、精神文明协调发展，坚持在经济发展的基础上促进社会全面进步和人的全面发展，坚持在开发利用自然中实现人与自然的和谐相处，实现经济社会可持续发展。"

科学发展观上述解说表明，它是生态文明的重要观念。

实施科学发展观，以建设社会主义和谐社会为目标。为了实现这一目标，中国特色的社会主义建设道路和总体布局的顶层设计，从"三位一体"—"四位一体"—"五位一体"的路径发展。这是中国社会发展理念、战略和实践，从"科学发展"到"生态文明"的发展。

2005 年，胡锦涛发表《构建社会主义和谐社会》的讲话，提出社会主义和谐社会建设，需要从物质文明、政治文明、精神文明"三位一体"的发展，扩展为，社会主义经济建设、政治建设、文化建设、社会建设"四位一体"的总体布局；2012 年，十八大政治报告提出，生态文明深刻融入和全面贯穿经济建设、政治建设、文化建设和社会建设"五位一体"的总体战略。

这是遵循科学发展观，建设中国特色社会主义总体布局的不断深化、不断升华、走向建设生态文明的中国道路。因此，生态文明与科学发展观，两者是一致的，但是在理念、目标、战略的顶层设计以及实践路径等各方面，有一个不断深化、不断升华和走向完善的过程。按照科学发展观，建设生态文明社会，就是中华民族伟大复兴的中国道路。

（余谋昌）

2.15 生态文明与可持续发展

可持续发展，是关于自然、科学技术、经济和社会协调发展的思想和战略。1980年，国际自然保护同盟的《世界自然资源保护大纲》首次提出"可持续发展"概念："必须研究自然的、社会的、生态的、经济的以及利用自然资源过程中的基本关系，以确保全球的可持续发展。"1981年，美国学者布朗著《建设一个可持续发展的社会》一书，提出以控制人口增长、保护资源基础和开发再生能源，实现可持续发展，建设可持续发展社会。1987年，世界环境与发展委员会《我们共同的未来》的报告，将可持续发展定义为："既能满足当代人的需要，又不对后代人满足其需要的能力构成危害的发展。"首次确定可持续发展的定义，系统地阐述了可持续发展的思想。

1992年6月，联合国在里约热内卢召开环境与发展大会，通过了以可持续发展为核心的《里约环境与发展宣言》和《21世纪议程》等文件，制定人类社会可持续发展战略。

科学界从不同的角度阐发"可持续发展"的思想和理论。

生态学家，强调自然可持续性。"持续性"一词，首先是由生态学家提出，即所谓"生态持续性"，强调自然资源及其开发利用程序间的平衡。1991年，国际生态学联合会和国际生物科学联合会，联合举行关于可持续发展问题的专题研讨会，发展并深化可持续发展概念的自然属性，将可持续发展定义为："保护和加强环境系统的生产和更新能力"，可持续发展是不超越环境和自然系统更新能力的发展。

国际组织着重于社会方面的定义。1991年，由世界自然保护同盟、联合国环境规划署和世界野生生物基金会发表《保护地球——可持续生存战略》，将可持续发展定义为"在不超出支持它的生态系统的承载能力的情况下改善人类的生活质量"，并提出了人类可持续生存的九条基本原则。

经济学家强调经济可持续性。爱德华《经济、自然资源：不足和发展》一书，把可持续发展定义为"在保持自然资源的质量及其所提供服务的前提下，使经济发展的净利益增加到最大限度"。皮尔斯认为："可持续发展是今天的使用不应减少未来的实际收入"，"当发展能够保持当代人的福利增加时，也不会使后代的福利减少"。

科学家从科技方面的定义可持续发展。斯帕思（Jamm Gustare Spath）认为，"可持续发展就是转向更清洁、更有效的技术——尽可能接近'零排放'或'密封式'工艺方法——尽可能减少能源和其他自然资源的消耗"。

可持续发展的综合性定义。1989年"联合国环境发展会议"（UNEP）发表《关于可持续发展的声明》，可持续发展的定义和战略主要是：①走向国家和国际平等；②要有一种支援性的国际经济环境；③维护、合理使用并提高自然资源基础；④在发展计划和政策中纳入对环境的关注和考虑。

可持续发展基本要求是：人类社会的发展要实现三个相互联系不可分割的持续性：经济可持续性，生态可持续性，社会可持续性。它特别表示，是人们对环境整体性、经济效率和社会公正的关注。

可持续发展思想是发达国家的学者和发达国家主导的国际组织提出的。因为在那里首先出现可持续发展的问题。例如，由于实行人统治自然策略，它导致环境污染、生态破坏和资源短缺表现的生态危机问题；由于实行资本专制主义导致分配不公贫富差距扩大，它导致金融危机和其他社会危机。这些问题对经济—社会发展造成损害，威胁人类社会的可持续发展，从而提出可持续发展思想。

改革开放以来，中国工业化快速发展，出现比西方发达国家还严重的"可持续发展的问题"。面对挑战，1994 年，中国政府制定《中国 21 世纪议程》，提出可持续发展总体战略与政策，确定走可持续发展之路；1997 年，十五大把可持续发展战略确定为我国"现代化建设中必须实施"的战略。2000 年，中国政府制定《中国 21 世纪人口、资源、环境与发展白皮书》，首次把可持续发展战略纳入我国经济和社会发展的长远规划；2002 年十六大把"可持续发展能力不断增强"作为全面建设小康社会的目标。

可持续发展的理念和思想是正确的。但是，"可持续发展的问题"是世界工业化发展导致的问题，一个基本问题或根本的问题，它不可能在工业文明的模式内解决。例如，环境污染问题，现在主要对策是，发展环保产业，制造净化废物的设备，对"三废"（废气、废水、固体废物）进行净化处理。它仍然遵循工业文明的生产方式，只是在这种生产方式末端加一个环节，改为"材料—产品—废物—净化"。这种线性非循环的生产方式，投入巨大的资金、科学技术、人力、能源和其他资源，虽然使局地的环境质量有所改善，但是并不能改变世界环境继续恶化的趋势。又如，资源短缺问题，40 多年来发展高科技，开发节约能源和节约材料的技术和工艺，虽然产生了重要的经济效益；但是，并没有解决资源全面短缺的问题。或者，它只是减缓资源短缺的问题，延缓资源全面枯竭时候的到来。

从人类社会发展战略的角度，它需要世界历史的一次根本性变革，只有在建设生态文明以及在生态文明的发展中，才能得到根本性的解决。这就是建设生态文明，通过社会全面转型，特别是改变工业文明的"资本专制"的政治制度，实行以人为本的社会民主主义制度；改变人统治自然的生产方式，发展与生态友好的科学技术，创造新的生态工艺和技术，发展生态工业、生态农业和生态牧业；改变高消费的生活方式，实行绿色生活和绿色消费；发展生态文化，生态医疗保健等，通过政治—经济—文化的生态化，实现人与人的社会关系和解以及人与自然生态关系和解，建设人与人的社会和谐以及人与自然的生态和谐的和谐社会。这就是可持续发展的社会，这就是生态文明的社会。 （余谋昌）

2.16　生态文明与中国特色社会主义

生态文明是我们走向未来的新的社会形态；中国特色的社会主义是现在社会的社会性质。两者合称为"中国特色的社会主义生态文明"，或"生态文明的社会主义社会"。

1982 年，邓小平在《中国共产党第十二次全国代表大会开幕词》中提出"把马克思主义的普遍真理同中国的具体实际结合起来，走自己的道路，建设有中国特色的社会主义。这就是我们总结长期历史经验得出的基本结论"。依据中国特色的社会主义理论，建设中国特色的社会主义。它包括中国特色的社会主义理论和实践。

2007年，胡锦涛十七大政治报告《高举中国特色社会主义伟大旗帜，为夺取全面建设小康社会新胜利而奋斗》中提出中国特色社会主义理论的科学体系。

2012年，十八大报告指出："中国特色社会主义理论体系，就是包括邓小平理论、'三个代表'重要思想以及科学发展观在内的科学理论体系，是对马克思列宁主义、毛泽东思想的坚持和发展。全面、系统、深刻地理解和坚定不移地坚持这一理论体系，对于夺取全面建成小康社会新胜利，谱写人民美好生活新篇章，实现中华民族的伟大复兴，具有重大而深远的历史意义。"

习主席指出："中国特色社会主义是由道路、理论体系、制度三位一体构成的。党的十八大阐明了中国特色社会主义道路、中国特色社会主义理论体系、中国特色社会主义制度的科学内涵及其相互联系，强调：中国特色社会主义道路是实现途径，中国特色社会主义理论体系是行动指南，中国特色社会主义制度是根本保障，三者统一于中国特色社会主义伟大实践。这是中国特色社会主义的最鲜明特色。"（《人民日报》2015年12月27日）

中国特色社会主义理论体系的核心——以人为本，把"人民拥护不拥护""人民赞成不赞成""人民高兴不高兴""人民答应不答应"，作为各项方针政策的出发点和归宿；发展为了人民、发展依靠人民、发展成果由人民共享，把解决人民群众切身利益问题放在首位，使全体人民朝着共同富裕的方向稳步前进。

建设中国特色的社会主义，依据以人为本的核心思想，高扬人民的主体地位，坚持民主政治，坚持解放和发展社会生产力，坚持推进改革开放，坚持维护社会公平正义，加强社会主义法制建设，坚持走共同富裕道路，使人民生活的物质需求得到满足，精神自由的充分享有，和谐社会的全面实现。这就是生产发展、生活富裕、生态良好的中国道路。

中国特色的社会主义的总依据是社会主义的初级阶段。十八大提出："全面建成小康社会，加快推进社会主义现代化，实现中华民族伟大复兴，必须坚定不移走中国特色社会主义道路……建设中国特色社会主义，总依据是社会主义初级阶段，总布局是五位一体，总任务是实现社会主义现代化和中华民族伟大复兴……必须更加自觉地把全面协调可持续作为深入贯彻落实科学发展观的基本要求，全面落实经济建设、政治建设、文化建设、社会建设、生态文明建设五位一体总体布局，促进现代化建设各方面相协调，促进生产关系与生产力、上层建筑与经济基础相协调，不断开拓生产发展、生活富裕、生态良好的文明发展道路。"

十八大报告指出，高举中国特色社会主义的伟大旗帜，大力推进生态文明建设，实施把生态文明建设深刻融入和全面贯穿经济建设、政治建设、文化建设和社会建设的"五位一体"的总体纲领，这是关系人民福祉，关乎民族未来，实现中华民族伟大复兴事业的总体布局。

在这里，建设生态文明是中国特色社会主义的本质要求，建设生态文明的纲领与中国特色社会主义事业的目标是统一的。这是顺应新时代的历史潮流，对中国特色社会主义规律认识的深化，以对中国特色社会主义的道路自信、理论自信、制度自信的坚定意志和坚强决心，走向建设生态文明的伟大道路。

当今时代是走向生态文明的伟大时代，或者准确地说，是从工业文明向生态文明的过渡时期。生态文明建设推动社会主义现代化进入新阶段，从社会主义初级阶段向高级阶段发展，也许这就是生态文明的社会主义。生态文明的社会主义建设，我们将从工业文明向生态文明的过渡时期，走向生态文明形成、成熟和发展，建设一个可持续发展的新社会。这是一个漫长的历史进程。

（余谋昌）

2.17　生态文明与小康社会建设

小康社会是人民丰衣足食安居乐业的社会。"小康"一词最早出自 2000 多年前的《礼记》一书。自古以来，它就是中国人民的奋斗目标。1979 年，邓小平在会见大平正芳时说："所谓小康社会，就是虽不富裕，但日子好过。"他说："我们要实现的四个现代化，是中国式的四个现代化。我们的四个现代化的概念，不是像你们那样的现代化的概念，而是'小康之家'。到本世纪末，中国的四个现代化即使达到了某种目标，我们的国民生产总值人均水平也还是很低的。要达到第三世界中比较富裕一点的国家的水平，比如国民生产总值人均一千美元，也还得付出很大的努力。就算达到那样的水平，同西方来比，也还是落后的。所以，我只能说，中国到那时也还是一个小康的状态。"1984 年，他会见日本中曾根康弘时说："国民生产总值人均达到八百美元，就是到本世纪末在中国建立一个小康社会。这个小康社会，叫做中国式的现代化。（GDP）翻两番、小康社会、中国式的现代化，这些都是我们的新概念。"

为实现这个目标，邓小平提出"三步走"的战略：第一步，从 1981 年到 1990 年，国民生产总值翻一番，解决人民温饱问题；第二步，从 1991 年到 20 世纪末，人均国民生产总值再翻一番，人民生活水平达到小康水平；第三步，到 21 世纪中期，人均国民生产总值达到中等发达国家水平，人民生活比较富裕，基本实现现代化。然后在这个基础上继续前进，全面建成小康社会。

1991 年，国家统计与计划等 12 个部门的研究报告，提出小康社会的量化评估指标：①人均国内生产总值 2500 元（相当于 900 美元）；②城镇人居可支配收入 2400 元；③农民人均纯收入 1200 元；④城镇人均住房面积 12 平方米；⑤农村钢木结构住房人均使用面积 15 平方米；⑥人均蛋白质摄入量 75 克；⑦城市每人拥有铺路面积 8 平方米；⑧农村通公路行政村比重 85%；⑨恩格尔系数 50%；⑩成人识字率 85%；⑪人均预期寿命 70 岁；⑫婴儿死亡率 31‰；⑬教育娱乐支出比重 11%；⑭电视机普及率 100%；⑮森林覆盖率 15%；⑯农村初级卫生保健基本合格县比重 100%。

十六大提出小康社会明确的定义："经济更加发展、民主更加健全、科教更加进步、文化更加繁荣、社会更加和谐、人民生活更加殷实。"实现整个社会的经济、政治、社会、文化与生态等各个层面的一种更加高标准（质量）、综合性（全面）、包容性（公正）的衡量发展。

2012 年，十八大提出"大力推进生态文明建设战略"，生态文明深刻融入和全面贯穿经济建设、政治建设、文化建设和社会建设的"五位一体"战略。实施这一战略，进行生态文明的经济建设、政治建设、文化建设和社会建设，十八届五中全会提出，到2020年全面建成小康社会的目标：①人均国内生产总值超过3000美元；②城镇居民人均可支配收入1.8万元；③农村居民家庭人均纯收入8000元；④恩格尔系数低于40%；⑤城镇人均住房建筑面积30平方米；⑥城镇化率达到50%；⑦居民家庭计算机普及率20%；⑧大学入学率20%；⑨每千人医生数2.8人；⑩城镇居民最低生活保障率95%以上。

在这里，生态文明与小康社会建设的关系是：2020年全面建成小康社会，这是我国生态文明建设的阶段性目标，建设生态文明是实现小康社会的途径，两者相辅相成，是统一的和一致的。但是，那时虽然实现小康社会的目标，但是仍然是工业文明到生态文明发展的过渡时期。工业文明时代的问题，环境污染、生态破坏和资源短缺等全球性生态问题，贫富差距等全球性社会问题，问题的严重程度也许局部有所好转，但是并没有得到根本解决。生态文明有更高的目标，它在"小康"的基础上继续前进。实施生态文明深刻融入和全面贯穿经济建设、政治建设、文化建设和社会建设的"五位一体"战略，最终解决人与自然的生态关系矛盾，以及人与人的社会关系矛盾，实现人与自然生态关系和解，以及人与人的社会关系和解，建设一个"人、社会和自然"生命共同体共存共荣的和谐世界。

过好日子，自古以来就是中国人民的梦想，而且是自古以来世界各族人民的梦想。不仅中国儒家表述了从"小康"到"大同"的愿景，而且基督教(圣经)、伊斯兰教(古兰经)、中国佛教(金刚经)等也都表达了关于"人间天堂"的渴望。例如，中国佛学"佛国净土"的神圣境界，说这是一个极乐世界，山河大地，各类生物，一派尽善尽美、庄严奇妙的景象；国土以黄金铺地，所用一切器具都由无量杂宝、百千种香共同合成，到处莲花香洁，鸟鸣雅音；众生没有任何痛苦，享受着无限的欢乐，所谓"若饮食时，七宝钵器自然在前；百味饮食，自然盈满，衣服饮食，花香璎珞，缯盖幢幡，微妙音声，所居舍宅，宫殿楼阁，称其形色，高下大小，或一宝二宝，乃至无量众宝，随意所欲，应念即至"(《无量寿经》)。

现在，这种梦想将通过生态文明建设变为现实。未来的地球是一个人与其他生命组成生命共同体，共同分享一个地球的世界，一个人与其他生命在地球上诗意般生存的世界。

（余谋昌）

2.18　生态文明与社会主义和谐社会建设

社会主义和谐社会是人与人和谐、人与自然和谐的社会。当今世界，生态危机成为全球性问题，社会危机成为全球性问题。这表示人与自然生态关系不和谐，人与人社会关系不和谐。这种不和谐不是社会主义，不是世界的正常状态。它对人类的持续生存，以及自然界的持续生存提出严峻的挑战。人与人社会和谐，人与自然生态和谐，这才是世界的正常状态，是社会主义的目标。生态文明建设，应对生态危机和社会危机对人类的挑战，实现人与自然的生态和解，以及实现人与人的社会和解，"人—社会—自然"生态系统在地球上诗意地生存。这是生态文明的目标，也是社会主义和谐社会建设的目标。

2004 年 9 月，十六届四中全会《中共中央关于加强党的执政能力建设的决定》，第一次提出"构建社会主义和谐社会"，并把建设社会主义和谐社会的能力作为党的执政能力，是提高党的执政能力建设的重要任务。2005 年 2 月，胡锦涛主席在"省部级主要领导干部提高构建社会主义和谐社会能力"的研讨班发表讲话，全面阐述了构建社会主义和谐社会的时代背景、重大意义、科学内涵、基本特征、重要原则和主要任务。

关于社会主义和谐社会的基本特征和基本要求，胡主席在上述讲话中指出："我们所要建设的社会主义和谐社会，是民主法治、公平正义、诚信友爱、充满活力、安定有序、人与自然和谐相处的社会。"民主法治，是社会主义民主得到充分发扬，依法治国基本方略得到切实落实，各方面积极因素得到广泛调动；公平正义，是社会各方面的利益关系得到妥善协调，人民内部矛盾和其他社会矛盾得到正确处理，社会公平和正义得到切实维护和实现；诚信友爱，是全社会互帮互助、诚实守信、全体人民平等友爱、融洽相处；充满活力，是能够使一切有利于社会进步的创造愿望得到尊重，创造活动得到支持，创造才能得到发挥，创造成果得到肯定；安定有序，是社会组织机制健全，社会管理完善，社会秩序良好，人民群众安居乐业，社会保持安定团结；人与自然和谐相处，是生产发展，生活富裕，生态良好。

社会主义和谐社会建设，它的 6 个方面是相互联系、相互作用的，既包括社会关系的和谐，也包括人与自然关系的和谐。它体现了民主与法治的统一，公平与效率的统一，活力与秩序的统一，科学与人文的统一，人与自然的统一。首先是解决当前的社会问题和生态问题，如社会保障，物价上涨，社会治安和社会稳定，道德滑坡，住房、孩子上学和就业，看病难看病贵，分配不公和官员腐败，食品安全和环境污染等；社会主义和谐社会 6 个方面的建设，是长期和艰巨的使命。

2012 年，十八大提出"大力推进生态文明建设"战略，生态文明建设深刻融入和全面贯穿经济建设、政治建设、文化建设和社会建设"五位一体"战略。

生态文明建设与社会主义和谐社会建设，两者是一致的和统一的。生态文明建设深刻融入和全面贯穿社会主义和谐社会建设中；社会主义和谐社会建设深刻融入和全面贯穿生态文明建设中，这是相互融合、相互促进和同时并进的。或者可以说，社会主义和谐社会建设是生态文明建设的现阶段目标，初级阶段的目标；生态文明社会是未来的目标，是更加宏伟，更加美丽，更加灿烂，更加辉煌的人类新社会。

（余谋昌）

第三篇

生态文明的由来

3.1　文　明

　　"文明"一词大致有两种用法，一种是如今日常语言中的用法，一种是历史学家的用法。

　　日常语言中的文明指开化、进步、美好的社会状态或人类行为，与野蛮、落后、丑恶相对。我们通常说，"随地吐痰不文明""损坏公物不文明""在公共场所大声喧哗不文明"。2000年版《辞海》对"文明"一词的释义是："'文明'指人类社会进步状态，与'野蛮'相对。"

　　历史学家所说的"文明"则有不同含义。

　　19世纪法国著名历史学家、政治家基佐（F. P. G. Guizot）说：文明就是各民族"世代相传的东西"，是"从未曾丧失而只会增加"而形成的"一个越来越大的团块"，且要"继续下去直到永远"。"文明是一个可以被描写和叙述的事实——它是历史。""这个历史是一切历史中最伟大的历史，因为它无所不包。"（基佐，1998）"文明这个词所包含的第一个事实……是进展、发展这个事实。"（基佐，1998）文明须具备两个条件："社会活动的发展和个人活动的发展，社会的进步和人性的进步。哪个地方人的外部条件扩展了、活跃了、改善了，哪个地方人的内在天性显得光彩夺目、雄伟壮丽，只要看到了这两个标志，虽然社会状况还很不完善，人类就大声鼓掌宣告文明的到来。"（基佐，1998）文明所要求的发展和改善不仅指物质生活条件、政治经济制度（如财富分配制度）以及人际关系的改善，还指道德和精神的改善。

　　19世纪日本学者福泽谕吉的文明论受过基佐的影响。福泽谕吉说："文明是一个相对的词，其范围之大是无边无际的，因此只能说它是摆脱野蛮状态而逐步前进的东西。"（福泽谕吉，1995）"文明之为物，至大至重，社会上的一切事物，无一不是以文明为目标的。"（福泽谕吉，1995）"文明恰似海洋，制度、文学等等犹如河流。流入海洋水量多的叫做大河，流入少的叫做小河。文明恰似仓库，人类的衣食、谋生的资本、蓬勃的生命力，无一不包罗在这个仓库里。社会上的一切事物，可能有使人厌恶的东西，但如果它对文明有益，就可以不必追究了。"（福泽谕吉，1995）"文明就是指人的安乐和精神的进步。但是，人的安乐和精神进步是依靠人的智德而取得的。因此，归根结蒂，文明可以说是人类智德的进步。"（福泽谕吉，1995）

　　20世纪英国著名历史学家汤因比（Arnold Joseph Toynbee）认为，"历史研究的可以自行说明问题的单位既不是一个民族国家，也不是另一个极端上的人类全体，而是我们称之为社会的某一群人。"（汤因比，1997）文明是超越了原始社会的高级社会。"已知的文明社会的数目是很小的。已知的原始社会的数目却大得多。在1915年有三位西方的人类学家做过一次原始社会的比较研究的旅行，他们只登记那些有充分材料的社会，其结果共登记了六百五十个，其中大部分现在还存在着。自从大约三十万年以前人类第一次以人的身份出现以来，一共有多少个原始社会出现和消灭，那个数字是不可想象的，但是不管怎样，原始社会的数目一定比文明社会的数目大得多。"（汤因比，1997）"……原始社会是同人类同年的，它的存在时间，就平均的估计数字来说也有三十万年了。""……产生文明的时间，同人类全部历史的时间实在差得远。它仅仅只占人类全部时间的百分之二，或五十分之一。"（汤因比，1997）汤因比认为，原始社会和文明社会之间的根本区别是"模仿的方向"。模仿行为是一切社会生活的属性。"在原始社会里，模仿的对象是老一辈，是已经死了的祖宗，虽然已经看不见他们了，可是他们的势力和特权地位却还通过活着的长辈而加强了。在这种对过去进行模仿的社会里，传统习惯占着统治地位，社会也就静止了。在另一方面，在文明社会，模仿的对象是富有创造精神的人物，这些人拥有群众，因为他们是先锋。在这种社会里，那种'习惯的堡垒'……是被切开了，社会沿着一条变化和生长的道路有力地前进。"（汤因比，1997）"从原始社会变到文明社会这一件事实……是包括在从静止状态到活动状态的过渡当中"（汤因比，1997）。这里，汤因比显然与基佐和福泽谕吉一致，强调文明一定是发展、进步的，或说文明是生长的。"……怎么衡量这种生长呢？能不能把它当作是对于社会的外部环境加强了控制来衡量呢？这样的加强控制有两种情况：对于人为情况的加强控制，这个情况是以征服附近地区人民的形式出现，以及对于自然环境的加强控制，这里是以改进物质技术的形式出现……许多事例证明这两种现象——政治的和军事的扩张或技术改进——都不是真正造成生长现象的原因。军事扩张一般来说是军国主义的结果，而军国主义本身乃是衰落的象征。无论农业还是工业上的技术改进都同真正的生长很少关系，或干脆没有关系。事实上，在真正的文明衰落期也会出现技术改进的现象。""真正的进步包括在一种解释为'升华'的过程中。这个过程是克服物质障碍的过程。社会的精力通过这个过程解放出来，对挑战进行应战。这个过程是内部的，不是外部的；是属于精神的，不是属于物质的。"（汤因比，1997）在汤因比的叙事中文明也就是文明社会，是历史研究的基本单位，即"可以自行说明问题的单位"。

显然，历史学家所说的文明蕴含了当代日常语言中的文明一词的基本含义：开化、进步与美好，但历史学家所说的文明还指人所特有的生产、生活方式，指社会形态，指人超越非人动物所创造的一切。用基佐的话说，文明是特定族群创造的世代相传、有增无减的"一个越来越大的团块"，人们创造的一切都在这个"团块"之中。用福泽谕吉的话说，文明是人类创造的无所不包的"大仓库"，其中不仅有美好的东西，也有"使人厌恶的东西"。汤因比把文明的标准规定得高一些，并非属人的一切都是文明的，原始社会不算文明，超越了原始社会而进入高级阶段的社会才是文明。本文所援引的三位历史学家都强调文明必须是发展（或生长）的，但他们所说的发展绝不仅指经济增长，而指社会的全面改善，特别包含精神的成长。

历史学家所说的文明相当于人类学家所说的文化。西方著名人类学家马林诺斯基（Bronislaw Malinowski）认为，文化是"一个有机整体（integral whole），包括工具和消费品、各种社会群体的制度宪纲、人们的观念和技艺、信仰和习俗。无论考察的是简单原始，抑或是极为复杂发达的文化，我们面对的都是一个部分由物质、部分由人群、部分由精神构成的庞大装置（apparatus）"（马林诺斯基，1999）。马林诺斯基讲的文化这种"庞大装置"，显然就是基佐讲的那种庞大"团块"，或福泽谕吉讲的那种"仓库"，即文明。当然，文化有广义和狭义之分。狭义的文化指文学、艺术、宗教、哲学等；而人类学家讲的文化是广义的，通常和历史学家讲的文明大致同义，在许多语境中二者甚至可以互换，都指人类超越非人动物而创造的一切，或指人类超越于非人动物的生活方式，指处于历史演变中的整个社会。这里的"生活方式"是广义的，包括人类生活的一切，不与"生产方式"对照，生产也是生活的一部分，故广义的"生活方式"涵盖了"生产方式"。广义的文明和文化都指人类超越非人动物的生活方式，指人类社会形态。

如果不像汤因比那样把原始社会排斥在文明之外，则可认为人类文明的发展大致经历了这样几个阶段：采集渔猎文明、农牧文明、工业文明。采用了汤因比的观点，则人类文明由原始社会发展而来，已经历了农牧文明和工业文明这样两个发展阶段。工业文明发源于 18 世纪的欧洲，如今正全球铺展，但也正暴露出其深重危机。未来的文明将是生态文明。

（卢风）

3.2　全球生态危机

工业革命以来，科学技术赋予了人类改造自然的强大力量。由于人类不加限制地使用这种力量，已经在全球范围内造成了深重的生态危机、环境危机和资源危机。生态危机主要表现为由生物多样性锐减导致的生态失衡。环境危机主要表现为全球性气候变化和多形态的环境污染。资源危机主要表现为化石能源和矿物资源的衰竭。这三类危机并非相互独立的，而是相互联系、相互影响的。

生物多样性问题是当前全球面临的重大挑战。野生生物物种正在以惊人的速度消失，一些科学家甚至认为，我们目前正在经历全新世生物灭绝或第六次生物大灭绝。在过去的500 年间，已知受人类活动影响而灭绝或已经在野外灭绝的物种接近 900 种。根据世界自然保护联盟（IUCN）的估计，至 2016 年，近 25% 的哺乳动物和 42% 的两栖类动物濒临灭绝。从 2006 年至 2016 年仅十年间，被列入红色名录的濒危物种数量就增加了 51%，达到24307 种。与此相关的是生物整体数量的下降，世界自然基金会（WWF）研究显示，从1970 年至 2012 年，全球脊椎动物种群整体数量下降了 58%，海洋物种种群整体数量下降了 36%，而淡水物种种群整体数量更是下降了 81%。

在生物进化历程中，由于物种间竞争、捕食、疾病或随机的灾难性事件，物种存在自然灭绝的情况。但是在短时间内造成生物多样性锐减的主要原因却是人为的，这至少包括三个方面。首先是人类的捕猎和捕捞大大超过某些野生动物的繁殖速率。这一原因造成的生物灭绝事件伴随着人类居住空间扩张的历史。化石研究表明，美洲和澳大利亚的土著居民曾在史前时期造成当地许多大型哺乳动物和鸟类的灭绝。到了近代，动物的商业捕杀更是加剧了物种灭绝的状况，最著名的例子是渡渡鸟、旅鸽和大海雀。其次，生物栖息地和栖息条件的严重破坏。人类遍布全球各地的居住点和交通网侵占和割裂了野生动物的栖息地。栖息地内的物种数量与其面积成正比，碎片化的栖息地将大大降低其能够承载的物种数量。第三，人类的跨区域活动为入侵物种提供便利。河鲈鱼的引入造成了世界第二大淡水湖——非洲的维多利亚湖灾难性的物种灭绝事件，湖中原生的 300 多个鱼种几近灭绝。

入侵物种也可能传播对其他物种构成致命威胁的传染病。自 1980 年至 2006 年已经有 34 种两栖类物种被确认灭绝，88 种几近灭绝。主要原因是由蛙壶菌引起的壶菌病大规模爆发。而蛙壶菌的传播与非洲爪蟾或美洲牛蛙的跨区域运输有关（Stuart S.，2008）。

人类作为生态系统中的一员，其生存和繁荣依赖于生态系统的持续稳定。其中气温、氧气和二氧化碳浓度、氮磷循环、水循环、粮食生产等诸多条件的稳定直接取决于全球生物多样性的维持。一旦生物多样性遭到根本性破坏，生态平衡就会被打破，人类也必将遭受灭顶之灾。

除了生物多样性问题之外，环境危机也直接威胁到人类的持续生存。其中威胁最严重、影响范围最广的是温室气体持续上升导致的全球气候变化。温室气体包括水蒸气、二氧化碳、甲烷、氧化亚氮（N_2O）、氟利昂及其替代物等，这些温室气体的主要来源包括化石燃料燃烧、畜牧业、农业化肥使用、某些作物的种植、化学废弃物等。全球气候变化造成的后果是多方面的：首先，台风、干旱、高温、极寒等极端天气出现频率的增加对人类生产生活和生态系统会造成直接的危害；其次，南北极冰盖融化导致海平面上升，进而危害经济相对发达的沿海地区；第三，二氧化碳浓度升高会造成海洋酸化，直接影响珊瑚礁的形成，进而破坏海洋生态系统，可能触发全球性生态失衡；第四，气候的剧烈变化远超生物的适应能力，加剧陆生物种的灭绝；第五，改变农业生产状况，某些地区可能因为温度升高而获得更多可耕作土地和更高产量，但某些地区的农业可能受到破坏性影响，从而引发局部的粮食危机。

臭氧层空洞也是地球生态系统面临的重要威胁。自 1975 年以来，每年春天，南极上空都会出现平流层臭氧急剧减损的状况，仿佛在极地上空形成一个空洞。臭氧层能够有效吸收阳光中的紫外辐射，阻挡其对地表生物造成伤害，因此臭氧层也被称为地表生物的"保护伞"。研究表明，造成极地臭氧空洞的主要原因是人工合成的氟氯碳化合物对臭氧的化学催化作用。1987 年世界多国签订"关于消耗臭氧层物质的蒙特利尔议定"，控制生产和使用对大气臭氧层有破坏性的化学物质。最新数据显示，在各国的共同努力下，极地臭氧层空洞出现了缩减趋势。

环境危机还表现为区域性和全球性的环境污染。从环境要素来分，主要包括大气污染、水体污染和土壤污染。主要的大气污染物包括硫氧化物、氮氧化物、挥发性有机物、重金属和其他固态粉尘。1943 年发生在美国洛杉矶的光化学烟雾事件和 1952 年发生在英国伦敦的烟雾事件是典型的大气污染事件。近年来发生在我国华北和东北地区的持续雾霾，已经成为政府和人民群众广泛关注的环境问题。水污染物主要包括重金属、氮磷化合物、有毒有机化合物、悬浮颗粒物等。其中氮磷化合物造成了水体的富营养化污染，直接威胁到水体中的鱼类和其他生物。有毒有机化合物会对人体和其他生物造成毒害影响，并会随着水循环在全球范围产生作用。近年来，时有发生的大型油轮和海上勘探平台的原油泄漏对局部的海洋生态造成毁灭性的破坏。土壤污染则严重威胁到人类的粮食安全，其主要污染物包括重金属、有毒有机物、放射性元素和病原微生物等。

环境污染是全人类必须面对的问题。然而不同人群由于经济地位和政治影响力不同，面临的环境威胁也不同。环境污染正在导致严重的环境正义危机。在美国大量的有毒有害废弃物处理点被建设在黑人和少数族裔社区，大多数核废料处理设施被建设在美洲原住民保留地。最近几十年间，发展中国家的环境状况迅速恶化，这当然与其延续发达国家"大量生产、大量消费、大量废弃"的生产生活方式有关，也与发达国家将高污染高耗能产业向发展中国家转移有关。除此之外，发达国家还向落后地区直接出口有毒有害废弃物。1988 年美国费城政府将 15000 吨有毒灰渣运到几内亚的卡萨岛进行填埋，导致该岛上动植物大批死亡。近年来，我国广东的贵屿镇已经成为全球电子垃圾的集中地，当地居民在没有足够防护措施的情况下将大量电子电器拆解回收，造成了严重的环境污染。

　　人类还面临着严重的资源和能源危机，这一方面是由于人口增长和经济发展的压力造成的，另一方面环境污染也加剧了这一危机。人口增长将导致激增的粮食需求，使得用水供需矛盾更加紧张，目前农业用水约占全球人类淡水消耗的近 70%，同时，粮食生产的压力进一步增加对耕地的需求，而大量适宜耕种的土地又被城镇化和交通建设占用。通过毁林或填湖造田等方式新开发的耕地不但利用效率低，还会侵占本已岌岌可危的野生动植物栖息地。矿产资源是农业和工业发展的重要支撑，然而矿产资源具有不可再生性和可耗竭性。据估计，全球主要金属和非金属矿产将在几十年到百余年间耗竭，其中铜、铝、锡、锌、金、银等主要矿产将在未来几年内开采完毕。不可再生的化石能源也面临着类似的耗竭性危机，目前已探明可供开采的石油储量仅可供人类使用 45～50 年，天然气可使用50～60 年，煤炭可使用 200～300 年(杨京平等，2014)。与此同时，环境污染和气候变化等因素降低了水、森林、草原等可再生资源与能源的再生能力，使得资源和能源危机雪上加霜。

(卢风，陈杨)

3.3　全球气候变化

　　全球气候变化主要是指全球变暖，自工业革命以来，全球平均气温(包括大气和海洋)上升，其主要原因是人类工业化过程中大量使用化石燃料而大量排放温室气体(包括一氧化二氮、二氧化碳和甲烷)，而吸收温室气体的主力军——植被的覆盖面积(包括森林和湿地面积)却严重收缩，"收支平衡"被打破从而使得全球变暖。全球变暖与诸多现象有联系，如城市热岛、冰川融化、极端天气，甚至引起温度带的变化、进而导致病菌传播范围的扩大、传统粮食种植范围的变迁等等。值得一提的是，虽然现在还没有直接证据表明全球变暖与这些事件有关联，但全球变暖客观上扰动了很长一段时间内较为稳定的气候，使得人类长期以来适应的生活方式和建造的聚落面临了较大风险，从而成为全世界必须共同面对的问题。事实上，在 1906～2005 年，全球平均接近地面的大气层温度上升了 0.74℃。2014 年的一份报告显示气候变化带来极端天气的频发，比如 2012 年之前的 3 个连续 10 年的全球地表平均气温，都比 1850 年以来任何一个 10 年更高。普遍来说，科学界发现过去50 年可观察的气候改变的速度是过去 100 年的双倍，因此推论该时期的气候改变是由人类活动所推动。

　　关于全球气候变化存在诸多争议。由于影响地球气候的因素太多，部分科学家并不赞成把人类活动作为全球变暖的主因，极个别科学家甚至认为不存在全球变暖，而只是由于大部分观测站都处于城市热岛效应的影响范围内罢了。美国石油学会和爱克森美孚利用一些运动来淡化全球变暖的风险，却正从反面证明了全球变暖问题已经在社会上引起广泛关注。

主要的反对的声音：

（1）太阳活动在气候变化中起到的作用远超人类，人类的工业化进程不应该为此承担责任。

（2）当前的变暖现象虽然存在，但上升幅度被夸大，数据不科学，甚至存在政治和经济上的阴谋。

（3）近50多年的气候变化是地球处于小冰河期的正常变化。持此种观点的人依据地球历史上出现了五次大冰期，认为所谓全球变暖只是地球处于从冰河期到间冰期的正常变暖过程。这种论调类似于为人类活动带来的大规模物种灭绝开脱一样，忽视了变化的速度。

国际社会对全球气候变化采取了一些合作措施，主要国际合作进展如下。

（1）1992年5月，《联合国气候变化公约》在纽约联合国总部通过，并于1992年6月在里约热内卢召开的联合国环境与发展会议期间开放给与会各国的政府首脑签署。《公约》已提出对控制温室气体的排放、保护生态系统、确保粮食生产以及可持续发展，但并未规定缔约各方的具体义务。

（2）1997年12月，《京都议定书》由在日本京都市召开的联合国气候变化框架公约参与国制定。（作为《公约》的补充条款）。到2007年11月，共有174国及欧盟加入《京都议定书》。该条约提出了温室气体减排量交易，俗称"碳交易"。各国家和地区就分配到的减排指标进行论战。美国不满发展中国家在减排中豁免，虽然签字但并未提交议院，而国内民众支持率很高的加拿大和日本也于2012年左右实际上退出了《京都议定书》。

（3）2015年12月12日，《巴黎协定》在2015年联合国气候峰会上通过。《协定》明确了全球共同追求的控温"硬指标"，规定把全球平均气温较工业化前的升高水平控制在2℃之内。发达国家带动发展中国家，给予发展中国家以经济和技术的支持，并帮助其应对气候变化。全球投资相应的也会向绿色能源、低碳经济等方面倾斜。

全球气候变化问题的争议。

（1）由于限制了工业化的进程，所以某种程度上会减少贫穷国家致富的可能性。

（2）有的国家或以减排为由开征各种税收，不思技术改进，增加国民生活负担。

（3）由于"碳交易"的提出，发展中国家向发达国家购买巨额的排放权以保障本国发展，由此导致国际间的发展不平衡进一步扩大。

（卢风，谢承琚）

3.4 可持续发展的瓶颈制约

人类生活在一个空间有限的地球上。这一事实并未直接导致人类得出"经济发展是有极限的"这类描述性认识，更没有使人得出"人类的经济活动应该在某个限度之内"这样的规范性认识。究其原因，主要有三个方面：首先，虽然16世纪初麦哲伦环球航行已经有力地证明了地球是一个球体，但是直到 1972 年由阿波罗 17 号上的宇航员拍摄到清晰而完整的地球全貌时，人类才对地球空间的界限有了感性上的认识。其次，在工业革命之后，人类各方面的发展都呈现指数型增长模式，不论是人口、粮食还是商品制造、消费都保持着快速增长，过几年就翻一番。在这种历史背景下，很难形成人类的发展会有限度的想法。第三，人类文明的发展始终伴随着科学技术对原先环境的瓶颈制约的突破，可供人类利用的资源与能源形式不断丰富，可供开发的探明储量不是在逐年减少而是在逐年增加。

1968 年来自不同国家的几十位科学家、经济学家和企业家在罗马成立了名为"罗马俱乐部"的国际组织，其主要关注内容是当代人类面临的重大问题。受罗马俱乐部的委托，麻省理工学院教授丹尼斯·梅多斯(Dennis Meadows)作为主要负责人，组建了一个科学家团队，从人口增长、农业生产、自然资源、工业生产和环境污染五个方面对人类发展和全球经济增长的可能限制条件进行研究。1972 年他们发表了《增长的极限：罗马俱乐部关于人类困境的报告》。该报告强化了地球具有物理极限的观念，并特别指出地球的自然资源正在日益枯竭，自然环境吸收工农业废弃物的能力也在快速下降。该报告第一次向人们揭示，在地球物理环境的限制下，人类可能在未来的某个时刻陷入增长的停滞，甚至陷入文明的崩溃。

地球环境能够提供的资源、能源和环境吸纳污染的能力总量是有上限的。然而人类的人口呈指数增长。与此相关，人类对粮食、水、土地、矿产、能源等需求也呈指数增长。随之而来的，对环境的污染也会呈指数增长。这意味着人类在以越来越快的速度接近地球环境的限度，也意味着留给人类做出改变的时间和机会正在以越来越快的速度减少。

在《增长的极限》报告发布 30 年后，作者们对报告中的数据进行了更新，并维持了之前的结论。他们还在更新的报告中引入了"过冲"(overshoot)的概念。过冲是指意外地而非有意地超出了界限。存在过冲的主要原因是一个系统发生了快速的变化，但同时系统对这种变化的感知和调节相对滞后。(梅多斯，2006)以环境系统为例，当人类决定改变对环境的某种影响时，需要时间进行决策并实践。在此过程中，环境系统仍然会保持原来的发展趋势并进一步演进。直到人类做出的反应足够强烈，环境系统才会朝着另一个方向发生变化。

与过冲相关的概念是平衡发生根本性变化的阈值(threshold)。地球生态系统具有一定的抗干扰能力和恢复能力。程度和范围较小的扰动不会对自然的平衡状况产生根本性影响。但是如果这种扰动超过一定阈值，原先的平衡就会被打破。随之而来的是系统的大规模变化，变化之后形成的新平衡将明显不同于原先的平衡。地球上的大多数生物都高度适应其所在的独特环境，环境的剧烈改变将对这些生物造成空前的灾难。地球历史上已经出现过的五次物种大灭绝都与自然平衡的破坏与重建紧密相关。人类行为的过冲效应一般是很短暂的，不会造成严重的危害；但是如果在过冲的过程中恰好触及了地球环境的某种阈值，那么就会造成灾难性的后果。

为了避免触及生态系统发生灾难性变化的阈值，考虑到过冲效应和人类科学认识的不确定性，就需要在人类活动可以达到的界限与地球物理环境的限制及生态失衡阈值之间留下足够的安全冗余。基于谨慎负责的态度，人类应该自我约束，而不是试图用尽最后一滴石油、最后一块煤炭。也就是说，可持续发展的瓶颈制约不是一种有待于人类去突破的约束条件，而是人类为了实现自身的持续繁荣和生态系统的持续稳定确立起来的安全限度，是人类为自己的行为设限，在这个意义上，可持续发展的瓶颈制约是对人类经济活动的规范性约束。

可持续发展的瓶颈制约，一般来说可以分为三类：资源和能源、排污空间和生态支撑能力，其中前两者主要是地球的物质环境限制。经济学家赫尔曼·戴利（Herman Daly）给出了物质界限的可持续标准：对于可再生资源和能源来说，其使用率不应该高于再生率，例如对海洋鱼类的年均捕捞量如果大于剩余鱼类的再生量，那么这种捕捞就是不可持续的。对于不可再生资源和能源来说，其利用率不应该高于这些资源和能源的相关可再生替代物的利用率。实现这种可持续性，就意味着可供人类利用的资源和能源总量并不会逐渐减少。对于排污空间来说，污染物的年均排放量不应该高于污染物被循环利用、吸收和无害化分解的年均总量。否则自然环境和生态系统会持续恶化。（Daly H.，1990）而对生态支撑能力的可持续性而言，最重要的是人类对生态系统的扰动不能超过其抗干扰和恢复的能力。这两种能力与生态系统中生物种类数目、种群比例、总生物量等因素直接相关。为了保持生态支撑能力的可持续性，人类必须有效遏制当前生物多样性快速衰退的趋势。

由于触发全球生态灾难的具体阈值难以准确估算，在环境科学家约翰·罗克斯特伦（Johan Rockström）主持下，包括数名诺贝尔奖获得者在内的科学家团体于2009年提出了"地球边界"（planetary boundaries）概念，旨在研究留有安全冗余后人类活动的约束范围。人类行为一旦越过安全边界，就有可能触及阈值并引发灾难。他们研究了包括气候变化、生物多样性损失、以氮和磷酸盐循环为主的生物地球化学条件、海洋酸化、土地使用、淡水、臭氧层空洞、大气颗粒污染物浓度、化学污染物积聚等9个方面的边界条件，并认为，在气候变化、生物多样性和氮循环方面，人类活动已经越过了边界，这使得整个人类的生存和地球生态系统陷入一种非常危险的处境（Rockström J.，2009）。

无论是资源和能源、排污空间、生态支撑能力等总体上的瓶颈制约，还是具体的地球边界，这些限制条件并非相互独立的，而是相互关联、相互增强的。资源和能源的过度利用会导致污染加剧，而污染加剧会导致生态支撑能力的衰退。生态支撑能力又会影响到可再生资源的生产和环境的污染吸纳能力。同样，对任一地球边界的跨越都会影响到人类其他方面的活动范围，并产生叠加效应。例如气候变化会导致海洋酸化并进一步影响海洋生物多样性，这可能导致大范围的氮和磷酸盐循环的破坏。因此，可持续发展的瓶颈制约是一种全面的制约，它要求人类在生产生活方式向可持续发展模式转变的过程中，进行系统的认识和全面的变革。

（卢风，陈杨）

3.5　动物保护运动

人类先后经历过捕猎动物的渔猎文明、驯化动物的农业文明以及改造动物的工业文明，不论何种文明，动物都在人类的生存和发展中扮演着重要角色，如何处理人与动物的关系始终是人类面临的重要课题。尽管人类历史上不乏善待动物的朴素伦理观念，但占主导地位的观念还是把动物看作道德关怀之外的对象。这种观念致使人类可以任意处置动物而不必产生道德上的内疚感，这是现代社会导致动物灭绝、虐待动物等现象的思想根源，也是当今动物保护运动首先需要克服的观念上的阻力。

随着敬畏生命、动物解放、动物权利等动物保护理念的出现，越来越多的普通公众开始关注动物的福利，并加入到动物保护运动的实际行动中来。1824 年，英国率先成立了人类历史上第一个动物保护组织——防止虐待动物协会（RSPCA）。随后，各国也纷纷效仿成立了自己的动物保护组织。随着这些保护组织的大量出现，动物保护运动正式登上历史舞台。由于参与运动的人们的理念和目标不尽相同，动物保护运动先后呈现出不同的形式，主要有人道主义运动、反活体解剖运动、素食运动、动物福利运动、动物权利运动等（韩德才和王延伟，2011）。

边沁是近代西方少有的没有把动物排除在道德关怀之外的伦理学家。他关于动物也应该享受道德保护的思想使其在当时的伦理学界独树一帜，成为后来动物保护运动的先声。他反问道：动物不能成为道德关怀对象的"不可逾越的界限是什么？""是推理能力？还是语言能力？但是一个成年的马或狗要比一个初生的婴儿或一周大的甚至几个月大的婴儿更理性也更可交流。若设想它们是其他形式，那该界限对什么有效呢？"（转自戴斯·贾丁斯，2002）他经过深入的思考，给出了如下试探性的回答，"问题不在于它们能推理，也不在于它们能否交谈，而是它们能忍受？"（转自戴斯·贾丁斯，2002）该思想给后来的动物保护运动的先行者以极大的启示。

史怀泽是现代动物保护运动的早期倡导者和先行者之一，他提出的"敬畏生命"思想是当今动物保护运动的重要思想资源。史怀泽认为，"只有当人认为所有生命，包括人的生命和一切生物的生命都是神圣的时候，他才是伦理的"。史怀泽的"敬畏生命"理念将伦理学范围扩展到一切动物和植物，我们不仅要对人的生命，而且要对一切有生命的生物都保持敬畏态度。在史怀泽看来，这是必然、普遍、绝对的伦理原则。

1972 年，古德洛维奇和哈里斯编辑了讨论动物权利问题的文集《动物、人与道德：关于对非人类动物的虐待的研究》，其中的"动物实验"一文指出："总有一天，人们那启蒙了的心灵将能够像目前痛恨种族歧视主义那样痛恨物种歧视主义。"（转自何怀宏，2002）随后，辛格和雷根分别从"动物解放"和"动物权利"的视角论证了"动物为何应该享有道德地位"这一重要问题。辛格认为，能够成为道德关怀的对象的标准不应该是理性思维能力，而应该是感受痛苦和欢乐的能力，按此标准，动物也应该享受道德关怀。"如果一个存在物能够感受苦乐，那么拒绝关心它的苦乐就没有道德上的合理性。不管一个存在物的本性如何，平等原则都要求我们把它的苦乐看得和其他存在物的苦乐同样重要。"（辛格，1994）辛格的动物解放理论对现代人重新思考动物的道德地位具有重要意义，其《动物解放》一书被视为"当代动物保护运动的圣经"。

如果说辛格的"动物解放"理论的理论基础是功利主义的话，那么雷根的"动物权利"理论则是基于道义论。每一个物种都是目的，而不是工具，不能牺牲一个物种来为另一个物种服务。雷根认为，只有假定动物也拥有权利才能从根本上杜绝人类对动物的无谓伤害，并且我们可以通过人类证明人拥有权利的理由来证明动物也同样拥有权利。人类论证人具有道德权利的基本逻辑是，因为人是自身的"生活主体"，因此人先天地具有道德权利，同样，动物也是其自身的"生活主体",因而动物也拥有值得我们予以尊重的天赋价值,这种天赋价值赋予它们一种道德权利,这种道德权利包括生命权、身体完整权和行动自由权。

随着动物保护理念的深入发展,动物保护的范围也在逐渐扩大,农场动物、工作动物、伴侣动物、实验动物、野生动物、体育和娱乐中使用的动物等,都被纳入到保护的范围。比如,在科研教育领域,许多科研机构设立了专门的动物伦理委员会,负责对用动物做实验的情况进行评估;在饮食习惯上,越来越多的人开始加入素食的队伍,减少对动物的伤害;在娱乐方式上,斗牛、斗鸡、斗狗等传统娱乐项目逐渐被世人所抛弃,马戏团动物表演也越来越重视动物的福利;在养殖方式上,许多国家已出台相关法律禁止笼养等违反动物习性的养殖方式(韩德才和王延伟,2011)。

目前在动物保护运动中发挥着重要作用的国际组织主要有:防止虐待动物协会(SPCA,成立于1866年,总部在美国)、国际野生生物保护学会(WCS,成立于1895年,总部在美国)、国际素食协会(IVU,成立于1908年,总部在美国)、世界自然保护联盟(IUCN,成立于1948年,总部在瑞士)、世界动物保护协会(WAP,由成立于1953年的动物保护联盟与成立于1959年的动物保护国际联合会在1981年合并而成,总部在英国)、世界自然基金会(WWF,成立于1961年,前身是世界野生生物基金会,总部在瑞士)、国际爱护动物基金会(IFAW,成立于1969年,总部在美国)、国际野生动物关怀组织(CWI,成立于1984年,总部在英国)、野生救援组织(WA,成立于1999年,总部在美国)、亚洲动物基金会(AAF,成立于1998,总部在香港)。

中国目前也出现了许多动物保护组织,按其性质大致可以分为三种类型。一类是由政府扶持与推动建立的动物保护组织,如中国野生动物保护协会(成立于1983年)。由于这类动物保护组织的官方性质,它们通常会承担政府分离或转让出来的一些监管与保护职能。第二类是由民间自发成立的动物保护组织,如中国小动物保护协会(成立于1992年)、自然之友(成立于1994年)等,这是中国民间动物保护意识的觉醒而自发产生的动物保护的民间力量,在动物保护中起到了重要推动作用。第三类是国际动物保护组织在中国设立的分支机构,第一个受邀来中国开展动物保护的国际组织是世界自然基金会,目前越来越多的国际动物保护组织在中国设立了分部或代表机构(乔永平,2012)。　　　　(卢风,张卫)

3.6　荒野保护运动

荒野保护运动的兴起与发展有着深刻的文化背景和思想根源。在西方文化中,"荒野"(wildness)具有多重含义。在不同的历史时期,荒野相应地呈现出不同的象征意义,而人类如何对待荒野则取决于人类如何理解荒野,当代荒野保护运动的出现就与当代西方人荒野观的转变密切相关。

就字面意义而言,"荒野"意味着荒凉的、未驯化的、对人类的生存构成威胁的地方,是残酷的、粗暴的和危险的象征(戴斯·贾丁斯,2002)。这种理解在基督教传统中表现得十分明显。在《圣经》中,荒野是"受诅咒"的地方,是邪恶力量的居所,是人堕落之后被流放的地方，其对立面是"伊甸园"和"福地"。"在这种对荒野的消极视角中，荒野是一个真实的具有比喻和象征意义的道德邪恶之地，它们是过一种神的生活的阻碍……从宗教的本性来看，它并不是文化秩序的必要的'另一面'，而是对基督教秩序构成危机。"（Thomas kirchhoff，Vera vicenzotti，2014）这种荒野观在荒野保护运动之前一直占据着主流的位置。

到了近代，美洲大陆的殖民者依然延续着基督教的荒野观，但也开始给荒野注入新的内涵。当第一批欧洲殖民者踏上美洲土地时，他们这样写到："废弃而凄凉的荒野，空无一人，除了魔鬼和野蛮人，邪恶在此猖獗。"（戴斯·贾丁斯，2002）但与此同时，殖民者对荒野也表现出另外一种不同的情感态度。相对于他们刚刚逃离的欧洲文明世界而言，新大陆的荒野也"代表着脱离了压迫，并且若不算福地的话，也至少是可建立福地的临时天堂。"因此，在这些刚踏上美洲新大陆的清教徒眼中，荒野成了上帝考验他们的手段，他们必须征服和驯化荒野，才能证明其对上帝的忠诚。随着欧洲殖民者在美洲大陆开疆拓土事业的成功，荒野的意义在他们眼中又一次发生了改变，它不再是危险邪恶之地，而成了真正的福地，成了生产性的、有价值的财富。

由于越来越多的荒野被开发和利用，荒野变得越来越稀少，此时，充满浪漫色彩的荒野观开始兴起。"在这种'荒野'观念中，荒野是未开发和未破坏区域最后的保留地，与清教徒模式不同，它认为荒野即是天堂，即伊甸园，那里远离城市的喧嚣。清教徒将城市看做人类繁衍的家园，而浪漫的人们则将城市看做丧失了纯真的荒地。"（戴斯·贾丁斯，2002）由此可见，与以前人们对荒野和城市的理解相比，荒野和城市的象征意义发生了逆转，荒野成了纯真、美好的地方，而城市则成了堕落之地。

浪漫主义的荒野观是人类对待荒野态度从憎恶到欣赏的转折点，它为现代荒野保护运动的兴起奠定了思想基础，并被荒野保护运动的早期倡导者和实践者梭罗、缪尔和利奥波德等继承和发扬，它对20世纪美国荒野保护运动产生了重要的推动作用。

在瓦尔登湖畔的两年生活体验中，梭罗发现，"荒野中保留着一个世界"，它对人的精神具有"滋补"作用，在那里，他感觉精神舒畅，心情颇佳。现如今，他在《瓦尔登湖》一书中阐述的思想已经成为美国精神的重要组成部分，影响了一代又一代的荒野保护人士。同样地，缪尔在与荒野进行的交流与对话中也体验到荒野的内在性价值，声称"在上帝的荒野中，存在着世界的希望"。（Thomas kirchhaff，vera vicen zotti，2014）利奥波德则把这种荒野体验与情感升华为一种"大地伦理"，它被称作是"一种科学家的理论与一种浪漫主义的道德和美学意识的综合"，使荒野保护获得了强有力的理论依据。他给出对待自然的基本伦理原则是："一件事，当它有助于生命共同体的完整、稳定和美丽时，就是正确的；反之，就是错误的。"（转自侯文蕙，1995）

在荒野保护运动先驱和民间荒野保护实践的共同推动下，美国政府于1872年创建了黄石国家公园，这被视为美国历史上由政府推动的第一次荒野保护实践。1890年，美国国会又通过了《约塞米蒂公园法》，建立了约塞米蒂国家公园，以保护赫奇赫奇及周围的荒野。1891年，又通过了《森林保护法》，授权总统在收回的公共土地上创建"国家森林保护区"。1908年至1913年间围绕赫奇赫奇峡谷水坝修筑问题的争论进一步激发了美国公众保护荒野的兴趣，尽管最终没有成功阻止大坝的修建，但争论使得保护荒野的兴趣和热情在普通民众中广泛传播。1916年《国家公园管理局法》获得通过，该法使保护荒野的国家公园制度法律化，并设立"国家公园管理局"，以确保这一制度不为人事变动所影响。

20世纪50年代，回声谷公园的水坝修筑计划再次引发了广泛的社会争论。与上次关于赫奇赫奇峡谷水坝的争论不同，在这次争论中，荒野保护一方最终获得了胜利，修筑计划被国会否决，回声谷水坝事件也因此成为美国荒野保护史上具有里程碑意义的事件。以此事件为契机，荒野协会主席霍华德·扎尼泽于1956年向国会提交了《荒野法》草案，经过多轮协商和博弈，最终于1964年获得国会通过，并由时任的约翰逊总统签署为法律。《荒野法》法案的通过是荒野保护运动的重大胜利，它确立了荒野保护的国家政策，初步建立了由完整法律认可的"国家荒野保护体系"，美国的荒野保护从此有了更为坚强的法律保障。

回顾荒野保护运动历史，从中可以发现：荒野保护政策实践是以荒野思想和荒野观的变化为先导的，同时，围绕荒野保护的辩论、斗争和博弈也不断推动了荒野思想和荒野观的演变。这给我们的启示是，在荒野保护中，我们一方面需要加强和深化荒野保护的理论研究，克服不利于荒野保护的思想障碍，为现实的荒野保护提供有力的思想武器；另一方面，要积极宣传新的思想观念，使之为广大的普通民众所理解和接受。只有越来越多的普通民众的荒野保护意识提高了，荒野保护才具有现实的基础，也才能使荒野保护真正落到实处。

中国没有出现什么荒野保护运动，中国对荒野的保护主要体现为对森林、湿地、野生动植物的保护，且主要表现为政府行为。

（卢风，张卫）

3.7　环境正义运动

环境正义运动，是指20世纪80年代，美国底层民众尤其是少数族裔及低收入群体发起的争取环境平等权益的运动。这次运动是在现代环保运动和民权运动的共同推动下进行的，它促进了美国环保运动的深化和环境政策的调整，引发了全球范围的环境正义浪潮（王向红，2007）。

环境正义运动的开展。沃伦抗议（Warren County Protest）是美国环境正义运动发展史上的标志性事件，被认为是环境正义运动的开端。沃伦是美国北卡罗来纳州的一个县，长期被作为整个北卡罗来纳州有毒工业垃圾的倾倒和填埋点，而这个县的主要居民是非裔美国人和低收入的白人。1982年9月15日，几百名黑人（包括非裔妇女、孩子）和少数白人，在沃伦县的肖科（Shocco）镇，举行大规模的游行示威活动，他们组成人墙，阻止装载有毒垃圾的卡车通行，被称为"沃伦抗议"。

沃伦抗议首次把环境问题与种族偏见和贫困联系在一起，引起了公众对环境公正问题的广泛关注，在美国社会产生了强烈反响。一些关注少数民族社区问题的人士开始进行深入调查，并披露了许多过去鲜为人知的资料和事实。1987年，美国联合基督教会种族正义委员会（United Church of Christ Commission for Racial Justice）发表了一篇题为《有毒废弃物与种族》的研究报告（王韬洋，2003），披露了在国家环境保护局和州环境保护机构所确定的有毒废物填埋点中，40% 集中在少数民族聚集区。类似的调查结果表明：美国的环境政策受到种族主义影响，少数民族和低收入阶层等弱势群体确实不公平地承受了工业污染的后果(侯文蕙，2000)。

以弱势群体为主要力量的环境正义运动，带动了一大批争取环境正义的民间团体的出现。他们除了组织和参与各种抗议活动外，还力图争取主流环保组织的同情和支持。主流环保组织 (Mainstream Environmental Organization)，是对 20 世纪六七十年代以来在美国环保运动中起着主导作用的全国性非政府环境组织的总称，是 20 世纪 90 年代才开始流行起来的一个用语，用于区别较分散的、地区性的和基层的群众组织。1990 年 1 月和 3 月，一些环境正义运动基层组织的领导人给主流环保组织的领导人"十人组"(Group of Ten)分别送去了两封信，这 10 个组织是：地球之友(FOE)、荒野学会(WS)、塞拉俱乐部(Sierra Club)、全国奥杜邦协会(N AS)、环境保卫基金会(EDF)、自然资源保卫协会(NRDC)、全国野生动物联盟(NWF)、伊萨克·沃尔顿联盟(IWL)、国家公园和自然保护协会(NPCA)和环境政策中心(EPC)。20 世纪 80 年代初，这 10 个组织的领导人针对里根政府的反环境保护的倾向，曾组织到一起采取必要的对策和行动，长达 10 年。呼吁主流环保组织与他们进行关于"环境危机及其对有色人种社区影响"的对话，并要求这 10 大组织聘用有色人种职员和成为理事会成员。环境正义组织在这两封信中批评 10 大组织是白人中产阶级的组织，并没有承担起对第三世界社区的义务，全然不顾他们的生存需要和文化(侯文蕙，2000)。

迫于压力，主流环境组织不得不对环境正义者的批评有所回应。他们承认对少数民族社区的关心不够，并力图在组织上、活动方案上做出相应的改进。例如，自然资源保卫协会(NRDC)表示他们将会密切关注环境种族主义问题，并且立即聘用了一位长期从事反对在贫困非裔和拉丁裔美国人社区设置垃圾焚化炉运动的律师。许多主流环保组织都向基层支部发出了备忘录，并指出在理事会中必须有少数民族候选人。全国野生动物联盟(NWF)在这方面的表现尤其积极，特别为此设立了一个活动项目，奖励和表彰一些对"环境正义"运动有突出贡献的人物，以唤起对环境正义的关注。1992 年，全国野生动物联盟的领导人声明，在他们的工作人员中，少数民族已占 23%，另外还有 4 名少数民族理事。

然而，主流环保组织的这些努力并不能真正消除与环境正义者的分歧。实质上，二者表达的是一个全然不同的"环境观"。主流环保组织关注的是诸如野生动物、森林保护、荒野、打猎等属于白人文化传统的事物，而环境正义者们更关心"生活""工作"和"玩耍"的地方，关注保证公众健康的条件，而不是远离社区的荒野和森林(侯文蕙，2000)。

1991 年 10 月，"第一次全国有色人种环境领导峰会"(People of Color Environmental Leadership Summit)在华盛顿召开，300 多个代表团参加了会议，其中有来自全国各地的基层环保组织，有非裔、拉丁裔和亚裔及土著美国人，还有来自加拿大、中美、南美及马绍尔群岛等地的代表。他们聚集在一起，目的是更突出有色人种环境保护组织的自主性和为自己发言的权利。经过激烈辩论，代表们达成协议，一致同意用 17 条"环境正义原则"(王向红，2007)来作为他们行动的宗旨，并正式宣告了"环境正义"者们与主流环境保护主义者们不同的立场。

环境正义者不仅把环境问题和社会问题联系起来，而且使它与社会政治交织在了一起。它显然不是 20 世纪六七十年代以来环境保护主义所奉行的"其目的是把我们周围的世界、千百万植物和动物种属——包括人类在内——从我们的技术、人口以及个人欲望中拯救出来"的路线和观点(唐纳德·沃斯特，1993)。当环境保护主义者们呼吁保护濒临危险的物种，如鲸和猫头鹰时，环境正义者们却说："非裔美国人不关心濒临危险的物种，因为我们才是濒临危险的物种。"(艾琳·M·麦克高蒂，1997；侯文蕙，2000)

1982 年，本杰明·查维斯(Ben Chavis)提出了"环境种族主义"(Environmental Racism)，意指环境政策、法律、法规在制定和执行过程中存在种族歧视。环境种族主义将环保运动与民权运动结合起来，成为环境正义运动过程中强有力的舆论和动员工具。

环境正义运动的影响。根植于美国特殊的种族、政治关系与历史文化背景的环境正义运动，是美国现代环境保护运动上的精彩篇章，取得了令人瞩目的成绩。环境正义运动不仅仅是环境保护运动内部的冲突，它反映了美国社会下层，尤其是有色人种社区的切身要求，说明环境问题不是特有的阶级和族群的问题，而是全社会共同关注的问题；其所要求解决的环境公正问题从根本上说是社会正义问题，环境危机即是社会危机。

环境正义运动促使主流环保组织开始关注环境正义的重要性，同时推动了美国各级政府机构在制定环境政策和环境法规方面朝着更加公正的方向发展。环境正义运动有效减少了美国有害化学物质的生产和排放，也迫使一些排污企业承担相应的社会责任。1992 年，美国国家环保局设立了维护环境正义的专门机构——环境正义办公室，其职责是谋求各社区在环境质量上的平等。1994 年又设立了环境正义华盛顿办公室。

随着环境正义运动的发展，环境正义组织的数量也明显增加，关注范围不断延伸，社会影响越来越大，引发了全球范围的环境正义浪潮。以四大公害案件为代表的日本环境正义运动就是公众因为公害事件而对政府产生不满，迫使日本政府效仿美国，制定了公众在环境管理中的参与机制(程翔，2009)。此外，第三世界也展开了争取平等权利的穷人环保运动。印度生态主义者拉玛昌德拉·古哈在 1994 年发表的《激进的美国环境保护主义和荒野保护——来自第三世界的评论》一文中表达了贫穷国家和地区要求实现环境正义的呼声。此外，国际社会也为维护环境正义采取了一系列联合行动(王向红，2007)。

随着中国经济的快速发展和环境污染问题的凸显，越来越多的人开始关注环境正义问题。这突出体现在实践和理论这两个方面。许多地方的民众开始为保护自己的居住地而发出自己的呼声，如抗议 PX 工程项目；许多学者开始重视环境正义的理论研究，且有了较多的研究成果。

环境正义运动在推动了美国环保运动向纵深发展的同时，也使得当代环境伦理发生了转向。随着对环境正义理论思考的深入，诸如形式环境正义、程序环境正义、实质环境正义、代内环境正义、代际环境正义等术语不断被提出，以至于有人认为：不仅应该在人类社会内部追求环境正义，在人类与动物之间也应追求"生态正义"，因为生物和物种也是权利主体。这意味着正义观与世界观已经发生了变化(严耕和杨志华，2009)，环境正义正走向生态正义。

(卢风，甘霞)

3.8 环境保护运动

环境保护运动，最早是指发起于美国的社会运动。第二次世界大战结束后，西方国家大力发展工业，造成了严重的环境污染，激发了民众联合起来要求政府解决环境问题、保护生态环境的抗议活动。

环境保护运动的先声。美国环境保护运动的历史可以追溯到 19 世纪末 20 世纪初的资源保护运动（高国荣，2014）。

独立战争后，美国政府为了加快对西部边疆地区的开发，制定了一系列政策鼓励移民西进，使得扩张与征服成为当时的主旋律。对自然的掠夺式开发及对资源的惊人浪费，造成了环境的严重恶化。一些有识之士开始审视和反思人与大自然的关系，从而认识到保护自然资源的重要性和必要性。1890~1920 年，美国兴起了资源保护及荒野保护运动，这是美国环境保护的第一个高峰（高国荣，2014）。

荒野保护的先驱是美国作家亨利·戴维·梭罗（Henry David Thoreau，1817~1862 年）。在他的著作《瓦尔登湖》一书中，梭罗严厉批判了美国人大肆破坏自然环境、掠夺性开发自然资源的行径。他号召美国人保护荒野，克制征服自然、统治自然的欲望，以谦卑的态度善待大自然。梭罗主张依靠人类的道德观念，从精神层面审视人与自然的关系。他认为，人只有在自然界那里才可以得到真正的自由与满足，因此人要对自然承担某种道义上的责任。梭罗的生态思想带有浪漫主义色彩，同时含有批判近代科学的成分。他担心人类过度强调科学客观性会忽视人与自然存在的联系，从而陷入片面的、单一的思想泥潭中。虽然梭罗的理想与美国当时狂热征服自然的现实格格不入，但他的环保思想迈开了人类对自然态度反思的重要一步，为美国之后的环境保护运动指明了方向（范亚东，2007）。

关于荒野保护，有两种不同的观点：保护主义（conservationism）和保存主义（preservationism）（卢风和肖巍，2007）。自然学家约翰·缪尔（John Muir）是继梭罗之后保存主义的代表人物，被公认为是美国国家公园和森林保护区的创建者。日益减少的荒野，始终牵动着他谦卑对待自然的心。"引导人们去认识大自然的美"（Linnie Marsh Wolf，1981）成为缪尔生活的重要目的。缪尔否定了"万物为人"的传统信条，认为所有生命形式没有贵贱之分，它们的存在绝不仅仅是为了人类的幸福，"大自然创造万物的目的是为了它们相互间的和谐幸福，而不是让整个世界为了一种幸福而存在。"（John，Muir，1981）他明确强调了保护主义和保存主义的区别，认为前者是为了发展而保护，而后者是为了保护而避免发展，保存广大原野不是为了储藏日后可以开发利用的资源，而是为了使人类从真正的自然中得到精神的享受和启发（苏贤贵，2002）。在《我们的国家公园》一书中，约翰·缪尔对美国人毫不顾忌地破坏自然环境和浪费资源的行径痛心疾首，倡导建立国家公园和自然保护区，希望为美国人的精神家园保留一份财富。不仅如此，从 1890 年开始，他还发起自然保护运动，敦促美国政府陆续建起了自然保护区式的国家公园。1892 年，约翰·缪尔和他的支持者建立了著名的谢拉俱乐部（Sierra Club），以进一步推动群众性的自然保护运动。缪尔的自然保护思想对美国的环保运动影响深远。

如果说保存主义主要强调自然的审美和精神价值，那么保护主义则是从经济、功利的角度出发，说明合理规划及高效使用自然资源的必要性。以美国第一任林业局长吉福德·平肖（Gifford Pinchot）为代表的保护主义者把资源保护运动界定为"利用自然资源为最大多数人长久地谋求最大福利"，强调既要保护资源又要有节制地使用资源，既要满足当代人发展经济的需要，又不以牺牲后代人的生存和发展为代价，认为资源控制权应该掌握在国家和民众手里，防止个人因缺乏科学知识而导致对资源的滥用（转引龙金晶，2007）。20世纪30年代，奥尔多·利奥波德从伦理学的角度论证了自然保护的重要性，提出了"大地伦理"，他的著作《沙乡年鉴》后来成为现代环保运动的"圣经"（高国荣，2014）。

早期的资源与荒野保护运动成为现代环境保护运动的前奏。

环境保护运动的兴起。虽然工业污染问题自工业化开始便一直存在，但第二次世界大战之后，环境污染表现得更加严重。如果说"战后初期，环境问题主要是烟尘污染，而到了20世纪六七十年代，对空气污染的担心已经被化学污染和核污染的恐惧所替代了"（巴果·康芒纳，2002）。美国环境保护运动，就是从反对核污染和化学污染（杀虫剂）起步的。1962年9月，美国海洋生物学家雷切尔·卡逊（Reaehel Carsen）《寂静的春天》一书的出版，是环境保护运动划时代的标志。

卡逊用整整四年的时间查阅了官方和民间有关杀虫剂使用和危害的报告，详细说明滥用杀虫剂对环境造成的灾难性后果：不仅污染空气、水、土地，而且通过食物链，危及人类身体健康及后代的繁衍。卡逊的作品石破天惊，使得美国朝野上下针对"杀虫剂滥用产生的后果"展开了旷日持久的辩论。辩论中，势力强大的化工界动用各种手段攻击和诋毁卡逊及其作品。最终，肯尼迪总统授意科学顾问委员会展开调查，所得出的调查报告支持了卡逊的观点，报告建议："联邦有关各部门和机构……要向大众说明杀虫剂的用途及其毒性。"（小弗兰克·格雷厄姆，1988）

20世纪六七十年代的环境保护运动引起了国际社会对环境问题的高度重视，在世界范围内产生了深远影响。民众的生态保护意识明显增强，越来越多的人认识到环境问题的严重性并积极投身于环保实践。这一时期，环境保护运动已不仅局限于关注荒野和自然资源，而是扩展到一切影响人类健康和生存的外部因素，包括空气质量、水质、职业健康与安全等，大大扩展了"环境"的概念。环境保护运动经历了从自发参与到职业化组织的转变过程，促成了众多环保组织和机构的建立。1967年，"环境保护基金会和动物保护基金会"成立。1971年，以"拯救地球"为己任的绿色和平组织（Organization of Green Peace）成立，并很快发展为国际性组织，把不少环境问题推到了政治舞台，迫使政府作出回应。这一时期，美国增设和制定了不少专门的环保机构和环境保护法（高国荣，2014）。

随着环境保护运动的发展，更多人意识到：解决环境危机需要社会各个层面的配合，包括经济、国际关系、社会、教育、传媒、价值观、宗教等。"环境保护运动"的实际内容逐渐超出了环境保护的范围，不仅包括环境保护运动，还包括绿色和平运动、生态女权运动、反核运动、生态社会主义运动等，成为涵盖社会各个层面的"绿色政治运动"（黄安年，1994）。

20世纪80年代后期，"绿党"逐渐成为群众性绿色运动的政治代言人，且作为当时发达资本主义国家最大的"新社会运动"的组织者登上了政治舞台。他们进入议会，参加政党选举，主张维护生态平衡；反对经济无限增长；主张社会正义等，成为改写西方国家政党政治格局的后现代"新政治党"（龙金晶，2007）。

环境保护运动的发展也使得学术界对环境问题的研究越来越深入，从而推动了许多新学科的诞生。环境伦理学、环境法学、环境史学、环境社会学、环境政治学等应运而生，分别从不同方面对环境问题的研究做出了贡献。

中国语境下的环境保护运动。环境保护运动并不仅仅发生在美国。在中西方语境或者不同学科领域，"环境保护运动"这一概念还可作不同的理解。西方国家所谓的"运动"一般是草根阶层发起的参与型的社会政治文化运动，而在中国语境中，"环境保护运动"则是"公众参与最广阔的战场"，是"群众保护环境的大规模集体行动"，如20世纪50年代的"绿化祖国、植树造林"即可视为中国环境保护运动的案例（龙金晶，2007）。

改革开放以来，由于受到世界绿色政治和生态运动社会思潮的影响，也由于环境恶化的现状，中国催生了以生态环境保护为领域，由中产精英人士与生态环境保护组织积极推动和发展起来的"环境保护运动"。中产精英人士推动的环境保护运动，是对现代工业文明的生产方式、消费模式、价值观念、体制结构和生态环境的反思，其深刻的生态价值导向将涉及整个社会文明形态的改革和转型期社会体制的合理构建。

当然，由于中国的中产阶层还没有实现政治意义上的崛起，绿色环保组织的力量也还比较涣散，民间环保往往"刚性"不足，尚不能与政府"平等"协商、对话或谈判，因此，中国的环保运动还处于一种浅层次水平，仍然难以脱离"草根"的标签。中国的环境保护运动依然任重道远。但现代社会发展趋势终将使其成为政府与社会在制度化与非制度化之间互动关系的一种重要变量（何立平和沈瑞英，2012）。

尽管中美两国国情大相径庭，但是美国的环境保护经验仍能带给我们诸多借鉴和启示。中国在发展过程中，一定要充分发挥国家统一规划和强有力的宏观调控优势，保护资源，加强立法，长远规划，真正实现可持续发展。

（卢风，甘霞）

3.9　生态学的发展

生态学的萌芽时期。公元16世纪以前，已有关于生态学知识的记载，但没有形成系统、成文的科学。生物一出现就与环境有着紧密的联系，人类在生产和生活实践中注意到了这种关系，积累了有关生物习性和生态特征的生态学知识。

公元前1200年，我国《尔雅》一书中有草、木两章，记载了176种木本植物和50多种草本植物的形态与生态环境。公元前200年的《管子·地员》中叙述了植物分布的生态现象：植物的生长与土壤的性质有关，不同质地的土壤，适宜生长的植物各不相同；植物的分布与地势的高低有关。公元前4世纪希腊学者亚里士多德曾粗略描述动物的不同类型的栖居地，还按动物活动的环境类型将其分为陆栖和水栖两类，按其食性分为肉食、草食、杂食和特殊食性4类。之后出现了介绍农牧渔猎知识的专著，如古罗马公元1世纪老普林尼的《博物志》、6世纪中国农学家贾思勰的《齐民要术》等均记述了素朴的生态学观点。

生态学的建立时期。18世纪初到19世纪末，生态学开始发展成为一门相对独立的学科，虽然在学科理论、方法和结构上并不成熟。

曾被推举为第一个现代化学家的波义耳（Robert Boyle）在1670年发表了低气压对动物效应的试验，标志着动物生理生态学的开端。1792年德国植物学家魏德诺（C. L. Willde-now）在《草学基础》一书中，详细讨论了气候、水分与高山深谷对植物分布的影响。这本书已表现出近代植物地理学的雏形，说明了近代植物地理学的种属植物地理学、生态植物地理学和历史植物地理学三个部分（李继侗，1958）。1807年德国植物学家洪堡（A. Hum-boldt）在《植物地理学知识》一书中，提出植物群落、群落外貌等概念，并结合气候和地理因子描述了物种的分布规律。1798年，马尔萨斯（T. Malthus）《人口论》的发表，促进了达尔文生存斗争及物种形成理论的形成，并促进了人口统计学及种群生态学的发展。

进入19世纪之后，生态学得到很快发展并日趋成熟。1859年达尔文的《物种起源》促进了生物与环境关系的研究，使不少生物学家开展了环境诱导生态变异的实验生态学工作。1866年，海克尔（Ernst Haeckel）提出ecology一词，并首次定义了生态学。1895年丹麦植物学家瓦明（E. Warming）的《植物分布学》（1909年经作者本人改写，改名为《植物生态学》），和1898年德国施姆普（A. F. W. Schimper）的《植物地理学》两部划时代著作，全面总结了19世纪末叶以前生态学的研究成就，标志着生态学已作为一门生物科学的独立分支而诞生。

生态学的巩固时期。20世纪初到50年代，动植物生态学并行发展，出版了大量生态学著作和教科书。20世纪50~60年代，传统生态学开始向现代生态学过渡。

动物生态学方面，主要是关于生理生态学、动物行为学、动物群落学和种群研究，尤其是种群调节和种群增长的数学模型研究。1937年，我国费鸿年的《动物生态学纲要》出版，是我国第一部动物生态学著作；1949年，阿里（W. C. Allee）等合著的《动物生态学原理》标志着动物生态学进入成熟期。植物生态学方面，主要研究生理生态与群落生态。

这一时期，生态学已基本成为具有特定研究对象、研究方法和理论体系的独立学科。生态学由植物群落研究向生态系统研究方向迈进。1935年，坦斯利（A. G. Tansley）提出生态系统的概念是生态学发展史上一次理论上的重大突破。生态系统的结构和功能的研究都有了最基本的发展，如埃尔顿（C. Elton，1927）的能量金字塔和林德曼（R. L. Linde-man，1942）的生物营养级及十分之一定律。基本的生物生态学学科体系已建立，欧德姆（Eugene P. Odum，1953）在《生态学基础》中明确提出了个体生态学、种群生态学、群落生态学和生态系统生态学的学科体系。

现代生态学时期。20世纪60年代以后，生态学蓬勃发展。生态学的定义也由"研究生物体与其周围环境相互关系的科学"，发展为"从生物与环境相互作用的视点，研究生物多样性各种机理的科学（Smith & Smith，2001）"，其研究内容已经从单纯的生物生态学发展到关心人类未来的科学；现代数学、物理学、化学和工程技术的渗透，使生态学从定性走向定量，从部门走向综合与交叉；广泛应用电子计算机、高精度的分析测定技术、高分辨率的遥感仪器和地理信息系统等技术，生态学获得了新的研究条件。现代生态学发展的主要趋势如下。

（1）生态系统生态学。国际生物学计划（IBP，1964～1974）是由 97 个国家参加，包括陆地生产力、淡水生产力、海洋生产力、资源利用和管理等 7 个领域的生物科学中空前浩大的计划，其中心是全球主要生态系统的结构、功能和生物生产力研究。近年来，生态系统服务功能是生态学的研究热点。生态系统服务功能指生态系统形成和所维持的人类赖以生存和发展的环境条件与效用，其研究重在认识生态系统服务功能形成、演变、调控的机制及其空间格局、尺度特征、评估方法。目前的研究主要集中在生物多样性与生态系统服务功能、生态系统服务功能的时空尺度特征、生态系统服务功能的时空格局变化及驱动机制等（中国科学技术协会，2010）。

（2）系统生态学。系统生态学的发展是系统分析和生态学的结合，它进一步丰富了本学科的方法论，欧德姆（E. Odum）甚至称其为生态学发展中的革命。Patten 等的《生态学中的系统分析和模拟》（1971）、Smith 的《生态学模型》（1975），Jorgenson 的《生态模型法原理》（1983，1988）和 H. Odum 的《系统生态学引论》（1983）等是这方面的主要专著。

（3）群落生态学。20 世纪 70 年代以来，群落生态学有明显发展，由描述群落结构、发展到数量生态学，包括群落的排序和数量分类，并进而探讨群落结构形成的机理。如 Strong 等（1984）的《生态群落》、Gee 等的《群落的组织》（1987）和 Hastings 的《群落生态学》文集（1988）。Tilman（1982，1988）则从植物资源竞争模型研究开始探讨群落结构理论，如《资源竞争与植物群落》和《植物对策与植物群落的结构和动态》，Cohen 的《食物网和生态位空间》（1978）、《群落食物网：资料和理论》（1990）和 Pimm 的《食物网》（1982）等著作，使食物网理论有明显发展，特别是提出了一些统计规律和预测模型，如级联模型（cascade model）。Schoener（1986）则明确提出《群落生态学的机理性研究：一种新还原论?》。

（4）应用生态学。20 世纪 70 年代以来应用生态学迅速发展，涉及多个领域，与其他自然科学和社会科学有很多结合。生态学与环境问题研究相结合，是 20 世纪 70 年代后期应用生态学最重要的领域。主要著作如：Anderson 的《环境科学用的生态学》（1981），Park 的《生态学与环境管理》（1980）、Polunin 的《生态系统的理论与应用》（1986）、IUCN 的《世界保护对策：生物资源保护与持续发展》（1980）等。

生态学与经济学相结合，产生了经济生态学。虽然这是还未成熟的学科，但国内外都相当重视，它研究各类生态系统、种群、群落、生物圈的过程与经济过程相互作用方式、调节机制及其经济价值的体现。

生态工程是根据生态系统中物种共生、物质循环再生等原理设计的分层多级利用的生产工艺。我国在农业生态工程应用上创造了许多不同形式，已引起国际上重视，虽然其理论发展还落后于实践。Mitsch 等的《生态工程》（1989）是世界上第一本生态工程专著。

人类生态学是应用生态学基本原理研究人类及其活动与自然和社会环境之间相互关系的学科。虽然 20 世纪 70 年代已有人类生态学专著出现，如 Sargent（1974）、Ehrlich（1973）和 Smith（1976），以后有 Clapham 的《人类生态系统》（1981），但尚未见公认而比较系统的专著。马世骏（1983）提出的"社会—经济—自然复合生态系统"的概念与人类生态系统很接近，而前苏联的《社会生态学》（马尔科夫，1989）大致与人类生态学相一致。人类生态学近年主要研究人体和人群的生理和心理生态健康、不同类型生产和生活活动的物质能量代谢过程的健康、区域自然和人文生态服务功能的健康，从涉及人类和动物公共卫生实践到自然资源保护、生态系统管理、城乡发展统筹规划等各个接点，应用生态系统原则应对人类健康与可持续发展的挑战(中国科学技术协会，2010)。

此外，农业生态学、城市生态学、渔业生态学、放射生态学等都是生态学应用的重要领域。

(5)恢复生态学和保护生物学。恢复生态学是研究生态系统退化的过程与原因、退化生态系统恢复的过程与机理、生态恢复与重建的技术与方法的科学。近年在森林、草地、土壤、湿地、矿区、农业、城市等退化生态系统及极端退化生态环境恢复与重建的理论与技术等研究中取得了一定进展。

保护生物学主要研究如何保护生物物种及其生存环境，从而保护生物多样性。主要研究领域是生物多样性的生态系统功能、起源、维持、丧失、编目与分类、监测、保护、恢复、持续利用，目前进展较快的研究方向是生物多样性现状评估和保护生物地理学、生物多样性的生态系统功能、宏观生态学、谱系生物地理学、全球变化对生物多样性的影响、DNA 条形码技术和生物多样性调查、编目、监测等。

(6)产业生态学。产业生态学是一门结合生态学理论与可持续发展思想而建立起来的新学科。目前，我国产业生态学研究主要集中在以下几个领域：国外文献的翻译及评述；产业生态学内涵、理论基础和方法研究；产业生态学应用研究，如可持续消费、产品生命周期评价、产品碳足迹等；产业共生模式和机理；生态工业园区理论和方法等。总体上，我国生态工业园区主要以政府主导下的企业共生模式出现，基本上都位于产业聚集区、国家级和省级开发区、ISO14000 国家示范区、循环经济示范园区等政府划定的区域内。应实践需求，我国也相应形成了庞大的产业共生和生态工业园区研究队伍(中国科学技术协会，2010)。

研究人类活动下生态过程的变化已成为当今生态学的重要内容。生态学可促进人类更好地认识、管理、恢复、创建生态系统，能够也应该成为未来人类与自然生态系统共存的理论依据和行动指南。今后的研究重点将包括：全球变化生态学、生态系统服务科学、生物多样性保护、生物入侵机制与控制、退化生态系统恢复与人工生态设计、生态系统管理和生态文明建设等。

(达良俊)

3.10　人与生物圈计划

随着全球性日益严重的人口、资源、环境的挑战，人们开始意识到单纯的生物学和生态学研究已经难以解决人类所面临的复杂的环境问题。只有采用多学科综合研究的途径，才能寻找到解决环境问题的正确方法。据此，联合国教科文组织(UNESCO)在其第 16 届大会上正式提出人与生物圈计划(Man and the Biosphere Programme，简称 MAB)，并于 1971 年 10 月召开了第一届国际协调理事会。

人与生物圈计划的由来与发展历程。它是一项国际性的、政府间合作研究和培训的计划。其宗旨是通过自然科学和社会科学的结合，基础理论和应用技术的结合，科学技术人员、生产管理人员、政治决策者和广大人民的结合，对生物圈不同区域的结构和功能进行系统研究，并预测人类活动引起的生物圈及其资源的变化，及这种变化对人类本身的影响。为合理利用和保护生物圈的资源，保存遗传基因的多样性，改善人类同环境的关系，提供科学依据和理论基础，以寻找有效地解决人口、资源、环境等问题的途径。

MAB 是一个政府间协作的科研计划。参加的国家政府须成立本国的 MAB 国家委员会，以便与联合国 MAB 进行联系，与其他国家联系协作，并负责协调本国内有关 MAB 方面的科研工作。人与生物圈计划受到世界各国的重视，已有 100 多个国家参加，有的国家已成立了人与生物圈国家委员会。中国于 1972 年参加这一计划并当选为理事国，1978 年成立了中华人民共和国人与生物圈国家委员会。我国有 10 个课题被纳入人与生物圈计划，有 26 个自然保护区加入了世界生物圈保护区。

人与生物圈计划科学研究针对全球性日益严重的人口、资源与环境的挑战，强调采用生态学的研究方法研究人与环境之间的相互关系，用综合的、多学科的合作来解决当前自然资源和环境方面实际存在的及面临的复杂问题，具体工作要求科技人员与当地生产者、决策者密切合作、协同攻关。人与生物圈计划在发起之初选择了 14 个课题作为其主要研究领域：

（1）日益增长的人类活动对热带、亚热带森林生态系统的影响；

（2）不同的土地利用和管理实践对温带和地中海森林景观的生态影响；

（3）人类活动和土地利用实践对放牧场、稀树干草原和草地（从温带到干旱地区）的影响；

（4）人类活动对干旱和半干旱地带生态系统动态的影响，特别注意灌溉的效果；

（5）人类活动对湖泊、沼泽、河流、三角洲、河口、海湾和海岸地带的价值和资源的生态影响；

（6）人类活动对山地和冻原生态系统的影响；

（7）岛屿生态系统的生态和合理利用；

（8）自然区域及其所包含的遗传材料的保护；

（9）病虫害管理和肥料使用对陆生和水生生态系统的生态评价；

（10）主要工程建设对人及其环境的影响；

（11）以能源利用为重点的城市系统的生态问题；

（12）环境变化和人口数量的适应性、人口学和遗传结构之间的相互作用；

（13）环境质量的认识；

（14）环境污染及其对生物圈影响。

各国根据自己的实际情况在上述十四个方面又确定具体的研究内容和范围，同时在研究期限的长短、可利用资源的丰富程度、参加研究的学科和机构，各国都有各自的特色。

1975 年以后，以上课题重点集中于湿润的热带地区、干旱、半干旱地区及其边缘地带、大都市系统和自然保护四大领域。1986 年进而又提出将人类作为生态系统中的一员，强调在继续开展原定领域研究的同时，各领域应加强以下四方面研究，即在人类不同程度影响下生态系统的功能；在人类影响下资源的管理与恢复；人类的投入与资源的利用；人类对环境压力的反应。

人与生物圈计划开展的另一项重要工作是在全世界范围内建立生物圈保护区网。生物圈保护区是指那些在自然保护和提供科学知识维持持续开发等方面有价值，并为联合国教科文组织所承认的陆地和海岸保护地域。生物圈保护区是 MAB 的核心部分，具有保护、可持续发展、提供科研教学、培训、监测基地等多种功能。

人与生物圈计划在中国的发展。中国国土辽阔，自然条件复杂，生物种类繁多，资源类型丰富，为经济发展提供了有利的条件；同时，由于人口众多，开发历史悠久，资源分布不均、质量较差，开发技术落后，使得中国在进一步发展经济的同时，在人口、资源、环境相互关系上，矛盾更为突出，形势更为严峻。人与生物圈计划在中国更具有明确的现实意义及深远的历史意义。

中国自 1972 年起加入国际 MAB 组织，并当选为理事国，1978 年 9 月正式成立了中华人民共和国人与生物圈国家委员会(简称中国 MAB 委员会)，同时设立人与生物圈秘书处，负责指导落实、执行 MAB 在中国的具体工作。中国 MAB 秘书处挂靠在中国科学院。中国 MAB 委员会及其秘书处自成立以来做了大量工作，在组织、协调 MAB 全部工作中发挥了重要作用。中国加入人与生物圈计划的宗旨是通过全球范围的合作，达到如下目标：用生态学的方法研究人与环境之间的关系；通过多学科、综合性的研究，为有关资源和生态系统的保护及其合理利用提供科学依据；通过长期的系统监测，研究人类对生物圈的影响；为提供对生物圈自然资源的有效管理而开展人员培训和信息交流。

截至 2015 年，中国有 171 个保护区加入中国生物圈保护区网络，已成功申报 33 个世界生物圈保护区，分别是卧龙、鼎湖山、长白山、梵净山、武夷山、神农架、锡林郭勒、博格达峰和盐城等，分别代表了温带森林生态系统、亚热带森林生态系统、草原生态系统等不同类型。2015 年，中国梵净山"人与生物圈计划"战略研讨会在贵州省铜仁市召开，梵净山自然保护区授牌成为继神农架之后的第二个"中国人与生物圈国家委员会培训基地"。中国人与生物圈委员会在不断扩大加入国际网络生物圈保护区的类型和数量的同时，与地圈生物圈的研究工作配合，作为全球变化观测网的基础，在国内组织开展相关科学普及活动与工作。

（达良俊）

3.11　全球生态治理

全球生态治理是在全球性的生态环境危机下国家和其他自主的行动主体共同处理生态环境事务的总和，试图为全球生态环境问题提出合理的治理办法。

全球生态治理的概念来源。20 世纪中叶以来，环境问题首先在发达国家成为一个突出的问题，发达国家开始思考人与环境之间的关系。伴随着生态学和自然科学的发展，从整体视角来考察人与环境关系越来越成为一个主要的研究方向。依托于科学技术的发展，人类社会越来越成为一个紧密联系的共同体，人类社会越来越明显地走向全球化，如何合理地分配整体性的环境资源和承担环境责任成为一个热门话题，有关环境的治理被提上议程。20 世纪八九十年代，面对全球性的气候变化、资源分配、政治格局等国际性问题，全球治理的概念开始在国际社会引起广泛关注。全球治理要求主体从以国家、政府为主体发展到包括任何意愿参与生态环境治理的自主个体和社会组织，要求对生态环境问题的处理以政治管理为主走向民主协商的共同治理（戴维·赫尔德，2001；俞可平，2002，2003；蔡拓，2004；张宇燕，2016）。

全球生态治理的定义及内涵。有关全球生态治理的概念，我们可以从全球的、生态和治理三个词的内涵进行分析并给出其定义和内涵。首先，"全球的"在地理层级上包括了从地方到国家和国际的各层级，同时在行动主体上包括了从个人到社会组织，再到政府和国际组织等各种自主行动主体；它囊括了从政府、商业、非政府组织、大学、研究中心、基金，甚至个人等各种官方或非官方的治理活动。其次，"生态"意指生态学和存活生物共同栖居的逻辑（Holmes Rolston，2012；卢风，2013），它强调自然作为一个有机整体包含着人与其他各种生物的分布以及其丰富多样性。最后，"治理"是一种机制，它在认可政府管理和法制的前提下，提倡多种类型的行动主体，提倡超出单一权威的多层次目标和责任，通过它，国家和其他自主的行动主体将会在国际共同体里分享全球社会合作的生态环境利益与责任（英瓦尔·卡尔松，什里达特·兰法尔，1995；詹姆斯·N·罗西瑙，2001；Okereke，2008；Saunier Richard E.，Meganck Richard A. 2009）。基于以上所述，我们可以给出全球生态治理的描述性定义：在没有世界政府的情况下，国家和各种非政府行为主体通过正式的或非正式的方法进行谈判协商，权衡各自有关环境生态的利益与责任，为解决各种全球性生态环境问题而建立自主执行的规则、机构或机制等的总和。全球生态治理体现了以下几个方面的内涵：就参与主体而言，任何自愿参与的行动主体都具有平等的参与权；就参与方法而言，各行动主体应该通过民主协商的方式进行合作；就具体执行而言，各行动主体应该基于自己与环境关系的综合利益承担相应的责任；就结果而言，应该形成具有实际可操作性但具有开放性的各种规则。

全球生态治理面临的挑战。在过去的二三十年中，无论在理论上还是实践上，全球生态治理在国际社会的共同努力下取得了不少成果。但是伴随着全球生态环境问题的持续恶化，全球生态治理面临着层出不穷的压力与挑战：一是人与生态环境关系的持续紧张；二是全球生态治理模式与全球生态环境问题之间的不对称；三是全球生态治理机制难以适应全球性环境问题的新形式。就第一个方面而言，很多环境资源作为整体性资源是一种公共产品，具有非排他性的特点，许多行动主体在没有或很少承担生态环境保护责任时依然可以享受生态环境的利益，这导致全球生态环境持续恶化。就第二个方面而言，全球生态治理模式呈现的问题是多层次和多角度的，既包括纵深层面的地方治理、国家治理和全球治理等，也包括生态环境改变与经济发展、政治格局形成等关系的界定。然而，多种方式在没有国家权威的保障下很难发挥实际效果，而以民族国家为主体的治理模式因为国家贫富发展的不均衡在生态环境资源的分配和生态环境责任的承担上存在很多难以调和的矛盾。就第三个方面而言，全球生态治理机制的规范性权威在面对多角度、多维度的环境问题时，很难兼顾及时性和灵活性。

全球生态治理的中国特色。自从中国共产党第十七次全国代表大会报告提出"生态文明"以来，中国领导层和中国社会都十分重视全球生态治理对中国生态文明的重要影响，形成了具有中国特色的全球生态治理观。在国际上，中国坚持以发展中的大国身份积极参与全球生态治理，一方面以大国身份积极承担生态环境治理的合理的国际责任，另一方面结合自身利益和广大发展中国家的利益争取全球环境治理中的发言权和话语权，积极推动全球环境治理的"共商共建共享"，平衡全球环境治理中的权利与义务；在国内，坚持绿色发展和可持续发展，加快建设资源节约型、环境友好型社会，形成人与自然和谐发展的现代化建设新格局，推进美丽中国建设，为全球生态安全作出新贡献。　　　　（卢风，文贤庆）

3.12　可持续发展战略

可持续发展战略是人类在 20 世纪提出的一种新的发展战略，是人类在长期社会实践过程中不断转变思维方式和寻求自身发展道路所做出的选择。

工业文明在创造了巨大物质财富的同时，也使人与自然之间的关系变得非常紧张。工业化的实现过程变成人类对自然的征服、统治和掠夺，它严重割裂经济与生态、社会与环境、人类社会和自然之间的有机联系，导致了人类社会与自然之间的紧张关系。随着科学技术的迅猛发展，社会生产力得到了极大的提高，人类的衣食住行发生了翻天覆地的变化。就在人类一味追求经济快速发展的同时，人类赖以生存的生态环境被破坏得千疮百孔，能源短缺、生态破坏与环境污染等一系列问题成为制约人类发展的严重障碍。在这样的背景之下，越来越多的有识之士开始反思人类文明发展的困境。1972 年 6 月 5 日联合国在瑞典斯德哥尔摩召开人类环境会议，通过了《人类环境宣言》，提出了"只有一个地球"的口号。"可持续发展"概念最早是在 1987 年由布伦特兰夫人担任主席的世界环发委员会提出来的。1987 年，世界环发委员会的报告《我们共同的未来》提出并阐释了可持续发展概念。该报告认为，经济与环境是可以相互协调的；传统的经济增长模式应当改革，新的发展战略应当建立在可持续的环境资源基础之上。在同一年，世界环境与发展委员会把历经四年研究和论证的报告《我们共同的未来》提交给联合国大会，报告中正式提出了可持续发展的模式。该报告对可持续发展的定义是："既满足当代人需求又不危及后代人满足其需求能力的发展"，其中表达了两个基本观点：一是人类要发展，尤其是穷人要发展；二是发展有限度，不能危及后代人的发展。报告还指出：当代存在的发展危机、能源危机、环境危机都不是孤立发生的，而是传统发展战略造成的。要解决人类面临的各种危机，只有改变传统的发展方式，实施可持续发展战略。1992 年，联合国在巴西里约热内卢召开环境与发展大会，通过了《21 世纪议程》《里约热内卢环境与发展宣言》《关于森林问题的原则申明》《生物多样性公约》等，将可持续发展由概念、理论推向行动。

可持续发展战略的涵义。学者们从不同的角度出发，对于什么是可持续发展战略给出了不同的回答。国际生态学联合会和国际生物学联合会从自然属性的角度给出的定义是："保护和加强环境系统的生产和更新能力。"世界自然保护同盟、联合国环境规划署和世界野生生物基金会从社会属性给出的定义是："在生存于不超出维持生态系统涵容能力的情况下，提高人类的生活质量。"从经济属性给出的定义是："在保持自然资源的质量和其所提供服务的前提下，使经济发展的净利益增加到最大限度。"从科技属性给出的定义是：

"可持续发展就是转向更清洁、更有效的技术，尽可能接近零排放或密闭式工艺方法，尽可能减少能源和其他自然资源的消耗。"中国学者给出的定义是："可持续发展战略是指满足当前需要而又不削弱子孙后代满足其需要之能力的发展战略。"可持续发展战略意味着维护、合理使用并且提高自然资源基础，这种基础支撑着生态抗压力及经济的增长。可持续发展战略还意味着在发展计划和政策中纳入对环境的关注与考虑，而不代表在援助或发展资助方面的一种新形式的附加条件。可持续发展战略涉及可持续经济、可持续社会、可持续生态三个方面的和谐统一。人类在发展中不仅追求经济效率，还追求生态和谐和社会公平。

可持续发展战略具体体现在以下几个方面：

（1）强调首先要发展。认为停止发展是消极的，是没有出路的，它不能解决人类面临的各种危机。对发展中国家来说，生态环境恶化的一个重要根源是贫困。只有发展，才能摆脱贫困，提高生活水平，才能为解决生态危机提供必要的物质基础。把承认各国的发展权摆在了十分重要的位置。

（2）强调经济发展和环境保护是相互联系和不可分割的。发展离不开环境与资源。环境保护需要经济发展所能提供的资金和技术，环境保护的好坏也是衡量发展质量的指标之一；经济发展也离不开环境与资源的支持，发展的可持续性取决于环境与资源的可持续性。

（3）可持续发展注重代际公平，即当代人要享有物质和环境方面的权利，后代人同样也应该享有这方面的权利。

（4）强调建立和推行一种新型的生产和消费方式，也就是循环经济的观点，以生态型的生产和消费方式去代替那种靠高消耗、高投入以及大众的高消费来刺激经济增长的传统生产和消费模式。

（5）强调人类应当学会珍重自然、爱惜自然，把自己当作自然中的一员，与自然界和谐相处。彻底改变那种认为自然界是一种可以任意盘剥和利用的对象的错误态度。

可持续发展战略在中国的确立。可持续发展战略对中国的发展具有重大意义。中国作为发展中国家，面临着经济增长和生态环境保护的双重压力，经济利益、生态状况、环境质量都是值得我们关注的。在加快经济发展、提高经济效益的同时，注重社会、生态等其他方面的进步与和谐，"寻求一条人口、经济、社会、环境和资源相互协调，既能满足当代人的需求而又不对满足后代人需求的能力构成危害的可持续发展的道路"，是中国发展的自身需要和必然选择。1994年3月25日，国务院通过了《中国21世纪议程——中国21世纪人口、环境与发展白皮书》。这一白皮书的制定和实施标志着中国可持续发展战略的正式确立。它从中国的人口、环境与发展的具体国情出发，提出了促进经济、社会资源和环境相互协调和持续发展的总体战略、对策和行动方案。《中国21世纪议程》是中国可持续发展战略的指导文件，它把经济、社会、资源与环境视为不可分的整体，集中阐述了中国保护资源与环境的战略，充分注意到了中国环境与发展战略与全球环境与发展战略的协调。

可持续发展战略作为一项国家战略，目前已普遍纳入中国各级政府的发展规划之中。同时，中国有关立法工作也在加快进行，迄今为止，中国已颁布了一系列环境保护法、自然资源管理法律、环境保护与资源管理行政法规，以及众多的与可持续发展战略相关的法律法规和标准。生态文明发展战略的提出和实施是中国对可持续发展战略的进一步提升。

（卢风，张言亮）

3.13　生态现代化

"生态现代化"（ecological modernization），是从 20 世纪 80 年代开始，西方社会（西欧一些发达国家如德国、荷兰、英国等）反思并应对传统现代化（也叫"一次现代化"）带来的环境和生态危机而兴起的一种社会发展理论或环境政治学说，是直接针对早期环境社会学发展状况提出的（John Hannigan，2014）。随后被一些西方发达国家作为环境政治实践新策略所采用，其经验研究逐渐拓展到芬兰、丹麦乃至整个欧洲、美国、加拿大以及东南亚等地。

生态现代化理论起源和代表。一般认为，德国学者约瑟夫·胡伯（Joseph Huber）和马丁·耶内克（Martin Janicke）是最早正式提出"生态现代化"概念之人。在 1982 年出版的《生态学失去清白》一书中，胡伯提出了"绿色工业"理论，并对生态现代化概念加以规范表述。与此同时，耶内克完成了为柏林科学中心所做的"作为生态现代化和结构性政策的预防性环境政策"的研究，使生态现代化理论进入政策议程（朱芳度，2010）。为生态现代化理论作出重要贡献的有众多学者。

根据索纳菲尔德的总结，目前在生态现代化理论研究上具有较大影响力的团体有四个，包括欧洲两个极具影响力的团体，以及亚洲和非洲两个新兴团体，分别为：①以耶内克、魏德纳（Helmut Weidner）等为代表的柏林学派，他们完成了一系列比较世界各新兴经济体环境改革制度化的研究，包括巴西、保加利亚、哥斯达黎加、印度、摩洛哥、墨西哥、波兰、越南等国家和我国的台湾地区。②以摩尔领导的荷兰瓦赫宁根大学环境政策组，该组长期研究东亚及东南亚地区的环境改革并取得了丰硕的成果，他们的研究聚焦于中国和东南亚国家，而且从微观、中观、宏观等各个层次进行研究。摩尔所撰写的文章的引注率在该领域一直名列前茅。③以戈德森（Gouldson）、希尔斯（Peter Hills）、威尔福德（Richard Welford）等人为代表的香港研究团体，他们的研究视角主要在商业的作用和公共政策的制定。④以 Oelofse 领导的南非纳塔尔大学（Kwazulu-Natal University）研究团体，他们探索了生态现代化与南非的联系，研究主要聚焦于环境不平等和公平等问题（金书秦，Arthur P. J. Mol，Bettina Bluennling，2011）。

生态现代化理论发展简史。有学者概括，生态现代化理论的发展可以分为三个阶段。第一阶段（20 世纪 80 年代早期）的主要内容有：强调技术创新在环境改革中的作用，特别是工业生产的技术创新；对官僚机构和低效率持批评态度；支持环境改革的市场作用和市场动力；关于社会机构和社会冲突的系统观；国家层次的分析。第二阶段（20 世纪 80 年代后期至 90 年代中期）的主要内容有：比较淡化技术创新的关键作用；更多强调政府和市场作用的平衡；更加强调制度和文化的作用，社会机构在环境诱导的社会转型中的作用；

集中研究经济合作与发展组织(OECD，简称经合组织)国家工业生产的国家比较。第三阶段(20世纪90年代中期以来)的主要内容有：扩展研究的理论和地理范围，包括消费转型、非OECD国家研究、全球生态现代化过程；环境问题给社会、技术和经济改革带来的挑战；现代性核心社会制度转型，包括科技、生产和消费、政治和治理、市场制度等，在地方、国家和全球多个层次上的转型；定位于科学领域，明确区别于反生产力、反工业化、后现代主义、强社会结构主义和许多新激进主义(中国现代化战略研究组，2007)。

"生态现代化"概念内涵。虽然已经过去了三十余年，"生态现代化"这一概念，目前尚无公认的权威论述，我们看到，它是多种学术观点的综合，社会学家、环保主义者、政治党派和行政管理者在不同意义上使用"生态现代化"这一概念(Weale Albert，1992)。

一些西方学者，如胡伯(Huber，1982)、斯伯加伦等人，侧重从社会发展角度构造"生态现代化"的社会学理论。他们极力主张解决生态危机的必由之路是工业社会转型。这些学者首先对生产和消费领域中处于变革中的社会实践进行分析，而后逐渐在理论上从社会学角度理解生态现代化的内涵。

另外有些西方学者将生态现代化作为一种政治规划策略概念加以界定，促使生态现代化思想成为西欧环境政治实践的新议程。

有学者概括，生态现代化重点关注的领域，主要包括工业的生态现代化，市场的生态现代化，政策的生态现代化，社会的生态现代化，全球化的生态现代化等五个层面(朱芳芳，2010)。

生态现代化理论假设和核心要义。生态现代化理论的一个基本假设是，技术的发展有助于生态和环境的进步，即通过清洁技术的发展可以有效地将环境保护与经济增长结合起来(王聪聪，2014)。生态现代化的核心机制是技术创新和制度创新(金书秦，Arthur P. J. Mol，Bettina Bluemling，2011)。生态现代化理论的首创者、技术创新论者胡伯就认为，生态现代化是工业社会发展的必然阶段。在环境转型方面，政府的干预和环境运动的作用都是有限的，最终能发挥重要作用的是经济部门和企业家，他们通过技术创新推动工业生产的生态转型，从而实现经济的生态化和生态的经济化(赵晓红，2008)。摩尔则总结了生态现代化理论的六大假设。

(1)对生产和消费过程进行设计和评估的指标除了经济和其他因素外，越来越多地依赖于生态(环境)因素。

(2)现代科学与技术在生态诱导性转型中至关重要，且不局限于附加于生产环节的技术，而是包含了生产链、技术体系和经济部门的变化。

(3)私有的经济主体和市场机制在生态重建的过程中扮演的角色越来越重要，而政府部门则从自上而下的官僚体制转变为"可协商的规则制定者"，并为这些转变过程提供有利的条件。

(4)环境NGO改变其思想意识，将其传统的把环境问题视为公共和政治议题的思想改变为与经济部门和政府代表谈判的形式而直接参与，这样使他们更加接近政策决策的中心，并为环境改革提出更为细致的建议。

(5)生态重构的过程与政治、经济领域的全球化进程的内在联系越来越紧密，因此，生态重构不会局限于单一的国家。

（6）为了控制生态退化，去工业化的倡导只有在（生态重构的）经济可行性很差、思想落后、政治支持有限的条件下给予考虑（金书秦，Arthur P. J. Mol，Bettina Bluemling，2011）。

生态现代化理论认为，应当将环境问题看作推动社会、技术和经济变革的因素，而不是一种无法改变的后果；应当看到作为现代社会之核心标志的科学技术、市场体制、工业生产、政治体制等方面发生的积极变化，而不能简单加以否定；应当反对各种反生产力的、去工业化（deindustrialisation）的以及激进的建构主义主张。（转引洪大用，2012）学者们指出，工业化、技术进步、经济增长不仅和生态环境的可持续性具有潜在的兼容性，而且也可以是推动环境治理的重要因素和机制，由工业化导致的环境问题可以通过"协调生态与经济"和进一步的超工业化（super industrialisation），而非去工业化的途径来解决（转引洪大用，2012）。

关于生态现代化的要义，中国学界认为，生态现代化是现代化与自然环境的一种互利耦合作用，也是世界现代化的一种生态转型，即向符合生态学原理发展模式转变。生态现代化要求采用预防和创新原则，推动经济增长与环境退化脱钩，实现经济与环境的双赢。（中国现代化战略研究课题组，2007）还有学者指出，生态现代化是现代化的一次生态革命，包括从物质经济向生态经济、物质社会向生态社会、物质文明向生态文明的转变，自然环境和生态系统的改善，生态效率和生活质量的持续提高，生态结构、生态制度和生态观念的深刻变化，以及国际竞争和国际地位的明显变化等（何传启，2007）。

总之，生态现代化理论的核心是对人类当代社会面临的生态挑战作了另外一种解释，认为市场经济压力刺激下和有能力国家推动下的更新，可以在促进经济繁荣的同时减少环境破坏，而不必对现行的经济社会活动方式和组织结构作大规模或深层次的重建（郇庆治，2006）。生态现代化理论的本质是一种通过市场机制推动的技术革新方法，也就是说，一种前瞻性的环境友好政策可以通过市场机制和技术创新促进工业生产率的提高和经济结构的升级，并取得经济发展和环境改善的双赢结果。因而，技术创新、市场机制、环境政策和预防性原则是生态现代化的四个核心要素，而环境政策的制定与执行能力是其中的关键（郇庆治和马丁·耶内克，2010）。

总体上来讲，生态现代化理论是一种务实的生态改良论，属于"蓝绿"或浅绿思潮。

生态现代化理论面对的批评。生态现代化理论面临的批评，主要来自生态后现代主义和生态中心主义等"深绿"思潮。后现代主义强调后物质价值，即人对自我发展自我实现的需求，认为环境污染和资源破坏是现代化发展的产物，要想实现可持续发展就必须对工业社会的核心制度进行重构；激进的后现代主义者甚至要求放弃现代化。生态中心主义认为，生态现代化仅仅是关于环境转型的调和产物，其理论没有把环境目标放在首位，而是与经济目标相提并论，成为政府决策的重要依据，并为政府保守的环境政策进行辩护。另外也有从政治角度和"红绿"思潮视野对生态现代化理论的批评。如有人认为，生态现代化理论主要关注发达国家的环境改革和生态转型，而这些变化大多是为富人服务的，在某种程度上扩大了国内的和国际的不平等（赵晓红，2008）。

生态现代化理论对中国生态文明发展的借鉴意义。有学者指出，生态现代化理论基于西欧发达社会的实践，给出了应对生态危机的一种路径，展现了研究者对资本主义社会未来趋势的信心，这一点与早期的其他环境社会学理论有很大不同。在一定意义上可以说，生态现代化作为一种信念，是对西方现代化方向的坚持；作为一种展望，是对现代化突破极限的未来的乐观；作为一种目标，是对资本主义条件下经济发展与生态保护双赢的追求；作为一种路径，是强调技术变革、市场绿化、政府改革和社会发育所形成的环境保护合力。单纯就其主张统筹经济发展与环境保护、坚信二者之间可以兼容并且实现双赢而言，该理论确实是支持或者迎合了世界各国的期待，而且其对实现经济与环保双赢的一些具体路径的阐述，对各国实践不乏启示和借鉴价值(洪大用，马国栋，2014)。

但是，生态现代化理论显然摆脱不了其源于西方、说明西方和为了西方的印记。该理论的核心关切是西方式的"现代化"是否可以在生态危机的背景下持续推进，以及基于西欧实践所概括出的"生态现代化"模式是否具有全球的普适性。事实上，在生态现代化理论的发展过程中，众多学者从不同的理论立场对其进行了批评。这些批评涉及其人类中心主义、欧洲中心主义、现代主义、乐观主义、资本主义以及忽视社会权力关系分析等等倾向，在一定程度上促使生态现代化理论家们作出了一些调整，但是仍然没有改变其基本形貌和实质立场。

有学者认为，生态现代化理论在其西方现代化取向、实证分析、路径分析、结果分析、对社会公正议题的处理以及对于环境的定义等方面，都还存在很多局限性。作为西方学者对现代工业文明转型的一种探索，生态现代化理论所强调的一些具体观点不乏借鉴利用的价值，可以为中国生态文明建设作出贡献，但是其与中国基于自身发展实践而提出的生态文明建设有着一些本质性的区别，似乎还不足以成为有些研究者所认为的指导中国生态文明建设的"不二选择"。

中国的实践表明，在社会主义制度下，通过充分发挥政府的积极作用，实现经济与环保双赢的所谓"生态现代化"目标也是有可能的，因此所谓的"生态现代化"可能存在着多种路径与模式，而不仅仅是一种带有西欧社会色彩的资本主义路径和模式。甚至，坚持西方式的以物为本的现代化取向是否能够持续，是否能够真正实现经济与环保双赢(特别是在全球层次上)，是否会加剧社会不平等，这些仍然是需要深入反思和总结的。

中国在发展实践中明确提出了要大力推进生态文明建设。生态文明与生态现代化不是一个层次上的概念，两者有着本质性的区别。相对而言，生态文明的立意更高、视野更开阔、内涵更丰富，同时也体现了对人类社会既往发展历程的更多的反思性和批判性，包含了对于现代性、技术主义、物质主义、人类中心主义、生态中心主义、西方中心主义以及资本主义制度等等的合理反思和批评。

归根结底，生态现代化理论只是西方现代化的一种理论，仍然具有西方中心论的色彩；而生态文明建设则是关系到人类整体发展的理论思考，超越了狭隘的西方中心观念，代表着人类文明的前进方向。

(卢风，杨志华)

3.14　生态马克思主义

生态马克思主义(Eco–Marxism)或生态学马克思主义，是当代西方最有影响的马克思主义思潮流派之一。它所致力于的核心性工作，是努力阐明马克思主义理论传统及其方法对于人类目前面临的生态环境难题的相关性，从而构成了一种旨在批判与超越资本主义制度主导下现实的广义的生态社会主义思潮与运动的主要理论基础。

那么，什么是生态马克思主义呢？戴维·佩珀曾经做了如下包含着生态马克思主义主要理论观点的界定：马克思主义是一种能够容纳生态主义的人类中心主义；它既能借助于对自然掌握实现的生产力的增长保证所有人的福利，又可以消除现代工业社会的人类对自然的伤害；它是建立在社会与自然辩证法基础上的一种长期的集体的人类中心主义，反对资本主义的技术的个人的人类中心主义(David Pepper，1993)。基于此，我们可以将生态马克思主义概括为如下三个理论要点：一是认为生态环境问题的成因虽然不能直接等同于但却是深深根源于资本主义的生产方式及其全球化扩张(资本主义内含着生态矛盾)，而且只要接受这种生产方式就不能消除现代生态环境问题的存在；二是认为对马克思恩格斯人与自然辩证关系观点的归纳与拓展，就可以提供一种介于技术中心主义和生态中心主义之间第三种模式的理论根基；三是认为生态马克思主义/社会主义理论对资本主义制度的批判与抗拒就包含了对生态环境问题等得以产生的社会条件的克服，因而，未来社会主义或共产主义社会应是经济生产满足人类全面需要、符合生态可持续性原则并处在更民主的控制之下的社会，也就是一个绿色社会。

作为一种系统性理论的生态马克思主义的形成，大致是按照如下两条路径展开的：一是对马克思恩格斯著作中生态学观点的挖掘、整理与重释，从而对现代生态环境问题做出马克思主义经典文献意义上的批判性分析，二是用马克思主义的基本立场与方法对现代生态环境问题做出一种时代化的理论阐释，其中包括对马克思恩格斯某些论点的补充与修正，从而创建马克思主义或社会主义的生态学。

而从动态演进或发生学的视角来说，"西方马克思主义"尤其是"社会批判理论"在生态马克思主义的孕育与创建过程中扮演了一个重要的"催生婆"的角色。狭义的西方马克思主义一般是指恩格斯逝世后在西欧国家中产生的对马克思恩格斯学说体系的一种理论反思与重新阐释，而这又可以分为乔治·卢卡奇、安东尼奥·葛兰西等马克思主义者的观点和20世纪30年代后兴起的法兰克福学派的社会批判理论。结果是，从最初的旨在对马克思恩格斯人与自然关系论述的新(全面)理解，逐渐转向阐发一种系统的生态马克思主义理论。

如果说卢卡奇等人理论探讨的主要目标仍是完善丰富马克思恩格斯的理论体系以适应社会实践的变化，法兰克福学派则逐渐超出此限——在日渐脱离马克思主义政治实践指向的同时弃置其革命性理论主旨。但在人与自然关系上，法兰克福学派所从事的对资本主义工业社会从政治经济批判向哲学文化批判的主题转换中却展现了强烈的生态学批判色彩，而且，他们至少仍部分承认自己理论的马克思主义传统，并也确实做出了许多基本正确的文本阐释，比如赫伯特·马尔库塞晚年对马克思《1844 年经济学哲学手稿》所做的理论解读和新一代法兰克福学派成员阿尔弗雷德·施密特在他的《马克思的自然概念》中对马克思自然观的理论阐释。因而，西方马克思主义构成了经典马克思主义向生态马克思主义的重要中介或过渡，或者说开创了生态马克思主义之先河。

正是在上述基础上，与马尔库塞有着师承关系的威廉·莱斯，定居加拿大以后进一步构建了自己的生态马克思主义理论，而先后出版的《自然的控制》（1972）和《满足的极限》（1976），则是他生态马克思主义思想的主要代表作。随后，当时任职于加拿大滑铁卢大学的本·阿格尔在 1979 年出版的《西方马克思主义概论》中，将莱斯的两部著作盛赞为对一种生态马克思主义观点的"最清楚、最系统表述"，从而宣布了生态马克思主义这一西方马克思主义新支派和环境政治社会理论新流派的诞生。当然，从一种更广的视野来看，对生态马克思主义创建做出了开拓性贡献的学者，至少还有法国学者安德列·高兹。总之，马尔库塞、莱斯和高兹等在把法兰克福学派对发达工业社会的哲学文化批判逆转成为一种对资本主义社会的现实批判的同时，把古典马克思主义意义上对资本主义制度的政治经济学批判扩展成为一种对资本主义制度的政治生态学批判。相应地，"生态马克思主义"成为西方马克思主义和环境政治社会理论中的一个新兴流派。

自那时起，欧美的生态马克思主义研究经历了 20 世纪 90 年代初和 90 年代末、21 世纪初两个活跃时期。在前一个时期中，安德列·高兹于 1991 年出版了《资本主义、社会主义、生态学》，提出了生态问题对于传统左翼和右翼政治议程的挑战意义，瑞尼尔·格仑德曼 1991 年出版了《马克思主义和生态学》，重释了马克思主义视野下人类"支配自然"的积极性意蕴，戴维·佩珀 1993 年和 1996 年分别出版了《生态社会主义：从深生态学到社会正义》和《现代环境主义导论》，着重阐述了绿色运动与传统左翼运动相结合在未来绿色社会创建中的重要性，而泰德·本顿 1996 年编辑出版了《马克思主义的绿化》，探讨了自然的极限和生态可持续性议题对于马克思主义绿化的促动价值。因而可以说，这是生态马克思主义研究第一个成果丰硕的活跃时期。

而在后一个时期中，美国学者詹姆斯·奥康纳于 1998 年出版了《自然的理由：生态学马克思主义研究》，系统阐发了资本主义社会条件下的"第二重矛盾"，即资本主义生产与一般性生产条件之间的"生态矛盾"，而保罗·伯克特则在 1999 年出版了《马克思和自然：一种红绿观点》，重新探讨了马克思的生态思想特别是他的经济学手稿中对人与自然关系的论述。随后，约翰·贝拉米·福斯特于 2000 年出版了《马克思的生态学：唯物主义和自然》，而乔尔·科威尔则在 2001 年出版的《自然的敌人》，以一种远远超出对公司权力泛滥进行批评的方式批判当代资本主义制度，并主张社会的彻底重建和环境的全面恢复。欧洲学者中最具代表性的著述，当属萨拉·萨卡于 1999 年出版的《生态社会主义还是生态资本主义？人类根本性选择的批判性分析》和阿兰·卡特同年出版的《激进绿色政治理论》，以及德里克·沃尔 2005 年出版的《巴比伦及其以后：反全球主义的、反资本主义的和激进的绿色运动的经济学》等。与 20 世纪 90 年代初相比，这一时期生态马克思主义研究的显著特征是北美学者显得更为活跃，而且更为系统地归纳或阐发了马克思恩格斯本人著述中的生态学思想，尽管我们很难说后者是一个截然不同的发展新阶段。

自 2005 年以来，尽管生态马克思主义研究中也出现了一些值得关注的重要著述，比如约翰·贝拉米·福斯特的《生态革命：与自然和解》（2009）和《生态危机与资本主义》（2002）、保罗·伯克特的《马克思和自然：一种红绿观点》（第 2 版，2014）和《马克思主义与生态经济学：走向一种红绿经济》（2006）、乔尔·科威尔的《自然的敌人》（第 2 版，2007）、萨拉·萨卡的《资本主义的危机：一种不同的政治经济学研究》（2009）和德里克·沃尔的《绿色左翼的兴起：一种世界生态社会主义者的观点》（2010），以及笔者编辑的《作为政治学的生态社会主义：重建现代文明的根基》（2010）等，但总的来说，似乎不像前两个时期那样成果集中、特色鲜明。

如上所述，经过近半个世纪的不断发展，生态马克思主义已经成长为一个逐渐超出欧美地域或视域并有着广泛社会政治影响的马克思主义理论新流派。当然，无论是对其作为一种"红绿"哲学还是作为一种"绿色左翼"政治的具体理解或表述，生态马克思主义或社会主义者之间都还存在着诸多的差异或歧见，不宜做过于简单化的概括。　　　　　（郇庆治）

3.15　前工业文明的生态智慧

前工业文明的生态智慧通常是指人类还未进入工业文明之前人类文明史上曾经存在过的关于人与自然关系的论述及其思想观念中包含的真知灼见。在工业文明之前，人类历史上曾经有过农耕文明、游牧文明等不同文明形态，英国 18 世纪 60 年代出现了纺纱机和蒸汽机，它标志着工业文明时代的到来。与工业文明时代大量使用机器生产、广泛应用科学技术、不断制造工业产品、过度使用石化资源不同，前工业文明时期指导人类生产、生活的思想中有着独特的自然观与生态智慧，这些不同的文明形态包含的生态智慧有和谐的自然观、整体论的生态观、敬畏神圣的生命观等。

在前工业文明的生态智慧中，和谐的自然观是早期人类文明对世界整体和宇宙图式的基本信念和主要认知。在他们看来，宇宙中一切无不存在和谐，宇宙秩序无不表现为和谐，和谐代表了美和善，代表了和平、健康和快乐。人们认为自然万物是有组织、有系统、不断运动、鲜活流动的。人们多主张有节制地开发自然，反对破坏自然界本来存在的和谐秩序，认为人与自然和谐相处是人类持续生存的基本方式，提倡节制欲望，与自然万物共同生息。主张人类向自然学习，认为人类应当顺应自然而生活，人顺应自然的生活方式是好的生活方式，人类无节制的欲望与受制于物欲是有问题的，贪婪是灵魂的病态、堕落的根源。

整体论的生态观是前工业文明生态智慧的重要观念，它主张把整个自然生态系统看作一个统一整体。在古人看来，自然界中所有生命体都应该被当作自然界整体中的一部分，和谐与稳定是自然界整体的基本法则，人们认为人与自然是"整体合一"的。主张把世界中的每一个生命个体，以及环境看成一个相互联系的生命共同体，认为人与自然共同组成大的整体，自然万物之间有着相互联系性和整体性。中国传统哲学的"天人合一"思想就认为人与天地万物是统一的，天地万物是一个整体，"天地人"三才中，人是天地万物中的一部分，认为人不能脱离自然而孤立存在，并否定把人凌驾于环境之上的思考方式，认为环境不是人类生存的附属品，而是世间万物生存的本源和家园。人与自然中的所有生命共同构成的系统是相互作用的，人作为系统的一部分要认识到万物之间相互联系、相互影响、相互依存的关系，人与自然共同促进了整体系统的稳定，且人与自然共生共赢。"天人合一"思想要求人类在生存与发展的同时注重人与自然的关系，尊重环境、善待自然生态系统。

在前工业文明的生态智慧中，敬畏神圣的生命观是人们比较常见的思想。前工业文明时期，人们多认为生命是一个共同体，所有生命存在之间相互关联、共同成就。在中国传统文化中，儒家强调"仁民爱物、民胞物与"，中国佛教从"缘起性空"的角度肯定万物平等，主张普度众生，提倡慈悲为怀，坚持不杀生等道德戒律。从佛教缘起论的观点来看，一切有情众生，甚或无情有性之存在物，即世上任何生命个体都与其他生命个体息息相关，人或非人的生命与物质同属一个整体，它们在本质上具有同一性与慈悲心。佛教的业报论甚至认为一切生命及非生命存在物的生存、发展、变化遵循因果报应、相互变现的规律，强调善有善报、恶有恶报，认为人应该遵循一定的道德戒律，同时必须为自己的行为和业报负责，承担相应的后果。佛教的众生平等观念主张佛与人的平等、人与人的平等、人与万物的平等，其中包含深沉的人对其他生命存在的尊重、关怀、敬畏。慈悲为怀主张更是认为要对有情众生"与善拔苦"，布施、普度、戒杀。佛教中的六道轮回思想更是警示教徒不能杀生，否则就会犯下杀孽，从而毁掉前世的修行，犯下杀孽会影响自己后世的生命形态，因此，要求人们放下举向万物的屠刀，弃恶从善，敬畏生命。

在前工业文明的生态智慧中，无论是和谐的自然观、整体论的生态观，还是敬畏神圣的生命观，在这些深刻的生态智慧中，人们对自然、宇宙、生命等多怀有真诚朴素的自然崇拜和共生意识，蕴含着强烈的宗教性旨趣。儒家的天人合一论、佛教的缘起论、道教的道生万物理论等等，都强调天地人之间的和谐相处、共存共生，都认为人类是万物中的一分子，认为人与自然是相互依存、相互制约的，共同构成宇宙整体。因此，人类应该泛爱众生，"仁民爱物"，爱惜自己周围的一切，尊重非人类存在物的价值，尊重自然界其他生命、尊重自然万物，顺应自然发展规律。因而，在人与自然关系和人类行为道德上遵循自然规律，顺应自然生活，共同生存、共同发展，保存万物应有的生存状态，实现人与自然的和谐共存。

前工业文明的生态智慧可大致概括为：人与自然和谐共生，人类生产和生活遵循自然规律等。

（卢风，雷爱民）

3.16　中国古代生态智慧

中国古代思想文化包含丰富的生态智慧，其中"天人合一"思想所代表的和谐的、整体的生态观是中国古代生态智慧最为集中的体现，"天人合一"观念也是中国古人处理天人之事时始终贯穿的信念与基本诉求。在众多中国传统哲学对天人关系问题的论述中，多数哲学家都主张"天人合一"思想。"天人合一"思想是当时一种占据主导地位的思想观念，它是中国传统社会的基本共识。中国传统社会儒释道三家关于人与自然的认知和论述从不同角度论述和体现了"天人合一"的基本思想。

中国传统哲学的"天人合一"观念体现在人们生产、生活的方方面面，与之相关的如"天人感应""民胞物与""性天相通""辅相参赞"等思想深入人心。在中国古人看来，人与自然，或说人与天从来就不是一种疏离或对立的关系，天与人是息息相关、相互依存、不可分离的。总之，中国古代思想对人与自然的关系论述是通过天人关系问题的回答来进行的，从中国古代社会占据主导地位的儒释道三家的论述来看，中国古代的生态智慧关于"天人合一"思想的论述体现在儒家的"天人一体""性天相通""天人合德"等观念中，也体现在道家的"道法自然""万物并生"等观念中，还存在于佛家的"法界一体""依正圆融"等观念之中。

儒家的生态智慧从"天人合一"思想来看，体现在其"天人一体、性天相通、天人合德"的观念中。在中国传统儒家看来，天人是一体的，上天之德是仁德，仁德的本质是生生不息，它生物成物正是凭借上天之仁，并生成了万物与人类，人性源于天。所谓"天生烝民、有物有则"，天赋予人以人性，人性中包含着"仁、义、礼、智"诸德的可能性，因此，人类应该珍惜、保有和扩充上天赋予我们的德性，充分使其外显。我们只有不断扩充上天给予的德性，才能通过知人之性，进而知天性、知天地之仁德本心；也只有通过扩充人之德性，才可以明了天地以生生不息之仁德化育世界的真相，才可以理解天人合一、天人合德的来由。对于人类而言，只有通过不断日新其德、提高德性修养，才可以彰显天地仁德流行不息，知晓天人的德性一致，从而参赞天地之化育，与上天之性命相符，最终达天德，"与天地合其德"，成就不朽的圣贤人格。因此，从儒家的视角来看，人与自然在生成论与德性论上是一样的，天地之仁让人与万物一体相连，人类只有扩充本有的德性，保有仁义之德，推己及人、由近及远、由人及物，才可能仁民爱物，保持与天地万物的和谐一致、和谐共生、生生不息。

道家的生态智慧从天人合一的角度来看，主要表现为"道法自然""万物并生"的观念。在老庄道家，甚至后世道教的观念中，道是其最根本、最重要的观念。道是生成世间万有的源头以及世间万物生成变化所依循的理据。由于世间万物都是由道而生，因此，以道观之，万物是齐一的、并生的、无差别的。道生成化育万物因循自然，不勉强而为，道无为而又无不为，道虽生成万有而不自恃居功，道虽无处不在而又自然而然。在道的意义上，天地万物都是因道而生。人类只有体道因循，在天人之际无为而治，依天道而成人道，从而合于大道，方可长生久视，得道超脱。因此，从道家的视角来看，人类应该尊重自然万物的自性与本来面目，不能强加干涉和改造；我们要摒弃人类各种有害的欲望，少私寡欲，返朴归真，回到本初，方可得道长存。

在中国佛教的生态智慧中，人们关于"天人合一"观念的论述体现在其"法界一体""依正圆融"等观念中。佛家提倡的"缘起性空"观念是佛教对整个宇宙和世界起源的基本看法，正是由于世间万有是由于因缘和合而生，因缘具足则生，因缘散尽则灭，主因和助缘是事物生成变化的两个重要方面。因此，世间万物在生灭的意义上本性为空，并无高下之分，从事物之间互为因缘来看，又是相互依赖、不可分离的，是为法界一体，依报和正报是相互关联、互相依恃的，是所谓依正圆融。因此，佛教徒只有依据缘起性空等佛家揭示的佛理，持戒修行，坚持众生平等，参透世界生成变化的幻有和空性，进而达到不动不变、不生不灭的真如之境，从而涅槃重生，跳脱生死轮回。因此，从佛家的视角来看，有情众生具有相似性和共同命运，人与自然万物是相互依赖、相互制约的，人与万物是平等的，我们应该尊重所有生命及非生命存在物，只有这样人类才能持续存在。

总之，中国古代生态智慧可概括为天人合一的智慧。 （卢风，雷爱民）

3.17　中国共产党生态文明理念的形成和发展

经过一代又一代中国共产党人的艰辛探索、继承和发展，中国形成了系统、完整、成熟的生态文明理念。对人与自然关系的认识，经历了从"战胜自然""人定胜天"到"尊重自然""人与自然和谐"，再到生态文明建设的过程，马克思主义关于人与自然关系的认识、中华传统文化和生态环境建设实践等是可见脉络。

马克思主义关于人与自然关系的认识深化。生态文明观的核心是人与自然和谐发展。马克思恩格斯深入研究了人与人、人与自然关系，认为自然界是人类生存和发展的基础；人是自然界的产物，是在自己所处的环境中并且和这个环境一起发展起来的。劳动使人们以一定方式结成一定的社会关系，社会是人与自然关系的中介，把人与人、人与自然联系起来。恩格斯在《社会主义从空想到科学的发展》中写道："人们第一次成为自然界的自觉和真正的主人，因为他们已经成为自身的社会结合的主人了……只是从这时起，人们才完全自觉地自己创造自己的历史；只是从这时起，由人们使之起作用的社会原因才大部分并且越来越多地达到他们所预期的结果。这是人类从必然王国进入自由王国的飞跃。"

人与自然的辩证关系表现在两个方面：人从自然界获取资源与空间，享受生态系统提供的服务；向自然界排放废弃物，影响自然结构、功能与演化进程。另一方面，自然界提供人类生存和发展所需要的资源和环境，容纳和消化人类活动产生的废弃物。换言之，人类的生存和发展是自然演进的组成部分，正如恩格斯所说："我们连同我们的肉、血和头脑都是属于自然界和存在于自然界之中的。"

生态文明是工业文明的延续。从历史进程看，人类文明经历了原始文明、农业文明和工业文明等阶段；生态文明并不能取代工业文明，而要走上可持续的文明发展之路。

英国的工业革命开启了工业文明时代。由于生产力发展，人类开始了对大自然的空前规模征服，创造了巨大财富，也带来严重的环境危机。20 世纪"八大公害"（比利时马斯河谷污染事件、美国多诺拉污染事件、英国伦敦烟雾事件、美国洛杉矶光化学烟雾事件、日本水俣病事件及富山、四日市米糠油等有害气体与毒物事件），危害了公众健康与生命，引发人们对传统经济增长方式的深刻反思。

1962 年，美国生物学家卡逊出版了《寂静的春天》一书，用触目惊心的事实阐述了大量使用杀虫剂对人类的危害，敲响了工业社会环境危机的警钟。20 世纪 70 年代，发生了两次世界性能源危机，经济增长与环境之间的矛盾凸显。1972 年，罗马俱乐部出版了《增长的极限》研究报告，首次向世界发出警告："如果让世界人口、工业化、污染、粮食生产和资源消耗按当下的趋势继续下去，这个行星上的增长极限将在今后一百年中发生"。同年联合国人类环境会议召开，发表了《人类环境宣言》，提出"只有一个地球"的口号，号召人类在开发利用自然的同时，也要承担维护自然的责任和义务。

1987年，以时任挪威首相的布伦特兰夫人为首的科学家在《我们共同的未来》报告中系统阐述了可持续发展内涵："既满足当代人的需求，又不对后代人满足其需求的能力构成危害的发展"。1992年，巴西联合国环境与发展大会，通过《里约宣言》和《21世纪议程》等文件，号召各国不仅要关注发展的数量和速度，更要重视发展的质量和可持续性；可持续发展被各国所普遍接受。2002年在南非联合国可持续发展峰会上，可持续发展被解释为包括经济发展、社会发展和环境保护三大支柱。

中华文明的文化传承。生态文明既要古为今用、洋为中用，更要不断创新，传承和扬弃中外文明的内核，创新性地形成与我国新时期新阶段特征相适应的现代文化。

以儒释道为中心的中华文明，蕴含着深刻的天人调谐思想和生态智慧。《周易》里"自强不息"和"厚德载物"，是中华文明的文化精髓所在。唐代孔颖达注疏《尚书》时，将"文明"解释为："经天纬地曰文，照临四方曰明"。"经天纬地"意为改造自然，属于物质文明范畴；"照临四方"意为驱走愚昧，属于精神文明范畴。

中国儒家关于生态环境的认识精髓是德性，主张"天人合一"，肯定人与自然界的有机联系和统一。所谓"天地变化，圣人效之"，"与天地相似，故不违"，"知周乎万物，而道济天下，故不过"。《中庸》里说："能尽人之性，则能尽物之性；能尽物之性，则可以赞天地之化育；可以赞天地之化育，则可以与天地参矣"，是儒家德政的具体主张。

中国道家关于生态环境的认识精髓是顺应自然，并通过敬畏自然来完善自我。道家强调人以尊重自然为最高准则，要达到"天地与我并生，而万物与我为一"的崇高境界。庄子把物中有我、我中有物、物我合一的一种境界称为"物化"，即主客体的融合。这种追求超越物欲，肯定物我融合的自觉意识，在中国传统文化中占有重要的一席之地。

中国佛教关于生态环境的认识精髓是慈爱，认为世间万物皆有生存的权利。《涅槃经》中说："一切众生悉有佛性，如来常住无有变异。"一切生命既是自身，又包含他物，善待他物即是善待自身。从善待万物角度出发，佛教把"勿杀生"奉为"五戒"之首。在人与自然的关系上表现出慈悲为怀的生态伦理情怀，并通过利他主义实现自身价值。

在中华文明的文化中，不仅有"但存方寸地、留与子孙耕"的耕地保护理念，更有以制度保护环境的做法。例如，《逸周书》上说："禹之禁，春三月，山林不登斧斤。"不登斧斤是因为春天的树木刚发芽，不能砍伐。何时能砍伐呢？《周礼》上说："草木零落，然后入山林。"又如"殷之法，弃灰于公道者，断其手"，即通过立法对不爱护公共卫生的行为处以重罚，也是中华传统文明中的组成部分。

中国共产党生态文明理念由历任领导人倡导并不断丰富。毛泽东思想与我国的生态文明建设实践主要从植树造林入手，强调发展林业、兴修水利、治理水患、保护环境、节约和综合利用资源等工作。中华人民共和国成立之初，"一穷二白"的现实迫使我国追求生产力发展、"赶英超美"，忽视了对生态环境的应有重视和保护，并出现环境污染问题。改革开放后，邓小平同志从20世纪80年代环境污染的现实出发，要求在转变经济增长方式的同时开展环境保护立法工作。我国当时的生态文明建设，是从重视植被保护，倡导植树造林等活动起步的。1981 年，党中央制定的《关于在国民经济调整时期加强环境保护工作的决定》中，要求"合理地开发和利用资源""保护环境是全国人民根本利益所在"。党的十二大提出了控制人口增长、加强能源开发与节约能源消耗等要求。党的十三大首次提出经济要从粗放型经营逐步转变到以集约型经营为主。

江泽民同志在 1992 年第四次全国环境保护会议上指出，"经济发展必须与人口、资源环境统筹考虑，不仅要安排好当前发展，还要为子孙后代着想，为未来的发展创造更良好的条件，决不能走浪费资源和先污染后治理的路子，更不能吃祖宗饭断子孙路"。1994 年《中国 21 世纪议程——中国 21 世纪人口、环境与发展白皮书》出台，标志着中国可持续发展战略思想的正式确立。1997 年党的十五大报告指出："我国是人口众多、资源相对不足的国家，在现代化建设中必须实施可持续发展战略。"

1998 年长江全流域洪水后，我国启动了退耕还林还草等生态建设工程。2003 年 6 月25 日，《中共中央 国务院关于加快林业发展的决定》中提出"建设山川秀美的生态文明社会"的要求，生态文明第一次进入党中央文件。

2004 年胡锦涛同志在《在中央人口资源环境工作座谈会上的讲话》中指出："对自然界不能只讲索取不讲投入、只讲利用不讲建设。"2005 年 2 月 19 日，胡锦涛同志在省部级主要领导干部开班仪式上指出："人与自然和谐相处，就是生产发展，生活富裕，生态良好。"在党的十六届三中全会上，胡锦涛同志提出科学发展观；十七大报告归纳了科学发展观的核心观点：第一要义是发展，核心是以人为本，基本要求是全面协调可持续，根本方法是统筹兼顾。党的十七大将"人与自然和谐""建设资源节约型、环境友好型社会"写入党章。党的十八大报告提出要树立尊重自然、顺应自然、保护自然的生态文明理念。

习近平总书记更是强调了生态文明的极端重要性。2005 年时任浙江省委书记的习近平就指出"绿水青山就是金山银山"，这是中国化的马克思主义认识论。2013 年，习近平在海南考察时指出："良好的生态环境是最公平的公共产品，是最普惠的民生福祉。"2013 年5 月 24 日，习近平在中共中央政治局第六次集体学习时指出："生态兴则文明兴，生态衰则文明衰。生态环境保护是功在当代、利在千秋的事业""建设生态文明，关系人民福祉，关乎民族未来"。2013 年 11 月 15 日，习近平总书记在十八届三中全会《关于〈中共中央关于全面深化改革若干重大问题的决定〉的说明》中指出："我们要认识到，山水林田湖是一个生命共同体，人的命脉在田，田的命脉在水，水的命脉在山，山的命脉在土，土的命脉在树。"

《中共中央 国务院关于加快推进生态文明建设的意见》提出的"五个坚持"是：坚持把节约优先、保护优先、自然恢复为主作为基本方针；坚持把绿色发展、循环发展、低碳发展作为基本途径；坚持把深化改革和创新驱动作为基本动力；坚持把培育生态文化作为重要支撑；坚持把重点突破和整体推进作为工作方式。其中提出的"五项任务"是：强化主体功能定位，优化国土空间开发格局；推动技术创新和结构调整，提高发展质量和效益；全面促进资源节约循环高效使用，推动利用方式根本转变；加大自然生态系统和环境保护力度，切实改善生态环境质量；健全生态文明制度体系；协调推进新型工业化、城镇化、信息化、农业现代化、绿色化，建设美丽中国，实现中华民族永续发展。

中共中央、国务院发布《生态文明体制改革总体方案》，设定了我国生态文明体制改革的目标：到 2020 年，构建起由自然资源资产产权制度、国土空间开发保护制度、空间规划体系、资源总量管理和全面节约制度、资源有偿使用和生态补偿制度、环境治理体系、环境治理和生态保护市场体系、生态文明绩效评价考核和责任追究制度等八项制度。

从党的十二大到十五大，党中央一直强调建设社会主义物质文明和精神文明，十六大提出社会主义政治文明，十七大报告提出生态文明，党的十八大报告提出大力推进生态文明建设，把生态文明建设纳入建设中国特色社会主义的总体布局。2012 年 11 月 14 日通过的《中国共产党章程》，要求"必须按照中国特色社会主义事业总体布局，全面推进经济建设、政治建设、文化建设、社会建设、生态文明建设"。所有这些，标志着中国共产党对人与自然关系、生态文明建设的认识更加科学，生态文明理念逐步完善，上升到前所未有的战略高度。

（周宏春）

第四篇

生态文明的理念

4.1　生态文明观

"生态文明是人类社会进步的重大成果。"①

生态文明是指人类充分发挥主观能动性，认识并遵循地球生态母系统运行的客观规律建立起来的自然—人—社会复合生态系统和谐协调的良性运行态势、持续全面发展的新的社会文明形态，它是人类创造的物质成果、精神成果和制度成果的总和。是人类 21 世纪社会文明发展的必然趋势。

生态文明观是关于自然、人、社会三者相互之间有机联系、相辅相成、共生共荣的总的科学观点，以及正确处理三者关系的科学方法。对于 21 世纪的世界来说，没有比人类同自然界的剩余部分的关系更重要的，没有比改善这种关系更能影响人类幸福的。生态文明观为人们展示了一个相互依存的以及有着错综复杂联系的自然—人—社会复合生态系统的整体世界。

生态文明观来源于五个方面，一是源于马克思主义关于自然—人—社会复合生态系统内在有机联系，辩证统一的思想理论，如：关于自然、社会和思维三大领域发展的共同规律、关于人与自然是本质统一的理论、关于社会发展与自然发展是有机整体的理论、关于人并没有创造物质本身的思想、关于系统的思想等；二是现代生态科学的原理与方法；三是传承了传统的朴实的和谐协调思想，如中国的天人合一，和为贵，人法地、地法天、天法道等思想；四是吸收了主要来自西方的浅生态学、深生态学思想，包括生态社会主义和生态马克思主义等思想；五是实施可持续发展、建设生态文明实践的总结。

生态文明观的主要内容是生态整体主义。

生态整体主义认为，自然、人和社会是一个有机联系的整体，形成自然—人—社会复合生态系统，其中自然生态系统是复合生态系统赖以生存和发展的基础，人类是推动复合生态系统发展和进步的主要力量，社会是其保障。"人与自然的相互适应是一种整体的适应，它所涉及的各个方面是相互耦合与协调的"（黄鼎成等，1997）。人、自然、社会必须和谐协调、共生共荣、共同发展，才能有共同美好的未来，人类应当充分发挥主观能动性特别是创造性、积极性和主动性，建立科学、公平的自然—人—社会复合生态系统运行机制，遵循生态整体主义的客观规律，通过科学的方法、有效的路径推动和谐协调、共生共荣、共同发展。

生态整体主义对于人的理性假设是"地球村人"。"地球村"是 21 世纪全球生态化时代、知识化时代、经济一体化时代、信息网络化时代的集中表达。生态化和知识化是全球的，经济一体化和信息网络化使地球像一个村庄，所以地球村是宏观世界与微观世界的有机统一。资源能源枯竭、生态环境恶化、自然界对于人类的报复、人类工业文明病蔓延等危机是全球性的。而这一切都"不是魔法，也不是敌人的活动使这个受损害的世界的生命

---

① 习近平《在十八届中央政策局第六次集体学习时的讲话》（2013 年 5 月 24 日）。

无法复生，而是人类自己使自己受害"（蕾切尔·卡逊，1979），所以共同应对危机是事关全人类前途命运、各民族兴衰成败的大事，是全人类最紧迫的大事，"保护环境是全人类的共同事业，生活在地球上的每一个人都有责任为维护人类的生存环境而奋斗。环境问题和可持续发展目标，只有在国际合作的条件下才能获得解决"（世界环境与发展委员会等，1997）。

生态整体主义特别强调空间整体性、时间整体性、时空统一性和方法的综合性。空间整体性是"地球村人"赖以生存的客观要求。地球是全人类的，人类必须协同起来，与其共生共荣共同发展。人类和其他物种是在地球这颗行星上一起旅行的诸兄弟同仁（达尔文）；"我们已进入了人类进化的全球性阶段，每个人显然地有两个国家，一个是自己的祖国，另一个是地球这颗行星"（芭芭拉·沃德等，1997）；"现代文明应当重新唤起人类思家的亲情，人类与土地的联系，人类与整个生态体系的联系，并从中找出一种平衡的生活方式，引导人们从个人的感情世界走向容纳万物的慈爱境界"（程虹）。

时间整体性是"地球村人"可持续发展的客观要求。"地球村人"不单指当代人，而且指子孙后代，是一代又一代的生存与发展、繁荣与进步。但是由于工业文明造成了资源枯竭、生态危机、环境恶化、人类工业病蔓延，"我们不只是继承了先辈的地球，而是借用了儿孙的地球"（增长的极限）。后代人没有现在的发言权，我们不能再做吃子孙饭、断子孙路的事。

时空统一性集中表达了时间和空间相统一的和谐的整体观、协调综合的方法论。"我们处在各国历史的这样一个时代，现在比以往任何时候都更加需要协调的政治行动和责任感"（世界环境与发展委员会等，1997），这是超越文化、宗教和区域的对话，是不同观点、不同价值观和不同信仰的切磋，是不同经历和认识的融洽。其重要特点是"齐心协力地形成一个学科间综合的方法去处理全球所关心的问题和我们共同的未来"（世界环境与发展委员会等，1997）。

生态整体主义既反对人类中心主义，又反对泛生态主义。人类中心主义否认人类在地球生态母系统中的客体性，无限制地夸大了人类的主体性，把人类当作主宰一切的唯一力量，表现出人类的暴力性和人性恶，导致人类无视地球生态母系统的客观规律，大肆摧残自然，最终也将摧残人类自己，这是工业文明观的核心。而泛生态主义（实际上是生态中心主义）又走到另一个极端，只强调人类的客体性而否认其主体性，特别忽视了人类的主观能动性，因而容易走向悲观主义——走向停止经济社会发展的生态至上论，这是深生态学的核心。生态整体主义要求站在自然—人—社会复合生态系统整体的立场上观察、分析、解决问题，这就是：站在自然—人—社会全面繁荣的立场，而不只站在人类私利的立场；站在人类可持续发展的立场，而不只站在这一代人的立场；站在大多数人类的立场，而不只站在少数人的立场，并运用和谐、综合、协调、双向互补的综合方法，达到共生共荣的目的。

特别需要强调的是，生态整体主义在表达自然—人—社会复合生态系统的整体性的同时，也表达了人类的主观能动性，人在复合生态系统中既是客体又是主体，既是目标也是手段，是实现自然—人—社会复合生态系统和谐协调、共生共荣、共同发展的中坚力量——这是生态文明观的核心；生态整体主义的本质特征是和谐协调，这就是生态和谐、社会和谐与心态和谐。全人类的共同命运决定了人类必须走和谐协同、和平发展、合作共赢之路，尽管这条道路崎岖，但其前途一定是光明的，是任何人与国家都阻挡不了的。

（廖福霖）

4.2　社会主义生态文明观

社会主义生态文明观是习近平新时代中国特色社会主义思想的重要组成部分，是中国共产党领导中国人民开展生态文明建设的智慧和经验的结晶。习近平同志在中国共产党第十九次全国代表大会上的报告中首次明确提出："我们要牢固树立社会主义生态文明观，推动形成人与自然和谐发展现代化建设新格局，为保护生态环境作出我们这代人的努力！"

社会主义生态文明观旨在实现人与自然和谐共生，建设美丽中国。其核心理念是人与自然是生命共同体，人类必须尊重自然、顺应自然、保护自然。社会主义现代化是人与自然和谐共生的现代化，既要创造更多物质财富和精神财富以满足人民日益增长的美好生活需要，也要提供更多优质生态产品以满足人民日益增长的优美生态环境需要。必须坚持节约优先、保护优先、自然恢复为主的方针，形成节约资源和保护环境的空间格局、产业结构、生产方式、生活方式，还自然以宁静、和谐、美丽。

社会主义生态文明观作为指导新时代中国生态文明建设的一个观念体系，主要包含十个方面的内容。

一是生态兴则文明兴、生态衰则文明衰的生态历史观。党的十九大报告指出，生态文明建设是中华民族永续发展的千年大计。生态环境是人类生存最为基础的条件，是持续发展最为重要的基石。无论从世界还是从中华民族的文明历史看，生态环境的变化直接影响文明的兴衰演替。为此，必须充分认识生态文明建设的重要性、紧迫性、艰巨性，不仅把生态文明建设放在突出地位，而且要融入经济建设、政治建设、文化建设、社会建设各方面和全过程；同时坚持节约资源和保护环境的基本国策，坚定走生产发展、生活富裕、生态良好的文明发展道路，为中华民族永续发展留下根基，为子孙后代留下天蓝、地绿、水净的美好家园。

二是人与自然是生命共同体，人与自然和谐共生是现代化本质属性的生态自然观。人类发展活动必须尊重自然、顺应自然、保护自然，否则就会遭到大自然的报复，人类对大自然的伤害最终会伤及人类自身，这是无法抗拒的规律。人类只有遵循自然规律才能有效防止在开发利用自然上走弯路，要像保护眼睛一样保护生态环境，像对待生命一样对待生态环境。必须把生态文明建设摆在全局中的更加突出位置，坚持节约优先、保护优先、自然恢复为主的方针，推动形成人与自然和谐发展现代化建设新格局。

三是良好生态环境是最普惠的民生福祉的生态民生观。习近平总书记强调，环境就是民生，青山就是美丽，蓝天也是幸福。随着我国社会生产力水平明显提高和人民生活显著改善，人民群众的需要呈现多样化多层次多方面特点，期盼享有更优美的生态环境。我们要建设的现代化是人与自然和谐共生的现代化，既要创造更多物质财富和精神财富以满足人民日益增长的美好生活需要，也要提供更多优质生态产品以满足人民日益增长的优美生态环境需要。必须坚持以人民为中心的发展思想，坚决打好污染防治攻坚战，增加优质生态产品供给，以满足人民日益增长的良好优美生态环境新期待，提升人民群众获得感、幸福感和安全感。

四是绿水青山就是金山银山，实现经济社会发展和生态环境保护协同共进的绿色发展观。这是发展观的一场深刻革命，深刻揭示了发展与保护的本质关系，指明了实现发展与保护内在统一、相互促进、协调共生的方法论。一方面，要加快转变经济发展方式，从根本上改善生态环境状况，必须改变过多依赖增加物质资源消耗、过多依赖规模粗放扩张、过多依赖高能耗高排放产业的传统发展模式；另一方面，要树立和贯彻新发展理念，处理好发展与保护的关系，推动形成绿色发展方式，让良好生态环境成为人民生活的增长点、成为经济社会持续健康发展的支撑点、成为展现我国良好形象的发力点。

五是倡导简约适度、绿色低碳的生活方式，反对奢侈浪费和不合理消费的绿色消费观。绿色消费，是指以节约资源和保护环境为特征的消费行为，主要表现为崇尚勤俭节约，减少损失浪费，选择高效、环保的产品和服务，降低消费过程中的资源消耗和污染排放。促进绿色消费，既是传承中华民族勤俭节约传统美德、弘扬社会主义核心价值观的重要体现，也是顺应消费升级趋势、推动供给侧改革、培育新的经济增长点的重要手段，更是缓解资源环境压力、建设生态文明的现实需要。要加强生态文明宣传教育，强化公民环境意识，推动形成节约适度、绿色低碳、文明健康的生活方式和消费模式，形成全社会共同参与的良好风尚。

六是树立和坚持山水林田湖草系统治理、政府企业公众协同共治的绿色治理观。习近平总书记强调，坚持山水林田湖草是一个生命共同体。生态是统一的自然系统，是各种自然要素相互依存实现循环的自然链条。人的命脉在田，田的命脉在水，水的命脉在山，山的命脉在土，土的命脉在树和草。必须按照生态系统的整体性、系统性及内在规律，统筹考虑自然生态各要素、山上山下、地上地下、陆地海洋以及流域上下游，进行整体保护、宏观管控、综合治理，增强生态系统循环能力，维护生态平衡。在治理主体方面，要坚持政府、企业和社会公众携手合作、共建共治。

七是用最严格的制度、最严密的法治保护生态环境的生态制度观。推动绿色发展，建设生态文明，重在建章立制，只有实行最严格的制度、最严密的法治，才能为生态文明建设提供可靠保障。在生态环境保护问题上，就是不能越雷池一步，否则就应该受到惩罚。必须按照源头严防、过程严管、后果严惩的思路，构建产权清晰、多元参与、激励约束并重、系统完整的生态文明制度体系，建立有效约束开发行为和促进绿色发展、循环发展、低碳发展的生态文明法律体系，发挥制度和法制的引导、规制功能，为生态文明建设提供体制机制保障。要健全自然资源资产管理体制，加强自然资源和生态环境监管，推进环境保护督察，落实生态环境损害赔偿制度，完善环境保护公众参与制度。

八是树立和坚持"三生共赢"、权责一致的生态政绩观。习近平总书记强调，把生态文明建设放到更加突出的位置是民意所在；而生态环境保护能否落到实处，关键在领导干部。各级领导干部要把实现生产发展、生活富裕、生态良好"三生共赢"作为努力的方向。同时要落实领导干部任期生态文明建设责任制，实行自然资源资产离任审计，认真贯彻依法依规、客观公正、科学认定、权责一致、终身追究的原则，明确各级领导干部责任追究情形。对造成生态环境损害负有责任的领导干部，必须严肃追责。各级党委和政府要切实重视、加强领导，纪检监察机关、组织部门和政府有关监管部门要各尽其责、形成合力。

九是建设清洁美丽世界的生态全球观。习近平总书记强调，人类是命运共同体，建设绿色家园是人类的共同梦想。生态危机、环境危机成为全球挑战，没有哪个国家可以置身事外，独善其身。国际社会应该携手同行，构筑尊崇自然、绿色发展的生态体系，共谋全球生态文明建设之路，保护好人类赖以生存的地球家园。中国为全球生态安全作出巨大贡献，积极引导应对气候变化国际合作，成为全球生态文明建设的重要参与者、贡献者、引领者。建设生态文明既是我国作为最大发展中国家在可持续发展方面的有效实践，也是为全球环境治理提供的中国理念、中国方案和中国贡献。

十是全民参与、持之以恒的生态行动观。生态文明建设同每个人息息相关，每个人都应该做践行者、推动者。优美生态环境为全社会共同享有，需要全社会共同建设、共同保护、共同治理，把建设美丽中国化为全体人民自觉行动。同时也要看到，生态文明建设任重而道远，要弘扬塞罕坝精神，持之以恒推进生态文明建设，一年接着一年干，一代接着一代干，驰而不息，久久为功，努力形成人与自然和谐发展新格局，把我们伟大的祖国建设得更加美丽，为子孙后代留下天更蓝、山更绿、水更清的优美环境。

（林震）

4.3　尊重自然、顺应自然、保护自然

"人类发展活动必须尊重自然、顺应自然、保护自然，否则就会遭到大自然的报复。这个规律谁也无法抗拒。"[①]

尊重自然、顺应自然、保护自然是生态文明最基本、最重要的理念，三者是有机联系的整体，其中尊重自然是基础、顺应自然是核心、保护自然是责任。

尊重自然必须尊重自然的价值（见4.11生态价值条）。

尊重自然必须尊重自然的权利。人类不但要认识自然存在与发展的价值，而且要尊重自然存在与发展的权利，树立与自然为友的生态道德良知，遵循公平公正的原则对待自然，使人对自然再也不是主宰或征服的关系，而是平等的伙伴关系。

尊重自然必须树立和谐协调的理念。和谐协调是生态文明的本质特征。一个和谐协调的系统必然是结构合理、联系密切、运行有序、功能强大的系统，更能充满生机，走向繁荣。自然生态系统、人体生态系统和社会生态系统都是如此。

和谐共生是自然界的普遍规律。达尔文认为，在自然生态系统的发展演进中，竞争绝不是自然界的唯一规律，一种生物可以创建一个不曾被占据过的自己的特殊位置——并且无须牺牲另一种生物的生存，只有在一个缺乏创造性的世界里，禁锢在严格的生存模式

---

① 习近平同志在2016年5月30日全国科技创新大会、两院院士大会、中国科协第九次代表大会上的讲话《为建设世界科技强国而奋斗》。

里，需求的匮乏和冲突才成为不可避免的命运。因为绿色生命富有强大的创造力，所以自然界里，还有一种普遍规律，那就是和谐共生。自然生态系统中存在着生态位分离、生态系统普遍联系、相互适应、协同进化以及生物间的趋异、宽容等现象，都是这种规律的表现。

和谐协调是人类健康的基础。人的健康是建立在生理和谐协调、心理和谐协调以及生理与心理的和谐协调的基础之上。我国古代医学就有怒伤肝、惊伤心、哀伤胃、悲伤肺之说。人的情绪失调必然伤了生理，致使生理失调，导致疾病。现代医学研究中，许多癌症与情绪严重失调有密切相关，也是这个道理。

和谐社会是人类永恒的追求。党的十八大指出："社会和谐是中国特色社会主义的本质属性"。"实现社会和谐，建设美好社会，始终是人类孜孜以求的一个社会理想，是包括中国共产党在内的马克思主义政党不懈追求的一个社会理想。""这种共产主义，作为完成了的自然主义——人道主义，而作为完成了的人道主义——自然主义，它是人和自然界之间，人与人之间矛盾的真正解决"（马克思）。

和谐的重要内涵是和而不同。和实生物，同则不继。

和谐协调的核心是融会贯通。融会就是包容、消化与吸收，贯通包含着联系与互补。它们包含着差异和冲突，而差异和冲突又蕴含着多样性。要承认差异、化解冲突、坚持宽容、实现包容，从而实现人与自然的生态和谐、人与社会的社会和谐、人与自身的心态和谐。生态文明是一种包容性的文明，"包容大度，和谐共生，应当是人类明智的选择（约翰·巴勒斯，2012）"，和工业文明人类中心主义的排他性、掠夺性与残暴性，是一个标志性的区别。

因为人与自然的关系是同人与人、人与社会关系密切联系的，所以只有全面树立和谐的理念，才能切实尊重自然。

顺应自然的根本要求是切实按照自然规律办事。只有顺应自然才能真正尊重自然，才能真正保护自然。

顺应自然必须树立自然法则的理念。

自然法则是人类行动的指南之一，是生态文明建设的重要法则，遵循自然法则是顺应自然的本质要求。自然法则主要有以下几个方面：

（1）生态整体——普遍联系法则：自然生态系统是一个相互依存、有着错综复杂联系的整体，每一种事物都与别的事物相关，"物物相关""对立统一"是自然界运行的重要规律。

（2）循环转化——皆有去向法则："整个自然界被证明是在永恒的流动和循环中运动着"（恩格斯）。

循环转化的法则使自然生态系统的一切事物都必然有其去向，自然界是没有垃圾，没有多余物的，一切事物都在充分（循环）利用之中，一切"资源"都是优化配置，最讲"经济效益"，切实达到生态效应与经济效应的相统一和最优化，所以生态学实际上就是研究自然的经济学。这是我们必须掌握并运用于生态文明建设的基本法则。

社会实践中的循环经济，就是根据上述思想和原理，把自然生态系统循环转化的法则运用到经济发展这个子系统中的典型。

（3）生态平衡：阈值为度法则（见4.20生态底线条）。

（4）法则面前，善恶有报：人类怎样对待自然，自然就怎样对待人类，这是一条铁的法则。

事实再三证明，凡是违背自然生态系统运行法则的，必然要受到自然的惩罚。工业文明反法则而行之，暴露出人类对自然界的暴力性和人性恶，自然界已经向人类亮出了黄牌或红牌，如果再往前一步，就是万丈深渊。德国哲学家阿尔伯特·史怀泽说："人类已经失去了预见和自制的能力，它将随着毁灭地球而完结。"

生态文明尊法则而行之，充分显示人类的协调性和人性善，人与自然、人与人、人与社会之间的关系和谐协调，双向互补、友善相待、合作共赢，人类将与自然界共同走向美好的明天。

法则面前，善恶有报，不是不报，时候未到，时候一到，一切都报。

顺应自然必须走出"人类征服自然"的误区。

人类在工业文明中"长期流行于世界的口号——'向自然宣战''征服自然'，仍然越唱越响"（寂静的春天），突显了人类的暴力性和人性恶，是造成人与自然对立、对抗的重要原因，所以自然界以其固有的方式报复了人类。如果人类还是在"征服自然"的误区中不能自拔，那么人类必定会遭受灭顶之灾。下面从实证分析和价值判断两个方面对"人类征服自然"的认识加以剖析。

克服误判：要把人类遵循自然规律行事所取得的成果误判为人类征服自然。恩格斯认为，人类对自然界的作用之所以比其他动物强大，只是在于人类能够"能动认识和正确运用自然规律"。人们常常把大禹治水作为征服自然的典范，其实不然，大禹治水是遵循水流自然规律，顺应自然所取得的成果。在大禹之前，人们在治水中都是贯穿着"堵"的理念，这就违背了水流的自然规律，而大禹的过人智慧在于他改"堵"的理念为"疏"的理念，以疏为主，疏堵结合，堵是为了更好地疏，这就遵循了水流的自然规律，把水患变成水利，恩泽大地，造福百姓，是顺应自然的典范。2000多年前，李冰父子创造的世界奇迹——都江堰，至今令人叹为观止，其实也是这个道理。人类还有许多顺应自然，按自然规律办事的杰作，都得到自然的恩泽。可见，人们尊重自然、顺应自然、爱护自然就能获得自然的回报，这就是正效果和正价值。

前车之鉴：人类违背自然规律，一味要征服自然（其实是破坏自然、蹂躏自然），取得眼前的成果，就沾沾自喜，以为是征服了自然，但实际上造成了人与自然的严重对立和对抗，自然总有一天会以某种固有的方式报复惩罚人类，所以从最终看，它是极大的负效果、负价值。早在100多年前，恩格斯就警告人们："不要过分陶醉于我们对自然界的胜利，对于每一次这样的胜利，自然界都报复了我们。每一次胜利，在第一步都确实取得了我们预期的结果，但是在第二步和第三步却有了完全不同的、出乎预料的影响，常常把第一个结果又取消了。"在恩格斯后的近一百多年里更是有过之而无不及，如20世纪30年代美国的"黑龙事件"、50年代苏联的"白龙事件"，当今20世纪中叶以来世界连续发生的"八大公害""十大环境灾难"，当今的气候变化等，都向人类亮了黄牌或红牌，这样的例子不胜枚举。所以，"不以伟大的自然规律为依据的人类计划，只会带来灾难"（马克思）。

"生态环境保护是功在当代、利在千秋的事业。"①

保护自然是人类的责任。人类必须在尊重自然、顺应自然的基础上，切实担负起这个责任，使人类与自然共生共荣、持续发展。我国在生态文明建设中，对于保护自然做了大量有效的工作，取得举世瞩目的成绩，为全球生态安全作出了贡献。尽管世界还有人对于保护自然倒行逆施，但必定是顺其者昌逆其者亡。

（廖福霖）

4.4　环境与发展共赢

在环境与发展关系上，学界存在三种观点。

一是二律背反论。认为要发展，必然会污染环境（包括破坏生态等），要保护环境，就要停止发展。这种观点早期在国际与国内的声音都很大，有国际知名专家呼吁中国停止发展，也有国内专家给政府写信，强烈要求停止发展。随着生态文明研究与实践的深入，这种观点虽然慢慢减少，但仍然有人认为要靠放慢经济速度来治雾霾。

二是倒"U"形论。认为在经济发展的初中期，必然会加重环境污染，但是随着经济发展到中后期，环境随之向好转化，呈现出"倒 U 形曲线"。这种观点在一定程度上阐明了发展与环境关系演变的规律，但是发展与环境的关系，其本质是人与自然的关系，所以如果人的理念没有从工业文明转化为生态文明，人类的生产生活方式及其体制机制没有从工业文明转化为生态文明，这种∩形是不可能自然而然产生的。

三是共赢论。发展和保护是可以相统一的，保护生态环境就是保护生产力，改善生态环境就是发展生产力，可以平衡好发展和保护的关系，按照主体功能定位控制开发强度，调整空间结构，实现绿色发展、循环发展、低碳发展，给子孙后代留下天蓝、地绿、水净的美好家园，实现经济社会发展与生态环境保护的内在统一、相互促进。

在这三种观点中，第三种观点才是科学的，如治雾霾必须靠优化经济结构、转变生产生活方式才是根本之策。

环境与发展共赢必须树立的几个理念：

一是要树立在保护中发展、在发展中保护的理念。一方面，面对资源约束趋紧、环境污染严重、生态系统退化、公众工业病的严峻形势，必须树立在保护中发展的理念，认清良好的生态环境是人和社会持续发展的根本基础，努力破解制约经济社会发展的瓶颈，加大自然生态系统和环境保护力度，实施重大生态修复工程，增强生态产品生产能力，推进荒漠化、石漠化、水土流失综合治理，扩大森林、湖泊、湿地面积，保护生物多样性。加快水利建设，增强城乡防洪抗旱排涝能力。加强防灾减灾体系建设，提高气象、地质、地震灾害防御能力。坚持预防为主、综合治理，以解决损害群众健康突出环境问题为重点，强化水、大气、土壤等污染防治。坚持共同但有区别的责任原则、公平原则、各自能力原则，同国际社会一道积极应对全球气候变化。为人民创造良好生产生活环境，为全球生态

---

① 见 P33 注①。

安全作出贡献。另一方面，以经济建设为中心是兴国之要，发展仍是解决我国所有问题的关键。只有推动经济持续健康发展，才能筑牢国家繁荣富强、人民幸福安康、社会和谐稳定、保护生态环境的物质基础和人心所向。必须坚持发展是硬道理的战略思想，决不能有丝毫动摇。从长远看，如果停止了经济发展，生态环境也是保不住的，贫困不是生态文明。所以必须树立在发展中保护的理念，按照人口资源环境相均衡、经济社会生态效益相统一的原则，把经济社会发展与生态环境保护有机统一起来，这不但在理论上是科学的，在实践中也是可行的，我国的一些区域、城乡、行业、企业已在这方面做出成功的探索。

二是要树立把节约资源作为保护生态环境的根本之策的理念。"环境污染是资源利用不合理的结果"（周宏春，2005），节约集约利用资源，推动资源利用方式根本转变，既是发展经济的需要，也是保护环境的要求，是实现共赢的充分必要条件。要坚持节约优先、保护优先、自然恢复为主的方针，着力推进绿色发展、循环发展、低碳发展，形成节约资源和保护环境的空间格局、产业结构、生产方式、生活方式，加强全过程节约管理，大幅降低能源、水、土地消耗强度，提高利用效率和效益。推动能源生产和消费革命，控制能源消费总量，加强节能降耗，支持节能低碳产业和新能源、可再生能源发展。加强水源地保护和用水总量管理，推进水循环利用，建设节水型社会。严守耕地保护红线，严格土地用途管制。加强矿产资源勘查、保护、合理开发。发展循环经济，促进生产、流通、消费过程的减量化、再利用、资源化。从源头上扭转生态环境恶化趋势。

三是要树立反哺自然的理念。减量化、再利用、资源化只是经济子系统的物质循环转化，只能起到节约资源与减少污染的作用，只能减缓资源枯竭的步伐，而且在静脉产业的发展中，还会出现二次的能源消耗和污染。所以应当从自然—人—社会复合生态系统的层面来保护自然，自然、人、社会是共同生存在地球生态母系统之中，它们必须协同演进，才能共同发展，在协同演进中必须形成复合生态系统的大循环，即人类、社会和自然界的大循环（而不单单是经济子系统内的循环）。人类不但需要从自然界中获取物质资源，而且要反哺自然界，发展自然力，进行生态建设，发展可再生资源，让自然界能够保持生机、蓬勃发展，增加资源的存量，提高资源的质量，增强生态系统功能，同时又要善于把生态与环境的优势转化为经济社会发展的优势，以形成自然—人—社会的良性循环和协同演进的态势，姑且称为增量化原则，这个原则实际上比社会上所说的循环经济的减量化原则、再利用原则、再循环原则都更本质更重要。这样才能保持自然生态系统长繁荣、子孙后代长受益。

环境与发展共赢的主要途径：

一是转变生产方式。"任何一种文明性质或文明层面的人类社会变革，都必然是人类社会生产方式与生活方式的重大改变"（郇庆治）。实现环境与发展共赢，首先要把工业文明以掠夺自然、污染环境、危害健康为代价的经济增长，转变为生态文明以遵循自然法则、依靠知识资源、创新为引擎的经济发展；把高投入、高排放、低产出、低端价值链的生产及其结构，转变为低投入、低排放（直至零排放）、高产出、高端价值链的生产及其结构。为此，又必须把工业文明直线式生产转变成生态文明循环式生产，把工业化技术体系发展成为生态化技术体系，从工业文明的末端治理转变为生态文明的过程治理，从工业文明的行为管理转变为生态文明的和谐管理。

　　二是转变生活方式：转变生活方式和转变生产方式成为生态文明建设的两大基石。"生态文明的生活方式，以绿色消费为主要特征"（余谋昌，2001）。它也是突破"四大瓶颈"的治本之策，而且可以催生出一派生机勃勃的生态文明经济新业态。如，以建设绿色餐桌工程为载体，培育绿色消费，发展绿色生产，开发绿色产品。以生态文化引领，以生态化、智能化技术为支撑，培育体验经济，满足消费者艺术审美、科学素养、劳动、休闲、健康、幸福等高层次体验需求。培育生态文明消费观及其模式，创建绿色诚信市场，从内生力量促进绿色经济、循环经济、低碳经济新业态的发展。

　　三是加强生态建设与环境保护，给自然休养生息。

　　四是创新与生态文明生产生活方式相适应的体制机制，"真正能够统领或负责我国生态文明建设的，就远不是目前的国家环保部的职能，而是需要一种更具创新精神的制度设计"（郇庆治）。

（廖福霖）

4.5　可持续发展

　　可持续发展的思想，萌芽于20世纪70年代，形成于80年代，确立于90年代。在形成与发展期间，不同学科从不同的角度给予它不同的概念，"生态发展""合乎环境要求的发展""在无破坏情况下的发展""连续的发展""持续的发展""环境合理的发展"等，一直到1992年的联合国环境与发展大会，才得以统一为"可持续发展"的概念。之后，人们对于可持续发展也给予了多种多样的定义，有人统计过，世界上共有100多种定义，目前比较一致的是1987年世界环境与发展委员会发表的报告《我们共同的未来》一书中的定义：可持续发展是既满足当代人的需要，又不对后代人满足其需要的能力构成危害的发展。

　　可持续发展思想产生的直接导因是工业化后人类所面临的严重资源枯竭、生态环境危机，以及生态危机和环境污染引发的人类工业病蔓延。因而生态危机、环境污染、资源枯竭、人类工业病是可持续发展思想产生的起点，也是始终不变的关注点。

　　因资源与生态环境问题而产生的可持续发展思想，其真正的落脚点、着眼点却是发展。其一，发展是人类社会永恒的主题，严峻的生态环境问题之所以成为"问题"，是因为它制约了人类社会的发展，制约了人自身的发展；其二，生态、资源与环境问题产生的原因也是工业文明恶劣的发展方式所带来的；其三，生态环境问题既是由发展产生，那么解决问题的根本也在"发展"上，在于转变发展方式上；其四，可持续发展思想必然十分重视资源的节约和环境的保护，但这种保护不是为保护而保护，而是强调为了更好地发展而保护环境，并且是强调通过发展来保护环境的，如果单纯地就生态环境问题论生态环境，是不能真正解决生态环境问题的，因为贫穷不是生态文明，只会加重生态环境的破坏。所以，可持续发展是从发展的角度来关注生态环境，并且是从转变发展方式这一根本上来解决生态环境问题。

　　事实上，可持续发展思想的形成过程经历过从单纯地关注生态环境，到为了发展从发展的角度来关注、解决生态环境问题的历史性转变过程。也正是由于这一转变，可持续发展思想才能成为全球的共识，并最终上升为世界各国政府的发展战略，逐渐付诸实践。这一转变是人类发展思想的质变，也是发展模式质变过程。完成这一历史性转变是非常重要的，因为只有在这一历史性转变中，重视生态环境、保护生态环境的思想才得以由原来的少数学科和学派（如生态学、自然保护主义等）的观点转变成为社会各界的共识，尤其是为发展经济学及关注发展的政治家的广泛接受，这样才能上升为各国政府的发展战略，才具有广泛的实践性和现实性。

可持续发展强调的是协调，是社会、经济、生态的协调发展，这是建立在人与自然的和谐关系基础上的发展。因为经济是人类自身发展和社会持续发展的物质保障，而人类在不断发展经济的过程中又会对大自然对人类生活在其中的生物圈施加影响，对自然生态系统进行人为的干预。当然这种影响和干预必须遵循自然规律，保持在一定的生态阈值内，以不破坏自然生态系统的结构和功能为限，这样才能保持人与自然之间的协调关系，才能实现整体的协调的发展。因此可持续发展是以人力资本、物质资本和生态资本这3种资本的持续与协调的发展为内容的。

实施可持续发展战略是以经济发展和生态环境保护为坐标的一组选择集，在这无数选择集中求得最优解的过程。

生态文明是在可持续发展理论与实践的基础上发展起来，所以生态文明蕴含着丰富的可持续发展的内涵。同时两者又有区别：可持续发展侧重于人类自身的发展，生态文明强调自然—人—社会复合生态系统的持续发展；可持续发展偏向于新的发展方式与模式等发展形态，生态文明则是一种新的社会文明形态。所以只有以生态文明观指导可持续发展，才能使可持续发展形成科学完整的理论和持续有效的发展。

以生态文明观的整体性、系统性、协调性、长远性的思想指导可持续发展，必须体现两个取向：一是以代际平等为主要内容的未来取向，当代人发展要对后代人的发展负责任，不要透支后代人赖以发展的生态环境资源。因为后代人是没有办法参与上一代人的发展并且对上一代人的发展提出意见的，所以当代人在发展中要有对后代人负责的自律精神，要多为后代人的发展着想，留下足够的自然资源。这还不够，它还要求当代人要为后代人创造一个更好的生态环境，我们不应当把垃圾世界留给后代人去处理，而应当把一个美丽的家园留给后代人，并一代接一代，一代比一代好。二是以代内平等为主要内容的整体取向。如果说代际平等是纵向负责的话，那么代内平等就是横向负责，它包括国际间的负责和区域间的负责。一个国家的发展要对邻国的甚至全世界的生态环境负责，比如二氧化碳和二氧化硫的排放量不仅是污染本国，而且污染邻国，甚至造成全球的温室效应和酸雨，成为跨国公害。同样的，一个地区的发展要对相邻地区以及全国的生态环境负责，比如流域上游上马工业项目，必须以不污染流域的水体为前提，如果会污染水体，影响流域中下游的人民饮水卫生，又没有采取有效的清洁生产技术措施的话，就不能上马，这就是整体取向。

以生态文明的哲学观和价值观指导可持续发展。生态文明哲学观和价值观不但强调人与自然的和谐协调关系，而且强调这种关系的实现关键取决于充分发挥人的主观能动性，是一种主动进取式的和谐而不是被动的顺从式的和谐，它把人类社会的发展与自然的发展相统一在人的主观能动性之中。生态文明是人类在物质生产和精神生产中充分发挥主观能动性，使人与自然、人与人、人与社会和谐协调发展的产物，是物质、精神、制度的成果的总和。所以，在生态文明观指导下的可持续发展，对社会而言，不仅仅是经济的发展，而是社会的综合发展，它要求社会经济、政治、文化；城市、乡村；物质文明、精神文明、社会制度等等全面发展。同时，对自然而言，不仅仅是自然资源的增加，还要求生态系统的改善。它要求整个自然生态系统的发展也处于一种良性循环的状态，增强生态活力和功能。

以生态文明的伦理观指导可持续发展。国内学术界有些人把实现可持续发展的关键放在科学技术的发展，这有其科学的一面，因为没有高新科学技术的手段，没有相当的物质基础，持续发展就成了空中楼阁。但是认为只有足够的物质基础和发达的高新技术，就可以解决可持续发展的全部问题，这也是片面的。一方面，工业文明对生态环境的破坏力是相当大的，如果单靠科学技术的力量至今尚未能解决生态环境的被破坏问题，在科学技术日新月异的 20 世纪，人类并不具有拯救天空、大地和海洋免遭人造化学毒素污染，森林、草原、湿地和生物多样性不被铲除和破坏的能力，却有史以来首次拥有了毁灭地球上一切生命形式，同时也毁灭人类文明和人类自身的力量。所以除了不断加强物质基础建设，不断发展科学技术并运用于生态环境的恢复、改善以外，还要呼唤生态文明的伦理精神，呼唤人类的政治感、责任感，树立生态意识和生态道德，舍弃高消费的生活方式，倡导绿色消费，并身体力行地付诸实践，这是现代人不可或缺的一种人文精神。　　　　（廖福霖）

4.6　新发展理念

"新发展理念"是中共中央十八届五中全会提出的创新、协调、绿色、开放、共享的简称，是我国发展理念的伟大创新。习近平总书记指出，创新发展注重的是解决发展动力问题：把创新摆在国家发展全局的核心位置，让创新贯穿党和国家一切工作，使创新成为引领发展的第一动力、人才成为支撑发展的第一资源，就能实现发展动力转换，提高发展质量和效益。协调发展注重的是解决发展不平衡问题：牢牢把握中国特色社会主义事业总体布局，正确处理发展中的重大关系，就能在协调发展中拓展发展空间，在加强薄弱领域中增强发展后劲，形成平衡发展新结构。绿色发展注重的是解决人与自然和谐问题：加快形成人与自然和谐发展现代化建设新格局，推进美丽中国建设，就能既要绿水青山、也要金山银山，从根本上解决生态资源环境和公众工业病问题，为全球生态安全作出新贡献。开放发展注重的是解决发展内外联动问题：发展更高层次的开放型经济，积极参与全球经济治理和公共产品供给，构建广泛的利益共同体，形成深度融合的互利合作格局，实现中国发展与世界发展得更好互动。共享发展注重的是解决社会公平正义问题：坚持发展为了人民、发展依靠人民、发展成果由人民共享，使全体人民在共建共享中有更多获得感，同时使国家发展获得深厚伟力。"创新是发展的核心与灵魂，协调是发展的基本方法，绿色是发展的内在要求，开放是发展的时代特征，共享是发展的出发点、也是根本归宿"（黄坤明）。

新发展理念深化了"以经济建设为中心"的本质要求，丰富了"发展是硬道理"的实践内涵，彰显了推进"五位一体"总体布局的价值灵魂，是马克思主义政治经济学基本原理在当今时代的科学运用和生动发展（黄坤明）。

生态文明建设需要创新引领。生态文明建设的核心是生产方式、生活方式和体制机制的转变，迫切需要创新作为引擎，实现五个转变与创新：

（1）经济发展理念的转变与创新。生态文明要求创新优化经济结构，把知识作为经济发展的主要源泉，在经济发展中最大限度地发挥知识资源的作用，最小限度地利用自然资源，由此可以最大限度地减少排放（资源与环境是有机联系的两个侧面）；要求摒弃工业文明以获取高额利润为目的，以耗竭资源、污染环境、危害健康为代价的经济模式和高投入、高消耗、高污染、低产出、低效益的生产方式，创新低投入、高产出、低排放、高效益的生产方式；要求创新生态文明消费模式，实现生态、经济和社会三大效益的相统一与最优化，走资源能源节约、生态环境友好、人类健康幸福的发展道路。

（2）科学技术的转变与创新。工业文明生产力是二维技术的创新，其特征是往往只考虑经济效益而忽视了生态效应，往往出现负价值，所以这种技术也被称为"双刃剑"。生态生产力是三维技术的创新，即现代生态化技术体系的创新，它除了上述二维技术外，还要根据现代生态学原理研发的、能够贯穿经济发展各个领域的现代生态化技术（如绿色技术、循环技术、低碳技术、仿生态技术、智能化技术等，也称为横向技术），以及由三者有机结合形成的现代三维新技术平台，它是实现生态、经济、社会三大效益相统一和最优化的综合技术体系。因为破除资源、环境和健康的约束瓶颈是全世界经济发展中面临的共同难题，而这种技术体系是破解这一难题的有效技术体系；因为这种技术体系是改造提升传统产业，实现产业链和产品链不断延伸，产品从低端走向高端，产业从低级走向高级的重要技术体系；因为它所形成的一系列产业集群，如生态化新能源产业群、生态化制造业集群、生态化新材料产业群、生态化健康产业群、生态化环保产业群、生态化农业集群、生态化现代服务业集群等，都成为许多国家重点发展的战略性新兴产业群，所以对现代生态化技术体系（三维技术）的创新成为世界各国奋力抢占的科学技术及其设备制造的制高点。

（3）经济管理的转变与创新。工业文明经济管理的显著特征是直线管理、末端管理和行为管理，比如对产品质量的末端检验，一旦发现不合格，要全部废弃或重新再造，既浪费资源、时间、人力，又污染环境；又如对污染的末端治理，也是既浪费资源，又少出产品，且末端治理的成本往往很高，还很难根治，所以企业甚至是地方政府都常常是消极的态度，公众也不放心，管理的效益很低。生态文明要求创新经济管理，综合应用现代生态学、管理学、系统学、协同学等学科知识和技术，实现从末端管理走向过程管理、从直线管理走向循环管理、从行为管理走向和谐管理、从低效益管理走向高效益管理。

（4）市场的转变与创新。主要是发展生态文明消费型市场，它不但能极大地创造新消费，还能提高公众的健康水平和幸福指数。这是一项极其艰难的创新，当前最重要的是创建绿色诚信市场，这是发展生态文明经济的最关键环节，要让绿色产品、低碳产品、有机产品等能够切实促进公众的安全、健康和幸福，促进资源节约环境友好，并在市场上确实体现其价值与价格，使企业在转变生产方式中获得持续的内在动力。

（5）生态文明建设体制机制的转变与创新。中共中央、国务院已发布一系列生态文明建设体制机制的转变与创新文件，它"涵盖政府、社会、组织、企业、个人等不同层级的主体，是一个多层次、多维度的制度体系"（赵建军），是建设生态文明的重要指南。

和谐协调是生态文明的本质特征。生态文明建设需要协调人与自然的关系；需要国内国际的积极因素实现共赢；需要协调与经济、政治、文化、社会建设的关系；需要协调政府与市场的关系；需要协调区域间、部门间、政企间、产业间、产学研间等的利益与关系；需要协调价格、法规、政策、金融等的杠杆作用。而最重要的是建立生态文明各种经济形态的协同发展机制：主要是创新经济、体验经济、绿色经济、循环经济、低碳经济、传统经济的改造提升、生态文明消费型经济等各种经济形态的协同发展。

绿色发展是生态文明建设的主调。这是不言而喻的。生态文明建设到现在，面临最重要而又最艰巨的任务是：把绿色发展转化为新的综合国力和国际竞争新优势，这是生态文明建设成败的试金石。加快推动生产方式绿色化，构建科技含量高、资源消耗低、环境污染少的产业结构和生产方式，大幅提高经济绿色化程度，加快发展绿色产业，形成经济社会发展新的增长点，形成人与自然和谐发展的现代化新格局，这是新的综合国力的核心点；加快推进生活方式绿色化，实现生活方式和消费模式向勤俭节约、绿色低碳、文明健康的方向转变，力戒奢侈浪费和不合理消费，这是新综合国力的重要内容；生态环境是新综合国力的重要元素（也是经济新常态下最亟须补齐的短板）；公众健康是新综合国力的核心，因为公众健康直接关系到劳动者素质、社会和谐、民生幸福等重大问题；可持续发展能力是新综合国力的根本，是国家发展深厚伟力表现，它关系到中华民族的未来大计；国际竞争新优势有经济硬实力（如国际绿色贸易）、文化软实力（如生态文化具有全球性特征）、为全球生态安全作贡献、外交话语权等方面，我们把绿色发展做好了，就有许多主动权。

开放发展是生态文明建设的必然要求。生态文明建设必定发展成为全世界的共同事业，"地球村"更需要开放的视野，所以要站在全球视野加快推进生态文明建设，实现内外联动，合作共赢。

共享发展更是生态文明建设的本意。"人民对美好生活的向往就是我们的奋斗目标"（习近平），人民群众对食品安全、生态产品、良好环境、健康幸福等的期待从来没有像现在这么强烈，生态文明建设是最公平最普惠的绿色富民、绿色惠民的建设。　　　（廖福霖）

4.7　自然价值

"自然价值"是一个新概念。《中国大百科全书》《大英百科全书》都有"自然"和"价值"两个词，但没有"自然价值"这个词。"自然"，指地球上人和社会以外的自然事物，是自然物质、能量、信息、空间和生态系统的总和。"价值"是关系概念，它表示事物对人的意义，即事物（客体）对于人（主体）的功用，指它对人有用，符合人的利益，能满足人的需要。现代社会，虽然认知自然对人有意义，但并不承认"自然价值"。因为，按照主-客二分哲学，人是主体，而且只有人是主体，因而只有人有价值；自然是人改造和利用的对象，它没有价值。现代经济学认为，社会物质生产中，只有资本和劳动产品有价值，自然资源是人类劳动的对象，它没有价值。

20 世纪中叶，学术界在反思生态危机的根源时，在经济学领域，提出自然资源有经济价值的观点，需要对自然资源的使用进行价值评价和计算，对自然资源的消耗进行补偿。自然价值论认为，世界物质生产，包括自然物质生产和社会物质生产，它们都是创造经济价值的过程。社会物质生产创造劳动价值，自然物质生产创造自然价值。它们的产品都是有经济价值的。

同时，在环境伦理学领域，依据生命和自然界有价值的观点，提出人类道德的对象，需要从人和社会领域扩展到生命和自然界，承认生命和自然界的权利，尊重生命和自然界按照生态规律生存。环境伦理学价值论认为，生命和自然界自主地生存，地球上的千百万物种，各种各样的生态系统，它们独立自主的存在、进化和发展。同人一样，它们也是生存主体、创造主体和价值主体。地球不依赖于人类存在已经有 40 多亿年，生命生存已经有 30 亿年，它创造了无比繁荣和丰富的自然界，人类的历史只有几百万年，说只有人类有价值，生命和自然界没有价值，这种观点是主观和武断的。

环境伦理学把自然价值主要分类为，它的外在价值、内在价值、系统价值和固有价值。

自然外在价值，是关系性概念，指自然界对人类的价值。人类依赖自然界生存和发展，在创造自己的生活的过程中，把自然条件和自然物质、能源、信息和空间作为资源，通过社会劳动转化为自己的生存资料。生命和自然界对人类具有商品性和非商品性价值，商品价值是它的经济价值；非商品性价值，如它的生态价值，审美、旅游和娱乐价值，医学价值，科学价值，文化价值，哲学、道德和宗教价值，等等。

自然内在价值，是主体性概念，指生命和自然界的自主生存表现的，是以它自身为尺度进行的评价。生存是它的目的，为了生存它具有自主性、主动性、评价(认识)能力、智慧和创造。这是以生命和自然界作为主体的价值评价。地球上不同组织层次的生命，它同人一样是生存主体，所有物种追求自己的生存，生存表示它们成功。因而它同人一样，具有"价值评价能力"，具有智慧，具有主动性、积极性和创造性。人和其他生物处于不同的进化层次，因而所有这些特性处于不同的进化层次，具有不同的性质。

自然价值的性质。生命和自然界是自组织、自维持的系统。它最重要特征，一是客观性，它不依赖于人独立地存在和发展，是不依人的意志而转移的，表现它的"固有价值"；二是整体性或系统性，所有价值主体都以整体或系统的形式存在和发展，表现它的"系统价值"。

自然价值的结构，是由它的过程决定的，即由它的产生、进化和发展决定的，表现了明显的历史性和层次性。这种结构简表如下：

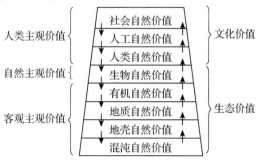

　　自然价值是自然界物质生产过程的创造，它朝着价值不断进化、不断增值的方向发展。自然价值进化是地球物质运动推动的，从前生物发展阶段，经生物发展阶段，到人和社会发展阶段的地球历史发展。它表现了如下的特点。

　　自然价值进化的方向性，表现了它的层次性进化。这是自然物质从简单到复杂、从无机物到有机物、从生物到人，由低级到高级不断发展的过程。它的总趋势是朝进化的方向，朝生产率不断提高、多样性不断增加以及价值不断增殖的方向发展。

　　自然价值的层次性进化中，下一个层次是上一个层次的基础，上一个层次是下一个层次的展开，上一个层次的所有特性都包含在下一层次之中，但是每一个层次与其下一层次比较都有新东西。上一个层次不仅产生于下一个层次，而且各层次之间又相互作用、相互依赖、相互渗透。

　　自然价值进化的各个阶段，进化的速度，或进化的周期不断加速；自然价值的生产率不断提高，自然价值的生产、消费和积累都不断增加，表现了一定的方向性和不可逆性，从而地球物质进化的历史性和前进性。

　　文化价值，是自然价值进化的最新成就。在人与自然的关系中，自然是整体，文化是部分，自然比文化完整。在文化价值与自然价值的关系中，自然价值是整体，文化价值是部分，自然价值是基础，人在自然价值的基础上创造的文化价值。

　　人类以文化的方式生存，主要不是直接或现成地利用自然物，而是通过自己的劳动，改造自然，使自然事物适应自己的需要。劳动是人类创造文化价值的基础，劳动又是人与自然、文化价值与自然价值关系的中介。人类劳动创造"人工自然"，或"社会的自然"。这是人类劳动发挥人的主体性作用，从而使自然事物能够适应自己的需要，变自然为文化，自然价值转化为文化价值，并实现文化价值的过程。在自然价值的基础上创造文化价值，这就是人类的生存。

　　值得注意的是，人类在变自然价值为文化价值的过程中，常常对自然资源采取掠夺、滥用和浪费的对策，常常以损害资源和环境为代价发展经济，造成资源和环境破坏。它不仅不承认自然价值，而且常常以损害自然价值的方式实现文化价值，具有"反自然"的性质。迄今为止，人类最重要的文明成果大多是以损害自然价值为代价实现的。但是，人类文明的历史表明，"人类反对自然，没有赢方"。因为如果文化以损害自然的形式发展，导致自然破坏，文化也就没有了生命。因为在病态的自然环境中，不可能有健康的文化。如果自然环境受到破坏，随着环境的恶化，人类文明会迅速随之衰落。

　　因而，人类需要通过价值观的转变，改变文化发展方向，以确认自然价值为前提，从人统治自然的文化或"反自然"的文化，过渡到人与自然和谐发展的文化、尊重自然的文化。这就是生态文明的道路。

　　在这里，自然价值是多种多样的，文化价值是多种多样的，自然价值转化为文化价值、实现文化价值的过程也是多种多样的。在自然价值和文化价值的意义上，我们可以把建设生态文明视为多价值管理，包括自然多价值管理和文化多价值管理，以及自然价值转化为文化价值过程的多价值管理。人类在自然价值基础上创造文化价值的新道路，以科学的可持续发展的方式，在符合客观规律的路径上进行，实现人与自然的"双赢"。

　　联合国《世界自然宪章》(1982年)宣告，"人类属于自然的一部分，生命依赖于自然系统功能的持续发挥，从而确保能源和营养的供给。文明根源于自然。它塑造了人类的文化，并影响了所有艺术和科学的成就；与自然协调一致的人类生活，将赋予人类在开发创造力和休息、娱乐方面的最佳机遇。"我们不仅要尊重人，爱惜文化价值；而且要尊重生命和自然界，爱惜自然价值。"从大自然得到持久的利益，有赖于维持基本的生态过程和生命维持系统，也有赖于生命形式的多样性，而它们常常由于人类的过度开发破坏生境而受到危害。由于自然资源的过度消耗和利用不当，以及人民之间和国家之间未能建立一种适当经济秩序，因而使自然系统退化，进而会导致经济、社会和文明的政治体制走向崩溃。对珍贵资源争夺会造成冲突，而保护自然和自然资源却能对正义和维护和平作出贡献。"

为此，我们需要一种新的道德——环境道德：因为"生命的每种形式都是独特的，不管它对人类的价值如何，都应受到尊重；为使其他生物得到这种尊重，人类的行为必须受到道德准则的支配。人类可变更自然，并通过其行为或行为的结果而耗竭自然资源，因此，人类必须充分认识到，维护自然的稳定性与提高自然质量的紧迫感和保护自然资源的迫切性。"

为此，我们需要实施多价值管理的对策，以便在人与自然和解，文化与自然、文化价值和自然价值共同繁荣的基础上走向绿色的未来。

（余谋昌）

4.8　资源再生

资源再生是资源开发利用的两个新的产业：一是用废弃物资生产再生资源的产业；二是利用废旧设备，生产零部件或设备的再制造产业。它产生的时代背景是，世界工业化大量消耗自然资源，特别是矿产资源，出现资源严重短缺，主要矿产面临全面枯竭的现象；同时，有大量废弃物资和废旧设备闲置，它们是有价值的资源。资源紧缺与富余同时并存，这是非常矛盾的。

现在世界各地废弃物围城，废弃金属堆积如山。这是普遍现象。据报道，地球上已堆积的废旧物资以万亿吨计，每年新增 100 多亿吨，发达国家的废弃金属蓄积量超过数千亿吨，其中大部分处于报废和闲置状态。例如，有一百年历史的世界钢都，美国匹兹堡的钢铁业已经永久停产，它造就了一个数百平方公里的"钢铁坟墓"；世界最大的飞机坟墓，位于美国亚利桑那州图森市，是占地 1055 公顷绰号"骨院"的飞机坟墓。这里放置已退役的飞机超过 4000 架，几乎囊括第二次世界大战以来美军所有飞机机型。此外，同等规模的美国舰船坟墓，停泊退役的 20 世纪 50 年代以来的"独立"号等 8 艘航母，每艘含有约 5.9 万吨金属；还有规模更大分布于世界各地的汽车坟墓、轮胎坟墓以及电视机、电冰箱、洗衣机、空调器、电脑等家用电器的坟墓。

实际上，钢铁坟墓和所有机电设备、电线电缆、通信工具、汽车、家电、电子产品，它们完成使用期成为报废设备，是重要的钢铁、有色金属、贵金属等资源。例如，电子产品富含锂、钛、黄金、铟、银、锑、钴、钯等稀贵金属，1 吨废旧手机中可以提炼 400 克黄金、2.3 公斤银、172 克铜；1 吨废旧个人电脑，可提炼出 300 克黄金、1 公斤银、150

克铜和 2 公斤稀有金属。它是比天然矿石品位高得多的富矿。因而，现代城市成为可回收金属的仓库，称为"城市矿山"。

日本被认为是矿产资源贫乏的国家。日本工业化大量利用世界矿产，现在大部分积蓄在产品或废弃物中，成为"城市矿山"富矿区。据统计，日本国内黄金的可回收量为 6800吨，占现有总储量 42000 吨的 16%，超过世界黄金储量最多的南非；银的可回收量达6000 吨，占全世界总储量的 23%，储量排名第一，超过世界银储量最多的波兰；稀有金属铟是制造液晶显示器和发光二极管的原料，目前面临资源枯竭，日本铟藏量 1700 吨，约占全球天然储量的 38%，位居世界首位。铅 560 万吨，储量排名第一。锂、钯的储量分别为 15 万吨、2500 吨，储量排名为第六、第三位。它可能比真正的矿山更具价值。

从哲学意义上说，依据"物质不灭原理"，人们开采出来和已被利用的矿产并没有消失，而是以产品的形式，或主要以废弃物的形式堆积在地球表面。也就是说，世界上已探明的主要矿产已经从地下转移到地上；它的不可再生的性质，通过资源再生，已经具有可再生的性质。

再制造是资源开发利用的又一个重要产业。所有机电产品，它们作为整体完成使用周期后，有许多零部件是完好的，经过检修可以再利用。例如，德国刀具的钢材好寿命高，在废弃设备的刀具的刀刃上刷镀纳米陶瓷，生产再制造的刀具，它的精度和硬度远超德国的产品，价格仅为德国的 1/10。又如，我国航母辽宁舰是利用废旧舰体再制造的，它省去铁矿开采、冶炼、铸造舰体等重污染、高能耗的加工程序，同时还为国产航母提供了样板。与从采矿开始建造比较，不仅降低了成本、减少了污染和能耗，而且还节约了时间，又为我国生产航母积累经验、节省时间和降低成本。

我国再制造，拆解废旧设备，运用的现代高科技，如计算技术激光探伤、三 D 打印、纳米陶瓷等，再制造技术已经成熟，发展再制造产业，将废旧产品直接还原成新产品，省去了开采、冶炼、翻砂铸造等污染和能耗最集中的环节，使产业链缩短了 80%，是多快好省的。据报道，美国每年交易新车 1200 万辆；交易二手车、翻新（再制造）车为 4200 万辆，是新车的 3.5 倍。专家估计，未来的维修行业，80% 以上的零部件将来自规模化、专业化的再制造企业，将降低成本 50%，市场规模可达 50 万亿美元。我国设备探伤、修复、再制造技术已经达到先进水平，对于我国制造业发展和预防重大事故的发生具有重大意义。

以此看来，我们需要反思 40 多年来资源保护的对策和战略。1972 年，第一次世界人类环境会议，发表《斯德哥尔摩人类环境宣言》，首次提出资源短缺的问题，向世人警示一场深重的资源危机，宣告"保护和改善这一代和将来的世世代代的环境的庄严责任"。《宣言》说："地球生产非常重要的再生资源的能力必须得到保持，而且在实际可能的情况下加以恢复或改善。""在使用地球上不可再生的资源时，必须防范将来把它们耗尽的危险，并且必须确保整个人类能够分享从这样的使用中获得的好处。"1992 年，第二次世界人类环境会议，发表《里约热内卢人类环境宣言》，基于资源危机等问题提出世界经济—社会可持续发展战略。但是 40 年来，人们对资源保护问题的严重性，以及解决这个问题的重要性和紧迫性已经有所认识，在科学技术、资金、人力等各方面作出很大投入；但是，问题不仅没有解决，甚至没有缓解，而且是越来越严重了，资源"耗尽的危险"不是将来而是现在。

这里问题的实质是，在工业文明的范围内，用工业文明的模式，无论怎样的高新技术，无论怎样节约，只能够减少资源消耗和提高经济效率，或者减少资源全面枯竭时间的到来，但是并不能根本解决资源危机。我们面临资源全面短缺问题，它起因于工业文明的社会物质生产方式。这是一种线性非循环的生产方式，是不可持续的，需要实现社会物质生产转型。

实践表明，资源再生有利于节能和环保。有文献报告说：“从矿石中提取金属尤其耗费能源。例如，铝的循环利用最多能将能源消耗减少 95%；塑料的循环利用可以将能源消耗减少 70%；钢铁、纸张和玻璃分别可以减少 60%、40% 和 30% 的能源消耗。循环利用还可以减少引起烟雾、酸雨和河道污染的废弃物排放。”

资源再生和再制造，这是资源开发利用的战略转向，资源开发利用方向和对策的转变：从“资源—产品—废物”转向“资源—产品—剩余物—产品……”；或者从“矿产—产品—废物”转向“矿产—产品—资源再生（再制造）—产品……”，从线性非循环的生产方式，转向非线性循环的生产方式。

设想一下，我国现在是美国第一大进口国，进口商品超过 5000 亿美元，运送这些商品的集装箱，10 个中有 6 个是空着回来的。如果它们装上美国废旧钢铁，我们的首钢、宝钢和全部钢铁厂，用的是美国“钢铁坟墓”里的资源，而不是澳大利亚的铁矿石；或者，我们全部汽车用再制造技术生产，而不是由现有汽车制造厂生产。那么，我们就会有更多的蓝天和更好的效益。为什么不欢迎和试一试，或者逐步和坚持实现这种战略转变？

（余谋昌）

4.9　生态生产力

生产力的发展是社会文明进步的主要动力。

生态生产力的发展是生态文明产生和发展的根本动力。

生态生产力是指：人类推动自然—人—社会复合生态系统和谐协调、共生共荣、共同发展的能力。它是包括自然力在内的社会生产力。

生态生产力的发展是生态文明产生和发展的根本动力，生态生产力发展的全球一体化是 21 世纪的必然趋势。

对生产力应当从三维结构去考察，而不能仅从线性或面状去分析。

一是水平维（亦称状态维）。它是指生产力水平处于一个什么样的位置上，是前沿的领先的位置呢，还是中间的甚至落后的状态。水平维主要表现在科学技术与生产工具方面，这是衡量生产力先进与否的重要标志，但不是唯一的标志。

二是力量维（亦称过程维）。它是指生产力作用于自然—经济—社会这个复合体的力量的强弱和功率的大小。力量维是表明生产力的做功过程。发达的科学技术和先进的生产工具与其对复合生态系统作用的力量和功能并非成正比，这里面有一个生产力管理问题（包括经济发展模式），如果管理理念和技术都比较先进且能与实际情况吻合，那么发达的科学技术和先进的生产工具对复合生态系统的作用力量就会强，功率就会高；否则相反。力量维也是衡量生产力先进与否的重要标志，但同样不是唯一的标志。

三是价值维（亦称效果维）。它是指生产力作用于复合生态系统后产生的效果和价值，效果有大有小，价值有正有负。如果说水平维和力量维是指生产力作用的状态和过程的话，那么价值维则是作用的结果。发达的水平维和强大的力量维既可以使复合生态系统沿着正方向前进，取得正价值，也可能使其向着反方向运行，产生负价值。"生产力在其发展的过程中达到这样的阶段，在这个阶段上产生出来的生产力和交往手段在现存关系下只能带来灾难，这种生产力已经不是生产的力量，而是破坏的力量"（马克思）。

历史唯物主义和辩证唯物主义是过程与结果的统一论者，它不但要求生产力具有发达的水平维和强大的力量维，而且要求水平维和力量维作用于复合生态系统后产生正效果和正价值。那么怎样才能产生正效果和正价值呢？这里又涉及生产力发展的文明取向问题。

工业文明是近几百年来在全球人类社会中占主导地位的文明，而生态文明又是世界文明发展的必然趋势。这两种文明观关于生产力的理解是大不相同的。

把生产力界定为人类征服自然、改造自然的能力，这是工业文明取向关于生产力的理解。工业文明使生产力的水平维和力量维都得到高度的发展。但是工业文明认为，自然是为人类服务的，是被人类征服与改造的对象，把自然作为人类的对立面存在。人类是自然的主宰，是自然的征服者。人类一方面肆无忌惮地向自然索取，另一方面又肆无忌惮地向自然排放大量生产和生活的废弃物。其结果是对自然的严重摧残和破坏，表现出人类的暴力性和人性恶。所以，工业文明取向下人类征服、改造自然的能力越强大，人类对自然的破坏就越严重，它必然导致自然界运用其固有的规律对人类行使报复，最终导致自然与人类共同覆灭，这就是工业文明取向下生产力导致的负效果和负价值。"不要过分陶醉于我们对自然界的胜利。对于每一次这样的胜利，自然界都报复了我们。每一次胜利，在第一步都确实取得了我们预期的结果，但是在第二步和第三步却有了完全不同的、出乎预料的影响，常常把第一个结果又取消了"（恩格斯）。"现代工业技术，即现在被称为'先进技术'，由于它以浪费资源和污染环境的形式发挥作用，而在未来的生产中将被视为'落后技术'，将被改造，或者在抛弃其不合理的成分后才继续起作用"（余谋昌）。

生态生产力传承了工业文明发达生产力的精华，同时又遵循自然—人—社会复合生态系统运行的客观规律，自然为人类服务，人类也为自然服务，双向互补，友善共处，共生共荣，共同发展，表现出人类的协调性和人性善。这样，人类与自然有着共同美好的未来。这就是生态文明取向下生产力产生的正效果和正价值。它集中体现在以下几个方面：

一是生态生产力可以推动复合生态系统的持续发展，这是人类社会全面进步的基础。二是生态生产力的发展能够推进工业文明走向生态文明，这是人类社会全面进步的重要标志。三是生态生产力的发展能够推动人的全面发展，这是人类社会全面进步的高层次要求。四是生态生产力能够满足变化了的市场需求。现阶段我国人民群众需求变化的最大特点是从物质生活的数量型向质量型的转变，从比较单一的物质生活需求向物质生活、文化生活以及良好生态环境等多元化需求的转变，从温饱型向小康型的转变。这种转变是一系列的、大众的、全社会的。如人民群众从吃饱到吃好到吃得健康；从住有房到住宽敞到住得健康；从穿温暖到穿漂亮到穿得健康；旅游也从好玩到玩好到玩得健康；行的发展趋势同样如此。以健康为生活质量的评价体系正在我国民间形成。又如对生态文化的追求（如生态审美，生态休闲、生态旅游、生态保健、亲近大自然、与自然和善相处等等），成为国内外的一大亮点，生态文化产业正在蓬勃发展。我们称之为绿色需求。这就迫切要求有更多真正的绿色产品和绿色营销来满足这一越来越旺的绿色需求。这不仅在我国，在全球的发达国家以及许多发展中国家，都具有这个趋势，随着这个趋势的发展，国际绿色贸易的门槛会越来越高。只有发展生态生产力，才能满足这种需求，跨越这个门槛。五是生态生产力能够满足产业发展需求的转变。综观国内外发展情况，一切高科技产业，高附加值产业，高竞争力产业，都需要有良好的生态环境为基础，都必须有高新生态化技术体系做支撑，这个趋势已越来越凸显。六是生态生产力能够满足社会基础设施和国家战略物资需求的转变。如，以可再生能源为代表的绿色能源将逐渐取代不可再生能源和灰色能源；水资源成了重要的社会基础设施建设和国家战略物资。七是生态生产力能够满足自然生态系统自身生存与发展的需求。八是发展生态生产力能够极大地拉动经济发展。目前我国城乡人民的消费还没有摆脱低迷状态，就主要是人民群众对生活质量不断提高的要求与工业文明生产力占主导地位的矛盾所致。许多人因为衣食住行各方面都存在着不安全因素而不想消费或不敢消费，造成了消费的信任危机，从而降低了经济发展的拉动力、降低了人民群众的积极性、主动性和创造性等，生态生产力的发展可以从根本上改善上述状况，可以在很大程度上提高人民生活质量，提高人们的消费水平，拉动经济发展等等。

所以生态生产力是 21 世纪世界先进生产力发展的必然趋势，是 21 世纪社会财富的源泉和人类文明的希望，哪个国家或民族领跑了生态生产力的发展，就会在 21 世纪激烈的国际竞争中取胜，就能够在世界民族之林立于不败之地。

遵循人类经济活动与生态系统运行相统一的规律、社会经济发展的知识化与生态化趋势、生产力要素及其结构的优化、生产力发展模式与运行机制的创新等，是生态生产力发展的充分条件。学习生态智慧、加快生态化技术体系的研发与运用、培育绿色诚信市场、实施和谐管理等，是生态生产力发展的必要条件。　　　　　　　　　　（廖福霖）

4.10　生态安全

生态安全理念是生态文明最基本的理念之一。

生态安全问题的提出源于 20 世纪 80 年代，苏联的切尔诺贝利核电站事故造成的人为环境灾难。20 世纪 90 年代初期，随着全球性跨国域的环境灾害的出现，"生态安全"引起人们的重视。我国对于生态安全的研究起步较晚，到 20 世纪 90 年代后期才受到人们的重视。

目前国际上对生态安全尚无公认的定义。国内外有许多学者认为生态安全（ecological security）也称环境安全（environmental security）。生态安全有广义和狭义之分。广义的生态安全定义以美国国际应用系统分析研究所（IIASA，1989）为代表，认为：生态安全是指在人的生活、健康、安乐、基本权利、生活保障来源、必要资源、社会秩序和人类适应环境变化的能力等方面不受威胁的状态，包括自然生态安全、经济生态安全和社会生态安全，组成一个复合人工生态安全系统。Geoffrey D. Dabelko 等认为：狭义的生态安全专指人类生态系统的安全，即以人类赖以生存的环境（或生态条件）的安全为对象的，是人类生存环境处于健康可持续发展的状态。国内对生态安全也有不同的界定，如认为生态安全是指自然和半自然生态系统的安全，即生态系统完整性和健康的整体水平反映（肖笃宁等）；认为生态安全是 21 世纪人类社会可持续发展所面临的一个新主题，生态安全是生态系统自身的健康、完整，具有可持续性，并为人类提供完善的生态服务（陈星、周成虎）。

作为生态文明的重要理念，生态安全是指维系人类生存和社会经济文化发展的生态环境不受侵扰和破坏，生态整体处于平衡与活力的一种状况。首先，生态安全是全球性的，是"地球村人"的最基本的共同安全观；其次，生态安全是国家重要的安全战略，它关系到民族生存安全、粮食安全、国防与军事安全、能源安全、食品安全；第三，生态安全是人类最基本的需求之一，具有可持续性和完整性；第四，生态安全是相对发展的一个动态的过程。国家生态安全与全球生态安全相辅相成，从根本上看，没有全球的生态安全，也难以有国家的生态安全，所以维护全球生态安全是各国人民的共同义务，我们作为地球村上的一个公民，毫无疑问要为维护全球的生态安全而努力。

在工业文明时代，人类在工业文明观的操纵下创造巨大物质财富的同时，导致生态环境日益恶化，人类工业病蔓延，人类的生存和发展凸显危机。因此，现代生态安全有着鲜明的特点，集中表现在以下几方面：

一是生态安全的全球性与综合性。

生态安全是一个全球性概念，一方面，我们处在自然—人—社会复合生态系统中，这个系统是一个有机的整体。另一方面，21 世纪是全球化时代，环境问题已成为重要的全球性问题。国家之间相互影响，相互制约，一国的生态灾难有可能危及邻国的生态安全（陈星、周成虎），如国际性河流的污染，臭氧层破坏、温室气体增多等。因此，对生态安全的治理和维护不只是一个国家的事情，不能仅停留在国家层面上，而应多层面考虑，扩展到全球的层面上。

生态安全是一个系统体系，由诸多方面因素组成，既有自然生态方面的因素，又有社会方面和经济方面的因素。这些因素之间相互作用、相互影响，共同构成了生态安全体系。

二是生态安全的复杂性及不可逆性。

生态安全的复杂性包括生态危机后果的严重性和生态破坏后恢复的长期性。生态安全是相互联系的复杂的体系，其单方面生态环境的损坏，会影响到相关环境和整个生态安全的质量。资源枯竭、环境退化造成的生态危机，通常需要几代人甚至几十代人的努力才能得以挽回。

生态环境造成的危害是复杂的，甚至是不可逆转的。大自然的支撑力有限。倘若生态破坏的程度超过其环境自身修复的能力阈值，往往造成不可逆转的后果。如野生动植物物种一旦灭绝，便从此消失，并且会遵循 28 几何次方的规律致使其他物种的相继消失，最终危及人类的覆灭。

三是生态安全的外部性与战略性。

生态安全的外部性关系着我们实际生活的空间和生态状态，关系着人民切实直接的生态质量，是最外在、最直接、最暴露的危机。

生态安全关系国计民生，具有重要的战略意义。对生态安全的治理需要战略性思维和眼光，在制定重大方针政策和建设项目的同时，应该把生态安全作为一个前提。只有这样才能立足于当代，造福于后代。

国家生态安全是生态安全的核心。美国著名的环境专家莱斯特·R·布朗1977年在《建设一个持续发展的社会》一书中提出要重新界定国家安全问题，并将生态安全列入国家安全的行列。现在世界绝大部分国家都把生态安全作为国家重要安全战略。主要表现在以下几个方面：

（1）国家生态安全同国防安全、国家政治安全具有同等重要的位置。它是从内部保卫国土平安，事关民族存亡、国家兴衰，古今中外历史上因为生态环境遭破坏导致国家灭亡，家园毁坏，人民流离失所的案例比比皆是。所以要实现国家的长治久安，人民安居乐业，民族永续发展，就必须保护国家生态安全。

（2）国家生态安全与国家粮食安全、能源安全、食品安全成为我国四大安全战略，且前者是后三者的基础与保障。如国土生态安全通过自然生态系统的生物链，不但影响粮食安全，而且影响食品安全，从而影响人民群众的健康，这是事关国计民生的大事。

（3）国家生态安全是国防安全的重要基础。国家生态安全涵盖山川大地、天空海洋、水土保持、物种繁衍等，既是国防的对象，又是国防的基础。一是生态环境恶化将增加国防的难度；二是生态环境恶化影响人民健康，当人民群众周边的生态环境恶化、土壤污染、空气污染、水体污染、光污染、噪声污染严重，那么就容易引发许多疾病，将对国防的人力资源产生深远影响；三是生态环境恶化会产生生态难民，不但影响社会稳定，而且会对国防产生许多负面影响等。

（4）生态安全是社会决策和经济政策的基本出发点。要将国家生态环境政策与经济政策统一起来，实现生态效应、经济效应与社会效应的相统一与最优化，才能有事实上的社会、经济、生态的可持续发展。

（5）生态环境问题往往是跨国问题。常常会引发许多外交摩擦，甚至引起战争。

（6）要警惕生态侵略。特别警惕一些发达国家对发展中国家的生态侵略。如转嫁污染、掠夺资源、获取生态情报，甚至破坏生态环境的丑恶行径。

维护国家生态安全，确保国民经济和社会生活的正常进行，是每一个国家政府最基本职责。建设美丽中国，为全球生态安全作贡献，是我们大国的担当。　　　　（廖福霖）

4.11　生态价值

学界对生态价值这个词有三种界定与用法：

一是哲学领域的生态价值。"生态价值"概念是生态哲学的一个基础性概念。它是指人们对自然界生命价值以及人类在自然界中的价值和位置的科学评价。自然界的一切生命种群(含个体)对于其他生命(含人类和其他生物)以及生命赖以生存的环境都有其不可忽视的价值,"它们在生存竞争中都不仅实现着自身的生存利益,而且创造着其他物种和生命个体的生存条件"(余谋昌);地球上的任何一个物种及其个体的存在,对于地球整个生态系统的稳定和平衡都发挥着作用;人类既是自然界的一个成员(客体性),又不同于自然界生命系统中的其他成员,因为人类具有认识自然并能动地反作用于自然的能力(主体性),所以人类必须更加善待自然界的其他生命,更加善待为自然界生命的生存与发展提供条件的生态环境。这种意义上的生态价值主要是定性的。

二是经济学领域的生态价值。它是指生态系统的资源价值或自然的资产价值,是存量形态。这是有人类以来以及十分遥远的未来中,人类经济活动都必需的,完全用"非自然"资本替代自然资本是不可能的,所以它对于人类的福利是至关重要的,Costanza 等在《全球生态系统服务与自然资本的价值》(侯元兆等译)中强调,"零自然资本就意味着零人类福利",所以就全球来看,自然资本的总价值是无限的。

三是生态学领域的生态价值。它是指生态系统服务与生态产品所产生的价值(为了表达方便,将两者统称为生态系统服务价值)。这种生态系统服务来自自然资本存量的物质流、能量流和信息流构成,是流量形态且可以量化计算其价值。但是生态服务和生态产品中的多数是公共服务或公共产品,具有外部性特征,难以在市场上体现的。Costanza 等人的研究表明,全球 16 个生物群落(不包括沙漠、苔原、冰、岩石和耕地)的 17 种生态系统服务价值平均每年为 33 万亿美元,而全球国民生产总值(GDP)大约为每年 18 万亿美元。这些生态服务的内容主要有大气调节、气候调节、干扰调节、水调节、控制侵蚀和保持沉积物、土壤形成、养分循环、废弃物处理、基因资源、游憩、文化等。

党的十八大提出,深化资源性产品价格和税费改革,建立反映市场供求和资源稀缺程度、体现生态价值和代际补偿的资源有偿使用制度和生态补偿制度。这是中央文件第一次提出生态价值。下面以森林生态服务价值为例:

江泽慧 2014 年 10 月 22 日发布研究成果表明,第八次森林资源清查期间,全国森林生态系统每年提供的主要生态服务的总价值为 12.68 万亿元。与第七次森林资源清查期间相比,年涵养水源量增加了 17.4%,年保育土壤量增加了 16.4%,年提供负离子量增加了 20.8%,年滞尘量增加了 16.9%。总量增加 2.67 万亿元(第七次森林资源清查期间全国森林生态系统服务的年价值量为 10.01 万亿元),增长了 26.7%。江泽慧认为,此次计量和核算的只是在目前技术手段条件下可测量的森林生态系统服务,森林生态系统的功能和价值都远不止这些。

福建省林业厅发布 2016 年森林生态系统服务价值为 8000 亿元,其中涵养水源为 3378 亿元,保育土壤 716 亿元,固碳释氧 1228 亿元,净化大气 500 亿元,积累养分 111 亿元,生物多样性 1946 亿元,游憩 116 亿元,防风固沙 15 亿元。

据黑龙江省森林生态系统服务研究 2017 年 2 月公布的数据显示,黑龙江每公顷森林提供的生态价值平均每年为 7.85 万元,全省森林生态系统服务总价值为 1.76 万亿元。2015 年,全省森林生态系统服务总价值相当于当年全省 GDP 的 1.17 倍。

2016 年陕西林业治污减霾效益年总价值 5372 亿元,相当于 2015 年全省 GDP 的

29.6%。《全国森林经营规划(2016~2050年)》提出，到2020年，森林每年提供的主要生态服务价值达15万亿元；到2050年，森林每年提供的主要生态服务价值达31万亿元。以上充分体现了绿水青山就是金山银山。

　　"生态价值"这个词虽然在各个领域的意蕴与用法不同，但是它们是有机联系的，只是各个领域的侧重点不同而已。

（廖福霖）

4.12　生态道德

　　生态道德是指：人类的道德从人与人、人与社会的关系扩展到人与自然的关系，人类在充分认识自然的存在价值和生存权利的基础上，增强人类对于自然的责任和义务，协调人们对于代内和代际关系的责任和义务，在道德行为上遵循人与自然和谐发展的道德原则与道德规范体系。"生态道德是一种大爱，是一种爱的循环：由人间的亲情延伸向对大地的热爱，大自然中的宁静与定力又作为一种心灵的慰藉反馈于人间。"（程虹）

　　践行生态道德必须树立生态价值观和生态伦理观。工业文明价值观伦理观认为，世界万物中，只有人才有价值，自然界的存在只是为人类服务，只有工具的价值，自然界本身是没有价值的，更谈不上权利。而生态文明价值观伦理观认为，每一种生命不但对人类有用，而且对人类以外的其他生命的生存和发展也是有用的，所以生物生命也是价值主体，自然生态系统形成了人与生物生命双主体共轭的系统。

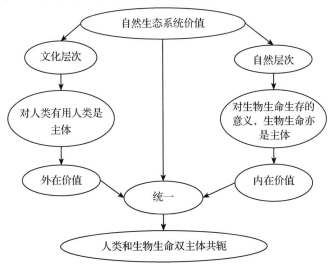

自然生态系统双主体共轭图

　　要辩证理解人类价值与其他生态系统价值的统一。人类既要抛弃依赖自然畏惧自然，在自然面前束手无策、毫无作为的自然中心主义，又要抛弃主宰自然、征服自然、掠夺自然的人类中心主义，但是仅有这个层次的认识还只停留在深生态学的层次。我们还必须认识到，在双主体共轭中，人类是唯一具有主观能动性的生命体，人类必须更好发挥主观能动性，保护自然界其他生命的生存和发展。只有深刻认识并且遵循这种辩证统一的规律，才能全面领会生态道德的内涵，彻底践行生态道德。

生态道德的功能是：

协调人与自然的关系。生态道德观实际上就是人与自然的平等观和人类社会的平等观，它要求在人与自然的关系上要尊重自然、顺应自然、保护自然，让人与自然在地球村上共生共荣、共同发展。

促进国际和代际的公正平等。因为生态道德核心是正确处理人与自然关系，这种关系是所有国家、民族、政府都要面临的问题，不管是什么阶级，不管是什么国家，不管是什么民族，如果不处理好人与自然的关系，如果仍然一意孤行践踏自然，都将受到自然法则的报复，所以生态道德具有全球性特征，它是人类正义和善美的道德。

与生态法规互补。为了正确处理人与自然的关系，节约资源能源，保护生态环境，国际社会和我国都制定了许多相关的法规、政策，它们具有相当的强制性和约束力，但是这些都属于外律，是远远不够的，还需要生态道德与之互补。生态道德是由生命爱心、环境责任心、生态良知、荣耻感、意志力等内在要素起支配作用，所以生态道德的力量属于自律，是一种自觉的行为，必须把生态法规与生态道德相辅相成，共同起作用，才是切实有效的。

生态道德的总体原则是：科学、公正、平等。

科学原则要求遵循生态系统的科学规律：科学地利用自然资源，反对不计自然成本的、以牺牲生态环境为代价的不道德的发展，尊重自然存在的权利，使社会生产力与自然生产力和谐发展，经济再生产与自然再生产相和谐，经济社会系统与自然生态系统相和谐。

公正原则要求代内的公正和代际的公正。"生态伦理是一种责任伦理"（余谋昌）。要坚持对自然、对别人和对后代负责的原则，维护人类与自然的共生关系，反对在经济发展中以破坏生态环境为代价的损人利己，反对"吃子孙饭断子孙路"的丑恶行为。

平等原则要求人与自然的平等和人与人的平等。人与自然再也不是相互主宰或相互征服的关系，而是平等的伙伴关系。要有与自然为友的道德良知，切实热爱自然、尊重自然、保护自然。同时，在自然法则面前，人与人也是平等的，谁遵循了自然法则，谁就会受到自然的恩泽，谁违背了自然法则，谁就会受到自然的惩罚。自然法则是不认高低贵贱的。同时"每个社会成员平等地享有生存和发展所需的资源，承担着相同的生态责任（赵建军）"。原则也具有层次性，在遵循总体原则下，不同领域还有不同的具体原则，如消费领域的合理（消费）原则，在建立全球共同保护生态环境的行动中要遵循合作原则等。

生态道德规范是生态道德的主体，生态道德规范是一个复杂系统，按照不同的对象，具有不同的子系统。其中，事关大众领域的生态道德规范主要包括：

大众消费领域的生态道德规范。消费分生产消费与生活消费，大众消费主要是生活消费。它要求遵循生活方式中的绿色消费的生态道德准则，践行享受适度、科学消费的生态道德消费规范。反对奢侈浪费，倡导节俭消费。从个人消费看，要坚持"量入而出"的个人标准和"资源许可"的社会标准（厉以宁）。量入而出即要求在个人（家庭）财力许可下的消费，反对超前消费；资源许可即要求在某种资源的社会供给量有限的条件下，对该种资源的消费不能过度。这两个标准的结合才是生活消费领域的生态道德规范。如水是社会稀缺资源，某人财力许可，完全交得起水费，但是也不能浪费水，因为水是人类的共有财产，谁都无权浪费，否则就是违背生态道德规范，就要受到谴责。把这个生态道德规范的要求延伸到社会消费领域（如政府、企业、团体等消费行为），就是社会消费的生态道德规范。

消费领域的生态道德规范还很多，渗透在日常生活、工作与学习的方方面面，如购物时要看清产品说明是否对环境有害，选用环保型产品；尽量延长家具及日常用品的使用寿命，提高使用率；减少垃圾以及垃圾分类；尽量节约能源；尽量少食用受污染的产品；爱护花草树木；实现绿色低碳出行等。

企业生态道德规范。它和大众生态道德规范一起构成生态道德规范的主体。企业生态道德规范的总体要求是正确处理企业利益与社会公众利益、自然生命利益、后代人利益的关系，企业行为不损害后三方面的利益是企业生态道德规范的基本准则，企业行为有利于后三方面的利益是企业生态道德规范的高层境界。国际上已有许多企业把此作为创建品牌企业的重要内容和标准，他们在决策、生产、营销方面遵循生态道德规范，还引导公众走上绿色消费的轨道，不但增强公众对企业的认同感，扩大了企业美誉度，使企业和公众在绿色生产、营销、消费方面形成良性循环，而且不断增大企业的市场份额，增强了企业的经济效益，实现企业经济、社会、生态效益的相统一与最大化。相反，如果企业损害了后三方面的利益，那就是违背了生态道德规范的要求，就要受到谴责和处罚，社会用舆论来谴责、政府用法规（看得见的手）来处罚、公众用市场（看不见的手，如不购买其产品）来处罚。这样的企业在 21 世纪是注定要被淘汰的。企业类型千差万别，但是这一规律对所有企业是不变的。

企业道德规范的另一个重要内容是厉行节约。从经济学角度看，企业"节约有两个层次：一个是生产成本的节约，一个是交易成本的节约。交易成本最小化比生产成本最小化更重要，因为交易成本最小化的组织一般会自动选择生产成本最小化，反之却不然。"（周宏春）

科学教育文化领域生态道德规范。科学技术人员的生态道德规范是热爱自然、尊重生命；坚持真理、修正错误；珍惜资源、保护环境；勇于创新、反对迷信。它首先要求科技人员要有生态道德的责任感，充分发挥科技对于节约资源保护环境和确保人类健康的正面效应，克服负面效应，如国务院早在十六年前就专门颁布了《农业转基因生物安全管理条例》，要求科技人员及有关部门要加强农业转基因生物安全管理，保障人体健康和动植物、微生物安全，保护生态环境的法规政策、道德守责和规范。在教育领域，要坚持生态道德教育，创建绿色学校，让青少年从身边的生态道德规范做起，如节约用粮、水、电、纸，植树种草、垃圾分类、美化校园，从中受到陶冶，提高生态文明意识；同时要把科技人员的生态道德规范教育贯穿到教育领域，并为生态文明建设提供智力支持。

生态建设与环境保护中的生态道德规范。要坚持以人为本与尊重自然界各种生命相统一的生态道德准则，坚持生态建设与绿色富民、绿色惠民有机结合，在各类生态建设中以科学精神规范行动，遵循现代生态科学原理、因地制宜、科学论证、长远规划、地尽其利，不做劳民伤财的事；要用系统思想指导，努力实现经济、社会、生态三大效益相统一与最优化。

（廖福霖）

4.13　生态优先

生态优先是生态生产力的重要概念，它的内涵有三个方面。

一是指生态要素优先。

在生态生产力发展的诸要素中，生态要素是先进生产力运行的重要要素。它作为生产力发展的承载体，是基础性的；作为科技作用的重要对象，是第一性的；作为生产力的持续发展，是根本性的。所以保护生态环境就是保护生产力，改善生态环境就是发展生产力。这就要求在生产力布局中要优先考虑生态系统的承受力，在政治、经济体制改革和经济文化结构调整中要优先考虑有利于保护和改善生态环境系统（如大力发展知识经济、绿色经济、循环经济、低碳经济，发展清洁生产产业、环保产业等），在建设基础设施时要优先安排保护和改善生态环境的项目（如国土整治、植树造林、控制水土流失和荒漠化、控制水土污染等），在工程上马前要充分论证其对生态环境系统的影响、不超过阈值等。使先进生产力的发展成为有源之水，党的十八大以后这种意识已逐步被干部群众所认识，所以许多地方都提出生态优先战略或原则：如"西部大开发，生态优先""城市建设生态优先""脱贫致富，生态优先"，长江流域各省市都提出生态优先的战略或原则。

二是指生态法则优先。

生态生产力的运行必须遵循自然法则（见尊重自然、顺应自然、保护自然条），也可以称为自然法则优先。因为自然法则是生态母系统运行的规律，所以它是统领经济社会领域的其他规律。人类的经济活动是源于自然生态系统，是地球生态母系统的一个子系统，许多经济活动都是人类向自然界学习的结晶。所以在英文中经济学（economics）与生态学（ecology）是源于同一个词根，西方有些学者把生态学也称为自然的经济学。"生态学原意就是分析生物如何'经济地'安身立命，而经济学本身也是探索人这种生物如何'经济地'活下去，从而生态学就是探索自然界的经济学，经济学就是研究人的生态学"（段昌群等）。人类许多经济运行的规则必须遵循地球生态母系统运行的规律。这是生态生产力观下人类经济活动必须遵循的一个重要法则。如，生态平衡及其阈值规律，是一切经济社会活动不能逾越的底线，否则就会受到自然规律的惩罚。

向自然学习也是自然法则优先的重要内涵，人类的许多科学技术和经济社会活动的规律都是向自然学习得来的。

（1）学习生态智慧是科学技术进步的重要源泉，是发展生态化技术体系的内在要求，特别是近现代的高新技术中，有不少是人类学习自然生态系统中的生态智慧而获得的。

（2）学习地球生态系统的功能结构原理组织经济活动。在自然生态系统中，有着严密的功能结构，它们分别为生产者（即绿色植物）、消费者（即草食动物、肉食动物、杂食动物及腐食动物等等）、还原者（即微生物等），它们之间通过营养结构（即取食关系）形成网状链条，叫做生态链。生态链是闭路循环的，它使自然界的物质和能量能够高效利用，没有残留物，没有废物，所以从根本上说，自然界是没有垃圾的，它使自然界不断地持续发展。这就是生态链原理。根据这一原理，可以在产业系统，社会经济系统内形成完善的一整套产业生态工艺流程，使其中的每一环节既是上一环节的"流"，又是下一环节的"源"，没有"因"和"果"，"资源"和"废物"之分，物质在其中循环往复，充分利用，使整个经济活动向着低投入、高产出、零排放、无污染的方向进行，形成科学合理的产业结构和全新的循环经济。循环经济是生态生产力发展的重要模式。

（3）遵循地球生态系统的顶级群落原理组织经济活动，增强经济活动的自调节机能和抗风险能力。

一个自然生态系统发展成为顶级群落时，它具有很强的自调节自组织和抗干扰能力，能够在一定程度上抵御外来的风险。这是因为顶级群落具有 2 个明显的特征：一是具有明显的健雄物种和优势种群。它对于群落的形成、稳定、生态系统的平衡和抗干扰起到了重要的作用。二是具有生物多样性，它对于群落的自调节，自组织（包括自恢复和自平衡）和抗干扰能力也是十分重要的，群落中的生物越是丰富，其结构越是复杂，这种能力就越强，效率也越高。两者构成有机统一体，缺一不可。我们把这种原理应用于经济活动中，就不难看出，首先，一个区域的经济活动中必须有经济群落和产业群落。其次，在经济群落和产业群落中，既要有龙头经济和龙头产业，又要有相互配套的能够互相消化又能互相补充的其他经济和其他产业。没有龙头经济和龙头产业，就难以带动整个经济的发展，而单一的经济和产业又难以抵御风云多变的市场风险和经济环境的风险。所以要有经济主导性与多样性互相统一，才能使经济健康有序持续地发展。

（4）学习地球生态系统的协调共生智慧，在经济活动中学会"双赢"以及综合利用资源，获取多重效益。

自然生态系统的协调共生表现是多方面的，如生态位分离与充分利用生态位。生态位分离是各类生物利用资源的基本规律，它使全部资源被充分利用，并将容纳尽可能多的物种，同时还能使物种间竞争减少到最低程度。它充分说明了物种间不只是有竞争，而且也有许多趋异、宽容、协调共生。生态位分离便是趋异现象的基础。随着趋异程度的扩展，越来越多的生物种类可以在同一地区被养活下来，共生者之间的差异越大，系统的多样性越高，越能充分利用生态位，获益也越大。可见在自然界以内，同时在所有有机物内，都有一种设计生活方式的潜在能力，也有一种天赋的能够利用资源的智谋。所以，整个绿色世界是互相协调，充满生机，富有创造，共生共荣的。

自然生态系统的规律（也称之为自然经济的规律）与人类经济活动有着内在的统一性。人们在经济活动中开始认识到"双赢"对经济发展的重要性，并付诸经济活动的实践，而双赢实际上就是和谐协调，共生共荣，共同发展。在经济活动领域，"同则不继"实际上就是要求有竞争，没有竞争，一切都趋同，经济活动也难以为继，更谈不上发展；而"和则生物"实际上又是指和谐协调，共生共荣，就能生出万物，就能共同发展，这样整个社会才能持续发展。这两者都将成为推动经济健康持续发展的两个轮子，同时也是推动经济社会生态协调发展的必要条件。自然生态系统的这一智慧还告诉我们，自然生态资源的用途是多样性的，应当综合利用优化利用，以最大程度提高资源的利用率。

三是指生态产品优先。

生态系统所生产的生态产品对于人们的生活质量和身心健康的影响也是优先性和基础

性的。生命之所以在地球上存在，是因为有干净的水，新鲜的空气是人类健康的基础，正常的气候以及与生态产品密切相关的食品安全、宜居的环境等都是人类生存与发展的前提（见生态产品条）。随着经济社会的发展，人们对于生活质量、身心健康的要求越来越高，这是社会的一大进步，也是社会发展的大趋势，顺应这个趋势，充分发挥良好生态产品的作用，以满足人们不断优化了的对生活质量和身心健康的要求，不但可以极大地拉动内需，推动经济的健康发展，而且可以提高人们的智力，特别是提高人们的创造力。在当今的知识经济时代，人的身心健康，人的智力特别是人的创造力，成为经济竞争和综合国力的关键因素，也成为生态生产力发展的关键因素。但是生态产品又是稀缺产品，所以必须把它放在优先生产与供给的突出位置。

（廖福霖）

4.14　生态需要

马克思、马斯洛、马克斯·尼夫和赫尔曼·戴利等人都提出了需要理论，它们之间有联系有区别。马克思是第一个为"需要"下定义的哲学家，他认为"需要是人对物质生活资料和精神生活条件依赖关系的自觉反映"。以马克思需要理论为主线，吸收其他需要理论的合理内核，如马斯洛人类需要层次论、马克斯·尼夫人类需要矩阵论、赫尔曼·戴利人类需要频谱图论，可以看出：第一，需要是人的普遍本性。人作为社会存在物，有自己的需要，既包括物质上的需要，也包括精神上的需要，既包括生存的需要，也包括享乐的需要和发展的需要。因此，人的需要不仅有自然属性而且有社会属性，这和动物的本能性适应有着本质的区别。第二，人类的需要呈层次递进的规律，表现为由低级到高级、由物质到精神的发展过程。人的需要不是固定不变的，当低层次的需要得到满足的时候便会激发出新的更高层次的需要。第三，人的需要是在历史过程中不断生成的，在一定的社会、一定的历史时期，人们的一切需要能否得到满足，归根结底取决于人们赖以生存和发展的社会物质和精神条件，而这一切最终又取决于物质生产的基础、实践的发展程度和特定社会历史条件实际达到的水平。第四，人的需要是主观性与客观性的统一，人由于具有自我意识，能够意识到自己需要什么，与此同时，需要的满足必然要通过特定的手段和方式得以实现，因此，人作为需要的主体要获得需要的满足必然要把其与手段和方式联系起来，实现客观到主观、主观到客观的转化。

生态需要就是生命体对于自然生态系统所产生的生态产品与生态服务的需要。它不但是人类生存的需要（如干净的水、新鲜的空气、适宜的气候等是人类生存不可缺少的），而且也是人类享受的需要（如人们常说的享受大自然），同时还是人的全面发展的需要（如生态科学是为真、生态道德是为善、生态审美是为美、生态保健是为康等）。

许多人（包括学界的许多人）都把生态需要只视为人类的需要，这是不全面的。在生态文明视野下，不但人类有生态需要，自然界中的其他生命体也有"生态需要"，它们同样需要干净的水和适宜的空气，如果空气中二氧化硫含量太高，或水中重金属含量过高，自然界中的许多生命体就难以生存与发展，生态系统就可能瓦解。

　　生态需要既是物质需要的范畴，也有精神需要的意蕴；不但有量的需要，而且有质的要求。在地球自然母系统生产的生态产品和生态服务能充分满足人类的生态需要并显得宽裕的那个年代，人们对于生态需要还是停留在自发状态，所以即使在社会主义理论体系中，也把生产目的界定为：满足人民群众不断增长的物质文化生活的需要，按照通常的理解，它是没有包括生态需要的。由于当今地球生态产品和生态服务的稀缺性，生态需要成为人们十分紧迫的需要，"现在大家吃得饱了，更希望活得好。这就要求不仅吃喝要有质量，同时呼吸也要有质量"（李克强），人们从要生计到要生态，从盼温饱到盼健康，生态福祉的需要就发展成为人们的自觉状态，"我们发展的目的最终是为了保障民生"（李克强）。所以，应当把生产目的界定为：满足人民群众不断优化的物质文化生活与生态福祉的需要以及自然生态系统自身的需要。这里有三个变化：一是把"不断增长"变为"不断优化"，以前这种不断增长的物质生活，是以数量的上升为目的（后来是以质量的降低为代价的），并且从根本上看，是以牺牲自然生态系统来满足人类需要，以牺牲子孙后代的需要来满足当代人的需要。生态文明观认为，人们不能无止境地追求物质的量（更不能像金融危机前的美国那样大量购买大量废弃，甚至即购即弃，大量浪费，否则要有 20 个以上地球才能支撑），而是在一定的物质量得到满足后，追求质的提高，追求更高层次需要。同时也更能促进消费、扩大内需，更能节约资源保护环境。二是把生态福祉需要单列出来，以更好呈现生态服务与生态产品的价值并尽可能通过市场机制和生态补偿机制实现其价值（把外部性变成内部性），促进全社会更好地生产生态服务与生态产品，更好满足人们的生态需要。三是不但满足人类的需要，也要满足自然系统自身生存与发展的生态需要，这就要求人们在生产活动中不能只向自然索取（更不能掠夺），还应当反哺自然，如让自然休养生息或进行生态建设和环境保护，这样才能生产更多更好的生态服务与生态产品，人类才能和自然双赢。这三方面体现了人们需要结构的优化，从数量到质量的优化，从一般到个性的优化，从眼前到可持续的优化。从生态文明学的原理看，"优化"比"增长"更能体现生活质量和幸福指数。

　　生态需要从宽裕到稀缺，反映了人与自然关系的恶化。所以，生态需要的满足，关键是人，核心是建设生态文明，实现人与自然和谐发展。要坚持尊重自然、顺应自然、保护自然（见该词条）；要发展生态生产力，发展绿色产业与绿色产品（见生态生产力条）；要使生态服务与生态产品从外部性变为内部性，切实体现其价值（见生态产品条和生态价值条），实现生产动力的内部化等。

　　同时要提高人们生态享受与生态消费的素质，正如马克思说的：一个人"要多方面享受，他就必须有享受的能力，因此他必须是具有高度文明的人"。（《马克思恩格斯全集》第 46 卷上册，人民出版社 1979 年版第 392 页）。

（廖福霖）

4.15　生态思维

　　生态思维，以生态学有机整体论的观点思考，是生态文明的思维方式。它是适应生态文明新时代的需要产生的，是人类新思维。这是思维方式转变，主要体现在两个方面，在理论上，从以人与自然主—客二分哲学观点的思考，转向以人与自然和谐统一的哲学观点思考；在实践上，以生态学有机整体论的观点思考，实现人类社会的经济—社会—文化的全面转型。

　　人类思维是历史地发展的。我国古代，以"天地人和"的整体性观点思考；现代工业文明社会，以人与自然主—客二分、人统治自然的观点思考，遵循人与自然分离和对立的分析性思维；未来生态文明时代，是尊重自然、人与自然和谐的整体性思维。

　　中国古代哲学，以"天人合一"的哲学思考，是人与自然统一的整体性思维。它是来源于《易经》，以太极图表示的循环思维。它认为所有事物有阴有阳，圆形的太极图由阴（黑）和阳（白）构成，它们同在一个圆内，是相互依赖的、和谐的整体；阴内有白点，阳内有黑点，表示你中有我，我中有你，是不可分割的。太极动而生阳，动极而静，静而生阴，静极复阳，阴阳互动是不断循环的过程。阴阳循环思维是中国思维方式的特征。

　　西方哲学，以还原论的观点思考，是分析性思维，以线性非循环思考为特征。它强调"分"。它的指导思想认为，可以把世界比喻为一台机器，机器是可以"分"的。人们认识事物的关键是分化，研究一个事物，就把它细分、再细分，研究清楚每一个细节，再还原到整体，称为还原论。根据还原论，认识和把握事物的关键是"分"，分得越来越细、越小，再细、再小。首先，把统一的世界分为自然界和社会，自然和社会作进一步划分，分得很细、很碎、很窄；同时，把科学分为自然科学和社会科学，并作进一步划分，分得很细、很碎、很窄。人也是一台机器，可以拆分为许多零部件，人的认识是认识这些零部件。这种思维方式，以还原论的观点思考，以线性非循环思维为特征。马克思指出：分析性思维方式，"把自然界的事物和过程孤立起来，撇开广泛的总的联系去进行考察，因此就不是把它们看做运动的东西，而是看做静止的东西；不是看做本质上变化着的东西，而是看做永恒不变的东西；不是看做活的东西，而是看做死的东西。"

　　分析性思维，虽然有助于人们对事物的深入的、细致的认识；但是，往往又使人们陷入片面性，因为所有事物都是以整体的形式存在和起作用，其要素是相互联系相互作用不可分割的。整体大于它的各部分之和，因为部分的相互作用产生了新东西。这种分析性思维方式的运用，在社会领域，制造了一个分裂、对立和纷争的世界；在科学技术领域，制造了一个学科分科和专业化不断深入的世界；在社会物质生产领域，制造了一个分工不断精细化的线性的世界。无论是"资本"主导市场，还是"权力"主导社会的情况下，工业文明社会的两个主要因素的作用：一是资本增值和扩张不受限制，二是权力扩张不受制衡。它们在自然资源没有价值的观点主导下，对资源的掠夺、滥用和浪费没有止境，从而出现生态危机；在权力扩张不受制衡主导下，出现以不平等不公正表现的社会危机，这具有必然性。它所遵循的思维方式主要特点是线性非循环的思考。

工业文明的社会物质生产，以分析性线性思维进行生产设计，一是采用线性非循环的生产工艺，二是追求单一生产过程和单一产品最优化，三是分工精细化和生产与产品专门化。虽然它取得伟大成就，但是它以排放大量废料为特征，制造了垃圾围城和"钢铁坟墓"，如废弃钢铁厂、汽车坟墓、飞机坟墓、坦克坟墓、轮胎坟墓、舰船坟墓等，以环境污染、生态破坏和资源短缺表现的全球性生态危机，成为威胁经济发展和人类生存的严重问题。同样，在社会领域，它推动了一个分裂、对立和纷争的世界，各种社会危机成为全球性问题，人和社会的生存和发展处于严峻的危险之中。

人类社会新时代需要创造新思维，从工业文明的思维方式，向生态文明的思维方式转变。生态思维，以生态学的整体性观点思考问题，又称生态学方法。苏联科学院院士、著名地理学家格拉西莫夫说："把生态学解释为除系统方法和控制论方法外，研究自然和社会的各种对象的专门的一般科学方法要正确一些。生态学方法的目的是揭示科学研究对象和它周围环境之间存在的联系。"在这里，"生态学不是指一门科学，而是一种观点，一种特殊的方法。它研究生命和环境，包括人类社会和人类活动的所有问题的规律性。"他说："生态学方法在科学技术革命时代具有特殊现实性。因此，'生态学方法'这一术语在这里应该从'科学认识的生态学途径'或'科学的生态学思维'的广义方面去理解。"

在这里，生态思维以生态学的观点思考和行动，生态学成为一个"颠覆性的科学"。这就是全球性兴起生态化的浪潮，以生态学颠覆所有科学、所有社会物质生产和生活，乃至整个人类社会的浪潮，一个科学和社会生态化浪潮。例如，物理生态学、化学生态学等，生态化所有自然科学；出现生态哲学，生态伦理学、生态经济学、生态政治学、生态法律、生态文化等，生态化所有人文社会科学；甚至"颠覆"整个人类社会，从工业文明社会向生态文明社会转变。

人类活动的生态学思考，出现社会活动和社会生活的生态化或绿色化。例如，社会物质生产的生态设计，生态工业园区、生态农业园区、生态牧业、绿色消费等浪潮一浪逐一浪地发展。人类社会实践的生态化，将推动人类向生态文明的新社会迈进。　　　　（余谋昌）

4.16　生态福祉

福祉是指福利和幸福，目前国际上评价福祉的一级指标基本上有经济稳定、教育水平、收入平等、生态系统、环境水平、社会包容度等13项。生态福祉是指生态环境系统给公众带来的福利和幸福，是福祉的重要方面。生态福祉有三个层面的含义：

一是国家民族层面。

这是生态福祉的根本。国家的生态安全、民族的可持续发展是人民群众幸福和福利的根本所在。生态安全、粮食安全、能源安全、食品安全成为国家层面的四大安全战略，而这些战略的实施和经济社会的持续发展，都离不开良好的生态系统。所以中共十八大提出，建设生态文明是关系人民福祉，关乎民族未来的长远大计。

特别在我国经济新常态下，资源约束趋紧、环境污染严重、生态系统退化的严峻形势，已经成为生产力继续向前发展的最主要瓶颈，是国家民族安全与持续发展的主要短板，如果不能突破这个瓶颈、补齐这个短板，那么我们的生产力总有一天会出现相当突然的和不可控制的衰退。"我们在生态环境方面欠账太多了，如果不从现在起就把这项工作紧紧抓起来，将来会付出更大的代价"、"在这个问题上，我们没有别的选择"（习近平）。所以建设天常蓝、地常绿、水常清、经济常繁荣、子孙后代长受益的美丽中国，是公众（包括代内与代际）的根本福祉。

二是经济层面。

即绿色富民，这是生态福祉的中心。福利和幸福本来就是经济研究的主要内容。生态福祉要求善于把生态优势转化为经济社会发展优势，并且使两者形成良性循环。绿色不富民，人民群众不可能有幸福生活，并且绿色也是不可持续的，人类社会走过的原始文明（非常绿色，但生产力很低，人类生活极其艰难，没有幸福可言）、农耕文明（人类为了提高经济福利，就不断改变了绿色的底色），充分证明了这一点。工业文明虽然使人富了起来，但是破坏了绿色，也没有生态福祉可言。所以，绿色富民与绿色惠民是有机联系的整体，是生态福祉的完整要义。

三是社会层面。

即绿色惠民，这是生态福祉的基本要义。"良好的生态环境是最公平的生态产品，最普惠的民生福祉"（习近平）。联合国把绿色发展界定为有利于增加公众福祉、促进社会公平、有效降低资源与生态环境风险的发展。进入 21 世纪以来，国际上对综合竞争力的评价中，增加了国民幸福指数的核算，其中许多指标与绿色惠民有关，并占有相当的权重，如经济发展方式对公众健康的影响、宜居环境等。我国已崛起一批以国民幸福为核心的新兴绿色产业，都是以此为出发点和归宿点。

这里必须强调：绿色惠民是公众的新需求、新期待，是社会主义生产目的的新内容。

（1）新需求。满足公众的新需求是生态文明建设的重要目标。当今公众的新需求呈现多元化特征，但是有一个基本趋势是很显然的，这就是从要温饱到要环保，从要生计到要生态，健康成为人们追求的新境界，如人们从 20 世纪 80 年代以前追求吃饱，到 90 年代追求吃好，到现在追求吃健康；从穿暖和到穿漂亮再到穿健康；从住有房到住健康；旅游方面从好玩到玩好再到玩健康。上述这一切都离不开良好的生态环境。

（2）新期待。由于公众有了新需求，就产生了新期待。新时期人们对于生态产品的新期待尤其强烈，如新鲜的空气、干净的水、安全的食品、良好的生态、宜居的环境，减少雾霾、增加蓝天白云、减少城市"热岛效应"、增加纳凉场所等。以创建"国家森林城市"为例，根据国家林业局近 5 年的问卷调查结果显示，市民对开展"国家森林城市"建设的支持率和满意度都在 98% 以上。国家林业局出台的《关于着力开展森林城市建设的指导意见》明确要求，森林城市建设必须以改善城乡生态环境、增进居民生态福利为主要目标；要在城市居民身边增绿，让居住环境绿树环抱、生活空间绿荫常在，使老百姓出门能见绿、游憩在林下，更加便捷地享受造林绿化带来的好处，提升他们的幸福指数（张建龙）。可见 提高生态产品生产力，为人民群众创造更多的生态福祉，成为生产力发展的新要求。

（3）新内容。由于上述新需求、新期待和对于生产力的新要求，就必然导致生产目的有新内容。我们以前对于生产目的的理解是：满足公众不断增长的物质文化生活的需要。在生态福祉语境下对于生产目的应当有新的理解，这就是：满足公众不断优化的物质文化生活和生态福祉的需要以及自然自身繁荣发展的需求。两种理解的区别是：增强公众的生态福祉成为生产新目的，同时要满足自然自身繁荣的需求也是生产新目的，人类在生产中应当反哺自然，满足自然自身的需求，确实做到人与自然和谐双赢。 （廖福霖）

4.17 绿色财富

绿色财富，是伴随着人类社会由工业文明向生态文明的全面转型而出现的一个全新概念，目前学术界还没有一个公认的定义。但从学者们已有的表述也不难看出，绿色财富既是对人类社会以往那种对财富不加区分、对获取财富不择手段的传统财富观念的批判和扬弃，也是我们今天即将跨入的社会主义生态文明新时代的呼唤。习近平总书记提出的"绿水青山就是金山银山"的论断，正是这种绿色财富观的生动写照。

顾名思义，绿色财富就是从目的到途径，从生产到消费都绿色化的财富。其基本准则是遵循自然和社会发展规律，其核心理念是安全，包括资源安全、环境安全、生态安全、社会安全。

资源安全，主要表现在财富生成过程对资源的低耗和财富消费过程对资源的节约。所谓绿色财富，必须是以资源安全为前提、有利于资源可持续利用的财富。那种为了一己私利，不顾资源的承载力、靠无节制地消耗资源所获取的财富，不能称之为绿色财富；那种用于挥霍、浪费的财富，也不能称之为绿色财富。

环境安全，主要表现在财富生成和消费过程的清洁化和无害化。所谓绿色财富，必须是以环境安全为前提、有利于促进经济发展和环境保护双赢，有利于人类健康繁衍的财富。那种出于一时的经济利益，以污染和破坏环境，乃至以牺牲人类健康为代价获取的财富不能称之为绿色财富。

生态安全，主要表现在财富生成过程对自然生态系统的保护和财富消费过程对生态优先原则的实行。所谓绿色财富，必须是以生态安全为前提、有利于促进人与自然和谐相处的财富。那种以"自然的征服者"自居，无视国土乃至全球生态安全，通过超负荷生产和过度消费导致并加剧生态系统退化的财富，不能称之为绿色财富。

社会安全，主要表现在财富生成和消费过程中既要善待自己又要善待他人和社会。所谓绿色财富必须是以不损害他人和社会公共利益为前提，有利于人与社会、人与人和谐共处，有利于经济社会可持续发展和人的全面发展的财富。那种不受法纪约束，损害他人和社会公共利益获取和消费的财富，决不能称之为绿色财富。

由此可以认为，所谓绿色财富，就是以自然界和人类社会的发展规律为准则，以资源安全、生态安全、环境安全和社会安全为前提，有利于人类健康繁衍，有利于人与自然、人与社会、人与人和谐共处，有利于经济社会可持续发展和人的全面发展的财富。也只有绿色财富才应成为全人类追求的共同目标。

不难看出，上述绿色财富同以往人们通常意义的传统财富有着本质的不同。

首先是前提不同。绿色财富是以资源安全、环境安全、生态安全和社会安全为前提的；而通常意义的传统财富是不以这"四个安全"为前提的，有的财富甚至是以牺牲这"四个安全"为代价的。

其次是功用不同。绿色财富是有利于人类健康繁衍，有利于人与自然、人与社会、人与人和谐共处，有利于经济社会可持续发展和人的全面发展的财富；而通常意义的财富未必具有这"三个有利于"的功用，有的财富甚至是与这"三个有利于"背道而驰的。

第三是创造途径不同。绿色财富的创造途径是发展绿色经济、低碳经济和循环经济，走绿色发展、低碳发展、循环发展之路，其主要特征是"三低一高"，即低消耗、低排放、低污染、高效益；而通常意义的财富的创造途径未必如此，有的财富甚至是三高一低，即高消耗、高排放、高污染、低效益为主要特征。

第四是涵盖的范围不同。绿色财富除了传统经济学意义的物质财富外，还涵盖森林、湿地、雪山、草原、河流等自然财富；而通常意义的财富只承认传统经济学意义的财富，并不承认森林、湿地、雪山、草原、河流等自然财富。

第五是涉及的学科不同。绿色财富不仅涉及经济领域，还涉及自然资源、环境、生态领域和社会领域，因而涉及经济学、环境科学、生态学以及人文社会科学（如伦理学、社会学、哲学、政治学）等多个学科；而通常意义的财富一般只涉及经济领域，因而只涉及经济学一个学科。

显然，这种绿色财富同长期以来那种认为"只有金钱是财富、人造资产是财富"，而从来不把自然资源和生态环境纳入财富范围，甚至为追求金钱而牺牲自然资源和生态环境的传统财富，是完全不同的两个概念。

在学术界深入探讨绿色财富的核心理念及其与传统财富的区别的同时，习近平总书记为推进生态文明建设提出的"绿水青山就是金山银山"的科学论断，更是以通俗的语言、形象地比喻为我们深刻揭示了绿色财富的基本涵义。

第一，自然资源、生态环境也是财富，绿水青山本身就是金山银山。因为绿水青山作为良好的自然生态系统，它本身就对人类有着良好的服务功能，其中既包括有形的服务，也包括无形的服务；既包括物质产品，也包括生态产品；既包括直接的价值，也包括间接的价值；既包括经济功能，也包括生态功能和文化功能；既包括现实的功能，也包括潜在的功能；既包括可以量化的价值，也包括不可量化的价值；如此等等。而这些服务功能本身就有价值，就是财富。

第二，绿水青山在一定条件下可以转化为金山银山，"生态优势可以转化为经济优势"。这里所说的条件，最根本的一条是要树立自然资本和自然价值理念，坚持从实际出发，转变发展思路，因地制宜选择好适于当地发展的生态产业（或生态工业，或生态农业，或生态林业，或生态旅游业、或生态渔业、或生态服务业等），让绿水青山在提供好生态产品、发挥好生态效益的同时，提供好物质产品、发挥好经济效益。

第三，自然资源和自然价值是一切财富的源泉，相较于金钱和人造资产，更具有基础性和本源性的属性。离开了自然资源和自然生态系统，人类社会的一切财富都将成为无本之木和无源之水。因此，人们在追求金钱、创造财富的全过程中一定要懂得"绿水青山可带来金山银山，但金山银山却买不到绿水青山"的道理，一定要坚守资源、环境和生态安全的底线，切实把保护自然资源和优化生态环境放在首位。

这就告诉我们：习近平总书记提出的"绿水青山就是金山银山"的论述同前述绿色财富的核心理念在本质上是一致的，其不同之处只在于"绿水青山就是金山银山"的论述更加深刻，更加形象生动，更易于为群众理解和把握，也更具指导意义。牢固树立"绿水青山就是金山银山"的绿色财富观，也便成为生态文明建设中社会各界观念更新的一项重要内容。

（黎祖交）

4.18　绿水青山就是金山银山

"绿水青山就是金山银山"（习近平）是生态文明的经典理念。全面科学理解这一理念，应当把习总书记的三句话联系起来：既要绿水青山，又要金山银山；宁要绿水青山，不要金山银山；而且绿水青山就是金山银山。可以从以下四个层面理解其深刻含义。

一是从国家战略层面理解。

从国家层面理解，这三句话代表国家昌盛、民族可持续发展与人民健康。这是从灰色发展到绿色发展的战略转移，是党的十一届三中全会以来中华民族发展中的第二次战略转移，其意义十分重大。

从世界经济发展的基本规律看，历史上每次大的世界性经济危机发生后，都必须有一批新兴产业引领走出危机。国际著名学者的研究表明，21世纪世界各国的发展将受到四个方面的制约：一是地球上有限空间的限制；二是资源稀缺的日益加剧；三是环境自净能力的限制；四是人类科技水平与调控世界能力的限制（薄贵利）。所以自从2008年美国金融危机演变成世界经济危机以来，国际上有一个共识，就是必须且只有绿色产业能够引领世界经济复苏并得到持续发展。绿色产业对于新一轮世界经济发展的重要作用：一是引领世界经济发展新潮流，具有先导性特征；二是经济体量十分巨大，具有支柱特征；三是产业融合性非常强，具有整体特征；四是得标准者得天下，具有主导特征。它是各国经济科技抢占的制高点。绿水青山是发展绿色产业的充分必要条件。

从世界经济社会发展的深刻教训看，世界上有不少国家在几十年前就进入"中等收入国家"，但是一直走不出"中等收入陷阱"，其中有一个不可逾越的原因是：生态资源环境从原来的"红利"变成"瓶颈"再变成"陷阱"；我国现阶段经济新常态的最主要短板是生态资源环境的"瓶颈"已经达到或超过临界点。这个短板不补齐，经济发展难以为继，我国就可能走不出中等收入陷阱，也难以在新一轮国际竞争中取胜，更难以有人民的福祉和中华民族的未来（可持续发展）。所以"保护生态环境就是保护生产力，改善生态环境就是发展生产力"（习近平）。把生态环境从外部性进入内部性，成为生产力要素的新内涵，其意义十分重大。

从国际竞争的国家战略看，"在国际的激烈竞争中，国家战略正确与否，直接决定着国家的盛衰兴亡"（薄贵利）。美国《高边疆》一书作者指出，"在整个人类历史上，凡是能够最有效地从人类活动的一个领域迈向另一个领域的国家，都取得了巨大的战略优势。"相反，一个国家如果与历史发展机遇失之交臂，就会一步被动，处处被动，不仅导致国家的落伍，甚至导致国家的灭亡(薄贵利)。"绿水青山就是金山银山"代表了我国从"灰色领域"向"绿色领域"的战略跨越，所以习总书记强调，节能减排应对气候变化，不是别人要我们这样做，而是我们自己要这样做。对内解决以雾霾等环境危机因素形成的社会承受力极限而导致的经济发展受阻、公众健康危机和社会不安等问题，对外为全球解决气候变化做贡献，我国目前已成为世界节能和利用新能源与可再生能源的第一大国。所以"绿水青山就是金山银山"是新时代对中国特色社会主义建设规律认识的深化，我们必须努力建设并保护好"绿水青山"，抓住新机遇和新挑战、开拓新路径和新领域，创造生态文明新生活，加快实现中华民族的伟大复兴。否则我们将会再一次失去机遇，再一次远远地落在别人后面。

二是从生态文明财富观层面理解(见 4.17 绿色财富)。

绿水青山是人类共有的财富("金山银山")；"生态是生产力之父"(刘长明)，绿水青山是财富之本。它不但是当代人的财富之本，而且是世世代代的财富之本。地球生态系统是人类走向美好明天的重要基础。根据"1997 年 Costanza 和 Goulder 在《自然》发表的文章第一次使我们认识到地球生态系统为人类提供的生态系统服务价值(每年 33 万亿美元)，远远超过同年人类社会生产价值的总和(同年 18 万亿美元)"(杨京平)。这么巨大的财富，人类应当保护好，更好地发挥它的作用，并使它不断增值。这是生态文明财富观对于工业文明财富观的正本清源。

三是从绿色富民层面理解。

善于把绿水青山与金山银山互相转换，实现经济效益社会效益生态效益相统一。

绿水青山可以给民众带来金山银山，这里有个重要思想理念：金山银山是人们认识、掌握和运用绿水青山运行的规律，同绿水青山进行物质交换得来的，本末不能倒置，规律不可违背。其中间环节是必须善于把绿水青山转换为金山银山，又用金山银山反哺绿水青山，使绿水青山常在，金山银山常来，这就是既要绿水青山，又要金山银山。但是绿水青山和金山银山往往会发生矛盾，我们应当充分发挥人类的主观能动性，把两者统一起来。一时确实无法转换的，宁要绿水青山，不要金山银山，留着青山在，不怕没柴烧，所以要促进生态空间山清水秀，生活空间宜居适度、给自然留下更多修复空间，给农业留下更多良田，给子孙后代留下天蓝、地绿、水净的美好家园，努力建设美丽中国，实现中华民族永续发展。这是我们给子孙后代留下最大最好的金山银山。因为生态优势是抢不走的优势，相信后代人比我们更有智慧，会实现这个统一与转换。这也是前人种树，后人乘凉。相反一个地方如果失去生态优势，将是难以挽回的。所以说到底，绿水青山就是金山银山。

四是从绿色惠民层面理解(见 4.16 生态福祉)。

虽然国家与民众很富，但是生态环境恶化，民众健康严重受害，这样的富又有什么价值？

绿水青山不但可以给民众带来富裕，而且可以给民众带来健康，这两者结合，才是给民众带来真正幸福的金山银山。

牢固树立"绿水青山就是金山银山"的理念，关键是实践。要善于把生态优势与经济社会发展的优势互相转化，或把生态劣势变成生态优势，然后实现互相转化。亿利资源集团是践行"绿水青山就是金山银山"理念的典范。

亿利资源集团成立28年来，紧紧抓住发展沙漠生态产业这一核心目标，依靠创新"向沙要绿、向绿要地、向天要水、向光要电"，创造出"生态修复、生态牧业、生态健康、生态旅游、生态光伏、生态工业"的"六位一体"产业体系，同时构建了资产收益、就业带动、创业扶持、教育扶智和公益并重的扶贫机制，在创造出4600多亿元生态财富的同时，也实现了对沙化地区由"输血型"救济向"造血型"扶贫的转变，因此被中国政府授予"国土绿化奖"，被联合国授予"全球治沙领导者奖"(《中国绿色时报》2017年3月9日报道)。亿利资源集团的创举再一次说明了"绿水青山就是金山银山"的重大战略和伟大智慧，体现了生态财富、绿色富民、绿色惠民的深刻内涵。

(廖福霖)

4.19　人与自然是生命共同体

生命共同体也是生态文明的经典理念。它是指互相依存、有机联系、休戚相关、生死与共的诸生命系统的整体。它包括人类、动物、植物、微生物等生命体以及生命体赖以生存发展的生态环境。

我国传统文化中有许多生命共同体的元素，如老子的天地为父母，万物皆为子的思想，儒家的天人合一思想等。18世纪初，英国的自然博物学家吉尔波·怀特倡导人类应当与其他有机体和平共存。达尔文的《物种进化论》也有生命共同体的要素。他认为人类和其他生物是在一个独特的共同的星球上旅行的诸兄弟同仁，而且这些生物永远都是人类的家和亲族。19世纪中叶生态学家和自然哲学家梭罗从生态科学视野，也有生命共同体的意蕴，认为对于肆意毁坏蹂躏自然界的其他生物体的人，应当如同虐待儿童一样被绳之以法。生态学的研究认为，如果一个物种在地球上灭绝，那么就会有28个物种相继灭绝，28的几何次级方最终使人类也灭绝，可以将此视为生命共同体的重要法则。20世纪中叶"四大绿色经典"也都蕴含了生命共同体的重要内容。

马克思恩格斯是生命共同体思想的奠基人，他们关于经济政治问题的大量论述中，特别是恩格斯的《自然辩证法》一书，蕴含着丰富的生命共同体思想。

习近平总书记发展并丰富了马克思恩格斯的这些思想，明确提出科学阐述生命共同体的理念并用以指导建设中国特色社会主义的实践。他在党的十八届三中全会上提出，"人和山水林田湖是一个生命共同体。人的命脉在田，田的命脉在水，水的命脉在山，山的命脉在土，土的命脉在树"。

习近平生命共同体理念是人与自然和谐共生的理论基础，人类和山、水、林、田、湖都是生命共同体中的元素，他们组成紧密联系的自然—人—社会复合生态系统，同时每一个元素也都是一个有机生命体，是一个分系统，包括每个元素当中的各种生命体以及生命体赖以生存发展的环境(生命体之间也互为环境)，而每一个分系统的生存与发展是整个生命共同体生存与发展的充分必要条件。又如习近平指出的，如果破坏了山，砍光了林，也就破坏了水，山变成了秃山，水就变成了洪水，泥沙俱下，地就变成了没有养分的不毛之地，水土流失，沟壑纵横。这样恶性循环，人类就毁了自己的家园，难以生存，更谈不上发展。

习近平生命共同体理念要求从整体上把握生命共同体的运行，他强调要按照生态系统的整体性、系统性及其内在规律，统筹考虑自然生态各要素、山上山下、地上地下、陆地海洋以及流域上下游，进行整体保护、系统修复、综合治理，增强生态系统循环能力，维护生态平衡。

在党的十九大报告中，习近平总书记进一步明确指出："人与自然是生命共同体，人类必须尊重自然、顺应自然、保护自然。人类只有遵循自然规律才能有效防止在开发利用自然上走弯路，人类对大自然的伤害最终会伤及人类自身，这是无法抗拒的规律。"

习近平生命共同体思想深刻揭示了人类文明进步的客观规律，是对于建设中国特色社会主义理论的深化和升华，对于21世纪建设中国特色社会主义，全面实现小康，走向高收入(发达)国家具有重要的理论意义和实践意义。

习近平生命共同体理念是对于世界和平与发展理论的新贡献，他娴熟地运用这个思想理念于国际事务，为全球"共商共筑人类命运共同体"作出无以替代的巨大贡献。

2013年3月23日，习近平在莫斯科国际关系学院的演讲指出：这个世界，各国相互联系、相互依存的程度空前加深，人类生活在同一个地球村里，生活在历史和现实交汇的同一个时空里，越来越成为你中有我、我中有你的命运共同体。

2014年12月5日习近平又强调，国际社会日益成为你中有我，我中有你的命运共同体，面对世界经济的复杂形势和全球性问题，任何国家都不可能独善其身，一枝独秀，这就要求各国和衷共济，共同建设一个更加美好的地球家园。

2016年习近平在G20杭州峰会主旨演讲中再次阐述：同为地球村居民，我们要树立人类命运共同体意识。

2017年1月18日，习近平在日内瓦万国宫出席"共商共筑人类命运共同体"高级别会议，并发表题为《共同构建人类命运共同体》的主旨演讲，深刻、全面、系统阐述人类命运共同体理念，主张共同推进构建人类命运共同体伟大进程，坚持对话协商、共建共筑、合作共赢、交流互鉴、绿色低碳，建设一个持久和平、普遍安全、共同繁荣、开放包容、清洁美丽的世界。他强调，宇宙只有一个地球，人类共有一个家园，国际社会要从伙伴关系、安全格局、经济发展、文明交流、生态建设等方面作出努力，共同构建人类命运共同体。

联合国社会发展委员会第55届会议协商一致通过"非洲发展新伙伴关系的社会层面"决议，呼吁国际社会本着合作共赢和构建人类命运共同体的精神，加强对非洲经济社会发展的支持。同时，决议欢迎并敦促各方进一步促进非洲区域经济合作进程，推进"丝绸之路经济带和二十一世纪海上丝绸之路"倡议等便利区域互联互通的举措。这是联合国决议首次写入"构建人类命运共同体"理念，体现了这一理念已经得到广大会员国的普遍认同，也彰显了中国对全球治理的巨大贡献。

（廖福霖）

4.20　生态底线

生态底线的基本原理是生态平衡原理及其阈值法则。

生态平衡是当今人类最关注的理论问题和最重要的实践问题，是自然—人—社会复合生态系统运行的最基本法则，人类一切的生产活动和生活活动首先要建立在生态平衡的基础上。生态平衡是指一个生态系统在特定时间内通过内部和外部的物质、能量、信息的传递和交换，使系统内部各子系统、各因子之间达到了互相适应、协调和统一的状态。因为这种平衡只是相对的而不是绝对的，所以也称生态系统的动态平衡。

生态平衡有以下几个特征：

(1)生态平衡具有整体性特征，是自然界大系统生态平衡和局域小系统生态平衡的协同统一。生态平衡不单指某个生态系统的平衡，而是指许多个生态系统处于平衡状态，甚至是全球的生态系统处于平衡状态，这是因为自然界本身就是一个有机联系的整体，它们之间的联系错综复杂而又相当有序。各子系统的生态平衡是母系统生态平衡的基础，而母系统的生态平衡是各子系统生态平衡的保障。如果母系统失衡就会影响到所有子系统的失衡，如果一定数量的子系统失衡或是某个子系统失衡到一定程度，也会导致母系统的失衡。所以，一方面只有大系统的生态平衡了，才能为小系统的生态平衡创造良好的外部环境，如全球气候各因子平衡，气候灾害就少，海洋生态、森林生态、农田生态、草原生态、湿地生态、城市生态以及生物多样性等都会比较稳定，粮食安全、生态安全、食品安全等就会有保障。另一方面，只有所有的小系统的生态平衡了，才能促进全球的生态平衡，森林的生态平衡了、海洋的生态平衡了、草原的生态平衡了，乡村和农田的生态平衡了、城市的生态平衡了，湿地的生态平衡了……全球的生态才能平衡。还是以气候为例，人类生产和生活的二氧化碳排放减少(控制在阈值之内)，森林生态、农田生态和海洋生态系统优化了，吸收二氧化碳的能力大为增强，那么全球的温室效应就可逐渐减小。气候变得适宜，又促进了小系统的生态平衡，这样循环往复，就形成了良性循环。

(2)生态平衡是开放性的动态平衡。生态系统遵循耗散结构原理，必须同外部环境进行物质、能量、信息的交换，才能促进其平衡，并往高层次的平衡发展。所以生态系统是开放系统，生态平衡是动态平衡。生态平衡需要有内部因子的自控制、自调节和自发展的潜能，它充分体现了大自然的智慧。同时也需要有外部环境的补偿，如果环境太恶劣，生态系统无法从环境中得到补偿，就会衰退甚至消亡，所以生态平衡是由内部因子潜能和环境因素共同决定的，必须有同外部环境进行物质、能量、信息的交换，才能促进生态系统生态平衡的稳定发展，所以生态系统的平衡也是一种开放性的动态性的平衡。人类如果一味对自然生态系统索取而不给予补偿，生态系统就会出现输出多输入少(即入不敷出)，生态系统就会失衡甚至破坏，最终损害人类自己。

(3)生态系统的功能结构是生态平衡的内在决定因素。如果功能结构合理，就能促进生态平衡。如果功能结构不合理，或结构中某个因子缺失，就会导致生态失衡。所以，生态系统的平衡，很大程度上取决于生态系统内的因子多样性和功能结构的完善性，生态系统中的每一种因子(包括生物的和环境的因子)和每一种信息都有其不可忽视的作用。随意改变某种因子或某种信息，都可能导致生态失衡。比如在生态链中，如果某一种物种灭绝，它会引起28种物种的相继灭绝，这样以28的几何级数上升，生态系统的平衡就会遭到严重破坏。生态平衡是生态系统长期演替而成的，人们在改变生态因子时(如增加外部的因子或减少其中的因子)必须持慎重态度。生态系统中有不少动植物是靠发出信息(如气味信息、声音信息、光信息等)进行交配繁殖的，如果信息系统发生梗阻，就会破坏了这种交配繁殖，导致生态系统中某些物种骤减，而某些物种就会泛滥，生态也会失衡。

(4)在生态平衡中，生态系统具有自调节、自控制和自发展能力，这是生态平衡的内在动因。所以，生态系统具有一定的抗干扰和抗风险的能力。其中因子与子系统的自调节潜能是关键。但是这种自调节、自控制和自发展能力不是无限的，而是有一定限度的。这种限度在现代生态学上称为阈值，即各子系统、各种因子都必须维持在一定的阈值范围。如果外界的干扰超过了阈值，自调节就失灵，生态平衡就会被打破，生态系统就会发生紊乱甚至瓦解。所以，研究并掌握生态系统的阈值，促进人类的生产和生活活动控制在其阈值之内，是十分关键的，这就是阈值法则。比如对于森林的管理，如果采取合理强度择伐的经营措施，那么就能使森林生态系统借自调节能力保持在阈值范围内，森林生态系统能够充分发挥其生物潜能，生态系统仍然处于相对稳定状态，保持生态平衡，正常发挥其功能。如果采取大强度的砍伐或者皆伐，那么森林生态系统内的自调节能力就失灵了，森林就会衰退为疏林地(这时林地环境与生物多样性及生物自调节能力都会越变越差)，最终衰变成沙漠。所以人类的活动要使生态系统保持在其阈值之内，是取得生态效应、经济效应和社会效应相统一和最优化的重要前提。阈值法则是人类的任何活动都必须遵循的。

在充分理解上述生态平衡原理及其阈值法则的基础上，就不难理解：生态底线是指维护生态系统的平衡所必需的阈值，这种阈值包括数量的和结构的(两者一样重要，不可偏废，但是在为数不多的学术文献和地方的实践中往往只重视数量概念而忽视了结构概念)。如果外界的干扰超过了阈值，生态系统的自调节自控制和自发展能力就失灵，生态平衡就会被打破，生态系统就会发生紊乱甚至瓦解。可以说，生态底线就是生态阈值，是划定生态红线的科学依据，但是它没有法律或制度的效应，而生态红线是用法律与制度手段保护生态底线，使生态系统不突破生态底线从而实现平衡。"要牢固树立生态红线的观念，在生态环境保护问题上，就是要不能越雷池一步，否则就要受到惩罚"(习近平)。

生态底线是国家、区域安全的生命线，要根据生态底线"划定并严守生态红线，构建科学合理的城镇化推进格局、农业发展格局、生态安全格局，保障国家和区域生态安全，提高生态服务功能"，要根据资源环境承载能力开发，不能超过生态阈值。如我国必须严守18亿亩土地、自然保护区和水的生态红线，不能越过森林、湿地、海洋、草原、沙漠的生态底线，"温室气体"排放、PM2.5、土地农药化肥施用量、企业污染物排放量、工业化城镇化开发等，都不能超出生态环境阈值。"对那些不顾生态环境盲目决策、造成严重后果的人，必须追究其责任，而且应该终身追究"(习近平)。

在工业化城镇化的过程中，必然会有一部分人口主动转移到就业机会多的城市化地区。同时，人口和经济的过度集聚以及不合理的产业结构也会给资源环境、交通等带来难以承受的压力。因此，必须根据资源环境中的"短板"因素确定可承载的人口规模、经济规模以及适宜的产业结构。同时，要根据自然条件适宜性开发，不同的国土空间，自然状况不同。如海拔很高、地形复杂、气候恶劣以及其他生态脆弱或生态功能重要的区域，并不适宜大规模高强度的工业化城镇化开发，有的区域甚至不适宜高强度的农牧业开发。否则，就会超出生态底线，对生态系统造成不可挽回的破坏。　　　　　　　　　　（廖福霖）

4.21　生态危机

"由工业文明引发的包括环境危机和资源危机在内的自然生态系统的危机统称为生态危机"（黎祖交）。生态危机意识也是生态文明的基本理念之一，它和生态安全是一个问题的两个侧面。

生态危机的特点（黎祖交）：一是范围的广泛性。在全球范围内爆发，遍布整个地球生态圈的生物圈、大气圈、水圈、土壤岩石圈，对人类生存的危害是全面的。二是危害的严重性。特别是部分结果的不可逆性。三是成因的复杂性是空前的，其深层原因有人口的、生产方式的、消费的、科技的、贫困的、人类中心主义的等。

生态危机"从20世纪中叶成为全球性危机开始，至21世纪初达到顶点，经历了一个愈演愈烈的过程。它就像一颗毒瘤在工业文明的机体中恶性蔓延而不能自拔"（黎祖交）。其主要表现在以下十个方面：

（1）全球气候变暖。那些无法完全"内部化"持续排放的温室气体，使南北极温度上升，冰山融化，海平面升高，淹没部分沿海地区；无数被冰山封盖的有害微生物（如病毒与细菌等）被释放，将对人类造成巨大的灾难；气候变暖影响降雨和大气环流，造成旱涝频繁且凶猛等自然灾害；气候变暖导致许多病虫害的蔓延，极大影响人类的正常生产活动等。人类付出了仅仅在几年前都无法想象的高额成本：位于地中海和美国中西部的水库可能很快就会干涸；格陵兰岛冰盖可能正在以每年100立方公里多的速度消失，导致了海平面的上升；北极成为一个存放大量甲烷的大仓库；在斯瓦尔巴特群岛西北部，现在有250个地幔柱正在沸腾，这就意味着危险警告的地球气候"临界"点正在一步步靠近（UNEP：《联合国环境规划署年鉴2009》）。

据参考消息2016年12月5日报道，一项具有开创性的气候变化研究的首席科学家托马斯·克劳瑟博士说，"完全可以说我们在全球变暖的问题上已经到了无可挽回的地步，我们无法逆转这样的影响，不过我们确实可以降低危害的程度"，他的研究结果刊登在《自然》杂志上，已经得到联合国的采纳。他还说，特朗普对气候变化问题所持的怀疑立场，对人类来说是灾难性的。

（2）臭氧层破坏。臭氧相对集中的臭氧层距地面约为25公里，是地球的"保护伞"，它为人类吸收太阳光中大量的紫外线。倘若臭氧层持续遭到破坏，那么随着"无形杀手"——紫外线的侵入，生物蛋白质和基因物质脱氧核糖核酸被破坏，将会增加皮肤癌的发病率，也会抑制大豆、瓜类、蔬菜等植物的生长，使得农作物大量减产，影响生态平衡。届时，地球上的生灵将无法生存。现今，南北极臭氧洞已有欧洲陆地面积之大。好在经过人类的努力，臭氧层已有修复的迹象。

（3）"跨国恶魔"——酸雨破坏性强。酸雨被称为"跨国界的恶魔"，其危害是全球性、跨国域的。随着工业发展和化学燃料的大量使用，大气中的二氧化硫、二氧化氮等分子越来越多，高达 3000 万吨/年，大大降低了雨、雪、雾、露的 pH 值，使其呈现酸性，最终形成酸雨。酸雨严重影响人类环境，造成诸多环境问题，如土壤酸化、腐蚀建筑材料、危害动植物的生长等，甚至漂洋过海，影响其他国家的生态环境。例如，日本排放的酸性成分，越过太平洋，到达美国时形成酸雨落下，同时影响到加拿大。酸雨强劲的破坏力和跨国恶魔特性，危害范围涉及大半个地球甚至全球，严重威胁全球生态安全。

（4）大气污染严重。大气污染由悬浮颗粒物、一氧化碳、二氧化碳、氮氧化物、铅等造成。目前，雾霾这一愈发严重的大气污染已成为大众关注的焦点。所谓霾，是指空气中的灰尘、硫酸、硝酸、有机碳氢化合物等大量极细微的干尘粒子均匀的浮游在空中，使空气浑浊（百科）。而 PM2.5（粒径小于 2.5 微米的颗粒物）是造成雾霾天气的"元凶"，它不仅是一种污染物，而且是重金属、多环芳烃等有毒物质的载体，主要包括粉尘、烟尘等工业排放的废气与汽车尾气等。"我们最近研究发现，在高湿度和高氨气的条件下，空气中的二氧化氮会促进硫酸盐形成，从而加重雾霾。这表明，除了燃煤、机动车排放和生物质燃烧，控制华北平原氮肥的使用也非常重要。这能在相当程度上减少 PM2.5 的形成。""我们在烟雾箱进行了模拟实验，证明氮肥释放的氨对雾霾的贡献率可达 20% 以上。这项研究成果已经在美国科学院院报上发表。"（周卫健，2017）

由于 PM2.5 粒径小、活性强，容易通过各种途径吸收侵入人体，进入到呼吸道较深的部位，甚至深入到细支气管和肺泡，直接影响肺的通气功能，严重影响人的身体健康。

（5）土壤遭到破坏，地球大动脉出血严重。人类食物 98% 所需要的蛋白质来源于土地，然而，过度放牧、耕作采伐薪材使得水土流失不断加剧，正以每年 800 万公顷的速度流失，这也导致土壤荒漠化程度越来越严重，沙尘暴肆虐，使得地球的大动脉出血，若是不及时遏制，地球将因失血过多而休克。著名的"双龙"事件（美国的黑龙事件和前苏联的白龙事件）都向人们诠释土壤退化的危害性。据了解，110 个国家（共 10 亿人口）内的可耕地肥沃层在降低，由于森林植被的破坏、耕地的过分开发和牧场过度放牧，非洲、亚洲和拉丁美洲的土壤侵蚀严重，治理形势严峻。到本世纪中期，人均可用耕地面积可能会不足0.1 公顷。

（6）海洋酸化严重。海洋是人类生命的摇篮，占全球面积的 71%。全世界有 60% 的人口集中在离大海不到 100 公里的地方，沿海地区人口压力大，排入海洋的生活污水和工业污水逐渐增多，超过海洋自净能力，严重影响海洋的生态环境。海洋的过度开发，导致海水酸化（富营养化），海洋资源大量减少，生物多样性急剧下降。例如，人类活动以及过度开发导致近海区的氮和磷增加 50% ~ 200%，使得波罗的海、北海、黑海、东中国海等赤潮频繁发生，导致红树林、珊瑚礁、海草大量被破坏，海洋生物以及海洋渔业遭受损失。据了解，自 20 世纪 60 年代以来，全球主要的经济类海洋鱼类生物量减少了 90%。与此同时，滨海红树林的不断减少，也加剧了台风、地震和海啸等自然灾害的危害程度。

（7）淡水资源短缺。目前，获取淡水和使用清洁的淡水已经被认为是最需要引起重视的环境问题之一。水是我们生命的源泉，淡水短缺，将会引发新一轮的冲突。如果说 20 世纪战争的根源是石油，那么 21 世纪战争的根源则是水。争夺水资源是跨流域跨国家的，例如 20 世纪两次印巴战争都是为了争夺水资源。

（8）生物多样性锐减。数以千计的物种灭绝，生物多样性正以前所未有的速度减少。有关学者估计，世界上每年至少有 5 万种生物物种灭绝，并以几何级数增长，估计到 21 世纪初，全世界野生物的损失可达其总数的 15%～30%。中国大约已有 200 个物种已经灭绝，估计约有 5000 种植物在近年内已处于濒危状态，这些约占中国高等植物总数的 20%；大约还有 398 种脊椎动物也处在濒危状态，约占中国脊椎动物总数的 7.7% 左右。生物多样性遭到破坏，生物灭绝的种类，影响到整个生物链和生态系统。届时，人类将成为孤家寡人，最后连人类也灭绝了。

（9）土地沙化荒漠化日益扩大。目前，全球荒漠化土地面积已达到 3600 万平方公里，约占地球陆地面积的 1/4，并且仍然以每年 5 万～7 万平方公里的速度扩大，有 25 亿人口遭受此危害，12 亿多人口受此直接威胁，100 多个国家和地区受此影响。据联合国统计，目前全球已有不少于 5000 万人沦为荒漠化的生态难民。

（10）森林和湿地面积大量减少。森林被喻为地球的"肺"，湿地被喻为地球的肾，它们同时也是大基因库。森林占地球陆地面积的三分之一，世界上约有 16 亿人，包括 2000 多种土著，都以森林为主要谋生手段。据统计，1862～1958 年不到 100 年的时间内，全球森林从 55 亿公顷减少到 37 亿公顷，1958～1978 年则减少到 26 亿公顷。目前，人类的绿色屏障——森林正以每年 4000 平方公里的速度消失。据《联合国环境规划署年鉴 2009》中的数据显示，目前全球有 25 个国家的整个森林生态系统已经消失，另外还有 29 个国家则减少了 90%。森林面积的锐减，不仅使其涵养水源的功能受到破坏，导致灾害频频，如洪旱肆虐、水土流失、生物多样性下降以及加剧温室效应等，而且也带来各种各样综合性的自然灾害，同时也是地球大动脉出血的主要原因。同时 20 世纪全世界半数湿地消失；在过去的 50 年中，全世界 2/3 的农田受到土壤退化的影响；堤坝、河流改道及运河几乎破坏了 60% 世界大河的完整性；全世界 20% 的淡水鱼种类或灭绝，或濒临灭绝，或受到威胁。

全球生态危机继续加剧。根据瑞典科学家 2009 年主导的研究对全球九大生命支撑系统所作的全面定量化的评估，人类已经突破了三个子系统的红线，包括气候变化、生物多样性、空间中氮的循环，还有三个领域在 21 世纪不容乐观，包括海洋酸化、淡水利用、土地利用。

（廖福霖）

4.22　生态文明政绩观

生态文明政绩理念是建设生态文明的顶层设计、思想观念和建设绩效的总和，是建设生态文明的重要导向。

2016 年 8 月，中共中央办公厅、国务院办公厅印发《关于设立统一规范的国家生态文明试验区的意见》及《国家生态文明试验区(福建)实施方案》要求福建成为绿色发展评价导向的实践区,探索建立生态文明建设目标评价考核制度,开展自然资源资产负债表编制、领导干部自然资源资产离任审计和生态系统价值核算试点,加快构建充分反映资源消耗、环境损害和生态效益的生态文明绩效评价考核体系。2016 年 12 月,中共中央办公厅、国务院办公厅印发了《生态文明建设目标评价考核办法》,指明了领导干部生态文明政绩的目标指向、重要内容和考核办法,建立生态文明建设目标评价体系。突出经济发展质量、能源资源利用效率、生态建设、环境保护、生态文化培育、绿色生活、人民群众满意度等方面指标,把绿色发展作为经济社会发展综合评价和市县党政领导干部政绩考核的重要内容和基础。综合考虑各地主体功能定位、资源禀赋、产业基础、区位特点等,开展生态文明建设评价,将评价结果向社会公开,扩大公众参与,促进生态文明全社会共建共享;以解决好人民群众普遍关心的突出生态环境问题为导向,建立完善党政领导干部政绩差别化考核机制。完善体现不同主体功能区特点和生态文明要求的市县党政领导干部政绩考核办法,突出绿色发展指标和生态文明建设目标完成情况考核,加大资源消耗、环境损害、生态效益等指标权重;按照既反映自然资源规模变化也反映自然资源质量状况的原则,探索编制自然资源资产负债表;建立领导干部自然资源资产离任审计制度,并将审计评价结果作为领导干部考核、任免、奖惩的重要依据。这一系列顶层设计为树立领导干部生态文明政绩观提供了机制和制度方面的强有力保障,充分体现了以习近平总书记为核心的党中央执政为民的核心理念和中华民族永续发展的长远战略。

生态文明政绩的思想观念是一个系统集,关键有三个方面。

一是民生为上,民心为重。

"民生问题是事关人民生存和生活的基本问题,也是人民最关心、最直接、最现实的利益问题"(王国聘)。我国古代就有"为官一任,造福一方""万事民为先"的说法,这实际上就是民生为上的理念。我们国家发展到现在这个阶段,生态环境问题已直接威胁到公众的安全、健康,成为与公众十分密切、直接相关的重大民生问题,遗憾的是有些干部和企业对这些视而不见,漠不关心,导致一些地方民怨沸腾,"人民群众反映强烈。我们在生态环境方面欠账太多了,如果不从现在起就把这项工作紧紧抓起来,将来会付出更大的代价(习近平)。"水可载舟,亦可覆舟。"生态建设根在民生,一头连着百姓生活质量,一头连着社会和谐稳定"(王国聘)。应当与以习近平总书记为核心的党中央保持高度的一致,秉持执政为民的宗旨,切实树立民生为上的理念,把解决好生态环境问题作为重要的政绩。"全党同志都要清醒认识保护生态环境、治理环境污染的紧迫性和艰巨性,清醒认识加强生态文明建设的重要性和必要性,真正下决心把环境污染治理好、把生态环境建设好,为人民创造良好生产生活环境"(习近平)。认真为民办实事,"集中力量优先解决好细颗粒物(PM2.5)、饮用水、土壤、重金属、化学品等损害群众健康的突出环境问题"(习近平)。创建有利于解决关系人民群众切身利益的大气、水、土壤污染等突出生态资源环境问题的制度,推动供给侧结构性改革,为企业、群众提供更多更好的生态产品、绿色产品,实现绿色富民与绿色惠民。

二是功成不必在我任。

"生态环境保护功在当代,利在千秋"(习近平)。虽然它是短期效益和长期利益的有机统一，但是不少生态保护与环境治理难以在短期内见效，而许多主政地方的官员一般在三五年内就会提拔或调整，由于一些干部中存在着急功近利的思想，不愿意做"前人栽树，后人乘凉"的事情。但"士不可不弘毅，任重而道远"，政府和企业要避免只注重出眼前政绩，缺乏长远打算，只管建设、不管保护的错误做法，更不能做表面文章的政绩工程，切实树立"功成不必在我任"的理念，久久为功，一张蓝图绘到底，不但满足人民群众对良好生态环境的期待，而且为子孙后代留下天蓝、地绿、水净的美好家园。要相信群众心中有一把秤，这把秤最准确最公平，群众的好口碑会留芳历史。如焦裕禄改善兰考的生态环境，为人民群众创造良好的生产生活条件，就成为人民群众心中永久的县委书记的好榜样，如今兰考的泡桐已被群众命名为"焦桐"。

三是不唯 GDP 论英雄。

改革开放 30 多年，以经济建设为中心的理念深入人心，使我国在经济社会发展中取得有目共睹的显著成绩。但是以经济建设为中心又被逐渐演变成以 GDP 增长为中心，成为唯 GDP 论英雄，以致酿成许多生态环境问题，其中许多极其得不偿失。以滇池为例，30 多年来滇池上游兴办企业造成的污染使滇池曾经成为一潭臭水，后来治理滇池所花费的钱已大大超过这些企业 30 几年来 GDP 的总和，但是据专家测算，滇池要恢复到原来的面貌，还需要 50 年的治理和自然恢复。大家记忆犹新的太湖，由于污染形成的富营养化，蓝藻猛生，导致两岸生产生活无水可用三天，据测算，太湖要恢复原貌，还要很长时间。

加拿大著名幸福经济学家马克安尼尔斯基提出真实财富(即真实幸福指数)的理论。虽然这个理论带有过分理想主义色彩，但是有许多科学成分，且它对于工业文明 GDP 观弊端的揭露是很深刻的。他举了两个例子：一个是嗜烟的晚期癌症患者，正经历着昂贵的离婚诉讼，他开车时边接听手机边吃汉堡快餐，他的车已驶入到 20 辆连环相撞的车祸里。这个人的行为是令人遗憾的，几乎全是负面效果，但却是传统经济学的"完美的英雄行为"，因为他的所有行为都为增加传统的 GDP 作出了贡献。另一位是拥有稳固婚姻的健康人，在家就餐、步行上班、不抽烟、不赌博，他则是传统经济学的坏蛋，因为他对传统 GDP 毫无贡献。

所以，生态文明建设需要打破唯 GDP 论英雄的政绩观，"我们一定要彻底转变观念，就是再也不能以国内生产总值增长率来论英雄了，一定要把生态环境放在经济社会发展评价体系的突出位置。如果生态环境指标很差，一个地方一个部门的表面成绩再好看也不行，不说一票否决，但这一票一定要占很大的权重。"(习近平)真是一语中的。　　(廖福霖)

第五篇

生态文明的科学与人文社会科学基础

5.1　生态学

生态学是探索生物与环境、生物与生物等因素相互联系、相互作用的科学。因生物与生物、生物与环境相互作用复杂多样，生态学的研究方法也相应复杂，故生态学呈现复杂性、多样性、系统性、综合性。因为，任何生物的生存与发展，都需要物质、能量与空间。不同的生物都属不同的进化分支，其需求有统一性又有多样性，有共性，有个性，不同的物种对环境的要求有一定差异，如对空间、空气、温度、湿度、热量、土壤、无机盐需求各异。物种对环境中物质、能量、理化条件需求的不同特性称为物种的生态特性。

物种与物种间，生存与进化中是普遍联系的，物种之间有互助互益，也有互争互害，动植物、微生物彼此之间存在着相生相克的复杂关系，生态学研究的一个任务就是揭示物种间相生相克的机理与本质，把握其规律性。

人类为了生存与发展，不断地改造环境、利用环境，而环境的变化又反作用于人类，随着人类活动空间的拓展、方式的多样，人类与环境的关系也就变得越来越突出。因此作为探索人与环境的生态学也相应地不断拓展，不仅探索生物个体、种群、生物群落，还拓展到人类社会的各个领域，已形成自然与社会的复合研究体系。当前人类所面临的人口、资源、环境等紧迫问题，都已纳入生态学研究的范围内。

"生态学"的概念，最早是由德国生物学家 E·海克尔（Emst Haeckel，1834.2.16～1919.8.9）在 1866 年提出的。海克尔是坚定的进化论者，他还曾提出"生物个体发育是系统发育的简短而迅速的重演"，并用"胚胎重演律"给以证明。海克尔的思想后来发展成"三大重演律"（胚胎重演律、个体发育重演律、个体思维发育重演律）。他所提出的"生态学"概念，是一个划时代的创造，因为科学史反复证明：科学的最高成果是概念。海克尔当时把生态学定义为：研究动物及其有机和无机环境之间相互关系的学科，特别是研究动物与其他生物之间的全部关系。后来，海克尔又在生态学定义中，增加了"生态系统"的概念，把生物与环境的关系，综合为物质流动与能量交换；20 世纪 70 年代以后的现代表述是生物与环境间的物质流、能量流、信息流。目前，生态学概念，越来越丰富具体。

中国古代，很早就有生态学思想的萌芽。在先秦著作中的《考工记》《吕氏春秋》都有闪光的生态学思想，提出"法天地""阴阳循环"、生态和谐与贵生本生的观点。特别是《吕氏春秋》，主张贵生、养生，反对"竭泽而渔"。在《士容论第六》中提出了《上农》《任地》《辩土》《审时》等四篇重农文章，这是人类讲生态农业最早的文献。在《天工开物》《齐民要术》中，还探索了自然系统与农耕系统的关系。古罗马的老普林尼（Pliny the Elder，公元 23～79 年）在公元 77 年著《博物志》，探索了各种生物的生态状况。到 18 世纪以后，才出现了现代生态学的轮廓。19 世纪，生态学有了进一步发展，首先进行了环境因子对作物与家禽影响的实验研究，初步确定了植物发育的起点温度为 5℃。马尔萨斯（Malthus Thomas Robert，1766～1834）著《人口原理》（又译为《人口论》），认为人口增殖力远大于生活资料的增长率，他认为，人口增长按几何级数 1、2、4、8、16、32……增长；生活资料按

1、2、3、4、5、6……算术级数增长。并进一步认为：①人口必然要被生活资料所限制；②只要生活资料增长，人口必然增长，除非限制生活资料增长；③限制生活资料的增长从而限制人口，可用道德节制、贫困、罪恶、战争。马尔萨斯发现了人与环境生态的矛盾，但他提出的解决矛盾的办法备受争议。1859 年，达尔文（Charles Robert Darwin，1809 ~ 1882）《物种起源》提出的自然选择学说，促进了生态学的进步。到 20 世纪以后，生态学的许多基本概念和范畴确定了，如生态位、生态因子、食物链、生物量、生态适应、生态型、生态平衡、生态策略、生态遗传、生态系统等概念和其概念体系的形成，标志着生态学已成为相对独立的学科。

20 世纪下半叶以后，生态学吸收了其他学科的成果，大量运用数学方法和实验方法，有些研究部门还用计算机模拟生态系统运行状况，从而使现代生态学理论体系初步建成。随着社会的发展，生态问题日益严重，为解决这些问题，国际生物科学联合会（IUBS）制定了国际生物计划（IBP）。1972 年联合国教科文组织设立了人与生物圈（MAB）国际组织，展开自然生态与人文生态的研究，各种国际合作，推动了生态学的进步。进入 21 世纪，生态学正从定性到定量、从宏观到微观、从静态到动态，进行着多层次、多类型、多方位的系统研究。

作为复杂大系统的综合学科与交叉学科的生态学，有许多分支学科。如，植物生态学、动物生态学、微生物生态学、人类生态学；个体生态学、种群生态学、群落生态学、景观生态学、环球生态学、系统生态学；陆地生态学中的森林生态学、草原生态学、荒漠生态学；水域生态学中的湖泊生态学、河流生态学、河口生态学、海洋生态学、深海生态学；生态学与不同类别的自然科学交叉而成的数学生态学、物理生态学、化学生态学、地理生态学、地质生态学、生理生态学、进化生态学、遗传生态学、医学生态学、古生态学、经济生态学、政治生态学、文化生态学；应用性的生态学门类也很多，如工业生态学、农业生态学、林业生态学、牧业生态学、环保生态学、污染生态学、城镇生态学等。目前，生态学的高度分化、高度综合还在不停地进行着。

生态学最重要的研究是生态平衡问题。从科学角度研究平衡问题的首先是"化学平衡"。1888 年，化学平衡原理已经被学术界广泛接受，此原理是法国化学家勒夏特列（Le Chatelier Henri Louis，1850 ~ 1936）首先提出的。表述为"如改变可逆反应的条件（浓度、压强、温度等），化学平衡被破坏，在一定范围内，化学体系会自动地向着使改变削弱或解除的方向移动"。实际上，化学平衡原理，揭示了化学体系自调节过程，也从化学生态学的角度，揭示了生态平衡的原理。生态平衡与化学平衡有一定的相似之处。在生态系统中，各生态要素相互作用、相互联系，彼此互相制约、互相协调、互相补偿，或相反相成，或相似相成，从而使整个生态系统保持动态稳定平衡态，这就是生态平衡。生态学要探索这种平衡的规律和本质，研究平衡变化的机理以及生态系统自调节机制。与生态平衡相关联，种群有自调节能力，生态有自净能力。生态学要研究生态系统自调节、自组织的规律；生态学还要研究物种间的关系，如食物链、竞争与互利共生等规律和原理；生态学也要探索系统与要素代偿、代谢功能，研究系统中物质能量循环；生态学必须研究生态系统与环境的相互作用，实际上，生物进化论就是生物与环境相互作用的结果。目前，对生态学的基本规律和机理，还在深入探索中，预计在 21 世纪下半叶将有突破性进展。

　　生态学研究，几乎移植了所有的科学方法，主要有：①观察方法，实地考察观察，典型观察、对照观察等；②实验方法，各种生态实验，包括在宇宙空间站的生态实验；③数学方法，也包括计算机模拟。数学是科学的王冠和权杖，也是学科成熟与否的标志。当代生态学研究，几乎把所有数学方法都采用了，例如，广泛使用的统计方法、数学分析方法等；④文献方法，生态学家为了综合前人的成果，广泛收集资料，建立相关问题的文献树、知识库，从而避免重复研究，把握生态学研究的前沿；⑤还原方法，生态学把生态系统分解为生态因子，分别加以考察，寻找出主导因子以及各因子之间的相互作用，从而揭示生态系统的规律。此外，像物理方法、化学方法、生物学与生理学方法，甚至医学方法、社会学方法、经济学方法、法学方法等，都在生态学研究中广泛应用。

　　生态学关心在人类产生之前的生态进化，也关心深海高山无人区的生态演化。在这方面，与环境科学不一样，环境科学更多地关心人与环境的关系。到 2016 年年底，天文学家们公认的太阳系年龄为 45.68 亿年，地球年龄为 45.45 亿年。地球早期，没有生命，也就没有生态问题。地球上的生态进化研究表明：①太古宙早期(38 亿～35 亿年前)，生命起源，最早的生物生态系统，即微生物生态系统建立；②太古宙至元古宙早期(35 亿～20 亿年前)，最早的光合作用出现，原始蓝菌、光合细菌生态系统建立；③元古宙中期(20 亿～8 亿年前)，海洋中浮游生物和生物礁生态系统建立；④元古宙晚期(8 亿～6.5 亿年前)，动植物生态系统起源；⑤显生宙(6.5 亿年前至今)，地球各种生态系统逐次建立。

　　目前，生态学已成为既高度分化，又高度综合的庞大的系统科学群，是自然科学、人文科学、技术科学的交叉与融合的学科体系。生态学也和所有的学科一样，随着自然史与认识史的演进而发展，越来越成为历史的学科。　　　　　　　　　　(王德胜，宋洁)

5.2　环境科学

　　环境，指人以外的影响人生存与发展的各种自然要素与社会要素的总和。从环境保护法与环保实践中，把环境视为复杂的物质人文系统，并把应保护环境要素与对象统称为环境。例如土地、山林、湖泊、海洋、大气、水、草原、野生动植物；名胜古迹、风景旅游区、人民生活居住区、自然保护区等。环境分类尚无统一标准，按环境大小，可分为局部的微环境与大尺度宏观的大环境；按环境要素，可分为自然环境与社会环境。在自然环境中，又可细分为土壤环境、大气环境、水环境、地质环境、生物环境等；在社会环境中，又可细分为村落环境、城市环境、生产环境、生活环境、文化环境、交通环境等。按环境的主体，可分为人作为主体的人类生存环境，一般探索环境保护实践和理论的学者，把人作为主体加以研究，还有把生物作为环境主体的生物界生存环境。在生态学中，把生物作为主体加以研究。例如，在无人区、深海等仅有生物、没有人的地方，仅有相应生物的生态环境。

　　环境科学是现代自然科学中的交叉学科与综合学科。科学，是人对事物本质及其规律性的真理性认识。科学往往与技术有密切联系，科学作为真理性认识，技术则是对世界进行改造的手段。马克思把科学技术看成是推动历史前进的"革命性力量"，邓小平把科学技术看作"第一生产力"。环境科学，是研究各种自然要素与社会要素体系的本质及其运动规律的学问，是研究人类生存环境质量、研究环境保护与改善的本质规律的知识体系。

在英国和欧洲其他国家，18 世纪以后，产生了第一次和第二次工业革命。工业革命提高了生产力，改善了人民的生活，也使得英、法、德、美等国成了世界强国。但随着工业革命的发展，环境污染、生态破坏日益严重，人们的生存环境越来越差，与环境污染有关的疾病也越来越多。这种情况引起了科学家和政治家的重视。到 20 世纪以后，西方工业国家的环境污染已相当严重。例如，1952 年 12 月 4~9 日发生在伦敦的"烟雾事件"；1956 年发生在日本水俣县水俣湾的甲基汞、氯甲基汞（CH_3Hg、CH_3HgCl）中毒的"日本水俣病"等就是典型。学者们把环境污染定义为：因人类活动而引起的环境质量下降，从而有害于人类和其他生物生存和发展状况。这类现象被统称为环境污染。环境污染是进入环境的有害物超过环境的自净能力造成的。环境污染产生的主要原因是资源的不合理使用与浪费，把可使用资源作为废物排入环境，从而造成危害。环境科学研究的一个重要任务就是防止环境污染，修复和改善生态环境。

环境科学的概念与内涵，随着历史的进程而发展，其外延也在不断拓展，环境科学的分支也越来越多，先后产生了环境科学、环境物理学、环境化学、环境生物学、环境工程学、环境医学、环境社会学、环境法学、环境政治学等一批新学科，从而形成了环境科学的"学科群"。

环境质量探索，是环境科学的重点研究方向。研究环境质量，重点要研究污染物在环境中迁移与转化的规律，探索生态效应与环境质量的标准与评价，研究环境质量控制与工程治理，拓展环境监测、环境分析技术。同时探索环境过程与环境变异效应，制定环境规划，提出解决环境问题的方案。

由于环境问题的复杂，使环境科学呈现多学科交叉、多学科综合的特点，同时还要与治理环境的工程技术相协同，从而使环境科学成了人、自然、社会彼此密切关联的大的系统科技体系，也使环境科学具有综合性、整体性、系统性，体现理论与实践的统一。

研究和解决环境问题，需要整个地球村与全球"人类命运共同体"全方位、全面合作。当代，全球 70 亿人共同面临着人口爆炸、环境恶化、资源匮乏、能源枯竭、生态破坏、臭氧层空洞、酸雨、森林锐减、草原退化、淡水短缺、空气污染、雾霾频发和沙尘暴肆虐等环境问题。如此种种，都是环境科学研究面临的艰巨任务；而完成这些任务，保卫地球，需要全地球人共同努力。人与人乘小舟渡水，遇大风要同舟共济，当今地球人已遇到生死存亡的问题，所以"人类命运共同体"应"同球共济"。2016 年 11 月 4 日，联合国秘书长潘基文宣布《巴黎协定》正式生效，这个 29 条的气候协定，体现了全球共同努力的成果，控制地球全球气候变暖、气温升高，也十分需要全地球村的居民共同努力。《巴黎协定》是一个全球合作的典范，是"同球共济"的样板。

环境科学研究的全球合作，应高瞻远瞩，以全人类的共同利益为目标，顾全整个人类文明发展的大局，以联合国与"人类命运共同体"为依托，明确整个地球的环境承载力是有限的，人类只有一个地球，应协同合作，保护好共同的家园，从而也就保护了人类，保障了可持续发展。

（王德胜，宋洁）

5.3　景观生态学

景观原指自然景色、自然风景，引申泛指可供观赏的景物。早期景观概念，主要在地理学中使用，指天然自然综合体、人工自然综合体、复合自然综合体。如自然景观、园林景观、建筑景观、经济景观、文化景观、历史景观、现代景观等。景观学多从景观组成、结构及其相互作用中，探索景观特征与机理。

景观生态学是景观学与生态学相结合的交叉学科，探索生态系统与景观的联系和相互作用。例如，某一人工与自然的复合系统，呈现在人们面前的有森林、草原、河流、湖泊、农田、村落、城镇、港口、工厂、路网等，这些景观与生态综合而成的复合系统，就构成了具体的景观生态。探索此景观生态组成、结构、功能的学科，就是景观生态学。景观生态学可逐层、逐类地揭示景观生态的本质与规律。

景观生态学研究的重点是景观空间格局，对生物群体的影响和作用，揭示景观与生物群落的相互作用。为解构此问题，景观生态学还制定了一些定量和定性的指标，因问题复杂，还没能形成完整的指标体系，但已取得了积极成果。如景观镶嵌度、景观连续度、碎裂度；景观丰富度、均匀度；景观边缘线；景观分布、运动和持久性等。景观生态学研究，对城镇乡村美化、国土美化与整治、江河湖海治理、城市规划、风景旅游、农林牧渔业场地规划管理、矿区开发与生态恢复，都有重要作用。

中华传统文化，很早就有景观生态学的思想。《易经·贲·彖》曰："柔来而文刚"，"观乎人文，以化成天下"；"贲于丘园，束帛戋戋"，美化家园，美化山川。所以，对景观生态学的研究，还可弘扬传统文化，使中华大地"黄中通理"，"美在其中"，"美之至也"。

（王德胜，宋洁）

5.4　应用生态学

应用生态学（applied ecology）是生态学的重要分支学科，是把生态学研究的成果、理论、方法，应用到调控生态系统、和谐生境与各种生态因子，保护生态、管理生态、建设生态，从而使人类的社会实践更符合自然生态规律，使人与自然和平共处、和谐共荣、协调发展，达到长期可持续共存共荣。

应用生态学的研究领域十分广泛，而且随着生态文明建设的深入发展，其研究范围还在不断地拓展，如农林牧生态学的应用，江河湖海生态学的应用促进水产业的发展，用生态学原理保护自然资源、防治病虫害、防止污染、保护环境等。

应用生态学的思想方法十分古老。中国传统文化中，多处提到应用生态学的思想，例如《尔雅》《神农本草经》中，就记录了许多鸟兽、植物的生存环境和用途。《吕氏春秋·义赏》篇中说："竭泽而渔，岂不获得，而明年无鱼；焚薮而田，岂不获得，而明年无兽。"实际是主张保护生态、永续发展。汉代淮南王刘安著《淮南子·本经训》中，主张保护自然生态，反对"樊林而田，竭泽而渔""刳胎杀夭，覆巢毁卵"。《孟子·梁惠王上》中说得就更透彻了："不违农时，谷不可胜食也；数罟不入洿池，鱼鳖不可胜食也；斧斤以时入山林，材木不可胜用也。谷与鱼鳖不可胜食，材木不可胜用，是使民养生丧死无憾也。"这是最古老又是最杰出的应用生态学思想。

随着时代的演进，现代应用生态学应运而生，特别是在第一、二、三次工业革命之后，环境越来越恶化，许多科学家和政治家，开始关注生物圈大环境，希望用生态学知识与原理，保护生物圈，保护地球，保护人类唯一的家园。1960年以后，应用生态学逐步发展成熟。现在，应用生态学已成为时代的显学。

现代，应用生态学研究范围越来越广泛，其重要领域有以下五个：

第一，探索生态系统与生物圈的可持续利用，长期协同发展，说明人与地球生物圈的共存共荣、永续发展的机理与过程。

第二，进行生态设计与生态调节，从而使人类活动与生态系统和谐。生态设计是应用生态学的积极进取的工作，在发挥人的主动性、能动作用的同时，做到"敬畏自然，尊重生物多样性"。

第三，探索生态服务的机理与过程，从而使人与环境相得益彰，做到"万物并育而不相害"。生态服务是应用生态学研究的主要内容。

第四，生态预报。大自然的生态系统是稳固的，同时又是脆弱的。由于环境污染、生物入侵，转基因带来的变化，某些特殊病毒、超级细菌爆炸式的出现，往往造成重大的"生态灾难"。通过应用生态学的研究，如果能够预报这种灾难，将可避免损失，保护生态也保护人类自身。

第五，准确地进行生态评价，为生态调控提供科学依据。用科学标准，衡量和判断生态状况，称之为"生态评价"。应用生态学要研究生态评价的指标体系，创建评价标准，中国生态学家在这方面与世界同步，有些领域还走在前列。而生态评价指标体系的确定，为全面的生态调控进行生态各方的调节打下了科学基础。

应用生态学研究，有多方实用价值，主要有以下六个方面：①涵养水源，解决干旱问题；②保护和改良土壤；③碳汇服务；④改善空气质量、防污治污；⑤关爱生物多样性，进而保护生物圈；⑥提供良好生态景观，建设宜人宜居环境。

目前，应用生态学研究，正从描述性学科发展为严谨的自然科学，从定性走向定量，从宏观走向微观。许多生态学家试图用集合论、非线性数学、突变论数学等现代数学工具，为应用生态学建立数学模型，并取得了可喜的成果，另外一些有眼光的生态学家，则试图把应用生态学与现代科学成果结合起来加以探索。因为应用生态学是最复杂的学科之一，所以，有的生态学家试图用复杂性理论来解释应用生态学的机理与过程，主要采用非线性、远平衡自组织理论来说明应用生态学的结构功能，包括普里戈津的耗散结构、艾根的超循环理论、哈肯的协同学，特别是哈肯创立的协同学，对追求和谐共荣、永续发展的应用生态学，有相当多的交集与共同之处。

（王德胜，宋洁）

5.5　人类生态学

人类生态学又译为"文化生态学"，是生态学与人类学间的交叉学科和边缘学科，是探索人与自然、人与环境、人与生物圈相互作用，协调发展的科学。古老的中国哲学十分注重人与自然的关系，提出了"天人合一"的哲学命题。老子《道德经·二十五章》说："人法地，地法天，天法道，道法自然。"这实际已明确指出，人是自然的一部分，人不仅受生物规律支配，同样受自然规律支配；不仅受社会规律的支配，同样受生态规律的支配。恩格斯在 140 年前，即 1876 年 6 月写的《自然辩证法·劳动在从猿到人的转变中的作用》一文中，明确指出：人是自然的一部分。"我们连同肉、血和脑都是属于自然界并存在于其中的。"从政治哲学的高度，提出保护自然、保护生态、保护环境的也是恩格斯。他在上述文章中指出："我们不要过分陶醉于我们人类对自然的胜利。对于每一次这样的胜利，自然界都对我们进行报复。"例如，"美索不达米亚、希腊、小亚细亚以及别的地方的居民，为了得到耕地，毁灭了森林，他们梦想不到，这些地方今天竟因此成为荒芜不毛之地。"人类毁林垦田，毁草垦地，不仅把畜牧业的根基挖掉，"这样做，竟使山泉在一年的大部分时间内枯竭了，同时在雨季又使更加凶猛的洪水倾泻到平原上来。"

现代，科学的人类生态学概念，是经过两代学者的努力才日臻完善的。首先是美国生态学家马什（Marsh，George Perkins，1801.3.15 美国伍德斯托克～1882.7.23 意大利瓦隆布罗萨）把生态学与人类学结合起来加以探索。到了 20 世纪，芝加哥学派的罗伯特·E·帕克（Robert Ezra Park，1864.2.14～1944.2.7）在 1921 年明确提出"人类生态学"（human ecology）科学概念。随着环境问题的严重，人类面临的生态问题日渐增多，科学家与政治家广泛重视人类生态问题。1972 年，人类环境会议在瑞典召开；1982 年各国代表通过了有关环境问题的《内罗毕宣言》；1985 年，国际人类生态学会成立，并确定每 18 个月召开一次世界性的学术会议。1999 年 5 月，在加拿大蒙特利尔，第十届人类生态学会国际会议隆重召开，到 2015 年，人类生态学的国际会议已召开 17 届，有关人类生态学研究的成果、论文多有发表。第十七届国际恢复生态学大会，2015 年 9 月 12～18 日在西班牙萨拉戈萨市召开，研究成果十分丰富。显然，世界的问题迫切需要世界人民合作解决。

人类生态学作为综合学科和交叉学科，广泛运用各种科学方法进行研究工作。运用物理学、化学、生物学、地学、人口学、人类学、经济学、社会学等学科的相关理论方法，探索人与环境的相互关系。研究主题有：①人对环境的影响；②环境对人的进化、发展的影响，对人的形态、肤色、群体文化状况的影响；③人与其他生物物种的相互作用、相互影响；④人与环境共同构成的生态文明和生态文化；⑤环境对人类社会政治伦理、政体国体的影响。

人类生态学的研究十分广泛，探索人的生物属性、自然属性、社会属性的统一性与差异性；研究人对环境的适应性与应激反应；考察因环境与人的相互作用而形成的不同人种、不同的人的个体形态与群体差异，从而形成不同的文化。例如，热带和亚热带的荔枝节、北温带的桃花节、寒带的冰雪节，滑冰和高山滑雪体育项目等的巨大差异，就是证明。人类与环境共同构成人类生态系统，这个系统体现天然自然、人工自然、人类社会的大统一。研究发现，这种大统一，不完全是线性的、链式的、平面的，而是一种大系统的网络结构，人类生态学就是研究此网络结构的规律和本质。所以，人类生态学是最复杂、最深邃的学问之一。

人类生态学在广阔的研究领域中，有其关注的重点，例如人口问题、人口老龄化问题、资源问题、环境污染问题、能源问题、城市生态问题等。人口生态探索人口数量和质量问题、老龄化问题、性别比问题、遗传病问题、妇女问题、妇女儿童保护问题；相关的资源生态学还多方探索自然资源与人类需求的关系，研究可再生资源与不可再生资源的使用和保护；环境污染与治理是人类生态学研究的重点，19 世纪以后，此问题已成了困扰全人类的问题，所以人类生态学还要探索全球合作治污问题；人类生态学还要广泛研究人、人类社会、经济、政治、文化高度复杂复合系统的各类相关问题，如城市生态、国土整治、区域规划等课题。所以，人类生态学与化学生态学、物理生态学、生态地学、生态经济学、生态遗传学、生物工程学、生态伦理学、生态政治学等友邻学科，共同构成一个巨系统的学科群，彼此相互影响、相互推挽、协同共进，共同探索人类文化与文明的生态发展机理。

（王德胜，宋洁）

5.6　生态哲学

生态哲学（Ecological Philosophy）是科技哲学的一个现代分支。生态学强调生态本位，扬弃了人与自然二元对立观念，把人放在自然之中。特别是对地球生物圈的探索，生态本位的研究证明，人的一切都来自大自然，人与自然应当和谐共生、共存、共荣，"和平共处"。地球的演化表明，地球是人的母亲；大自然是人的父母，养育了人类，所以人类应当"孝敬父母"，关爱自然，关爱万物；地球上的生命包括全人类，都是息息相关的"命运共同体"，要"长期共存，肝胆相照"。所以，生态哲学倡导人们要"爱人惜物，仁人爱物"，这种爱是"众生平等"的人间大善大爱，是"天人合一"的和合哲学。在一定意义上讲，生态哲学是和谐哲学，这种哲学用于社会领域，就确认，地球上的人类是"命运共同体"，他们应当在和平、发展、公平、正义、自由、平等的旗帜下，平等相处，互相帮助。人类在一条小船上要"同舟共济"，在同一地球上，应当"同球共济"。互为手足，正如两千多年前《论语·颜渊》所说："四海之内皆兄弟也。"

中国传统文化，一贯主张人融合在自然中。《庄子·秋水》中讲了一个寓言故事：庄子与惠子游于濠梁之上。庄子曰："鲦鱼出游从容，是鱼之乐也。"惠子曰："子非鱼，安知鱼之乐？"庄子曰："子非我，安知我不知鱼之乐？"惠子曰："我非子，固不知子矣；子固非鱼也，子之不知鱼之乐，全矣。"庄子曰："请循其本。子曰'汝安知鱼乐'云者，既已知吾知之而问我。我知之濠上也。"庄子看到鲦鱼顺水之性，即顺自然之性，鱼水情深自如自在地游来游去，体验"鱼之乐"。庄子的智慧就在于他有古老的"生态思想"，倡导人与万物、人与自然融为一体。《庄子·齐物论》中，化蝶而飞，不知是蝶是周。中国古代的哲学、文学、诗词很多都是表现人与自然万物转化合一的作品。《梁山伯与祝英台》中两主角情深意笃，恩爱之情被人拆散，双双死去，化为蝴蝶；《白蛇传》则相反，蛇化为人，人蛇结合，恩爱夫妻；《牛郎织女》《孟姜女》则有人神、人与物的转化；《木兰词》则有男女角色的转化；最典型的是《孔雀东南飞》中的焦仲卿与刘兰芝的婚姻悲剧，情深美满的夫妻被强行拆散，一投湖一上吊，最后"合葬华山旁"变成松树梧桐，"枝枝相覆盖，叶叶相交通"，又变成鸳鸯，"仰头相向鸣，夜夜达五更"。诸生的转化与诸生统一的古老"天人合一"哲学，其生态哲学思想十分光彩。道家的"羽化成仙"，还只是一个宗教的神话，《庄子·齐物论》提的"物化"从哲学高度讲万物的同一性与统一性。

现代生态哲学，则融合中国的"天人合一"与西方哲学，特别是黑格尔哲学的"同一性"于一体，不再强调主体与客体、物质和精神、唯心与唯物的绝对的对立，而是力求寻找其统一性。生态哲学有以下几个问题值得探索。

第一，生态哲学主客体问题。在生态哲学中，人不是站在大自然以外去认识自然、改造自然、向自然索取，而是作为自然的一部分融于自然之中，主客体合一，进行整体的哲学价值判断。这就比人与自然"一分为二"地去思考难多了。因在生态哲学中，主客体、意识与物质是不对称的，传统的参照系改变了。这就像"天气预报"一样，没有卫星在大气圈外拍下卫星云图之前，人在大气圈内观察大气变化，总是看不清，气象预报也报不准。有了卫星，在系统外观察系统，看得明了多了。在生态哲学中，把人看作生态系统的一部分，在系统内来观察认识生态，即由部分认识整体，由局部认识全局，这就困难多了。正像苏轼先生《题西林壁》诗中所说："横看成岭侧成峰，远近高低各不同；不识庐山真面目，只缘身在此山中。"这种情况还与地球生物圈的唯一性有关，因为到目前为止，地球还是人类唯一的家园，生物圈只有一个，人被深深埋没在这个唯一的大生物圈中。当然，情况也有变化，2016 年的天文成果，给我们带来一线希望：天文学发现了离我们最近的太阳系外的行星；在离太阳系最近的恒星比邻星的星系中，发现了一颗绕比邻星运转的类地行星，其表面温度与地球相近，有液态水，很可能有生命，有生物圈。这颗被称为"地球兄弟"的类地行星的生物圈，与地球生物圈如果可以进行比较研究，那样认识地球生物圈的新参照系就有了，还可能有了可比对象，那样就可以进行比较研究了，地球上的生态哲学就好写了，就会有新的突破了。

第二，生态哲学的基本问题。传统哲学的基本问题是物质与精神的关系问题，即物质与精神何为第一性，何为第二性；精神能否正确地反应存在。生态哲学中，作为人的哲学主体，融入客体之中，又是客体的一部分，而且是微不足道的极小部分。如果说生物圈是客观物质存在，而有精神的人又是这个存在的一部分，这样就模糊化了传统哲学的第一个问题；至于第二个问题，精神反映存在，当存在相对有精神的人是无限大时，也应重新思考。中国传统哲学认为：至大无外，大象无形，大方无隅，当庞大的生物圈与几个哲学家相比，就像无穷大与无穷小相比一样，结果难测；也就像零不能作除数一样，在生态哲学中，无穷大的存在比无限小的精神，必然与传统哲学中精神与物质在认识过程中的平权对立有所不同。

第三，生态哲学的规律和范畴。传统哲学中对立统一、量变质变、否定之否定是三个公认的规律，在生态哲学中，讲"万物生存平等"，这就必然出现"齐万物、等贵贱"的生态哲学，在规律上有所变化。与生态哲学相通的宗教神话、文学作品中所反映出的生态哲学思想也值得研究。《白蛇传》中的白蛇，《聊斋》中的鬼狐，怎么量变质变、否定之否定就变成有情有义的人了？要按照现在"法律面前人人平等"的思想，应当允许许仙和白蛇她们上户口、领结婚证，法海无权过问，但白蛇又不是自然人，这户口、身份证如何办理呀？再说哲学范畴，传统哲学有偶然和必然、必然和自由、原因和结果、形式和内容、可能和现实等哲学范畴，其他还有个别和一般、部分和整体、系统和要素、有序和无序、对称和破缺等。这些范畴在生态哲学中，都有变化。例如，在因果律问题上，就出现了许多新情况，就生态哲学对象在生物圈中的复杂性而言，有的因果律是破缺的，有的因果律是难以成立的。在生物圈的混沌复杂系统中，一个微小的扰动，一旦被放大，就会造成质变。最有名的是"蝴蝶效应"（The Butterfly Effect）。此效应是 1963 年 E·N·洛伦兹（E. N. Lorenz，1917. 5. 23 ~ 2008. 4. 16）提出的，他认为，对于复杂系统和混沌问题，误差会以指数形式增长，一个微小的误差，随着不断的移动，会造成巨大的结果。所以，像生态系统这样的复杂混沌系统，因其初始值的极端不稳定性，初始值极微小变化，一旦被按指数放大，就会出现巨大的变化，这就是"蝴蝶效应"。1979 年 12 月，洛伦兹在华盛顿美国科学促进会的一次演讲中说："一只蝴蝶在巴西的热带雨林中扇动翅膀，有可能在美国的德克萨斯引起一场龙卷风。"这种量变质变极为不对称的情况，在复杂系统中是存在的。例如，过冷溶液，经微扰出现相变就是如此。生态哲学中，其他范畴，如个别和一般、部分和整体、系统和要素，在生态哲学中有重要特殊的规定，特别是对称和破缺、有序和无序等前沿范畴，在生态哲学中有普遍的作用。

另外，在生态哲学中，认识论、方法论方面，与传统哲学相比较，也有许多矛盾和悖论。例如，人类中心主义与生态本位的矛盾就很难解决。我们用中国古老哲学"仁人爱物"加以解决，也不十分满意，用常用的"博爱"也不能解决，用佛家的"诸生平等"也会出现许多困惑。用现代的"以人为本，兼爱万物，生存平等，环境共享，天下和平"去说，哲学上说通了，实践上又很难践行。习近平主席的理论创新非常重要，他用"命运共同体"范畴的抽象，给生态哲学指明了研究和发展的方向。

另外，生态哲学的价值哲学与传统哲学也有很大不同，"全心全意为人民服务""毫不利己专门利人"、雷锋"把有限的生命投入到无限的为人民服务中"；古人的"人生自古谁无死，留取丹心照汗青""先天下之忧而忧，后天下之乐而乐"，都是值得崇敬的伟大的价值哲学。但从生态学的高度看"为人民服务"与"为生态环境服务""为熊猫和野猪服务""为野生动物服务""为森林草原服务"应当是一致的。还有，方法论问题。传统哲学主体与客体是二元分立的，而在生态哲学中，主客体是合一的，至少是深度融合而合二为一的，这就引起方法论革命性的变化。例如，我们去"格物致知"，解构客观事物时，最终会把主观主体也一起解构了。生态哲学中，主客体融合，美学主体与美学客体合一，研究者与被研究者一体化。这种情况，是哲学对象的拓展与扩充，不仅在量上，而且在质上也是同样的。所以，生态哲学应当是更广义的哲学，是"大哲学"。因此，对生态哲学的研究，将带来新的"哲学革命"，习近平主席创立的"命运共同体"范畴，就是这种新哲学革命的代表成果。最后，研究生态哲学应当以"天人合一""一阴一阳之谓道"的整体思想与辩证唯物主义为指导，以科学理性为引领，防止走向自然神论和宗教的倾向，还要防止走向不可知论，使"大哲学"成为 21 世纪的精神精华。

生态哲学是科技哲学的前沿和全新的领域，对生态哲学的深入研究很可能带来新的思想解放运动，很可能发展出一种全新的哲学范式，也能给生态文明建设提供智慧支撑，为环境保护、恢复生态、关爱自然，提供全新的理论思维。　　　　　　　　　（王德胜，宋洁）

5.7　生态伦理学

生态学是研究生物之间、生物与非生物环境之间，相互作用、相互联系与关系的学科；伦理学来自希腊语 ethikos，意思是人的性格品行及习惯风俗。在中华传统文化中，伦理指伦理纲常，指人们在处理人际关系时，应遵循的道德准则和行为规范。生态伦理学是生态学与伦理学之间的边缘学科和交叉学科。伦理学本义是人们在处理人与人、人与社会的人际关系中应遵循的法则规矩。后来把这种人际关系的道理，引申推广到自然环境和生态系统中，因而就产生了生态伦理学。生态伦理是一种关系范畴，探索人与环境生态中，人与人、人与其他生命系统的关系，在研究这种关系时，把人融入生态系统中加以考察，而不是把人放在生态系和环境的对立面。

生态伦理学，又译为"环境伦理学"，研究的重点是人类与生态环境的关系。生态伦理学首先是由法国学者在 1923 年提出。法国的 A·施韦泽（Albert Schweitzer，1875.1.14～1965.9.4）在《文化哲学》的专著中指出：人们在行动中，要"尊重生命的伦理"。此后，学者们对生态伦理多有研究，例如，1933 年，英国学者 A·利奥波德（Aldo Leopold，1887.1.11～1948.4.21）在他的专著《大地伦理》一书中指出：在地球生态环境中，人类不应当傲慢地认为，自己是万物的中心，这是一种生态的"人类沙文主义"。A·利奥波德还把人类伦理中的良心、良知、权利等概念移植到生态环境的研究中，倡导"完整形态的尊重存在的伦理学"，广泛探索了生态价值，用伦理学观念研究生态环境，主张承认和尊重生物和一切自然存在的道德权利，创建人与自然关系的新的价值观念。这样一来，伦理学概念的外延就极大地拓展了。

生态伦理学的早期研究，多为生物物种多样性争取权利，认为各物种是平权的，随着生物链、食物链、经济链、资金链等众多"链式学说"的诞生，生态伦理，又从物种间近程和远程关系中，探索彼此的价值链条。21 世纪以后，人类探索复杂性问题的大数据、云计算取得了很大进展，特别是混沌问题和多体问题的研究，帮助人们在探索生态伦理学时，采用协同学和超循环理论方法。从而把生态伦理的平权概念，引申到网络化、系统化，多层次、多类型的高度加以探索。

生态伦理学的研究，对环境保护、城镇规划、国土整治、构建人类宜居环境等，有重要价值，因而已引起科学家和政治家的广泛注意。　　　　　　　　　（王德胜，宋洁）

5.8 生态美学

生态美学，是生态学与美学的交叉学科，是关怀万物生命存在的美学，是"仁人爱物"的美学。中国传统文化中，有许多反映生态美的闪光思想，以"天人合一"的思想，把自然美、人生美、事业美都统一起来。《易·坤》讲："地势坤，君子以厚德载物。"《文言》中又说："阴虽有美，含之以从王事"，"天地变化，草木蕃"，"君子黄中通理，正位居体，美在其中，而畅于四肢，发于事业，美之至也"。可见，有 7000 年历史的《易经》，讲的是"天地大美，人类大爱"。中国古代的生态思想，讲"民胞物与"，讲人与自然融合为一体，和谐匀称，鲜明漂亮。宋代苏轼《题惠崇春江晚景》的七言诗，收入中国中小学语文课本中，诗曰："竹外桃花三两枝，春江水暖鸭先知；蒌蒿满地芦芽短，正是河豚欲上时。"这是一幅何等漂亮的生态美图画，竹林、桃花；春江、群鸭；蒌蒿、芦芽，相互依依，构成了美好的生态景观，这就是活生生的生态美学，也是伟大的诗词艺术美。生态美学是人从大自然中学来的，是对自然生态美的抽象和升华。生态美，加上人的因素，就形成了"以人为本，兼爱万物，诸生平等，匀称和谐"的美学思想。生态美学与一般哲学意义的美学一个最大的不同是审美主体与客体深度融合，人与自然融为和谐统一的整体。生态美分为两方面，其一是客观生态的美，这是生态美的物质根源；其二是主观生态美，这是指人对美的感受、审美情趣。生态美学的外延比较宽，既包括自然美，又包括社会美，还包括艺术美。

生态美学与一般的美学是一般与个别的关系，一般美学是普遍的，生态美学是特殊的，特殊即个别，寓于一般之中，又归属一般。特殊是一般的基础，一般是特殊的整体和归依。无论是一般美还是特殊美，也无论是主观美还是客观美，都遵循美学三原则：即和谐、鲜明、匀称。生态美学的特殊性在于，她体现"天人合一""民胞物与""仁人爱物"的真善美整体的兼爱精神，也体现孟子说的"人之初，性本善""仁者爱人"的人间大爱。审美主体与美学客体深度融合的生态美，应该说不是西方美学的专利，中华传统文化在这方面的论述，不仅历史悠久，而且论述深邃。《庄子·齐物论》说得最透彻。《齐物论》认为，审美主体与客体是统一的，"齐物于道"，主张"天地与我并生，万物与我为一"。《庄子·齐物论》最后一段还讲了个美丽动人的寓言故事："昔者庄周梦为蝴蝶，栩栩然蝴蝶也，自喻适志与，不知周也。俄然觉，则蘧蘧然周也。不知周之梦为蝴蝶与，蝴蝶之梦为周与，周与蝴蝶，别必有分矣，此之谓物化。"这实质上深刻地说明了在生态美中，审美主体与客体深度融合、相互联系、相互转化中的统一性。庄子与蝴蝶融合为一，难于区分，即审美主体与客体统一了。这就是庄子美学，"齐万物，等贵贱""齐物于道"的形象说明。《聊斋》中黄英的故事，就更美好、更形象了。爱菊人马子才的家族世代都爱菊如命，到马子才这一代就更强化了对菊花的深爱。他视菊如命，认为菊是世界上美的化身。后来，与菊精陶氏姐弟结为莫逆之友，感情甚笃。最后，菊精姐姐黄英与马子才结为夫妻，打破了人与菊花的界限。人和植物平等结亲，而且按蒲松龄先生的话说，马子才的菊精妻子"黄英终老，亦无他异"，与正常人的夫妻一样，审美主体与客体深度融合，合二为一。故事形象说明，人与植物、人与大自然融合为一的生态美。生态美扬弃了传统美学中审美主体与客体二元分裂的思维模式，而是"合二而一""合多为一"的系统、完整、和谐地审美。

科学的生态美学（ecological aesthetics）是1866年德国生物学家E·海克尔（Ernst Haeck-el，1834.2.16～1919.8.9）最先提出的，不过他当时只讲生态美的概念，并没有对生态美作出学科说明，还不是现代意义上的生态美学。现代生态美学应当是中国学者李欣复、朱寿兴、徐恒醇等先生提出的，特别是李欣复在《南京社会科学》1994年1月发表的《论生态美学》一文，被认为是系统地、科学地提出了生态美学的理念，从而对生态美学做了奠基性的工作。

生态美学全面探索人与自然和谐的机制，研究人与环境、人与万物的和谐，还进一步上升探索人与万事万物的和谐有序、共生共存，全方位地对构建和谐社会进行美学审视。生态美学成功解读了2000多年前庄子体验的"鱼水情"，体验到鱼在水中畅游的流畅、自如、安闲、舒适、快乐；解读了现代生态学家在温室效应、沙尘暴、雾霾中流泪的情感变化。生态美学扬弃了人类中心主义，促进生态文明建设，明确了人的生态道德和环境伦理，确定了人的代内平等、代际平等和"诸生平等"的责任担当，为贯彻习近平主席的新发展理念，全面进行小康社会建设，进行美学支撑和美学引领。　　　　　　（王德胜，宋洁）

5.9　生态教育学

生态教育学是生态学与教育学相结合的新学科，是教育学的前沿分支，也是生态教育的理论形态。因为文化知识只能后天传承，所以人要受教育。建设生态文明过程中，所有的社会成员，都应接受系统完整的生态教育。

生态教育（ecological education）指一个人或人类的群体，都应当接受顺从自然本性、尊重和关爱自然的教育。通过生态教育使仁人爱物的观念成为全社会成员的人生态度。《道德经》中说，"人法地，地法天，天法道，道法自然"，汉代大学问家董仲舒在《春秋繁露》中提出"天人之际，一也"，主张天人合一，人与自然统一。人来自天地自然，是自然的一部分。所以天地自然就如同人类的生身父母一样，人就理所当然地敬畏自然、孝敬父母、热爱自然、保护环境、保护生态。宋代的大学问家张载先生在《西铭》中说："乾称父，坤称母；予兹藐焉，乃混然中处。故天地之塞，吾其体；天地之帅，吾其性。民，吾同胞；物，吾与也。"这已充分说明，人是自然演化而来，天地自然是人的生身父母，人与万物，都是天地所生，人应有"民胞物与"大爱无疆的气质与胸怀，而不应傲慢自私、自以为是，更不应虐待大自然。

传承了五千年文明的中华民族，是一贯重视教育的民族，成书于2500年前的《礼记·学记》中说："欲化民成俗，其必由学乎"，"建国君民，教学为先"。《三字经》中说："玉不琢，不成器；人不学，不知义。"《荀子·劝学》中说："学不可以已。"这些文献明确说，要办教育，要办好教育，人要学习，要终生学习。只有终生学习，倡导建设学习型组织、学习型社会，人类才能与自然协进，走向文明。否则，人会退化为禽兽，原因很简单，因为人是文化动物，而文化不可遗传，只能后天学习传承。《吕氏春秋·慎大览第三·察今》中记了一个寓言故事："有过于江上者，见人方引婴儿而欲投之入江中，婴儿啼。人问其故，曰：'此其父善游。'其父虽善游，其子岂遽善游哉？以此任物，亦必悖矣。"两千多年前的古圣先贤，懂得文化必须后天学习传承，"人不学不知道"。同时，学如逆水行舟，不进则退，一退再退，就可能返回禽兽，所以，人必须终生学习，在一定意义上说，"人是学习动物"。在生态文明建设中，更应抓紧学习。尤其在 21 世纪的知识时代，要不断受教育，不断学习。

生态学的概念，是 1866 年德国生物学家 E·海克尔（Ernst Haeckel，1834.2.16 ~ 1919.8.9）首先提出的，至今已经过去 150 年了。一个半世纪的时间，生态学有了重大发展。生态学是一门综合性的自然科学，研究生境、生态因子、生态位等生态系统的组成、结构、功能。1971 年，美国著名生态学家 B·康芒纳（Barry Commoner，1917.5.28 ~ 2012.9.30）又提出了"生态学四法则"，即普遍联系、物质不灭、顺应自然、变更自然要付出代价等法则。后经许多专家努力，创建了景观生态学、生态经济学、生态政治学、生态伦理学、生态人类学等一系列新学科，新概念，如生态平衡、生态循环、生态共生、生态工程、可持续发展等。2015 年 9 月 28 日，中华人民共和国主席习近平，在联合国第 70 次大会上，提出了"人类命运共同体"的理论创新概念，还提出了"和平、发展、公平、正义、民主、自由"等人类的共同价值。此前，习近平主席提出的新发展理念，说明了在生态文明建设中可持续发展的机制，也明确了生态教育的基本内容和研究方向。

传统的教育学以塑造人、立德树人为目标，探索教育的规律、原理和方法，是一门十分重要的基础学科。教育还教人以智慧，教人全面发展。中国在 20 世纪 80 年代曾提出"五讲四美三热爱"（讲文明、讲礼貌、讲卫生、讲秩序、讲道德；心灵美、语言美、行为美、环境美；热爱祖国、热爱社会主义、热爱中国共产党），要求学生德智体美劳全面发展。随着时代的发展，教育的范围和强度越来越大，出现了全民教育、终生教育。生态学诞生以后，与教育学很快就联合起来，形成生态教育。

生态教育与一般教育最大的不同，就是生态教育是"大教育"，是全员、全过程、全方位的教育。特别是在生态文明建设中，综合家庭教育、学校教育、社会教育、职业教育，对人实现全方位、全过程的系统教育和终生教育。所以，生态教育不是专业化的专门教育，而是高度综合的教育。因为，生态学本身是一门极为复杂、高度综合的新学科，其科学文化知识含量是异常丰富的，技术层面的操作也十分严谨，社会管理层面的运作更为艰深。所以，生态教育既包括科学技术教育，又包括人文教育，还包括复杂的社会心理教育，所以是一个庞大的教育体系，是"大教育"。就其覆盖面而言，又是社会全员、全过程的教育，是"两全"教育。教育的指导思想是使全社会树立生态意识、生态伦理、生态道德、生态行为，这样"四生"教育，从而达到全体地球成员的"命运共同体"，"同球共济"建设全地球村的生态文明。所以说，生态教育这样"一大二全四生"的系统完整的教育，是以前的教育无可比拟的全新的教育，教育目标是整合全球力量，行动起来，保护地球，保护生态，保护人类共同家园。在现代教育体系中，生态教育多由通识教育完成。通识教育也有多样性，有的地区称全人教育、全才教育、成人教育，也有的称博雅教育。一般说来，非专业的公共教育和学生自选非专业课程的教育都属通识教育。通识教育让学生"多识前言往行，以畜其德"。这里《易经·大畜》说的"多识"即通识。通识才能全面地继承文化、传播文化，发展进步；畜德，才能做到"民胞物与""仁人爱物"促进生态文明建设。中国比较教育专家顾明远先生提倡从中学到大学贯通的通识教育，这种逐级通识教育，对生态教育有很大帮助。生态教育不仅体现对生命的尊重、对生态的深爱，也同时体现以人为本，对人的大爱；不仅体现对受教育者的爱，也体现对教师的爱。生态教育必须有一大批生态教师，不仅在学校践行生态教育，还应推而广之到家庭和社会。生态教育也是科学教育的一个重要分支。

生态文明是新时代的文明，是 21 世纪的文明，要促进生态文明建设，必须"教学为先，育人为本"，以生态教育为引领。生态教育关系到"人类命运共同体"的前途和命运，特别是环境污染、资源匮乏、温室效应、沙暴雾霾已经十分严重的情况下，通过生态教育，使全人类达成保护环境、热爱自然、生态文明的共识，保护地球，保护人类唯一的家园，从而做到可持续发展。生态学研究的核心是"生态本位"，在生态教育中，一个要点是回归"教师本位"，而不是行政化官本位。同理，生态医学也应回归"医护本位"，科技应回归"科学家工程师本位"。

作为科技教育前沿的生态教育，还要以科学创新、技术创新为第一动力，用现代科学技术维护好生态平衡，保护物种多样性，促进生态和谐，进行全面的生态文明建设，使青山永在、绿水长流、白云蓝天、鸟语花香。使"万物并育而不相害""金山银山、绿水青山"全都互相协同促进，相得益彰，永续发展。　　　　　　　　　　　（王德胜，宋洁）

5.10　生态经济学

生态经济学是生态学与经济学之间的交叉学科。它是由英国出生、1937 年定居美国的经济学家博尔丁（Kenneth Ewart Boulding，1910.1.18～1993.3.18）在 1960 年左右提出的概念，其论文题目为《一门科学——生态经济学》。博尔丁认为，人类为发展经济，掠夺开发、污染环境、破坏生态，他把这类经济行为称为"牧童经济"。为解决和研究生态学与经济学的矛盾，他倡导研究生态经济学。

生态经济学研究的主要内容是探索生态效益与经济效益的相互作用，探索生态效益的本质规律。在第一、二次工业革命后，人口迅速增长，大工业、大农业生产规模宏伟，自然资源消耗加剧，生态环境遭到巨大破坏，环保呼声日渐高涨。为此，生态经济学应运而生。生态经济学把经济发展，同环境、资源、生态结合起来考察，从系统性、整体性上，研究生态效益的机理。

中国古代"天人合一"的哲学，包括了关爱自然、关爱环境的宝贵思想。生态经济学诞生以后，中国学术界很快作出反应。1984 年 4 月，中国成立了"生态经济学会"。学会不仅探索生态经济学原理，还联系实际，联系中国工、农、林、牧，城市化、区域规划、国土整治等多种领域，从而追求人性化的、物种生存平权的、各生态系统平衡和谐共存的生态经济，使生态经济效益更好、效果更佳、效率更优，更能体现人与自然的和谐共荣。保障在发展经济时保护环境、保护生态，生态经济学是发展绿色经济的理论基础。

对生态经济学深有研究的是中国知名百科全书式的经济学家于光远（1915.7.5～2013.9.26），他曾用"养苍蝇循环式经济"来说明生态经济原理。于光远"养苍蝇循环式经济"图示如下：

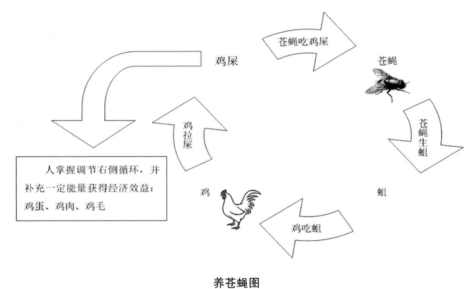

养苍蝇图

于光远先生是形象说明生态经济学的第一人，也是循环经济的创始人之一，他创建的中国自然辩证法学派，培养了数以千计的专家。

生态经济学的研究，有助于实现可持续发展，实现创新、协调、绿色、开放、共享的新发展理念，在建设生态文明中，既保护好"绿水青山"又收获到"金山银山"。

（王德胜，宋洁）

5.11　低碳经济学

低碳经济学，指在经济活动中，减少石油、煤炭等含碳量多的能源消耗，采用核电、水电、风电、水能、风能等清洁能源，减少二氧化碳、一氧化碳等温室气体排放，控制全球气温上升，从而达到经济社会发展与生态环境保护双赢。这种尽可能减少碳排放的经济发展模型，被称为低碳经济（low-carbon economy），通常用英文缩写为 LCE。到 2016 年底，低碳经济学，已成了时代显学。

低碳经济的概念，21 世纪初来自英国。2003 年，英国发布了能源白皮书，名为《我们能源的未来：创建低碳经济》。此后，低碳经济的概念，就被环境学家、生态学家、政治家、联合国官员所接受。要实现低碳经济绝非易事，应坚持全球可持续发展的认同，合作采取节能减排措施，通过技术创新、产业转型、新能源开发等多种综合的手段，减少碳排放。还要有全球都遵守的减少碳排放的奖惩制度，所以，需要联合国主导，全球合作。全球的事，应全球居民合作来办。

　　低碳经济的产生，有其漫长的历史背景，人类之所以从刀耕火种时代，建立起现代文明，是伴随能源和动力的发展而实现的，特别是第一次、第二次工业革命，一直使用的主要能源为煤炭、石油，还有火电、汽车以及冬季取暖，造成了废气污染、光化学烟雾、水污染、酸雨、雾霾。特别是地球大气圈中二氧化碳浓度的增加，造成地球温室效应（greenhouse effect），有些学者估算，2016年底，造成温室效应的排放，燃煤火力发电占41%，汽车尾气占25%，建筑业占27%，其他排放占7%。这些排放造成地球气温逐年增加。其实，温室效应又称"花房效应"，提出已近200年了。早在1824年，法国数学家、物理学家让·巴普蒂斯·约瑟夫·傅立叶（Jean Baptiste Joseph Fourier，1768.3.21～1830.5.16）就明确提出来了，但因当时还没显现，所以没引起社会的广泛注意。近年来，温室效应造成气温升高，气候异常，海平面上升，灾害频发，才引起广泛关注。学者们计算认为，按现在温室效应气温增速，每百年约增0.5℃，一千年后增5℃，一万年后增50℃，那时热带地区海水就沸腾了，海产品就都煮熟了。这使中国古代神话"张羽煮海"变成现实了。传说在中国古代帝喾时，有一个秀才书生，英俊潇洒，多才多艺，常到海边吹箫。海中龙宫宫主龙女琼莲爱上了张羽，张羽也视琼莲为知己，一来二去二人情深意笃，并私订终身，决定以后结为夫妻。海龙王知道此事，龙颜大怒，反对人神通婚，把龙女琼莲关在"黑石牢"，还下令追杀张羽。有一个善良的神仙叫九天圣母，送给张羽一个"神仙通宝"，并说，只要你把这块"神仙通宝"放入海中，你的龙女琼莲就有救了。张羽在九天圣母的指导下，把"神仙通宝"放入海中，海水温度迅速升高，海平面也大大升高，很快，海水沸腾了，海里的鱼鳖虾蟹都被煮熟了。这时老龙王被制服了，害怕求饶，送出龙女与张羽完婚，此后张羽和琼莲过上了幸福美满的生活。其实，人类很早就忧虑人们生存环境的安全。《列子》八篇中，第一篇《天瑞》说："杞国有人忧天地崩坠，身亡所寄，废寝食者。"这就是"杞人忧天"成语的出处。天塌地陷，人类的生存环境就不存在了。从科学角度忧心"世界末日"的是热力学的"热死论"。早在1867年9月27日，德国物理学家克劳修斯（Rudolf Julius Emanuel Clausius，1822.1.2～1888.8.24）就在德国第41届自然科学家和医生代表大会上提出热力学第二定律和熵的概念。定律认为，热过程是一个不可逆的过程，热可以自动地由高温传向低温，最后达到热平衡。换句热力学语言说，就是热过程中熵是增加的。此过程不可逆，即不能把热从低温物体传到高温物体而不产生其他影响。这一科学定律，一旦推广到宇宙空间，就出大问题了。按照热力学第二定律，一旦宇宙中所有温差消失，达到热平衡，宇宙就停止了运动，出现"宇宙热死"。不讨论整个宇宙，就只说地球，达到热力学平衡，那时地表与大气，处处温度相等、浓度相等、化学势相等，完全均匀了，一切差异都消失了，因而没有风，没有洋流，没有雨雪露霜，完全处于静止的"地球热死状态"。多样性统一的地球，变成了绝对均衡的地球。那时，喜欢绝对平均的人可能会欢呼，但他们已发不出声音，因为他们也早已消失在绝对平均的"热死"之中。

　　宇宙、地球，也许不会"热死"，但是地球"生态热死"愁云，像伦敦的烟雾、北京的雾霾一样，笼罩在人类的头上。不用说一万年以后地表温度升到100℃水的沸点，就是几千年后升到50～60℃，人和大部分生物也无法生存。更严重的是，随着地温升高，地球的水蒸发进入外层空间，地球像月球、火星一样，没有水，那就是最后的"生态热死"，地球成了一个死的世界、一片荒漠。当前，所有的有识之士，都为"生态热死"和人类生态环境担忧。解决温室效应与"生态热死"的问题，必须全球合作，减少碳排放，全球产业转型，共同实施低碳经济。中国一贯提倡可持续发展和低碳经济，2010 年 8 月，中国发改委确定在 5 省 8 市开展低碳产业建设试点工作，把节能减排目标纳入"十三五"规划，确定深圳为第一低碳生态示范市；发改委还建立低碳经济指导中心，大力发展低碳产业；国家还把低碳经济绩效，纳入政府、公务员政绩考核的核心内容。

国际上，在深入研究低碳经济的同时，也采取了政府行政措施，推行低碳经济。2006年世界银行首席经济学家尼古拉斯·斯特恩牵头做出《斯特恩报告》，指出全球以每年GDP 1% 的投入，治污、节能、减排，可防止将来 GDP 20% 的损失。这一观点，也得到世界大多数国家的认同。例如，美国 2007 年 1 月通过了《低碳经济法》。2016 年 11 月 4 日，联合国秘书长潘基文宣布，《巴黎协定》生效。这个保护地球环境、保护全球生态有重大意义的协定，各国如能遵守实施，将会发挥重大作用。这是一个全球合作完成，实施低碳经济的划时代文件。

中国实施低碳经济，也面临许多困难，主要有四条：①工业化、现代化、城镇化迅猛发展，发展就要排放，高发展就有高碳排放；②中国资源特点"富煤、少气、缺油"，如果减煤必将增大成本；③目前，中国经济主体还是第二产业，而第二产业排放，最难完全避免；④技术比发达国家相对落后，如从"高碳"向"低碳"急转型，必然严重损失经济效益，还会造成失业、就业率低等一系列问题。从积极方面应对这些困难，只有在第四次产业革命过程中，采取一系列综合措施，在"互联网 +"、智能化产业腾飞中，注意开展以低碳经济为核心的改革，在十三五期间，大力开展产业转型、节能减排，把绿水青山留住，把蓝天白云、清洁空气、清洁饮水、安全食品留给人民，以向人民负责，向子孙后代负责的精神，受今生苦，造万代福，以低碳经济保护生态。

（王德胜，宋洁）

5.12　生态政治学

生态政治学也称政治生态学。生态是客观存在的系统，政治是上层建筑。生态政治学是生态学与政治学之间的边缘学科和交叉学科。生态环境是人类社会从事经济活动的舞台和依托，几乎所有的经济活动，所有的社会生活，都在相应的生态系统中进行。政治是经济的高而集中的表现，政治产生于一定的经济基础之上，又反作用于经济基础，先进的政治推动经济基础的发展，落后的政治阻滞经济的发展，反动的政治破坏经济的发展。同理，政治与生态也存在相互作用、相互影响的关系。实际上，人类所有的政治活动，都在客观的生态系统中进行，政治也是生态的一部分。从生态学角度看，政治人物、政治组织，无论他们之间是反对还是结盟或是和平共处，都共同在相应的时空中构成一个整体的"政治生态"系统。这个系统由于共生，也由于竞争和巧取豪夺，往往容易忽略了它们共存的舞台。古代楼兰人的政治争夺，却在环境突变时玉石俱焚，一起灭亡，这正是所谓"燕雀处堂，不知大厦之将焚"。《孔丛子·论势》讲的寓言故事，很有启发："燕雀处屋，子母相哺，煦煦然其相乐也，自以为安矣。灶突炎上，栋宇将焚。燕雀颜不变，不知祸之及己也。"人类不应眼光像燕雀一样，政治家更应关心自身和环境的全部生态，关心人类的前途与命运。政治生态系统与一般系统论的系统也有共同之处。在一般系统论中，并不是所有要素都是健康的，就其对整体贡献率而言，有正、有零、有负。如同经济系统，其子系统有赤字人、赤字子系统。经济管理学家的任务，就是转化或清除赤字人、赤字子系统。同理，政治生态系统中，也有赤字人、赤字组织。因此，邦有道必肃贪除佞，使俊杰在位；邦无道必贪腐成风，奸佞在位。任何系统，不能清除或转化病态要素和赤字要素，日积月累，最终会导致大系统的崩溃。以习近平同志为核心的党中央"打虎拍蝇、肃贪反腐"就是为净化政治生态。习近平同志提出的"四个全面"的理论创新，是建设良好政治生态的法宝，经过全面从严治党、全面依法治国，将使政治生态变得更加完美。

人们的政治生活，都在一定的生态系统中进行，并与生态系统相联系，相互作用、相互影响。

生态政治学，是用生态学的理论方法，从政治与生态环境的普遍联系与相互作用中，研究政治现象产生与发展的新学科、新理论、新方法。主要有以下三点。

第一，政治离不开生态环境，离开了就会丧失基础，甚至导致灭顶之灾。人类历史上，楼兰的灭国、玛雅人的消失、古印度辉煌的哈拉巴文化的中断，都与生态环境破坏相关，所以作为生态政治基础的生态环境不容忽视。

第二，政治反作用于生态。历史上多起战火，人为地破坏森林、草原，围湖造田，围海造地，强行砍伐林木，开垦草原，都曾带来灾难性的结果。反之，精明英雄的政治家，疏导江河，治沙种树，使生态变好的例子也很多，大禹治水就是最杰出的例子；现代焦裕禄（1922.8.16～1964.5.14）在河南兰考种树治沙的故事更是受人景仰。

第三，从历史唯物主义的角度可知，作为基础生态，在一定的条件下，对政治起到决定性的影响。例如，2016年12月12日，中国宣布治理江河污染的政治责任制，实行"河长制"，由相关地区领导担任"河长"，治污不利，追究终身责任。当天晚上，中央电视台评论："河长制""河长治"。这是一个生态政治学的很典型的例证。

美国政治生态学家D·伊斯顿（Dvid Easton，1917.6.24～2014.7.19）经深入广泛地研究指出：一个国家、民族或地区的政治体制的构建与模式，政治体制的结构与功能，不是由人的主观选择而定，而是由一系列复杂的生态环境的影响而定；在一定程度上，生态环境是政治历史的决定因素之一。政治生态环境要素包括：①自然地理条件；②物质生产方式；③生产力发展水平；④社会文化传统；⑤民众文化习俗和生活方式；⑥民族的组织与构成等。在此，D·伊斯顿似乎从科学的角度发现了经济基础决定上层建筑、上层建筑反作用于经济基础的历史唯物主义，并且用生态学的科学原理，证实和丰富了历史唯物主义。

（王德胜，宋洁）

5.13　生态法学

生态法学，是生态学与法学间的交叉学科和边缘学科，是生态学的一种规范方式，是法学的拓展和外延的扩张。生态法学（Ecologic Law）立足于促成人与自然协同发展，相互促进，相得益彰。规范和调控生态关系，使生态规律与法学规律相结合、相统一，用法律手段调控人与自然的关系，约束人们的生态行为，保护好人类生存环境。用法律手段保护自然资源，保障生态平衡，保护生物物种的多样性。运用法律武器，防治污染，克服温室效应，保护绿水青山、蓝天白云，为子孙后代留下优美的环境，促进社会文明的可持续发展，保持基本自然生态的完整与正常。生态法的一个重要宗旨，就是为了人类的生存和不被灭绝，为了人类的进化、发展、文明，首先要管住人类自己，除了运用生态伦理、生态道德约束以外，必须运用生态法加以约束。生态法学就是要系统研究调控人与自然的关系，保护生态平衡稳定的法律体系、法律制度和法律措施。

生态法学历史不长，20世纪70年代末才出现，首先是来自苏联的研究。苏联学者、生态法学家奥·斯·科尔巴索夫（O. C. Колбасов）于1976年出版《生态学：政策与法》著作中，首先提出"生态法"的概念。此后，C. A. 博戈柳博夫（C. A. Боголюбов）也十分赞同生态法的概念，他在2003年来中国武汉大学访问时，也报告了生态法的有关研究。生态法初期还只是在大学的教学课堂中使用。后来，生态法的概念，就成了自然保护法的创新概念。一般学者共同的理解，是把生态法看作为了当代人和后代人的利益，调整人与自然、人与社会、人与自然生态社会关系的法律规范总和，它规定了人们利用自然与保护自然环境的行为准则。

生态法与环境保护法是既有联系又有区别的法学范畴。生态法的范围比环境法要宽泛。生态法坚持生态本位和生态整体主义，对象是整个生物圈的大系统，承认物种平等，倡导和谐，坚持经济、社会、生态的协调平衡的可持续发展。

中国古代，很早就有关于生态法的闪光思想。黄梅戏《追鱼》就是一个很好的例子：大宋朝宰相金宠，生有一位千金小姐金牡丹，花容月貌，从小与金宠的老朋友、老同学姑表亲张静安家结亲，把女儿许配给张静安的儿子张珍。但世道变迁，张静安夫妇英年早逝，家道败落、贫穷潦倒的张珍，孤身进京，到金府投亲。宰相金宠见此情景顿生悔意，一方面把张珍假意安排在后花园碧波潭边亭子旁读书，另一方面告诉女儿，不认此门亲事，寻机把张珍打发走。千年碧波潭中有一金鲤鱼，受日晶月华、天地正气、万物灵秀，又听张珍读书，悟道成仙，幻化成人，与金牡丹一般无二，自称"碧波仙子"。在月白风清的夜晚，与张珍相爱成亲，二人出双入对，或游园赋诗，或挑灯夜读，十分恩爱。此事很快就被宰相金宠发现，先拷问女儿金牡丹，金牡丹严守闺训，从未入园。之后，又把张珍与自称"碧波仙子"的假金牡丹，唤入前堂严词训问，假金牡丹自称是金宠的亲女儿金牡丹，与张珍早年定亲，现今情投意合，并不越礼。这样一来，金宠宰相有两个一样的女儿，手足无措，毫无办法，只能请大法官包拯断案。包拯日断阳间，夜断阴曹，又有"斩妖剑"，一眼认出两个金牡丹一真一假。先重责张珍，但在张珍受拷打时，碧波仙子幻化的假金牡丹痛不欲生，并愿以身相许；真金牡丹则无动于衷，冷漠无情。所以包拯把假牡丹断给张珍。显然，包拯所断此案，鱼变的女儿与真人女儿，享有同等的法律地位，金鲤鱼也是自然人。此类故事在《山海经》《聊斋》中还有很多，其中狐仙、花仙、獐仙、鬼魂、树仙，都与人平等，不仅结婚生子，有的还考取功名。这表明，动植物与人有平等的法律地位，享有自然人的一切权利。这些故事和神话，表明中国传统文化中，追求仁人爱物、万物万生平等，不仅在理论上、在法律上，也应如此。《易经》中的"天人合一"，《中庸》中"万物并育而不相害"，《西铭》中的"民胞物与"都是讲的"泛爱众而亲仁"的古代生态学思想。这些思想还体现在法律制度和伦理道德的规范中。

从 1976 年生态法概念提出，到 2016 年底已 40 年了，但现在大部分国家和地区，还延用环境法，还没能够把生态法具体化到刑法、民法、行政法等法律体系当中；在生态法的法理、法哲学中，也有许多争论与分歧。所以，生态法还是在完善和发展中。例如，在环境法与生态法法理上，是贯彻"以人本位"还是"生态本位"方面，就出现许多悖论和问题。如果践行生态本位，坚持人和其他生命"平等"，就会出现"老鼠悖论"，即老鼠可以状告大工程师鲁班，因为鲁班发明了"捕鼠器"，捕杀了许多老鼠的子子孙孙，所以老鼠要向鲁班索赔；还会出现"细菌悖论"，细菌可以状告弗莱明（A. Fleming, 1881.8.6 ~ 1955.3.11），因为弗莱明发明了溶菌酶和青霉素，杀死了大量的病菌。所以，从法理上看，人和其他生物，人和环境中的一切，绝对的平均，绝对的平等，"在生态法面前人与万生万物平等"这种绝对的"生态主义"，又走向另一极端。这真是啊，真理如再向前跨半步，就会变成谬误。所以在生态法学的理念中，应当坚持"以人为本，兼爱万物"的思想，中国传统文化中"仁人爱物、民胞物与"的智慧，对我们制定生态法的条文，确定法律主体、法律对象、法律代理、法律调控等，都有积极的启发。

（王德胜，宋洁）

5.14 生态工程

生态工程，是生态学与工程学特别是系统工程学之间的交叉学科。生态工程（Ecological Engineering）是利用生态系统中有生命的或无生命的物质，用系统工程的方法，协同各种要素，分层分类、多级多方充分利用物质和能量，使之循环协同发展，自然运行，以达到保护生态又能取得生态效益的一种工程科学。生态工程在运行中，要使生态群落中不同物种共生共存共荣，使物质能量多层次循环充分利用，提升环境自净与再生能力，使各种生态因子、生态要素优化组合，从而取得最佳生态效益，收获最大生态红利。

要进行生态工程建设，必须有环境意识和生态意识，懂得并欣赏环境美与生态美。其实中国古代，很早就有生态工程的思想方法。已有 7000 年历史的《易经》，倡导"天人合一""万国咸宁"，人与自然和谐共存共荣。《易经·贲·六五》中说："贲于丘园，束帛戋戋，吝，终吉。"贲即修饰美化，丘为山，园为田园，这是讲修饰美化环境，就是现在的国土整治，以便使环境宜居美好。中国古代保护环境、保护生态，利用政权制度的力量进行生态建设的思想，古老而睿智。成书于秦始皇六年，即公元前241年的《吕氏春秋》，在全书"八览六论十二纪"中，多处都谈到保护环境的禁伐、禁渔、禁捕、禁猎的"四时之禁"，《孟春纪第一》中说："祀山林川泽，牺牲无用牝，禁止伐木。"主张保护山林，敬畏自然，保护母兽。汉代成书的《淮南子·时则训》中说："牺牲用牡，禁伐木，母覆巢杀胎夭，毋麛，毋卵。"保护母兽，特别是怀孕的母兽，禁伐林木。最有意思的是明末造反派统帅张献忠，用严厉可怕的方法保护环境，写过备受争议的"七杀碑"："天生万物以养人，人无一物以报天，杀杀杀杀杀杀杀！"虽然武夫主政，没文化不懂教化，但还真有点环境意识和生态意识。中国古代追求人与自然融合为一的美好的田园生活。大诗人杜甫在《客至》的诗中说："舍南舍北皆春水，但见群鸥日日来。花径不曾缘客扫，蓬门今始为君开。"诗中讲的民宅与自然是那样的和谐美好，这真可以说是中国古代生态工程的形象说明。在中国古代，不仅活着的人要享受田园风光，就是死后的坟茔、诸神的庙宇祠堂，也要构建良好的生态。杜甫在《蜀相》的诗中说："丞相祠堂何处寻，锦官城外柏森森；映阶碧草自春色，隔叶黄鹂空好音。"被神化的伟大的政治家、军事家诸葛孔明先生，逝后的祠堂也是中国古代生态工程的典型代表。至于中国园林、道观寺院、庙宇皇陵等，都可以说是传世的生态文化工程，受到世界瞩目。

建立在现代科学技术上的生态工程概念，是1962年美国生态学家H·T·奥德姆（H. T. Odum，1924.9.1~2002.9.11）首先提出的。他认为："为了控制复杂的生态系统，人们应当用来自自然的能源，作为辅助能，对环境进行调控。"在奥德姆时代，大多数生态学家都认为，所谓生态工程，就是管理调控自然的工作，用系统工程的方式调控管理自然就是生态工程，生态工程是传统工程的发展和补充。到20世纪80年代以后，因环境问题越来越严重，因而刺激了生态工程的发展，用以加强环境治理。人们当然希望，在环境治理和管理方面，利用生态学和系统工程学的全部知识，花最小的代价、用最小的投入、又对环境损害最小，以取得最佳效绩，这就需要运用生态工程综合技术。

由于中国过分追求GDP增长的社会发展，尤其是在20世纪80年代后，随着经济的快速发展，环境问题日益突出，社会才开始重视生态工程的建设。著名生态学家马世骏（1915.11.5~1991.5.30）首先在中国倡导生态工程。他在1979年提出："生态工程是应用生态系统中物种共生与物质循环再生原理，使系统的结构功能协同和谐，运用系统工程最优化的方法，设计出分层分类循环利用物质能量的生产工艺系统。"对中国的各项生态工程提出了"整体、协调、再生、良性循环"指导意见。中国的生态学家与工程学家，运用系统论、控制论、信息论和自组织理论方法，创造出因地制宜的生态工程模式，以促进自然再生和社会再生产能力为目标，坚持物质循环再利用的原则，保护世界物种的多样性，提高生态系统的综合平衡稳定和抗干扰能力。例如，在生态工程学家的帮助下，广东农民创造了"桑基鱼塘"的生态工程模式：把桑树环植在鱼塘的埂堰上，桑叶营养丰富，采下养蚕，蚕粪和蚕沙以及桑树落叶，还入鱼塘，鱼食蚕沙和桑叶，增肥增殖，鱼的排泄物又沉入塘底变成桑树的肥料，返回桑葚，如此周而复始，良性循环，人获得了蚕丝、桑葚和鱼的生态红利。其他还有很多，例如农民利用作物秸秆生产食用菌和蚯蚓的秸秆生态工程；利用甘蔗和鱼共生原理的蔗基鱼塘工程；稻田养鱼虾蟹的稻田水产工程；城市污水湿地生物自净工程等，都是很有前途的生态工程。

生态工程要求人们运用综合协同的整体思维,排除二元对立的思维模式,强调人与人、人与自然、人与其他物种的和谐统一,从而达到共存共生共荣,循环发展。历史上,第一次和第二次工业革命,因为不懂得生态工程,所以造成严重工业污染、资源短缺、生态破坏。进入 21 世纪以后,生态工程的运作,将会把人们从温室效应、沙尘暴、雾霾中解放出来。全面践行生态工程,不仅能减排、节能、治污、治霾,还能收获蓝天白云、绿水青山,同时还能收获意想不到的生态红利。 (王德胜,宋洁)

5.15 环境史

环境史是环境科学与历史科学之间的边缘学科和交叉学科,探索自人类产生以后,一直到 21 世纪的现代,人作为环境产物,又反作用于环境,因而引起人与环境、人与人、人与其他生物相互联系、相互制约又相互促进的演化历程,环境史就是研究此过程规律和机制的科学。有关环境史的思想,古代就有了。但现代科学的环境史(environmental history)是 20 世纪 70 年代才出现的。环境史研究的出现,也和其他科学一样,始于"问题"。工业革命后,环境污染、资源危机、生态破坏,这些现实问题呼唤着有眼光的学者进行探索。20 世纪以来,人类学、考古学、地质地理学、生态学迅速发展,迫切需要人们对人地关系重新审视,特别是环境决定论与文化决定论的争论,把许多新问题都摊开了。在这种情况下,美国学者唐纳德·沃斯特(Donald Worster)总结了人与自然协同演化的历程,提出了科学的环境史的概念。

从环境史的角度看,地球演化分两个阶段:第一阶段是 45.7 亿年前地球产生,到 258 万年前人类出现。那时的地球没有人,其环境是地球"自在的自然环境"。当人类产生以后,就出现了人与自然、人与其他"地球早期居民"的生物、人与人相互作用的复杂环境,地球也就从"自在的自然环境"过渡到打上人工印记的"人为的自然环境"。实际上,科学意义的环境史,是研究"人为的自然环境"演化过程。

环境史是漫长的,应当有 258 万年的同位素年龄;环境史是短暂的,与整个自然史比较,只有 1%。同理,人与自然相互作用的历史,与全部自然史比较,也是狭小而短暂的。这种情况,可从表 5-1 中清楚地看明了。

表 5-1 地球与地球生命历史年代表

宙(宇)	代纪	同位素年龄 (开始时间)		地球历史和地球生命演化
冥古宙	隐生代	4570	百万年前	地球出现,地球上没有生物
	原生代	4150	百万年前	出现了最早的有机生命—原核生物—细菌
	酒神代	3950	百万年前	酒神海因陨石碰撞而成月球,古细菌出现
	早雨海代	3850	百万年前	地球上出现海洋和其他的水

（续）

宙（宇）	代纪		同位素年龄 （开始时间）		地球历史和地球生命演化
太古宙	始太古代		3800	百万年前	原核生物—细菌与古菌，进一步进化
	古太古代		3600	百万年前	最早的植物（原核生物）蓝绿藻出现
	中太古代		3200	百万年前	叠层石出现，古岩石研究取得生命化石证据
	新太古代		2800	百万年前	第一次冰河期，原核生物向着更高级、更适应环境生存的现代生物发展
元古宙	古元古代	成铁纪	2500	百万年前	蓝藻、细菌进一步发育
		层侵纪	2300	百万年前	从原核生物到真核生物
		造山纪	2050	百万年前	大陆上发生了大规模的造山运动并发生了地球历史上已知的两次最大规模的小行星碰撞
		固结纪	1800	百万年前	诞生复杂单细胞生物，哥伦比亚超大陆形成
	中元古代	盖层纪	1600	百万年前	地壳不同层次的生物
		延展纪	1400	百万年前	从单细胞原生动物到多细胞后生动物演化
		狭带纪	1200	百万年前	约1500种褐藻、真核细胞出现
	新元古代	拉伸纪	1000	百万年前	罗迪尼亚古陆形成
		成冰纪	850	百万年前	发生雪球事件
		震旦纪	630	百万年前	多细胞生物出现，裸露动物出现
显生宙	古生代	寒武纪	542	百万年前	寒武纪生命大爆发，硬壳动物出现
		奥陶纪	488.3	百万年前	节蕨植物，鱼类出现，海生藻类繁盛，无颌类出现
		志留纪	443.7	百万年前	陆生的裸蕨植物出现
		泥盆纪	416	百万年前	节蕨植物繁荣，鱼类繁荣，两栖动物出现、昆虫出现，种子植物出现，石松和木贼出现
		石炭纪	359.2	百万年前	昆虫繁荣，爬行动物出现，煤炭森林、裸子植物出现
		二叠纪	299	百万年前	二叠纪灭绝事件，地球上95%生物灭绝，盘古大陆形成
	中生代	三叠纪	251	百万年前	恐龙出现，卵生哺乳动物出现
		侏罗纪	199.6	百万年前	有袋类哺乳动物出现，鸟类出现，裸子植物大发展，被子植物出现
		白垩纪	99.6	百万年前	恐龙的繁荣和灭绝，白垩纪—第三纪灭绝事件，地球上45%生物灭绝，有胎盘的哺乳动物出现

（续）

宙(宇)	代纪			同位素年龄 （开始时间）		地球历史和地球生命演化
显生宙	新生代	古近纪	古新世	65	百万年前	
			始新世	57.8	百万年前	
			渐新世	34	百万年前	
		新近纪	中新世	23	百万年前	近代哺乳动物出现
			上新世	5.3	百万年前	
		第四纪	更新世	2.58	百万年前	早期人类出现
			全新世	0.0117	百万年前	人类文明出现于 10000 年前

环境史研究对象，是人与环境相互作用的演化过程。人以外的环境很复杂，既有人与自然的关系，又有人与其他生命的关系，还有人与人的关系。人与其他生命有一个很大的不同，因为作为万物之灵的人，有智慧、有思想，因而有文化，形成人文，所以环境中还包括人文环境、文化环境，也包括社会环境，以及社会环境中的政治环境、经济环境。人类文化、文明，不像人的生理，通过 DNA、RNA 遗传，可以代代传承下去；而文化、文明，不能遗传，只能通过后天学习传承，这就是为什么办许多学校的原因，也是为什么人要终生读书学习的原因。人类文化文明要进步，就要有一个良好的文化氛围，这就是文化环境。"昔孟母，择邻处"就是要选择良好的文化环境，以传承文化，教子成才。"建国君民，教学为先"就是要建设良好的人文环境，传承文化，发展文明，从而"化成天下"。由此可见，环境史研究的环境对象，可以大体分为两种：第一，人以外的自然环境；第二，人以外的人文环境。二者相互影响、相互联系，形成一个庞大的体系。从这个意义上，也有学者认为，环境史是包括一切史学的"大历史"。之所以是"大历史"，也是由环境史研究的对象决定的。环境史虽说只研究"我"和"非我"互相作用演化过程，但是这个"非我"太复杂了，"天、地、人"全包括了，既包括人类产生之前就存在的生命，这些生命是地球的"原住民"，也包括人产生以后新产生的生命——"地球新住民"，还包括已经惨遭灭绝的各种住民。环境史要把所有这一切都研究清楚，还要把它们相互关系都揭示出来，确实很复杂，说它是"大历史"，也许并不为过。

从生产力发展的角度，环境史的发展大体经过以下五个阶段。

第一，渔猎农耕时代。人类早期，刚刚学会用火，只能做简单的石器和木制工具，能力低下，活动范围狭小，对自然的改变不大，即使有点改变，自然也能自调节复元，环境也可自净保持原状。早期人类与其他生物的相互作用，也处于平衡状态。人与人，人群部落之间有争夺土地资源的斗争，因为人少，规模不太大，有些互相伤害也能抚平伤口。所以漫长的渔猎农耕时代，人与自然和其他物种间，都能和平共处，和谐发展，有些暂短的不和谐，也能平安度过。这是人与环境天然平衡、友好相处阶段。

第二，第一次工业革命时期。此时由于大工业的出现，用蒸汽机代替人的劳动，有了火车、轮船，钢铁冶金、化工、医药也都发展起来，人口也有较大增加，随之而来的环境污染也大规模出现了，其他物种的灭绝也就开始了。首先工业化的国家，凭着船坚炮利，侵略殖民也就开始了。

第三，第二次工业革命以电、内燃机、工业自动化、电气化为标志，人的力量加强，人口激增，人和自然的矛盾、人和其他物种的矛盾、人和人的矛盾越来越激烈，使环境问题越来越多。从19世纪中叶到20世纪以后，全世界出现了大量的环境问题：①比利时马斯河谷事件：1930年12月，马斯河谷严重工业污染，60人死亡/周；②美国多诺拉事件，1948年10月，美国宾夕法尼亚多诺拉镇，二氧化硫污染，造成5911人重病；③英国伦敦烟雾事件：1952年12月4～9日，由于燃煤污染，伦敦被有毒浓烟笼罩，四天内4000人死亡，两月后又有8000人死亡；④美国洛杉矶光化学烟雾事件：1940年洛杉矶汽车废气在紫外线照射下，产生化学烟雾，使人双目红肿，从而诱发市民呼吸道疾病、咽炎、肺水肿频发；⑤日本四日市哮喘病事件：1961年，日本四日市炼油厂严重污染空气，居民长期大面积患呼吸道疾病，以哮喘病人居多，老年人死亡率很高；⑥日本爱知县米糠油事件，1963年3月，日本爱知县因生产米糠油，严重污染环境，并使氯联苯污染物混入米糠油，酿成13000人中毒，数十万只鸡死亡；⑦日本水俣病，1953～1968年15年中，特别严重的是1956年，日本熊本县水俣湾，汞污染，近万人中毒，海湾也被甲基汞和氯甲基汞（CH_3Hg、CH_3HgCl）污染，所有海产品都有毒，使238人中毒，死亡60余人；⑧日本富士山痛痛病事件，1955～1972年，日本富士山地区因镉（^{48}Cd）污染严重，不仅污染土壤，还污染了水源，多人中毒，中毒者全身疼痛难忍，严重者2580人，死亡207人；⑨中国的工业化比其他发达国家晚了三百年，但开始后，却发展迅猛，造成生态平衡大面积破坏，污染事件频发，土壤和大部分江河湖海都出现了不同程度的污染，空气、饮用水和食品也污染严重。1985～2016年，沙尘暴、雾霾越来越普遍，京津冀最为严重，使肺癌患者激增50%，呼吸道疾病频发，就连中国南方广东广州地区的人，也出现了"一颗红心，两片黑肺"的状况。第二次工业革命，也把第一次工业革命的污染和污染方式继承了下来，而且日益强化。人与环境的矛盾，日益突现，人与人、人与其他物种矛盾也有强化倾向。

第四，以核能、机械能、自动化、计算机控制的自动生产线为标志的第三次工业革命，始于20世纪60年代。第三次产业革命也是在发达国家先展开的，中国"文化大革命"后期略微赶上一点尾声。第三次工业革命以信息化为标志，以核能、风能、水能、电能等混合能源，作为新能源使用。在发达国家，总结了第一、二次工业革命的教训，注重污染治理，妥善处理人与自然、人与其他生物的和平共处问题，注重人权，不仅注意生存发展权，同时保护人的环境权利，从而缓解了环境问题，出现了绿水青山、花园式国土、花园式城市。这些地区，循环经济较发达，资源循环利用，对污染零容忍。第三次产业革命，中国虽是后起者，但后起直追，近十年发展较快。

第五，进入21世纪，逐步出现了第四次产业革命。这次革命以智能化、"互联网＋"为特点。一开始就建立环境友好型、资源节约型的经济，以保护环境，建设生态文明为目标，以绿色清洁能源广泛使用为标志，追求绿色、和谐、共赢。精明的政治家与睿智的科学家共同努力，在第四次产业革命中，建设人、自然环境、动物、植物、微生物、社会、社会环境多方面"天人合一"的"自然命运共同体"，这个"自然命运共同体"是天人之际大同共同体，我们可以姑且称之为"大共同体"。在大共同体中，多样性统一，体现天下殊途同归，一切都共存共荣、和平共处。"人类命运共同体"也是大共同体的一部分。在大共同体中，万物"保合太和，各正性命"，正如古老的中国文化《中庸》和《易经》智慧所说的"万物并育而不相害，道并行而不相悖"多样性统一的世界"首出庶物，万国咸宁"。学者们一致认为，第四次产业革命的起点应为 2014 年 4 月 7～11 日，德国汉诺威工业博览会，这次博览会全球有 65 个国家 5000 家企业参展，体现绿色环保，新能源、新设备，数字化、信息化、智能化。此后，全球合作，保护环境已成了政治家、科学家乃至全球居民的共识。2015 年 12 月 14 日，巴黎气候大会达成协议；2015 年 12 月 16 日，世界互联网大会在中国乌镇召开，并把乌镇确定为永久会址。在第四次产业革命中，"人类命运共同体"协同努力，一个绿色地球、环保地球、网络地球、智能地球正在展现出来。

　　第四次产业革命，给人民一个乐观的大共同体的光明前景，把人类从前三次工业革命造成的悲观哀伤中解救了出来。由于历史上环境问题、资源短缺、污染加剧，严重伤害了人们的社会心理，使一些人觉得前途暗淡，甚至认为，将来毁灭人类的就是人类自己，人类如用自己错误的发明创造的东西，毁掉不能创造的一切，最后也必然毁掉人类自己。于是一股社会悲观情绪就从忧国忧民、忧人类的学者中扩散开来：一些人认为，人类文明是种错误，应当回到古代田园中去，回到古希腊去，复古还原，农耕渔猎，去过古人生活；另一些人则全盘否定工业文明，进而反科学，否定所有的科技成果，认为科学技术是人类犯的原罪，科技文明不是文明，科技不是革命力量，不是第一生产力。这些学者，或发思古之幽情，或忆田园之殇，或挽科学之误。他们往往去论述"文明原罪说""科技祸水说""生活倒退说""开发破坏说"这样的"悲观四说"。第四次产业革命的蓬勃展开，使悲观论者从"悲观四说"中解脱出来。历史会证明，并将进一步证明：发展的问题，只有通过发展解决；改革的问题，只有通过进一步深化改革加以解决。世界发展的总趋势，向着文明，向着光明，"人类进步、文明发展、世界大同""人类命运共同体"，作为大共同体的最重要部分、最核心要素，已经得到越来越广泛的认同。以前的愚昧野蛮的生产方式，经第四次产业革命，将被人性化、清洁、绿色、环保的生产方式全面取代，把绿水青山、蓝天白云，安全食品、洁净饮水还给人，充分保护和尊重人民的环境权利。同时，地球上所有居民、所有生物，都将在大共同体中，共存共荣，和平共处，并按着生态的自然法则，生生灭灭，循环发展。在第四次产业革命中，地球将被网络在一个大的"命运共同体"中，"内和外顺、合作共赢"的生态思想方法，将受到地球越来越多的人赞同和践行，这也意味着人类前途命运更加光明，新人类、新进化，共同走向文明与大同。

　　环境史发展的五大阶段，大体上说明了人类产生之后，"我"与"非我"的相互作用的演替历程，正确地认识这种演替过程，有重要的哲学意义和方法论价值。同时，这种研究还有重大的史学价值，使人们反思以人为中心的历史观，反思人和人类种间斗争的历史观，反思历史动力的本源，重视以生态为中心的意见，把以人为中心和以生态为中心的历史观统一为大共同体；天下归一，和谐共进，协同发展。 　　　　　　　（王德胜，宋洁）

5.16　康芒纳生态学"四法则"

美国著名生物学家、生态学家巴里·康芒纳在 1971 年著《封闭的循环：自然、人和技术》(*The Closing Circle*)、1990年出版《与地球和平共处》，影响着世界的环境科学与生态学的进程；此外，他还著有《科学与生存》(1966)、《权力的贫困：能源和经济危机》(1976)、《政治能量》(1979)等。

康芒纳在《封闭的循环：自然、人和技术》中提出生态学四法则。

(1)在生态系统中，每一种事物都与其他事物相关联，即一切都联系着一切，一个生态圈中的所有生物会影响其中的一个，一个也会影响所有，这是在生态系统中，探索了普遍联系的法则。

(2)在生态系统中，一切事物都必然有去向，在自然界中没有"浪费"，没有东西可以抛出"消失"。这是古老的物质不灭思想在生态学中的具体体现。

(3)自然界所懂得的是最好的。人类创造技术来改善自然，但是，技术对自然的干涉、技术使自然的变化，"可能对自然系统是有害的"。在此，康芒纳似乎发现了自然界自组织、自调节、自我和谐的能力，这些思想在自组织理论中，有广泛的探索。

(4)康芒纳认为，"天下没有免费的午餐"，人们开发自然、利用自然，不可避免地把有用的物质形式，转化为无用的物质形式。

康芒纳总结了历史上一切积极成果，形成生态学四法则，对生态学、环境科学的研究有重要意义，其作用还影响到国家、政府的政策与行为。

康芒纳的研究是广泛的，他在《权力的贫困：能源和经济危机》中，曾郑重提出"3E"问题。"3E"问题，原意指环境、能源、经济(environment、energy、economy)三者的相互影响、相互作用，以及对人类的作用与意义。鉴于环境问题日益严重的情况下，则普遍认为：环境恶化、能源短缺、经济衰退(environment degradation、energy shortage、economic decline)等。"3E"问题困扰着人们，三者是互相关联、互相影响的，使用能源最多的行业和地区，对环境的负面影响也最大。康芒纳明确指出："3E"的问题是由资本主义制度造成的，只有通过某种社会主义取代它，才能解决。

康芒纳认为，全世界都应行动起来，保护环境，保护地球，真正实现《与地球和平共处》中的目标。为了保护环境，康芒纳还十分关心政治。他在1980年还曾竞选过美国总统，他终生执着研究生态学与环境科学，一直到2012年9月30日去世。去世后葬在一个生态公墓中，即纽约的绿荫公墓(Green-Wood Cemetery)。可以说康芒纳是一位"生研生态，死葬生态"的科学大师。

（王德胜，宋洁）

5.17 马克思主义的生态学思想

马克思主义的生态学思想，又称马克思主义的生态观，指的是马克思主义创始人马克思恩格斯在其著作中提出或蕴含的诸多生态学思想的统称。其基本观点主要集中在马克思、恩格斯的《德意志意识形态》《共产党宣言》和马克思的《1844年经济学哲学手稿》《资本论》以及恩格斯的《自然辩证法》《政治经济学批判大纲》等著作中。

对于马克思主义的生态学思想的内涵，我国学术理论界通常将其概括为三个大的方面，即：辩证的实践的自然观；唯物论的生态的自然观；人、自然与社会统一和谐的新社会(郇庆治，2014；潘岳，2015)。

纵观国内外已有的对于马克思主义生态学思想的研究成果，根植于马克思恩格斯整体思想的马克思主义的生态学思想主要包括但不限于以下内容。

(1)人类社会和自然界密切关联、互相制约的思想。

马克思恩格斯认为，在人类面前，总是摆着一个"历史的自然和自然的历史"。用恩格斯的话来说，"我们不仅生活在自然界中，而且生活在人类社会中"(恩格斯：《路德维希·费尔巴哈和德国古典哲学的终结》，《马克思恩格斯选集》第 4 卷第 226 页)。因此，"历史可以从两个方面来考察，可以把它划分为自然史和人类史。但这两个方面是密切关联的；只要有人存在，自然史和人类史就彼此互相制约。"在《德意志意识形态》中，马克思恩格斯还特别批评了布鲁诺·鲍威尔所提到的"自然和历史的对立，好象这是两种互不相干的事物"的看法(转引自〔美〕约·贝·福斯特著《生态革命——与地球和平相处》，人民出版社 2015 年版，第 141 页)。

恩格斯在《自然辩证法》中，不仅阐述了自然界是一个有着内部联系和相互作用的有序整体，而且强调了自然界在从低级向高级的运动过程中，向人类社会的渐进生成，也就是自然界相对于人类社会的根源性和整体性。

在《自然辩证法·人类活动对因果性作出验证》札记中，恩格斯又强调人类的劳动实践对于改变自然界的重要作用，即：不仅是"自然条件到处在决定人的历史发展"，"人也反作用于自然界，改变自然界，为自己创造新的生存条件"，"地球的表面、气候、植物界、动物界以及人类本身都在不断地变化，而且这一切都是由于人的活动。"(《马克思恩格斯选集》第 3 卷第 551 页)

由此可见，只要有人存在，就始终存在着人类社会和自然界这两个密切关联、互相制约的世界。一方面是自然决定人，是人的"自然化"；另一方面是人决定自然，是自然的"人化"。随着人类社会的发展，这种相关性越来越紧密、越来越明显。正是这两者的相互作用、相互渗透、相互关联决定了它们必须协调发展和共同进化。

(2)人是自然界的一部分或人与自然界具有一体性的思想。

马克思把不断人化着的自然，比作人的无机的身体。在《1844 年经济学哲学手稿》中，马克思明确指出："自然界，就它自身不是人的身体而言，是人的无机的身体。人靠自然界生活，这就是说，自然界是人为了不致死亡而必须与之处于持续不断地交互作用过程的、人的身体。所谓人的肉体生活和精神生活同自然界相联系，不外是说自然界同自身相联系，因为人是自然界的一部分。"

恩格斯在《自然辩证法》中也明确指出，"我们连同我们的肉、血和头脑都是属于自然界和存在于自然之中的"，随着自然科学的大踏步前进，"我们越来越有可能学会认识并因而控制那些至少是由我们最常见的生产行为所引起的较远的自然后果。但是这种事情发生得越多，人们就越是不仅再次感觉到，而且也认识到自身和自然界的一体性，而那种关于精神和物质、人类和自然、灵魂和肉体之间的对立的荒谬的、反自然的观点，也就越不可能成立了……"在恩格斯看来，他所说的人类"自身与自然界的一体性"，同马克思说的"人是自然界的一部分"一样，都是指人类本身具有的始终归属于、依存于自然的属性，其反映的都是人类与自然的一体关系。

（3）社会物质生产过程包括人的生产活动和自然生产力的思想。

马克思曾经指出，在人类社会发展的任何一个水平上，社会物质生产过程不仅包括人的生产活动，而且包括自然界本身的生产力（《马克思恩格斯全集》，第 26 卷第 500 页）。在《资本论》中，马克思写道："劳动生产力是由多种情况决定的，其中包括……自然条件。""大工业把巨大的自然力和自然科学并入生产过程，必然大大提高劳动生产率，这一点是一目了然的。"（《马克思恩格斯全集》第 23 卷第 53 页、第 424 页）在《经济学手稿》中，他还写道："大生产……第一次使自然力，即风、水、蒸汽、电大规模地从属于直接的生产过程，使自然力变成社会劳动的因素。"（《马克思恩格斯全集》第 47 卷第 569～570 页）

在《资本论》中，马克思还曾以利用瀑布的工厂为例指出："那个利用瀑布的工厂主的超额利润……他所用劳动的已经提高的生产力……来自劳动的某种较大的自然生产力，这种生产力和一种自然力的利用结合在一起。"（《马克思恩格斯全集》第 25 卷第 726 页）

这就是说，在马克思恩格斯看来，生产力概念是自然生产力和社会生产力的总和。没有自然生产力，社会生产活动就无法进行。

（4）劳动加上自然界才是一切财富的源泉的思想。

马克思和恩格斯曾依据他们创立的劳动价值论认为，"自然力本身没有价值。它们不是人类劳动的产物。""它们进入劳动过程，却并不进入价值形成的过程。"（《马克思恩格斯全集》第 47 卷第 569～570 页）

但是，马克思和恩格斯并未因此而否定自然力（或自然要素，或自然界）在生产中所起的重要作用，也未因此而否定自然在满足人类需要的意义上所具有的价值。譬如：在《1844 年经济学哲学手稿》中，马克思就说："没有自然界，没有感性的外部世界，工人就什么也不能创造。""自然界一方面在这样的意义上给劳动提供生活资料，即没有劳动加工的对象，劳动就不能存在，另一方面，自然界也在更狭隘的意义上提供生活资料，即提供工人本身的肉体生存所需的资料。"（《马克思恩格斯全集》第 42 卷第 92 页）在《工资、价格和利润》中，马克思又说："如果把不同的人的天然特性和他们的生产技能上的区别撇开不谈，那么劳动生产力主要应当取决于：（1）劳动的自然条件，如土地的肥沃程度、矿山的丰富程度……"（《马克思恩格斯选集》第 2 卷第 175～176 页）在《资本论》中，马克思更是明确指出了外界自然条件为人类提供了"两类自然富源"，即"生活资料的自然富源，例如土壤的肥力，渔产丰富的水等等；劳动资料的自然富源，如奔腾的瀑布、可以航行的河流、森林、金属、煤炭等等。在文化初期，第一类自然富源具有决定性的意义；在较高的发展阶段，第二类自然富源具有决定性的意义"，并说"劳动的不同的自然条件使同一劳动量在不同的国家可以满足不同的需要量，因而在其他条件相似的情况下，使得必要劳动时间各不相同。"（《马克思恩格斯全集》第 23 卷第 560～562 页）

恩格斯在《自然辩证法·劳动在从猿到人的转变中的作用》的论文中，还特别针对"劳动是一切财富的源泉"的观点，明确指出："其实，劳动加上自然界才是一切财富的源泉，自然界为劳动提供物料，劳动把物料转变为财富。"马克思也在《资本论》中指出："劳动并不是它所产生的使用价值即物质财富的唯一源泉。正像威廉·配第所说，劳动是财富之父，土地是财富之母。""种种商品体，是自然物质和劳动这两种要素的结合。"（《资本论》

第 1 卷第 57 页)

由此可以看出，马克思恩格斯在创立劳动价值论的同时，也在满足人类需要的意义上肯定了自然所具有的价值，即"自然价值"。令人遗憾的是，他们当时并没有提出这一概念，而在他们之后人们又长期在劳动价值论的强烈光环下，模糊了自己的视线，看不到"自然价值"思想的闪光。

(5)人类活动必须遵循自然规律的思想。

马克思主义创始人认为，在大自然面前，人所以比其他一切生物强，是因为人"能够正确认识和运用自然规律"，正如恩格斯在《自然辩证法》中强调指出的："我们一天天地学会更正确地理解自然规律，学会认识我们对自然界的习常过程所作的干预所引起的较近或较远的后果。"换句话说，能够正确认识和自觉运用自然规律，是人区别于并强于其他生物的最本质的属性，是人类力量的源泉。因此，人类活动必须遵循自然规律。如果违背自然规律，就要受到大自然的惩罚。用马克思的话来说，"不以伟大的自然规律为依据的人类计划，只会带来灾难"(《马克思恩格斯选集》第 1 卷，人民出版社，2012 年版，第 55 页)。

为此，恩格斯特别告诫人们："不要过分陶醉于我们人类对自然界的胜利。对于每一次这样的胜利，自然界都对我们进行了报复。每一次胜利，起初确实取得了我们预期的结果，但是往后和再往后却发生了完全不同的、出乎预料的影响，常常把最初的结果又消除了。""美索不达米亚、希腊、小亚细亚以及其他各地的居民，为了得到耕地，毁灭了森林，但是他们做梦也想不到，这些地方今天竟因此而成为不毛之地，因为他们在这些地方剥夺了森林，也就剥夺了水分的积聚中心和贮存器。"

(6)土壤养分和城市有机废弃物循环利用的思想。

马克思曾以土地为例，运用"新陈代谢断裂"的概念，以获知人类在资本主义社会中对其生存条件的物质性疏离。马克思写道："资本主义生产"，"只是在它的影响使土地贫瘠并使土地的自然性质耗尽以后，才把注意力集中到土地上去。"(《马克思恩格斯全集》第 26 卷下，人民出版社 1974 年版，第 332 页)而这不仅与土地有关，也与城乡对立有关。因为城乡对立以及它所引起的新陈代谢断裂，也非常明显地处于一种日趋全球化的水平，即：所有殖民地国家眼睁睁地看着它们的土地、资源和土壤被抢劫，以支持殖民国家的工业化。其中一个典型的实例，正如马克思所言，"英格兰间接输出爱尔兰的土地已达一个半世纪之久，可是连单纯补偿土地各种成分的东西都没有给予爱尔兰的农民。"(《马克思恩格斯文集》第 5 卷，人民出版社 2009 年版，第 808 页)

对马克思而言，因土壤养分无法实现循环，就在城市污染和现代污水系统的不合理性方面产生了其对应物。在《资本论》中，马克思就指出："在伦敦，450 万人的粪便，就没有什么好的处理方法，只好花很多钱用来污染泰晤士河。"恩格斯对此也明确指出："仅仅伦敦一地每日都要花很大费用，才能把比全萨克森王国所排出的还要多的粪便倾抛到海里去"，而要解决这个问题，就需要建立"工业生产和农业生产之间的紧密联系"。(《马克思恩格斯文集》第 3 卷，人民出版社 2009 年版，第 326 页)

总之，正如马克思所说，"人的自然的新陈代谢所产生的排泄物"，以及工业生产和消费所产生的废弃物，都应该作为完整的新陈代谢循环的一部分而重新被生产所循环利用(《马克思恩格斯文集》第 7 卷，人民出版社 2009 年版，第 115 页)。

（7）土地可持续利用和可持续经营的思想。

马克思主义创始人在提出土壤养分和城市有机废弃物循环利用的思想后，又进一步将其导向一个更加广泛的概念——生态可持续性。尽管在他们当时的著作中还没有出现这一明确的提法，但其实际意涵已经清晰可见。

马克思认为，资本主义是不可能具有这样一种（指可持续性——笔者注）长远眼光和理性行为的，因为"各独特土地产品的种植对市场价格波动的依赖，这种种植随着这种价格波动而发生的不断变化，以及资本主义生产指望获得直接的眼前的货币利益的全部精神，都和维持人类世世代代不断需要的全部生活条件的农业有矛盾。"（《马克思恩格斯文集》第7卷，人民出版社2009年版，第697页）。在《资本论》中马克思还指出："从一个较高级的社会经济形态的角度来看，个别人对土地的私有权，和一个人对另一个人的私有权一样，是十分荒谬的。甚至整个社会，一个民族，以及一切同时存在的社会加在一起，都不是土地的所有者。他们只是土地的占有者，土地的利用者，并且他们必须像好家长一样，把土地改良后传给后代。"也就是说，人类作为土地的非所有者，在对土地的利用上不仅存在人际公平问题，还存在代际公平问题，即土地的可持续利用和可持续经营问题。用马克思的话来说，"土地这个人类世世代代共同的永久的财产，即他们不能出让的生存条件和再生产条件"需要"自觉的合理的经营"（《马克思恩格斯文集》第7卷，人民出版社2009年版，第918页）。唯其如此，才能确保在将来把土地传给后代时能够相当于或者好于目前的状况。

笔者认为，马克思正是在强调"维持人类世世代代不断需要的全部生活条件"而保持土地，以及强调土地的利用者"必须像好家长一样，把土地改良后传给后代"的时候，发现并抓住了当代可持续发展思想的本质，即：既能满足当代人的需要，又不对后代人满足其需要的能力构成危害的发展。

在《自然辩证法》一书中，恩格斯还以西班牙的种植场主在古巴烧掉山坡上的森林为例，对于破坏土地可持续利用和可持续经营的行为进行严厉抨击："西班牙的种植场主在古巴烧掉山坡上的森林……以后热带的大雨会冲掉得不到任何保护的腐殖土而只留下赤裸裸的岩石，那对他们来说又有什么相干呢？"他批评道："在今天的生产方式中，对于自然界和社会，人们注意的主要只是最初的最明显的成果，可是后来人们又感到惊讶的是：取得上述成果的行为所产生的较远的后果，竟完全是另外一回事。"

（8）人口、科技、经济、社会协调发展的思想。

这方面的思想主要体现在马克思恩格斯对马尔萨斯"人口决定论"的批判中。

在《政治经济学批判大纲》中，恩格斯写道："为了证明对人口过剩普遍存在的恐惧是毫无根据的"，"是非常可笑的事情"。因为科学技术的进步"至少和人口增长的速度一样快"。

马克思在《资本论》中指出：人类发展历史的决定性因素不是人口增长而是社会生产方式，而"每一种特殊的、历史的生产方式都有其特殊的、历史地起作用的人口规律。抽象的人口规律只存在于历史上还没有受过人干涉的动植物界"。

马克思和恩格斯还认为，消灭私有制是解决资本主义人口过剩的唯一途径。在《政治经济学批判大纲》中，恩格斯指出："只要目前处于对立状态的各个方面的利益能够融合起来，人口过剩和财富过剩的对立就会消失……那种认为土地不能养活人们的荒谬见解也就会不攻自破。"

在1881年2月1日致卡尔·考茨基的信中，恩格斯还说："人类数量增多到必须为其增长规定一个限度的这种抽象可能性当然是存在的。但是，如果说共产主义社会在将来某个时候不得不……也对人的生产进行调整，那么正是那个社会，而且只有那个社会才能毫无困难地做到这点……共产主义社会中的人们自己会决定，是否应当为此采取某种措施"。

（9）资本主义生产方式必然造成自然环境破坏的思想。

马克思恩格斯通过对资本主义社会内在矛盾的分析看到，在资本追求利润最大化的内在冲动下，资本主义的生产方式不仅必然造成社会的不公，还必然造成自然环境的破坏。在《资本论》第一卷中，马克思写道："资本主义生产使它汇集在各大中心的城市人口越来越占优势，这样一来，它一方面聚集着社会的历史动力，另一方面又破坏着人和土地之间的物质变换。"

马克思指出：资本主义的"生产力在其发展的过程中达到这样的阶段，在这个阶段上产生出来的生产力和交往手段在现存关系下只能带来灾难，这种生产力已经不是生产的力量，而是破坏的力量。"（《马克思恩格斯选集》第1卷，第76页）

马克思还说："资本主义农业的任何进步，都不仅是掠夺劳动者的技巧的进步，而且是掠夺土地的技巧的进步，在一定时期内提高土地肥力的任何进步，同时也是破坏土地肥力持久源泉的进步。一个国家，例如北美合众国，越是以大工业作为自己发展的起点，这个破坏过程就越迅速。因此，资本主义生产发展了社会生产过程的技术和结合，只是由于它同时破坏了一切财富的源泉——土地和工人。"（《马克思恩格斯全集》23卷，第552～553页）

（10）人与自然和谐统一是社会主义的本质属性的思想。

在马克思恩格斯看来，资本主义社会不是、也很难成为一个人、自然与社会和谐统一的社会，不可能是一个生态可持续的社会。因为"人们对自然界的狭隘的关系制约着他们之间的狭隘的关系，而他们之间的狭隘的关系又制约着他们对自然界的狭隘的关系"（《马克思恩格斯选集》第1卷，第82页）。

马克思认为，人与自然和谐发展的真正实现，只能伴之于人与人社会关系的根本性变革。因此，马克思和恩格斯把劳动者联合起来并消灭了私有制的共产主义社会作为解决"人类同自然的和解以及人类本身的和解"的最高理想："这种共产主义，作为完成了的自然主义，等于人道主义，而作为完成了的人道主义，等于自然主义，它是人和自然界之间、人和人之间的矛盾的真正解决。""社会（指共产主义——引者）是人同自然界的完成了的本质的统一，是自然界的真正复活，是人的实现了的自然主义和自然界实现了的人道主义。"（《马克思恩格斯全集》第3卷，第297、301页）"社会化的人，联合起来的生产者，将合理地调节他们和自然之间的物质变换，把它置于他们的共同控制之下，而不让它作为盲目的力量来统治自己，靠消耗最小的力量，在最无愧于和最适合于他们的人类本性的条件下进行这种物质变换。"（《马克思恩格斯选集》第4卷，第388页）

由此可以看出：马克思恩格斯所理解的"共产主义社会"，不仅是一个物质生产力高度发达和社会公正的社会，也是一个生态可持续的社会，即人与自然和谐统一的社会。人与自然的和谐同社会主义(共产主义的初级阶段)的本质的一致性,在这里得到完美的体现。也正是在这个意义上,我们说马克思主义的创始人提出了人与自然和谐统一是社会主义的本质属性的思想。

综上所述,正如美国学者约·贝·福斯特在《马克思的生态学:唯物主义与自然》一书中所言,马克思恩格斯的生态学思想有着十分丰富的内涵。其中既包括对人与自然的关系以及社会生产力与自然生产力的关系等人类与生俱来一直面临的基本问题的深刻阐述,又包括对人类活动必须遵循自然规律、资本主义生产方式必然造成自然环境破坏、人与自然和谐统一是社会主义的本质属性等人类社会发展规律的科学揭示,还在一定程度和一定意义上体现出自然价值、可持续发展、循环利用、协调发展等重要思想。可以说,我国目前正在大力开展的生态文明建设所涉及的方方面面,大都可以从中追寻到其最早的思想源头。

令人遗憾的是,在过去很长的一段时间里我国学术理论界存在一个误区,认为马克思主义在人与自然的关系上只强调发展生产力、征服自然,马克思主义的创始人似乎成了反生态的人类中心主义的思想家。在此情况下,全面发掘、研究、传播和运用马克思主义的生态学思想,无疑具有重大的理论和现实意义。

(黎祖交)

5.18　可持续发展理论

关于人与自然的关系和如何发展的思考,中国古代有极为光辉的思想。《易经·乾·象》中说:"云行雨施,品物流形","乾道变化,各正性命,保合太和","万国咸宁",这就说出了当时十分注重和谐的最伟大发展理论与生态思想。《中庸》中还进一步发展了《易经》"天人合一"的思想方法,提出"上律天时,下袭水土","万物并育而不相害,道并行而不相悖"。《论语·述而》中说:"子钓而不纲,弋不射宿。"孔圣人,只是钓鱼,而不用大网捕捞,以保护鱼类可持续发展,捕鸟,也不能去射宿鸟,以保证鸟类的可持续发展。正是"劝君莫打三春鸟,子在巢中盼母归"。在农耕渔猎时代,就出现了可持续发展、保护动物的宝贵思想。《列子·说符》中,提出放生、禁止捕鸟的思想。到宋代,更明确了人与人、人与自然、人与万物的关系。张载先生在《西铭》中,明确指出"民吾同胞,物吾与也"这种"仁民爱物,民胞物与"的宝贵思想,体现了人与自然关系高度和谐的智慧,至今还启迪着人们。这也说明,中国传统文化的闪光思想,那种厚德载物的道德包容与和谐的生态伦理,真正体现着人类大爱。这无疆大爱,更是表达着人与物无忤、万物万生平等的生态关怀。

建立在现代科学基础上的可持续发展(sustainable development)概念是1972年在斯德哥尔摩举行的联合国人类环境研讨会上提出来的。这次会上,学者们还郑重提出了人类代内和代际平等,享有环境权问题。人与自然及其他生物应当和平共处,共存共生共荣。共同认为,可持续发展是一种长远的发展,人们在发展经济、利用环境和资源时,既应满足当代人的需要,又不应损害后代人的需要。这种建立在现代科学基础上的可持续发展理念,就是科学发展观的理论基础。

综合古今中外可持续发展理论思想，我们可以把可持续发展大体上表述如下：可持续发展是要求在发展经济时，要在整体上实现文明进步，要做到自然、社会、经济、文化、政治，全球社会管理，协调永续进步。这样，在全球"人类命运共同体"中，高度和谐的发展理论与发展战略，就是可持续发展理论的要旨。此理论要求人与自然、人与其他生物、人与人和平永续共进，对自然和其他生物不仅应进行生态关怀，还应践行环境道德与生态伦理的要求。"万物和谐，众生平等"，人应"与物无忤"，使万生共荣、共生、共进，和平共处。从而实现创新、协调、绿色、开放、共享的新发展理念。

自从 1972 年可持续发展概念提出之后，中国的反应是最快的：①1991 年，中国发起并召开了发展中国家环境与发展部长会议，共同发表了《北京宣言》，推动可持续发展。②1992 年 6 月在里约热内卢世界首脑会议上，中国签署了《环境与发展宣言》。③1994 年 3 月 25 日，中国发布了《中国 21 世纪议程》和《中国 21 世纪议程优先项目计划》。④1995 年，中国把发展列为基本战略。⑤党的十七大、十八大会议，坚持科学发展观。⑥2015 年 10 月 26～29 日，党的十八届五中全会把创新、协调、绿色、开放、共享作为新发展理念写入相关文件。⑦2016 年 3 月 5 日，习近平主席提出，创新发展是方向、是钥匙。中国的发展中，要瞄准世界科技前沿，全面提升自己的创新能力，力争早日在基础科技领域作出重大创新，在关键的核心技术领域作出重大创新和突破。习主席明确指出："创新是引领发展的第一动力"，这一提法，是对邓小平"科技是第一生产力"论断的发展，第一生产力与第一动力，将极大地推动可持续发展，将在践行新发展理念中发挥火车头的作用。⑧中国 2016 年 12 月 15 日宣布：在"十三五"计划 2016 年开局以来，2017 年将是"十三五"计划发展的重要一年，也是推出供给侧结构改革的深化之年，是可持续发展的一个重要时间节点。可持续发展的模式是"稳中求进"，这种发展模式和思想是中国智慧，也是中国传统文化的要求，《易·晋·象》中说"柔进而上行"，同样的思想在睽卦、鼎卦、噬嗑卦中，都有出现。实际上，"大跃进"式的发展或"缓慢低速、停滞不前"都是不对的，也都是不可持久的。中国发展 2017 年稳中求进的模式是理性的，又是新常态，是全国工作的主基调。这种模式要求，要在保持社会稳定的前提下，在关键领域寻求突破，把创新、协调、绿色、开放、共享的发展理念全面地贯彻到工作的各个领域。

在贯彻新发展理念时，首先，要保护资源的可持续性和生态系统的可持续性，这是保证人类社会可持续发展的首要条件；其次，在发展中，运用协同学原理，保持"天地人和"，建立互惠共生关系，在发展中要强化人的需求，改革供给侧，而不是只强化市场利益；再次，注重系统性与综合性，主题是发展，但必须综合自然、社会、科技、文化、政治、环境承载力、资源承载力、代内平等、代际平等，多种因素，综合运用多种方法，通过可持续发展，保证人类生活富裕，生态良好，使"人类命运共同体"共同走向高度文明。

推进可持续发展的新发展理念时，应强化一系列的配套改革与配套措施，主要应当有：①强化社会管理系统，建立高效廉洁的管理机制，例如，2016 年 12 月 12 日中国宣布：为了治理大江大河的污染，实行"河长制"，全面负责大江大河的治污工程，建立起沿江河两岸有效的治污管理系统。②建立起能保证可持续发展的法律体系，在习近平主席提出"四个全面"理论的指导下，在全面依法治国的过程中，对可持续发展做出系统的法律保障。③建立起支撑可持续发展的科技体系，"科技是第一生产力"，没有先进的科技体系的支撑，可持续发展没法完成。2016 年 11 月 25 日，国务院批复了从 2017 年起在每年 5 月 30 日设立"全国科技工作者日"，这是对科技的最大重视，科技兴，则生态兴，必对可持续发展是一个极大促进。④建立起可持续发展与生态工程的教育体系，既培养专门人才，又进行可持续发展的普及教育、社会教育，这样才能举"人类共同体"的全民之力、全面之力，推动可持续发展。⑤建立可持续发展的现代文化。文化是软实力，如在"人类命运共同体"中，建立起可持续发展的现代生态文化，公众广泛认同，广泛参与，就会形成不可阻挡的巨大文化力量，用这种力量遏止资源危机、土地沙化、环境污染、物种灭绝、森林草原退化、温室效应等环境问题和生态问题。同时，在"人类命运共同体"中，通过生态文化建设，达成人类生存、人类利益高于一切的理念，万物万生平等的精神，贯彻代际平等和代内平等的思想，建设生态经济，从而使生态效益、经济效益、社会效益高度统一。使人口、资源、环境高度协调，以人为本，使社会健康稳定可持续和谐发展。

推进可持续发展的新发展理念，必须建立多样性统一的生态经济模式，改变传统的经济与环境二元化的经济模式。要使生产过程生态化，全面节能减排；使经济运行模式生态化；还要使消费模式生态化，全面去掉损失浪费，如豪华宣传、豪华包装。为了使"人类共同体"运行生态化，还必须强化生态伦理，提升人们的生态伦理观念，以保证万生万物的平等和谐，共生共荣。

全面推进新发展理念，也存在许多问题和挑战。例如，人民的生态素质不高，人口老龄化，社会保障体系不健全，城乡就业压力大，经济结构不合理，市场运行机制不完善，能源结构中清洁能源比重低，基础设施建设滞后，经济数字化、智能化程度偏低，自然资源浪费问题突出，环境污染仍有不断加重倾向，生态环境恶化仍然未得到有效控制。如此等等，这些问题的解决，只有强化改革，强化创新，通过全面贯彻和强化实施新发展理念来解决，从而保证在可持续发展中，既有绿水青山，又有金山银山，天地人和，万国咸宁。

（王德胜，宋洁）

5.19　科学发展观

科学发展观是列入党的指导思想的重大战略思想。党的十六大以来，以胡锦涛同志为总书记的党中央，高举中国特色社会主义伟大旗帜，以邓小平理论和"三个代表"重要思想为指导，立足社会主义初级阶段基本国情，总结中国发展实践，借鉴国外发展经验，适应中国发展要求，提出了科学发展观这一重大战略思想。中国共产党第十七次全国代表大会把科学发展观写入党章，中国共产党第十八次全国代表大会把科学发展观列入党的指导思想，并且在以习近平同志为核心的党中央治国理政新理念新思想新战略中得到不断丰富和发展。

党的十七大报告指出，科学发展观是对党的历届中央领导集体关于发展的重要思想的继承和发展，是马克思主义关于发展的世界观和方法论的集中体现，是同马克思列宁主义、毛泽东思想、邓小平理论和"三个代表"重要思想既一脉相承又与时俱进的科学理论，是一个历史时期我国经济社会发展的重要指导方针，是发展中国特色社会主义必须坚持和贯彻的重大战略思想。

科学发展观内涵丰富。第一要务是发展，核心是以人为本，基本要求是全面协调可持续发展，根本方法是统筹兼顾。把握科学发展观的内涵，一是必须坚持把发展作为党执政兴国的第一要义。要牢牢抓住经济建设这个中心，坚持聚精会神搞建设、一心一意谋发展，不断解放和发展社会生产力。要着力把握发展规律、创新发展理念、转变发展方式、破解发展难题，提高发展质量和效益，实现又好又快发展。二是必须坚持以人为本。要始终把实现好、维护好、发展好最广大人民的根本利益作为党和国家一切工作的出发点和落脚点，尊重人民主体地位，发挥人民首创精神，保障人民各项权益，走共同富裕道路，促进人的全面发展，做到发展为了人民、发展依靠人民、发展成果由人民共享。三是必须坚持全面协调可持续发展。要按照中国特色社会主义事业总体布局，全面推进经济建设、政治建设、文化建设、社会建设、生态建设，促进现代化建设各个环节、各个方面相协调，促进生产关系与生产力、上层建筑与经济基础相协调。四是必须坚持统筹兼顾。要正确认识和妥善处理中国特色社会主义事业中的重大关系，统筹个人利益和集体利益、局部利益和整体利益、当前利益和长远利益，充分调动各方面积极性。既要总揽全局、统筹规划，又要抓住牵动全局的主要工作、事关群众利益的突出问题，着力推进、重点突破。

贯彻落实科学发展观，需要努力实现五大转变：一是进一步转变发展观念，破除某些地区和部门领导干部头脑里的发展观念与科学发展观不相符的思想倾向。二是进一步转变经济增长方式，大力推进经济增长方式向集约型转变，走新型工业化道路。三是进一步转变经济体制，着力深化财税、科教文卫、金融和投资体制、社会保障体制等改革，消除城乡分割的体制性障碍，切实解决经济社会发展"一条腿长、一条腿短"的问题。四是进一步转变政府职能，建立对工作实绩进行考核评价的新的指标体系，引导各级干部树立正确的政绩观。五是进一步转变各级干部的工作作风，坚决克服主观主义、形式主义和官僚主义，坚持党的群众路线，注意在实践中形成新思路，在群众中寻求新办法。

发展是中国共产党人的硬道理，发展的理念始终引导着党在各个历史时期的伟大实践。在全面、协调和可持续的发展观念逐渐深入人心的基础上，党的十八届五中全会紧扣发展的脉搏，回应时代的挑战，进一步提出了创新、协调、绿色、开放和共享的新发展理念。牢固树立并切实贯彻新发展理念，是关系我国发展全局的一场深刻变革，是"十三五"乃至更长时期我国发展思路、发展方式和发展着力点，也是全面建成小康社会的行动指南和实现"两个一百年"奋斗目标的思想指引，标志着我们党认识把握发展规律的再深化和新飞跃。

（薛伟江）

5.20　两山理论

"两山理论"指的是习近平总书记关于正确认识和处理生态环境保护与经济发展关系的一系列重要理论观点，因其在论述中将这两者的关系形象地比喻为"绿水青山"与"金山银山"的关系而得名。目前,"两山理论"已成为推动我国生态文明建设乃至整个经济社会可持续发展的重要指导思想。

习近平总书记的"两山理论"经历了一个逐步形成、不断发展的过程,其最早提出还是在十多年前习近平担任浙江省委书记的时候。

2005 年 8 月 15 日,习近平到浙江省安吉县天荒坪镇余村考察时,听到村干部介绍该村关停污染环境的矿山,靠发展生态旅游借景发财,实现了"景美、户富、人和"的情况后,高兴地说:"我们过去讲,既要绿水青山,又要金山银山。其实,绿水青山就是金山银山。"

2005 年 8 月 24 日,习近平又在《浙江日报》"之江新语"专栏发表《绿水青山也是金山银山》一文,鲜明提出:"我们追求人与自然的和谐,经济与社会的和谐,通俗地讲,就是既要绿水青山,又要金山银山。"如果把"生态环境优势转化为生态农业、生态工业、生态旅游等生态经济的优势,那么绿水青山也就变成了金山银山","绿水青山可带来金山银山,但金山银山却买不到绿水青山……在鱼和熊掌不可兼得的情况下,我们必须懂得机会成本,善于选择……在选择之中,找准方向,创造条件,让绿水青山源源不断地带来金山银山"。

2006 年 3 月 23 日,习近平还在《浙江日报》"之江新语"专栏发表《从"两座山"看生态环境》一文,深刻指出:"这'两座山'之间是有矛盾的,但又可以辩证统一。可以说,在实践中对这'两座山'之间关系的认识经过了三个阶段:第一个阶段是用绿水青山去换金山银山,不考虑或者很少考虑环境的承载能力,一味索取资源。第二个阶段是既要金山银山,但是也要保住绿水青山,这时候经济发展和资源匮乏、环境恶化之间的矛盾开始凸显出来,人们意识到环境是我们生存发展的根本,要留得青山在,才能有柴烧。第三个阶段是认识到绿水青山可以源源不断地带来金山银山,绿水青山本身就是金山银山,我们种的常青树就是摇钱树,生态优势变成经济优势,形成了一种浑然一体、和谐统一的关系,这一阶段是一种更高的境界,体现了科学发展观的要求,体现了发展循环经济、建设资源节约型和环境友好型社会的理念。以上这三个阶段,是经济增长方式转变的过程,是发展观念不断进步的过程,也是人和自然关系不断调整、趋向和谐的过程。"

在担任中共中央总书记后,习近平更是站在生态文明和美丽中国建设的全局和战略的高度围绕"两座山"之间的关系发表一系列重要讲话,进一步丰富了"两山理论"的科学内涵。

2013 年 9 月 7 日,习近平在哈萨克斯坦纳扎尔巴耶夫大学演讲结束后回答学生提问时明确指出:"建设生态文明是关系人民福祉、关系民族未来的大计。我们既要绿水青山,也要金山银山。宁要绿水青山,不要金山银山,而且绿水青山就是金山银山。"

2014 年 3 月 7 日,习近平在参加十二届全国人大贵州代表团审议时又特别强调:保护生态环境就是保护生产力,绿水青山和金山银山绝不是对立的,关键在人,关键在思路。小康全面不全面,生态环境质量是关键。要创新发展思路,发挥后发优势。因地制宜选择好发展产业,让绿水青山充分发挥经济社会效益,切实做到经济效益、社会效益、生态效益同步提升,实现百姓富、生态美有机统一。

2015 年 3 月 24 日,习近平主持召开中央政治局会议,通过了《关于加快推进生态文明建设的意见》，正式把"坚持绿水青山就是金山银山"的理念写进中央文件，成为指导中国加快推进生态文明建设的重要指导思想。

在 2017 年 10 月 18 日至 24 日召开的党的十九大上，"必须树立和践行绿水青山就是金山银山的理念""增强绿水青山就是金山银山的意识"，则写入了大会报告和经大会修改通过的《中国共产党章程》。

通过以上对"两山理论"形成和发展过程的简单回顾，可以看出"两山理论"是习近平总书记长期坚持并不断丰富发展的重要思想，其内容可谓博大精深，其基本观点主要体现为以下三个命题。

第一个命题，是"既要绿水青山，也要金山银山"，说的是在大力推进生态文明建设乃至整个经济社会发展进程中，既要保护好生态环境、保育好生态资源，又要发展好经济、创造好物质财富，让人民过上富裕的生活。简言之，就是既要生态美，又要百姓富。

长期以来，在经济社会发展与生态环境保护的关系问题上，包括企业界、学术理论界和政府部门在内，社会各界一直存在着三种不同的观点：一是纯经济主义的观点，认为经济社会发展高于一切，生态环境保护是可有可无的事情，即使经济社会发展破坏了生态环境也没有关系，可以先破坏后治理；二是极端生态主义的观点，认为生态环境保护高于一切，经济社会发展与否无关紧要，甚至认为自然界的一切自然物都不能改变，人类只能像其他动物那样，被动地适应自然、屈从自然，最好是完全回归自然；三是人与自然和谐的观点，认为经济社会发展与生态环境保护是可以辩证统一的，主张在经济社会发展的同时保护好生态环境，在保护生态环境的同时推动经济社会发展。

习近平总书记提出的"既要绿水青山，又要金山银山"的科学论断，实际上是站在人类经济社会可持续发展的全局和战略的高度对长期以来存在于社会各界中这三种不同观点的争论做出了唯一正确的结论。

第二个命题，是"宁要绿水青山，不要金山银山"，说的是在特定情况下，当经济社会发展与生态环境保护不可兼得时，一定要保持清醒理性的头脑，要懂得：绿水青山是我们生存发展的根本，留得青山在，才能有柴烧；绿水青山可带来金山银山，但金山银山却买不到绿水青山；决不以绿水青山去换金山银山，决不以牺牲环境为代价去换取一时的经济增长。

习近平总书记之所以特别强调这一点，是因为经济发展的目的，说到底是为了让人民过上幸福的生活，而良好的生态环境正是人类最基本的生存根基，如果为了一时的经济发展，把这个生存根基都给破坏了，就会陷入"越是破坏生态环境换取一时的经济增长，越是要花费更大的投入医治生态环境创伤"的逻辑怪圈和恶性循环，人民也就没有什么幸福可言。

第三个命题，是"绿水青山就是金山银山"，说的是以下两层意思：一是"绿水青山本身就是金山银山"，二是"绿水青山在一定条件下可以转化为金山银山"。

所谓"绿水青山本身就是金山银山"，就是说绿水青山作为良好的自然生态系统，它本身对人类就有着良好的服务功能。譬如，著名生态学家康斯坦赞就曾将地球生态系统的服务功能分成以下 17 类：大气调节、气候调节、干扰调节、水调节、水储存、控制侵蚀和保持沉积物、土壤形成、养分循环、废物处理、传粉、生物防治、避难所、食物生产、生产和生活原材料的提供、基因资源的提供、休闲娱乐、文化塑造功能。总体来说，就是人类赖以生存繁衍的生命支持系统的方方面面，包括当前人们十分关注的清新的空气、清洁的水源、优美的环境、宜人的气候等生态产品，都是由自然生态系统提供的。令人遗憾的，是以前人们往往看不到自然生态系统为人类提供的各类生态产品的价值，因而从不把它视为财富，也就是从不把"绿水青山"看作"金山银山"。而事实上这些生态产品同农产品、工业品和服务产品一样，也都是人类生存发展所必需的，都是人类生存繁衍和经济社会发展不可或缺的"金山银山"。

所谓"绿水青山在一定条件下可以转化为金山银山"，就是说在一定条件下，良好自然生态系统的生态优势可以转化为经济优势。其中所说的条件，关键有二：一是人的观念转变，就是要由原来不承认自然资本和自然价值的传统观念转变为承认自然资本和自然价值的理念。只有实现了这种观念的转变，才能在人们的心目中真正把"绿水青山"看作"金山银山"。二是发展思路的调整，就是要从实际出发，找准保护生态环境和发展经济的结合点与切入点，因地制宜选择好适于当地发展的生态产业（或生态工业，或生态农业，或生态林业，或生态旅游业，或生态畜牧业，或生态渔业，或生态服务业等），将生态优势转化为经济优势，也就是让绿水青山在为人们提供良好的生态产品的同时，提供好丰富的物质产品，将绿水青山转化为金山银山，实现生态效益、经济效益和社会效益的统一。

正是以上三个命题的完美结合，构成了"两山理论"系统、完整的理论体系。

对于习近平总书记首先提出并在实践中不断丰富发展的"两山理论"，我们一定要完整地、准确地把握其科学涵义，尤其是要正确认识以上三个命题之间环环相扣的逻辑关系，决不能断章取义，将其割裂开来、对立起来。

要看到，上述"两山理论"的三个命题并不是孤立存在的，而是围绕生态文明和美丽中国建设渐次展开的逻辑严密、环环相扣的统一整体。

"两山理论"的第一个命题，即"既要绿水青山，也要金山银山"，是"两山理论"的出发点和落脚点，体现了绿水青山和金山银山两者的统一性和兼容性，指明了生态文明和美丽中国建设"既要保护好生态环境，又要发展好经济"的两大基本目标，是我们必须始终坚持的努力方向。这个命题的实质在于强调人类社会发展所要追求的根本目标是人与自然的和谐，这在任何时候、任何情况下都不能动摇。

"两山理论"的第二个命题，即"宁要绿水青山，不要金山银山"，是"两山理论"的抉择逻辑，体现了"两座山"之间的对立性和矛盾性，指明了在特定条件下绿水青山是"两山矛盾"的主要方面，发挥着主导作用。这个命题的实质在于强调推动经济社会发展必须实行生态优先原则，决不走"先污染后治理""先破坏后修复"的老路。

"两山理论"的第三个命题，即"绿水青山就是金山银山"是"两山理论"的精髓，体现了矛盾双方在一定条件下可以相互转化的客观规律，指明了将生态优势转化为经济优势的基本路径和关键所在。这个命题的实质在于破除将生态环境保护同经济发展割裂开来、对立起来的形而上学观点，引导人们牢固树立"良好的生态环境是最公平的公共产品，是最普惠的民生福祉"和"保护生态环境就是保护生产力、改善生态环境就是发展生产力"理念，并在此基础上调整思路，切实把工夫下在保护和改善生态环境上，下在将生态优势转化为经济优势上。

简言之，上述第一个命题讲的是生态文明和美丽中国建设必须遵循的总体目标和根本方向，第二个命题讲的是在生态环境保护和经济发展不能兼顾的特定情况下必须把生态环境保护放在首位的抉择逻辑和应对措施，是对第一个命题的补充和完善，第三个命题讲的是观念转变和思路调整，这又是对前两个命题的进一步深化和升华。这三个命题紧密联系，前后呼应，缺一不可，均统一于、服务于生态文明和美丽中国建设这个大目标，构成一个系统完整的"两山理论"，成为推动我国生态文明建设乃至整个经济社会可持续发展的重要指导思想。

（黎祖交）

5.21 习近平新时代中国特色社会主义思想

习近平新时代中国特色社会主义思想，是中国共产党在以习近平同志为核心的党中央领导下，根据党的十八大以来国内外形势变化和我国各项事业发展所提出的重大时代课题，坚持以马克思列宁主义、毛泽东思想、邓小平理论、"三个代表"重要思想、科学发展观为指导，坚持解放思想、实事求是、与时俱进、求真务实，坚持辩证唯物主义和历史唯物主义，紧密结合新的时代条件和实践要求，以全新的视野深化对共产党执政规律、社会主义建设规律、人类社会发展规律的认识，进行艰辛理论探索，取得的重大理论创新成果。其中，习近平同志以马克思主义政治家、理论家的深刻洞察力、敏锐判断力和战略定力，提出了一系列具有开创性的新理念新思想新战略，为这一科学理论的创立发挥了决定性作用、作出了决定性贡献。

习近平新时代中国特色社会主义思想的主旨鲜明独特，从理论和实践结合上系统回答新时代坚持和发展什么样的中国特色社会主义、怎样坚持和发展中国特色社会主义，包括新时代坚持和发展中国特色社会主义的总目标、总任务、总体布局、战略布局和发展方向、发展方式、发展动力、战略步骤、外部条件、政治保证等基本问题，并且要根据新的实践对经济、政治、法治、科技、文化、教育、民生、民族、宗教、社会、生态文明、国家安全、国防和军队、"一国两制"和祖国统一、统一战线、外交、党的建设等各方面作出理论分析和政策指导，以利于更好坚持和发展中国特色社会主义。

习近平新时代中国特色社会主义思想的理论内涵丰富，明确坚持和发展中国特色社会主义，总任务是实现社会主义现代化和中华民族伟大复兴，在全面建成小康社会的基础上，分两步走在本世纪中叶建成富强民主文明和谐美丽的社会主义现代化强国；明确新时代我国社会主要矛盾是人民日益增长的美好生活需要和不平衡不充分的发展之间的矛盾，必须坚持以人民为中心的发展思想，不断促进人的全面发展、全体人民共同富裕；明确中国特色社会主义事业总体布局是"五位一体"、战略布局是"四个全面"，强调坚定道路自信、理论自信、制度自信、文化自信；明确全面深化改革总目标是完善和发展中国特色社会主义制度、推进国家治理体系和治理能力现代化；明确全面推进依法治国总目标是建设中国特色社会主义法治体系、建设社会主义法治国家；明确党在新时代的强军目标是建设一支听党指挥、能打胜仗、作风优良的人民军队，把人民军队建设成为世界一流军队；明确中国特色大国外交要推动构建新型国际关系，推动构建人类命运共同体；明确中国特色社会主义最本质的特征是中国共产党领导，中国特色社会主义制度的最大优势是中国共产党领导，党是最高政治领导力量，提出新时代党的建设总要求，突出政治建设在党的建设中的重要地位。

习近平新时代中国特色社会主义思想的实践导向突出，强调在各项工作中做到"十四个坚持"。

（1）坚持党对一切工作的领导。党政军民学，东西南北中，党是领导一切的。必须增强政治意识、大局意识、核心意识、看齐意识，自觉维护党中央权威和集中统一领导，自觉在思想上政治上行动上同党中央保持高度一致，完善坚持党的领导的体制机制，坚持稳中求进工作总基调，统筹推进"五位一体"总体布局，协调推进"四个全面"战略布局，提高党把方向、谋大局、定政策、促改革的能力和定力，确保党始终总揽全局、协调各方。

（2）坚持以人民为中心。人民是历史的创造者，是决定党和国家前途命运的根本力量。必须坚持人民主体地位，坚持立党为公、执政为民，践行全心全意为人民服务的根本宗旨，把党的群众路线贯彻到治国理政全部活动之中，把人民对美好生活的向往作为奋斗目标，依靠人民创造历史伟业。

（3）坚持全面深化改革。只有社会主义才能救中国，只有改革开放才能发展中国、发展社会主义、发展马克思主义。必须坚持和完善中国特色社会主义制度，不断推进国家治理体系和治理能力现代化，坚决破除一切不合时宜的思想观念和体制机制弊端，突破利益固化的藩篱，吸收人类文明有益成果，构建系统完备、科学规范、运行有效的制度体系，充分发挥我国社会主义制度优越性。

（4）坚持新发展理念。发展是解决我国一切问题的基础和关键，发展必须是科学发展，必须坚定不移贯彻创新、协调、绿色、开放、共享的发展理念。必须坚持和完善我国社会主义基本经济制度和分配制度，毫不动摇巩固和发展公有制经济，毫不动摇鼓励、支持、引导非公有制经济发展，使市场在资源配置中起决定性作用，更好发挥政府作用，推动新型工业化、信息化、城镇化、农业现代化同步发展，主动参与和推动经济全球化进程，发展更高层次的开放型经济，不断壮大我国经济实力和综合国力。

（5）坚持人民当家做主。坚持党的领导、人民当家做主、依法治国有机统一是社会主义政治发展的必然要求。必须坚持中国特色社会主义政治发展道路，坚持和完善人民代表大会制度、中国共产党领导的多党合作和政治协商制度、民族区域自治制度、基层群众自治制度，巩固和发展最广泛的爱国统一战线，发展社会主义协商民主，健全民主制度，丰富民主形式，拓宽民主渠道，保证人民当家做主落实到国家政治生活和社会生活之中。

（6）坚持全面依法治国。全面依法治国是中国特色社会主义的本质要求和重要保障。必须把党的领导贯彻落实到依法治国全过程和各方面，坚定不移走中国特色社会主义法治道路，完善以宪法为核心的中国特色社会主义法律体系，建设中国特色社会主义法治体系，建设社会主义法治国家，发展中国特色社会主义法治理论，坚持依法治国、依法执政、依法行政共同推进，坚持法治国家、法治政府、法治社会一体建设，坚持依法治国和以德治国相结合，依法治国和依规治党有机统一，深化司法体制改革，提高全民族法治素养和道德素质。

（7）坚持社会主义核心价值体系。文化自信是一个国家、一个民族发展中更基本、更深沉、更持久的力量。必须坚持马克思主义，牢固树立共产主义远大理想和中国特色社会主义共同理想，培育和践行社会主义核心价值观，不断增强意识形态领域主导权和话语权，推动中华优秀传统文化创造性转化、创新性发展，继承革命文化，发展社会主义先进文化，不忘本来、吸收外来、面向未来，更好构筑中国精神、中国价值、中国力量，为人民提供精神指引。

（8）坚持在发展中保障和改善民生。增进民生福祉是发展的根本目的。必须多谋民生之利、多解民生之忧，在发展中补齐民生短板、促进社会公平正义，在幼有所育、学有所教、劳有所得、病有所医、老有所养、住有所居、弱有所扶上不断取得新进展，深入开展脱贫攻坚，保证全体人民在共建共享发展中有更多获得感，不断促进人的全面发展、全体人民共同富裕。建设平安中国，加强和创新社会治理，维护社会和谐稳定，确保国家长治久安、人民安居乐业。

（9）坚持人与自然和谐共生。建设生态文明是中华民族永续发展的千年大计。必须树立和践行绿水青山就是金山银山的理念，坚持节约资源和保护环境的基本国策，像对待生命一样对待生态环境，统筹山水林田湖草系统治理，实行最严格的生态环境保护制度，形成绿色发展方式和生活方式，坚定走生产发展、生活富裕、生态良好的文明发展道路，建设美丽中国，为人民创造良好生产生活环境，为全球生态安全作出贡献。

（10）坚持总体国家安全观。统筹发展和安全，增强忧患意识，做到居安思危，是我们党治国理政的一个重大原则。必须坚持国家利益至上，以人民安全为宗旨，以政治安全为根本，统筹外部安全和内部安全、国土安全和国民安全、传统安全和非传统安全、自身安全和共同安全，完善国家安全制度体系，加强国家安全能力建设，坚决维护国家主权、安全、发展利益。

（11）坚持党对人民军队的绝对领导。建设一支听党指挥、能打胜仗、作风优良的人民军队，是实现"两个一百年"奋斗目标、实现中华民族伟大复兴的战略支撑。必须全面贯彻党领导人民军队的一系列根本原则和制度，确立新时代党的强军思想在国防和军队建设中的指导地位，坚持政治建军、改革强军、科技兴军、依法治军，更加注重聚焦实战，更加注重创新驱动，更加注重体系建设，更加注重集约高效，更加注重军民融合，实现党在新时代的强军目标。

（12）坚持"一国两制"和推进祖国统一。保持香港、澳门长期繁荣稳定，实现祖国完全统一，是实现中华民族伟大复兴的必然要求。必须把维护中央对香港、澳门特别行政区全面管治权和保障特别行政区高度自治权有机结合起来，确保"一国两制"方针不会变、不动摇，确保"一国两制"实践不变形、不走样。必须坚持一个中国原则，坚持"九二共识"，推动两岸关系和平发展，深化两岸经济合作和文化往来，推动两岸同胞共同反对一切分裂国家的活动，共同为实现中华民族伟大复兴而奋斗。

（13）坚持推动构建人类命运共同体。中国人民的梦想同各国人民的梦想息息相通，实现中国梦离不开和平的国际环境和稳定的国际秩序。必须统筹国内国际两个大局，始终不渝走和平发展道路、奉行互利共赢的开放战略，坚持正确义利观，树立共同、综合、合作、可持续的新安全观，谋求开放创新、包容互惠的发展前景，促进和而不同、兼收并蓄的文明交流，构筑尊崇自然、绿色发展的生态体系，始终做世界和平的建设者、全球发展的贡献者、国际秩序的维护者。

（14）坚持全面从严治党。勇于自我革命，从严管党治党，是我们党最鲜明的品格。必须以党章为根本遵循，把党的政治建设摆在首位，思想建党和制度治党同向发力，统筹推进党的各项建设，抓住"关键少数"，坚持"三严三实"，坚持民主集中制，严肃党内政治生活，严明党的纪律，强化党内监督，发展积极健康的党内政治文化，全面净化党内政治生态，坚决纠正各种不正之风，以零容忍态度惩治腐败，不断增强党自我净化、自我完善、自我革新、自我提高的能力，始终保持党同人民群众的血肉联系。

习近平新时代中国特色社会主义思想，是对马克思列宁主义、毛泽东思想、邓小平理论、"三个代表"重要思想、科学发展观的继承和发展，是马克思主义中国化的最新成果，是党和人民实践经验和集体智慧的结晶，是中国特色社会主义理论体系的重要组成部分，是全党全国人民为实现中华民族伟大复兴而奋斗的行动指南，必须长期坚持并不断发展。

（薛伟江）

第六篇

生态文明建设的总体要求

6.1　社会主义生态文明新时代

"社会主义生态文明新时代"，是人类文明发展史上一个全新的概念。它在党的十八大报告中首次提出，并随着我国生态文明建设的深入开展，在党和国家相关文件及各种出版物中广泛传播，成为激励我国人民大力推进生态文明建设的奋斗目标和努力方向。

根据《辞海》的解释，"时代"指的是"依据某种特征划分的社会、国家或个人的各个发展阶段"。譬如：就社会发展而言，有新石器时代；就国家发展而言，有五四时代；就个人发展而言，有大学时代等。作为我国生态文明建设奋斗目标和努力方向的"社会主义生态文明新时代"，其中的"时代"自然是就社会和国家发展而言。所谓"新时代"，则自然是相对于"以往的时代"而言。

基于对"时代"及"新时代"意涵的这种理解，我们可以将"社会主义生态文明新时代"的基本涵义界定为：具有社会主义和生态文明的本质特征的人类社会发展的新阶段。其中，"社会主义"指的是符合社会主义的思想、原则和要求的社会制度，"生态文明"指的是符合生态文明的理念、原则和要求的文明形态。

换句话说，所谓"社会主义生态文明新时代"，指的是在人类社会发展进程中既实行社会主义的社会制度，又呈现生态文明的文明形态的一种全新的发展阶段。对此，我们可以从以下三个不同的角度来分析。

一是从人类社会发展史的角度分析。"文明"和"社会"都是一个历史范畴，都可以依据一定的特征(如人与自然的关系以及人与人、人与社会的关系等)划分为不同的发展阶段。所谓"生态文明"，是人类社会经历了原始文明、农业文明和工业文明之后出现的一个新的文明形态，它是"人类文明质的提升和飞跃，是人类文明史的一个新的里程碑"，标志着"人类社会跨入一个新的时代"(姜春云，2008)，自然是一个新的发展阶段；所谓"社会主义社会"，是人类社会经历了原始社会、奴隶社会、封建社会和资本主义社会之后出现的一种新的社会形态，自然也是一个新的发展阶段。不仅如此，我们还要看到，仅就社会主义社会而言，也有初级阶段和高级阶段之分，其中的高级阶段相对于初级阶段而言，也是一个新的发展阶段。再进一步说，即使在社会主义初级阶段，也可以分为不同的历史时期，其中后一个历史时期相对于前一个历史时期而言，也是一个新的发展阶段。这就告诉我们，一个既实行社会主义的社会制度，又呈现生态文明的文明形态的社会，即社会主义的生态文明的社会，无疑是人类社会发展史上前所未有的新时代。

二是从全球社会发展现状的角度分析。目前各国所处的历史发展阶段很不平衡。且不说各国实行的社会制度不同，仅就人类文明的发展阶段而言，目前西方发达国家已经率先实现工业化，开始进入后工业化时代，在国内生态环境保护和经济发展等方面走在了世界的前面。从客观趋势上看，推动整个人类社会逐步走上生产发展、生活富裕、生态良好的文明发展道路，努力走向生态文明的新时代，必将成为不可逆转的世界潮流。但是，由于西方发达国家实行的是资本主义制度，其"资本"的本性决定了它们不可能完全按照生态文明的理念、原则和要求正确处理人与人、人与社会以及人与自然的关系。发展中国家则面临着经济发展和生态环境保护的双重压力，与"符合生态文明的理念、原则和要求"相距更远。这说明，要在全球范围内真正走上社会主义生态文明新时代，还有一段很长的路要走。

三是从我国所处社会发展阶段的角度分析。正如党的十九大报告指出，目前"中国特色社会主义进入了新时代，这是我国社会发展新的历史方位。""我国社会主要矛盾已经转化为人民日益增长的美好生活需要和不平衡、不充分的发展之间的矛盾"。但是，这并"没有改变我们对我国社会主义所处历史阶段的判断，我国仍处于并将长期处于社会主义初级阶段的基本国情没有变"。一方面，改革开放以来，特别是党的十八大以来，我国经济社会发展取得了举世瞩目的巨大成就，稳定解决了十几亿人的温饱问题，总体上实现了小康，不久将全面建成小康社会，我国社会生产力水平总体上显著提高，社会生产能力在很多方面进入世界前列。另一方面，生态环境保护任重道远，人民美好生活需要日益广泛，不仅对物质文化生活和民主、法治、公平、正义、安全等方面提出了更高的要求，而且在改善生态环境、提供生态产品方面的要求日益增长。在习近平新时代中国特色社会主义思想指引下，把生态文明建设放在突出地位，并融入经济建设、政治建设、文化建设、社会建设各方面和全过程，把我国建设成为富强、民主、文明、和谐、美丽的社会主义现代化强国，实现中华民族永续发展，已经成为全社会的共同追求。社会主义和生态文明本质的一致性，则为我国在社会主义条件下建设生态文明，进而满足全社会的这种共同追求提供了根本的保障，这是世界上其他任何国家都无法比拟的。这也正是"社会主义生态文明新时代"这一全新概念得以首先在中国提出，"社会主义生态文明新时代"这一人类历史发展的新阶段有望首先在中国实现的根本原因。

如上所述，"努力走向社会主义生态文明新时代"，是党的十八大确立的我国生态文明建设的奋斗目标和努力方向。那么，社会主义生态文明的新时代何时才能到来，人们又该用什么样的标准衡量它的到来呢？

总体说来，在坚持和完善社会主义制度的条件下，生态文明建设的任务得以完成、生态文明建设的目标得到实现之日，就是社会主义生态文明新时代到来之时。具体讲，其衡量标准主要包括以下六条：

一是文明理念标准：尊重自然、顺应自然、爱护自然的生态文明理念是否在全社会得到广泛普及；承认自然的主体地位、坚持人与自然平等的生态道德是否在广大干部群众中得到弘扬；承认自然的价值，确认"绿水青山就是金山银山"的理念是否在全体国民中牢固树立起来；以资源安全、环境安全、生态安全、社会安全为前提条件的绿色财富观是否成为全社会的主流财富观；珍爱自然、节约资源、保护环境、保护生态的良好社会风气是否形成；在鱼和熊掌不可兼得的特定条件下，"宁要绿水青山，不要金山银山"的生态优先理念是否在经济发展中得到充分体现。

二是生态环境标准：祖国大地是否山川秀丽、风光旖旎、环境优美；由工业文明引发的各种环境污染，特别是大气污染、土壤污染和水污染是否得到彻底根治；人民群众期盼的"天蓝、地绿、水净"的优良生产、生活环境是否形成；海洋、森林、湿地、江河、湖泊、草原、苔原、荒漠等自然生态系统是否结构完整、功能完备；土地资源、水资源、能源、矿产资源、生物资源等自然资源是否得到有效保护并实现可持续开发利用；生物多样性减少的趋势是否得到根本遏制，自然生态平衡和生态安全是否有了可靠保障；自然生态系统和自然—经济—社会复合生态系统是否能够协同进化，人与自然是否真正实现和谐共处。

三是经济建设标准：是否把生态文明建设融入经济建设各方面和全过程；广大干部群众能否正确认识和处理经济发展和生态环境保护的关系；绿色发展、低碳发展、循环发展是否成为经济发展的基本路径；经济结构、能源结构、消费结构是否得到合理的调整？生态产业和以生态为导向的产业是否成为经济发展的主导产业；以"三高一低"（高消耗、高排放、高污染，低产出）为特征的传统发展方式是否转变为以"三低一高"（低消耗、低排放、低污染，高产出）为特征的新型发展方式；资源和要素在内外部两个市场的优化配置是否实现；东中西部发展是否协调；城乡发展是否协调；投资、消费与收入分配之间是否协调；各经济环节的良性循环是否实现。

四是政治建设标准：是否把生态文明建设融入政治建设各方面和全过程；是否坚持了党的领导、人民当家做主、依法治国的有机统一；是否建立健全了与生态文明建设和经济社会可持续发展相适应的体制机制；是否通过改革，充分发挥了市场在资源配置中的决定性作用，从源头上杜绝腐败；是否强化了人民的主体地位，切实保障了公民的各项基本权利；是否在党和国家以及各部门、各地方的政治生活中形成了良好的政治生态。

五是文化建设标准：是否把生态文明建设融入文化建设各方面和全过程；是否坚持用社会主义核心价值体系引领社会思潮、凝聚社会共识；公民的社会道德和生态道德素质是否得到全面提高；政务诚信、商务诚信、社会诚信和司法公信是否在全社会得到普遍建立；广大人民群众是否享有健康丰富的精神文化生活；哲学社会科学、新闻出版、广播影视、文学艺术事业是否繁荣；中华优秀传统文化是否得到应有的继承和弘扬；文化产业发展中是否坚持把社会效益放在首位、社会效益和经济效益相统一；我国文化的整体实力和软实力是否与国家的综合国力得到相应提升。

六是社会建设标准：是否把生态文明建设融入社会建设各方面和全过程；资源节约型社会、环境友好型社会、和谐社会建设是否形成全社会的自觉行动，并取得显著成效；人与人之间、人与社会之间是否和谐共处；经济发展与社会发展是否协调同步；对老百姓关心的民生领域是否有切实的投入；覆盖城乡的基本公共服务体系是否形成，基本公共服务均等化是否实现；公共安全体系是否得到强化；遵纪守法、诚信友爱、诚实劳动、合理消费的社会风尚是否形成。

以上不难看出，社会主义生态文明新时代的到来，既使得我国人民追求的社会主义的公平、正义、民主、法治和共同富裕等基本原则得到充分体现，又使得生态文明追求的生态可持续性、经济可持续性和社会可持续性的基本目标变成了现实，必将在中华民族的发展史上谱写出一个辉煌灿烂的新篇章。

还要看到，努力走向社会主义生态文明新时代，不仅对于建成美丽中国、实现中华民族的永续发展具有重大意义，也是中国对整个人类历史发展做出的重大贡献。

众所周知，当今世界正面临着全球性生态危机，如何破解生态危机、维护生态安全，已经成为全人类普遍关注的世界性难题。尽管包括联合国在内的国际社会和各国政府都为此做出了许多努力、采取了许多措施，全球生态、环境、资源状况"局部好转、整体恶化"的趋势仍未得到根本的转变。维护全球生态安全仍然任重而道远。

中国是个拥有 13 亿多人口和 960 多万平方公里陆地面积、近 300 万平方公里海洋面积的发展中大国。20 世纪 80 年代以来，随着经济的快速发展，也相继面临日益严重的生态空间减少过多、生态损害严重、生态系统功能退化、资源开发强度大、环境问题凸显，以及气象灾害、地质灾害、海洋灾害频发等严重影响国土生态安全的突出问题。在中国这样一个面临严重生态安全问题的发展中大国自觉进行生态文明建设，从源头上切实扭转生态环境恶化趋势，努力走向社会主义生态文明新时代，为占世界人口 22% 的中国人民创造良好的生产生活环境，这本身就具有重要的国际意义，就是为全球生态安全作出的重大贡献。

不仅如此，我们还要看到，当今世界的生态危机是首先在西方发达国家的先行工业化进程中出现，并随着经济全球化的进程而波及全球的。按理说，西方发达国家应该率先为缓解全球生态危机承担更大的责任和义务。但是，由于西方发达国家奉行的是"资本至上"的价值观、走的是资本主义道路，这就决定了他们只可能关注本国生态危机的缓解并为此投入大量的资金和技术，而对于别国，特别是欠发达国家和地区生态危机的治理，则不仅不愿意做出其应有的贡献，反而借"经济全球化""产业转移"之机向欠发达国家和地区大肆转嫁生态、环境与资源成本，致使欠发达国家和地区的生态危机不仅没有得到缓解，反而越陷越深。党的十八大做出的"大力推进生态文明建设""努力走向社会主义生态文明新时代"的战略部署，恰与西方发达国家的做法形成鲜明对照，既体现出中国作为负责任大国积极应对全球性生态危机的良好国际形象，也在国际社会，特别是欠发达国家和地区中起到一种良好的示范带头作用，并为增强欠发达国家和地区在国际环境与发展领域的话语权、提升欠发达国家参与气候变化和可持续发展领域国际谈判和对话交流的有利位势创造了有利条件，进而为世界各国共同应对全球性生态危机，维护生态安全，促进经济社会可持续发展做出贡献。

毛泽东同志曾经指出："中国应当对人类做出更大的贡献。"历史已经并将继续证明，我国人民在党的十八大和十九大精神指引下大力推进的生态文明建设，努力走向社会主义生态文明新时代，正是对毛泽东同志这一伟大嘱托的最新最好的诠释。　　（黎祖交）

6.2　五位一体

"五位一体"，是以习近平同志为核心的党中央对于建设中国特色社会主义伟大事业总体布局的简称，其全称为："全面推进经济建设、政治建设、文化建设、社会建设、生态文明建设。"这一总体布局在党的十八大报告中首次出现，在十九大报告再次强调并在十八大以来习近平总书记系列重要讲话和中共中央国务院相关文件中得到反复重申。

回顾改革开放近 40 年来我国经济社会发展的历史，不难看出"五位一体"建设中国特色社会主义伟大事业总体布局的形成，经历了一个不断完善、丰富和发展的过程。

改革开放初期，邓小平同志明确提出了"两手抓"的要求，即"一手抓精神文明，一手抓物质文明"，也就是要抓好"两个文明"建设。这既可以视为在当时历史条件下邓小平同志对"怎样建设社会主义"这一重大问题的明确回答，也可以视为在当时历史条件下中国共产党对于建设有中国特色社会主义伟大事业"两位一体"的总体布局。

此后，随着中国特色社会主义伟大事业的不断发展，中国共产党又先后在十六大、十七大和十八大、十九大的报告中不断丰富、完善、发展了这一伟大事业总体布局的内涵，这就是：在十六大报告中提出了经济建设、政治建设、文化建设"三位一体"；在十七大报告中提出了经济建设、政治建设、文化建设、社会建设"四位一体"；在十八大报告中提出了经济建设、政治建设、文化建设、社会建设、生态文明建设"五位一体"；在十九大报告中进一步指出"新时代中国特色社会主义思想……明确中国特色社会主义事业总体布局是'五位一体'"。

总的说来，从"两手抓"（"两位一体"）到"三位一体"，再到"四位一体"，直到"五位一体"，是建设中国特色社会主义的伟大事业和我们党的执政理念在实践中不断发展的重要标志。它既反映出我们党对于建设中国特色社会主义伟大事业总体布局的逐步完善，也反映出我们党对于怎样建设社会主义、怎样建设生态文明认识的不断深化和发展。

从生态文明的视角看，"五位一体"总体布局相较于以往的总体布局，其最大的不同之处在于：凸显出生态文明建设在中国特色社会主义总体布局中的新的战略定位。这在十八大和十九大报告的相关表述中看得十分清楚。

首先，报告明确提出要将生态文明建设同经济建设、政治建设、文化建设、社会建设一道，纳入中国特色社会主义建设"五位一体"的总体布局。这就使得这一总体布局的内涵更加丰富、全面。这是以往历次党代会报告中从来没有过的。

第二，报告明确提出要在建设中国特色社会主义"五位一体"的总体布局中"把生态文明建设放在突出地位"。这就使得生态文明建设在这一总体布局中的地位和作用得到凸显。这更是在以往历次党代会报告中没有出现的表述。

第三，报告还明确提出要把生态文明建设"融入经济建设、政治建设、文化建设、社会建设各方面和全过程"。这就使得生态文明建设与经济建设、政治建设、文化建设、社会建设之间的关系被明确界定为融入与被融入的关系。这在我们党和国家的历史文献中更是第一次出现。

这表明，十八大和十九大报告都是将生态文明建设作为在建设中国特色社会主义总体布局中具有突出地位的重要组成部分和深刻融入我国经济建设、政治建设、文化建设、社会建设各方面和全过程的战略任务提出来的。

与此同时，十八大和十九大报告还强调，建设中国特色社会主义，总布局是"五位一体"，总任务是实现社会主义现代化和中华民族伟大复兴。这就告诉我们，"五位一体"总体布局的提出，为的就是社会主义现代化和中华民族伟大复兴这两大目标的实现。生态文明建设作为在"五位一体"总体布局中具有突出地位的重要组成部分，对于实现这两大目标具有不可或缺的重大意义，可谓不言自明。

还应特别强调的，是十八大以来习近平总书记在中共中央政治局集体学习、深入基层考察、出国访问等多个场合的一系列重要讲话中，都反复强调"五位一体"作为中国特色社会主义事业的总体布局对于实现社会主义现代化和中华民族伟大复兴的极端重要性。譬如，2013 年在参加金砖国家第五次会晤时以及 2015 年在新加坡国立大学发表演讲时，习近平总书记都在讲到中国将要实现"两个一百年"的奋斗目标时特别强调，为了实现这"两个一百年"的奋斗目标，必须"全面推进经济建设、政治建设、文化建设、社会建设、生态文明建设，促进现代化建设各个方面、各个环节相协调，建设美丽中国"。

此外，上述十八大、十九大报告和习近平总书记系列重要讲话对生态文明建设在建设中国特色社会主义的总体布局的定位还表明，建设中国特色社会主义"五位一体"的总体布局不是生态文明建设与其他四项建设的简单相加，而是生态文明建设与其他四项建设相互依存、相互渗透的辩证统一。生态文明建设与其他四项建设的关系不是彼此分割、相互独立的并列关系，而是彼此渗透、相互融入的五位一体关系。这种五位一体关系主要体现在以下两个方面。

一方面，经济建设、政治建设、文化建设、社会建设为生态文明建设提供坚实的物质基础、坚强的政治保障、强大的思想动力与智力支持、和谐的社会条件；经济建设、政治建设、文化建设、社会建设分别体现着生态文明建设的物质成果、制度成果、精神成果和社会成果。

另一方面，生态文明建设以其倡导和创造的绿色经济、循环经济、低碳经济、生态政治、生态制度、生态民主、生态文化、生态科技、生态旅游、生态社区、生态扶贫、生态康养等领域取得的实际成效，直接为经济建设、政治建设、文化建设、社会建设提供必不可少的生态基础，注入充满活力的生态特性；同时生态文明建设还以其弘扬的尊重自然、顺应自然、保护自然的生态文明理念和坚持的国策方针、原则、目标、要求（包括坚持节约资源和保护环境的基本国策，坚持节约优先、保护优先、自然恢复为主的方针，坚持人口资源环境相均衡、经济社会生态效益相统一的原则，坚持实现生产方式和生活方式的绿色化，以及建设美丽中国、实现中华民族永续发展等），对经济建设、政治建设、文化建设、社会建设的顺利进行发挥着无可替代和潜移默化的渗透、引领和导向作用。

正因为如此，所以十八大、十九大报告提出要把生态文明建设融入其他四项建设的各方面和全过程。说得更明白一点，就是要把生态文明建设的理念、原则、目标、要求等在空间上全方位地融入其他四项建设的各方面、在时间上全流程地融入其他四项建设的始终。

总之，十八大、十九大报告和习近平总书记系列讲话中关于建设中国特色社会主义伟大事业"五位一体"总体布局的新思想、新表述，进一步为实现社会主义现代化和中华民族伟大复兴的两大目标明确了建设的领域、指明了前进的方向，既标志着我们有中国特色的社会主义伟大事业进入到一个新的阶段，也标志着我们党的执政理念和我们国家的发展战略提升到一个新的水平。

（黎祖交）

6.3　现代化建设新格局

党的十九大报告提出，"我们要建设的现代化是人与自然和谐共生的现代化，既要创造更多物质财富和精神财富以满足人民日益增长的美好生活需要，也要提供更多优质生态产品以满足人民日益增长的优美生态环境需要。必须坚持节约优先、保护优先、自然恢复为主的方针，形成节约资源和保护环境的空间格局、产业结构、生产方式、生活方式，还自然以宁静、和谐、美丽"。报告发出号召："我们要牢固树立社会主义生态文明观，推动形成人与自然和谐发展现代化建设新格局，为保护生态环境作出我们这代人的努力！"

党的十八大以来，以习近平同志为核心的党中央协调推进"五位一体"总体布局和"四个全面"战略布局，提出创新、协调、绿色、开放、共享的发展理念，把生态文明建设摆上更加重要的战略位置，生态文明的认识高度、推进力度、实践深度前所未有，生态文明建设展现出旺盛生机和光明前景，构建人与自然和谐发展的现代化建设新格局正不断取得积极进展。

2013 年 11 月，党的十八届三中全会通过了《中共中央关于全面深化改革若干重大问题的决定》，明确提出要全面深化五大体制的改革。《决定》中在关于"生态文明体制改革"中提到，要围绕建设美丽中国深化生态文明体制改革，加快建立生态文明制度，健全国土空间开发、资源节约利用、生态环境保护的体制机制，"推动形成人与自然和谐发展现代化建设新格局"。《"十三五"规划纲要》中也提到，"绿色是永续发展的必要条件和人民对美好生活追求的重要体现。必须坚持节约资源和保护环境的基本国策，坚持可持续发展，坚定走生产发展、生活富裕、生态良好的文明发展道路，加快建设资源节约型、环境友好型社会"，"形成人与自然和谐发展现代化建设新格局"。这都说明，"现代化建设新格局"这一概念从提出开始，就一直与"人与自然和谐发展"这一特定内涵紧密地联系在一起。

"现代化建设新格局"的基础，就是处理好人与自然的关系。人与自然和谐发展，是生态文明的基础要义，是生态文明建设的核心理念。建设生态文明，必须遵循经济社会发展规律和自然规律，主动破解经济发展与资源环境矛盾，推进人与自然和谐。"以人为本"的一个基本要求，就是不能在发展过程中损毁人自身生存的环境。因此，忽视自然的发展观就一定不是以人为本的发展观。发展的目的是为了社会的全面进步和人民生活水平不断提高，这就意味着，强调经济增长不等于经济发展；经济发展不单纯是速度的发展，也不代表着全面的发展，更不能以牺牲生态环境为代价。人类改造和利用自然必须遵循自然规律，尊重自然、顺应自然、保护自然。因而要合理利用自然，优化空间结构，划定和严守生态保护红线，构建科学合理的城市化格局、农业发展格局、生态安全格局、自然岸线格局，大力培养公民环境意识，倡导绿色消费。

推进生态文明建设，实现人与自然和谐发展的现代化建设新格局，关键在于打破资源环境瓶颈制约和改善生态环境质量。我国正处在新型工业化、信息化、城镇化、农业现代化同步发展的进程中，发达国家在一二百年工业化发展过程中逐步显现和解决的环境问题在我国累积叠加，生态环境已经成为全面建成小康社会的突出短板。因此，要发挥生态建设和环境保护事业在生态文明建设中的主阵地和主力军作用，不断加大生态环境治理和生态资源保护工作力度，以改善环境质量为核心，切实解决损害群众健康的突出环境问题。按照生态系统的整体性、系统性及其内在规律，处理好部分与整体、个体与群体、短期与长期的关系，统筹自然生态各要素，进行整体保护、系统修复，努力使我国生态环境质量得到总体改善。

（胡勘平）

6.4　资源、环境、生态

资源、环境、生态是生态文明建设中三个既相互区别又紧密联系的关键词。生态文明建设的许多内容都是围绕这三个关键词展开的。党的十八大报告关于"面对资源约束趋紧、环境污染严重、生态系统退化的严峻形势，必须树立尊重自然、顺应自然、保护自然的生态文明理念，把生态文明建设放在突出地位"的重要论述，更是资源、环境、生态在生态文明建设中关键所在的有力佐证。

从生态学和人类社会发展的观点看，资源、环境、生态分别体现着自然对于人类的不同功能关系。

所谓资源，在生态学中指的是被生物消耗的东西，包括食物、光、营养物和重要的空间等。在人类社会发展中，它具体指的是在一个特定的国家或地区主权领土和可控大陆架范围内所有自然形成的在一定的经济、技术条件下可以被开发利用以提高人们生活福利水平和生存能力，并具有某种稀缺性的实物资源的总称。通常分为土地资源、矿产资源、生物(主要是森林)资源、水资源(仅指淡水)和海洋资源五大类。

所谓环境，在生态学中是指生物所依存的条件，是物理环境和生物环境的结合体。其中，生物是主体，环境是客体。在人类社会发展中泛指一般意义的自然环境，特指与人类生存和发展有关的各种天然的和经过人工改造的自然因素的总体，前者称为原生环境，后者称为次生环境。环境有两个明显区别的部分：物理环境(包括空气、温度、可利用水、风速、土壤酸度等)和生物环境，后者构成其他生物对于人类施加的任何影响，包括竞争、捕食、寄生和合作。在这里，环境是客体，人类是主体，人类与环境是主体与客体的关系。

所谓生态，在生态学中是生态系统的简称，指一定空间范围内，生物群落与其所处的环境所形成的相互作用的统一体。任何一个自然生态系统都由生物群落和非生物环境两大部分组成。其中，生物群落处于核心地位，它代表自然生态系统的生产能力、物质和能量流动强度以及外貌景观等。非生物环境既是生命活动的空间条件，也是生物群落与自然环境相互作用的结果，他们形成一个有机的统一整体。在人类社会发展中泛指自然生态系统，指的是包括人类在内的所有生物与其所处环境所形成的各类自然生态系统，包括地球表面的陆生生态系统、水生生态系统、湿生生态系统和地球表面以上的大气系统。它们共同构成全球最大的自然生态系统——地球生物圈。

由此可见，无论在生态学中还是在人类社会发展中，资源都是环境的组成部分，环境又是生态的组成部分，三者之间尽管涵义各别，却是紧密联系在一起的。

从哲学上讲，资源、环境、生态之间这种既相互联系又相互区别的关系，正是辩证唯物主义对立统一规律的反映。

这里所说的对立，指的是它们相互之间的区别，主要指它们强调和体现的自然对于人类的功能不同。其中，资源强调的是实体功能，体现为自然对于人类实体的直接有用性；环境强调的是客体的受纳功能和服务功能，体现为自然接受并容纳人类生产和消费所排放的"无用"副产品和为人类生存繁衍提供栖息地等直接与间接有用性；生态强调的是主体状态及主体与客体的相互关系和协同进化功能，体现为人与自然之间相互影响、相互适应、相互选择、相互制约的有机联系和协同进化。

不仅如此，资源、环境、生态的不同涵义及其对人类功能的不同体现，也导致了人类对其认识先后上的差异。

从认识论的观点看，人们对事物的认识总要经历一个由近及远、由表及里、由浅入深、由部分到整体、由不系统到系统的过程。人类对于资源、环境、生态的认识也经历了由认识资源到认识环境，再由认识资源、环境到认识生态系统这样一个逐步深化和发展的过程。这是因为，自然资源对于人类实体的直接有用性较易于被人们感知和认识。譬如，人要吃饭就必须有食物，人要住房就必须有建筑材料，人要生产就必须有生产资料，如此等等，都是能够直接看得见、摸得着的。一旦资源出了问题，人们即时就能感受得到并做出反应。而环境相比于资源而言，还不是那么直接，即使环境出了问题，也有一个较长的产生和变化过程。如果还没有超出环境容量导致不可忍受的后果，则未必能及时做出反应。因此，人们对于环境重要性和环境问题严重性的认识也要相对滞后。至于人类对于自己置身其中的生态系统重要性和生态系统退化严重性的认识，更是长期处于茫然无知的状况，以至于连"生态系统"这一概念也直到 1935 年才由英国植物生态学家坦斯利（A. G. Tansley）首先提出来。这种局面一直延续到 1987 年，当联合国世界环境与发展委员会（WECD）把经过长达 4 年研究和充分论证的报告——《我们共同的未来》提交联合国大会时，才有了转折性的改变。正如该报告一针见血地指出的："过去我们关心的是发展对环境带来的影响，而现在我们则迫切地感到生态的压力，如土壤、水、大气、森林的退化对发展所带来的影响……"事实上，党的十八大报告在讲到生态文明建设所面对的"严峻形势"时，依次提及"资源约束趋紧、环境污染严重、生态系统退化"，也是人类对于资源、环境、生态认识先后上这种差异性的恰当反映。

这里所说的统一，主要体现在以下三个方面：

一是它们都统一于自然这个整体，都是自然对于人类功能关系的体现。换句话说，它们都是从人类福利的角度来定义的，都能为人类提高福利水平发挥不可或缺的重要作用，因而都属于自然对于人类的功能关系的范畴。离开了自然对于人类的功能关系，就无从理解资源、环境、生态对于人类生存繁衍和经济社会发展的重要性。

二是它们之间是相互依存、相互渗透、相互影响、相互制约的，可谓"一荣俱荣、一损俱损"。其中一个状态良好，其他两个必然状态良好；其中一个遭受破坏，其他两个必将受到影响。这是因为，资源、环境、生态作为自然对于人类功能的体现是自然界及其生态系统所兼有的。以森林为例，它既有为人类提供木材和其他林副产品等资源功能，又有净化空气、容纳废弃物、减低噪声和提供生存游憩空间等环境功能，还有涵养水源、防风固沙、保持水土、保护野生动植物、维护生物多样性等生态功能。一旦人们为了获取木材和其他林副产品而砍伐森林，则不但其资源功能遭受破坏，其环境功能和生态功能也必将遭受相应的破坏。因此，也可以说，保护资源就是保护生态、环境；保护环境就是保护资源、生态；保护生态就是保护资源、环境。党的十八大报告做出"节约资源是保护生态环境的根本之策"的论断，其道理就在这里。

三是指它们之间是可以在一定条件下相互转化的。这里说的转化，主要指资源、环境、生态在自然对于人类功能关系中的地位的转变。就是说，它们在自然对于人类功能关系中的地位会随着人类社会不同的时空条件和不同的社会需求而发生变化。还以森林为例，中华人民共和国成立之初，国家处于大规模经济恢复和建设时期，社会对木材的需求凸显，森林的资源功能被摆在第一位，木材生产成为当时林业建设压倒一切的任务。而几十年后的今天，基于对历史经验的深刻反思和生态环境保护与经济社会发展的矛盾凸显，人们又意识到"生态需求已经成为社会对森林的第一需求"，国家也相应做出了"林业建设由以木材生产为主向以生态建设为主转变"的战略调整，森林的生态功能也随之取代资源功能而成为了首要功能。

正确认识资源、环境、生态三者的联系与区别，对于大力推进生态文明建设具有重要意义。

首先，是有利于人们准确把握生态文明的科学涵义，提高生态文明建设的自觉性。生态文明的本质特征是人与自然的和谐，主要体现在人口、经济、社会与资源、环境、生态的协调发展。建设生态文明，就是要促进人与自然的和谐，推动整个社会走上生产发展、生活富裕、生态良好的文明发展道路，建设以资源、环境、生态承载力为基础、以自然规律为准则、以可持续发展为目标的资源节约、环境友好、生态良好的社会。我们从自然对于人类的功能关系上正确认识资源、环境、生态的联系和区别，就能更加自觉地对资源、环境、生态同时给予高度重视，进而更加自觉地搞好资源节约、环境保护和自然生态系统的保护，更加自觉地投身生态文明建设，为建设资源节约、环境友好、生态良好的社会做出贡献。

第二，是有利于人们深刻认识、积极应对生态文明建设面临的严峻形势。如上所述，根据生态学原理，资源、环境和生态体现着自然对于人类的不同功能关系。而且，它们之间是相互依存、相互渗透、相互影响、相互制约，并在一定条件下相互转化的。人们对于资源、环境、生态的这种关系有了正确的认识，就会懂得资源、环境、自然生态系统的状态事关人类社会的资源安全、环境安全和生态安全；就会懂得资源丰富、环境优美、生态良好是人与自然的功能关系和谐良好的标志，"资源约束趋紧、环境污染严重、生态系统退化"则是人与自然的功能关系紧张恶化的体现；就会懂得我国生态文明建设面临的"严峻形势"已经不是仅仅涉及资源或环境的单方面、局部性的一般问题，而是全面涉及资源、环境和生态的全方位、整体性的严重问题。这对于全面增强人们对于资源、环境、生态问题的忧患意识，促使人们自觉加入生态文明建设的行列，积极应对"资源约束趋紧、环境污染严重、生态系统退化的严峻形势"，无疑有着重要作用。

第三，是有利于人们全面完成当前和今后一个时期生态文明建设的重点任务，特别是有利于加大自然生态系统和环境保护的力度。过去，由于人们对资源、环境、生态的关系缺乏正确的认识，常常将环境与生态混为一谈，或者把生态归结为环境，导致一些干部群众常常将自然生态系统保护与环境保护等相关部门的职能混为一谈，并在一定程度上影响了相关职能部门的依法行政和干部群众对于自然生态系统和环境保护工作的积极参与，从而给我国自然生态系统和环境保护带来不利影响。正确认识了资源、环境、生态的关系，特别是认识了生态系统的保护同环境保护的联系与区别，必然有助于贯彻落实十八大报告关于"加大自然生态系统和环境保护力度"和十九大报告关于"加大生态系统保护力度""着力解决突出环境问题"的指示，并给自然生态系统与环境保护相关职能部门依法行政和人民群众对于自然生态系统和环境保护事业的参政议政营造一个更加良好的社会环境和舆论氛围，进而为大力推进我国生态文明建设做出新的更大的贡献。　　　　（黎祖交）

6.5　节约资源和保护环境的基本国策

坚持节约资源和保护环境的基本国策，作为我国生态文明建设的重要指导思想在党的十八大报告中首次提出，在十九大报告中再次强调，并在十八大后历次中央全会和中共中央、国务院关于推进生态文明建设的各种文件中得到反复重申。

所谓"国策"即党和国家制定的立国、治国之策；所谓"基本国策"，即党和国家制定的对于立国、治国具有全局性、长期性、决定性影响的重大国策。改革开放以来，通过党的全国代表大会、中央全会和全国人民代表大会，我们党和国家先后制定的基本国策主要包括：计划生育（1982 年党的十二大和 1988 年七届全国人大）、改革开放（1984 年党的十二届三中全会和 1987 年六届全国人大）、保护环境（1992 年党的十四大和 1988 年七届全国人大）、节约资源（2002 年党的十六大和 2003 年十届全国人大）等。

在大力推进生态文明建设的进程中，党中央、国务院反复重申"坚持节约资源和保护环境的基本国策"，无疑具有十分重要的意义。

首先，它表明对于节约资源和保护环境，党和国家长期以来都是高度重视、一以贯之的，今后也必须继续坚持下去，而且要随着生态文明建设的逐步深入，将其融入经济建设、政治建设、文化建设、社会建设的各方面和全过程，使其在我国经济社会发展的各个领域和各个阶段都得到全面体现。

第二，它表明节约资源和保护环境在生态文明建设中具有全局性、长期性和决定性的影响。坚持节约资源和保护环境的基本国策，不仅事关我国当前必须面对的"资源约束趋紧、环境污染严重、生态系统退化的严峻形势"能否从源头上得到根本解决，事关生态文明建设必须实现的生产方式和生活方式绿色化，以及必须着力推进的绿色发展、循环发展、低碳发展，能否在理念、目标和路径上得到全面实现，还事关我国小康社会建设中必须补齐的生态环境建设的短板能否补齐、"生态美与百姓富统一"的目标能否实现，事关生态文明建设必须坚持的"实现中华民族永续发展"的目标能否坚持到底并落到实处，真正做到在谋求当代人民福祉的同时不以牺牲子孙后代的福祉为代价。

第三，它表明面对资源约束趋紧、环境污染严重、生态系统退化的严峻形势，党和国家、全国各族人民必须积极应对、坚决遏制，决不能听之任之、放任不管。这就要求我们必须对这一基本国策引起高度重视，并结合生态文明建设的各项实践认真学习、深刻领会、坚决贯彻执行；各级党政机关制定各项经济社会政策、编制各类规划、推动各项工作都必须严格遵循这一基本国策，决不能掉以轻心。

坚持节约资源和保护环境的基本国策，关键在于树立生态文明的新观念。

首先，是绿色发展观。人类的发展不只是要发展好经济，还要节约资源、保护好环境，维护好生物多样性，维持自然生态系统的平衡。要努力做到在发展经济的同时保护好生态环境，在保护生态环境的同时发展好经济，实现经济发展与生态环境保护"双赢"。要认识到，保护自然、保护生态环境，就是保护我们自己。我们今天节约资源、保护好环境，就是为明天赢得更多的资源和更好的环境，就是为明天创造更好的发展条件和更大的发展空间。

第二，是绿色幸福观。人民的福祉不只是体现在生产发展、生活富裕上，还要体现在生态良好上，要努力使人民群众既能享有丰富的物质文化产品，又能享有良好的生存环境和生态产品，真正实现百姓富与生态美的统一。要认识到，良好的生态环境是最公平的公共产品，是最普惠的民生福祉，让人民群众既能发展生产、增加收入，又能拥有天更蓝、山更绿、水更清、空气更清新的生存环境，这本身就是一种莫大的幸福。

第三，是绿色财富观。不只有金钱是财富、人造资产是财富，自然资源、生态环境也是财富，而且是更具基础性和本源性的财富，因此，人们在追求金钱、创造财富的全过程都必须节约资源、保护环境，确保以资源安全、环境安全，乃至整个生态系统的安全为前提。要认识到，良好的生态环境是人和社会持续发展的根本基础，只有留得青山在，才能有柴烧；"绿水青山可带来金山银山，但金山银山却买不到绿水青山"，只有坚持节约资源和保护环境的基本国策，切实把资源、环境乃至整个生态系统保护好，才能保住我们人类的生存之本和发展之源。

第四，是绿色伦理观。人的伦理道德不能仅限于人类社会内部人与人之间的关系，还应延伸、拓展至人与自然的关系。也就是说，人不仅要遵守被称为"传统伦理"的人际道德，还应遵守被称为"绿色伦理"的生态道德。"一个人，以及作为个人集合的阶级、民族、国家乃至人类整体，只有当他超越了自我中心的世界观时，他在道德上才是成熟的。因此，人的真正的完美性在于对他者的无条件的关心。而这里所说的'他者'，不仅仅是人这一种生命形式，还包括人以外的其他生命和自然界。因此，完美的德性不仅应当在人与人的关系中体现出来，还应当在人与自然的关系中体现出来"，"他不应只把道德用作维护人这一种生命形式的生存的工具，而应把它用作维护所有完美的生命形式，包括人以外的所有物种和自然界"（姜春云，2014）。

（黎祖交）

6.6　节约优先、保护优先、自然恢复为主的方针

党的十八大和十九大报告在提出"坚持节约资源和保护环境的基本国策"的同时，还提出了"坚持节约优先、保护优先、自然恢复为主的方针"。这样同时从国策和方针的战略高度提出明确要求，充分体现出节约资源和保护生态环境在我国生态文明建设乃至整个经济社会发展中的极端重要性。正如姜春云在十八大刚刚闭幕时发表在 2012 年 12 月 21 日《人民日报》的文章所言，"这一重要论述，正确回答了如何看待人与自然、发展与资源环境关系这一长期未能解决好的重大问题"；"'坚持节约优先、保护优先、自然恢复为主的方针'，是对非理性的发展观和生产、生活方式的纠正，符合经济社会发展和自然生态平衡的客观规律，具有重大现实和深远战略意义"。

这里所说的"节约优先"，是相对于资源的开发利用而言的，就是在资源的开发利用过程中要实行节约和开发并举，并把节约放在首位，要着力在提高资源利用率和单位资源产出率上下工夫，不能只顾资源开发利用不顾资源节约而造成资源浪费。

必须看到，人类赖以生存的资源是有限的，有很多资源如煤炭、石油、天然气、矿石等是不可再生的，不厉行节约就会很快枯竭，即便是森林、淡水等可再生资源，不厉行节约也会供不应求，最终导致枯竭。从我国的资源禀赋和资源利用方式的实际情况看，这方面的矛盾和问题显得十分突出。一方面，我国的资源虽然总量大、种类多，但人均占有量少，随着经济发展规模和总量的扩大，资源短缺的制约瓶颈凸显；另一方面，我国资源利用方式粗放、浪费严重的局面至今尚未从根本上得到有效遏制，单位国内生产总值资源能源消耗远高于发达国家。

据专家测算，我国农业用水的利用率提高 10 个百分点，每年可节水 400 亿吨，相当于南水北调东线、中线工程调水之总和。这个数字已超过了正常年份农业灌区 300 亿立方米的缺水量，是正常年份城市缺水量 60 亿立方米的近 7 倍（2000 年 6 月 20 日《解放日报》）。这就是说，完全有可能通过节水来弥补水资源的不足。

中国工程院魏复盛院士还曾亲自算过几笔账，都是很有说服力的。譬如，一个年产800 万吨至 1000 万吨的钢铁联合企业，如果对其可燃气全部加以回收利用，其燃值相当于120 万千瓦发电厂提供的能源；如果全部利用其固体废物作为资源，就可以解决 300 万吨水泥厂的主要原料。又譬如，按 2000 年汇率计，我国百万美元 GDP 总能耗 1274 吨标准煤，比世界平均值高 2.4 倍，比美国高 2.5 倍，比欧盟高 4.9 倍，比日本高 8.7 倍，比印度高 0.43 倍。如果能采取有效措施将总能耗降下来，不要说降到世界平均值，就是降到印度的水平，也将会增添一笔巨大的绿色财富。

这充分说明，大力节约资源，努力提高资源利用率和单位资源产出率，已经成为我国经济社会发展一个十分重要而紧迫的严重问题。如果再不引起高度重视，其后果将不可想象。因此，一定要站在保证经济社会可持续发展的战略高度，坚持"节约优先"。

这里所说的"保护优先"，是相对于环境污染后的治理而言的，就是在环境保护工作中

要实行预防和治理并举并把预防放在首位，要着力在源头保护上下工夫、从源头上扭转环境恶化趋势，不能走西方工业化国家曾经走过的"先污染后治理"或"边污染边治理"的老路。特别是要以解决损害群众健康的突出环境问题为重点，强化水、大气、土壤等污染防治，切实采取有效措施，减少污染物排放，防范环境风险，确保人民群众的生存环境得到明显好转。

必须看到，良好的环境是人类生存繁衍、经济社会持续发展和人们生活质量不断提升的重要基础，加强环境保护是大力推进生态文明建设的重要途径。目前我国环境污染问题突出，环境状况总体恶化的趋势尚未得到根本扭转，环境对经济社会发展和民生改善的制约加剧。其中一个重要原因，就是我们全社会尤其是许多干部缺乏"保护优先"意识，只注重经济总量增长，不重视环境保护，许多地方和部门甚至不惜以牺牲环境为代价换取一时的经济增长。在这种情况下，党的十八大报告特别提出"保护优先"的方针，对生态文明建设的重大指导意义和现实针对性，是不言自明的。

这里所说的"自然恢复为主"，是相对于人力修复、人工建设而言的，就是在自然生态系统的保护恢复过程中要遵循自然规律，把依靠自然力恢复自然生态系统作为主要途径和重要手段，把依靠人力修复自然生态系统作为辅助途径和辅助手段，不能主次颠倒，更不能罔顾自然规律随心所欲地"战天斗地"、大搞劳民伤财的"人力工程"。

必须看到，自然生态系统具有强大的自我修复再生能力、非凡的生命力和生产力。只是由于长期被人为破坏、压制，自然生态系统的大量物种才受到伤害，处于退化、衰竭状态。一旦排除了人为干扰、破坏而获得休养生息机会，其潜在的生命力、生产力就会在适宜的环境条件下雨后春笋般地展现出巨大的自我修复再生优势。这是地球生物圈历经亿万年演化证明了的一条自然规律。在自然生态系统的保护恢复过程中，只要我们遵循这一自然规律，坚持以自然恢复为主，就能收到事半功倍的效果。

当然，我们强调自然恢复为主，并非一概否认人工治理的作用。事实上，人工治理离不开自然的作用，自然恢复也离不开人的作用。正确的做法是在尊重自然规律的前提下，因地制宜、因势利导地把二者紧密结合起来，形成合力。譬如封山禁伐、封草禁牧，就要在依靠大自然力量自我恢复森林、草场的同时，切实重视在封禁区采取人工措施育林育草，以加速提高其森林、草场的生物量。当前和今后一个较长的历史时期，要以国家重大生态修复工程为重点，切实把十八大确定的"自然恢复为主"的方针贯彻落实好，以不断增加生态产品的生产能力，巩固和扩大天然林保护、退耕还林还草等成果。对重点生态破坏地区，尤其要坚持以自然恢复为主，减少人工干预，严格实行顺应自然规律的封育、围栏、退耕还林还草还水等措施。

不难看出，十八大和十九大报告确定的"坚持节约优先、保护优先、自然恢复为主的基本方针"，是在认真总结国内外正反两方面经验教训的基础上提出的，具有重要的现实针对性。坚持这一基本方针，不仅对于大力推进生态文明建设具有重要的指导作用，还对于贯彻落实"坚持节约资源和保护环境的基本国策"具有重要的保障作用。　　　（黎祖交）

6.7 新型工业化

从发展经济学的角度来看，新型工业化指的是知识经济形态下的工业化。因此，知识化、信息化、全球化、生态化就构成了新型工业化的主要内容。发展中国家在知识经济时代可以不经过传统工业化而直接通过新型工业化走上人与自然和谐发展的生态文明之路。因此，对于像我国这样的发展中国家来说，新型工业化是借助知识经济尽快直接达到工业文明的繁荣并后来居上的必然选择。

"新型工业化"这一概念也反映了工业化理论的新发展。新型工业化道路所追求的工业化，不只讲工业增加值，更要做到"科技含量高、经济效益好、资源消耗低、环境污染少、人力资源优势得到充分发挥"，并实现这几个方面的协调统一。这是新型工业化道路的基本标志和落脚点。发挥科学技术是第一生产力的作用，依靠教育培育人才，使经济发展具有可持续性，是新型工业化道路的可靠根基和支撑力。

党的十六大报告中提出了"走新型工业化道路"的战略部署，这是从全面建设小康社会的战略目标出发，根据世界经济科技发展的新趋势，针对我国经济建设中的突出问题，为应对全球竞争而提出的方针。很多专家指出，走新型工业化道路要特别注重可持续发展和信息化的作用，这是中国在工业化过程中发挥后发优势的现实选择。要坚持以信息化带动工业化，以工业化促进信息化，走出一条科技含量高、经济效益好、资源消耗低、环境污染少、人力资源优势得到充分发挥的新型工业化路子。主要包括以下内容。

一是大力推进产业升级。通过推进产业结构的优化升级，形成以高技术产业为先导，基础产业和制造业为支撑、服务业全面发展的产业格局。为此要优先发展信息产业，大力发展高技术产业，并以此改造传统产业，振兴装备制造业，继续发展基础设施，全面发展服务业。

二是坚持实施科教兴国与可持续发展两大战略。科教兴国与可持续发展两大战略是我国的两大基本国策，也是走好新型工业化道路的两个轮子，缺一不可。

三是协调城乡关系，走中国特色的城镇化道路。必须转变粗放型的发展方式，把城镇建设、乡村建设、项目建设结合起来，用城镇的人气和基础设施带动乡村的发展，通过乡村的发展带动项目的引进和建设，再通过项目建设促进乡村和城镇的发展。

与传统工业化相比，我国的新型工业化有以下新特征：一是开放性。紧跟世界发展潮流，充分抓住经济全球化、新技术革命带来的发展机遇，积极参与世界范围内的资源优化配置，以实现工业化的快速、高效推进。二是跨越性。在工业化中引入信息化，实现工业化与信息化的互动，推动传统经济的转型，从根本上改变传统工业化的性质。三是整体性。新型工业化道路是全方位、立体化、协同性推进的过程，是融工业化、信息化、农业产业化和知识经济为一体的发展道路，也是追求科技创新、农村城市化、高速增长、充分就业、劳动和要素生产率大幅度提高的全面发展途径。四是特色性。新型工业化道路，是在充分考虑我国人口数量大、人均资源不足、劳动力供给大于需求的矛盾突出等基本国情的基础上，提出的具有鲜明中国特色的工业化道路。我国的新型工业化道路与传统工业化不同，具有鲜明的时代特色，符合中国的基本国情。

（胡勘平）

6.8　信息化

信息化的概念起源于 20 世纪 60 年代的日本，首先是由日本学者梅棹忠夫提出来的，而后被译成英文传播到西方。直到 20 世纪 70 年代后期西方社会才开始普遍使用"信息社会"和"信息化"的概念。

关于信息化的表述，中国学术界做过较长时间的研讨。1997 年召开的首届全国信息化工作会议作出如下定义："信息化是指培育、发展以智能化工具为代表的新的生产力并使之造福于社会的历史过程。国家信息化就是在国家统一规划和组织下，在农业、工业、科学技术、国防及社会生活各个方面应用现代信息技术，深入开发广泛利用信息资源，加速实现国家现代化进程。"

实现信息化，要构筑和完善 6 个要素的国家信息化体系——开发利用信息资源，建设国家信息网络，推进信息技术应用，发展信息技术和产业，培育信息化人才，制定和完善信息化政策。《2006～2020 国家信息化发展战略》指出，信息化是充分利用信息技术，开发利用信息资源，促进信息交流和知识共享，提高经济增长质量，推动经济社会发展转型的历史进程，并在上述 6 个要素基础上增加了"信息安全"这一要素。信息化代表了一种信息技术高度应用，信息资源高度共享，从而使得人的智能潜力以及社会物质资源潜力被充分发挥，个人行为、组织决策和社会运行趋于合理化的理想状态。同时信息化也是在产业发展与在社会经济各部门扩散的基础之上的，是不断运用改造传统的经济、社会结构从而通往如前所述的理想状态的一段持续的过程。

随着中国经济的高速增长，中国信息化有了显著的发展和进步，与发达国家的差距缩小了。2000 年以来，我国信息化经过了高速发展和平稳发展两个阶段，正向加速发展的第三阶段迈进。第三阶段定位为新兴社会生产力，主要以物联网和云计算为代表，这两项技术掀起了 4C（计算机、通信、信息内容的监测与控制）革命，网络功能开始为社会各行业和社会生活提供全面应用。

信息化是一个国家由物质生产向信息生产、由工业经济向信息经济、由工业社会向信息社会转变的动态的、渐进的过程。与城镇化、工业化相类似，信息化也是一个社会经济结构不断变换的过程。这个过程表现为信息资源越来越成为整个经济活动的基本资源，信息产业越来越成为整个经济结构的基础产业，信息活动越来越成为经济增长不可或缺的一支重要力量。我国现阶段的信息化产业已经有了突破性的进展，规模不断扩大，主营业务收入实现了稳步增加，此外国际市场也进一步扩大，产业地位有了很大程度上的提升。同时，我国的信息化产业发展仍存在一些不足之处：其一，产业发展严重失衡，影响我国信息化产业的长期稳定发展。其二，高新技术开发能力不足，缺少自主创新性人才和技术，发展水平仍然受到严重的限制。一些企业为了在短时间内提高技术水平，未通过国家正规的审批渠道，引进技术的质量参差不齐；其三，工业化程度较低，信息化产业发展形式较为单一，企业难以及时地将技术转化为生产力。

（胡勘平）

6.9　城镇化

城镇化又称城市化，是指随着一个国家或地区社会生产力的发展、科学技术的进步以及产业结构的调整，其社会由以农业为主的传统乡村型社会向以工业(第二产业)和服务业(第三产业)等非农产业为主的现代城市型社会逐渐转变的历史过程，其过程包括人口职业的转变、产业结构的转变、土地及地域空间的变化。广义城镇化进程一般都会经历从城镇化、郊区城镇化、逆城镇化到再城镇化的过程。

城市化程度是一个国家经济发展，特别是工业生产发展的一个重要标志，也是衡量国家和地区社会组织程度和管理水平的重要标志。改革开放以来，中国逐步放开了原有对人口流动的控制，大量农民工流向了城市，同时加快了城镇化的进程。2012 年中国城市化率突破 50%，这意味着中国城镇人口首次超过农村人口，中国城市化进入关键发展阶段。从 1978 年到 2014 年，我国城镇常住人口由 1.7 亿人增加到 7.5 亿人，城镇化率年均提高约 1 个百分点，城市数量由 193 个增加到 653 个，城市建成区面积从 1981 年的 0.7 万平方公里增加到 2015 年的 4.9 万平方公里。由国家发展和改革委员会组织编写的《国家新型城镇化报告 2015》显示，2015 年我国城镇化率已经达到 56.1%。

合理的城镇化可以改善环境，例如通过平整土地、修建水利设施、绿化环境等措施，可以使得环境向着有利于提高人们生活水平和促进社会发展的方向转变，从而降低人类活动对环境的压力。同时，作为区域发展的经济中心，能带动区域经济发展，而区域经济水平的提高又促进城市的发展；促使生产方式、聚落形态、生活方式、价值观等的变化。与此同时，正在进行中的城镇化也给中国经济、社会的持续、快速、健康发展带来了一系列的矛盾。无序的城镇扩张带来了许多的不利影响：在生态环境方面，会带来生物多样性的减少、土壤污染、耕地面积紧缩、水资源短缺等问题；在社会方面造成住房紧张、就业困难、高犯罪率的压力；另外，大城市病的问题也越发严重，交通拥挤、资源紧缺、城市居民生活质量下降等问题在困扰着城市的进步。中国大城市的建设和改造步伐加快，城市圈开始在中国部分地区出现，而许多特大城市也开始着手兴建"卫星城"希望能解决大城市病的诸多问题，但是，实际上发展"卫星城"很多时候却是使城市更加臃肿，城市病的现象更加突出。

发达国家的城镇化进程大体上可分为前后两个阶段。第一个阶段以集中化为特征，第二阶段则以分散化为特征。于是，以大城市为中心的都市圈或城市群、城市带发展较快。中国一些发达地区，比如北京、上海、广州，已出现了生活富裕起来的阶层从城里向郊区迁移的趋势，也就是说，进入了城市化发展的第二阶段即市郊化阶段。发展城市圈、卫星城需要注意到城市职能和周边郊区职能的转化和协调发展。城镇化的过程，就是不断现代化的过程，中心城市应该不断加强城市带和区域经济的规模、布局、功能的完善。城市职能的不断演进，是中心城市良好发展的前提，同时也是解决大城市病、带动周边地区经济稳定健康发展的基础。中国当今的城镇化应是产业、人口、土地、社会、农村"五位一体"的城镇化，而不是给"房地产化"代言。

欧盟有关专家认为，智慧城市是城市化发展的高级阶段，是建立在城市各大系统整合、物理空间和网络空间交互、普通百姓广泛参与的基础上的。智能化城市要求城市的管理更加精细、环境更加和谐、经济更加高端和生活更加舒适。与数字城市相比，智慧城市更加聚焦民生与服务，更加鼓励创新与发展，更加强调感知与物联，更加强调公众参与和互动。欧盟的智慧城市评价标准包括智能经济（即创新型经济）、智能移动（即不仅是智能交通，也延伸到教育、购物等领域）、智能环境（即注重城市的生态环境）、智能治理（即政府管理模式的调整和改善）等多种指标。

（胡勘平）

6.10　农业现代化

农业现代化指从传统农业向现代农业转化，既是一种过程，也是一种手段。在这个过程中，农业日益用现代工业、现代科学技术和现代经济管理方法武装起来，使农业生产力由落后的传统农业日益转化为当代世界先进水平的农业。

我国作为一个发展中国家，改革开放以来，我国农业经济取得了举世瞩目的成绩，但与发达国家相比，无论在速度上、规模上、还是在效益上，与世界现代农业还有很大的差距，我国的农业现代化建设道路还十分漫长。主要存在以下问题。

农业剩余劳动力大量存在，劳动力素质低。改革开放以来，尽管已有大量的农业剩余劳动力转移到非农产业部门，但目前农业劳动力的就业压力依然很大。这些剩余劳动力能否成功转移，直接影响到城乡的经济发展和社会的稳定，关系到中国现代化的成败。还应看到另一方面，由于城市的高度开放和乡镇企业的迅速发展，全国农村强壮劳动力中很多已经投入到了非农产业，而把农业生产留给了妇女、儿童及老人，从事农业的劳动力趋于弱化。

农业产业结构不合理，劳动生产率低。当前，我国农业生产经营以种植业为主，种植业内部结构不尽合理，粮食作物占有很大的比重，经济作物的种植和经营规模比较小，从而无法在激烈的国内、国际市场竞争中获得优势。联产承包之后，我国家庭农业生产经营分散、规模小，基本上是一家一户的小农经济，难以形成带动我国农业的规模经济，劳动生产率低。

农业生产技术水平落后，农村生态环境恶化。我国农村，特别是广大的中西部地区，农民对生产的大部分投入仍然集中在土地与劳动，普遍采用的是外延式的扩大再生产，粗放经营、广种薄收、超载过牧、乱砍滥伐现象仍然存在，对生态环境造成了很大的破坏，导致水土流失、土地沙化、盐碱化、旱涝等自然灾害的加剧，从而削弱了农业可持续发展的能力。随着工业化和城市化发展，水土资源被挤占的势头难以逆转，农业将面临日趋严峻的水土资源短缺的困境。

农业现代化程度越高，与农业生态系统的依存关系越密切。实现农业现代化的过程就是推进生态文明的进程，它既是农业现代化的重要内容，也是农业可持续发展的基本条件。

结合我国农业发展的实际状况，对农业现代化内涵及特点可从以下几个方面来分析：

动态性。农业现代化是一个相对性比较强的概念，其内涵随着技术、经济和社会的进步而变化，即不同时期有不同的内涵。从这个意义上讲，农业现代化只有阶段性目标，而没有终极目标，即在不同时期应当选择不同的阶段目标和在不同的国民经济水平层面上有不同的表现形式和特征。根据发达国家现代农业的历史进程，一般可将农业现代化分五个阶段：即准备阶段、起步阶段、初步实现阶段、基本阶段及发达阶段。一个国家、地区要推进农业现代化进程，必须分析区域社会经济发展水平，特别是农业发展现状，只有这样才能做出符合实际而又便于操作的决策。

区域性。农业生产具有很强的区域性特点，不同国家的区域性特点不同，即使同一个国家的不同区域、同一区域的不同地区，农业生产的条件都存在很大的差异。因此，农业现代化内涵具有区域性特点。借鉴发达国家现代农业经验时，需要对其实现的历史背景、经济发展水平以及生态资源条件进行分析。

世界性。随着经济全球化的逐步推进，我国农业将全面融入到国际市场竞争之中，面临着来自国内、国际两个市场的挑战。因此，从这个意义上讲，需要站在全球化的高度来分析农业现代化，将区域农业现代化放在国际大舞台之上，依据国际公认的标准来推进农业现代化战略目标的实现。

整体性。农业现代化不仅包括农业生产条件的现代化、农业生产技术的现代化和农业生产组织管理的现代化，同时也包括资源配置方式的优化以及与之相适应的制度安排。因此，在推进农业现代化的过程中，就要在重视"硬件"建设的同时，也要重视"软件"建设，特别是农业现代化必须与农业产业化相协调，与农村制度改革、农业社会化服务体系建设以及市场经济体制建设相配套。如果忽视"软件"建设，"硬件"建设将无法顺利实施，也无法发挥应有的作用。我国实现农业的现代化，本质上是从根本上改造传统农业，大大缩小与发达国家农业的差距。虽然各个国家或者地区的条件和情况各不相同，不具有完全的可比性，但是，在最基本的特征方面，应当是共同的，这也得到了国际社会的公认。

概括地说，农业现代化是用现代工业装备农业、用现代科学技术改造农业、用现代管理方法管理农业、用现代科学文化知识提高农民素质的过程；是建立高产优质高效农业生产体系，把农业建成具有显著效益、社会效益和生态效益的可持续发展的农业的过程；也是大幅度提高农业综合生产能力、不断增加农产品有效供给和农民收入的过程。（胡勘平）

6.11　绿色化

2015年3月24日，中共中央政治局会议审议通过《关于加快推进生态文明建设的意见》，首次提出"协同推进新型工业化、城镇化、信息化、农业现代化和绿色化"的战略任务。其中的"绿色化"，作为在中共中央文献中首次出现的新概念，集中体现了新时期我国生态文明建设的新任务和新要求。准确把握绿色化的科学涵义也相应成为社会各界共同面对的一个重要课题。

准确把握绿色化的科学涵义，首先必须对绿色化的字面含义有一个初步的了解。

绿色化是由"绿色"和作为后缀的"化"组成的一个复合词。根据《现代汉语词典》等权威辞书的解释，绿色既可以用作表示事物名称的名词，也可以用作表示事物属性的形容词。当它用作名词时，指的是一种颜色；当它用作形容词时，指的是事物的一种属性。作为后缀的"化"，加在名词或形容词之后构成动词，反映的是事物变化的动态过程，表示由一种属性转变到另一种属性。毛泽东在《反对党八股》一文中所说的"化者，彻头彻尾彻里彻外之谓也"，那是表示彻底通透之意，反映的是事物变化的动态过程的完成，表示由一种属性到另一种属性的转变涵盖或贯穿该事物变化的全过程和各方面。

由此可以看出，绿色化的字面含义大致包括以下两种情况：

一是当绿色用作名词时，绿色化指的是由无绿色转变为有绿色，由较少或较小范围的绿色转变为较多或较大范围的绿色，由部分或局部的绿色转变为全部或全局的绿色，如此等等。

二是当绿色用作形容词时，绿色化所指的是由不具有"绿色的"属性转变为具有"绿色的"属性，由具有较弱或较浅的"绿色的"属性转变为具有较强或较深的"绿色的"属性，由部分或局部具有"绿色的"属性转变为全部或全局具有"绿色的"属性，如此等等。

总之，绿色化的字面含义就是绿色这种颜色和"绿色的"这种属性由无到有、由少到多、由小到大、由弱到强、由浅到深、由部分到全部、由局部到全局等由此及彼的动态转变过程。

然而，在现实生活中人们赋予"绿色"和"绿色化"的涵义并不限于上述字面含义，而常常在其象征意义上呈现出更加丰富多彩的内容。而这正是准确把握"绿色化"科学涵义的关键所在。

那么，在现实生活中人们从象征意义上又赋予"绿色"和"绿色化"哪些不同的涵义呢？

研究表明，目前人们从象征意义上赋予"绿色"和"绿色化"的涵义至少有以下三种。

一是将"绿色"用作名词，象征以绿色为基色的树木、森林，与此象征意义连在一起的"绿色化"，指的是人们通常在生态建设中所说的"绿化"，即"国土绿化"，就是通过植树造林使一些地方由没有树木、森林转变到有树木、森林，或者由有较少的、质量较差的树木、森林转变到有较多的、质量较好的树木、森林，进而使一切可能的地方都逐步绿起来。这是自中华人民共和国成立之初一直沿用至今的"绿化"即"绿色化"的涵义。如：毛泽东向全国人民发出的"绿化祖国，实行大地园林化"的号召；习近平在首都参加义务植树时所说的"绿化祖国，改善生态，人人有责"。其中说到的"绿化"所表达的，就是这种涵义。

二是将"绿色"用作形容词，象征事物所具有的"符合资源节约、环境友好、生态安全要求"的属性，与此象征意义连在一起的"绿色化"指的是使事物由原来不符合"资源节约、环境友好、生态安全"的要求转变到符合"资源节约、环境友好、生态安全"的要求。如：在一篇题为《依靠科技创新促进建筑绿色化》的文章所说的"建筑的绿色程度既关系到国家的经济发展质量和水平，也关系到广大民众的生活质量和身体健康水平"，"建筑绿色化对于节能减排，保证国家能源安全和社会、经济的可持续发展具有越来越重要的作用"，"加快建筑绿色化是国计民生的重大课题之一"，其中所说的"绿色"和"绿色化"所表达的，就是这种涵义。

三是将"绿色"用作形容词，象征事物所具有的"符合生态文明理念和生态文明建设要求的"属性，与此象征意义连在一起的"绿色化"就是使事物由原来不符合生态文明的理念和生态文明建设的要求转变到符合生态文明的理念和生态文明建设的要求。这是从象征意义上使用的"绿色"和"绿色化"最广泛、最深刻的涵义。如：上述《关于加快推进生态文明建设的意见》强调的"当前和今后一个时期，要按照党中央决策部署，把生态文明建设融入经济、政治、文化、社会建设各方面和全过程，协同推进新型工业化、城镇化、信息化、农业现代化和绿色化……把绿色发展、循环发展、低碳发展作为基本途径……把生态文明建设工作抓紧抓好"。这段话中的"绿色"和"绿色化"所表达的，就是这种最广泛、最深刻的涵义。

准确把握绿色化的科学涵义，除了懂得绿色和绿色化的字面含义与象征意义之外，还必须懂得绿色化的适用范围。

根据《关于加快推进生态文明建设的意见》，绿色化作为必须协同推进的"新五化"（即"新型工业化、城镇化、信息化、农业现代化和绿色化"）之一，是我国经济社会发展全方位绿色转型的最新概括，其适用范围除了生态文明建设外，还包括经济建设、政治建设、文化建设、社会建设的各方面和全过程，自然也包括新型工业化、城镇化、信息化和农业现代化的各方面和全过程。

当然，绿色化也是一个动态变化的过程，不可能一蹴而就。

当前和今后一个时期，我国的绿色化主要围绕形成绿色发展方式和生活方式进行，包括以下六个方面。

一是国民理念的绿色化。要在全社会彻底破除"人类是自然的主宰，要战胜自然、征服自然"的人类中心主义观念，牢固树立尊重自然、顺应自然、保护自然的生态文明理念；彻底破除将保护生态环境与经济发展对立起来的观念，牢固树立保护生态环境就是保护生产力、改善生态环境就是发展生产力的理念；彻底破除自然界没有价值、自然资本不是财富的观念，牢固树立自然界也有价值、"绿水青山就是金山银山"的理念；彻底破除人与自然对立的工业文明的主流价值观，牢固树立人与自然和谐的生态文明主流价值观，把生态文明纳入社会主义核心价值体系，形成人人、事事、时时崇尚生态文明的社会新风尚。

二是国土空间的绿色化。要通过全民义务植树等有效途径，在一切有条件的地方植树造林，加快推进国土绿化；通过国有林场、国有林区改革和深化集体林权制度改革，增强林业发展活力，保护森林资源，提高森林质量；通过实施天然林保护、退耕还林等重大生态修复工程，增强生态产品生产能力，推进荒漠化、石漠化、水土流失综合治理，扩大森林、湖泊、湿地面积，保护生物多样性；通过实施主体功能区战略，构建以东北森林屏障、北方防风固沙屏障等重大森林生态屏障为主体的生态安全战略格局。总之，要通过多措并举、多管齐下，使青山常在、清水长流、空气常新，让人民群众在良好生态环境中生产生活。

三是生产方式的绿色化。要根本改变以"三高一低"（即高消耗、高排放、高污染和低产出)为特征，以环境污染、资源浪费和生态退化为代价的传统发展模式，大力发展以生态效益与经济效益、社会效益相统一为原则的绿色经济、循环经济和低碳经济；加快推进产业结构调整，促进经济增长由主要依靠第二产业带动向依靠第一、第二、第三产业协同带动转变；加快推进经济要素结构调整，促进经济增长由主要依靠增加物质资源消耗，向主要依靠科技进步、劳动者素质提高、管理创新转变；加快推进资源节约型、环境友好型、生态安全型绿色产业发展，大幅提高经济绿色化程度，加快构建科技含量高、资源消耗低、环境污染少、生态影响小的产业结构和生产方式，形成经济社会发展的新增长点。

四是生活方式的绿色化。要彻底改变以满足人的无止境的物质欲望为目的，以个人享乐为中心，以高消费为主要特征的工业文明的生活方式，大力推行物质消费与精神文化消费并重，以满足人的基本需要为目标，以提高生活质量为中心，以合理消费、适度消费为主要特征的生态文明的消费方式；坚决反对无节制消费自然资源、无节制排放废弃物和污染物、无节制破坏生态平衡的不可持续的生活方式，大力推行以节约资源、减少污染、保护生态为准则的可持续的生活方式，使自然资源和有毒材料的使用量减少，使服务或产品的生命周期中产生的废物和污染物最少，使非法猎杀、买卖、食用和使用野生动物及其制品等行为得到有效遏制。

五是科学技术的绿色化。要在充分认识科学技术为推动生产力发展、改善人民生活做出巨大贡献的同时，清醒看到科学技术在目标偏离的情况下给人类带来的资源枯竭、环境污染、生态退化等负面作用；努力克服科技发展与应用的唯利性和随意性，正确把握科技发展与应用的目标方向，使其在推动经济社会发展的同时更好地为保护资源、保护环境、保护生态服务；大力开发绿色生物技术和绿色新能源技术、污染物清除和不产生污染物的技术，以及废弃物再利用技术和无废料生产技术，以实现生物物种的有效保护、新能源的开发利用、有害有毒物质的净化处理、清洁生产、废弃物的资源化利用和模仿生物圈的物质循环生产，开创人类社会物质生产的新的技术形式。

六是制度建设的绿色化。要把制度建设作为推进生态文明建设的重中之重，把绿色化作为生态文明制度建设的本质属性，按照国家治理体系和治理能力现代化的要求，着力破解制约生态文明建设的体制机制障碍，以资源环境生态红线管控、自然资源资产产权和用途管制、自然资源资产负债表、自然资源资产离任审计、生态环境损害赔偿和责任追究、生态补偿等重大制度为突破口，深化生态文明体制改革，尽快出台相关改革方案，建立系统完整的制度体系，把生态文明建设纳入法治化、制度化轨道。与此同时，还要推动把生态文明建设融入经济建设、政治建设、文化建设、社会建设各方面和全过程相关制度建设的绿色化，使之与新时期我国经济社会发展全方位的绿色转型提供可靠的制度保障。

（黎祖交）

6.12　美丽中国

美丽中国是作为生态文明建设的目标指向，在党的十八大报告中首次提出的一个新概念，充分反映出我们党对人类文明发展规律认识的深化和对中华民族永续发展美好未来的向往，是党引领全国人民努力走向社会主义生态文明新时代的风向标。

从字面上看，"美丽中国"是由"美丽"这个形容词与"中国"这个名词组合而成的偏正词组，表达的是人民对未来中国寄予的一种美好愿望。从本质上看，美丽中国代表的是走上社会主义生态文明新时代的中国必将具有的一种基本属性，其内涵包括国土生态美、国民生产美、国民生活美、国民身心美等诸多方面。

国土生态美是美丽中国的立国之基。国土是国家的立国之基，是生态文明建设的空间载体，良好的生态环境是人和社会持续发展的根本基础。离开了良好的国土生态环境，不要说经济社会的持续发展，就连人的生存繁衍也将无从谈起。国土生态环境的这种基础作用，决定了作为生态文明建设目标指向的美丽中国，一定具有良好的生态环境，其国土生态一定是美丽的。这就是说，在中国的领土、领海、领空范围内，到处山川秀丽、风光旖旎、环境优美，各种环境污染特别是大气污染、土壤污染和水污染得到彻底根治，真正实现了"天蓝、地绿、水净"，而且海洋、森林、湿地、江河、湖泊、草原、苔原、荒漠等自然生态系统结构完整、功能完备，土地资源、水资源、能源、矿产资源、生物资源等自然资源得到有效保护并实现可持续开发利用，生物多样性减少的趋势得到根本遏制，自然生态平衡得以实现，国土生态安全得到可靠保障，自然生态系统与经济、社会生态系统得以协同进化，人与自然和谐共处得以永续发展。

国民生产美是美丽中国的兴国之要。发展是执政兴国的第一要务，是解决我国所有问题的关键，也是美丽中国的兴国之要。但是，发展必须是坚持以人为本、全面协调可持续的发展，必须是在国家自然资源和生态环境得到有效保护的前提下实现的绿色发展、低碳发展、循环发展。发展的这种关键作用和本质属性，决定了美丽中国建设中的经济社会发展不仅要遵循经济规律和社会规律，更要遵循自然规律，从而也决定了美丽中国的国民生产一定是美丽的。这就是说，全社会各行各业的生产，包括物质生产、精神生产和人口生产，不仅能充分满足人们不断增长的物质文化产品的需求以及人口健康繁衍的需求，而且能满足人们不断增长的对于良好的自然生态和生态产品的需求，不致因增加生产、推动经济社会发展而造成对自然资源和生态环境的破坏。这就要求全国各行各业的生产，不仅其生产的结果、生产的产品是美丽的，其生产的过程也是美丽的。

国民生活美是美丽中国的建国之宗。以人为本、执政为民，是党的根本宗旨。建设生态文明，是关系人民福祉，关乎民族未来的长远大计。党的根本宗旨和生态文明建设目标的一致性，决定了美丽中国建设一定要把人民群众的利益放在首位，以人民群众对于美好生活的向往作为出发点和落脚点，从而也决定了美丽中国的国民生活，包括物质生活和精神文化生活在内，一定是美丽的。这就是说，生活在美丽中国的全体国民，都一定像习近平总书记2012年11月15日在会见中外记者时所说的那样，"有更好的教育、更稳定的工作、更满意的收入、更可靠的社会保障、更高水平的医疗卫生服务、更舒适的居住条件、更优美的环境"，"孩子们能成长得更好、工作得更好、生活得更好"，呈现出一种全方位不断提升的美好生活境界，切实做到学有所教、劳有所得、病有所医、老有所养、住有所居。简言之，就是人民所期盼的对于幸福美好生活的向往，都能够变成美丽的现实。

国民身心美是美丽中国的强国之本。人民群众是历史的创造者，是生态文明建设乃至整个国家建设的主体，既承担着推动经济社会可持续发展的重任，还承担着保护生态环境、促进人与自然和谐的使命。人民群众在历史发展和国家建设中的这种主体地位和崇高使命，决定了作为美丽中国建设主体的全体国民，其身心一定是美丽的。这就是说，不仅人民群众的身体是健康、美丽的，其体力、体能和人均预期寿命是稳步提升的，其心灵和内在素质也是美丽的，其中包括：公民文明素质和社会文明程度明显提高；社会公德、职业道德、家庭美德、个人品德不断提升；法定义务、社会责任、家庭责任得以自觉履行；自尊自信、理性平和、积极向上成为社会主流心态；知荣辱、讲正气、作奉献、促和谐成为良好风尚；政务诚信、商务诚信、社会诚信和司法公信成为通行准则；生态道德得到社会的普遍遵从，爱护自然、保护野生动植物、维护生物多样性成为人们的自觉行动，等。

（黎祖交）

6.13　绿色发展

在生态文明建设语境中，"绿色发展"是最基本、最重要的关键词之一。

在党的十八大报告中，绿色发展与循环发展、低碳发展一起，作为一种新的发展方向和发展道路首次提出，其明确表述为："着力推进绿色发展、循环发展、低碳发展，形成节约资源和保护环境的空间格局、产业结构、生产方式、生活方式，从源头上扭转生态环境恶化趋势，为人民创造良好的生产生活环境，为全球生态安全作出贡献。"

在党的十八届五中全会上，绿色发展与创新发展、协调发展、开放发展、共享发展一起，作为一种新的发展理念由习近平总书记首先提出并得到全会的一致确认，其明确表述为："实现'十三五'时期发展目标，破解发展难题，厚植发展优势，必须牢固树立并切实贯彻创新、协调、绿色、开放、共享的发展理念"。

在党的十九大报告中，绿色发展作为一种新的发展理念、发展方向、发展道路被再次强调，其明确表述为："全党全国贯彻绿色发展理念的自觉性和主动性显著增强""坚持新发展理念……必须坚定不移贯彻创新、协调、绿色、开放、共享的发展理念"；"推进绿色发展""形成绿色发展方式和生活方式，坚定走生产发展、生活富裕、生态良好的文明发展道路"。

这表明，绿色发展是事关我国生态文明建设乃至整个经济社会发展全局的一种新的发展理念、发展方向和发展道路。

作为一种新的发展理念，绿色发展指的是在发展的基础、发展与生态环境保护的关系和发展的考核评价上必须树立的绿色理念。在发展的基础上，要破除不承认自然资本和自然价值的传统观念，树立"生态环境是经济社会发展的基础""良好的生态环境是最公平的公共产品，是最普惠的民生福祉"和"绿水青山就是金山银山""保护生态环境就是保护生产力，改善生态环境就是发展生产力"的新理念；在发展与生态环境保护的关系上，要破除人与自然对立、"经济增长至上"和"先污染后治理""边破坏边治理"的传统观念，树立"人与自然和谐共处""经济社会发展要同生态环境保护协同推进""既要金山银山，又要绿水青山"和"生态优先""保护优先""宁要绿色青山，不要金山银山""要像保护眼睛一样保护生态环境，像对待生命一样对待生态环境"的新理念；在发展的考核评价上，要破除"经济指标是硬指标"和"以 GDP 论英雄"的传统观念，树立"经济要发展，但不能以破坏生态环境为代价""不能以 GDP 论英雄"和"在绿色发展方面搞上去了，在治理大气污染、解决雾霾方面作出贡献了，那就可以挂红花、当英雄"的新理念。

作为一种新的发展方向，绿色发展指的是在发展目标、发展维度和发展方式上必须实现的绿色转向。在发展的目标上，要朝着建设美丽中国、努力走向社会主义生态文明新时代的大方向，坚持节约资源和保护环境的基本国策，加快建设资源节约型和环境友好型社会，形成节约资源和保护环境的空间格局、产业结构、生产方式、生活方式，从源头上扭转生态环境恶化趋势，为人民创造良好的生产生活环境，为全球生态安全作出贡献；在发展的维度上，要朝着"经济社会整体上的全面发展，空间上的协调发展，时间上的持续发展"的大方向，不仅要注重经济发展指标，还要注重社会进步、文明兴盛的指标，特别是人文指标、资源指标、环境指标，不仅要为今天的发展努力，更要对明天的发展负责，为今后的发展提供良好的基础和可以永续利用的资源和环境；在发展的方式上，要朝着生产方式绿色化和生活方式绿色化的大方向，加快转变经济发展方式，"首要的就是解决发展与资源、环境的矛盾，以'低耗、高效、低排放、低污染'集约型发展模式替代传统发展方式"（姜春云，2012），努力推动经济增长由主要依靠投资和出口拉动向依靠消费、投资和出口三者协同拉动转变，由主要依靠第二产业带动向依靠第一、第二、第三产业协同带动转变，由主要依靠增加物质资源消耗向主要依靠科技进步、劳动者素质提高、管理创新转变。

作为一种新的发展道路，绿色发展指的是在我国社会努力走向社会主义生态文明新时代的进程中必须经由的绿色路径，即把生态文明建设放在突出地位，融入经济建设、政治建设、文化建设、社会建设各方面和全过程，努力建设美丽中国，实现中华民族永续发展。在经济建设上，坚定走生产发展、生活富裕、生态良好的文明发展道路，加快建立绿色生产和消费的法律制度和政策导向，建立健全绿色低碳循环发展的经济体系，构建市场导向的绿色技术创新体系和清洁低碳、安全高效的能源体系，推进资源全面节约和循环利用，倡导简约适度、绿色低碳的生活方式，大力发展绿色经济、低碳经济、循环经济，努力构建科技含量高、资源消耗低、环境污染少的产业结构，加快推动生产方式绿色化，大幅提高经济绿色化程度，有效降低发展的资源环境代价，从根本上缓解经济发展与资源环境之间的矛盾；在政治建设上坚定走中国特色社会主义政治发展道路，积极稳妥推进政治体制改革，坚持党的领导、人民当家做主和依法治国的有机统一，以保证人民当家做主为根本，以增强党和国家活力、调动人民积极性为目标，扩大社会主义民主，加快建设社会主义法治国家，发展社会主义政治文明，充分发挥我国社会主义政治制度优越性，积极借鉴人类政治文明有益成果，努力形成风清气正的良好政治生态，使我国社会主义民主政治展现出更加旺盛的生命力；在文化建设上，坚定走社会主义文化大发展大繁荣的道路，坚持把培育生态文化作为重要支撑，将生态文明纳入社会主义核心价值体系，加强生态文化的宣传教育，倡导勤俭节约、绿色低碳、文明健康的生活方式和消费模式，提高全社会生态文明意识；在社会建设上，坚定走社会主义和谐社会建设的发展道路，坚持以保障和改善民生为重点，以加快推进社会体制改革为动力，加快健全基本公共服务体系，加强和创新社会管理，加快形成现代社会组织体制和社会管理机制，统筹推进城乡社会保障体系建设，努力办好人民满意的教育，推动实现更高质量的就业，千方百计增加居民收入，提高人民健康水平，开创社会和谐人人有责、和谐社会人人共享的生动局面。　　　（黎祖交）

6.14　循环发展

循环发展，是以资源的高效和循环利用为基本特征的发展模式。着力推动循环发展是我国经济社会发展的一项重大战略，是建设生态文明、实现绿色发展的重要途径。循环发展的实质在于树立节约集约循环利用的新资源观，以资源高效和循环利用为核心，大力发展循环经济，加快形成绿色循环低碳产业体系和城镇循环发展体系，努力促进经济社会的绿色转型。

我国党和国家十分重视循环发展，先后出台了包括《循环经济促进法》在内的诸多法律法规和相关政策文件。2017 年 4 月 21 日，国家发展改革委等 14 个部委又联合印发了《循环发展引领行动》，对"十三五"期间我国循环经济发展工作进一步做出统一安排和整体部署。

根据《循环经济促进法》的明确规定和《循环发展引领行动》的安排部署，所谓循环经济是指在生产、流通和消费等过程中进行的减量化、再利用、资源化活动的总称（减量化是指在生产、流通和消费等过程中减少资源消耗和废物产生；再利用是指将废物直接作为产品或者经修复、翻新、再制造后继续作为产品使用，或者将废物的全部或者部分作为其他产品的部件予以使用；资源化是指将废物直接作为原料进行利用或者对废物进行再生利用）。发展循环经济，推动循环发展，应当遵循"统筹规划、合理布局，因地制宜、注重实效，政府推动、市场引导，企业实施、公众参与"的方针，应当在技术可行、经济合理和有利于节约资源、保护环境的前提下，按照"减量化优先"和"以绿色转型为方向，以制度建设为关键，以创新开放为驱动，以协调共享为支撑"的原则实施。

"十三五"期间，我国推动循环发展的主要目标是：

——绿色循环低碳产业体系初步形成。循环型生产方式得到全面推行，实现企业循环式生产、园区循环式发展、产业循环式组合，单位产出物质消耗、废物排放明显减少，循环发展对污染防控的作用明显增强。

——城镇循环发展体系基本建立。城市典型废弃物资源化利用水平显著提高，生产系统和生活系统循环链接的共生体系基本建立，生活垃圾分类和再生资源回收实现有效衔接，绿色基础设施、绿色建筑水平明显提升。

——新的资源战略保障体系基本构建。节约集约循环利用的新资源观全面树立，资源循环利用制度体系基本形成，资源循环利用产业成为国民经济发展资源安全的重要保障之一。

——绿色生活方式基本形成。绿色消费理念在全社会初步树立，绿色产品使用比例明显提高，节约资源、垃圾分类、绿色出行等行为蔚然成风。

"十三五"期间，我国推动循环发展的主要任务是：

一是构建循环型产业体系。其一，推行企业循环式生产。要推行产品生态设计，推动企业实施全生命周期管理，在产品设计开发阶段系统考虑原材料选用、生产、销售、使用、回收、处理等各个环节对资源环境造成的影响；推广 3R 生产法，发布重点行业循环型企业评价体系，把减量化、再利用、资源化原则贯穿到企业生产的各环节和全流程。其二，推进园区循环化发展。要按照"空间布局合理化、产业结构最优化、产业链接循环化、资源利用高效化、污染治理集中化、基础设施绿色化、运行管理规范化"的要求，对新设园区、拟升级园区、存量园区和综合性开发区、重化工产业开发区、高新技术开发区等不同性质的园区，加强分类施策和指导，强化效果评估和工作考核。其三，推动产业循环式组合。要推动行业间循环链接，推动不同行业的企业以物质流、能量流为媒介进行链接共生，实现原料互供、资源共享，建立跨行业的循环经济产业链；推动农村一、二、三产业融合发展，大力推动农业循环经济发展，拓展农业林业多功能性，推进农业林业与旅游、教育、文化、健康养老等产业深度融合，建立完善全产业链资源循环利用体系。

二是完善城市循环发展体系。其一，加强城市低值废弃物资源化利用。要推动餐厨废弃物资源化利用和无害化处理制度化和规范化；加快建筑垃圾资源化利用；推动园林废弃物资源化利用；加强城镇污泥无害化处置与资源化利用。其二，促进生产系统和生活系统的循环链接。要推动生产系统和生活系统能源共享；推动生产系统和生活系统的水循环链接；推动生产系统协同处理城市及产业废弃物。其三，推进循环经济示范城市建设。要对101 个循环经济示范城市(县)建设地区开展评估和验收；研究制定循环型城市建设指导意见；制定循环型公共机构评价标准；完善政府绿色采购制度；建立城市循环发展指数核算、发布和评价制度。

三是壮大资源循环利用产业。其一，推动产业废弃物循环利用。要推动共伴生矿和尾矿综合利用；推动大宗工业固废综合利用；加强农林废弃物资源化利用。其二，促进再生资源回收利用提质升级。要完善再生资源回收体系；提升"城市矿产"开发利用水平；开展新品种废弃物回收利用示范。其三，支持再制造产业化规范化规模化发展。要推动重点品种再制造；规范再制造服务体系；推动再制造业集聚发展。其四，构建区域资源循环利用体系。要以京津冀、长三角、珠三角、成渝、哈长经济区等城市群为重点，统筹规划和建设区域内工业固废、再生资源、生活垃圾资源化和无害化处置设施，建设跨行政区域的资源循环利用产业基地；建立跨行政区域的废弃物协同处置信息平台，促进废弃物协同利用和处置。

四是建立健全循环发展制度。其一，推行生产者责任延伸制度。要完善生产者责任延伸制度相关法律、法规，落实《生产者责任延伸制度推行方案》；建立重点行业生产者责任延伸信用评价制度，适时发布我国生产者责任延伸制度实施情况年度报告。其二，建立再生产品和再生原料推广使用制度。要实施原料替代战略，引导生产企业加大再生原料的使用比例；分类发布再生产品和再生原料标准和目录，建立再生产品(再制造产品)政府优先采购制度。其三，完善一次性消费品限制使用制度。要制定发布限制生产和销售的一次性消费品名录及管理办法；支持研发可重复使用的替代产品；研究制定一次性产品的生态设计标准，提高回收利用率。其四，深化循环经济评价制度。要建立以主要资源产出率、主要废弃物循环利用率为核心的循环经济评价指标体系；建立国家层面资源产出率指标的定期发布制度；建立完善循环经济发展指数、城市循环发展指数等综合性评价方法。其五，强化循环经济标准和认证制度。要建立完善产品生态设计标准，健全行业循环经济实践技术指南和行业循环经济绩效评价标准，完善产业废弃物综合利用、再生资源回收利用、再制造等标准，加快健全再生原料及产品、餐厨废弃物资源化产品、利废建材等产品标准；开展再制造企业的生产质量体系认证，推进再制造产品认定，支持第三方认证机构开展再生产品、再制造产品等绿色产品认证，并作为政府采购、政府投资、社会推广的优先选择范围。其六，是推进绿色信用管理制度。要通过"信用中国"和企业信用信息公示系统，依法公示企业行政许可、行政处罚、"黑名单"等信息；建立企业循环经济信用评价制度，将企业履行生产者责任延伸制度信息、资源循环利用企业安全环保信息、再生产品和再制造产品质量信息等纳入全国信用信息共享平台；支持开展企业绿色(环境)信用评价，评价结果向社会公开，并作为信贷审批、贷后监管的重要依据。

为了确保上述目标任务的实现，必须切实做好以下几项重点工作：

一是激发循环发展新动能。要增强科技创新驱动力，统筹支持符合条件的循环经济共性关键技术研发，加快减量化、再利用与再制造、废物资源化利用、产业共生与链接等领域的关键技术、工艺和设备的研发制造。要发展分享经济，把分享经济作为优化供给结构、引导绿色消费的新领域，延长产品生命周期，提高资源利用效率。要扩大绿色消费，大力推动节能、节水、环保、资源综合利用、再制造、再生产品使用，完善绿色产品统一标识、认证制度，畅通绿色产品流通渠道。要创新服务机制和模式，积极推动资源循环利用第三方服务体系建设，建立循环经济信息系统和技术咨询服务体系，培育和扶持一批为循环经济发展提供规划、设计、建设、改造、运营等服务的专业化公司。要支持资源循环产业"走出去"，落实"一带一路"战略，加强循环经济理念模式的国际交流，扩大关键技术和装备的进出口贸易规模。

二是实施重大专项行动。包括：园区循环化改造行动、工农复合型循环经济示范区建设行动、资源循环利用产业示范基地建设行动、工业资源综合利用产业基地建设行动、"互联网＋"资源循环行动、京津冀区域循环经济协同发展行动、再生产品再制造产品推广行动、资源循环利用技术创新行动、循环经济典型经验模式推广行动、循环经济创新试验区建设行动，等。

三是完善保障措施。要健全法规规章体系，推动循环经济促进法修订，增强法律约束力，完善循环经济促进法配套法规规章，支持各地结合实际制定循环经济促进条例或实施办法。要理顺价格税费政策，深化价格改革，加强税收调节。要优化财政金融政策，创新财政资金支持方式，创新融资方式。要加强统计能力建设，逐步建立重要资源消耗情况的统计监测机制。要强化监督管理，持续打击非法改装、拼装报废车、非法拆解电器电子产品的企业和集散地，坚决关停无证无照经营小企业、黑作坊，严厉打击"洋垃圾"走私，加强重点领域规范管理。

四是加强组织实施。要落实地方工作责任，加强对循环发展的组织领导和统筹协调。要明确企业主体责任，推动企业按照循环型生产方式组织企业生产，提高利用效率、减少废弃物排放。要动员全社会广泛参与，引导全社会树立节约集约循环利用的资源观，营造促进循环发展的舆论氛围，引导社会各界积极参与，继续建设一批循环经济教育示范基地。要加强组织协调，统筹推进引领行动的实施。　　　　　　　　　　　　（黎祖交）

6.15　低碳发展

低碳发展是一种以低耗能、低排放、低污染为特征的可持续发展模式，是绿色发展的重要内容和基本要求。着力推动低碳发展是我国经济社会发展的重大战略和生态文明建设的重要途径。低碳发展的实质是以低碳技术为核心、低碳产业为支撑、低碳制度为保障，大力发展低碳经济，促进人与自然和谐共处，推动经济社会可持续发展。

低碳发展战略是在以气候变暖为特征的全球气候变化的大背景下提出的。

近百年来，科学观测资料表明，全球气候正经历以变暖为主要特征的显著变化，导致冰川和积雪融化加速、水资源分布失衡、生物多样性受到威胁、灾害性气候事件频发，引起海平面上升，沿海地区遭受洪涝、风暴潮等自然灾害影响更为严重，对农、林、牧、渔等经济社会活动产生不利影响，加剧疾病传播，严重威胁经济社会发展和人类健康。

联合国政府间气候变化专门委员会（IPCC）第三次评估报告指出，全球气候变暖主要是由人类活动大量排放的二氧化碳、甲烷、氧化亚氮等温室气体的增温效应造成的。碳的过量排放正是引起全球气候变暖的元凶。

为了应对全球气候变暖，国际社会逐步达成相应共识：实施低碳发展战略，全面控制温室气体排放。1992年，联合国大会通过了世界上第一个应对全球气候变暖给人类经济和社会发展带来不利影响的公约——《联合国气候变化框架公约》（以下简称《公约》），为国际社会进行合作磋商提供了基本框架；1997年，在《公约》框架下形成的《京都议定书》，使得碳减排成为了发达国家的法律义务；2003年，英国政府率先提出了"低碳经济"发展战略；2007年，在印度尼西亚巴厘岛举行的联合国气候变化大会通过了《巴厘路线图》，为气候变化国际谈判的关键议题确立了明确议程；2009年，在哥本哈根气候大会上，发达国家和发展中国家第一次同意设定温室气体排放限额；2011年，德班世界气候大会通过了"德班一揽子决议"，决定实施《京都议定书》第二承诺期并启动"绿色气候基金"；2015年，巴黎气候大会通过了《巴黎气候协议最终草案》，明确以全球气温在本世纪末的升幅控制在与工业革命前相比不超过2℃为目标。

我国的气候变化趋势与全球的总趋势基本一致。近百年来，我国年平均气温升高了0.5~0.8℃，略高于同期全球增温平均值。近50年来，我国气候变暖尤其明显，主要极端天气与气候事件的频率和强度出现明显变化，我国沿海海平面年平均上升速率为2.5毫米，略高于全球平均水平，我国山地冰川快速退缩，并有加速趋势。加上人口众多，尚处于工业化和城市化快速推进的阶段，资源禀赋以煤炭为主，这就决定了我国在应对气候变化领域面临比发达国家更严峻的挑战，也促使我国政府更加积极、主动地实施低碳发展战略，控制温室气体排放。为此，我国政府早在1994年就发布了《中国21世纪议程——中国 21 世纪人口、环境与发展白皮书》，并于 2003 年制定了《中国 21 世纪初可持续发展行动纲要》，于 2006 年制定了《应对气候变化国家方案》。党的十八大后又进一步加快步伐，于 2014 年制定了《国家应对气候变化规划》和《2014~2015 年节能减排低碳发展行动方案》，于 2015 年向《联合国气候变化框架公约》秘书处提交了应对气候变化"国家自主贡献"文件，于 2016 年制定了《"十三五"控制温室气体排放工作方案》，把应对气候变化融入国家经济社会发展中长期规划，通过法律、行政、技术、市场等多种手段，全力推进低碳发展。

根据自身国情和国际责任担当，我国着力推动低碳发展，控制温室气体排放的分阶段主要目标是：

到 2020 年，单位国内生产总值二氧化碳排放比 2005 年下降 40% 至 45%，比 2015 年下降 18%，碳排放总量得到有效控制，非化石能源占一次能源消费的比重达到 15% 左右；氢氟碳化物、甲烷、氧化亚氮、全氟化碳、六氟化硫等非二氧化碳温室气体控排力度进一步加大；森林面积和蓄积量分别比 2005 年增加 4000 万公顷和 13 亿立方米；部分优化开发区域碳排放率先达到峰值。

到 2030 年，二氧化碳排放达到峰值并争取尽早达峰；单位国内生产总值二氧化碳排放比 2005 年下降 60%~65%，非化石能源占一次能源消费比重达到 20% 左右，森林蓄积量比 2005 年增加 45 亿立方米左右。

为确保上述目标的实现，"十三五"期间我国推动低碳发展，控制温室气体排放的主要任务是：

一是低碳引领能源革命。要加强能源碳排放指标控制，实施能源消费总量和强度双控，基本形成以低碳能源满足新增能源需求的能源发展格局；要大力推进能源节约，提升能源利用效率，健全节能标准体系，加强能源计量监管和服务，推动节能服务产业健康发展；要加快发展非化石能源，积极有序推进水电开发，安全高效发展核电，稳步发展风电，加快发展太阳能发电，积极发展地热能、生物质能和海洋能；要优化利用化石能源，加强煤炭清洁高效利用，积极开发利用天然气、煤层气、页岩气，加强放空天然气和油田伴生气回收利用。

二是打造低碳产业体系。要加快产业结构调整，依法依规有序淘汰落后产能和过剩产能，运用高新技术和先进适用技术改造传统产业，加快发展绿色低碳产业，积极发展战略性新兴产业，大力发展服务业；要控制工业领域排放，积极推广低碳新工艺、新技术，加强企业能源和碳排放管理体系建设，推进工业领域碳捕集、利用和封存试点示范；要大力发展低碳农业，降低农业领域温室气体排放，选育高产低排放良种，加强高标准农田建设，控制畜禽温室气体排放，开展低碳农业试点示范；要增加生态系统碳汇，继续实施天然林保护、退耕还林还草等重点生态工程，全面加强森林经营，加强湿地保护与恢复，推进退牧还草等草原生态保护建设工程，探索开展海洋等生态系统碳汇试点。

三是推动城镇化低碳发展。要加强城乡低碳化建设和管理，优化城市功能和空间布局，探索集约、智能、绿色、低碳的新型城镇化模式，在农村地区推动建筑节能，引导生活用能方式向清洁低碳转变，建设绿色低碳村镇；要建设低碳交通运输体系，加快发展铁路、水运等低碳运输方式，推动航空、航海、公路运输低碳发展，发展低碳物流，完善公交优先的城市交通运输体系，深入实施低碳交通示范工程；要加强废弃物资源化利用和低碳化处置，科学配置社区垃圾收集系统，鼓励垃圾分类和生活用品的回收再利用，推进废弃物无害化处理和资源化利用；要倡导低碳生活方式，鼓励使用节能低碳节水产品，反对过度包装，提倡低碳餐饮，倡导低碳居住和绿色低碳出行。

四是加快区域低碳发展。要实施分类指导的碳排放强度控制，综合考虑各省（自治区、直辖市）发展阶段、资源禀赋、战略定位、生态环保等因素，分类确定省级碳排放控制目标；要推动部分区域率先达峰，鼓励其他区域提出峰值目标，力争提前完成达峰目标；要创新区域低碳发展试点示范，扩大国家低碳城市试点，深化国家低碳工业园区试点，推动开展低碳社区试点，组织开展低碳商业、低碳旅游、低碳企业试点，推动开展气候投融资试点；要支持贫困地区低碳发展，制定支持贫困地区低碳发展的差别化扶持政策和评价指标体系，形成适合不同地区的差异化低碳发展模式，建立扶贫与低碳发展联动工作机制。

五是建设全国碳排放权交易市场。要建立全国碳排放权交易制度，完善碳排放权交易法规体系，建立碳排放权交易市场国家和地方两级管理体制，完善部门协作机制，实施碳排放配额管控制度；要启动运行全国碳排放权交易市场，在现有碳排放权交易试点交易机构和温室气体自愿减排交易机构基础上，根据碳排放权交易工作需求统筹确立全国交易机构网络布局，推动区域性碳排放权交易体系向全国碳排放权交易市场顺利过渡；要强化全国碳排放权交易基础支撑能力，建设全国碳排放权交易注册登记系统及灾备系统，构建国家、地方、企业三级温室气体排放核算、报告与核查工作体系，整合多方资源培养壮大碳交易专业技术支撑队伍，开展碳排放权交易试点示范和碳排放权交易重大问题跟踪研究。

六是加强低碳科技创新。要加强气候变化基础研究，加强应对气候变化基础研究、技术研发和战略政策研究基地建设，开展低碳发展与经济社会、资源环境的耦合效应研究，编制国家应对气候变化科技发展专项规划；要加快低碳技术研发与示范，建立低碳技术孵化器，鼓励利用现有政府投资基金，引导创业投资基金等市场资金，加快推动低碳技术进步；要加大低碳技术推广应用力度，提高核心技术研发、制造、系统集成和产业化能力，加快建立政产学研用有效结合机制，在国家低碳试点和国家可持续发展创新示范区等重点地区，加强低碳技术集中示范应用。

七是强化基础能力支撑。要完善应对气候变化法律法规和标准体系，推动制订应对气候变化法，研究制定重点行业、重点产品温室气体排放核算等相关标准，完善低碳产品标准、标识和认证制度；要加强温室气体排放统计与核算，完善应对气候变化统计指标体系和温室气体排放统计制度，完善温室气体排放计量和监测体系；要建立温室气体排放信息披露制度，研究建立国家应对气候变化公报制度，推动地方温室气体排放数据信息公开；要完善低碳发展政策体系，加大中央及地方预算内资金对低碳发展的支持力度，完善气候投融资机制，研究有利于低碳发展的税收政策，加快推进能源价格形成机制改革；要加强机构和人才队伍建设，加快培养技术研发、产业管理、国际合作、政策研究等各类专业人才，加强气候变化研究后备队伍建设。

八是广泛开展国际合作。要深度参与全球气候治理，积极参与落实《巴黎协定》相关谈判，继续参与各种渠道气候变化对话磋商；要推动务实合作，积极参与国际气候和环境资金机构治理，深入务实推进应对气候变化南南合作，结合实施"一带一路"倡议推动国际产能和装备制造合作；要加强履约工作，按时编制和提交国家信息通报和两年更新通报，加强对国家自主贡献的评估，研究并向联合国通报我国本世纪中叶长期温室气体低排放发展战略。

（黎祖交）

6.16　社会主义核心价值体系

社会主义核心价值体系作为中国特色社会主义的主流意识形态，作为我国在社会精神生活领域占主导地位的价值观念体系和行为规范体系，是国家的重要"软实力"，是生态文明建设创新驱动的方向引领和有力支撑。推进生态文明建设，必须与培育和弘扬社会主义核心价值观相结合。

党中央对建设社会主义核心价值体系高度重视。早在 2006 年 10 月，党的十六届六中全会通过的《中共中央关于构建社会主义和谐社会若干重大问题的决定》就第一次明确提出了"建设社会主义核心价值体系"这个重大命题和战略任务。党的十八大报告首次提出要积极培育和践行社会主义核心价值观，包括国家层面的价值目标——富强、民主、文明、和谐，社会层面的价值取向——自由、平等、公正、法治，以及个人层面的价值准则——爱国、敬业、诚信、友善。

当今中国，社会主义核心价值体系是社会主义制度的内在精神和生命之魂，是社会主义制度在价值层面的本质规定，它揭示了社会主义国家经济、政治、文化、社会的发展动力，体现了富强、民主、文明、和谐的社会主义现代化国家的发展要求，反映了全国各族人民的核心利益和共同愿望。在当前经济体制深刻变革、社会结构深刻变动、利益格局深刻调整、思想观念深刻变化，思想大活跃、观念大碰撞、文化大交融的背景下，提出建设社会主义核心价值体系，具有重要的理论意义和极强的现实针对性。

社会主义核心价值体系结构严谨，定位明确，层次清晰，是完整的、系统的，它坚持了社会主义又有中国特色，总结了成功经验又有新的提升概括，反映了现实的迫切需要又是能够通过努力实现的，可以最大限度地促进和形成全社会的共识。

社会主义核心价值观和生态文明理念同属于社会意识，具有本质上的内在一致性。"富强、民主、文明、和谐"与生态文明的目标追求同属于国家层面的价值目标，"自由、平等、公正、法治"在社会层面上与生态文明的价值取向并行不悖，"爱国、敬业、诚信、友善"在公民个人精神层面上与生态文明理念高度契合。

（胡勘平）

6.17　经济发展质量和效益

改革开放以来，中国经济社会发展取得了举世瞩目的成就，2010 年成为世界第二大经济体。与此同时，中国经济不平衡、不协调、不可持续的问题日益突出。2008 年国际金融危机爆发后，加快转变经济发展方式显得刻不容缓。2012 年，党的十八大明确提出，要适应国内外形势新变化，加快形成新的经济发展方式，把推动发展的立足点转到提高质量和效益上来。党的十八届五中全会把"以提高发展质量和效益为中心"写进"十三五"时期我国经济社会发展的指导思想。

坚持以提高发展质量和效益为中心，明确了"十三五"时期我国发展的关键任务，是我们党立足发展新阶段对发展规律的新认识，也是我国经济发展的重要遵循，我们必须深刻领会、全面贯彻、始终坚持。

我国长期走的是一条以增量扩能为主的发展之路，经济总量已居世界第二，但总体上看，国民经济大而不强。长此以往，资源不可接续、环境不可承载、经济不可持续，必须调整思路、转型发展，从以增量扩能为主向调整存量、做优增量并举转变，使经济保持中高速增长、产业迈向中高端水平。我国过去 30 多年的发展主要依靠资源和低成本劳动力等要素投入，现在资源环境约束趋紧、劳动力成本上升，发展动力亟待转换。习近平同志指出，创新是引领发展的第一动力。当前，必须贯彻落实创新发展理念，把创新摆在国家发展全局的核心位置，激活科技、人才、标准等创新要素，打造增长新引擎，使发展动力从主要依靠要素投入向主要依靠创新转变。实现全面建成小康社会决战决胜，不能靠新一轮大干快上，不能靠粗放式发展和强刺激拉高速度。新常态下的经济发展，摒弃的是重规模轻质量、重速度轻效益的粗放增长，追求的是更高质量、更有效率、更加公平、更可持续的集约增长，必须促进"三驾马车"更加均衡地拉动增长，使发展方式从规模速度型向质量效率型转变。总而言之，就是要注重经济发展的质量和效益，其最核心的要求是本着速度服从质量和效益的原则，追求速度与质量、效益的统一。

追求以质量为基础的发展速度，关键在于注重实实在在的 GDP 增长、提升产品的档次和质量、强化创新驱动的力度。首先，经济发展要排除 GDP 增长中的水分，消除 GDP 增长假象：物价上涨因素拉动的 GDP 增长，劳动者报酬和工资收入的增长低于通货膨胀因素拉动的 GDP 增长，企业固定资产加速折旧因素拉动的 GDP 增长，无效投资因素拉动的 GDP 增长。其次，经济发展要注重产品的档次和质量，即使为此牺牲一定的发展速度也值得，要使更多的群体和个人对高档次和高质量产品具有充足的支付能力和有效需求，在此基础上逐渐压缩对低端和低质量产品的市场需求。再次，经济发展要依靠创新驱动，要把增强自主创新能力贯穿到经济发展的各个方面，通过产品创新、技术创新、市场创新、制度创新、商业模式创新等，使经济发展中的各要素与资源得到高效配置，切实将要素驱动型经济发展转变为创新驱动型经济发展。

追求以效益为导向的发展速度，其基本要求，一是以尽量少的劳动消耗和物质消耗，生产出更多的符合社会需要的产品；二是提升经济发展的资源节约和环境保护能力，在经济发展的同时也最大限度地保护资源和环境；三是积极推进就业优先的经济发展战略，进一步深化收入分配制度改革，增大居民在经济发展成果分配中的份额；四是提升产业的国际分工地位，降低对国际投资和国际市场的严重依赖，实现对外经济的高效益；五是健全社会保障和其他社会服务体系，释放和增强居民的消费能力；六是实实在在地增大各级财政对文化事业、城乡公共服务设施和各类居民服务的公共投入，使经济发展的成果高水平地转化为提升居民生活水平的实际效益。

（胡勘平）

6.18　生态环境质量

生态环境是指影响人类生存与发展的水资源、土地资源、生物资源以及气候资源数量与质量的总称，是关系到社会和经济持续发展的复合生态系统。生态环境质量则是指生态环境的优劣程度。它以生态学理论为基础，在特定的时间和空间范围内，从生态系统层次上，反映生态环境对人类生存及社会经济持续发展的适宜程度，是根据人类的具体要求对生态环境的性质及变化状态的结果进行评定。生态环境质量评价就是根据特定的目的，选择具有代表性、可比性、可操作性的评价指标和方法，对生态环境质量的优劣程度进行定性或定量的分析和判别。

良好的生态环境，是提升人民生活质量的重要内容，也是全面建成小康社会的应有之义。改革开放以来，中国的生态环境建设取得了举世瞩目的成就，对国民经济和社会可持续发展产生了积极、深远的影响。但是，应当清醒地认识到，中国的生态环境仍很脆弱，生态环境恶化的趋势还未得到遏制，生态环境质量普遍处于较差的状态。目前我国发展仍面临资源约束趋紧、环境污染严重、生态系统退化的严峻形势。作为仍处在工业化进程中的发展中国家，如何在经济发展与生态环境保护之间找到平衡，从而实现双赢，是亟须破解的难题。要牢固树立绿色发展理念，把经济建设与生态文明建设有机融合起来，让良好生态环境成为全面小康社会普惠的公共产品和民生福祉。现阶段，全国生态环境保护目标就是通过生态环境保护，遏制生态环境破坏，减轻自然灾害的危害；促进自然资源的合理、科学利用，实现自然生态系统良性循环；维护国家生态环境安全，确保国民经济和社会的可持续发展。

生态环境质量评价就是根据特定的目的，选择具有代表性、可比性、可操作性的评价指标和方法，对生态环境质量的优劣程度进行定性或定量的分析和判别。类型主要包括：生态安全评价，生态风险评价，生态系统健康评价，生态系统稳定性评价，生态系统服务功能评价和生态环境承载力评价。在进行生态环境质量评价时，需要有适当的判别基准。但是，生态系统不同于大气和水那样的均匀介质和单一体系，而是一种类型和结构多样性很高，地域性特别强的复杂系统。它包括内在本质（生态结构）的变化和外在表征（环境功能）的变化，由量变到质变的发展变化规律。因而评价的标准体系不仅复杂，而且因地而异。此外，生态环境质量评价是分层次进行的，评价标准也是根据需要分层次制定的，即系统整体评价有整体评价的标准，单因子评价有单因子评价的标准。我国的生态环境质量评价工作在不断地发展之中，对其相关的指标体系以及评价方法的研究也多种多样。如何建立合理的、具有普遍实用性而且指标信息容易获取的指标体系，并用恰当的方法进行评价，是生态环境质量评价的重要环节。在进行生态环境质量评价时，应该充分考虑到我国所具有的明显的区域差异性，根据评价区域本身的环境条件，通过专家咨询等方式将定性分析和定量计算结合起来求出各评价指标的权重，再通过所获取的评价数据来计算最终的指数值，这样更为客观也更为科学。

（胡勘平）

6.19　生态文明制度体系

生态文明建设是中国特色社会主义五位一体总体布局的重要组成部分，正在全面贯穿并深深融入经济建设、政治建设、社会建设与文化建设的各方面和全过程。构建生态文明制度体系，对推动形成人与自然和谐发展现代化建设新格局具有重要意义。

党的十九大报告以"生态文明制度体系加快形成，主体功能区制度逐步健全，国家公园体制试点积极推进"的论述总结了过去五年来生态文明制度体系建设取得的进展。报告提出，深刻领会新时代中国特色社会主义思想的精神实质和丰富内涵，必须坚持人与自然和谐共生，"实行最严格的生态环境保护制度"。报告第九部分以"加快生态文明体制改革，建设美丽中国"为题，对新时代生态文明建设作了全面的战略部署，强调要"改革生态环境监管体制"，并提出了一系列目标任务，如加强对生态文明建设的总体设计和组织领导，设立国有自然资源资产管理和自然生态监管机构，完善生态环境管理制度，构建国土空间开发保护制度，完善主体功能区配套政策，建立以国家公园为主体的自然保护地体系等。

生态文明制度体系是在党的十八届三中全会通过的《中共中央关于全面深化改革若干重大问题的决定》中首次完整提出的。《决定》阐述了生态文明制度体系的构成及其改革方向、重点任务。其中提到的生态文明制度体系，主要由"源头严防、过程严管、后果严惩"三大环节、14个方面的制度构成。

在源头严防环节，主要包括以下7个方面的制度：

——健全自然资源资产产权制度。我国自然资源资产分别为全民所有和集体所有，但目前没有把每一寸国土空间的自然资源资产的所有权确定清楚，没有清晰界定国土范围内所有国土空间、各类自然资源的所有者，没有划清国家所有国家直接行使所有权、国家所有地方政府行使所有权、集体所有集体行使所有权、集体所有个人行使承包权等各种权益的边界。要对水流、森林、山岭、草原、荒地、滩涂等自然生态空间进行统一确权登记，形成归属清晰、权责明确、监管有效的自然资源资产产权制度。

——健全国家自然资源资产管理体制。随着自然资源越来越短缺和生态环境遭到破坏，自然资源的资产属性越来越明显。健全国家自然资源资产管理体制，就是要按照所有者和管理者分开和一件事由一个部门管理的思路，落实全民所有自然资源资产所有权，建立统一行使全民所有自然资源资产所有权人职责的体制，授权其代表全体人民行使所有者的占有权、使用权、收益权、处置权，对各类全民所有自然资源资产的数量、范围、用途进行统一监管，享有所有者权益，实现权利、义务、责任相统一。

——完善自然资源监管体制。我国实行对土地、水资源、海洋资源、林业资源分类进行管理的体制，很容易顾此失彼。必须完善自然资源监管体制，使国有自然资源资产所有权人和国家自然资源管理者相互独立、相互配合、相互监督，统一行使全国960多万平方公里陆地国土空间和所有海域国土空间的用途管制职责，对各类自然生态空间进行统一的用途管制制度，对"山水林田湖"进行统一的系统性修复。

——坚定不移实施主体功能区制度。这是从大尺度空间范围确定各地区的主体功能定位的一种制度安排，是国土空间开发的依据、区域政策制定实施的基础单元、空间规划的重要基础、国家管理国土空间开发的统一平台，是建设美丽中国的一项基础性制度。各地区必须严格按照主体功能区定位推动发展，加紧编制完成省级主体功能区规划，健全财政、产业、投资等的政策和政绩考核体系，对限制开发区域和生态脆弱的扶贫开发工作重点县取消地区生产总值考核。

——建立空间规划体系。要改革规划体制，形成全国统一、定位清晰、功能互补、统一衔接的空间规划体系。在国家层面，要理清主体功能区规划、城乡规划、土地规划、生态环境保护等规划之间的功能定位，在市县层面，要根据主体功能定位，划定生产空间、生活空间、生态空间的开发管制界限，明确居住区、工业区、城市建成区、农村居民点、基本农田以及林地、水面、湿地等生态空间的边界，清清楚楚、明明白白，使用途管制有规可依。

——落实用途管制。我国已建立严格的耕地用途管制，但对国土范围内的一些水域、林地、海域、滩涂等生态空间还没有完全建立用途管制，致使一些地方用光占地指标后，就转向开发山地、林地、湿地湖泊等。要按照"山水林田湖"是一个生命共同体的原则，建立覆盖全部国土空间的用途管制制度，不仅对耕地要实行严格的用途管制，对天然草地、林地、河流、湖泊湿地、海面、滩涂等生态空间也要实行用途管制，严格控制转为建设用地，确保全国生态空间面积不减少。

——建立国家公园体制。这是对自然价值较高的国土空间实行的开发保护管理制度。我国对各种有代表性的自然生态系统、珍稀濒危野生动植物物种的天然集中分布地、有特殊价值的自然遗迹所在地和文化遗址等，已经建立了比较全面的开发保护管理制度，但因为监管分割、规则不一、资金分散、效率低下，较为普遍地存在着保护地碎片化现象。要通过建立国家公园体制，对这种碎片化的自然保护地进行整合调整。

在过程严管环节，主要包括以下5个方面的制度：

——实行资源有偿使用制度。我国资源及其产品的价格总体上偏低，所付费用太少，没有体现资源稀缺状况和开发中对生态环境的损害，必须加快自然资源及其产品价格改革，全面反映市场供求、资源稀缺程度、生态环境损害成本和修复效益。要通过税收杠杆抑制不合理需求。当代的价格机制难以充分体现自然资源的后代价值，当代人不肯为后代人"埋单"，必须通过带有强制性的税收机制提高资源开发使用成本，促进节约。要正税清费，实行费改税，逐步将资源税扩展到占用各种自然生态空间。

——实行生态补偿制度。生态产品具有公共性、外部性，不易分隔、不易分清受益者，中央政府和省级政府应该代表较大范围的生态产品受益人通过均衡性财政转移支付方式购买生态产品，这就是生态补偿。所以，要完善对重点生态功能区的生态补偿机制。同时，对生态产品受益十分明确的，要按照谁受益、谁补偿原则，推动地区间建立横向生态补偿制度。

——建立资源环境承载能力监测预警机制。根据各地区自然条件确定一个资源环境承载能力的红线，当开发接近这一红线时，提出警告警示，对超载的，实行限制性措施，防止过度开发后造成不可逆的严重后果。

——完善污染物排放许可制。排污许可制的核心是排污者必须持证排污、按证排污，实行这一制度，有利于将国家环境保护的法律法规、总量减排责任、环保技术规范等落到实处，有利于环保执法部门依法监管，有利于整合现在过于复杂的环保制度。要加快立法进程，尽快在全国范围建立统一公平、覆盖主要污染物的污染物排放许可制。

——实行企事业单位污染物排放总量控制制度。总量控制包括目标总量控制和环境容量总量控制。实行企事业单位污染物排放总量控制制度，就是要逐步将现行以行政区为单元层层分解最后才落实到企业，以及仅适用于特定区域和特定污染物的总量控制办法，改变为更加规范、更加公平、以企事业单位为单元、覆盖主要污染物的总量控制制度。

在后果严惩环节，主要包括责任追究和损害赔偿两个方面的制度：一是建立生态环境损害责任终身追究制。对于只为任期内经济高增长而不顾资源环境状况盲目开发，造成了生态环境损害的领导干部，要终身追究责任。要探索编制自然资源资产负债表，对一个地区的水资源、环境状况、林地、开发强度等进行综合评价，在领导干部离任时，对自然资源进行审计，若经济发展很快，但生态环境损害很大，就要对领导干部进行责任追究。二是实行损害赔偿制度。对在国土空间开发和经济发展中违反法律规定、违背空间规划、违反污染物排放许可和总量控制的企业和个人要严惩重罚，加大违法违规成本。要对造成生态环境损害的责任者严格实行赔偿制度，让违法者掏出足额的真金白银，对造成严重后果的，要依法追究刑事责任。

中央财经领导小组办公室副主任杨伟民在解读十九大报告关于生态文明制度体系建设进展和成效时指出，目前我国生态文明制度体系加快形成，自然资源资产产权制度改革积极推进，国土空间开发保护制度日益加强，空间规划体系改革试点全面启动，资源总量管理和全面节约制度不断强化，资源有偿使用和生态补偿制度持续推进，环境治理体系改革力度加大，环境治理和生态保护市场体系加快构建，生态文明绩效评价考核和责任追究制度基本建立。

（胡勘平）

第七篇

生态文明的基础建设

7.1 国土空间开发格局

国土空间开发格局，是一个国家或地区的人民依托一定的地理空间经过较长时间生产生活活动所形成的经济要素分布格局。辽阔的陆域和海洋，是中华民族繁衍生息和永续发展的家园，我们必须十分珍惜。改革开放以来，我国国土空间开发格局发生了巨大变化，既有力支撑了经济快速发展和社会进步，也出现了一些必须高度重视和需要着力解决的问题，包括耕地减少过多过快，资源开发强度偏大，环境污染严重，生态系统退化等。优化国土空间开发格局，是生态文明建设的重要内容；实施主体功能区战略，推动各地区各行业严格按照主体功能区定位，构建科学合理的城市化格局、农业发展格局、生态安全格局、自然岸线格局。国土空间开发格局，可以细化为以下五个层面：

一是功能层面。国土空间开发，要根据资源环境综合承载能力和经济社会发展战略，统筹陆海、区域、城乡发展，统筹安排生产、生活、生态空间，对自然资源开发利用、生态环境保护、国土综合整治和基础设施建设等进行综合部署；要按照人口资源环境相均衡、经济社会生态效益相统一的原则，推进国土整治，控制开发强度，优化空间结构，给自然留下更多修复空间，给农业留下更多良田，给子孙后代留下天蓝、地绿、水净的美好家园，实现生产空间集约高效、生活空间宜居适度、生态空间山清水秀。

二是区域层面。要树立协调发展理念，推进多规合一。国土空间规划对区域规划、土地规划、城乡规划等空间规划及相关专项规划具有综合性、基础性、战略性和约束性作用，应以重点开发促面上保护，在发展中保护，在保护中发展，实施点轴集聚式开发，辐射带动区域发展；扶持落后地区加快发展、提升自我发展能力，缩小区域差距；推进交通通信、供水供气、环境保护等基础设施建设，促进基本公共服务均等化。

三是城乡层面。要树立共享发展理念，坚持走新型城镇化和城乡一体化发展道路，优化发展和重点培育城市群，加快特色小镇建设，促进大中小城市和小城镇协调发展，增强城镇吸纳人口能力，解决三个"约一个亿"人口问题；促进城乡要素平等交换和公共资源均衡配置，以城带乡，实现城乡基础设施、产业发展、就业保障、环境保护一体化建设、协调发展。

四是产业层面。要树立绿色发展理念，坚持工业化、信息化、城镇化、农业现代化同步推进，依托区域资源优势优化产业布局，促进基础产业发展；推进各类园区的集中、集聚和集约建设，支持战略性新兴产业、先进制造业、现代服务业健康发展；加大高标准基本农田和粮食主产区建设力度，增强粮食综合生产能力，保证粮食安全。

五是陆海层面。要坚持陆海统筹发展，提高海洋资源开发能力，发展海洋经济，沿海地区人口集聚和经济规模要与海洋资源环境承载能力相适应；统筹海洋生态环境保护与陆源污染防治。保护海岸线资源，做到分段明确、相对集中、互不影响。港口建设和涉海工业发展要集约利用海岸线和近岸海域。开发以保护海洋生态为前提，以免改变海域自然属性。统筹海岛保护、开发与建设。保护河口湿地，合理开发利用沿海滩涂，修复受损的海洋生态系统，构建协同共治、良性互动的陆海开发格局。坚决维护国家海洋权益，建设海洋强国。

建立并完善国土空间开发保护制度。制度建设是生态文明建设的重要保障。要划定生存线、生态线、发展线和保障线，加强国土空间开发管控；对涉及国家粮食、能源、生态和经济安全的战略性资源，实行开发总量控制、配额管理制度，完善并落实最严格的耕地保护、节约用地制度，确保安全供应和永续利用；建立健全资源有偿使用制度和开发补偿制度，严格自然资源利用和生态环境保护的责任追究制度。

实行分类管理。中央财政应逐年加大对农产品主产区、生态功能区特别是中西部重点生态功能区的财政转移支付力度，增强基本公共服务和生态环境保护能力。规范不同主体功能区，鼓励、限制和禁止类产业发展，综合运用土地规划、用地标准、地价等政策工具，促进开发布局优化和资源节约集约利用。重点支持欠发达地区、战略性新兴产业、国家重大基础设施建设用地，重点保障"三农"、民生工程、社会事业发展等的建设用地，缓解我国人地关系紧张的矛盾。

建立健全考核评价办法和奖惩制度。必须改变 GDP 至上的观念，把资源消耗、环境损害等指标纳入经济社会发展评价体系并增加权重，形成生态文明建设的目标导向。按不同区域的主体功能定位，实行差别化的评价与考核制度。对优化开发的城区，强化经济结构、科技创新、资源利用、环境保护等的评价。对重点开发的城市化地区，综合评价经济增长、产业结构、质量效益、节能减排、环境保护和吸纳人口等方面的内容。发挥评价指标考核和目标导向作用，优化各类功能区的开发格局。

（周宏春）

7.2　主体功能区战略

主体功能区战略，是围绕一个地区的主体功能而制定和实施的战略目标、重点任务、实施路径与保障措施等。一定的国土空间可能有多种功能，其中必有一种主体功能。主体功能不同，发展重点和提供的产品不同，如以提供商品和服务为主体功能的城市化地区，以提供农产品为主体功能的农业地区，以提供生态产品为主体功能的生态屏障等。实施主体功能区战略，是区域协调发展、实现人口与经济合理分布的有效途径，是提高资源利用率、实现基本公共服务均等化的必然要求，是坚持以人为本、实现经济社会可持续发展的必由之路。

2011 年 6 月 8 日，《全国主体功能区规划》发布，其中包括规划背景、指导思想与规划目标、国家层面主体功能区、能源与资源、保障措施、规划实施等 6 篇 13 章 7 万多字，以及国家重点生态功能区、禁止开发区域名录和 20 幅图等 3 个附件。国土空间，按开发方式分为优化开发区域、重点开发区域、限制开发区域和禁止开发区域；按开发内容分为城市化地区、农产品主产区和重点生态功能区；按层级可分为国家和省级两个层面。《全国主体功能区规划》要求，构建"两横三纵"为主体的城市化格局、"七区二十三带"为主体的农业发展格局、"两屏三带"为主体的生态安全格局，构建科学合理的城市化格局、农业发展格局、生态安全格局，从而解决国土空间开发中的无序、无度等问题。

《全国主体功能区规划》中列出的优化开发区，包括环渤海、长三角和珠三角等。重点开发区包括冀中南地区、太原城市群、呼包鄂榆地区、哈长地区、东陇海地区、江淮地区、海峡西岸经济区、中原经济区、长江中游地区、北部湾地区、成渝地区、黔中地区、滇中地区、藏中南地区、关中—天水地区、兰州—西宁地区、宁夏沿黄经济区和天山北坡地区等 18 个区域。限制开发区分为农产品主产区与重点生态功能区。农产品主产区包括东北平原主产区、黄淮海平原主产区、长江流域主产区等 7 大优势农产品主产区及其 23 个产业带；重点生态功能区包括大小兴安岭森林生态功能区、三江源草原草甸湿地生态功能区、黄土高原丘陵沟壑水土保持生态功能区、桂黔滇喀斯特石漠化防治生态功能区等 25 个国家重点生态功能区。禁止开发区域包括国务院和有关部门正式批准的国家级自然保护区、世界文化自然遗产、国家级风景名胜区、国家森林公园和国家地质公园等。

实施主体功能区规划，有利于构筑经济优势互补、主体功能定位清晰、国土空间高效利用、人与自然和谐相处的区域格局，实现基本公共服务均等化，实现区域经济协调发展。

提高空间利用效率，引导人口相对集中分布、经济相对集中布局，促进人口、经济、资源环境的空间均衡。资源环境承载能力较强、人口密度较高的城市化地区，把城市群作为推进城镇化的主体形态，尽可能开发利用地下空间；其他城市化地区，应依托现有城市集中布局、集约开发，控制乡镇建设用地扩张。各类经济技术开发区要优先盘活存量，提高空间利用效率；在空间未得到充分利用前，不得扩大面积。引导限制开发和禁止开发区域人口有序转移到重点开发区域，并考虑水土资源的承载能力；在中西部承载能力强的区域，培育形成若干个人口和经济密集的城市群。

将国土空间开发从占用土地的外延扩张为主转向空间结构调整优化为主。工业化、城镇化开发区，要把增强综合经济实力作为首要任务，严格控制在水资源短缺、生态脆弱和自然灾害风险大的地区建设城镇；交通、输电等基础设施建设要避免对重要自然景观和生态系统的破坏；重点扩大城市群内的轨道交通空间，对扩大公路建设空间严格把关。从严控制工矿建设空间和开发区扩大面积。农产品主产区要把增强农业综合生产能力作为首要任务，在不影响主体功能的前提下适度发展非农产业；按照农村人口向城市转移的规模和速度，逐步适度减少农村生活空间；重点生态功能区特别是关系全局生态安全的区域，应把提供生态产品作为主体功能，把提高生态产品的供应能力作为首要任务，适度发展不影响主体功能的相关产业；以水土资源承载能力和环境容量为基础，把保护水面、湿地、林地和草地放到与保护耕地同等重要的位置，做到有度有序开发。

因地制宜，差别化地实施全国性的公共政策。《全国主体功能区规划》确定了"9＋1"的政策体系。"9"是财政政策、投资政策、产业政策、土地政策、农业政策、人口政策、民族政策、环境政策、应对气候变化政策等。"1"是绩效评价考核。上述公共政策的实施，要从主体功能区属性出发。如产业政策细分为鼓励、允许、限制、禁止目录；其中在优化开发区的鼓励目录，在限制开发区可能成为允许或限制的。应实行按主体功能区安排与按领域安排相结合的投资政策，按主体功能区安排的投资主要用于支持重点生态功能区和农产品主产区的发展，按领域安排的投资要符合各区域的主体功能定位和发展方向，对不同主体功能区实行不同的污染物排放总量控制和环境标准。

国家对四类主体功能区分别进行考核，优化开发区域的考核应当强化对经济结构、资源消耗、环境保护、科技创新以及对外来人口、公共服务等指标的评价，加强对经济增长效益的考核。对重点开发区域，即资源环境承载能力比较强、还有发展空间的地区，主要实行工业化、城镇化发展水平优先的绩效考核评价，综合考核经济增长、吸纳人口、产业结构、资源消耗、环境保护等方面的指标。对于限制开发区域中的农产品主产区，要强化对农业综合生产能力考核，而不进行经济增长的考核；对重点生态功能区，强化生态功能保护和对提高生态产品能力的考核。对生态地区提供的生态产品，政府要通过转移支付来购买。对于禁止开发的区域，主要是强化对自然文化资源的原真性和完整性保护的考核。

（周宏春）

7.3　资源节约集约利用

资源是人类社会存在和发展的基础。人类的生产活动要从自然界获取自然资源。联合国环境署（UNEP）对资源的界定是：在一定时间、地点和条件下能够产生经济价值的、提高人类当前和将来福利的自然因素和条件的总称。资源有广义和狭义之分。广义的资源指人类生存和发展所需要的一切物质和非物质要素。狭义的资源仅指自然资源。自然资源也是一个相对概念，随着社会发展和技术进步，原来不知用途的物质逐渐被人类发现并利用，自然资源的种类日益增加。一般地，这里所说的资源，包括土地资源、水资源、矿产资源、能源资源、海洋资源、气候资源、生物资源、旅游资源等等。

自然资源开发利用要处理好开发与保护的关系，把握合适的"度"，兼顾长远与短期利益、局部与全局利益，既不能以保护为由阻碍经济发展和人民生活水平的提高，也不能盲目无序开发甚至掠夺资源，导致资源耗竭、环境污染和生态系统退化。环境污染是资源利用不合理的结果，如造纸废水污染是水中的碱、木质素等物质没有得到合理的回收利用。节约了资源，也就减少了资源开发对生态的破坏和对环境的污染；节约资源因而是保护生态环境的根本之策。应本着科学态度和方法，坚持节约优先、保护优先、自然恢复为主的原则，这是生态文明建设的基本原则，也是制定各项经济社会政策、编制各类规划、推动各项工作必须遵循的大政方针。节约集约利用资源，大幅降低能源、水、土地等资源的消耗强度，以资源的可持续利用支撑经济社会的可持续发展。

推进资源全面节约和循环利用。经济发展方式在相当程度上决定了资源利用方式，落后的经济发展方式往往导致资源的大量消耗和浪费；资源利用方式反过来也会深刻影响着经济发展方式，粗放的资源利用方式会进一步固化和加剧落后的经济发展方式。加快经济发展方式转变的战略任务，迫切要求我们加快资源利用方式转变。我国矿产资源总回收率和共伴生矿产资源综合利用率分别在30%和35%左右，比发达国家低约20个百分点；单位国内生产总值能耗是发达国家的2倍以上。加快转变资源开发利用方式，十分必要而又相当紧迫。

树立节约集约循环利用的资源观。加强全过程节约管理，大幅提高资源利用效益。强化约束性指标管理，全面推进节水型社会建设，强化土地节约集约利用，加强矿产资源节约和管理，大力推进绿色矿山和绿色矿业发展示范区建设，实施矿产资源节约与综合利用示范工程、矿产资源保护和储备工程，提高矿产资源开采率、选矿回收率和综合利用率。实施国家节能行动，降低能耗、物耗。实行能源和水资源消耗、建设用地等总量和强度双控行动，努力提高节能、节水、节地、节材、节矿等标准，开展能效、水效领跑者引领行动。

节约资源是保护生态环境的根本之策。要节约集约利用资源，推动资源利用方式根本转变，加强全过程节约管理，大幅降低能源、水、土地消耗强度，提高利用效率和效益。推动能源生产和消费革命，控制能源消费总量，加强节能降耗，支持节能低碳产业和新能源、可再生能源发展，确保国家能源安全。推进水资源节约和循环利用，实施生产系统和生活系统循环链接，建设节水型社会。严守耕地保护红线，严格土地用途管制。加强矿产资源勘查、保护、合理开发。发展循环经济，促进生产、流通、消费过程的减量化、再利用、资源化。

节约、节俭不仅是一种生活方式，也是一种人生态度、价值取向和价值观念，因而一直被看作为修身治家齐天下的美德加以倡导、传承和发扬。古人认为，节俭是关系到胜败存亡的大事，也是中华民族延绵5000年至今仍能生机勃勃的重要因素。历史上不少明君贤臣从治国安邦的高度认识节俭美德的价值。如诸葛亮曾说：静以修身、俭以养德。古人治国强调禁奢崇俭，既出于经济原因，更考虑品德与政治因素，所谓"不勤不俭，无以为人上也"。倡导科学合理的消费，力戒奢侈浪费，制止奢靡之风，进而实现在生产、流通、仓储、消费各环节全面节约。要管住公款消费，深入开展反过度包装、反食品浪费、反过度消费行动，推动勤俭节约的社会风尚蔚然成风。

（周宏春）

7.4　节约能源和提高能源效率

节约能源（以下简称节能），是指加强用能管理，采取技术上可行、经济上合理以及环境和社会可以承受的措施，从能源生产到消费的各个环节，降低消耗、减少能源损失和污染物排放、制止浪费，高效合理地利用能源。换言之，节能不是要减少能源消费，而是要提高能源利用效率，减少能源利用中的浪费，使公众消费同样的能源获得更多的能源服务。

节约资源是我国的基本国策。国家实施节约与开发并举、把节约放在首位的能源发展战略。我国的能源消费主要来自工业、交通和建筑，在我国工业化尚未完成的情况下，工业节能尤为重要。

"十一五"以来，我国实施了十大节能工程，包括燃煤工业锅炉（窑炉）改造工程；区域热电联产工程；余热余压利用工程；节约和替代石油工程、电机系统节能工程、能量系统优化(系统节能)工程、建筑节能工程、绿色照明工程、政府机构节能工程以及节能监测和技术服务体系建设工程等，与时俱进地调整重点，取得了显著成效。

我们也应当看到，进一步节能的难度在增加。节能潜力，应从我国工业化和城市化中发现和挖掘。对我国单位 GDP 能耗分析以及结构节能、工业节能、建筑节能、交通节能和社会消费节能潜力分析表明，节能不仅必要而且可能。大力调整产业结构，控制高能耗产业发展，是节能潜力之所在。如果不改变实际存在的住房以高层为主、运输以卡车为主，制造以出口导向为主、出行以私人小汽车为主的格局，我国能源利用效率低的局面难以改变。

我国节能潜力不仅在工业内部，建筑节能也是重要的。在城乡建设中，虽然"大拆大建"可以增加 GDP，但势必增加我国现代化中的总能耗。受通风、亮度、湿度、温度、空气质量等生活条件的影响，住高层建筑比住低层建筑要多耗能、多耗水。一些地方建了不少无用的"标志性"建筑，一些地方的住房没有使用就要拆除重建，这是最大浪费。随着居民生活水平的提高，需与时俱进地修改建筑节能标准。新建建筑节能标准过低，会导致长期的能源浪费，建成后再去改造则需要大量投资。节约资金也是最大的节能。

工业节能，要从大处着眼、小处着手。大处着眼，是要顺应国内外发展潮流，发挥信息化对工业节能的促进作用，国内外"一盘棋"平衡商品供求关系。政府应抓宏观，进行顶层设计，创造企业主动节能的外部环境。小处着手，是要将工业绿色化的理念落地，部门管理有抓手、接地气，企业工作有重点，劲往一处使，尽早实现工业绿色化。

利用"互联网＋"，优化配置节能减排资源。从国家层面看，利用物联网、移动互联网等工具和平台，促进商品供需衔接、原材料仓储和运输路线的优化、产业和产品的技术改造升级等，也是有利于产业结构升级和空间布局优化的广义节能减排措施。

系统优化，对我国工业行业乃至全社会节能十分必要，也是解决我国普遍存在的企业效率高、整个社会效率低的重要措施。从实际出发，我国从宏观到微观都存在系统优化的客观要求；节能服务公司、互联网运营公司等，在这方面已有大量实践。

商品供需平衡。商品供不应求或严重过剩，均是资源、能源的极大浪费，也会增加环境保护的压力。从微观层面看，节能服务企业通过优化原料供应和用料平衡，可以起到减少仓储、降低运输成本和积压资金的作用。从宏观层面看，开展商品供需平衡预测，有助于降低产品供需失衡对价格的冲击。加强行业间的产业链管理，也是重要的节能减排。

运输路线优化。随着我国河道、公路、铁路、航空等交通运输设施的发展，许多商品运输的最佳路线发生了变化；根据形势的变化不断优化交通运输路径，不仅可以节省我国稀缺的油品，还可以减少无效运输。一些互联网企业在这方面进行了积极探索；在衔接供需信息的基础上，还可以开展"门—门"运输以及逆向物流，以收到节能减排的效果。

优化生产过程。工艺、技术、设备和生产过程不合理、不科学，会消费更多的能源、排放更多的污染物。电力、钢铁、水泥、化工等过程工业，均存在通过过程优化实现节能减排的潜力；规模不经济、分散的供热锅炉、窑炉等，均可以通过优化配置和集中供热来提高能源效率。国内的一些节能服务公司通过过程寻优、系统寻优等技术集成，借助于互联网平台进行智能化远程管理，实现 3%~10% 的节能成效，应加以推广。

建设能源中心、全国工业节能监测平台。工信部和钢铁工业协会在大力推进钢铁企业建设能源中心。实践证明，钢铁企业因此可以节约 1%~3% 的能源。推动全国工业节能监测系统联网，按月自动采集工业能耗数据，建立数据共享机制，可以促进全国工业节能减排。这说明通过系统优化，工业节能减排潜力可以变成现实。

减少生产或转换过程可以节能减排，因为每一个过程均要消耗能源、排放废弃物。如将脱硫、脱硝设施分开建设，将增加一个多百分点的厂内能源消耗；对发电企业而言是数千万的支出，还不包括一次性投入。技术上，可以将节能减排设施建成一个系统（一体化），进而加大推广力度。促进产业共生耦合，建设能源化工多联产系统，也可以收一举多得之效。

工业节能减排，需要从能源转换、终端消费等细节入手，从减少浪费入手。细节决定成败。实施电机、锅炉、内燃机等能效提升计划，提高终端用能设备能效水平；围绕焦化、煤化工、工业炉窑和工业锅炉等，实施节能技术改造计划；推广应用电磁转换、变频调速等具有革命性的节能减排技术，以加快工业绿色化进程。

实施全民节能行动计划，倡导勤俭节约的生活方式，建立健全资源高效利用机制。

（周宏春）

7.5 耕地质量保护与提升行动

土地是重要的自然资源，是财富之母，是人类赖以生存和发展的物质基础，是农业生产的基本生产资料，是一切生产和一切存在的源泉。习近平总书记曾经指出"耕地是我国最为宝贵的资源。我国人多地少的基本国情，决定了我们必须把关系十几亿人吃饭大事的耕地保护好，决不能有闪失"，"耕地红线不仅是数量上的，也是质量上的"。李克强总理强调"要坚持数量与质量并重，严格划定永久基本农田，严格实行特殊保护，扎紧耕地保护的'篱笆'，筑牢国家粮食安全的基础"。

没有了可耕地，人类就不能生存，就像人需要空气、水、阳光一样。2015 年中共中央 1 号文件提出"实施耕地质量保护与提升行动"。《中共中央 国务院关于加快推进生态文明建设的意见》，要求"强化农田生态保护，实施耕地质量保护与提升行动，加大退化、污染、损毁农田改良和修复力度，加强耕地质量调查监测与评价"。

开展耕地质量保护与提升行动，是农业可持续发展的迫切需要。人多地少的国情，高强度的农业生产、超负荷的耕地利用，造成耕地质量和地力下降；部分耕地污染较重，南方耕地重金属污染和土壤酸化、北方耕地土壤盐渍化，西北等地农膜残留问题突出。土壤有机质含量低，特别是东北黑土区土壤有机质含量下降较快，土壤养分失衡、生物群系减少、耕作层变浅等现象比较普遍。部分占补平衡补充耕地质量等级低于被占耕地。因此，实施耕地质量保护，减少农田污染，提升耕地地力，可以夯实农业可持续发展的基础。

开展耕地质量保护与提升行动，是保障粮食等重要农产品有效供给的重要措施。解决 13 亿多人口的吃饭问题，始终是治国理政的头等大事。构建国家粮食安全战略，守住"谷物基本自给、口粮绝对安全"的战略底线，前提是保证耕地数量稳定，重点是耕地质量的提升。随着我国经济的发展和城镇化的快速推进，耕地占用难以避免。保障粮食等重要农产品的有效供给，必须划定永久基本农田，做到永久保护、永续利用；必须加强高标准的农田建设，大力提升耕地质量，切实做到"藏粮于地"。

开展耕地质量保护与提升行动，是提升我国农业国际竞争力的现实选择。受农产品成本抬升和"天花板"限制的双重挤压，我国农业种植效益偏低问题突出。与发达国家相比，我国农业规模化、机械化水平较低，更主要的是基础地力偏低 20～30 个百分点，必然增加用工和化肥等生产资料的投入，增加生产成本。只有加强耕地质量建设，提升基础地力，减少化肥等生产资料的不合理投入，才能实现节本增效、提质增效，提升我国农业的国际竞争力。

开展耕地质量保护与提升行动，重点是"改、培、保、控"四字要领。"改"是改良土壤。针对耕地障碍，治理水土侵蚀，改良酸化、盐渍化土壤，改善土壤理化性状，改进耕作方式。"培"是培肥地力。通过增施有机肥，实施秸秆还田，开展测土配方施肥，提高土壤有机质含量、平衡土壤养分，通过粮豆轮作套作、固氮肥田、种植绿肥，实现耕地用养结合，持续提升土壤肥力。"保"是保水保肥。通过耕作层深松耕，打破犁底层，加深耕作层，推广保护性耕作，改善耕地理化性状，增强耕地保水保肥能力。"控"是控污修复。控制化肥农药的施用，减少不合理投入数量，阻控重金属和有机物污染，控制农膜残留。

国家实施耕地质量保护与提升行动，重点建设项目包括：

退化耕地综合治理。重点是东北黑土退化、南方土壤酸化（包括潜育化）和北方土壤盐渍化的综合治理。一是东北黑土退化综合治理。选择一批重点县（市），每县建设 2 个 5 万亩以上的集中连片示范区，因地制宜实施"三改一排"，"三建一还"重点治理内容。二是北方盐渍化耕地综合治理。选择一批重点县（市），每县建设 2 个万亩以上的集中连片示范区，配套滴灌系统，实施秸秆还田、地膜覆盖、工程改碱压盐和耕作压盐。三是南方酸化（潜育化）耕地综合治理。选择一批重点县（市），每县建设 5 个万亩以上的集中连片示范区，施用石灰和土壤调理剂，开展秸秆还田或种植绿肥，潜育化耕地配套建设排水系统。

污染耕地阻控修复。重点是土壤重金属污染修复、化肥农药减量控污和白色（残膜）污染防控。一是土壤重金属污染阻控修复。选择一批重点县（市），每县建设 2 个万亩集中连片示范区，施用石灰和土壤调理剂调酸钝化重金属，开展秸秆还田或种植绿肥，因地制宜调整种植结构。二是化肥农药减量控污。按照《到 2020 年化肥使用量零增长行动方案》和《到 2020 年农药使用量零增长行动方案》，选择一批重点县（市），每县建设 10 个 5000 亩以上的集中连片示范区，调整化肥农药使用结构、改进施肥施药方式，建设有机肥厂（车间、堆沤池），推动有机肥（秸秆、绿肥）替代化肥，推广测土配方施肥、病虫害统防统治、绿色防控等技术。三是白色（残膜）污染防控。在西北地区选择一批重点县（市、场），每县示范农用薄膜改厚膜 10 万亩以上，建设村、乡、县三级残膜回收站点。

土壤肥力保护提升。重点是秸秆还田、增施有机肥、种植绿肥和深松整地。一是秸秆还田培肥。选择一批重点县（市、场），每县建设 1 个 10 万亩以上的集中连片示范区，配置大马力拖拉机及配套机具，支持开展秸秆还田（包括深翻和翻松旋轮耕）。二是增施有机肥。选择一批重点县（市、场），每县建设 5 个万亩以上的种养结合示范区，建设畜禽粪污资源化利用基础设施，支持适度规模养殖场进行粪污处理；建设有机肥厂（车间、堆沤池)，引导农民增施有机肥。三是种植绿肥。选择一批重点县(市、场)，每县建设 1 个 10 万亩以上的集中连片示范区，配套建设 1 个 1000 亩以上的绿肥种子基地。四是深松整地保水保肥。在东北和黄淮海等适宜地区，选择一批重点县(市、场)，每县实施深松整地 50 万 ~ 100 万亩以上。

坚持最严格的节约用地制度，调整建设用地结构，降低工业用地比例，推进城镇低效用地再开发和工矿废弃地复垦，严格控制农村集体建设用地规模。探索实行耕地轮作休耕制度试点。推进土地管理制度改革创新。适应生态文明建设的新任务、新要求，必须进一步推进土地管理制度改革创新，坚决破除妨碍节约和合理用地的思想观念和制度机制弊端。在总结提升实践经验基础上，全面推进农村土地整治和城乡建设用地增减挂钩、低丘缓坡和未利用土地开发、城镇低效建设用地再开发、工矿废弃地复垦利用等各项改革探索，着力打造节约和合理用地的制度平台，以尽可能少占地特别是少占耕地支撑更大规模的经济发展，促进国土空间开发格局的优化，在建设美丽中国、实现中华民族永续发展中发挥基础和先导作用。

(周宏春)

7.6　矿产资源"三率"

矿产资源是由地质作用形成的，具有利用价值的，呈固态、液态、气态的自然资源，是社会生产发展的重要物质基础；现代社会人们的生产和生活离不开矿产资源。矿产资源属于非可再生资源，其储量是有限的。目前世界已知的矿产资源有 171 种，按其特点和用途通常分为金属矿产、非金属矿产和能源矿产三大类。

资源产出率指的是消耗一次资源(包括煤、石油、铁矿石、有色金属稀土矿、磷矿、石灰石、沙石等)所产生的国内生产总值。它在一定程度上反映了自然资源消费增长与经济发展间的客观规律。若一个区域经济增长所需资源更多的是依靠资源量的投入，表明该区域资源利用效率较低。

计算方法：资源产出率 ＝地区生产总值(万元)/主要资源消耗总量(吨)

考虑到区域间经济发展不平衡，各地资源禀赋、城镇化、工业化差异明显，考核资源产出率的绝对值意义不大。因此，本指标体系采用资源产出增加率，即某一地区创建目标年度资源产出率与基准年度资源产出率的差值与基准年度资源产出率的比值。计算方法：

资源产出增加率 ＝(目标年资源产出率－基准年资源产出率)/基准年资源产出率×100%

矿产开采回采率、选矿回收率、综合利用率，简称矿产资源"三率"(以下简称"三率")。

开采回采率是指矿山企业计算开采范围内实际采出矿石量与该范围内地质储量的百分比。根据计算范围的大小分为工作面、采区(矿块)、阶段和全矿井的回采率，开采回采率指的是全矿井、露天采场或矿务局的总回采率。开采回采率是衡量矿山企业开采技术和开采管理水平优劣、资源利用程度高低的主要技术经济指标。开采回采率偏低，矿石回收量就少，成本就高。矿山企业为降低成本，获得最大的产值和利润，往往采富弃贫、采易弃难、采厚弃薄、采大弃小，造成资源损失。回采率低，矿山服务年限将缩短。

选矿回收率是指选矿产品(一般指精矿)中所含被回收有用成分的重量占入选矿石中该有用成分重量的百分数。这是评价矿山企业选矿技术水平、管理水平和入选矿石中有用成分回收程度的主要技术经济指标，也是反映资源利用水平的指标。

综合利用率是指共伴生、低品位、难选冶和矿山废弃物(尾矿)等资源的开发利用量与可以利用开采量之比。

为贯彻落实节约优先战略，国土资源部决定开展煤炭、石油、天然气等22个重要矿产开采回采率、选矿回收率、综合利用率调查与评价工作。

重点要基本查清煤炭、石油、天然气、铁、锰、铜、铅、锌、铝土矿、镍、钨、锡、锑、钼、稀土、金、磷、硫铁矿、钾盐、石墨、高铝黏土和萤石等22种重要矿产"三率"和采选及综合利用技术工艺现状，科学评价矿山企业开发利用矿产资源水平，建立全国重要矿产资源"三率"调查与评价数据库，进而提出合理开发利用矿产资源的政策建议。

"三率"调查与评价工作是全面贯彻科学发展观、落实节约优先战略，增强矿产资源保障能力，促进经济社会可持续发展的必然要求；是提高矿产资源节约与综合利用水平，促进矿业调结构、转方式的客观要求；是加强矿产资源合理开发利用监管和构建激励约束机制的基础性工作。

(周宏春)

7.7　自然资源和生态环境监测与统计

生态环境监测，依据环境保护部2011年发布的《环境生态评价技术导则—生态影响》的界定，是运用生物、物理和化学的方法，对生态系统或者生态系统中的生物和非生物因子的状况及其变化趋势进行观察和测定。生态环境监测，作为环境信息的收集方法，在20世纪60年代后期开始形成；近年来随着一系列生态环境监测计划的实施，特别是监测范围的不断扩大，成为生态文明建设成果评价的重要基础。

总体上看，我国生态环境监测网络范围和要素覆盖不全，建设规划、标准规范与信息发布不统一，信息化水平和共享程度不高，监测与监管脱节，监测数据质量有待提高等突出问题，影响了监测的科学性、权威性和政府公信力和生态环境监测网络建设的进程。

生态环境监测网络建设目标是，到2020年，基本实现环境质量、重点污染源、生态状况监测全覆盖，各级各类监测数据系统互联共享，监测预报预警、信息化能力和保障水平明显提升，监测与监管协同联动，初步建成陆海统筹、天地一体、上下协同、信息共享的生态环境监测网络，使生态环境监测能力与生态文明建设要求相适应。

建立统一的环境质量监测网络。环境保护部将同有关部门统一规划、整合优化监测点位，建设涵盖大气、水、土壤、噪声、辐射等要素，布局合理、功能完善的全国环境质量监测网络，按照统一标准规范开展监测和评价，客观、准确反映环境质量状况。建立一体化的生态遥感监测系统，加强无人机遥感监测和地面生态监测，实现对重要生态功能区、自然保护区等大范围、全天候监测。健全重点污染源监测。重点排污单位必须落实污染物排放自行监测及信息公开责任，严格执行排放标准和相关法律法规的监测要求。国家重点监控排污单位要建设稳定运行的污染物排放在线监测系统。各级环境保护部门要依法开展监督性监测，组织开展面源、移动源等监测与统计工作。

全国联网，实现生态环境监测信息集成共享。环境保护部门及国土资源、住房城乡建设、交通运输、水利、农业、卫生、林业、气象、海洋等部门和单位获取的环境质量、污染源、生态状况监测数据应有效集成、互联共享。国家和地方建立重点污染源监测数据共享与发布机制，重点排污单位要按照环境保护部门的有关要求将自行监测结果及时上传。构建生态环境监测大数据平台。加快生态环境监测信息传输网络与大数据平台建设，加强生态环境监测数据资源开发与应用，开展大数据关联分析，为生态环境保护决策、管理和执法提供数据支持。统一发布生态环境监测信息。依法建立统一的生态环境监测信息发布机制，规范发布内容、流程、权限、渠道等，及时准确发布全国环境质量、重点污染源及生态状况监测信息，提高政府环境信息发布的权威性和公信力，保障公众知情权。

自动预警，科学引导环境管理与风险防范。加强环境质量监测预报预警。提高空气质量预报和污染预警水平，强化污染源追踪与解析。加强重要水体、水源地、源头区、水源涵养区等水质监测与预报预警。加强土壤中持久性、生物富集性和对人体健康危害大的污染物监测。提高辐射自动监测预警能力。严密监控企业污染排放。完善重点排污单位污染排放自动监测与异常报警机制，提高污染物超标排放、在线监测设备运行和重要核设施流出物异常等信息追踪、捕获与报警能力以及企业排污状况智能化监控水平。增强工业园区环境风险预警与处置能力。提升生态环境风险监测评估与预警能力。定期开展全国生态状况调查与评估，建立生态保护红线监管平台，对重要生态功能区人类干扰、生态破坏等活动进行监测、评估与预警。开展化学品、持久性有机污染物、新型特征污染物及危险废物等环境健康危害因素监测，提高环境风险防控和突发事件应急监测能力。

完善自然资源和生态环境监测制度，对全国自然资源分布、数量、质量和开发利用状况等进行全面、动态的资料分析与评估和实地调查与核实。一是建立客观的自然资源现状基础库，利用多种传感器、多光谱、多时态、多分辨率的航天航空遥感影像资料和地形图进行对比分析，并及时提交自然资源和生态环境的动态变化情况。二是建立自然资源档案制度，掌握自然资源和生态环境状况和变化，提出自然资源开发利用和保护管理效果报告。三是引入"第三方"监测，开展自然资源和生态环境监测，协调高分辨率遥感影像的获取、处理和分发服务，以提高财政资金使用效率，提高自然资源和生态环境的监测的公信度。

（周宏春）

7.8　节能与能源消耗在线监测

节能或能耗在线监测，是一个集互联网技术、无线传输技术、服务软件技术、数据库等于一体的数据综合管理系统，可以为管理者、能源用户、浏览者搭建一个便利、高效的信息传输平台和管理平台，提供一个访问的网络通道。推进工业能耗在线监测系统建设，是实现节能减排、节能降耗的行之有效的方法，可以为政府管理部门、企业生产管理、计量管理、节能管理奠定科学基础。

以往，我国对企业能耗的收集和统计，大多采用企业定期上报耗能报表的方式；企业上报的能耗报表，出于自身需要，或多或少地带有利于企业的倾向，不能客观准确的反映实际能耗情况。节能和能耗管理部门缺乏直接有效的其他手段，获取重点企业实际能耗信息，无法对不同类别耗能指标进行有效分析，并制定针对性的能耗管理政策；企业也无法进一步提出节能方案，有效降低能耗。

节能与能耗在线监测系统建设，关键是做好以下几个方面。一是"点对点"，企业数据要直接上传到信息平台，以确保监测数据的真实准确；二是充分发挥系统对企业的服务作用，实现经济效益和社会效益的有机统一；三是完善能耗在线监测工作的法律依据，并将企业端建设纳入节能法修订内容；四是开发系统碳排放分析功能，为节能量交易、碳排放交易提供数据支撑；五是挖掘数据分析应用潜力，充分发挥系统对能源政策、管理措施制定的支撑作用。

我国已经进行能耗在线监测试点建设。能耗监测试点工作，自 2015 年 9 月中旬进入施工阶段以来，国家节能中心采取一系列综合措施，抓总体部署、现场督导、难点突破、指挥调度，统筹推进国家平台、省级平台和企业端建设。随着国家平台和省级平台、185家试点企业的能耗在线监测试点工作的完成，可以为全国节能和能耗在线监测提供示范。

能耗在线监测系统主要包括能源消费管理系统、能源信息报送系统、能耗识别评价系统、决策咨询服务系统、能耗预测预警系统、节能监察和培训系统等。

能源消费管理系统。可以对重点用能企业煤、电、油、气、热、水等能源和耗能工质进行定期录入和实时采集，并对能耗数据进行整理存储，为汇总分析和上报作数据支持。

能源利用信息报送系统。重点用能企业将年度《能源利用状况报告》，报送至本级节能监察中心，经初审核后上传至上一级节能监察总队审核，而后上报国家有关部门。

能耗识别评价系统。利用能耗数据，对企业用能状况进行分析评价，为政府节能管理部门掌握、分析信息和研究节能改造并制定相关政策措施提供科学依据。

决策咨询服务系统。提供直观、简明、快捷的数据信息查询和决策支持服务。对重点用能企业能耗进行科学咨询指导，帮助企业采取及时、正确、可行、有效的解决方案。

能耗预测预警系统。系统掌握重点用能企业能源购入、使用、消耗及生产情况，并进行综合评判和分析，对比同期值和限定值，对能耗超标情况予以预警。进行数据挖掘分析，实现能耗的预测分析功能，为政府相关部门的宏观决策提供支撑体系。

节能监察和培训系统。可对重点耗能企业做全面节能监察工作；发布最新节能法律法规标准以及能源基础知识、能源统计知识、节能监测方法等资料；处理日常节能管理工作相关的公文、通知、公告等。

各地节能与能耗监测系统组成不同，主要作用是把数据信息从企业的能源监控中心采集到后台的数据库系统，经分析与处理，提供分析预测和预警功能；通过门户网站、无线终端等手段为省、市领导以及相关委办局提供了多方位、可视化的便捷服务。　　（周宏春）

7.9　生态产品

"生态产品"作为生态文明建设的关键词，是在党的十八大报告中首次提出的。

所谓生态产品指的是维系生态安全、保障生态调节功能、提供良好人居环境的自然要素。包括清新的空气、清洁的水源、优美的环境和宜人的气候等。生态产品的主体功能主要体现在：吸收二氧化碳、制造氧气、涵养水源、保持水土、净化水质、防风固沙、调节气候、清洁空气、减少噪音、吸附粉尘、保护生物多样性、减轻自然灾害等。

人们之所以把生态产品称为"新概念"，是相对于传统产品而言的。

在传统经济学语境中，"产品"是从生产角度定义的，只有人们使用工具生产出来的物品才能称为产品。在生态文明建设语境中，生态产品的定义则是从需求角度定义的，就是说生态产品同农产品、工业品和服务产品一样也是人类生存发展所必需的，而且是当今世界最短缺的、人民群众最期盼的，理应属于产品的范畴。但是长期以来，人们一直对其熟视无睹，致使生态产品的概念迟至今日才引起重视。

生态产品与传统产品的区别主要在于"三个不同"：

一是生产提供的系统不同。传统产品由农业、工业、服务业等社会生产系统生产提供，其产出空间是农田、车间等生产空间，其生产提供的过程是人类使用工具进行劳动的过程；生态产品则由自然生态系统生产提供，其产出空间是森林、湿地、草原、河流、湖泊、海洋等生态空间，其生产提供的过程是自然生态系统能量流动、物质循环、信息交换的过程，亦即自然生态系统协同进化的过程。

二是产品的社会属性不同。传统产品作为人们使用工具进行劳动生产的产品不是普惠的公共产品，不具有公共享有的性质，也未必具有无公害、可再生的属性；生态产品作为自然生态系统为人类提供的服务功能的体现，则是最普惠的公共产品，具有公共享有的性质，而且一定是无公害、可再生的。

三是蕴含的发展理念不同。传统产品蕴含的是传统发展理念，在这种发展理念下生产的产品主要是通过向大自然的索取实现的，因而只有增加农业、工业、服务业的产品才是发展，才能纳入 GDP 核算体系和经济社会发展评价体系；生态产品蕴含的则是绿色发展的新理念，在这种发展理念下生产的产品主要是通过保护和改善自然生态系统实现的，因而并非只有增加劳动产品，发展农业、工业、服务业才是发展，增加生态产品，保护和改善生态环境也是发展，并非只要金山银山，更要绿水青山，而且绿水青山就是金山银山。

改革开放以来，我国提供工农业产品特别是工业品的能力迅速增强，提供文化产品的能力也不断增强，但是提供生态产品特别是优质生态产品的能力却在减弱。这同我们长期以来在传统发展观念下只注重"满足人民群众不断增长的物质和文化生活需要"不无关系。而随着人民生活水平的提高，人们对生态产品的需求也在不断增强。这就造成生态产品供求关系的严重失衡，在一定程度上加剧了资源环境对中国经济发展的瓶颈制约，也对自然生态系统造成伤害，削弱了经济社会可持续发展的能力。正是在这种背景下，党的十八大首次将生态产品概念写入《报告》，并明确提出"要实施重大生态修复工程，增强生态产品生产能力，推进荒漠化、石漠化、水土流失综合治理，扩大森林、湖泊、湿地面积，保护生物多样性"的要求，《中共中央关于制定国民经济和社会发展第十三个五年规划的建议》中又进一步提出："为人民提供更多优质生态产品。"增强生态产品生产能力随之成为我国生态文明建设的战略任务。

把增强生态产品生产能力作为生态文明建设战略任务的意义在于"三个有利于"：

一是有利于牢固树立"尊重自然、顺应自然、保护自然"的生态文明理念，促进人与自然和谐。在我们人类活动的地球表面存在着人类社会和自然界这两个高度相关的世界，也相应存在着高度相关的社会生产力和自然生产力这两种生产力、物质产品和生态产品这两种产品，以及经济价值和生态价值这两种价值。马克思早在 100 多年前就提出了自然生产力的观点。但是 100 多年过去了，人们往往以"大自然的主宰"自居，只是热心关注社会生产力及其创造的物质产品、经济价值，而对自然生产力及其创造的生态产品、生态价值置若罔闻，进而把自然生态系统当作无价值、无限量、无主的"三无"资源，进行无限度的掠夺，造成对自然生态系统的极大破坏，导致生态产品的生产能力严重下降。把增强生态产品生产能力作为生态文明建设的战略任务，正是抓住了两个世界关系即人与自然关系的关键所在，无疑将有助于人们在思想深处真正懂得社会生产力与自然生产力的高度相关性，真正懂得"保护和改善生态环境就是保护和发展生产力""绿水青山就是金山银山"的道理，自觉树立"尊重自然、顺应自然、保护自然"的生态文明理念，促进人与自然和谐相处。

二是有利于绿色惠民，更好地满足人民群众对于优质生态产品的迫切要求。经过连续几十年经济社会的快速发展，我国人民的物质文化生活水平得到不断提高。但是，伴随着经济快速发展出现的环境污染和生态破坏，尤其是严重的雾霾和严重污染的水体、土壤，以及由此引发的食品安全、健康安全等问题，又让国民的幸福指数不升反降。这表明，生态安全需求已经超越物质、文化需求，成为人民群众追求幸福生活的第一需求。严酷的事实给予人们的深刻启示在于使人们懂得，再也不能将经济发展同生态环境保护对立起来，再也不能只顾物质产品的生产而忽视生态产品的生产，再也不能只顾提高物质产品的生产能力而忽视提高生态产品的生产能力。把增强生态产品的生产能力作为生态文明建设的战略任务，正是有效地回应了社会对加快生态建设、改善生态环境的迫切要求，必将有力地推动各种生态环境问题特别是损害群众健康突出环境问题的解决，真正实现绿色惠民，为人民创造良好的生产生活环境。

三是有利于党和国家关于推进生态文明建设重大政策举措的贯彻落实。十八大以来，党中央国务院和相关部门出台了许多政策举措，有些是过去没有的，有些和以往相比具有较大的差异性，一时很难为人们普遍接受，其原因在于不明白它们的理论依据。把增强生态产品的生产能力作为生态文明建设的战略任务，则从根本上使人们懂得生态产品也是产品，也是有价值的，发展生态产品也是发展、增强生态产品的生产能力也是发展的道理，为相关政策提供理论依据。譬如，过去采伐森林是发展，是通过采伐提供木材产品，现在禁止商业性采伐也是发展，是通过保护自然生态系统来提供生态产品；过去不存在生态补偿问题是不懂得生态产品是有价值的，现在进行生态补偿是懂得了生态产品的价值，只是由于技术上无法切割和计量每位生产者的贡献量、每位消费者的消费量，只能采取生态补偿的方式，其实质就是由政府代表生态产品的消费者来购买生态功能区提供的生态产品。这样就从根源上找到了相关政策的理论依据，提高了人们贯彻落实的自觉性。

增强生态产品生产能力的根本途径是加强生态建设，保护和改善生态环境，包括实施重大生态修复工程等。 （黎祖交）

7.10　生态建设

"生态建设"一词是由我国著名生态学家、中国科学院院士马世骏首先提出的。马世骏院士在题为《加强生态建设促进我国农业持续发展》的文章中对"生态建设"一词的基本含义表述得十分清楚。他说："要想实现农业持续发展，必须重视生态建设。什么叫'生态'？作为一个学科，它是研究包括人类在内的生物与环境的相互关系的科学。那么，这又是什么关系呢？从近代生态学的观点来说，生物与环境应该是个相互适应和相互选择的关系，他们应该经常地处在一个协调关系的状态，也就是通常所说的'各尽所能'，即所谓'协同进化原则'（co-evolution principle）。'建设'，一个是'建立'，即没有的就新建立；二是原有的就加强改善或改进。这意味着我们要运用现代的生态学观点，建设我们的农业生态体系、生产体系，这样才能促进我国农业的持续发展。"

这就是说，在马世骏院士看来，"生态建设"指的是生态系统的建设，包括新的生态系统的建立和原有生态系统的加强、改善或改进。

众所周知，当代生态学家通常按人类的影响程度把地球表面的生态系统划分为自然生态系统、半自然生态系统、人工生态系统三种类型。它们虽然具有不同的结构和功能，但都与人类社会的生存和发展密切相关。人类也因此对它们负有或者保护，或者恢复、修复、重建，或者新建的重大责任。

其中，自然生态系统是指未受人类干扰和扶持，依靠生态系统本身的调节能力来进行自我维持的生态系统，如原始的森林、湿地、草原、荒漠、冻原、湖泊、海洋等生态系统。对于这类生态系统，人类的责任是要采取一切行之有效的措施，对其实施最严格的保护，以防止人类的干扰破坏和减缓自然灾害的影响，其目的在于防止和减缓自然生态系统的退化。

半自然生态系统是指受人类活动强烈干扰和破坏后任其自然恢复的自然生态系统或最初虽为人工建造但较少或不受人类干扰而任其自然发展的人工生态系统。前者如次生天然林、次生灌丛和过度放牧后任其自然恢复的天然草场等，后者如人工引种栽植或飞播建造而任其长期自然发展的防护林、水源涵养林等人工林和人工牧草地等。对于这类生态系统，人类的责任是要努力认识生态系统的演化规律，尽可能地利用大自然的自然恢复功能和自然发展功能，促使其在免遭人为干扰的情况下得以自然恢复和自然发展。

但是，纯粹的自然恢复和自然发展过程往往要经历十分漫长的时间，很难与人类社会不断增长的物质和文化生活的需求相适应。因此，人类在遭受强烈干扰和破坏的自然生态系统和人工生态系统面前并非只能消极地等待大自然的自然恢复功能和自然发展功能的发挥，而完全可以在遵循自然规律的前提下采取各种必要的建设性措施去促进遭受破坏的自然生态系统的恢复和任其自然发展的人工生态系统的发展。作为生态学重要分支的恢复生态学就是一门关于生态恢复的学科，其对象就是遭受破坏的退化的生态系统，其内容就包括通过生态工程技术对各种退化生态系统恢复与重建模式的实验示范研究。

人工生态系统是指按人类的需求设计、建造起来的依赖于人类强烈干预而维持的生态系统，如由人工建造并依赖于人工抚育与管理的农田、经济林（含果园、茶园）、人工鱼池、人工牧场等生态系统以及城市、宇宙飞船、水族馆、人工气候室、培养箱、仿真模拟微生态系统等。对于这类生态系统，人类的责任是要根据自然规律和人类经济社会发展的需求，按照整体、协调、循环、自生的生态控制论原理，通过科学的手段和技术去进行创建、调整和控制，其目的是要在系统范围内实现经济效益和生态效益。目前被国际学术界公认为可持续发展领域新兴学科的生态工程，就是近年来发展起来的一门着眼于以人的行为为主导、自然环境为依托、资源流动为命脉、社会体制为经络的一类人工生态系统（又称社会—经济—自然复合生态系统）持续发展的整合工程技术。

综上所述，人类对于自然生态系统的自我维持负有重大的保护责任；对于半自然生态系统的自然恢复和自然发展既负有保护的责任，又负有按照恢复生态学的原理人工促进其恢复、修复和重建的责任；对于人工生态系统负有遵循自然规律创建、调整和控制的责任。而这里所说的"保护""恢复""修复"和"重建"和"创建""调整""控制"，用一个词来概括，就是"建设"。这就说明，人类对于地球表面的生态系统确实负有建设的责任，"生态建设"一词也由此应运而生。20世纪70年代末以来，特别是2003年中共中央、国务院《关于加快林业发展的决定》明确提出"加强生态建设，维护生态安全，是二十一世纪人类面临的共同主题，也是我国经济社会可持续发展的重要基础"的重要论断以来，"生态建设"一词更是频频出现在包括党和国家文献在内的各类出版物中。

基于这一认识，我们也可以参照马世骏院士关于生态建设的表述，对生态建设的概念进一步给出如下定义："生态建设是根据现代生态学原理，运用符合生态学规律的方法和手段进行的旨在促进生态系统健康、协调和可持续发展的行为的总称。"其中既包括对原有自然生态系统、半自然生态系统的保护和对遭受破坏生态系统的恢复、修复或重建，也包括新的人工生态系统的建立。

值得指出的，生态建设不仅是符合生态学原理的一个重要科学概念，还是长期以来人类对于地球表面生态系统进行的保护、恢复、修复、重建和创建的一项重要社会实践。20世纪70年代末以来在我国广泛开展，并取得重大成效的生态工程建设，就是人类史上的伟大创举。

仅以林业生态工程建设为例。于1978年正式启动的三北防护林建设工程，通常被认为是我国政府开始重视和加强林业生态工程建设的重要标志。而从20世纪末以来相继启动和整合的天然林资源保护工程，退耕还林（草）工程，京津风沙源治理工程，三北、长江等重点地区的防护林体系工程，野生动植物保护及自然保护区建设工程和以速生丰产用材林为主的林业基地工程等六大重点工程，以及最近几年来新启动的石漠化综合治理工程、三江源生态保护和建设工程、湿地恢复和保护工程等，则是目前和今后一个时期我国林业生态工程建设的主要任务，其规模之大、投资之巨，堪称"世界生态工程之最"。这对于完善我国林业生产力总体结构和区域布局、推进林业生态建设和林业产业发展，进而推进我国生态文明建设和整个国家经济社会的可持续发展将要发挥的巨大作用及在国内外产生的巨大影响都是前所未有的。

而从生态学的角度看，这些林业重点工程既包括对原有自然生态系统的保护和对遭受破坏生态系统的恢复、修复和改善，也包括新的人工生态系统的建立。我们将这些工程通称为"生态建设工程"是再恰当不过了。

通过以上分析，我们不难看出，生态建设一词无论作为科学概念还是作为社会实践都是客观存在的。但是，有资料显示，一些专家、学者却对生态建设一词的科学性提出质疑。在他们看来，对于生态系统，只能保护、恢复或修复原有的自然生态系统，而不是人为地"建设"一个生态系统。而且据他们所言，生态建设的提法已经在国内产生误解和误导，还容易在国外引起误解和反感。

然而，只要我们本着实事求是的科学态度对这些观点进行一番认真的分析，就不难看出生态建设的提法是不容否定的。这是因为：

首先，把保护、恢复或修复原有的自然生态系统排除在"建设"之外，是不恰当的。

在现代汉语中"建设"一词的词义是"创立新事业""增加新设施"。人们在日常用语中赋予"建设"一词的含义还要宽泛得多，如经济建设、党的建设、建设性意见、建设性对话等，实际上是把一切有利于事物发展和完善的思想、言论和行为都用"建设"一词涵盖。用蒋有绪院士的话来说，"建设"一词在中文是泛化的，它的意思是"对某目标实施积极性的行为"。

这就是说，所谓"建设"是相对于"破坏"而言的，它与"保护"是相通的，它本身就蕴涵"保护"的意思。因此，人们对原有事物进行的保护，以及对遭受破坏的原有事物进行的恢复或修复，无论从词义分析还是日常用语的角度说，都属于"建设"。

有鉴于此，人们当然也应该把对原有的自然生态系统进行的保护、恢复或修复包含在生态建设之中。

第二，对于建立人工生态系统持否定态度是不可取的。

前面已经谈到，人工生态系统的建立既符合生态学基本原理，也是人类社会持续发展的需要。在我国生态问题日趋严重的情况下，按照自然规律进行人工生态系统的建设具有更重大的现实意义。这正如孙鸿烈院士所说，中国有不少生态问题，有很多退化生态系统，如果没有人工的建设，不建立一系列的人工生态系统，是不可能实现可持续发展的。

第三，所谓生态建设一词"已经在国内产生误解和误导"的说法是不能成立的。

持有这种说法的专家所依据的，是"一些地方……热衷于建设大规模的人工生态系统，造成大量资金和劳力的浪费，有的由于违反当地的自然环境，不但徒劳无功，甚至事与愿违，反而增加了破坏"。但是，这毕竟只是"一些地方"的部分事实，不能以偏概全把它当作一种普遍现象，更不能断言一些地方的这种情况是由生态建设一词的误解和误导而来的，因为这两者之间并不存在因果联系。

第四，关于生态建设的提法容易在国外引起误解和反感的担心，也是不必要的。

这些学者之所以存在这种担心，主要是因为"建设"一词在外文翻译上尚未确定一个明确的对应词，在直译时存在一定的困难。

　　事实上，汉语词汇同英语词汇并非一一对应，一个汉语词对应多个英语词，或者一个英语词对应多个汉语词，是常有的事。因此，翻译的时候应充分考虑中外语言表达的差异，尽量避免直译和硬译，而是根据其在不同语境中的含义，分别选用不同的对应词。就"建设"一词而言，在英文翻译时即不应将其硬译为"construction"，而只是在谈及人工生态系统建设时译为"construction"，在谈及原有生态系统的恢复时则译为"restoration"，这样在国际交流中也不会造成困难。

　　另据张新时院士所言，国外在生态上使用"restoration"，在《生物多样性纲要》中还有明确界定，"restoration"既指对原有生态系统的恢复，也可以指建立一个新的原来自然界不存在的、不同于破坏以前的人工生态系统，用"ecological restoration"也符合生态建设的概念。

（黎祖交）

7.11　重要生态系统保护和修复重大工程

　　生态系统类型众多。我国陆地主要有森林、湿地、草地、荒漠等自然生态系统及农田、城市等人工生态系统。各类生态系统受损情况和生态问题安全普遍存在，生态脆弱地区涉及面广、生态系统破坏的情况复杂，必须要根据各生态系统存在问题，实施不同的重大生态修复工程。

　　实施重要生态系统保护和修复重大工程，可以让森林、湿地等重要生态系统得到休养生息。我国实施重要生态系统保护和修复重大工程，取得了生态、经济和社会效益。如三北防护林体系建设工程实施30多年来，工程区森林覆盖率由1977年的5.05%提高到12.4%，在祖国北方构筑了一道坚实的绿色生态屏障；黄土高原重点治理区治理程度达70%以上，水土流失面积和侵蚀强度开始"双下降"，入黄泥沙量年均减少4亿吨。平原农田防护林工程实施后，不仅基本消除了干热风对农作物的危害，还使过去森林覆盖率仅为1%的平原地区变成了我国最大的木材生产基地，年产木材达到4500万立方米，相当于东北内蒙古国有林区现有木材产量的11倍。总投资达4300多亿元的退耕还林工程，改变了过去越垦越穷的历史，将为我国增加13亿立方米森林资源，固定二氧化碳近10亿吨。天然林资源保护工程实施10多年来，净增森林蓄积量7.25亿立方米，仅木材价值就高达5000多亿元，为投资的近5倍。

　　近10多年来，先后有17个国家24次考察我国沿海防护林工程，70多个国家考察三北防护林工程，对中国政府加强生态建设给予了极高评价，称为世界生态工程典范。美国《国家科学院学报》的一份调查报告指出，中国退耕还林工程取得了成功，如果继续推进，将成为世界其他国家可借鉴的典范。在联合国第十六次可持续发展大会上，会议主席称赞中国的荒漠化防治处于世界领先地位。世界观察所所长莱斯特·布朗说，在世界新秩序中，发挥领导作用的很可能是在建立保护生态基础上持久发展的经验，而不是军事上的强大，谁在生态问题上主动采取行动，谁就能在今后的国际舞台上起领导作用。

　　国家林业局还通过建立和健全重要生态保护和生态修复制度，引导社会积极参与，推动了重要生态保护和重大生态修复工程建设科学有序进行。要继续全面修复和恢复自然生态系统，还需要做好以下工作：

第一，完善制度。森林、湿地等自然生态系统一旦遭到破坏，修复起来十分困难，有的需要上百年甚至几个世纪的努力。因此，必须制定严格的政策法规，为生态修复提供长效机制和有效保障，解决守法成本高、违法成本低问题。制定森林、湿地、荒漠生态系统损害鉴定评估办法和赔偿标准，确立"谁破坏、谁付费、谁修复"的制度，在全社会形成"不敢破坏、不能破坏、破坏不起"的机制。

第二，明确途径。在实施生态修复工程中，针对退化生态系统的状态，因地制宜地采取生态修复措施：对于生态损害严重的区域，以人工修复为主，自然修复为辅；对于生态现状较好的区域，以自然修复为主，人工修复促进自然修复，从而为实现自然生态系统的生态平衡、恢复自身强大功能提供可靠的技术保障。

第三，推进社会参与。森林资源紧挨着老百姓的房前屋后、湿地资源保障人类的生存繁衍；只有把群众的积极性调动起来，让群众尝到生态修复的甜头，才能做好生态修复工作。创新工程建设机制，发展生态志愿者队伍，坚持"谁造谁有、给谁补贴"，培养全民生态价值观，充分调动全社会保护、修复生态的积极性。

第四，强化技术支撑。要做好顶层设计，科学制定重大生态修复工程规划，落实各项工程具体的目标、任务和措施；做好重大生态修复工程技术储备，制定相关技术方案和技术手册，加强技术培训和开展关键技术问题的攻关研究；同时，应加强重大生态修复工程监测评估，开展事中监督和事后评估工作，切实收到工程建设的成效。

实施重要生态保护和生态修复不可能一蹴而就，需要统揽全局，统一规划，统一部署，统一实施。政府部门应各司其职，加强集成，努力通过实施重大生态建设和修复工程，改善我国严峻的生态状况，加快生态系统恢复并向良性循环方向发展，使自然生态系统逐步得以恢复，为建设美丽中国、维护国家生态安全作出应有的贡献。　　　　　（周宏春）

7.12　重点林业生态工程

依据《中共中央、国务院关于加快林业发展的决定》及生态文明建设总体思路，国家林业局发布《推进生态文明建设规划纲要（2013～2020年）》（以下简称《纲要》），明确了指导思想、总体布局、重大行动、指标体系和政策措施；其中提出的总体布局，包括全面实施十大生态修复工程，加快构筑十大生态安全屏障，大力发展十大绿色富民产业。

十大生态修复工程包括，天然林资源保护工程、退耕还林工程、三北防护林体系建设工程、京津风沙源治理工程、野生动植物保护及自然保护区建设工程、湿地保护与恢复工程、平原绿化工程、长江流域防护林体系建设工程、沿海防护林体系建设工程、重点地区速生丰产用材林基地建设工程。十大生态修复工程涵盖了森林、湿地、荒漠三大自然生态系统和生物多样性保护，是国家重点生态修复工程的主体。

十大生态安全屏障包括，东北森林屏障、北方防风固沙屏障、东部沿海生态屏障、西部高原生态屏障、长江流域生态屏障、黄河流域生态屏障、珠江生态屏障、中小河流及库区生态屏障、平原农区生态屏障、城市森林生态屏障。十大生态屏障覆盖全国主要的生态重点地区和生态脆弱地区，构成了国家生态安全体系的基本框架，是发展生态林业的主要内容。

十大绿色富民产业包括，重点培育和发展木材及其他原料林培育、木本粮油和特色经济林产业、森林旅游、林下经济、竹产业、花卉苗木产业、林产工业、林业生物产业、野生动植物繁育利用产业、沙产业等，构建绿色产业经济发展框架。

林业重点工程覆盖全国 31 个省（自治区、直辖市），既突出了人工造林、封山育林、防沙治沙等项措施，也关注了生物多样性保护。工程的实施取得明显成效，有效扭转了新中国成立以后出现的"大树变小、森林变希"状况，一些地区已经呈现生态环境不断变好的态势。国家林业局还编制了 25 个重点生态功能区的生态保护与建设规划，形成适应各类主体功能区要求的生态空间格局。在《全国林地保护利用规划纲要》和《全国造林绿化规划纲要》基础上，充分挖掘林地、农田防护林、草原防护林、水系防护林、路网防护林、城镇绿化等用地的潜力，完善森林增长和国土绿化空间格局。

国家林业局还划定了四条国家生态红线。一是林地和森林红线：全国林地面积不低于 46.8 亿亩，森林面积不低于 37.4 亿亩，森林蓄积量不低于 200 亿立方米。二是依据第二次全国湿地资源调查成果，提出全国湿地面积不少于 8 亿亩的湿地红线。三是依据《国务院关于进一步加强防沙治沙工作的决定》，划定全国治理宜林宜草沙化土地、保护恢复荒漠植被不少于 56 万平方公里的红线。四是依据野生动植物和自然保护区相关法规，提出自然保护区严禁开发，现有濒危野生动植物得到全面保护的红线。　　　　　　　　　（周宏春）

7.13　生物多样性保护工程

生物多样性是宝贵的自然财富，是人类社会赖以生存和发展的基石，是生态文明水平的重要标志。加强生物多样性保护，是提升生态系统服务功能、提高资源环境承载力、实现永续发展的有力保障。

我国是世界上生物多样性最丰富的国家之一，拥有所有陆地生态系统类型，高等植物 35000 多种，居世界第三位，脊椎动物 8000 余种，已记录海洋生物 28000 余种。我国生物遗传资源丰富，是水稻、大豆等重要农作物起源地，栽培植物和家养动物均居世界第一。丰富的生物多样性为维护区域生态安全，推动社会可持续发展提供了重要支撑。

生态系统多样性方面，我国具有地球陆地生态系统的各种类型；其中，森林类型 212 类，竹林 36 类，灌丛类型 113 类，草甸 77 类，荒漠 52 类。淡水水域生态系统复杂，自然湿地有沼泽湿地、近海与海岸湿地、河滨湿地和湖泊湿地 4 大类，近海有黄海、东海、南海和黑潮流域 4 个大海洋生态系统，近岸海域分布滨海湿地、红树林、珊瑚礁、河口、海湾、泻湖、岛屿、上升流、海草床等典型海洋生态系统，以及海底古森林、海蚀与海积地貌等自然景观和自然遗迹。

在人工生态系统方面，我国有农田生态系统、人工林生态系统、人工湿地生态系统、人工草地生态系统和城市生态系统等。在物种多样性方面，我国拥有高等植物34792种，其中，苔藓植物2572种，蕨类2273种，裸子植物244种，被子植物29703种。此外，几乎拥有温带的全部木本属植物。我国约有脊椎动物7516种，其中，哺乳类562种，鸟类1269种，爬行类403种，两栖类346种，鱼类4936种。列入国家重点保护野生动物名录的珍稀濒危野生动物共420种，大熊猫、朱鹮、金丝猴、华南虎、扬子鳄等数百种动物为中国所特有。已查明真菌种类10000多种。在遗传资源多样性方面，有栽培作物528类1339个栽培种，经济树种达1000种以上，原产观赏植物种类达7000种，家养动物576个品种。

1994年，联合国大会通过决议，设立国际生物多样性日。我国是最早加入联合国《生物多样性公约》的国家之一，率先成立了生物多样性保护国家委员会，统筹全国生物多样性保护工作。发布和实施了《中国生物多样性保护战略与行动计划（2011～2030年）》和"联合国生物多样性十年中国行动方案"，并取得明显成效。

生态系统修复成效显著。近十年来，中国森林面积净增长10万平方公里，重点生态功能区草原植被盖度提高11%，修复红树林等退化湿地2800多平方公里，实施水土流失封育保护面积72万平方公里。

监管能力得到加强。全国开展了生态保护红线划定工作，建立生态红线划定方法体系与配套政策措施。2015年环境保护部、中国科学院印发《全国生态功能区划（修编版）》，完成了全国生态环境十年（2000～2010年）变化遥感调查与评估。划定35个生物多样性保护优先区域。发布中国高等植物、脊椎动物红色名录和三批外来入侵物种名录。完成了全国400多处国家级自然保护区的管理评估工作，定期开展自然保护区专项执法检查，严厉打击破坏野生动植物资源违规违法活动。

全社会保护意识明显增强。组织实施了"联合国生物多样性十年中国行动""5.22国际生物多样性日"纪念活动，积极推动生物多样性知识进校园、进社区、进企业，通过报告会、培训和网络社交媒体等多种形式普及相关知识，显著提高了公众保护意识。

另一方面，生物多样性退化的总趋势尚未得到根本遏制。全国高等植物中4000多种正受到威胁，1000多种处于濒危状态；其中9种植物野外数量仅存1～10株，54种只有1个分布点。在《濒危野生动植物种国际贸易公约》列出的640个世界濒危物种中，我国占156种，约占总数的1/4。需要提出的是，物种一旦灭绝就难以再生。

《中共中央 国务院关于加快推进生态文明建设的意见》要求，到2020年，生物多样性丧失速度得到基本控制。生物多样性保护工作要以落实《中国生物多样性保护战略与行动计划》为主线，重点做好以下工作：一是开展生物多样性调查和评估，摸清家底；二是构建生物多样性的观测网络，掌握动态变化；三是强化就地保护，完善生物多样性保护网络；四是加强迁地保护，收储国家战略资源；五是开展生物多样性恢复试点示范，提高生态系统服务功能；六是协同推动生物多样性保护与精准减贫，促进产业转型升级；七是加强基础能力建设，提高各级政府的生物多样性保护系统化、精细化和科学化水平。

（周宏春）

7.14　国家公园管理体制

　　"国家公园"的理念是由美国著名风景画家乔治·卡特林（George Catlin）首先提出来的。1832 年，卡特林到南达科他州的皮尔堡（Fort Pierre）旅行，并对印第安人居住区的自然景观与原住民采风写生。他发现，显示西部草原活力的美洲野牛正在遭到西部拓荒者的杀戮，而依靠狩猎为生的印第安人却因此失去了家园；换言之，密西西比河上游的原始自然景观正遭遇到史无前例的破坏。他因此写下了自己的憧憬："如果政府能以某种强有力的政策介入，以保护这里原住民文化及原始自然景观，人们将永远欣赏到这一个天赐的无与伦比的自然基质公园""一个国家公园的建立及其有效的管理，能在原始、古朴、清幽的自然美景下，驱动人与自然界万物甚至于野生猛兽的和平共处"。

　　尽管早在 1807～1860 年间，有几支探险队成功进入黄石地区，描述了"会冒烟的地表""爆喷的水柱"等人们闻所未闻的奇丽景观。但建立国家公园，具有里程碑意义的事件出现在 1870 年以后。1870 年 3 月，一支 20 余人的探险队经 9 个星期的跋涉进入黄石公园，发现景观之壮丽远远超过想象，在花了 1 个多月的时间欣赏美不胜收的温泉、峡谷与瀑布景观后的一个营火晚会上，参加考察的一位蒙大拿州绅士康尼勒斯·赫奇士提出了一个大胆设想："把这片地区完整地交给政府，为全体人民和子孙后代的永续享用而保护起来。"探险者一致赞同这一建议，并为此而奔走呼吁。1872 年 3 月 1 日，美国国会通过了相关法律，由当时的总统格兰特（Ulysses Simpson Grant）签署并创建了美国也是世界上第一个国家公园——黄石国家公园（Yellowstone National Park）。

　　美国建立国家公园的做法，后来为世界各国所争相仿效。尽管世界各国的国家公园管理体制存在一定的差异，但共同特点有三：一是公益性，根据遗产资源的价值、权属等明确遗产资源的管理使命以确保公益性；二是分功能区管理、且经营空间和业务范围明晰，即大范围保护、小范围利用，餐饮、住宿等不属于基本公共服务的活动由商业经营提供；三是设立与保护和经营相应的管理单位、资金机制、经营机制和监督机制，如公园所有经营活动均需特许经营，以避免公园管理机构既是运动员又是裁判员；又如公园运营主要由联邦财政支持（约占其运营资金的 70%），门票、特许经营收入和社会捐赠只是补充，所有公园都能做到票价低廉（10 美元左右的多日通票），国民进入国家公园可以享受到基本公共服务。总之，公益性是国家公园体制的关键，国家公园只有由政府提供基本公共服务，才能使公众无门槛地通过文化和自然遗产地体验形成所谓国家共同意识。

　　第二次世界大战后，在法国与联合国的支持下，世界自然保护联盟（IUCN）于 1948 年成立，成员来自 400 个政府机构与民间保育团体，以推动全球的自然保护事业。1958 年，IUCN 成立了世界国家公园委员会，1969 年按照联合国要求制定了《世界国家公园标准》及名录，提出国家公园的设立必须绝对符合以下三项基本条件：①由中央立法，规定由国家的一个最高权责机构负责禁止狩猎、农耕、放牧、采矿与伐木。②如每平方公里少于 50 人，最小面积 50 平方公里；如每平方公里多于 50 人者，最小面积 12.5 平方公里。③有足够的人员及预算以保护这些自然资源。

鉴于需要保育区的复杂性与多样性，在1972年的第二届世界国家公园大会上，与会者建议IUCN定义世界保护区建立目标与分类标准；"标准与术语委员会"因此而成立，并于1978年完成一份报告，其中将世界自然保护区划分为10类：①科学保护区/严格的自然保护区；②国家公园；③自然纪念地/自然景物地；④受管理的自然保护区/生物禁猎区；⑤保护性陆地（或海洋）景观保护区；⑥自然资源保护区；⑦自然生物区/人类学保护区；⑧多用途管理区/管理的资源区；⑨人与生物圈保护区；⑩世界遗产地。

我国建立国家公园经历了一个演进过程，目的在于试图通过新的管理体制，解决保护区管理的"九龙治水"难题。2008年，国家林业局启动国家公园试点省建设（云南省），环保部和国家旅游局在黑龙江省汤旺河挂牌国家公园，2014年初，环保部批复一些地方的国家公园建设试点。试点虽经多年，但并未在管理体制上取得进展，绝大多数以各种方式挂牌"国家公园"的遗产地，仍然沿袭原有的管理体制机制，保护区没有保护好、服务好、经营好等共性问题没有得到缓解，有些地方的不当经营还加剧了保护区的退化。

党的十八届三中全会决定，提出了建立国家公园体制，并将其作为生态文明制度建设的重要内容。2015年《建立国家公园体制试点方案》提出，通过国家公园体制试点，实现保护地体系"保护为主"和"全民公益性优先"的目标。到2016年底，包括青海三江源、湖北神农架、福建武夷山、浙江钱江源、湖南南山、北京长城、云南香格里拉普达措、东北虎豹和大熊猫国家公园等9个试点实施方案，经中央全面深化改革领导小组审议通过；国家发改委会同有关部门有力有序有效推进试点各项工作。

（周宏春）

7.15　自然保护区建设与管理

自然保护区，按照《中华人民共和国自然保护区条例》的定义，是指对有代表性的自然生态系统、珍稀濒危野生动植物物种的天然集中分布区、有特殊意义的自然遗迹等保护对象所在的陆地、陆地水体或者海域，依法划出一定面积予以特殊保护和管理的区域。

我国的保护区建立相对于西方国家而言起步较迟。中华人民共和国成立初期，为了迅速改变落后面貌，国家大规模采伐森林。为此，一些科学家在1956年第一届全国人民代表大会上提出"在全国各省划定天然森林禁伐区，保存自然植被以供科学研究的需要"的提案，并在第三次会议上获得通过。换言之，我国第一个自然保护区是在1956年建立，比发达国家晚了半个世纪。

我国保护区建立的早期处于新中国成立后的百业待兴期，发展相当迟缓，到1965年仅建自然保护区19处；在"文化大革命"期间大多处于荒芜状态乃至名存实亡。1978年后，自然保护区建设进入快车道，到1988年底达到606个。截至2013年，我国建立国家级自然保护区407个、国家地质公园240个、国家级风景名胜区225个、国家级森林公园779个、国家湿地公园429个，增长速度、总数量成世界之最，初步建成了较为完善的保护区体系。2016年9月6日，国家发展改革委和国家旅游局联合印发全国生态旅游发展规划（2016～2025 年）。其中公布中国各类自然保护区数量，自然保护区 2740 个、风景名胜区 962 个、森林公园 3237 个、地质公园 485 个、湿地公园 979 个、水利风景区 2500 个、沙漠公园 55 个、海洋公园 33 个。

我国保护区建设之初的建设理念与国外差异较大。新中国成立初期，为迅速改变落后面貌，国家大规模采伐森林。为此，一些科学家在 1956 年第一届全国人民代表大会上提出"在全国各省划定天然森林禁伐区，保存自然植被以供科学研究的需要"的提案，并在第三次会议上获得通过。换言之，我国自然保护区的早期建设理念是以划定禁伐区作为科学研究基地的，与美国国家公园提供知性观光与游憩的理念有着明显的差异。

我国自然保护区建设取得了显著成绩。陆地生态系统种类、野生动物和高等植物，特别是国家重点保护的珍稀濒危动植物绝大多数都在自然保护区里得到较好保护。长白山、鼎湖山、卧龙、武夷山、梵净山、锡林郭勒、博格达峰、神农架、盐城、西双版纳、天目山、茂兰、九寨沟、丰林、南麂列岛等自然保护区被联合国教科文组织列入"国际人与生物圈保护区网"；扎龙、向海、鄱阳湖、东洞庭湖、东寨港、青海湖及香港米浦等自然保护区被列入《国际重要湿地名录》；九寨沟、武夷山、张家界、庐山等自然保护区被联合国教科文组织列为世界自然遗产或自然与文化遗产。

保护网络体系基本形成。建成了以自然保护区为骨干，包括风景名胜区、森林公园等类型的保护地网络。各类陆域保护地面积 170 多万平方公里，约占陆地国土面积的 18%，提前完成《生物多样性公约》17% 的 2020 年目标。建成自然保护区 2729 个，总面积达 147 万平方公里，约占陆地国土面积的 14.8%，高于 12.7% 的世界平均水平，85% 的陆地生态系统和野生动植物得到有效保护。建立了 60 多处大熊猫自然保护区，野生大熊猫种群数量由 2000 年的 1100 余只增加到 2013 年底的 1864 只。野生朱鹮数量由 1981 年发现时的 7 只发展到 1000 多只。

国际合作与交流持续深化。我国有 32 处自然保护区加入联合国教科文组织"人与生物圈"保护区网络，建立了中俄跨界自然保护区和生物多样性保护工作组、中日韩环境保护合作、南南合作等多边和双边机制，实施了 GEF、中欧生物多样性合作等项目，有效推动了国际交流与合作不断深化，树立了负责任大国的形象，2013 年被联合国授予南南合作奖。

我国的保护区管理形成了各职能部门管辖的管理体制，呈"九龙治水"格局。为适应居民旅行、观光、游憩等需求，建设部开展了国家风景名胜区（译为英文 National Park，国家公园）建设。林业部门基于发展森林旅游的目的，建立了国家森林公园；为保护湿地建立了国家湿地公园。国土资源部门出于保护地质遗迹的目的建立了国家地质公园，水利部门则建立了水库风景区等。除国家级自然保护区和国家级风景名胜区的设立由国务院实施行政审批外，其他均由各级政府部门批准与管理，管理经费均由各主管部门负责。

因此，应做好保护区保护的顶层设计，划分出国家级的保护区体系：严格意义的自然保护区；国家公园；世界遗产地；人与生物园保护区；自然纪念地；资源保护区；国家森林生态旅游地；国家湿地生态旅游地；国家地质生态旅游地；国家海洋（海岛、海滩、海岸）生态旅游地；对具有国际意义的体现国家形象的保护区，如世界自然遗产地、人与生物圈保护区、国家级自然保护区、国家公园等，需要国家设立专门机构和划拨固定经费统一管理。

保护区建设之初，我国的建设理念与国外国家公园的理念差异较大。我国自然保护区的早期建设理念是以划定禁伐区作为科学研究基地的，与美国国家公园提供知性观光与游憩的理念有着明显的差异。我国保护区建立的早期处于新中国成立后的百业待兴期，发展相当迟缓，到1965年仅建自然保护区19处；在"文化大革命"期间大多处于荒芜状态乃至名存实亡。1978年后，自然保护区建设进入快车道，到1988年底达到606个。到2013年，我国建立国家级自然保护区407个、国家地质公园240个、国家级风景名胜区225个、国家级森林公园779个、国家湿地公园429个，增长速度、总数量成世界之最。

我国自然保护区建设取得了显著成绩。经过60多年的发展，我国基本形成了类型比较齐全、布局基本合理、功能相对完善的自然保护区体系。到2016年底，保护区领域概况如下。

——我国（不含香港、澳门特别行政区和台湾地区，下同）共建立各种类型、不同级别的自然保护区2740个，其中国家级428个（林业系统国家级自然保护区346处），地方级2312个（省级879个，市级410个，县级1023个）。

——自然保护区总面积达到147万平方公里，约占全国陆地面积的14.84%。全国超过90%的陆地自然生态系统都建有代表性的自然保护区，89%的国家重点保护野生动植物种类以及大多数重要自然遗迹在自然保护区内得到保护，部分珍稀濒危物种野外种群逐步恢复。大熊猫野外种群数量达到1800多只，东北虎、东北豹、亚洲象、朱鹮等物种数量明显增加。

陆地生态系统种类、野生动物和高等植物，特别是国家重点保护的珍稀濒危动植物绝大多数都能在自然保护区里得到较好保护。长白山、鼎湖山、卧龙、武夷山、梵净山、锡林郭勒、博格达峰、神农架、盐城、西双版纳、天目山、茂兰、九寨沟、丰林、南麂列岛等自然保护区被联合国教科文组织列入"国际人与生物圈保护区网"；扎龙、向海、鄂阳湖、东洞庭湖、东寨港、青海湖及香港米浦等自然保护区被列入《国际重要湿地名录》；九寨沟、武夷山、张家界、庐山等自然保护区被联合国教科文组织列为世界自然遗产或自然与文化遗产。

保护网络体系基本形成。建成了以自然保护区为骨干，包括风景名胜区、森林公园等类型的保护地网络。各类陆域保护地面积170多万平方公里，约占陆地国土面积的18%，提前完成《生物多样性公约》17%的2020年目标。建成自然保护区2729个，总面积达147万平方公里，约占陆地国土面积的14.8%，高于12.7%的世界平均水平，85%的陆地生态系统和野生动植物得到有效保护。建立了60多处大熊猫自然保护区，野生大熊猫种群数量由2000年的1100余只增加到2013年底的1864只。野生朱鹮数量由1981年发现时的7只发展到1000多只。

国际合作与交流持续深化。我国有32处自然保护区加入联合国教科文组织"人与生物圈"保护区网络，建立了中俄跨界自然保护区和生物多样性保护工作组、中日韩环境保护合作、南南合作等多边和双边机制，实施了GEF、中欧生物多样性合作等项目，有效推动了国际交流与合作不断深化，树立了负责任大国的形象，2013年被联合国授予南南合作奖。

我国的保护区管理形成了各职能部门管辖的管理体制，国务院环境保护行政主管部门负责全国自然保护区的综合管理，林业、农业、地质矿产、水利、海洋等有关行政主管部门在各自的职责范围内，主管有关的自然保护区。为适应居民旅行、观光、游憩等需求，建设部开展了国家风景名胜区（译为英文 National Park，国家公园）建设。林业部门建立了国家森林公园和国家湿地公园。国土部门建立了国家地质公园，水利部门则建立了水库风景区等。除国家级自然保护区和国家级风景名胜区的设立由国务院实施行政审批外，其他均由各级政府部门批准与管理，管理经费均由各主管部门负责。

因此，就改变保护区"九龙治水"的格局，应当做好保护区保护的顶层设计，划分出国家级的保护区体系：严格意义的自然保护区；国家公园；世界遗产地；人与生物圈保护区；自然纪念地；资源保护区；国家森林生态旅游地；国家湿地生态旅游地；国家地质生态旅游地；国家海洋（海岛、海滩、海岸）生态旅游地；对具有国际意义的体现国家形象的保护区，如世界自然遗产地、人与生物圈保护区、国家级自然保护区、国家公园等，需要国家设立专门机构和划拨固定经费统一管理。

（周宏春）

7.16　山水林田湖草系统治理

十九大报告，将生态文明提到了"中华民族永续发展的千年大计"的新高度，确立了"功在当代、利在千秋"的新定位和"建设美丽中国，为人民创造良好生产生活环境，为全球生态安全作出贡献"的新目标，以及"牢固树立社会主义生态文明观"的新观念；把"坚持人与自然和谐共生"作为新时代中国特色社会主义基本方略之一，新设国有自然资源资产管理和自然生态监管机构的顶层设计，成为新时代生态文明建设的指导思想和行动指南。

十九大报告要求，统筹山水林田湖草系统治理，坚定走生产发展、生活富裕、生态良好的文明发展道路，建设美丽中国，为人民创造良好生产生活环境，为全球生态安全作出贡献。

习近平总书记指出，山水林田湖草是一个生命共同体。生态是统一的自然系统，是各种自然要素相互依存而实现循环的自然链条。人的命脉在田，田的命脉在水，水的命脉在山，山的命脉在土，土的命脉在树。要按照自然生态的整体性、系统性及其内在规律，统筹考虑自然生态各要素以及山上山下、地上地下、陆地海洋、流域上下游，进行系统保护、宏观管控、综合治理，增强生态系统循环能力，维护生态平衡。习近平总书记关于人与自然的共生关系论述，为新时代推进生态文明建设提供了行动指南。

《中共中央关于制定国民经济和社会发展第十三个五年规划的建议》指出，坚持保护优先、自然恢复为主，实施山水林田湖生态保护和修复工程，构建生态廊道和生物多样性保护网络，全面提升森林、河湖、湿地、草原、海洋等自然生态系统稳定性和生态服务功能。

2016 年，财政部发布《关于推进山水林田湖生态保护修复工作的通知》，其中指出，应统筹安排山水林田湖生态保护修复，重点包括以下内容。

统筹山水林田湖草系统治理，推进生态文明建设，就要按照生态系统的整体性、系统性以及内在规律，围绕解决我国生态系统保护与治理中的重点难点问题，在重点区域实施重大生态系统保护和修复工程，尽快提升其生态功能；健全完善山水林田湖草系统治理和保护管理制度，以生态系统治理体系和治理能力现代化提升生态系统健康与永续发展水平，提高生态系统生态产品供给能力，不断满足人民日益增长的优美生态环境需要。

加快山水林田湖生态保护修复，实现格局优化、系统稳定、功能提升，关系生态文明建设和美丽中国建设进程，关系国家生态安全和中华民族永续发展。长期以来，受高强度的国土开发建设、矿产资源开发利用等因素影响，我国一些生态系统破损退化严重，部分关系生态安全格局的核心地区在不同程度上遭到生产生活活动的影响，提供生态产品的能力不断下降。此前开展的一些生态保护修复工作由于缺乏系统性、整体性考虑，客观上存在各自为战的状况，生态整治修复效果不尽理想，资金使用效率亟待进一步提高。

开展山水林田湖生态保护修复，是生态文明建设的重要内容，是贯彻绿色发展理念的有力举措，是破解生态环境难题的必然要求。要充分认识开展山水林田湖生态保护修复的重要性、迫切性，以高度的责任感和使命感，积极工作，不断开创生态保护建设的新局面。

实施矿山环境治理恢复。我国部分地区历史遗留的矿山环境问题没有得到有效治理，造成地质环境破坏和对大气、水体、土壤的污染，特别是在部分重要的生态功能区仍存在矿山开采活动，对生态系统造成较大威胁。要积极推进矿山环境治理恢复，突出重要生态区以及居民生活区废弃矿山治理的重点，抓紧修复交通沿线敏感矿山山体，对植被破坏严重、岩坑裸露的矿山加大复绿力度。

推进土地整治与污染修复。应围绕优化格局、提升功能，在重要生态区域内开展沟坡丘壑综合整治，平整破损土地，实施土地沙化和盐碱化治理、耕地坡改梯、历史遗留工矿废弃地复垦利用等工程。对于污染土地，要综合运用源头控制、隔离缓冲、土壤改良等措施，防控土壤污染风险。

开展生物多样性保护。要加快对珍稀濒危动植物栖息地区域的生态保护和修复，并对已经破坏的跨区域生态廊道进行恢复，确保连通性和完整性，构建生物多样性保护网络，带动生态空间整体修复，促进生态系统功能提升。

推动流域水环境保护治理。要选择重要的江河源头及水源涵养区开展生态保护和修复，以重点流域为单元开展系统整治，采取工程与生物措施相结合、人工治理与自然修复相结合的方式进行流域水环境综合治理，推进生态功能重要的江河湖泊水体休养生息。

全方位系统综合治理修复。在生态系统类型比较丰富的地区，将湿地、草场、林地等统筹纳入重大工程，对集中连片、破碎化严重、功能退化的生态系统进行修复和综合整治，通过土地整治、植被恢复、河湖水系连通、岸线环境整治、野生动物栖息地恢复等手段，逐步恢复生态系统功能。

《国家生态文明试验区(江西)实施方案》，将打造山水林田湖草综合治理样板区作为战略定位之一，明确提出要把鄱阳湖流域作为一个山水林田湖草生命共同体，统筹山江湖开发、保护与治理，建立覆盖全流域的国土空间开发保护制度，深入推进全流域综合治理改革试验，全面推行河长制，探索大湖流域生态、经济、社会协调发展新模式，为全国流域保护与科学开发发挥示范作用。

从 20 世纪 80 年代开始江西省就实施"山江湖开发治理工程"，进行了艰辛探索，确立了"治湖必治江、治江必治山、治山必治贫"理念，取得了巨大成就、积累了丰富经验。建立了生态文明建设和山江湖综合治理协调管理机制，成立了江西省生态文明建设领导小组，形成了覆盖全省范围的山江湖开发治理的管理、协调和实施机构体系，建立了比较完备的河长制组织管理体系与绩效考核制度；建立了比较完备的生态文明制度体系，开展了生态环境综合执法体制改革试点，完善环境管理与督察制度，建立流域生态补偿制度和生态文明建设评价指标体系，健全了生态文明考核追责制度等等，为建设山水林田湖草综合治理样板区、打造美丽中国"江西样板"创造了坚实的基础条件。

（周宏春）

7.17　生态安全屏障体系

十九大提出推进绿色发展、着力解决突出环境问题、加大生态系统保护力度和改革生态环境监测体制等 4 项改革举措，将"坚持人与自然和谐共生"纳入新时代坚持和发展中国特色社会主义基本方略，强调坚定走生产发展、生活富裕、生态良好的文明发展道路。

优化生态安全屏障体系，构建生态廊道和生物多样性保护网络，提升生态系统质量和稳定性。完成生态保护红线、永久基本农田、城镇开发边界三条控制线划定工作。开展国土绿化行动，推进荒漠化、石漠化、水土流失综合治理，强化湿地保护和恢复，加强地质灾害防治。完善天然林保护制度，扩大退耕还林还草。严格保护耕地，扩大轮作休耕试点，健全耕地草原森林河流湖泊休养生息制度，建立市场化、多元化生态补偿机制。

绿色发展的第三大任务是加大生态系统保护力度。实施重要生态系统保护和修复重大工程，优化生态安全屏障体系，完成生态保护红线、永久基本农田、城镇开发边界三条控制线划定工作，构建生态廊道和生物多样性保护网络，提升生态系统质量和稳定性。

党的十八届五中全会公报提出，筑牢生态安全屏障，坚持保护优先、自然恢复为主，实施山水林田湖生态保护和修复工程。坚持绿色发展，必须坚持节约资源和保护环境的基本国策，坚持可持续发展，坚定走生产发展、生活富裕、生态良好的文明发展道路，加快建设资源节约型、环境友好型社会，形成人与自然和谐发展现代化建设新格局，推进美丽中国建设，为全球生态安全作出新贡献。促进人与自然和谐共生，构建科学合理的城市化格局、农业发展格局、生态安全格局、自然岸线格局，推动建立绿色低碳循环发展产业体系。加快建设主体功能区，发挥主体功能区作为国土空间开发保护基础制度的作用。推动低碳循环发展，建设清洁低碳、安全高效的现代能源体系，实施近零碳排放区示范工程。

筑牢生态安全屏障，坚持保护优先、自然恢复为主，实施山水林田湖生态保护和修复工程，开展大规模国土绿化行动，完善天然林保护制度，开展蓝色海湾整治行动。

国务院关于印发《全国主体功能区规划》的通知提出，围绕筑牢生态安全屏障的总目标，以重点区域突出生态问题为导向，全面提升自然生态系统的稳定性和生态服务功能，加快构建"两屏三带"国家生态安全屏障。构建以青藏高原生态屏障、黄土高原—川滇生态屏障、东北森林带、北方防沙带和南方丘陵山地带以及大江大河重要水系为骨架，以其他国家重点生态功能区为重要支撑，以点状分布的国家禁止开发区域为重要组成的生态安全战略格局。青藏高原生态屏障，重点保护好多样、独特的生态系统，发挥涵养大江大河水源和调节气候的作用；黄土高原—川滇生态屏障，重点加强水土流失防治和天然植被保护，发挥保障长江、黄河中下游地区生态安全的作用；东北森林带，重点保护好森林资源和生物多样性，发挥东北平原生态安全屏障的作用；北方防沙带，重点加强防护林建设、草原保护和防风固沙，对暂不具备治理条件的沙化土地实行封禁保护，发挥"三北"地区生态安全屏障的作用；南方丘陵山地带，要重点加强植被修复和水土流失防治，发挥华南和西南地区生态安全屏障的作用。

（周宏春）

7.18　生态廊道和生物多样性保护网络

十九大报告指出，实施重要生态系统保护和修复重大工程，优化生态安全屏障体系，构建生态廊道和生物多样性保护网络，提升生态系统质量和稳定性。自然保护区物种集聚，也是生物多样性保护的重点区域。

廊道（corridor）指不同于周围的线状或带状景观及构成要素，生态廊道（ecological corridor）指具有保护生物多样性、过滤污染物、防止水土流失、防风固沙、调控洪水等生态服务功能的廊道类型，主要由植被、水体等生态要素构成，与"绿色廊道"（green corridor）内涵相当。美国保护管理协会（Conservation Management Institute，USA）从生物保护的角度出发，将之定义为"供野生动物使用的狭带状植被，通常能促进两地间生物因素的运动"。

建立生态廊道，是景观生态规划的重要方法，是解决当前人类剧烈活动造成的景观破碎化以及随之而来的众多环境问题的重要措施。按照生态廊道的主要结构与功能，可将其分为线状生态廊道、带状生态廊道和河流廊道三种类型。

1994 年，联合国大会通过决议，设立国际生物多样性日。联合国大会 2000 年 12 月 20 日，通过第 55/201 号决议，宣布每年 5 月 22 日为"生物多样性国际日"，以增加对生物多样性问题的理解和认识。2015 年的主题是"生物多样性促进可持续发展"。2016 和 2017 年的主题分别为生物多样性主流化，可持续的人类生计以及生物多样性与旅游可持续发展。

中国森林生物多样性监测网络于 2003 年开始组建，旨在监测中国森林生物多样性的变化，综合研究物种资源与生态环境，发展资源科学、森林生态学与保育生物学。该研究网络由 9 个森林生态系统定位样地组成。设立了领导小组（办公室）、科学指导委员会和科学委员会（秘书处）等组织机构，全面负责网络的运行和管理，以及组织重大科学研究计划的实施，开展生物多样性变化监测、数据集成和对外服务等业务。该网络是我国森林生态系统多样性变化的监测基地，也是世界热带森林研究中心（CTFS）监测网络的重要组成部分。

中国森林生物多样性监测网络科学研究的主要目标是，通过对我国典型森林生态系统的长期监测，揭示其不同时期生态系统及环境要素的变化规律及其动因，研究物种多样性的起源，探求不同尺度的物种多样性变化与维持机理；建立我国典型森林生态系统物种多样性监测的服务功能及其价值评价及物种灭绝速率的评价指标体系；阐明全球变化对我国典型森林生态系统的影响，揭示我国不同区域生态系统对全球变化的作用及响应；阐明我国典型森林生态系统生物多样性变化的规律，探讨高效保护物种生物多样性的途径和措施，为自然保护区的建立进行科学的规划定位；将该研究网络取得的研究结果应用到生态系统的持续管理中，并为国家的土地利用政策以及生态系统、景观管理提供科学指导。

我国基本形成生物多样性保护网络，已经成立了生物多样性保护国家委员会，发布了《生物多样性保护战略与行动计划（2011～2030年）》，启动了"联合国生物多样性十年中国行动"等活动，生物多样性保护工作持续推进。环保部联合中科院发布了《中国生物物种名录2015版》和《中国生物多样性红色名录——脊椎动物卷》。下一步，环保部将努力做好四方面工作：一是强化生物多样性保护监管；二是理顺生物多样性保护管理体制机制；三是全面实施生物多样性保护重大工程；四是加大宣传教育和公众参与力度。　　　　（周宏春）

7.19　自然保护地体系

十九大报告指出："构建国土空间开发保护制度，完善主体功能区配套政策，建立以国家公园为主体的自然保护地体系。"意味着我国自然保护地体系将从目前的以自然保护区为主体转变为今后的以国家公园为主体。

保护地（protected area，也称保护区）指受保护的区域。世界自然保护联盟（IUCN）对保护地的定义是：一个明确界定的地理空间，通过法律或其他有效方式获得认可、得到承诺和进行管理，以实现对自然及其所拥有的生态系统服务和文化价值的长期保护。重要的自然保护地类型，包括自然保护区、国家公园、森林公园、湿地公园等。

建立保护地是世界各国保护自然生态系统的通行做法。设立自然保护地是为维持自然生态系统的正常运行，为物种提供生存庇护所，维护难以在集约经营的陆地景观和海洋景观内进行的生态过程，也是理解人与自然相互作用的基线。自然保护地有多重目的，包括科学研究、保护荒野地、保存物种和遗传多样性、维持环境服务、保持特殊自然和文化特征、提供教育、旅游和娱乐机会、持续利用自然生态系统内的资源、维持文化和传统特征等。

自然保护地要形成体系才能充分发挥功能。零星的自然保护地难以满足全面保护自然生态系统的要求，而要在不同空间尺度和保护层级上对众多的自然保护地运维，并形成保护网络；这就要对自然保护地进行系统规划，确保自然保护地体系全面、充分，具有代表性和活力，确保重要的生态系统、栖息地、物种和景观得到全面保护；留有足够大的面积，为物种传播和迁徙提供充分条件；关键生态系统的受损部分能得到恢复，减轻潜在的威胁。按照生态系统理论和方法将自然保护地联系起来，以实现对重要生态系统的全覆盖，实现长久发挥生态服务功能的目标，就形成了自然保护地体系。建立自然保护地体系，有利于从宏观和全面的尺度，维护景观、栖息地及其所包含的物种和生态系统的多样性，确保受保护对象的完整性和价值得到长久维持，实现管理和治理体系的正常运转。

自然保护地类型繁多，名称不一；为便于交流和管理，IUCN 基于管理目标把自然保护地分为 Ⅵ(六) 类，有完全禁止人为活动的严格自然保护区，有保护大范围的自然生态系统和大尺度的生态过程的国家公园，有用于物种、栖息地、遗址和景观保护的保护区，也有保护自然生态系统、开展自然资源可持续利用的保护地类型。国家公园是重要的自然保护地。

根据 IUCN 数据库统计，全球迄今设立了包括自然保护区、国家公园在内的 22 万多个自然保护地，其中陆地类型的就超过 20 万个，覆盖了全球陆地面积的 12%。

严格自然保护区属于 Ⅰ 类，是处于最原始自然状态、大部分保留原貌，拥有基本完整的当地物种和具有生态意义的种群密度，具有极少受到人为干扰的完整生态系统和原始的生态过程，面积很大、没有人定居、没有现代基础设施、开发和工业开采等活动；保持着高度的完整性，包括保留生态系统的大部分原始状态、完整或几乎完整的自然植物和动物群落、保存有自然特征，未受到人类活动的显著影响，要采取最严格的保护措施，禁止人类活动和资源利用。国家公园一般属 Ⅱ 类自然保护地，保护大面积的自然或接近自然的生态系统。首要目标是保护大尺度的生态过程及相关的物种和生态系统特性，具有独特的、拥有国家象征意义和民族自豪感的生物特征或自然美景、文化特征。在严格保护的前提下，允许在限定的区域内开展科学研究、环境教育和旅游参观。

中国自然保护区属 Ⅰ 类的严格保护区，国家公园属于 Ⅱ 类保护地。中国生物多样性丰富的区域往往也有人口分布，除高海拔的青藏高原无人区外，也很难找到没有人活动的自然保护区。中国自然保护区划分为核心区、缓冲区和实验区，实验区允许部分生产生活活动，也允许开展生态旅游活动。

根据《建立国家公园体制总体方案》，国家公园是由国家批准设立并主导管理，边界清晰，以保护具有国家代表性的大面积自然生态系统为主要目的，实现自然资源科学保护和合理利用的特定陆地或海洋区域，是我国自然保护地中的最重要类型之一，是全国主体功能区规划中的禁止开发区域，并纳入全国生态保护红线区域管控范围，实行最严格的保护。

建立以国家公园为主体的自然保护地体系，是一项艰巨的改革任务，将对原有职能和利益，中央与地方之间、部门之间的利益进行调整。《总体方案》确立了建立统一事权、分级管理体制。一是建立统一的管理机构。整合相关自然保护地管理职能，由一个部门统一行使国家公园管理职责。二是分级行使所有权。国家公园内全民所有的自然资源资产所有权由中央政府和省级人民政府分级行使；部分国家公园的全民所有的自然资源资产所有权由中央政府直接行使，其他的委托省级政府代理行使。三是构建协同管理机制。合理划分中央和地方事权，构建主体明确、责任清晰、相互配合的国家公园的中央和地方协同管理体制。四是建立健全监管机制。健全监管制度，加强国家公园空间用途管制，强化对国家公园生态保护等工作情况的监管。五是建立财政投入为主的多元化资金保障机制，构建高效的资金使用管理机制。六是完善自然生态系统保护制度，加强自然生态系统原真性、完整性保护。严格规划建设管控，在不损害生态系统的前提下，可以对原住民的生产生活设施进行改造，开展自然观光、科研、教育、旅游，禁止其他开发建设活动。

国家公园应以保护为最主要的目的，实现多目标。《生态文明体制改革总体方案》中提出："国家公园实行更严格保护，除不损害生态系统的原住民生活生产设施改造和自然观光科研教育旅游外，禁止其他开发建设，保护自然生态和自然文化遗产原真性、完整性。"

国家公园体制建设要实现的改革目的：边界清晰，产权明晰；管理顺畅，运行高效；系统完整，体系健全；保护最好，成效最好；成本最低，代价最小；利益兼顾，积极性高；事权划分合理清晰；法律体系健全，政策保障有力。首先要搭建我国自然生态空间保护的"四梁八柱"的稳固体系。

（周宏春）

7.20　固体废弃物和垃圾处置

党的十九大报告提出，加强固体废弃物和垃圾处置。我国是人口大国，也必然是固体废物产生大国。数据显示，我国各类固体废物累积堆存量约为 800 亿吨，每年产生量近 120 亿吨。因此，加以资源化利用和无害化处理处置，十分紧迫。

建设"无废社会"，是建设生态文明和美丽中国不可或缺的要素。固体废物中的有毒有害物质成分复杂，若处置不当，会对周边水体、大气和土壤造成污染，带来人类健康和生态安全风险；排放温室气体，加剧全球气候变化影响。因此，建设"无废社会"不仅可以减轻原生资源开采利用和固体废物处理不当带来的生态环境破坏，从源头消除对人居生活环境的影响，促进美丽中国建设；有利于城市和农村生活环境改善，有利于公民健康，提高人民群众对人居环境的满意度；还可以从固体废物的再次利用中发展战略性新型产业等。

"废物"是放错位置的资源，如能将其减量化、资源化，建设"无废社会"，必将带来经济社会的可持续发展。我国固体废物资源化利用已取得了很大进展，但利用率较低、未形成应有规模产业、缺少规划和目标，与建设"无废社会"的长远目标相距甚远。

第一，建设"无废社会"尚未提到生态文明建设和以人为本的国家战略高度，虽然建设"无废社会"的本质要求与生态文明建设的内在要求高度一致，是构建资源循环型、环境友好型社会的重要途径。

第二，我国的法律制度体系尚不完善、管理不协调、标准不明确。尽管我国颁布了《中华人民共和国固体废物污染环境防治法》等相关法规，并涉及固体废物资源化利用和无害化处理的相关内容，但覆盖种类不全、有些可操作性不强。在制度实施和管理方面，职责不清现象比较突出。资源化利用过程中环境污染防治和风险控制技术等规范，综合利用产品的质量控制等标准严重缺失。

第三，经济性和社会参与度不高。由于现有税收和政府补贴等覆盖范围有限、技术创新不够等方面的原因，固体废物资源化利用普遍存在处置成本高、经济效益差等问题；资源化利用中二次污染防治水平不高；公众的认识不足，社会参与度不高。

因此，应将建设"无废社会"提升到国家战略高度，作为全面建成小康的内容之一。要完善法律制度作为推进"无废社会"的制度保障。明确固体废物相关产业源头准入控制、回收、综合利用等环节相关方的法律责任和管理要求，推进生产者责任延伸制、企业间共生代谢等制度建设，建立资源化利用市场退出机制。推动资源产出率、资源循环利用率等量化指标的应用，纳入经济社会发展评价和政府绩效考核体系，纳入生态文明建设的评价指标，以提升资源化利用水平。

要加大扶持力度。"无废社会"是长期目标，需要循序渐进地加以推进，可以从"无废城市"试点起步。在试点基础上总结经验并在全国范围内推广；强化专项资金、财政投入等对市场的带动作用，引导社会资本进入固废资源化利用产业市场；加强宣传教育，改进社会治理模式，使公众成为参与主体，发挥除政府机关外的企业、社区、家庭、中介组织和个人等社会力量，打造企业、公众、政府互动多赢局面。

固体废物，是指在生产、生活和其他活动中产生的丧失原有利用价值或者虽未丧失利用价值但被抛弃或者放弃的固态、半固态和置于容器中的气态的物品、物质以及法律、行政法规规定纳入固体废物管理的物品、物质。

固体废物处理是通过物理的手段（如粉碎、压缩、干燥、蒸发、焚烧等）或生物化学作用（如氧化、消化分解、吸收等）和热解气化等化学作用以缩小其体积、加速其自然净化的过程。通常也指人类在生产和生活活动中丢弃的固体和泥状物质，包括从废水、废气中分离出来的固体颗粒。但是不管采用何种处理方法，最终仍有一定量的固体废物残存，对这部分废物需要妥善地加以处置。特别在处理废物时，应避免产生二次污染，对有毒有害废物应确保不致对人类产生危害。控制固体废物对环境污染和对人体健康危害的主要途径是实行对固体废物的资源化、无害化和减量化处理。

资源回收。通过循环利用，回收能源和资源。对工业固体废物的回收，必须根据具体的行业生产特点而定，还应注意技术可行、产品具有竞争力及能获得经济效益等因素。

无害化处置。经过适当的处理或处置，使固体废物或其中的有害成分无法危害环境，或转化为对环境无害的物质。常用的方法有焚烧法；堆肥法；等离子气化法和热解气化法。

减量化处理，通过处理使固体废弃物数量大大减少。

2017年3月，国家发展改革委、住房和城乡建设部共同发布了《生活垃圾分类制度实施方案》，提出到2020年底，基本建立垃圾分类相关法律法规和标准体系，形成可复制、可推广的生活垃圾分类模式；在46个城市实施生活垃圾强制分类，生活垃圾回收利用率要求达到35%以上。《方案》确定的46个生活垃圾强制分类城市、国家生态文明试验区和各地新城新区，率先做好垃圾分类，发挥引领带动作用，来逐步、稳步地推进。（周宏春）

7.21　环境保护与污染治理

根据十八大报告、国民经济和社会发展"十三五"规划纲要、环境保护"十三五"规划等文件精神，环境保护应坚持预防为主、综合治理方针，以解决损害群众健康突出环境问题为重点，提高污染物排放标准，强化水、大气、土壤等污染防治。环境保护既要为科学发展固本强基，又要为人民健康增添保障。享有良好的生态环境是人民群众的基本权利，是人民群众的新期待、新祈求。

优先解决全局性、普遍性的突出环境问题。要坚持将解决全局性、普遍性环境问题与解决重点流域、区域、行业环境问题相结合，维护人民群众环境权益，保证人民群众喝上干净水、呼吸清洁空气、吃上放心食物。切实解决关系民生和损害健康的突出环境问题，如重金属污染防治、水源地保护、垃圾围城、噪声扰民、河湖水体富营养化、历史遗留土壤污染治理等。坚持当前与长远结合，实施空气污染治理重点工程。

关注新出现的环境问题，加强风险防控。特别关注汽车尾气排放等原因引起的光化学污染、PM2.5 以及二噁英等永久性有机污染的综合性治理。建立危机废弃物和化学品环境污染责任终身追究制和全过程行政问责制。加强核与辐射安全管理，推进早期核设施退役和放射性污染治理工作；开展核与辐射安全国际合作，提高核能与核技术利用安全水平。

显著提高农村环境保护工作水平。农村环境保护和治理需要引起特别重视，着力解决环境污染问题突出的村庄和集镇。应推进生态农业和有机农业发展，鼓励使用生物农药或高效、低毒、低残留农药；统筹建设城市和县城周边的村镇无害化处理设施和收运系统，引导农村生活垃圾实现源头分类、就地减量、资源化利用。严格环境准入，防止城市和工业污染向农村转移，或由较发达的东部地区向中西部转移。

完善政策，形成环境保护的长效机制。综合运用价格、财税、金融等经济手段，加大对环境保护科技研发、推广运用的公共财政投入，用于资源节约和环境保护的公共财政投入所占 GDP 的比重不断增加，增长比例高于同期财政收入增长。强化资源有偿使用和污染者付费政策，建立科学合理的环境补偿机制、使用权交易等机制。扩大资源税征收范围，在有条件的地区合理提高各类排污费征收标准；在试点征收碳税的同时应降低企业所得税税率，以使企业总税负不加重，体现改革的"双重红利"。加快完善生态补偿机制，稳步推广排污权交易、特许经营制度等市场化经验，逐步在重污染行业制定和推行环境污染企业强制性责任保险制度。建立清洁生产先进企业"领跑者"制度，鼓励企业超额减排。发挥财政资金的引导作用，吸引社会资金投入到生态文明建设之中。

完善综合决策机制，强化责任制和问责制。政府应当做好应该做而且也是必须做的事情，发挥在法规、标准、规划、应急预案的制定及检查监督等方面的作用。加强法规体系建设，完善配套法规和实施细则，完善大气、水、海洋、土壤等环境质量标准，并逐步提高相应排放标准，推进环境风险源识别、环境风险评估和突发环境事件应急标准建设。落实环境目标责任制。完善地方党委政府负责、环保部门统一监管、有关部门协调配合、全社会共同参与的环境社会治理体系。地方党委政府是环境保护的责任主体，要把规划目标、任务、措施和重点工程纳入本地区国民经济和社会发展总体规划，纳入对各级人民政府的政绩考核。

加强环境保护和可持续发展的能力建设。大力开展宣传、教育和培训活动，形成全社会节约资源、保护环境的社会氛围。提高决策者特别是"一把手"的认识，使之认识到"为官一任，造福一方"，不应只考虑眼前的、暂时的幸福，而应顾及长远的、关系子孙后代的大事，并自觉运用到宏观经济决策和行动中。推进环境保护监测、监察、统计、信息服务等标准化建设，完善统计、监测、考核体系。利用物联网和电子标识等手段，对危险化学品等存储、运输等环节实施全过程监控。加强环境预警与应急体系、核与辐射事故应急响应、反恐能力建设，完善应急决策、指挥调度系统及应急物资储备。

积极引导全民参与，提高生态文明水平，尽早建成美丽中国。美丽中国，是我们的共同期盼。保护环境需要大家的共同面对、大家的共同行动；美丽中国目标的实现需要公众参与和共同行动。只有共同的忧患，才有共同的智慧；只有共同的行动，才有共同的未来。公众应当积极参与公益性活动，如垃圾分类、爱护公共卫生、植树造林等；从小事做起、从自己身边的事情做起，如不使用"一次性"筷子、薄塑料袋，循环使用包装物等。发挥群众的监督作用，建立健全环境保护举报制度，畅通环境信访、12369 环保热线、网络邮箱等信访投诉渠道，推进绿色创建活动，倡导绿色生产、生活方式。只有大家的共同努力，才能创造一个美好的环境，才能建成美丽中国。

（周宏春）

7.22　大气污染防治行动计划

大气环境保护，事关人民群众根本利益，事关经济持续健康发展，事关全面建成小康社会，事关中华民族伟大复兴中国梦的实现。我国大气环境污染形势严峻，以可吸入颗粒物（PM_{10}）、细颗粒物（$PM_{2.5}$）为特征的区域性大气环境污染问题日益突出，损害居民群众的身体健康。随着我国工业化、城镇化的深入推进，能源资源消耗将持续增加，大气污染防治压力依然巨大。打赢蓝天保卫战，任重道远。

2013 年 9 月 10 日，国务院关于印发大气污染防治行动计划的通知（国发〔2013〕37 号）文，向各省、自治区、直辖市人民政府，国务院各部委、各直属机构下发了《大气污染防治行动计划》，即"气十条"。以保障人民群众身体健康为出发点，坚持政府调控与市场调节相结合、全面推进与重点突破相配合、区域协作与属地管理相协调、总量减排与质量改善相同步，形成政府统领、企业施治、市场驱动、公众参与的大气污染防治新机制，实施分区域、分阶段治理，推动产业结构优化、科技创新能力增强、经济增长质量提高，实现环境效益、经济效益与社会效益多赢，为建设美丽中国而奋斗。

持续实施污染防治行动。"气十条"提出的奋斗目标是：经过五年的努力，全国空气质量总体改善，重污染天气较大幅度减少；京津冀、长三角、珠三角等区域空气质量明显好转。力争再用五年或更长时间，逐步消除重污染天气，全国空气质量明显改善。具体指标是到 2017 年，全国地级及以上城市 PM10 浓度比 2012 年下降 10% 以上，优良天数逐年提高；京津冀、长三角、珠三角等区域细颗粒物浓度分别下降 25%、20% 和 15% 左右，其中北京市细颗粒物年均浓度控制在 60 微克/立方米左右。

"气十条"提出了加大综合治理力度，减少多污染物排放；调整优化产业结构，推动产业转型升级；加快企业技术改造，提高科技创新能力；加快调整能源结构，增加清洁能源供应；严格节能环保准入，优化产业空间布局；发挥市场机制作用，完善环境经济政策；健全法律法规体系，严格依法监督管理；建立区域协作机制，统筹区域环境治理；建立监测预警应急体系，妥善应对重污染天气；明确政府企业和社会的责任，动员全民参与环境保护等十条政策措施。

源头控制。大气污染源包括工业、农业、流动源等。全面整治燃煤小锅炉。加快推进集中供热、"煤改气""煤改电"工程建设，地级及以上城市建成区基本淘汰每小时 10 蒸吨及以下的燃煤锅炉，禁止新建每小时 20 蒸吨以下的燃煤锅炉。在供热供气管网不能覆盖的地区，改用电、新能源或洁净煤，推广应用高效节能环保型锅炉。加快重点行业脱硫、脱硝、除尘改造工程建设。所有燃煤电厂、钢铁企业的烧结机和球团生产设备、石油炼制企业的催化裂化装置、有色金属冶炼企业要安装脱硫设施，每小时 20 蒸吨及以上的燃煤锅炉要实施脱硫。燃煤锅炉和工业窑炉现有除尘设施要实施升级改造。京津冀、长三角、珠三角等区域基本完成燃煤电厂、燃煤锅炉和工业窑炉的污染治理设施建设与改造，完成石化企业有机废气综合治理。

深化面源污染治理。综合整治城市扬尘。推行道路机械化清扫等低尘作业方式。推进城市及周边的绿化和防风防沙林建设，扩大城市建成区绿地规模。开展餐饮油烟污染治理。城区餐饮服务经营场所应安装高效油烟净化设施，推广使用高效净化型家用吸油烟机。

加快淘汰黄标车和老旧车辆。采取划定禁行区域、经济补偿等方式，逐步淘汰黄标车和老旧车辆。到 2015 年，淘汰 2005 年底前注册营运的黄标车，基本淘汰京津冀、长三角、珠三角等区域内的 500 万辆黄标车。大力推广新能源汽车。公交、环卫等行业和政府机关要率先使用新能源汽车，采取直接上牌、财政补贴等措施鼓励个人购买。北京、上海、广州等城市每年新增或更新的公交车中新能源和清洁燃料车的比例达到 60% 以上。

政策措施包括，利用价格政策和市场机制两方面。完善价格税收政策。根据脱硝成本，结合调整销售电价，完善脱硝电价政策。现有火电机组采用新技术进行除尘设施改造的，要给予价格政策支持。实行阶梯式电价。推进天然气价格形成机制改革，理顺天然气与可替代能源的比价关系。按照合理补偿成本、优质优价和污染者付费的原则合理确定成品油价格，完善对部分困难群体和公益性行业成品油价格改革补贴政策。加大排污费征收力度，做到应收尽收。适时提高排污收费标准，将挥发性有机物纳入排污费征收范围。

发挥市场调节作用。本着"谁污染、谁负责，多排放、多负担，节能减排得收益、获补偿"的原则，积极推行激励与约束并举的节能减排新机制。分行业、分地区对水、电等资源类产品制定企业消耗定额。建立企业"领跑者"制度，对能效、排污强度达到更高标准的先进企业给予鼓励。全面落实"合同能源管理"的财税优惠政策，完善促进环境服务业发展的扶持政策，推行污染治理设施投资、建设、运行一体化特许经营。完善绿色信贷和绿色证券政策，将企业环境信息纳入征信系统。严格限制环境违法企业贷款和上市融资。推进排污权有偿使用和交易试点。

环境治理，人人有责。要积极开展宣传教育，普及大气污染防治的科学知识。加强大气环境管理专业人才培养。倡导文明、节约、绿色的消费方式和生活习惯，引导公众从自身做起、从点滴做起、从身边的小事做起，在全社会树立起"同呼吸、共奋斗"的行为准则，共同改善空气质量。

（周宏春）

7.23　水污染防治行动计划

水是生命之源、生产之要、生态之基。兴水利、除水害，事关人类生存、社会进步，历来是治国安邦的大事。可以从不同角度研究水：水资源、水环境、水生态、水灾害、水安全等。水环境保护事关人民群众切身利益，事关全面建成小康社会，事关实现中华民族伟大复兴中国梦。当前，我国一些地区水环境质量差、水生态受损重、环境隐患多等问题十分突出，影响和损害群众健康，不利于经济社会持续发展。2015 年 4 月 2 日，国务院关于印发水污染防治行动计划的通知（国发〔2015〕17 号）文，向各省、自治区、直辖市人民政府，国务院各部委、各直属机构印发了《水污染防治行动计划》（简称"水十条"）。

加快水污染防治。"水十条"提出的总体要求是：按照"节水优先、空间均衡、系统治理、两手发力"原则，以改善水环境质量为核心，贯彻"安全、清洁、健康"方针，强化源头控制，水陆统筹、河海兼顾，对江河湖海实施分流域、分区域、分阶段科学治理，系统推进水污染防治、水生态保护和水资源管理。坚持政府市场协同，注重改革创新；坚持全面依法推进，实行最严格环保制度；坚持落实各方责任，严格考核问责；坚持全民参与，推动节水洁水人人有责，形成"政府统领、企业施治、市场驱动、公众参与"的水污染防治新机制，实现环境效益、经济效益与社会效益多赢，为建设"蓝天常在、青山常在、绿水常在"的美丽中国而奋斗。

工作目标是：到 2020 年，全国水环境质量得到阶段性改善，污染严重水体较大幅度减少，饮用水安全保障水平持续提升，地下水超采得到严格控制，地下水污染加剧趋势得到初步遏制，近岸海域环境质量稳中趋好，京津冀、长三角、珠三角等区域水生态环境状况有所好转。到 2030 年，力争全国水环境质量总体改善，水生态系统功能初步恢复。到本世纪中叶，生态环境质量全面改善，生态系统实现良性循环。

主要指标是：到 2020 年，长江、黄河、珠江、松花江、淮河、海河、辽河等七大重点流域水质优良（达到或优于Ⅲ类）比例总体达到 70% 以上，地级及以上城市建成区黑臭水体均控制在 10% 以内，地级及以上城市集中式饮用水水源水质达到或优于Ⅲ类比例总体高于 93%，全国地下水质量极差的比例控制在 15% 左右，近岸海域水质优良（一、二类）比例达到 70% 左右。京津冀区域丧失使用功能（劣于Ⅴ类）的水体断面比例下降 15 个百分点左右，长三角、珠三角区域力争消除丧失使用功能的水体。到 2030 年，全国七大重点流域水质优良比例总体达到 75% 以上，城市建成区黑臭水体总体得到消除，城市集中式饮用水水源水质达到或优于Ⅲ类比例总体为 95% 左右。重点内容包括：

全面控制污染物排放，制定造纸、焦化、氮肥、有色金属、印染、农副食品加工、原料药制造、制革、农药、电镀等重点行业治理方案，实施清洁化改造。新建、改建、扩建上述行业建设项目实行主要污染物排放等量或减量置换。造纸行业完成纸浆无元素氯漂白改造或采取其他低污染制浆技术，钢铁企业焦炉完成干熄焦技术改造，氮肥行业尿素生产完成工艺冷凝液水解解析技术改造，印染行业实施低排水染整工艺改造，制药（抗生素、维生素)行业实施绿色酶法生产技术改造，制革行业实施铬减量化和封闭循环利用技术改造。

推动经济结构转型升级，着力节约保护水资源。大力发展环保产业，规范环保产业市场，对涉及环保市场准入、经营行为规范的法规、规章和规定进行全面梳理，废止妨碍形成全国统一环保市场和公平竞争的规定和做法。健全环保工程设计、建设、运营等领域招投标管理办法和技术标准。推进先进适用的节水、治污、修复技术和装备产业化发展。

充分发挥市场机制作用，严格环境执法监管。完善水环境监测网络。统一规划设置监测断面(点位)。提升饮用水水源水质全指标监测、水生生物监测、地下水环境监测、化学物质监测及环境风险防控技术支撑能力。2017 年底前，京津冀、长三角、珠三角等区域、海域建成统一的水环境监测网。

实施流域环境和近岸海域综合治理。切实加强水环境管理，保障水生态环境安全。防治地下水污染，定期调查评估集中式地下水型饮用水水源补给区等区域环境状况。石化生产存贮销售企业和工业园区、矿山开采区、垃圾填埋场等区域应进行必要的防渗处理。加油站地下油罐应于 2017 年底前全部更新为双层罐或完成防渗池设置。报废矿井、钻井、取水井应实施封井回填。公布京津冀等区域内环境风险大、严重影响公众健康的地下水污染场地清单，开展修复试点。

明确和落实各方责任，强化公众参与和社会监督。加强宣传教育，把水资源、水环境保护和水情知识纳入教育体系，提高公众对经济社会发展和环境保护客观规律的认识。树立"节水洁水，人人有责"的行为准则。依托全国中小学节水教育、水土保持教育、环境教育等社会实践基地，开展环保活动。支持民间环保机构、志愿者开展工作。倡导绿色消费，开展环保社区、学校、家庭等群众性创建活动，鼓励购买使用节水产品和环境标志产品。

(周宏春)

7.24　土壤污染防治行动计划

土壤是经济社会可持续发展的物质基础，关系群众身体健康，关系美丽中国建设；保护好土壤环境是推进生态文明建设和维护国家生态安全的重要内容。

当前，我国土壤环境总体状况堪忧，部分地区污染较为严重，已成为全面建成小康社会的突出短板之一。2016 年 5 月 28 日，国务院向各省、自治区、直辖市人民政府，国务院各部委、各直属机构印发《土壤污染防治行动计划》(国发〔2016〕31 号，简称"土十条")，要求逐步改善土壤环境质量。

强化土壤污染管控和修复。"土十条"强调：一是预防，二是风险管控，三是安全利用；解决当前土壤污染问题的主要部署可以概括为"2233"。第一个"2"是两大基础。一是摸清家底，开展土壤污染详查。二是建立健全法规标准体系，全国人大已把土壤污染防治法列入了立法计划并出了初稿。第二个"2"是两大重点，一是农用地分类管理，二是建设用地准入管理。国家发布了污染地块环境管理办法，明确了从风险管控的角度监管什么，各方的责任是什么，这是一个全过程的管理方案。第一个"3"是三大任务，对未污染、正受污染和已被污染的土壤实施防治和风险管控措施。第二个"3"是加大三大保障：即加大科技研发力度、发挥政府主导作用和强化目标考核。在土壤污染防治上，国家已建了工作机制，12 个部门参加，形成国家各部门和地方各省市区的工作方案。

"土十条"的总体要求：按照"五位一体"总体布局和"四个全面"战略布局要求，牢固树立创新、协调、绿色、开放、共享发展理念，立足我国国情和发展阶段的基本特征，以改善土壤环境质量为核心，以保障农产品质量和生态安全为出发点，坚持预防为主、保护优先、风险管控，突出重点区域、行业和污染物，实施分类别、分用途、分阶段治理，严控新增污染、逐步减少存量，形成政府主导、企业担责、公众参与、社会监督的土壤污染防治体系，促进土壤资源永续利用，为建设"蓝天常在、青山常在、绿水常在"的美丽中国而奋斗。

工作目标是：到 2020 年，全国土壤污染加重趋势得到初步遏制，土壤环境质量总体保持稳定，农用地和建设用地土壤环境安全得到基本保障，土壤环境风险得到基本管控。到 2030 年，全国土壤环境质量稳中向好，农用地和建设用地土壤环境安全得到有效保障，土壤环境风险得到全面管控。到本世纪中叶，土壤环境质量全面改善，生态系统实现良性循环。

主要指标是：到 2020 年，受污染耕地安全利用率达到 90% 左右，污染地块安全利用率达到 90% 以上。到 2030 年，受污染耕地安全利用率达到 95% 以上，污染地块安全利用率达到 95% 以上。重点工作包括以下方面。

开展污染调查，掌握土壤质量。我们对土壤的污染底数不清，已经公布的一些土壤污染超标率，是点位超标率，不代表着土壤污染的分布和状况。因此，要以农用地和重点行业企业用地为重点，开展土壤污染状况详查，查明农用地土壤污染的面积、分布及其对农产品质量的影响；2020 年底前掌握重点行业企业用地中的污染地块分布及其环境风险情况。制定详查总体方案和技术规定，开展技术指导、监督检查和成果审核。建立土壤环境质量状况定期调查制度，每 10 年开展 1 次。

推进土壤污染防治立法，建立健全法规标准体系；实施农用地分类管理，保障农业生产环境安全，切实加大保护力度。严格控制在优先保护类耕地集中区域新建有色金属冶炼、石油加工、化工、焦化、电镀、制革等行业企业，现有相关行业企业要采用新技术、新工艺，加快提标升级改造步伐。

强化未污染土壤的保护，严控新增土壤污染。加强未利用地环境管理，防范建设用地新增污染，强化空间布局管控。加强污染源监管，做好土壤污染预防工作。开展污染治理与修复，改善区域土壤环境质量，明确治理与修复主体，制定治理与修复规划，有序开展治理与修复。强化治理与修复工程监管。加大科技研发力度，推动环境保护产业发展。

加强农业面源污染防治，开展农村人居环境整治行动，构建土壤环境治理体系。选择在浙江省台州市、湖北省黄石市、湖南省常德市、广东省韶关市、广西壮族自治区河池市和贵州省铜仁市启动土壤污染综合防治先行区建设，重点在土壤污染源头预防、风险管控、治理与修复、监管能力建设等方面进行探索，力争先行区土壤环境质量得到明显改善。有关地方要编制先行区建设方案，按程序报环境保护部、财政部备案。京津冀、长三角、珠三角等地区可因地制宜开展先行区建设。加强目标考核，严格责任追究。实行目标责任制，评估和考核结果作为土壤污染防治专项资金分配的重要参考依据。　　（周宏春）

7.25　海洋生态环境与保护

海洋生态环境，是海洋生物生存和发展的基本条件；海水的有机统一性及流动交换等物理、化学、生物、地质的有机联系，使海洋的整体性和组成要素之间密切相关，任何海域某一要素变化（包括自然的和人为的），都可能对邻近海域或者其他要素产生直接或者间接的影响和作用。因此，保护海洋生态环境，十分重要。

中国拥有大陆岸线约 18000 多公里，海岛岸线约 14000 公里，主张管辖海域面积约 300 万平方公里（不包括台湾省管辖海域），海洋资源丰富。中国是海洋生物多样性最丰富的国家之一，有记录的海洋生物达 2 万多种，主要经济种类达到 200 多种。我国建立了海洋微生物资源保藏中心、海洋药源生物基因库等设施，发掘和保藏近海、大洋、深海和极地海洋生物种质资源上万份；初步建立形成了布局基本合理、类型相对齐全、功能渐趋完善的海洋保护区体系。到 2014 年，建立了海洋保护区 68 个，总面积 7115 平方公里。其中，国家级海洋保护区 17 个，总面积 5089 平方公里；国家级海洋特别保护区（海洋公园）58 处。

中国加强对海洋工程、海洋倾废、海洋石油勘探开发等海上开发活动的环境保护全过程监督管理，管辖海域海水环境质量状况总体较好，符合第一类海水水质标准的海域面积约占管辖海域总面积的 94%。建立海洋牧场示范区，开展资源增殖放流，促进海洋渔业持续健康发展。建成各级海洋环境监测站（中心）232 个；积极有效应对赤潮（绿潮）、海上溢油、核辐射等海洋环境灾害与突发事件，及时发布海洋环境监测预警信息。

另一方面，入海污染物的数量逐年增多，加强对海洋资源的综合管理、合理开发及对海洋环境保护，成为实施可持续发展战略的重要内容。生物依赖于环境，环境影响生物的生存和繁衍。从 20 世纪 70 年代末开始，中国近海环境日趋恶化，近海富营养化加剧，海洋生态灾害严重；围填海失控，沿海海洋生态服务功能严重受损；渔业开发利用过度，资源种群再生能力下降；陆源入海污染严重，海洋生态环境持续恶化；流域大型水利工程过热，河口生态环境负面效应凸显等等。

此外，法律法规体系不完善、政策交叉、执法力不够等，都是制约我们合理应对海洋生态问题的因素。因此，在开发海洋资源的同时，必须保护海洋生态环境。海洋生态环境管理方面的很多国际经验值得借鉴，如从 20 世纪 90 年代末期起，国际社会为防止陆地活动对海洋环境日益严重的影响，提出"从山顶到海洋"的海洋污染防治策略，强调将海洋综合管理与流域管理衔接和统筹，对跨区域、跨国界海洋污染问题建立区域间协调机制。

国家海洋局确定了海洋生态环境保护的思路、目标和战略重点，围绕海洋生态文明建设的主题主线，树立创新、协调、绿色、开放、共享等发展理念，以规划计划为切入点做好系统谋划，以 7 项制度为重点健全制度体系，以六大项目为抓手带动整体工作，以 3 个能力建设为基础进一步提升能力，协调推进生态保护、监督管理、监测评价工作，推动海洋生态环境保护在"十三五"开好局、起好步。

深化制度体系建设。加快法律法规和标准修订。全面梳理海洋环保领域法律、法规和标准，研究提出废改立的相关意见；做好《海洋环境保护法》和《海洋石油勘探开发环境保护管理条例》修订工作；印发海洋应急快速监测等技术规范，推进海水水质、沉积物质量标准规范修订，加快卫星遥感、倾倒区选划、实时在线监测、新型污染物应急监测等重点标准立项和业务化研究。

国家海洋局将抓好 7 项重点制度建设：完善海洋资源环境承载能力监测预警评价方法体系；出台关于加强滨海湿地保护的意见；探索推进海洋工程区域限批制度；沿海省级海洋部门结合实际推进海洋生态补偿和生态损害赔偿制度建设；加强重点生态区域生态补偿和重大环境突发事件赔偿；辽宁、天津、山东、浙江、福建、广东加快推进污染物入海总量控制试点；开展面向沿海各级政府的海洋生态文明建设绩效考核机制研究。

开展南红北柳湿地修复工程、蓝色海湾整治行动、全球立体观测监测工程等 3 项重大项目前期预研；各省级海洋部门和各分局要建立本地区修复整治项目库，推进一批修复整治工程；加快推进海洋生态环境监督管理系统建设，力争 2016 年年底前实现 8 个子系统正式上线运行；建立国家海洋环境实时在线监控系统，构建多源监测、数据传输、信息处理、评价分析、综合管控相结合的全流程体系；筹备第 3 次海洋污染基线调查和海洋生态专项调查。

夯实能力建设基础。加强监测机构能力建设，省级海洋部门进一步加强市、县两级监测机构能力建设；强化应急响应能力建设，提升重大海上溢油监视监测能力，重点加强遥感监视、视频监视、溢油跟踪预警等方面建设等。

严格实施生态环境监督管理。强化海洋工程全过程监管。健全完善海洋环境监督管理制度，修订相关规范性文件；各级海洋部门要强化海洋工程建设项目审批管理，禁止在重点海湾、重要河口、重要滨海湿地、重要砂质岸线等区域围填海；各级部门要结合海洋督察制度实施，加强海洋工程建设项目的事中事后监管。

提升海洋环境审批规范化管理水平。健全海洋环境行政审批责任制，完善海洋工程建设项目评审规则和审查要点；组织开展国家海洋工程专家库实施情况评估，完善专家库管理平台；继续开展海洋工程报告书质量评估工作，出台报告书质量评估评分标准；做好临时性海洋倾倒区审批中介服务规范清理的后续衔接工作，启动新一批正式倾倒区报批工作。

做好年度海洋环境监测评价工作。优化国家监测布局，强化京津冀、长三角、珠三角等重点区域监测；严格监测质量，做好监测人员培训交流工作，建立健全开放实验室制度，推进中美海洋垃圾防治姊妹城市合作，组织开展海洋微塑料监测试点工作等。强化海洋环境信息管理与服务应用。创新信息发布机制，开发"互联网＋"信息发布平台，进一步丰富海洋环境信息产品体系。

完善环境灾害和突发事件应急响应机制。完善赤潮(绿潮)海洋灾害应急响应机制，强化危险化学品泄漏突发事件应急准备，开展海洋核应急预案修订工作等。加强海上石油勘探开发活动溢油应急工作。各级部门要监督石油企业定期开展生产设施、储存设施和输油管道的溢油风险排查；开展遥感监视、视频监控、船舶监视相结合的海上油田溢油监控；健全完善海洋石油勘探开发溢油应急工作机制等。　　　　　　　　　　（周宏春）

7.26　防灾减灾体系建设

我国是世界上自然灾害发生频繁、灾害种类较多、造成损失十分严重的国家之一，平均每年因各种自然灾害导致 3 亿人次受灾，直接经济损失达 2000 多亿元。常见的自然灾害种类繁多，包括洪涝、干旱灾害，台风、冰雹、暴雪、沙尘暴等气象灾害，火山、地震灾害，山体崩塌、滑坡、泥石流等地质灾害，风暴潮、海啸等海洋灾害，以及森林草原火灾和重大生物灾害等。开展防灾减灾，对于推动经济社会可持续发展、保障和改善民生具有重要意义。

地震灾害防治。地震是地球上经常发生、造成经济损失最严重和人员伤亡最多的自然灾害，全球每年发生地震 500 多万次。20 世纪以来，我国发生 6 级以上地震 800 多次，以占世界 7% 的国土承受了全球 33% 的大陆强震。在因各类自然灾害死亡的全国人口中，地震死亡人数占 54%。2012 年，大陆地区发生 5.0 级以上地震 16 次，有 11 次地震灾害事件，其中重大地震灾害事件 1 次，较大地震灾害事件 1 次。全年地震灾害事件共造成中国大陆地区约 179 万人受灾，86 人死亡，1331 人受伤；受灾面积约 68257 平方公里；造成房屋 2275889 平方米毁坏，651454 平方米严重破坏，12639627 平方米中等破坏，6183549 平方米轻微破坏；直接经济损失 82.88 亿元。

地质灾害，是由于地质作用引起的可能对人民的生命财产造成损失的灾害，可分为 30 多种类型。由降雨、融雪、地震等因素诱发的地质灾害称为自然地质灾害；由工程开挖、堆载、爆破、弃土等引发的地质灾害称为人为地质灾害。常见的地质灾害指危害人民生命和财产安全的崩塌、滑坡、泥石流、地面塌陷、地裂缝、地面沉降等 6 种灾害。全国地质灾害主要集中在中西部、西南局部、华南局部、华东部分地区。2012 年，全国发生各类地质灾害 14322 起，其中滑坡 10888 起，崩塌 2088 起、泥石流 922 起、地面塌陷 347 起，造成 292 人死亡、83 人失踪、259 人受伤，造成直接经济损失 52.8 亿元。

气象灾害防治。气象灾害是指大气对人类的生命财产和国民经济建设及国防建设等造成的直接或间接损害，包括暴雨洪涝、台风、干旱、大雾、沙尘暴等 7 大类 20 多种。据不完全统计，我国每年气象灾害造成的经济损失占 GDP 的 1%～3%。

生物灾害防治。生物灾害是由于人类生产生活行为不当、破坏生物链或在自然条件下某种生物过多过快繁殖（生长）引起的灾害。随着经济全球化的加速，生物灾害跨区域、跨国界传播的风险增加。如外来物种入侵成为我国的一个生物灾害。外来物种入侵指生物物种由原产地通过各种途径迁移到新的生态环境的过程，有两层含义，第一，物种必须是外来、非本土的；第二，该外来物种能在当地的自然或人工生态系统中定居、自行繁殖和扩散，并明显影响当地生态环境，损害当地生物多样性。入侵的外来物种可能会破坏景观的自然性和完整性，摧毁生态系统，危害动植物多样性，影响遗传多样性。

据农业部统计，我国有 400 多种外来入侵物种，危及本地物种生存和繁衍，破坏生态系统，每年造成直接经济损失高达 1200 亿元。在国际自然保护联盟公布的最具危害性的 100 种外来入侵物种中，我国有 50 多种，其中危害最严重的有 11 种，每年造成约 600 亿元的损失。

因此，加强防灾减灾体系建设，健全防灾减灾体系，增强抵御自然灾害能力，减少各种灾害对人民生命财产造成损失，成为我国发展必须重视的问题。自 1991 年起，国际社会启动了"国际减轻自然灾害十年"，我国也启动了相应工作，包括制定国家减轻自然灾害行动方案；在"国际减轻自然灾害十年"期间参与国际减轻自然灾害行动，设立国家委员会；鼓励地方政府采取适当步骤为实现"国际减轻自然灾害十年"做出贡献；通过教育、训练和其他办法，加强社区的备灾能力，提高公众防灾能力；注意自然灾害对健康的影响，注意减轻医院和保健中心受到损失，注意自然灾害对粮食储存设施、避难所和其他社会经济基础设施的影响；鼓励科学和技术机构、金融机构、工业界、基金会和其他有关的非政府组织，参与国际社会，包括各国政府、国际组织和非政府组织拟订和执行的减灾方案和减灾活动。

党的十八大报告明确指出，要加强防灾减灾体系建设，提高气象、地质、地震灾害防御能力。把防灾减灾放到更加重要的位置，切实做到未雨绸缪、防患于未然，对于保障和改善民生具有重要意义。加强防灾减灾体系建设，是党中央从我国自然灾害的特点出发做出的重要部署，也是经济社会可持续发展的必然要求。我国应在防灾减灾做出更大的努力，切实减轻自然灾害对人类生存和发展的影响。

建立健全灾害救助应急预案。县乡村、城市社区、重点区域、重点企业、重点单位、学校都要制订应急预案，实行应急预案全覆盖。制订预案要符合实际，科学适用，不断修订完善，形成指挥有序，处置有力，科学调度，反应迅速的应急预案体系，提高灾害应急处置能力。积极推进预案建设和演练，组织政府机关、企事业单位、学校、社会组织、社区家庭等开展各类形式多样、群众喜闻乐见的防灾减灾活动，组织开展防灾减灾业务研讨和应急演练，进一步完善预案，提高预案的实用性和可操作性，增强干部群众对预案的掌握和运用能力。

建立健全自然灾害监测预警体系。建立完善防汛抗洪气象信息预报、雨(水)情信息预警、地质灾害信息收集上报及应急处置工作程序，形成指挥统一、社会联动、运转协调的灾害预警工作体系。加强信息员队伍建设，通过不断培训，提高灾害信息报送能力。建立网上信息平台，形成纵向到底、横向到边，信息互通，提高科学判断灾情能力。加强自然灾害监测预警设备设施建设，以县市为单位装备气象预警、水文预警、地震监测设备，提高灾害及时预警能力。

建立健全抗灾救灾应急救援体系。建立自然灾害应急指挥中心，科学调度各方应急救援力量，以最快的速度在最短的时间内开展救援行动。加强专业救援队伍建设，改善技术装备水平和训练条件，充分发挥解放军、武警、民兵和公安民警的主力军作用。大力发展社会化紧急救援服务组织，积极培育基层兼职救援队伍，充分发挥志愿者、民间组织以及社会团体在灾害紧急救援中的作用，提高灾害应急救援能力。

建立健全自然灾害调查评估体系。制订灾情核查工作规则，整合民政、交通、水利、农业、通信、电力等各职能部门力量，分类开展灾情核查，通过汇商，科学评估自然灾害损失，为政府灾后重建提供决策依据，提高灾后重建参谋决策能力。

建立健全自然灾害灾民救助体系。完善灾害应急救助制度，灾情发生后要在第一时间将资金物质送到灾区开展救助，确保灾民有饭吃、有干净水喝、有衣穿、有临时住所、有病能得到医治。在第一时间赶赴灾区核灾查灾，慰问灾民；完善灾民冬春生活救助制度，提高灾民生活救助标准，确保灾民安全越冬；完善灾后恢复重建政府补助制度，适当提高灾后倒房恢复重建补助标准，减轻灾民经济负担；建立赠灾捐赠机制，发扬"一方有难，八方支援"的光荣传统，动员社会力量参加抗灾救灾活动；建立对口帮扶机制，动员行政企事业单位对口帮扶灾区开展灾后重建工作，提高灾害救助能力。

加强防灾减灾宣传教育，提高城乡居民防灾减灾意识，增强防范意识和应对技能。以"防灾减灾日"宣传教育活动为契机，开展防灾减灾宣传活动，组织应急演练，提高全社会的防灾减灾意识；全方位、多角度地做好防灾减灾宣传工作，形成全社会共同关心和参与防灾减灾工作的良好局面；切实加强防灾减灾知识和技能培训。深入城乡社区、学校、厂矿等基层单位和灾害易发地区，广泛普及防灾减灾法律法规和基本知识教育，重点普及各类灾害基本知识和防灾避险、自救互救等基本技能，提高灾害防御能力。

完善灾害应急能力建设机制。加强专业抢险队伍、专家队伍抢险救援能力建设，推进"横向到边、纵向到底"的应急预案体系建设，构筑应急管理后勤保障体系。增强群众灾害防治应急能力，广泛推广"三小措施"，即发放"一个小本本"，宣传防灾减灾知识；配备"一个小包包"，做好应急物资储备；开展"一个小演习"，提高临灾的自救互救能力。完善防灾减灾机制。完善综合协调机制、灾情信息共享机制、灾情会商机制、信息发布机制、灾(险)情评估机制和评估标准、救灾监督机制等，夯实防灾减灾基础，做到科学防灾减灾。

完善社会动员机制。完善资源配置机制，统筹安排政府资源和社会资源；完善群测群防制度，调动和发挥人民群众的积极性；推进综合减灾示范社区创建，增强社区居民防灾减灾意识和避难自救能力；普及防灾减灾知识，提高全民防灾减灾意识。　　　　（周宏春）

7.27　应对气候变化

气候变化指近一百年以来的地表气温升高现象，或表现为气候变化异常现象，这是国际社会普遍关心的重大全球性问题。气候变化既是环境问题，也是发展问题，归根到底是发展问题。《联合国气候变化框架公约》(以下简称《气候公约》)指出，全球温室气体排放的最大部分源自发达国家，发展中国家的人均排放较低，发展中国家在全球排放中所占的份额将会增加，以满足其经济和社会发展需要。《气候公约》明确提出，各缔约方应在公平的基础上，根据他们共同但有区别的责任和各自的能力，为人类当代和后代的利益保护气候系统，发达国家缔约方应率先采取行动应对气候变化及其不利影响。《气候公约》同时也要求所有缔约方制定、执行、公布并经常更新应对气候变化的国家方案。

气候变化政府间委员会(IPCC)第四次报告提出,在过去100年中海平面上升了10到20厘米,在过去50年中夏季北极海面浮冰面积缩小了10%以上,冰的厚度减少了40%;极地以外的冰川在缩减,影响了山林生态系统和水流;动植物生存的地理范围和行为发生了改变,许多珊瑚礁遭到了与海水升温有关的破坏;世界范围内的极端天气事件增多,亚洲和非洲的干旱更加频繁而剧烈等。IPCC的最新报告发现,气候变化与人类活动排放的温室气体相关性95%,换言之,气候变化与人为活动相关性明显。

我国政府对气候变化应对十分重视。《中国应对气候变化的政策与行动》提出,到2020年单位国内生产总值二氧化碳排放比2005年下降40%~45%,作为约束性指标纳入国民经济和社会发展中长期规划,制定统计、监测、考核办法。大力发展新能源可再生能源、积极推进核电建设,非化石能源占一次能源消费的比重达到15%左右;通过植树造林和加强森林管理,森林面积比2005年增加4000万公顷,森林蓄积量比2005年增加13亿立方米。

中国应对气候变化的指导思想是:全面贯彻落实科学发展观,推动构建社会主义和谐社会,坚持节约资源和保护环境的基本国策,以控制温室气体排放、增强可持续发展能力为目标,以保障经济发展为核心,以节约能源、优化能源结构、加强生态保护和建设为重点,以科学技术进步为支撑,不断提高应对气候变化的能力,为保护全球气候做出新的贡献。重要措施主要有以下方面。

加快转变经济增长方式,强化能源节约和高效利用的政策导向,加大依法实施节能管理的力度,加快节能技术开发、示范和推广,充分发挥以市场为基础的节能新机制,提高全社会的节能意识,加快建设资源节约型社会,努力减缓温室气体排放。到2010年,实现单位国内生产总值能源消耗比2005年降低20%左右,相应减少二氧化碳排放。

通过大力发展可再生能源,积极推进核电建设,加快煤层气开发利用等措施,优化能源消费结构。到2010年,力争使可再生能源开发利用总量(包括大水电)在一次能源供应结构中的比重提高到10%左右。煤层气抽采量达到100亿立方米。

通过强化冶金、建材、化工等产业政策,发展循环经济,提高资源利用率,加强氧化亚氮排放治理等措施,控制工业生产过程的温室气体排放。到2010年,力争使工业生产过程的氧化亚氮排放稳定在2005年的水平上。

通过继续推广低排放的高产水稻品种和半旱式栽培技术,采用科学灌溉技术,研究开发优良反刍动物品种技术和规模化饲养管理技术,加强对动物粪便、废水和固体废弃物的管理,加大沼气利用力度等措施,努力控制甲烷排放增长速度。

通过继续实施植树造林、退耕还林还草、天然林资源保护、农田基本建设等政策措施和重点工程建设。增强适应气候变化能力。通过加强农田基本建设、调整种植制度、选育抗逆品种、开发生物技术等适应性措施,力争新增改良草地,治理退化、沙化和碱化草地,力争将农业灌溉用水有效利用系数。

加强天然林资源保护和自然保护区的监管,开展生态保护重点工程建设,建立重要生态功能区,促进自然生态恢复等措施,力争实现典型森林生态系统和国家重点野生动植物得到有效保护,自然保护区面积占国土总面积的比重提高,治理荒漠化土地面积。通过合理开发和优化配置水资源、完善农田水利基本建设新机制和推行节水等措施,力争减少水资源系统对气候变化的脆弱性，基本建成大江大河防洪工程体系，提高农田抗旱标准。

通过加强对海平面变化趋势的科学监测以及对海洋和海岸带生态系统的监管，合理利用海岸线，保护滨海湿地，建设沿海防护林体系，不断加强红树林的保护、恢复、营造和管理能力建设等措施，全面恢复和营造红树林区，沿海地区抵御海洋灾害的能力得到明显提高，最大限度地减少海平面上升造成的社会影响和经济损失。

提高公众意识与管理水平。通过利用现代信息传播技术，加强气候变化方面的宣传、教育和培训，鼓励公众参与等措施，力争基本普及气候变化方面的相关知识，提高全社会的意识，为有效应对气候变化创造良好的社会氛围。

大力发展低碳产业。一是提高"高碳"产业准入门槛，以免留下长久的不利影响。二是调整结构，推进产业和产品向利润曲线两端延伸：向前端延伸，从生态设计入手形成自主知识产权；向后端延伸，形成品牌与销售网络，提高核心竞争力。三是发展高新技术产业和现代服务业，用高新技术改造钢铁、水泥等传统产业，降低 GDP 的碳强度。四是将低碳发展纳入国家产业振兴规划的原则考虑和当前安排，为低碳发展创造条件。　　（周宏春）

7.28　碳汇与碳汇产业

所谓"碳汇"，就是绿色植物吸收转化 CO_2 的过程、活动与机制，其能力基础是以林草业为主的植被产业发展。这种吸碳固碳能力折算成二氧化碳当量并进入市场进行的交易就是"碳汇贸易"。碳汇的生产、自我开发、评估核证与交易共同构成碳汇产业。

土地利用和碳汇问题。近年来，中国陆地生态系统碳储量平均每年增加 1.9 亿~2.6 亿吨碳。增加碳汇提高对温室气体的吸收也是减排的重要途径。增加碳汇有三个领域：森林、耕地以及草地，每个领域有三种方式：增加碳库贮量、保护现有的碳贮存和碳替代。

一是增加森林碳汇。森林碳汇是最有效的固碳方式，我国每年增加的碳汇在 1.5 亿吨碳左右。为进一步增加碳汇，应通过造林和再造林、退化生态系统恢复、建立农林复合生态系统、加强森林管理以提高林地生产力、延长轮伐时间增强森林碳汇；通过减少毁林、改进采伐作业措施、提高木材利用效率以及更有效的森林灾害（林火、病虫害）控制来保护森林碳贮存；通过沼气替代薪柴、耐用木质林产品替代能源密集型材料、采伐剩余物回收利用、木材产品深加工、循环使用等多途径全方位地实现碳替代。

二是增加耕地碳汇。耕地土壤碳库是陆地生态碳库的重要组成部分，也是最活跃的部分之一。我国农田土壤有机碳含量普遍较低，南方约为 0.8%~1.2%，华北约 0.5%~0.8%，东北约为 1.0%~1.5%，西北绝大多数在 0.5% 以下，而欧洲农业土壤大都在 1.5% 以上，美国则达到 2.5%~4%。因此，增加或保持耕地土壤碳库的碳贮量有很大潜力。

三是保持和增加草原碳汇。关键在于防止草原的退化和开垦。具体措施包括，降低放牧密度、围封草场、人工种草和退化草地恢复等。另外，通过围栏养殖、轮牧、引入优良的牧草等畜牧业管理也可以改善草原碳汇。

湿地固碳也很重要。湿地是地球之"肾"，是一个比较活跃的生态系统，与大气圈、陆地、水圈的绝大多数地球化学通量联系。湿地是全球最大的碳库，储存在泥炭中的碳占全球陆地碳储量的15%；也是温室气体的重要释放源，要尽可能避免使碳汇变成"碳源"。建立湿地公园、湿地恢复、利用湿地处理污水，均可以起到增加湿地碳汇的作用。

树立担当意识。各级领导应高度关注林业碳汇产业发展，将林业碳汇产业纳入到重要议事日程，切实加强领导，统筹编制全国指导性文件和管理制度，明确林业碳汇产业发展目标任务，为我国经济发展作出贡献。制定林业碳汇产业发展相关优惠政策，加大资金投入，鼓励支持林业碳汇这一新兴产业发展。

树立创新意识。要着力制度创新，加快计量监测和网络信息体系建设，制定林业碳汇项目计量监测管理办法，推进林业碳汇监测网络体系建设，实施林业碳汇项目建设动态监管，完善林业碳汇基础数据库，为林业碳汇产业发展提供科学依据。

树立市场和机遇意识。要加快林业碳汇产业项目建设，早日实现碳汇经济效益，享受国家政策红利。树立科学发展的意识。加大科技支撑力度，开展全国森林生态系统碳汇计量监测、林业碳汇产业发展模式和森林增汇对策等关键技术研究，加大林业碳汇科研成果的引进和推广应用力度，打破制约产业发展的技术瓶颈。

树立工匠意识。要教育引导碳汇产业工作人员强化工匠精神，大力倡导精细化的工作态度，认真谋划项目建设，同时加大林业碳汇管理人才和专业技术人才引进和培养力度，打破制约林业碳汇产业发展人才瓶颈，满足林业碳汇产业发展人才需要。　　　　（周宏春）

第八篇

生态文明的经济建设

8.1　转变经济发展方式

　　发展与增长是有联系又有区别的。经济增长是指一个经济体在一定的时间内能够满足人们生活所需要的物质产品和服务的生产能力，当然这种生产能力是受到该经济体自然资源禀赋、资本的数量和质量、人力资本的累积、技术水准的提升以及制度环境改善等条件的制约。经济持续增长一般被认为是经济景气的表现，因为它可以增加一个国家的财富并且增加就业机会。相较于增长，发展不仅仅限于经济的增长。发展是人类社会永恒的主题，联合国《发展权利宣言》确认发展权利是一项不可剥夺的人权。经济发展方式是指在一定时期内实现国民经济发展战略的生产力要素增长机制、运行原则的特殊类型。经济发展方式强调的是经济发展的结构和质量两个方面，不同的经济发展方式对于经济、社会和生态等方面都会有不同的影响。

　　转变经济发展方式首先要摒弃单纯追求经济增长数量和 GDP 指标的传统观念。GDP作为衡量经济增长的权威刻度，反映了某一个国家或者一个地区在一定时期内所生产的最终产品和劳务的市场价值，在这方面有它不可替代的优势，但也具有局限性：GDP 指标并未反映经济增长的社会成本和环境成本，不能反映经济增长的持久性，不能反映收入分配以及人们生活质量的状况。这也是促使苏联最早提出转变经济发展方式的原因。早在 1959年苏联制定一个 15 年赶上美国的计划，实施后很快就缩小了苏联 GDP 同美国的差距，但同时人民生活水平的差距反而扩大了。因为 GDP 的增长有两个来源：一是增加更多的资源投入，二是提高资源使用的效率。当时的苏联较高的经济增长率主要是依靠资源的大量投入，而美国主要是依靠技术进步和效率提高。因此，苏联于 20 世纪 60 年代就提出来要真正赶上美国，必须实现经济发展方式的转变。

　　自改革开放以来，我国经济已经保持了 30 多年的快速增长，成果令世人瞩目，但这种增长所依赖的也是以高消耗、高污染、高浪费、低效益为特征的经济发展模式，这是不可持续的。一是这样的增长造成了资源枯竭、环境污染的严重后果。根据国内有关研究机构的测算，环境损失所占 GDP 的比重甚至超过了当年 GDP 的增长，而更为严重的是，这部分的损失是无法用经济的数字来衡量的，也不仅仅是当代人的损失，资源的过度消耗，环境的严重污染，当代人和子孙后代都将付出沉重的代价。二是带来了经济结构的严重失衡。产业结构不合理，城乡之间、地区之间发展不平衡，投资消费关系不协调等，由于经济增长主要是依靠投资和出口拉动的，因此经济的增长并没有带来消费的相应增长，在 20世纪 90 年代就出现了消费疲软的严重问题，而消费是拉动经济增长的最重要的一架马车，拉动经济的动力不足又反过来影响了经济的持续增长。三是与 30 多年来快速增长经济相比，社会发展严重滞后，出现了许多迫切需要解决的社会问题，如社会保障体系建设严重滞后、公共产品和公共服务供给不足、劳动者特别是底层劳动者待遇过低等。医疗服务、教育资源不足的问题与社会公平问题同时并存。严峻的现实促使人们反思发展方式问题，党的十七大就明确提出了"转变经济发展方式"，并对其内涵进行了深入阐述。而在新时期，转变经济发展方式是新常态的重要内容。

转变经济发展方式要坚持调高、调强、调优的基本方向，实现四大转变：一是经济发展要从主要依靠要素投入向依靠科技和效率提高，要素投入由资源密集型向技术密集型转变；二是经济发展的动力结构从主要依靠投资和出口拉动向以消费为主，消费、投资、出口三者协调拉动转变；三是推动经济结构优化升级，推动制造业、服务业、小微企业、传统产业的转型升级，实现从注重生产能力量的扩张向经济增长的质量提升和效益提高的转变；四是要求经济发展从单纯追求 GDP 向以人为本为核心的转变，加大创新技术产业比重，减少高能耗高污染低效率产业，发展绿色可循环清洁生产，促进经济发展从资源消耗型向资源节约型、环境友好型转变，实现人与自然和谐，经济与社会协调发展。

转变经济发展方式必须走绿色发展的道路，要大力促进经济发展方式和产业结构绿色化进程，通过采用新的科技，改进传统生产工艺，淘汰高能耗和低效率的生产设计和产业，提高能源利用效率，推动传统经济的转型升级，同时积极发展新兴产业，提升整个经济的绿色化程度和水平。

技术创新是转变经济发展方式的基本动力。转变经济增长方式就是要在生产函数中增大知识的分量，加大技术进步的力度，通过技术创新来提高自然资源的生产效率，通过技术进步来淘汰过剩产能，优化产业结构、升级落后的加工制造等产业，提高产品的附加值，从真正意义上实现从现行的出口导向增长模式转变为有效率的集约型增长模式；通过技术创新，降低自然资源和资本在生产中的份额，改变依靠投资拉动的粗放型增长。

制度创新是推动发展方式转变的根本动力。原来的粗放型的经济发展方式是在旧的制度环境下形成的，这样的制度也必然会阻碍经济发展方式的转变。转变经济发展方式需要通过各个方面的制度创新，包括经济制度，管理制度等，建立起能够促进经济发展方式转变的具有活力和竞争性、同时又具有秩序和公正性的新制度。特别要强调的是管理体制的变革，通过改革促进政府从主导市场经济转向服务市场经济，从经济建设型转向公共服务型，这是发展方式转变的前提和关键。

（张春霞）

8.2　生产方式绿色化

2015 年 3 月中共中央政治局审议通过的《关于加快推进生态文明建设的意见》，指出当前和今后的一个时期的主要任务是将生态文明建设融入到经济建设、政治建设、文化建设和社会建设各方面和全过程，协同推进新型工业化、城镇化、信息化、农业现代化和绿色化，通过绿色发展、循环发展、低碳发展，加快推动生产方式绿色化和生活方式绿色化。

生产方式是物质资料生产过程中形成的人与自然界之间和人与人之间的相互关系的体系，即是物质生产方式和社会经济活动方式在物质资料生产过程中的能动统一，是生产力和生产关系的辩证统一。生产方式的绿色化，就是在可持续发展思想的指导下，正视目前人与自然之间已经存在的不协调的现实，大力发展绿色生产力，着力于解决资源瓶颈、环境危机对于社会生产力的制约，推动人与自然和谐，促进生产过程和社会经济运行的绿色化，以最少的资源耗费、最小的环境代价，生产出更多的绿色产品，来满足社会对于绿色产品和服务的需求。另一方面，则是要建立起反映绿色生产力发展要求的社会生产关系，以一系列的绿色制度规范人们的经济活动行为，形成绿色生产力和绿色社会关系的协调体系，推动社会经济的绿色化进程。

发展绿色生产力，不断提升社会经济的绿色化程度，是生产方式绿色化的实质内容。这就需要从绿色生产力的驱动力、生产的组织以及社会经济运行的绿色化等方面来促进生产方式绿色化的进程。

发展绿色生产力必须实施绿色科技创新驱动。科技是第一生产力，绿色生产力的发展需要绿色科技的第一推动力。传统的科技不能担当起促进使用能源的清洁化、生产废料的资源化、生产过程的闭路化、产品和服务的绿色化的重任。通过绿色科技创新才能实现资源节约和循环利用，提高资源的利用效率，同时减少环境污染。因此，绿色科技在为企业获得节约资源耗费和环境治理成本的经济利益的同时，也为社会提供了改善生态环境的社会效益，企业由此可以获得较高的社会声誉，增强了长远竞争力。绿色科技创新具有最佳的综合效益和整体效益，是科技发展新趋势，是生态文明时代的新形态。绿色科技创新驱动是绿色转型的持久推动力。

发展绿色生产力必须推动生产过程和市场组织的绿色化。其一，在企业层面上加大推广清洁生产的力度，建设绿色企业，构建绿色生产的点；其二，加快发展绿色产业，形成绿色经济线；其三，系统的结构决定功能，经济系统的功能也取决于产业结构，经济绿色化需要产业结构的绿色化，构建科技含量高、资源消耗低、环境污染少的产业结构，才能大幅提高经济绿色化程度，推动绿色生产力的发展。

发展绿色生产力还必须从整个社会的经济运行的层面来推进绿色化的进程，大力发展低碳经济，循环经济。低碳经济是以低碳排放为特征的生产方式，其实质是能源经济，通过节约能源降低能耗、采用可再生的新型能源，改善能源结构，减少碳排放，增加森林碳汇等，减少经济发展对于环境的负面影响。循环经济是通过在生产、流通、消费各环节和各个领域贯彻减量化、再利用、再循环的 3R 原则，构建循环型产业体系和资源循环利用的社会体系，解决资源永续利用和环境污染问题，推动经济增长与资源节约、环境保护的协调。发展低碳经济和循环经济，既是应对气候变化的需要，更是解决制约社会经济可持续发展的资源和环境的瓶颈，实现人与自然和谐协调的可持续发展的需要。

大力发展绿色生产力推动生产方式绿色化的进程，需要生产关系的一定调整，才能形成与绿色生产力能动协调的体系。这就要以推动产业绿色发展、低碳发展、循环发展为目标，以市场化为导向，以理顺不同职能管理边界和关系为重点，建立起促进经济绿色化的制度体系，包括政策、法律、法规、规章，以及各种规范性文件。规范绿色经济活动的制度、经济管理方面以及行政考核管理等方面的制度对于推动生产方式绿色化是至关重要的。

规范经济活动绿色化的制度创新。以创新的科技、财政、税收等政策加大对绿色经济支持力度，构建促进经济绿色化的绿色制度体系，绿色税收制度、绿色财政制度、绿色投资制度，绿色产业发展制度，以及相关的政策等，这些都是促进经济绿色化的重要的制度。已经出台的《循环经济促进法》和《中华人民共和国环境保护税法》都是促进生产方式绿色化的重要法规。如近来刚刚发布的《制糖工业污染防治技术政策》《火电厂污染技术防治政策》等，对于优化产业结构，推动技术进步促进产业绿色发展必将起到十分重要的作用。

促进生产方式绿色化的经济与社会管理方面的创新。适应于绿色市场运行的制度建设，如绿色市场准入制度，绿色商标制度，绿色产品认证制度等；推动生产方式绿色化的空间规划，加快实施主体功能区战略，科学合理布局和整治生产空间、生活空间、生态空间；构建推动生产方式绿色化的标准体系，围绕产业链的全过程和产品的全生命周期，从能源消耗、资源消耗，以及对环境产生影响等各个方面，制定节能、节水、节地、节材、清洁生产、循环利用、污染物排放、环境监测的强制性标准，以不断提升的节能环保标准来倒逼各级政府的职能转变和企业的转型升级。

生产方式的绿色转型需要各级政府的主动作为和大力推动，因此，建设科学合理的行政考核评价制度和监管制度尤为重要。经济绿色化转型要求政府职能的转变，把推动生产方式绿色化作为对各级政府和领导绩效考核评价的重要内容，完善地方考核评价制度，针对不同的功能区域定位，分类建立区域发展成果评价指标体系，加大化石能源消耗、新能源利用、资源节约、清洁生产、环境损害、生态效益等指标权重，合理降低 GDP 权重不以 GDP 论英雄，如福建已经在这方面进行了制度创新，对有些县不以 GDP 而是从生态建设方面来考核其政绩；完善干部考核评价任用制度，建立领导干部实行自然资源资产、环境责任的任期审计和离任审计，并进行终身追责；落实各级政府和部门主体责任，按照"谁主管、谁牵头、谁负责"原则，加强行政监管，推动生产方式绿色化的进程。

（张春霞）

8.3　产业结构绿色化

绿色化是绿色发展的升华。绿色发展最初出现在"十二五"规划中。绿色发展是一种资源消耗少、环境代价小的发展，是经济效益和环境效益有机统一的发展，是在生态环境容量和资源承载力约束条件下的发展。"绿色化"在《中共中央国务院关于加快推进生态文明建设的意见》中首次提出，并与新型工业化、信息化、城镇化、农业现代化的新四化并列为新五化，这要求整个国民经济要实现绿色化，而产业结构绿色化是经济绿色化的重要内容。

产业结构即国民经济的部门结构，是国民经济各个组成部分的数量关系。社会生产的产业结构或部门结构是在一般分工和特殊分工的基础上产生和发展起来的。产业结构的主要划分方法有两大部类法、三大产业法、国际标准产业法。马克思在研究资本主义经济时采用的是两大部类法，即按生产活动性质，把产业部门分为物质资料生产部门和非物质资料生产部门两大领域。现代经济多采用三次产业划分法。我国的三次产业划分是：第一产业的农业：包括种植业、林业、牧业和渔业；第二产业的工业和建筑业；第三产业可分为流通部门和服务部门两大部分。联合国为了使不同国家的统计数字具有可比性，颁布了全部经济活动的国际标准产业分类（ISIC）。现在通行的国际标准产业法是 1988 年第三次修订本，按照这套标准把产业分为包括 99 个行业类别的 17 个部门：①农业、狩猎业和林业；②渔业；③采矿及采石；④制造业；⑤电、煤气和水的供应；⑥建筑业；⑦批发和零售、修理业；⑧旅馆和餐馆；⑨运输、仓储和通信；⑩金融中介；⑪房地产、租赁业；⑫公共管理和国防；⑬教育；⑭保健和社会工作；⑮社会和个人的服务；⑯家庭雇工；⑰境外组织和机构。我国产业划分完全参照了国际产业分类法的标准，因此与大多数国家基本一致。

纵观世界经济的发展可以发现，产业结构绿色化遵循的是产业发展的一般规律。产业结构是随着经济的发展而不断变动的，特别是在工业化的进程中，产业结构的变动加速，其变动存在着两个方面的趋势和规律：一是三大产业之间出现此消彼长，第一产业的比重下降，第二产业上升，而在工业化的中后期，则是第三产业的比重逐渐上升，现在的发达国家，第三产业越来越成为国民经济的主要部分。二是产业结构在动态变化中与资源环境的关系呈现出从黑色到绿色的逐渐演变的过程，先污染后治理，产业结构逐渐向绿色化的方向转变。产业结构绿色化是 21 世纪产业经济发展和产业结构调整的总趋势，更是现代经济社会发展所追求的目标。

产业结构绿色化是遵循经济发展规律的顺势而为和主动作为。改革开放以来经济的快速发展，也是依赖资源消耗和环境污染的发展，现在已经到了需要也有可能向绿色化转变的阶段。经济增长可以也必须逐渐与资源环境"脱钩"，要求在保护中发展，在发展中保护，减少资源耗费，防治环境污染和修复生态系统，减少环境污染对人体健康的危害，转向以人为本的发展，在与自然环境和谐协调中发展，因此是在遵循规律的顺势而为中进行主动的作为，积极主动地推动产业结构绿色化的进程。

产业结构绿色化就是审时度势，遵循经济发展一般规律，积极推动产业结构的变动沿着减少资源耗费和环境污染，促进经济发展与资源环境协调发展，实现人与自然和谐的方向发展。要着眼于"结构"，一方面以结构的变动提升结构的功能，获得结构变动的整体效益，推动绿色发展；另一方面以绿色的发展促进结构的优化和绿色化，在动态中实现结构与绿色的相互促进，不断减少资源能源的投入量，提高资源的利用效率，减少对生态环境的破坏，甚至是无污染，使产业经济发展建立在生态环境良性循环的基础上，推动国民经济整体的绿色化水平。

对于产业结构绿色化的理解要强调三个方面的内容：一是要准确把握"结构"的内涵，产业结构是国民经济的框架，是一个有机的整体，各个产业和部门之间存在着内在的有机联系，产业结构绿色化是着眼于整体，从整体出发，抓住框架结构的关节点，通过结构的调整来促进绿色发展。二是要强调顺势而为的"为"，这是主动而不是被动的为，产业结构的演变有它的规律性，虽然从黑色到绿色的转变是一种趋势，但是如果没有主动的作为，绿色化将是非常缓慢甚至是艰难而难以实现的。今天的发达国家都曾经是以大量消耗资源和严重污染环境为代价的黑色发展，走过先污染后治理的道路，同时也把这种灾难转嫁给发展中国家，给世界经济、社会的发展带来严重的后果，气候变化就是一个例证。只有主动作为，才能避免重蹈发达国家的覆辙，逐渐走上绿色发展的道路。三是要以结构调整并在调整的动态中推动产业绿色化，因为经济的发展必然引起各个产业之间发生此消彼长的结构变动，绿色化就是要逐渐淘汰非绿色的产业，不断催生绿色的新产业，在这样的动态过程中不断提升绿色经济的比重和绿色化的水平。

推动产业结构绿色化，就要构建科技含量高、资源消耗低、环境污染少的产业结构，从国民经济的全局出发，对于整体影响特别大的产业，作为推动结构绿色化的关键抓手，重要的有：

首先是能源产业的绿色化。能源的绿色化程度不仅影响到国民经济的所有部门和产业，同时也直接关系到社会生活的各个方面，因此传统能源产业的绿色化改造是产业结构绿色化的关键节点和抓手。一方面要积极推动化石能源的安全绿色开发和清洁低碳利用，这是推动国民经济和社会生活绿色化的最基本的要素；另一方面要促进新型能源产业的发展，包括风能、太阳能、核能、生物能、地热能、海洋能等清洁能源和可再生能源，不断提高非化石能源在能源消费结构中的比重，以能源结构的调整促进产业结构的绿色化转变。

其次是传统工业的绿色化改造。第二产业是工业化初期发展最快的产业，而在工业化的后期，它又面临着比重下降和绿色改造的艰巨任务。一方面需要降低高能耗、高污染行业和企业的能耗和污染，特别是过剩产能和落后产能，采取关停并转、节能环保改造；另一方面要对制造业进行升级改造，提高先进产能比重，大力发展智能制造，以推动工业领域的绿色化。智能制造结合了物联网和信息技术，在提高工业生产率和产品质量的同时，由于其能够精确利用材料，可以极大地节约资源和减少环境污染，有力地推动工业的绿色化。

其三是加快绿色服务业的发展。要把握工业化进程中服务业变动发展壮大的趋势，积极推动服务业的绿色化，通过构建绿色服务业体系，大力发展金融服务、电子商务、文化、健康、养老等低消耗低污染的服务业，推动传统服务业的绿色化改造，实现节能减排，引领绿色消费。近年来快速发展的物流业在促进市场流通发展的同时，也逐渐改变了流通业的业态。在"互联网＋"推动下，物流业正在整合各方面的资源，向智能物流的方向发展。而智能物流的发展又必将为各个产业和部门提供便捷的服务，有效促进国民经济的整体效率和绿色化的提高。特别需要强调的是必须大力推动生产性服务业的绿色发展，积极建设各种直接为产业改造提升服务的公共平台，促使这些平台成为产业链的端头，以绿色科技创新的生产性服务业，推动国民经济绿色化。

其四是农业产业的绿色化。农业提供的不仅是生活必需品，还提供工业原料，特别是为社会提供最重要的生态服务，因此推动农业绿色化尤为重要。要大力发展低碳农业，循环农业，构建绿色农业产业体系，推动农业生产资源利用节约化、生产过程清洁化、废物处理资源化和无害化、产业链接循环化，提高农业综合效益。正如2017年中央一号文件所指出的，"促进农业农村发展由过度依赖资源消耗、主要满足量的需求，向追求绿色生态可持续、更加注重满足质的需求转变"。因此，不仅要推动种植业的绿色化，一号文件中还把养殖业的绿色化提上议事日程，通过农业产能结构的优化，通过农业科技的绿色创新，来推动农业产业的绿色化。

（张春霞）

8.4　生态产业化、产业生态化

　　"生态产业化"是由"生态"和"产业化"组合而成的复合词。其中"生态"通常指"自然生态系统"，这里特指生态建设和生态工程；产业化是"将所设计和实施的生态工程，形成为创造和满足人类经济需要的物质和非物质生产的、从事盈利性经济活动并提供产品和服务的产业"（全国科学技术名词审定委员会，2007）。

　　基于对"生态"和"产业化"的上述理解，学界一般认为，生态产业化是指按照产业化规律推动生态建设，按照社会化大生产、市场化经营的方式提供生态产品和服务，推动生态要素向生产要素、生态财富向物质财富转变，促进生态与经济良性循环发展。其实质是针对独特的资源禀赋和生态环境条件，通过建立生态建设与经济发展之间良性循环的机制，实现生态资源的保值增值，把绿水青山变成金山银山。

　　联系到学界对于"生态建设是根据现代生态学原理，运用符合生态学规律的方法和手段进行的旨在促进生态系统健康、协调和可持续发展的行为的总称"的界定（黎祖交，2006），我们也可以将生态产业化理解为：在生态建设中，依托当地自然生态系统优势，以生态为资源发展相关产业，把生态优势转化为经济优势的过程。其实质是把生态条件当成资源开发，把生态建设做成生态产业，把绿水青山变成金山银山。

　　党的十八大以来，全国各地秉持习近平总书记"绿水青山就是金山银山"的发展理念和生态效益、经济效益、社会效益相统一的原则，坚持走"生态产业化"的发展道路，形成了一大批依托当地自然生态资源优势发展起来的生态产业。其中，主要包括：

　　依托当地森林生态系统的多重服务功能发展起来的生态林业。包括森林保育、林下经济和森林康养、森林旅游等。这是遵循生态学和经济学的基本原理，应用多种技术组合，实现最少化的废弃物输出以及尽可能大的生产(经济)输出，保护、合理利用和开发森林资源，实现森林的多效益的永续利用的一项林业公益事业，也是一项重要的基础产业。

　　依托当地特有的自然生态景观和人文景观发展起来的生态旅游。包括森林生态游、湿地观光游、风景名胜游、沙漠公园游、冰天雪地游等。这是以吸收自然和文化知识为取向，以维护生态系统结构的完整性和功能的可持续性为原则，尽量减少对生态环境的不利影响，确保旅游资源的可持续利用，将生态环境保护与公共教育、促进地方经济社会发展有机结合的旅游活动。

　　依托当地特有的气候和优质的空气、水源、土壤等生态条件发展起来的生态农业。包括有机农业、绿色农业、特色农业、自然农业、观光农业等。这是根据生态系统内物质循环和能量转化规律，依据"整体、协调、循环、再生"原则，以保持和改善农业系统内的生态平衡为主导思想，运用现代科学技术成果、现代管理手段和系统工程方法，合理组织农业生产，获得较高的经济效益、生态效益和社会效益的现代农业新模式。

　　值得指出的是，生态产业化是有条件的。这里所说的条件，一是其实施区域必须具有独特的可供开发的自然生态系统优势，不具有这种优势不行，虽然具有这种优势但属于国家禁止开发范围的也不行，属于国家限制开发的地区则不能超出国家限制的范围（国家对禁止开发区和限制开发区自然生态系统保护实行的生态补偿是另一范畴的问题，不属于生态产业化的范围）；二是其实施过程必须遵循自然生态系统的发展规律，所有产业开发必须控制在自然生态系统承载力的限度内，必须以资源安全、环境安全和生态安全为前提。

与"生态产业化"不同，"产业生态化"是由"产业"和"生态化"组合而成的复合词。其中"产业"是"所有生产性及服务性事业的通称"（李悦，2000）；"生态化"是仿照自然生态系统的运行机理，把相关产业和企业建设成紧密联系、相互作用的循环生态链的过程。

基于对"产业"和"生态化"的上述理解，学界一般认为，产业生态化是指按照"绿色、循环、低碳"产业发展要求，利用先进生态技术，培育发展资源利用率高、能耗低、排放少、生态效益好的新兴产业，采用节能低碳环保技术改造传统产业，促进产业绿色化发展。其实质是在不同产业、企业之间建立循环经济生态链，减少废弃物排放，降低对生态环境的污染、破坏，不断提高经济发展质量和效益，实现健康可持续发展。

也有学者认为，产业生态化是依据产业自然生态有机循环机理，在自然系统承载能力内，对特定地域空间内产业系统、自然系统与社会系统之间进行耦合优化，达到充分利用资源，消除环境破坏，协调自然、社会与经济的持续发展。产业生态化是一个渐进过程，是产业的反生态性特征日趋削弱、生态性特征逐渐加强的过程。在这一过程中，人们为产业系统创造一个新的范式，将人造系统纳入自然生态系统的运行模式中，逐步实现由线性（开放）系统向循环（封闭）系统转变（陈柳钦，2015）。

据此，我们也可以将"产业生态化"理解为：将已有或新建的产业、企业仿照自然生态系统的运行机理转化为相互依存、相互作用的产业生态系统的过程。其核心是形成"生产者—消费者—还原者"的产业生态链。其中，一个生产过程的废物可以作为另一个生产过程的原料，通过物质流、能量流和信息流建立起相互依存的密切关系，各个生产过程从原料、中间产物、废物到产品的物质循环达到资源、能源、投资的最优化。从这个意义上，我们也可以将产业生态化的过程理解为推动循环经济发展的过程。

产业生态化的主要载体是生态产业园，即在一定区域内建立的若干行业、企业与当地自然和社会生态系统构成的社会—经济—自然复合生态系统。企业、社区以及园区环境之间通过资源的交换和再循环网络，实现物质最大程度的再利用和再循环，达到一种比各企业效益之和更大的整合效益。生态产业园具有多样化的产业结构和柔性的自适应功能，其组分包括当地农业、服务业、原住居民及基础设施等一切自然和人文生态资源（全国科学技术名词审定委员会，2007）。

全球产业生态化最早、最成功的范例是20世纪70年代丹麦的卡伦堡工业园区。在该工业园区内，发电厂、炼油厂、生物制药厂、石膏材料厂、自来水厂和养鱼场形成一个工业代谢交换体系。这个工业共生体形成了生态上的捕食链，既节约了要素成本、增加了生产效率，又减少了对环境的污染。卡伦堡生态工业园区企业的性质具有互补性，在决定交换物质数量的企业规模上能够最佳匹配（姚志勇，2002）。

我国自1999年开始启动生态工业示范园区建设试点工作，截至2013年年底全国共建设482家国家级产业园区。其中，以蔗田、制糖、酒精、造纸、热电联产、环境综合处理等系统为框架建设的广西贵港生态工业园是我国建设最早的生态工业园区；以核心区环保科技产业园区和虚拟生态工业园区为框架建设的广东省南海生态工业园区是我国第一个区域性的、根据循环经济和生态工业要求全新规划的、实体与虚拟相结合的生态工业示范园区。10多年来，在党和国家的重视和推动下，全国各地生态工业园区建设项目开展迅速，已经成为继经济技术开发区、高新技术开发区之后的第三代工业园区发展模式。

综上所述，不难看出，生态产业化与产业生态化尽管其提法和涵义各有不同，但是其出发点和落脚点却高度一致，这就是：都致力于按生态经济原理和知识经济规律发展基于生态系统承载能力、具有完整的生命周期、高效的代谢过程及和谐的生态功能的网络型、进化型、复合型产业——生态产业。事实上，生态产业化和产业生态化都是生态特性和产业特性的优化组合，其基本要求都是在遵循生态规律的同时，遵循产业规律。因此，生态产业化和产业生态化的过程，也就是生态林业、生态农业、生态旅游、生态康养、生态工业、生态建筑、生态交通等生态产业形成和发展的过程。两者的区别仅仅在于：生态产业化立足于区域的生态资源优势，其着力点在于基于自然生态系统承载能力把生态优势转变为产业（经济）优势；产业生态化则立足于产业、企业融合发展，其着力点在于仿照自然生态有机循环机理在产业、企业之间构建起紧密联系、相互作用的良好生态系统，实现比各产业、企业之和更大的整合效益，实现生态效益和经济效益的高度统一。　　　　　（黎祖交）

8.5　绿色科技创新

绿色科技创新是生态文明时代的呼唤。科技作为人类认识改造自然的最重要的成果，它反过来又会对人类社会以及自然产生重要的影响。在人与自然的关系上，人类利用科技改造自然，实际上就是对自然进行人为的干扰，一方面是向自然索取，另一方面是向自然界排泄各种废弃物，这必然会影响到人与自然的关系。特别是在工业文明时代，发端于蒸汽机使用的现代科技，在大大提高人类生产能力、创造了高度物质文明的同时，也把越来越多的自然物质纳入社会经济的周转中，提高了人类破坏自然的能力，也扩大了污染范围，使人与自然的关系发生了历史性的变化。原始文明时代的人类依附于自然、受自然支配；农业文明时代人类利用自然，对自然进行有限的改造；到了工业文明时代，以突飞猛进的科技武装的人类，以绝对的优势控制着自然，大量消耗自然物质、严重破坏自然，结果是物种灭绝、环境污染、气候异常、生态失衡，这又反过来威胁到人类的生存和发展，人与自然的关系由原来的和谐转变为对立。正在走向生态文明时代的人类需要有与之相适应的新形态科技。在20世纪70年代，绿色技术逐渐进入人们的视野。

绿色科技是生态文明时代的主流技术形态，它是对传统的非绿色科技的多维度多领域的革命性创新。绿色科技是遵循生态原理和生态经济规律，节约资源和能源，避免、消除或减轻生态环境污染和破坏，生态负效应最小的"无公害化"或"少公害化"的技术、工艺和产品的总称，它是对生态环境有益的，能减少生产与消费的边际外部费用的技术。可见绿色科技是一种与生态环境系统相协调的新型的现代技术系统。

绿色科技创新是建立在绿色科技基础之上，符合可持续发展需要的一种科技创新，它将环境友好作为创新过程的重点，致力于在绿色环保的目标导向下实现技术选择（如风电与煤电）与技术完善（如污染处理），绿色技术创新在空间上表现为一个系统，在时间上表现为一个过程，是科学技术的"创造发明—开发—设计产品化—商品化"的系统在时空条件下的连续发展过程。它既有改善生态环境，提高人类健康生活质量的社会效益，又有获得潜在利润的经济效益；既是一项使绿色科技成果商品化的经济活动，又是使绿色科技成果公益化的社会活动。

生产过程的绿色科技创新过程涵盖了产品的整个生命周期，是绿色科技从思想形成到推向市场的全过程。创新过程的每一阶段符合环境原则，以实现产品生命周期成本总和最小化为目的的技术创新，是绿色科技从思想形成到推向市场的全过程。这一过程可被概括成"为环境而设计—面向环境的制造—面向环境的营销"这一绿色经营链，包括绿色生产技术和绿色生产管理创新。绿色生产技术创新主要包括绿色产品设计、绿色材料、绿色工艺、绿色设备、绿色回收处理、绿色包装等技术的创新；绿色生产管理创新包括制定绿色企业管理机制、绿色成本管理创新、采用先进生产方式、建立绿色营销机制、建立绿色网络化供应链、建立环境评价与管理系统。

绿色科技的内涵与特征：首先，绿色科技必须同时满足改善生态环境和促进社会、经济发展的双重要求，绿色科技更能节约资源，或减少污染物的排放，有利于生态环境的改善是绿色科技的应有之义，也是绿色科技区别于其他科技的必要内容。绿色科技还必须具有促进经济发展和社会进步的功能。绿色科技并不是回归原始的技术，而是应用高新技术来解决经济与环境的矛盾、协调经济与环境、人与自然关系的现代科技。其次，绿色科技是一个动态的概念。绿色技术标准受一定历史条件的制约，是一个随着社会经济的发展而变化的变量，以绿色技术标准为参照物的绿色技术，也因此是一个动态的概念。事实上，在不同的历史时期，绿色的标准是不相同的。如我国 20 年前为了保护森林大力推广以煤代木。但煤的燃烧所产生的 SO_2 严重污染了空气，而相对于煤来说，液化气技术就是一种更为清洁的技术，可以称为是一种绿色技术。但现在推广的清洁能源是太阳能，是现在的绿色技术了。其三，绿色科技必须以可持续发展的绿色理念为指导，科技本身是中性的，它只有以绿色理念为指导，才能发挥它的绿色功用。

绿色科技是复杂的技术群，覆盖清洁生产技术、环境治理技术、生态环境持续利用技术、节能技术、新能源技术等，它们构成了绿色经济发展的科技支撑体系。

发展绿色经济已经成为世界的潮流，而作为绿色发展第一推动力的绿色科技就成为了各个国家抢占的战略高地并致力于寻找各自的突破口，有一些国家已经在绿色科技的创新上形成了独特的建树。如英国的绿色建筑历史久，推广度高，实践丰富，已经成为世界的行业标杆；日本突出开发可再生能源和节能主题的新型机械，将大型蓄电池、新型环保汽车和海洋风力确定为绿色增长点；巴西重点发展生物能源和新能源，并以此推动新能源汽车发展；印度重点关注太阳能资源的推广。

我国经过 40 多年的发展，已经基本形成了从源头到末端的绿色技术体系，包括能源技术、材料技术、催化剂、分离、生物、资源回收及利用等技术。目前我国的太阳能光伏发电、新能源汽车、水污染处理及水体修复等绿色技术处于世界先进水平。但是从总体上看，我国的绿色技术整体水平仍然相对滞后。我国在 2003 年就实施了《清洁生产促进法》，但目前工业企业清洁生产技术改造方案实施率仅 44.3%。

加快发展绿色科技的对策：一是必须拓宽绿色科技的融资渠道，增加绿色科技投入，现代科技需要大量的现代的设备和人力作为基础，这需要有大量的投入；二是完善绿色科技创新的制度建设，一方面要加强绿色科技创新的激励制度建设，特别是知识产权制度建设，确保绿色科技开发承担者的创新利益，增强其进一步开发研究的积极性。另一方面要加强绿色科技创新的监督制度建设，形成有效的评价监督机构，对绿色科技创新活动进行监管和验收，尽量减少和避免学术腐败及科技的非绿色发展。三是提高绿色科技的转化率。绿色科技应从市场中来，再到市场中去，而不能与现实需要脱节，永远待在象牙塔里。政府应当加强引导，促进产学研更为紧密的结合，充分发挥产业、高校与专门的研究机构的优势，使有限的经费产生最大的效益。

（张春霞）

8.6　新型能源革命

随着生态环境和气候变化的形势日益严峻，以优先发展可再生能源为特征的能源革命已成为必然趋势。而能源革命是与工业革命相伴而生的。人类历史上已经历过三次能源革命和工业革命：第一次是煤炭替代了木柴，并与蒸汽机相结合；第二次是石油代替了煤炭，并与内燃机与电力技术相结合；第三次是里夫金提的以太阳能为主的可再生能源替代化石能源，并与计算机互联网信息技术相结合。每一次能源技术与工业革命，都推动着人类社会向前迈进一大步。今天的人类所面临的工业革命——新能源革命，是要改变以碳燃烧为基础的工业模式，创造出大量新的可再生能源。

新型能源革命作为一个新兴的名词，近几年来获得了各界的广泛关注，但对于新型能源革命的定义尚未统一。虽然大家都认同当前世界的能源革命趋势是能源清洁化、低碳化，而对于新型能源革命的能源主体和特征却存在不同看法。李河君在《中国领先一把：第三次工业革命在中国》中认为，新能源革命的核心就是光伏革命，以光伏为代表的新能源和信息技术结合的第三次工业革命，成为了全球格局改变的新契机，这也将给中国带来巨大机遇。张孝德（2015）认为新能源革命是以太阳能发电为代表的能源革命，不仅是替代能源的转变，更是涉及经济、环境治理、生活方式等全方位的变革。顾为东（2015）认为，第四次能源革命是指以互联网技术将非并网多能源协同与高耗能产业实现智能化深度融合、通过大数据云计算形成智慧能源，核心是通过智慧能源建立全球化的产业能源互联网体系，从而推动我国引领全球重塑经济结构。尽管人们有上述不同的认识，但可以预见的是，随着科技的发展，未来新能源的发展趋势将呈现百花齐放的特点，页岩气、核能、太阳能和生物能源等新能源都将拥有自己的角色定位。

各发达国家都在积极推动新型能源革命。早在 20 世纪 40 年代，发达国家就从能源清洁化转型入手，完成了煤炭时代向石油时代的转变，英美国家多通过立法减少污染气体的排放。由于 20 世纪 70 年代爆发的石油能源危机，世界能源市场开始了长期的结构性调整，发达国家开始寻找具有节能和低碳特征的可替代清洁能源。其中，欧盟提出要大幅度提高可再生能源的使用比例；英国主要引导能源消费向以天然气为主导的转变；法国主张大力发展核能，2010 年其核能发电量已占总发电量的比重超过 75%；德国注重提高建筑、工业、交通等领域的能效，并采取多种措施推动可再生能源利用。而近些年的能源技术革新，从石油、天然气、可再生能源、"氢能源"再到页岩油气，每一次能源革命都是美国引领。德国、美国等国家均提出到 2050 年可再生能源满足 80% 以上电力需求的发展目标。可以预见，风电、太阳能发电等新能源将逐渐由传统意义的补充能源转变为替代能源、主力能源。

新型能源革命的影响不仅仅是促进了经济结构的调整和新一轮产业革命，而且还将改变原有的能源市场格局，并从实质上影响到世界政治经济利益格局。美国国内页岩油革命已经改变了全球原油供应的版图，美国能源信息署预计 2020 年美国能源自给率将突破 85%，在 2035 年将达到 87%。美国正在逐步掌握影响全球石油价格的定价权和主导权，这将严重削弱中东地区能源的战略地位，并深刻影响地缘政治和全球经济格局。随着新能源广泛运用之后，传统的石油、煤和天然气资源可能不再是冲突爆发的导火线，地缘争端可能减少。另一方面，随着石油等基础商品产出对经济的贡献的减少，技术和资本产出将成为 GDP 的最大份额，从而可能化解能源供应的瓶颈，掌握新能源技术的国家将占据极其有利的地位，这将促使全球经济走向集约化、科技化和技术化的时代。

新型能源革命对于我国来说是挑战与机遇并存。一方面，新型能源革命是摆脱由化石能源利用所带来的能源贫困、环境恶化、气候变化等一系列危机的需要，作为新兴的发展中大国，我国必须顺应世界的潮流积极推动新型能源革命，需要在全球竞争中提升我国的应对能力。另一方面，新型能源革命也是我国能源转型升级，经济发展方式转变，在新型能源革命中实现弯道超车的需要。新型能源革命除了有利于解决我国所面临的环境与能源危机的困境之外，还将促生新的产业群，促进我国经济的可持续发展。同时，由于我国还处于工业化进程中，具有以较低的机会成本发展新能源的优势和巨大的内生创新活力。

我国政府正在积极推动新型能源革命，并已经把能源提高到国家战略的层面。2012 年底，党的十八大报告首次提出"推动能源生产和消费革命"，政府也出台了中国新能源振兴产业规划。2016 年 6 月 13 日习近平主持召开中央财经领导小组第六次会议，这是继国务院总理李克强主持召开国家能源委员会会议后，中央高层再次专题研究能源战略问题，习近平在会上明确提出要从能源消费革命、供给革命、技术革命和体制革命四个方面推进能源革命。首先，抑制不合理的能源消费居于首位，这意味着敞开消费以及能源消费粗放式增长的模式必将终结。从 1979 年至今，我国的能源消费高速增长，增速高于世界平均水平。在治理雾霾保卫蓝天的迫切需求下，控制以化石能源为主的能源消费已成为共识。习近平提出："坚决控制能源消费总量，有效落实节能优先方针，把节能贯穿于经济社会发展全过程和各领域，坚定调整产业结构，高度重视城镇化节能，树立勤俭节约的消费观，加快形成能源节约型社会。"其次，能源供给侧的革命则强调建立多元供应体系，在大力推进煤炭清洁高效利用的同时，要积极发展非煤能源，形成煤、油、气、核、新能源、可再生能源多轮驱动的能源供应新体系，同步加强能源输配网络和储备设施建设。其三，是针对当前技术装备水平相对较低的状况，要积极推动能源技术革命，把能源技术及其关联产业培育成带动我国产业升级的新增长点。其四，是要以体制改革推动新能源革命。我国的能源体制存在着自然垄断、行政垄断等问题，市场竞争不充分。其中，油气行业、电力行业垄断程度较高，社会资本参与程度偏低。在能源价格管理上，政府对石油、天然气、电力存在一定的价格管制，弱化了市场在资源配置中的作用，资源产品价格发生扭曲。习近平强调："坚定不移推进改革，还原能源商品属性，构建有效竞争的市场结构和市场体系，形成主要由市场决定能源价格的机制，转变政府对能源的监管方式，建立健全能源法治体系。"在能源体制革命的安排中，电力体制改革、油气体制改革进入决策层视野。

在新能源革命中我国具有弯道超车的优势，特别是光伏太阳能发电技术已处于世界领先地位。太阳能发电市场本来只是一个由政府和环保组织为了应对全球变暖而培植的行业，到2016年已经发展成为每年1000亿美元规模的世界性产业。而中国早在2015年就已超过德国成为这个市场的领跑者和主要的受益者。国际能源署（IEA）的分析报告显示：太阳能发电的世界市场，2016年增长了25%，而太阳能电池板的价格则自2008年以来下降了近80%，创造这个奇迹的是中国。近三年来，中国制造和出口了越来越便宜的太阳能电池板。当然光伏发电技术的迅猛发展也给世界带来了很大的冲击，中国生产了40%的世界太阳能电池面板，而美国公司仅有20%，美国一些大型太阳能电池面板制造商已濒临破产，这些公司股票价格也在急剧下跌。美国能源部国家光伏发电中心的联合总监威尔逊（Gregory Wilson）预测：光伏技术正在迅速成为引领世界发展的主力军，世界将迎来一个更便宜、更清洁的光伏能源时代，太阳电能将为我们的家庭供电和供热；为电动汽车充电；以及将氢气从水中分离出来，为用于汽车和飞机的燃料电池提供原料。因此，光伏是标准的阳光产业，它将改变世界未来的走向。中国已经成为这一产业革命的当之无愧的旗手，对于人类做出了很大的贡献。

（张春霞）

8.7　绿色经济

绿色经济概念是英国环境经济学家 Pearce 于1989年提出的，它的内涵是随着绿色化的进程而不断丰富的。21世纪初，学界普遍把"绿色经济"定义为是资源节约环境友好、实现三大效益统一的新型经济模式（廖福霖，2001；张叶，2002；张春霞，2002）。2012年6月在巴西里约召开的联合国可持续发展大会（里约＋20大会）将绿色经济和可持续发展的机制框架确定为大会的两大主题，并给予绿色经济以全新的定义："可改善人类福祉和社会公平，同时显著降低环境风险与生态稀缺的经济。"

绿色经济的新定义内在地包括了经济高效、规模有度和社会包容等内容，强调了绿色经济对传统以效率为导向的经济增加了两个维度：将自然资源的利用计入国家财富预算，强调经济增长要控制在关键自然资本的边界内；将公平或包容性确定为是与效率同等重要的基本理念。新定义给予绿色经济以三个维度的全新内涵。

基于效率的新内涵。绿色经济不仅要强调资源节约和环境友好，促进自然资本的粗放型投入转向集约性使用，以提高资源环境的利用效率，而且还要考虑到自然资本的稀缺性和不可替代性，以及环境的风险性；

基于规模的新内涵。由于关键的自然资本是不可替代的，所以绿色经济强调经济增长的物质规模要受到自然边界的限制，超过边界就会威胁到社会经济的可持续发展，影响人类的福祉。

基于公平的新内涵。绿色经济的新概念强调在生态规模受到限制的情况下，经济增长需要关注公平，特别是关注穷人享受自然资本的权利。

绿色经济的新概念是时代的产物。它是在全球经济受到 2008 年金融危机的冲击后，是在联合国等国家组织和相关国家积极推进绿色新政的背景下提出来的，是第三次绿色浪潮的新成果。

第一次绿色浪潮发生于 1960 ~ 1970 年，是对经济与资源环境矛盾的发现、思考，以《寂静的春天》《只有一个地球》为代表。制度性的成果是 1972 年的联合国环境会议，提出环境保护应当成为发展的重要方面。理论成果：一是批评了追求无限制的经济增长模式，二是提出从末端治理来消除经济增长的负面影响，具有先污染后治理的特征。

第二次绿色浪潮发生于 1980 ~ 1990 年，寻找解决经济和资源环境矛盾的根本途径，理论思考以《我们共同的未来》为代表，制度性的事件是 1992 年的联合国环境与发展大会，确立了可持续发展战略，理论成果：一是提出可持续发展的绿色思想，强调经济、社会、环境等应当协调发展；二是从末端治理进入生产过程，提出了经济增长的绿色化改进，重点是提高资源环境的生产效率。

第三次绿色浪潮发生于 21 世纪初，实践使人们认识到过去 40 年的经济增长已经超越了地球的生态承载能力，理论思考以联合国环境署 2008 年的《全球绿色新政》和 2011 年的《迈向绿色经济》等为代表，制度性的事件是 2012 年"里约 + 20"联合国可持续发展大会，提出了经济范式变革意义上的绿色经济新理念。

绿色经济发展模式与传统经济发展模式的区别：

首先是自然观不同。不同模式对人类和自然与环境关系的认识上的区别，集中体现在对"生产力"的理解上。传统经济模式把生产力定义为是"人类改造自然征服自然的能力"，人类是自然的对立面，自然则是被征服的对象，必须任由人类主宰。这样的概念反映的是人类中心主义的思想，它忽略了人与自然之间的真实关系，忽略了人本身也是自然的一部分，经济系统与自然生态系统之间有着密不可分的内在联系，割裂或破坏了这一种内在的关系，就会影响经济系统的运转，甚至危害人类自身的生存。而绿色经济模式中的生产力是以人类与自然和谐共处为基础的共同发展的能力。经济系统作为人类生态系统的子系统，它受到大系统的制约，必须与大系统的其他子系统保持和谐协调的关系。协调就是发展，协调才能发展。

其次是对增长源泉的认识不同。绿色经济认为那些存在于自然界，可用于人类社会活动的自然物质或人造自然物资，如自然资源总量、环境自净能力、生态潜力、环境质量、生态系统整体效用等，是社会经济发展必不可少生产要素，是经济增长的重要源泉。但传统经济无视生态资本的存在，也不把生态资本当作生产要素，使社会和经济遭到严重的伤害。

其三是评价指标不同。传统经济模式对微观经济的最主要的评价指标是资本投资效率，宏观经济的评价指标主要是 GDP 或 GNP、总量规模及增长速度等。至于这个总量和规模耗费了多少非资本品，则不加计量和评价。绿色经济更关注经济增长的资源环境成本和社会成本，它需要的是一整套全新的评价指标。1992 年环发大会后，自然资本将成为测度一个国家国力的最重要的指标之一。当然，"绿色账户"的全面实施和推广，尚需假以时日。

其四是"人"的假设不同。传统经济模式中的"人"是追求经济利益最大化作为其行为的唯一目标的"经济人"，绿色经济中的"人"则是现代的社会人、自然人，是饱受了环境灾害苦难、增强了生态意识的人，在追求经济利益的同时，也追求生活发展和环境改善，追求的是三大效益相统一，是综合效益的最大化。作为自然人，他只是自然生态系统中的一个单元，他的一切活动都不能破坏他所在的系统的结构和功能，破坏了他所在的系统，就是毁了他自己。而作为社会人，他是这一系统中唯一具有思维能力的主体，是系统中唯一有主观意识的生态单元。因此，人是唯一有能力对这一系统、对自然负责的主体，是一个有能力用自己的行为去影响自然环境，引导自然生态系统向好的方向发展。

其五是经济运行模式不同。任何社会的生产都是人类与自然之间的物质交换的过程，必须从自然界索取，把自然物质纳入社会经济周转，并向自然界返回一定量的废弃物，因此从物质流的角度，绿色经济和传统经济具有不同的物质流动特征：传统经济把经济系统视为独立于自然之外的、两头开放的线性系统，它在不断地向自然界索取过程中，只是把其中的一小部分纳入社会经济的周转中，完成了从生产—市场—消费—再生产……的循环，大部分自然物质被浪费在社会经济系统之外，成为废弃物返回给自然界，恶化了自然环境，又破坏了其他的自然资源；绿色经济把自然资源的节约和环境的改善纳入了经济发展的框架内，将经济系统置于人类生态系统这一大系统的整体中。存在于自然生态系统中的自然物质，是经济系统赖以维持与发展的基础，因而要节约使用自然资源，提高使用效率，减少废弃物的排放，并尽可能地变废为宝，使自然物质在人类生态系统中进行循环，并且是闭合的循环，是经济的循环：通过绿色生产的，提高资源的转化效率，以更少的自然资源的耗费，生产出更多的绿色产品，提供更多的绿色服务(如交通、旅游等)；通过绿色消费，节约资源的耗费，同时也减少废弃物的排放；构建绿色市场促进绿色经济的顺利运行，从而把资源的节约和对环境的改善实现在社会生产的全过程中，是对于自然物质进行经济的循环利用。这里的"经济"表现在三个方面；一是为了子孙后代的需要而有节制地向自然索取；二是对进入经济系统周转的自然物质进行有效的利用，提高其效率；三是减少废弃物回到自然界，避免产生破坏自然的严重后果，保护好现有的自然和未来的自然。

(张春霞)

8.8　循环经济

循环经济是根据马克思主义辩证唯物主义、历史唯物主义和现代生态科学的原理，把生态系统物质循环运动和能量梯级利用的规律，运用到经济社会发展中，一方面在生产环节中实现循环，使上一环节的"流"(传统经济中称为废物)变成下一环节的"源"(原料)，延伸产品链和产业链，从而达到节约资源、提高产出、减少排放（直到零排放）的目的；另一方面对生活领域的"废物"回收、分类，进行再利用、再生产（再循环），达到变废为宝的目的。循环经济是以提高资源的利用率，减少排放，提高产出以达到节约资源（低投入），增加产品（高产出），减少排放（甚至零排放）的要求，实现生态效益、经济效益、社会效益相统一和最优化的新型经济模式。

最早提出循环经济思想的是美国经济学家肯尼思·E·鲍尔丁（Boulding, Kenneth Ewanrt, 1965.5.10）："地球像一座宇宙飞船：地球已成为一个极小的、封闭的、有限的、拥挤的、正撞向未知空间的球体。只有在人少且技术限制时，人们才将地球视为一个无穷大的有无限资源的仓库，可以无限排放废物的垃圾场。现在人们必须循环利用其废弃物，勇敢地面对人类活动产生的物资递增问题。人完全有必要开发一种不同于现在基础的满足社会高质量的技术。稳定的、循环的高级技术，把材料中的能源浓缩成有用的形式，以有效弥补其使用中的耗散。人最终必须面对一个事实：人是生态系统中的一种生物，生存能力依赖于具有闭路循环特征的世界生态系统上所有元素和人的共生关系。"

循环经济的理论基础是马克思主义关于废弃物循环利用、环境问题、物质变换的思想和生态系统的物质循环的基本原理。循环经济哲学基础是马克思恩格斯关于自然生态母系统物质循环的思想，恩格斯在《自然辩证法》一书中阐述了物质运动的重要形式是循环和转化，阐述了辩证法的三个规律："量转化为质和质转化为量的规律；对立的相互渗透的规律；否定的否定的规律。"这些规律都蕴含着物质循环运动的思想。马克思在《资本论》中专门用了一节来讨论"生产排泄物的利用"，实际上就是循环经济的减量化原则。生态系统的物质循环理论揭示了在自然生态系统中的绿色植物、动物、微生物等众多种、类、个体之间存在着相互依存的有机联系，在自然界的生态链（网）中，一切事物都有其去向，都被充分利用，是真正的生态效益与经济效益相统一和最优化。

循环经济在中国有久远的思想渊源，古代关于人与自然关系的思想是朴素的循环、生态思想。以大自然的生态食物链的稳定延续和自净能力为前提的农业，实际上是循环经济的初级版，我国在唐代就出现了桑基养鱼的循环农业模式，稻田养鱼、梯田文化等农业文化遗产保护项目，也体现了循环经济的理念。

循环经济思想是在对工业革命引起的环境危机和资源短缺的反思中产生的。工业革命在大大促进生产力提高的同时，也带来了严重的环境问题和资源危机，从 20 世纪 20~60 年代的"八大环境公害"到 80 年代"新八大环境事件"，环境问题日益严峻。另一方面是资源的严重短缺，20 世纪的石油危机就是其缩影，环境和资源的危机催生了循环经济思想。

在我国，"循环经济"词汇出现于 90 年代中期。如刘庆山（1994）、闵毅梅（1996）、同济大学的诸大建教授（1998）先后介绍循环经济的内容。2002 年毛如柏、冯之浚主编的《论循环经济》，介绍了国内有关循环经济的已有观点和多种定义。2008 年颁布的《循环经济促进法》给出了概括性的定义："在生产、流通和消费过程中进行的减量化、再利用、资源化活动的总称。"

减量化、再利用、再循环是循环经济的基本原则，即"3R 原则"（reduce、reuse、recycle）。对 3R 的重点有不同认识，体现的是不同的原则，也会有不同的实践。有人认为循环经济要以废物循环利用即再利用、资源化为重点，以提高物质循环利用率为核心。而我国《循环经济促进法》确定的是减量化优先原则。其含义是：3R 的次序是减量化优先；减量化是重点，是基础，它强调的是从源头上节约，减少废物排放的前提下的全过程治理。

而国外的情况则有所不同，发达国家发展循环经济一般侧重于废物再生利用，减少消费领域的废弃物的排放。如德国发展循环经济，是为了保护自然资源，确保废弃物按有利于环境的方式进行处置；日本是"通过技术及经济的可行性，自主积极地采取相关行动，减少环境负荷，力求经济的健全发展，使可持续发展的社会得以实现。""其目的在于确保当前和今后国民的健康和文化生活"。因为日本、德国等发达国家处于后工业化时代，资源利用效率已经比较高，前端减量化的潜力相对较小，因此他们发展循环经济的重点是资源的再生利用(日本称之为"静脉产业")。

我国强调减量化优先原则的三理由：如果适当消耗、适当排放后进行再利用和资源化，一是要消耗资源，特别是能源；二是还可能产生二次污染，在经济效益与环境保护两个方面都得不偿失，违背了开展废物再利用、资源化的初衷；三是我国现处于工业化高速发展阶段，能耗物耗过高，资源浪费严重，前端减量化的潜力大。

与传统的经济模式相比，循环经济具有以下几个显著特征：

闭合循环：循环经济要求经济活动遵循自然生态母系统的运行规律，改变过去的"资源→产品→废物"线性模式为"资源→产品→再生资源"的物质反复循环的闭合模式，实现废弃物减少甚至是零排放。以"一高二低"(自然资源低投入、废弃物低排放和产品高产出)取代以往的"二高一低"(自然资源高投入、废弃物高排放和低产出)。

整体效益最优：不同于以往过分强调经济效益、忽视生态效益和社会效益的经济，循环经济遵循的是生态经济规律，认识到把人类社会视为一个由社会、经济、自然组成的复合生态系统，是一个巨系统。只有各个子系统之间的协调和谐，才能保持巨系统的生态平衡，才能实现生态效益、经济效益和社会效益的统一，取得整体效益的最优。

全程调控：循环经济以高科技为支撑，采用先进的生态化技术和工艺，降低原材料和能源的消耗，实现全过程调控，即从开采、加工、运输、使用、再生循环和最终处置六个环节对系统的资源消耗和污染排放进行控制，尽可能把污染物直接消除在生产过程之中。这是一种"标本兼治"的生产方式，它有别于"末端治理"。

构筑循环型的经济社会。循环经济遵循生态学规律，把传统的、依赖资源净消耗的线性增加的发展，转变为循环反馈型发展的经济发展模式，在微观和宏观不同层面上形成促进经济社会可持续发展的长效机制。在微观层面上，要求企业按照食物链原理，纵向延长生产链条，负责从生产、消费、回收处理和再生的产品生命周期的全过程，建立企业层面的"小循环"；在区域层面上通过建立生态工业园区，企业在共生层面上实现物料和能源的循环，形成共生企业间或产业间的"中循环"；在区域和社会的层面上，促进整个社会技术体系网络化，实现资源的跨产业循环利用，废弃物的综合化产业化无害化处理，推进经济社会可持续发展的"大循环"。

循环经济自从 20 世纪 90 年代后期引入我国后，就得到了广泛的重视。2002 年颁布了《清洁生产促进法》，陕西、辽宁、江苏以及沈阳、太原等省市也相继制订了地方性的清洁生产政策和法规，并在许多企业实施清洁生产审计、环境管理体系认证、环境标志申请等。之后的《循环经济促进法》实施和其他政策措施的制订，逐渐形成了推动循环经济的法规和经济措施体系，循环经济的试点和推动工作在各地蓬勃展开，生态园区、生态省、生态城市建设风生水起，优化了产业结构和产业布局，促进了经济、社会、环境的全面协调发展。

（张春霞）

8.9　低碳经济

自从 2003 年英国政府发布能源白皮书——《我们能源的未来：创建低碳经济》以来，在全球范围内便兴起了低碳经济潮。各国在积极推动新能源革命、低碳生产和消费方式的同时，促进了世界经济运行秩序、国际贸易方式规则的低碳化变革，低碳经济的新技术更是成为各国政府和有远见的企业家抢占的制高点。

低碳经济的兴起主要与三个方面因素有关：气候变化是低碳经济兴起的最直接原因。分享了 2007 年诺贝尔和平奖的联合国政府间气候变化专门委员会（IPCC）前后发表了四次有关气候问题的权威报告，一次比一次更为明确地表明了人类非绿色活动与气候变暖之间的密切关联度，还论证了阻止气候变暖是可行而且是经济的——只需要耗费全球国民生产总值的 0.1%。发展低碳经济成为减少人类社会生产、生活碳排放的有效途径；能源资源紧缺是低碳经济兴起的根本原因。能源对于社会经济发展的意义是不言而喻的，20 世纪两次石油危机对世界经济产生了巨大的影响。在全球能源资源危机日渐严重的情况下，提高能源利用率，发展新能源以降低对化石能源的依赖度，成为各个国家的共同选择；2008 年的全球性金融危机是低碳经济发展的助推器。全球气候危机和金融危机等叠加为多重危机给世界经济带来严重威胁。2009 年联合国环境规划署在《全球绿色新政》报告指出多重危机的共同根源是大量资本的错误配置，对化石能源、金融资产及其衍生品方面的过度投入，而在可再生能源、能效、公共交通、可持续农业、土地及水资源方面投入相对较少。报告号召各国积极发展低碳产业，以遏制经济衰退的趋势。

学术界对于低碳经济的概念，尚未有一致的界定，但对其内涵的理解却形成以下共识：低碳经济的发展以减少温室气体、发展可再生能源为出发点，最终目标是实现经济发展与资源环境的和谐协调；低碳经济以低能耗、低污染和低排放为基本特征；发展低碳经济的关键是低碳技术研发和运用，主要实现途径是发展低碳产业、提倡低碳生活和低碳消费等。

低碳经济是指在经济社会发展的过程中，通过技术升级、产业结构调整等途径尽可能地减少温室气体的排放和增加温室气体的吸收，同时积极发展新能源及其产业群，获得经济、社会和生态三大效益相统一的经济发展模式。低碳经济包含"低碳"和"经济"两个方面的内容，"低碳"是发展低碳经济的核心问题，强调以最小限度的碳排放来实现经济的增长，在积极推动新能源（清洁能源）开发与利用的同时提高能源的利用效率，因此低碳经济的本质是能源经济。通过技术创新和制度创新，实现节能减排和发展新能源及其产业群，提高能源的使用效率，降低能源消耗，一方面可以实现减少二氧化碳等温室气体和有毒有害气体排放的目标，更重要的是同时可以实现经济结构转变，保障国家能源安全，增强国家的经济竞争力。

现实中人们对于发展低碳经济还存在一些不同认识。潘家华曾指出需要澄清五种误解：一是认为低碳经济是贫困的经济，咱们不能搞；二是认为发展低碳经济就不能发展高耗能、高排放的重工业；三是认为搞低碳经济就不能开车、住大房子、享受空调了；四是认为发展低碳经济的成本太高，我们做不了；五是认为低碳经济是遥远的未来的经济，理想虽好却不是目前选择。这些误解实际上都是由于对低碳经济理解的片面化产生的（潘家华，2010）。

不同经济形态的发展变化都离不开众多因素的合力驱动，作为一种新的经济发展模式，低碳经济的发展也是内在动力和外在动力的互相交织共同发挥作用，其中外在动力是对低碳发展提出要求，而内在动力是对经济发展给予的驱动。

从外在动力来看。低碳已经成为世界经济发展的新常态，是趋势和潮流，无论是气候变化所带来的自然界的压力、国际社会的压力，还是全球各国竞相发展低碳经济的浪潮，都迫使中国不得不主动而积极地融入世界发展的大趋势，参与世界新一轮的经济竞争。这诸多外在的压力，实际上是低碳的压力，我国已经成为最大的碳排放国，压力必然也必须转化为我国发展低碳经济的外在动力。因为在世界低碳经济发展的大潮中，只有顺应这样的潮流，才能在竞争中求得发展，才能获得与我国的经济实力相应的地位。要客观认识低碳的压力与动力的内在关系，那种认为低碳经济是西方发达国家借以打压发展中国家的阴谋，即"低碳阴谋论"的观点是片面的。无独有偶，2016年美国总统大选中，特朗普又鼓吹"低碳经济"是中国人的阴谋，并且提出如果当选就要退出《巴黎协定》。

我国发展低碳经济虽有外在的压力，但更重要的是内在的动力，是我们的主动追求。虽然我国发展低碳经济面临着包括能源结构、目前所处的发展阶段、总体技术水平落后、贸易结构等在内的诸多困难和挑战，但内在动力更为重要。我国有发展低碳经济的内在需求和强大的驱动力。改革开放以来，中国经济发展速度惊人，GDP已经位列世界第二，国际影响力不断增强，另一方面，经济增长所付出的资源与环境的代价也是巨大的，能源和环境问题已经成为中国经济、社会可持续发展的瓶颈。经济的快速增长需要有能源的支撑，缺油少煤是我国的基本国情，能源供应面临严峻的挑战。而大量的能源资源的消耗也带来了严重的环境问题，威胁到人民的健康和社会的安全。从根本上说，我国发展低碳经济的最终目标是为了实现人与自然的友好共生，实现自然—人—社会复合生态系统的共生共荣、共同发展。

外在动力和内在动力相互交织，决定了我国发展低碳经济是必然的选择，又是漫长的过程。发展低碳经济已成为国家层面战略性决策。这是缓解能源危机的需要，是促进经济发展方式转变的需要。全球新能源的开发和利用尚处于起步阶段，发展低碳经济可能改变目前的国际能源产业、国际贸易格局，成为争取国际话语权的有力武器。我国在推动低碳经济发展的进程中就可以和其他国家在同一起跑线上。因此，发展低碳经济是实现国家能源安全战略、促进经济转型和实现弯道超车的需要，是提高参与国际竞争能力的需要。

我国发展低碳经济的重点：一是改善能源结构，改变以煤炭为主的能源生产与消费结构是发展低碳经济基本要求，也是低碳经济发展的重点。二是提高能源利用效率，其根本途径是转变经济发展方式，促进经济由粗放外延型向集约内涵型发展，减少能源投入、提高能源利用效率。三是增加碳汇，碳汇的载体主要有海洋和陆地，海洋碳汇的载体是海洋生物如浮游生物、细菌、海草、盐沼植物和红树林等，陆地碳汇主要是通过森林、草原和农田等吸收和储存二氧化碳。四是加强二氧化碳的回收与利用，二氧化碳是主要的温室气体，但并非污染性气体，是可回收和利用的。2016 年 10 月 8 日的《科技日报》报道，德国科思创公司研发了一种催化剂，将二氧化碳转化成为塑料，在政府没有补贴的情况下，获得很好的经济效益，而且其生产过程是无碳和负碳。二氧化碳的回收利用在我国还处于起步阶段，扩大宣传增强利用意识，以技术指导扩大二氧化碳利用规模，以优惠政策保障二氧化碳的利用和消费，对于促进低碳经济的发展都是重要的。

（张春霞）

8.10　生态经济

生态经济是生态文明时代的基本经济形态，它产生于 20 世纪 60 年代。第二次世界大战后，突飞猛进的科技在大大提高人类干预和改造自然的能力，促进经济快速增长的同时，也带来了严重的资源环境问题，威胁着人类的生存，制约着社会经济的可持续发展。人们在反思中寻求既能够发展经济又保护生态环境的新经济形态，生态经济便应运而生了。美国海洋学家蕾切尔·卡逊在 1962 年出版的《寂静的春天》中，首次结合经济社会问题进行生态学研究。之后，美国经济学家肯尼斯·鲍尔在《一门科学——生态经济学》中提出"生态经济学"的概念及"宇宙飞船经济理论"。美国经济学家列昂捷夫开创了对环境与经济发展关系进行定量研究的先河，第一次将处理工业污染物单独列为一个生产部门，纳入了投入—产出经济分析的框架中，在产品成本中列入了污染物处理的费用，并分析了污染的影响。

生态经济（ECO）是遵循社会经济发展必须与生态环境相适应的经济规律，运用生态学的基本原理和系统工程方法，在生态系统承载能力的范围内，挖掘资源潜力，促进各地的生态优势转化为经济优势，提升经济竞争力，实现经济与资源环境协调发展，自然生态与人类生态高度统一的可持续发展新经济形态。生态经济是有别于传统经济的新兴经济形态，它把生态系统和经济系统作为一个不可分割的有机整体，研究这两个系统的协调发展的基本问题。生态经济的本质，就是把经济发展建立在生态环境可承受的基础之上，促使社会经济在生态平衡的基础上实现持续稳定发展，实现经济发展和生态保护的双赢，建立经济、社会、自然良性循环的复合型生态系统。以研究经济系统为己任的传统经济，并不研究经济系统与自然生态系统之间的内在关系，虽以稀缺为假定前提分析如何配置稀缺资源更有效率，但不考虑稀缺的原因和后果，不考虑经济活动的外部性，不计量 GDP 以及厂家在赚取高额利润时的社会成本、环境成本。生态经济研究的恰恰是经济系统与生态系统的关系，探寻两个系统能够协调发展的新经济模式。

把握生态经济的内涵有两个关键点：如何认识经济与生态的关系以及如何实现经济与生态的协调发展。

经济与生态有着不可分割的内在有机联系，第一，人们的经济活动离不开自然环境，经济系统是人类生态系统的一个子系统，不能独立于自然生态系统之外，它的动态变化也依赖于生态系统的演化；第二，经济增长不仅依赖于环境，而且会反过来影响生态系统的变化，影响生态系统和经济系统之间关系的变化，在生产力大大提高的今天，经济规模已经接近有些甚至已经超过生态承载能力的情况下，自然生态系统更是受到严重的干扰而退化，甚至面临崩溃的危机。

实现经济与生态协调的关键是，人类生态系统中唯一有主观能动性的人类要负起促进系统协调发展的责任，经济发展必须遵循生态系统演化的基本规律，把人们的经济活动限制在生态系统自调节能力的阈值内，不能超过自然生态系统的生态承载力。首先必须遵循生态平衡规律，因为生态系统的承载力具有可再生性、可修复性，当人们经济活动的干扰没有超过生态系统自调节能力的阈值(生态不可逆阈值)时，生态系统就能够发挥其自组织能力、自调节能力和抗干扰能力，促使自然生态系统逐渐趋于生态平衡。其次是必须遵循生态系统的协同演进规律。在生态系统中，生物之间的相依相存，相互制约的关系形成了环环相扣的生态网(生态链)，生物多样性导致生态系统稳定性，每一种生物都是生态网的必要组成部分，并在协同中演进，在协同中创新，因此要在维护生态系统稳定性中发展经济，要保护生物多样性，并且按照生态系统的结构进行资源的多层次开发利用。在已经接近生态承载力极限的约束条件下，经济发展要建立在生态平衡的基础上，从资源的外部性经济变成内部性，运用市场规律来调节经济社会与生态系统的协调发展。

在经济增长与生态环境保护的关系上，现实中存在着两种非此即彼的极端认识和实践。一些生态经济学家在吸收早期稳态经济思想的基础上，认为在工业文明中不断扩大的经济系统，已经对生态系统造成严重的破坏，资源枯竭环境恶化，使整个生态系统面临崩溃，已经危及人类的生存，因此必须控制经济规模，甚至提出为了保护生态环境，必须停止经济增长甚至负增长，这实际上就是以放弃经济增长来换取生态与环境的保护；而另外一种观点则认为，经济增长是一切社会发展的基础，只有经济增长了，才有能力解决环境保护问题，而且科技的进步会为环境保护提供新的途径和手段，为了经济增长，可以不惜牺牲生态环境。两种认识都有其极端的口号和实践：前者提出回归原始社会的经济和生活，后者则提出经济增长可以解决一切问题。

产生这两种极端认识的原因：一是他们是反对工业文明的人类中心主义思想为理论分析的逻辑起点，把经济系统视为自然系统的一个一般的子系统，忽视了人类在协调他们与自然生态系统之间矛盾关系的主观能动性、创造性，因此只能停止经济增长来保护环境；二是他们是以发达国家(或地区)为实证分析的逻辑起点，由于历史和现实的原因，现在的发达国家(或地区)即使是零增长或负增长，也可以生产出丰富的物质产品来支撑他们的富裕生活。但正处于发展阶段的发展中国家特别是落后地区，经济发展了才能摆脱贫困，才能解决因为不发展所面临的各种社会问题，即使是发达国家和地区，也需要解决就业问题，也要靠经济的发展。所以仅把经济系统作为自然系统的子系统是不够的，自然—人—社会(包括经济)是复杂的巨系统，要充分发挥人的主观能动性来协调自然与经济的关系，以协调促进两个系统的共同发展，以发展促进协调，要在创新、协调、绿色、开放、共享发展新理念的指导下转变经济发展方式，在发展过程以内生力量来突破这种"二律背反"，实现数量与质量相统一，经济发展、生态环境保护、人类健康与社会发展相统一，生态效应、经济效应与社会效应相统一。

生态经济的实践催生了生态经济学这一门学科的发展，国际上的生态经济学主要研究三个基本范畴：一是经济增长的规模必须在生态承载的范围之内，即可持续经济规模；二是研究分配的公平，包括代内和代际的公平；三是研究资源的配置。

在我国，生态经济学是在 20 世纪 70 年代末 80 年代初兴起的，80 年代是它发展的黄金时期。著名经济学家许涤新是中国生态经济学这一全新学科创建工作的组织者和领导者，于 1980 年 8 月发起并召开了第一次生态经济座谈会，之后还组织了多次的讨论会，1984 年 2 月正式成立中国生态经济学会，他亲自担任会长。一直到许老逝世前，都始终关心和支持生态经济学的研究工作。

我国的生态经济在 20 世纪 90 年代后进入实践阶段。特别是近几年来，各级政府大力推动生态区域、生态产业的发展，如各地的生态村、生态县、生态市和生态省的建设，正在全国各地普遍展开。

生态经济的发展主要体现在以下各个互动的层面：生态经济的点，单个经济体包括企业、农民和其他经济组织，在单个经济体内部发展生态经济；二是生态经济线，生态农业、生态工业、生态林业、生态旅游业等在产业的层面上发展生态经济；三是生态经济面，生态园区、生态城市、生态省建设等是在中观层面推动生态经济的发展；四是在社会层面上构建复合型生态经济，是宏观层面的生态经济层。四个层面的生态型经济相互交叉互相促进，促使经济运行质量得到改善和提高，推动整个社会经济的可持续发展。

（张春霞）

8.11　生态工业

生态工业是对传统工业的革命性改造。以蒸汽机的广泛使用为标志的近代工业，推动了社会生产力的突飞猛进，创造了辉煌的工业文明，近代工业因此成为现代社会的核心经济系统。机械化规模化的传统工业是以大量消耗资源和能源为条件的，导致了资源的枯竭和环境的严重污染，影响了人类的健康和社会的发展。随着近代工业的日益发展，现代社会的核心经济系统与自然环境之间的矛盾也日渐尖锐。生态工业便应运而生。

生态工业是解决复杂庞大的工业系统和自然环境系统矛盾的新型工业发展模式。人们在探寻解决工业与环境矛盾的过程中经历了从末端治理到清洁生产再到生态工业的三个阶段。当工业系统的污染严重威胁到人类社会的发展时，人们开始了积极的反思，其代表性的成果是蕾切尔·卡逊的《寂静的春天》，人们在反思中进入了环境时代，提出了末端治理的解决途径，它对环境质量的改善起了重要作用，但仍是治标不治本；清洁生产是从末端的治理转向生产过程，从源头上进行废物减排，减量化、资源化和无害化，包括清洁的能源、清洁的生产过程、清洁的产品。清洁生产是面向企业的，要求在生产过程中减少企业内部的原料和能源的耗费，但是没有能够解决整个工业系统与自然界的协调和可持续发展问题，生态工业就是从工业系统的角度来解决与环境的矛盾。

　　"工业生态学"的概念是 Preston CLoude 于 1977 年首次提出。1991 年 10 月，联合国工业与发展组织提出了"生态可持续性工业发展"的概念，认为生态工业是指"在不破坏基本生态进程的前提下，促进工业在长期内给社会和经济利益做出贡献的工业化模式。"20 世纪 90 年代初，美国也掀起了生态工业学的热潮，形成了生态工业的基本框架结构。L. W. Jelinski 和 C. K. N. Patel 于 1992 年提出，生态工业系统的进化过程应分为三级：一级工业生态是简单的资源开采和废物抛弃；二级生态系统的内部组成要素相互依赖，组成互相作用的网络系统；三级生态系统是最理想的。进入 21 世纪，生态工业的研究进入新的发展阶段。国外对于生态工业的研究起步较早，已经形成了成熟理论体系，其研究的方向包括：可减轻工业生产对环境影响的污染防治技术；生态工业全过程监测、分析、评价的方法；促进生态工业发展的政策制度等。

　　国内是在本世纪初开始研究生态工业，结合循环经济的理论研究具有中国特色的生态工业发展的途径和模式，生态工业园的建设、评价等。

　　生态工业是仿照自然界生态过程物质循环的方式来规划工业生产系统的一种工业模式，在生态工业系统中，各个独立的生产过程并不是孤立的，一个生产过程的废物可以作为另一个生产过程的原料，通过物料流、能量流和信息流建立起相互依赖的密切关系，生态工业追求的是系统内各个生产过程从原料、中间产物、废物到产品的物质循环，达到资源、能源、投资的最优化。因此生态工业是指模拟生态系统的"生产者、消费者、还原者"的生态链，以工业发展与生态环境协调为目标，建立起低消耗、低（或无）污染的工业生态链，达到合理地、充分地、节约地利用资源，工业产品在生产和消费过程中对生态环境和人体健康的损害最小以及废弃物多层次综合再生利用的工业模式。

　　以仿照自然生态系统的运行机理而建立的生态工业，是运用生态学的理论和方法来研究现代工业系统的运行机制。生态工业应用生态学的生物共生和物质循环再生等原理，形成了生态工业的基本原则：万物皆在联系中，企业之间可通过物质联系建立共生关系；物质不灭，进入工业系统的物质可以循环利用；能量可梯级利用，企业的废弃物、废气体可以进入再循环再利用。就是在这样的循环利用中促使工业系统转化为一个由生产者、流通者和消费者，由所用的原料与能源及其所产生的废料等构成的生态系统，成为生生不息的工业生态系统。

　　生态工业以循环经济的理念为指导，并成为循环经济的重要组成部分。生态工业的基本原则实际上是与循环经济的减量化、再利用、再循环的 3R 原则一脉相承的，在微观层面上要求企业节约降耗，提高资源利用效率，实现减量化，对生产过程中产生的废弃物进行综合利用，并在中观层面上通过企业之间建立起废弃物的再利用再循环的工业生态系统，延长和拓展生产链条，促进产业间的共生耦合。生态工业是在工业系统这一现代社会经济的核心，而且是对自然环境影响最大的经济系统中，推进循环经济，有力地促进了全社会的资源利用体系的建立和完善。

　　创新对于生态工业的发展具有极其重要性，包括技术的创新和制度管理的创新。除了需要有解决问题的关键技术方法外，生态工业是人们仿照自然生态系统的运行机理而建立的，因此它的组织和运行需要有一定的社会条件，需要通过创新解决阻碍生态工业发展的社会因素。

发展生态工业的途径包括对传统工业进行生态化的改造，积极发展再生资源产业如废物炼制、废物再资源化，努力推动生物资源产业的发展，对农副产品、畜产品及副产物、林产品及副产物、人畜排泄物进行生态化处理等。

从空间布局的角度，生态工业有两种类型：集中建设的生态工业园区和分散的但通过物质流、能量流、信息流建立起来的工业生态系统，前者是生态工业的典型形式和典范。

生态型园区是以循环经济理念为指导，遵从减量化、再利用、再循环的3R原则，构建园区内的产业循环体系，形成独有的生态链和生态网的新型园区。作为工业生态系统重要形式的生态工业园区，于1970年开始出现便得到许多国家的认可。生态工业园区是一个包括自然、工业和社会的复合体，在工业园区内通过成员之间的副产物和废物的交换、能量和废水的逐级利用、基础设施的共享，实现园区经济效益和环境的协调发展。丹麦的卡伦堡工业共生体系是生态工业园区的成功案例。

在我国，生态工业园区的建设也在各地如火如荼地展开。在国家层面上先后有过两批的试点，第一批是生态工业园区试点，第二批是国家循环经济试点，各个地区也都在建设生态工业园区，出现了一批如鲁北生态工业园区、贵糖股份、苏州工业园区等成功的典型。但各个地方的园区建设普遍存在的一些问题，如产业的集聚能力低、技术水平低、园区对企业的吸引力和附着力不强，难以形成发挥作为新经济增长点和区域辐射带动作用。需要法律、政策、组织机构、管理相互协调，以促进生态工业园区的健康发展。（张春霞）

8.12　生态农业

生态农业是相对于石油农业而提出的，20世纪初以来，石油农业在给人们带来高效的劳动生产率和丰富的物质产品的同时，也由于大量使用的化肥和农药等工业物质而带来了环境污染、土壤侵蚀、土地肥力下降等生态危机，各国便开始探索农业发展的新途径和新模式。生态农业是世界各国的共同选择，成为现代农业发展的方向。

生态农业简称ECO（eco-agriculture的缩写），是按照生态学和经济学原理，根据生态系统内物质循环和能量转化规律，运用现代科学技术成果和现代管理手段，以保持和改善农业系统内的生态平衡为主导思想，吸收传统农业的有效经验，充分发挥地区资源优势，依据经济发展水平及"整体、协调、循环、再生"原则，运用系统工程方法，合理组织农业生产，实现农业高产优质高效持续发展，生态和经济两个系统的良性循环的统一，获得较高的经济效益、生态效益和社会效益的现代农业新模式。生态农业是农业生态系统同农业经济系统综合统一的农业生态经济复合系统，是适应市场经济发展的农、林、牧、副、渔各业协调，生产、加工、销售综合发展的大农业系统。

国外的生态农业于20世纪20年代在欧洲兴起，30年代初英国农学家A·霍华德提出有机农业概念并进行试验和推广，生态农业在英国、瑞士、日本等得到了广泛发展。美国最早进行实践的是罗代尔（J. I. Rodale），于1942年创办了第一家生态农场，于70年代成立的罗代尔研究所，成为美国也是世界上进行生态农业研究的著名研究所。20世纪70年代后，在人们对经济发展引起的污染问题进行反思中，生态农业得以迅速地发展，并于1972 年在法国成立了国际生态农业运动联盟(IFOAM)。日本生态农业的重点是减少农田盐碱化和农业面源污染(农药、化肥)，提高农产品品质安全。在东南亚地区，菲律宾较早开展生态农业建设，该国的玛雅(Maya)农场就是一个具有世界影响的典型。

1992 年联合国环境与发展大会后，实施可持续发展成为各国的共同战略，生态农业作为可持续农业的一种实践模式得到各国的政策支持，进入了蓬勃发展的新时期。如奥地利于 1995 年实施了支持有机农业发展特别项目，国家提供专门资金鼓励和帮助农场主向有机农业转变。法国也于 1997 年制定并实施了"有机农业发展中期计划"。

我国的生态农业在吸收了作为农桑古国优秀农学遗产精华的基础上，借鉴了国外的经验，推动了具有中国特色的生态农业发展道路。虽然我国在古代就有了生态农业的思想，很早就有了合理轮作、套种间种等生态农业的实践基础，但是大规模的推动与发展则是在改革开放的大潮中，是与农村的改革同步的。实际上，也只有在实行承包责任制的产权改革的前提下，农民也才有可能和积极性去发展生态农业，成为推动生态农业发展的主体。

在生态农业的内涵上，我国与西方的那种强调完全回归自然、摒弃现代投入的主张有所不同。如美国农业部给生态农业的定义是：生态农业是一种完全不用和基本不用人工合成的化肥、农药、动植物生长调节剂和饲料添加剂，而是依靠作物轮作、秸秆、牲畜粪便、豆科作物、绿肥、场外有机废料、含有矿物养分的矿石补充养分，利用生物和人工技术防治病虫草害的生产体系。我国地少人多的国情决定了我们不可能走大面积休耕、粗放耕种的道路，而灿烂悠久的农业文明也为生态农业的发展提供了可继承的遗产，因此我国生态农业强调了以生态经济原理为指导，促进传统农业的精华与现代农业的生产经营方式的有机结合，通过适量施用化肥和低毒高效农药等，突破传统农业的局限性，又保持其精耕细作、施用有机肥、间作套种等优良传统。

同传统农业相比，生态农业主要是通过提高太阳能的利用率、生物能的转化率、废弃物的再循环利用率等，促进物质在农业生态系统内部的有效利用，避免了石油农业的弊端，使农业生产处于良性循环中。它既是有机农业与无机农业相结合的综合体，又是一个庞大的综合系统工程和高效的、复杂的人工生态系统以及先进的农业生产体系，是一个兼顾了资源、环境、效率，包括农、林、牧、副、渔和乡镇企业在内的多成分、多层次、多部门相结合的复合农业系统。因此，生态农业具有综合性、多样性、高效性、持续性的特点。

生态农业是以资源的永续利用和生态环境保护为前提，遵循的是生物与环境相协调、优化物种组合、能量物质高效运转、输入输出平衡等原理，因此在幅员广阔的我国，各个地方在实践中都因地制宜地创造了多种多样的模式。在 20 世纪 80 年代就创造了许多具有明显增产增收的生态农业模式，如稻田养鱼、养萍，林粮、林果、林药间作的主体农业模式，农、林、牧结合，粮、桑、渔结合，种、养、加结合等复合生态系统模式，鸡粪喂猪、猪粪喂鱼等有机废物多级综合利用的模式。之后，人们又在实践中总结出十大典型的模式：北方"四位一体"生态模式，南方"猪—沼—果"生态模式，平原农林牧复合生态模式，草地生态恢复与持续利用生态模式，生态种植模式，生态畜牧业生产模式，生态渔业模式，丘陵山区小流域综合治理模式，设施生态农业模式，观光生态农业模式，并都总结出各自的配套技术。这些模式都是在实践中形成的兼顾了农业的经济效益、社会效益和生态效益，结构和功能优化了的农业生态系统。

生态农业作为现代农业发展的方向和主导形式，需要政府的大力支持和推动，2016 年 12 月财政部、农业部联合印发了《建立以绿色生态为导向的农业补贴制度改革方案》，首次提出到 2020 年，基本建成以绿色生态为导向、促进农业资源合理利用与生态环境保护的农业补贴政策体系和激励约束机制，进一步提高农业补贴政策的精准性、指向性和实效性。方案明确了要突出绿色生态导向，将政策目标由数量增长为主转到数量质量效益并重上来，增量资金重点向资源节约型、环境友好型农业倾斜。鼓励各地创新补贴方式方法，切实加强农业生态资源保护，自觉提升耕地地力。

（张春霞）

8.13　生态林业

生态林业是生态文明时代的林业新形态，它是在对工业文明时代的林业反思中产生的。为了满足规模化大工业对木材的需要，工业文明时代的林业必然是以采伐天然林起步的，新中国的林业也是如此。由于林业经营的是森林生态系统，林业生产过程是社会生产和自然生产相互交织的过程，过量的采伐破坏了森林生态系统的平衡，超过了森林的生产能力，使林业陷入了越采越少、越采越穷的境地，生态环境也随之恶化。现实迫使人们反思传统林业模式的弊端，并寻找新的林业发展方式。

生态林业是以生态文明建设理念为指导，遵循生态学的基本规律，以先进的科学技术和经营管理手段，对森林资源、湿地及可用于林木种植的农地、沙漠、草原等进行合理利用，为人类的生存和发展创造最丰富的物质产品和最佳生态环境的林业生产体系，它是多目标、多功能、多成分、多层次，也是组合合理、结构有序、开放循环、内外交流、能协调发展、具有动态平衡功能的巨大森林生态经济系统，是一种新型可持续发展的林业新业态。

生态林业是现代林业的基本经营模式，在了解森林的结构功能、更新演替规律、生长代谢等规律，辩证地认识林业生产中的人与自然的关系，正确认识森林的三大效益之间的辩证统一关系的基础上，通过林业的可持续经营而获得森林综合效益的最大化，其目的是发展现代生态经济生产力。生态林业的本质涵义是生态与经济协调发展的林业，本质特征是自然与人工森林生态系统的生态平衡，合理利用资源和生态环境，取得最佳的综合效益。

生态文明时代呼唤生态林业的产生。一是生态环境的需要。经过黑色的工业文明的洗礼，社会迫切需要林业提供良好的生态环境，这是提高人类健康水平和人民生活幸福指数、保障生态安全、国土安全及社会安定的需要。二是提供更多森林产品以满足社会的需要。森林不仅是陆地上最重要的生态系统，也是丰富的绿色经济、生物基因和碳汇的宝库。可再生的生物质能源、木本粮油、生物基质等产品，都有广阔的市场需求和经济效益。全国 137 亿立方米的森林蓄积量，在吸收二氧化碳的碳平衡中肩负着重任。三是满足社会文化发展的需要。生态林业的发展，不仅为社会就业提供大量岗位，也为建设美丽中国的宏伟目标实现、促进社会进步作出新贡献；森林景观建设为弘扬生态文化、普及生态知识、传播生态理念、推进生态文明建设提供了载体。

在理解生态林业内涵上要避免误区。一是把生态林业等同于生态公益林。虽然生态公益林是生态林业的重要组成部分，但生态林业绝不仅仅就是生态公益林。一方面，生态林业作为现代林业的基本经营模式，它是以现代林业科技为基础的，涵盖了整个林业生产体系。它不仅包括了生态林，也包括了经济林、商品林等各个林种，整个林业生产体系都必须遵循生态规律，进行可持续经营，向现代林业转变。二是把生态林业等同于现有森林资源的经营。对现有的森林资源进行可持续经营，当然是生态林业的核心内容，但生态林业还包括了对有林地之外的所有宜林土地资源的合理利用，如农田、河海岸、草原等，这些都可能成为营造合适的防护林和农林复合经营的土地资源。如，在沙漠上种植能源林、经济林，既能够有效地阻止沙漠化，又取得可观的经济效益，实现了钱学森先生生前的"21世纪是沙产业的世纪"的预言。我国在治理沙漠上的经验，也已经受到全世界的瞩目和联合国的表彰。

生态林业的发展必须遵循以下原则：一是注重综合效益的原则。要正确认识森林的多种效益之间的关系，合理划分森林的多功能，虽然每一个林种的经营都是以发挥一种功能为主，以取得一种效益为主，但同时也要发挥其他的功能，并获得尽可能大的其他效益，这样才能实现最佳的综合效益。如生态公益林也需要进行可持续经营，也可以和应当考虑经济效益。综合利用生物、环境、森林等资源，可以在生态发展可承受的范围内将生态优势转化为经济优势，发挥生态生产力，争取以最少的投入，获取最大的产出。二是因地制宜原则。遵循生物和环境相适应的规律，因地制宜地规划安排生物种群。宜林则林、宜渔则渔、宜牧则牧、宜农则农，合理布局，做到生产结构多样化，林种树种多样化。三是综合发展的原则。充分利用环境资源的特异性和生态位原理，建立多树种、多林种的有机组合，构建多层次经营结构的复合林业生产生态系统。进行不同类型的种间组合，在生态林业系统内合理搭配物种，使不同的物种能够在同一个林业区域内生长，以优化组合的结构获得最佳的效益。

（张春霞）

8.14　生态旅游

生态旅游是生态文明时代的旅游主导形式。旅游作为人类的一种活动，在国内外都有悠久的历史，而生态旅游则只是在全球面临生存环境危机的背景下，在绿色运动中兴起的。生态旅游作为绿色消费的一种形式，一经提出便在全球引起巨大反响，其内涵也得到不断的充实。

生态旅游的概念（ecotourism）是由国际自然保护联盟（IUCN）特别顾问、墨西哥学者Ceballas-Laskurain 于1983 年首先提出，并于1987 年将其定义为："到没有被干扰或受到污染的地区，以研究或观光目的地的天然景色、野生资源以及过去或现存的文明现象为目的的旅行。"1993 年国际生态旅游协会(The International Ecotourism Society)把其定义为：具有保护自然环境和维护当地人民生活双重责任的旅游活动。

生态旅游是以可持续发展理念为指导，以保护生态环境为前提，以统筹人与自然和谐为准则，依托良好的自然生态环境和独特的人文生态系，采取生态友好方式开展的生态体验、生态教育、生态认知并获得身心愉悦的旅游方式。生态旅游的内涵强调的是对自然景观的保护，是在一定自然地域中进行的有责任的旅游行为，旅游者享受和欣赏历史的和现存的自然文化景观的活动，应当以不改变生态系统完整性为前提，并为当地居民创造经济发展机会。生态旅游这一定义包含了自然与文化的相互尊重、满足旅游者需求、经济利益最大和环境影响最小等四方面的内容。

生态旅游遵循的是生态环境免遭破坏的原则，关键是正确处理旅游与生态资源保护之间的关系，坚持在保护中发展，把生态旅游的规模限定在资源可承受的能力范围之内，以促进自然生态系统的良性运转，才能实现旅游与生态环境的协调发展。由于生态系统的对象主要是相对完整的自然生态系统，所以自然生态系统的可持续发展必然成为生态旅游可持续发展的重要内容。生态旅游系统是吸引旅游者的目的地，它主要是由生物和非生物的环境两大部分组成，即由生命系统(生产者、消费者、分解者)和非生命系统(阳光、空气、水、土壤和无机物)共同构成了一个丰富多彩的相对稳定的结构系统，这是生态旅游得以可持续发展的基本条件。因此，对生态环境的保护就是对自然生态系统的正常发展、循环稳定的维护，就是对人类与自然之间和谐关系的维护。反之，生态旅游的可持续发展就会遭到破坏。

生态旅游作为满足自我发展的高层次需求，是在社会经济发展到一定阶段才得到迅速发展的，因此，生态旅游首先是在发达国家发展起来的，特别是美国，加拿大，澳大利亚等国。这些国家的生态旅游有一个共同点，就是越来越重视保护生态环境。一方面是游客的环境意识日益增强，体现在西方游客旅游热点从"3S"向"3N"的转变，即从热带海滨特有的温暖阳光(sun)、碧蓝大海(sea)和舒适沙滩(sand)的"3S"转变为到大自然(nature)中、去缅怀人类曾经与自然和谐相处的怀旧(nostalgia)情结的、使自己在融入自然中进入"天堂(nirvana)"最高境界。显然，"3N"更强调对自然景观的保护。另一方面是西方发达国家采取各种措施保护旅游生态环境。一是制定相关的法律，如美国 1916 年就通过了成立国家公园管理局的法案，芬兰 1923 年颁布了《自然保护法》，英国 1993 年通过了新的《国家公园保护法》，加强对自然景观、生态环境的保护，日本在 1992 年里约会议后，制定了《环境基本法》；二是制定生态旅游发展规划和战略，如美国 1994 年制定了生态旅游发展规划，以适应游客对生态旅游日益增长的需求，澳大利亚斥资 1000 万澳元，实施国家生态发展战略，墨西哥政府制定了"旅游面向 21 世纪规划"，生态旅游是该规划的重点内容；三是采取多种技术手段加强对生态旅游资源的管理，首先是对生态旅游目的地的资源承载力进行科学的评估，作为控制生态旅游规模的依据，其次是以先进的技术手段监测人类行为对自然生态的影响，利用专业技术对废弃物进行最小化处理和水资源的节约利用等，以加强对生态旅游区的管理；四是重视当地人的利益，生态旅游发展较早的国家肯尼亚提出了"野生动物发展与利益分享计划"，菲律宾通过改变传统的捕鱼方式不仅发展了生态旅游业同时也为当地人提供了替代型的收入来源；五是进行旅游环保宣传，在发展生态旅游的过程中，很多国家都提出了不同的口号和倡议，如英国发起了"绿色旅游业"运动，日本旅游业协会发表了"游客保护地球宣言"。

随着生态旅游的发展，国外这方面的研究也已经形成了基本框架和方法，主要集中于生态旅游与资源保护、生态旅游市场规模、生态旅游资源的评估的理论与方法、生态旅游管理、生态旅游与当地社区发展、生态旅游案例、生态旅游的影响评估等等方面。我国在20世纪90年代开始了生态旅游的研究，取得了一定的进展。一方面是进行基础理论研究，界定生态旅游概念内涵、探讨其功能和特征，强调了生态旅游是以生态学理论和思想去指导和实践的旅游活动，是旅游者追求回归自然和健康旅游；另一方面是实践的研究，对生态旅游条件、规划、评估及案例研究。

大力发展生态旅游意义重大。自改革开放以来，一方面是随着社会经济的快速发展和人们生活水平的不断提高，旅游业得到迅速的发展，另一方面是随着环境的污染，良好的生态日益成为人们追求的稀缺品，生态旅游因此以年均30%以上的速度成为旅游产品中增长最快的部分。在目前必须大力促进生态旅游的发展：一是能够更好地满足人民的需要。世界的经验表明，当一个国家或地区人均GDP超过5000美元时，旅游进入大众化、日常性的普遍消费阶段。我国人均GDP已超过7000美元，正处于旅游消费需求爆发式增长时期。二是新常态下调整经济结构的要求。旅游业是无烟工业，是第三产业的重要组成部分，产业结构的轻型化需要旅游业的快速发展。三是生态旅游是绿水青山变成金山银山，是生态生产力转化为经济竞争力的重要途径。我国有十分丰富多样的生态旅游资源，有以山岳、湖泊、水流、森林、草原、海洋、沙漠、气候环境、野生动物等自然资源为基础的，也有以独特的民族风情、历史文化等人文景观资源为基础的，主要依托于众多的自然保护区、森林公园和名胜古迹。自从第一个国家级森林公园——张家界于1982年诞生以来，目前已经有数千个各级森林公园，风景名胜区的面积达到9.6万平方公里，这些都是潜在的旅游生产力，通过生态旅游可以转化为巨大的经济实力。四是有利于促进人的全面发展。现代的人们在紧张的工作之余，回归大自然，享受清新的空气，放松心情，放飞梦想，感悟自然与人的和谐气氛，在观赏中体验、探索，在享受自然和文化遗产的丰硕成果中增进健康、陶冶情操、升华自己。五是打好扶贫攻坚战的需要。由于交通或其他自然和历史的原因，许多自然生态环境好的地方，往往也是扶贫攻坚的重点地区，发展生态旅游是当地居民走上脱贫致富的现实途径。

正如世界旅游组织秘书长弗朗加利在世界生态旅游峰会的致词中指出的，"生态旅游及其可持续发展肩负着三个方面的迫在眉睫的使命：经济方面要刺激经济活力、减少贫困；社会方面要为最弱势人群创造就业岗位；环境方面要为保护自然和文化资源提供必要的财力。生态旅游的所有参与者都必须为这三个重要的目标齐心协力的工作"。（张春霞）

8.15　节能环保产业

节能环保产业是指国民经济中为节约能源资源、发展循环经济、保护生态环境提供物质基础和技术保障的产业，包括节能产业，环保产业和资源的循环利用三个产业，涵括了节能技术和装备、高效节能产品、节能服务产业、先进环保技术和装备、环保产品与环保服务等六大领域。

为了推动节能环保产业的发展，国家先后出台了一系列的政策，主要有九个方面：一是法律法规，如环境保护法、循环经济促进法等。二是政策引导，包括政府制定的指导性意见（如国务院关于培育战略性新兴产业的指导意见）、发展规划、技术目录等。三是制定了对节能环保和循环经济的相关财政激励制度。四是税收奖励制度。五是投融资政策支持。六是出台了约束性政策，如项目审批、流域限批一票否决、差别电价、技术标准、市场准入等。七是进出口政策，如出口退税和鼓励走出去等。八是试点示范政策，如LED照明产品应用工程示范、循环经济试点、低碳省区及城市试点等。九是支持技术研发和自主创新的政策，如建设国家工程研究中心和国家工程实验室、建立风险补偿机制等。

发展节能环保产业是产业结构调整和社会经济可持续发展的共同要求。在国家政策的强力推动下，节能环保产业得到迅速的发展，已被列入国家加快培育和发展的七大战略性新兴产业之首、四大支柱性产业之一。节能环保产业在"十一五"、"十二五"期间得到迅速的发展。2009年年底，国内节能环保产业总产值为1.7万亿元，2012年达到29908.7亿元，2013年提出"十二五"期间节能环保产业总产值要达到4.5万亿元、年均增长15%以上，并成为国民经济支柱产业的目标全面超额完成，到2015年年底节能环保产业产值达到45531.7亿元，与上年相比增长16.4%，其增加值占GDP比重达到2.1%左右。特别是节能产业、环保产业增速迅猛，年增长率均超过了20%。通过推广节能环保产品，有效拉动了消费需求；增强了工程技术能力，拉动了节能环保社会投资增长，有力支撑了传统产业改造升级和经济发展方式转变。节能环保产业已经成为未来经济与环境可持续发展的中坚力量。随着社会主义生态文明建设的纵深推进，在新一轮产业结构调整中，"十三五"期间节能环保产业有望达到年20%以上的增速。环境保护部、国土资源部联合出台的《全国土壤污染状况调查公报》称，我国土壤污染严重，总的超标率为16.1%。在鼓励土壤修复政策的推动下，仅此一个项目就可带动超过5万亿的投资，将有力推动环保产业跨越发展。预计到2018年，节能环保产业产值规模将超过7万亿，达到74799.2亿元。到2020年，新能源和节能环保等绿色节能环保产业的产值将达到10万亿元以上，节能环保产业增加值占GDP比重将超过3%，并成长为国民经济的支柱产业。

节能环保产业发展的重点是开发推广高效节能技术装备及产品，实现重点领域关键技术的突破，带动能效整体水平的提高。加快资源循环利用关键共性技术研发和产业化示范，提高资源综合利用水平和再制造产业化水平。示范推广先进环保技术装备及产品，提升污染防治水平。推进市场化节能环保服务体系建设。加快建立以先进技术为支撑的废旧商品回收利用体系，积极推进煤炭清洁利用、海水综合利用。

进一步加快发展节能环保产业，是调结构、惠民生，促进产业升级和发展方式转变，推动生态文明建设的需要。一方面是由于我国的能源环境问题依然严峻，加快节能环保产业的发展具有十分的紧迫性，而另一方面，我国资源能源利用效率还比较低，环保欠账多，发展节能环保产业潜力和市场空间巨大，节能环保产业在我国经济中的比重会越来越高。目前，市场对节能、环保产品和资源循环利用的需求比较大，节能环保产业的发展可以带动上下游相关产业发展，起到稳增长的作用。对于拉动投资增长和消费需求，形成新的经济增长点，提高能源资源利用效率，保护生态环境，改善民生具有重要意义。加快发展节能环保产业是既是缓解我国资源环境瓶颈约束的客观需要，也是拉动投资消费、扩大有效内需的重要途径，更是提升产业竞争力的迫切需要。就短期而言，加快发展节能环保产业具有稳增长的效果；长期而言，加快节能环保产业发展也是转变发展方式、促进结构调整和绿色发展的重要途径，有利于产业结构的调整和战略性新兴产业的发展，这是既利当前又利长远的重大举措。

（张春霞）

8.16　清洁能源产业

清洁能源产业是在能源革命的浪潮中发展的。而能源革命是与工业革命相伴而生的，人类历史上已经历过三次能源革命和工业革命：煤炭替代了木柴，并与蒸汽机相结合；石油代替了煤炭，并与内燃机与电力技术相结合；里夫金提出的可再生能源替代化石能源，并与信息技术相结合。第三次能源革命要改变的是以碳燃烧为基础的工业模式，创造出大量新的可再生能源。能源革命的核心是调整结构，一方面是大力发展可再生能源，另一方面则是要促进传统能源的清洁化、低碳化，只有这样才能从整体上促进能源结构的提升和优化，用清洁安全高效的能源生产方式淘汰落后、高污染的能源生产方式，让节能环保的用能方式替代粗放、不合理的用能方式。习近平总书记在中央财经领导小组第六次会议上提出"着力发展非煤能源，形成煤、油、气、核、新能源、可再生能源多轮驱动的能源供应体系"，明确了发展清洁能源是调整能源结构的主攻方向。

清洁能源包含可再生能源和非再生能源两部分。可再生能源是消耗后可得到恢复补充，不产生或极少产生污染物，2006 年 1 月 1 日施行的《中华人民共和国可再生能源法》中定义为风能、太阳能、水能、生物质能、地热能、海洋能等非化石能源。非可再生能源是在生产及消费过程中尽可能减少对生态环境的污染，如核能等，也包括低污染的化石能源（如天然气等）和利用清洁能源技术处理过的化石能源，如洁净煤、洁净油等。清洁能源强调的是清洁，是符合一定排放标准的清洁性，同时也强调经济性，只有高效，才有市场竞争力，清洁能源才有可能从原来的补充能源的地位逐渐转变为主体能源，最终取代传统能源，因此，清洁能源是一个包含清洁、高效、经济的系统化应用的技术体系。

发展清洁能源是我国推动新型能源革命的必然选择。清洁能源符合人类社会文明和可持续发展需要，更是摆脱化石能源依赖的关键。我国化石能源的储量不足，煤炭富集的西部同时又是水资源匮乏地区，开发化石能源又需要消耗大量的水资源，这样的环境资源条件决定了我国大规模开发化石能源不具有可持续性。但幅员广大的我国又具有发展可再生能源的自然条件。同时也具有发展清洁能源的内在动力。发展清洁能源有利于解决我国所面临的环境与能源危机，通过能源转型升级，促进经济发展方式转变。另一方面由于我国还处于工业化进程中，具有以较低的机会成本在新型能源革命中实现弯道超车，催生新的产业群，推动社会经济的可持续发展。推动能源生产和消费革命、优化能源结构、构建安全经济清洁现代能源产业体系是必须长期坚持的能源发展战略之一。

我国的清洁能源发展迅速，可再生能源的发展更是受到世界的瞩目。目前我国已经成为世界上最大的太阳能、风力与环境科技公司的发源地，尤其是光伏太阳能发电技术已处于世界领先地位。国际能源署（IEA）的分析报告显示：太阳能发电的世界市场，2016年增长了25%，已达到了1000亿美元的规模，而中国早在2015年就已超过德国成为这个市场的领跑者和主要的受益者。在太阳能市场中，对光伏产业的不断加大投入，促进了先进技术向产业的扩散，大大提升了商业化电池技术，从而降低了光伏发电上网的电价，这又反过来推动了光伏电池的普及应用，为光伏电池生产企业扩大生产规模创造了良好的机遇，进一步提升了太阳能产业的市场竞争力。我国的生物质能源也有长足的发展，如沼气发电、垃圾发电、生物柴油。生物柴油在我国是一个新兴的行业，由于国内市场的需求庞大，相关技术水平及标准体系已经取得长足发展，发展潜力巨大。

另一方面是大力发展新型能源及推动常规能源的清洁化。目前核能已成为仅次于煤炭和水电的主要发电来源，秦山核电站、大亚湾核电站、岭澳核电站等运行情况良好。我国政府规划到2020年，每年核发电能力增加到4万兆瓦。推动常规能源的清洁利用，也是清洁能源发展的重要内容，煤炭仍将是我国主要的一次能源，在社会广泛关注雾霾治理的今天，洁净煤技术就显得格外重要，这也是当前世界各国解决环境问题的主导技术之一，是高技术国际竞争的一个重要领域。

我国作为世界清洁能源产业的领头羊，任重而道远。全球清洁能源的投资日渐高涨。据统计，2016年全球清洁能源领域的总投资额为2875亿美元，依旧处于高位。与此同时，新建产能扩大，2016年全球光伏容量激增70吉瓦，较2015年的56吉瓦有所提升，创历史新高；新建风电容量达56.5吉瓦，尽管较2015年的63吉瓦有所下降，但2016年仍是目前除2015年外，全球风电容量扩充最快的年份。自2012年以来，我国已经连续五年位居全球清洁能源投资第一大国的位置，并承诺到2030年将非化石能源的占比提升至20%，这一目标要求我国新增800~1000千兆瓦的风能、太阳能和其他清洁能源，相当于美国目前的总发电量。

（张春霞）

8.17　生物经济

生物经济的概念出现于1956年，是由博德·加·汉德在《所有的珊瑚都是食草动物么》一文中提出的。1999年8月，美国克林顿总统签发了《开发和推进生物基产品和生物能源》的第13134号令。以此为标志，美国正式提出了"生物经济"的概念——"以生物为基础的经济"。之后生物经济便在世界范围内得到广泛的重视。我国的报刊也是在2000年就有"生物经济"的研究论文发表。

生物经济作为一个21世纪最新的经济形态，各个国家和经济体赋予它不同的内涵。如最早提出生物经济的美国，联邦政府于2012年发布的《国家生物经济蓝图》将"生物经济"正式定义为：A bioeconomy is one based on the use of research and innovation in the biological sciences to create economic activity and public benefit，即：生物经济是以生物科学研究与创新的应用为基础，用以创造经济活动与公共福利效益的经济形态。经济合作组织（OECD）2011/2012 年的 *Draft OECD Recommendation on Assessing the Sustainability of Bio-based Products* 将生物经济定义为：生物经济是建立在利用生物技术和可再生能源资源生产生态绿色产品和服务（ecological sensitive products and services）基础上的经济。欧盟在 2011 年欧洲技术平台（ETPs）的政策白皮书中提到：“生物经济是通过生物质的可持续生产和转换来获得食品、健康、纤维和工业产品及能源等一系列产品的经济形态”。2012 年 2 月发布的《为可持续增长创新：欧洲生物经济》战略的官方报告中，将生物经济定义调整为：利用来自陆地和海洋的生物资源以及废弃物，作为工业和能源生产投入的经济，涵盖从生物基过程的利用到绿色工业领域。

我国学者邓心安于 2002 年初在《中国科技论坛》杂志上发表文章——《生物经济时代与新型农业体系》，文中首次定义了“生物经济”概念：“生物经济是一个与农业经济、工业经济、信息经济相对应的经济形态，是以生命科学与生物技术研究开发与应用为基础的、建立在生物技术产品和产业之上的经济。”

在生物经济概念逐渐演变的过程中，曾出现 bio-economy、bioeconomy、biobased economy、the knowledge-based bio-economy（KBBE）等不尽相同的英文表述。而对于生物经济的概念，虽然还没有形成统一的权威的定义，但是上述不同的表述中可以看出人们对于“生物经济”已经形成了共识：①生物经济是由生命科学与生物技术的研发缘起；②利用生物质等生物资源，或者说生物质是生物经济发展的重要基础；③通过生物过程（bioprocess）生产可再生与可持续的生物基产品；④其与节能减排、气候变化、生活质量提升、产业绿色转型、产品绿色转换以及创造就业收入等密切相关。

由于生物经济有着不可预估的发展潜力，所以得到世界各国的重视，并把生物经济产业确定为未来经济发展的重心，确立了生物经济的重要战略地位，制定了一系列的优惠政策。美国《时代》周刊 2000 年曾指出，目前世界正处于信息经济时代中期，紧接着人们将进入 10 倍于信息经济规模的生物经济时代。

美国是世界上最早提出生物经济政策的国家。美国国会成立了“专门生物技术委员会”来负责生物经济发展项目。在 1999 年克林顿签发了第 13134 号总统令之后，白宫于 2000 年就制定了《促进生物经济革命：基于生物的产品和生物能源》的战略性计划。2007 年，美国生物经济研究协会发表《基因组合成和设计之未来，对美国经济的影响》；2009 年，国家研究理事会（NRC）发布《21 世纪的新生物学：保证美国在正在到来的生物学革命中领先》（*A New Biology for the 21st Century：Ensuring the United States Leads the Coming Biology Revolution*）的战略报告；2011 年联邦政府发布《能源安全未来蓝图》。这一系列政策有力地推动了美国生物经济的发展，其涉及范围逐步从 21 世纪初的生物基产品与生物能源，转变为现在的生物基产品、生物能源、生物医药、农业与乡村发展、环境保护等多方面。

日本提出“生物产业立国”的战略，同时成立以首相为首的生物技术战略理事会，并于 2005 年发布《生物技术战略大纲》，制定生物技术产业基本方针。之后于 2011 年制定了第四期科学与技术基本计划，确定了 2011~2015 年间的生物经济的国家科技政策的方向。

印度在其软件产业飞速发展的同时，已清晰地认识到生物经济可带来的巨大效益，将生物经济作为未来高科技产业发展的重要支点，成立了世界上第一个生物技术部。2001年，启动"基因谷"；2002年，出台《国家生物信息技术政策》；2005年，公布《国家生物技术发展战略》，提出未来10年生物经济发展目标和措施；以及之后的《生物技术产业伙伴计划》（2008年）和国家生物燃料政策等。

韩国于2006年出台了《Bio-Vision 2016》规划，2010年制定面向2016年的"生物经济基本战略"；马来西亚在2011年公布"生物质创造财富"国家生物质策略，2012年实施《马来西亚生物经济计划》（*Bioeconomy Initiative Malaysia，BIM*）；泰国、新加坡等其他国家，都纷纷制定相应的生物经济发展政策。

欧盟提出的"第七框架计划"（FP7）将生物经济列为优先支持领域，并建立一系列生物技术研究计划与技术平台，并与2005年发布的《以知识为基础的生物经济新视角》报告（*New perspectives on the knowledge-based bio-economy*）密切相连。在2010~2012年，先后发布了《欧洲基于知识的生物经济：成就与挑战》、《为可持续增长的创新：欧洲生物经济》两份战略报告；2013年提出针对生物基产业联合行动规则的政策建议。之后提出的欧盟地平线计划（2014~2020）进一步强化了对生物经济的关注与投入。

德国是欧洲工业发酵的中心，2009年就发布了与生物经济有关的《可再生资源综合利用行动计划》（*Action Plan of the Federal Government for the Use of Renewable Resources*），2010年通过了《2030生物经济国家研究战略》（*National Research Strategy Bio-economy* 2030）。为辅助实施上述两项政策，德国联邦教研部等于2012年联合发布《生物炼制路线图》。2013年，德国政府批准了聚焦于全球粮食安全、可持续农业生产、健康和安全的食品、工业再生资源利用、基于生物质的燃料这五大领域的新生物经济战略。

芬兰于2011年发布《可持续生物经济：挑战和机遇》报告，2014年制定生物经济发展战略，意在推动国内经济在生物技术等重要领域的进步。法国、荷兰、爱尔兰等其余成员国也已制定或实施本国特色的生物经济政策。

我国政府也十分重视生物经济的发展，国家科技部于2007年提出了"三步走"战略，并专门编制了《生物产业发展"十一五"规划》，明确提出："到2020年，全国生物产业增加值突破2万亿元，占GDP比重达到4%以上，成为高技术领域的支柱产业和国民经济的主导产业"的战略目标。2009年，《促进生物产业加快发展的若干政策》出台。在这些政策的推动下，我国生物产业已步入快速发展时期。

在生物经济时代即将到来的现在，各个国家和地区争先恐后地抢占生物科技制高点，面对如此逼人的形势，我国也在积极应对，出现了可喜的局面。在1992年联合国环境与发展大会后，我国成为第一个发布《21世纪议程》实施可持续发展战略的国家，以积极的行动应对气候变化，致力于绿色技术的开发，在新能源领域，我国的太阳能等可再生能源的开发技术已经进入了产业化应用的快车道，正在积极开拓世界市场，同时各地发挥自己的资源优势，大力发展生物质能源，特别是集沙漠治理和生物质能源开发于一体的沙漠产业得到迅速的发展，许多企业顺势而上，如承德华净活性炭有限公司采用了生物质气化发电联产热、炭、肥技术，一条生产线就可生产电、热、炭、肥等多种产品，能够封存碳、氮、硫等有害物质，进行规模化生产；袁隆平的杂交水稻技术不仅解决了中国人的吃饭问题，回答"中国能解决吃饭问题吗"的质疑，粉碎了国外那些别有用心的阴谋家的"中国会给世界粮食市场带来危机"的攻击，还为世界农业的发展做出了巨大的贡献，得到联合国表彰；而微生物经济也成为人们关注的生物技术产业新增长点，微生物科技在新能源，医药，环境治理等方面都有极其重要的作用；随着中国药学家屠呦呦获得诺贝尔生理学或医学医学奖，中医药事业进入新的发展阶段。2016 年 12 月，中国发表了《中国中医药》白皮书，国务院印发了《中医药发展战略规划纲要(2016 ~ 2030 年)》，把中医药发展上升到国家的战略。

（张春霞）

8.18　林下经济

"林下经济"一词出自中国特有的语境。国外早就研究了农林复合经营(agroforestry)并没有"林下经济"的用语。我国虽然也是在 2003 年才在《林业勘察设计》的期刊提出"林下经济"，但对于农林复合经营的研究却有久远的历史，并且是与国外一脉相承的，而农林复合经营的实践更是源远流长。因为我国作为文明古国又有漫长的农耕社会的历史，有极其丰富的农桑为本的经营传统，创造了许多农林复合经营的模式和经验，如林下采摘与种植药材(人参、杜仲等)、食用菌(红菇、香菇等)。而农林复合系统的研究则是在对木材中心主义的林业经营指导思想的反思中开始，并随着改革的进程而发展的。对森林资源进行单一的木材利用，使林区成了贫困的代名词。现实迫使人们重新认识森林的多重效益和多种利用，对森林资源的非木质林产品开发利用便被提上议事日程。

林下经济的研究热潮是在林权制度改革后兴起的。在改革前，对森林资源拥有使用权的国有林场和乡村集体缺乏发展林下经济的积极性，而有积极性的林场职工和林农又没有林地的使用权利，无权利用森林发展林下经济。事实上，当林权制度改革赋予职工和林农以林地使用权时，林下经济发展才具备了现实的前提条件。

林下经济是以林业生态经济理论为指导，以生态承载力为约束条件，以产业技术为支撑，充分利用林地资源和森林生态环境而发展起来的林下种植业、养殖业、采集业和森林旅游业、康养业等复合新产业，从而达到森林资源共享，充分发挥森林的多种效益促进林农增收和林业经济发展的复合经营模式。显然，林下经济并不是严格意义的林"下"的经济，它既包括开发利用林下资源，诸如野生植物、动物、林间草地、水塘等而发展的林下产业，也包括开发利用林地和森林生态系统进行的种植、养殖以及休闲、旅游、养生、康复等服务的林中产业、林上产业。

在幅员广大的我国，各地的自然条件和森林资源千差万别，在这样的基础上发展的林下经济也是多种多样的。事实上，在林下经济蓬勃发展的实践中，各地都创造出许多适合各自具体情况的不同模式：林下种植，如林茶、林菌、林药、林粮、林菜、林草、林花、林油等；林下养殖，如林禽、林畜、林蜂、林蚕、林下特种养殖等；林下采集加工，如藤芒编织、竹笋、松脂采集、野菜、林下中药材、调料香料采集等；森林生态资源和景观利用，如休闲度假、森林康养、精品景区旅游等。

作为一种新型生态经济模式，林下经济在综合利用林地和森林资源的基础上实现了经济效益、社会效益和生态效益的共赢，在统筹森林多种效益中获得综合效益最大化。它的发展具有极其重要的意义：首先，是林区脱贫致富奔小康，解决民生问题的需要。绥阳县林业局数据显示，林下黑木耳产值从 2004 年的 0.36 亿元增长到 2012 年的 5.3 亿元，其显著的经济效益，有可能替代国有林区商业性采伐的收益，成为绥阳县经济发展的支柱产业。林下经济改变了长期以来林区守着丰富的森林和良好的生态，靠山却不能吃山的困境，是资源优势转化为经济优势、绿水青山变成金山银山的现实途径。其次，发展林下经济能够为社会提供丰富多样又安全健康的森林产品和服务，特别是粮食、油料、禽畜的发展，对于实现国家粮食安全战略和守住 18 亿亩耕地红线，发挥着重要的作用。其三，各地林下经济的实践表明，林下间作的农林复合系统在提高林地利用率的同时能够有效地控制地表径流和土壤侵蚀，增加土壤肥力，促进森林生态系统的健康运行，因此可以更好地发挥森林增加碳封存、防止水土流失、保护生物多样性等作用，在推动低碳、绿色发展上有着重要的意义。

发展林下经济必须坚持以森林生态经济和可持续发展的思想为指导，统筹协调林下经济与森林经营之间的关系。林下经济是依托于森林生态系统而发展的，它的发展必须以维护森林生态系统的健康运行为底线，如果突破这一底线，通过伤林、害林、毁林来发展林下经济，结果是皮之不存毛将焉附，必将导致林下经济与森林生态系统的两败俱伤。因为，不当的林下经济的经营方式，如过度的清理和平整林地，不当的采集等方式都有可能在不同程度上影响林下物种多样性，从而影响森林生态系统的结构和功能。因此，应当针对各种不同模式的林下经济划出不得突破底线的实践红线，如林下禽畜业的密度控制等。

除了继续深化林权制度改革外，林下经济的发展还需要两个方面的政策支持：一方面是控制底线的政策，这是促进林下经济和森林生态系统协调，实现双赢的可持续发展的政策；另一方面，是鼓励林下经济发展的政策，因为林下经济还处于刚刚起步阶段，在产业规划、组织协调、信息、技术等方面面，都需要各级政府的政策支持，促进分散的、小规模的林下经济能够与大市场相对接。

通过合理开发利用林下资源发展林下经济，实现"不砍树也能致富"，促进人与自然的和谐相处，是中国林业发展的重大突破口和新希望。

（张春霞）

8.19　绿色金融

绿色金融是伴随着绿色经济的产生而产生的，并且是促进绿色发展的重要推力。随着全球绿色新政的实施，绿色金融成为世界各国政府促进本国经济低碳转型和可持续发展的重要选择。2016 年，在我国的倡导下绿色金融首次写入 G20 峰会议程。目前，我国已进入了经济结构调整和发展方式转变的关键期，绿色发展需要绿色金融的强力推动，绿色金融因此成为金融机构特别是银行业发展的新趋势。习近平总书记指出："发展绿色金融，是实现绿色发展的重要措施，也是供给侧结构性改革的重要内容。"我国"十三五"规划和十九大报告中，都明确提出要大力发展绿色金融。

2016 年 8 月 31 日，中国人民银行等七部委发布的《关于构建绿色金融体系的指导意见》中，将绿色金融定义为：为支持环境改善、应对气候变化和资源节约高效利用的经济活动，即对环保、节能、清洁能源、绿色交通、绿色建筑等领域的项目投融资、项目运营、风险管理等所提供的金融服务。

绿色金融是金融部门在日常工作中贯彻落实可持续发展战略，在投融资决策中考虑经济活动对资源、环境的潜在影响，把与资源环境条件相关的潜在回报、风险和成本都融合进日常业务中，通过金融经营活动来引导社会经济资源流向资源节约型企业，推动绿色技术开发和生态环境保护产业的发展，促进企业开展绿色生产和消费者形成绿色消费理念等。绿色金融以其独特的功能在促进社会经济绿色发展的同时，实现金融业自身的可持续发展。

绿色金融与传统金融业有很大的不同。传统金融是以"经济人"的思想为指导，以经济效益为经营目标，不可能主动考虑贷款方的生产或服务是否具有生态效率。而绿色金融的主要目的是促进社会、经济与资源、环境的协调发展，并落实到具体的金融经营活动中，把环境保护和对资源的有效利用程度作为评价经济活动成效的重要标准，以此来引导各经济主体注重自然生态平衡，促进经济与环境、社会的协调发展。因此绿色金融是政策推动型金融，它的实施需要有政府政策的推动，它与传统金融中的政策性金融有相似之处。

绿色金融的发展历史，可以追溯到 20 世纪 70 年代。1974 年联邦德国成立了世界上第一家政策性环保银行——"生态银行"，其业务是对环境项目提供优惠贷款，这是一般银行所不愿接受的。2002 年，世界银行下属的国际金融公司和荷兰银行，在伦敦召开的国际知名商业银行会议上，确立了国际银行业赫赫有名的"赤道原则"：金融机构在项目投资时，必须进行环境和社会影响的综合评估，以促进该项目与环境和周围社会实现和谐发展。"赤道原则"已经成为国际项目融资的一个新标准，全球已有 60 多家金融机构采纳"赤道原则"，其项目融资额约占全球项目融资总额的 85%。采纳了"赤道原则"的银行被称为"赤道银行"。我国目前只有兴业银行一家是"赤道银行"。

从国外的实践看，绿色金融有法律责任型、信息披露型、绿色资金供给型和风险控制型四种模式。美国 1980 年出台的《全面环境响应、补偿和负债法案》就是法律责任型模式的代表，它通过立法的形式明确了金融机构对所投项目必须承担环境污染的法律责任。信息披露型的绿色金融也有比较早的实践，如英国 1992 年起开始实施环境成本信息披露表彰制度，丹麦、加拿大、日本、瑞典、荷兰、挪威等国家也于 2000 年之前就强制企业披露环境成本信息。绿色资金供给型模式，是以设立绿色金融机构和供给专有产品作为主要发展模式。如以绿色投资为主的绿色银行、绿色投资基金、绿色债券、绿色信托等机构和产品。世界上第一只绿色债券是由欧洲投资银行于 2007 年发行的，之后 40 多个国家和超国家组织一共发行了 1100 多只绿色债券，规模超过 2700 亿美元。风险控制型模式，主要是通过建立专有的环境和社会风险评估系统或部门，把环境因素纳入银行和信用评级公司评定企业和主权信用风险的核心内容。

我国绿色金融也有多年的实践，主要在环境风险控制型和绿色资金供给型两种模式上有一定的发展。我国的绿色债券市场发展时间虽短，却比较迅速。2016 年在全球最大的 10 只绿色债券中我国就占了 7 只，一共筹集了 337 亿美元的资金，占世界总发行量的三分之一以上，目前，我国的绿色债券发行量超过其他任何一个国家。从总体上看，我国的绿色金融还处于起步阶段，与绿色发展的实际需求还有不小的差距。十九大后，随着各项改革深入，我国的绿色金融必将得到更大的发展，并将采取复合型发展模式，即融环境责任模式、环境风险控制模式、环保供给模式、信息公开和社会监督模式等为一体的综合性发展模式。

（张春霞）

8.20　绿色投资

绿色投资是用于绿色发展促进绿色经济的投资，是适应于生态文明时代的新的投资方式。人类先后经历了农业经济时代、工业经济时代，现在已经进入后工业经济时代，有人称之为信息经济或知识经济时代。生态文明时代是目前正在发展和形成的新时代，其主要标志是在可持续发展思想的指导下，运用先进的科学技术进行生产，实现人与自然环境的和谐发展，其实质就是发展绿色经济，实现绿色发展，构筑绿色文明。在生态文明时代，投资也要从社会及生态条件出发。要有利于建立一种"可承受的经济"，在自然环境和人类自身可以承受的边界内的投资，而不能因盲目追求经济增长而造成社会分裂和生态危机，不能因为自然资源耗竭而使经济无法持续发展。

理论界对绿色投资的概念内涵还没有形成统一的认识。有人认为，绿色投资就是有利于资源节约和环境保护的投资，是能够形成绿色生产力的投资；也有人认为，绿色投资与绿色 GDP 相联系，凡是用于增加绿色 GDP 的货币资金（包括其他经济资源）的投入，都是绿色投资。学者们对绿色投资的解释虽有区别，但实质内容是一致的，绿色投资是遵循可持续发展思想和原则，致力于发展绿色生产，促进资源节约和环境保护，绿色投资以满足绿色消费为宗旨。绿色消费是一种反对奢侈和浪费的消费，是节约性的适度消费，它包含两个方面的内容：消费无污染、有利于健康的产品；消费行为有利于节约能源、保护生态环境。

西方国家的学者则主要从企业的社会责任角度，认为绿色投资是"社会责任投资"（Socially Responsib Investment，SRI），是一种基于环境准则、社会准则、金钱回报准则的投资模式，它同时考虑了经济、社会、环境的三重底线，这种基于三重盈余理论的绿色投资被称为是"三重盈余"投资。这是顺应可持续发展战略，综合考虑经济、社会、环境等因素，促使企业在追求经济利益的同时，积极承担相应的社会责任，从而为投资者和社会带来持续发展的价值。

绿色投资具有不同于传统投资的特征。传统经济下的投资模式是资本的投资，它的目的是盈利，赚取利润是资本投资的唯一目标，而并不考虑或较少考虑资源节约和环境保护，甚至为了高额的利润可以不惜资源的浪费和环境的破坏，完全放弃了企业的社会责任。绿色投资则相反，它着眼于绿色生产力的形成，积极推行清洁生产，力求实现省能、节料、无废或少废的物资循环型生产，力求生产出可满足绿色需求的少废料、多功能（用处多）、可回收利用、对环境污染少的产品，促进绿色消费风尚的形成。

与传统投资相比，绿色投资具有以下特点：一是绿色投资摒弃了以资源的大量消耗和环境的破坏来换取经济增长的传统投资模式，统筹资源节约、环境保护与经济增长的关系，在本质上反映了经济、社会、生态之间和谐发展的关系，是基于可持续发展的投资。二是绿色投资所追求的不是单一的经济利益，投资决策选择的是经济、社会、环境三重标准，而不是单一的经济准则，绿色投资的收益是三重盈余，包括经济的、社会的和生态的收益。三是绿色投资形成的是绿色资本，是一种能够推动绿色 GDP 增长的资本，是形成绿色生产力即人与自然和谐发展能力的资本，绿色投资行为把生产投资与防治环境污染统一起来，在实现经济增长的同时，消除了增长的不利影响，因而可以实现经济与社会可持续发展。

绿色投资是从资源节约利用和环境保护的角度出发去实现可持续发展，是从投资的角度推动循环经济的发展。绿色投资可分为两大方向：促进自然资源保护、提高资源利用效率和生态环境保护。国务院发展研究中心金融研究所预测，"十三五"期间，中国绿色投资需求每年将达 2 万亿 ~4 万亿元。绿色投资的重点领域包括：一是绿色技术投资，如环境保护技术、新能源技术、清洁生产技术、资源综合利用技术、生态农业技术等；二是绿色企业投资，对于那些采用绿色技术、进行绿色管理、开发绿色产品、开展绿色营销的环境友好型企业的投资；三是绿色产业投资，环境保护产业、资源综合利用产业、新能源产业、生态农业、绿色技术和绿色服务业等，这些围绕绿色产品和资源环境保护形成的产业，是 21 世纪的朝阳产业；四是绿色园区投资，绿色园区是以工业代谢和共生原理为指导，把相互关联的企业共建于一个园区，在各个企业之间进行废弃物的循环利用，基础设施和物流资源的共享，实现了土地及其他资源的节约，解决了环境污染问题；五是绿色城市投资，遵照循环经济的 3R 原则，大力发展再生资源回收利用，实现城市内物质和能量的闭路循环，同时，在城市实现绿色交通、绿色建筑、绿色消费和绿色文化等，将城市建设成循环型城市。

我国大力推动绿色投资是克服资源环境瓶颈，实现社会经济可持续发展的迫切需要。改革开放 30 多年来，经济快速增长耗费了大量自然资源，也带来了环境问题。资源瓶颈和环境退化给当代人的生存与发展带来严重危机，已经在一定程度上制约了社会、经济的可持续发展。首先，自然灾害频繁发生，人类为此付出了惨重的代价。其次，治理污染费用高昂。再次，资源供应不足，导致增长速度减慢。最后，生态环境的破坏进一步加剧了贫困，影响了社会稳定。绿色投资是新常态下稳增长、调结构，提高资源利用效率，促进绿色发展的重要途径，对于解决资源瓶颈和环境问题、实现社会经济的可持续发展具有积极的意义。

（张春霞）

8.21　绿色贸易

绿色贸易是绿色化浪潮的产物。20 世纪 60 年代，以《寂静的春天》出版为标志，开启了对工业文明产生的环境危机进行反思的新时代，绿色运动随之在西方发达国家兴起。

1992 年，联合国环境与发展大会通过了《二十一世纪议程》，各个国家承诺实施可持续发展战略，在全球范围内的绿色化浪潮渐呈席卷之势。绿色贸易正是顺应了消费者的绿色内生需求而产生的。

绿色贸易的提出与西方新制度经济学外部性理论的创立直接相关。诺贝尔经济学奖 1991 年得主、新制度经济学代表人物罗纳德·科斯提出的外部性与产权理论，分析了经济外部性的成本负担问题，指出了是环境资源的产权不明导致了经济活动产生的环境成本得不到内化，必须建立一种新的制度，既避免无人承担的污染成本，又不损害净产值的最大化，提出了以界定环境资源产权来解决环境成本的新思路。制度经济学进一步把环境纳入到贸易的内生变量之中，并通过贸易体制的环境规则和标准等内容，解决了环境保护和贸易发展之间的矛盾。因为保护环境与发展贸易虽然都能够促进经济和社会发展、提高人类生活水平，但是二者之间也存在着矛盾，不考虑环境因素的自由贸易，必然导致在经济利益驱动下的资源与能源的过分消耗及不合理开发对环境的破坏，通过贸易与投资渠道转移对环境有害的技术、设备和产品等。绿色贸易正是在正确认识环境与贸易的关系上，为解决环境与贸易的冲突而发展起来的。

绿色贸易以环境保护和生态平衡作为经营理念，以绿色文化作为价值观念，以绿色消费为经营宗旨和出发点，力求满足消费者的绿色消费需求。绿色消费遵循着 3E(economic、ecological、equitable) 和 5R(reuse、recycle、reduce、reevaluate、rescue) 原则，即：消费要符合经济实惠、生态友好、产销均衡原则，以及在具体的消费过程中要达到多次重复利用、循环利用、减量化、环保选购、自然友好的要求。绿色贸易与传统贸易不同，它将经济活动的环境因素纳入到市场体系中，通过市场价格体现了环境成本和与之相关的社会成本。环境成本指的是贸易对人类生存的自然环境造成的负面影响，社会成本指的是伴随环境成本产生并包括税收政策、竞争政策以至人权政策等，并且把这两类成本内化到产品的价格中去，因此解决了贸易中的环境外部性问题。绿色贸易是环境友好、资源节约型产品、安全健康型产品(服务)的贸易。

绿色贸易包括国内贸易和国际贸易。从内容上看，绿色贸易涉及产品(服务)从生产到消费的全过程：包括绿色原料采购和清洁生产、绿色包装和绿色设计，绿色物流、绿色消费和产品的废弃处理，为消费者提供绿色服务，也包括绿色营销。

在经济全球化和贸易自由化大趋势下，由于对绿色产品的内生需求和各国环境水平的差异，绿色国际贸易日益成为各个国家贸易竞争的热点和焦点，并且导致了绿色贸易壁垒的产生。贸易壁垒(barrier to trade) 又称贸易障碍，是对国外商品劳务交换所设置的人为限制，主要是指一国对外国商品劳务进口所实行的各种限制措施，一般分关税壁垒和非关税壁垒两类，绿色贸易壁垒属于非关税壁垒的一种。绿色贸易壁垒是指进口国以保护自然资源、生物多样性，以及生态环境和人类的健康为由，对来自国外的产品实施苛刻的标准，以限制甚至禁止进口的手段和措施。绿色贸易壁垒形成和发展的原因主要有：一是世界环境的恶化引起人类价值观念的变化。如气候变暖、臭氧层破坏、生物多样性减少等等。这些问题的存在，直接影响到人类的生存和发展，引起了人们的思维方式、消费行为和价值观念都发生了变化，尤其是发达国家的消费者对绿色产品的需求偏好，为绿色贸易壁垒的形成提供了条件和机遇；二是随着关税不断降低，非关税壁垒受到更多的限制，传统的贸易壁垒的运用空间越来越小，绿色贸易壁垒便应运而生，成为发展最快的一种贸易壁垒；三是各种绿色组织的存在及其政治影响；四是各国环境标准的差异导致企业环保费用内在化的成本不同，直接影响到产品的国际竞争力和一国的国际收支平衡及宏观经济的稳定性，绿色贸易壁垒是进行贸易保护的最重要手段；五是现行国际贸易规则和协定不完善、缺乏约束力，为各缔约方以环境保护为名，实施绿色贸易壁垒提供了合法的借口。

绿色贸易壁垒具有以下特征：形式的合法性，绿色贸易壁垒虽然属于非关税壁垒的范畴，但不同于其他非关税壁垒，是以一系列国际国内公开立法作为依据和基础；保护内容的广泛性，它不仅涉及与资源环境保护和人类健康有关的许多商品的生产和销售，而且还涉及工业制成品的安全、卫生、防污等标准；较强的技术性和保护方式的隐蔽性，它不像配额和许可证管理措施那样明显地带有分配上的不合理性和歧视性，而是以现代科学技术为基础，建立在严格检验标准之上，包括较多的技术性成分，使出口国难以应付和适应。

绿色贸易壁垒的主要形式和制度安排：一是环境附加税，是发达国家最早采用的手段，即对一些污染环境、影响生态的进口产品征收进口附加税；二是绿色环境标志制度，自德国于1978年首先实施环境标志制度"蓝天使"计划以来，环境标志制度发展迅速，目前世界上已有50多个国家和地区实施这一制度，如加拿大的"环境选择方案"，日本的"生态标志"，欧盟的"欧洲环境标志"等；三是产品加工标准制度，20世纪90年代以来，国际标准化组织实施了《国际环境监察标准制度》，推行了ISO9000系列质量标准体系，1995年开始又推行了ISO14000环境管理系统，要求产品从生产前到制造、销售、使用以及最后的处理都要达到规定的技术标准；四是绿色包装和标签制度，绿色包装指能节约能源、减少废弃物、用后易于回收再用或再生易于自然分解、不污染环境的包装，如德国于1992年公布《德国包装废弃物处理法令》，日本于1991年、1992年发布并强制推行《回收条例》《废弃物清除条例修正案》，美国也规定了废弃物处理的各项程序；五是绿色卫生检疫制度，如食品的安全卫生指标、农药残留、放射性残留、重金属含量、细菌含量等指标的要求极为苛刻；六是绿色补贴制度，按世贸组织修改后的国际补贴与反补贴规则，这类补贴属于不可申诉补贴范围，因而为越来越多的国家所采用。

（张春霞）

8.22　绿色市场

在市场经济条件下，绿色经济的所有活动都必然通过市场来实现。绿色市场是绿色经济运行的整体形式，它是由排污权市场和绿色产品市场组成的市场体系。

绿色经济的本质要求绿色市场把经济活动对于资源和环境的影响也纳入市场的体系与框架中。因此，绿色市场需要解决两个影响经济"绿色化"的问题：经济活动的外部效应问题，即是如何把经济影响环境的外部性问题进行内部化；绿色市场的价格如何反映绿色供给与需求关系。只有解决了这两个问题，才能保证经济的绿色化，保障绿色经济的顺利发展。

解决外部不经济问题的途径是在对环境权利进行明确界定的基础上，建立排污权交易市场。环境的权利属于社会成员所共有，这就需要由政府作为社会成员的代表，对污染的量进行标准化和减量化管理，即把允许的排放污染的权利进行量化，并通过市场分配给企业，然后也允许企业之间进行排污权的买卖，这样就把经过环境权利的界定和交易转化成排污权的界定和交易，从而建立起排污权交易市场，以市场化的方式来解决外部不经济的问题。

排污权交易的思想最早是由加拿大的著名经济学家戴尔斯(JH Deles)提出来的，实践于20世纪80年代。显然，排污权交易必须由政府主导，由政府制定强有力的政策来推动。美国最早的排污权交易开始于1979年的"气泡政策"，1986年的里根政府批准了国家环保局的排污权交易政策报告书，该政策于1988年12月生效。

排污权交易的国际市场的形成同全球气候变化公约有关，特别是同《京都议定书》的实施有着密切的关系。"排污贸易机制"是《京都议定书》中三个灵活的机制之一，其内容是允许发达国家用购买排放指标的方式来抵减他们应承担的减排义务，这是发达国家和发展中国家之间经过斗争而达成的双方均可接受的协议，也是应用排污权交易的市场手段来实现温室气体减排和控制排放的目的。

在排污权交易的实践方面，我国同发达国家几乎是同步的，也正处在积极的探索中。1987年我国就开始在18个城市进行了排污许可证制度的试点工作，并进行了排污权交易的尝试，这一交易的实践是由上钢十厂开创的。

绿色产品市场的关键是价格问题，价格能否反映绿色供给和需求的关系，关系到绿色产品市场能否正常运行。

所谓绿色产品是指对社会、对环境改善有利的产品，或称无公害产品。这种绿色产品与传统同类产品相比，至少具有下列特征：一是产品的核心功能既要满足消费者的传统需要，符合相应的技术和质量标准，更要满足对社会、自然环境和人类身心健康有利的绿色需求，符合有关环保和安全卫生的标准。二是产品的实体部分应减少资源的消耗，尽可能利用再生资源，产品实体中不应添加有害环境和人体健康的原料、辅料，在产品制造过程中应消除或减少"三废"对环境的污染。三是产品的包装应减少对资源的消耗，包装的废弃物和产品报废后的残物应尽可能成为新的资源；四是产品生产和销售的着眼点，不在于引导消费者大量消费而大量生产，而是指导消费者正确消费而适量生产，建立全新的生产美学观念。

绿色产品市场存在着多重的信息不对称问题：

首先，绿色产品的"绿色"品质存在着信息不对称。绿色产品的生产是以绿色原料、绿色环境等绿色生产条件为前提的，绿色生产条件是产品绿色品质的保证，消费者难以获得有关产品绿色"历史"的充分信息。

其次，绿色产品的市场准入上存在着信息不对称。种种不完全信息的存在，要求市场准入上要严格把关，防止非绿色的产品混入绿色产品市场。但严格把关在技术和成本上都有困难，厂家要证明自身的生产过程是清洁的、产品是绿色的，需要耗费大量的成本；市场要对绿色产品进行认定，也需要支付成本。市场准入上的信息不对称，使假冒绿色产品可以轻易地进入市场而不必承担绿色产品所必须承担的附加成本，严重地影响了绿色市场的运行。

第三，绿色商标管理中存在着信息不对称。绿色产品同其他产品的主要区别在于它的"绿色"。由于消费者对产品的内在信息并不十分了解，难以辨别出绿色产品与其他产品的真正区别，因此"绿色标签"对于绿色市场的管理来说显得十分重要。

绿色市场的多种信息不对称，会导致市场失灵，这要求企业要进行绿色营销：一是树立绿色营销观念。要在传统市场营销理念的基础上增添绿色的内容——企业营销决策的制定必须首先建立在有利于节约能源、资源和保护自然环境的基点上，促使企业市场营销的立足点发生新的转移，着眼于绿色需求和企业的长远经营目标。与传统的市场营销观念相比，绿色营销观念明确定位于节能与环保，立足于可持续发展，更注重社会利益。二是实施绿色产品营销策略。这是市场营销的首要策略，企业实施绿色营销必须以绿色产品为载体，进行绿色产品设计，为社会和消费者提供满足绿色需求的绿色产品。三是制定绿色产品的价格策略。定价是市场营销的重要策略，一般来说，绿色产品在市场的投入期，生产成本会高于同类传统产品，因为绿色产品成本中包含了产品环保的成本，主要有以下几方面：产品开发中，因增加或改善环保功能而支付的研制经费；产品制造中，因研制对环境和人体无污染、无伤害而增加的工艺成本；使用新的绿色原料、辅料可能增加的资源成本；由于实施绿色营销而可能增加的管理成本、销售费用。但是，产品价格的上升会是暂时的，随着科学技术的发展和各种环保措施的完善，绿色产品的制造成本会逐步下降，趋向稳定。企业制定绿色产品价格策略时，在考虑上述因素的同时也应当看到另一方面的趋势，即随着经济的发展，人们的收入的提高和环保意识的增强，人们的消费观念会发生很大的变化，绿色消费会成为人们追求的时尚，所以绿色产品不仅能使企业盈利，更能在同行竞争中取得优势。四是实施绿色营销的渠道策略。引导中间商的绿色意识，逐步建立稳定的营销网络，并注重营销渠道的各个环节，从绿色交通工具的选择，到绿色仓库的建立等。五是搞好绿色产品的促销。运用绿色广告、绿色公关等活动，传递绿色信息，指导绿色消费，启发引导消费者的绿色需求，最终促成绿色购买行为。

另一方面也要求政府采取强有力的管理和政策来解决绿色产品市场的信息不对称问题。首先，政府要加强对绿色消费的宣传和引导，促进消费观念的转变，使绿色消费方式能够为社会各界所广泛接受，促使绿色消费逐渐取代传统的消费模式，并在这种取代过程中，推动绿色市场的发展。其次，政府要加强对绿色市场的管理力度，以解决市场信息不对称问题：加强对绿色产品的市场准入管理，以保证进入市场的产品实现真正的"绿色"；加强对绿色商标的管理，以政府的信誉来保证绿色商标的名副其实，使老百姓能放心地消费绿色产品。此外，政府还可以制定促进绿色科技发展的政策，推动绿色生产的发展，以此来提高绿色产品的劳动生产率，从而达到降低绿色产品价格，从根本上解决绿色产品价格高于一般产品的问题，克服绿色产品的价格劣势，提高绿色产品的市场竞争力。价格体现的是消费者直接的个人收益，而绿色个人收益会驱动消费者扩大需求，推动绿色产品的发展规模，如绿色食品、绿色家电等。相反，有些个人绿色收益不明显和直接的绿色产品，如塑料制品及野生动物消费，就不可能靠个人利益的驱动得到发展，它需要社会道德和其他社会力量来推动，更重要的是通过制定政策来促进市场价格的合理形成，对消费模式进行调控，以刺激绿色需求。

绿色产品市场要求推广绿色包装。绿色包装是在节约资源、保护环境的前提下，来满足产品的保护、宣传等包装的基本功能的需要。要求包装材料是绿色无污染的，尽量采用可再生资源，以最少的资源耗费、最小的环境污染，减少垃圾灾难。目前人们的生活垃圾已经成为重要的面源污染，特别在城市，垃圾的处理已经成为环境保护的一大难题。有资料表明，每个人每年丢掉的垃圾重量超过人体平均重量的五六倍，作为有 13 亿多人口的大国，每年产生的垃圾量就是一个天文数字。北京人均每天扔出垃圾约 1 千克，相当于每年堆起两座景山。另外，不少商品特别是化妆品、保健品的包装费用已占到成本的 30% ~ 50%。过度包装不仅造成了巨大的浪费，也加重了消费者的经济负担，同时还增加了垃圾量，污染了环境，所以推广绿色包装是利国利民的大事。

（张春霞）

8.23 碳交易市场

碳交易市场是人们应对气候变化的一种制度安排。科学研究表明，导致全球气候变暖的根源是人类的不当行为，如化石燃料燃烧、砍伐森林等。这些行为不仅释放出大量的二氧化碳，同时也破坏了吸收大气中碳成分的宝贵资源，进一步导致了气候变暖。

碳交易市场是一个以国际公法为依据、由人为规定而形成的市场，是落实《京都议定书》温室气体减排机制而产生的温室气体减排量交易体系。在具有里程碑意义的 1992 年联合国环境与发展大会上，155 个国家共同签署了《联合国气候变化框架公约》，这是清洁发展机制的根本母法。1997 年联合国气候变化框架公约第三届缔约国会议，通过了具有法律约束力的《京都议定书》，在坚持根本母法的"发达国家与发展中国家共同但有区别的责任"的原则下，规定了 2008 ~ 2012 年间，发达国家的温室气体排放量必须在 1990 年的基础上平均削减 5.2%。为达到《联合国气候变化框架公约》全球温室气体减量的最终目的，《京都议定书》约定了三种减排机制：清洁发展机制（clean development mechanism，CDM）；联合履行（joint implementation，JI）；排放交易（emissions trade，ET）。这三种机制都允许联合国气候变化框架公约缔约方之间进行减排量的转让，而在 6 种被要求减排的温室气体中，二氧化碳为最大宗，所以这种交易以每吨二氧化碳当量为计算单位，通称为"碳交易市场"（Carbon Market）。

从碳交易市场建立的法律基础上看，可分为强制交易市场和自愿交易市场。前者是指为了达到法律强制减排的要求，排放配额不足的企业就需要向拥有多余配额的企业购买排放权，由此而产生的市场就称为强制交易市场。自愿交易市场是指基于社会责任、品牌建设、对未来环保政策变动等考虑，单位或企业之间通过内部协议，相互约定通过排放配额的调节余缺，这种交易就形成了自愿碳交易市场。

应当正确认识碳交易市场的作用。首先，碳交易对于减少碳排放是起了一定的作用，但不是唯一的减排途径。减少地球大气温室气体有两种方法：一是减少碳排放源，二是增加碳吸收汇。即使是从减排的角度看，通过市场的制度安排来促进减排也是需要有技术支撑的。国际上，欧洲侧重于通过碳市场减排，而美国则侧重于通过技术减排，事实证明美国的技术减排效果不亚于欧洲的市场减排方式。而增加碳汇吸收也是减排的重要措施。碳汇的载体主要有海洋和陆地。前者主要通过海洋生物如浮游生物、细菌、海草、盐沼植物和红树林等捕获和固定二氧化碳。陆地碳汇主要是通过森林、草原和农田等吸收和储存二氧化碳。其中森林是最重要的碳汇，专家测定，森林通过光合作用，每生长 1 立方米木材，约吸收 1.83 吨二氧化碳，释放 1.62 吨氧气，而全球的森林年均吸收二氧化碳占生物固碳总量的80%。其次，减排的实质是能源问题，发达国家的能源利用效率高，能源结构优化，新的能源技术被大量采用，因此，本国进一步减排的成本极高，难度较大。而发展中国家，能源效率低，减排空间大，成本也低。碳交易虽然在一定程度上可以减少一些发达国家的二氧化碳的排放量，并能给一些落后的国家以资助，但也存在一定的弊端：一方面由于可以低成本地在发展中国家购买排放量，这在一定程度上会促使发达国家可能忽视碳排放技术的进步，另一方面也会挤占了发展中国家排放量的额度，从而限制了这些国家的一些产业的发展，从一定程度上说这也是对落后国家的资源掠夺。

　　碳交易市场的发展需要有碳金融的支持。金融机构包括银行、保险公司、交易所和交易平台、经纪商等，在碳交易中担当了中介的角色：提供直接贷款；成立低碳基金、环保基金、对冲基金，间接支持，通过碳交易市场的流动性以支持减排项目的发展；为 CDM 项目提供信用增级服务，创造出有担保的核证减排量，以促进碳交易市场的运行；在贷款中提供环境影响评价；创新碳金融的衍生品和服务，如碳基金、碳证券、碳期货等。

　　碳交易市场研究发展成为世界第一大市场。据联合国和世界银行估算，在 2008～2012 年间，全球碳交易市场规模每年达 600 亿美元，2012 年全球碳交易市场容量为 1500 亿美元，超过石油市场成为世界第一大市场。世界性的碳交易集中在几个大的碳交易所，欧盟排放权交易系统、英国排放权交易系统、美国的芝加哥气候交易所、澳大利亚国家信托等是世界上最早成立碳交易所的，加拿大、新加坡和东京也先后建立了二氧化碳排放权的交易机制。欧盟排放权交易体系（EUETS）还于 2005 年 4 月推出了碳排放权期货、期权交易。

　　我国的碳交易市场也在蓬勃发展中。作为世界第一碳排放大户的我国，也是世界碳市场的最大的排放权供应国之一。虽然根据《联合国气候变化框架公约》规定，至少在 2020 年以前，我国作为发展中国家，不承担有法律约束力的温室气体绝对总量的减排，但我国早在 2009 年就已主动提出到 2020 年单位国内生产总值二氧化碳排放比 2005 年下降40%～45% 的目标，并强调要更多发挥市场机制来促进减排目标的实现。因此在借鉴欧盟排放交易体系成功经验的基础上，我国于 2010 年正式启动了碳交易市场，2013 年在北京、上海、天津、重庆、湖北、广东和深圳等 7 省市开展了碳交易试点，均采用总量控制下的碳排放权交易机制，同时允许 CDM 项目产生的自愿减排量以一定比例抵消碳排放配额。截至2016 年 10 月，全国一、二级市场累计成交额达 12453.02 万吨，成交金额 32.3 亿元。广东、湖北试点交易量分别位列第一位和第二位。作为全国生态文明建设示范区的福建，目前的碳排放权交易也十分火爆，特别是在全国率先纳入了陶瓷行业的碳交易和推出了林业碳汇交易，仅 2016 年 12 月 22 日就交易 26 万吨，成交额 488 万元。顺昌县国有林场共有 7 万亩林地核准为碳汇林，期限为 2006 年 11 月 1 日～2026 年 10 月 31 日，这 20 年内的碳汇可以计入碳减排交易，第一个 10 年的 15.5 万吨的减排量以 288.3 万元的价格成交。

　　国内七个碳市场试点的碳价大约在每吨 15～30 元不等，欧盟目前是 6 欧元，最高达到每吨 30 欧元。国家发改委初步估计，每吨 300 元的碳价才能起到引导绿色低碳的价格标准。通过建立自愿碳交易市场，鼓励企业自愿参与碳减排交易，不仅可以培育与提升企业及个人减排的社会责任意识，而且可以激励企业加快技术改造，推进绿色低碳转型，从而有助于我国节能减排目标的实现。

在 2015 年 12 月联合国气候大会召开前，中国明确提出于 2017 年全面启动全国碳交易体系，第一阶段将涵盖石化、化工、建材、钢铁、有色金属、造纸、电力、航空等重点排放企业，门槛在年标煤消耗量 1 万吨以上，新能源汽车的配额也将纳入碳市场规管理。2017 年将是碳交易体系建设的关键年。除了已经出台的《碳排放权交易暂行管理办法》外，2017 年还将出台一系列的相关法规。碳排放配额分配方案就是其中重要的一个，因为配额的分配，直接关系到企业的经营成本和参与碳市场交易的积极性，因此成为各方关注的焦点。

虽然近年来国内外碳交易市场呈现出良好的发展态势，但尚未形成统一的国内市场，呈现出分散、不均衡的特点，仍然处于较初级的阶段。如作为世界上最大的排放权供应国之一，却没有一个像欧美那样的国际碳交易市场；我国碳交易市场还存在一些需要解决的问题，如缺乏细化标准、监管机制的不完善、市场运作的不成熟、参与者积极性不足、碳金融的发展滞后等。有些行业如民航业就面临比较大的压力。因为国际民航组织于 2016 年 10 月 6 日通过的《国际航空减排市场机制决议》规定，2020 年后各个航空公司的国际航线碳排放增量必须通过从行业外购买碳配额等方式抵消，这对于正处于发展中的中国航空业是一个很大的负担，如南航国际航班碳排放保持 6% ~ 12% 的年均增速，2035 年的排放量将达到 4196 万吨。缺口为 1881 万吨。按照目前欧盟每吨 6 欧元的价格，2035 年就需支出 1.13 亿欧元的碳排放费用。厦门航空公司测算，2035 年国内航空公司为此须支付 210 亿元人民币。

（张春霞）

第九篇

生态文明的政治建设

9.1　生态文明国家

一个与"环境国家"概念密切关联的术语。它大致包括两个层面上的涵义，即国家生态文明建设的总体水平和生态文明建设的国家管治体系与能力。

就第一个层面来说，生态文明国家也就是生态文明整体水平较高或"五位一体"生态文明建设目标的实现程度较高的国家。具体而言，它既是指生态文明的主要构成性元素比如符合生态文明理念要求的生态环境、经济、政治、社会与文化及其整体，实现了不同于现代工业（城市）文明状态的实质性提升或生态化转型，也可以指现代化发展进程中生态文明建设原则及其战略，逐渐做到全方位融入甚至统摄经济、政治、社会与文化等各个政策领域的重大阶段性进展。总之，生态文明国家就是人类社会及其现代文明大幅度生态化或"绿化"的国家，就是以人与自然、社会与自然关系的和谐共生为标志的绿色发展水平显著提高的国家。

这其中需要强调的是，一方面，优良的生态环境是衡量生态文明水平的基本性标志，也是检验生态文明国家的基本性标志。换言之，一个生态环境质量低劣或自然资源浪费严重的国家，是谈不上任何意义的生态文明的，而这个国家也就没有资格被称为或自诩为生态文明国家。另一方面，正如生态文明概念自身所蕴含着的，高质量的生态环境还必须基于一种生态意义上理性、健康与文明的社会经济生产和生活方式以及相应的制度规范和价值观念。也就是说，一个生态文明的国家，并非只是对于自然生态系统及其构成元素要有道德伦理态度，归根结底是对社会理性（公平正义）与生态理性（生态可持续性）的彰显弘扬并适当（及时）制度化。

就第二个层面来说，生态文明国家意指生态文明建设政策实践中的国家管治体系与能力。概括地说，它至少应包括如下四个方面：一是法治框架的构建，二是党和政府的领导能力及其建设，三是国有（大型）企业的引领示范作用，四是公民主体的成长及其社会政治参与。其一，无论就生态文明的理念创新及其实践的制度化还是推进生态文明建设举措的体制保障来说，健全的法治构架都是一个生态文明国家的管治体系与能力的集中体现。而需要强调的是，其核心性构成元素不只是强有力的行政执法机构，还应包括既具有高度政治前瞻性、又严格忠实于既存法律本身的立法与司法机构。可以想见，现实中只有三者密切配合、共同促动，才可以为生态文明建设的大力推进提供可靠的制度保障与动力支持。其二，生态文明建设是一个高度综合性的政策议题领域，并将需要或导致现行经济政治与文化体制及其支撑性理念的深刻变革，而这就需要强有力而且善于学习的政府（执政党）领导能力。作为政府或执政党，既要能够做到大胆地适时开启这一全社会性的文明革新历程，又要通过自己的不断学习进步或自我否定来提高与改进其领导地位和能力。其三，大型或国有企业或者由于其在大多数情况下的国家掌控地位，或者由于它们对大批量自然资源的开采耗费所导致的较大自然生态影响，理应肩负相对较大的社会与生态责任。因而，生态文明建设的国家管治体系与能力的重要方面，就是使这些大型或国有企业主动承担起一种引领示范的责任。其四，生态文明从本质上说是一种人的观念与行为的文明，尤其是千百万普通人民群众的文明，因而，生态文明建设归根结底是最广大、最普通人民群众的意识革新与行为方式变革问题。相应地，生态文明建设的国家管治体系与能力的重要体现，就是提供和创造有利于公民主体的成长及其社会政治参与的制度渠道和条件。

那么，现代国家为什么要或何以成为一个生态文明国家呢？对此，我们可以从如下两个方面来理解。

一是传统国家职能的不断拓展或"绿化"。按照政治学理论的一般性解释，狭义上的国家是特定时代的政治统治者合法行使包括军事武力在内的政治权力，在保障其自身利益得到满足的同时也承担某些公共管理职能的政治实体或"官僚机器"，而完整意义上的国家还包括处在这一政治实体管辖之下的领土、人民（民族）及其文化。近代社会以来，国家逐渐演变成为绝对主权意义上的单一或多民族国家，并相应地构建起以国际关系为主要纽带的全球性经济政治关系体系。就公共管理职能而言，国家最初或最重要的职能是确保其辖区内国民的军事安全，即不被其他国家占领或侵犯，同时提供部分国民知晓和参与国家政治事务管理的制度性渠道——比如古希腊时期的城邦国家和文艺复兴时期的自治城市（国家）。后来，在现代民族国家或主权国家的语境下，除了军事安全和民主政治，实现工业现代化（城市化）发展并提供国民充足的经济社会福利，也成为大多数资本主义国家和几乎所有社会主义国家的基本职能，其标志则是福利保障（国家）制度的普遍建立和政府发挥主导作用的计划经济（从生产到分配）。大致从 20 世纪 50 年代末 60 年代初起，以著名的世界（西方）"八大公害事件"和由此引发的大众性环境抗议运动为标志，公众的生态环境权益及其保护成为政府必须面对的国家公共管理职能问题，即生态环境权益是每一个国民最基本的人权构成性要素，而当代国家及其代表者政府负有向全体国民提供健康安全的生态环境的宪法责任。相应地，政府应该并可以为了公共生态环境质量的目的向直接责任者（比如生产经营性企业）和间接责任者（比如相关产品与服务消费者）做出某些行政与法律性约束或奖惩。正是依此为基础，欧美国家的生态环境法制与行政监管体系逐渐建立了起来。结果是，当代欧美国家逐渐演进成为一种"环境国家"。因而，可以说，生态文明国家就是一种广义上的环境国家。二者的主要区别在于，生态文明国家更强调其超出单一性环境议题的综合性应对与变革特征，而且更能够呈现出经济政治制度根本性变革的内在要求及其深远影响。

二是生态文明建设实践中国际和全球性合作的需要。就像生态环境议题的应对离不开超国家层面上的政治合作与博弈一样，生态文明建设实践本质上是一种国际性或全球性的事业。因为，无论是作为生态文明主要构成性元素的生态环境、生态经济、生态制度（政治）、生态社会（人居）、生态文化，还是将上述元素有机结合起来或融为一体的制度环境和动力机制，在经济社会全球化不断加深的大背景下，都很难在一个或少数几个民族国家的范围内独立实现。比如，生态经济总体上说只能是一种以自然生态的整体承载与吸纳能力为基础，并充分尊重其自身规律与节奏的人类经济生产活动，也就是说，它不仅在经济总量上是有限而不是无限的，而且明确承认存在着人类经济技术干预行为的边界。显然，这样一种新型经济形态，是与当代社会中基于大规模经济技术干预的主导性资本主义经济严重冲突或内在矛盾的。换言之，这种生态经济的存活与持续，不仅依赖于其他生态文明构成性元素的有力配合，还需要一个或少数几个国家辖区之外的更大地理范围上的积极响应。当然，生态文明建设实践中的跨国和全球性合作，也会遇到一个动机与动力的问题。主流政治学尤其是(新)现实主义理论，坚持民族国家利益的至上性和不可调和性——特别是在传统的军事安全等高政治议题上，认为国际政治关系中的交往与合作终究不过是一场"零和游戏"，因而国际社会不太可能摆脱其自近代以来的无序竞争或无政府状态。依此而言，纯粹或绝对真诚意义上的国际合作，或基于人类社会整体或地球生态公益的国际合作，在现实中是很难达成或持续的。然而，包括生态环境议题在内的生态文明建设实践，所挑战的正是上述国际政治关系认知或共识。一方面，像全球气候变暖、生物多样性减少、沙漠化、水土流失、空气污染、都市交通拥挤等议题，确实具有超出某一或某些国家的自我利益的区域或全球公益性质，至少无法通过一种局部性的努力来得到实质性解决。也就是说，这些非传统政治议题的确有着不同于传统国家利益的排他性的新特征，需要超出一个或少数国家的共同努力才能做到有效应对。另一方面，民族国家在参与上述区域性或全球性难题治理的过程中，其主权权力并没有出现严重的弱化，相反，它们正在成为一个空间明显拓展的区域性或全球性绿色政治舞台中的活跃角色。至少由于这两方面因素的共同作用，民族国家已然成为生态环境议题国际政治与合作中的主角，并直接促成了1972年以来逐渐建立的联合国环境全球治理体系。同样，可以相信，内容更丰富的生态文明建设实践，将会不断拓展世界各国之间在国际双边乃至全球层面上的合作。　　　　(郇庆治)

9.2　环境国家

　　一个与"生态文明国家"概念密切关联的术语。它大致包括两个层面上的意涵，即国家环境管治的善治水平或基本目标实现程度和国家环境治理体系与能力的现代化提升。因而，落实"五位一体"社会主义现代化总布局、努力建设美丽中国的首要任务，就是建设一个强大的环境国家或"绿色国家"。

　　从政治学的视角看，"环境国家"是指现代国家(政府)与社会之间的一种"绿色契约"关系。国家(政府)依法享有对主权辖区内生态环境的保持、保护与合理利用的管治权限和职能，而人民拥有对国家(政府)的环境管治进行赋(撤)权并行使民主政治监督与抗争的主权权利。具体而言，环境国家集中体现为一个国家的生态环境立法、执法和司法制度体系的总和。它们作为整体，共同承担着维护一个国家的生态环境安全、健康与美丽的管治责任，而这种责任的大小及其行使又离不开人民群众的(再)赋权和政治监督。生态环境尤其是自然生态景观和人文历史遗产的有效保护，是生态文明建设的最直接性任务，也是环境国家理应承担的首要职责。由此而言，强有力的环境国家，既是大力推进生态文明建设的重要内容，也会成为生态文明建设不断取得进展的重要动力。

　　各级人民代表大会和政府制定的生态环境或生态文明建设法规，是"环境国家"权能与管治能力的基本体现。从最终可能写入宪法的"大力推进生态文明建设"条款，到街道社区的生活垃圾分拣处置规定，真正体现的都是我国对一种生态文明的生产方式与生活方式的自觉意愿和政治追求。生态文明和环境友好的生产方式与生活方式的不断政策化与法规化，表面看起来是对人们行为自由的某种制约与限制，但从根本上说，则会有助于人们主动形成与接受一种与自然和谐共处的习惯、文化和文明。即使从文明的最原始意涵来说，它也不仅意味着人类在自然世界中的生存与行动自由（基于技术进步和经济社会组织改进），还包含人类对自身的诸多纯粹自然性欲望的主动节制与约束。生态文明建设也是如此。

而广义上的"环境国家"，除了包括一大批掌握先进绿色技艺、又具有生态意识自觉的企业，尤其是国有（大型）企业，还包括或依托于一个不断成长的"生态文明社会"。就像文明的根本性体现是人的素质一样，生态文明的根本性体现也是人的生态素质。这意味着，生态文明建设的首要任务，就是培育和造就成千上万的具有生态文明素质的"绿色新人"。与此同时，"绿色新人"只能首先来自那些率先实现了文化意识革新与生产生活方式变革的少数公民（群体），而他（她）们将会成为整个社会实现生态文明性变革的引领性力量。因而，生态文明建设的制度性前提，就是创造适当的经济社会条件，从而使之成为由少数"绿色新人"带动的、由最广大人民群众参与的大众性事业。因而，一方面，衡量或考核"环境国家"成功与否的首要指标，是它所实现的"环境善治"水平或程度。在这方面，最具有检验性价值的当然是一个国家的生态环境质量——清洁的空气、干净的河（湖）水、整洁的城乡居住环境、严格的饮食安全保障，等等。而从生态环境质量的经济社会与政治文化保障的层面来说，同样重要的还包括绿色的经济技术结构和法制与政治文化体制。因为，在经济社会现代化及其全球化不断加深的现实背景下，任何一个国家都无法做到对生态环境本身的治理或"善治"，而是必须同时能够实现对现代经济社会的生态化或"后现代"重构。另一方面，"环境国家"建设的核心内容，是构建一种现代环境治理体系与能力或实现环境治理体系与能力的现代化。尽管不能将现代环境治理体系和能力与欧美发达资本主义国家画等号，但必须承认，后者确实引领了这一依然处在演进之中的历史性进程，即制度性回应或应对工业（城市）现代化几乎必然导致的生态环境难题或困境，并构成了广大发展中国家的背景参照。这其中的最主要元素就是由环境立法、司法与行政所组成的环境法治体系，环境经济政策工具明智使用与绿色产品技术研发以及所共同带来的经济结构绿色转型，不断扩展的媒体和社会公众参与以及社区（地方）自治，等等。总之，正如治理这一概念的备受关注所彰显的，环境国家及其政策实践日渐呈现为一种多角色、多维度、立体化的共治格局或样态，而不再是传统政治议题上的政府统治或"一家独大"。

"环境国家"概念的提出，不仅体现了国家传统公共管理职能的不断拓展或绿化，而且凸显了生态文明建设视野下需要进一步讨论的问题。

一是环境国家与生态现代化战略的关系。一般来说，生态现代化理念或战略，被认为是一个欧美国家版本的可持续发展理论，而它也确实在联邦德国、荷兰这样的核心欧盟国家取得了较为明显的成功。按照德国学者马丁·耶内克的阐释（2012），我们可以通过一种政策推动的技术革新和现有的成熟的市场机制，实现减少原材料投入和能源消耗从而达到改善环境的目的，也就是说，一种前瞻性的生态友好政策可以通过市场机制和技术创新促进工业生产率的提高和经济结构的升级，并取得经济发展和环境改善的双赢结果。因此，在他看来，技术革新、市场机制、环境政策和预防性理念，是生态现代化战略的4个核心性元素，而环境政策的制定与执行能力是其中的关键。依此而言，生态现代化远非是一种简单的市场化或自由主义经济战略，而是需要一个强有力国家的预判与引领，以及其他的保障性条件，而耶内克所指称的"有远见与能力的国家"就是环境国家。换言之，一个国家要想成功实施生态文明建设的生态现代化战略，就必须同时拥有(是)一个环境国家。

二是环境国家与生态民主的关系。在西方现代政治体制或话语语境下，环境国家是离不开或依托于总体性的自由民主制的。换言之，环境国家意味着或指向一个自由民主制的国家。正如澳大利亚学者罗宾·艾克斯利分析指出的(2012)，"绿色国家"或"环境国家"视域下的生态民主，既不是典型的生态主义民主，也不应是传统意义上的自由主义民主，或者说它大致是一种后自由主义民主。在她看来，生态民主作为一种崭新的民主视域，其新颖之处和生态意蕴在于，风险性决策中的参与或被适当代表机会应该扩大至所有受到影响的群体，包括阶级、地域、民族和物种。相应地，生态民主可以理解为一种为了受影响者的民主，而不是由受影响者构成的民主。依此她认为，生态民主提出了复杂的道德的、认识论的、政治的和制度层面上的理论挑战：其政治挑战在于，它主张人类个体自治的实现(包括财产权的运用)需要符合生态标准：行为者理当为带来风险的活动负责，他们必须在一个开放与批判性的交往环境中随时准备(虚拟)接受潜在牺牲者或风险承担者的质询问责；其制度挑战在于，它并不把民族国家的边界视为对道德意义上共同体的必然性约束，提出了创制更加灵活的民主程序的必要性，以便能够涵盖复杂而多变的生态难题构型以及它们所影响到的人类与非人类共同体。应该说，这种生态民主并非简单是对自由主义国家绿化潜能的肯定，但也的确表明，生态主义政治似乎不应是一种纯粹的或基层性的民主。

三是环境国家与生态资本主义或社会主义的关系。这方面的一个核心性问题是，是否需要进一步做出资本主义或社会主义的环境国家的区分，或者说，资本主义与社会主义的意识形态分野对于环境国家而言究竟有无意义。而这又可以分为如下两个具体性问题，即如何理解欧美国家在过去半个多世纪中生态环境质量的较大幅度改善和社会主义国家是否可能成为一个更高水平的环境国家。对于前者，必须结合欧美国家在世界资本主义发展历史中的先发地位以及由此形成的国际经济政治秩序中的比较优势地位，再加上20世纪60年代末70年代初以来国内外经济社会与政治条件的深刻变化，才有可能做出客观而科学的阐释，其中经济产业结构的大规模转移和大众性社会政治抗争扮演了不容小觑的角色；对于后者，必须承认，社会主义国家如何成为一个不但克服了资本主义体制下固有弊端、又充分展示了新型体制下内源性优势的环境治理体系与能力，依然是一个尚未得到充分验证的问题。

(郇庆治)

9.3　生态民主

广义上的"生态民主"概念，包括两个不同层面上的意涵，即现代政治民主的生态化或"绿化"和一种全新的生态主义民主。前者更多与现代社会中国家(政府)和政治的进一步民主化相关，而后者更接近于一种涵盖社会各个层面(政治、经济、社会与文化)的综合性新型民主。而就生态文明的政治及其建设来说，上述两个层面上的生态民主的拓展与创建都非常重要。

就第一个层面而言，民主的生态化或"绿化"，主要是指现代（西方）民主政治自 20 世纪 60 年代末 70 年代初以来逐渐兴起的环境新社会运动、绿党政治和政府环境政策与治理体制，而三者作为一个整体，使得"绿色政治"的崛起或传统政治的"绿化"成为当代民主政治的重要表征。首先，针对以世界（西方）"八大公害事件"等为代表的严重生态环境破坏现象的大众性抗议运动，不仅成为逐渐觉醒的公众生态环境意识的公开性表达，而且构成了对现实政党政治与政府执政的民主压力，即如何在一个经济富裕的社会中实现对民众生态环境权益的保障。其次，绿党的出现，既是对传统的左右政党政治及其物质主义价值观的深刻挑战，也是试图以重构传统政党政治的方式变革现实政治与社会的民主努力。随着于 20 世纪 80 年代初和 90 年代初先后进入全国议会和全国性政府，绿党在渐进成为一个较为有力的现实政治变革者的同时，也在不断适应既存政党政治框架及其运行规则的过程中呈现出某种程度的"体制内化"或"驯化"。最后，不仅是绿党作为执政伙伴参与其中的联合政府，还包括传统甚或保守政党所组成的内阁政府，也都在逐渐接受一种生态环境议题上的更加环境友好或符合生态民主原则的法律规制或治理。至少与 20 世纪五六十年代相比，当代欧美国家中的大多数政府都有理由自称是"绿色政府"。这方面的典型实例是 2005 年以来由安格拉·默克尔领导的联邦德国大联盟政府（与中左的社会民主党联盟），不仅她本人就是环保部长出身，而且就任内阁总理后一直采取了一种较为激进的国内外环境政策（比如最终废除核能和能源转型政策）。

上述欧美民主政治的生态化或"绿化"模式，当然并不具有绝对意义上的普适性，即必须从大众性抗议运动发展到绿党政治、然后再延伸或传递到政府环境政策及其治理。但也必须看到，这样一种历史进程及其渐进逻辑绝非仅仅是一种欧美个例性或地域性现象。事实上，当今世界各国对生态环境问题的政治应对的一个重要方面，就是现存（民主）政治架构的生态化调试或适应，这也包括那些并不属于现代民主政体的大多数阿拉伯国家。不仅如此，中国共产党及其领导下的环境治理体系与能力现代化建设，以及生态文明政治的建设，也可以宽泛地理解为我们社会主义民主政治的一种生态化或"绿化"努力。

就第二个层面而言，生态主义民主主要是指一种基层自治取向的或大众直接性的民主。它的基础性理由或依据，是"生态学"与"民主"这两大理念或原则的最极端性理解及其结合。在这里，"生态学"大致被诠释为一种纯粹的"生态（生物、生命）中心主义"，也就是说，自然生态系统及其任何一个构成性元素，都有着与人类需要及其满足无关的、彼此间完全平等的生态位或内在价值，相应地，这种理解在人类生态（生活）政治上的一个逻辑性要求，就是所谓"生态自治主义"——人类社会（区）应该以一种尽可能与当地或周围自然生态环境融为一体的方式来生活，而最容易做到这一点的当然是本土性的居民及其政治自决；"民主"则被解读为小规模的人类社会（区）成员的政治自主性决定与自我管理，也就是说，地方性社区范围内居民的直接民主性决策和政策落实，使得民主政治成为一种直接性、即时性的政治，其中每一个居民或成员都成为任何重要决策的亲历者——同时是决策者和执行者。至少从理论上说，这种意义上的"生态学"和"民主"是可以做到完美结合的，甚至可以说，真正的（人类社会）生态学就是一种（生态）民主，反之也是如此。而且，在现实中，我们确实在比如美国西部的山谷地带和东北部的新英格兰乡村看到了一些追求生态自治的尝试。

当然，这种生态主义民主所面临的最大挑战是现实主流政治。在民族国家依然是最基本的国际政治主体和资本主义的主导性经济社会制度与文化的国内外环境下，无论是纯粹的生态主义或生态学还是彻底的民主，都是很难挑战并最终成为主流政治的。就此而言，生态主义民主不能简约为生态无政府主义，而二者的基本区别就在于，前者还应具有一种更宽阔的观察视野和行动战略，后者则仅仅满足于对既存现实的抗拒或解构。

在笔者看来，很可能是由于上述原因，欧美国家中包括环境新社会运动和绿党政治在内的"绿色政治"，大体上始于第二层意义上的生态主义民主信奉，但却很快就逐渐转向第一层意义上的民主生态化追求。因而，着眼于对现实政治的更为深刻的或生态主义的重构，学界目前对生态民主的如下两个方面的探讨是特别需要关注的。

一是转型性生态民主或"生态（转型）民主"。它主要是围绕着生态民主的现代社会（文明）转型功能而展开的。比如，美国学者罗伊·莫里森一方面承认，生态民主是古老的民主理念和历史并不太久远的生态学这两个强大思想的时代融合，民主的含义是人民当家做主并使公民社会成为具有创造性的变革场所，而生态学的本义是关于生命（生物）共同体的研究。另一方面，他又明确指出，生态民主并非仅仅是保持工业化人类行为与生物界之间平衡或更好地管理工业文明的一种方法，而是建设生态文明的一种方式。"生态民主作为方兴未艾的公民社会的一种表现，建立在对工业过度发展的限制和随后的改革之上。"（2016：94）就此而言，民主和生态都不是一首颂歌，即最终做出诸多艰难的道德、社会、政治、经济和环境需要选择的颂歌，而是要"通过创造性地和建设性地包容共同体所有声音的诸多方式而促进并鼓励大家做出这些选择"。"这样一种努力意味着重新激活民主，以面对工业文明的经济增长所形成的挑战和机遇。"换言之，莫里森的明确观点是，生态民主不仅是工业社会转型或生态文明建设的政治性成果，还是实施这样一个转型或建设过程的重要动力。

二是审议性生态民主或"生态（审议）民主"。它主要是围绕着生态民主所蕴含的不同于竞争性民主的论辩、协商和共识追求等特征而展开的。作为传统自由主义民主理论的一种拓展，审议民主理论认为，原来的竞争性民主理论更多考虑的是一种程序性民主，即如何通过达成一个民主决策机构（比如议会或政府内阁）内的合法多数来保障所做出的决策符合民主规则，而相对忽视了处于少数派地位的意见或态度的合理性。相比之下，审议民主更多强调的是如何通过传统民主政治渠道之外的其他机制或程序，来尽可能地达成绝对多数或一致同意意义上的共识，这其中既包括当初处于少数派地位的意见或态度最终被接受为多数派决策，也包括最终依然处于少数派地位的意见或态度在审议过程中得到充分的表达和尊重。很显然，生态环境议题是尤其适合这种审议民主机制的政策领域。例如，著名哲学家约翰·罗尔斯和于尔根·哈贝马斯，就分别在公共理性假设的基础上提出了他们各自的"有序社会"（well-ordered society）和"理想语境"（ideal discourse situation）模式，认为可以在此基础上建构自由主义视域下的审议民主话语空间和实践。当然，无论是罗尔斯的"有序社会"模式还是哈贝马斯的"理想语境"模式，都是建立在"一种公正审议基础上的公共理性是可能的"这一假设基础上的，而这一理论假定与现存民主社会现实之间的差距是显而易见的。由此也就可以理解，对于如何建立一个理想的审议民主社会，哈贝马斯仅限于强调现实中的司法审议与决策提供了最接近于审议民主理想的实例，其中，公民个体在一个政府框架下进行平等审议并做出最后决定。总之，审议性生态民主就像审议民主本身一样，尚处于形成发展过程之中。

（郇庆治）

9.4 环境公民

“环境公民”或“环境公民权”，是进入 21 世纪以来在欧美国家中迅速扩展开来的一种环境政治社会概念或理论。它的基本设定是，生态环境保护中“公民（身份、资格）”这一政治法律维度的引入，或者说“公民”概念与“环境”（生态）概念之间的结合，可以带来现时代所迫切需要的绿色变革的内源性动力。

尽管环境公民概念的提出可以追溯到更早的著述，但最为系统性的理论研究应是始于世纪之交的英国学者安德鲁·多布森。多布森在 1990 年首版了他的环境政治理论专著《绿色政治思想》（2005）。该书在 1991 年、1992 年和 1994 年三次重印发行，并分别于 1998 年、2000 年和 2007 年出版了它的新版本，成为环境政治学研究领域难得的学术畅销书。多布森研究的主要旨趣，就是致力于从政治学理论或政治哲学视角，系统阐发一种独立形态的生态（环境）政治哲学或理论。如果说《绿色政治思想》的主题是力图阐明，生态主义是一种不同于传统政治意识形态流派比如保守主义、自由主义和社会主义的独立性政治意识形态，那么，他随后的著作就十分自然地转向了环境与“正义”“公正”“可持续性”“公民”等范畴的理论阐释。因此可以说，对于环境公民议题的关注与介入，是他生态政治理论系统性研究的自然延续与拓展。多布森于 2003 年出版了专著《公民与环境》，并在此后编辑出版了多个专题文集和主持了一系列学术研讨会，使环境公民（权）成为欧美学界一个广泛讨论的话题。尤其值得一提的是，从 20 世纪 90 年代中期之后的近十年间，多布森曾离开英国的基尔大学而执教于开放大学，并使后者成为生态公民（权）研究的另一个重镇。该校的马克·史密斯博士先后出版了《生态主义：走向生态公民》和《环境与公民：整合正义、责任和公民参与》（2012）等著作。

概括地说，环境公民、公民权或公民资格所表达或体现的，是当代人类社会成员个体、群体和相互之间，围绕着生态环境品质及其可持续性而产生的一种广义性公民权益和义责。这种权益和义责，既可以理解为基于特定政治共同体尤其是民族国家等政治地理空间的，也可以理解为是超越特定政治共同体尤其是民族国家的全球范围内（甚至可以是超出地球空间的，比如与人类社会的航空航天探索相关的活动）考量的；既可以更多地强调对于个体、群体、族群的生态环境权利与义务的法律性规定和保障（同时包括国家法律、国际法和地方性法规等），也可以更多地强调个体、群体、族群在生态环境品质以及维持与保护中的主动参与和义责。总之，环境公民是现代社会中作为个体、群体、族群性公民的，关涉生态环境品质及其可持续性的法律权利义务、主动参与德行和正确行为要求。

很显然，环境公民概念考量与通常意义上的“公民”概念的最大不同，就是在观察与思考视角上，更多着眼于公民个体（或集体）在实现可持续发展或社会转型中的主动性或自觉贡献，而不简单是公民个体（或集体）所依托的政治共同体、包括民族国家能够给予的权利性保障与庇护。甚至是，对公民个体（或集体）的环境权益的强调、认可与保护，也在某种程度上是为了唤起或培育这些公民个体（或集体）的环境权益正义与公平自觉，尤其是对自身行动可能导致的对其他个体（或集体）的环境权益影响与伤害，并能够尽可能地采取预防和补偿举措。

与此同时，作为公民前缀的"环境"，既可以在生态环境议题不同关注侧面的意义上，区分为环境公民、环境可持续性公民或可持续性公民，比如约翰·巴里（2007），也可以在环境主义的激进与温和意义上，区分为环境公民、生态公民，比如安德鲁·多布森。巴里认为，过分狭隘地界定"环境公民"的意涵——比如以民族国家为基础或民族国家支持的、鼓励个人或单位为了环境而"尽其所能"的实践活动——会带来一些风险，尤其是对绿色政治而言，因为那可能会导致忽视可持续性和可持续发展的经济、政治和文化方面，而且会大大淡化"抗拒性/批判性公民"对于创建一个可持续社会所具有的关键性意义。而在多布森看来，尽管在许多场合或情形下"环境公民"和"生态公民"是可以互换使用的概念，但严格来说，"环境公民"是指自由主义视角下所理解的环境公民关系，而"生态公民"是指一种颇为不同的后世界主义的生态公民关系形式。他进一步提出，虽然这并不意味着生态公民就一定比环境公民在政治上更重要或更有价值——相反，它们在追求一个可持续社会的现实进程中应该是相互补充的，但是，它们不仅似乎更适合或发挥作用于不同的公民领域，而且单纯就公民理论本身而言，"生态公民"似乎也比"环境公民"有着更大的理论探讨空间。

具体来说，作为一种环境政治社会理论的环境公民理论，主要包括如下三个派别：自由主义的环境公民、共和主义的环境公民、生态主义的环境公民。自由主义环境公民理论的公民范式基础，是自由主义的公民概念，即一种建立在公民相互间及其与政治共同体（即现代国家）整体间的自由公正的权利与义务契约基础上的公民身份或关系。依此，自由主义环境公民理论，可大致理解为自由主义的公民权利/义务关系在生态环境领域中的延伸与扩展。共和主义的环境公民理论，植根于欧美历史上的共和主义传统，尤其是古希腊的城邦国家传统。总体而言，当代共和主义的环境公民理论，承继了共和主义公民概念的上述两个核心性要素：一是公民个体或群体对于所属政治共同体（国家）的政治法律义责和德行忠诚，二是政治共同体（国家）对于所辖公民个体或群体的强制性照料、监管和培育职责。相比之下，安德鲁·多布森所指称的生态（主义）公民理论，是一种狭义上的或严格意义上的环境公民理论。该理论一方面要像共和主义环境公民理论那样，超越自由主义环境公民理论很难摆脱的权利义务之间的契约性框架，更多强调公民个体或集体的环境公益或可持续性义务与责任，另一方面又希望超越共和主义环境公民理论难以割舍的地域性依附或限制，更多强调公民个体或集体的世界主义或后世界主义的环境正义或可持续性义务与责任。依此，在多布森等看来，生态（主义）公民理论可以更好地满足当今世界生态环境保护或绿色变革的现实需要，尤其是解决实现生态环境保护/可持续社会目标上个体态度改变与行为改变之间的不一致性。

因此，环境公民理论无疑是对传统公民理论的一种历史性传承与延续。因为，它的观察与思考视阈仍是社会(政治共同体)的个体与公益之间的广义性权益与义责关系的考量。但是，环境公民理论又明显是对传统公民理论的一种历史性挑战与决裂。因为，环境议题本身的跨地域性、领域综合性和代际、族群与物种间不均衡性，要求当今时代的人们站在一种前所未有的广阔视野和深刻程度上来理解自身环境相关行为的合理性与正当性，也就是成为一名合格的"环境公民"或"地球公民"。按照这一理论，我们环境行为改变的更深层动因，不是来自关于生态环境改变或破坏的客观知识，也不是来自政府行政当局的"威逼利诱"，而是基于我们对自己在一个庞杂的全球性环境资源/空间分配架构中，从总体地位到具体行为的正当性考量与反思。相应地，我们希望成为自身的生存生活行为并不构成对其他地球居民的非正义伤害的环境公民。也正是在上述意义上，环境公民理论不仅构成了一种颇为有力的政治生态学理论"动员话语"——我们的大多数环境相关行为改变其实不过是在履行自己作为全球化时代地球公民的应尽职责，而且对现代文明生态化转型中的绿色变革及其主体、绿色主体及其变革之间的理论/实践悖论，提出了一条独特的消解路径。不断绿化或不断自觉的环境公民，将会源源不断地提供着"工业文明解构"和"生态文明建构"的主体性需求与推动。

(郇庆治)

9.5 生态(文明)新人

概括地说，就是指与我国的"社会主义生态文明"价值取向与目标愿景相契合的"绿色公民""生态新人"或"社会主义新人"。就像文明的根本性体现是人的素质一样，生态文明的根本性体现也是人的素质。也就是说，生态文明及其建设，归根结底是要实现人的素质的培育与提高；生态文明建设的首要任务，就是培育和造就成千上万的具有生态文明素质的"生态新人"(郇庆治等，2014)。而从动态的角度看，"生态新人"只能首先来自那些率先实现了文化意识革新与生产生活方式变革的少数公民(群体)，他(她)们将会成为整个社会实现生态文明性变革的引领性力量。因而，生态文明建设的制度性前提，就是创造适当的经济社会条件，从而使之成为由少数"生态新人"带动的、由最广大人民群众参与的大众性事业。

"文明"的根本性表征是人或社会，"生态文明"或"大力推进生态文明建设"的根本也在于人或社会。对此，可以从如下两个层面来理解。一是"生态文明"或"生态文明建设"归根结底是人或社会的文明程度的提高，尤其体现为人类个体或群体性生产生活过程中对自然生态(物)多元价值的感知、尊重和善待。很显然，生态文明或"合生态的文明"，是一种人与自然、社会与自然、人与人之间的立体性多维关系，而不仅仅是一种"人际关系"(人类自身之间的关系)或自然性关系(人作为一种普通生命/动物物种意义上的关系)。因而，人类社会(文明)离不开自然，但又高于(超越)自然。二是"生态文明"或"生态文明建设"水平的提高，离不开文明素质更高的人或社会，尤其是人们对于自然生态(物)多样性与稳定性的价值认可和行为善待。因而，对于包括当代中国在内的世界各国或社会来说，一个十分现实的问题是，要想走向一种较高水准的生态文明——更文明的人与自然、社会与自然关系构型，就必须首先要拥有或培育出一大批具有生态感知与行为特征的"生态新人"或"理性生态人"。否则的话，合乎生态文明的经济与社会政治制度架构将很难建立起来，即便暂时创建了也难以得到长久维持。

总之，人或社会的"绿化"（"文明化"），是衡量"生态文明"或"生态文明建设"现实进展的一个重要标尺或试金石，而且，这种绿化必须或归根结底是一种"心灵的绿化"。而率先实现了这种"绿色启蒙"的社会少数派个体或社群，就是我们所说的"生态新人"或"社会主义生态新人"。可以说，如果没有成千上万的"生态新人"的涌现，如果没有更大数量的绿色公众的积极响应和主动参与，"生态文明"或"生态文明建设"将最多只是一种善意的政治上正确的口号，既不会得到长久持续，也不会取得实质性实效。

那么，"生态新人"或"生态文明新人"终究是可以培育出来的吗？或者说，我们又该如何来进行培育呢？初看起来，这是一个类似于"先有蛋还是先有鸡"的悖论性难题，其答案也只能是一种辩证性的解答，即我们只有在不断进化着的"蛋"和不断进化着的"鸡"中找到一个合理的衔接点。但是，我们显然不能停留或满足于这样一种"自然而然"意义上的阐释，因为那样的话，就很容易得出一种"顺其自然"意义上的认知或态度。具体而言，如下两个方面的主观努力是尤其重要的：一是充分发挥环境人文社会科学的作用，二是大力加强环境公民社会建设（郇庆治，2015）。

其一，充分发挥环境人文社会科学的作用。从科学最广义的意涵——对人、自然、社会中的各种客观现象及其他们相互间关系的正确认知与运用——来说，"环境科学"是一门研究人类社会生存发展活动与环境演化规律之间相互作用关系，寻求人类社会与生态环境协同演化、持续发展的途径和方法的科学。依此，我们可以将环境科学大致划分为环境自然科学、环境工程科学（技术）和环境人文社会科学这样三大构成部分。就当代中国而言，环境人文社会科学是 20 世纪 80 年代初开始传统人文社会科学对日渐突出的生态环境问题回应与互动所形成的众多新兴、交叉和边缘学科的总称，具体包括环境哲学、环境伦理学、环境美学、环境文学（艺术）、环境史学、环境社会学（人类学）、环境政治学（公共管理）、环境教育学、环境经济学和环境法学等，同时还应包括近年来在属于理工门类的以环境自然科学与环境工程学科为主体框架内成长起来的一些明显具有人文社科属性的分支学科，比如环境伦理（哲学）、环境与社会、环境与可持续发展（资源保护）、环境与公共管理、环境与国际合作（法）等。

相比其他两个环境科学分支，环境人文社会科学更清晰而自觉地意识到了生态环境危机从根本上说是现代文明制度及其支撑性社会文化的危机，是现代社会主体的精神意识与价值理念的危机，而摆脱这一困境的根本出路也在于现代文明制度及其支撑性社会文化的重建，在于现代社会主体的精神意识与价值理念的重建。正是在这样的意义上，环境人文社会科学不仅构成了对环境自然科学和环境工程科学（技术）的实质性超越，而且构成了生态文明所必需的"生态新人"或"社会主义生态新人"孕育的学科母体。换言之，环境人文社会科学的"优势"，并不在于提供明确和精确意义上的"科技知识"，而是提供着一种对作为现代工业与城市文明之根基的社会文化观念及其价值理念的批判性反思与生态化超越。依此而言，环境人文社会科学既是一个不同于环境自然科学和环境工程科学（技术）的环境科学分支，更是一种面向未来的文明主体重建的新科学。

其二，大力加强环境公民社会建设。环境公民社会建设或生态文明建设中的公民主体参与，都是在理论上不难说明的问题。党的十八大报告和十九大报告，也从不同角度阐述了这方面工作的重要性。十八大报告强调的是加强生态文明宣传教育，引导社会组织健康有序发展，充分发挥群众参与社会管理的基础作用，而十九大报告则强调的是坚持以人民为中心。人民是历史的创造者，当然也是生态文明建设的主体。

但客观而言，作为生态文明建设目标与动力要求的、或者说作为一个健康"环境国家"的基础与支撑的"环境公民社会"建设，我们还存在着一系列十分突出的问题。除了目前人们较为关注的环境非政府组织的生存与成长问题，还有更普遍性的公民个体的基本环境权益保障问题、如何更好发挥环境学术共同体的作用问题，等等。一方面，自20世纪90年代初发展起来的我国环境非政府组织，仍处在一种非常初级性的阶段。政府支持性NGO的主导地位和草根性NGO的艰难生存状况，都不利于其作为一个整体发挥一种建设性的作用。另一方面，更多公众借助于网络技术(而不是NGO)对个体或群体环境权益的维权，大大增加了群体性环境事件发生的频率与不确定性，而且越来越具有一种"社会抗争"的色彩。此外，完全可以在国内外舞台上发挥一种更积极作用的"环境学术共同体"("绿色智库")建设，也需要更多国家层面上的推动。

应该说，对于上述问题的解决，政府近年来已经采取了许多举措。比如从2012年起放宽对社会非政府组织的法律登记要求，逐渐增加政府对非政府组织服务的购买，通过各种全国规划(像《"十二五"/"十三五"全国环境宣传教育纲要》)支持部分理论基地的建设，等等，但从生态文明制度建设和体制改革的角度说，国家还需要采取更进一步的措施来促进一个健康活跃的"环境公民社会"成长。比如，环保部2014年发布了进一步推进环境保护公众参与的政策文件，其中一个重要措施就是鼓励组建各省的"环保联合会"，问题是如何使之真正成为一个民间性、但又不会草根化的NGO团体；再比如，国家应该组建一批覆盖主要议题领域、学科和学术机构的国家级"绿色智库"，环保部等部委的相关机构可以更多地承担一种组织、协调与服务的角色。

（郇庆治）

9.6　环境正义

与20世纪80年代初首先兴起于美国的一种环境大众抗议运动密切关联的概念与理论。它所关心的核心性议题是，无论是生态环境破坏的恶果(比如污染性工厂和水电大坝的建设)还是生态环境治理名义下的举措(比如垃圾焚烧场的选址)，几乎都首先影响到的是一个国家和社会中的弱势与少数种族群体。所以，人们最初发起的是所谓"不要在我家后院"(又称"邻避运动")的局地大众性抗争，后来在跨地区和国际合作过程中慢慢演进为"不要在任何人后院"的全球性环境抗议运动，被英国著名社会运动学者克里斯托弗·卢茨称为第一个诞生的全球性环境新社会运动(2005：6)。

环境不利后果和环境治理责任的合理社会分担，是上述"环境正义"概念内涵的基本方面，否则的话就是"环境非正义"。需要注意的是，一方面，这是一种典型的社会正义视角下的理解。也就是说，它指的是同一人类社会内部(社区、省市、国家等)的不同群体之间的公正与公平对待。另一方面，它更多地意指经济社会地位不同的群体之间的一种不公平环境后果与责任分配关系。简单地说，生态环境的破坏者可能会较少地受到其不利后果影响，而且会较少地承担治理责任，而生态环境中的其他隶属者或真正隶属者尽管没有参与破坏性活动，却要承担这种破坏的不利后果或更多责任。本来，这些社会主体之间的责权利关系非常明确，但由于它们不同的经济社会地位特别是经济地位和一种同样偏袒性的制度与文化环境，造就了一种典型的环境(非)正义关系：责任者却是强势的，因而可以逃避责任，权利者却是无权的，因而无法享受权利。

严格而言，上述阐释并没有揭示"环境正义"概念的全部含义。"正义"是一个内涵十分丰富的理论范畴，而且经过人类近现代文明发展的洗礼后又有了更多的理性积淀，所以才有哈佛大哲学家约翰·罗尔斯(John Rawls)影响深远的《正义论》(1971/1999)。正义与平等的最大区别在于，它与基于同等权利甚至尊严的公平对待对方的方式直接相关，而平等更多强调的是一种同等状态的结果(往往要通过因人而异的方式才能真正实现)。正因为如此，古希腊的正义之神是双目失明的，因为这似乎是保证其公平对待所有人的唯一方式(神也往往是有偏好的)。也就是说，"正义"概念的核心之点是，作为我们的同类，他(她)们有权得到同样的对待。相应地，环境正义概念一方面可以做上述提及意义上的理解，即人们自己不愿意承担的环境不利后果或责任，也不应当让他人来承担，即所谓"己所不欲，勿施于人"，否则就是环境非正义行为，但另一方面也可以扩展到更为广泛的范围，比如环境主义者目前经常谈论的环境性别间正义、人类代际间环境正义和全球层面上的环境正义等等。不仅如此，很多深生态主义者已经将这种理解扩展到人类与其他物种之间的关系，也就是严格意义上的"生态正义"(Dobson, 1998)，前提当然是承认自然界非人类存在也具有像人类一样的独立生存价值和尊严。而就相互间力量与地位的非对称性来说，人类与非人类自然之间的生态正义，才是真正对人类人性发展程度的检验。

从一种绿色左翼政治或"红绿"政治的视角来看，"环境正义"的另外一层重要意涵是负责提供上述环境正义保障的社会政治制度，以便确保环境后果或责任能够在不同群体之间实现较为合理的分担(绝对公平是不可能的)。一个具有环境正义性质的社会制度，应该能够最大限度地避免环境污染后果的产生，而且一旦产生了也能够较好体现一种"污染者支付、受害者获赔、最大限度修复"的原则。这样不仅可以体现对污染者和受害者之间客观关系的公平对待，而且表明人类作为整体对于自然界的环境责任。反之，一个社会制度的环境正义性就将成为问题，而一个缺乏环境正义性的社会制度在当代世界中其社会正义性和政治合法性都将成为问题。

环境正义概念上述阐释的一个重要功用，就是它可以提供一种对我国改革开放以来许多地区已经深陷其中的"无边界发展"困境的哲学伦理批评(郇庆治，2012/2010)。所谓"无边界发展"困境，是对我国长期以来经济粗放型高速增长与不断恶化的生态环境质量之间相互关联性的一种概括。它的基本假定是，中国环境问题的最大症结在于，我们对现代化发展的单向度的经济主义意识形态化、甚至将其等同于一般性社会进步的偏执理解，已在日渐蜕变为对一种"经济增长逻辑"甚至"资本逻辑"的政治与社会屈从，结果是，我们正逐渐丧失对生态环境对于人类文明基础重要性的感知反思能力和各个层面上的制度性屏障，而在一个趋利资本肆虐横行的经济化社会中，弱势区域、阶层和个体必将成为首当其冲的灾难承载者和被转嫁者。概言之，这种极端经济主义的单向度"发展"，具有如下三个方面的环境非正义意蕴。

一是它拒绝任何价值意义上的深层考问与检验，使得所有经济产品都被泛化为可以赚钱的商品，其中只涉及所投入的资源（包括人力资源）成本和可以卖出的价格。这种唯经济主义的生产关系与观念严重影响了我国的国际经济与贸易形象，并且在严重毒化着我们国内市场上的经济竞争秩序和氛围。频繁发生的假奶粉、假牛奶、假鸡蛋、假猪肉事件，屡禁不止的面向中小学生的网吧游戏厅，归根结底源于生产者、营销者和监管者已经沦丧的职业道德良心和价值判断，唯有"赚钱才是真道理"。一个电脑黑客的冒险与执着精神至少还可以得到某种意义上的肯定，而一个并无多少科学知识的乡村青年却能研制出逼真度极高的假鸡蛋，只能用"利欲熏心"来形容。

二是它敌视任何社会规范的约束，使得包括法律在内的各种制度性约束都成为漠视、清除和逃避的对象，而不是视为对经济行为的硬性制约。正是从政府官员、主流学者到普通民众心目中普遍弥漫着的发展迷恋甚至崇拜，才有了市委书记逼着档案馆馆长去全国各地招商这样的天下奇闻，才有了一个个小资本家周旋于我们政治高官或著名学者之间的丑态，由此也就可以理解，为什么那些企业家面对国家的环境与社会法规政策时，胆敢采取先置之不理、再顽强抗拒、最后一走了之的阶段性立场。

三是它无视甚至丑化这种无序而过度经济竞争中的弱者。上述二者的背景很容易造成这样一种结果，即在这种无序的经济化竞争中的失利者往往被漠视甚至丑化。这倒不简单是说，那些暴富的阶层如何为富不仁，不懂得乐善好施，而是说，那些弱者很可能要面临着一个制度化甚至文化性的歧视性环境。过去，我们很少考虑乞讨者的出身背景，而如今却大都要观察再三才能做出最后的施舍决定。对于那些职业乞讨者来说，这不过是增加了一些对其游说能力的测验，但对于那些真正的暂时落魄者来说却是极大的侮辱。这种社会并不试图消除而是在制造一个"社会被排斥者"群体，即便不是为了单纯劳动力资源储藏的需要，也是为了造就一个更容易使资本成功运作的经济活动空间（比如对侥幸就业者的就业压力）。

而更大的问题是，上述三个方面并不是相互分离的要素，而是在经济主义"发展/进步"信条笼罩下相互影响与促动的一个整体，并在特定的中国时空背景下萌生、成长与扩展，而且显然在侵蚀着我们社会主义体制的制度根基和道德文化基础。我们在短短30多年内创造了一个经济规模迅速膨胀的世界神话，让整个国际社会都刮目相看，但另一方面，我们本来就极度紧张的自然生态环境（比如淡水资源）不得不付出沉重的、甚至是难以逆转的代价，而掩藏在上述两个表象之后的是我们对国家现代化发展的一种狭隘经济主义的价值误判或短视，以及自然环境遭到的社会性严重破坏和社会竞争失利者不得不付出的环境利益牺牲。

（郇庆治）

9.7　公众环境权利

概括地说，公众环境权利是指公众或公民所拥有的、与身处其中的生态环境的质量相关的基本性权益。而依据观察视角的不同，既可以将其区分为宪制性的基本人权或"环境人权"和与政治权利、经济权利和社会文化权利相并列的重要权益，也可以将其划分为个体性权利和集体性权利、物质性权利和精神性权利、当代人权利和后代人权利等。

欧美国家对环境权利或人权的研究开始较早，也著述较为丰富。比如，阿兰·波伊尔（Alan Boyle）和迈克尔·安德森（Michael Anderson）在 1998 年出版的《环境保护的人权方法》中，就全面阐述了人权考量或方法如何有助于实现对生态环境的保护。它着重分析了环境人权的概念性与实践性难题，其中包括对人与环境之间关系的理解，以及国际和国内人权法中关涉环境保护的形式、内容和局限等方面的议题。这方面最具代表性的中文译著，是英国曼彻斯特大学简·汉考克（Jan Hancock）的《环境人权：权力、伦理与法律》一书（2007）。该书系统阐述了环境与人权之间的政治、伦理和法律关系。他区分了人类之人权视野下的"环境权利"，其中包括环境自然资源接近或享用的权利、环境生态生产与生活质量的权利、环境社会与政治民主参与的权利等。相应地，他认为，宪政民主制下的公民或民众，享有"拥有（接近）自然资源的人权（包括土地权）"和"拥有免遭有毒污染环境的人权""参与组织社会与环境运动的人权"，并把宪法承认、国际法承认、专门法修改作为环境人权法制化的主要路径。在他看来，"拥有自然资源的人权"是一项群体的权利而不只是个人或国家的权利，而"免于环境受到有毒污染的人权"是私生活、自主性、个人安全和生命权得以实现的前提。

从方法论上说，这些著述可以分为三类（吴卫星，2011）：一是将现行国际法和国内法（尤其是宪法）的人权或基本权利概念直接应用于环境领域，二是对现行国际法和国内法（尤其是宪法）的人权或基本权利概念做重新阐释后扩展到环境领域，三是创设独立的环境人权概念并涵盖环境领域，从而达到保护生态环境、改善人们生态环境质量的目的。

而在现实层面上，国际社会对人权、环境人权、环境人权法制的认识，也经历了一个不断拓展与深化的过程。就环境人权而言，作为对 20 世纪 50 年代起不断出现的环境公害事件的回应，1969 年公布的美国《国家环境政策法》和日本《东京都防止公害条例》，最先接受了这一概念——后者的序言规定："所有市民都有过健康、安全以及舒适的生活的权利，这种权利，不能因公害而受到侵害"；1970 年在日本东京举行、由 13 个国家代表参加的国际会议发表的《东京宣言》指出，"我们请求，把每个人享有其健康和福利等要素不受侵害的环境权利和当代人传给后代的遗产应是一种富有自然美的自然资源的权利，作为一种基本人权，在法律体系中确定下来"。可以看出，这其中的"环境权"，既包括所有公众应该享有的生态健康与福利方面的环境权利，也包括后代人从当代人手中接受一个生态健全而优美的自然环境的权利。

在 1972 年联合国人类环境会议上通过的《斯德哥尔摩宣言》中，人权与环境首次被正式联结起来。该宣言原则一指出："人类拥有在一种能够过尊严和富裕生活的环境中，享受自由、平等和充足生活条件的基本权利，并且负有保护和改善这一代和子孙后代的环境的庄严责任。"这其中明确承认了人类享有生态健康和物质惠益上的环境权利，同时也具有保护生态环境的现实与未来责任。1992 年联合国环境与发展大会上通过的《里约宣言》，则在"可持续发展"的背景与语境下阐发了环境人权议题。该宣言原则一指出："人类是可持续发展关切的中心，人们有权过一种与自然和谐共生的、健康而有益的生活。"而 1994 年在联合国的一次人权与环境专家会议上，首次提出了基于权利的环境人权表述。专家组提交的《人权与环境原则宣言（草案）》的原则二规定："所有人都有权生活在一个安全、健康和生态良好的环境中。这项权利和其他人权，诸如民事、文化、经济、政治和社会等，都是普遍的、相互依存和不可分离的"。但需要强调的是，无论是《斯德哥尔摩宣言》还是《里约宣言》，都不是具有国际法强制力的法律文件，而更多是具有宣示性重要性的政治文件，尽管许多国际法律师都会援引来自这些文件的权威性表述。

除了联合国体制外，其他区域性组织和部分国家也做出了环境权利法律化方面的积极努力。比如，《非洲人权与民族权宪章》宣称，"所有民族都有权享有有利于其发展的、总体上满意的环境"，而《美洲人权公约》则规定，"人人有权生活在健康的环境中，获取基本的公共服务"；泛美人权委员会（IACHR）在一份关于厄瓜多尔人权状况的报告中指出，严重的环境污染可能引发当地居民的身体疾病、损伤和折磨，因而违背作为人所应受到尊重的权利，并强调在抵制环境问题危害人类健康的过程中，个人需要有知情权、参与相关决策权和获得司法救助等权利；联合国欧洲经济委员会主持制定的《奥胡斯公约》明确承认了公众参与对于推进环境健康的重要作用，要求各国保障信息获取、公众参与及司法救济的渠道，以保障人民享有清洁、健康的环境权。此外，世界上包括印度、菲律宾、哥伦比亚、智利、葡萄牙、美国在内的 90 多个国家的宪法，规定了政府对其国民负有阻止环境破坏的义务，其中 50 多个国家以公民权利的方式承认了健康环境的重要性。

经过半个世纪左右的不断演进，一方面，公众环境权利（益）已被国际法和联合国许多成员国确定为一项基本的、独立性人权。这其中最为根本的是"拥有（接近）自然资源的人权"和"拥有免遭有毒污染环境的人权"，而后者尤指公民享有在生态健康而富有美感的环境中生存生活的权利，以及承担相应的环境保护的义务，并进一步派生构成一个内容丰富的公民"环境权利系统"（彭光华，2009）。另一方面，就像其他许多联合国人权条款一样，享受清洁、健康生态环境意义上的环境人权，从一开始就遭遇到"硬法"和"软法"的二元差序化划分甚或对立。换言之，尽管这项权利已经为一些宪法和正式国际文件以及许多国家的法院所接受，但各国仍未找到足够明确的法律途径和框架来保证该项权利持续有效的实施，也就是尚未达到可以执行的"硬法"的程度。

与改革开放以来我国法制（治）建设的总体进路相一致，环境人权或公民环境权利的法制化及其实践，也经历了一个不断学习、借鉴而逐渐改进的过程。一方面，世界各国的环境权立法与司法实践，为我们提供了一个现成的模式/路径参照，另一方面，我国社会主义现代化建设过程中日渐突出的生态环境恶化难题，也要求政府渐趋自觉地重视与强化对公众生产、生活环境质量的保护与保障。可以说，1982 年《宪法》和 1989 年《环境保护法》的相关条款，共同构成了我国公民环境权利或环境人权保障与保护体制的核心或"灵魂"，并发挥了十分重要的积极作用，但是其缺陷也随着我国社会主义现代化进程的不断深入而日趋明显。结果，进入 21 世纪以来，越来越多的环境法学者和环境活动分子主张环境权或环境人权写入宪法，而这方面的现实推动主要来自两个方向：一是经过多年努力后成功实现的人权入宪，二是对改革开放以来我国环境法制(治)建设成效的深度检思。值得注意的是，2013 年 5 月 14 日国务院新闻办公室发布的《2012 年中国人权事业的进展》白皮书，单列章节阐述了"生态文明建设中的人权保障"。 (郇庆治)

9.8　环境公益诉讼

概括地说，它是指有关生态环境保护方面的公益性诉讼，当由于自然人、法人或其他组织的违法行为或不作为，使环境公共利益遭受侵害或即将遭受侵害时，法律允许其他的法人、自然人或社会团体为维护公共利益而向法院提起的诉讼。

完整的或合法的环境公益诉讼，包括如下三个基本性元素：其一，它是为了保护社会公共的环境权利和其他权利而进行的诉讼活动，因而有别于针对个体环境权利及相关性权利的"环境私益诉讼"；其二，它包括起诉人(涵盖公民、企事业单位、符合法律规定的社会团体等的社会成员)、诉讼对象(有关民事主体或行政机关)和裁决者(法院)等 3 个法律行为主体，其中世界各国对起诉人资格的规定各不相同；其三，它并不要求起诉人与案件有着直接利害关系，也就是不必是法律关系当事人，因而有时也被称为"环境公民诉讼"或"环境民众诉讼"，不仅如此，环境公益诉讼的利益归属于社会，因而诉讼成本应由社会承担，原告起诉时可缓缴诉讼费，若判决原告败诉，则应免交诉讼费，若判决被告败诉，则应判决由被告承担。

欧美国家的环境公益诉讼制度，是随着 20 世纪 70 年代初开始的环境法制体系的创建而逐渐建立起来的。美国先后通过的涉及生态环境保护的联邦法律，都通过"公民诉讼"条款明确规定了公民的诉讼资格。该条款规定，原则上利害关系人乃至任何人都可以对违反法定或主管机关核定的污染防治义务的，包括私人企业、联邦政府或各级政府机关在内的污染源提起民事诉讼；以环保行政机关对非属其自由裁量范围的行为或义务的不作为为由，对疏于行使其法定职权、履行其法定义务的环保局局长提起行政诉讼。日本的环境公益诉讼，主要是指环境行政公益诉讼，其出发点在于维护国家和社会公共利益，并对行政行为的合法性进行监督和制约。欧洲许多国家也有着类似的相关规定。比如，法国最具特色和最有影响的环境公益诉讼制度是"越权之诉"，只要申诉人利益受到行政行为的侵害就可提起越权之诉；意大利则有一种叫做"团体诉讼"的制度，被用来保障那些超越个人范围的利益，或者范围极其广泛的公共利益。

近年来，我国在环境公益诉讼领域也进行了许多有益的探索。例如，贵州省贵阳市中级法院设立了环境保护审判庭，贵阳市下属的清镇市法院设立了环境保护法庭；江苏省无锡市两级法院相继成立了环境保护审判庭和环境保护合议庭，而无锡市中级法院和市检察院还联合发布了《关于办理环境民事公益诉讼案件的试行规定》；云南省昆明市中级法院、市检察院、市公安局和市环保局，联合发布了《关于建立环境保护执法协调机制的实施意见》，其中规定环境公益诉讼的案件由检察机关、环保部门和有关社会团体向法院提起诉讼。2015 年正式实施的新《环境保护法》，对环境公益民事诉讼主体的资格做出了明确规定，即"依法在设区市以上人民政府民政部门登记"和"专门从事环境保护公益活动连续五年以上且无违法记录"的社会组织，都可以提起公益诉讼。在此基础上，最高人民法院《关于审理环境民事公益诉讼案件适用法律若干问题的解释》(2014 年 12 月 8 日通过)，具体解释了环境民事公益诉讼案件的审理程序和相关内容，明确规定了可以提起公益诉讼的社会组织的资格条件，即依法在设区的市级以上人民政府民政部门登记的社会团体、民办非企业单位以及基金会等社会组织，而社会组织的章程确定的宗旨和主要业务范围是维护社会公共利益，且从事环境保护公益活动的，可以认定为《环境保护法》第五十八条规定的"专门从事环境保护公益活动"。

我国较早发生的代表性环境公益诉讼案例是，2003 年 5 月 9 日，山东省乐陵市人民法院根据原告乐陵市人民检察院对被告范某通过非法渠道非法加工销售石油制品，损害国有资源，造成环境污染，威胁人民健康，影响社会稳定提起诉讼，请求依法判令被告停止侵害、排除妨害、消除危险一案，依据《民法通则》第 5 条、第 73 条、第 134 条规定做出判决，责令被告范某将其所经营的金鑫化工厂，于本判决生效后的 5 日内自行拆除，停止对社会公共利益的侵害，排除对周围群众的妨碍，消除对社会存在的危险。

而近年来发生的影响最大的案例之一，是江苏泰州环境公益诉讼案。其具体案情是，2012 年 1 月~2013 年 2 月，常隆化工等 6 家企业违反环保法规，将其生产过程中所产生的废盐酸、废硫酸等危险废物总计 2.6 万吨，以支付每吨 20~100 元不等的价格，交给无危险废物处理资质的中江公司等主体，偷排当地的如泰运河、古马干河，导致水体严重污染，造成重大环境损害，需要进行污染修复。本案经环保部门调查后，14 名企业责任人被抓获，当地法院以环境污染罪处 2~5 年徒刑，并处罚金 16 万~41 万元。而根据省环境科学学会废酸倾倒事件环境污染损害评估技术报告，常隆化工等 6 家企业在此次污染事件中违法处置的废物在合法处置时应花费的成本(虚拟治理成本)合计 36620644 元。再根据环境保护部 2011 年发布的环境污染损害鉴定评估意见及所附《环境污染损害数额计算推荐方法》，污染修复费用应以虚拟治理成本为基数，按照 4.5 倍计算。因此，请求判令被告企业赔偿上述费用，用于环境修复，并承担鉴定评估费用和诉讼费。2014 年 9 月 10 日，泰州中院依照《侵权责任法》第十五条第一款第(六)项、第六十五条和《固废法》第八十五条，判决如下：一是常隆化工等 6 家企业应赔偿环境修复费用合计 160666745.11 元，用于泰兴地区的环境修复；二是常隆化工等 6 家企业应在判决生效 10 日内补偿泰州市环保联合会已支付的鉴定评估费及案件受理费。因而，该案件也被广泛称为"天价环境公益诉讼案"(别涛，2015)。

随后，被告企业不服泰州中院的一审判决，并提出上诉。2014 年 12 月 30 日，江苏省高级人民法院重审后认为，泰州市中级人民法院认定事实清楚，适用法律基本正确，程序合法，但所确定的判决履行方式和履行期限不当，应予调整；被告企业的上诉理由不能成立，不予采纳。江苏高院终审判决所做出的调整主要包括两点：一是关于环境修复费用的资金管理。常隆化工等 6 家被告企业应于判决生效 30 日内，将应赔款项支付至法院指定的泰州市环保公益金专用账户。逾期不履行的，应加倍支付迟延利息。如果当事人提出申请，且能提供有效担保的，应赔款项的40%可延期一年支付。二是关于鼓励企业通过技改控制污染。判决生效一年内，如被告企业能够通过技术改造对副产酸进行循环利用，明显降低环境风险，且一年内没有因环境违法行为受到处罚的，其已支付的技改费用，可以凭环保部门出具的企业环境守法情况证明、项目竣工环保验收意见和具有法定资质的中介机构出具的技改投入资金审计报告，向泰州市中级人民法院申请在延期支付的40%额度内抵扣。总的来说，这一终审判决尽管没有改变一审判决的性质(包括赔偿总额)，但被告企业的赔付方式发生了较大变化，经济压力也就大大减轻。

发生在修改后的《环保法》正式实施前后的泰州环境公益诉讼案，有着许多方面的标志性和突破性意义。比如，环保组织作为原告提起诉讼并获胜，势必会对其他环保组织带来示范性效应，法院、检察院和环保行政部门等机构之间的开放合作态度，反映了我国环境司法与执法系统更强的环保理念与社会责任，环境污染损害评估的规范化以及专业机构的有效参与，充分彰显了环境法治的专业性特征，而赔付履行方式与赔款管理方式上的手段创新，也具有一定的推动引领作用。但另一方面，它也暴露了我国环境公益诉讼制度中依然存在着的一系列体制性缺陷或障碍。比如，现行《民事诉讼法》第五十五条，只把法律规定的有关机关与组织列为环境公益诉讼的原告主体，却排除了个人，这不仅显得范围过于狭窄，而且具有很大的模糊性；现行环境民事诉讼中的"举证责任倒置"应进一步明确，因为，在环境民事诉讼中，污染者和侵害公益的违法者一般拥有信息、资金和技术优势，而原告相对来说处于劣势地位，不易收集证据；国务院所公布的《诉讼费交纳办法》，没有把公益性的诉讼案件明确纳入其中，这显然不利于对大额索赔的环境公益诉讼案件的起诉和提高律师参与环境公益诉讼的积极性。

(郇庆治)

9.9 环境公众参与

指公众或公民作为社会政治主体对生态环境保护以及相关性议题的政策决策及其落实过程的民主参与和监督。这其中既包括政治民主制框架下的制度化民主参与机构、机制与程序，也包括大众社会政治运动性的合法民主表达与抗争。前者比如与生态环境议题相关的政党政治、选举政治和议会政治，以及政府机构组织实施的民主咨商，后者比如各种形式的集体性社会政治动员与抗议或诉诸相关司法机构的行动(环境公益诉讼)。

对环境公众参与的理论阐释主要有如下两种：一是民主政治理论，二是环境公民(权)理论。民主政治理论对于环境公众参与的基本阐释是，由于生态保持与环境保护的非市场性和公益特征，很难指望市场经济及其竞争本身能够自动解决其中所产生的生态环境破坏问题。相应地，生态保持和环境保护就像社会福利权益保障一样，在现代国家中逐渐被接纳为一种国家或政府公共职责。而正因为它是一种国家或政府公共职责，这种职责的实施——从职权赋予到权力行使——必须接受人民主体的民主监督。由于人民主权是现代国家和政治的基石，民主参与和监督政府及其管治也就是天经地义的事情。换句话说，环公众参与是人民主权及其不断扩大的民主政治权利的内在组成部分。

环境公民(权)理论对于环境公众参与的基本阐释是,一方面,由公民法律身份和资格延伸而来的,是公民所拥有的各种形式的民事、政治、经济社会与文化权利,当然也包括各种环境权益。也就是说,当代国家公民的权利范畴中,已经明确扩展到包含生态环境方面的基本人权意义上的权益,不能侵犯,更不容剥夺。相应地,一个称职或合法的现代国家,必须努力做到保障其公民的生态环境基本权益。另一方面,就像公民权利从来不是一种单向度的规定性一样,环境公民权利也包含着明确的义务与责任维度。共和主义的环境公民理论强调,对于共和国的公民来说,最重要的不是国家对其环境权益的保障与维护,而是她(他)无条件承担的捍卫共和国环境安全与健康的义责;而世界主义的环境公民理论则强调,处在地球村时代的当代世界公民,首先应该是一种地球公民,她(他)所承担的公民责任必须是同时面向整个星球的,而不应是局限于自己的社区、区域和国家的。

上述两种理论阐释,可以大致概括为环境公众参与的"政治民主观"和"生态民主观"。第一种阐释主要是基于较为传统意义上的自由民主理念,也就是对国家(政府)与社会(个体)之间关系的认知(假定)——任何意义上的国家或政府权力,都(只能)来自其人民主体的民主授权。人民群众以宪法和法律的形式,把生态环境的保持、保护和合理开发之监管职责赋予各级政府,也就有权利对各级政府合法行使这种职责的状况及其成效进行民主监督。相比之下,第二种阐释则是基于一种更为新颖意义上的生态民主理念,也就是对人与自然、社会与自然之间关系的认识(假设)——无论是作为一个物种还是作为一种社会的人类,都是处于自然环境之中而不是超脱其外。由于人类共处于同一个星球之中,每一个人与周围自然环境之间的关系,其实直接影响到另外更多人和社会与其自然环境之间的关系。也就是说,我们不能只在自己社区、区域和国家的层面上考虑自身行为(同时包括生产与生活方式)的生态环境影响,还要同时考虑到整个星球范围内的同类以及生命存在的生存延续要求。

尽管上述两种阐释的视角有所不同,在具体问题上更是观点各异,但它们的共同之处在于,生态环境保护离不开、而且必须以公众参与为制度预设性前提和条件。也就是说,无论是作为现代民主政治框架组成部分的生态环境保护体制,还是作为生态民主政治构想基础的"环境公民"或"绿色新人",都只能是一个通过广大人民群众的切实参与或身体力行而不断确立与完善的过程。就此而言,人们经常谈论的"协商民主"("审议民主")概念,也许可以更准确地描述公众参与之于生态环境保护的实质性意涵——我们所真正需要的是一种基于生态文明新思维的"环境公民"所创造和支撑的全新制度构架与规范,而这意味着,我们不仅需要更民主的讨论决策(程序意义上),更需要民主制度框架下的言行自觉与改变(包括当今社会的主流性认知与行为)。

具体到生态文明建设,作为一种宏大而复杂的体制、制度和机制的"顶层设计",其制度化落实或实现,决然离不开广大人民群众的民主参与和身体力行。对此,党的十八大报告从加强生态文明宣传教育、十九大报告从构建社会组织和公众共同参与的环境治理体系的角度做了明确论述,而我们完全可以从协商民主(凝聚绿色共识)、政府善治(绿色行政)和绿色经济发展的视角,做更深入的理解。比如,或温和或激进的环境经济政策,其成功制定与有效实施,同时需要一个环境友好的民主制度性条件和社会文化支持性氛围。

而国内外的无数事实都已表明，这样一种民主制度性条件的创造和社会文化支持性氛围的营造，都是一个长期性宣传教育、政治社会动员和各种政治力量博弈过程的结果，至少不可能单纯地依靠政府自上而下的意识自觉和大众动员来实现。举一个简单的例子，绿色消费的制度化，只能是一个生产者和消费者相互影响、相互塑造的过程，因为只有在这样一个过程中，生产者才能及时切身感受到绿色消费群体的要求与压力，消费者才能逐渐理解哪些是真正合乎生态原则的合理需求，也就是说，双方都是一个在学习中不断绿化的过程。而在这一进程中，各级政府的角色需要逐渐从强制性法规的独断构想与制定者，演进成为不同社会主体交流、分享、学习的平台提供者和建立在充分共识基础上的规则拟约与监督者。这也是我们如今谈论政府及其能力时，更多使用"管治"或"治理"的真正意蕴，而在生态文明及其制度建设上尤应如此。

基于上述理解，我们就可以较容易认识到我国生态环境保护中公众参与的问题或挑战所在，以及进一步推进生态环境公众参与的必要性和重要性。概括地说，我国环境公众参与中的两个最突出问题，是公民个体环境权益的法律保障和公民的社会化组织、维权与民主参与，即如何在环境立法、执法和司法框架下，切实保障每一个公民的环境经济社会权益和民主政治权利，以及环境非政府组织的健康有序发展和社会政治参与。

在个体层面上，按照国际社会的普遍理解，公民环境权利或"环境人权"同时包括两个方面，即公民"拥有(接近)自然资源的人权"和"拥有免遭有毒有害污染环境的人权"，而相比之下，我们的环境法制对于后者的保障与保护明显不够充分。现行《宪法》和《环境保护法》总体上更重视公民(尤其是工商企业)开发利用自然资源的权利，而相对忽视公民(个体)享受/维护基本生态环境质量的权利。在集体层面上，理论上并不困难的是，公民环境权利或"环境人权"同时也是一种集体性权利。也就是说，只要承认了公民个体的环境权利或人权，就必须承认公民同时拥有对私人性(地方性)环境和公共性(整体性)环境的有关权利，而只要承认了公民的个体性环境权利，就必须同时承认合法联合起来的公民的集体性权利，其中包括环境非政府组织的权利。然而，由于多方面的原因，各级政府和社会对环境非政府组织的政治合法性及其积极作用仍存在着明显的认识不足甚至偏差，经常将其归结为"添乱者"而不是"帮忙者"。

正是针对上述问题，十八届三中全会及其通过的《决定》明确提出、十九大报告进一步完善了全面依法治国的政治改革思路与战略部署。一方面，在"法治中国"、社会治理体制创新和加快生态文明制度建设的总体布局下，努力建设一个强权而负责的"环境国家"——在更加有效地承担起保持、保护与谨慎开发自然资源与生态环境监管职责的同时，更加明确地确认、尊重与维护公民个体和集体的各种环境权益与权利。另一方面，鉴于我国的客观实际，作为环境监管职责主要部门的各级政府，采取更多切实措施认可、支持和引导公民的合法性、集体性环境参与，尤其是环境非政府组织的健康有序发展。比如，对于社区层面上的集体性环境保护吁求或举措，要在信息公开与沟通、科技知识普及、公民权利与维权教育等方面发挥现有体制或制度渠道的作用，对于环境非政府组织的创建和参与要求，要在社会管理部门登记、人财物资源支持、公共产品购买等方面提供必要的帮助。

（郇庆治）

9.10　环境(生态文明)行政管理

与生态环境保护或生态文明建设议题相关的政府行政管理体制及其运行机制、政策工具等的总称，是"环境国家"或"生态文明国家"的重要构成部分。与之相关联的术语，还有绿色行政或绿色行政管理等，是大致可以互换使用意义上的概念。具体地说，环境行政管理是指，国家采取行政、经济、法律、科学技术、宣传教育等手段，对各种影响环境的行为进行规划、调控和监督，以协调环境保护与经济、社会发展之间的关系，达到保证和改善生态环境、保障公众身体健康的目的的行政管理活动。环境行政管理的范围，是对我国主权辖区内的工业污染防治、城市环境综合整治、自然生态环境保护及与我国承担有关的全球性生态环境保护义务的工作，包括大气污染、水污染、土壤污染以及有害废物、有毒化学品、噪声、振动、恶臭、放射性、电磁辐射等污染的控制，也包括对生态环境、生态农业、海洋环境保护和自然保护区、野生动植物、濒危物种监督管理。

就环境行政管理体制而言，其中最重要的是中央政府相关部门之间以及中央政府与地方政府之间的行政隶属、组织架构和职权分配等关系。我国环境行政管理体制的发端，至少可以追溯到1972年举行的联合国人类环境会议和在次年举行的全国首届环保大会，而自改革开放以来，我国的环境行政管理体制已经历了四次大的改革：1982年，组建城乡建设环境保护部，内设环境保护局，属司局级机构；1988年，国家环境保护局从建设部中分离出来，成为国务院直属机构；1998年，国家环境保护总局升格为正部级机构，强化全国的环境政策制定、规划、监督、协调等职能，同时成立"国土资源部"，以统一对国土资源进行管理；2008年，成立环境保护部，由国务院直属机构变成国务院组成部门，为更好地发挥环保在服务民生、宏观调控等方面的功能提供了组织保障。至此，我国确立了目前的统一监督管理与分级、分部门监督管理相结合、以政府为主导的环境管理体制。

更具体地说，我国当前的环境管理体制是一种"纵横结合""条块结合"的复合性模式（侯佳儒，2013），在横向关系上，现行环境管理体制的基本特征是统管部门与分管部门相结合。我国《环境保护法》第7条规定，"国务院环境保护行政主管部门，对全国环境保护工作实施统一监督管理"，环保部门被定位为"对环境保护工作实施统一监督管理"的部门，即通常所说的"统管"部门；而"分管"部门是指依法分管某一类污染源防治或某一类自然资源保护监督管理工作的部门，包括国家海洋行政主管部门、港务监督和各级土地、矿产、林业、农业、水行政主管部门等。这种模式也叫做"条条管理"或"行业管理"。其中，统管部门与分管部门之间执法地位平等，不存在行政上的隶属关系，没有领导与被领导、监督与被监督的关系。因而，这种管理模式的有效运行，在很大程度上依赖于各个部门之间的协调和合作，而旨在建立彼此间共识的协商就成了这个体制的核心特征。

在纵向关系上，现行环境管理体制的基本特征是实行分级管理。环境保护部是国家环境保护行政主管部门，各级人民政府设有相应的环境保护行政主管机构，对所辖区域进行环境管理。这种模式也叫做"块块管理"或"区域管理"。它是将同一区域内的环境问题，不分行业、领域和类别，均纳入该区域环境管理范围的管理模式。这种模式是世界各国最早普遍采用的、以行政区划为特征的管理模式。我国《环境保护法》第 16 条规定："地方各级人民政府，应当对本辖区的环境质量负责，采取措施改善环境质量。"这是我国区域管理模式的确立基础和法律依据。

总体而言，一方面，探索建立这样一种环境行政管理体制的过程，就是我国各级政府对生态环境保护重要性认识不断提高、依法科学管理生态环境能力逐渐提升的过程，因而，它是我国经济社会现代化进程中环境管治或善治的国家意志与能力的重要体现，并对现实中生态环境破坏的修复与预防发挥了积极作用。另一方面，现行环境管理体制无论在中央还是地方政府层面上，都还存在着诸多亟须改进的不足或缺陷，仍处于不断改革与完善的过程中。比如，国家环保总局 2002 年首次尝试在南京和广州建立自己的区域环保督查中心，并于 2006 年和 2007 年先后组建了它的 6 个区域督查中心：华东（南京）、华南（广州）、西北（西安）、西南（成都）、东北（沈阳）和华北中心（北京）。区域环保督查中心的创建表明，中央政府决心控制或扭转长期以来随着经济增长而不断恶化的生态环境，尤其是强化对国家环境法律、规章和标准贯彻落实的垂直性监管，但环保部对区域环保督查中心的行政授权是十分有限的。就此而言，区域环保督查中心的设立，可以理解为环境部及其所属环境监察局等的职能在空间上的一种扩展（郇庆治，2010）。再比如，环保部于 2016 年 3 月组建了大气、水和土壤污染防治司，目的是通过机构改革重组，更好地统领与加大环境治理力度，努力打好大气、水、土壤污染防治这"三大战役"。

而就生态环境保护和生态文明建设的本质要求来说，我国目前的这种条块式行政管理体制，也还存在着相当程度上的不适应，甚至是有着许多内在的缺陷（郇庆治，2015）。正因为如此，党的十八大报告、十八届三中全会《决定》和十九大报告都强调，应依据自然生态系统的整体性来整合执法主体、相对集中执法权，努力创建一种权责统一、权威高效的行政执法与监管体制。

具体而言，我国的环境行政管理体制至少存在着如下四个方面的问题，比如："职权落差"——自 2008 年升格为政府内阁部门的环保部依然是中央政府权力构架中的一个相对弱势单元，因而很难履行公众期待的全国生态环境保护与改善的国家责任；"整体协调性差"——不仅不同生态环境要素、而且不同大气成分也可能隶属于不同行政部门管理的现实，使环保部与其他部委缺乏应有的既分工又合作，而大部分环境突发事件的失当处置所损害的都是环保部的社会形象；"体制不畅"——环保部目前的机构框架（主体司局、区域督查中心和附属性事业单位），与其他传统型部委相比并没有实质性的改变，因而很难成为一种有效应对复杂的生态环境议题的监管制度和体制；"能力较弱"——以环保部为核心的生态环境行政管理部门的行政执法、政策管理、领导水平和职员素质，都存在着一个能力不足的问题，因而难以在协调各政府部门、动员社会各界力量方面扮演一种领导者的作用。这方面的一个典型例证是，十八届三中全会《决定》所要求的划定各种"生态红线"，其中许多领域的"红线"并不是目前的环保部一家能够划定的，而即便它这样做的话，也有一个所划定的"红线"会不会被其他部委和地方政府以合法名义突破的问题。

相应地，改进我国环境行政管理体制与机制的总体思路，也应包括如下两个方面。一是从整个国家制度框架的顶层设计上做出一种更为合理的规划，比如考虑将"大力推进生态文明建设"和"环境基本人权"写入宪法，设立"中央生态文明建设指导委员会"（或明确把"生态文明建设"纳入目前的"中央文明办"工作范围），组建更高行政级别的"国家生态、环境与遗产委员会"等，但所有这些制度性安排，并不是为了简单扩大某一行政部门的权力，而是确保中央政府各部门和各级政府真正按照"五位一体"的总要求，将生态文明建设融入其中，直至生态环境保护和生态文明建设成为一种自觉的执政理念与行政意识。二是经过重建或整合的新环境部（或生态环境遗产委员会）能够在组织架构（横向和纵向）、运行机制、政策工具等方面，进行重大改革。比如，将生态环境保护法规的贯彻落实与行政监管责任更多转交给地方性政府，将工作重点更多地转向对国家的经济社会发展转型或可持续发展提出立法与政策建议，更多地扮演"环境国家"创建中的国家与社会之间的管治平台提供者的角色，等等。总之，环境行政管理体系与能力的现代化，仍是当代中国国家治理体系与能力现代化的重要构成部分。　　　　　　　　　　　　　　　（郇庆治）

9.11　环境（生态文明）立法

　　与生态环境保护或生态文明建设议题相关的国家立法体制及其程序机制、法律规章体系等的总称，是"环境国家"或"生态文明国家"的重要构成部分。与之相关联的术语，还有环境执法、环境司法等，它们共同构成一个国家的环境法治体系或"环境法治国家"。具体地说，狭义上的环境立法，是指一个国家的立法机关通过制定法律法规规范人与环境之间关系的法律行为，主要表现为保护自然资源、限制自然资源使用。环境立法是针对环境保护而制定的法律，但并不是包含环境的法律都是环境立法。比如，对环保产业的税收立法，属于税法而不是环境法；要求政府增加环保产业投入的立法，属于财政收支法而不是环境法；规范经济绿色转型的立法，属于经济法而不是环境法；促进环保科技进步的立法，属于科技法而不是环保法。换言之，严格意义上的环境立法，仅限于直接的自然环境保护和限制自然资源使用。

　　改革开放之初，我国就将环境立法纳入了议事议程。1979年，全国人大常委会通过了《环境保护法（试行）》。1982年《宪法》做出了"国家保护和改善生活环境和生态环境，防治污染和其他公害"的规定，而有关水污染防治、大气污染防治、海洋环境保护等的法律，也在20世纪80年代初相继制定实施。因而，与其他部门立法相比，生态环境领域的立法起步较早。截至2012年，全国人大常委会制定了环境保护法律10件、资源保护法律20件；《刑法》《侵权责任法》还设立专门章节，分别规定了"破坏环境资源保护罪"和"环境污染责任（罪）"。除此之外，国务院颁布了环保行政法规25件，国务院有关部门制定环保规章数百件，其中环保部的部门规章69件，而地方人大和政府制定了地方性环保法规和规章700余件；国家还制定颁布了1000余项环境标准。全国人大常委会和国务院批准、签署了《生物多样性公约》等多边国际环境条约50余件。另外，最高人民法院和最高人民检察院还分别做出了关于惩治环境犯罪法律适用的司法解释。如今，我国已经形成了一个由宪法关于环境保护的规定（第九条、第十条、第二十二条）、环境保护基本法（《环境保护法》)、环境与资源保护单行法、环境标准、其他部门法中有关环境的法律规范(包括中国加入或签署的国际法或公约)等组成的统一性环境法律体系。

就此而言,我国的环境立法已经实现了如下四个方面的阶段性突破。

一是环境保护主要领域基本有法可依。我国的环境法律制度框架已经基本形成,各环境要素监管主要领域已得到基本覆盖。在综合立法方面,制定了《环境保护法》《环境影响评价法》《清洁生产促进法》《循环经济促进法》等;在污染防治领域,制定了《海洋环境保护法》《水污染防治法》《大气污染防治法》《固体废物污染防治法》《噪声污染防治法》等;在生态保护领域,制定了《防沙治沙法》《野生动物保护法》《水土保持法》《自然保护区条例》等;在核与辐射安全领域,制定了《放射性污染防治法》等。

二是环境保护主要法律制度基本建立。环境法律制度按其性质,可以分为事前预防、行为管制和事后救济等三大类。事前预防类制度,是预防原则在环境立法中的具体体现和适用,主要包括环境规划制度、环境标准制度、环境影响评价制度、"三同时"制度等;行为管制类制度,其目的在于为环境监管提供可操作的执法手段和依据,主要包括排污申报登记制度、排污收费制度、排污许可制度、总量控制制度等;事后救济类制度,其目的是防止损害扩大、分清责任和迅速救济被害方,主要包括限期治理制度、污染事故应急制度、违法企业挂牌督办制度、法律救济制度等。此外,在生态保护方面,还建立了生态功能区划制度、自然保护区评审与监管制度、自然资源有偿使用制度、自然资源许可制度等。

三是环境保护行政许可门类较为齐全。根据国家法律、法规和国务院决定,各级环保部门实施了 37 项行政许可,涉及对项目建设环境管理,放射性同位素和射线装置监管,民用核设施、民用核安全设备监管等的审批,以及排放污染物许可、处置危险废物资质许可及其他特殊环保业务资质许可等,覆盖了环保行政管理的主要领域。

四是近年来迅速扩展的地方性立法实践。这其中主要包括环境地方实施性立法和生态地方创制性立法。前者如北京市、天津市、上海市、重庆市等的地方人大,对《环境保护法》《大气污染防治法》和《水污染防治法》进行了实施性立法,比如 2007 年出台的《重庆市环境保护条例》首创了"按日计罚"制度,即对于违法排污单位,受罚后被责令改正而拒不改正的,依法作出处罚决定的行政机关可以自责令改正之日的次日起,按照原处罚数额按日连续处罚;后者主要包括生态文明制度地方立法和为特定类型的生态环境或自然资源进行地方立法,比如福建省、贵阳市和杭州市、厦门市等地方人大,先后制定的生态文明建设促进条例或促进生态文明建设的决定,以及陕西省人大制定实施的《陕西省秦岭生态环境保护条例》。

但与此同时,也必须看到,我国环境立法的现状与环境法治政府、生态文明国家的总体要求相比,还存在着一定的差距。正因为如此,党的十八大报告明确要求,"加快建设社会主义法治国家",而十九大报告则进一步提出:"坚持全面依法治国。"建设法治中国的基本要求是,一方面坚决维护宪法法律权威,另一方面要坚持依法治国、依法执政、依法行政的共同推进,坚持法治国家、法治政府和法治社会的一体化建设,尤其是司法机构依法独立行使其审判权检察权。

具体到我国的环境法治政府建设,中华人民共和国成立以来、尤其是改革开放以来,我们已初步建立了一套以宪法、刑法民法等相关基本法和《环境保护法》、专门性生态环境保护法律为基本内容的法律体系(还包括相关性国际法和地方法律规章),以及负责法律制定、实施与监督的立法、司法、行政执法制度体系机制,必须给予高度肯定。但另一方面,我国的环境立法、司法和行政执法,也存在着显而易见的缺陷与不足,未能在促进我国的生态环境保护方面发挥其应有的作用(郇庆治,2015)。具体地说,在立法方面,环境立法精神与原则的严重滞后已成为一个十分突出的问题,这一点在2014年前后的《环境保护法》修改中已得到明确体现——仍不愿明确接受已成为国际通例的宪法性公民环境权益和基础性环境政治参与权利,而修改后的"史上最严"的《环境保护法》在这方面也只做了较为有限的推进;在司法方面,生态环境法律的"软法"或"二等法"地位虽然是一个世界性现象,但在我国表现得尤为严重,而这与司法部门的长期过于谨小慎微态度密切相关;在行政执法方面,对法律渠道本身的不信任和对行政处罚手段的偏爱("以罚代法"),在进一步损害环境法律本身权威的同时,也严重弱化了环境行政执法的权威性与效力。因而,准确地说,是立法、司法和执法领域的绿化程度不足或生态进取心缺乏,共同造成或恶化了我国生态环境治理上曾面临着的"资源约束趋紧、环境污染严重、生态系统退化的严峻形势"。

解决上述问题的总体思路还在于,按照十八届三中全会《决定》、十九大报告的要求,既要进一步改善我们的生态环境立法质量与水平,使之更加契合我国应对严重环境挑战和推进生态文明建设的现实需要,又要花大力气提高我们的环境司法与环境执法的质量和水平,实质性克服现实中依然存在的"有法不依"和"以罚代法"问题。更具体地说,提高环境立法的重要路径之一,是更广泛地开展相关议题立法的民主讨论和公众参与,而改善环境司法和行政执法的关键,则是真正保证司法与执法系统的独立性,同时要大力强化对司法与行政系统的法律和民主监督,并对各种形式的渎职、失职或违法行为严加惩处。而实现所有这些改革的关键性环节,就是进一步推进环境信息公开,使大众媒体、社会团体与普通公众可以更充分和有序地介入。

(郇庆治)

9.12　政府环境政策

在广义上泛指一个国家的环境立法、司法和执法部门依据其法定权力所制定实施的各种形式政策,而在狭义上主要是指政府的行政执法部门为了贯彻落实国家环境法制目标及其法律要求而采取的各种形式的行政管理手段。因而,狭义上的政府环境政策,在意涵上非常接近于"环境行政管理"或"环境执法",二者的区别在于,前者更侧重于与生态环境议题相关的行政监管工具手段,而后者更侧重于与生态环境议题相关的行政监管制度框架。而就环境政策体系而言,还可以依据政策本身的重要性程度、所涉指的议题领域或政策工具的性质特点,做出更加具体的层次划分。

比如,我国的环境政策体系可以大致划分为基本方针、基本国策和基本政策三个层次。基本方针类的环境政策包括如下三个:一是环境保护的"三十二字"方针。在1973年

8月举行的第一次全国环境保护会议上，我国政府提出了"全面规划、合理布局、综合利用、化害为利、依靠群众、大家动手、保护环境、造福人民"这一环境保护工作的总方针。二是经济、社会发展与环境保护"三同步、三统一"方针。在1983年12月底、1月初举行的第二次全国环境保护会议上，我国政府又提出了"经济建设、城乡建设和环境建设要同步规划、同步实施、同步发展，实现经济效益、社会效益和环境效益的统一"的环境保护战略方针。三是环境与发展"十大对策"。在联合国环境与发展大会后，我国政府于1992年8月提出了"环境与发展十大对策"，其中包括：实行持续发展战略；采取有效措施，防治工业污染；深入开展城市环境综合整治，认真治理城市"四害"（废气、废水、废渣和噪声）；提高能源利用率，改善能源结构；推广生态农业，坚持不懈地植树造林，切实加强生物多样性保护；大力推进科技进步，加强环境科学研究，积极发展环保产业；运用经济手段保护环境；加强环境教育，不断提高全民族的环境意识；健全环境法规，强化环境管理；参照联合国环境与发展大会精神，制定中国行动计划（"中国21世纪议程"）。基本国策类的环境政策，即"环境保护是中国的一项基本国策"。在第二次全国环境保护会议上，我国政府在继"计划生育"和"改革开放"的基本国策之后，明确宣布"环境保护是中国的一项基本国策"。而这三项基本国策之间存在着密切联系，成为中国环境政策的集中体现。基本政策类的环境政策包括如下三项：一是预防为主、防治结合。这一政策的基本思想是，把工作重点放在问题产生的根源上，避免问题的产生或出现；对于难以避免发生的问题，则应尽早、尽快发现并及时采取有效措施；对已经造成的危害，也能够采取有效措施，避免进一步的恶化。二是谁污染谁治理。这一政策的基本思想是，污染者对清除和补偿其损害具有不可推卸的责任和义务，污染者必须承担和补偿由于其污染所造成的一切损害。三是强化环境管理。这一政策的基本思想是，把政府对环境的管理职能作为环境政策的核心。

从一种回顾的视角来看，一方面，以上述基本方针、基本国策和基本政策为指导，经过近半个世纪的努力，我国已经初步建立起一个法律基础坚实、机构制度完整和运行机制顺畅的环境政策体系。环境立法与法制体系和环境司法体系，为政府部门的环境执法奠定了必要的法治框架与基础，而各级政府中环境行政主管部门自身的机构改革完善以及与其他各相关部门的密切配合，使得环境政策体系成为覆盖经济社会诸多层面的一个庞大而复杂的政策系统，对保障与改善广大人民群众的日常生活质量发挥着重要作用。另一方面，也必须看到，环境保护基本国策的制度化落实和基本政策的进一步细化都存在着诸多问题。应该说，包括基本国策在内的我国环境政策总体性原则确有其高瞻远瞩之处，比如，无论是"三十二字"方针还是"三同步、三统一"方针，都不仅蕴含着明确的谨慎预防和可持续发展思想，而且清晰地体现了发展中国家对于环境保护与经济社会发展目标并举并重的战略性追求，再比如，谁污染谁治理和政府是环境治理责任主体的基本政策，都体现了我们对于国际环境治理惯例或经验的正确理解，也比较符合我们国家传统政治文化的特点。但如何在日常性管理中制度化或法治化落实这些环境基本方针与政策，始终是各级政府面临着的更为严峻的挑战，也是我们长期以来未能很好解决的难题。

这方面的典型例子，是环境保护作为我国基本国策的贯彻落实。实际上，早在1981年2月24日国务院颁布的《关于在国民经济调整时期加强环境保护工作的决定》中就已明确指出："环境和自然资源，是人民赖以生存的基本条件，是发展生产、繁荣经济的物质源泉……长期以来，由于对环境问题缺乏认识以及经济工作中的失误，造成生产建设和环境保护之间的比例失调……必须充分认识到，保护环境是全国人民根本利益所在。"也就是说，我们在改革开放之初就已清楚认识到生态环境保护的极端重要性，并要求各级政府采取相应的措施。但结果却是，我们在30多年后不得不面临着"资源约束趋紧、环境污染严重、生态系统退化的严峻形势"的尴尬现实。问题当然不在于环境保护基本国策本身，而在于我们恐怕始终未能找到将这一基本国策充分制度化的路径和手段。换言之，环境保护政策在现实实践中并未能够按照基本国策的重要性或高度来对待——与另一项基本国策即计划生育的比较也许可以提供一些有益的借鉴（郇庆治，2010：275）。

另一个值得关注的现象是环境经济政策重要性的凸显。简单地说，所谓环境经济政策，就是指按照市场经济规律的要求，运用价格、税收、财政、信贷、收费、保险等经济手段，调节或影响市场主体的行为，以实现经济建设与环境保护协调推进的政策手段。它以内化环境行为的外部性为原则，对各类市场主体进行基于环境自愿利益的调整，从而建立保护和可持续利用自愿环境的激励和约束机制。与传统行政手段的外部约束相比，环境经济政策是一种内在约束性力量，具有促进环保技术创新、增强市场竞争力、降低环境治理成本与行政监控成本等优点。依据控制对象的不同，环境经济政策可以分为控制污染的经济政策，比如排污收费，用于环境基础设施的政策，比如污水和垃圾处理收费，保护生态环境的政策，比如生态补偿和区域公平；依据政策类型的不同，环境经济政策可以分为市场创建手段，比如排污交易，环境税费政策，比如环境税、排污收费、使用者付费，金融和资本市场手段，比如绿色信贷、绿色保险，财政激励手段，比如对环保技术开发和使用给予财政补贴，等等。20世纪90年代以来，主导性的新自由主义经济学和新公共管理主义理论相结合，催生了环境治理与政策中的经济政策风潮。包括环境收费、绿色贸易、绿色税收、绿色保险、排污权交易、绿色资本市场、生态补偿等在内的环境经济政策异军突起，构成了对在此之前的以行政管制为主的环境政策体系的强烈冲击。我国也不例外。一方面，我国的环境政策体系本身，就是在与欧美国家学习交流的过程中逐渐建立起来的。这意味着，发生于欧美国家的环境经济政策转向会十分自然地对我国环境政策的演进产生影响。另一方面，也许更为重要的是，我国从传统计划经济向市场机制为主经济的转型，为这些环境经济政策工具的引入运用提供了非常有利的条件。

但问题在于，环境经济政策积极作用的有效发挥，是需要一个相对完善的环境政策体系和更为复杂的环境治理体系（"环境国家"）作为基础性支撑的。一般来说，欧美国家长期以来的现代市场体系建设和政治民主化进程，有助于其构建这样一个环境政策体系和组织框架，我们在这方面的发展则要相对滞后得多。而这意味着，单纯或过度的经济政策工具依赖并非是我们环境政策构建的正确取向，至少要对其中的风险有足够认识。不仅如此，生态文明建设及其所要求的人与自然关系和谐或"环境善治"，绝非只是环境经济政策所能够解决的问题——其核心是人的价值观念而不是消费行为的问题。因而，十八届三中全会《决定》所提出的四大改革任务："健全自然资源资产产权制度和用途管制制度""实行资源有偿使用制度和生态补偿制度""划定生态保护红线"和"改革生态环境保护管理体制"，尽管看起来更多属于环境经济政策，但却关涉到更大范围、更深层次的经济社会系统性变革。也正因为如此，十九大报告明确提出，"构建政府为主导，企业为主体，社会组织和公众共同参与的环境治理体系。" （郇庆治）

9.13　生态文明建设领导体制

就我国而言，生态文明建设领导体制同时包括执政党即中国共产党的各级党委和国务院及各级政府中的有关组织机构、决策机制、规章制度和政策工具等组成的一个统一性整体。在行政领导体制方面，国务院及其所属的环保部和发展与改革委员会，是生态文明政策制定实施的主要行政主管部门，同时还会依据议题不同吸纳科技部、财政部、国土资源部、住房城乡建设部、水利部、农业部、国家林业局等参与其中。而自十八大以来，像在其他政策议题领域中一样，尤其值得关注的是中共中央及其各级党委在大力推进生态文明建设进程中政治领导作用的彰显和强化。

发生这样一种重大变化的原因，主要有如下两个（郇庆治，2015）：其一，生态文明及其建设是一种新型政治。生态文明及其建设作为一个新型执政理念与方略，明确地体现出一种新型政治的意涵和特征。概括地说，它主要包括如下两层含义：一是保障公众与生态环境权益相关的生活质量，已成为关系到人民群众切实利益的重大民生政治议题和目标。无论从公民基本权利保障、还是从政府政治责任的角度来看，确保公众生活在一个安全、舒适和具有美感的生态环境之中，都已成为我国政府（国家）与公民（社会）之间多重关系中的一个基础性维度。换言之，认可、尊重并保障公民的生态环境权益，是我们社会主义国家及其政治的基本目标和合法性源泉。二是大力推进生态文明建设，彰显着中国共产党政治意识形态和发展战略层面上的重大阶段性调整。改革开放近 40 年之后，中国共产党不仅因为成功领导了国家经济实力的大幅度提升和社会主义市场经济体制的创建，得到了广大人民群众的衷心拥戴，同时也随着我国经济社会现代化发展的阶段性转变，面临着诸多层面上的调整或转型压力。在很大程度上，大力推进生态文明建设，就是要通过执政党政治意识形态和发展战略的主动"绿化"，来解决现代化初级阶段中被相对忽视的生态环境保护问题，目标则是努力在一种更高水准上满足人民群众的物质文化需要。需要指出的是，生态文明建设在我国的政治议题化甚或主流政治化，都首先是通过中国共产党的执政经验反思与学习过程来完成的。中国共产党的自我反思与不断学习能力毋庸置疑，但事实也表明，左翼政党的政治意识形态与政纲的绿化受制于多方面的因素（尤其是对普遍性物质富裕基础上的社会进步的信奉），将只能是一个缓慢的渐进过程。中国共产党也不例外。

其次，生态文明及其建设需要一种新型领导或管治体制。正如十八大报告阐述生态文明建设时使用的"五位一体"概念所蕴涵着的，整体性、综合性和多维性是生态文明建设的本质要求，甚至就是生态文明本身。而这样一种系统性理解对于当今中国来说就意味着，我们最好（必须）能够借助于复合性应对和时间演进，来逐渐消解环境保护与经济发展之间在资本主义制度条件下呈现为的简单化对立。这也是十八大报告所强调的建设"社会主义生态文明"的重要意蕴。很显然，这种意义上的生态文明及其建设，需要一种全新的领导与管治体制。因为实际上，传统政府体制下的"条块分割"特征，并不怎么适合这种综合性的生态文明建设。我国目前存在着的"群龙治水"（导致地下水污染很难找到一个行政主管部门）、"诸神争空"（空气中不同污染成分竟隶属于不同的行政主管部门），就是这方面的最好例证。目前，"管治"或"治理"，已经成为一个深刻影响到我国公共管理与决策的学术性概念。其核心观点是，现代政府要力求在政府、企业和社会等多重角色的立体性共同参与和民主协商中，实现公共政策的落实或公共管理的目标，或者说政府的"善治"。但似乎被有意无意回避的是，"管治"或"治理"从词源上是与政府直接相关的，而关于政府的任何讨论都首先是一个政治与民主的问题。因此，对于生态文明及其建设的新型领导和管治体制，至少同样重要的是现行体制的进一步民主化和加强"管治"或"治理"。

因而可以说，中国共产党的独特角色形塑了我国特色的环境政治或生态文明建设领导体制。中国共产党的唯一、长期执政党地位，决定了她是上述整个领导体制或架构中的"第一主体"或"绝对主体"。这意味着，中国共产党政治意识形态的"绿化"及其政策化、制度化，将会扮演一种"牵一发而动全身"的全局性作用。换句话说，我国生态文明建设的基本政治要求，就是在中国共产党的政治领导下创建一个社会主义的"环境国家"或"生态文明国家"，贯彻落实十八大报告以及十八届三中全会《决定》关于生态文明制度建设与体制改革的决策部署，就是一个远为全面而深刻的"生态民主重建"进程，而不简单是一个"行政扩权"或"制度与政策经济化"过程。

毫不夸张地说，十八届三中全会《决定》分为 16 个部分、60 项议题，最后一项、但也最为关键的一项，就是"加强和改善党对全面深化改革的领导"。对照《决定》第 58 ~ 60条，如何把全党同志的思想和行动切实统一到中央关于全面深化改革重大决策部署上来、如何提供强有力的组织保障和人才支撑、如何更好发挥人民改革主体的作用，对于生态文明制度建设和体制改革都至关重要。全会后随即成立的中央全面深化改革领导小组（2013年 12 月）以及"经济体制和生态文明体制改革专项小组"（2014 年 1 月成立）、2013 年末中组部出台的明确不再以 GDP 作为考核地方领导干部政绩主要依据的规定，全国各省市已广泛开展的生态文明建设试点，都是党中央加强与改善这方面改革领导的重要体现。比如，"中央深改小组"的主要职责包括，研究确定经济体制、政治体制、文化体制、社会体制、生态文明体制和党的建设制度等方面改革的重大原则、方针政策、总体方案；统一部署全国性重大改革；统筹协调处理全局性、长远性、跨地区跨部门的重大改革问题；指导、推动、督促中央有关重大改革政策措施的组织落实。

到十九大之前，中央深改组共召开了 38 次会议，其中 20 次讨论了和生态文明体制改革相关的议题，研究了 48 项重大改革，出台了《环境保护督察方案（试行）》《党政领导干部生态环境损害责任追究办法（试行）》《关于健全生态保护补偿机制的意见》《关于设立统一规范的国家生态文明试验区的意见》和《国家生态文明试验区（福建）实施方案》等多项改革方案、意见，并成为生态文明建设的"指明灯""加速器"。尤其是，2015 年 8 月推出的《党政领导干部生态环境损害责任追究办法（试行）》，明确强调了地方"党政一把手"在环境治理和推进生态文明建设上的同等责任。在以往，由于环保问题对政府部门进行追责的案例并不鲜见，但并没有明确的党内法规和国家法规规定党委在环境保护方面的具体职责，因而党委的环保责任被虚化了，严重情况下也只承担领导责任。而依据这一新文件，地方党政负责人届时将会被同等程度追责。而依据 2016 年 12 月全面铺开的"河长制"，地方党委领导人担任行政辖区内的"(总)河长"或"山长"将会成为一种常态。所有这些，都体现了中国共产党主导的生态文明建设领导体制的特色或创新。

无须讳言，对于社会主义生态文明理论与实践这个崭新的议题领域来说，中国共产党还首先是一个学习者和探索者。比如，需要让全党充分认识到，我们面临的生态环境问题与挑战，已很难简单通过污染治理与节能减排等经济技术手段来加以解决，而是必须致力于从发展模式到发展理念的全方位转变，而实现这种转变的"理论武器"和"政策抓手"，就是大力推进生态文明建设。就执政党建设来说，可以做的工作还有许多，但最根本的是"生态文明建设"重要性、紧迫性、艰巨性的思想教育，尤其是干部思想教育。十八大报告在执政党建设部分强调了"执政考验、改革开放考验、市场经济考验、外部环境考验"和"精神懈怠危险、能力不足危险、脱离群众危险、消极腐败危险"，而必须强调的是，推进生态文明建设同样是党面临的长期的、复杂的和严峻的考验，生态环境管治失信危险，同样在日趋尖锐地摆在全党面前。十九大报告则将"坚持人与自然和谐共生"作为中国共产党坚持和发展新时代中国特色社会主义的基本方略之一，并要求牢固树立社会主义生态文明观。总之，必须更加重视生态文明建设问题，实质性提高全党的生态文明建设领导水平和执政能力。

(郇庆治)

9.14　联合国环境治理体制

主要是指以联合国相关机构及其活动为核心而逐步建立起来的全球性环境合作与治理架构，其中，不定期举行、主题略异的联合国环境大会发挥了一种特殊的潮流引领和制度规范的奠基性作用。

联合国第一次人类环境会议于 1972 年 6 月 5～16 日在瑞典首都斯德哥尔摩召开，因而又被称为斯德哥尔摩人类环境会议，或简称为人类环境会议。来自世界 113 个国家的代表以及各主要国际组织的代表共 1300 多人出席了会议。本次会议的主旨是，促使人们尤其是各国政府注意到，人类的活动正在破坏自然环境，并给人们的生存和发展造成严重的威胁。这是世界各国政府的首脑或高级代表首次坐在一起(苏联和中东欧社会主义国家没有出席)，探讨如何应对共同面临的环境挑战，讨论人类对于生态环境的权利与义务，同时也是联合国自创建以来第一次大规模、高规格地讨论非传统性议题(而不是安全和经济议题)，并达成了广泛的政治共识，环境问题从此成为联合国日常性政治议程的一部分。斯德哥尔摩人类环境会议的主要成果，可以概括为"一个宣言、一个计划和一个机构"：一个宣言是指大会通过的《人类环境宣言》，一个计划是指包括 109 条具体政策建议的《环境行动计划》，而一个机构是指于次年初成立的联合国环境规划署(UNEP)。

斯德哥尔摩人类环境会议之后，欧美发达国家普遍进入了一个环境监管制度创设和环境法律体系制定实施的新时期，而广大发展中国家(包括中国)也开始逐渐关注民族经济现代化发展和国际经济交往与合作中的生态环境损害。自此，尽管东西方之间(美苏领导的两大阵营之间）、南北方之间（发达国家与发展中国家）的政治和经济分裂依然存在，环境与人类社会的关系明确地呈现出一种世界性或地球性维度。

1992 年 6 月 3~14 日，联合国环境与发展大会在巴西南部城市里约热内卢召开。来自全世界 183 个国家代表团、70 个国际组织的近 1.5 万名代表出席了本次大会，其中有 102 位国家元首或政府首脑——时任国务院总理李鹏率领中国代表团出席会议并做了大会发言。这次会议回顾了人类环境会议以来全球环境保护的历程，敦促世界各国政府与公众采取积极措施，协调合作，阻止环境污染与生态恶化，为保护人类生存环境而做出共同努力。这是继斯德哥尔摩人类环境会议之后的又一次规模最大、级别最高的环境与发展问题国际会议。值得提及的是，这次会议的会徽是一只巨手托着插着一支鲜嫩树枝的地球，其象征性含义是，地球的命运掌握在我们手中。这次会议的主要成果，也可以大致概括为"一个宣言、一个计划和一个机构"。一个宣言是指会议通过的《关于环境与发展的里约热内卢宣言》，简称《里约宣言》或《地球宪章》；一个计划是指会议接受的《21 世纪议程》，这份长达 800 余页的政策框架文件包括多达 2500 余项方方面面的具体行动建议，勾画了一个旨在鼓励发展的同时保护环境的全球可持续发展的行动蓝图；一个机构是指此后成立的作为联合国经济及社会理事会下属机构的"可持续发展委员会"，它与 20 年前成立的"联合国环境规划署"分工协作，共同致力于世界性环境与发展相关议题的应对与协调。

此外需要强调的是，一是 1987 年作为大会预备性文件通过的《我们共同的未来》，或《布伦特兰报告》，分为"共同的关切""共同的挑战"和"共同的努力"三部分，系统阐述了人类面临的环境、资源（能源）和发展挑战之间的相互依赖与制约关系，明确提出为了当代人和子孙后代的利益（生存）而改变人类目前的发展模式。其核心性概念"可持续发展"，成为至今被国际社会最普遍接受的环境政治共识。二是大会期间开放签署的《联合国气候变化框架公约》和《联合国生物多样性公约》，分别有 154 个和 148 个国家的政府代表签署同意，而这两个公约特别是《联合国气候变化框架公约》的进一步落实谈判——即全球气候变化国际谈判，构成了此后 25 年来国际社会环境管治与政治的焦点。这其中包括 3 个极其重要的阶段性节点：《公约》缔约方于 1997 年 12 月在日本京都举行第 3 次会议并最终达成了《京都议定书》，明确提出"共同但有区别责任"的原则并制定了一个有着约束性目标的减排责任路线图；《公约》第 15 次缔约方会议暨《京都议定书》第 5 次缔约方会议，于 2009 年 12 月 7~18 日在丹麦首都哥本哈根召开，但会议只通过了一个大大低于国际社会预期的《哥本哈根协定》；《公约》第 21 次缔约方会议经过两周谈判，于 2015 年 12 月 12 日在巴黎达成了《巴黎协定》，标志着全球气候治理与合作进入一个新阶段。

"可持续发展"的总体战略与思路，在 2000 年举行的联合国新千年首脑会议、2002 年举行的可持续发展首脑会议和 2012 年举行的"里约 +20"地球峰会上得到了进一步的补充与丰富。2000 年 9 月 6~8 日，联合国千年首脑会议在纽约联合国总部举行，会议的主题是"21 世纪联合国的作用"。在为期 3 天的会议期间，150 多位与会国家元首和政府首脑就在新形势下维护世界和平、促进发展、建立国际政治经济新秩序、加强联合国作用等问题交换了意见。在可持续发展方面，大会主要关注于如何消除贫困问题，承诺在 2015 年底前，将世界上日均收入不足 1 美元的人口比例、挨饿人口的比例以及无法得到或负担安全饮用水的人口比例都降低一半，使世界儿童都能完成小学教育，将产妇死亡率降低 3/4。

2002 年 8 月 26 日至 9 月 4 日，联合国在南非的约翰内斯堡召开了第一次可持续发展世界首脑会议。它是继 1992 年里约联合国环境与发展会议和 1997 年特别联大会议之后，全面审查和评估《里约宣言》与《21 世纪议程》的落实执行情况、旨在构建全球可持续发展伙伴关系的重要会议。这次大会的主要特点、同时也使之备受争议的是，它明确主张可持续发展三个向度的并重，即可持续经济、可持续社会和可持续生态，并坚持接纳或认可实现可持续发展进程中绿色工商业伙伴的作用。

2012 年 6 月 20～22 日，新一次联合国可持续发展大会在巴西的里约热内卢举行，因为时值 1992 年联合国环境与发展大会召开 20 周年，所以又称为"里约 +20"峰会。大会聚焦于两大主题：可持续发展、消除贫困背景下绿色经济与可持续发展的体制框架，并着力于实现如下 3 个目标：重申各国对实现可持续发展的政治承诺、评估迄今为止在实现可持续发展主要峰会成果方面取得的进展和实施中存在的差距、应对新的挑战。会议的主要成果是一份《我们想要的未来》的政治性文件。

总之，经过近半个世纪的艰巨努力，一个以联合国大会及其相关机构为核心或平台的国际环境治理构架已经初步建立起来。而从一种回顾的立场看，如果说 1972 年斯德哥尔摩人类环境会议及其主要成果——《人类环境宣言》以及联合国环境规划署的创建，具有一种体制奠基性的意义，那么，1992 年联合国环境与发展大会及其主要成果——《里约宣言》和《21 世纪议程》，则是国际社会理解与应对生态环境挑战进程中的一个重要分水岭。一方面，无论是西方发达国家还是广大发展中国家，都已表现出了正视生态环境危机的政治愿望与要求，但另一方面，对于如何具体分担或分享拯救地球过程中"共同但有区别的责任"，尤其是如何处理现实国际环境政治中的理念歧见、技术转让和资金转移等现实性难题，仍需要更具创新性的国际制度与规范探索。

不仅如此，集中体现着当今世界经济一体化或全球化水平的国际经贸与金融组织（比如世界贸易组织、世界银行和国际货币基金组织）以及世界工商业界联合团体（比如世界可持续发展工商理事会和达沃斯论坛），也开始逐渐吸纳生态环境保护的价值理念和原则，因而在某种程度上构成了一个不断扩展着的联合国（国际）环境治理与规制网络的组成部分。与此同时，部分是由于最先形成于欧美国家的大规模环境社会抗议运动的扩散与扩展，一个对应于联合国（国际社会）机构性/系统性环境应对的全球性环境公民社会正在迅速成长，尽管我们目前还很难说，它已像在国内环境政治层面中那样构成了一种环境全球管治的民主基础。

（郇庆治）

9.15　中国应对全球气候变化政策

中国是一个处在现代化发展进程中的大国，也是受全球气候变化影响最显著的国家之一。因而，实施低碳发展战略，不仅是中国主动担当全球气候安全责任的客观需要，也是中国大力推进生态文明建设的基本要求。长期以来，中国本着负责任大国的态度积极应对全球气候变化，主动采取多种形式的减排举措，将低碳理念融入到社会经济建设的各个方面和全过程，将应对全球气候变化作为在新常态下实现绿色发展转型的重大机遇和驱动力，积极探索符合国情的低碳发展道路。目前，中国已经将应对全球气候变化全面融入国家经济社会发展的总战略。

在国际气候变化应对与治理层面上，中国不仅是第一批签署《联合国气候变化框架公约》（1992 年）及其《京都议定书》（1997 年）的国家，还是最早制定实施应对全球气候变化国家方案的发展中国家。《京都议定书》规定，世界各国都有积极采取行动应对全球气候变化的共同责任，但依据其现实与历史的差异，欧美发达国家和广大发展中国家之间的义务分担上又有着一定的区别，即所谓的"双规制"原则，而中国不属于必须承担约束性减排责任的"附件 I"国家（发达国家与经济转型国家）。依此，2007 年 6 月，中国政府发布《中国应对气候变化国家方案》，全面阐述了在 2010 年前应对全球气候变化的主要政策举措。它不仅是中国第一个应对全球气候变化的综合性政策文件，也是发展中国家在该领域中的第一个国家方案。2008 年 10 月，中国政府发布《中国应对气候变化的政策与行动》白皮书，全面阐释了中国减缓和适应全球气候变化的主要政策与行动，是中国应对全球气候变化的纲领性文件。2009 年末，中国政府积极参与在哥本哈根举行的联合国气候变化大会，尽力促成了《哥本哈根协定》，并郑重承诺，到 2020 年单位国内生产总值二氧化碳排放比 2005 年下降 40% ~ 45%，并将其作为约束性指标纳入国民经济和社会发展中长期规划。《哥本哈根协定》虽然远低于大会前的政治预期，但依然重申了《联合国气候变化框架公约》及其《京都议定书》所确定的"共同但有区别责任"的基本原则和使气候变暖幅度控制在 2 摄氏度以内的政治目标。

2012 年 11 月举行的中国共产党第十八次代表大会的工作报告，明确提出中国要"为全球生态安全作出贡献"。此后，中国政府在大力推进国内生态文明建设的同时，更加积极地推动国际气候变化谈判取得进展。2013 年 11 月，中国发布第一部专门针对适应全球气候变化的战略规划《国家适应气候变化战略》。2015 年 12 月，中国政府积极参与巴黎联合国气候变化大会，并与国际社会一起促成了《巴黎协定》。依据该协定，中国所做出的"国家自主贡献目标"包括，到 2030 年达到二氧化碳排放峰值并争取尽早实现，单位国内生产总值二氧化碳排放比 2005 年下降 60% ~ 65%，非化石能源比重提升到 20% 左右，森林碳汇达到 45 亿立方米。这不仅是中国作为《公约》缔约方的规定性动作，也充分表明了为实现公约目标所能做出的最大努力。

与此同时，中国政府近年来还积极推进"南南合作"，向发展水平较低的国家和地区提供力所能及的支持。2011 ~ 2014 年，中国累计安排 2.7 亿元人民币用于帮助发展中国家提高应对全球气候变化能力。2014 年 9 月，中国政府宣布，从 2015 年开始将在原有基础上把每年的"南南合作"资金支持翻一番，创建气候变化南南合作基金，并将提供 600 万美元支持联合国秘书长推动应对气候变化南南合作。2015 年 9 月，中国政府再次明确宣布，将出资 200 亿元人民币创建"中国气候变化南南合作基金"，用于支持其他发展中国家应对气候变化的努力。

在国内应对与治理层面上，中国政府的全球气候变化政策举措主要体现在三个方面。

一是高度重视应对气候变化国家战略的制定与实施。除了先后出台的《中国应对气候变化国家方案》（2007 年）、《中国应对气候变化的政策与行动》（2008 年）、《国家适应气候变化战略》(2013 年)，中国政府还颁布了一系列专门的或相关的应对全球气候变化的规划与方案，比如 2011 年制定公布的《"十二五"控制温室气体排放工作方案》、2014 年制定公布的《2014～2015 年节能减排低碳发展行动方案》和《国家应对气候变化规划(2014～2020 年)》等。

二是大力推动节能减排与碳减排工作的协同推进。中国政府通过《煤炭法》《电力法》《清洁生产促进法》《可再生能源法》《节约能源法》等的立法和制定《节能减排"十二五"规划》《"十二五"节能减排综合性工作方案》《可再生能源中长期发展规划》等，大力促进节能减排和减缓适应气候变化并举。而国家"十三五"规划所提出的创新、协调、绿色、开放、共享的发展理念，特别强调了实施绿色发展或转型的极端重要性，表明国家破解经济发展与环境保护矛盾的鲜明态度和坚定决心，为中国进一步推进应对气候变化工作提供了明确的指引。

三是积极推进应对全球气候变化的国家能力建设。早在 1990 年，中国国务院就专门成立了"国家气候变化协调小组"，隶属于国务院环境保护委员会，后调整为"国家气候变化对策协调小组"，负责中国气候变化领域重大活动和对策；2007 年，又成立了国家应对气候变化及节能减排工作领导小组，负责研究制定国家应对气候变化的重大战略、方针和对策；2008 年，又成立了国家发改委应对气候变化司，其他相关部门也成立了应对气候变化的相关部门，统筹协调、组织落实应对气候变化的内外工作；2010 年，更是成立了以总理为主任的国家能源委员会。

因此，中国的全球气候变化政策及其贯彻实施成效显著。到 2014 年，我国的三次产业结构比例为 9.2%∶42.6%∶48.2%，产业结构调整对碳强度下降目标完成的贡献度越来越大，单位国内生产总值能耗和二氧化碳排放比 2005 年已分别下降 29.9% 和 33.8%，并成为世界节能和利用新能源、可再生能源的第一大国；2013 年，我国可再生能源发电机装机容量占全球总量的 24%，可再生能源领域已创造 260 万个就业岗位，占全球该领域就业岗位总数的 40%。此外，2013 年 6 月 18 日，深圳市启动中国首个碳排放权交易平台，标志着中国碳市场建设迈出了关键性一步。此后，北京、天津、上海、广东、湖北、重庆等省市先后启动了碳排放权交易试点。到 2017 年末，我国将建成全国统一的碳排放交易市场体系，覆盖钢铁、电力、化工、建材、造纸和有色金属等重点工业行业。在耶鲁大学等权威机构发布的 2014 年全球环境绩效指数排名中，中国在能源可持续发展和气候变化应对方面的绩效排名位居全球首位，表明我国为应对全球气候变化所做出的努力已经得到国际社会的认可与肯定。

与此同时，无论是就创建一个公正合理的国际气候变化应对秩序而言，还是就实现已承诺的 2020～2030 年目标来说，中国依然面临着十分严峻的挑战。中国的现实国情是，我们仍是一个现代化发展中国家，而且是一个人口占世界总数 18.8% 的大国，社会公众有着强烈的改善生活质量的意愿，而我国的生产与消费模式总体上仍处于高碳水平，这对进一步向低碳基的绿色转型而言是一个巨大挑战。中国以煤炭为主的能源结构短期内优化调整的难度较大，需要中国在煤炭的清洁利用、替代能源和新能源方面做出更大的投入和努力。与此同时，碳减排和发展低碳或零碳经济，归根结底是一个经济技术创新与生产方式革新的问题，也就是说最终要通过或转化为一种经济自觉自主的方式。然而，中国的碳排放减排目前还主要是一种政府推动性行为，碳减排的市场经济政策（运行）体系还未充分建立，而绿色（低碳、循环）经济的发展也只是处在起步阶段。不仅如此，欧美国家从政治、经济竞争力等角度考虑，也在以不同方式限制我国在碳减排和绿色经济领域中的快速追赶或超越式发展。这意味着，中国的全球气候变化政策落实及其改善，既不是一个可以短时间内实现的过程，也并不仅仅取决于我们自身的努力。　　　　　　　　　（郇庆治）

9.16　中国全球环境治理参与

如果把一个国家对全球性环境治理体系的参与，划分为在道德、政治和法律等不同层面上责任不断扩展的过程，那么，可以把中国逐渐加入以联合国为核心的全球环境治理体制的过程，大致区分为如下三个阶段：1972～1992年、1992～2015年和2015～2030年。因为，在每一个具体阶段，中国都呈现为不同类型的国际责任或行为主体。

具体而言，在第一阶段，尽管中国政府也参与了包括联合国1972年斯德哥尔摩人类环境大会等许多应对全球环境议题的国际行动，但中国在很大程度上被视为一个"外围性参与者"，因为她没有太多应受到指责的过错，尤其是在政治与法律层面上。换言之，中国的经济发展或消除贫困，被广泛认为是相对于为全球环境保护做出贡献更优先的事项。相比之下，在第二阶段，根据《联合国气候变化框架公约》及其《京都议定书》的规定，中国一方面作为一个发展中国家只需承担工业排放削减上的非约束性责任，另一方面作为一个迅速膨胀的新兴经济体也遭遇到了日渐增加的国际压力，要求采取更为积极的国际参与和切实行动。在这双重意义上，中国可以说是一个"被动性参与者"，同时担负着道德与政治层面上的责任。以对哥本哈根大会所取得的有限成果的反思作为起点，再加上国内环境政治的"溢出效应"，到2015年前后，中国政府日益表现为不再拒绝达成一种有雄心、有力度的国际协议的积极立场，从而成为构建一种后京都体制进程的热情倡导者。这也就意味着，中国已准备承担某些有约束力的责任或整体性责任（同时包括道德的、政治的与法律的）。

因而不难理解，对于中国政府来说，适当处置哥本哈根大会留下的"遗产"是一个关键性环节，构成了其全球环境治理参与的第二、第三阶段的分界点。中国政府在2009年哥本哈根气候大会上的立场，可以概括为如下三个要点：一是维持《京都议定书》中关于工业排放削减的"双规"体制而不是合并为单一体制，因为这不但是1997年签署的《京都议定书》的核心性理念，也是1992年签署的《联合国气候变化框架公约》所确立的"共同但有区别责任原则"的具体体现。二是发达国家应该（继续）承担温室气体排放削减的主要责任，并向发展中国家提供资金与清洁技术上的实质性援助。其中的一个主要呼求是，西方发达国家应该兑现其到2020年和2050年时与1990年相比分别削减绝对排放量25%～40%和80%的政治承诺，并逐渐提升其向发展中或生态脆弱国家财政援助的比例至GDP总量的0.5%～1%。三是中国承诺单位GDP排放量的相对性减少，而不是排放绝对量或人均排放量的削减，并将通过本国的自愿自主行动来实现。换言之，中国拒绝提供何时将会成为一个全球碳排放削减的直接贡献者的时间表与路线图，并且反对由西方国家或国际组织主导的对国内碳减排所做努力的核查监督。对中国政府在哥本哈根的上述立场，只能从特定国际语境下的"中国利益"认知与界定来加以解释。在中西方之间的严重分歧背后，是中国对于全球环境与发展关系的一种特殊性理解：气候变化抑制与适应正在成为国际竞争的另一个前沿领域，而且很可能并不存在所谓的"双赢"结果。对于中国来说，值得关注的不只是地球的生态安全，还有自己的历史性发展权和在一个全球化世界中的经济竞争力。结果是，与其他发展中国家一起，中国坚定地捍卫了传统意义上的发展权利及其话语，并因此展现了其作为新兴经济强权的现实政治影响，但却相对忽视了其迅速凸显的引领全球生态公益或地球保护的责任。

不仅如此，在哥本哈根大会之后的最初几年中，中国对于全球环境治理的立场可以大致概括如下：政府承诺积极支持《哥本哈根协定》的贯彻落实，并将采取越来越严格的国内政策来实现节能减排的目标，但对于2012~2020年以及之后是否承担约束性的国际减排义务并没有明确的政治共识。其中争论的焦点性问题，也许并不是中国的碳排放哪一年应该达到峰值，而是是否决心加入一个基于"三可原则"（测量、报告与核查）的国际管治体制。而正是在这方面中西方之间存在着尖锐分歧：后者急切地希望实现这样一种一体化，而前者并不愿意立即这样做。

从环境政治学的视角来说，哥本哈根大会对于中国的"遗产"是双重意义上的：中国政府更加熟悉如何运用传统政治手段来捍卫传统国家利益，但与此同时，中国政府也更加明确必须构建一种新型战略来更好地应对像全球气候变化这样的新政治议题。依此可以想象，中国在短期内（比如2012~2020年）不太可能彻底重构其现行的国际战略与形象，从而成为一种严厉的全球环境治理体制的热情倡导者，但就中长期而言，中国又确实拥有一种巨大的世界绿色转型引领或领导潜能。这是因为，在国内层面上，中国政府正面临着日益增加的社会政治压力，通过强化国内与国际政策的一致性来解决不断恶化的生态环境问题。否则，地方政府在贯彻执行环境法规过程中，将会继续采取一种类似的"双重标准与策略"；在国际层面上，面对全球环境治理体制创建过程中日趋多元化的利益格局，中国政府更加认识到，保护自身利益的更好方式是维持或加快一个由联合国领导的后京都体制谈判，而不是任由少数西方国家来主宰。

应该说，上述趋势在很大程度上已被2010年代以来的中国环境政策演进所验证。中国政府在国内层面上逐渐采取了更富于雄心的环境治理政策，比如对于大气污染（城乡"雾霾"现象）、水污染和土壤污染，尽管更为综合性的生态文明建设战略或话语还未得到充分落实甚或理解。在国际层面上，由于西方国家陷入经济与金融危机而导致的环境政治压力的弱化，中国政府成功做到了在坎昆、德班、多哈和华沙等地的后续性气候年度会议上并未达成或签署任何有约束力的新国际协议，但另一方面，尽管坚持将《京都议定书》的适用时效扩展到第二目标期并主张发达国家承担更多的减排任务，中国作为发展中国家的领导者明确表示原则支持德班平台建设，而这一平台将会最终导致2015年前后达成一个有约束力的后2020全球气候协议。

因此，并不奇怪的是，2014年6月3日，在奥巴马政府宣布美国将于2030年减少火电站碳排放的2005年水平的30%的目标之后，中方也披露将会考虑在"十三五"（2016~

2020 年)期间开始制定碳排放总量减少的具体时间表。2015 年 6 月，中国政府宣布，将会在 2030 年之前达到碳排放的峰值，并将单位 GDP 的碳排放量比 2005 年下降 60% ~ 65%。随后，习近平主席先后出席了 2015 年 9 月在纽约举行的可持续发展地球峰会和 12 月在巴黎举行的联合国气候大会，表明中国将会在《巴黎协定》的谈判、签署与落实过程中扮演更积极的角色。2016 年 9 月 3 日，中国政府在 G20 杭州峰会之前正式批准《巴黎协定》，促成了该协定的如期生效。因而，正如十九大报告所指出的。中国迅速成为"全球生态文明建设的重要参与者、贡献者、引领者"。

中国全球环境政策及其参与的新进展——尤其是在《巴黎协定》谈判与签署过程中的惊艳表现，同时是情境性的(以短期考量为基础的)和阶段性的(着眼于中长期目标的)，分别致力于清理并不特别成功的哥本哈根大会的政治"遗产"和更加积极地寻求创建一种更为有效的全球环境治理体制。总体而言，由于居高不下的国内温室气体排放总量、欧美发达国家的示范引领效应和不断觉醒的国民生态意识，中国正在成为全球环境政治中日益活跃的角色，尽管不太可能很快成为一个世界性领导者。换句话说，中国的全球环境治理参与几乎肯定会变得越来越主动积极，但却并非是无条件的。概括地说，一个中国所偏好的全球环境治理体制的关键性元素包括：一种更新后的"共同但有区别的责任原则"、一个以联合国为核心而不是少数大国或区域集团主导的多边共治体制、一种充分考虑到民族国家间能力差异和生态区域间差别的责任分担机制，等等。相应地，中国将会逐渐改变自己在全球环境治理体制中的形象，从最初单纯的道德责任主体演进成为复合型的政治与法律责任主体。中国的这样一种政策与认知转变，无疑将会是一个复杂而长期性的过程。其中，来自内部力量的"拉动"和外部力量的"推动"，都是十分必要的和值得期许的，而国内政治的"绿化"始终是更为重要的影响因素，任何来自外部的推动都必须是互惠性的或相互学习性的，而不应是单向度输入性的。

（郇庆治）

9.17 共同但有区别责任原则

1992 年联合国里约环境与发展大会上正式确立的国际社会应对全球性环境难题、实施可持续发展转型的基本原则或"绿色政治共识"。大会通过的《环境与发展宣言》的第七项原则称："各国应本着全球伙伴关系的精神进行合作，以维持、保护和恢复地球生态系统的健康和完整性。鉴于造成全球环境退化的原因不同，各国负有程度不同的共同责任。发达国家承认，鉴于其社会对全球环境造成的压力和它们掌握的技术与资金，它们在国际寻求持续发展的进程中承担着责任。"它的更直接体现是该大会过程中签署的环境三公约之一的《联合国气候变化框架公约》，而该公约的支撑性前提正是世界各国"共同但有区别责任"的原则。依据该公约的第四条，"共同但有区别责任"原则的基本涵义，首先是指"共同的"责任，即当今世界每个国家都要承担起应对全球气候变化的义责，但与此同时，这种"共同的"责任的大小与分担(理应)是"有区别的"。尤其是，西方发达国家要对其历史排放和当前的高人均排放负责，"历史上和目前全球温室气体排放的最大部分源自发达国家"，它们也拥有应对全球气候变化所需的资金和技术(能力)，而广大发展中国家仍以"经济和社会发展及消除贫困为首要和压倒一切的优先事项"。

应该说，《联合国气候变化框架公约》正是基于 20 世纪 90 年代初世界各国经济发展水平、温室气体排放的历史与现实责任和当时人均排放上的成员国(区域间)巨大差异，确定了"共同但有区别责任"这一原则以及得到国际社会主体认可的主流性阐释。那就是，发达国家率先实质性减排，并向发展中国家提供资金和技术支持；发展中国家在发达国家技术和资金的扶持下，采取措施减缓或适应气候变化。1997 年，该《公约》第三次缔约方大会通过的《京都议定书》，把发达国家与发展中国家之间上述"有区别的责任"以法律的形式确定下来，并构成了此后全球气候变化国际谈判的法理基础。但是，这一原则规定及相应的"双轨制"减排方案的缺陷是明显的，表面上看是《京都议定书》本身在责任分担上的"厚此薄彼"，而更深层的原因则是未能充分估计到随着中国、印度、巴西和俄罗斯等"金砖国家"迅速崛起而改变着的世界经济格局和温室气体排放形势。结果，美国从一开始就不愿承认或接受这种"有区别的责任"——小布什政府终未批准这份法律文件，而包括欧盟在内的其他发达国家当它们发现像中国这样的新兴经济体在《京都议定书》第一承诺期(2005 ~ 2012 年)结束后仍不想承担任何约束性的减排任务时，就把关注的重点从第一承诺期指标的落实转向了对条约本身的修改，以达到让发展中国家也尽快参与强制性减排的目的。

2009 年底举行的哥本哈根气候大会的本意，是落实两年前巴厘岛会议达成的《巴厘岛路线图》，即在 2012 年前达成一个《京都议定书》关于温室气体削减的第二承诺期具体方案，但事实上却成为了《京都议定书》第一承诺期后国际社会进一步削减温室气体排放的责任分担与制度设计问题，也就是一种所谓的"后京都时代"问题。国际社会主要集群之间存在着明显而严重的利益与立场分歧，欧盟苦心劝压奥巴马领导下的美国"弃暗投明"，重新成为全球气候变化政治的领导者，而它们又都强烈要求以中国为代表的新兴工业增长国家，开始承担受约束的和可核查的减排责任，与此同时，作为一个新出现的国际社会最弱势群体，即所谓的全球气候变化最脆弱国家，像马尔代夫、尼泊尔和蒙古，则同时要求西方工业化国家和新兴发展中国家切实履行自己抑制全球气候变化的责任与义务。结果，哥本哈根会议在某种程度上变成了工业发达国家、发展中国家和气候变化脆弱国家之间的"立场表白"及其辩护，焦点是《京都议定书》所确立的"共同但有区别责任"原则的主流性阐释及其双轨制框架的存废守舍。西方国家不是把关注重点放在对《京都议定书》减排条款落实的检查评估，而是如何使发展中国家明确承诺具体而且可核查的减排责任，这在发展中国家看来无异于对《京都议定书》的搁置而另起炉灶。最终，哥本哈根会议只勉强达成了一个遭到各方批评的、虚弱的《哥本哈根协议》。

经过 2010 年墨西哥坎昆会议和 2011 年南非德班会议的过渡，2012 年 6 月 20 ~ 22 日，联合国选择了里约峰会 20 周年这一契机举行了"里约 + 20 峰会"。该会议有两大主题，一是总结与反思 1992 年联合国环境与发展大会以来"可持续发展"相关公约及其战略的实际进展，二是倡导与推广欧美国家所青睐的新概念"绿色经济"。对于前者来说，自哥本哈根大会起，国际社会对以应对全球气候变化为核心的共同政治和治理努力的热情与预期已空前降低，因而，各界人士对于这次会议的"成果"并不抱有太大的期望。对于后者来说，"绿色经济"概念前加了"可持续发展和消除贫困背景下"的修饰性限制，可以大致理解为欧美发达国家特别是核心欧盟国家对于广大发展中国家基本利益关切和目前它们自身也深陷经济衰退困境现实的"双重妥协"。因此，在理念层面上，"绿色经济"相对于"可持续发展"是一个次等级意义上的概念，因为后者要涵盖经济、社会、生态和文化的可持续性等更多的目标性内容（尤其是在南非约翰内斯堡可持续发展首脑会议之后）；在实践层面上，"绿色经济"只有解读为实现可持续发展目标的制度、路径与手段探索时才具有实质性积极意义。因而，"里约＋20峰会"也许更应理解为国际社会重聚"可持续发展"目标共识的一种努力，而对于"共同但有区别责任"原则也只是在最一般意义上得到了艰难确认与重申——"绿色经济"对于欧美发达国家来说主要是一个可持续发展的问题，而对于众多发展中国家来说依然主要是一个消除贫困的问题。

可以看出，从里约再到里约，"共同但有区别责任"原则的理论阐释与贯彻实践，呈现为一种多少有些令人费解、甚至矛盾性的图画。一方面，它在外延上不断扩展或"回归"到"可持续发展"目标所关涉的诸多领域（比如，斯德哥尔摩会议通过的《人类环境宣言》中就已强调了发达国家与发展中国家在保护环境问题上的有区别的责任），而这有助于矫正过去数年中国际社会过分局限于"应对全球气候变化"尤其是节能减排这一议题。更为重要的是，"共同但有区别责任"原则的基本意涵已渐趋清晰化。首先，这是一种共同的责任，表现在整个国际社会必须：积极应对全球气候变化等全球性难题；大力倡导绿色的生产与生活方式；努力致力于面向可持续发展的社会与文化转型，等等；其次，这是一种"有区别的责任"，表现在整个国际社会必须认可并体现：发达国家与发展中国家之间的责任区别；大国与小国之间的责任区别；能力强国与脆弱国家之间的责任区别；道德层面与现实层面之间的责任区别，等等。而且，尽管民族国家是主要的责任主体所指，但上述划分也在某种程度上适用于其他行为主体比如国家集团、社会群体或种族等。例如，对于那些生活在极地周围的少数种族或群落来说，更为重要的是人类文化多样性的保存与延续问题，而不能简单用维持生物多样性或生态可持续性，来划定其应对全球气候变化或可持续发展转型上的"共同责任"。正因为如此，尽管美国等极少数国家代表在谈判阶段提出的异议，2012年里约峰会通过的《我们期望的未来》宣言，仍特别重申了"共同但有区别责任"原则对于可持续发展总目标、而不只是应对全球气候变化的适用性和重要性。

但另一方面，"共同但有区别责任"原则在政策意蕴及其贯彻机制层面上却存在着无可置疑的模糊性或"弹性"。这具体表现在：任务的确定及其分配或认领（如何来分担或分享责任？）；任务或目标实现的时间表（何时实现哪些阶段性的任务或目标？）；各国行动的约束性（力度）与自主性（透明度）（由谁来监督谁的实质性工作与进展？）。从表面上看，这三个方面都更多是从属性的（问题是责任的担当方式而不是有无）和技术性的（如何进行可行性操作），但很显然，正是政策意蕴及其贯彻机制层面上的"共识缺乏"，造成了国际社会制度化"共同但有区别责任"原则努力上的"囚徒困境"——谁都希望他方成为违背其现实利益追求的公益捍卫者，或者通俗一点说，"很好，但你先请"。　　　　　　　　　　（郇庆治）

9.18　左翼政党环境转向

指世界各国尤其是欧美国家左翼政党自20世纪80年代中后期开始逐渐调整其传统政治意识形态、试图将社会主义与生态主义的政治理念和主张结合起来的过程（郇庆治，2000）。这些左翼政党主要包括共产党和社会民主党，而在更绿色的绿党政治的影响下，它们的这一"绿化"进程至今仍在进展之中。

西欧共产党曾是国际共产主义运动的重要力量之一，但它们特殊的发展道路、西欧的社会经济结构、第二次世界大战后国际关系的特点等因素，使它们除了短暂的政治活跃期外，基本上是处在一种日趋衰弱的演变过程中，20世纪80年代后期这一特征更加明显。如此一种困难处境，使西欧共产党较早开始了新型社会主义发展道路的政治探索，比如20世纪50年代提出的从主张暴力革命到议会道路走向社会主义、建立符合本国国情的社会主义模式的理论，70年代提出的民主的、人道的、多党制的欧洲共产主义理论，80年代中期以后提出的放弃共产党名称、马克思主义理论基础、民主集中制原则和共产主义社会目标的左翼化政治理论等。这表明，西欧共产党一直在努力实现传统社会主义理想与变化中的社会现实的结合，但这种结合直到目前来看并不成功。

在这一总体背景之下，西欧共产党政治转向和政策调整的重要内容之一，就是对20世纪60年代末出现的生态、女权、和平、第三世界团结等新政治运动的回应与吸纳，开启了共产党的绿色政治转向。一是新政治党转向。这尤其表现为瑞典、挪威、丹麦等北欧各国共产党的情形。这些国家的共产党在本国绿党形成以前就开始了向新政治党的转化，吸纳环境问题并支持环境主义者的要求，在某种程度上演变成了绿色党或环境党。瑞典左翼党、挪威社会主义左翼党、丹麦社会主义人民党，都是由共产党改名或分裂产生的。它们将反对欧洲共同体、反对北约、和平和环境关心等成功地纳入了传统的左翼纲领，吸引了大量来自公共部门和青年阶层的支持者。二是联合成立绿党。这主要是指荷兰共产党的情况。荷兰的政党制度与选举制度，使它较早产生了各政党对环境等新政治议题的适应融合。70年代初出现的和平社会主义党、D66党、政治激进党等，都属于新政治党的范畴，而且分别代表了其中的某个议题方面。这就大大限制了共产党通过政策更新实现振兴的政治空间。1989年，共产党与其他3个左派党（和平社会主义党、政治激进党、新教人民党）合并成绿色左翼，并于1991年宣布解散。三是社会民主党转向。这主要是指意大利共产党等的情况。自80年代初，意大利共产党开始了对环境问题等新政治议题的适应，通过其所属的文化协会创立了环境联盟的团体，逐步改变自己作为工业发展和经济增长支持党的形象。1986年苏联切尔诺贝利核电站事故后，它的环境政策主张迅速明确化。再加上其他方面的因素，1989年12月，意大利共产党正式改名为左翼民主党，宣布将信奉新的纲领，实际上是成为社会民主党。四是共产党的自我更新。这主要是指法国共产党、西班牙共产党、葡萄牙共产党等的情况。这几个共产党坚持用自己的现代化更新应付来自现实环境和自身的挑战，反对对党的基本原则和社会目标做出根本性的修改，但也表现出程度不同的对新左翼主义的接纳。比如，西班牙共产党 1989 年成立了统一左翼联盟（IU），强调绿色议题，吸引了大量对社会民主党政策和绿党组织活动的不满者，已成为国内第三大党；葡萄牙共产党则与绿党结成联盟参加竞选，从而扩大了自己的政治影响。

西欧共产党的政治转向和政策调整，并不只是针对环境等新政治议题展开的，不同的国家也有着不同的情况。但仅对环境等新政治议题而言，绝大多数西欧共产党 20 世纪 80 年代中期以后放弃了自己传统的政治立场而用民主社会主义的观点来审视思考，并将其纳入自己整个的社会政策，而北欧的瑞典左翼党等则已经成为一种新政治党或环境党。因而，不同程度的绿化是西欧共产党演进过程中的特征之一。

从 20 世纪 80 年代初开始，西欧社会民主党也纷纷开展了以政治回应绿色挑战为重要内容的纲领更新，并由此走向"绿化"。尽管它们发起这场纲领更新运动的原因与背景并不相同，其间讨论的问题和最后形成的成果也不一致，但都将环境主义影响的上升作为主要政治议题加以讨论，并试图把这一问题融入其新的纲领。依据西欧社会民主党的地缘关系和对环境问题观点立场的差异，可以将它们大致分为四种类型：一是北欧诸国的瑞典、挪威、丹麦等社会民主党，二是德国社会民主党，三是英国、荷兰工党，四是西南欧的意大利、西班牙社会民主党。

西欧社会民主党在 20 世纪 80 年代进行的纲领更新和随后形成的新党纲及其主要文件中，提出了一系列相对系统的环境政策主张。尽管这些新政策在实施过程中还有着许多困难和不确定性因素，但它们确实标志着，西欧社会民主党借助绿化以实现其政治目标的自身更新有了很大进展。归纳起来，它们包括以下三个方面：一是初步树立了社会民主党的绿色形象。瑞典社会民主党的党纲更新充分体现了这一主旨：将优良环境作为社会民主党主要政策目标之一、将生态关心与传统的意识形态有机结合起来、从环境取向阐释修改经济政策。二是提出和论证了绿色经济增长理论。社会民主党对环境问题新中心地位的认同最关键的是，对经济增长、科学技术和生态环境之间关系做出理论上的阐释与说明，对此，德国社会民主党的纲领更新做了较为成功的努力。三是确立了与传统政治基础特别是工会关系上的积极态度。社会民主党向环境主义的趋近与认同，最先遇到的问题就是代表工人经济政治利益的工会的挑战，而社会民主党与工会大都有着传统的政治同盟关系，许多国家的社会民主党党员与工会成员的身份还是双重的。结果是，各国社会民主党在处理这一问题上采取了日趋超脱的姿态，或者说逐渐采取了积极推行环境保护目标的立场，既坚持了自己的政治革新目标，又维持了与工会的传统同盟关系。

西欧社会民主党 20 世纪 80 年代的党纲更新，尽管在传统政治目标方面没有根本性改变，但却大大推进了政治价值取向、经济环境政策和政党社会基础等方面构成的环境战略更新。这虽不足以改变社会民主党的政治取向，却为它们找到了一个面向新世纪的支撑点。结果，自 90 年代中期开始，瑞典、英国、法国等的社会民主党纷纷重返政府，到 1998 年末，欧盟主要国家除西班牙外已是清一色的中左翼（联合）政府，尤其是随着托尼·布莱尔、里奥尼尔·若斯潘、盖哈德·施若德等新一代政党领袖的出现，社会民主党及其政治进入了一个活跃时期。

此外，以"变革"作为政治口号竞选成功并获得连任的巴拉克·奥巴马，以及他所倡导的"奥巴马绿色新政"，也展现了新一代美国民主党人"与时俱进"的一些绿色元素。就其核心理念而言，奥巴马希望以大力发展绿色经济为抓手，重新铸造美国经济的全球竞争优势，即把美国经济重新打造成一个"岩上之屋"(来自《圣经》隐喻，建在岩石上的房屋要比沙滩上的房屋坚固得多)。他认为，发展绿色经济不仅会增加就业、加快美国经济复苏，还有助于确保美国能源的安全，并能同时满足减少对石油依赖和削减温室气体排放的目标。而从内容上说，"奥巴马绿色新政"可以概括为节能增效(尤其是鼓励汽车节能和绿色建筑)、开发新能源(重点支持太阳能和风能技术研发应用)和尽力应对全球气候变化(通过"巧实力"运用重新掌握全球环境变化政治的主动权)等几个方面的内容。由此可以理解，他上任后不久就提出构建美国负责任的绿色大国新形象。在 2008 年 12 月初举行的波兹南联合国气候大会前夕，奥巴马首次表达了一种不同于小布什政府的积极参与立场。2013 年进入第二任期后，他更是与中国等主要大国积极合作，共同促成了《巴黎协定》的达成和签署批准，成为其执政八年中为数不多的"外交遗产"。　　　　　　　　　(郇庆治)

第十篇

生态文明的文化建设

10.1　文化建设的生态导向

生态导向，是指从生态学的角度思考问题，以生态学为基本原则，将生态学运用到人们生活的方方面面，正确处理人与自然、人与社会、人与经济等之间的关系，协调可持续发展，并结合实际中人与社会、经济、自然之间的关系制定不同的发展方案，这里的"生态导向"不是简单的和自然相结合的概念，而是一个具有哲学意义的思想观念。

文化建设的生态导向作为新定义的概念，包含人与人、人与社会、人与自然、人与经济等，这些都是人生活的生活环境。不只是自然环境，也有经济环境，还有人文环境，人与社会、自身、经济、自然之间的复杂关系都依靠文化建设的生态导向来平衡和协调，其强调的是各个系统和谐的共处，是一个动态的平衡，而不是静止不动的，是人们不断在实践中总结经验的结果。文化建设的生态导向是从传统的工业文明向后工业文明转变，从某种意义上来说，文化建设的生态导向依然是不同于坚持以人为核心的，注重经济建设的，崇尚科技的传统文化，是一种"后工业文化"的概念，文化生态文明导向和专注于人与自然关系的生态文化也存在差异，文化生态导向的核心思想是人与社会、人与人、人与经济、人与自然等的和谐共处，共同发展，尤其追求人与人、社会、自然、经济的和谐统一。

社会总会根据自身的需要对文化做出筛选，这是生态文化形成的现实背景，在社会的筛选下，文化与文化之间也会存在竞争，有的落后文化就会被淘汰，或者在社会的发展中不断被改进，在此过程中，那一部分相对来说较为先进的文化就会被发扬。每一种文化都是在社会的条件下筛选出来的，都有其产生的特定背景作为前提，可以从以下几个方面来讨论文化生态导向的背景，其背景具有一定的现实意义。

生态危机——全球各国重点关注的对象。生态危机不只是自然灾害的问题，它指的是生态环境被严重破坏，使人类的生存与发展受到威胁的现象。生态危机是生态失调的恶性发展结果，主要是由人类盲目的浪费自然资源所引起的，严重的生态危机会危害人类的健康，甚至会威胁人类的生存。生态危机实质是生态系统严重失衡，该失衡状态具有巨大的破坏作用，还具有不可逆的性质。

传统技术创新对经济的单向度追求。人类在时代的进步中不断的自我批评与反思，才领悟到技术创新是一种经济行为，在人类历史的进程中，起着不可代替的作用，它的本质就是追求经济利益，以技术创新为主体的价值取向是其发展方向和运行方式的决定作用。传统技术创新追求的是在较短的时间内创造尽可能大的经济效益，让各个创新主体从眼前的状况出发，满足现实的需求，完全忘记了人类和自然的关系，更没有履行到人类对自然应尽的责任，只是用短浅的目光看到了眼前的一时利益，也可以称人类的这种行为为"维利主义"。维利主义虽然在某种程度上来说为经济的发展起到了积极推动作用，但是这种发展是以破坏环境、浪费资源为代价的，这种推动经济发展的资源消耗和环境破坏带来的损失都不计入成本，为治理环境污染、生态破坏的资金投入都不计入 GDP 的账本上，也不制定任何措施补救，这种发展是不会长久的，不符合可持续发展的战略目标。

生态导向文化——社会持续发展的文化选择。一直以来，我们对人类社会发展的理解都不全面，带有个人主义色彩，其中一点是认为社会一旦出现退步，社会就不会发展了，认为有助于社会发展的行为都是值得提倡的，社会发展都是好的，不会伴随着野蛮、浪费、不公平、不正义的行为出现；第二点是将社会发展和主题发展放在两个极端的位置，认为只有经济发展了，社会才会得到发展，对社会发展的问题没有深入的了解，做事太形式主义，有纸上谈兵的倾向，没有密切结合实际，忽略了社会发展的真正动力，以及如何在不浪费资源和不给环境带来破坏的前提下发展社会经济，即马克思曾经在《1884 年经济学——哲学手稿》中说过"物的世界的增值同人的世界的贬值成正比"。

社会发展与人类的全面发展应表现在对各类社会关系协调度的把握与处理，有助于充分了解并妥善处理自然、经济、社会与资源、环境、发展的关系，推动其获得平衡的发展；由文化的选择来看，人类社会的发展依据文化方式展开，文化属于人类与自然界生存、发展并享受的特殊方式，属于人类活动下的产物。人类进化史决定了人的文化生物属性，不过并未决定属于哪一种文化。基于这个原因，当前的问题并不在于我们是否拥有文化，而是应该拥有哪类文化。我们由祖辈所继承的文化，已开始威胁到人类在地球上的生存和发展。因此，若我们仍然盲目接受该类文化，有可能造成这样的文化传递至子孙辈。基于这个原因，社会持续发展的过程内，文化选择不仅是可能的，且是必要的，而生态导向的文化正是顺应了这种选择。

人类文化进步的新渠道——生态导向的文化。人类文化的进步与创新需要以文化建设生态为导向，以改革作为转变的手段从人类生产生活的各个方面入手。生态文化的建设要从人与人、人与社会、人与自然、人与经济为出发点，在作出改革之前要仔细考虑人和人、自然、社会、经济之间的关系，清醒地认识到处理好这些关系的重要性，首先改变的是思考方式，然后再从生活方式开始转变，而人们清醒的认识、理智的思考方式和合理的生活方式都是为了追求文化的发展，所以生态导向的文化可以看做是人类文化进步的新渠道。

走中国特色社会主义文化道路的表现形式是坚持文化建设的生态导向。中国特色社会主义文化道路是马克思主义和中国的具体国情相结合的产物，是第二次历史性变革的伟大成果，是从中国的实践中总结的经验教训，有三个主要的内涵：第一个是中国特色社会主义是中国的一种优秀文化，具有作为文化的一般属性；第二个是中国特色社会主义是在社会主义性质的社会下孕育的，它代表了中国社会主义的性质也表现了人民当家做主的治国理念和以人为本的社会主义核心价值观；第三个是中国特色即指具有中国特色的文化，包含有浓厚的中国传统文化也有独特的民族色彩，而且中国特色社会主义文化道路是一条创新型的道路，中国遵循这条道路发展，既可以保留自己独有的民族文化，还能对世界文明的进步起积极作用。

生态为导向的文化可以继承和发扬中国传统的民族文化，该文化是中华上下五千年智慧的结晶，其立场是人民当家做主，致力于维护广大人民的根本利益，该文化还具有鲜明的民族特色。生态导向的文化是马克思主义和中国具体国情相结合的产物，符合事物发展的客观规律，具有科学的特性，同时它也是人文文化和科学文化共同作用的产物，该文化代表中国广大劳动人民的最根本的利益，其最终目的是实现全面发展；同时，生态导向为特色的文化是中国特色社会主义和现代化的表现形式，全面对外开放，吸收外来的一切先进文化的精髓思想，并将其融入到本国的文化当中。生态导向的文化为正确处理人与人、社会、自然、经济之间的关系提供了重要的理论依据。所以生态导向的文化更能体现中国特色社会主义的内涵。

生态导向的文化建设有助于促进经济社会协调和谐发展。传统的社会观念认为，要想社会得到发展就要努力发展经济，经济的快速发展是促进社会发展的一个有效的渠道，这样人类的生活质量会得到质的提高，社会的发展会趋于稳定，认为人类的发展必须要充分利用自然资源，自然资源是人类幸福生活的前提和保障，然后再依靠科技创新为辅助，巩固人类的主人地位，换句话来说，就是将社会发展同经济的发展看成了一个等价命题。随着时间的推移，这种错误思想带动的错误行动的弊端日益显现，在巴西等国家，因为一味地追求经济的发展而罔顾社会、自然的可持续发展，导致国内出现了巨大的贫富差距，生态系统遭到严重破坏，随之而来的社会矛盾使统治阶级的矛盾也日益激化。

符合中国发展客观规律的具有生态导向的文化是顺应自然科学的文化，是和中国国情相适应的文化。社会所组成的系统是一个有机的整体，社会的发展也不是一个小任务，而是一个需要全国人民齐心协力，万众一心来完成的整体任务。要将工业文化转向生态文化，生产方式和生活方式的改变是前提条件，生态导向的文化核心思想是在推动社会经济发展的基础上维护人与社会、人与自然友好和谐相处，即坚持"人的生态化"，在此基础上鼓励人们自由的发展。

（赵建军）

10.2　生态文化与文化生态

工业革命的到来，促进了人类生产力的巨大进步，同时也给环境带来了恶劣的破坏性影响，在此之后不到三百年的时间，地球环境受到的破坏程度远远超过了以往五千年。实际上，人类对生态的关注有着悠久的历史，但是如今对生态的关注达到了历史未曾有过的高度。生态文化是人们在不断健全对生态的认识的过程中，在人和生态的思考中结出的文化果实。

以下对生态文化与文化生态分别加以讨论：

生态文化。生态文化指的是在生态价值观念、生态理论方法的指导下形成的生态物质、精神以及行为三方面的文化。生态文化是人、自然、社会彼此和谐并处于动态平衡状态的文化，是自然科学和社会科学的统一体。

生态文化有着悠久的历史，从最初的食物采集、狩猎，一直到后来的农业、工业等，都是生态文化的一部分。不过考虑到历史原因的存在，在相当长的一段时间内，人和生态都是和谐共存的，生态文化因此被忽视，并未发展成独立的文化形态，更莫论成为社会的主流文化了（余谋昌，2001）。工业革命后，生态危机日益显现出来，生态学以及环境科学研究成果不断丰富起来，人们的环境意识开始觉醒，可持续性发展成为各国战略的关键词，在这样的背景下，生态文化迎来发展高潮，和其他文化一并构成了现代文化体系。在人类社会不断朝着生态化方向发展的过程中，人类文明逐渐朝着生态文明过渡，生态文化必将在以可持续性发展为目标的当前社会文化中占据主导地位。

生态文化的重点在于价值观的转变。其出现之前，人们倡导的是征服、主宰自然的文化，而生态文化倡导的，则是对自然的尊重和和平利用，追求人和自然的和谐相处。生态文化的任务需要逐层分解：从制度文化方面来看，需要建立并推行保护环境的机制，避免环境进一步破坏，从社会关系以及体制方面进行革新，为环境保护提供有力的制度保障；从物质文化方面来看，应用新的技术，不断优化能源结构，达到社会物质生产以及社会生活生态化的目的；从精神文化方面来看，让哲学、科学、道德、宗教等朝着对生态保护有利的方向前行，从而在新的时代创造更为和谐的新文化乐园。

总而言之，生态文化的价值主要是为人们更好地处理自身和社会、自然之间的关系提供了新的方法。从这一层面而言，它是生产以及生活的文化，是关系到人类生存的文化。生态学的诞生，让人类文化迎来理性的时代，它不但包括人类对现有文化的反思，对文化行为的重新审视，也包括了对未来文化的期许。值得肯定的是，未来人类文化必然会在生态学理论的指导下，从人与自然和谐共存的角度呈现出新的模样。

文化生态。"文化生态"是从生态角度思考文化后提出的，它进一步健全了人们对"文化"的新认识。"文化生态"指的是文化的形成、延续以及存在的状况（樊浩，2001）。"生态"指的是"生命的存在状态"，它是事物有机联系构成的主体的生命力的外在表现，它彰显出主体内部及主体和环境要素彼此间的联系对主体生命的意义之所在。

文化生态的诞生，可以追溯到美国学者朱·斯图尔德的研究中。他在研究中指出，文化生态学的研究范围，是特定的环境造成的文化变迁，其研究内容有：文化和环境之间的交互关系；文化群落以及环境的构成、分布和发育状况。在进行文化生态的研究时，经常都会提到文化生态系统这一概念，其含义是在一定的地理区域内所有彼此影响的文化体和其所处的环境构成的整体。

简单而言，文化生态是通过生态学方法研究文化的概念，从而揭示出文化所具有的生命体一样的生态特征。从生态学的角度来看，生态是生命体在不断同化、异化的过程中，和周围的环境交换物质和能量的互动关系。生态系统是一定空间中生命系统以及环境系统共同构成的体系。从生态学角度探究文化的法律规律可知，所有的生物都需要在一定的环境下和其他生物以及环境彼此影响，文化也是如此，它也是在和其他文化以及环境的彼此影响下不断超前发展的。

首先，生态文化与文化生态二者的内涵是完全不同的，不能混为一谈。"生态文化"的重点在于"文化"二字。若我们围绕"生态文化"这一中心创建"生态文化学"，它就应该属于"文化学"研究范畴，是"文化学"的分支。若围绕"生态文化"这一中心建构一种思维方式，那么从本质上来看，它应该是人类在碰到环境问题后选择的新文化。这意味着，人类希望利用"生态文化"以从根本上解决自身和自然之间的冲突。

同理，"文化生态"的重点在于"生态"二字。它指的是通过生态学的思维方式，寻找人类文化问题方面的答案。它把生态系统科学当做世界观。文化生态学，是以人类生存的各方面的环境所包含的因素彼此间的作用为切入点，探讨人类和文化的发展历程和规律。人类学家创造性地把该学说纳入到自身的研究领域中来，"文化生态"的概念由此应运而生。所以，支持"文化生态"学说的学者们将人类文化当做完整的生态系统，构成该系统的主要因素是自然环境、科学技术、经济体制等，这些因素彼此间是和谐共存的，它们的内部关系对人类文化的诞生和演变有着重要的影响作用。

所以，"生态文化"学者并没有将"生态"和"文化"当做一个整体，或者说只是认为二者之间存在被动的关系。生态文化揭示出人类以和自然和谐共存的愿望，从本质上来看，这是人类中心主义的表达方式，并未超脱机械的主体客体二分的哲学思维模式的影响。但"文化生态"却把二者当做一个整体来看，认为文化即为生态系统，它的存在使人类的价值观朝着整体的生态世界观方向发展。

当然，二者也有一些共同点，主要体现在这些方面：其一，二者均以生态学理论作为基础；其二，二者均将自然生态的问题延伸到社会、文化以及精神层面，认可人类文化所具有的生态性质，从人类生态系统的角度审视"文化"所面临的问题；最后，二者都从哲学和人类学层面着手探讨生态观，将生态学当做考察人类文化的方法论。

我国要实现可持续发展目标，首要前提是建设生态文化以及文化生态。生态文化建设的任务有：①推进企业生态文化建设，不断发展企业生态文化。企业是市场经济中最重要的主体，承担着一定的社会责任，企业行为会对生态造成直接的、不可估量的影响，需要主动地去维护生态。所以，在建设生态文化的过程中，我们必须从企业生态文化方面着手，采取绿色认证的方法，从法律层面提出要求，约束企业的行为，使企业主加大生态文化建设方面的投入，确保企业的行为不违背生态文化的精神。②利用各种教育和宣传手段，不断健全国民的生态文化知识。学校要开设相关的课程，不断提高一代又一代学子们的生态文化意识。③大力建设生态文化系统。在宣传生态知识的同时，不断研发新的生态技术和产品，健全生态制度体系。全方位地建设生态文化，让生态文化发展的红利能够被国民切身体会到，确保生态文化的功能得到最大程度的体现。④创建为实现生态文化创新这一目的的世界性合作机制。生态文化是一种全球性的文化，它符合各个国家和地区的利益诉求，各个民族都应该主动承担起生态文化创新的重任，各个地区文化要在进行生态文化创新时，以互帮互助为理念，求大同、存小异，改变狭隘民族主义的思想，将生态文化的创新当做一项长期性的重点工作来抓。各国要为生态文化建设方面进行良性的竞争作出应有的贡献。

文化生态建设的工作包括如下几个方面：①给予生态文化应有的重视，在生态文化建设方面投入更多的精力和资源。随着生态危机的日渐恶化，生态文化作为文化体系的重要组成部分，其重要性是不言而喻的。然而实际情况却是，和其他形态的文化相比，生态文化的发展是相对落后的，生态文化建设的负担很重并且难以在短时间内减轻。②主动寻求和其他国家、地区之间的合作，不断消除不同文化关系中隐藏的冲突性因素。任何一个国家或民族，都应该以整个人类的发展诉求为切入点，如同面对世界性的生态危机那样，站在同一战线上，在解决文化生态危机问题方面努力达成一致，加强彼此间的交流和沟通，在平等原则下，彼此融合在一起，突破文化垄断的壁垒，反对文化霸权主义，不能强制要求他国、他民族接受自身的文化价值观。③不断完善制度体系，在民族文化生态保护方面加大资源的投入。在强势的西方文化面前，一方面需要吸收其文化中的精髓，另一方面要从自我保护的立场出发，保护民族文化的生态，避免文化的多样性受损。④采取各种有效的措施，抑制文化垃圾的散播，避免文化污染现象的发生。具体可行的措施有：其一，强化义化管理，及时地处理文化垃圾；其二，对相关的法律体系进行"查漏补缺"，为文化垃圾的处理提供全面、有力的法律保障。

（赵建军）

10.3 生态文明的大众文化和精英文化

当代社会文化正经历着一场深刻的转向，大众文化蓬勃兴起，但无论是大众文化还是精英文化都是在工业化社会中形成的，都受到了社会形态的影响。目前，工业化引发的文化大发展，逐渐超越了工业文明，已经触及生态文明的阶段。生态文明的大众文化和精英文化的影响在生态文明建设中起至关重要的作用。

大众文化是大众创造和使用的文化，它反映着最大多数人的文化心理和取向，是具有最广泛的群众性的文化，我们可以这样定义大众文化，大众文化是以消费为中心，以大众传媒市场流行为走向，以文化时尚为内容，以社会大众为对象的文化样式（刘菁，2014）。大众文化具有以下特征，它是消费文化、时尚文化、多元文化。

大众文化是一种商业性的消费文化。大众文化从诞生之初到发展到现在的水平，都是依托了市场的供求关系，所以其本质特点就是可以供大众消费。所以，大众文化要迎合大众的文化消费需求，紧跟当下的消费热点，利用市场进行大量且迅速的传播，使自身得以消费并创造经济利益。所以大众文化体现的是"消费者至上"的消费文化特性。特别是现在正处于信息化时代，科技革命深深影响了文化发展，具有商品特征和消费性的大众文化已不再是局限于文化范畴内的概念，而是变成了一种经济概念，并创造了"文化工业"。生态文明的大众文化要求在大众消费文化中融入生态色彩，将生态文明所倡导的文化商业化，在市场中迎合消费者，建立自身的市场领域。目前来看，生态文明对科学技术的要求很高，但是若要在大众文化中广泛传播难度很大，需要降低科学技术的专业性，只有将生态文明下的绿色科技产品商业化成为大众普遍需求，才能起到生态文明的大众文化应有的积极作用。

大众文化是一种流行性的时尚文化。大众文化之所以能够在社会上风靡，是因为它紧跟时代的脚步，紧随时尚的潮流。要想赢得市场的喜爱，流行性是必不可少的，也是大众文化赖以生存的生命力，其内涵和形式紧接地气，通俗易懂，更易被媒介认同和传播，也更容易被受众接受。大众文化是一种喜新厌旧的文化，追踪时尚乃至"短暂时尚"，推崇搜新猎奇，看重娱乐宣泄，这些都成为它生存发展的必备营养。生态文明的大众文化应该具备、并且一定要成为时尚文化才能有效促进生态文明的发展，才能使人与自然和谐共存。新时代下，生态问题确实成为了全球关注的焦点，人们普遍意识到生态环境破坏后所面临的严重威胁，所以追求生态已经成了时尚文化，但是生态文明的大众文化应该摒弃其短暂性的特点，生态问题是人类永恒的问题，所以生态文明的大众文化应该逐渐将永恒深入人心。

大众文化是一种庞杂性的多元文化。大众文化的社会复杂性造成了它先天带有自发和盲目的成分。因此，它的内容和形式非常多元化，跟其他文化类型相比更为庞杂。这不仅表现在它的内容五花八门，形式多种多样；也表现在它的质量良莠不齐，鲜花毒草并存，还表现在情趣上的雅俗同在。

大众文化产生并成为当代社会文化发展的潮流，是社会全面发展、综合进步的结果。它依赖于三个条件：一是经济条件。当社会的商品经济较为发达，市场体制发挥其应有的作用时，经济全球化的目标更容易达成，各国的经济文化交流也日益密切。而横向交流中首先和直接的交流就是大众文化的交流。二是政治条件。文化在人们生活中扮演的角色越来越重要，与文化相关的信息也逐渐增多，人们受教育的情况得到改善，文化水平不断提高，所以文化产品的生产和接受也更为普遍。三是技术条件。数字信息技术的发展，大众传播媒介和渠道的形成，使全球形成了信息一体化的传播网络，这种信息一体化不仅是跨地域的跨阶层的，而且实现了富豪与平民、政治精英与寻常百姓在电视和网络面前人人平等。由此，文化朝雅俗共赏的方向迈进（易凡，2008）。生态文明在大众文化中也具有多元性，不同大众群体对生态文明的关注点不同所需要的大众文化便不尽相同。不同的国家、不同的地区、不同的民族等等，都会导致生态文明大众文化的不同，但是我们正是在这种和而不同中前进，因为，最终的目的都是使人类得以永续发展。

大众文化的特点决定了它在具有积极社会功能的同时，也必然存在消极作用，因此对大众文化必须进行有力的、行之有效的价值和舆论的引导，并妥善处理好与精英文化的关系，这是文化发展的战略问题。我们这里所说的精英文化，是指以探求真善美的价值为基本智能的高雅文化，以下主要从创作主体的内容上与大众文化的对照中剖析其内涵。

从创作主体来看，创作精英文化的人更加注重人文精神的传播，更加推崇文以载道的文化观念，因此精英文化更能代表知识分子的主要文化形态，并在当今社会的文化领域有着不可替代的作用。文化精英们对社会倾注的人文责任感和对生活投注的人文关怀给他们的作品注入了持久的生命力，使得精英文化保留了纯文化的特性和高度，得以在历史的长河中屹立不倒。生态文明建设过程中，尤其需要处于思想制高点的精英人士对人与自然的关系的深刻思考及把握，形成极具真理性质的思想体系，为生态文明建设提供理论指导与文化作品。中国自古以来就有生态思想传承，《周易》《论语》《孟子》以及后来的朱熹等都创作了大量的具有生态思想的作品。时至今日，工业革命以来生态问题再度成为了全球学者、哲学家、科学家、政治家关注的热点，社会精英们在引领生态文明先进文化的过程中扮演着重要的角色，创作更多走在时代前沿的作品。生态文明的精英文化具有强烈的人文精神，其作品也更具有负责任的理论色彩，是人类的优秀文化传承及发展。

从创作内容来看，精英文化比大众文化更看重人文价值，更体现忧患意识，更具有悲剧精神，提出了更多的道德诉求，它比普罗大众热爱的文化潮流更为个性化、精致化、理想化。精英文化更多地将重点放在维系当今的社会道德、维持社会的公平正义、维护人民群众的社会良心上。而在本质上它是一种自觉的文化，在全社会确立一种普世的信念，并负责向全社会提供高尚的精神文化产品、向民众传递社会理性和理性精神、确立价值尺度和审美标准。由于精英文化的创作者有较强的社会使命感，并对社会价值的塑造具有责任感，所以他们与世俗大众有一定的距离，在表达和伦理上更为严肃、有个性，所以其创作成果与大众文化相比，也更具历史意义和思想性，更具艺术性和教育性，更能陶冶人的情操，批判当今社会和人性的不足。新时代下的生态文明精英文化更多地来源于社会精英敏锐的洞察力和对生态问题的批判。人们在工业革命以来过分的自信，想当然地以为人类征服了自然，却不知人类也正在自掘坟墓。社会精英们正是对这种狂妄自大与无知予以严厉的批判，在全社会确立生态与人生存相互影响的、相互作用、相互依赖的关系，通过理性思考为社会提供生态文明的精神文化产品，自觉地完成自己的使命为民众传递理性精神、确立价值尺度以及审美标准。

但是，精英文化与大众文化一直都有难以调和的矛盾，是因为精英文化处于大众文化泛滥的包围之中，并且自命清高傲然而立，不能放下"文化精英"居高临下的姿态，如果能够抛弃对大众文化的反感、蔑视，丢掉对绝对精英文化无限惋惜和留恋的"没落贵族式的保守主义"，对大众文化给予真正的认可和必要的尊重，扬长避短，在保持精英文化的前提下，融入大众文化之中，使精英文化真正让大众所能接受，方是明智之举，生态文明的精英文化才真正地发挥其强大的指引教化的作用(王立红，2005)。　　　　　　　(赵建军)

10.4　社会文明的主流价值观

社会文明的主流价值观是一定社会主流意识形态的重要组成部分，是大多数成员在日常生活中所持有的价值观。社会文明的主流价值观对中华民族具有重要的意义，对于凝聚人民的共同信念，树立正确的荣辱观及光荣的宗教信仰有积极作用。社会文明的主流价值观并不是一成不变的，它会随着社会的发展、人民素质的提高而发生变化，在目前这个时代，社会的主流价值观正从工业价值观逐渐向生态文明价值观过渡。在这个关键的时期，我们应该更加关注社会文明的特点以及变化规律，才能建造更加和谐的生态文明。

社会文明是社会发展到一定的阶段所特有的产物，它具有普遍性和特殊性，两个性质各有特色又有相同的部分，不同的国家、不同的民族会孕育出不同的社会文明。社会文明是一个时代先进智慧凝结的产物，在时代的更替中，人民不断解放生产力、发展生产力，不断改革创新，建立了更加完善的社会制度，使之进一步适应社会的发展。这一定义对社会文明做出了合理的解释：一是随着社会的进步，社会的各个历史形态都包含在了社会文明中，包括社会生产力的发展，社会的稳定，社会的公平正义及特定历史背景下产生的社会文化等，都是社会文明不可缺少的组成部分。二是社会文明是历史不断后退，社会制度不断改革完善的成果，它不仅是对人民优秀文化的传承，也为人类文明中消极和积极的部分做出了明确的划分。在人类文明中消极的、野蛮的、落后的行为是不可避免的，但是将这些消极的部分也划分到社会文明当中，显然是不符合客观规律的。三是揭示了社会文明与生产力之间的联系，为理解、学习、挖掘社会文明提供了一个有力的依据，也使抽象的社会文明变得更客观，更加具体(肖陆军和赵昕，2008)。

社会文明具有以下几个主要的特点：①结构性。社会文明的内容丰满，结构复杂(彭曾，2009)。其复杂是人类社会开化和进步所表现出来的各种形态，是人类改造客观世界和主观世界所获得的积极成果的总和，是物质文明、政治文明、精神文明、国家文明和人类文明等方面的统一体，而这些文明成果又呈现出各自独有的特色。②动态性。社会文明不是一个永恒的概念，社会文明会随着社会的发展而不断完善和丰富。社会文明是动态的，会发生量变，随着量变的积累逐渐发展成为质变。质变是指社会文明的阶级发生变化导致社会性质发生根本变化，而产生质变的根本原因是社会生产力的发展程度，社会生产力的发展会改变社会的统治阶级，阶级的改变又进而引起社会性质发生改变，从而推动社会文明产生质变。社会文明的量变和质变有着根本的不同，社会文化发生质变时统治阶级和社会性质会随之发生改变，但是社会文明发生量变时，社会的统治阶级和社会的性质不会发生改变，发生变化的只是社会的制度或阶级的表现形式，会使社会制度更加完善，更加健全，人们的日常行为变得更加规范，这些变化都不会影响其性质发生改变。③世界性。用今天的一个词就是全球化，世界各地的文明相互交流，文化因子相互吸收，和各自的文明相融合，从而变成自己文化中的一部分。这些相互融合的部分，让社会文明不断的进步、发展、完善，也逐渐有了世界性，在这种文化交流的影响下，产生了社会公平正义、社会民主自治等原则。④民族性。不同的民族在不同的环境中生活总会创造出属于自己的文明，这些文明可能是受地理位置、气候环境、人文气息等影响。所以我们认为民族文化都是特定历史背景和现实条件共同作用下的产物，文化传统、民族宗教信仰、区域经济发展水平等都是民族文化形成的影响因素，而每个民族所处的时空和现实地理位置的差异等决定了民族文化的形成历程不同，影响因素不同，所以产生的民族文化也不同。正是由于民族文化的差异，对外开放才成为必然，民族文化成为世界文化中独特的一抹亮色。⑤历史的不间断性，现在的文明是在古文明的基础之上，经过不断地发展，演进得来的，即现代文明在某种程度上可以称作古代文明的辩证继承。每个国家的文明都是经过独特的历史背景发展而来的，其历史对该国的文明都有一定程度的影响，而且该国的历史是该国文明发展的起点，后来的发展是在起点的基础上对该文明进行完善，即"取其精华，去其糟粕"，保留符合客观规律的部分，抛弃落后的、消极的部分，最终形成了本国的社会文明。

主流价值观，主流指的是大多数人所信仰的，价值观是基于人的一定的思维感官之上而做出的认知、理解、判断或抉择，所以，总的来说主流价值观就是大多数人共同认可的主流意识社会的思想形态，社会主流意识形态是主流价值观的后盾，主流价值观具有现实意义，符合客观发展规律。从某种角度来说，在社会各个利益相互制约、社会的权威被大众认同、人民大众遵守法律法规的前提下，主流价值观可以被看作是该社会的主导价值观，它可以引导、带动其他非主流价值观的发展。

主流价值观是大多数社会公民所认可的核心价值观，它具有以下几个特性：

意识形态性。一定的意识形态是主流价值观的形成基础，主流价值观的形成基础是主流意识形态，主流价值形态也在某种程度上反映了主流价值观，它也可以反映社会对主流价值观的要求，所以，在我国主流价值观的建立受到极大重视，要求主流价值观可以反映主流价值形态的发展方向，要建立坚固的社会意识形态就要加大对社会主流价值观的建设。

多维性。主流价值观是对主流意识形态的高度凝练。社会是一个大的整体，人民的生活方式各有不同，占据主流地位的生活方式也是多种多样，主流价值观在社会上的落实形式也丰富多样，比如社会主义核心价值观，被高度凝练成为 24 个字，即富强、民主、文明、和谐、公正、法制、自由、平等、爱国、敬业、诚信、友善，这些价值观在社会的不同地区，不同文化层次的人民被要求的程度也各不相同。有的地区对社会主义核心价值观的领悟较为深刻，文化程度高的，受教育水平高的人对该理论的认识也更为全面。从历史和现实的角度来说，既要传承中华民族的传统美德，又要体现时代精神，既要总结历史的经验教训，也要学会创新；从理论和实践的角度来说，要以科学的理论基础作为指导，紧密联系实际，从实际出发，总结实践经验并不断完善。

大众主体性。由理论来讲，主流价值观和核心价值观在刚开始并不代表广大劳动人民的意志，它产生于领导阶层，代表领导阶层和官方的意志；只有通过一定的手段将主流价值观和核心价值观传播给广大人民群众，让他们了解其内涵并在生活中努力践行它，就可以说主流价值观和核心价值观的主体是广大人民群众。

生活性。价值观是基于人们的感官对外部事物做出认知、理解、判断的标准，它对人们的动机起主导作用。价值观比抽象的意识形态要简单易懂，和人民的日常生活息息相关。价值观可以和各种物质相结合，和生产资料相结合的产物就是意识形态，和人们必要的生存条件相结合就构成了主流价值观。主流价值观是社会上大多数公民所认可的，寄托了人民的各种美好幻想和心愿、表现了人们的七情六欲。

社会文明就是社会一定历史阶段的特有现象，具有时空的特定意义，同时也是普遍性与特殊性的辩证统一，不同的民族和国家有不同的内涵。主流价值观是指一个社会大多数民众即主流民众所信奉或各种价值取向大体一致的价值观，它是由社会主流意识形态倡导和支持，具有现实社会合理性基础的社会价值观念体系。将二者的定义结合我们可以得到社会文明的主流价值观的定义，即社会文明的主流价值观是人类在历史演进的过程中不断地完善自身，并形成了统一的价值取向。

随着时代的变化，社会文明主流价值观会不断变化，在经历漫长的历史演进，我国的社会文明主流价值观不断得到发展、完善，到现在我国的社会文明主流价值观变为爱国为核心的价值观。爱国是一个人最基本的道德情操，爱国不只是一句套话，而应该热爱祖国的每一片土地，维护祖国的尊严，将祖国放在心里的第一位置。爱国既是一个国家的政治原则，也是每个人都应该认真贯彻落实的道德规范，它是中华民族屹立于民族之林的基石，也是民族精神的核心思想。所以爱国是每个人都应该信奉的原则，应该将爱国作为做人最基本的底线，国家是一个人生存和发展的基础，中国的主流价值观的中心思想是集体主义价值观，价值观的问题和利益息息相关，所以可以将价值观问题和利益问题等价，而价值观的核心内容是人和社会之间的关系。社会主义的分配制度是公有制为主体，多种所有制共同发展，正如个人的价值观一样，集体主义价值观是主体，个人主义是次要的，只有在发展个人利益的同时注重他人利益，达到共同发展，实现共同富裕，才能使市场经济又好又快发展。所以市场经济中集体经济是不可或缺的经济形式。最后社会主义核心价值观是最基本的价值观，所有的价值观都要基于社会主义核心价值观出发，这是坚持中国走社会主义道路的基本要求，也决定了我国社会主义的性质而不是其他什么性质的社会。这一社会主义核心价值观的确立是总结历史经验教训的成果，也是增强民族凝聚力和向心力的纽带，有助于构建和谐社会(刘艳萍，2008)。

总之，当代中国的发展离不开爱国主义、集体主义和社会主义等为基础的核心价值观，对中国的发展具有积极引导作用，社会主义核心价值观符合中国的基本国情，符合客观规律，符合中国发展的基本要求，适应正处于社会转型的多种价值观的冲突。（赵建军）

10.5　森林文化

人类文明起源于森林。在人类发展所经历的整个变迁史中，森林都起着十分关键的作用。对于现代人而言，森林似乎是一个陌生的场所，但它却是原始人的生活家园。人类发展的整个历史都在证明，森林是人类诞生和发展的前提，森林的重要性由此可见一斑。1885 年，德国学者扎利思编撰并出版了《森林美学》，揭开了森林美学作为一门学科的序幕。这一著作的面世，在文化学学术界掀起了巨波，森林文化这一文化学分支就是在这样的背景下诞生的。

20 世纪 80 年代末，国内学者发表了一些关于森林文化的研究成果。叶文铠最先给出了森林文化的定义，指出其为人类凭借着森林资源创造出来的一种价值体系，并分别从森林文化是森林对文明的指示物，森林文化是森林和文明的融合物，森林文化是森林对文明的催化物这三个方面对森林文化进行解读(叶文铠，1989)。郑小贤对森林文化的认识建立在对森林认识及其各种恩惠表示感谢的朴素的感情基础上，认为森林文化是人对森林敬畏、崇拜与认识，包括两大领域，即技术领域和艺术领域(郑小贤，2001)。技术领域是指对森林的合理利用而形成的文化。如造林技术、培育技术相关法律法规、森林计划制度、森林利用习惯等。还包括在传统风俗习惯的基础上形成的回归自然与适应自然的思想。艺术领域表现在人们对森林的情感上的认知所创造的各项作品上，包括诗歌、文学、绘画、建筑、音乐、雕刻等。蔡登谷认为森林文化是人与自然、人与森林在长期社会实践中所建立的相互依存、相互作用、相互融合的关系所形成的一种历史现象，是物质文化与精神文化的总和(蔡登谷，2002)。苏祖荣、苏孝同则认为森林文化"以森林为背景的一种文化现象和精神表述"。有些学者还从人与森林环境关系等角度来对森林文化进行定义，如但新球认为森林文化是指人类在社会实践中，对森林及其环境的需求和认识以及相互关系的总和(但新球，2002)。

综上所述，各种对森林文化的定义都各有特点，但是总结起来却有一个共同的特点：即应该对森林文化赋予人格化的意义，森林文化必须把人的活动有机地统一起来。

森林文化有着自身特有的演替规律，目前已经经历了从人与森林本然一体的古代形态生态文化，到人与森林关系异化二分的近代形态生态文化，再到人与森林融洽和谐的现代形态生态文化等三个阶段。在各个阶段中，造成森林文化的因素众多，且又不完全相同，其发展过程呈现出由肯定到否定、再到否定之否定的规律性特征。

原始森林文化。在远古时代，森林就是人类生活的场所，人类的食物，材料等都来自于森林。在那个时代，人类的生产力与认知水平极为低下，生存都面临着巨大的危机。在这一阶段，森林文化的主要驱动因素是物质需求，而对于森林的精神需求尚处于萌芽阶段，各种天灾人祸等也是影响森林文化的因素。

在原始时期，人类对于森林的利用主要停留在比较低级的层次，主要是满足生理、安全的需要，且并没有产生审美等高层次的需要。对于精神层次的利用，主要停留在对森林的原始崇拜，还有少数的以森林为主题的绘画、音乐、舞蹈等。古代人类对生命存在着敬畏，尊重以森林为代表的自然，崇拜森林。原始时期，许多宗教仪式都会在大树或者森林中举行，例如"神树""神林""风水林""祠庙林""社林"等都是这一风俗的体现。到目前为止，一些山区或者少数民族等原始村落都还流传着关于树木、森林的神话故事，以及保留着对大树、森林朝拜的风俗。

农耕森林文化阶段。农耕森林文化包括两个时期，即奴隶社会森林文化和封建社会农耕文化，这一阶段主要使用的是石头，木质等生产工具。在农耕时期，受生产力低下的影响，人类的物质需求仍然是森林文化的主要驱动要素。但是随着社会生产力的不断提高，人类的精神需求逐渐呈现出来，科技教育对森林文化的作用逐渐体现出来。

原始社会末期，人们的生活水平不断提高，人口不断增加，原始的生活方式已经无法满足人们的物质需求，采集农业逐渐向栽培农业转变，原始森林文化过渡到了农耕森林文化。我国在西周时期出现了桑园、竹园、漆园、果圃等人工培育的经济林。随着生产方式的不断提高，百姓生活逐渐提升，已经脱离了生存的压力，因而精神文化需求逐渐出现，森林具有了审美的价值，森林也融入了人们的精神文化生活领域。《诗经》的创作、山水花鸟诗画的出现、茶竹文化的兴起、江南私家园林的兴盛等都体现了人们对森林的精神文化的需求与探索。而造纸术，印刷术，竹简等的出现则推动了森林文化传播的速度和广度。

工业化森林文化阶段。18世纪60年代后，随着蒸汽机的发明，西欧，北美等国家相继进入了工业化时代。人口增加，城市发展，交通运输业不断发达。随着冶金、纺织、制盐、玻璃等主要工业部门的不断兴起与发展，木材的需求量不断增加，木材生产从农耕时期的地域性自然经济进入了资本主义大规模生产的商品经济时代。在工业化森林阶段，社会生产力不断提高，人类对于森林的精神文化需求不断增强，科技教育对森林文化推动的作用更加明显地显现出来。

同时，为了满足大规模商品化森林培育和木材生产的需求，各种科研机构，教育机构纷纷开始建立，从而促进了森林文化的发展（张福寿，2007）。随着木材需求量的增多，出现了木材供不应求的问题和环境日益恶化的问题，为了解决这些问题，出现了木材永续利用的法正林理论。在这个工业化时代，居民的生活水平，各种林业科技水平的提高，使得森林文化被越来越多的人所了解，各种自然保护区、国家公园也应运而生并得到蓬勃发展。当人们的生活水平提高到某种程度，森林提供的物质产品将不能够满足人们的需要这样的话，人们就更会注重森林的生态服务和美学功能，公民的生态保护和资源保护意识将不断增强，工业森林文化将迈入人与森林协调发展的生态文化时代。

森林是大自然的一部分，蕴含内容十分丰富，相当于一本百科全书；森林还是人类物质和精神的载体，森林文化更是丰富多样，而森林文化的内容结构则包括物质，精神和制度三个层面的文化形态。

物质层面的森林文化，也叫表层森林文化，包含两个方面，一是为满足人类生活需要所提供的基本物质产品，二是生产这些森林物质产品的生产方式以及生产手段。如生产手段等，如森林树木、茶果竹药、木竹器具、公园园林等，这些都是以生态系统为基础的，作为森林文化的基础。

制度层面的森林文化，也叫中层森林文化。即针对森林所制定的法律法规，组织机构、相关规定等，这些针对森林所制定的制度是人类社会政治制度、经济制度和社会制度的重要组成部分。

精神层面的森林文化，也叫深层森林文化，是森林文化的核心。指森林文化的理念、道德、审美等，它体现了森林的世界观、审美观、价值观等，从而导致了以森林哲学、森林美学、生态伦理学等为标志的人文林学学科的出现。

森林文化主要有以下五种作用：

唤醒作用。生态危机全球化，使得人们警钟长鸣，并深刻反思以往人与自然的关系以及生活模式。在这种情况下，森林文化的价值就凸显了出来。森林文化的作用就是从文学、社会科学、哲学的角度唤醒森林存在的美学、哲学、文化、历史等价值。

凝聚作用。森林文化具有很强的凝聚力，一旦被人们接受，将会具备很强大的力量。而推进生态文明、建设美丽中国这一社会发展新目标则赋予了森林文化新的历史使命，从而为生态文明的建设提供广阔的空间和奠定良好的基础。

渗透作用。森林文化的渗透力是一种软实力，它根植于中国的传统文化和生态智慧中，森林文化渗透于中国的建筑、文艺、园林、饮食、服饰、风俗等不同的领域中，从而衍生出了各种其他的东西，比如森林旅游、绿色食品、园林园艺等具有森林文化形态的产品以及服务，这些产品和服务则彰显了森林文化的内涵与价值。

陶冶作用。森林文化具有丰富的内容，深厚的内涵，它能够洗涤人的心灵，陶冶人的情操，培养人的情趣，塑造人的品德（阚耀平，2004）。森林的博大与宽厚能够使我们学到很多东西，不同的人能够从森林读到不同的人生哲理，比如，志士读到挺拔独立，贤者读到博大精深，哲人读到从容大度，商贾读到诚信守节，僧侣读到宁静庄严。与此同时，以树木花鸟、园林小品等为题材的传说、传记、诗词、绘画等文学作品，都会陶冶人的情操，提高人的素养，培养我们高尚的品德。

引领作用。文化的引领作用即通过文化改变人的观念，通过观念形成人的价值观，通过价值观决定人的动机，通过动机产生行为。森林文化倡导的各种观念正在潜移默化地引领生产方式、生活方式和人思维方式的转变。而人与自然的关系也将变为互利、共生、共荣。如今倡导的低碳、环保等的理念使得传统工业、传统农业和传统林业，逐步变成生态工业、生态农业和生态林业。当代人的消费方式也已经转变，理性、健康、绿色的消费观念已经成为新的主流，我国城乡的自然生态和社会生态也正在塑造中，生态伦理道德延伸和扩大到传统道德领域，人类应承担起对自然的道德责任，这一观念被人们普遍认同，并且已经深入人心。

（赵建军）

10.6 湿地文化

湿地是地球上很多生命能够不断延续的重要环境，在此基础上衍生出的文化属于一种独特的生态文化。首先，在湿地不断变迁的过程中，各种新的价值和文化持续涌现；其次，人们在应用湿地的同时，也创造出其他形态的文化，比如稻作、盐田、山水等文化。湿地被人为地赋予了情感和色彩，构成人类社会文化体系的重要组成部分。研究和认识湿地文化，能够为湿地的发展奠定更加扎实的基础，让湿地文化在人类发展过程中发挥出应有的作用。

"湿地"这一概念的诞生，可以追溯到 1956 年美国政府进行的湿地普查活动。1972 年 2 月，以苏联、加拿大、澳大利亚为代表的几十个国家的代表在伊朗召开会议，会议的重要成果是就《关于特别是作为水禽栖息地国际重要湿地公约》（简称《湿地公约》）达成了一致。根据这一份文件，湿地指的是自然形成或人工建造的、永久性或暂时性的沼泽地、泥炭地和水域，承载淡水或咸水，以及在低潮情况下水深度不超过 6 米的海水区。

根据这一概念，我们可以从不同的角度理解湿地的含义。规定性含义：湿地地区水的深度不超过 6 米。中介性含义：湿地指的是处在海洋和陆地交界处的区域，在涨潮情况下，其被水所覆盖；在退潮情况下，它变成了陆地也就是半干半湿。整体性含义：湿地是一个局部性的生态系统，但它也表现出整体性的特点，它有自己独特运行的机制，同时，它也和其他的生态系统，比如陆地、海洋等，共同组成了一个大的生态系统，彼此互相影响（李华明，2002）。所以，湿地兼具自为系统以及互为系统的角色，前者指的是它有着独立和自立的功能，后者指的是它和其他系统之间是协同且有序的。湿地是地球生物圈的重要组成部分，它的良好运行是地球水循环正常进行的重要保障，具有调节、贮藏、过滤的功能，因此人们将其比作是地球的"肾"。肾脏是人体最重要的器官之一，湿地对地球的作用非常重要，一旦失去湿地，地球上的水体质量将会不断降低，甚至可能会引发生物圈的退化。多样性的含义：从全球范围来看，湿地的形态丰富多样，其中就包括了沼泽湿地：藓类沼泽、草木沼泽、灌丛沼泽、森林沼泽、地热沼泽等；湖泊湿地：江河中下游平原湖泊、高原湖泊等；河流湿地：各种河流及其所覆盖的河滩、雨水季节被雨水覆盖的草地等；滨海湿地：浅海水域、潮下水生层、珊瑚礁、岩石性海岸、三角洲；人工湿地：水田、鱼塘、池塘、盐田、运河等。由此可见，湿地在人们的生活中随处可见，是人类生存环境的重要组成部分。

以前，人们认为自然生态是不能够产生价值和文化的，湿地生态作为自然生态的一部分，针对它的偏见也是存在的。事实上，湿地是为生物提供生存基础的三大生态系统之一，在它发展和变化的过程中，不断地孕育价值以及文化。湿地和海洋、森林三种生态系统组成了我们赖以生存的地球的生物圈，很多新的物种就是湿地孕育出来的，它也见证了很多物种的进化。所以，从这一角度而言，湿地生态的存在即为一种价值，此即为湿地文化。

这只是纠正上述偏见的一种观点，也可以说是广义的湿地文化的概念。从狭义的角度来看，湿地文化应该是和人类的整个变迁史共同发展的，它和人类之间存在紧密的关联。它是在人们不断健全对湿地的认识、不断利用湿地的同时，在人类和湿地不断互动的同时，对人类的发展施加影响和作用，人类也因此赋予它情感上的韵味。从这一角度来看，湿地文化掺杂着来自人类的元素，是人类社会发展所孕育出来的。

湿地文化由湿地自然生态文化以及湿地人文景观文化共同构成。其中，前者指的是湿地诞生和演变的过程、各种类型湿地的自然景观、湿地多样化的自然生态系统等；后者指的是人类在充分利用湿地等过程中创造出的全部物质以及精神方面的财富。

从形态上来看，湿地文化又可以被详细地分为稻作文化、盐田文化、湖泊文化、山水文化、运河文化等，它们都和人类的生活之间存在紧密的关联。湿地和湿地文化在人们的生活中几乎无处不在，充分证明它具有一定的亲近性。同时，我们也要客观地认识到，湿地及其文化也是蛮荒且充满野性的。除了高山上的草甸、丛林的沼泽之外，大部分的湿地都分布在海拔比较高的区域，比如河流的起源地、中下游低洼地等。这些地区的人口密度都是很低的，将其称之为蛮荒之地毫不为过。但是，正是在湿地附近区域，人类才从渔猎社会进入到农耕社会。纵览人类发展的变迁史可知，四大文明的起源地，都是距离湿地比较近的地区。如今人类社会大部分的城镇，基本上都集中在江河附近的开阔地区，以及湖泊港汊、低洼地等湿地的附近区域。这种选择的根据在于，湿地能够为农村提供水田、鱼塘、河滩等，这是农民进行农业生产活动的重要资源，同时，湿地还能够为城市提供丰富的水资源，这对城市生态系统的运行而言是必需的。

水孕育了生物、人类及其文化。湿地不但承载着生命，而且也是人类心灵以及情感的依托。在不断的变迁过程中，湿地文明得以诞生，中华民族五千年的文明史，可以说是一部湿地文化史（刘海和张军，2001）。河流、沼泽、湖泊在全球的分布十分广泛，是很多物种生存、活动的重要场所，同时还是华夏文明的诞生地。比如，考古学家在长江流域发现的河姆渡遗址，即为新石器时代稻文化存在的最佳证明；黄河流域发现的仰韶文化遗址，是农耕文化的有力证据。各个华夏民族在一代又一代的传承中，不断地创造差异性的文化和习俗，很多具有历史价值的文化遗址都在湿地中延续下来，被如今的人们所发现。

湿地文化的独特性主要体现在这些方面：明显的地域特色。各个地区的自然、历史、社会环境都存在或大或小的差异，由此形成了差异性的生产方式以及习俗。明显的时代特点。湿地文化是人类和自然彼此作用形成的产物，在人们对生态关注度不断提高的过程中，湿地文化深刻地刻上了人类生态文明的时代烙印。创新性。文化总是在不断变化的，它在社会发展的推动下不断发展。在旅游行业不断发展的过程中，湿地旅游事业不断往前，吸引了更多的游客，湿地文化因此而快速发展。脆弱性。湿地文化是非常脆弱的，现代文明孕育出了更为多变、开放、多元的文化，这种文化所含有的很多因素都会对湿地旅游及其产品造成冲击。所以在进行湿地文化相关活动时，必须将关注点放在生态容量上，为湿地文化提供充分的保护，尽量屏蔽外来文化对其造成的影响。

湿地文化的开发利用主要分以下三个方面：

（1）在湿地文化宣传方面投入更多的精力和资源。如今，湿地已经成为生态旅游的重要组成部分之一，怎样避免湿地的发展受到负面影响，是摆在生态旅游部门面前的首要难题。如今，大部分的人们对湿地的认识是不健全的，更别说湿地文化(王建华，2007)，所以，当前最重要的是，在湿地文化宣传方面投入更多的精力和资源，不断塑造保护湿地的观念，普及湿地文化的相关知识，提升生态意识。要实现这一目标，我们可以充分利用各种传播手段，比如电视、广播、网络等，将各种图片、音频、视频等格式的文件广泛地传播出去，不断健全人们对湿度文化的了解，使其更加主动地参与到湿地保护中来。

(2)结合具体情况，不断发展具有特色的湿地文化。在大力开发湿地文化时，我们应该从其特征方面着手，结合具体的情况，比如当地的湿地环境以及经济发展程度打造具有地方性特色的湿地文化。就拿江西省为例，该地区有很多名胜古迹，比如滕王阁、琵琶亭等，因此，生态旅游部门可以在充分考虑这些古迹特点的基础上，研发各种人文产品，从而为当地湿地文化和经济的发展注入有力的动力。

(3)进一步健全相关的管理机构体系。面对如今的生态旅游时代，要在最大程度上发挥出湿地文化的作用和价值，地方政府必须扮演好自身的角色。所以，各级政府相关部门要主动承担其推广湿地文化的责任，结合具体的情况完善湿地文化管理机构体系。在此基础上明确各个机构的权责界限，确保湿地文化的价值能够充分地体现出来。另外，还有一点非常关键，即对湿地文化管理制度不断地"查漏补缺"，从战略层面思考和处理湿地文化的建设，从而为湿地文化的保护提供有力的法律以及政策保障。

(赵建军)

10.7　海洋文化

21世纪是海洋世纪，很多国家都将研究的重点转移到海洋领域上来。面对如今的全球化以及生存关怀的语境，针对海洋文化进行研究具有重大的价值和作用。在建设海洋文化时，应该从文化竞争力以及软环境方面着手，获取更高的文化竞争地位，究其根源，是为了满足人类发展的需求。单就海洋开发领域来看，文化产业是一项朝阳产业，表现出巨大的发展潜力，政府以及实业界人士应该给予足够的重视。

海洋文化是人类和海洋不断互动形成的产物，是构成人类文化重要的组成部分。海洋文化所含有的根本性要素是人和海。简单来说，海洋文化指的是一切和海洋有关的文化，是人类在开展各项生产实践活动过程中，了解、认识、改造、利用海洋并因此形成的覆盖物质、精神、行为等方面的文明。

首先，海洋文化的着重点在于人和海洋的互动关系，它是人类在海洋的影响下，不断努力征服海洋，开展相关实践活动的同时所形成的文化内涵，二者之间存在紧密的关联并彼此影响(曲金良，2009)。其次，海洋文化这一概念中的海洋二字是广义的，它由精神和物质方面的财富构成。在研究海洋文化时必须注意，它的划分并未以地域为依据，并非任何一个海滨城市的文化均为海洋文化，符合这一概念的前提是源于海洋的文化。正如尽管沿海地区的宗教和海洋文化存在紧密的关联，但却并不属于后者；与此相反的是，很多在远离海洋地区建造的妈祖庙或天妃宫，是人们为海洋信仰所建造的，因此属于海洋文化范畴。

海洋文化是一种独特的人类文化，因此它延续了人类文化的很多共性，但同时也有一定的独特性。这种独特性，是相对内陆文化来说的。就我国来看，学术界在内陆文化方面有着更加久远的研究历史，海洋文化方面的研究成果非常有限。整体而言，海洋文化所表现出的特征有地域性、外向性、开放性和商业性。

地域性。有些文献将其称之为涉海性。和内陆文化相比，海洋文化最大的差异在于它的诞生和发展都和海洋存在紧密的关联，没有海洋这一前提，海洋文化是无法诞生的。所以，海洋文化表现出显著的地域性特征，涉海是它本质的特征之所在。

外向性。有些文献也称之为扩散性、传播性和交流性。全球的海洋是连为一体的，人们在开发利用海洋的过程中，充分利用各种海洋交通工具，不断地扩散，促进各地习俗、观念的交流和碰撞以及各种产品的推广，海洋文化就是通过这种方式不断地扩散的，不同地区的海洋文化因此互联互动起来。

开放性。有些文件也称之为兼容性、多元性。任何一个海洋国家都难以真正地实行闭关锁国的政策，海洋将全球的陆地和岛屿连接起来，它是开放的体系，在海洋上不断地交流和互动，各个海洋国家的海洋文化都表现出兼容并蓄的特征。

商业性。也就是利益驱使性。古代的中国，是典型的农业文化社会，政府大力支持农业的发展，严重忽视了商业，甚至对其进行打压，国内的海上交往坚持的是和平政策，这和西方的殖民文化有着本质性的区别，然而在沿海地区，海上商业贸易依旧是海洋文化的精髓之所在，"海上丝绸之路"即为最好的证明（柳和勇和叶云飞，2007）。来自欧美地区的很多海洋国家，其海洋文化充分凸显出商业性以及牟利性的特点。

当然，海洋文化和内陆文化的差别并不仅仅体现在上述四个方面，还有很多学者认为，海洋文化的独特性特点还有冒险性、开拓性、民族性、壮美性等。

任何文化的内容都是丰富多彩的，海洋文化也是如此，作为一个整体系统，它主要包括了物质、精神、制度、行为方面的文化。因此，我们可以将其分为四类。

其一，海洋物质文化包括所有和海洋元素存在关联的物质产品，比如海港以及海洋城市、渔民生产生活、渔业服饰、海洋工艺品、海洋庙宇、海洋旅游景区建设等。

其二，海洋制度文化指的是和海洋有关的政治、经济、法律和生产生活方面的制度。

其三，海洋精神文化，它指的是在上述两种文化的基础上诞生的和意识形态有关的文化，是人类了解以及改造海洋时养成的普遍性的习惯以及大众性的经验，主要指的是和海洋存在关联的价值观、伦理道德、宗教信仰，以及各种艺术，比如文学、诗歌、舞蹈等。

其四，海洋行为文化，它指的是人们在不断地和海洋互动时，逐渐产生的生活方式、行为习惯等，具体来说主要有妈祖祭典、海洋文化节、休渔节等。海洋文化还可以发展成产业。

海洋文化产业指的是人类和海洋互相影响的过程中创造出的物质和精神方面的财富，前者主要包括了各种物质文化资源，后者主要包括了语言、习俗、信仰、艺术等。人们不断地开发海洋产业，优化海洋产业结构，使海洋第三产业产值大幅攀升，为海洋文化产业的发展注入了有力的动力（张开诚，2010）。海洋文化产业不断向前发展，为海洋产业带来各种资源，同时为海洋产业的发展提供了助力。特别是海洋文化旅游产业，在整个海洋产业中的占比很高，它的发展程度，在很大程度上决定了海洋产业的经济实力，因此，它是优化海洋产业结构，实现整体产业长期稳定健康发展目标的着力点和突破口。

海洋文化是海洋经济发展的重要基础。佩鲁在其研究中指出，无论是发展目标还是发展环境，都和文化环境存在紧密的关联，"任何脱离文化环境而设立的经济目标，最后都是无法实现的，哪怕是拥有最精妙的智力作为前提。缺乏文化基础作为支撑，所有的经济概念无法获取完整的思考。"人类在利用海洋的过程中，持续地进行海洋文化的创造，海洋经济的发展，依赖于具有人文特性的海洋文化，没有文化作为基础，经济发展目标是无法实现的。

海洋经济发展所需的智力、精神支撑和价值取向，都来自于海洋文化。首先，受到海洋文化影响的人们，往往都表现出强烈的开拓精神，内心存在不甘现状的心态，勇于去冒险，这些精神体现在沿海地区人民的行为的各个方面，这是海洋文化最根本的特征。我国开始实施改革开放政策后，沿海地区的经济发展速度一直让内陆地区望其项背，省级单位GDP排行榜前几位长期被沿海地区的省市所霸占，从表面上来看这是因为沿海地区拥有得天独厚的地理和海洋资源优势，但根本的原因在于沿海地区人民的精神中富有更强的拼搏性，这也直接证明了海洋文化对经济发展具有促进性的作用。充分利用各种海洋资源，开发海洋，我国沿海地区的政府和人民早已认识到这一点。其次，海洋文化能够使国民的海洋意识和观念朝着正确的方向发展，使其能够为经济发展作出应有的贡献，探索符合我国国情的海洋经济发展模式，为尽快实现社会主义社会的美好目标而努力奋进。最后，海洋文化能够为经济发展提供法律以及科学方面的保障。随着学者们在海洋研究方面投入更多的精力，各种海洋新技术不断涌现，和海洋有关的法律体系不断走向成熟和完善，海洋人才队伍逐渐变得更加充实起来，为经济的发展注入了有力的动力（张开城，2010）。归纳来说，海洋文化为海洋经济的发展提供了精神、智力方面的支持，确保海洋经济能够朝着正确的价值方向前行。

海洋文化同样属于文化资源的范畴，它是人们努力发展经济的着手点。海洋文化包含的一系列的物质、非物质方面的要素，为沿海地区旅游以及其他相关海洋文化产业的发展奠定了扎实的基础。我国的海洋文化经历了几千年的变迁史，在此过程中孕育出各种各样的海洋文化景观，这都是我国海洋旅游产业发展所需的重要资源基础。在过去的几年间，滨海旅游产业产值保持稳定增长趋势，2011 年为 6258 亿元，同比提高 12.5 个百分点，在12 类主要海洋产业中的总产值中的占比为 33.3%，海洋旅游业是我国海洋经济的支柱性产业。我国沿海地区分布着各种各样的海洋文化资源，如果这些资源能够在开发的过程中得到充分的利用，必然会释放出可观的经济价值。

（赵建军）

10.8 生态科技

科学技术是第一生产力，人类的文明正是借助科学技术的力量才日渐辉煌的。在物质文明的建设中，科学技术表现出了极大的推动作用，这一作用同样出现在精神文明和社会文明的建设中。同理，生态文明一样离不开科学技术的力量，尤其是现代高科技。在生态文明建设中，配套的科技体系是否跟得上，对于生态文明的发展现状、发展方向与成功几率大大相关。所以，扮演着如此重要角色的科学技术应该如何与自然、社会和人类协调发展，应该怎样更好地造福于生态文明建设，就成为了当下十分重要的课题。落实生态科技观，走生态科技的发展道路是解决环境危机、实现人与自然和谐的关键，也是为生态文明建设提供强力支撑的必然选择。

所谓生态科技，是用生态学整体性观点看待科学技术发展，把从世界整体分离出去的科学技术，重新放回"人—社会—自然"有机整体中，将生态学原则渗透到科技发展的目标、方法和性质之中，以协调人与自然之间的关系为最高准则，以不断解决人类社会发展与生态环境保护之间的矛盾为宗旨，它追求的是生态经济综合效益，即经济效益最佳、生态效益最好、社会效益最优的三大效益的有机统一，其最终目标是社会的可持续发展。体现在以下四点：

（1）自然生态化。指的是利用生态科技增强节约资源、保护资源、开发资源的能力；做到有效利用、减少消耗；促进人与自然的协调发展、平衡发展，不再将人和自然放在对立面上；真正实现人与自然的和谐统一，"天人合一"。

（2）经济生态化。指的是利用生态科技对经济发展的辅助作用，促进经济全面、协调、可持续的发展；促进经济发展的速度、结构、质量及效益的和谐统一；实现经济增长方式的转变和产业结构的优化升级；改善区域和城乡经济发展不协调的状况；从内部促进经济发展的独立自主，从外部增强经济的国际竞争力。

（3）社会生态化。指的是通过生态科技促进社会的文化、教育、政治等与经济共同发展；控制人口数量，提高人口素质；使社会发展与经济增长的步伐相协调；促进人与人的和谐交流、和睦相处；维护社会的公平正义，建设民主、有序、进步的生态型社会。

（4）人的生态化。指的是通过生态科技实现人类个体精神与物质的互相促进；促进人文精神的发展；促进人类自由而全面的解放和发展，并适应经济、社会和环境的最新发展态势；使人民拥有更加健康的体格、更加良好的生活、更先进的观念、更高的道德水平和综合素质。

研究生态科技应遵循的四条原则：

（1）生态科技强调多目标发展。生态科技不局限在追求经济效益上，更要求创造生态效益和社会效益。生态科技的基本原则即是多目标发展，这也使它和其他传统科学技术有根本上的区别。

（2）生态科技强调协调发展。生态科技观可以改善人们在建设生态文明的过程中曾出现的人与自然、科技与社会关系不协调的情况，使人类、社会和自然的总体利益得到协调发展（刘坤等，2002）。协调发展是生态科技的核心原则，它是实现生态科技的根本保证。

（3）生态科技强调可持续发展。要实现可持续发展，首先要使人和自然能够全面、协调发展。要实现二者之间的协调关系，就要依靠生态科技机制的建立。人类应深入了解资源和环境的承载力，依托自然规律来进行经济社会建设，而在此过程中，生态科技可以为人类的决策提供助力和依据，帮助人们制定合理的发展政策，强化政策的实施。

（4）生态科技强调以人为本。唯有实现人的生态化，才能建设自然、经济、社会协调发展的新文明。所以生态科技同样要求以人为本，基于实现人类全面、自由发展的目标，在内部鼓励科技人才的培养和自主创新，以使生态科技跨越式发展，在外部与国际社会积极竞争合作，通过内外结合让生态科技真正造福于人类社会发展。

研究生态科技发展，应注意的四条对策：

（1）转变传统的科技观念，树立生态科技发展观。目前出现的生态与环境问题看似是人和自然之间的关系出现了问题，实则是人类以自我为中心的价值取向及科技决定论等根本原因造成的。所以现在首要的任务就是改变传统的科技观念，树立新型的生态科技观念。科技的创新发展也应该走生态化的道路，人们应该从原有的征服、改造自然的观念转变到人与自然协调发展的新型观念，以实现人与自然的和谐，解决现存的人类经济社会发展和保护生态环境之间的矛盾，实现生态保护和生态化发展。以此为目标的生态科技产业才是既能实现可持续发展、又具有生态伦理意义的第一生产力。

（2）坚持以科学发展观为指导，促进生态科技的健康发展。科学发展观是 21 世纪初我国提出的一种新的发展思路，是我国从新的哲学视角提出的人与人、社会、自然协调发展的战略思想，它影响了我国经济社会生活的方方面面。科学技术是人类社会实现可持续发展的基础和关键，是先进生产力的主要标志和集中体现，要落实科学发展观，需发挥"科技是第一生产力"的作用，科技本身作为生产力，首先就要保证科技是科学发展的，生态科技正是科技科学发展的体现。应以生态科技为努力的方向，促进人类、生态与经济社会的和谐发展。

（3）完善生态科技的制度建设，全面激励科技创新。生态科技对于建设生态文明来说有必不可少的作用。要实现经济、社会、环境的协调发展，走可持续发展的道路，就要让科技创新转向生态化，顺应可持续发展和生态文明的要求。但科技创新生态化的作用范围广，且投资大，风险高，导致企业生态技术创新缺乏动力，依赖市场调节有难度，因而它需要政府科技政策的导向和宏观经济政策的激励，建立适应生态科技要求的经济制度与管理制度。

（4）构建完备的生态科技法律体系。现代科技是法制的科技，依法组织和管理科技是实现科技与人、社会和生态环境协调发展的一个根本保证（潘岳，2006）。为了控制科技发展对人类、社会及环境造成的负面影响，真正让科学技术服务于生态化发展，我们既要构建生态科技的法制体系并将其完善，又要对重点项目的研发和应用进行法律监控。

（赵建军）

10.9　生态文艺

如今，人类社会逐渐从工业社会过渡到生态社会中，由此导致传统文艺学逐渐转变成生态文艺学。生态文艺学的诞生和成熟，将其巨大的理论发展空间呈现出来。它让人们对诗意生存的需求变得更加旺盛，不断地探求人和自然和谐共处的合理性以及目的性。生态文艺理论让人们充分体会到思想能够带来的快感以及理论所具备的活力，并且为文艺作品的赏鉴提供了全新的视角。

在人类的诞生和发展的过程中，始终伴随着文化、文学的发展，生态文艺也是如此，我们可以将它理解成人类不同层次、不同角度的历史性存在的独特性表现形式，它能够通过艺术将人的本质呈现出来。生态文艺探讨了文学艺术和生态系统之间的关系，不过任何涉及人的生存状态、刻画人和自然的对话，呈现精神生态的艺术以及相关的作品都属于生态文艺的一部分(鲁枢元，2000)。

人在开展实践活动的过程中，有可能会和自然生态渐行渐远，而生态艺术的主要功能之一，是缩短二者之间的距离，避免极致的理性主义导致人性不断走向枯萎，治愈社会生存危机给人类造成的伤害。生态文艺的重点在于：人的生存的"和"是生态化的"和"，是生命的动势孕育出的"和"。和谐生存将人的诗意性生存展示出来，让人们在诗意的生存实践中体会到自身存在的价值和意义，在和其他个体共同生活的过程中感受生命的自由。生态文艺不但要对整个人类进行动员，从而塑造精神生态的平衡机制，并且还要促进富有活力的精神生态的健康性生存结构，为人的生存注入更有力的动力，赋予其更为充足的诗意性和魅力。

生态文艺的实践目标有四个：

第一，生态文艺必须避免技术理性走向歧途，成为革除异化的有力工具。在人类不断认识和改造自然的过程中，在人类不断发展和演进的过程中，技术起着积极的作用，为人类文明的发展不断输送动力。然而并不是任何问题都是技术能够解决的，并且技术也有它的弊端，它会导致异化现象的出现。因此，在技术时代，人们经常会感受到心有余而力不足，充分证明，单纯的技术文明无法证明人类存在的意义，技术不能够将人的价值的本质揭示出来。生态文艺这种能够润化生命的艺术形态，它不但能够将人们引向技术理性无法导向的以生存意义为主题的思考，并且还能够让不再存在的感性失而复得，帮助人们摆脱欲望和理性的畸形导致的人性失衡，并且能够为科学和技术打造良好的实验场所，通过这种方式和作用，弥补人和自然生态之间的裂缝，保持家族甚至整个人类的和谐存在。在将来形态的生态文艺体验状态下，自然生态让局限于技术思维的人开辟出新的思考方向和道路，感召主体的感性思维，为人的身体注入活力，刺激人的内心生态审美感受，使生态性存在成为人类最期望的生存方式。

第二，生态文艺是以生命经验为方向，帮助人类达到优存生态状态的一种体验形式。生态文艺是现实性艺术体验和创生生命的精神活动，同时也是审美的境界，激发人们去追求良好的生存状态。在将来的生态文艺活动中，人们不断地体验生命的活力，去感受一条条鲜活的生命，在不断的体验中，将生命的污浊之处剥离出去，让冷漠的心灵重新感受到温暖，让生命恢复到本来的状态，让人的生存关系和生态存在关系融为一体。这"不仅仅是从伦理方面确定人类和自然二者的生存价值的关系，更关键的是从体验性以及生存活动方面认可这种关心是人的基本存在关系，甚至将人的存在当做生态性的存在，人的生命活动不但是自身的，同时也是一种生态性的活动"(盖光，2004)。要揭示出生命内在的、隐藏的本质，人必须充分地融入到生态性的存在关系里面，也只有这样，生命的意义才能被人所感受，人类才能进入到优存的境界中。未来形态的生态文艺，能够让人们更加关注和尊重任何生命的存在，拨开世俗以及功利的阴霾，探索生命的美之所在，并予以充分的保护，不断创造生命的美，引导人们通过心灵去感受自然生态的活力，掌握处于持续动态变化中的生命律动。

第三，生态文艺是深化生命自由精神、独立且完美人性观念的必经途径。生态文艺的意义，是不断巩固人们对生命的信仰以及热爱，但这必须是生命真正融入到人与自然的生态和谐关系中的信仰和热爱，不是和自然生态站在对立面上的人类的纯粹的主观欲望；生态文艺能够弥补人和社会、自然，甚至是人和人之间关系的裂缝，从而使用多层次的自由和和谐能够共存。生态文艺，是可以丰富人的精神、赋予其更多灵性的活动，它能够让审美的精神特殊性得到恢复，帮助审美突破宗教、传统、道德等的束缚，超越传统的认识方式以及理性的控制，让审美从手段变成目的，从而将生命的真正的美感完整地呈现出来。如今，学者们在围绕"新的美学原则"这一课题下进行日常生活审美化的争论，弥补认识美学研究学院化倾向的缺陷，原因在于它能够使美学变得更加"接地气"，把超脱生活现实的形而上的思辨拉回到生命的本身，从而通过形而下的方式，将人们的关注点转移到日常生活的细节上来。然而如今，生活逐渐朝着审美化方向发展，呈现出技术工艺化和人工化的倾向，导致日常生活的审美变得更加装饰性、人为性，变得更加标准化，人们不断地进行创新，以新的艺术和美的形式进行包装，其中潜藏着某种隐形的视觉暴力，而且充满了各种欲望，受到消费的奴役，总是被技术、商业、资本以及政治所操纵，审美和自然生态的质朴之间的距离不断被拉大，缓慢地剥离人的生态性躯体以及心灵，导致人的生态性生存的面貌被改变。而生态文艺的审美期待，是不断地缩短审美和生活、生命之间的距离，从而实现日常生活的生态性美化。完美的人性，不但能够通过不同个体之间的关系，而且也能够通过人和自然的关系呈现出来，生态文艺就是要从这点上入手，不断刻画出完美的人性。

第四，生态文艺必须让人们摆脱欲望的束缚，从而超越现实的存在，实现心灵的升华，获取精神超越的生态审美体验。生态审美体验能够让人们对其他的生命给予更多的尊重，掀去遮挡在人们眼前的世俗和功利，从而探求真正的生命之美，并为其提供保护。在生态审美体验的过程中，人们能够无限于有限，通过有限寓无限，摆脱现实的束缚，缩短和无限之间的距离，通过这种方式达到"万物皆备于我"的状态，赋予人生更加充实的意义。生态文艺可以让审美主体得到非中心化的审美体验，将来层面上的生态文艺即为将人和社会带到光明中，这是对现实的超脱，是在广度和深度上对生命进行的拓展和延续。

生态文艺的建设方法有三个具体实践：

第一，对于审美的生态文艺而言，生态系统实现最高价值后，自然就会摆脱对人的依赖，从而形成自己的体系，重获自由，成为独立的灵性整体，然后在该基础上建立和人之间的关联，将人和生态双向对象化。从这一层面来看，自然并非是人们借景抒情的客体，不是人们发泄内心情感的对象，是具有自由性、开放性特点，可以吐故纳新，和人类沟通的有生命的对象，呈现出能够让万物苏醒的大美、生命的野性。生态文艺能够把自然和万物交流的特征揭示出来，不再将其当做以人类为中心的环境，而是不断挖掘它和人类的差异点，对其进行刻画，最终呈现出自然的整体性的美，对该整体进行内化，让自然能够在独立于人的前提下和人类构建更加真实、丰富、精妙的关系，从而在更高层次上将文艺表达出来。

第二，如今的生态文艺的重点放在生态危机的客观思考上，人们跟踪关注生态冲突这一现象下隐藏的人性矛盾，不断地对各种破坏环境的行为进行谴责，同时将批判和想象的诗意拓展到人类所需的深层次领域。直接面对碰到的各种问题，把生态保护和生存需求、生态意识等结合在一起。将人们的关注点从生态表层问题转移到生活状态的反思上来，从而调整不合理的传统伦理观，从生态方面着手，对生态进行理性的控制，让人们充分体会到生态危机即人的危机，是个人以及整个人类面对的危机，从而揭示出现代生活的本质以及规律，最终将社会美和自然美统一起来。

第三，营造生态审美观以及生态理想人格。生态文艺会从生态道德、情感等方面着手，引导人们不断地反思自己的观念以及行为，不断朝着生态美理想方向前行。从文艺的表现来看，生态理想不断拓展到丰富思想、升华境界、创建人生目标的关键地位，重新设计人们对生活方式、伦理观念、审美表达的心理图式，从更加理性的角度，塑造生态价值观以及审美观的社会。从生态文艺作品的角度来看，以往的征服者，以物质占有量论英雄的观点被慢慢地解构，人们更加追求和崇拜的是拥有高尚情操、对其他生态者给予关怀的英雄(季芳，2009)。

(赵建军)

10.10　生态教育

生态教育是一种顺应自然的人性的教育，是全社会自觉形成的一种人生态度，它是一种终身教育，其目的是为了实现可持续发展。具体来说，生态教育(ecological education)是人类为了实现可持续发展和创建生态文明社会的需要，而将生态学思想、理念、原理、原则与方法融入现代全民性教育的生态学过程。

20世纪四五十年代以来，随着第三次科技革命的出现以及全世界市场化和工业化的加深，人与自然的矛盾逐渐凸显，具体表现为从局部到整体、从地区到世界的大范围性质的生态危机。表现形式为全球性的气候变暖、生物多样性的退化、土地资源的退化以及荒漠化甚至工业酸雨、用水资源短缺等。地球的生态系统具有一定的自我调节和恢复能力，一旦人类造成的生态灾难突破了地球自我修复的极限，那么，所造成的后果将是严重的，人类甚至会像地球其他消失的物种一样，面临生存的威胁。

许多生态学家呼吁，目前，我们地球的生态系统正在面临空前的威胁，并且大有恶化的态势，已经威胁着人类的生存和发展。因此，联合国教科文组织和环境规划署高度重视生态环境的保护，试图通过教育途径从根本上提高人们的环保意识。在此背景下，联合国环境规划署和教科文组织在生态及环境保护、教育方面召开了一系列的国际会议，其中1972年斯德哥尔摩联合国人类环境会议、1975年第比利斯政府间环境教育会议、1982年内罗毕会议等，为全球生态教育的发展起了极大的推动作用。1992年6月，联合国环境与发展大会在《21世纪议程》中强调，"教育促进持续发展是非常关键的，它能提高人们对付环境与发展问题的能力"，把生态教育提到了相当高的程度。伴随着生态危机的蔓延和加深以及生态经济、生态科学、生态文化等的兴起，生态教育正朝着全民教育、终身教育发展，生态教育的新时代已经到来。

生态教育内涵非常丰富，可以分为社会教育、专业环境教育、在职环境教育、基础教育四类(姬振海，2007)。理论界对生态教育的认识不尽相同，有学者认为，生态教育是以生态学为依据，传播生态知识和生态文化、提高人们的生态意识及生态素养、塑造生态文明的教育(黄正福，2007)。也有人认为，生态教育是指按照生态学的观点思考教育问题，旨在充分发挥教育在应对生态危机中的作用，为人类的生存与合理发展寻找道路。尽管理论界对生态教育存在着多种不同的解释，但仍然有一些共性的东西。从总体上看，生态教育包括以下几点(刘静，2010)。

一是以社会公众为教育对象。社会公众主要包括个人和各种社会群体，他们是生态文明建设的直接实施者和受益者，其行为将在人类社会生活的各个领域和各个方面起到决定性的作用。因此，良好生态环境的建设是千千万万人的事业，需要每一位社会成员的参与，同时也必须调动全社会的力量，充分发挥人民群众的主动性、积极性和创造性。

二是以家庭教育、学校教育、社会教育为主要方式。开展生态教育，家长应该重视和掌握生态教育内容，在家庭中形成重视生态教育的氛围，使家庭中每个成员在耳濡目染中树立生态意识，并在工作和生活实践中自觉践行生态道德行为，养成应有的生态道德素质。学校作为育人的场所，应将生态教育纳入学校教育的内容。学校进行的生态知识教育使生态学的准则成为学生的行为规范，生态教育赋予这种行为规范以道德伦理意义，唤起学生的良知与信念，使二者紧密结合。此外，还要运用社会教育，通过广播、电视等新闻舆论工具，激发社会公众参与生态保护的热情和责任心，形成生态教育的浓厚氛围。

三是以生态道德教育、生态知识教育、生态实践教育为重点内容。生态教育中不仅考虑让公众获得知识，而且更要注重公众获得情感的体验、技能的掌握，从而促进公众生态道德的发展。不仅帮助公众理解人类与自然之间的鱼水关系，而且更要注重教会公众一些保护环境、保护自我的方法，端正对待周围事物的态度，从而使公众的情感受到感染，学会思考哪些行为是有利于公众的，能够克制自己以及拒绝做不利于生态平衡的事。

实施生态教育有以下三点意义：

第一，生态教育是提高生态意识、塑造生态文明的根本途径。当前我国公众的生态意识淡薄，主要表现：一是公众在生态意识发展与生态现状认知之间存在着严重的反差，即公众对短期的、小范围的、与自身关系密切的环境卫生问题了解度和关注度高，而对长远的、广泛意义的环境保护问题了解度和关注度低；二是公众没有完全把握生态保护的真正内涵；三是缺少民间组织的环境保护机构；四是生态意识中的错误心理，即地球这么大，我们少排放一些污染物，环境也不见得好起来。通过生态教育，培育公众的生态意识，改变公众错误的生态观念，继而引导公众在更广的范围和更深的意义上参与生态管理。随着生态意识的逐步深入人心，公众对生态问题的认知也会加深。因此，要通过实施生态教育，充分调动公众保护和改善环境的积极性，增强公众保护环境的意识和责任感。

第二，实施生态教育是我国经济可持续发展的现实要求。据国家环保部发布的全国环境质量报告显示，我国空气污染、酸雨等环境污染现象极为严重，经济增长对资源的消耗已超出了生态环境的承载能力和自我恢复能力。这不仅直接危害人民群众的身体健康，而且严重制约经济社会的可持续发展。要使我国的现代化建设持续健康地发展下去，必须要对公众进行环境教育和人与自然的教育，并在实践中加以重视；通过对人们进行生态知识、生态道德的长期教化和引导，使人们自觉养成热爱自然、善待生物、保护环境的生态意识；让全体公民认识到我国资源环境的压力，培育公民节能降耗意识、生态保护意识，走节约利用资源、保护生态环境的生态发展之路。因此，大力加强生态教育，培育公众的生态意识，更好地处理人与自然的关系，是促进经济社会可持续发展的必然要求。

第三，生态教育状况和质量是衡量一个国家文明程度的重要标志。为解决日渐严重的生态问题，世界绝大多数国家都先后设立专门机构，采取经济和立法及技术手段保护自然生态环境，其中，英、德、美、俄及南非等国较早地开展了卓有成效的生态教育，生态保护和环境治理成绩显著，从"寂静的春天"已变成鸟语花香的人类家园；而另一些国家由于忽视或放松公民的生态教育，人们生态知识贫乏、生态意识淡薄，缺乏参与生态建设的意愿，人们存在观念偏差和行为不当，这逐渐引发了一系列具体问题，最终体现于生态环境恶化。由此，我们不能不承认：一个没有生态教育的民族是可悲的，也是可怕的。

实施生态教育应注意四点：

第一，完善生态教育体制。生态意识的培养并不是一朝一夕就能完成的，培养新世纪的人才必须把这一任务作为一个系统工程来抓。建立完备的生态教育体制，应坚持全面、发展和联系的立场，使公众从整体的角度培养生态意识，获得系统的生态知识以及适应现实变化所需要的思维和观点，从而能够在实践中正确思考和对待生态环境问题。进行生态教育，实际上是普及生态科学知识的过程。中、小学及幼儿教育应结合有关教学内容普及环境保护知识，高等院校应有计划地设置有关环境保护的专业或课程，把生态教育贯穿于公民终身教育的全过程。同时，运用互联网、广播、电视、报刊等各种新闻媒体，广泛宣传绿色产业、绿色消费、生态城市等有关生态文明建设的科普知识，将生态文明的理念渗透到生产、生活各个层面和千家万户，增强公众的生态意识，树立公众的生态文明观、道德观、价值观，形成人与自然和谐相处的生产方式和生活方式。

第二，营造生态教育良好的社会氛围。实施生态教育，离不开公众的广泛参与和支持。只有抓好公众的生态教育，培育公众的生态意识，营造良好的社会氛围，才能建构健康有序的生态运行机制，创造和谐的生态发展环境，实现经济、社会、生态的良性循环与发展，促进人与社会的全面发展。首先，政府在发展经济的同时应利用多种形式开展生态环境保护的宣传教育，积极宣传环境污染和生态破坏对社会的危害，普及环境科学和环境法律知识，实现生态教育规模化，为其营造全民教育、全程教育和终身教育的良好氛围，建立健全生态教育的法律法规和标准体系，为生态教育提供政策支持；同时应加大生态教育资金投入，充分利用市场机制建立合理的、多元化的投入机制。其次，环保部门担负着不可推卸的宣传教育责任，要向社会深入宣传具体的法律、政策，利用部门优势宣讲环保的相关科学知识，尤其是通过宣讲生活中的典型案例来增强人们的环保观念，培养自觉的生态意识。

第三，创新生态教育手段。在我国，生态教育才刚刚起步，无论是从内容上还是形式上，都存在比较"表层化"的问题，这就要求我们通过多种途径创新生态教育手段。我们要借鉴其他国家在开展生态教育过程中的有益经验，进行生态教育创新。首先，以学校教学改革为动力，推动学校生态教育发展，在教学思想、师资培养、教学内容、教学方法上进行改革和创新。学校作为育人的场所，应将生态教育纳入学校教学的内容。其次，发挥家庭教育的优势，及早培养儿童的生态意识。家庭是一个特殊的教育环境，其作用是学校教育和社会教育所不能代替的。实践证明，对孩子从小进行生态教育比成人之后再教育的效果要好得多。家长应抓好时机对儿童进行适度消费、保护环境等方面的教育。再次，运用社会教育及监督，开展全民生态教育。一方面，利用广播、电视、互联网等新闻舆论工具，广泛宣传人与自然协调发展的重要性，宣传控制人口增长、节约资源、维护良好的生态环境对人类长远利益的重要意义；另一方面，加强对政府工作人员的生态教育，把保护生态环境的政绩纳入考核体系中，树立正确的政绩观与发展观，增强在社会实践中保护生态环境的自觉性，从而提高其生态意识。

第四，重视生态教育实践。生态教育的实践，关键在于每一个公民参与。生态教育的目的不仅在于培育人们的生态意识，提高人们的生态素质，更重要的是动员人们投身到生态保护运动中，时时处处做一个地球村公民。只有将每一个公民都动员起来，才能改变愈演愈烈的生态危机现状。因此，在新形势下实施生态教育，还必须善于从日常生活中找寻丰富的教育资源，激发公众参与的积极性。每一位公民都应该从自身做起，从小事做起，做到不抽烟、不随地吐痰、不乱扔垃圾等，养成尊重自然、爱护自然、善待自然的观念。以自己的实际行动参与到生态文明的建设过程中，这是增强公民生态意识最有效的手段。只有这样，才能把实施生态教育的任务落到实处，从而加快生态文明建设的进程。

在建设社会主义现代化过程中，我国应该积极吸取西方国家发展历史中的教训，树立生态意识，坚持并贯彻科学发展观，自觉避免破坏人与自然关系的行为，真正实现可持续发展。实施生态教育，首先要清楚生态教育的内涵；然后在此基础上理解实施生态教育的意义；最后，要采取切实可行的措施，建立生态教育机制，创新生态教育手段，重视生态教育的实践。只有这样，才能真正发挥生态教育的功能，为实现经济与社会的可持续发展作出贡献。

（赵建军）

10.11　生态文化载体

随着人类文明的进程日益加快，生态文化作为一种关乎人类如何持续生存发展的文化，诞生在 20 世纪末。近百年来，人类与自然之间及人类社会本身的矛盾已经发展到了严重对立的地步，人类活动不断对环境产生影响，而环境又往往将这些影响再反过来作用于人。因此，生态文化越来越受到业内和社会的广泛关注，赫然成了一种社会文化现象。

生态文化，通常意义下人们对它的理解是指，以生态科学群、可持续发展理论和绿色技术群为主导，以保护生态环境为价值取向，引导人们树立人与自然同存共荣的一种自然观。人们提及生态文化时，往往停留在善待野生动植物、保护自然环境方面（陈幼君，2007）。然而，随着生态科学和可持续发展理论研究的深入发展，"生态"两个字已更趋观念化、哲理化，成为一种思维方式，逐渐成为一种文化的代名词。实质上，生态文化是在不和谐的发展中应运而生的，它的适用空间具有广泛性，有着广义和狭义之区别。广义的生态文化更多的是指一种生态价值观，或者说是一种生态文明观，它反映了人类新的生存方式，即人与自然和谐的生存方式。

根据中国生态文化协会的研究，生态文化的内涵在纵向上，大体可分物质、行为、制度、精神四个层面；在横向上可分为森林文化、湿地文化、环境文化、产业文化、城市文化等。具体如表 10-1。

表 10-1　生态文化的内涵

	森林文化	湿地文化	环境文化	产业文化	城市文化	……	生态文化
物质层面	森林	河流 湖泊 人工湿地	海洋 大气 大地	农田 工厂 企业	城市	……	自然界 人造自然界
行为层面	植树造林 活动	湿地保护 与恢复	环境 保护	产业 活动	城市生产 与消费	……	生产、 生活方式
制度层面	森林法 条例 政策等	湿地保 护条例	环境 保护法 政策	循环经济 法律政策	城市规划 城市政策	……	与自然相关的 政策、法律、 组织机构
精神层面	森林美学 哲学 森林价值观 文学艺术	湿地哲学 湿地价值观	环境哲学 环境价值论	可持续 发展理论	城市哲学 城市美学	……	生态哲学、 生态美学、 生态伦理学等

载体。载体本是一个科技术语，最早在化学领域使用。《辞海》从化学反应的角度对载体进行了定义：①为增加氧化剂的有效面积，一般使催化剂附着于多孔的物体表面，此种多孔物体称为"载体"。②在某种催化作用中，常借中间物的生成达到催化的目的，这种中间物就是载体。③使溶液中微量元素能在某种化学处理中合理沉淀，常加入少量的同类元素使之一起沉淀，此种生成沉淀的加入物称为载体。④在微量放射性同位素的操作过程中，常加入适量稳定同位素以稀释之，此种加入的同位素也称为载体。也就是说，载体是指能贮存、携带其他物体的事物。《现代汉语词典》对载体的定义是：①科学技术上指某些能够传递能量或运载其他物质的物质，如工业上用来传递热能的介质等。②承载知识或信息的物质形体：语言文字是信息的载体。很明显，这是载体的引申义。随着科学的综合化趋势的发展，载体的概念被引入到更多的科学领域，为众多学科所广泛使用，但是不同学科对载体概念的内涵的界定和运用是有很大差别的。

生态文化载体。结合以上生态文化和载体概念的分析，简单来说，生态文化载体便是承载或传递生态文化的事物。文化本身具有双重性：一是其抽象性，指围绕核心价值观的意识形态；二是其具象性，指其能够表征为一定的具象形态。文化具象形态即文化载体，它承载着文化的核心价值观，是对文化的直观而具体的表达。对应而言，生态文化载体即生态文化的具象表征形态，承载人与自然和谐共存、协调发展这一生态文化的核心价值观。

生态文化具象表征形式的多样性决定了生态文化载体的多样性，从不同角度能够对生态文化载体做出不同的划分。

从载体的范畴角度，可以将生态文化载体按照其涉及的资源本底或立足的技术本底细分到不同的领域，如林业及其相关领域、工业及其相关领域等。林业及其相关领域的生态文化载体建设，以"人"与"自然"为核心内容，从建设角度，将可触及范围的资源作为建设本底，立足自然资源或围绕自然主题展开载体的塑造。

从载体的功能角度，可以将生态文化载体按照不同的主导社会功能做出细分。无论是物质载体还是非物质载体，其主导功能均可以细分为：感知功能——通过载体使人亲近自然与感受自然，体会到人与自然的和谐；活动功能——通过载体构建社会共同参与的活动平台，形成生态文化的社会氛围；教育功能——通过载体实现不同方式不同层面的社会生态文化教育；产品功能——通过载体使用与流通，满足公众日常生活的审美、信息、情操、艺术、健康需求。依据上述主导功能的分异，对应地可将载体划分为感知类载体、活动类载体、教育类载体、产品类载体。

从载体的属性角度，可以将生态文化载体划分为物质载体和非物质载体。这也是目前研究生态文化载体较为成熟和系统的划分方式。物质载体是指依托自然资源或人为建设而物化的生态文化载体类型，常见的主要类型有森林公园、湿地公园、自然保护区、生态文化展馆、生态文化教育基地、生态文化社区、生态文化出版物等；非物质载体是指精神和感官层面的不能物化为具体实物的生态文化载体类型，常见的主要类型有生态文化制度、生态文化知识、生态文化社会活动、生态文化歌舞话剧等。

文化载体使文化抽象的意识形态表征为能够为人所接触的实体，是认知生态文化的等同概念，亦是建设生态文化的切入点。一方面，它提供了一种认知文化的方式，使一种看不见摸不着的"无形"的意识形态转变为可见闻可触及的"实在"的事物；另一方面它提供了一种建设文化的途径。载体的塑造是使生态文化的核心价值观从深度和广度上更清晰地为人接触、被人认知的最直接途径，它使"虚无"的生态文化建设有了可以"落脚"的方向，将其转变为可以开展的实践，使相对无序的文化传播与传承过程，能够通过规划合理的建设项目有序地实现，使生态文化成为社会共识，并上升为社会主体共有意识形态成为可能，是生态文化建设的切入点。

生态文化建设应以载体为切入点，将载体作为生态文化建设内容的核心。同时，依据载体主导功能的分异，可将生态文化的建设内容划分为感知体系、活动体系、教育体系、产品体系，以构建起一个清晰的生态文化建设内容的结构框架。立足此框架，因地制宜地构成一个个具体的生态文化建设工程，为生态文化建设提供了可操作的实现途径。我们有理由相信，在可预见的将来，我国生态文化必将得以高度地发展和弘扬。　　　　（赵建军）

10.12　文化创意产业

文化创意产业，英文名为 Cultural Creative Industry，是一种新型产业，产生的背景是经济全球化。文化创意产业的核心生产力是创造力，它是个人或团队通过科学技术搭配自己的创意来销售自己知识产权的产业。文化创意产业主要包括广播、动漫、文学、多媒体、视觉传达、表演艺术、工艺和设计、雕刻、广告设计、服装设计、软件、硬件的开发等，创造者会在作品中融入自己独特的设计理念。文化创意产业从 20 世纪 90 年代开始兴起，是一种售卖知识产权的新形式，得到了世界各个阶层的关注，发展到现在，它在发达国家的国民经济中有着不可代替的地位。文化创意产业极大地推动了经济的发展，其 GDP 比重甚至超过了传统的制造行业。下面将从三个方面来介绍文化创意产业，分别是文化创意产业的起源、文化创意产业的发展方式、文化创意产业的经济作用。

"文化产业"这个词最早于 1947 年由法兰克福学派提出。该学派的马克斯·霍克海默和西奥多·阿多诺于其《启蒙辩证法》一书第二章详细阐述了他们对于文化产业的看法和认识。书中对于文化产业的描述是这样的："在这里，普遍性和特殊性已经假惺惺地统一起来了。在垄断下，所有的大众文化都是一致的，它通过人为的方式生产出来的框架结构，也开始明显地表现出来。"它们把文化产业定义成了以现代的科学技术手段作为基础进行规模化的批量生产出来的具有商品性质、工业性质的一个体系。虽然这个学派对于文化产业一直都是持批判的态度，但文化产业的概念也就这样产生了。再后来，文化产业这个名词就被联合国教科文组织进行了新的定义，现在的文化产业被定义为："文化产业就是按照工业标准，生产、再生产、储存以及分配文化产品和服务的一系列活动。"

"创意产业"概念最早出现在英国。1999 年时，英首相布莱尔决定创立创意产业的工作组，并予创意产业定义：源于个体创造力技能和才华的活动，而通过知识产权的生成和取用，可以发挥创造财富和就业的潜力的行业，广告、建筑、艺术、古董市场、手工艺、设计、时尚设计、电影、互动休闲软件、音乐、电视和广播、表演艺术、出版和软件等行业都可划入创意产业部门。

"文化创意产业"这个新的概念，本质上是以文化产业为基础，以创意或者智力成果作为锦上添花的辅助而形成的一个新的产业；而且还可以是以创意产业为基础，整体围绕着文化这个中心进行服务。文化创意的新产业应当是文化以及创意这两个产业相交的结果，也可以看作是二者更高层次的一种模式。

文化创意产业有优化产业结构、促进经济增长、增加就业人数和加快文化建设四种作用。

优化产业结构。按照产业的传统分类方式，文化产业是第三产业的一种，也就是文化产业被划分到服务业里。所以，文化创意这个产业当前的发展态势大大提升了第三产业在国民经济中的比例，对传统的经济结构产生了很大的冲击。比如 1996 年整个北京市的 GDP 是 1395 亿元人民币，三个产业在其中所占的比值是 6∶44∶50。2011 年北京的文化创意产业的收入超过 9000 亿元人民币，增加值 1938.6 亿元人民币，占全北京市 GDP 的 12.2%，这个产业的地位已经达到了仅次金融的第二大支柱的地位。同时，文化创意这个产业的发展还一定程度上对传统行业在转型方面起到了推动的作用。该产业以其知识性服务性等特点将传统产业和新兴的产业相互融合，这种产业间相互融合的新形势发展迅猛，融合后在内部的结构上也越来越科学。所以，第一产业在向着农业现代化和创意化迈进，而第二产业也向着中国创造一步一步迈进。

促进经济增长。根据发达国家发展经验，经济发展到一定的程度之后，人民在文化方面的需求也越来越高，这也就说明了文化创意产业必将迎来巨大发展机遇。对于文化的需求带来的就是产业的发展。努力让这种产业的发展变成现实经济效益，成为下一个国民经济的增长关键点。比如 2006 年的上海，文化产业创造的实际收益达到了 2349.51 亿元人民币，同比增长了12.9%；占全市GDP的5.61%，文化产业的发展对于整个上海市的经济增长贡献了6%的力量。在长沙，文化创意产业所创造的总产值达到了360亿元人民币，增加值达到了170亿元人民币，在GDP中所占的比例为10%，文化创意这个产业已经5年连续保持增长速度在20%以上，已经成长为长沙的一个支柱产业。

增加就业人数。作为智力密集型的文化创意产业对于人力资源的需求是很大的。产业的迅猛发展自然会带来就业的增长，所以该产业的发展还对个人的生存发展以及贫富差距的缩小具有很大的推动作用，让更多的人能够享受到社会发展的成果。2011年，英国从事创意产业相关工作的人数已经达到了200万，占总就业的8%。在美国，从事版权产业的人数已经达到了1060万，占总就业的6%。而在我国，文化产业总就业人数是1258万人，占总就业1.85%，在城镇就业人数中占到了4.5%；其中，北京市的文化创意产业中的就业者达到了120万人，规模是全国范围内其他城市无法比拟的，已经基本接近一流创意城市的水平。

加快文化建设。社会经济的不断发展已经让国民对于物质上的追求逐渐转移到文化和精神需求上了，精神上的自由和解放才能实现人类的全面自由发展。文化和经济建设二者和谐发展是整个产业未来发展的大目标之一。我国改革开放以来，经济建设方面取得了辉煌的成就，但是人民的精神文化发展却没能和经济发展同步，文化建设已经远落后于经济建设，无论在速度还是质量上都无法和经济建设相比。文化创意产业在和传统产业的融合过程中，逐步改善了在经济建设的过程中出现的拜金低俗和媚俗主义，在这个渗透的过程中，优秀的文化以及价值观也被融入进来。文化产业是以产品和服务作为依托的，但这个产业也对其精神价值具有很大的影响，在鼓励人们追求自己的精神解放以及人类的全面发展等方面具有积极作用。在这个产业的推动下，社会将形成平等和谐包容的精神面貌。

文化创意产业的发展已经为社会向前发展提供了很大的空间，近几年的发展不仅在经济规模上实现了大幅度的增长，同时，产业结构方面的改革也十分深入，基本上形成了从高新技术产业入手全面带动传统产业的结构优化和产业升级调整这样的新形势。同时，在"十一五"规划期间，国内的文化建设方面创新和发展兼顾，文化体制的改革也获得了初期的成就。国有的经营性事业单位改制工作也进行得有条不紊，成果颇丰。在文化产业涉及的出版发行、广播、电视等行业的改制工作也已经完成。

2016年，"十三五"规划正式实行，文化产业的繁荣发展使得国内上市文化企业越来越多。通过相关数据可知，2016年9月前夕，国内200多家文化企业已成功上市，其中15家为2016年新上市企业，占比达7%；上市文化企业并购规模达3928.46亿元，股权投资规模达1697.25亿元，占比约为90%；上市文化企业创下6212.55亿元的投资规模，其中37.88%来自2016年，约为2353.34亿元。不难看出，文化企业上市融资的前景不容小觑。

整体来说，我国文化创意产业发展势头强劲。然而我们必须看到，当前这一产业仍旧存在着诸多问题，其规模远远落后于发达国家，就拿2010年文化产业增加值在GDP中的占比来说，日本和美国分别是15%和18%~25%，而中国这一占比仅为2.75%，可谓相距甚远（王伟伟，2012）。并且产业布局有失合理，地区失衡问题严重，重点表现在"东高西低"上；同时城乡分布失衡问题尤为突出，由于城乡经济发展失衡，导致众多相关领域严重失衡，包括社会保障、公共设施、科教文卫等等。另外，由于中国大部分产品还存在着品牌竞争力不足、在创新上严重依赖他国、难以在国际市场立足等问题。

鉴于以上实情，中国文化创意产业要想获得长足发展，必须对下述几个方面给予高度重视。第一，始终奉行经济先行原则。文化创意产业与所在地经济的发展密切相关，经济的迅猛发展势必能带动文化创意产业的发展，文化创意产业的繁荣发展必须以经济的迅猛发展为基础。因此，必须着力解决贫困地区的经济发展问题，缩短城乡差距，这对消除区域发展失衡问题也大有裨益。第二，认清并定位好政府和市场的关系。政府和市场的职能、作用、地位并不相同，必须对这一点有明确认知，才能有效防范政府权责不清的问题；在文化创意产业的发展中，市场始终占据主导地位，政府则发挥着重要的引导作用，所以在坚持正确价值引导的同时，切忌违背市场经济的发展规律。第三，人才、资金与环境三者应当和谐统一。文化创意产业的发展离不开人才，必须不断提升国民素质，培养并吸引更多创意人才，展现人才的集聚效应；文化创意产业的发展需要大量资金，除去政府财政扶持以及税惠政策之外，吸引民间资本、构建投融资平台也十分必要，这样才能为该产业的发展开拓更为广阔的发展空间；应着力打造一个足够开放的社会环境，允许不同文化并存和发展，积极促进多元文化的融合，让中国文化始终走在世界前列。　　　（赵建军）

10.13　生态文化产业

党的十八大报告明确提出，要将生态文明建设纳入到中国特色社会主义建设总体格局中去，在生态文明建设方面投入更多的精力和资源，不断迈向美丽中国的目标。生态文化是生态文明的一部分，是延续我国优秀传统文化和生态智慧，将现代文明成果和时代精神融合在一起，使人和自然更和谐相处的先进文化。生态文化产业是生态理念和文化产业共同孕育出的成果，是人类社会经济发展中的新兴产业。

进入 21 世纪后，文化和经济之间的关系日益紧密，在很多国家和地区，文化产业的总产值占比不断提高，同时朝着集群式、跨越式方向发展。并且，在生态文明建设的过程中，越来越多的学者投入到生态文化产业研究这一领域中来，但取得的研究成果并不丰富，甚至在生态文化产业定义方面也存在广泛的分歧。值得肯定的是，在理解生态文化产业的内涵方面，必须遵循"生态文化—文化产业—生态文化产业"的逻辑。

生态文化指的是人和自然和谐发展，共同生存和繁荣的生态意识、价值取向以及社会适应，它由生态哲学、生态伦理、生态美学、价值观念和思维方式、生产方式、生态制度等构成。从价值观念的角度来看，生态文化的重点在于对自然的平等态度以及足够的人文关怀；从指导思想方面来看，始终坚持以人为本的思想，不断地寻求发展；从实现路径方面来看，不断朝着生产发展、生活富裕以及生态良好的方向前行；从目标追求的角度来看，主要的目标是实现大自然和谐、资源节约、环境友好的社会。

文化产业指的是所有为人民提供文化及其相关产品的活动。根据联合国教科文组织的相关文件，它的含义是：遵循工业标准从而生产、再生产、存储和分配产品以及服务的各种活动的总和(尹世杰，2002)。文化产业的特点主要体现在这些方面：能耗低、原料用量低、污染小、产出高等。

我们可以将生态文化产业当做文化或是经济，当然它的本质是能够长期稳定健康发展的产业。它的定位是以精神产品为载体，将生态环保当作终极目标，不断地培养消费者的生态、环保、绿色、文明理念，在这一基础上确定经济效益的产业模式。比如生态影视书刊出版、绿色广告包装策划、生态环保会议会展、生态旅游纪念用品等。

就目前的共识来看，生态文化产业是充分利用生态资源，围绕文化创意这一核心，在科技创新的前提下，以森林文化产业、生态旅游文化为表现形式，从而提供多样化的生态文化产品以及服务。对这一概念进行分析可知，首先，它明确提出生态文化是一种文化产业，其次，它对该产业的范围进行了界定，也就是各种文化产业中，以"揭示人和自然关系"的部分，从而反映出生态文化的发展主旨。并且，这一概念还详细地介绍了该产业的功能，即为生态资源提供保护，塑造生态意识，促进生态消费的增长；最后，它揭示出生态文化产业所具有的独特性特点，也就是能够将其区分于其他产业的特点，即融合性、可参与性、环保性等。

生态文化产业有以下七个特征：

生态性。生态文化产业需要应用到生态资源，它的表现形式多种多样，其中以生态文化产品、生态旅游等更为常见，并且它能够为生态资源提供保护，不断提升人们的生态意识，刺激生态消费。所以，没有生态环境作为前提和支撑，生态文化产业难以实现预期的发展目标。

文化性。文化是呈现人类思想以及实践的现象，生态文化产业的主要目标是创造新的生态文化并将其广泛地散播出去，使环保领域能够拥有有力的文化载体，为环保新能源行业提供文化方面的支撑。

经济性。生态文化能够转变成为新的经济和产业，基于生态文化的产业具有很高的市场接纳度，能够创造可观的经济效益，为整体宏观经济的长期稳定健康发展奠定扎实的基础。

丰富性。无论是从内容还是形态的角度来看，生态文化产业并不都是单一的，甚至可以说非常丰富。各地充分结合自身的资源优势，在不同发展定位的指导下，进行不同的创新和创造，最终发展而来的生态文化产业也体现出或大或小的差异。

科技性。生态文化产业充分利用生态技术，在全球范围内开展生态文化方面的交流和合作，促进彼此技术的进步和发展。

和谐性。生态文化表现出明显的亲生态性，这一特征的存在，很好地消除了工业文化背景下人和自然之间的冲突，所以它是能够长久地持续下去的、和谐的文化(王霞，2009)。基于这样的文化形成的生态文化产业，必然能够和环境和谐地共存并实现发展。

多功能性。笼统而言，生态文化产业的功能有：生态、经济、教育、社会、文化等功能。从生态功能的角度来看，这一产业能够为环境提供有力的保护，实现环境友好型产业的目标，从而使已经被人类活动所破坏的生态环境能够逐渐恢复，这是该产业的根本性功能。从经济功能的角度来看，该产业在发展的过程中能够促进国民生态意识的觉醒，让国民对自然生态系统给予更多的重视。从社会功能的角度来看，它能够为落后地区的经济发展提供有力的助力，为实现城乡统筹发展目标奠定基础。从文化功能的角度来看，主要体现在生态文化是生态环境以及人文环境的拓展和延伸，生态环境和文化的融合，对于人和自然的和谐共存是有利的。

如今，我国已经进入改革的关键时期，政府明确要求加大生态文明建设力度，制定并推行文化强国的宏观战略，大力宣传生态文化，努力发展生态文化产业，能够让文化产业为经济发展作出更大的贡献，同时为我国尽快走上绿色发展道路奠定基础。

首先，发展生态文化产业，有助于进一步落实科学发展观的要求。科学发展观，是中国特色社会主义理论体系的核心内容之一，它为我国经济、政治等各个社会方面的发展提供了理论指导。在不断迈向小康社会的过程中，在生态文化产业发展方面投入更多的精力和资源，引导人们的消费观念朝着绿色、可持续性方向发展，这对进一步落实以人为本、全面协调可持续发展的科学发展观而言是很有帮助的，为经济的发展提供助力，促进人和自然和谐发展目标的实现，为人们不断旺盛的生态文化消费需求提供满足。

其次，发展生态文化产业，能够为社会主义生态文化的建设做好铺垫。生态文化是中华文化的一部分，也是生态文明的精神建设所取得的成果，它和以人类征服自然的工业文化有着本质性的差异，它更多的体现是一种关注任何自然和谐发展的文化。在建设生态文化的过程中，生态文化产业起着非常重要的作用。发展基于生态文化的生态文化产业，能够将环保价值观落实到更多国民的内心之中，为实现美丽中国的目标创造更好的条件，促进节约资源和保护环境空间格局的形成。

再次，发展生态文化产业，能够为文化产业走向辉煌做好铺垫。只有从这方面着手，我国才能从一个文化大国升级成为文化强国。生态文化产业是构成文化产业的一部分，是生态资源和文化创意相碰撞后形成的。发展生态文化产业，为文化发展注入活力，能够为实现社会主义文化大发展目标服务，促进传统文化产业的升级，不断推出新的文化发展方式，缓解资源环境承受的压力，为国民经济的长期稳定健康发展奠定基础。

最后，发展生态文化产业有助于强化我国的生态文化软实力。改革开放至今，我国的文化综合实力不断提高，然而对外输出却是相当不足的，中华文化在全球范围内并未发挥出应有的影响力。我国要实现复兴的伟大梦想，最重要的途径就是提升生态文化整体传播力、影响力以及竞争力。生态文化产业的发展程度，在很大程度上决定了生态文化软实力地位，发展生态文化的内涵，是对自然的尊重、顺从以及保护，它代表了当代中国先进文化的前进方向。

发展生态文化产业注意五点：

第一，通过各种宣传工具，提高国民的生态保护意识，健全国民对生态文化的认识。如今，我国发展面临多项生态环境问题，在这样的背景下，我们必须在最大程度上发挥出承载生态文化的生态资源的价值，在人流量比较大的各种自然保护区、森林公园、湿地公园、海洋公园等旅游场所，开展生态文化的宣传活动，举办各种以生态文化为主题的节庆活动，在"地球日""环境日""湿地日""植树节"等节日活动上和游客进行互动，不断健全人们对生态文化的认识，使国民能够更加自觉地参与到生态保护中来，将健康、绿色的理念彻底落实到国民消费行为中去。

第二，制定并实施更多的政策，为生态文化产业的发展提供更有力的政策保障。在生态文化产业发展方面不断进行创新，各级政府必须调整自身的观念，将宣传生态文化当做一项日常工作来抓，培养健康向上的生态政绩观，大力建设绿色城乡文化，在最大限度上满足辖区人民对生态文化产品以及服务的需求。在发展生态文化产业方面，政府必须认清自身作为主导者的角色，从宏观层面予以指导，从大局观出发予以统筹和规划，打造生态文化资源转化的政策引擎以及制度平台，不断健全相关的政策体系，给予生态文化产业土地、资金、税收、财政方面的支持，为生态文化产业的发展注入有力的动力。

第三，充分利用科技成果，在产业形态方面不断地创新。生态文化产业不但具有环保型的特点，而且它也是高科技产业。因此，我们必须将文化、生态以及科技充分地融合在一起，这样才能赋予生态文化产业更有力的活力，打造生态文化产业品牌。把生态文化资源和高新技术融合在一起，发展生态旅游、绿色生态休闲、生态动漫影视等，不断赋予生态文化新的内涵，充分发挥出资源附加值的作用，同时为传统文化产业、现代服务业以及生态城镇人居建设等产业的发展创造更好的条件。

第四，加强和其他国家以及地区在生态文化方面的合作，促进我国生态文化软实力的提升。尤其是发达国家和地区，经过长期的摸索和验证，早已建立了关于生态文化成熟的运作模式，涉及战略规划、政策扶助等方面，值得我们学习和借鉴。因此，我国应该加强和其他国家特别是发达国家在生态文化方面的合作，积极地引进各种最新的生态科学技术，在学习他国先进经验的基础上，充分发挥生态文化产业在提升国家软实力方面的作用。同时，在和对外交流的过程中，主动对外输送我国的生态文化，不断提高国内生态文化产品的全球竞争地位，实现国家生态文化软实力的提升。

第五，加大人才培养力度，为生态文化产业的发展提供更优质的人力资源支持。将国内的生态文化产品带到全球市场中，推动"中国文化走出去"，要实现这一目标，当前最重要的任务就是培养这方面的创新性人才，以及拥有生态经济经营和产业管理方面知识和经验的复合型人才，同时为这些人才的发挥搭建平台，使其有充分的热情和机会去进行生态文化产品和服务方面的创新和创造。

（赵建军）

10.14　信息产业

在当今这个信息共享的时代，信息对人们的重要性日益得到凸显，信息产业是一种独特的产业，它具有技术密集、知识密集、资本密集的特点，在众多产业中，信息产业的主导地位不可动摇，从信息产业诞生到它发展到现在的历程，都突显出信息化产业的独特魅力，它具有自己独特的发展模式，和社会主义社会所倡导的可持续发展有着密切的联系，在下面从三个方面来阐述信息产业。

今天的信息产业的概念，是在知识产业研究的基础上产生和发展起来的。最早提出"知识产业"的是美国的经济学家弗里兹·马克卢普。他在1962年出版的《美国的知识和分配》一书，首次完整地提出了知识产业的概念。在这本书中，弗里兹·马克卢普分析了知识生产和分配的经济特征及经济规律，并提出知识可以作为消费品，也可以对知识进行投资。由此知识产业就成了大众普遍认可的概念；将知识产业进行详细的划分，可以分为教育、研发、传媒等信息产业。弗里兹·马克卢普还在《美国的知识和分配》一书中阐述了知识产业和经济发展之间的关系。虽然该书中的知识产业并不能完全等同如今的信息产业，但是该书中的知识产业包含了当今信息产业的内涵。

美国斯坦福大学的经济学博士马克·波拉特于 1977 年出版的《信息经济：定义与测算》一书中，为经济做出了两个新的定义领域，第一个领域是经济可以从物质和能源转化到另一种存在形态；第二个是信息从一个角度转换为另一个，而且他还将知识产业做出了进一步的分析，将信息产业划分到知识产业中，并提出了很多新的概念，如信息资源、信息劳动、信息活动等。

信息产业在被马克·波拉特提出来后，迅速发展，引起了金融界的多方关注，作为一个拥有无限潜力的新产业。所以，直到现在人们对信息产业的定义也没有明确的概念，各有各的理解。欧洲的信息提供者协会（EURIPA）为信息产业做出的定义是：信息产业就是为人们提供信息帮助或和信息有关的服务，他们可以称为电子信息工业。美国商务部也为信息产业做出了相应的定义。该定义是以《标准产业分类》为依据，在《数字经济 2000 年》为信息技术产业给出的定义，即信息产业由四大主要部分组成，他们分别是服务业、软件业、硬件业以及通信设备制造业。美国的信息产业协会（AIIA）给信息产业的定义是：信息产业不是一个单一的概念，它是由新型信息技术和创新的信息处理方式制造出人类需要的信息产品，给人类提高需要的信息服务。日本的科学技术与经济协会对此有不同的观点，他们认为信息产业包含信息技术产业和信息产品化，信息产业可以帮助人类提高处理信息的能力，促进由信息技术产业和信息化商品的产业群体（陈玉佳，2009）。

现代社会为信息产业做出的定义是：计算机和通信设备为主体的 IT 产业，是对信息进行合成和加工，以人类的思维创造为成果。人们通常将信息产业称为第四产业。第四产业是从三次产业中分化出来的，属于知识、技术和信息密集的产业部门的统称。它包括通信工具、电话、印刷、出版、新闻、广播、电视等电子设备，它还包括通信卫星、激光、电子计算机、光纤等新兴电子产业，还涉及教育、文化、医疗、保障、体育、环境保护、新闻、广播、司法等众多领域。

信息产业发展主要包括以下几个特点：

发展速度快，科技对其影响力较大。20 世纪 90 年代，中国的信息产业逐渐发展，使用最多的电子器件就是英特尔公司奔腾 386 处理器，现如今普遍使用的是 DOS 系统。在 1998 年的时候，"奔腾"的价格就不是一般人可以购买的，价格接近万元。而发展到 2011 年的时候，DIY 的发展进入了崭新的阶段，多核处理器已经开始大量上市，英特尔公司、超微公司（AMD）不甘落后，刻苦研发，共同研制出了整合处理器。该整合处理器大大地节省了资金投入，将 CPU 与 GPU 合到了一个芯片上，这样的设计不仅满足了图像处理的要求，也使软件的运行更为流畅。笔记本电脑也变得不再稀奇，它的设计不断进步，开始追求更轻薄，待机时间更长。在这短短的 20 年时间里，信息产业发展成了主流产业，其他产业都不能与之相比。

门槛高，不易进入。信息产业是一个需要复杂脑力劳动的领域，简单的体力劳动已经不能满足信息产业发展的需求了，这是第一个门槛。第二个门槛是这个产业对资金的要求很大，在研发的过程中，需要投入大量的资金作为支持，但是利润是成正比的，大量的资金投入，研发成功后带来的收益也是极为可观的。正是因为需要的资金多，所以这也为进入信息产业设立了较高的门槛。在 2000 年的时候，英特尔公司用 38.97 亿美元作为基础资金进行研发，IBM 拿出了 43.45 亿美元，摩托罗拉公司也投入了 44.37 亿美元的巨额资金用来研发新科技，这些资金的投入并不意味着结束，在研发成功后还要投入大量的资金生产商品，这再次体现了信息产业的门槛高的特点。第三个门槛是人们的接受程度，即用户的数量，只有当更多的人开始接受研发的新产品，并购买使用时，产品才会为生产商带来越来越多的利润，如果产品研发成功后没有用户的支持，那么研发公司的努力就会是无用功，之前的投入都会浪费。

高渗透性。信息产业具有灵活性，它不仅可以作为独立的产业，也可以和其他产业相结合，进而逐步渗透进其他的产业当中。近年来"互联网＋"在我国得到了蓬勃发展，因为互联网具有很强的渗透性，它逐步渗透到人民生活的各个领域，为人们的生活与发展带来了很多的便利，它将互联网和传统的商业模式相结合。在农业方面，互联网的参与推动了农业的发展，农产品开始在淘宝店铺里售卖，农业的运营方式不断创新，是我国的农业有了里程碑式的发展。同时，随着科技的发展，人工智能不再是想象，随着智能化的继续深入，中国的制造业登上国际一流的发展水平指日可待。在"互联网＋"的引领下，中国的服务业也得到了巨大的推动作用，服务行业百花齐放，众筹、众创、众包的陆续出现，使中国的服务业完成了从低端、中端向高端的升级，软件与信息行业是目前最受欢迎的行业，也是目前最有潜力的行业，新产业、新运营模式的产生，让中国的结构化产业得到了飞速发展。

我国的信息产业虽然已经有了一定的进步，但是和其他发达国家相比还较为低端，这是因为我国的经济发展水平还不能支持信息产品的研发，我国的科技实力也有待加强，经济体制的改革也还未完成，市场制度还不完善，监管力度还不够大。所以要发展我国的信息产业，需要从以下几个方面入手：一是增加对信息产业的扶持力度，着力发展信息产业，让信息产业在众多产业中占主导地位，并带动其他产业蓬勃发展；二是大力发展教育，培养技术人才，树立人们的信息观念，让人们认识到社会的发展需信息型人才；三是制定正确的发展策略，研究国内外的信息发展历程，结合实际情况，总结经验教训，根据我国的国情，制定适合社会主义初级阶段的基本方针和策略，仔细筹谋未来的发展方向，做出正确的引导。

我国目前依然处于社会主义初级阶段，社会经济发展落后、资源短缺和环境问题是我国亟待解决的问题，信息产业作为我国的高新技术产业，对我国经济的发展有着重要的意义，事关我国能否继续走可持续发展的道路。信息产业的改革在很大程度上改变了人们的生产生活方式，也为可持续发展提供了机遇，可持续发展是信息产业发展的前提和基础，他们二者的发展是和谐统一的。

信息产业对经济的发展有积极作用。信息产业有知识密集、技术密集等特点，在发达国家中，信息产业的发展对国家经济的发展有重要的推动作用，它的地位也逐渐得到提高，超过农业、钢铁、石油等产业成为核心产业。根据相关数据表明：美国在 1985 年的时候，信息产业创造的国民经济产值就达到了 GNP 的 60％，日本在信息产业的发展更是超过了美国，在 20 世纪 90 年代的时候，日本的信息行业产值就达到了 GNP 的 80%。信息产业不只是自身发展带来的收益，还可以带动其他产业发展，以此来增加国民经济的增长。信息产业是一个具有渗透性的产业，所以信息产业可以渗透到传统产业当中，推动传统产业的发展，促进传统技术和工艺得到进步，信息产业行可以促进服务行业的发展，也能提高商品的品质，增加商品生产的效率，对传统行业的可持续的发展有促进作用（程瑾和蔡筱英，2000）。

信息产业对社会的发展起积极推动作用。可持续发展是既满足当代人的需求，又不对后代人满足其需求的能力构成危害的发展，即可持续发展的核心理念就是"以人为本"。信息产业的发展为人类带来了很多好处，改变了人类的生产生活方式，让人们减少了做无用功的频率，缩短了传递的距离，为人类实现可持续发展提供了保障。电子商务的出现提高了资源的使用效率，在一定程度上解决了距离对教育和医疗的消极影响，电子政务的出现使政府的各项制度的透明度提高了，也有利于政府了解人民具体的情况，以便做出正确的决定，出台与人民有助的政策。在信息产业的推动下，我国的可持续发展不再是一句口号，而是真真切切的行动。

信息产业帮助环境走上可持续发展的道路。信息产业是一个相对来说较为环保的产业，不会产生太大的污染，也不会造成过多的能源耗费。在信息产业中，占主要地位的是高素质的科技人才，其次是各种信息资源，实物资源在信息产业中的作用没有前二者大。所以，信息产业一度被称作可持续发展的产业。而且信息产业的优势日益凸显，它不仅可以促进人与自然协调可持续发展，自身对资源的利用也非常科学。信息产业自身需要很少的实物资源，以前需要很多纸张来记录的文档，现在只需要一个小小的芯片就可以记录下来，不仅节约还很便利；除此之外，信息产业对环保产业的发展起到了积极的推动作用，可以用信息系统有效地预防污染，或对污染做出检测。

信息产业对我国提升综合实力有着重大的意义，目前信息产业可以说在我国的众多产业中占据主导地位，是可持续发展战略的基础，同时也和社会、经济、环境有相互促进的作用。希望在未来，我国可以通过大力发展信息产业使我国走上发达国家的行列。

（赵建军）

10.15　非物质经济产业

自人类诞生之初，我们就依赖着物质而生存。人类的历史，其实是一部建立在物质化基础上的社会发展史。在进入工业社会以后，人类为了自己的利益进行了大规模的物质化生产，将我们赖以生存的环境和资源肆意破坏，生态系统面临着严重的威胁。人类如果不去尝试新的经济发展方式，那么人类将面对极大的生存压力。想要可持续地发展下去，非物质化经济就是人类的不二选择。非物质化经济要求人们摒弃原有的依靠物质来进行社会经济建设，既要满足人们生存必需的物质需求，又要大力发展和保障人们的精神、文化等非物质化的需求。非物质经济与物质经济相比，并不是说决不使用一点物质和能源，而是指最大化地节省资源、保护环境。采用这种方式，使人类社会经济发展、生活水平的持续提高对自然生态环境和物质资源的索取与消耗低于地球的承载极限，从而实现人类社会和地球生物圈的良性循环——即可持续发展。

非物质化的概念在 20 世纪末由德国乌珀塔尔气候、环境与能源学院 F. Schmidt-Bleek 教授首次提出。他的主要观点是，我们目前所生活的环境非常复杂，无论是代表大自然的生态圈，还是人类社会中的经济及社会体系本质复杂且具有相互作用，都不是短时间内可以被我们完全理解或预测的。因此，我们不应该在还未知己知彼的情况下滥用资源、破坏生态环境，把自己变成"化石制造者"。Bleek 教授说，当前全球消费与生产方式需要"非物质化"2 倍才能变得使环境可持续发展（Nicholas Hanley，1997）。非物质化在总体上看，指的是社会经济发展进入全新的模式和阶段。非物质化不再像过去一样将物质财富作为衡量标准，而是使社会经济的发展不再仅仅依赖于消耗自然资源，直到使人类生产和消费所必须消耗和占有的自然资源低于地球生态环境可承受的极限。在这样的转型过程中，也使人们将沉溺于物质的需求逐步转向为对精神、文化的需求，从而实现自然、人类、社会等众多方面的和谐发展。从狭义方面来看，非物质化（dematerialization）一词通常广泛地用来表示工业产品所用材料重量减少的特性。人们也可把非物质化定义为工业产品中"内在能量"的减少。现在的经济发展方式越来越先进，对材料和资源的利用更加充分，浪费的现象也大幅好转，非物质化将会成为发展的必然趋势。但是需要明确一点，为了物质生产，我们在追求经济增长的同时一定会使用资源能源，所以非物质化生产的宗旨应是少消耗、少浪费，直到达成无资源浪费的目的。非物质经济产业是一种高福利的经济发展方式，目标是在确保人类经济不断进步、人民生活水平不断提高的条件下，保证生态不被破坏、环境不被污染、资源不被浪费，从而实现地球生物圈的可持续发展。

当前社会存在多种经济发展方式，其中最主要的依然是传统产业。这种产业也被称为"从摇篮到坟墓"式生产，因为它依靠的是大量的消耗资源，大批次地生产产品并排放废物来创造经济产值；但是同样也存在新型的信息产业、服务业等服务经济，这种经济发展方式依赖的是生产资本的管理和开发，而不是真正的物质生产，因此它也被称为"从摇篮到新的摇篮"模式；另外还有第三种循环经济模式，也就是物质闭环流动型经济的简称，是以资源的高效利用为目标，以"减量化、再利用、资源化"为原则，以物质闭路循环和能量梯次使用为特征，按照自然生态系统物质循环和能量流动方式运行的经济模式，因此也得名"从坟墓到摇篮"模式（赵海月和韩冰，2016）。

在经济新常态的大环境下，经济模式不断转型升级，其中非物质化经济作为与传统模式相去甚远的新经济方式，风头正盛。首先，非物质化经济使服务业成为经济增长的主导产业。服务涵盖的方面很广，我们一般把不属于农业、工业生产建设的产业活动都归属于服务业，它是一种无法从物质形态上看到的产业，也是没有办法以物质的形式获得、继承或累积。服务业虽然也不能脱离物质存在，但是它更看重的是处理人与人之间的关系，而不是像传统产业一样看重人与物的关系。服务业迅速发展并火热的现实告诉我们，人们已经越来越关注自己的精神享受，甚至超过了对物质本身的关心。随着互联网及信息技术的普及和发展，高科技服务业一方面正在越来越多地影响着人们的生活，一方面以前所未有的趋势加快了传统产业的优化升级。其次，非物质化经济促使工业经济朝着形态更高级、分工更复杂、结构更合理的方向发展。越来越多的工业企业不再寻求自己购置基础设施和生产设备等，更愿意采取租用的方式，并把所需资金计入资产负债表的短期花费之中，使之成为生产成本开支。以美国为例，80%的企业公司向2000个专门机构租赁其所需的全部或部分基础设施。通过这种方式，企业将更多的资金投入在研究核心技术上，并有更大的可能进行技术创新。工业经济正以自己独有方式，经历着非物质化的升级和调整。

要实现经济产业的非物质化，需要做到以下几点：

第一，人们应该在物质生活得到基本保证的基础上改变其一味追求物质享受导致的过度消费的生活方式，而转变为追求精神满足、追求文化发展、追求社会保障的生活方式。在中国，过度消费的现象随处可见：我们的衣服有很多只穿过一两次就扔掉了；餐桌上的浪费又有回头的趋势；商品的过度包装问题依然严重；一次性物品滥用现象也尚未缓解。所以，转变人们固有的过度消费的观念非常重要，政府和相关机构应大力普及生态学和生态价值观。当越来越多的人放弃了物质化的现代自然观、科学观、生活观、价值观并接受了支持生态文明的自然观、科学观、生活观、价值观时，人们才会改变自我价值实现的方式。

第二，产业发展应该进行从生产到服务的转变。从生产、销售者的角度来看，应该把重点放在生产、销售服务而非商品上，应从服务的角度扩大宣传。从消费者的角度看，应更多地关注消费行为可以带来的服务上的享受。非物质化的经济产业中，消费者购买的不是具体的商品，而是为了满足其需要而为服务体系埋单。人们买的也不是产品而是产品的性能。我们的目的不是为了拥有产品，而是为了享受它的性能。所以说，一定要实现"产品"向"服务"的转换。

第三，应大力促进先进的科学技术的创新。创新是一个民族的灵魂，也是实现可持续发展和生态文明过程中极为重要的一个方面。具体来看，我们还可以在以下几个方面做得更好：①生态设计。生态设计是一个有关可持续发展的问题，是为了提高环境效率，提高产品性能（P）与环境影响（I）之比（P/I）而进行的设计。显然，可以通过减少环境影响和提高利用效率两种途径来实现。可以在产品的生产过程中，利用可回收可再生材料进行制作，以便循环利用。②采用高技术含量的新型材料。在两种重要的工业生产建筑和汽车制造中，钢铁的使用量很明显呈下降趋势。这种显著的非物质化趋势来自于使用重量轻、高强度的合金和合成材料来代替钢和碳钢。③注重循环利用。零填埋是指所有的废弃物都能再循环，而没有东西扔到垃圾填埋场。法国雷诺汽车公司组织了日回收处理3000辆废旧汽车的再循环系统，争取100%的物料再循环（谢芳和李慧明，2006）。当然，实现零填埋的前提是产品的生态设计。

非物质经济的不断发展在世界已经成为趋势，越来越多的企业开始向提供技术支持、服务保障、知识传播、创意设计、生态旅游、娱乐消费等方向发展，第三产业比重不断增加。第三产业的优势在于提供各种服务和文化活动而不销售具体的商品，所以不仅减少了环境成本，而且激发了从业者的创造积极性。目前，中国作为一个GDP总量占世界第二的发展中大国，在当前经济发展中面临着产业结构转型的"调结构"和经济发展的"转方式"的严峻考验，非物质经济产业的发展有利于经济产业升级、结构转变以及绿色循环低碳产业的发展。我们要高度重视非物质化经济的功用价值，让新动能茁壮成长，让传统动能焕发生机，从而推动我国社会生产力水平实现整体跃升。归根结底，非物质经济产业是实现生态文明的必经之路，而只有走向生态文明才会有健康的非物质经济。　　（赵建军）

10.16　非商业性文化活动

由于非商业性文化活动的类型活动的非排他性和不可收费性，市场的概念也就不复存在，市场的资源配置、供给协调功能也就无法利用，要想发展这一领域，就必须依靠政府或者机构的统筹协调和资金支持。所以，我们先将其定义为一种依靠公共财政及公共服务，或者通过个人及公益性团体筹备资金，以培育和弘扬民族精神、传承民族文化、提高个人的精神修养为宗旨，不以营利为目的的文化服务项目。

从非商业性文化活动的主办方来看，活动主要可以分为：①政府主办的非商业性文化活动，承办机构主要是政府机关及其文化事业单位以及国有的文艺院团；②文化类社会组织主办的非商业性文化活动，承办机构主要是文广影视行业的社会组织，例如书画家协会之类的社会团体，民办的非企业性质的爱好者协会以及基金会和行业协会等，这些机构在国外也多被称为非政府组织；③民营文艺院团主办的非商业性活动，承办单位主要是民营的文艺表演团体；④群众文艺团体主办的非商业性活动，承办团体多为居民自发自愿组成的合唱团、舞蹈团、书画团队等，这些团队的特点是多半没有在机关进行登记，且自我筹备、自我运作，数量较多。

而除了"文化活动"这一个关键词以外，另一个需要注意到的关键词就是"非商业性"。说到非商业性，首先得了解公共财政。公共财政，它是市场经济的产物。在市场经济国家，公共财政就是指政府财政，它冠以"公共"二字，是认为政府财政主要围绕向社会提供必要的公共产品和公共服务而发生的收入与支出行为。公共产品和公共服务，它具有两个基本特征：一是消费的非排他性。即在公共产品或服务提供的范围内，所有的社会成员都消费了或者都可以消费该产品或服务。这与个人产品（如食品、衣服等）消费时的排他性具有显著不同的特点。如国防、治安、街灯、清洁的水源和空气、公共图书馆的借阅服务、群艺馆、文化馆组织的公益文化展演活动等；二是消费的不可收费性。任何产品都可以在市场上标价出售，只有消费购买该产品的人才能享受该产品。但公共产品和公共服务，一般很难收费，或者是因技术问题使收费成为不可能，或者是成本费用过于昂贵也实际上成为不可能（聂彩春，2003）。

要大力发展非商业性文化活动，由上至下、由下至上的力量都应该受到重视。一方面，我们应该注意发挥政府的文化职能，另一方面，我们要重视民间文化团体的力量。

在现代社会中，政府的文化职能越来越被摆在突出地位。在市场经济中，作为公共权力主体的政府部门主要履行社会公共文化管理的职能，也就是经济职能、文化职能和其他社会职能等三个方面。但是由于市场经济可以自行进行资源配置，所以经济发展主要通过依托市场规律、市场自行监管的方式发展，而不是由政府直接干预经济、履行直接经济职能。所以在这种情况下，政府的服务基点越来越多地通过文化职能及其他职能来实现。行政机关应依法对教育、科技、体育、卫生、新闻出版、广播影视等方面实施管理，领导和组织精神文明建设，满足人们日益增长的文化生活需要。政府在组织非商业性文化活动时，应从以下几个方面入手：①党政总揽。凡涉及全局性的、广大市民十分关注的文化表演活动，政府部门应注意抓好总思路的构想、总方案的策划、总计划的实施，根据活动规模的大小，抽调干部，组建工作班子，制定文化表演、新闻宣传、安保交通、通信电力、后勤接待、卫生与场地整治等一系列实施方案，然后组织筹备、实施。在任务后期，应同时注重工作动员和问题督查，并在活动结束后进行表彰总结。②精心打磨。文化部门对公益文化表演活动任务，无论大小，都组织精兵强将，以特有的艺术眼光和执著的奉献精神去履行自己的职能，精心打磨每一个活动的、一流的艺术质量。首先应精心打磨活动方案，召开创作座谈会、主创人员座谈会，初定节目方向，落实任务分配，用严谨的态度和博采众长的方法，将方案打磨到最完善的状态。其次，应精心组织活动排练。对每次活动的表演人员都经过严格的筛选，落实参演单位的排练组织机构、职责任务分工与日程安排，做好活动前的动员和道具准备工作；最后，应精心组织表演活动。为了保证每次表演活动都达到预期的艺术效果，文化部门除了进行严密的组织分工外，一般都要组织进行一次彩排和一至二次预演，来修正不足，使正式表演至善至美。③多方协作。政府组织的非商业性文化表演活动，既是民心工程，又是系统工程。为确保每次活动万无一失，除了听从上级机关的统一领导和指示以外，新闻宣传、安保交通、场地主管、通信电力、卫生城管等部门应加强沟通协作，抓方案，抓筹备，抓督导，抓实施，确保每次活动地安全、成功举行（黄锴，2009）。

除了自上而下的力量以外，自下而上即民间团体的力量同样不容忽视。文化团体的数量及活跃程度是衡量一个城市文化竞争力的重要指标。民间文化团体既是文化团体的重要一翼，也是民间社会力量的重要组成部分，积极引导和扶持民间文化团体，并使之发展壮大，是深化文化体制改革的要求。以上海民间团体的数据为例，截至2013年10月，由市文广局业务主管的文化类社会组织共117家，在1995～2000年均增长率为4.2%，2000～2005年均增长率为25.5%，2005～2010年均增长率为8.4%。2010年到2013年，每年平均增加10家。而群众性的文化团体，也可以形容为"草根"文化团体，仅在上海市社团局网站可查询到的社区群众文化团队，总数已过万。

但是相对于政府主导的文化团体而言，这些民间组织面临着更多现实而严峻的问题。比如说他们大多缺乏活动经费，缺乏活动场馆，组织内部的规章制度不够健全，也较难吸收更多的优秀人才。面对这些问题，除了其组织内部进行升级改革以外，更重要的是从政府和社会的角度进行帮助和扶持。一方面，健全相关的法律法规保障民间文化团体的利益，投入更多的资金和人力进行扶持，是民间团体更加趋向于专业化、系统化；另一方面，健全硬件和软件设施，提供更多的场馆和设备，培养足够的专业人才，以活动和人才为基础带领民间文化团体发展。

发展文化是一项社会性的工程，仅靠政府投入办文化，优势不明显，机制不灵活，渠道单一，活力不强，实力不够。因此，非商业性文化的发展与繁荣离不开社会的参与。一是利用社会参与的积极性，拓宽了服务渠道，使文化活动更加贴近实际，贴近生活，贴近群众；二是社会力量参与文化活动，提高了公共文化产品和服务的供给能力，有助于文化活动丰富多彩；三是社会参与文化活动为打造当地特色文化，丰富文化内容注入了活力；四是社会力量参与公益文化的服务与管理，为文化产业的发展增强了活力，健全了服务网络，提高了竞争力(张波，2008)。在当代中国，建设有中国特色的社会主义文化事业是中国先进社会生产力的发展要求和中国最广大人民的根本利益之所在，代表的是中国文化的前进方向，与有中国特色的社会主义经济和政治有机构成了中国特色社会主义。我们应该站在新的高度和起点，审视中国文化的发展历程，让新的文化态势成为未来的发展主流，积极调整文化格局，让中国成为真正的文化强国。

(赵建军)

10.17　非商业性文化社团

处在经济新常态下的中国，在改革开放的促进下勇于实践、开拓创新，文化产业得到迅速发展，文化发展更加繁荣，更具活力，也改变了人们对文化的需求。文化繁荣促进了文化社团的增长和发展，无论是商业性文化社团还是非商业性文化社团，都已经呈现出了稳定增长的新趋势。党的十八届三中全会通过的《中共中央关于全面深化改革若干重大问题的决定》(以下简称《决定》)指出，要"推动政府部门由办文化向管文化转变"。这一要求为进一步深化文化体制改革提出了方向，也为将来的体制转向提供了原则。"办文化"是计划经济的产物，群众只是被动地"接受文化"，民间力量、社会资本被束缚。而"管文化"是要让市场的角色在文化产业中活跃起来，要释放民间的资本和人民群众的力量，让大众真正地可以进行文化建设并占据主流。非商业性文化社团既是文化团体中不可缺少的部分，又是社会力量的中流砥柱，要想进一步深化文化体制改革，就离不开对非商业性文化社团的帮助和扶持，离不开对人民群众的鼓励和引导。

人们之所以愿意参加某一社团，多是因为他们对某件事物、现象或活动存有一致的兴趣，因此自发地形成了社团，并且能够在社团中切实地解决自身问题、维护自身利益或满足自身的精神文化需要。非商业性文化社团也是如此，它是社团成员依据兴趣爱好自愿组成，经过有关部门批准，按照章程自主开展的、不以营利为目的、主要开展公益性或互益性活动的组织。非商业性文化社团的社团文化既包括物质财富也包括精神财富。物质财富指的是社团举办活动的形式和经历、社团可以保留和传承的社团品牌、社团文化产品等等；而精神财富包括社团活动过程中梳理的价值观、精神思想、心理氛围等等。

文化社团主要可以分为两种，一种是政府主导建设的文化社团，另一种是民间自发形成、管理的民间社团。政府主导建设的文化社团，主要包括各省、市级的文化表演艺术社团。在我国进行文化体制改革之前，此类艺术团体基本由政府负责投资和管理，受到市场化冲击以后，开始进行市场化转型改革，调整布局结构和体制，允许承包经营责任制，实行合同制、聘用制，进行转企改革等(马敏和杜方，2008)。现在的政府主导的文化社团早已不是建设之初的样子，而是更符合时代特色、更适应市场经济的新型文化社团。这种社团多是兼有商业性和公益性(非商业性)，既有经营性质的、需群众消费而提供的演出服务，又会举办非商业性的活动。

　　非商业性文化社团是文化社团中极为重要的一部分。这类文化社团细分下来，大致可以分为以下三种。第一种是民营性质的文艺院团。民营的文艺院团最先在文化体制改革中转型，成为属于群众的社团。它们包含各种演出活动和艺术方式；新产品或剧目的更新换代快，可以跟得上群众的需求；且服务范围主要面向基层老百姓，管理机制比较灵活，安排也较为合理。第二种是文化类的社会组织。它们覆盖了文广影视的各行各业。具体又可以分为四种类型：①协会、学会类的文化组织（除行业协会外），如上海市收藏协会等。②民办非企业单位，简称民非，如宁波华侨书画院、上海中华书画协会等。③文化类的基金会，如孔孟基金会、民生中国书法基金会等。④行业协会，是指介于政府、企业之间，商品生产者与经营者之间，并为其服务、咨询、沟通、监督、公正、自律、协调的社会中介组织，是一种民间性组织，它不属于政府的管理机构系列，而是政府与企业的桥梁和纽带。第三种是群众文化团体。群众文化团体大多诞生在居民区内，是群众自发组织、自愿参加的组织，多举行健身娱乐、文化欣赏、社区公益等活动，不满足社会团体和民办非企业单位的登记条件，多是非营利性的社区组织。有些团体会在社区的居委会活动中心登记备案，但也有一些从未在任何机关进行登记的群众文化团队，例如学校、小区自己组织的合唱团、舞蹈队等。群众文化团体是以自我组织、自筹资金、自我运作的方式开展各种文化活动（黄江平和王展，2014）。

　　由此可见，非商业性文化社团类型多样，覆盖性广，因为准入门槛低，所以吸收了大量的爱好者参与其中。社团类型包括文学社团（小说、诗歌社团等）、戏剧社团（话剧、民间戏种、木偶戏、皮影戏社团等）、曲艺社团（快板、弹词、大鼓、评书、相声社团等）、舞蹈社团（社交舞蹈、风俗舞蹈、健身舞蹈社团等）、美术社团（绘画、书法、雕塑、摄影、篆刻社团等）、游艺社团（象棋、国际象棋、扑克牌、麻将、其他益智游戏社团等）及其他多种类型。而他们推出的文化活动涵盖了文艺创作、文娱表演、展览活动、阅读活动、培训活动、健身活动等等类型，与我们每个人的生活和兴趣息息相关（杨淑红，2012）。所以非商业性文化社团其实拥有非常雄厚的群众基础，是我们生活中不可或缺的一部分。

　　但是，非商业性文化社团的生存环境却不容乐观，很多现实性问题正摆在眼前。第一，扶持力度不够，资金问题明显。大多数非商业性文化社团已经在政府的资金补贴、税收减免等政策下得到了实惠，但是众多的非商业性文化社团却还面临着资金短缺的问题。群众社团缺乏资金来源，无法正常开展活动，即使项目需要的资金不多，也要靠每次都找赞助单位的方式来解决，既费时又费力。很多活动因为资金短缺无法正常开展，所以资金问题是制约社团发展的主要问题之一。第二，公共资源不足，活动没有场地。随着加入到社团的人数越来越多，社团的数量也越来越多，这就造成了人数和场地上的严重不匹配。虽然各级政府已经不断加大力度建设群众性的活动场馆，如图书馆、艺术馆、体育馆等，但是与激增的社团数量相比，这些措施还远远不够。且很多场馆出于盈利的目的，会向群众收费，造成了很多群众无处可去、很多场馆冷冷清清的现象。第三，社团内部规章制度不健全。一些规模稍大的文化社团，缺乏专业化的管理团队，内部管理混乱，所设理事会等不能行使相应的权力，内部工作也不公开透明，财务问题、人员问题层出不穷，从内部削弱了文化社团的活力，导致社团不能良性发展。第四，社团缺乏优秀人才。非商业性的文化社团一向较难吸引到优秀人才，且已有人才的流失现象也较为严重。有些社团因为资金不足、自身管理不善等问题无法正常运转，导致无法留住优秀人才；有些社团因为文化类别受众较小，无法吸引更多人才，从而最终解散。优秀的人才越少，社团的运转就越困难；而社团运转困难，导致更多人才不愿意留在社团。这样就形成了社团发展过程中的恶性循环。

为了促进非商业性文化社团的进一步发展，应从以下几个方面入手。进一步完善政策法规。《决定》明确指出："满足人民基本文化需求是社会主义文化建设的基本任务"。要"加强文化基础设施建设，完善公共文化服务网络，让群众广泛享有免费或优惠的基本公共文化服务。"通过公共财政的扶持，确保体制机制的完善，用保障性的法律法规体系来促进文化社团发展。完善服务设施建设。《决定》指出："各类公共场所要为群众性文化活动提供便利。"我国的一些大城市在这方面已经做到了全国领先，但是跟国际性的文化大都市相比，还有一段距离；而中小城市则欠缺服务设施，远远满足不了人民群众的需要。应继续建设文化圈，向居民集聚区、重点商业区、郊区及农村继续投放文化设施，要有效利用已有的空间和资源（如公园、广场等），真正让人民群众享受到身边的文化活动。加大培训力度，吸引人才。任何文化类社团都离不开人，人才短缺可以在很大程度上制约社团的发展。政府及文化社团本身都应该尽量避免人才流失和人才断层的情况。要与专业性的机构合作，聘请优秀的文化及管理类老师，一方面培养文化艺术人才，一方面培养组织内部的管理人才。通过加大培训力度的方式，让文化社团由内而外地专业化、规范化，增加社团的活力，使社团能够长效发展。转变发展方式。以往的非商业性文化社团大多依赖开展文化活动、吸引潜在爱好者的方式发展。在互联网如此普及的今天，社团完全可以通过网络，借助微博、微信、贴吧等方式进行线上的经验交流，也可以借助网络平台发起、组织活动。此外，应利用群众文化社团的"草根"身份，真正做到艺术从群众中来，再到群众中去，多对人民群众进行艺术教育和熏陶，让他们从身边感受到艺术之美。　　　　　　（赵建军）

10.18　生态文化旅游

如今，公众的精神文明需求与日俱增，旅游在其中占据着举足轻重的地位，旅游业越来越成为现代经济新的增长点，其中生态旅游开始受到越来越多人的追捧。生态旅游离不开生态环境与文化的支撑，将自然风光与文化旅游巧妙融合起来，同原有旅游业仅依托生态环境或人文历史来获得发展的模式大不相同，其也逐步成为各地旅游业竞相追逐的发展模式。

人类历史进入工业时代之后，经济的发展可谓日新月异，城市化与现代化进程不断加速，但为此人类也付出了沉重的代价，资源问题与环境问题越来越令人担忧，就算一向被称为"绿色产业"的旅游业也难以推脱责任。20世纪80年代以来，世界各国开始注重生态旅游的发展，目的就在于最大限度地消除旅游业对资源环境的不良影响。可以说，一开始的生态旅游，其实属于环境发展战略之一。具体来说，"生态旅游"一词诞生于1983年，国际自然保护联盟特别顾问、墨西哥专家 H. Ceballos Laskurain 是首创者，1986年，国际环境会议于墨西哥召开，"生态旅游"获得正式认可，并迅速被全球各国推广开来。此后，"生态旅游"不再是环境发展战略之一，而是逐步成为具有独特内涵的旅游模式之一。1992年，生态旅游协会对"生态旅游"进行重新界定，也就是人们有针对性地掌握自然区域的文化和自然知识，为融进大自然神奇环境之中而不懈努力展开的一种生态空间的跨越与过程，并有利于环保事业、维持生态平衡、推动人类和生物和谐发展的旅游活动（王亚玲等，2004）。2002年被联合国认定为国际生态旅游年，足以证实生态旅游的重要地位。简而言之，此处所提及的生态旅游，也就是以所在地自然资源为依托，以所在地民众利益为立足点，不对所在地环境形成破坏，实现游人和所在地环境、民众和谐共处、友好沟通的旅游模式。

"文化旅游"一词最早出现于1977年的《旅游学：要素实践基本原理》一书中，此书所说的"文化"事实上涵盖了旅游的方方面面，公众能够通过它来实现更多的心灵共鸣（麦金托什和蒲红，1985）。如果将其与生态旅游放在一起来看，很容易就能看到它们彼此间存在一定的重合性，生态旅游以文化资源为依托，文化旅游也离不开生态环境的扶持。

因此可知，生态与文化共同构成了生态文化旅游，二者缺一不可，密不可分。当前，生态文化旅游到底是什么？学者们可谓众说纷纭，部分学者将其界定为公众为满足自身融入大自然神奇之境的刺激感而展开的一种生态空间的跨越行为与过程，带有较强的冒险性，并有利于环保事业、维持生态平衡、推动人类和生物和谐发展的旅游活动。部分学者则指出生态文化旅游就是紧紧围绕生态理念，以自然与文化两种旅游资源为基础，将生态旅游和文化旅游巧妙融合在一起的旅游模式。

综上所述，我们能对生态文化旅游做出以下界定：遵循可持续发展理念，专门针对自然界的生态环境，注重生态旅游与文化旅游的同步发展，以自然资源与人文资源为基础，通过不断地挖掘来满足游人多元化的旅游需求，在创造经济效益的同时也有利于环保事业展开的新型产业形式。

生态文化旅游有环保性，融合性、综合性和体验性四个特点：

生态的环保性。这是生态文化旅游产业最为突出的优点。农业的发展离不开对土地的开发，工业的发展势必会产生大量废弃物，但生态文化旅游产业的开发对象以非物质文化资源为主，实际上是一种文化消费，对环境与资源的影响甚小，并且公众对此的需求日益剧增，在低碳环保方面是其他产业所无法比拟的，也是增强国家综合竞争力的关键所在，在新的世纪里有着巨大的发展潜力与空间。

形式的融合性。生态文化旅游产业是新型产业之一，形式灵活多样，很容易同其他产业形成交叉与融合。文化产业有着巨大的发展潜力，辐射面也尤为广泛，能同其他产业相互深入与结合，建立产业链。其他诸多产业也富有文化内涵，例如我国茶文化和农耕文化等，越来越多产业注重文化的功能。经济、科技、环保等在生态文化旅游中相互交互，增强了产业间的关联度，推动产业优化升级。

效益的综合性。不断壮大的生态文化将令旅游地全方位获取经济、社会以及生态效益。经过生态文化旅游项目的建设，以保证本地自然生态为基础，得到对应的经济收益。同时，还可以在一定程度上发挥其社会和文化功用，激发人们深入感受生态文化的兴趣，令他们认识到特定自然生态环境奥妙和蕴藏其中的文化魅力。

游客的体验性。生态文化旅游可以借助农村体验式文化集市、风俗活动区、自然生态采摘园等方式，让人们深入加入到富含特色与文化内涵的体验式活动当中，进而促使他们提升旅行品质，掌握生态文化，增强生态观念。

生态文化旅游有重要价值：

促进经济发展。旅游业在地区经济发展中发挥着巨大的促进作用，具体表现在以下三个方面。第一，旅游业能够带动当地经济增长。生态文化旅游业的发展可以拉动不少相关产业，包括餐饮、交通、零售等，并且能有力推动当地的基础设施建设事业，从而促进当地经济的全面发展。第二，生态文化旅游业的发展能创造更多就业机会。不少发展生态文化旅游地区的人们仍旧维持着原来的生活习惯，面朝黄土背朝天。然而，生态文化旅游业的发展给他们带来不少就业机会，他们能够在商店、旅馆、景区等地方找到新的工作，经济收入也更有保障。最后，旅游业有利于国家外汇收入的增长。我国仍处于发展中国家行列，旅游业在吸引外汇方面发挥着重要作用，其中为人们所追捧的生态文化旅游在该方面做出的贡献不容小觑。

保护生态环境。生态文化旅游开发，最初的目的在于以既有的生态与文化两大资源为依托，在可持续发展理念的指导下开发生态环境，并力求将影响降至最小。这一开发是基于自然展开的，恪守自然规律，将自然美景呈现出来，指引开发者进行投资，对资源环境展开生态化的价值管理，以达到资源持续利用的目的，并将生态价值发挥得更加淋漓尽致。随着生态文化旅游业的发展，更多旅游者的环保意识会被唤醒，让他们主动加入到保护自然与文化的队伍当中，进而更加有利于环保事业的展开以及特色文化的延续。

推动生态文明建设。在党的十七大报告中，全面建设小康社会的奋斗目标又增添了新的内容，即建设生态文明，基本形成节约能源资源和保护生态环境的产业结构、增长方式、消费模式。人类社会从诞生至今，始终都处于不断地进步当中，生态文明无疑称得上人类社会的又一伟大进步，其关键点就在于基于对自然的尊重与保护，以实现人、自然、社会三者之间的和谐发展为立足点，始终坚持可持续发展理念。生态旅游是开展生态体验、教育、认知并产生身心愉悦的旅游形式，承载着生态文明的关键部分。借助这一形式，生态文明得到更为广泛的普及，公众的生态文明意识得以强化，他们开始主动承担起维护生态环境的责任，公众建设生态文明的热情将在无形中不断膨胀起来。

尽管国内的生态文化旅游已经取得了可喜成绩，在经济发展中的带动作用也逐步显露出来。然而依照可持续发展理念，我们必须同时注重生态文化旅游在发展中所存在的各种问题。要想实现国内生态文化旅游业的健康稳定发展，我们必须对这些问题进行深入剖析，并努力寻求相应的解决策略。

问题1：生态文化旅游规划思想滞后，开发形式不够多元化。

整体而言，国内的生态文化旅游规划思想上过于落后，在开发上目光短浅，景区建设无法满足公众日趋多样化的旅游需求，开发思想不够灵活，既有优秀生态资源的功能尚未得到充分挖掘，资源浪费问题随处可见。

就那些已经开发的生态文化旅游资源，重点涉及森林、城市、乡村等生态文化旅游以及市郊农业文化旅游等，大都是采取主题公园式、博物馆式、传统节庆、生态文化村等形式进行开发的。然而纵观国内的乡村生态游、市郊生态游，存在着严重的模仿与复制问题，根本未能将所在地的特色之处展现出来，难免会造成游客的审美疲劳，产生"一叶障目，不见泰山"的想法。

问题2：生态文化旅游管理方式缺乏先进性，宣传不力。

如今，在生态文化旅游的经营中，从业者仍旧喜欢采用陈旧的经营方法，不过是开几家饭馆、几家酒店、几家超市而已。并且在不少景区，这种分散式的运营方式依旧占据上风。这种家庭式的作坊导致旅游经营始终摆脱不了自主经营的模式，无法与现代化的管理模式相接轨，旅游经济发展空间受到极大限制。事实上，中国不止有西双版纳、大理、丽江等景区，大量的优美景区至今无人问津，即使有游客前往，也大都是当地游客，这一现象主要是因为生态文化旅游宣传不力造成的。而之所以存在宣传不力问题，除去缺乏相应的资金之外，原因也在于开发者大都是中小企业，规模较小，导致生态文化旅游资金不足问题严重，根本无力加大宣传。

问题3：生态文化旅游导致生态异化，环境污染。

生态文化旅游必须依托于既有的生态环境与人文环境，然而在发展过程中，也给这些环境带来了不少灾难。生态文化旅游开展之后，大批游人涌入其中，异质文化不断渗入，给所在地原生态文化带来巨大的冲击，同化现象严重。最为突出的就是为满足游人的需求，少数民族举办一些不合时宜的祭祀活动；为适应游人的不同需求，当地的特色文化活动开始面目全非。当然，我们不能轻易判断这些变化究竟是好是坏，然而之前特色十足的原生态文化可能再也找不回来了。另外，尽管生态文化旅游在开发过程中，始终秉承可持续发展理念，然而旅游区的建设势必会给所在地的自然环境带来或大或小的破坏，原有的生态环境也不复存在。此外，游人所带来的垃圾污染等问题，至今尚未得到彻底解决（冉琼和苏智先，2010）。

为解决以上问题，国内生态文化旅游在发展过程必须立足于下述三点。

第一，注重规划，加强政府的宏观引导。旅游业必须在政府的正确引导下来获得发展，生态文化旅游自然也不例外。生态文化旅游的地域性较强，所在地政府不能一味地只顾当前经济的发展，必须高瞻远瞩，根据自身的实际情况合理引入项目。政府必须引导旅游开发，和财政、交通等部门建立起和谐关系，展开统一管理。

第二，注重人才的培养与吸纳，强化人才队伍建设。生态文化旅游的发展离不开人才，人才也是生态文化旅游竞争力的关键所在。人才队伍的建设必须注重两大工作，其一，千方百计提升旅游从业工作者的生态文化素质，对他们展开定期培训，增强其服务能力与教育素质；其二，加大同高校等科研单位的合作力度，吸纳更多专业人才，这样才能彻底消除旅游规划有失合理、开发有失规范的情况。

第三，做好环保工作，开发和保护并行。旅游业的发展，一味地注重开发并不合理，保护工作也需相应展开。生态文化旅游也不例外。生态文化旅游资源是一种复合型资源，涵盖自然生态与人文风情两种资源在内。在进行开发时，要特别注重对原有人文资源的保护，防止其出现异化，并注重对原生态环境的保护。必须把握好资源开发和保护之间的"度"，坚持保护先行，合理利用。此外，之所以对生态环境进行保护，为的是让游人有机会接触到一种原生态，因而开发也要与保护并行，这样才能将生态文化推广开来，唤醒更多人对生态文化的保护意愿。

（赵建军）

10.19 生态文明宣传

党的十八大报告提出"五位一体"总布局，将生态文明建设性地提到与经济、政治、文化、社会同一高度，同时要求加强生态文明宣传教育，增强全民节约意识、环保意识、生态意识，形成合理消费的社会风尚，营造爱护生态环境的良好风气。生态文明表明了整个人类社会的一种进步状态，是人类在保护和创建良好生态环境过程中所取得的全部物质、制度以及精神成果的总和，它应当贯穿于人类社会发展的全过程和各方面。生态文明宣传，即利用一定的传播手段对人类文明的进步状态进行宣传。

生态文明宣传的基本内容有以下三点：

生态意识宣传。一个人能否积极践行生态行为在很大程度上取决于是否具有强烈的生态意识。人类是自然界这个庞大系统的成员之一，人应当与该系统中的其他成员和谐相处，形成一种良好的生态关系，这是生态意识宣传的主要目的。生态意识宣传应该包括以下三个方面：第一，忧患意识。进行忧患意识的宣传和教育，可以激发公众建设美好生态环境的积极性，树立人与自然协调共存的生态观念。忧患意识的重要性不言而喻，因为如果继续无节制地开发和利用自然资源来发展物质文明，将会导致资源的进一步枯竭和环境的恶化，而最终影响人类自身的生存和发展。第二，主体意识。保护生态环境从根本上讲就是保护人类自己，主体意识的树立有利于激发人们的主观能动性，从而更加主动地为生态文明建设贡献自己的力量。第三，生态审美。生态意识除了要求公众具有一定的生态知识，还要求公众培养高尚的生态审美情趣，生态审美在唤起公众关爱自然和生态的丰富情感的同时，还进一步提升了生态文明教育的层次。

生态道德宣传。生态道德的薄弱或缺失已经成了生态文明建设的桎梏之一。生态善恶、生态良心、生态正义和生态义务共同构成了生态道德的主要内容。首先，生态善恶。人们只有明确地辨别了生态行为中的是与非、荣与耻、善与恶，才能够在是非曲直面前做出正确的选择，进而才有可能逐步将保护生态内化为自觉行为。其次，生态良心。生态良心将促使人们自觉遵守生态道德的公平性原则、持续性原则和整体利益原则，培养人们的前瞻意识和自省意识，进而为科学发展观的培养和发展奠定坚实的基础。再次，生态正义。一个具有生态正义的人不仅会自觉地约束自身的行为，而且也会有效制止那些浪费自然资源、破坏生态环境的不道德行为，这有助于把全人类的经济行为和个人生活都规范在生态文明建设的远大目标和共同理想之中，建设一个天更蓝、水更净的美好社会。最后，生态义务。生态义务是人们必须履行、无法拒绝的部分，树立生态义务的道德观，使人们更加自觉地肩负起节约资源和保护环境的责任，不断将生态道德转化为自身的生态行为。

生态法制宣传。生态法制宣传是生态文明建设的重要组成部分。一方面，需要加强生态法制意识的宣传。强化生态法律法规的宣传和教育，有利于提高公众的生态法律意识，使人们在懂法的前提下守法、护法。这有利于规范人们的生态行为，也有利于打击各种破坏生态环境的违法犯罪行为，杜绝各种破坏生态的现象。另一方面，需要加强生态维权宣传。生态文明的事业本质上是公众的事业，生态环境和自然资源是全人类共同的财富，因而，公众在生态文明建设过程中具有知情权、参与权和监督权等权利。

加强生态文明宣传需要有的放矢，突出重点，着力增强"三个意识"：

一是资源节约意识。许多资源的不可再生性，加上人类在特定历史发展时期不顾后果地开发利用，使得地球的自然资源正面临不断枯竭的挑战，石油紧张、矿物减少、淡水缺乏、粮食短缺等已经严重影响人们日常生产生活，直接威胁人类长远发展。因此，必须通过生态文明宣传教育，增强人们节约资源的意识，自觉养成节约一滴水、一粒粮、一度电的良好习惯。

二是环境保护意识。在人类发展历史中，由于片面追求物质经济的发展，而极大地忽视自然环境的保护，导致我们赖以生存的自然环境遭到严重破坏，如气候变暖、自然灾害频发、土地沙化与荒漠化、海洋污染等，使人类的生命和财产遭受巨大损失。因此，必须通过生态文明宣传教育，帮助人们树立保护生态环境就是保护生产力、改善生态环境就是发展生产力的理念，引导人们走可持续发展的生态之路。

三是生态改善意识。人类为了发展，一方面掠夺式地向自然索取资源，另一方面，又将生产、生活所产生的废弃物无情地排回自然界中，从而不断加剧了生态危机，导致生态环境的崩溃，最终影响人类的生存和发展。通过生态文明宣传教育，引导人们深刻理解人与自然相互影响、相互作用、相互制约的关系，自觉形成尊重自然、热爱自然、人与自然和谐相处的生态价值观。

生态文明的宣传方法主要有：①贴近。生态文明宣传是宣传工作的一部分，因此，为了提高宣传的针对性和实效性，生态文明宣传需要遵循"贴近实际、贴近生活、贴近群众"的"三贴近"原则，这在生态文明宣传中具有重要的意义。②互动。进行生态文明宣传的主要目的就是在全社会牢固树立生态文明的观念，提高公众参与生态文明建设的热情。互动有利于充分调动公众积极投身到生态文明建设的意识和热情。③统筹。统筹的目的是协调，生态文明宣传工作要正确认识和妥善处理多方面的利益和效益关系，建立协调有效的教育机制，着力推进生态保护的宣传和教育（朱红英，2009）。

从本质特征来看，生态文明建设是一个系统性的综合工程，宣传教育工作是其题中应有之义。生态文明建设涉及物质层面和精神层面，既要促进发展经济、改善物质水平，又要加强环境保护、改善生态条件；既统筹布局生产空间、生活空间、生态空间，又增强和提升人们的生态思想观念。习近平同志明确强调，"我们既要绿水青山，也要金山银山。宁要绿水青山，不要金山银山，而且绿水青山就是金山银山""加强宣传教育，树立尊重自然、顺应自然、保护自然的理念"。生态文明建设要求改造客观物质世界的同时，也要求改变人们的主观世界，是一场涉及物质层面（包括生产方式、生活方式等）和精神层面（包括思维方式和价值观念等）的历史性的变革。物质决定意识，意识对物质具有反作用，很显然，在这场变革中，人的思维方式、价值观念等更具影响力，甚至发挥着决定性作用。因此，加强生态文明宣传和教育是建设生态文明的本质要求和重要内容。

从现实情况来看，宣传教育工作已然变成生态文明建设的当务之急。一方面，公众的生态意识和生态素养虽然有一定的提升，但是相较于生态文明建设的总体要求，仍然存在较大的差距和不足，这严重影响和制约了生态文明的建设。因此，宣传教育工作亟待加强，通过生态文明宣传和教育，使公众重新认识和理解生态文明建设，以期达到全新的高度和境界，使生态意识内化于心、生态行为外化于行，进而营造生态文明建设的良好氛围，为生态文明建设源源不断地注入正能量。另一方面，经过长期的启蒙和教育之后，我国生态文明建设目前已经具备了丰沃的文化土壤和良好的社会条件，开展全方位、多领域、深层次的生态文明宣传教育，正合其势，正当其时。此外，公众目前对于接受深层次的生态文明宣传教育的需求正值旺盛时期，加强生态文明宣传教育，为公众提供更丰富的精神食粮、教育产品和文化服务，是顺应公众需求的必要举措。

宣传教育工作关乎生态文明建设全局，在生态文明建设过程中，宣传教育工作应当走在前列。因此，必须全面落实宣传教育的各项工作，努力开创生态文明宣传教育新局面。

创建生态文明宣传新格局。毋庸置疑，生态文明宣传是具有广阔发展前景的社会事业，兼具公益属性和社会属性。双重属性的特质决定了生态文明宣传工作的良好开展，必须由政府部门牵头主导，同时吸引全社会的广泛参与，形成生态文明宣传的新格局。一方面，国家和政府要自觉肩负起领导核心的角色，把握好生态文明宣传工作的顶层设计、内容规划和政策导向，努力为全社会呈现更加出色的公共产品和社会服务。另一方面，社会各界个人或团体要充分参与其中，结合自身的特色和优势，积极贡献自身的力量，丰富生态文明宣传的多样性，提高生态文明宣传的有效性。

建立生态文明宣传新机制。建立有效的制度和机制是开展宣传教育工作、提高宣传效果的关键所在。因此，一要建立健全的政策扶持机制，创造一个公平公正、适度宽松的政策环境，使得从事生态文明宣传教育工作的主体能够安心、真心、舒心地做好宣传教育工作。二要建立完善的物质保障机制，通过设立生态文明宣传专项资金，以此保障生态文明宣传在基础内容研究、重大项目开展、骨干人才培养等方面的经费需求。同时，积极吸引社会民间资本转向生态文明宣传教育，作为专项资金的良好补充。三要建立科学的人才培养机制，组建各级专业智库，培养一批专业领域的精英人才和领军人物，吸引和鼓励更多的优秀人才投身生态文明建设的各个领域中。

形成生态文明宣传新常态。随着生态文明建设的全面加强和深入推进，生态文明宣传教育工作也要与时俱进，与之同步发展，进入到全面加强、深入推进的新常态。首先，实现生态文明宣传的经常化。通过科学的规划和研究，保持强劲持久的宣传教育声势；其次，实现生态文明宣传的现代化。通过大胆的摸索和创新，结合新型的互联网宣传方式，采用丰富有效的宣传教育手段；其次，实现生态文明宣传的多元化。通过不断地发现和解决问题，建立科学完备的宣传教育体系；最后，实现生态文明宣传的全民化。通过全面的拓展和延伸，逐步形成面向全社会、囊括全民的宣传教育布局。

加强生态文明宣传教育，大力推动全民环境保护意识的提升，构建全民参与环境保护的社会行动体系，是新时期的重要任务。生态文明宣传教育是一项长期性的系统工程，既涉及个体人的思维模式、行为方式、价值观念的形成，也涉及全社会伦理道德体系的建构（刘建雄和张丽，2012），应该坚持生态文明宣传在生态文明建设中的基础性地位，明确生态文明宣传的主要任务，努力开创生态文明宣传的新局面，为生态文明建设提供有力支持。

（赵建军）

10.20 生态法制宣传

法制是法律制度的简称。生态法制，即生态法律制度，是指由一系列保护生态环境的生态法律法规所组成的规范体系，包括对生态环境保护领域中的各个环节和方面进行调控的规则、程序和保障措施，它是国家生态环境保护在法律制度层面的体现，是生态环境制度的法律化。改革开放以来，我国不断加强生态文明在法制层面的建设，取得了阶段性的成果。1979 年，我国制定了《中华人民共和国环境保护法（试行）》，成为了我国环境保护法律发展的坚实基础。在此基础上，一系列保护生态环境的法律、法规相继出台，各有关环境保护的基本制度纷纷建立（陈庆立，2007），根据环境保护部数据中心显示，我国目前已经制定了近 30 部环境保护法律、30 多部环境保护的行政法规、100 部环境保护行政规章、近 1400 项环境标准，使我国生态环境保护建设粗具规模。同时，我国还加入或签署了一系列环境与资源保护的国际公约。应该说，我国的生态法制已经初步形成体系。

任何法律制度都是一系列复杂社会条件的产物，不存在"施诸四海而皆准，推之百世而不悖"的法律模板。由此可见，生态法制建设必须面向中国的实际，解决中国特定情境下的生态环境问题，构建起中国特色的生态文明新秩序，所以深入分析我国生态文明法制建设的必要性问题，实为科学而明智之举（蒲昌伟和李广辉，2016）。

从理论角度来看。不可否认的是，改革开放以来"以经济建设为中心"的国家工业化发展在很大程度上造成了现在的环境危机。为了经济建设的快速发展，摆脱中国贫穷落后的面貌，不得已而牺牲了一部分的环境和资源。更为严重的是，在物质利益的诱惑下，一些企业不顾后果地开发利用自然、某些政府部门的功利化地发展地方经济、唯 GDP 论英雄、个别环保法律形同虚设，凡此种种，使得环境问题日积月累，愈发严重而难以解决。更加讽刺的是，这一严重局面也是在工业文明法制的保驾护航之下形成的。现代文明的副产品让人类难以承担，唯有变革，努力创造一种更为高级的文明，才有可能让人类可持续地发展下去，这个文明就是生态文明。不同的文明需要不同性质的法制，生态文明的产生与发展需要相应的法律制度来保驾护航，这就需要在工业文明法制基础之上变革和呼唤新型的生态文明法制。可以说，体现环境正义精神的生态文明法制是推动生态文明建设的必然制度安排。

从现实角度来看。2015 年 1 月 1 日生效的新的《中华人民共和国环境保护法》从立法宗旨到基本的制度供给再到具体的配套措施设计都非常适用，值得期待。新修订的环境保护法立法宗旨在于推进生态文明建设、促进经济社会可持续发展，主张保护优先、预防为主等原则，此外还有政府负责制度、行政执法的强制处罚制度等，使我们完全有理由相信，如果这部法律能够得到切实的执行，将会极大地缓解我国生态环境日益恶化的局面。应当清醒地认识到，一部有效法律的颁布还不能从根本上解决生态问题，因为生态文明建设是有别于环境保护的，生态文明法制更是与环境保护法制存在根本差别的。作为一种新型的文明形态，生态文明的内涵和外延比简单的保护环境要更加广泛和深刻，因而，生态文明法制的内涵和外延当然也比单纯的环境保护法制要广泛、深刻得多。此外，不得不承认的是，我国的环境问题之严重、产生原因之复杂、涉及利益关系调整之深刻且广泛等绝非一部环境保护法就能够解决的，根治问题的关键还在于生态文明法制的全面建设和发展，即进一步构建和完善生态文明法制，为生态文明建设保驾护航。

立法理念滞后，法制效果欠佳。如前文所述，我国环境保护方面的立法在改革开放之后取得了较大的成果。然而在巨大成绩的背后仍然存在诸多不足，由于受到"救火式"立法理念的影响，现有立法在宏观规范、顶层设计以及协调联动等方面不尽如人意，导致"立法重复""立法冲突"和"量大质次"等现象屡见不鲜，生态环境问题整体上还不容乐观。具体表现在两个方面：一是《环境保护法》基本法地位缺失，立法"群龙无首""各自为战"，难免出现具体法律条文相互冲突、矛盾的现象。二是立法缺乏整体布局和全局规划，环境资源立法忽轻忽重。生态文明法制建设必须摒弃先前法制建设的思路，从生态系统和生态文明的角度出发，对现行立法体系进行"生态化"的改造，构建符合我国国情的生态文明法制体系。

重视常规管理，忽视环境风险管理。据统计，1993 年以来，我国已发生近 3 万起突发环境事件，其中 1000 多起为重大、特大突发环境事件，严重危害到社会的稳定以及和谐发展。导致上述现象的制度原因主要有二：其一，现行环境立法只重视常规环境管理，忽视了环境风险管理工作。例如《环境影响评价制度》，只是对环境影响评价作了常规规定，对于环境风险的评估和预防控制问题却只字未提。其二，环境风险管理的法律责任制度有所欠缺，对于环境恢复、损害赔偿等责任的规定不够完善，往往导致"企业出事，政府处置，群众受害"局面的出现。因此，有必要将风险预防原则纳入生态法律体系的基本原则，健全和完善环境风险管理的制度体系。

法律责任不严，环境违法行为甚嚣尘上。在现实生活中，许多个人或者组织并未严格遵守我国的环境法律法规，环境违法行为时而有之，地方保护主义也是盛行不止。从制度层面探究，主要原因是责任不严，"守法成本高，违法成本低"，环境行政强制措施欠缺，环境违法责任过轻。例如某些企业为了按照国家要求处理排放的污水、废气可能需要付出高额的成本，远远高于因环境违法而受到的罚款处罚，因而宁可选择接受违法处罚，甚至是故意躲避环境执法。这些使得环境资源法律的权威大打折扣，无法有效威慑违法行为。

生态文明法制建设缺乏战略导向和政策指引。生态文明建设是一项伟大的系统工程，但到底该从何开始、如何进行，许多人并不清楚。这就使得生态文明法制建设很可能由于缺乏方向和行动方案而陷入困境，难以迅速取得突破性进展（杨朝霞，2013）。

生态法制建设应注意以下四点：

完善生态立法体系。有法可依是前提，因此，生态法制建设首先必须要完善生态立法体系。改革开放以来，我国加快了在生态环境保护问题的立法进程，虽然已制定了多部环境与资源保护法律，但整体立法仍然存在严重不足，主要表现为：在立法思想上忽视对生态环境的保护；在环境保护的制度和措施上缺乏行之有效的建设；在环境违法责任追究上亟待加强等等。面对目前严峻的生态环境问题，可以从以下几个方面着手完善生态法制体系：一是将可持续发展作为生态立法的基本原则；二是完善环境保护法，用综合性的整体理念和基本思想将生态环境与资源保护法律协同起来；三是确立多元化的生态立法的内容与层次。

提高公众生态法制意识。完善生态立法需要依赖于人，同时，再完备的法律体系也需要人们自觉去遵守和守护。因此，生态法制建设的重要环节在于培养公众的生态法制意识。众所周知，大部分法律都是调整人与人之间的关系，环境保护法律法规与之不同的是，它需要调整人与人、人与自然的关系。调整人与人关系的过程中，法律规范不可避免地会涉及权利主体的利益，守法更依赖自觉而不是外部压力。因此，相较之下，遵守环境法律法规的观念显得更为重要，也更为困难。为此应当：第一，加强对公众生态法律制度的教育。国家对公众要通过法制宣传教育，提高公众的主体意识、权利意识和法律意识，明确自己在生态环境保护中的主体地位，正确行使好生态环境权力，同时也要自觉履行保护生态环境的义务和责任。第二，大力拓展公众参与生态环境事务的方法和渠道。一方面，建立健全生态环境保护公众参与制度和生态环境信息公开制度。实现重大生态环境保护事务公示、听证、专家咨询等公众参与制度的建设等。另一方面，通过明确的法律条文和法制程序来切实保障公众的环境权利，把保护公众的实际利益与保护环境结合起来，从而增强公众对环境问题的密切关注，在环境关系中自觉守法、护法，促进我国生态法制建设的逐步实现。

强化生态环境保护机关执法能力。执法必严，否则法律制度形同虚设，因此，生态法制建设的关键在于强化对生态环境保护机关的执法能力的建设。因此，要建立一支专业化、高水平的执法队伍，不断提升生态环境执法人员的素质；实行重大环境事故责任追究制度，努力杜绝环境执法中的保护主义，坚决遏制行政干预执法现象，严厉打击权法交易、钱法交易行为，坚决捍卫环境法律的权威；丰富生态行政执法手段，建立生态保护专门审判机构等等。

加大对个人环境违法行为的追究。加大对个人环境违法行为的追究是生态法制建设的保障。就现在的实际状况而言，在环境执法过程中更加注重于对企业或者团体的环境违法行为责任的追究，而常常忽视对个人环境违法行为的追究。其实，保护环境是每个人应尽的义务，而且所有企业或者团体的活动也是在具体自然人的控制下完成的。因此，加大公民个人违法行为的责任追究，有助于提高环保法对公民的威慑力，有助于增强公民保护环境的自觉性，从而形成人人履行保护环境的义务的良好氛围。

中国社会正处于转型时期，各个领域的规范正在逐步建立，面对当前严峻的生态形势，生态法制建设显得尤其重要。在明确提倡何种观念以及建立何种制度的基础上，要加强环境保护的执法力度，更重要的是增强公众生态法制意识，形成人人懂法和自觉守法的局面。只有全社会都自觉遵守国家法律法规，正确行使自己的权力和履行自己的义务，才能真正建立起良好的法制秩序，才能实现经济发展、社会进步、山川秀美、和谐发展的宏伟目标，才能改善我们的生存环境，实现人与自然和谐相处。

（赵建军）

10.21 资源环境国情宣传

资源指某个国家或地区所拥有的人力、物力、财力等各种物质要素的总称，包含自然资源和社会资源，这里主要指自然资源，如空气、水、土地、森林、草原、矿藏等。环境通常指相对于人类主体而言的一切自然环境要素的总和。资源环境国情，即是我国自然资源和自然环境的基本情况和特点。资源环境国情宣传可以理解为，社会或社会群体通过一定的宣传方法，对其成员传播自然资源和自然环境基本情况和特点等信息，帮助其成员深刻了解资源环境情况，逐步树立生态意识、践行生态文明的过程。

我国资源总量丰富，但由于人口众多，人均资源占有量小。同时，我国正面临经济社会快速发展、人口增长与资源环境约束的突出矛盾，生态环境也面临严峻挑战。资源环境宣传应注意了解土地、矿产、海洋和水资源以及林业资源的基本情况。

土地资源。截至 2015 年，全国共有农用地 64545.68 万公顷，其中耕地 13499.87 万公顷(20.25 亿亩)，园地 1432.33 万公顷，林地 25299.20 万公顷，牧草地 21942.06 万公顷；建设用地 3859.33 万公顷，含城镇村及工矿用地 3142.98 万公顷。

全国土地利用数据预报结果显示，2015 年全国因建设占用、灾毁、生态退耕、农业结构调整等原因减少耕地面积 33.65 万公顷，通过土地整治、农业结构调整等增加耕地面积 29.30 万公顷，年内净减少耕地面积 4.35 万公顷；全国建设用地总面积为 3906.82 万公顷，新增建设用地 51.97 万公顷。

2015 年，全国耕地平均质量等别为 9.96 等。其中，优等地面积为 397.38 万公顷(5960.63 万亩)，占评定总面积的 2.9%；高等地面积为 3584.60 万公顷(53768.98 万亩)，占评定总面积的 26.5%；中等地面积为 7138.52 万公顷(107077.81 万亩)，占评定总面积的 52.8%；低等地面积为 2389.25 万公顷(35838.72 万亩)，占评定总面积的 17.7%。

2015 年，国有建设用地供应 51.80 万公顷(777.00 万亩)，同比减少 2.9%。其中，工矿仓储用地、商服用地、住宅用地和基础设施等用地供应面积分别为 12.08 万公顷、3.46 万公顷、7.29 万公顷和 28.97 万公顷，同比分别下降 3.2%、6.9%、11.7% 和增长 0.2%。四类用地分别占国有建设用地供应总量的 23.3%、14.1%、6.7% 和 55.9%。分地区看，东部、中部和西部地区供地面积分别占全国供地总量的 37.4%、27.2% 和 35.4%，所占比重较上年分别增加 3.9 个、减少 0.2 个和减少 3.8 个百分点。

矿产资源。截至 2015 年，我国主要矿产查明资源储量保持增长态势。其中，能源矿产查明资源储量稳定增长，页岩气突破性增长；铝土矿、钨矿和金矿等快速增长，铜矿、铅矿、锌矿、钼矿、银矿和磷矿等也均有不同幅度的增长(表 10-2)。

表 10-2 2015 年末我国主要矿产查明资源储量

矿种	单位	查明资源储量	矿种	单位	查明资源储量
煤炭	亿吨	15663.1	钨矿	WO₃ 万吨	958.8
石油	亿吨	35.0	锡矿	金属万吨	418.0
天然气	万亿立方米	5.2	钼矿	金属万吨	2917.6
页岩气	亿立方米	1301.8	金矿	金属吨	11563.5
铁矿	矿石亿吨	850.8	银矿	金属万吨	25.4
铜矿	金属万吨	9910.3	硫铁矿	矿石亿吨	58.8
铅矿	金属万吨	7766.9	磷矿	矿石亿吨	231.1
锌矿	金属万吨	14985.2	钾盐	KCl 亿吨	10.8
铝土矿	矿石亿吨	47.1			

注：石油、天然气、页岩气为剩余技术可采储量。

全国新发现矿产地 156 处，其中油气矿产地 22 处，非油气矿产地 134 处。煤炭、锌矿、金矿和磷矿等重要矿产均获得较多的新增查明资源储量。2016 年，累计出让探矿权 1180 个，同比增加 22.9%；出让价款 109.86 亿元，同比增加 701.9%。累计出让采矿权 1844 个，同比下降 27.3%；出让价款 173.44 亿元，同比增长 97.5%。

海洋资源。2016 年，全国海洋生产总值 70507 亿元，比上年增长 6.8%，占 GDP 的 9.5%。其中，海洋产业增加值 43283 亿元，海洋相关产业增加值 27224 亿元。海洋第一、第二、第三产业增加值分别为 3566 亿元、28488 亿元、38453 亿元，全国涉海就业人员共计 3624 万人。

从区域上看，环渤海地区、长江三角洲地区、珠江三角洲地区海洋生产总值分别为 24323 亿元、19912 亿元、15895 亿元，各占全国海洋生产总值的 34.5%、28.2%、22.5%。海洋生态环境状况基本稳定，符合第一类海水水质标准的海域面积占管辖海域面积的 95%，比 2015 年有所增加。

海平面较常年高 82 毫米，较 2015 年高 38 毫米，为 1980 年以来的高位。我国沿海近 5 年的海平面处于 30 多年来的高位（1993～2011 年为常年时段）。全年颁发海域使用权证书 6132 本。其中，初始登记颁发海域使用权证书 3413 本，新增确权海域面积 29.13 万公顷，征收海域使用金 65.46 亿元。国务院批准重大用海项目 15 个，项目投资 1630 亿元。

推进海岛生态保护工作，开展 10 处"生态岛礁"工程。批准无居民海岛开发利用项目 1 个。推进全国海岛监视监测系统建设，完成 1 万余个无居民海岛的监视监测工作。完成 9 个领海基点保护范围选划。实施 28 个海洋可再生能源项目。发布 27 项海洋国家标准和行业标准，完成 3 项海洋国家计量技术规范报批工作。在西太平洋、东印度洋完成 3 个调查航次。批复 6 个国家科技兴海产业示范基地、8 个海洋经济创新发展示范城市。

水资源。根据中华人民共和国水利部最新水资源公告显示，2015 年全国地表水资源量 26900.8 亿立方米，折合年径流深 284.1 毫米，比常年值偏多 0.7%。全国矿化度小于等于 2 克/升地区的地下水资源量 7797.0 亿立方米，比常年值偏少 3.3%。其中，平原区、山丘区、平原区与山丘区之间的地下水资源量分别为1711.4亿立方米、6383.5亿立方米、6383.5亿立方米。

2015年全国水资源总量为27962.6亿立方米，比常年值偏多0.9%。地下水与地表水资源不重复量为1061.8亿立方米，占地下水资源量的13.6%（地下水资源量的86.4%与地表水资源量重复）。

2015年，对全国23.5万公里的河流水质状况进行了评价。全年Ⅰ类水河长占评价河长的8.1%，Ⅱ类水河长占44.3%，Ⅲ类水河长占21.8%，Ⅳ类水河长占9.9%，Ⅴ类水河长占4.2%，劣Ⅴ类水河长占11.7%。116个主要湖泊共2.8万平方公里水面进行了水质评价。全年总体水质为Ⅰ~Ⅲ类的湖泊有29个，Ⅳ~Ⅴ类湖泊60个，劣Ⅴ类湖泊27个，分别占评价湖泊总数的25.0%、51.7%和23.3%。对115个湖泊进行营养状态评价显示，处于中营养状态的湖泊有25个，占评价湖泊总数的21.7%；处于富营养状态的湖泊有90个，占评价湖泊总数的78.3%。2015年，长江、黄河、淮河、海河和松辽等流域机构按照水利部统一部署，重点区域的2103眼地下水水井进行了水质监测，监测对象以易受地表或土壤水污染下渗影响的浅层地下水为主，水质综合评价结果总体较差。水质优良、良好、较好、较差和极差的测站比例分别为0.6%、19.8%、0.0%、48.4%和31.2%。

林业资源。第八次全国森林资源清查（2009~2013年）结果显示，全国现有森林面积2.08亿公顷，森林覆盖率21.63%，活立木总蓄积量164.33亿立方米。森林面积和森林蓄积量分别位居世界第5位和第6位，人工林面积居世界首位。与第七次全国森林资源清查（2004~2008年）相比，森林面积增加1223万公顷，森林覆盖率上升1.27个百分点，活立木总蓄积量和森林蓄积量分别增加15.20亿立方米和14.16亿立方米。

2015年，新造混交林114.58万公顷，占全部人工造林面积的26.27%，比重有所上升，提升了森林的生态服务功能。人工造林中新造防护林205.61万公顷，占人工造林面积的47.14%。林种、树种结构进一步多样化。2015年，各地森林公园共投入建设资金416.9亿元。新增风景林7.99万公顷，改造林相18.34万公顷。

2015年，全年实现林业产业总产值5.94万亿元（按现价计算），比2014年增长9.86%。其中，第一、二、三产业分别增长8.88%、6.43%、25.41%，林产品出口742.62亿美元，比2014年增长3.99%，占全国商品出口额的3.26%。林业三次产业的产值结构由2010年的39:52:9调整为2015年的34:50:16，第一产业、第二产业略有减少，第三产业有所增加。

对于环境国情，2015年，全国338个地级以上城市中，有73个城市环境空气质量达标，占21.6%；265个城市环境空气质量超标，占78.4%。338个地级以上城市平均达标天数比例为76.7%；平均超标天数比例为23.3%，其中轻度污染天数比例为15.9%，中度污染为4.2%，重度污染为2.5%，严重污染为0.7%。480个城市（区、县）开展了降水监测，酸雨城市比例为22.5%，酸雨频率平均为14.0%，酸雨类型总体仍为硫酸型，酸雨污染主要分布在长江以南—云贵高原以东地区。

2015年，972个地表水国控断面（点位）覆盖了七大流域、浙闽片河流、西北诸河、西南诸河及太湖、滇池和巢湖的环湖河流共423条河流，以及太湖、滇池和巢湖等62个重点湖泊(水库)，其中有 5 个断面无数据，不参与统计。监测表明，Ⅰ类、Ⅱ类、Ⅲ类、Ⅳ类、Ⅴ类、劣Ⅴ类水质断面(点位)分别占 2.8%、31.4%、30.3%、21.2%、5.6%、8.8%，同比 2014 年分别下降 0.6%、上升 1.0%、上升 1.0%、上升 0.2%、下降 1.2%、下降 0.4%。

2015 年，中国管辖海域海水中无机氮、活性磷酸盐、石油类和化学需氧量等指标的监测结果显示，近岸局部海域海水环境污染依然严重，近岸以外海域海水质量良好。监测的 401 个日排污水量大于 100 立方米的直排海污染源，污水排放总量约为 62.45 亿吨。化学需氧量排放总量为 21.0 万吨，石油类为 824.2 吨，氨氮为 1.5 万吨，总磷为 3149.2 吨，部分直排海污染源排放汞、六价铬、铅和镉等重金属。

2014 年，2591 个县域中，生态环境质量为"优""良""一般""较差"和"差"的县域分别有 564 个、1034 个、708 个、262 个和 23 个。"优"和"良"的县域占国土面积的 45.1%，主要分布在秦岭淮河以南及东北的大小兴安岭和长白山地区；"一般"的县域占 24.3%，主要分布在华北平原、东北平原中西部、内蒙古中部、青藏高原等地区；"较差"和"差"的县域占 30.6%，主要分布在内蒙古西部、甘肃中西部、西藏西部和新疆大部。

2014 年，全国因建设占用、灾毁、生态退耕、农业结构调整等原因减少耕地面积 38.80 万公顷，通过土地整治、农业结构调整等增加耕地面积 28.07 万公顷，年内净减少耕地面积 10.73 万公顷。全国耕地平均质量等别为 9.97 等，总体水平偏低。根据第一次全国水利普查水土保持情况普查成果，中国现有土壤侵蚀总面积 294.9 万平方公里，占普查范围总面积的 31.1%。其中，水力侵蚀 129.3 万平方公里，风力侵蚀 165.6 万平方公里。

2015 年，全国主要林业有害生物发生 1200.51 万公顷，比 2014 年上升 0.85%，整体偏重发生，局部成灾较重。其中，重度发生面积 0.31 万公顷，比 2014 年略有上升。虫害和病害发生面积分别为 846.64 万公顷和 139.05 万公顷，比 2014 年分别上升 0.70% 和 0.76%；鼠兔害发生面积 214.82 万公顷，比 2014 年上升 1.53%。

我国资源环境基本国情是：一方面，自然资源总量大、种类多，但人均占有量少、开发难度大，面临严重的资源问题。另一方面，我国生态环境恶化的趋势初步得到遏制，部分地区有所改善，但目前我国环境承载能力较弱，环境形势依然相当严峻，不容乐观。

党的十八大以来，全社会一直在寻找"改革共识"，实则，"中国最大最基本国情"就是最大最基本的"改革共识"。为缓解严峻的资源环境国情，一是要坚持保护环境、耕地保护等基本国策不动摇，深刻落实习近平生态文明建设战略思想，为节约资源和环境保护提供方向指导。二是积极倡导新的生活理念，需要对主流社会过度追求财富、过度追求奢侈奢华享受的风气降温，大力提倡绿色、低碳、环保、健康的生活。三是调低经济预期以减轻经济压力，放缓经济增长以减轻资源和环境压力，放弃地方 GDP 考核以减轻官员的压力并抑制其非理性政治冲动，执行更有力的节能减排政策以减轻能源压力，真正落实现有环境法律法规以减缓环境整体恶化的速度，利用进入超级老龄化社会之前的有限时间(约 20 年)，逐步解决并消化 30 年粗放式增长所积累起来的一系列矛盾和问题。

自然资源是人类安身立命的基本条件，是国家经济发展的命脉，是人类生存之本，资源和环境关系到我国经济和社会的发展的大局。我们必须加强资源环境基本国情的宣传，让人民深刻了解我国资源环境所面临的严峻形势，强化全民的资源环境危机意识，以此推动循环经济和清洁生产发展，走一条节约资源、保护环境的绿色发展道路。只有这样，才能告别历史上出现的种种灾难，建立一个全新的社会，培育出一个全新的人与自然、人与人双重和谐的生态文明。

（赵建军）

第十一篇

生态文明的社会建设

11.1 资源节约型社会

资源节约型社会，是以能源资源高效率利用的方式进行生产、以节约的方式进行消费为根本特征的社会。它不仅体现了经济增长方式的转变，更是一种全新的社会发展模式，要求在生产、流通、消费的各个领域，在经济社会发展的各个方面，以节约使用能源资源和提高能源资源利用效率为核心，以节能、节水、节材、节地、资源综合利用为重点，以尽可能小的资源消耗，获得尽可能大的经济和社会效益，从而保障经济社会的可持续发展。

随着我国经济社会的快速发展，资源需求迅猛增长同国内资源不足的矛盾进一步加剧，因而，努力缓解资源不足的矛盾，实现可持续发展，成为我国十分紧迫的任务。2004年3月10日，温家宝同志在十届全国人大二次会议上提出建设资源节约型社会。2005年3月，胡锦涛同志在中央人口资源环境工作座谈会上提出，要重视人口资源环境工作，建立资源节约型国民经济体系和资源节约型社会。同年10月，党的十六届五中全会上明确指出，要把节约资源作为基本国策，发展循环经济，保护生态环境，加快建设资源节约型、环境友好型社会。2006年3月审议通过的《中共中央关于制定国民经济和社会发展第十一个五年规划的建议》规划纲要中，首次以国家规划的形式，将构建"资源节约型、环境友好型社会"确定为我国国民经济和社会发展中长期规划的一项重要内容和战略目标。

提出建设节约型社会是中央在正确认识中国国情的基础上做出的顺应时代发展潮流的科学决策。随着我国经济的进一步发展和人民生活水平的不断提高，我国各种资源的消耗总量和人均消费水平会进一步增加和提高，相应地，经济社会发展与资源有限性的矛盾也进一步加剧。构建资源节约型社会，对于我国经济社会全面发展具有重要的现实意义。

我国是一个资源穷国，加上人口数量大，导致资源消耗大，土地、水、矿产资源都是如此，人均资源量少，这个是我国资源状况的一个主要特点。截至2016年末，我国实际耕地面积20.24亿亩，人均1.48亩，耕地后备资源少。我国是一个干旱缺水严重的国家，淡水资源总量为28000亿立方米，占全球水资源的6%，居世界第四位，但人均只有2200立方米，仅为世界平均水平的1/4，在世界上名列121位，是全球13个人均水资源最贫乏的国家之一。中国实际可利用的淡水资源量则更少，人均可利用水资源量约为900立方米，并且其分布极不均衡。我国矿产资源分布不均，优势矿产用量不大，而一些重要的支柱性矿产短缺或探明储量不足，需长期依赖进口。贫矿多富矿少，低品位难选冶矿石所占比例大。大型超大型矿床少、中小型矿床多。单一矿种的矿床少，共生矿床多，据统计我国的共生、伴生矿床约占已明矿产储量的80%。

我国经济社会发展对能源消耗的依赖程度比发达国家大得多，终端能源用户消费支出占GDP比重大，能源利用效率低下，生活消费领域能耗浪费现象严重。我国经济社会发展迅速，但这些资源瓶颈已经严重影响到我国经济社会的健康发展。经济社会发展与资源危机之间的矛盾日趋激化，维持14亿人口的现代化生活，这将消耗大量的资源，如果经济社会发展与资源危机得不到有效解决，将会带来灾难性后果。

随着社会的发展，包括生产、生活方式、规章制度安排和文化价值观念等方方面面都必将遵循节约的原则和精神，从体制、技术、意识、消费模式、法制等多方面建设资源节约型社会。

要节能省地城市化发展模式、节约型的交通运输体系、垃圾分类制度、经济结构改革。要转变政府职能，要发展循环经济，最大限度地优化配置资源，提高资源利用效率，生产用的物流在内部进行循环，上一个工厂的"废料"成为了下一个工厂的"原料"，原理上可以使生产"零排放"。"循环经济"，是建设资源节约型社会的根本出路。废品回收，承担着社会新陈代谢的功能。当下我国废品回收企业少，垃圾分类制度未能推行，公民垃圾分类意识不强，使得很多本可以重新利用的资源浪费了。扩大垃圾回收站数量和规模，加强对废品回收行业的管理，制订行业发展规划，促进废品回收企业快速壮大实力，提高废品利用效率。在各个领域鼓励并推行绿色化工技术、清洁能源技术、低碳技术、废物利用技术等，构建绿色技术骨架。

倡导和推行简朴生活方式，在消费原则、消费结构、消费水平、消费对象、采取的形式和方法等方面，克服消费至上主义，遵循节约资源原则，约束奢侈浪费的行为，把节约习惯上升为一种生活状态和消费理念。倡导资源节约，有利于克服资源危机，缓解资源短缺与经济社会发展之间的矛盾，有助于减少对资源的浪费，直接或间接地减少了对环境的破坏，从而减少对生态系统的干扰。倡导资源节约，有助于化解当下严重的信仰危机和道德危机。对物质追求的自我约束，有助于人们关注和回归精神家园。

要从制度上杜绝公用资源的浪费，在各级机关、企事业单位形成节约资源的文化氛围。在物质消费品日渐丰饶的社会，克服对衣食住行消费品的过度追求，提倡人的文化艺术、精神信仰需要，追求精神层面的消费，从而降低对资源的消耗。

要加强环境资源、粮食资源、水资源及各种主要矿产资源保护法的制定和完善。我国出台了一系列旨在约束资源消耗的法律法规和能源市场引导政策，比如严格贯彻执行《清洁生产促进法》(2002 年通过)、《节约能源法》(1997 年通过)、《水法》(2002 年通过)、《土地管理法》(1998 年通过)、《节约用电管理法》(2001 年发布)、《关于在住宅建设中淘汰落后产品的通知》等，同时继续进行新的资源保护法的研究和制订。推动能源产业市场化改革，发挥市场对资源配置的基础性作用，建立科学的资源价格形成机制和价格结构。

(王国聘)

11.2　环境友好型社会

环境友好型社会，是人与自然和谐共处的社会形态，是指人对自然环境持友好态度、友好行为的文明社会，是环境友好型的技术、产品、企业、社区、城市等组成的复合体。它要求全社会都要以环境承载力为基础，以遵循自然规律为准则，以绿色科技为动力，倡导环境文化和生态文明，奉行对环境友好的生产方式、生活方式和消费方式，构建经济社会环境协调发展的社会体系，实现可持续发展。

"环境友好"的理念在 1992 年联合国里约环境与发展大会通过的《21 世纪议程》正式提出。2005 年 3 月 12 日，胡锦涛同志在中央人口资源环境工作会议上号召建设环境友好型社会。同年 10 月，党的十六届五中全会正式把建设资源节约型和环境友好型社会作为国民经济与社会发展中长期规划的一项战略任务提出来。环境友好型社会是实现人与自然和谐的基本形式，资源节约型社会是环境友好型社会的具体化和专门化。资源节约强调的是采用综合手段对资源实现节约利用、高效利用、可持续利用，用最少的资源消耗获取最大的经济、社会和环境收益。环境友好型社会是一种全新的环境伦理观，是一种崭新的社会形态，对社会生产、生活消费提出了更高更新的要求，要求以环境承载力为基础，遵循自然规律，充分使用绿色科技，倡导绿色文化和生态文明，构建经济社会和谐发展的社会体系。

环境友好型社会需要社会共同推动。要改变以往的生活、消费习惯，反对不符合国情、追求奢侈生活的观念，倡导环境友好的伦理理念，倡导节约、公平的伦理价值观。在新的社会转型期，要制订必要的保障条件，建立以绿色政绩观为指导的考核制度，建立绿色国民经济核算制度、战略环境影响评价制度和环境决策公众参与制度。

积极推行企业循环经济发展模式，按照"减量化、再利用、资源化"原则，实行清洁生产，努力实现废物重复利用，建立环境标识、环境认证和政府绿色采购制度，完善再生资源回收利用体系。

倡导适度消费，拒绝挥霍浪费；推行绿色消费，拒绝高耗能、耗资源消费。通过环境友好消费带动环境友好产品和服务的生产和发展。通过技术改造、政策支持，不断降低环境友好产品的成本，促进绿色生产良性循环。

推进绿色科学技术发展，从末端治理转向源头和过程控制，是建设环境友好型社会的重要手段。将环境友好技术应用到生产过程的始终，使用少废或无废的工艺技术和产品技术，以及污染治理的末端技术。发展清洁能源，也是环境保护的新追求和新手段。

建立公众参与制度，在传统的立法、监督、信访等途径的基础上，加强听证制度、公益诉讼、专家论证、传媒监督、志愿者服务等多种途径。对现行的生态环境立法进行整合，突出环保部门的统一监管地位，将"建设环境友好型社会"内容纳入宪法总则及环境资源的各项法规之中。改革现行环境管理体制，形成个部门间的协调机制，把人为分割的各项环境管理权能重新整合、统一起来。

（王国聘）

11.3　社会主义和谐社会

实现社会和谐，建设美好社会，始终是人类孜孜以求的一个社会理想，也是包括中国共产党在内的马克思主义政党不懈追求的一个社会理想。根据马克思主义基本原理和我国社会主义建设的实践经验，根据新世纪新阶段我国经济社会发展的新要求和我国社会出现的新趋势新特点，中国共产党提出了"构建社会主义和谐社会"的战略发展目标。党的十六大把"社会更加和谐"确立为全面小康社会奋斗目标的重要内容；党的十六届四中全会提出了"构建社会主义和谐社会"的目标和任务。2005 年 2 月 19 日，胡锦涛同志在省部级主要领导干部"提高构建社会主义和谐社会能力"专题研讨班上发表了重要讲话，全面阐述了构建社会主义和谐社会的科学内涵和主要内容。他指出，"我们所要建设的社会主义和谐社会，应该是民主法治、公平正义、诚信友爱、充满活力、安定有序、人与自然和谐相处的社会。"

社会主义和谐社会的基本特征就是："民主法治、公平正义、诚信友爱、充满活力、安定有序、人与自然和谐相处。""民主法治"，就是民主得到充分发扬，依法治国的基本方略得到切实落实，各方面积极因素得到广泛调动；"公平正义"，就是社会各方面的利益关系得到妥善协调，人民内部矛盾和其他社会矛盾得到正确处理，社会公平和正义得到切实维护和实现；"诚信友爱"，就是全社会互帮互助、诚实守信，全体人民平等友爱、融洽相处；"充满活力"，就是能够使一切有利于社会进步的创造愿望得到尊重，创造活动得到支持，创造才能得到发挥，创造成果得到肯定；"安定有序"，就是社会组织机制健全，社会管理完善，社会秩序良好，人民群众安居乐业，社会保持安定团结；"人与自然和谐相处"，就是生产发展，生活富裕，生态良好。这六个方面既是和谐社会的总体特征，也是我们构建和谐社会的总体要求。

中国社科院课题组 2005 年从社会主义现代化建设的几个不同层面阐述了社会主义和谐社会的主要特征：从经济层面看，社会主义和谐社会是在国民经济健康快速发展、国家综合实力不断增强的基础上，人民生活水平普遍提高、生活相对安康的社会；从社会层面看，是社会结构和利益格局比较合理，能够保证社会基本公平和正义，绝大多数人能够分享改革和发展的收益，具有较完善的社会保障体系的社会；从政治层面看，是社会主义物质文明、政治文明和精神文明协调发展，社会主义民主政治比较健全、社会管理体制不断创新和完善的社会，是政通人和、稳定有序并且充满活力的开放社会；从法制层面看，是法制健全、社会秩序良好和人民安居乐业的社会，是政府依法治国、组织和个人依法行事、社会关系依法调节、人们和谐相处的社会；从文化层面看，是社会团结、文化繁荣、诚信友爱、道德风气良好、人们心情舒畅、社会各方面能够形成基本价值认同的社会；从其他协调发展层面看，也是人与自然能够和谐相处，对外开放与国内发展能够相互促进的社会。

2006 年 10 月，中共中央十六届六中全会审议通过的《中共中央关于构建社会主义和谐社会若干重大问题的决定》明确提出了构建社会主义和谐社会的指导思想：必须坚持以马克思列宁主义、毛泽东思想、邓小平理论和"三个代表"重要思想为指导，坚持党的基本路线、基本纲领、基本经验，坚持以科学发展观统领经济社会发展全局，按照民主法治、公平正义、诚信友爱、充满活力、安定有序、人与自然和谐相处的总要求，以解决人民群众最关心、最直接、最现实的利益问题为重点，着力发展社会事业、促进社会公平正义、建设和谐文化、完善社会管理、增强社会创造活力，走共同富裕道路，推动社会建设与经济建设、政治建设、文化建设协同发展。

"人与自然和谐相处"是社会主义和谐社会的重要内容，是社会主义和谐社会的基本要求和重要特征。社会主义和谐社会的"和谐"既包括社会关系的和谐，也包括人与自然的和谐。"人与自然和谐相处"，就是指人与所处的环境和谐共生，在经济增长的同时，保护环境、合理开发利用资源、控制人口数量和提高人口素质。构建社会主义和谐社会，其中一个重要目标和要求就是要达到人与自然和谐的目标和要求，正确处理好"生产发展""生活富裕""生态良好"这三者之间的关系，走一条生产发展、生活富裕、生态良好的文明发展道路。生态文明是构建和谐社会的基础保障。没有一个稳定和平衡的生态环境，社会的政治、经济、文化都难以提供人际关系和谐的保证。因此，生态文明建设为构建社会主义和谐社会提供稳定条件和基础保障。

（王国聘）

11.4　生态文明社会风尚

社会风尚，即社会风气，是一定时期社会流行的风气和习尚，是任何时代、任何社会普遍存在的一种社会现象。社会风尚随社会的发展而变化，是社会的经济、政治、文化、道德等状况的综合反映，是人们精神面貌的总体表现。生态文明社会风尚是生态文明社会所推崇和倡导的一种人人、事事、时时崇尚生态文明的一种绿色、向上的社会风气，是社会文明程度的重要标志，也是衡量社会发展是否有序和谐的标准之一。

迄今为止人类文明经历了两个阶段，即农业文明和工业文明。人类文明发展的新阶段是生态文明。三百年的工业文明社会以人类征服和改造自然为主要特征，一系列全球性生态危机说明地球已没有能力支持人类社会继续像工业文明社会那样的发展，因而需要开创一个新的文明社会形态来延续人类的生存，这就是生态文明社会。

在生态文明社会中，人们生产和消费的物品应该是亲环境、亲自然的绿色物品；生态文明的制度不仅应该鼓励清洁生产和绿色消费，而且应该激励人们的非物质消费和非商业性交往；生态文明的科技将不再妄言穷尽自然的奥秘，不再妄想征服自然，而是力图与自然对话，倾听自然的"言说"，尽力维护地球生物圈的健康，成为真正以人为本的科技；生态文明的主流观念应以生态学为知识背景，力主尊重自然、顺应自然、保护自然。生态文明社会的建设呼唤生态道德，建设生态文明社会需要人人争做生态公民。生态文明社会建设要求在全社会形成人人、事事、时时崇尚生态文明的社会新道德风尚，即生态文明社会风尚。

生态文明社会风尚主要包括：第一，崇尚自然的道德风尚，就是倡导尊重自然、保护自然、关爱自然、亲近自然的理念，确立人与自然友好相处、和谐共生的理念，反对掠夺性开发资源，节俭使用自然资源；第二，尊重生命的道德风尚，就是敬畏生命，反对无故伤害生命，保护地球的生命力和生物多样性，保护和拯救濒危野生动植物，取利除害要适度，支持生物多样性保护公益事业；第三，生态公正的道德风尚，就是倡导公正地对待生物和自然界，主张所有个人都应享有环境上的权利，在代际之间公平分配资源和环境，在代内公平分担环境的权利和义务；第四，清洁生产的道德风尚，就是倡导保护环境的责任意识，在生产过程中采用少废、无废的生产工艺和高效生产设备，尽量少用、不用有毒、有害原料，防止对环境的污染和破坏；第五，循环利用的道德风尚，就是倡导节约资源、减少浪费，倡导综合利用、最优利用、回收利用，减少一次性用品，延长产品的使用周期，杜绝假冒伪劣产品；第六，少生优生的道德风尚，就是倡导生育行为应顾全大局，负有社会责任，破除重男轻女、传宗接代等意识，提倡晚婚、晚育、少生等观念，摒弃多子多福观念，倡导多生多育，克服只生不育的落后观念；第七，合理消费的道德风尚，就是倡导适度消费，反对无节制的高消费，崇尚简约生活，反对奢侈浪费，倡导绿色消费，抵制有害生态环境的产品，倡导对环境友好的精神消费；第八，维护和平的道德风尚，就是倡导维护和平的观念，制止军备竞赛升级，积极促进裁剪军备，促进全面禁止和彻底销毁核武器，防止核武器扩散，以谈判协商的和平方式解决国际争端，防止战争。　　（王国聘）

11.5　绿色教育

绿色教育，如绿色大学，是生态文明的教育形式。教育是培养人才的事业。所有社会都非常重视教育，话说"十年树木，百年树人"。中国农业社会，人才以家庭"父子传帮带"的形式培养，学校采取私塾或书院的形式，有不同层次的私塾和书院，皇帝和皇室管理人员也是由私塾培养，学生以读书做官为目标。这种教育形式培养了一代又一代的各种人才，是创造中华文明的伟大力量。百年前，引进"学校"的教育形式，现在已经发育了不同层次、不同专业、完整和完善的学校体系。生态文明新时代，将会有又一次教育转型，发展生态文明的教育事业。

教育理念是教育文化的核心和精髓，它决定教育形式。中国古代的教育理念是"读书做官"，它以个人的前途为目标。现代教育的理念是"学好数理化走遍天下都不怕"，它只有人和社会的目标，没有自然的目标。未来生态文明的教育，是绿色教育，或教育生态化，它以人与自然和谐为目标。人与自然和谐，它的题中之义包含人与人社会关系和谐。因为所有人的活动都以一定的社会关系为前提，没有纯粹的个人，人与自然的关系以一定的社会关系为基础。

中国教育，遵循教育理念的升级，完成从私塾到现代学校转型。古代主要采取私塾的教育形式，从孔子办学开始，就有了私人教育系统。公元6世纪的隋朝，创立科举考试制度，以金榜题名的形式选择官员，唐朝的唐太宗完善科举制。公元10世纪，宋朝开始有了官学，即官办的学校，有中央的太学，地方的郡学、府学、县学。这些学校的任务主要为培养选拔官吏，或者是文人进修的地方。普遍的启蒙教育主要是私塾。宋代以后，著名文人办书院，是类似孔子的教学场所。许多书院是一种学派的代表，培养各种学派的文人墨客。19世纪末，何子渊、丘逢甲等先贤开风气之先，创办（宇）雨南洞小学（1885年）、同仁学校（1888年）、同文学堂（1901年）、兴民中学（1903年）等。这是西式学制的新学校，为中国现代教育之始。1919年，在上海创办《新教育》月刊，提倡平民教育，提倡白话文，主张建立以地方自治为基础的民主共和国。

孙中山先生为培养民主革命人才，于1912年仿日本早稻田大学，在北京创办中国大学，宋教仁、黄兴为第一、二任校长，中山先生自任校董。中国大学，初名国民大学，1913年4月13日正式开学，1917年改名为中国大学，于1949年停办，历时36年。1949

年 3 月，中国大学因生员缺乏及经费匮乏停办，部分院系教授及学生合并到华北大学和北京师范大学，1949 年中国大学（理学院）并入山西大学。中华人民共和国成立后，政府接管所有学校，制定新的教学方针和教育发展计划，国家拨款建设学校，培养国家社会主义建设的科学家、专业和专门技术人才，取得伟大成就。

现代社会，人类工业文明时代，遵循以资本为中心的教育理念，学校以资本增值为目标培养人才。人类为了自己的生存、享受和发展；为了建设强大的国家，富裕和繁荣的社会。为了这个目标，学校的科系和专业，专门化分得很细，培养了许多专业科学家以及有利于社会统治和自然统治的专门人才；为了更好地开发人的智力，发挥人的主体性、主动性、积极性和创造性，各级学校教授科学技术，包括自然科学、数学、物理学、化学、天文学、地球科学、生物学等基础学科以及在基础学科基础上的改造自然和利用自然的技术、工业科学技术、农业科学技术、医学科学技术等，以使人类运用现代科学技术的伟大力量，向自然进军，利用—改造—统治自然，实现工业化，创造巨大的经济财富和现代化的生活。

在这里，人类中心主义是工业文明社会的核心价值观。现代学校的教育理念，教育学生，培养人才，只有一个目标，人的目标，或社会和经济目标，没有自然目标，没有保护生命和自然界的目标。有论者指出，现代大学培养了精致的利己主义者。遵循这种教育理念，现代教育取得伟大成就。

20 世纪中叶，在轰轰烈烈的世界环境保护运动中，提出"环境教育"新概念。这是教育理念的一次升级，从人类中心主义的理念转向"绿色教育"理念。它以兴办"绿色大学"表示。1998 年，清华大学提出创办绿色大学，构建"三绿工程"方案，把绿色教育作为本科生的必修课。2000 年哈尔滨工业大学提出把工科大学办成绿色大学的"三推进"：推进环境理论研究，推进环境宣传教育，推进环境直接行动的办学模式。随后，有数十所高等院校创建绿色大学开展绿色教育。现在，大多数大学都提出"绿色大学"的办学方向，主要是大学的校园绿色化和校园理念绿色化，主要措施是：一是开设环境科学和环境保护课程，对学生进行环境保护的教育；二是通过植树种草、绿化景观、处理"三废"，进行绿色校园建设，营造绿色、平和、友爱、健康的绿色环境。

这是大学教育转型的起步。在这里，"绿色大学"，如清华大学、哈尔滨工业大学等综合大学和工科大学进行绿色教育，主要是进行热爱自然、保护环境和节约能源与资源的教育；或者是校园建设绿化、讲求卫生和改善生活条件，或者在环境科学和技术的专业，开设环境保护和环境伦理学等课程，以及设置这些学科的专业和学位。这些都是重要的，但它只是绿色教育的一部分，甚至不是最主要的部分。"绿色大学"的本质是一种大学模式或办学方向的转变，包括办学观念，教学目标，教学内容，课程、专业和学位设置，教学方法和思维方式等一系列转变，以培养一代具有绿色理念和新的思维方式以及掌握真正的高科技（绿色技术）的新型人才。

也就是说，绿色大学，首先是办学目标的转变。所有大学的培养目标，教书育人，不仅应有经济和社会目标，而且应该有环境和生态目标，都需要学一点生态学，对自己的工作进行生态设计，培养生态文明时代需要的全面发展的人才，有现代科学知识，有完善和完美人格的人。

这个转变要求整个人类知识体系的转变，自然科学、社会科学和技术科学知识体系、它们之间的关系和应用方向的转变。绿色大学的教学和科研提出保护地球的目标，人与自然和谐发展的目标，这是关键性的转变。它要求大学培养出来的人才，他（她）们掌握的科学技术是全面性的，不仅有利于人和社会的利益，有利于人的个性全面自由发展，有利于社会进步，而且要有利于生命和自然保护，有利于人与自然和谐发展。他（她）们的工作不仅要关注人的利益，为增进人和社会的福利服务；同时要关注生命和自然界的利益，为保护大自然平衡服务。

绿色大学的发展将推动教育模式变化，创造生态文明的教育模式，以培养一代一代具有绿色理念和绿色素质的人才，他（她）们掌握了新的有利于生态保护的高科技知识，将创造和开发绿色技术（生态工艺），推动社会的绿色生产，发展循环经济，建设生态文明。它推动科学技术发展模式转变，促进自然科学—技术科学—社会科学的相互渗透和统一，推动科学技术健康发展和繁荣进步，以及它的有利于人与人社会和谐发展，人与自然生态和谐发展的应用。这样，我们的国家就会走向可持续发的道路，创造生态文明的新社会。

（余谋昌）

11.6 绿色生活方式

绿色生活方式，是一种按照社会生活生态化的要求，培育支持生态系统的生产能力和生活能力，创建有利于生态环境和子孙后代可持续发展的环保型的生活方式。

人们日常生活活动的方式和形式，主要反映为衣、食、住、行、用、娱乐等日常消费生活方式和支配闲暇时间的方式。在全社会倡导绿色生活方式，旨在推动每一位公民时刻秉持节约优先，力戒奢侈浪费和不合理消费，通过日常生活中的自律，从小事着手，使用绿色产品，参与绿色志愿服务，使绿色消费、绿色出行、绿色居住成为人们的自觉行动。

引导绿色饮食。鼓励餐饮行业减少提供一次性餐具、更多提供可降解打包盒。鼓励餐饮企业对餐厨垃圾实施分类回收与利用。继续推动国家有机食品生产基地建设。加强对餐饮企业的环保监管，排放油烟的餐饮服务业经营者应当安装油烟净化设施并保持正常使用，或者采取其他油烟净化措施，使油烟达标排放，并防止对附近居民的正常生活环境造成污染。禁止在居民住宅楼、未配套设立专用烟道的商住综合楼以及商住综合楼内与居住层相邻的商业楼层内新建、改建、扩建产生油烟、异味、废气的餐饮服务项目。任何单位和个人不得在当地人民政府禁止的区域内露天烧烤食品或者为露天烧烤食品提供场地。

推广绿色服装。遏制将珍稀野生动物毛皮作为服装原料的行为。限制含有毒有害物质的服装材料、染料、助剂、洗涤剂及干洗剂的生产与使用。加强对干洗行业的环境监管，从事服装干洗的经营者，应当按照国家有关标准或者要求设置异味和废气处理装置等污染防治设施并保持正常使用，防止影响周边环境。鼓励研发和推广环境友好型的服装材料、染料、助剂、洗涤剂及干洗剂。完善居民社区再生资源回收体系，有序推进二手服装再利用。抵制珍稀动物皮毛制品。

倡导绿色居住。合理控制室内空调温度，推广绿色居住，减少无效照明，减少电器设备待机能耗，提倡家庭节约用水用电。引导家具等行业采用水性木器涂料、水性油墨、水性胶黏剂等环保型原材料，加强 VOCs 等污染控制、切实提升清洁生产水平。完善相关环境标志产品技术要求。推动完善节水器具、节电灯具、节能家电等产品的推广机制，鼓励公众购买绿色家具和环保建材产品。

鼓励绿色出行。倡导步行、自行车和公共交通等低碳出行。鼓励消费者旅行自带洗漱用品，提倡重拎布袋子、重提菜篮子、重复使用环保购物袋，减少使用一次性日用品。制定发布绿色旅游消费公约和消费指南。支持发展共享经济，鼓励个人闲置资源有效利用，有序发展网络预约拼车、自有车辆租赁、民宿出租、旧物交换利用等，合理控制燃油机动车保有量，大力发展城市公共交通，提高公共交通出行比例。推动采取财政、税收、政府采购等措施，推广应用节能环保型和新能源机动车。加强机动车污染防治，严格执行机动车大气污染物排放标准。在重污染天气等特殊情况下，推动公众主动减少机动车使用。重污染天气预报预警信息发布后，依法推动通过电视、广播、网络、短信等途径告知公众，指导公众出行。

培育绿色生活方式是一项长期复杂的系统工程，不仅需要人们从理念上认识其重要性、必要性，同时需要从政府政策导向、法律保障制度、文化自觉机制等方面多管齐下、共同努力，让人们在充分享受绿色发展所带来的便利和舒适的同时，履行好应尽的可持续发展责任的方法，实现广大人民按自然、环保、节俭、健康的方式生活，为生态文明建设奠定坚实的社会、群众基础。

（王国聘）

11.7　绿色消费

绿色消费是当代人类消费的一种新境界，它以节约资源和保护环境为特征，要求在消费过程中自觉抵制对环境有影响的物质产品和消费行为，购买在生产和使用中对环境友好以及对健康无害的绿色产品。主要表现为崇尚勤俭节约，减少损失浪费，选择高效、环保的产品和服务，降低消费过程中的资源消耗和污染排放。绿色消费的兴起，是生态文明建设所引起的人们生活方式变革的产物，也是环境保护意识日益深入人心的结果。

我国人口众多，资源禀赋不足，环境承载力有限。近年来，随着经济较快发展、人民生活水平不断提高，我国已进入消费需求持续增长、消费拉动经济作用明显增强的重要阶段，绿色消费等新型消费具有巨大发展空间和潜力。与此同时，过度消费、奢侈浪费等现象依然存在，绿色的生活方式和消费模式还未形成，加剧了资源环境瓶颈约束。近年来，伴随着经济的发展和人们生活水平的提高，有些人的消费生活方式发生了改变，例如消费享乐主义正在四处迅速蔓延，奢侈消费、愚昧消费、消费比例失调等现象不断涌现，在人们的日常生活中则表现为消费品的过分包装、过分追求奢侈品、奢侈装修住房、追求豪华大排量汽车以及大操大办红白喜事等，正是这些求"大"求"奢"非"绿色"消费方式的存在加剧了煤、油、电、水、地等资源的紧张，同时造成资源的大量浪费和环境的严重污染。

这些以破坏自然环境为代价的消费方式，严重影响自身他人及子孙后代的发展，极大地制约着生态文明的实现。

促进绿色消费，既是传承中华民族勤俭节约传统美德、弘扬社会主义核心价值观的重要体现，也是顺应消费升级趋势、推动供给侧改革、培育新的经济增长点的重要手段，更是缓解资源环境压力、建设生态文明的现实需要。

首先，绿色消费反映了消费者参与环保的自觉要求。人类的消费行为，不仅取决于一定的生产力发展水平、可使用的资金和购买者的财力，而且取决于消费者的消费态度、动机、期望等生活价值观念。主客观因素的双向作用决定了消费者的消费方式、消费内容和消费取向。随着消费者生活质量意识和环保意识的提高，人们消费观念对消费行为的影响越来越大。他们在购买商品时不仅要求商品对本人无直接损害，而且要求商品对环境无损害，甚至要求制造该商品的生产过程对环境无损害，消费者对商品需求的这一新变化，不单纯是消费者对个人保健的需要，在更深层次上反映了人们开始更多地自觉承担起维护生态健全的责任。据对欧洲消费者的一次调查，不少消费者购买环保、生态商品的动机是"把它作为一种参与环保的手段，这比享用佳肴有更深更广的意义"。为此，他们宁愿多支出 5% 的钱。越来越多的消费者乐于选择不破坏生态和污染环境的产品。在英国，5 个消费者中至少有 2 个在购物付款前要考虑和询问该产品在生产和使用过程中是否破坏生态，是否污染环境。德国是消费者生态觉悟最高、环境意识最强的国家，绿色已成为德国人生活的主要方向和基本色调，消费者普遍视维护生态健全为己任。调查结果显示，82% 的德国人在超市购物时，会考虑到环境污染问题。在中国，绿色消费也开始得到人们的认同，绿色食品在中国市场上的销量逐渐扩大。据中国绿色食品发展中心介绍，截至 2015 年 10 月底，我国绿色食品企业总数达 9500 多家，产品数量超过 23100 个。在保护臭氧层宣传的影响下，氟利昂冰箱的替代产品开始受到中国消费者重视。尽管绿色消费最早发源于西方发达国家，他们的绿色消费建立在提高绿色发展水平和人们受到良好教育的基础之上，但这并不意味着社会发展一定要达到高度发达的阶段，人们在环境保所方面才能有所作为。因为，绿色消费的出现毕竟代表着人类消费的方向，反映了消费者环保意识的觉醒。

其次，绿色消费增加了企业保护环境的责任和压力。消费者的价值取向，促使绿色消费市场的出现，要求企业的生产和产品必须考虑环保的要求。对企业的生存和发展来讲，经济效益始终是第一位的，但是市场需求的新动向则要求企业在生产中不仅要考虑经济效益问题，还要考虑新的因素——绿色。很多企业越来越意识到，在消费者日益重视环境问题的情况下，环境保护不但功在社会，而且与企业命运直接相连。因为"绿化了"产品的企业，才能赢得广大绿色消费品市场。相反，企业如果置环保于不顾，他的产品就会受到消费者的抵制。例如 20 世纪 70 年代末，"地球之友"（一个国际民间环保团体）为了保护鲸，发动了一场国际性的绿色消费运动，动员消费者不购买含有鲸鱼原料的产品，以达到禁止其销售的目的。该组织列出了此类产品的种类及制造商与零售店的名称、地址、姓名等，终于迫使厂家停产。

在美国，过去一些不被认为是环境破坏者的食品和日用消费品公司因使用大量纸张和塑料包装品而受到猛烈抨击，许多公司已将包装改为可再生纸和可再生塑料。传统的商业营销正在被蓬勃崛起的"生态营销"所取代。越来越多的企业已经发现保护环境非但可以节省开支，而且能大大增强企业竞争力，促使企业从管理上、技术上寻求停止破坏生态与污染环境的办法，并积极付诸实施。

绿色消费使生态学和环保意识日益渗透到人们日常生活当中，保护环境、保护自然的观念，正通过商品渠道悄悄走入千家万户，随着绿色市场和绿色产品的出现，人们不仅要求衣食住行的绿化，还要求社会的经济活动要考虑生态效益与经济效益的最佳结合，进而创造良好的生态环境来健全人类心理和物质进步的基础。

绿色消费是生态文明的标志之一，体现了人与社会的进步与发展。积极参与绿色消费，抵制有害生态环境的产品，是每个消费者应负的道德义务和道德责任，"只有绿色的消费行动才能拯救我们自己，只有文明的消费者才能拯救地球"。因为每个人的生活都离不开环境保护，从垃圾的分类到生活中的消费习惯无时不反映着一个人对地球和人类未来命运的关注程度，都能体现一个人对环境保护这一项伟大事业所做的贡献。

倡导勤俭节约的消费观。广泛开展绿色生活行动，推动全民在衣、食、住、行、游等方面加快向勤俭节约、绿色低碳、文明健康的方式转变，坚决抵制和反对各种形式的奢侈浪费、不合理消费。积极引导消费者购买节能与新能源汽车、高能效家电、节水型器具等节能环保低碳产品，减少一次性用品的使用，反过度包装。大力推广绿色低碳出行，倡导绿色生活和休闲模式，严格限制发展高耗能、高耗水服务业，在中小学校试点校服、课本循环利用，发展网络预约拼车、自有车辆租赁、民宿出租、旧物交换利用等，在餐饮企业、单位食堂、家庭全方位开展反食品浪费行动。党政机关、国有企业要带头厉行勤俭节约，严格执行党政机关厉行节约反对浪费条例。

因此，我们要大力倡导适度消费，形成科学、低碳、环保、循环的绿色消费方式。树立人类与自然和谐相处、共同发展的生态理念，使绿色消费、绿色出行、绿色居住成为人们的自觉行动，让人们充分享受社会发展所带来的便利和舒适的同时，履行应尽的环境责任，按照自然、环保、节俭、健康的方式生活。

（王国聘）

11.8　乡村民俗生态化

民俗（folk custom）又称民间文化，是指一个民族或一个社会群体在长期的生产实践和社会生活中逐渐形成并世代相传、较为稳定的文化事项，可以简单概括为民间流行的风尚、习俗。

乡村民俗生态化，是指以生态文明为导向，以当代生态学原理为理论基础，以维护环境权益和促进可持续发展为目标，按照生态系统管理的基本要求，对现今流行的民间的乡村民俗进行改造的趋势和过程。

实施乡村民俗生态化，最基本的要求是，树立生态系统管理和生态化调整机制两大理念。

所谓生态系统管理，是指在对生态系统组成、结构和功能过程加以充分理解的基础上，制定适应性的管理策略，以恢复或维持生态系统的整体性和可持续性。乡村民俗生态化就是要求我们对流行于乡村生态系统中乡村民俗各成分间的相互作用和各种生态过程有全面、深入的理解和把握，并按照整体性原则、动态性原则、再生性原则、循环性原则、平衡性原则、多样性原则等生态系统管理的准则，科学制定政策和法律，合理选择体制和机制，搞好生态文明法制建设。

所谓生态化调整机制，是指区别于传统法律调整机制的、具有特色的、环境法所特有的调整机制。生态化调整机制的主要特点是，在基本理念上主要强调环境正义、环境公平、环境安全、环境秩序(人与自然和谐相处)、环境效率(生态效益、经济效益和社会效益的统一)，在方法上主要采用生态法学的分析方法和综合生态系统管理方法，在内容上主要由大量禁止性环境资源行为规范和系统性的环境法律制度组成。

因此，实施乡村民俗生态化过程，也是大力培育乡村人民群众的生态文明、伦理道德意识的过程，使之对生态环境的保护转化为自觉的行动，才能解决乡村民俗生态化，才能为社会主义生态文明的发展奠定坚实的基础。

(王国聘)

11.9　绿色城镇化

城镇化(urbanization)是人类生产、生活方式由农耕文化向工业文明转变，由乡村型向城市型转化的必然过程。是指第二、第三产业在城镇集聚，农村人口不断向非农产业和城镇转移，使城镇数量增加、规模扩大，城镇生产方式和生活方式向农村扩散、城镇物质文明和精神文明向农村普及的经济、社会发展过程。

绿色城镇化(green urbanization)是城镇化过程中绿色发展观念的具体法制化；从绿色(空间)规划、绿色能源、绿色交通、绿色建筑、绿化覆盖等各方面作出努力。

把绿色和城镇化结合起来，对当今中国意义重大。生态文明的城镇化或城镇化的绿色化，必须是一种系统性的，从宏观布局到主体形态、从城市规模到城市开发、从功能分区到城市建设都要绿色化。要在适合人居的地方布局城镇化，把适合树、草、水和其他动植物的空间留给自然。要根据水资源、土地资源、环境容量，引导城市的经济规模、人口规模、产业结构，使之不超出当地资源环境承载能力。城镇化地区和城市建成区内都要保留一定比例的自然生态空间和农田，给水留下空间，给补充地下水留下水源空间，给吸附PM2.5留下足够的植被，这样城镇才不会变成一块密不透气的"水泥板"。城镇应是一个自然生态系统，不应仅是一个高密度的人口居住地，动植物也应该成为城市中没有户口的"居民"。

绿色城镇化的城镇分区要绿色化。就是城镇内部多种功能如何摆布的问题。要按照主体功能区、而不是单一功能区的思想进行分布设计，不再把城市切割成功能过于单一的CBD、居住区、购物区、科技园、大学城、休闲区、文化区等。除高污染的工业区外，一个城市的各个分区，可以只区分主体功能，实行混合用地，让人口的工作地与居住地尽可能近，让生态空间与居住空间尽可能近，出行尽可能短，这就会减少交通量，减少能源消耗和碳排放。同时，城镇规划和功能区的设计，要体现包容性、有记忆，这也是绿色化。

要包容农业，包容农田，包容村庄和民居，保留或修复村庄，而不是消失村庄，保留或修复原有民居，而不是大拆大建，让农田成为城市记忆的一部分，让民居留下民俗的记忆、栖居的记忆、乡愁的记忆。城市的部分街区，要体现包容性，不单纯作为汽车通行的地盘，也应包容居民逛街、购物、嬉戏、吃饭、喝茶的空间，形成综合性功能的街道。要逐步改变封闭的"住宅小区"模式，建设没有围墙的城市，使居民有更多的公共空间、生活空间。

绿色城镇化的城镇建设要绿色化。城镇供水、交通、能源、防洪和污水、垃圾处理等基础设施系统，要按照绿色、低碳、循环理念进行规划设计，减少水泥化的工程性措施。要尽可能地使用太阳能、风能、地热能等可再生能源，运用分布式电力系统，尽可能让每一栋有条件的建筑物都能成为一个发电中心。要在源头上实现垃圾减量化，能再利用的垃圾应得到再利用，不能利用的垃圾成为发电的燃料，逐步实现基本上不填埋垃圾，不向自然排放有害废弃物，城镇建筑的质量高、寿命长，居住面积适度，充分利用太阳、自然风，使用保暖御寒低碳的建材，减少空调使用率，形成真正的绿色环保城镇。　　（王国聘）

11.10　美丽乡村建设

美丽乡村（beautiful countryside），是指中国共产党第十六届五中全会提出的建设社会主义新农村的重大历史任务时提出的"生产发展、生活宽裕、乡风文明、村容整洁、管理民主"等具体要求。也是党的十八大提出的建设美丽中国不可或缺的重要部分，是社会主义新农村的代名词。

美丽乡村其内涵：一是环境优美，基础设施完善，公共设施服务均等。二是人口聚集适度。保有人口居住，人口规模适中合理。三是居民群体新型，要培育四有四型农民，包括有一定文化知识，有娴熟技术技能，有较高的文化素质。四是村落风貌优美，包含优美自然生态景观，独具村落布局形式，特色鲜明街巷建筑，风格独特居民院落。五是文化传承良好，包括保护历史文化，传承民风民俗，彰显精神文明。六是特色模式鲜明，包括发展模式独具体系，建设模式科学合理，治理模式探索创新。七是发展体系要可持续，包括坚实的产业循环支撑和稳定居民增收渠道，合理的集体经济规模，良性的建设投入机制。

美丽乡村关系到"十三五"时期发展目标的实现。十八届五中全会强调，实现"十三五"时期发展目标，破解发展难题，延续发展优势，必须牢固树立并且是贯彻创新、协调、绿色、开放、共享的发展理念。统筹推进经济、政治、文化、社会、生态文明和党的建设，确保如期全面建成小康社会。习近平总书记曾经在2013年讲到，中国要强，农业必须强，中国要富农民必须富，中国要美，农村必须美，建设美丽中国，必须建设好美丽乡村。

从我国历史上看，对农村建设问题的直接关注起源于近代的中国资本主义开始发育阶段。在晚清时期，在1908年颁布了《城镇乡地方自治章程》，主要是开展乡村治理运动，在民国时期主要发动了乡村自治运动，在近代我们主要探索农村政治建设等方面工作。20

世纪 50 年代开始到现在大体上考虑三到四个阶段，1978 年以前是以粮为纲发展阶段；1978 年的十一届三中全会后是市场化发展阶段，从经济、政治、文化对建设中国特色社会主义新农村的任务提出了要求，新农村建设又成为一个系统工程；2005 年到现在是新农村建设进一步深化阶段；2013 年中央一号文件首次提出要建设美丽乡村奋斗目标，新农村建设以美丽乡村建设首次以国家文件呈现。

美丽乡村建设既需要美好愿景，更须有对现实乡村的理性判断。生态文明建设是农村生存的前置条件；道德坚守是美丽乡村建设的决定性条件；美丽乡村建设也是历史记忆与社会记忆恢复和重建的过程。

美丽乡村建设作为升级版的乡村建设，既要凸显乡村风土人情，不盲目仿效城市建设，又要立足当下基本国情，不缺失中国特色。美丽乡村建设过程中要尽最大可能切实保护好乡村原有社会与自然生态，使乡村不成为复制的城市。以美丽乡村建设为抓手，使得乡情美景与现代生活融为一体。"搞新农村建设要注意生态环境保护，注意乡土，体现农村特点，保留乡村风貌，不能照搬照抄城镇建设那一套，搞得城市不像城市、农村不像农村。"（习近平）美丽乡村建设要注重社会主义生态文明建设，重新赋予农业以生态修复的功能，让农村变得像农村，会给城市里的人们带来新的消费需求，即城里人可以下乡"洗胃""洗肺""洗血""洗心"。给绿色、环保、健康为特征的美丽乡村源源不断地带来经济效益，必将印证习近平总书记常说的"绿水青山就是金山银山"是一句永恒的真理。

美丽乡村建设要推进农业现代化，生态环境的维护是必须坚持的底线。习近平总书记曾讲过"要看得见山，望得见水，记得住乡愁"。山清水秀，环境宜居、宜业，既有外在具象之美，更有宜人内在质地，防止出现人未富、环境先恶化、气候先恶劣，是当务之急。生态文明不仅是一地环境美貌，更是居民人文素质的整体展现，是对自然、社会综合要素的良性治理，是个体内在欲望与外在条件的和谐统一，生态文明不仅利于现有村民生活，更为良性变迁、持续发展提供后劲与动力。

美丽乡村建设也是历史记忆与社会记忆恢复和重建的过程。这一过程应包含经济上财富注入的脱贫致富，基本生活设施建设与生活方式改良的文明唤醒，传统伦理与现代道德秩序、文明精神嫁接的道德激活等过程，核心是文明的再生产，是乡村的美丽重构与型塑，即村民个体健康人格的养成和农村集体形象的构建。建设美丽乡村是一个涉及经济、政治、文化、社会与生态文明多种秩序的解构与建构过程，是普遍社会成员以集体性文化积累和传承获得文化认同的历史记忆，更是群体成员在历史长河中以认知性体验获得身份认同、情感归属与价值取向的社会记忆。其中，承接未来期望、现实感受和过去经验的符号标识是记忆的主要载体，占有特别突出的地位。

美丽乡村建设是物态、精神、行为与信仰等美丽回归与升华的过程。乡村美丽在于其与城市文明的差异性呈现，在历史记忆的整体性还原，在未来想象的精神愉悦，因此美丽乡村的美丽是特色之美、原生态之美、精神之美和整体之美。其建筑景观是古典语境的记忆复原，自然景观是原生态自然风光的情景再现、丰富淳朴"土里土气"的生活体验，文明景观是习俗礼仪的文明承续，是安宁有序、彬彬有礼、天然恬静的净土故乡，给群体成员以精神回归的愉悦和生活体验的欢乐。

建设美丽乡村，是建设美丽中国的重要组成部分。推进美丽乡村建设，我们不仅要给乡村一个美丽的外表，而且要提高农民的生活水平，提升农民的幸福指数，推动城乡发展一体化。

（王国聘）

11.11　社会管理绿色化

社会管理作为社会建设的重要组成部分，是执政党、政府和其他社会主体为了化解社会矛盾，维护社会秩序，以及为经济社会发展提供兼具秩序和活力的运行条件，运用法律、法规、政策、道德、价值等社会规范对社会事务进行治理，并公平合理地配置社会资源和社会机会的服务、协调、组织与监控的过程和活动。

社会管理绿色化就是将生态文明理念融入进社会管理的全过程。社会管理绿色化是生态文明建设对社会管理提出的新要求，是社会管理适应生态文明建设的必然选择。

社会管理绿色化是改善民生的需要。民生问题是事关人民生存和生活的基本问题，也是人民最关心、最直接、最现实的利益问题。民生不仅是基本物质的满足、基本权利的保障，还与生存条件、生存环境要求密切相关。仅有经济的增长，并不能真正给人民群众带来长远的富裕和生活幸福。生态环境因素和环境质量是构成人民生活幸福的基本要素，环境污染是对幸福的巨大危害，良好的环境则是追求幸福的重要条件。在高消耗、重污染的传统经济增长模式下，虽然一些地区的经济得到快速发展，但频繁发生的环境污染事故破坏了人民群众的幸福生活，使人们为健康和未来忧心忡忡。失去了环境保障，就丧失了生活和发展的稳定，而没有了稳定的生活和发展，幸福就沦为海市蜃楼。在环境污染与稳定幸福生活之间矛盾凸显的鲜明反差中，人们逐渐认识到，生态环境保护就是民生问题。相对于就业、教育、医疗、社保、住房、养老等日常民生问题，确保人民居住环境更加优美、食品安全更加放心、消费方式更加环保、生态理念更加文明等生态民生问题显得更为迫切、更加需要。因此，这就要求必须牢固树立生态民生理念，将之作为社会管理重要内容，在加强社会建设过程中开展生态民生建设。

社会管理绿色化是化解社会矛盾的需要。我国已进入现代化的中后期，三十多年快速发展积累下来的环境问题，如今进入了高强度频发阶段。如果不能有效保护生态环境，不仅无法实现经济社会可持续发展，人民群众也无法喝上干净的水，呼吸上清洁的空气，吃上放心的食物，由此必然引发严重的社会问题。要化解有环境问题引发的社会矛盾和社会问题，迫切需要将生态文明建设的新理念真正纳入政策、规划和管理各级进程，通过创新社会管理机制，制定有效的法律和条例架构，有效的经济工具以及市场和其他奖励措施，建立综合环境和经济会计制度，加强和创新社会管理，使绿色社会管理得以保证。

社会管理绿色化是生态文明制度建设的需要。党的十八大指出："保护生态环境必须依靠制度。"制度是生态文明建设的强有力保障，同时也是社会管理创新发展的根本途径。制度可以不断激发社会管理主体的创造性和积极性，充分挖掘和发挥其创新的潜能。在加强社会管理的过程中要牢固树立生态制度理念，从制度设计上树立"绿色""美丽""和谐"等理念，建立起人与和谐相处的社会管理制度，从制度上解决生态环境的整体性、长期性与不可逆性问题，把有利于人与自然、人与人、人与社会的和谐发展纳入到社会管理中，能够更好地促进社会建设与生态文明建设的和谐发展。　　　　　　　　　　（王国聘）

11.12　环境维权公益诉讼

环境维权公益诉讼是指当环境作为一种社会公共利益受到直接或者间接的侵害或有侵害的危险时，法律允许无直接利害关系人，包括公民、企事业单位、社会团体依据法律的特别规定为维护环境公益不受损害，针对有关民事主体或者行政机关而向人民法院提起民事或行政诉讼。换句话说，环境维权公益诉讼即通过公益诉讼的方式维护环境公益。

环境维权公益诉讼作为一种新的诉讼形态源于美国，1981 年经马骧聪先生从美国等西方国家介绍引入中国，但他的开创性介绍并没有引起我国普通民众的太多注意，对学界的影响也不是很大。直到近几年，根据 2012 年修订的《中华人民共和国民事诉讼法》、2014年修订的《中华人民共和国环境保护法》以及出台一系列相关司法解释及规范性文件，我国初步构建起环境公益诉讼制度，为环境维权公益诉讼实践的开展提供了有力的基础和依据。例如，2014 年修订、2015 年 1 月 1 日正式施行的《中华人民共和国环境保护法》第四十一条规定："造成环境污染危害的，有责任排除危害，并对直接受到损害的单位或者个人赔偿损失。赔偿责任和赔偿金额的纠纷，可以根据当事人的请求，由环境保护行政主管部门或者其他依照法律规定行使环境监督管理权的部门处理；当事人对处理决定不服的，可以向人民法院起诉。当事人也可以直接向人民法院起诉。"

环境维权公益诉讼的目的是为了保护环境公共利益，主要表现为预防环境公益（继续）遭受损害以及对已经造成的环境损害采取积极的补救。即为了保护国家环境利益、社会环境利益、及不特定多数人的环境利益，追求社会公正、公平，保障社会的可持续发展。环境公益诉讼的本义在于维护环境公益，环境作为公共物品，每个人都可以享有和利用并且对其有不同的评价和感受，但也无法改变其无法分割的事实。环境公共利益是环境维权公益诉讼的利益基础，环境公共利益是一种特殊的公共利益。在环境公益诉讼中，"原告提起诉讼的目的是为了维护环境公共利益（特别是生态利益）。"环境公益诉讼旨在保障环境权利，预防和救济"对环境本身的损害"，而非救济经由环境污染造成的人身或财产损害。环境权利是环境公益诉讼的权利基础。环境公益诉讼主要解决"对环境本身的损害"问题，旨在保障以预防和救济"对环境本身的损害"为指归的环境权利。

环境维权公益诉讼是以保护环境公共利益为宗旨的诉讼活动，诉讼的主体由一开始的直接利害关系人，到现在的无直接利害关系人，换言之，公益诉讼的原告不是违法行为的受害者，与违法行为没有任何直接利害关系。它弥补了普通民事诉讼关于环境维权方面的不足：立法者设计的传统民事诉讼强调原告必须与案件本身具有直接的利害关系，而环境公共利益由于缺少这种排他性以及所体现的利益主体的扩散性，因此，常常处于被忽视的境地。没有具体的个人因为违法排污行为而遭受了人身或者财产的损害，从而也就不可能有人提起民事诉讼，即使提起，也会因为现行法律对于原告资格的要求而无法被法院正常受理，无法维护公众环境权益。因此这不可不谓是一种巨大的进步。

环境维权公益诉讼是一种新型而又特殊的诉讼活动，它有着自己的特点。①宗旨的公益性：由于我们每个人的利益都与环境问题密切相关，所以在环境公益诉讼活动时，权利人通常代表公众利益来行使诉求。所以在行使环境公益诉讼过程中，应该综合衡量，谨慎思考经济社会等多重利益。②主体的广泛性：在行使司法救济的过程中，环境公益诉讼的原告主体表现出了显著的广泛性。③内容的预防性：环境公益诉讼的目的是保护环境公众权益，保护环境并不是发生了污染才去保护，而是应该把即将发生的环境污染扼杀在萌芽中。所以，在环境维权公益诉讼不止是对过去已经发生的事故采取救济，还应该对未来可能发生的损害提前预防和制止。④权利的失衡性：在环境公益诉讼中，原告方往往是受到侵害的普通平民。而被告方一般是具有庞大财力的大集团企业，这可能会致使诉讼维权取证难现象发生，诉讼主体双方在诉讼过程中遭受到不平等的待遇。

环境公益诉讼的价值是保障公民参与、制约政府权力，促进多中心互动以实现环境治理。公益诉讼是一种新型的诉讼，这类诉讼产生的背景是，"现代社会中，公民通过共同行为维护和捍卫公共利益形式多样，不仅包括公民自觉组织团体，借团体力量发挥作用，也表现为压力集团作用强大，同时表现为公民个人积极性的兴起。诉诸司法保护公共利益的公益诉讼的兴起和发展，正是现代社会中公民共同行为中的一环和有机组成部分。"通过公益诉讼，对政府行为进行监督，可以避免政府失灵；通过公益诉讼，可以利用司法的力量来保护公共环境，环境具有公共性，当政府不能有效保护环境时，公益诉讼可以利用司法的力量来保护公共环境。

不可否认，环境公益诉讼制度的建立与实施对保护生态环境、遏制环境违法行为、维护公众环境权益发挥了积极有效的作用。但是建立环境公益诉讼制度的理论准备并不充分，在制度构成的规则和细节等等上仍然遗留了很多问题，如：①符合条件、有意愿、有能力提起环境公益诉讼的组织可能很少，官办的社会组织数量极少，草根民间环保组织因为利益问题很少有意愿提出环境诉讼，有的可能缺乏法务人员或提起公益诉讼的所需费用；②本应成为环境公益诉讼主要类别的环境行政公益诉讼可能因为一些地方对环境公益诉讼的种种担心无法开展；③提起环境公益诉讼"法律规定的机关"范围仍未明确；④缺乏环境公益诉讼具体规则将给环境公益诉讼的审理和判决造成很大困难等。新《环境保护法》的规定仅仅是为环境公益诉讼的进行提供了一种可能性，环境维权公益诉讼真正获得救济的路还要走很远的路。

2017年中华环保联合会诉江苏江阴长泾梁平生猪专业合作社等养殖污染民事公益诉讼案是近期经典的环境维权公益诉讼案例。江阴梁平合作社等与周边村庄相距较近，其生猪养殖项目建设未经环境影响评价、配套污染防治设施未经验收，就擅自投入生产，造成邻近村庄严重污染。中华环保联合会提起诉讼，请求法院判令梁平合作社等立即停止违法养猪、排污行为，并通过当地媒体向公众赔礼道歉；对养殖产生的粪便、沼液等进行无害化处理，排除污染环境的危险，并承担采取合理预防、处置措施而发生的费用；对污染的水及土壤等环境要素进行修复，并承担相应的生态环境修复费用；承担生态环境受到损害至恢复原状期间服务功能损失费用等。法院要求合作社立即停止生猪养殖及排污侵害行为，并向法院提交《环境修复报告》以消除污染。这起由中华环保联合会起诉、无锡市中级人民法院判决的环境污染停止侵害案，是处理的一个较好的环境公益诉讼案件，无论是在程序上还是在实体上，都有重要的借鉴意义。由于农村地区环境法治观念淡薄和一些地方政府一味追求经济发展，使得农村地区的畜禽养殖大多缺乏治理措施。该公益诉讼案件的审理和判决，一方面给其他畜禽养殖污染者敲响了警钟，同时也对其他环保社会组织提起类似的公益诉讼作出了示范，必将有利于促进农村环境污染的预防和治理。　　　　（王国聘）

11.13　环境纠纷调解

环境纠纷调解，是指环境污染、破坏引起纠纷的双方或多方当事人邀请第三方，或者经当事人同意第三方主动介入，以非对抗方式、使矛盾和冲突通过协议得到解决的一种活动。

环境纠纷采用调解的方式和制度既是基于我国深层的"和"文化传统，又是构建社会主义和谐社会的现实需要。环境纠纷调解也因非对抗、低成本、形式多样、程序灵活和非正式等优势，以及双赢与和平的价值取向，得到世界各国的普遍认同。

不过，环境纠纷调解的施行是有前提的，既需要当事人双方或多方都自愿同意，又要在事实上按相关法律法规未达到违法犯罪的程度。因此，环境纠纷调解需要遵循以下基本原则：①合法原则。必须在法律、法规授权或者规定下进行，调解过程中也必须以相应的具体法律、规范来判明是非和责任。②自愿原则。即必须以双方当事人的调解需求为前提，并且双方自愿接受调解协议，不加以任何形式的强迫。③持平等协商原则。在环境纠纷调解中，当事人拥有同等的地位和权益。调解必须在第三方的引导下公平地进行。④坚持国家、集体、个人利益相结合的原则。环境纠纷在涉及国家、集体和个人的利益时，要求调解既维护国家资源环境和公共财产，又要保护个人的合法权益。

环境纠纷调解的依据是国家和地方颁布相关法律法规，法定的第三方一般包括人民法院、行政机关、群众调解组织等。调解的类型根据第三方主体、调解方式和调解协议效力的不同，可分为司法调解、行政调解和人民调解。①司法调解是指在人民法院审判人员主持下，对环境纠纷方面的民事案件、经济案件，通过协商，达成协议，解决纠纷的一种程序。司法调解分为庭前调解和审理中调解两种形式。其中庭前调解有利于及时化解纠纷，节约诉讼资源，缩短案件审结时间。②行政调解则是由国家指定的环境行政主管部门主持，促使环境纠纷双方当事人依据环境法律规定，在赔偿责任和赔偿金额纠纷中，以自愿原则达成协议，解决纠纷的程序。行政调解按照主持人的不同，可以分为环保机关的调解、上级机关的调解、特定机关的调解和几个职能不同的单位、部门联合进行的调解。③人民调解包括由双方当事人自行调解、律师调解以及人民调解委员会调解等，不具有司法和行政地位。不过，某些人民调解协议依据一定的法律规定也可获得法律效力。例如，2002年《最高人民法院关于审理涉及人民调解协议的民事案件的若干规定》中第一条规定："经人民调解委员会调解达成的、有民事权利义务内容，并由双方当事人签字或者盖章的调解协议，具有民事合同性质。当事人应当按照约定履行自己的义务，不得擅自变更或者解除调解协议。"该司法解释按照合同理论来解释人民调解协议的效力，而且赋予经过公证的具有债务给付性质的人民调解协议具有可申请直接强制执行的法律效力。

综合目前关于环境纠纷调解的学术成果和调解推进的实际，一方面，学术研究对环境纠纷调解发挥重要的指导和引领的作用。从 20 世纪 80 年代至现在，一部分学者一直在坚持环境纠纷调解的理论研究，特别是对美国、日本、韩国、英国、新西兰等国外环境纠纷调解制度和模式的研究，以及对起源于美国的 ADR（Alternative Dispute Resolution）也被称为"替代性纠纷解决机制"在中国的应用性研究，对我国初步建构具有中国特色的环境纠纷调解机制和模式具有重要现实意义。另一方面，学术分歧、实践层面政策法规的文本性矛盾、执行难、效力低等问题也制约着环境纠纷调解的有序发展。例如，对"环境纠纷"有的称为"公害纠纷"，有的称为"环境民事纠纷"，有的则认为是指发生在所有适格的环境法律关系主体之间的由于环境权利与环境义务的分配产生的纠纷，包括民事、行政、刑事领域。由此，在调解途径上，有的侧重于环境民事纠纷，排除了诉讼，有的则主张包含了和解、调解、信访、仲裁、诉讼等多种途径。再如，环境行政调解由于 20 世纪 80 年代以来我国法治建设步伐的加快，一批环境保护法律法规的出台，使环境纠纷逐步呈现出权利救济要求过泛化、司法大众化的特点，过去主要由环境行政部门牵头解决的许多环境纠纷，越来越多地演变成民事诉讼。特别是《诉讼费用交纳办法》大幅下调了各类型民事案件的诉讼费用之后，环境纠纷受害方寻求诉讼的成本较低，他们日益趋向于遵循"经济人"假设，舍弃环境纠纷 ADR（包括费用高昂的仲裁、强制执行力缺位的行政调解、人民调解等）。鉴于上述原因，环境行政部门对环境纠纷的行政调解日渐趋于程序化、虚置化和低效化。环境行政调解的地位和作用因法律法规的文本性矛盾而受影响。中国部分学者就环境纠纷案件中以行政调解结案的情况做过统计，在裁判文书中，环境民事判决书、环境民事裁定书和环境民事调解书之间的比例为 598：145：39，其中，调解占的比例仅为 4.99%。

综上所述，环境纠纷调解要持续、有效地发挥作用，一方面，必须更加重视环境纠纷调解的制度完善、法律法规的统筹调协、调解结果强制执行力的加强，以及环境纠纷调解理论的创新等。另一方面，鼓励先行先试，努力建构强制性与非强制性有机统一的调解机制，在理论联系实践中谋求创新发展。

（王国聘）

11.14　生态文明先行示范区建设

生态文明先行示范区是对生态文明建设高度重视，在体制机制建设、管理制度创新等方面进行了探索实践，在生态和环境保护方面取得突出成效，具备一定先行示范的基础，具有辐射带动作用和推广价值作用的地区。生态文明先行示范区建设就是在全国范围内选取不同发展阶段、不同资源环境禀赋、不同主体功能要求的有代表性的地区先行先试，总结有效做法，创新方式方法，探索实践经验，提炼推广模式，完善政策机制，以点带面地推动生态文明建设。

生态文明先行示范区建设是生态文明建设的具体实践方式，是探索符合我国国情的生态文明建设的一种模式。党的十八大以来，党中央、国务院把生态文明建设摆在更加重要的战略位置，纳入"五位一体"总体布局，作出一系列重大决策部署，出台《生态文明体制改革总体方案》，实施大气、水、土壤污染防治行动计划。把发展观、执政观、自然观内在统一起来，融入到执政理念、发展理念中，生态文明建设的认识高度、实践深度、推进力度前所未有。但由于历史等多方面原因，我国生态文明建设水平仍滞后于经济社会发展，特别是制度体系尚不健全，体制机制瓶颈亟待突破，迫切需要加强顶层设计与地方实践相结合，开展改革创新试验，探索适合我国国情和各地发展阶段的生态文明制度模式。

生态文明先行示范区的正式提出，始于 2013 年 8 月《国务院关于加快发展节能环保产业的意见》，意见提出要在做好生态文明建设顶层设计和总体部署的同时，总结有效做法和成功经验，根据不同区域特点，在全国选择有代表性的 100 个地区开展生态文明先行示范区建设。

2013 年 12 月，国家发展改革委联合财政部、国土资源部、水利部、农业部、国家林业局制定了《国家生态文明先行示范区建设方案（试行）》，正式启动了生态文明先行示范区建设。2014 年，六部门委托中国循环经济协会从相关领域选取专家组成专家组，对申报地区的《生态文明先行示范区建设实施方案》进行了集中论证和复核把关。根据论证和复核结果，将北京市密云县等 55 个地区作为生态文明先行示范区建设地区（第一批）。2015 年 6 月，国家发展改革委等部门联合下发了《关于申请组织申报第二批生态文明先行示范区的通知》，启动了第二批生态文明先行示范工作。国家发展改革委、科技部、财政部、国土资源部、环境保护部、住房城乡建设部、水利部、农业部、国家林业局等 9 部门委托物资节能中心从生态文明相关领域选取专家组成专家组，对申报地区的《生态文明先行示范区建设实施方案》逐一进行了集中论证和复核把关。将北京市怀柔区等 45 个地区作为第二批生态文明先行示范建设地区。

生态文明先行示范区建设，促进了建设地区生态文明建设水平明显提升。生态文明先行示范区率先基本形成符合主体功能定位的开发格局，资源循环利用体系初步建立，节能减排和碳强度指标下降幅度超过上级政府下达的约束性指标，资源产出率、单位建设用地生产总值、万元工业增加值用水量、农业灌溉水有效利用系数、城镇（乡）生活污水处理率、生活垃圾无害化处理率等处于全国或本省（市）前列，城镇供水水源地全面达标，森林、草原、湖泊、湿地等面积逐步增加、质量逐步提高，水土流失和沙化、荒漠化、石漠化土地面积明显减少，耕地质量稳步提高，物种得到有效保护，覆盖全社会的生态文化体系基本建立，绿色生活方式普遍推行，最严格的耕地保护制度、水资源管理制度、环境保护制度得到有效落实。

生态文明先行示范区建设，引领带动了全国生态文明建设和体制改革。生态文明先行示范区把生态文明建设放在突出的战略地位，按照"五位一体"总布局要求，推动生态文明建设与经济、政治、文化、社会建设紧密结合、高度融合，以推动绿色、循环、低碳发展为基本途径，以体制机制创新激发内生动力，以培育弘扬生态文化提供有力支撑，结合自身定位推进新型工业化、新型城镇化和农业现代化，调整优化空间布局，全面促进资源节约，加大自然生态系统和环境保护力度，加快建立系统完整的生态文明制度体系，形成节约资源和保护环境的空间格局、产业结构、生产方式、生活方式，提高发展的质量和效益，形成可复制、可推广的生态文明建设典型模式。这些有效做法，对于破解资源环境瓶颈制约，加快建设资源节约型、环境友好型社会，不断提高生态文明水平，引领带动了全国生态文明建设和体制改革，具有重要的示范意义和作用。

生态文明先行示范区的创建，在模式探索、制度创新等方面取得了成效，但也存在着试点过多过散，体制改革推进较慢，与生态省市建设重复交叉等问题。2015 年 10 月，党的十八届五中全会提出，设立统一规范的国家生态文明试验区，开展生态文明体制改革综合试验，规范各类试点示范，为完善生态文明制度体系探索路径、积累经验。2016 年 8 月，中共中央办公厅、国务院办公厅印发了《关于设立统一规范的国家生态文明试验区的意见》，就设立统一规范的国家生态文明试验区（以下简称试验区），做出具体规定，对试验区内已开展的生态文明试点示范进行整合，统一规范管理，各有关部门和地区要根据工作职责加强指导支持，做好各项改革任务的协调衔接，避免交叉重复。明确部门不再自行设立、批复冠以"生态文明"字样的各类试点、示范、工程、基地等；已自行开展的各类生态文明试点示范到期一律结束，不再延期，最迟不晚于 2020 年结束。综合考虑各地现有生态文明改革实践基础、区域差异性和发展阶段等因素，首批选择生态基础较好、资源环境承载能力较强的福建省、江西省和贵州省作为试验区。

国家生态文明试验区建设是生态文明先行示范区建设的深化。国家生态文明试验区将中央顶层设计与地方具体实践相结合，集中开展生态文明体制改革综合试验，规范各类试点示范，完善生态文明制度体系，推进生态文明领域国家治理体系和治理能力现代化。开展国家生态文明试验区建设，对于凝聚改革合力、增添绿色发展动能、探索生态文明建设有效模式，具有十分重要的意义。通过试验探索，必将推动生态文明体制改革总体方案中的重点改革任务取得重要进展，建成较为完善的生态文明制度体系，形成一批可在全国复制推广、有效管用的生态文明制度成果，资源利用水平大幅提高，生态环境质量持续改善，发展质量和效益明显提升，实现经济社会发展和生态环境保护双赢，形成人与自然和谐发展的现代化建设新格局，为加快生态文明建设、实现绿色发展、建设美丽中国提供有力制度保障。

（王国聘）

11.15　生态省(市、区、县、乡、镇、村)创建活动

生态省(市、县)、生态工业园区、生态乡镇(即原环境优美乡镇)、生态村的创建，是在省(市、区、县、乡、镇、村)行政单元为界线的区域内，按照可持续发展的要求，以生态学和生态经济学为指导，合理组织、积极推进区域社会经济和环境保护的协调发展，建立良性循环的经济、社会和自然复合生态系统，确保在经济、社会发展，满足广大人民群众不断提高的物质文化生活需要的同时，实现自然资源的合理开发和生态环境的改善的一项系统工程的简称，统称生态示范区创建。生态示范区创建是最终建立生态文明建设示范区的过渡阶段，是推进区域生态文明建设的有效载体。

20 世纪 80 年代，随着我国改革开放，进行现代化建设，自然生态破坏呈加剧趋势，

引起社会各界的广泛关注。我国的一些地方政府和环境保护部门，开始把区域生态建设（包括生物多样性保护，乡镇企业和农药、化肥的污染防治，海洋环境保护，自然资源的合理开发利用及保护，生态农业发展，生态破坏的恢复治理等）与当地的社会经济发展和城乡建设有机地结合起来，统一规划，综合建设，在生态建设方面开始进行新的积极探索，率先开展了生态村、生态乡、生态县和生态市、生态省的建设。

浙江省从 20 世纪 80 年代初开始进行以生态村、镇为中心内容的生态农村建设。1995年，国家环保总局出台了《全国生态示范区建设规划纲要》，在全国开展生态示范区建设试点工作。浙江省的绍兴县、磐安县和临安县（1996 年撤县设市）被国家环境保护总局列为首批国家级生态示范区建设试点。1999 年初，海南省作出了《关于建设生态省的决定》，并得到国家环境保护总局的批准，成为全国第一个生态省建设试点省。2000 年，国务院印发的《全国生态环境保护纲要》提出，加大生态示范区和生态农业县建设力度。国家鼓励和支持生态良好地区，在实施可持续发展战略中发挥示范作用。进一步加快县（市）生态示范区和生态农业县建设步伐，在有条件的地区，应努力推动地级和省级生态示范区的建设。原国家环保总局随即在全国组织开展生态建设示范区创建工作，得到了各地的积极响应，引起了地方各级党委、政府的高度重视。许多地方以创建工作为抓手，优化经济增长、调整产业结构、强化节能减排、加强城乡环境保护，提升了公众环保意识，生态文明理念日益深入人心，部分地区已初步走上了生产发展、生活富裕、生态良好的文明发展道路。现已有海南、吉林、黑龙江、福建、浙江、山东、安徽、江苏、河北、广西、四川、辽宁、天津、山西等 16 个省（区、市）开展了省域范围的生态省建设，1000 多个市（县、区）开展生态市（县、区）建设，114 个市（县、区）获得国家生态建设示范区命名。生态建设示范区工作呈现出蓬勃发展的态势，示范带动效果明显。

建设生态示范区是实施可持续发展战略的必要途径，是落实环境保护基本国策的重要保证，是环境保护部门参与综合决策的可靠机制，对保护和改善我国的环境具有现实的意义和深远的影响。实践证明，生态建设示范区是地方政府坚持绿色发展、标本兼治，促进区域经济、社会与环境协调发展的重大举措，是实现环境保护进入经济建设、社会发展的主干线、大舞台、主战场的有效形式，是建设生态文明的"绿色细胞"工程。

一是生态示范区建设是走经济可持续发展之路的有益探索。保护环境和发展经济是人类社会寻求的两个最基本目标。20 世纪 80 年代中期国际上提出了可持续发展的重要思想。1992 年联合国环境与发展大会中可持续发展的思想取得了世界各国的共识。各国都积极贯彻落实可持续发展思想，努力探索适宜的模式。为了避免在发展经济过程中给生态环境带来的若干压力，防止生态环境破坏加剧，因此，探索出一条社会经济与生态环境协调发展的模式是区域协调发展的必然要求。生态示范区是将经济发展和环境保护结合起来的一种有益的尝试。其目的在于通过生态示范区建设和实践研究，一方面大力发展社会经济，满足人们不断增长的物质和文化生活需要；另一方面通过调控人类自身行为，引导保护生态环境，提高环境资源对区域可持续发展的支持能力，最终实现经济社会与生态环境的协调发展，走可持续发展的道路。

二是生态示范区建设积极推进了环境保护基本国策的贯彻。环境保护作为我国的一项基本国策，被纳入国家中、长期发展战略和年度工作计划等重大决策之中。国家颁布的环境保护法律法规体系和制度，以及有利于环境保护的经济技术政策等，都体现了政府对环境保护的重视。生态建设要求具备三个基本环节：一是按照生态学和生态经济学原理，制定建设规划，这是一个生态环境保护与社会经济发展相互协调的规划，对区域发展具有重要指导意义；二是规划由当地人大审议通过，或以当地党委、政府决议的形式确定下来，使之具有法律和行政的约束力，保证生态建设融入当地经济社会的整体发展中；三是在统一规划的前提下，将建设目标和任务分解到各政府部门，使之与部门的工作有机结合起来。由此，使环境保护得到加强，并有效地落实到各项工作之中。

三是生态示范区建设有利于新型政府综合决策机制的形成。生态示范区建设既是一项建设工作，又是一项管理工作，从统一规划，任务分解，到建设过程的监督与最后的验收评比，都是有效的管理形式，特别是对各部门的环境保护与建设职责进行了统一的规范和要求。为了避免重大经济决策失误，从源头上控制环境问题，建立有利于环境保护的综合决策处理机制的意义显得格外重大。在生态示范区建设的过程中，通过政府各级部门的有序组织领导，生态环境行政管理机构的建设和生态环境保护的否决制度，加强环境保护机构统一监督管理的职能和参与政府决策的能力，环境保护机构和统一监督管理的职能相应加强，发挥政府参谋作用的能力也相应提高，有效推进了生态环境保护工作的科学化和民主化。

当前，生态建设示范区工作也面临着一些亟待解决的问题。在建设的数量和质量上，东中西部发展尚不平衡，建设水平和质量差异较大；一些地方在建设工作中还没有真正统筹各领域的协调发展，缺乏总体谋划，缺少地方特色，尚未建立长效的推进机制，环保部门的综合协调能力不强；一些地方的建设工作不扎实，个别地方为创建而创建，建设与绩效评估工作中存在弄虚作假、拉关系走门路等不正之风，存在廉政风险。如在进行森林生态建设中片面追求森林覆盖率，而忽视了森林的结构、功能等质量问题，造成森林防灾减灾能力仍然低下，森林的生态、经济和社会三大效益都不高的状况。在城市生态建设中片面追求城市的绿地面积和视觉效应，而忽视绿地的结构和生态效应。在发展生态旅游中片面追求旅游景点的扩大，而忽视了生态旅游质量的提高，忽视与科普教育紧密结合、与审美和提高人们的情趣结合。为大力推进生态文明建设，加快推进环境保护的历史性转变，需要不断总结经验，深入扎实地开展生态建设示范区工作，顺利完成建设目标和任务。

（王国聘）

11.16　全民参与的行动体系

全民参与的行动体系就是指在生态文明建设中，所有公民，不分年龄、性别、职业、民族、地域等的差异，按照一定的指导原则与工作机制，积极主动、有序、理性地参与到生态文明建设中，并以自己的实际行动影响周围人的生态文明模式。

全民参与的行动体系中的"全民"不仅包括每个公民个体，也包括政府、企事业单位、社会组织、社区等各种机构和团体。行动体系是指那些可以影响周围更多人的环境保护行为总和，它既包括由政府主导的自上而下的行动，也包括公民自发的以及社会团体和组织发起的自觉行动。

全民参与的行动体系这一行动体系具有以下特点：一是主体的广泛性。全民参与生态文明建设的社会行动体系不仅需要环境保护部门发挥作用，建立组织、监督、实施的环保长效机制，而且需要政府、媒体、公众之间形成联动协调的配合机制。不是某个人或部门的单个功能的体现，而是全体公民和众多部门及组织共同努力的结果。二是形成的长期性。构建全民参与生态文明建设的社会行动体系至少要跨越，而且由此形成的环保优良传统要代代延续下去。三是实践的创新性。全民参与环境保护社会行动体系是立足于当前的实际情况，着眼于未来的发展趋势和目标、任务以及具体行动做出的深谋远虑的规划，它的实现将为中国探索环境保护新路提供一个新的范本。

构建全民参与生态文明建设的社会行动体系，需要建立一个政府主导、市场推进、公众参与的新机制。

首先，要加强生态文明宣传教育，把生态文明和资源环境保护纳入大中小学的教育课程和各类社会培训体系之中，增强全民节约资源和保护生态意识，营造爱护生态环境的良好风气。

其次，积极鼓励全社会绿色和低碳消费，形成绿色消费、适度消费的社会风尚；大力推进以"节水、节电、节地"为核心的绿色家庭、绿色社区建设，通过能源消费革命推动绿色和可再生能源发展，加快建设资源节约型和环境友好型社会。

第三，完善和建立生态文明建设的信息公开制度，保障公众在生态文明建设中的知情权、决策权、监督权和受益权，全面维护公众享受美丽健康生态环境的权益。　　（王国聘）

11.17　绿色 NGO

弘扬生态文明、实现绿色发展是保护生态环境实现人类可持续发展的重要途径，也是实现中华民族伟大复兴的必由之路。生态环境保护和生态文明建设，是可持续发展最为重要的基础。建设生态文明，不同于传统意义上环境保护中的污染控制和生态恢复，而是克服工业文明弊端，探索资源节约型、环境友好型发展道路的过程。在这个过程中，不仅仅需要国家在整体政策规划和经济发展模式上采取措施，更重要的是如何带动和发挥群众的力量。实践生态文明，推动公众参与环境保护，绿色 NGO 发挥着重要的载体作用。

NGO 是英文"non-government organization"一词的缩写，是指在特定法律系统下，不被视为政府部门的协会、社团、基金会、慈善信托、非营利公司或其他法人，不以营利为目的的非政府组织。一般认为，NGO 的原动力是志愿精神，它的形成是公民社会兴起的一个重要标志。

绿色 NGO 是将促进环境保护和环境管理作为基本目标的绿色非政府组织。绿色 NGO 是丰富公众参与内容，提高公众参与有效性，创建和谐社会，促进可持续发展的一支不可忽视的力量。绿色 NGO 的原动力是绿色志愿精神，这种志愿精神力的实质，是人们基于一定的绿色公共意识，绿色关注意识、绿色责任意识、绿色参与意识和为绿色奉献精神的基础之上的自觉努力。

绿色 NGO 除了具有 NGO 的一些基本特征如：独立性、公益性、非政府性、非营利性、志愿参与性和组织性和合法性等等之外，与其他非政府组织相比，还具有一些自己的特点，如专业性强、关联性强、发展速度快。绿色 NGO 主张环境友好，是环境保护的一支有生力量，为保护环境起了积极的促进作用。绿色 NGO 拥有广泛的公众基础，成员来自于不同的行业，作为一种民间力量，广泛开展环境宣传教育，参与环保决策，开展课题研究，推动绿色发展、绿色生活等，为保护环境起了积极的促进作用。

绿色 NGO 长期致力于开展多种形式的环境宣传教育，向公众传播绿色生活的理念，培养公众的生态文明行为，提高公众的环境保护意识。同时，绿色 NGO 与政府之间逐步建立起互信关系，双方在环境保护方面目标一致，绿色 NGO 可为政府决策积极建言献策，提供政府所需的准确的基础资料，政府也可借绿色 NGO 的力量向公众宣传最新政策。绿色 NGO 与企业之间既存在监督关系也存在合作关系，企业是市场的主体，企业环保的主体责任仍然落实不够，各种违法行为屡禁不止，绿色 NGO 通过对企业实施监督，促进其更好地履行环境责任，努力建设成为资源节约型、环境友好型企业。企业在重视经济效益的同时，也要积极关注社会生态效益，企业要在公众面前树立良好形象，会选择以企业家精神推动与绿色 NGO 合作，加强换位沟通，增强理解，求同存异，共同开展环保公益实践，共同推动生态文明进程。

随着生态文明理念的逐步深入人心，我国目前的环境非政府组织和环保公益性组织的发展较为迅速，总计数量达到 3000～4000 个，其中政府发起成立的环保民间组织有 1309 家，民间自发组织的"草根"环保组织有 508 家，还有一些国际环保民间组织在我国设立分会等。这些社会组织的蓬勃发展，给生态文明建设提供了更多的社会力量和专业性的公共生态服务，他们以保护环境、促进生态平衡为宗旨目的，动员社会提高环保意识、强化生态观念、植树造林、保持水土、防止污染，在生态文明建设中发挥了巨大的作用。政府并非社会建设的唯一主体。充分发挥社会功能，调动社会力量，发挥公民、社区、社会组织和其他社会力量的作用，是有效推进社会建设、成功构建和谐社会的重要途径。目前，这些组织都面临着组织独立性、资金短缺、内部改革、发展空间等问题，在生态文明建设中的参与性、影响力等都有待提高，迫切需要政府的扶持和支持，并加强对我国环保 NGO 的管理，积极扶持，加快发展。

（王国聘）

11.18　绿色志愿者

绿色志愿者是以绿色志愿精神为主要动力，不计物质报酬，自愿贡献个人的时间、精力、资源、技能，从事生态文明公益事业的人。

生态文明事业的希望在于全民环境素质的提高，在于公众环境意识和法制观念的不断加强，在于公众对环境保护事业的支持和参与。志愿行为是一种奉献时间和精力，帮助他人、服务社会的行为，不追求直接的物质利益，而是通过志愿行动倡导和影响周围人，使其能够感同身受，并主动参与进来。

绿色志愿者具有志愿者所属的不为物质报酬，基于良知、信念和责任，志愿为社会和他人提供服务和帮助的一般特征，绿色志愿者还具有环境危机意识、自然关怀意识、环境责任意识、环保参与意识，通过自觉的奉献，把个人需求与生态文明公益事业很好地联结起来，努力实践绿色志愿精神。

绿色志愿者是生态文明的倡导者。绿色志愿者的服务活动主要的价值并不在于解决各种具体问题，志愿者行动的最大价值在于唤醒民众的关注，向公众宣传和普及绿色环保的新理念、践行低碳生活的方式，提高公众环境保护意识，促进公众转变消费观念和行为，引导全社会树立绿色消费理念，节约资源，保护环境，推动绿色发展。

绿色志愿者是绿色生活的实施者。绿色志愿者为环保事业开展有影响、有成效、可持续的环保志愿实践，在日常生活中身体力行，践行绿色生活方式。绿色志愿者率先开展的各种服务项目，都逐渐成为社会新兴的绿色环保重点。志愿者的绿色环保服务，以自己微薄的努力，为社会作出了示范，吸引和激励更多机构、社团、公民关注和参与生态文明的建设。从多年的实践看，绿色志愿者是社会志愿者中最活跃的力量，他们关注和参与的活动，很快成为社会的新热潮。志愿者开展的绿色环保服务，潜移默化地影响和改变人们的生活方式，促进了生活的创新。

绿色志愿者是生态文明的社会监督员，甘做环境守护者，勇于同污染破坏环境的行为做斗争，抵制奢侈性消费和铺张浪费，举报环境污染者，向政府提出有关的环境政策建议，为给子孙后代留下天蓝、地绿、水清的生产生活环境而奋斗着(孟范例，2009)。

绿色志愿者在开展绿色环保服务活动的过程中，不仅为社会作出了贡献，同时也学习和了解各种环境保护知识、绿色发展知识，充实了自己的精神，扩大了视野，提升了素质，获得了自我教育的机会。

（王国聘）

第十二篇

生态文明的制度建设

12.1　生态文明制度和生态文明体制

建设生态文明是关系民族未来和人民福祉的大事。党的十八大报告明确将生态文明建设放在突出位置，强调要融入经济建设、政治建设、文化建设以及社会建设的各方面和全过程，努力建设美丽中国，实现中华民族的永续发展。所谓生态文明，指的是人类在协调人与自然关系以及与之相关的人与人、人与社会关系的过程中所取得的一切积极、进步的成果总和。在内容上，既有物质成果和精神成果，更包含制度成果；在指标上，既涵纳人与自然关系的和谐，也包含人与人（社会）关系的和谐；在形式上，则体现为生产发展、生活富裕和生态良好。因此，生态文明也代表了人类社会发展的先进性和包容性。文明的本质是理性，生态文明的本质则是生态理性。通过在全社会牢固树立尊重自然、顺应自然、保护自然的理念，达到人与人（社会）以及人与自然和谐的境地。生态理性的提升，则主要依托于社会领域当中的、全新的生态文明行动准则和行为规范来维系，即建立一种生态文明制度。

生态文明制度，是指在全社会制定并施行的一切有利于建设、支撑和保障生态文明的各种指导性、规范性和约束性的准则和规范，既包括硬性制度（如法律、规章、条例和行政指导性文件等），也包括软性制度（如习俗、惯例、伦理道德等）。党的十八大报告明确将加强生态文明制度建设作为生态文明建设的四项任务之一提出来。党的十八届三中全会提出，建设生态文明，必须建立系统完整的生态文明制度体系，用制度保护生态环境。2015 年，《中共中央 国务院关于加快推进生态文明建设的意见》则把健全生态文明制度体系作为重点，强调要基本形成源头预防、过程控制、损害赔偿、责任追究的生态文明制度体系。其中，自然资源资产产权和用途管制、生态保护红线、生态保护补偿、生态环境保护管理体制等关键制度建设取得重大成果，强调要用制度来保护生态环境，这样，就凸显出建立长效机制在生态文明建设中的基石作用。完善的生态文明制度体系，要求构建全方位的生态文明体制，从而会进一步保障制度的有效运行。《生态文明体制改革总体方案》强调，到 2020 年，构建起由自然资源资产产权制度、国土空间开发保护制度、空间规划体系、资源总量管理和全面节约制度、资源有偿使用和生态补偿制度、环境治理体系、环境治理和生态保护市场体系、生态文明绩效评价考核和责任追究制度等八项制度，构成产权清晰、多元参与、激励约束并重、系统完整的生态文明制度体系，从而确立了生态文明体制改革的基本目标。

生态文明制度体系的建设任重道远，是一项系统工程。在这方面，美国等国家经过多年发展，在生态环境保护机制和管理体制方面，建立了相对完善的生态环境治理和保护的机制，尤其是在生态环境管理体系方面的得失及经验，非常值得我国参考和借鉴。20 世纪 70 年代至 90 年代，美国国会建立了整个现代联邦环境管理体系。1970 年 12 月，美国环境保护局（EPA）成立。在其成立之后的 10 年间，通过国会的授权，美国环境保护局立足于保护国民和生态环境，建章立制，促成了一系列环境保护法律的诞生，为美国生态环境保护打下了良好的制度基础，这也是 EPA 最为辉煌的历史时期之一。但是，在 90 年代以后，由于日渐突出的两党分歧、政治两极化和体制僵化，国会在近二十几年间逐渐放弃了作为国家的首要环境决策者的责任，从 1990 年开始，几乎没有再制定重大的环保法律，整个国家的环境管理体系日渐萎缩。进入 20 世纪 90 年代中期开始，人们开始反思联邦环境管理体系的有效和失效问题，在国家环保局内部以及整个联邦体系中寻求强力的改革。1996 年，美国发表了一份题为《可持续的美国：基于未来繁荣、机会与一种健康环境的共识》的报告。该报告明确提及，当前的环境管理体制需要进行改进；为了实现更好的环保成效，要增强当前环境管理体制的灵活性。在坚持严格法治保护环境的基本原则下，美国就环境管理制度和体制进行了漫长的渐进式变革。其一，美国将环境保护工作的重点放在生态环境管理体制的改革上，国家环保局内部开始寻求环保体制的改革，并呼吁国会对过时的管理体制进行改革。在这种变革的呼声中，国家环保局的工作人员显示出尤为强烈的意愿。其二，确立合理的环境管理体制，强化生态环境保护工作的有效运行。具体的环境管理体制改革目标，包括以市场为基础的管理手段，基于公众共享信息的志愿或自我管理政策，破解传统管控矛盾的各种形式的契约或合作决策等。其三，强调国家各部门决策时优先考虑环境影响。1970 年 1 月，美国开始施行《国家环境政策法案》（NEPA），该法案要求联邦各机构对各项行动提案做决策时，要优先考虑环境影响，并进行详细的环境影响评价。作为 NEPA 的一部分，总统执行办公室下设环境质量委员会（CEQ）。环境质量委员会既是总统的咨询者，协助和建议总统制定环境政策和方案；也是联邦各机构和白宫其他办公室的协调者，负责平衡和协调社会、经济和环境目标，尤其是当各机构不同意相应的环境影响评估进程时，环境质量委员会负责监督和协调，从而实现 NEPA 的致力于实现人类与人类环境之间的"生产力和谐"（productive harmony）的目标。其四，强化环境保护局的职责和权力。合理的生态环境保护管理体制一旦确立下来，实际的环境保护工作往往会事半功倍。在美国环保局的理念中，明确包含有对联邦法律的尊重、对科学信息的信任、对公众参与的重视和对社会协同的认可。环保局局长由当选总统提名，经国会批准生效，直接对总统负责，对环境相关事务拥有绝对权力，因此，强化了环境保护在国家政治议程中的作用。例如，1973 年，在施行《清洁空气法案》的前提下，美国环保局为了降低大城市的空气污染水平，在美国诸多大城市，例如洛杉矶、波士顿等地，开创了一系列全新的交通控制管理办法，包括公共汽车专线、合乘优先车道等，对许多大城市的交通做了严格的规定。为了达到保护环境的目的，环保局的跨领域行事能力大为增强，当年的许多措施至今依然在美国各地施行。当然，美国既有的环境管理体制也不是保护生态环境的"万能药"，随着时代的发展也需要与时俱进；然而，随着近些年美国国会内部日益凸显的政党极化现象，使得目前联邦范围内的大范围环境管理体制改革看起来不太可能，且矛盾重重。因此，良性的生态环境管理制度和体制，还需要政治、社会、文化等其他领域协同配合，唯此，才能更好地提升生态环境管理水平和效果。

近些年，我国在生态文明制度建设和体制设计方面已经开展了卓有成效的工作。2012年，党的十八大报告提出了生态文明制度建设的任务和目标："保护生态环境必须依靠制度。要把资源消耗、环境损害、生态效益纳入经济社会发展评价体系，建立体现生态文明要求的目标体系、考核办法、奖惩机制。建立国土空间开发保护制度，完善最严格的耕地保护制度、水资源管理制度、环境保护制度。深化资源性产品价格和税费改革，建立反映市场供求和资源稀缺程度、体现生态价值和代际补偿的资源有偿使用制度和生态补偿制度。积极开展节能量、碳排放权、排污权、水权交易试点。加强环境监管，健全生态环境保护责任追究制度和环境损害赔偿制度。加强生态文明宣传教育，增强全民节约意识、环保意识、生态意识，形成合理消费的社会风尚，营造爱护生态环境的良好风气。"2015 年，党中央国务院联合下发《生态文明体制改革总体方案》，则进一步明确了生态文明制度建设的目标。2017 年 10 月，党的十九大报告进一步提出，要实行最严格的生态环境保护制度，加快建立绿色生产和消费法律制度和政策导向，提高污染排放标准，强化排污者责任，健全环保信用评价、信息强制披露、严惩重罚等制度，构建政府办主导、企业办主体、社会组织和公众共同参与的环境治理体系。这样，从总体上，我国已初步构建起一套相对完善的生态文明制度，为生态文明建设提供了具有活力的、立体的制度保障体系（见生态文明制度体系表），从而促进生态文明建设实践内容的相互支撑、协同推进。

生态文明制度体系

	决策制度	执行/管理制度	责任制度
资源管理	生态文明标准体系	自然资源资产产权制度 自然资源用途管理制度 自然资源有偿使用制度 自然资源资产负债表	自然资源资产离任审计
生态管理	生态文明统计监测制度（生态文明综合评价指标体系）	国土空间开发保护制度 生态保护红线制度 耕地草原森林河流湖泊休养生息制度 生态修复（恢复）制度 生态补偿制度	生态环境损害赔偿制度 生态文明责任追究制度
环境管理	国家生态安全体系	环境治理体系 环境影响评价（评估）制度 生态保护修复和污染防治区域联动机制 环境信息公开制度 生态环境监管制度 最严格的生态环境保护制度	生态文明绩效评价制度 环保信用评价制度

　　当然，任何制度和体系的设计，都需要在实践中与时俱进，不断完善。目前看来，已有的生态文明制度具备了推动生态文明建设的基本制度框架功能，但仍然缺乏一些具有操作性和有效性的执行制度，如法治管理制度、部门协调制度和道德文化制度等。因此，在生态文明制度设计和体系完善上，还需要从以下三个方面着手：其一，加强法治管理制度的设计。无论是资源管理、生态管理还是环境管理，都需要有力的法制体系和法治进程加以保障。推动已有法律的生态化标准和水平，切实从立法、执法、司法和守法等层面保障各项制度切实发挥作用。其二，进一步完善各部门协调制度的设计。环保部门作为地方政府的组成机构，如何才能保证其生态环境政策的有效施行，既需要夯实其执法权力和决策权力，也需要各部门协同推进，保障生态环境管理目标的实现，保证各部门决策时充分考虑环境效应；同时，也要加强对于环保部门自身的监管。其三，促进建立道德文化制度的

确立。要将生态文明和公民环境权纳入宪法当中，使公众参与、监督生态环境管理工作有法可依；在全社会牢固树立生态文明理念，将生态价值观进一步融入社会主义核心价值观，使生态环境保护工作成为一种自律意识；加强企业生态责任意识、公众环境保护意识和社会绿色消费意识等软环境制度建设等等。

总之，加强生态文明制度建设和体制改革，不断完善生态文明建设制度体系的"四梁八柱"，促进生态文明制度与其他建设的各项制度相互协调，才能使全国不断走向社会主义生态文明新时代。

（张云飞，周鑫）

12.2 生态文明统计监测制度与生态文明综合评价指标体系

2015年中共中央、国务院发布的《关于加快推进生态文明建设的意见》（以下简称《意见》）提出，要强调加强统计监测。在党的十八大以及十八届三中全会等重要会议报告文件中，曾出现过"加强环境监管""完善自然资源监管体制"以及"建立资源环境承载能力监测预警机制"等字样和内容，但基本上都是一带而过，并未提出相对系统而全面的明确要求，《意见》则提出了明确要求，为建设生态文明提供统计监测制度保障机制。

生态文明统计监测制度，是认识和了解生态系统和环境质量，以及人类生产和生活活动对生态环境影响的重要工具。具体来讲，是指在生态系统和资源环境运行过程中，利用现代科学技术对各领域资源能源生态和数据进行全方位的统计分析、监测预警以及综合评估，通过全面把握大数据，为生态文明治理和生态文明建设提供基础支撑的制度。

生态文明统计监测制度，要求建立生态文明综合评价指标体系。这一制度要求加快推进对能源、矿产资源、水、大气、森林、草原、湿地、海洋和水土流失、沙化土地、土壤环境、地质环境、温室气体等的统计监测核算能力建设，提升信息化水平，提高准确性、及时性，实现信息共享。为此，按照《意见》要求，应做好以下工作：加快重点用能单位能源消耗在线监测体系建设。建立循环经济统计指标体系、矿产资源合理开发利用评价指标体系。利用卫星遥感等技术手段，对自然资源和生态环境保护状况开展全天候监测，健全覆盖所有资源环境要素的监测网络体系。提高环境风险防控和突发环境事件应急能力，健全环境与健康调查、监测和风险评估制度。定期开展全国生态状况调查和评估。加大各级政府预算内投资等财政性资金对统计监测等基础能力建设的支持力度。可见，生态文明统计监测制度要求通过机制、技术、财政等多方面措施，通过指标、指数和核算等手段，加强生态环境监测网络、环境监管执法能力和生态环境信息网络等多方面的建设，从而实现对于资源和环境状况的科学管理。

生态文明统计监测制度的建立是一项复杂的工程，除了环境污染的监测、环境质量的统计、环境管理的统计以外，还包括生态环境状况的统计、相关人群的健康状况统计以及一系列的社会统计等，因此，需要构建网格化、立体化的统计监测制度。西方发达国家在工业化和现代化的进程中，经历了先污染、后治理的发展道路，在处理经济社会发展和资源环境保护方面走了一些弯路，但也积累了不少经验。在环境统计监测和生态系统指标制定方面，欧洲和美国等发达国家具有较为成熟的经验。具体表现在，其一，注重法律支撑和社会支持。美国和欧洲主要国家的环境统计监测工作都是以相关法律为基础的，例如，美国通过《联邦法规法典》和《清洁大气法》等法律，对大气污染物的排放情况进行科学监测；并且通过多种方式进行相关数据和证明材料的发布。主要发布途径包括环境保护局的网站、电子通讯录和其他地方环境网络等，公众可以通过功能强大的数据库查询国家的环境质量数据，还可以查到自己居住地周围的环境状况。与此同时，积极推动公众参与。在数据监测质量保证方面，对公众进行教育和宣传，充分发挥公众对数据质量的监督作用；在对全国各地实时监测空气数据的同时，各州每年向国家环保局提交年度监测网计划，提交之前至少公示 30 天，公众可提出问题和建议。其二，注重建立科学的指标体系。基于科学的理论框架设计合理的生态和环境指标，进而谋求符合环境运行的综合指数，为决策提供有效服务。因此，无论是联合统计署还是联合国可持续发展委员会，包括欧美等发达国家，在过去几十年的生态环境管理当中，非常注重设计和编制环境指标。例如，美国国家研究委员会(National Research Council) 在 2003 年出版了《国家生态指标》报告，建立起基于生态资产、生态功能以及反映国家级生态系统健康状态的关键评价指标。目前，美国生态系统状况评价指标体系大体包括 3 大类共计 13 个指标。其指标要求统计数据质量要高、数据覆盖地理区域够大、数据来源具有连续性，即来源于已经建成的监测系统。通过相对客观、科学的指标体系来反映美国的生态系统状态，进而为后续政策的制定提供了可靠的科学基础。其三，注重数据来源的广泛性。美国对于环境数据的监测和统计，主要依靠环境保护局的政策和技术方案，此外，还依据相关法律从外部团体等第三方获得大量数据和信息。欧盟在环境统计指标和数据的收集、测算乃至信息的报告和发布方面，也注重数据的间接来源。当然，前提是法律法规赋予相关权限，从而使方便、及时地获取数据成为可能。通过多方面的建设，欧美等发达国家构建起符合其自身特色的生态环境监测网络。

近些年，随着我国经济社会发展过程中资源环境瓶颈问题凸显，环境统计监测工作已经逐渐成为备受重视的硬性指标之一，也得到了相应的建设和完善。目前，我国已有的生态环境指标体系包括自然资源、环保产业、生态破坏、区域环境质量等几大类，尤其是针对污染物排放量的指标和相关统计监测近些年水平逐渐提升。但是，由于前期基础相对薄弱，生态文明建设涉及的领域又十分广泛，因此，截至目前尚未建立起全国性的生态文明综合评价指标体系。北京林业大学从 2010 年起研究建立了中国省域生态文明建设评价指标体系(ECCI)，至 2015 年已经连续 6 个年头发布，每一年都针对省域生态文明评价指标体系进行完善和修正，以期实现政策引导的目的，为全国范围生态文明指标体系的建设做了很好的基础工作。我国环境统计监测工作尚处于积累经验阶段，还没有建立起系统的监测统计研究框架，环境统计工作方面的数据和研究还相对零散，这对于开展生态治理和生态文明建设是十分不利的。因此，必须努力达到发达国家的先进水平，在我国尽快建立起系统完善的生态环境统计监测研究框架，制定并完善国家级生态文明评价指标体系。

未来，研究建立生态文明综合指标体系，需要多管齐下。按照国务院 2016 年下发的《"十三五"生态环境保护规划》的要求，主要需要从三个方面加强建设：一是加强生态环境监测网络建设，建设布局合理、功能完善的全国环境质量监测网络，实现生态环境监测信息集成共享等；二是加强环境监管执法能力建设，推动环境监管服务向农村地区延伸，加强环境监管队伍职业化建设等；三是加强生态环保信息系统建设，提升环境统计能力，建设和完善全国统一、覆盖全面的实时在线环境监测监控系统，加快生态环境大数据平台建设，实现生态环境质量、污染源排放、环境执法、环评管理、自然生态、核与辐射等数据整合集成、动态更新，建立信息公开和共享平台，启动生态环境大数据建设试点等。这些措施为生态文明统计监测制度的建设提供了前瞻性的规划，具有重大意义。除此以外，还需要从以下几个方面着手：其一，拓宽环境统计监测研究的领域，在原有统计基础上，结合我国实际情况，开展广义的环境监测统计研究，对环境指标进行深度开发。其二，加强基本环境统计工作。我国目前能够提供的环境监测统计数据距离满足生态文明制度建设的需要还有很大差距，各省市发展也很不均衡，建立全国性环境统计监测系统所需要的统计资料十分匮乏，这样，就很难满足生态文明综合评价指标体系的要求。因此，要切实做好基本环境监测统计工作，特别是数据收集和整理工作，从根本上保证生态文明统计监测研究顺利进行。其三，环保部、各部委建立联动机制，搭建生态文明综合指标合作平台，及时、高效共享信息资源，保证环境统计监测数据收集、整理、发布、反馈渠道的顺畅。其四，扩大环境信息公开范围和途径，健全社会监督机制，规范政府和企业的环境统计行为，保证环境统计数据的真实可靠性。通过制定科学的生态文明指标体系，对各类资源和生态环境进行准确的统计监测，能够为生态文明建设的科学研究和各类决策提供合理依据。

（张云飞，周鑫）

12.3　生态文明标准体系

　　生态文明标准体系是开展生态文明制度建设的重要基础。由于生态文明建设涉及资源、能源、环境与生态系统等各个方面，如何能够保证实践措施有依据、可参考，则需要构建完善的生态文明标准体系。具体来讲，生态文明标准体系就是以资源节约、节能减排、循环利用、环境治理和生态保护等方面为基点，建立标准化体系，从而推进生态保护与建设，提高绿色循环低碳发展水平。在实践操作上，国家标准化管理委员会则是建设生态文明标准体系的主要承担者，致力于研究和推进相关领域的标准化体系建设。2017 年10 月，党的十九大报告提出，要提高污染排放标准。

　　在生态文明标准体系建设方面，美国和日本等国在开展控制污染、节约能源和提升能效方面的标准经验值得参考。20 世纪 30 年代开始，美国加州的洛杉矶开始开采石油，飞机制造业和军事工业迅速发展，人口大量增加。1940 年，美国加州人口达到 700 万，全州注册车辆为 280 万辆。1943 年夏，洛杉矶爆发了著名的烟雾事件，市区能见度为三个街区，民众出现眼痛、头痛和呼吸困难的症状。一开始以为是附近生产丁二烯的工厂导致，然而工厂关闭后烟雾仍然继续，最终证明汽车尾气为主要形成原因之一。1945 年，洛杉矶开始了空气污染控制计划，在其健康部门建立了烟雾控制管理局。1947 年，洛杉矶县建立了空气污染控制区，这在美国尚属首次；6 月 10 日，加州州长厄尔·沃伦签署了《空气污染控制法案》；1955 年，美国颁布了《联邦空气污染控制法案》。1959 年，加州通过立法要求公共卫生部制定空气质量标准以及针对机动车排放的必要管理；于是，公共卫生部出台了全州第一个针对总悬浮颗粒物、光化学氧化剂、二氧化硫、二氧化氮和一氧化碳的空气质量标准。1963 年，第一部《联邦清洁空气法案》颁布，授权美国卫生及公共服务部部长基于科学研究规定空气质量标准；1965 年，国家卫生及公共服务部直接制定汽车排放标准；1966 年，关于碳氢化合物和一氧化碳的汽车尾气排放标准被加州机动车污染控制委员会采用，在全国为首次。1969 年，新成立的加州空气资源局（ARB，隶属于加州环保局）针对总悬浮颗粒物、光化学氧化剂、二氧化硫、二氧化氮和一氧化碳设立了空气质量标准；这也是全美唯一一个发布自己排放标准的州。1990 年，ARB 通过了清洁燃烧汽油和低/零排放汽车的标准；1993 年，ARB 公布了清洁柴油的标准，柴油机车是氮氧化物排放的主要来源，这一标准使得柴油机颗粒排放每天约减少 14 吨，硫氧化物和氮氧化物每天减少约 80 吨。环境保护是一项长久的系统工程。随着加州空气质量的改善，一直到 2011 年，ARB 仍然在建立一系列标准，包括推动低碳燃料标准，以减少现存燃料的碳密度并开发更清洁能源，最终减少全州对于石油的依赖。正是加州不断加强生态治理和环境保护标准的建立和完善，科学立法、严格执法，才能在改善空气和环境质量方面取得极大成效。在节能方面，日本是国际上公认的工作做得较好的国家之一。20 世纪 90 年代后期，随着日本的经济发展模式逐渐转型，其工业能源消费逐渐趋于稳定而交通和建筑能源消费开始快速增长。为了控制这几个领域的能源消耗增长，日本开始实施著名的"能效领跑者制度"，以促使日本的制造业企业自身推动节能型汽车、家电等产品的研发和量化生产。所谓的"领跑者"，即指同类可比范围内能源利用率最高的企业或单位及其产品。这一制度逐渐在实践中成为日本节能制度体系的重要支柱之一，对于推动其制造业企业提升节能科技研发能力、推动全社会能效提升、以节能为优势打开国际市场，都发挥了重要的支撑性作用。

在我国，2015 年的《关于加快推进生态文明建设的意见》提出，要完善生态文明标准体系建设。即加快制定修订一批能耗、水耗、地耗、污染物排放、环境质量等方面的标准，实施能效和排污强度"领跑者"制度，加快标准升级步伐。提高建筑物、道路、桥梁等建设标准。环境容量较小、生态环境脆弱、环境风险高的地区要执行污染物特别排放限值。鼓励各地区依法制定更加严格的地方标准。建立与国际接轨、适应我国国情的能效和环保标识认证制度。

目前，我国在生态文明标准体系建设方面，已经在不少领域制定了相关标准。如在环境治理和生态保护领域，制定了环境空气质量标准（GB3095）、声环境质量标准（GB3096）、地表水环境质量标准（GB3838）、土壤环境质量标准（GB15618）、地下水质量标准（GB/T14848）、区域生物多样性评价标准（HJ 623）、土壤侵蚀分类分级标准（SL190）等。在节能减排方面，已经发布了国家标准将近 300 个，覆盖领域包括工业、建筑业、公共机构、民用和交通运输等，涉及能源的生产、运输、消费和回收等多个环节，包括节能设计、分析评估、测量改进等多个方面，基本形成了节能标准体系框架。从 2012 年起，国家标准化委员会和发改委还联合启动了百项能效标准推进工程，加快了节能减排标准的研制工作。在循环利用方面，围绕资源的循环利用标准，我国初步建成了循环利用标准体系，新修订国家和行业循环利用标准 300 多项；但是，循环利用不同于其他领域，涉及行业宽泛、领域层次多，因此需要完善的标准领域还比较多。尽管我国已经在生态文明标准体系方面取得了一些进步，但存在的问题还较为复杂。其一，就循环利用标准体系来看，目前现有标准还远不能满足行业发展需求，市场积极性还不够，公益类循环利用标准体系急需改进。其二，强制性节能标准涉及国家、地方和行业等多层次，各类标准规划不一，有时交叉，有时匮乏，不利于实践操作。其三，能效和环保等认证标准与国际不接轨，亟待升级体系。

2015 年 12 月 17 日，国务院办公厅印发的《国家标准化体系建设发展规划（2016～2020 年）》明确提出：加强生态文明标准化，服务绿色发展。以资源节约、节能减排、循环利用、环境治理和生态保护为着力点，推进森林、海洋、土地、能源、矿产资源保护标准化体系建设，加强重要生态和环境标准研制与实施，推进生态保护与建设。生态文明标准体系的建设是一项复杂的工程，涉及面积广，牵涉利益多，耗费时间长。因此，建立生态文明标准体系应该注重统筹兼顾、与时俱进。既要立足国情，又要与国际接轨；既要满足当下利益，又要关注未来发展。

未来，在生态文明标准体系的建设方面，应着重从以下几个方面来展开：其一，加快制定能源消耗、环境治理和生态保护等方面的标准，加快标准升级步伐，针对节能的国家、地方和行业标准进行梳理分析，统一制定国家强制性节能标准，并修订能耗、能效等限额的强制性节能标准。建立能效"领跑者"制度，将其余节能标准衔接起来，考虑将其余终端产品结合起来，提高行业准入制度。其二，提高公共交通、建筑等领域建设标准；加强生态环境保障的力度。其三，修订环境质量、环境监测方法、污染物排放等标准；不同地区实行不同环境标准，尤其是生态环境脆弱、环境风险高的地区的标准要增强针对性和有限性。例如，在城市地区，加快开展城市垃圾处理技术标准的研究；在农村地区，加快生态环境修复的标准建设。其四，各类标准体系应与国际接轨，尤其是能效认证、节能减排、循环利用等领域。这有利于我国企业进军国际市场，也有利于总体提升我国生态环境质量，参与国际合作。通过生态文明标准体系建设，可以有效推进生态保护与环境建设，提高我国经济社会绿色、循环、低碳发展水平。

（张云飞，周鑫）

12.4 生态文明绩效评价制度

生态文明绩效评价制度，是指在经济社会发展综合评价体系中，不唯经济增长论英雄，建立起的一套体现生态文明要求的目标体系、考核办法和奖惩机制。

"绩效"（performance）的概念在管理学等学科运用较多，指的是组织期望的结果，包括个人绩效和组织绩效两个层面。在追求经济社会发展目标的情况下，政府绩效又成为衡量政府在行使其功能过程中体现出的管理能力，包括政治、经济、文化和社会绩效等。大工业在快速发展的同时，也带来了大规模的环境污染，进而催生环境运动以及对于政府环保能力的追求，在这样的背景下，对于政府环保政策和工作的量化度量开始出现，随之出现了对于政府（及其官员）环境绩效评价的制度。例如，在日本，环境省每年公布其监管任务的年度数据，包括实地检查次数和行政处罚情况等；一般情况下，其反映环境达标与否的数据都可以用于评价其环境政策是否成功。环境省每年都要根据《政府政策评估法》（Government Policy Evaluation Act）对自身政策进行评估并将结果对外公开发布。俄罗斯的环境执法机构运用 30 多个参数进行监测，这些参数衡量了相应机构的制度性绩效，构成了环境守法及执法的评价标准，并需要在年度报告中进行正式公布，确保能力和责任保持一致。美国在 1970 年由尼克松总统签署了著名的《国家环境政策法案》（National Environmental Policy Act）。该法案要求联邦官员在进行技术和经济考虑的同时要考虑环境价值。1995年，美国国家公共管理学院（NAPA）发布了一系列针对环保部（EPA）的研究报告，指出EPA 的传统指挥控制型环境治理方案在进行污染问题的控制管理时已经显得无效；1996年，总统可持续发展委员会（PCSD）则指出，当前环境管理体制需要进行改革，需要建立起基于绩效的新的有效框架；随后又要求在满足环境目标的同时，新的环境管理体制要在政府追求绩效及结果透明度的同时，澄清责任和义务。而在 EPA 的改革中，要求继续改善结果为导向的、绩效管理体制。在政府采购、审计等方面，加强对于环境绩效的考量。

在我国，关于生态文明绩效评价制度问题，党中央、国务院在一系列综合指导文件和专门指导文件中做出了详细的规定，做出了制度的总体设计和专门规划。党的十八大报告中明确提及，要把资源消耗、环境损害、生态效益纳入经济社会发展评价体系，建立体现生态文明要求的目标体系、考核办法、奖惩机制；之后，我国开始设计并践行生态文明建设的评价考核制度。而实践也一再证明，评价考核往往是促使国家政策得到有效实施的有效方式。因此，设计有关生态文明建设的评价考核制度，考核谁、如何考核、考核的结果如何运用等等，都是非常重要的问题。因此，党的十八届三中、四中和五中全会等文件，都不同程度地涉及生态文明建设评价考核制度的设计和研究问题。十八届三中全会报告中提及，对限制开发区域和生态脆弱的国家扶贫开发工作重点县取消地区生产总值考核，建立生态环境损害责任终身追究制等，这事实上对评价考核的方式、差别化以及责任等做出了明确规定。十八届四中全会强调用严格的法律制度保护生态环境，加快建立有效约束开发行为和促进绿色发展、循环发展、低碳发展的生态文明法律制度，强化生产者环境保护的法律责任，大幅度提高违法成本。建立健全自然资源产权法律制度，完善国土空间开发保护方面的法律制度，制定完善生态补偿和土壤、水、大气污染防治及海洋生态环境保护等法律法规，促进生态文明建设。这样，就从法制和法治两个层面为生态文明建设的评价考核制度奠定了法律基础。十八届五中全会以绿色发展理念为指导，构筑了开展生态文明建设的基本规划。随后，《中共中央关于制定国民经济和社会发展第十三个五年规划的建议》进一步规定了以市县级行政区为单元，建立由空间规划、用途管制、领导干部自然资源资产离任审计、差异化绩效考核等构成的空间治理体系，从而进一步完善了生态文明绩效评价制度。

在针对生态文明建设的专类文件中，党中央国务院对于生态文明绩效考核制度做出了专门的设计和解释。《中共中央　国务院关于加快推进生态文明建设的意见》中要求健全政绩考核制度，建立体现生态文明要求的目标体系、考核办法、奖惩机制。把资源消耗、环境损害、生态效益等指标纳入经济社会发展综合评价体系，大幅增加考核权重，强化指标约束，不唯经济增长论英雄。完善政绩考核办法，根据区域主体功能定位，实行差别化的考核制度。对限制开发区域、禁止开发区域和生态脆弱的国家扶贫开发工作重点县，取消地区生产总值考核；对农产品主产区和重点生态功能区，分别实行农业优先和生态保护优先的绩效评价；对禁止开发的重点生态功能区，重点评价其自然文化资源的原真性、完整性。根据考核评价结果，对生态文明建设成绩突出的地区、单位和个人给予表彰奖励。此外，要探索编制自然资源资产负债表，对领导干部实行自然资源资产和环境责任离任审计。这样，就从地区、单位和个人三个层面对生态文明绩效评价制度设计了综合评价体系。2016 年 11 月，《"十三五"生态环境保护规划》提出，要实施生态文明绩效评价考核，强调贯彻落实生态文明建设目标评价考核办法，建立体现生态文明要求的目标体系、考核办法、奖惩机制，把资源消耗、环境损害、生态效益纳入地方各级政府经济社会发展评价体系，对不同主体功能区实行差异化绩效评价考核。对于绩效考核，要求环保部会同有关部门定期对各省(区、市)环境质量改善、重点污染物排放、生态环境保护重大工程进展情况进行调度，结果向社会公开。整合各类生态环境评估考核，在 2018 年、2020 年年底，分别对《"十三五"生态环境保护规划》的执行情况进行中期评估和终期考核，评估考核结果向国务院报告，向社会公布，并作为对领导班子和领导干部综合考核评价的重要依据。由此可以看到，生态文明绩效考核体系将会得到进一步完善和落实，从而支撑和完善生态文明制度的整体体系。

2016 年 12 月，中共中央办公厅、国务院办公厅印发了《生态文明建设目标评价考核办法》，可以说，在生态文明绩效考核制度的设计上，完成了基本制度的设计和执行办法的规划。《考核办法》按照生态文明建设党政同责的基本方式，从考核时间、评价方式、评价标准、考核内容、监督方式等多方面进行了详细的规定。这样，基本构筑了生态文明建设绩效考核制度的总体框架。

当然，由于我国长期以来实行的地方领导干部考核制度的单一性，在构建绿色政绩考核的改革中，还有一定的滞后性和不完善性。这就需要在推进生态文明建设实践的过程中，逐渐发现问题并解决问题，从而在考核制度的推动下，促进地方政府及其官员进一步贯彻落实有关生态文明建设的文件和决议，在地方经济社会发展的过程中扎实推进生态文明建设。

下一步，需要在贯彻落实党中央、国务院关于生态文明建设的总体和专项文件及政策的情况下，进一步实施生态文明绩效评价考核，促使政策落地有声。尤其是在生态文明建设评价的党政同责问题、考核监督及舆论监督和结果执行方面，做到政策与实际相结合。同时，将生态文明绩效评价制度与生态环境损害责任追究制度、自然资源资产离任审计制度相结合，构建生态文明建设责任的任内、任后的连续责任制度。这有利于增强制度建设的连续性。

（张云飞，周鑫）

12.5 生态文明责任追究制度

根据党的十八大、十八届三中、四中全会和十九大精神，在生态文明制度的建构中，还应该制定和完善生态文明责任追究制度。所谓生态文明责任追究制度，指的是根据有关党内法规和国家法律法规，在依法依规、客观公正、科学认定、权责一致、终身追究的原则下，党政领导干部负起生态环境和资源保护职责；对于造成生态环境损害者，依规依法追究其责任。

治理和保护生态环境，是政府义不容辞的责任。随着现代化的不断推进，工业资本主义秩序在许多国家得以确立，在促进物质繁荣、科技进步的同时，环境污染随之而来。这样，政府的环境责任开始逐渐在一些发达国家率先体现出来。例如，美国和日本，都曾在20世纪六七十年代出现过重大的环境公害事件，美国有两起，日本则有四起。在治理环境、恢复生态的同时，这两个国家也在制定环境法律、完善政府环境责任方面做出了诸多努力。美国对政府环境责任的规定，源于1970年开始实施的《国家环境政策法案》(National Environmental Policy Act)；在法案的支持下，白宫下设国家环境质量委员会，直接对总统负责，并对环境事务进行各种规范和引导。法案明确规定了联邦政府的环境义务；联邦政府的一切部门的行动，都应考虑环境利益，需制定环境影响评价并向公众公布；各种措施必须实现资源的合理开发、环境的保护得当、尽可能提供环境产品和服务等。这样，既限制联邦权力的滥用，又对其环境责任进行了多方位的规范。1977年，日本制定了《环保长期计划》；1986年，制定了《环保长期构想》；1993年11月，日本《基本环境法》公布实施。《基本环境法》第6章提到，国家有责任规划和实施有关环境保护的基本而广泛的政策；第7章提到，地方政府基于响应国家政策和其他政策，有责任规划和实施有关环境保护的政策；第10章提及，国家和地方政府需要支持环境日的精神和目标进而努力行事；第11章规定，政府应该采取立法、财政和其他措施来实施有关环境保护的政策；第12章规定，政府必须每年向国会就国家环境以及环境保护政策实施情况做相应报告，在这一报告基础上，政府每年还必须制定和提交解释政府正在实施的有关国家环境政策的文件，等等。一系列环境基本计划的制订，不仅为政府工作确定了方向，而且明确了地方公共团体和企业、国民等参与环保的作用。日本的《基本环境法》等法案虽然也对企事业单位和社会、个人的责任做出了相应规定，但十分明显，对政府责任的规定更多一些。例如，2000年12月内阁通过的第二个环境基本计划，明确提及"确保计划实效"；而为了强化政府的环保功能，重点强调推进体制(不同政府机构制定环境保护方针等)以及强化检查进度情况。美国和日本的环境方面的法律都较为完善，并且以政府职责为出发点，强调政府的环境义务和责任。上述经验值得我们在建立生态文明责任追究制度方面学习和借鉴。

我国在尝试建立生态文明责任追究制度方面，已经进行了不少尝试和探索，并出台了许多政策和文件。党的十八大报告中提及，要加强环境监管，健全生态环境保护责任追究制度和环境损害赔偿制度。十八届三中全会进一步提出，要探索编制自然资源资产负债表，对领导干部实行自然资源资产离任审计。建立生态环境损害责任终身追究制。在《中共中央 国务院加快推进生态文明建设的意见》中，进一步提出要完善责任追究制度。建立领导干部任期生态文明建设责任制，完善节能减排目标责任考核及问责制度。严格责任追究，对违背科学发展要求、造成资源环境生态严重破坏的要记录在案，实行终身追责，不得转任重要职务或提拔使用，已经调离的也要问责。对推动生态文明建设工作不力的，要及时诫勉谈话；对不顾资源和生态环境盲目决策、造成严重后果的，要严肃追究有关人员的领导责任；对履职不力、监管不严、失职渎职的，要依纪依法追究有关人员的监管责任。《生态文明体制改革总体方案》强调责任追究的升级，即建立生态环境损害责任终身追究制。实行地方党委和政府领导成员生态文明建设一岗双责制。以自然资源资产离任审计结果和生态环境损害情况为依据，明确对地方党委和政府领导班子主要负责人、有关领导人员、部门负责人的追责情形和认定程序。区分情节轻重，对造成生态环境损害的，予以诫勉、责令公开道歉、组织处理或党纪政纪处分，对构成犯罪的依法追究刑事责任。对领导干部离任后出现重大生态环境损害并认定其需要承担责任的，实行终身追责。建立国家环境保护督察制度。此外，为了进一步贯彻落实有关生态文明责任追究制度的落地，2015年，中共中央办公厅、国务院办公厅联合下发了《党政领导干部生态环境损害责任追究办法(试行)》，从责任追究制度的适用对象、适用方式等方面进行了详细规定。例如，若发生贯彻落实中央关于生态文明建设的决策部署不力，致使本地区生态环境和资源问题突出或者任期内生态环境状况明显恶化的情况；或本地区发生主要领导成员职责范围内的严重环境污染和生态破坏事件，或者对严重环境污染和生态破坏(灾害)事件处置不力等情况；在追究相关地方党委和政府主要领导成员责任的同时，对其他有关领导成员及相关部门领导成员依据职责分工和履职情况追究相应责任。对分管部门违反生态环境和资源方面政策、法律法规行为监管失察、制止不力甚至包庇纵容的；对严重环境污染和生态破坏事件组织查处不力等情况，应当追究相关地方党委和政府有关领导成员的责任。批准开发利用规划或者进行项目审批(核准)违反生态环境和资源方面政策、法律法规的；执行生态环境和资源方面政策、法律法规不力，不按规定对执行情况进行监督检查，或者在监督检查中敷衍塞责等情况，应当追究政府有关工作部门领导成员的责任。这样，从不同层级、不同部门、不同人员等多个角度，细化了领导干部生态环境损害责任追究制度，进一步从法律和政策层面丰富了生态文明责任追究制度的架构和内容。《"十三五"生态环境保护规划》进一步强调，建立生态环境损害责任终身追究制。建立重大决策终身责任追究及责任倒查机制，对在生态环境和资源方面造成严重破坏负有责任的干部不得提拔使用或者转任重要职务，对构成犯罪的依法追究刑事责任。实行领导干部自然资源资产离任审计，对领导干部离任后出现重大生态环境损害并认定其应承担责任的，实行终身追责。2017年10月，党的十九大报告进一步提出，要强化排污者责任，健全严惩重罚制度。这样，进一步明确生态文明责任追究制度的未来构建方向。

我国的《环境保护法》之前对于环境污染等问题更多强调的是企业或开发者的规范和限制，对于政府的责任限制不多，从而导致一些地方政府如官员出于追求"唯GDP"的政绩考虑，盲目追求经济发展目标，忽略环境利益，导致牺牲环境换取政绩的现象频现。近期的一些有关生态文明责任追究制度文件和政策，有利于堵住这一法律漏洞。由于生态文明责任追究制度建立时间还不长，制度设计整体还需进一步完善，目前生态文明责任追究制度还只是在政策上进行了相应的设计，在实践操作中还需要进一步检验和反馈。任何一项生态文明制度的建设都不是单一的，而是立体的。因此，这一制度还需要配合生态文明绩效评价制度、自然资源资产负债表、自然资源资产离任审计等制度共同建设，细化落实。此外，还要依据《中华人民共和国环境保护法》《中华人民共和国侵权责任法》等法律法规，从法律上寻求制度的合法性和合理性。这样，才能取得比较好的效果。

　　未来，建立和完善生态文明责任追究制度还需要从以下几个方面考虑：第一，要将生态文明责任追究制度和任内的评价考核制度有机结合起来，将环境利益作为地方政府及其官员做出经济和社会决策时的首要考虑指标。让生态保护成为政府工作的首要目标，而不要将生态损害作为事后惩戒的事由。第二，完善《环境保护法》，在法律上明确政府的环境责任。很多地方政府或官员不履行环境责任已经成为生态文明建设的重大障碍，因此，贯彻落实生态文明责任追究制度要修改完善相关法律，从而使制度建设具有法律依据。第三，完善公众监督机制，仅有法律、政策的监管还不够，还要完善公众参与监督机制，这样，才能保证政策的公正透明。

（张云飞，周鑫）

12.6　自然资源资产产权制度

　　自然资源资产产权制度，涉及自然资源、自然资源产权、产权制度等几个不同的概念。就自然资源来讲，主要是指自然环境当中与人类社会发展有关的、具有使用价值的自然要素，如土地、水、矿产、动植物等。但是，随着人类经济社会的发展以及对于环境问题的关注，这些要素当中也逐渐囊括了如空气、湿地等新的要素。而自然资源产权，在我国《宪法》当中则规定，自然资源属于国家所有（全民所有）和集体所有。不同类型的自然资源，涉及其所有权、占有权、使用权和处置权的问题，有时明确可界定，有时则模糊且难以界定。清晰可界定的产权，可以实现自然资源的有效配置；模糊难界定的产权，则容易出现对于自然资源的掠夺性使用，导致资源流失甚至浩劫以及环境的破坏。例如，对于空气这类以前属性不明确的资源，就出现被过度消耗甚至出现严重污染的情况。因此，有必要从各个角度对自然资源范围进行厘清，对自然资源资产产权进行明确界定，尤其是要建立自然资源资产产权制度，明确生态环境和自然资源的主体和利益等问题，进而实现环境效益、经济效益和社会效益的最大化。在这样的语境下，所谓的自然资源资产产权制度，指的就是依照法律制定的关于自然资源资产产权的主体及其行为、权利和利益关系方面的制度规定和安排。通过赋予自然资源"主人"以权利，使其在行使权利、获得利益的同时，必须承担起保护自然资源的责任和义务，从而解决自然资源尤其是公共资源过度使用甚至浪费和污染的情况，实现自然资源的最佳配置。由于自然资源属于国家/全民或集体所有，因此，自然资源资产的使用也必须受到国家/全民或集体的监督。

　　在自然资源资产核算体系的建设上，有不少国家的经验值得借鉴。例如，挪威就是国际上最早进行自然资源核算的国家。挪威境内有着丰富的自然资源，传统的森林和渔业资源带来了挪威早期的富庶，工业革命后大量的水力发电和石化能源的使用，使得挪威开始晋升到发达国家行列。由于其人口数量较少，因此，对于自然资源的开发和破坏程度也要小得多。20 世纪六七十年代，全世界都开始逐渐关注环境问题，挪威也不例外。渔业公司的过度捕捞威胁了海岸居民的生活，人们开始忧心忡忡；社会也开始关注对于水资源的保护、对油气资源的开发的适度管理等声音开始出现；对于可耕种土地的保育和规划也开始受到广泛关注。1960 年，挪威统计局（SSB）成立，其中，自然资源和环境是其重要统计内容之一；1972 年，挪威环境部（Norwegian Ministry of Environment）成立。与此同时，挪威开始寻求对于自然资源和环境进行有效管理的方式。彼时，自然资源核算（Natural Resource Accountings）被视作必要的管理工具的一部分，所以，从 1978 年开始，挪威统计局（SSB）开始探索开发自然资源核算（NRAs）的新任务，从而确保实现一种更好的长期的资源管理。早期的资源核算包括能源、渔业和土地使用，而较少去核算矿藏和森林等；早期只有能源核算被积极地使用，而后，能源排放清单和国民核算在经济—能源—排放模型当中日渐重要；后来，挪威又不断致力于将资源和环境问题整合进现存经济规划程序中。通过不断地探索和改善，挪威统计局逐渐稳定了统计模型和数据覆盖。总之，挪威自然资源核算从广泛覆盖多种资源范围到后来的将资源问题分析并整合进入经济规划，经历了漫长的过程。此外，统计局还联合环境部、财政部等其他部门共同致力于自然资源核算，这样，既实现了统计数据的来源可靠性，也实现了经济数据与环境数据的兼顾和兼容，逐渐形成了合理的统计架构。此外，美国对于自然资源产权也具有明确的划分。美国在自然资源所有权上大概跟世界上其他国家都完全不同。自然资源所有权则同土地所有权紧密相连。美国的土地所有权大体上有四种类型：公民和法人；联邦政府；州和地方政府；印第安部落和个人。私人土地由个体公民或企业法人拥有；联邦土地由联邦政府拥有或管辖；州和地方土地由州或地方政府所有；印第安的土地则由印第安人拥有。这四类土地拥有者可以拥有土地及其地表下的所有资源，包括油、气、煤炭以及其他矿藏。事实上，这些资源的普遍的私人所有权也使得美国几乎不同于世界上其他任何国家；在大多数国家里这些资源基本上都简单地属于国家及其政府。

自然资源资产产权制度是构成生态文明制度体系的一项基本制度，具有基础性和重要性。因此，近些年我国也在不断探索建立这项制度，迄今为止陆续出台了不少文件和政策，也做了不少前期工作。党的十八届三中全会指出，要健全自然资源资产产权制度和用途管制制度。对水流、森林、山岭、草原、荒地、滩涂等自然生态空间进行统一确权登记，形成归属清晰、权责明确、监管有效的自然资源资产产权制度。健全国家自然资产管理体制，统一行使全民所有自然资源资产所有者职责。完善自然资源监管体制，统一行使所有国土空间用途管制职责。《中共中央 国务院关于加快推进生态文明建设的意见》继续要求健全自然资源资产产权制度，明确国土空间的自然资源资产所有者、监管者及其责任。《生态文明体制改革总体方案》则从五个方面，首次较为全面地论及自然资源资产产权制度及其相关要求和规范（《生态文明体制改革总体方案》对于自然资源资产产权制度的规划方案表）。

《生态文明体制改革总体方案》对于自然资源资产产权制度的规划方案

方　案	内　容
建立统一的确权登记系统	坚持资源公有、物权法定，清晰界定全部国土空间各类自然资源资产的产权主体。对水流、森林、山岭、草原、荒地、滩涂等所有自然生态空间统一进行确权登记，逐步划清全民所有和集体所有之间的边界，划清全民所有、不同层级政府行使所有权的边界，划清不同集体所有者的边界。推进确权登记法治化
建立权责明确的自然资源产权体系	制定权利清单，明确各类自然资源产权主体权利。处理好所有权与使用权的关系，创新自然资源全民所有权和集体所有权的实现形式，除生态功能重要的外，可推动所有权和使用权相分离，明确占有、使用、收益、处分等权利归属关系和权责，适度扩大使用权的出让、转让、出租、抵押、担保、入股等权能。明确国有农场、林场和牧场土地所有者与使用者权能。全面建立覆盖各类全民所有自然资源资产的有偿出让制度，严禁无偿或低价出让。统筹规划，加强自然资源资产交易平台建设
健全国家自然资源资产管理体制	按照所有者和监管者分开和一件事情由一个部门负责的原则，整合分散的全民所有自然资源资产所有者职责，组建对全民所有的矿藏、水流、森林、山岭、草原、荒地、海域、滩涂等各类自然资源统一行使所有权的机构，负责全民所有自然资源的出让等
探索建立分级行使所有权的体制	对全民所有的自然资源资产，按照不同资源种类和在生态、经济、国防等方面的重要程度，研究实行中央和地方政府分级代理行使所有权职责的体制，实现效率和公平相统一。分清全民所有中央政府直接行使所有权、全民所有地方政府行使所有权的资源清单和空间范围。中央政府主要对石油天然气、贵重稀有矿产资源、重点国有林区、大江大河大湖和跨境河流、生态功能重要的湿地草原、海域滩涂、珍稀野生动植物种和部分国家公园等直接行使所有权
开展水流和湿地产权确权试点	探索建立水权制度，开展水域、岸线等水生态空间确权试点，遵循水生态系统性、整体性原则，分清水资源所有权、使用权及使用量。在甘肃、宁夏等地开展湿地产权确权试点

　　当然，由于我国自然资源资产产权制度尚处于探索阶段，因此，还存在一些问题需要逐步解决。首先，在现有资源和市场运行机制中，自然资源还没有完全实现产权的确权，因此，也就谈不上对于资源进行合理定价的问题。其次，环境保护部门的权力和责任还不配套，尤其是同资源管理部门、经济运行部门和相关决策部门的部门协调能力较差，工作效率低。再次，纳入定价的资源还不完全，一些其他资源还没有纳入进去，如空气、土壤、整体生态环境等，这些资源因为没有被当作传统视角中的资源进行定价，因此导致了无主、乱用、浪费、污染的局面，生态系统和社会都无法承受这样的代价。最后，整体生态环境保护管理体制还不够完善，从而导致整个市场缺乏统一有效的运行机制。

　　这样，下一步，在建立和完善自然资源资产产权制度方面，应该重点从以下几个方面着手：第一，在制度设计上，进一步改革和完善生态文明制度和体制，从总体上为自然资源资产产权制度的建立和有效运行进行制度保障。尤其是处理好政府和市场的关系，"看得见的手"和"看不见的手"合理分工。第二，在立法上，基于自然资源的特殊性及其产权的特殊性，法律基本条文和细则要进一步朝着"为着环境利益"的方向改善；大的法律文本方面，进一步修改和完善《环境保护法》，将有关于自然资源资产产权制度的相关政策、文件和措施，细化于环境保护法律文本中，使其具有法律支撑。第三，设立类似于美国环境质量委员会一类的高级政府部门，直接负责自然资源资产管理工作，明确自然资源管理、协调和监督等职责和分工，尤其是协调各类经济、社会和环境部门，促进资源合理利用、环境有效保护。最后，建立健全公众参与机制，既让公众知晓经济主体对于资源的使用情况，也让公众了解政府管理和监督部门的工作行为，形成自然资源的透明使用、有效监管。在总体上，我们既要避免"公地悲剧"，也要反对"私地闹剧"。　　　　　（张云飞，周鑫）

12.7　自然资源用途管理制度

自然资源用途管理制度，就是对既有国土空间中的自然资源，按照其资源属性、实际用途以及环境功能采取相应的管理和监督的制度。从自然界所提供的资源产品角度，可以把国土空间划分为生产空间、生活空间和生态空间三大类，这就是主体功能区规划的目标。党的十八大报告当中明确提及，要优化国土空间开发格局，加快实施主体功能区战略，推动各地区严格按照主体功能定位发展，最终，要促进生产空间集约高效、生活空间宜居适度、生态空间山清水秀。用途管理即功能管理。只有对国土空间的功能区划和环境功能进行合理规划，才能真正落实自然资源用途管理制度。通过对自然资源进行用途管理和监督，实际上就是要求对自然资源按照用途管理规则进行开发，不论是谁，都不得随意改变用途，例如耕地、湿地、林地等。当前自然资源用途管理或功能区管理的主要任务，就是保护和提升森林、草原、河流、湖泊、湿地和海洋等生态系统功能，保障国家生态安全。

我国专项建设自然资源用途管理制度时间还不长，尚处于探索阶段。因此，在进行自然资源用途管理的制度和实践建设方面，一些国家的经验值得借鉴。以美国林业资源分类管理为例，负责美国林业资源的分类及管理的专门部门是农业部下设的机构之一——林务局。联邦林业管理可追溯到1876年，国会创立了农业部门下设的特别机构办公室，用以评估美国林业的质量和环境；1881年该部门扩展为林业部门；1905年，西奥多·罗斯福总统将"林业保护"的重任委托给新成立的农业部下设机构——美国林务局。林务局主要负责森林和土地类资源的管理和使用。林务局常年进行自然资源管理和使用方面的研究，旨在增强土地的使用价值并支撑传统及不断涌现的新的林业产品，从而发展美国经济、提升公众生活品质，并通过地方经济增长和就业增加鼓励农业地区的发展，促使林地拥有者更好地维护他们的林业基地(见美国林业资源用途分类与管理表)。

美国林业资源用途分类与管理

林业资源用途分类	内　容
农业林业	有计划地协调农业和林业从而增强生产力、提升效率并改善环境管理
作物林业	研究林业产品的现象、问题、科学和技术。涉及的林业产品有木材、伐木、锯材以及涉及木材的纸浆、纸业、建筑、生物能源、制造业以及生活循环评估和新型产品等
景观林业	对土地上的景观改变等进行研究和数据传递，用空间数据和模型评价管理方式，研究空间格局对于实现共享的土地管理目标来说是如何必不可少的
城市林业	提供科学和决策工具，从而实现城市自然资源管理并改善环境利益，改善城市社区的福利
森林和牧场	研究林业和牧场的功能和变动，如何使用信息实现其有效的管理和实践，从而保证林业和牧场体系的生产力和可持续指数，进而为商品和服务提供一种可持续的供给

此外，加拿大也对其林业资源进行了严格的分类管理和研究工作。作为联邦政府部门，加拿大林业部隶属于加拿大自然资源部，其宗旨是以科学研究和决策领导促进可持续的林业管理和保护。加拿大94%的林业资源都是公有的，这确保了对林业管理活动的强力监督。在加拿大，任何公共土地上的林业行为都必须提前通过严格的林业管理方案（加拿大林业资源用途分类与管理表）。

加拿大林业资源用途分类与管理

林业资源用途分类与管理		成　效	
可采伐林		2014年，面积达71.7万公顷	
再生林		2014年，已种植及已播种面积达411037公顷	
第三方认证林		2015年，第三方认证林面积达1.662亿公顷	
封禁林 （世界自然保护联盟名录）	类别	百分比	
	严格自然保护区	0.10%	
	荒野保护区	1.90%	
	生态系统保育及保护	4.20%	
	自然特征的保育	0.50%	
	通过主动管理进行保育	0.20%	
	风景保育与休闲	0.02%	

注：第三方认证林，指的是经过三类可持续森林管理标准中的一种或以上标准认证的林地。这三类标准分别为加拿大标准协会（CSA）、可持续林业倡议（SFI）以及森林管理委员会（FSC）。

数据来源：加拿大自然资源部。

目前，我国在探索建立自然资源用途管理和国土空间规划制度方面已经做了很多工作。2011年，国务院发布了《全国主体功能区规划》，将国土空间划分为禁止开发区域、限制开发区域、重点开发区域和优化开发区域四类主体功能区，并在此基础上，进一步规定了相应的功能定位、发展方向以及开发监管的指导原则。《全国主体功能区规划》是中华人民共和国成立以来我国第一个全国性国土空间开发规划的指导性文件；这一规划还与官员政绩考核挂钩，不同的主体功能区实行不同的政绩考核评价办法，从而与其他生态文明制度相呼应。此外，《中共中央　国务院关于加快推进生态文明建设的意见》进一步论及要建立和完善自然资源资产用途管制制度，要求明确各类国土空间开发、利用、保护边界，实现能源、水资源、矿产资源按质量分级、梯级利用。严格节能评估审查、水资源论证和取水许可制度。坚持并完善最严格的耕地保护和节约用地制度，强化土地利用总体规划和年度计划管控，加强土地用途转用许可管理。完善矿产资源规划制度，强化矿产开发准入管理。有序推进国家自然资源资产管理体制改革。《生态文明体制改革总体方案》强调要健全国土空间用途管制制度。简化自上而下的用地指标控制体系，调整按行政区和用地基数分配指标的做法。将开发强度指标分解到各县级行政区，作为约束性指标，控制建设用地总量。将用途管制扩大到所有自然生态空间，划定并严守生态红线，严禁任意改变用途，防止不合理开发建设活动对生态红线的破坏。完善覆盖全部国土空间的监测系统，动态监测国土空间变化。完善自然资源监管体制。将分散在各部门的有关用途管制职责，逐步统一到一个部门，统一行使所有国土空间的用途管制职责。这样，通过构建以空间规划为基础、以用途管制为主要手段的国土空间开发保护制度，可重点解决过去因无序开发、过度开发、分散开发导致的优质耕地和生态空间占用过多、生态破坏、环境污染等问题。此外，2016 年发布的《"十三五"生态环境保护规划》要求全面落实主体功能区规划，强化主体功能区在国土空间开发保护中的基础作用，推动形成主体功能区布局。依据不同区域主体功能定位，制定差异化的生态环境目标、治理保护措施和考核评价要求。禁止开发区域实施强制性生态环境保护，严格控制人为因素对自然生态和自然文化遗产原真性、完整性的干扰，严禁不符合主体功能定位的各类开发活动，引导人口逐步有序转移。限制开发的重点生态功能区开发强度得到有效控制，形成环境友好型的产业结构，保持并提高生态产品供给能力，增强生态系统服务功能。限制开发的农产品主产区着力保护耕地土壤环境，确保农产品供给和质量安全。重点开发区域加强环境管理与治理，大幅降低污染物排放强度，减少工业化、城镇化对生态环境的影响，改善人居环境，努力提高环境质量。优化开发区域引导城市集约紧凑、绿色低碳发展，扩大绿色生态空间，优化生态系统格局。实施海洋主体功能区规划，优化海洋资源开发格局。这样，通过进一步落实主体功能区规划，夯实了自然资源用途管理制度的基础。

当然，建立一项新的制度并非易事。由于过去长期存在着监管部门不协调、不统一以及开发无序、分散开发和过度开发共存的问题，造成自然资源用途管理工作存在很多难题，资源浪费、环境破坏屡屡出现，因此，需要逐步建章立制。未来，可以考虑从以下几个方面着手：第一，进一步完善《环境保护法》《农业法》等大法，考虑出台专项法律，重点规范和管理对于不同国土空间内自然资源的使用行为，不管是谁，都要按照自然资源用途管制规则进行开发，依法不得随意变更用途，如自然保护区即不得做农业开发、耕地不得做商业开发。这样，才能以法律保障制度建设。第二，加强不同部门间协调与沟通，使自然资源用途管理工作专门隶属于相关机构，将行政权力、监管权力、问责权力等予以明确。第三，配合官员绩效考核制度、官员问责制度等，进行综合制度建设，提升自然资源用途管理制度的实效。第四，加强公众监督。自然资源用途管理是一项长期工作，除了政府自身努力外，还需要公众的大力监督、参与共建。这样，才能实现对自然资源的有效利用，并最大限度地保障生态环境利益的实现。

（张云飞，周鑫）

12.8　自然资源有偿使用制度

长期以来，我们一直存在对于自然资源和生态环境的认识误区，即认为新鲜的空气、洁净的水等资源是无价的，无需计算在成本里，更无需付费。因此，中华人民共和国成立以来，我国虽然在开发利用自然资源方面做了很多工作，初步实现了一部分自然资源的有偿使用，如土地使用权、探矿权、采矿权等，促进了经济社会的快速发展；然而，由于整体忽视自然资源有偿使用问题和潜在的自然资源市场，导致自然资源权属不分、自然资源配置不合理，以及资源使用效率不高、生态破坏和环境污染频现。在法律上，对于自然资源开发、利用及保护和分配的规定也不够完善。整个市场也呼唤一套切实可行的自然资源有偿使用制度的出台。具体来讲，自然资源有偿使用制度，指的是在自然资源属于国有/公有的前提下，对自然资源用益权的有偿转让，即自然资源的使用者必须按照相应定价付费使用自然资源的制度。2013年，党的十八届三中全会通过了《中共中央关于全面深化改革若干重大问题的决定》。《决定》明确提出，要实行资源有偿使用制度，加快自然资源及其产品价格改革，全面反映市场供求、资源稀缺程度、生态环境损害成本和修复效益，逐步将资源税扩展到占用各种自然生态空间。这样，为进一步制定和完善自然资源有偿使用制度指明了方向。

目前，世界上很多国家都运用市场机制来运作自然资源产权，一些发达国家在确定自然资源有偿使用方面建立了较为完善的制度，可以为我国继续加强这一制度体系的建设提供有益借鉴。事实上，自然资源有偿使用制度同自然资源所有权是紧密相连的。就矿产资源来讲，德国和日本等国家所采用的就是矿产资源土地所有者和国家共享产权的模式。土地所有者只对其土地上特定矿产享有先占权，如土、石头、沙子等；此外的其他矿藏都为国家所有；即勘探和开发必须获得国家矿产管理局颁发的开采许可证，并交纳相关费用。美国则不同。由于美国土地可私人拥有，宪法保障土地所有者当然享有土地中蕴藏的矿产资源的所有权和收益权，政府仅对土地所有者有一定的抑制权；因此，私人对其所有的土地进行资源开发时，政府基本处于被动或消极状态。土地所有者和矿产公司只要能满足环境标准要求，那么联邦政府的唯一收入基本只来源于联邦所得税。而在加拿大，对于资源的开采和使用不仅是有偿的，而且更多地受到法律和政策的限制。加拿大对于林业开采采取了严格的许可证措施。加拿大7%以上的林地（多达2400万公顷）是受保护区域；而其中75%的受保护林地又是严格保护地。这意味着，75%的林业资源是不可采伐的。此外的公共林地，获得采伐许可的公司可以进行采伐。加拿大大约有4亿公顷的森林和其他林地，其中92%属于公共所有；联邦、省或特区政府分享这些林地所有权。尽管各省或特区的法律有所不同，但在林业政策上都有一个共识和目标，就是可持续林业管理（SFM），要考虑到森林的各种价值，包括社区、野生动物、生物多样性、土地、水和景观。因此，伐木公司在采伐之前，这些公司有责任递交森林管理方案，政府通过了这些方案，公司才能进行采伐；否则，这些公司将会受到严厉的处罚，包括罚款或吊销采伐执照，相关人员甚至可能会面临牢狱之灾。由于林业涉及的不仅是树木，还涉及其他物种，因此，涉及林业的行为还要受到加拿大相关法律的限制，包括《濒危物种法》《渔业法》《候鸟公约法案》以及《植物保护法案》等。此外，加拿大的林业行为还必须遵守一些加拿大已经签署的国际协议，包括《生物多样性公约》等。在满足法律和相关政策的基础上，负责林木砍伐的公司要向具有林地管辖权的省或特区政府交纳开采特许费（royalties），有时也被称为林价（stumpage fees），即立木的价值、森林副产品的价值、森林环境效益的价值以及级差地租等。因此，完善的法律、负责的政策，是这些国家建立和运行自然资源有偿使用制度的基本前提。

由于自然资源具有经济属性，因此，使用者向资源所有者交纳一定的费用也符合民法的财产法基本原则在资源环境法律当中的体现。在早期计划经济体制下，国家指定单位进行开发，这些开发者不需要交纳特别的费用；但随着市场经济体制的逐步确立，自然资源的所有权和开发权、使用权逐渐明晰，自然资源的受益方需要进行有偿使用的政策和法律也逐渐清晰起来。1998年，我国修订了《土地管理法》，其中第一章第二条明确规定，国家依法实行国有土地有偿使用制度。但是，国家在法律规定的范围内划拨国有土地使用权的除外。第五十四条规定，建设单位使用国有土地，应当以出让等有偿使用方式取得。《矿产资源法》第五条规定，国家实行探矿权、采矿权有偿取得的制度；但是，国家对探矿权、采矿权有偿取得的费用，可以根据不同情况规定予以减缴、免缴。具体办法和实施步骤由国务院规定。开采矿产资源，必须按照国家有关规定缴纳资源税和资源补偿费。《森林法》第八条第五款规定，煤炭、造纸等部门，按照煤炭和木浆纸张等产品的产量提取一定数额的资金，专门用于营造坑木、造纸等用材林。第十八条规定，进行勘查、开采矿藏和各项建设工程，应当不占或者少占林地；必须占用或者征用林地的，经县级以上人民政府林业主管部门审核同意后，依照有关土地管理的法律、行政法规办理建设用地审批手续，并由用地单位依照国务院有关规定缴纳森林植被恢复费。《中华人民共和国水法》第四十八条规定，直接从江河、湖泊或者地下取用水资源的单位和个人，应当按照国家取水许可制度和水资源有偿使用制度的规定，向水行政主管部门或者流域管理机构申请领取取水许可证，并缴纳水资源费，取得取水权。实施取水许可制度和征收管理水资源费的具体办法，由国务院规定。第四十九条规定，用水应当计量，并按照批准的用水计划用水。用水实行计量收费和超定额累进加价制度。

在政策上，我国也对自然资源有偿使用制度进行了许多探索。党的十八届三中全会通过的《中共中央关于全面深化改革若干重大问题的决定》指出，要实行资源有偿使用制度，加快自然资源及其产品价格改革，全面反映市场供求、资源稀缺程度、生态环境损害成本和修复效益。坚持使用资源付费和谁污染环境、谁破坏生态谁付费原则，逐步将资源税扩展到占用各种自然生态空间。稳定和扩大退耕还林、退牧还草范围，调整严重污染和地下水严重超采区耕地用途，有序实现耕地、河湖休养生息。建立有效调节工业用地和居住用地合理比价机制，提高工业用地价格。《中共中央 国务院关于加快推进生态文明建设的意见》进一步指出，要完善经济政策。健全价格、财税、金融等政策，激励、引导各类主体积极投身生态文明建设。深化自然资源及其产品价格改革，凡是能由市场形成价格的都交给市场，政府定价要体现基本需求与非基本需求以及资源利用效率高低的差异，体现生态环境损害成本和修复效益。进一步深化矿产资源有偿使用制度改革，调整矿业权使用费征收标准。从而进一步放权给市场，让市场决定自然资源的价格，避免了以往存在的一些问题。《生态文明体制改革总体方案》从以下几个方面进行了自然资源有偿使用制度的改革和完善：第一，加快自然资源及其产品价格改革。按照成本、收益相统一的原则，充分考虑社会可承受能力，建立自然资源开发使用成本评估机制，将资源所有者权益和生态环境损害等纳入自然资源及其产品价格形成机制。加强对自然垄断环节的价格监管，建立定价成本监审制度和价格调整机制，完善价格决策程序和信息公开制度。推进农业水价综合改革，全面实行非居民用水超计划、超定额累进加价制度，全面推行城镇居民用水阶梯价格制度。第二，完善土地有偿使用制度。扩大国有土地有偿使用范围，扩大招拍挂出让比例，减少非公益性用地划拨，国有土地出让收支纳入预算管理。改革完善工业用地供应方式，探索实行弹性出让年限以及长期租赁、先租后让、租让结合供应。完善地价形成机制和评估制度，健全土地等级价体系，理顺与土地相关的出让金、租金和税费关系。建立有效调节工业用地和居住用地合理比价机制，提高工业用地出让地价水平，降低工业用地比例。探索通过土地承包经营、出租等方式，健全国有农用地有偿使用制度。第三，完善矿产资源有偿使用制度。完善矿业权出让制度，建立符合市场经济要求和矿业规律的探矿权、采矿权出让方式，原则上实行市场化出让，国有矿产资源出让收支纳入预算管理。理清有偿取得、占用和开采中所有者、投资者、使用者的产权关系，研究建立矿产资源国家权益金制度。调整探矿权采矿权使用费标准、矿产资源最低勘查投入标准。推进实现全国统一的矿业权交易平台建设，加大矿业权出让转让信息公开力度。第四，完善海域海岛有偿使用制度。建立海域、无居民海岛使用金征收标准调整机制。建立健全海域、无居民海岛使用权招拍挂出让制度。第五，加快资源环境税费改革。理顺自然资源及其产品税费关系，明确各自功能，合理确定税收调控范围。加快推进资源税从价计征改革，逐步将资源税扩展到占用各种自然生态空间，在华北部分地区开展地下水征收资源税改革试点。加快推进环境保护税立法。这样，从自然资源价格、土地使用、矿产使用、海域海岛使用以及资源环境税费改革等几个方面，进一步完善了自然资源有偿使用的制度建设。

自然资源有偿使用制度的建设不是一蹴而就的，目前尚存在一些问题有待解决。其一，资源价格体系还不完善，有些资源还没有实行有偿使用制度，其定价基本只考虑了勘探、开发和运营的成本，而没有看到资源也是一种资本，未考虑其带来的投资收益。这样，成品价格过低，市场价值规律无法得到有效发挥，资源无法合理配置，进而导致资源性产品浪费。其二，资源使用的规范性政策还不够配套，法律及其细则还不够完善，对于资源的开发和使用等方面规范性不够。其三，资源开发利用者存在资源无价的原始理念，无偿使用某些自然资源的后果就是不珍惜资源，进而导致资源浪费、环境污染频现。因此，这些状况亟待解决。

下一步，制定架构完善的自然资源有偿使用制度体系，要从几个方面着手：第一，健全资源使用的法律法规和相关政策，使自然资源有偿使用制度体系在立法上具有依据。第二，对于不同的自然资源，依照其稀缺程度、市场供给等确立和调整相关费用和税率。政府可以主导但不能一家独大，而要尊重市场规律，由市场参与定价。进一步改变政府过去以行政手段为主进行管理的情况，综合运用法律、技术、经济等手段，使政府向服务型政府转变。第三，资源开发的负外部性效应要予以考虑，即资源开采、加工所带来的环境破坏或污染问题以及环境保护、生态补偿等问题要考虑在内。从自然资源使用前、开采过程中以及开发后的市场及环境效益等角度，多方面确定自然资源有偿使用办法。

（张云飞，周鑫）

12.9　自然资源资产负债表

资产负债表，本来是一个财务会计概念，许多专家主张将其移植到生态学中加以运用。2013 年，党的十八届三中全会提出，要探索编制自然资源资产负债表，对领导干部实行自然资源资产离任审计。所谓自然资源资产负债表，指的就是通过记录和核算自然资源资产的存量及变动情况，全面反映一定时期(时期开始至该时期结束)自然资源的变动情况，包括各经济主体对于自然资源资产的占有、使用、消耗、恢复以及增殖等情况，进而依据负债表对这一时期的自然资源资产实际数量和价值量的变化进行评价。自然资源资产负债表事实上更多的是和领导干部自然资源资产离任审计相联系，反映了这一时期领导干部的生态业绩——如果这一时期的自然资源资产负债表是正值，则表明这一时期地方政府及其领导对于资源环境建设有力，对生态文明建设做出了贡献；如果这一时期的自然资源资产负债表是负值，则意味着这一时期的自然资源资产为贬值或资源质量出现了问题，如空气环境质量、水环境质量等，那么，这一时期的地方政府的生态政绩会大打折扣。甚至，如果出现了重大自然资源资产损失或环境问题，造成了生态环境损害，还会依据离任审计和环境损害终身追究制，对相关责任人予以生态责任追究。因此，自然资源资产负债表在离任审计中的作用和地位是显而易见的。

就自然资源资产负债表的工作来讲，国外目前基本没有可借鉴的经验。国外涉及自然资源资产的工作，更多的是对土地资源、矿产资源、森林资源和水资源等方面的单项资源审计，以及自然资源核算，例如，挪威的自然资源核算理论和实践。在可持续发展理念的倡导下，联合国、国际货币基金组织、世界银行等国际组织主要实行的是环境与经济核算体系(System of Environmental And Economic Accounting, SEEA)。SEEA 采用国际通行的标准化概念、定义、分类、统计规则以及量表，就环境及其与经济的关系来做出国际化的、可比较的数据。SEEA 采用和国民经济核算体系相类似的框架，从而可促进环境和经济统计的综合，旨在更好地描述、统计和监测环境与经济的关系，从而促进政府就环境做出更好的决策。这一体系具有很好的灵活性，为各国不同的政策和优先性提供了共同点的框架和概念等，包括很多环境核算的信息。此外，SEEA 的多年的修订工作一直是由联合国统计委员会来完成。修订后的 SEEA 包括三部分：中心框架(这也是联合国统计委员会所采取的第一份环境经济核算国际标准)、实验性生态系统核算以及 SEEA 的应用与扩展。此外，SEEA 框架的从属系统还详细地涵纳了不同的资源部门，主要包括：能源、水、渔业、土地和生态系统，以及农业。但是，总体上看，目前编制自然资源资产负债表的工作没有完整可借鉴的国外经验。因此，需要我国在开展实际工作中逐步摸索。

自然资源资产负债表的编制意义重大，是生态文明建设和生态文明体制改革的一项重要基础性制度。就自然资源的范围来讲，包括生物资源，如草原、湿地、森林、野生动物等；包括生态系统、空气等生态环境资源；还包括土地、煤炭和石油等矿产资源。因此，我国的自然资源资产负债表涵纳的范围比较宽泛，是包括存量表、质量表、价值表、损益表等在内的综合性体系。目前，在自然资源资产负债表的设计方面，已经有相关政策和实践在推进。编制自然资源资产负债表是党中央和国务院提出的重大改革目标和任务之一。2013 年，在《中共中央关于全面深化改革若干重大问题的决定》中明确提出要编制自然资源资产负债表。2015 年 5 月，《中共中央 国务院关于加快推进生态文明建设的意见》提出，要探索编制自然资源资产负债表，对党政领导干部实行自然资源资产离任审计。随后在 7 月份，中央全面深化改革领导小组第十四次会议通过了《关于开展领导干部自然资源资产离任审计的试点方案》。同年 9 月，党中央国务院联合下发《生态文明体制改革总体方案》

对这一要求做出了全面部署，提出探索编制自然资源资产负债表，制定编制指南。通过构建土地资源、森林资源和水资源等的资产和负债核算方法，建立主要自然资源资产的实物量账户，明确分类标准和统计规范，定期评估自然资源资产变化状况，摸清自然资源资产的存量、质量和总体变动情况。此外，在市县层面开展自然资源资产负债表编制试点，核算主要自然资源实物量账户并公布核算结果。这一工作可以为有效保护环境和永续利用自然资源提供科学数据和监测预警。2015 年 11 月，国务院办公厅印发了《编制自然资源资产负债表试点方案》，对编制工作做了全面部署。随后，国家统计局联合国家发展改革委等部门，共同制定了《自然资源资产负债表试编制度（编制指南）》。目前，共有 8 个地区将开展自然资源资产负债表试点工作，分别是北京市怀柔区、天津市蓟县、河北省承德市、内蒙古自治区呼伦贝尔市、浙江省湖州市、湖南省娄底市、贵州省赤水市、陕西省延安市，其试点工作从 2015 年底开始，到 2016 年底结束。这次的试点地区要尝试编制 2011~2015 年的自然资源资产负债表，包括森林资源、水资源以及土地资源等资产负债表，其中，有条件的地区也可以尝试编制矿产资源资产的负债表。可以说，在开展自然资源资产负债表的工作推进上，已经开展了卓有成效的探索。

当然，由于没有良好的国外经验可以借鉴，国内在这方面的前期基础也较为薄弱，因此，编制工作的难度可想而知。当前的难点主要存于四个方面：其一，自然资源资产的数据普遍缺失。自然资源资产负债表涉及的不仅包括生物资源和资产，还包括生态系统服务功能；因此，有些指标是直接性的、容易反映和收集的，如水域面积、水的质量等，但有一些数据则较难收集或截至目前数据匮乏，如较小流域面积的河流以及一些生态系统功能等。其二，自然资源资产核算的相关制度设立还基本处于空白阶段，如统计法规和制度建设、自然资源资产负债表的编制标准和技术规范等，都亟待进行详细规划。此外，负债表编制的数据统计体系还未建立，数据的收集系统、覆盖面、数据质量等都存在较大问题，亟待解决。其三，自然资源资产核算的总体技术和方法，如自然资产存量、生态环境容量、自然资产价值等的核算方法，都还没有普遍、成型的规范体系。这些都是目前推进自然资源资产负债表建设需要解决的瓶颈问题。

因此，积极开展自然资源资产负债表试点建设工作是十分必要的；同时，领导干部自然资源资产离任审计制度也可以相应地建构起来。由于没有成熟的国外经验可以借鉴，因此，就需要结合我国的自然环境、社会环境和制度体系，就试点地区和领域进行大胆探索。这个过程中，可以结合国外自然资源资产核算的一些有益经验以及国际上的环境经济核算方法，开展数据统计、技术标准建设等。

自然资源资产负债表的编制，有利于掌握地区经济发展的资源损耗、环境损害以及产生的环境效益，从而更好地监测地域生态功能，实现环境和经济产业布局的优化。也有利于进一步为环境执法、自然资源资产离任审计以及生态文明政绩考核提供数据支撑；同时，为生态环境损害责任追究制度的建设提供相关技术支持和数据来源。当然，自然资源资产负债表的编制是一项系统工程，还需要统计部门、环保部门、财政部门以及地方政府等多部门的协调和配合。

（张云飞，周鑫）

12.10　自然资源资产离任审计

2013 年，党的十八届三中全会决定提出，探索编制自然资源资产负债表，对领导干部实行自然资源资产离任审计，建立生态环境损害责任终身追究制。可以说，对领导干部实行自然资源资产离任审计，是党中央国务院在新时期对于领导干部提出的全新要求。自然资源资产离任审计主要针对领导干部在其任期内对本地区、本部门的自然资源资产事项及其相关事宜的责任和义务，依照自然资源资产负债表等相关数据标准和制度，对其进行自然资源资产的专项离任审计。自然资源资产离任审计是目前我国试行的一套全新的、具有中国特色的审计监督制度，事实上可以将其看做是资源环境审计与领导干部经济责任审计的交叉，既类同经济责任审计，又不同于领导干部经济责任审计，而是包括了专项的针对自然资源资产的质和量的监测。因此，自然资源资产离任审计是我国全面深化改革过程中，贯彻落实生态文明建设要求而设计的一套全新的制度。

自然资源的多寡是一个地区能否实现可持续发展的重要基础。因此，必须对自然资源资产进行质量和数量等多方面的了解，有步骤、科学地规划和利用，从而实现生态环境的可持续性。否则，生态质量下降，自然资源资产受损，就会给地区经济社会的可持续发展带来整体风险。而目前，逐步建立的自然资源资产离任审计制度，就是为了通过政策管控，提前预防风险。这一制度的设计，有利于保护自然资源资产，提高领导干部对于自然资源保护的重视力度；也有利于建立全新的生态经济社会，推动可持续发展和生态文明建设的步伐。

早在 20 世纪 70 年代，国外一些发达国家就开始了对于自然资源资产的审计工作。因此，其自然资源资产审计方面的法律法规、审计标准以及具体操作程序等都较为成熟。例如，加拿大自然资源部具有独立的审计系统，旨在通过系统的、专业的评估方式，对自然资源部的风险管理、控制和治理进程的有效性进行评估，为改善自然资源部的工作提供独立、客观的结论。审计部门对于自然资源部的管理框架、部门规划、政策和行动给出独立的专业建议和评论，从而为其提供一种高级的管理方式。审计部门根据已建立的政府标准，在重要性或风险性领域，做出审计、评论以及专门的研究。审计部门每年都针对不同的业务做出数份分析报告。随后，自然资源部的部门领导要做出合适的行动方案来解决审计报告中提出的问题，并且进一步报告部门的实施情况。1997 年，澳大利亚通过了《澳大利亚自然遗产信托基金法案》(Natural Heritage Trust Act, 1997)，随后，澳大利亚开始了国家土地和水资源审计。该项审计是所有州、领地和澳大利亚政府间的合作项目，旨在对澳大利亚的自然资源进行数据、信息和全国范围内的评估。其审计时间为 1997～2008 年，第一阶段为 1997~2001 年，第二阶段为 2002～2008 年。作为政府规划的结果，其经过两个阶段的审计和研究，有效地针对自然资源的变化进行了评估，并提出了相关报告，从而为自然资源管理提供战略性建议。

在探索自然资源资产离任审计方面，我国已经做了不少前期工作。在制度建设方面，陆续出台了相关政策和指导文件。2013 年党的十八届三中全会公报明确提出，要探索编制自然资源资产负债表，对领导干部实行自然资源资产离任审计。这是在党的政策文件当中首次提及制定自然资源资产离任审计。2014 年，全国有 10 余个省区市开始着手相应的工作。2015 年，《中共中央 国务院关于加快推进生态文明建设的意见》进一步指出，要探索编制自然资源资产负债表，对领导干部实行自然资源资产和环境责任离任审计。相较于十八届三中全会公报，《意见》中还加入了对于领导干部实行环境责任的离任审计，因此，有关离任审计的标准更高，内容更深，范围更广。事实上，审计的客体不仅包括自然资源资产的数量，更包括资源和环境的质量。随后，《生态文明体制改革总体方案》对自然资源资产离任审计的内容和要求做出了进一步的细化。《方案》指出，要对领导干部实行自然资源资产离任审计。在编制自然资源产负债表和合理考虑客观自然因素基础上，积极探索领导干部自然资源资产离任审计的目标、内容、方法和评价指标体系。以领导干部任期内辖区自然资源资产变化状况为基础，通过审计，客观评价领导干部履行自然资源资产管理责任情况，依法界定领导干部应当承担的责任，加强审计结果运用。这样，一是明确了离任审计的基本依据，即自然资源资产负债表；二是要求对于离任审计做总体框架进行探索；三是对于审计结果的运行效果做出了说明。同时，《方案》还确定了首批自然资源资产离任审计的试点地区，包括内蒙古呼伦贝尔市、浙江湖州市、湖南娄底市、贵州赤水市、陕西延安市等地，要求在这些地区试点开展自然资源资产负债表编制试点和领导干部自然资源资产离任审计。2015 年 7 月，中央全面深化改革领导小组第十四次会议讨论通过了《关于开展领导干部自然资源资产离任审计的试点方案》；同年底，中共中央办公厅、国务院办公厅印发了该方案。《试点方案》明确了开展自然资源资产离任审计的目标、原则、重点领域等一系列关键问题，明确要求领导干部自然资源资产离任审计试点 2015 ~ 2017 年分阶段分步骤实施，2017 年制定出台领导干部自然资源资产离任审计暂行规定，自 2018 年开始建立经常性的审计制度。在实践当中，一些试点地区和其他省市也已经开始了有关自然资源资产离任审计的相关工作。例如，内蒙古自治区系我国北方面积最大、种类最全的生态区，自然资源资产丰富。因此，编制自然资源资产数据库以及自然资源负债表的难度较大。但其作为我国领导干部自然资源资产离任审计的首批试点省区，已经制定了《内蒙古自治区党政领导干部生态环境损害责任追究实施细则（试行）》和《开展领导干部自然资源资产离任审计试点实施方案》，并已经开展了针对自治区自然资源资产分布状况全面普查的基础性工作。按照于 2016 年出台的《国家生态文明试验区（福建）实施方案》，福建省寻求建立开展绿色发展绩效评价考评的相应制度，在莆田等地开展党政领导干部自然资源资产离任审计试点，拟于 2018 年形成全省范围的经常性审计制度。可见，从制度设计到实践操作，对于领导干部自然资源资产离任审计制度的探索已经取得了一定成效。

尽管如此，这一制度的建立仍然面临很多问题和难题。其一，审计的数据和依据还不够健全。自然资源资产负债表的编制本身难度较大，还处在探索和建设过程中，这对离任审计制度的建设提出了挑战，因为前者本身是后者的依据和标准来源；而制定好的负债表能否公正客观地反映被审计人的实际情况，还有待试点地区的进一步实践。其二，审计的框架、措施还不够完善，实践经验也较为匮乏，亟须试点地区的理论和实践经验总结。其三，队伍建设的专业性和部门合作的协调性还有待提升。自然资源资产离任审计和以往的环境审计和经济审计不同，对于从审人员的工作标准等要求也不同。此外，部门配合上，除了以往的纪检、监察、审计等部门外，还需要环保部门等其他部门的参与，因此，能否实现部门之间的有效协调，也需进一步加强。

因此，建立自然资源资产离任审计制度，必须坚持《试点方案》所提出的因地制宜、重在责任、稳步推进的原则。根据不同地区的自然资源资产状况和生态环境情况，有重点地、有针对性地开展审计工作。此外，随着我国对于自然资源资产核算工作的推进、负债表编制的成熟以及总体改革的推进，可以考虑成立专门的领导干部自然资源资产离任审计机构，培养高素质的专业队伍，实行专项工作专人负责，从而提高自然资源资产离任审计工作的实效性。

领导干部自然资源资产离任审计的建设不是一蹴而就的，由于没有成熟的国外经验可以借鉴，可以说，这是一项全新的工作和挑战。不同于一般的经济责任审计和环境审计，其有利于促进领导干部落实生态文明建设的政策和制度要求，加强自身及其主管单位的自然资源资产管理和环境保护的责任和义务，并且丰富和完善生态文明制度的总体框架。因此，具有较强的实践意义。

（张云飞，周鑫）

12.11　国家生态安全体系

所谓国家安全，指的是通过经济、政治、军事、外交等手段，来维护国家利益、保证国家持续存在。传统国家安全观，包括政治安全、军事安全、经济安全等领域；随着时代的发展，类似科技安全、文化安全等新的国家安全问题不断涌现。而在现代化的不断冲击下，各国都面临着各自经济社会发展与资源环境的瓶颈问题，因此，生态安全的概念也逐渐被发掘。广义上，生态安全包括经济生态安全、社会生态安全和自然生态安全，是一个复合型安全体系，使维持和支持人类生存和生活的必要的自然资源、健康、生活保障以及适应环境变化的能力等不受威胁的状态。狭义的生态安全，指的就是生态系统的多样性、完整性和稳定性，以及生态功能的完善。

在工业资本主义的驱使下，整个西方社会甚至全世界都在经历着现代性的冲击，大规模的技术应用带来了技术和社会变革、经济增长带来了物质繁荣。20世纪70年代，对于国家安全的概念从传统的政治领域扩展到了经济领域，各国的经济政策都有所调整。与此同时，随着快速的经济发展，还出现了对于自然资源的损耗和环境的威胁。20世纪80年代，乌克兰北部的切尔诺贝利核事故让人们了解了核泄漏事件对本地及其他地区的影响，人们开始重新定义环境问题对于国家安全的影响。冷战后，环境成为事关人类安全的主要话题之一。90年代日益显露的全球性环境问题如受污染的海岸线、沙尘暴、加速的森林退化等问题的跨国境影响，让人们意识到很多生态环境问题的影响是大范围的、不受国界影响的，人们开始要求对于国家安全进行重新界定。这样，一些发达国家率先认识到，人类生存环境具有安全与否的属性，生态环境的安全问题与国家利益之间有着强烈的关系，安全和威胁不再只包括传统意义上的经济、政治和军事等等，环境（生态）安全的概念逐渐受到重视。美国是较早关注环境安全的国家之一。作为美国顶尖智库之一，威尔逊中心（Wilson Center）从1994年开始执行一项名为"环境变化与安全项目"（ECSP）的研究，旨在探索研究环境、健康、人口、发展、冲突和安全之间的内在关联。当前，ECSP首要关注的领域之一就是环境安全。其认为，自然资源（包括水资源）是造成冲突的原因之一，并且影响着国家和国际安全。在1994～1995年美国国家安全战略文件中，白宫强调，很多安全问题在本质上并非军事的，一些跨国现象如环境衰退、快速的人口增长等对当前和长期的美国政策来说同样具有安全意义；此外，跨国的环境问题也逐渐影响着国际稳定性并将成为美国战略的新挑战。随后，1995年，时任美国常驻联合国代表的奥尔布莱特表示，环境衰退不单是一件令人恼火的事，而是我们国家安全的一个真正威胁。作为美国国务卿的她也表示将开创性地将环境问题作为美国外交政策的主流部分。1997年的地球日，奥尔布莱特签署了美国国务院第一份关于《环境外交：环境与美国的外交政策》的年度报告，认为全球环境破坏威胁着美国人民的健康以及美国经济的未来。时任副总统的戈尔则认为国务院的报告表达了美国外交政策的重要转向，而总统及他本人非常赞同这种变化。相似的美国政界观点在这一时期非常盛行，强烈地展现了美国对于环境衰退、自然资源匮乏以及国家利益和国家安全之间的关系日益重视。此外，联合国早期架构当中并没有对生态安全予以特别重视，随着全球环境问题的凸显，联合国环境规划署开始认识到，环境衰退、对于自然资源的不平等获取以及有害物质的跨界流动等，会导致冲突，并可对国家安全和人类健康造成风险。2003年开始，联合国环境署发起了"环境与安全倡议"（ENVSEC），推动欧洲半岛的主要决策者守护和平的同时致力于保护环境，将环境与安全明确联系起来。

2000年，国务院印发了《全国生态环境保护纲要》，第一次明确提出了"维护国家生态环境安全"的目标。改革开放以来，我国的经济社会发展水平不断提升，但由此带来的资源环境问题也日益凸显，即资源消耗大、环境污染重、生态环境质量下降等，因此，生态安全问题已经逐渐成为关系国家长治久安和永续发展、关乎百姓福祉的重大问题。2014年4月15日，习近平总书记在主持召开中央国家安全委员会第一次会议上发表重要讲话。他明确指出，当前我国国家安全内涵和外延比历史上任何时候都要丰富，时空领域比历史上任何时候都要宽广，内外因素比历史上任何时候都要复杂。因此，要重视传统安全，也要重视非传统安全，构建集政治安全、国土安全、军事安全、经济安全、文化安全、社会安全、科技安全、信息安全、生态安全、资源安全、核安全等于一体的国家安全体系；从而明确将生态安全纳入到国家安全体系当中。他还强调，既要重视发展问题，也要重视安全问题，发展是安全的基础，安全是发展的条件。事实上，生态安全正是其他安全实现的基础和保障。将生态安全纳入国家安全体系，正是我国对于当前国家安全形势的新趋势新特点做出准确把握并进行的重大战略部署。明确国家安全的地位和战略意义，有利于提升我国对于生态安全重要性的认识，进而破解经济社会当中遇到的生态安全难题甚至是威胁，从而以生态安全构筑国家安全的基础，实现国家安全、稳定、可持续的发展。

最近几年，我国在政策和文件当中相继对生态安全的贯彻和落实进行了部署，从而夯实了生态文明建设的制度基础，进而在总体上保障了国家安全。在《中共中央 国务院关于加快推进生态文明建设的意见》中，明确提出要保护和修复自然生态系统。加快生态安全屏障建设，形成以青藏高原、黄土高原—川滇、东北森林带、北方防沙带、南方丘陵山地带、近岸近海生态区以及大江大河重要水系为骨架，以其他重点生态功能区为重要支撑，以禁止开发区域为重要组成的生态安全战略格局。这样，就通过划定生态功能区形成了保障生态安全的实体格局。十八届五中全会通过的《中共中央关于制定国民经济和社会发展第十三个五年规划的建议》提出，坚持绿色发展，促进人与自然的和谐共生，通过构建科学合理的生态安全格局，筑牢我国生态安全的屏障。在 2016 年 11 月国务院印发的《"十三五"生态环境保护规划》中，以专章论述的形式规划了"十三五"期间我国生态安全的建设蓝图。《规划》要求加大保护力度、强化生态修复。要求贯彻"山水林田湖是一个生命共同体"理念，坚持保护优先、自然恢复为主的原则，推进重点区域和重要生态系统保护与修复，构建生态廊道和生物多样性保护网络，全面提升各类生态系统稳定性和生态服务功能，筑牢生态安全屏障(表 12-5)。

表 12-5　《"十三五"生态环境保护规划》绘制国家生态安全蓝图

总体要求	具体内容
系统维护国家生态安全	识别事关国家生态安全的重要区域，以生态安全屏障以及大江大河重要水系为骨架，以国家重点生态功能区为支撑，以国家禁止开发区域为节点，以生态廊道和生物多样性保护网络为脉络，优先加强生态保护，维护国家生态安全
建设"两屏三带"国家生态安全屏障	建设青藏高原生态安全屏障，推进青藏高原区域生态建设与环境保护，重点保护好多样、独特的生态系统。推进黄土高原—川滇生态安全屏障建设，重点加强水土流失防治和天然植被保护，保障长江、黄河中下游地区生态安全。建设东北森林带生态安全屏障，重点保护好森林资源和生物多样性，维护东北平原生态安全。建设北方防沙带生态安全屏障，重点加强防护林建设、草原保护和防风固沙，对暂不具备治理条件的沙化土地实行封禁保护，保障三北地区生态安全。建设南方丘陵山地带生态安全屏障，重点加强植被修复和水土流失防治，保障华南和西南地区生态安全
构建生物多样性保护网络	深入实施中国生物多样性保护战略与行动计划，继续开展联合国生物多样性十年中国行动，编制实施地方生物多样性保护行动计划。加强生物多样性保护优先区域管理，构建生物多样性保护网络，完善生物多样性迁地保护设施，实现对生物多样性的系统保护。开展生物多样性与生态系统服务价值评估与示范

显然，我国对于生态安全的研究和关注力度在逐年加大。但是，总体而言，我国资源环境承担的压力还比较大，生态恶化的总体趋势还没有得到有效逆转，如果不能很好地处理生态资源环境与经济社会发展及人口增长的关系，生态环境将会制约整个社会的可持续发展。目前，我国生态安全的规划和管理职能还较为分散，缺乏明确而统一的生态安全宏观调控机制，对于破坏生态安全的行为还没有系统的相关法律予以惩戒。因此，亟须加强维护生态安全各方面的制度建设。

未来，要实现对于生态安全的有效保障，需要从以下几个方面着手。第一，利用大数据加强生态安全监测和预警机制建设，建成生态安全监测网络，完善生态安全监测机制。第二，加强生态安全法治建设。完善生态安全立法、严格生态安全执法、公正生态安全司法，同时，加强生态安全守法宣传以及生态安全意识普及，形成全社会共同维护国家生态安全的局面。第三，进一步完善生态安全的体制机制。以生态功能区建设为载体，搭建生态安全保障的实体框架；以生态文明体制改革为契机，构建国家、地区和各部门生态安全建设的体制，在自然资源资产负债表、领导干部自然资源资产离任审计等制度中，完善生态安全的要素设置。只有有效维护我国的生态安全，才能不断提升生态文明建设的水平，实现经济社会的可持续发展。

（张云飞，周鑫）

12.12　国家公园体制

2012 年，党的十八大提出建立国家公园制度。十八届三中全会《决定》提出建立国家公园体制试点，"加强对国家公园试点的指导，在试点基础上研究制定建立国家公园体制总体方案。构建保护珍稀野生动植物的长效机制"，建立国家公园体制的目的是保护生态系统的完整性，强化对资源的有效保护和合理利用。这是我国生态文明制度建设的重要内容，对于推进自然资源科学保护和合理利用，促进人与自然和谐共生，推进美丽中国建设，具有极其重要的意义。这是三中全会提出的重点改革任务之一，是我国生态文明制度建设的重要内容。2015 年，国家发改委牵头制定《建立国家公园体制试点方案》，推动试点工作加快进行。为加快构建国家公园体制，在总结试点经验基础上，借鉴国际有益做法，立足我国国情，制定国家公园体制试点方案。

2017 年 3 月，十二届人大五次会议，李克强总理的政府工作报告说，深化生态文明体制改革，出台国家公园体制总体方案，为生态文明建设提供有力的制度保障。《建立国家公园体制试点方案》指出，国家公园是指由国家批准设立并主导管理，边界清晰，以保护具有国家代表性的大面积自然生态系统为主要目的，实现自然资源科学保护和合理利用的特定陆地或海洋区域。建立国家公园体制，就是以加强自然生态系统原真性、完整性保护为基础，以实现国家所有、全民共享、世代传承为目标，理顺管理体制，创新运营机制，健全法治保障，强化监督管理，构建统一规范高效的中国特色国家公园体制，建立分类科学、保护有力的自然保护地体系。加快推进生态文明建设和生态文明体制改革，坚定不移实施主体功能区战略和制度，严守生态保护红线。这是推动生态文明建设的重大举措。它为生态文明建设提供有力制度保障。中国国家公园建设正式纳入生态文明建设战略的轨道。这是中国城市建设新方向，中国国家建设新方向。

2017 年，十九大报告指出，五年来生态文明建设成效显著，生态文明制度体系加快形成，主体功能区制度逐步健全，国家公园体制试点积极推进。中国国家公园体制试点表示，中国国家公园是生态文明时代的国家公园。

美国国家公园，工业文明时代的国家公园。

借鉴国际有益做法，首先是美国国家公园，它是工业化国家国家公园的典型。工业化城市建设以建立高楼大厦为特征。但是，人们不仅要劳动和工作，而且要休闲和娱乐。爱美是人的天性，自然美是人们重要的审美对象，世界许多城市建立各种各样的公园，就是为了适应这种需要。1872 年美国国会批准设立美国首个，也是世界最早的国家公园——黄石国家公园。现在，美国已建立 384 个国家公园。全世界已有一百多个国家设立了多达 1200 处风情各异、规模不等的国家公园。它为人们休闲审美提供了一个良好的去处。

美国是世界上高楼大厦最多的国家。现在中国学习美国，建造了比美国还多的高楼大厦，例如，北京新的三大建筑：国家体育场、中央电视大楼、国家大剧院。按照国际标准，150 米以上的超高层建筑称为摩天大楼，按这个标准，中国建成和在建的摩天大楼数量达到 200 多座，未来 10 年将有 1318 座落成。远大集团宣布，在长沙将建设一座 208 层 838 米高的天空城市，建成后将超过阿联酋的迪拜塔，成为世界第一高楼。

高楼大厦群被称为"水泥塔森林"。它制造了"城市病"，并成为无解的困境。建造再多的公园也无法解决"城市病"的问题。出路在哪里？

中国国家公园，生态文明时代的国家公园。

现在，中国国家公园体制试点成功起步有序进行，迄今已建立 9 个中国国家公园体制试点，这就是：湖北省神农架国家公园（2016）；三江源国家公园（筹）；黑龙江汤旺河国家公园；吉林黑龙江东北虎豹国家公园；浙江钱江源国家公园（2016）；福建武夷山国家公园（2016）；湖南南山国家公园（2016）；四川大熊猫国家公园（2016）。

中国国家公园体制试点表明，它不是现代化都会建设的公园，也不是世界上现有的国家公园。例如，浙江钱江源国家公园体制试点区，它位于钱塘江南源上游，面积 252 平方公里，包括开化县境内的古田山国家级自然保护区、钱江源国家森林公园、钱江源省级风景名胜区，以及这些自然保护地之间的连接地带。它跨省与安徽、江西两省交接。又如，东北虎豹国家公园体制试点，地域包括整个长白山、小兴安岭温带针阔混交林区，涉及吉林与黑龙江两个省份，面积数百平方公里，有珍稀野生东北虎、东北豹、原始森林和丰富生物多样性物种资源。

全世界有跨省区，面积一二百平方公里的公园吗？不曾有过。现在中国在建的上述国家公园试点就是这样的公园。公园与生态文明建设联系起来，首先，在文化遗产丰富、生物多样性丰富、矿产和其他资源丰富的地区建设；并把公园作为生态文明制度建设的先行试点区或"试验田"，生态文明制度建设的创新实践区，为生态文明建设提供物质基础的创新特区；接着，以国家公园试点的成果和经验，以国家公园为"样板"，以国家公园的模式和经验，把中国城市建设成公园，把整个中国建成公园，建设美丽中国。这是中国生态文明建设的创举。

自然价值论是建设国家公园的理论基础。

"国家公园"概念是美国艺术家乔治·卡特林首先提出的。1832 年，在去达科他州旅行的路上，他对美国西部大开发对印第安文明、野生动植物和荒野的影响深表忧虑。他说："它们可以保护起来，只要政府通过一些保护政策设立一个大公园——国家公园，其中有人也有野兽，所有的一切都处于原生状态，体现着自然之美。"美国国家公园之父约翰·缪尔说："国家公园不仅是森林及河流的源泉，更是生命的源泉。"国家公园的创立者们非常重视生物多样性和其他自然资源保护，把它看着是生命的源泉，是文化的源泉。习主席强调，"要着力建设国家公园，保护自然生态系统的原真性和完整性，给子孙后代留下一些自然遗产。要整合设立国家公园，更好保护珍稀濒危动物。"

生态伦理学认为，生命和自然界是有价值的。它不仅对人有价值，人类依赖自然界而生存，是人类社会生存和发展的物质基础。自然对人和社会有价值，这是自然的外在价值。而且，生命和自然界自身有价值，它的生存和发展本身就是价值，这是自然的内在价值。生命和自然界的生存已经有几十亿年，如果认为，生命和自然界没有价值，只有几百万年历史的人类才有价值。这样的认识是主观的。

自然价值是人类的终极价值。人类在自然价值的基础上创造文化，创造文化价值。生态危机对人类生存的威胁表明，人类不能在过分损害自然价值的情况下创造文化价值，社会对自然的利用和改造必须限制在一定的限度内，并且必须对自然价值的利用进行补偿。

我国9个国家公园体制试验区，是自然景观非常美丽，生物多样性和其他资源非常丰富的地方，是生态资源集结的风水宝地，它的自然价值是我们建设国家公园的物质基础，要珍爱和保护自然价值；同时，它又是文化遗产非常丰富，文化底蕴非常深厚的地方，文化是国家公园建设的灵魂，我们要珍爱和保护富贵的文化遗产。

珍爱自然价值和文化价值，建设生态文明。

中国国家公园体制试点区具有鲜明的自然价值和文化价值的特征：①有广大的生态空间，山地、丘陵和平原，河流、湖泊和沼泽，各种地理单元齐全，以及独特的地质结构，齐全、丰富和优质的矿藏；有各种各样的生态系统和生态系统的完整性。②生物多样性丰富，有许多珍稀物种，是良好的地球基因库。③原始森林分布区，是森林覆盖率高的绿色区域。④有丰富的文化遗产，工业和农业等经济开发有一定的基础，又是人类活动对自然损害相对较小的地区。

珍爱国家公园体制试点区的自然价值和文化价值，按照政府制定的国家公园体制试点规划，在保护公园范围内的自然价值，保护生态系统和物种，保护它独特性与完整性的基础上，按生态规律和经济—社会发展规律，以可持续发展的方式，适度开发自然价值和增进自然价值，保护历史文化遗产，增进文化价值，为人民利益和国家富强服务。

也就是说，在国家公园范围内原有的自然和文化的基础上，保护它的自然价值，维护生命和自然界的生存和发展，以资源可持续利用的方式适度开发，创造新的，更多更大的自然价值；同时，保护国家公园范围内的文化遗产和文化价值，以功能区定位推动发展，创造新的，更多更大的文化价值。遵照建设国家公园的目标，保护和增进公园范围内的自然价值和文化价值。这是国家公园体制试点建设成功的关键。

我国960万平方公里土地，18000公里海岸线外广阔的蓝色国土，处处是美丽的生态宝地，处处蕴含着优秀的文化底蕴。在人类历史上，中国人民创造优秀的中华文明，是伟大的农业文明，曾在2000多年的时间里基于世界巅峰，对人类历史作出伟大的贡献。近代，在工业文明的时代我们落后了。现在，中国在世界上率先走上建设生态文明的伟大道路，以中国人民的智慧和勤劳，以国家公园体制试点建设提供的榜样，建设生态文明，建设美丽中国，把中国城市建成公园，把整个国家建成公园。这是中华民族重新登上世界巅峰的伟业。中国国家公园体制试点的积极推进将有助于这一伟业的实现。

（余谋昌）

12.13　环境治理体系

党的十九大报告提出，着力解决突出环境问题，必须构建政府为主导、企业为主体、社会组织和公众共同参与的环境治理体系。建立健全环境治理体系是国家治理现代化的重要环节，也是社会主义生态文明建设中的重要内容。2015年9月，中共中央和国务院联合印发《生态文明体制改革总体方案》，强调在环境治理方面要"建立健全环境治理体系"。建立健全环境治理体系的要求，改变了传统的"企业污染—政府治理"的主体对立的环境治理管理模式，转向积极鼓励并从制度和机制上引导企业、民间环保组织及个人参与到环境治理中来。就整体而言，这就是将环境问题看成是一个整体，在整体中实现环境治理的体系化，形成政府管理体制建设、企业环境治理能力建设、社会治理建设、公众参与体系建设并行的系统完整的环境治理体系。

治理理论是一种公共管理理论，源自西方，是指政府、社会组织、企事业单位、社区以及个人等行为者，通过平等的合作型伙伴关系，依法对社会事务、社会组织和社会生活进行规范和管理，最终实现公共利益最大化的过程。把治理的理论和方法运用到生态文明建设领域中，表明政府在环境治理中的角色转型，不再是自上而下的灌输者和行为强制者，而是在党委领导下实行多元主体协商合作，即党委领导、政府主导、社会协同、公众参与、法治保障的复合体系。建立健全环境治理体系，就是对环境治理的主体、内容、方法、原则实行更新，实现环境治理的一元多体化、问题全面化、方法新颖化、原则现代化，使之恰当地融入到国家治理体系现代化中，并与政治治理、经济治理、社会治理、文化治理等方面的治理协调共进，更有效地推进生态文明建设，建设美丽中国，以更好地满足人民群众对优美生态环境的需要。

建立健全环境治理体系在中国是一项较为新颖的课题，而欧美、日本、新加坡等生态良好国家在工业化发展的时间起点上领先于我国，在工业化发展过程中经历了"先污染—后治理"的道路，在环境治理的过程中积累了很多经验，各发达国家的环境治理目前也颇显成效，环境治理体系化取得了长足的发展，对我国具有良好的借鉴意义。日本素来被看作是健全环境治理体系的典范国家。第二次世界大战后，日本为了在发展上超越英美国家，一味追求经济增长，扩大生产，忽视环境的重要性，导致了环境公害问题频发，给国家、社会、民众带来了极大的灾难。为此，日本积极引导多元主体参与到环境治理中来，反公害运动、地方基础环境改善运动（ground work）蓬勃开展，给日本的生态环境带来了新的生机。首先，日本从法律和制度上明确环境治理在国家发展中的重要地位。1977 年、1986 年，环境厅先后制定了《环保长期计划》和《环保长期构想》，作为国家环境行政工作的框架，并相继在各省厅设立专门负责环境处理的部门，中央和地方协调治理，推进日本的环境治理工作，实现环境安全。20 世纪 90 年代后，日本作为世界上二氧化碳排放量最大的国家之一，在联合国环境会议的敦促下，将环境治理的视角转向防止地球变暖及臭氧层空洞问题，积极开发新能源，削减使用氯氟烃。为有效解决大气问题和污染问题，日本颁布《环境基本法》，通过制定环境保护的基本理念，明确国家、地方公共团体、企（事）业者及国民的责任和义务，规定构成环境保护政策的根本事项，综合而有计划地推进环境保护政策。为了实现可持续发展等总目标，1994 年，日本政府制定了《环境基本计划》，提出"循环""共生""参与"和"国际行动"四个具体目标。其中，参与是指每个社会部门（及个人）都应积极参与保护环境，合理分担环境费用。其次，为了有效地处理日本各地区环境治理问题，2001 年，环境厅升格为环境省，在确立中央政府的统一领导的同时，减少对地方环境治理的实际支配，将部分权责交给地方政府，更快速有效地治理本地区环境。2005 年 10 月，环境省在全国各地设立地方环境事务所，这就使地方政府得以在处理具体的环境问题时拥有更大的灵活性和机动性。

"上下结合"是日本环境治理的重要属性和特点。在环境治理过程中，每一个具体的环境问题的解决，都是政府、企业、环保类非政府组织、普通民众共同参与的结果。早在《基本环境法》中，日本就明确了国家、地方公共团体、企事业单位以及国民的职责。法案规定，国家的职责在于制定和实施有关环境保护的基本的而综合性的政策和措施；地方公共团体拥有制定和实施符合国家有关环境保护政策的地方政策，以及其他适应本地方公共团体区域自然社会条件的政策和措施；企事业单位作为保护环境、防治污染的重要主体，职责颇多，包括处理生产过程中产生的烟尘、污水、废弃物，降低对环境的负荷，妥善保护自然环境，同时有责任协助国家或地方公共团体实施有关环境保护的政策和措施。民众作为国家的基本构成单位，应当根据基本理念，努力降低日常生活对环境的负荷，努力保护环境，协助国家或地方公共团体实施有关环境保护的政策和措施。为了加强企事业者和国民对环境保护的关心和理解，激发参与环境保护的热情，日本还特别设立每年的 6 月 5 日为环境日。可以看出，日本十分重视社会各主体参与环境保护。政府认为，为了构筑可持续社会，需要提高每一位国民的环保意识、采取环保行动。因此，日本对各层面、各地区、各行业、各年龄段的人群都实施环保教育。2003 年，日本出台《有关增进环保意愿以及推荐环保教育的法律》，在全国开展"联合国可持续开发十年教育"活动，全国上下包括学校、工厂、地区、家庭都根据该法律参与环保教育和环保知识学习的活动。日本还尤其注重从小培养国民的环保观念，将儿童环保教育放在重要环节，设立了一系列儿童参与的环保项目，并组织教师进行专门的培训，开展了一系列环保实践活动。一方面，在法律支持、政府鼓励、教育学习的多项并行下，日本民众在日常生活中十分注重环境保护。另一方面，基于对政府的不信任，21 世纪以来，日本国内成立了大量的环保类非营利组织（NPO），这些组织在环境治理中也扮演了重要角色。由环保组织领导的环境运动在日本环境治理中大行其道，促进了日本的环境治理和生态文明建设。从组织来看，截止到 2014 年 7 月，日本国内环保类 NPO 数量多达 4500 个，这些组织的主要活动领域集中在自然环境保护、资源回收利用、环保理念推广等，他们积极参与日本各级政府环境治理相关立法、审议程序，对日本的环境治理和环境保护起到了重要作用。

在实践中推进建立健全环境治理体系，需要在整体中推进环境治理的各个方面，引导多元主体参与环境治理。按照十九大报告的要求，可以从以下几个方面着手，积极引导社会各行为主体参与环境保护和治理中去。一是要积极发挥环境民间组织的作用。与日本和西方发达国家相比，我国民间自发的环保类非政府组织数量很少，对环境保护和治理工作的参与程度不深，缺乏有序引导，不能积极主动落实国家环保政策，环境治理的重要职责没有得到履行，因此，必须充分发挥环境民间组织的作用，促进环境民间组织的健康发展；二是要推动基层群众自治，基层民主是社会主义民主最广泛的实践，也是发展社会主义民主的基础性工作。在环境治理领域推进基层民主，就是要推动这一领域的群众自治，在发挥工会、共青团、妇联等群团组织在生态治理中的作用的同时，要充分发挥村委会、居委会和职代会在环境治理中的作用；三是要正确引导公众依法维护环境权益。环境权是基本的人权，人民群众有权维护其生态环境权益，但是，环境群体性事件不能成为影响和破坏社会稳定的因素，因此，必须引导公众依法合理进行环境维权。为此，对于以暴力方式进行环境维权的行为主体，必须依法严肃处理。当然，对于污染受害者必须施以必要的法律援助，维护其合法的权益。为此，可以推广设立环境保护专门法庭的经验，推动环境公益诉讼，保障人民群众的基本环境权。

健全环境治理体系，必须在坚持党的一元化领导的前提下，进行广泛的社会动员，构筑强大的社会合力，坚持一元和多体的统一，关键是要提高一元和各主体的环境治理能力。第一，提高党委领导环境治理的能力和水平。中国共产党是领导环境治理事业的核心，作为自主寻求生态创新的马克思主义执政党，要继续以生态文明理论创新推动环境治理，不断提高环境立法和决策生态化的能力和水平，提高干部环境治理政绩考核的能力和水平，以绿色政绩为指挥棒引导各部门和地区环境治理。第二，提高政府主导环境治理的能力和水平。将党的群众路线贯穿在环境治理中。践行环境治理为了群众、依靠群众的路线。政府作为环境治理的主导者，必须以环境治理为其基本职能，将自身打造为生态型政府，以维护人民群众的基本环境权益和环境利益为导向，运用行政手段和市场手段，提高环境治理现代化的能力和水平。第三，提高社会协同环境治理的能力和水平。在环境治理中，要正确处理政—企、政—商关系。政府要督促企业严格执行环境规制，实现企业生产和经营的绿色化。第四，提高公众参与环境治理的能力和水平，首先，要加强生态价值观教育，提高公众环境保护意识，引导公众建立绿色消费方式、绿色生活方式和绿色思维方式。其次，要引导公众参与环境保护的积极参与意识，健全环境治理信息公开制度和网络举报平台，让群众主动监督企业环境行为，使每个环境行为个体既成为环境保护的参与者，也成为环境保护的监督者和建设者。再次，要引导社会组织和团体（环境 NGO）参与环境保护，引导环境社会运动合理合法地参与到环境治理中来。第五，提高环境治理法治化水平。环境保护法治化是环境治理的改革方向，必须健全环境法律体系，实行最严格的环境保护制度，提高环境违法成本，严惩环境违法行为。

总的来说，我国的环境治理体系建立工作在卓有成效地推进中，由原先的碎片化治理发展到当前的整体化治理，由政府主导发展到全民参与。只有兼顾横向的环境治理各个方面和纵向的各行为主体的主动参与，才能切实健全环境治理体系，建设美丽中国。

（张云飞，王凡）

12.14 最严格的生态环境保护制度

党的十九大报告明确提出，建设生态文明必须实行最严格的生态环境保护制度。最严格的生态环境保护制度是社会主义生态文明制度体系的重要组成部分。所谓生态环境保护制度，就是在坚持环境保护这一基本国策的前提下，注重维护国家生态安全，在生态环境领域内，建立有利于保护生态环境、打击破坏生态和污染环境行为的体制机制和法律法规等规则性的安排，包含生态环境管控、生态环境经济和生态环境法制等在内的一系列完善的制度体系。就生态而言，覆盖保护生物多样性、维护生态安全格局、实施水土保持、防范外来物种入侵等一系列的问题。就环境而言，自然环境各组成部分如大气、土壤、水流以及工业化带来各项污染都是保护制度所统摄的范围。就制度而言，包括生态红线制度、生态环境监管制度、生态环境治理体制、污染排放许可制度、生态破坏和环境污染惩治体制、绿色发展体制、群众监督机制、生态环境损害赔偿机制、生态环境经济制度、生态环境准入机制、生态环境信用评价机制、生态环境考核评价机制等相关制度。"最严格"则表明了党和政府对生态环境保护的决心和态度，在严峻的生态环境恶化形势下，必须严格划定和坚定不移地执行生态红线和环境保护红线，牢牢守护生态环境的阈值底线。同时，以刚性的制度和严格的法律法规规范生态环境行为主体的生产活动、社会活动和生活活动中涉及生态破坏、环境污染的行为。对突破生态环境底线的行为进行严加惩处，对日常生产和生活中的生态破坏行为和环境污染行为进行严加管制，在党的领导下和政府主导下，鼓励生态环境行为主体企业和群众积极投身于生态环境保护中来。总而言之，实行最严格的生态环境保护制度，就是用严格的制度保护生态环境，为生态环境保护提供更有约束力和更具刚性的制度保障，确保生态环境的阈值底线不被突破，防止一切破坏生态环境的行为，用最严格的措施和政策保障来维护生态系统安全和降低环境污染水平，对破坏生态和污染环境的行为实行严惩重罚，形成最严格的生态环境保护法律、司法和执法体系以及其他制度。

建立最严格的生态环境保护制度，首先要为各项生态环境保护工作确立最低阈值和生态红线。现代科学技术的发展日益揭示出，在无限的宇宙中，在科技进步无限可能性的前提下，在一定的时空范围内，人类所面对的自然是极其有限的。地球只是一个小小的村落。尤其是，地球的承载能力、涵容能力和自我净化的能力是有限的，存在着生态阈值和环境阈值，构成了对人类生产、生活和社会行为的限制和制约，因此，人类行为存在着生态红线和环境红线。根据自然界自身存在的这种无限和有限的矛盾，人类在与自然的交往中尤其是在与自然的物质变换过程中，必须要有底线思维和红线思维，不能越雷池半步。这就是我们建立最严格的生态环境保护制度的科学依据。

当前我国生态环境问题形成的重要原因在于生态破坏和环境污染成本低而生态环境治理成本高、惩处生态破坏和环境污染力度小而生态环境损失大。因此，建立最严格的生态环境保护制度刻不容缓。2013 年，习近平总书记在主持中共中央政治局第六次集体学习时指出，生态环境保护是功在当代、利在千秋的事业。要清醒认识保护生态环境、治理环境污染的紧迫性和艰巨性，清醒认识加强生态文明建设的重要性和必要性，要以对人民群众、对子孙后代高度负责的态度和责任，真正下决心把环境污染治理好、把生态环境建设好。只有实行最严格的制度、最严密的法制，才能为生态文明建设提供可靠保障。这样，就提出了建立最严格的生态环境保护制度的要求。中共十八届三中全会对生态环境保护体制改革、加快生态文明制度建设作出了明确的系统的战略部署，提出必须建立系统完整的生态文明制度体系，实行最严格的源头保护制度、损害赔偿制度、责任追究制度，完善环境治理和生态修复制度，用制度保护生态环境。同时，要健全自然资源资产产权制度和用途管制制度、划定生态保护红线、实行资源有偿使用制度和生态补偿制度、改革生态环境保护管理体制。

从生态保护制度上来看，2013 年 11 月，党的十八届三中全会通过的《中共中央关于全面深化若干问题的决定》第一次正式提出了"生态保护红线"这一名称。在此基础上，我国开始探索建立严格的生态保护制度。2015 年 5 月，环境保护部印发《生态保护红线划定技术指南》（以下简称《指南》）。《指南》中要求，必须在国家或区域尺度上，对重点生态功能区、生态敏感区、生态脆弱区、禁止开发区等各生态区域划定严格的管控边界和制定详细的划定办法，使之继续为人类生存和经济社会发展持续提供生态服务，保障国家生态安全。《指南》中对生态保护红线划定原则作出了明确规定和要求，并制定了系统完整的生态红线划定技术流程和技术方案，督促各地区组织开展生态保护红线划定工作，切实保障国家和区域生态安全。2017 年 2 月，中共中央办公厅和国务院办公厅联合印发了《关于划定并严守生态保护红线的若干意见》，为生态保护红线划定工作确立了总体目标，即在 2020 年年底前，全面完成全国生态保护红线划定，勘界定标，基本建立生态保护红线保护制度；到 2030 年，生态保护红线布局进一步优化，生态保护红线制度有效实施，生态功能显著提升，国家生态安全得到全面保障。在这样的背景下，全国关于生态保护红线划定和严守的规定与政策都进行了相应调整。比如在耕地保护方面，早在 2009 年 6 月，国土资源部就提出"保经济增长、保耕地红线"的行动，坚持实行最严格的耕地保护制度，明确"18 亿亩耕地红线不能碰"的原则。2014 年 2 月，国土资源部发布《关于强化管控落实最严格耕地保护制度的通知》，提出要毫不动摇地坚持耕地保护红线，强化土地用途管制，确保耕地数量和质量，加强土地执法督察，落实共同责任，建立耕地长效保护机制。2016 年 6 月，国土资源部在抽查全国耕地红线保护落实工作后，发布了《全国土地利用总体规划纲要（2006～2020 年）调整方案》，提出在坚持最严格的耕地保护制度和最严格的节约用地制度的前提下，对土地利用规划进行微调，加快生态文明建设步伐。

从环境保护制度上来看，中共十八届五中全会中强调，加大环境治理力度，以提高环境质量为核心，实行最严格的环境保护制度，深入实施大气、水、土壤污染防治行动计划，实行省以下环保机构监测检查执法垂直管理制度。2012 年 1 月，国务院发布《关于实行最严格水资源管理制度的意见》，为水资源保护和管理确立了三条红线、四项制度和严格的考核办法。其中，三条红线是指：一是确立水资源开发利用控制红线，到 2030 年全国用水总量控制在 7000 亿立方米以内；二是确立用水效率控制红线，到 2030 年用水效率达到或接近世界先进水平，万元工业增加值用水量（以 2000 年不变价计，下同）降低到 40 立方米以下，农田灌溉水有效利用系数提高到 0.6 以上；三是确立水功能区限制纳污红线，到 2030 年主要污染物入河湖总量控制在水功能区纳污能力范围之内，水功能区水质达标率提高到 95% 以上。为加强水资源开发利用控制红线管理，严格实行用水总量控制，必须建立完善的保障措施，包括建立水资源管理责任和考核制度、完善水资源管理体制、完善水资源管理投入机制以及健全政策法规和社会监督机制。各级政府和各部门必须密切配合，按照职责分工，各司其职，形成合力，共同做好最严格水资源管理制度的实施工作。同时，要增强全社会的水资源忧患意识和节约保护意识，完善公众参与机制，形成节约用水、合理用水的良好风尚。在《关于实行最严格水资源管理制度的意见》的指导下，环保部将实行最严格的考核办法，首先由各省级部门自查，之后将组织专家对全国各省进行全部抽查，针对不同地区的特点设计细致而独特的考核权重，如对缺水地区开展以节水为主体的考核，提高用水效率指标的权重；对地下水压采地区，将把地下水压采综合治理纳入到考核中，如此等等。《中华人民共和国国民经济和社会发展第十三个五年规划纲要》中强调，要创新环境治理理念和方式，实行最严格的环境保护制度，强化排污者主体责任，形成政府、企业、公众共治的环境治理体系，到 2020 年，实现环境治理总体改善。

在建立、完善和实行最严格的生态环境保护制度方面，美国的经验值得我国学习。例如，在土地保护方面，出台了《基本农田保护条例》(Basic Farmland Protection Regulation)，严格土地用途管制，农民必须保证农用地的农业用途。再如，在环境保护方面，20 世纪 80 年代初，美国的环境保护法律体系基本完善，但是在具体的执行过程中，环境违法违规行为仍然存在。为此，美国开始重视刑事制裁在环境保护中的作用，司法部门设立了专门的环境刑法实施部门负责对环境犯罪的起诉，环境保护署也设立了刑法实施办公室负责环境犯罪案件的调查，强化环境法律的威慑力，促使人们最大限度地遵守环境法律。同时，美国国会还系统地将环境犯罪由轻罪提高到重罪。从世界范围看，美国对环境犯罪的罚金和自由刑处罚是最高和最重的国家。例如，根据美国《水污染防治法》，对违法环境行为的最高处罚罚金达到每日 25 万美元，有期徒刑达 15 年。如果是二次及以上犯罪，则最高罚金达每日 50 万美元，有期徒刑达 30 年。美国将环境犯罪的严重程度与抢劫类犯罪相提并论。尤其是，美国对环境犯罪实行管理人员连带责任制，严格限制环境行为主体为逐利而实施或参与不利于环境的项目。1980 年，美国颁布《综合环境反映、赔偿和责任法》(Comprehensive Environmental Response, Compensation and Liability Act, CERCLA, 即《超级基金法》)。该法案确立了环境行为的民事责任机制，将潜在责任人纳为责任主体，包括发生危险物质释放设施的现有人或经营人、危险物质处置时的设施所有人或经营人、危险物质产生人或危险物质处置安排人以及危险物质运输人，即使该主体与危险物质的处置、处理或释放不存在直接关系，也会产生连带责任。在环境犯罪刑事化制度下，美国环境犯罪得到了有效的制裁和控制，平均而言，美国每年环境犯罪的判决数约为 200～300 件，这表明美国环境刑法的严格和环境司法的从严性。相比而言，根据我国环保总局《全国环境统计公报》数据，在 2005～2008 年间，我国环境犯罪判决案例每年不超过 4 例。这并不意味着我国环境刑事案件发生少或环境危害行为不严重，相反，这表明我国在环境刑事政策和司法方面存在不足，并不能适应当前日益突出的环境问题。

必须用最严格的制度保护生态环境，确立长效保护机制，严格执法，才能切实保护环境，保障生态安全。近年来，我国生态环境保护制度建设方面已经展开了切实有效的工作。在坚持环境保护基本国策的前提下，我国制定了全方位的环境治理和生态保护法律。2015 年颁布的《中华人民共和国环境保护法》(第 8 次修订版)中对环境监督和管理、保护和改善环境、防治污染和其他公害、实行环境信息公开和引导公众参与、确立法律责任等方面做出了符合当代中国环境实际和国民经济发展需要的调整；对各级人民政府、企业事业单位、公民的责任和义务也作出了详细规定。法案中明确规定对污染企业实行"按日计罚，不设上限"的措施，对超过污染物排放标准或者超过重点污染物排放总量控制指标污染物的企事业单位和其他生产经营者，县级以上人民政府可以责令其停产整治或停业关闭。为配合新环境保护法的实施，环境部还发布了《环境保护主管部门实施按日连续处罚办法》《环境保护主管部门实施查封、扣押办法》《环境保护主管部门实施限制生产、停产整治办法》《企业行业单位环境信息公开办法》等四道部令，制定了严格的计罚方式、责任人制度以及详细的适用范围和实施程序。

一切法律法规、规章制度都需要付诸实践才能真正发挥其效用。在现实中，我国的生态环境治理之所以仍然难见成效，归根结底是因为实施力度不够，对生态环境行为主体的违法行为的处理不够严格。因此，我们必须坚持源头严防、过程严管、后果严惩重罚的基本原则，加强在生态环境监管、生态环境执法、生态环境管控、生态环境司法过程中的刚性和力度，形成严密的生态环境保护网，将"最严格"的口号落实到实际中去，坚决解决违法成本低、守法成本高的问题，努力形成"不敢破坏生态和污染环境、不想破坏生态和污染环境、保护生态环境、人人有责"的社会风尚。未来，我们应该从以下几个方面来促进建立最严格的生态环境保护制度：一是要统筹建立严格的生态保护制度和环境保护制度，用严格的制度保障统筹推进生态保护和环境保护，不能割裂生态保护制度和环境保护制度。二是要将建立严格的生态环境保护法律制度和生态环境保护规划制度统一起来，将规划理念上升到法律制度以推动法律制度建设，用法律制度来保障规划制度建设。三是要将严格的生态环境保护制度和生态环境保护行政制度统一起来，将加大法律处罚和行政处罚统一起来。与此同时，实行最严格的生态环境保护制度，不仅要在生态文明建设过程中确立最严格的制度，而且要通过经济制度、政治制度、文化制度和社会制度的严格"绿色化"来推动生态文明制度建设，实现社会成员的广泛参与，保证党的领导、政府主导、社会协同、公众参与、依法治理的真正统一，真正形成生态环境保护的制度合力，建设天蓝、地绿、水清的美丽中国。

（张云飞，王凡）

12.15　国土空间开发保护制度

国土空间是建设社会主义生态文明、实现社会可持续发展的基本载体，也是实现中华民族伟大复兴中国梦的自然基础。党的十九大报告明确提出，建设社会主义生态文明，统一行使全民所有自然资源资产所有者职责，必须统一行使所有国土空间用途管制，必须构建国土开发保护制度，完善主体功能区配套政策，建立以国家公园为主体的自然保护地体系。总体来说，建立国土空间开发保护制度，就是以形成安全、和谐、开放、协调、富有竞争力和可持续发展的美丽国土为目标，对全国国土空间资源（涵盖我国全部陆域和海域国土）进行战略性、综合性、基础性的规划，对国土空间开发、资源环境保护、国土综合整治和保障体系建设进行总体部署和统筹安排，涉及国土空间的集聚开发、分类保护和综合整治等各类活动。

国土空间开发保护制度，要求建立国土空间规划体系。2015年9月，中共中央、国务院联合印发《生态文明体制改革总体方案》。该《方案》指出，要树立空间均衡理念，把握人口、经济、资源环境的平衡点推动发展，各地区人口规模、产业结构、增长速度不能超过当地水土资源承载能力和环境容量，必须建立国土空间开发保护制度，必须建立空间规划体系。为此，按照《方案》要求，必须做好以下工作：第一，完善主体功能区制度，统筹国家和省级主体功能区规划，健全基于主体功能区的区域政策，根据城市化地区、农产品主产区、重点生态功能区的不同定位，调整完善财政、产业、投资、人口流动、建设用地、资源开发、环境保护等政策。第二，健全国土空间用途管制制度，简化自上而下的用地指标控制体系，调整按行政区和用地技术分配指标的做法。将开发强度指标分解到各县级行政区，作为约束性指标，控制建设用地总量。将用途管制扩大到所有自然生态空间，划定并严守生态红线，严禁任意改变用途，防止不合理开发建设活动对生态红线的破坏。完善覆盖全部国土空间的监测系统，动态监测国土空间变化。第三，建立国家公园体制。加强对重要生态系统的保护和永续利用，改革各部门分头设置自然保护区、名胜风景区、文化自然遗产、地质公园、森林公园等的体制，对上述保护地进行功能重组，合理界定国家公园范围。国家公园实行更严格保护，除不损害生态系统的原住民生活生产设施改造和自然观光科研教育旅游外，禁止其他开发建设，保护自然生态和自然文化遗产的原真性和完整性。加强对国家公园试点的指导，在试点基础上研究制定建立国家公园体制总体方案。构建保护珍稀野生动植物的长效机制。第四，完善自然资源监管体制。将分散在各部门的有关用途管制职责，逐步统一到一个部门，统一行使所有国土空间的用途管制职责。同时，要建立空间规划体系，编制空间规划，推进市县"多规合一"，形成一个市县一个规划，创新市县空间规划编制方法。由此可见，国土空间开发保护制度的建立和实施是一项系统而长远的工程，对政府的执政能力、规划发展能力、管制监管能力都有很高要求，尤其要具备统揽全局的能力，既要规划好国土空间，也要保护好国土环境。

中华人民共和国成立以来，我国国土空间开发利用取得了举世瞩目的成就，在有限的经济、科技、资源基础上建立起了庞大的经济总量，满足了人民基本的物质生活需要。但是，国土空间的开发、利用和保护还存在很大的问题，出现了由无序开发、过度开发、开发不足等导致的资源约束紧缺、环境污染严重、生态系统退化、区域发展不平衡等问题。在合理开发、利用国土空间，保护生态环境方面，相比于国土面积广、人口数量少、人口密度低的欧美国家，亚洲的日本、新加坡等国家的国土空间开发保护政策和实践对我国更具有参考意义，尤其是环保大国新加坡的经验值得学习。

新加坡国土面积仅有719.1平方公里，人口数量约为560万，人口密度达7908人/平方公里，国土资源狭小，自然资源匮乏，但在政府的合理规划下，新加坡的经济发展水平名列亚洲前列，建成了世界著名的"花园城市"，在住房、交通、生态、经济、人文等方面的建设堪称世界典范。

从机构设置来看，新加坡设立了专门的城市规划发展部门，即国家发展部（Ministry of National Development），主要负责规划和指导土地利用、基础设施建设等相关政策的制定和实施，下辖8个部门。其中，城市重建局（Urban Redevelopment Authority）负责新加坡城市规划和管理，于1974年4月成立，职责包括城市设计、发展控制与策略制度、日常用地规划、土地售卖、历史文化保护等。建屋发展局则是专门为解决国民居住需求而成立，负责新镇、邻里单位的规划及组屋的设计、建设和管理。可以看出，新加坡城市规划机构设置非常全面，是新加坡城市发展的重要基石。从规划体系来看，新加坡采取的是三级规划体系，分别为战略性的概念规划、统筹性的总体规划和实施性的开发指导规划。第一个概念规划制定于20世纪70年代初，是环状加卫星城方案，在城市结构、空间布局和基础设施设立中起模板作用，以指导未来数十年内的城市发展规划。概念规划每隔10年需修编一次，以复核城市用地与人口增长、经济发展之间关系。总体规划是对城市整体作出的宏观规划把控，对土地用途、开发强度、基础设施、其他公共建设预留地进行规定，为实施中的城市开发建设活动提供指导。1958 年，新加坡第一个总体规划在议会通过，主要借鉴了英国经验，通过对土地利用区划、密度和容积率的控制，预留用于公共事业如学校、公共绿地、基础设施和其他必要的社会用地等手段以达到对土地利用的管制。总体规划每 5 年修订一次。开发指导规划则是依据城市 5 个规划区和 55 个规划分区的特殊条件，分别详细地制定各分区用途区划、交通组织、环境改善、步行和敞开空间体系、历史保护和旧区改造等方面的开发指导细则。20 世纪 80 年代后，开发指导规划逐步取代了总体规划。从《新加坡 2030 年土地利用规划》看，新加坡未来城市人口将达到 650 万~690 万，因此，新时期的概念规划将完善快速交通体系，借助科技创新，优化土地利用，满足居民住房需要，继续打造花园中的城市。

从规划理念上看，新加坡的城市规划坚持以下理念：第一，非常重视居民生活体验，以人为本，注重品质。新加坡在制定国土利用规划时，首先从长远出发，为城市确立基础机构和基本功能布局的框架。其次，深刻认识到国土面积狭小的事实，采取极具前瞻性的极限规划理论，提出"环状城市和新镇建设"相叠加的空间结构模式，各主体功能区分工明确，发展适宜，便于居民生活。再次，新加坡城市规划中十分重视对交通系统的管理，形成了"地铁＋轻轨＋城市快速路＋市政道路"的 4 级路网体系，便于居民出行。最后，新加坡实行独有的三级结构模式即"新镇—小区—邻里"的规划方式，各邻里配有邻里中心、邻里公园，服务就近的住宅楼中的居民，各新镇和小区在严格的区位、规模、等级、交通的管制下，配有与之等级规模相当的超市、商场、银行、商业街、图书馆、医院、餐饮、娱乐、寺庙、教堂等配套设施，使居民能够就近解决民生问题，减少出行给交通和其他区域带来的压力。第二，十分重视环境保护原则，倡导生态优先，着力打造"花园中的城市"。早在 1965 年，新加坡政府就确立了建设"花园城市"的目标，在国土面积狭小、土地资源紧缺的情况，依然提出人均 9 平方米绿地的指标。在每十年修订一次的城市建设规划中，始终坚持建设"花园城市"的目标。首先，新加坡在城市概念规划中明确确立生态系统和公园绿地的发展目标和原则，划定生态保护区和绿地公园绿线，用严格的执法来保障环境，对一切污染、破坏环境的行为不论其大小，依法进行严厉处罚。其次，制定多元的绿化主题，以建造花园的态度来建造城市绿地。20 世纪 60 年代提出大力种植行道树，为城市提供绿荫，净化城市空气；70 年代政府提出增加环境绿化中彩色植物的应用，扩大绿地范围，增加绿地中的休闲娱乐设施；80 年代，政府制定长期的战略规划，用机械化操作和计算机化管理为城市确定最佳的绿化方案，引进更多色彩鲜艳、香气浓郁的植物种类，增设更多的专门的休闲设施；90 年代，新加坡提出建设生态平衡的公园战略，发展多种多样的主题公园，如利用泄洪区域建设以生态为主题的雨洪公园；进入 21 世纪以后，新加坡政府不满足于建设"花园城市"，而决心将新加坡打造为"花园中的城市"，更进一步扩大绿化面积，丰富绿化形态。再次，为保护历史建筑、沼泽地、丛林区，新加坡政府推行"打造翠绿都市和空中绿意"计划，主张建设多维立体的绿化景观，鼓励在高楼建造花园，发展阳台绿化和屋顶绿化。

经过多年的规划与建设，新加坡对本国国土空间开发、利用和保护的力度已经达到极致，形成了符合自身特色和需求的国土空间开发保护体系。

目前，我国已经认识到国土空间开发保护不合理给社会发展、人民生活带来的严重影响。根据新加坡城市规划经验，首先，可以从机构设置着手，设立一个单独的机构以统管全国国土空间开发和保护，彻底考察全国各市县的特殊区域状况、资源状况、人口密度等因素，从长远发展和全国大局出发，建立统一的土地分类标准和空间规划要求，根据主体功能区定位划定生产空间、生活空间、生态空间，明确各市县城镇建设区、工业区、农村居民点等的开发边界，和耕地、林地、草原、河流、湖泊、湿地等的保护边界。其次，从空间规划体系着手，按照我国的基本国情和《生态文明体制改革总体方案》的要求，空间规划可分为国家、省、市县(市辖区)三级。在地区开发规划细则中考虑全国整体规划，从整体统筹各地区的开发规划，互相包容，互相融合。再次，我国的国土空间开发保护制度的建立，其中尤其重要的一点是主体功能区建设。2010 年底，国务院印发《全国主体功能区规划》提出，根据自然条件适宜性开发、区分主体功能、根据资源环境承载能力开发、控制开发强度、调整空间结构及提供生态产品六大开发理念，按照开发方式，将国土空间划分为优化开发区域、重点开发区域、限制开发区域和禁止开发区域。只有在对开发区域有深刻认识和明确分类的基础上，才能有的放矢，依法依规对国土空间进行合理开发。最后，要树立正确的国土空间开发保护理念，尊重优化结构、保护自然、集约开发、协调开发和陆海统筹空间规划的开发原则，以资源环境承载力评价为基础，依据主体功能定位，按照环境质量、人居生态、自然生态、水资源和耕地资源 5 大类资源环境主体，区分保护、维护、修复 3 个级别，将陆域国土划分为 16 类保护地区，实施全域分类保护。

未来，国土空间开发保护制度的实行需要多管齐下。根据国务院 2017 年 1 月发布的我国首个全国性国土开发与保护规划即《全国国土规划纲要(2016～2030)》(以下简称《纲要》)，国土空间开发保护是一项庞大的系统工程，涉及国土开发开放格局、生态环境保护格局、区域发展格局三大战略格局，在集聚开发、分类保护、综合整治、联动发展、支撑保护各细则中，更是囊括了环境、区域、国土的方方面面，对各开发保护对象之间的相互支撑保障关系也有详细说明。同时，《纲要》还提出了一系列配套政策，包括资源环境政策、产业投资政策、财政税收政策等。最后，《纲要》对具体的实施也提出了一些要求：必须构建政府主导、社会协同、公众参与的工作机制，加大投入力度，完善多元化投入机制，实施综合整治重大工程，修复国土功能，增强国土开发利用与资源环境能承载能力之间的匹配程度，提高国土开发利用的效率和质量，确保目标任务顺利完成。即国土空间开发保护制度全面建立，生态文明建设基础更加坚实。到 2020 年，空间规划体系不断完善，最严格的土地管理制度、水资源管理制度和环保制度得到落实，生态保护红线全面划定，国土空间开发、资源节约、生态环境保护的体制机制更加健全，资源环境承载能力监测预警水平得到提升。到 2030 年，国土空间开发保护制度更加完善，由空间规划、用途管制、差异化绩效考核构成的空间治理体系更加健全，基本实现国土空间治理能力现代化。

当然，好的政策关键在于落实。构建以空间规划为基础、以用途管制为主要手段的国土空间开发保护制度，必须着力解决因无序开发、过度开发、分散开发导致的优质耕地和生态空间占用过多、生态破坏、环境污染等问题。构建安全、和谐、开放、协调、富有竞争力和可持续发展的美丽国土，关键在于行动。

(张云飞，王凡)

12.16 生态保护红线制度

我国自然生态系统总体上较为脆弱。尽管我国政府一直在努力改善生态环境质量和状态，并取得诸多成效，但是，随着经济社会的发展和人口的逐年增加，我国仍旧面临着诸多生态困境。一系列生态安全问题凸显，如土地退化、自然灾害频发、生物多样性减少等，这对于经济社会的可持续发展来说具有很强的威胁性，也为生态文明建设带来了巨大的挑战。因此，我国一直高度重视生态保护工作，通过经济、社会、政策和体制建设等一系列手段，着力解决生态问题。在这一过程中，划定生态保护红线成为解决基本生态环境问题的重要途径。

生态红线保护制度是生态文明制度系统的重要构成部分之一。具体来讲，生态保护红线制度就是在维护国家和地区生态安全的过程中，对于提升基础生态功能、保障生态系统服务功能的可持续保障能力所划定的最小资源数量、生态容量和空间范围。基础性生态功能和生态服务包括土壤保持、防风固沙、水源涵养、灾害防护以及生物多样性保护等。因此，如果从类别上划分，生态保护红线应该包括基础生态功能保障红线、人居环境安全保障红线以及生物多样性保障红线，从而为生态保护构建了一个立体的防护网络。

目前，国外还没有明确的生态保护红线制度，这是我国针对自身生态系统现状和特点所构建的一项独特的制度。但是，国际上一些环保组织以及一些发达国家的自然生态保护地建设以及自然保护体系建设方面的经验，还是值得我们在建设生态红线制度的过程中予以吸收和借鉴。例如，世界自然保护联盟（IUCN）的保护地体系，就非常具有指导性和借鉴性。所谓保护地，指的是一种被认可的、专门管理的、具有清晰界定的地理空间，通过法律或其他有效的手段，实现对于自然及其关联的生态系统服务和文化价值的长期保护。IUCN 的保护地体系，包括国家公园、荒野地、社区保留区、自然保护区等等，是生物多样性保护的中流砥柱，对于人类社区也颇有益处。此外，保护地对于应对气候变化也有着独特的作用，据估计全球保护地网络大概消化了 15% 的陆地碳。IUCN 的保护和保留地绿色名录，即"IUCN 绿色名录标准"是一项全新的全球保护地标准，在全世界具有广泛的影响，包括亚洲、非洲、欧洲、南美以及澳大利亚等地区和国家。而绿色保护地体系的建立，有助于我国在建立生态保护红线制度时予以参考，建立适合我国生态安全和生态保护的体制机制（表 12-6）。

目前，我国生态安全形势严峻。为了有效实现生态保护，构建我国的生态安全格局，我国从 2011 年以来陆续出台相关政策和意见，探索建立生态红线制度。2011 年，《国务院关于加强环境保护重点工作的意见》当中首次提及，要加大生态保护力度。我国要编制环境功能区划，在重要生态功能区、陆地和海洋生态环境敏感区、脆弱区等区域划定生态红线，对各类主体功能区分别制定相应的环境标准和环境政策。党的十八届三中全会通过的《中共中央关于全面深化改革若干重大问题的决定》中明确要求，要划定生态保护红线。坚定不移实施主体功能区制度，建立国土空间开发保护制度，严格按照主体功能区定位推动

表 12-6　IUCN 自然保护地分类系统

类别	概况	特征	目标
严格自然保护地	为保护生物多样性以及可能的地理特征/地貌学而严格设立，这里严格控制并限制人类的探访、使用和影响，以确保保护地的价值。这类保护地可作为科学研究或监测的必不可少的参考地域	具有一系列预期的天然生态系统，未受影响的完整的生态进程，或通过最小管理干预可重建的生态过程等	保护区域、国家或全球良好的生态系统、物种和/或地质多样性特征
荒野地	这类区域通常为未被改动或轻微改动的，保留着其自然特征和影响，没有永久或重要的人类住所，通过保护和管理来保存其自然条件	没有现代基础设施、开发和工业开采活动，没有不适当或过度的人类使用或存在等	保护这类未被重要人类活动干扰的区域的长期生态完整性、杜绝现代基础设施，保证自然力量和过程占主导地位，从而保证当代和后代有机会体验这类区域
国家公园	保护大规模生态过程，以及物种的补充和区域的生态特征，为环境和文化上共存的精神、科学、教育、休闲和参观的机会提供基础	典型的大型区域，保护一种功能性生态系统，并需要周围区域的和谐的管理才有可能实现	保护自然生物多样性以及潜在的生态结构，支撑环境过程，并促进教育和休闲
自然遗迹/地貌	保护特别的自然遗迹，可能是地形、海底山、山洞等，甚至也可能是古老的树林等。这类保护地总体上较小，但常常具有较高的参观价值	通常地域较小且专注于一个或更多永久自然遗迹和相关的生态，而非更广阔的生态系统等	保护特别显著的自然遗迹/地貌和相关的生物多样性及栖息地
栖息地/物种管理保护地	保护特别种群或栖息地以及反映此类优先性的管理。这类保护地常需要常规的、积极的干预来处理特殊种群的需要或维护栖息地	保护特殊种群；保护栖息地；对目标种群进行积极管理等	维护、保护和重建种群和栖息地
陆地/海洋景观保护地	具有重要的生态、生物学、文化和景观价值	具有较高或独特的景观质量和重要的相关栖息地、植物群和动物群以及文化特征等	通过传统的管理实践保护和支撑重要的陆地/海洋景观，以及相关的自然保育
允许可持续使用自然资源的保护地	具有一定的可持续自然资源管理的比例，与自然资源兼容的较低水平的非工业自然资源使用	将自然资源的可持续使用视作对于自然资源保护的一种方式，这类保护地往往较大	促进自然资源的可持续使用，并兼顾生态、经济和社会维度；促进相关地方社区的社会和经济利益等

资料来源：世界自然保护联盟 https：//www.iucn.org/。

发展，建立国家公园体制。建立资源环境承载能力监测预警机制，对水土资源、环境容量和海洋资源超载区域实行限制性措施。对限制开发区域和生态脆弱的国家扶贫开发工作重点县取消地区生产总值考核。通过建立主体功能区为承载、建立国家公园等为手段，建立预警机制，对资源和环境承载力进行核查，从而搭建生态红线制度的基本框架。2014 年，新修订的《中华人民共和国环境保护法》第二十九条规定，国家在重点生态功能区、生态环境敏感区和脆弱区等区域划定生态保护红线，实行严格保护。在 2015 年的《中共中央　国务院关于加快推进生态文明建设的意见》中，进一步确立建立生态红线制度的思想。要求树立底线思维，设定并严守资源消耗上限、环境质量底线、生态保护红线，将各类开发活动限制在资源环境承载能力之内；合理设定资源消耗"天花板"，加强能源、水、土地等战略性资源管控，强化能源消耗强度控制，做好能源消费总量管理。继续实施水资源开发利用控制、用水效率控制、水功能区限制纳污三条红线管理。划定永久基本农田，严格实施永久保护，对新增建设用地占用耕地规模实行总量控制，落实耕地占补平衡，确保耕地数量不下降、质量不降低。严守环境质量底线，将大气、水、土壤等环境质量"只能更好、不能变坏"作为地方各级政府环保责任红线，相应确定污染物排放总量限值和环境风险防控措施。在重点生态功能区、生态环境敏感区和脆弱区等区域划定生态红线，确保生态功能不降低、面积不减少、性质不改变；科学划定森林、草原、湿地、海洋等领域生态红线，严格自然生态空间征（占）用管理，有效遏制生态系统退化的趋势。探索建立资源环境承载能力监测预警机制，对资源消耗和环境容量接近或超过承载能力的地区，及时采取区域限批等限制性措施。《意见》从资源能耗、农田保护、环境质量、生态功能、预警机制等角度，对生态红线制度的建设进行了规划。《生态文明体制改革总体方案》进一步强调，划定并严守生态红线，严禁任意改变用途，防止不合理开发建设活动对生态红线的破坏。2016 年 11 月 1 日，中央全面深化改革领导小组第二十九次会议审核通过了一系列文件，其中之一即为《关于划定并严守生态保护红线的若干意见》。会议强调要形成生态保护红线全国"一张图"，按照生态功能的重要性、生态环境的敏感性和脆弱性来划定生态保护红线，并将生态保护红线作为编制空间规划的基础，加强生态保护和修复，加强监测监管，确保生态功能不弱化、面积不减少、性质不改变。11 月 2 日，环保部发布了《"十三五"生态环境保护规划》，要求在 2017 年年底前，京津冀区域、长江经济带沿线各省（市）划定生态保护红线；2018 年年底前，其他省（区、市）划定生态保护红线；2020 年底前，全面完成全国生态保护红线划定、勘界定标，基本建立生态保护红线制度。2017 年 10 月，党的十九大报告进一步提出，要完成生态保护红线划定大作。这样，为生态保护红线的建立、为生态保护确立了政策和制度基础。

长期以来，我国在自然保护方面做了大量努力，包括建立了一系列自然保护区、湿地公园等，设立一系列国家主体功能区，对于生态功能区设有限制开发区、禁止开发区等。但是，由于我国生态保护区域面积大、类型广，整体层面缺乏有效的管理措施和协调管控机制，生态保护的体制机制不健全，实际上并未有效地保障生态安全。因此，划定生态保护红线，具有紧迫性和现实意义。

未来，在设定和落实生态保护红线制度方面，需要从以下几个方面考虑。第一，对生态红线的标准、体系进行严格设定，划定不同的生态空间红线。第二，进行统一规划和审批，防止政出多门，权责不统一。第三，建立有效的生态红线预警监测机制，这是保障生态红线的功能发挥的底线。第四，在《中华人民共和国环境保护法》中虽然规定了国家划定生态红线，但对于细则等还没有完全的细化法律出台。因此，未来，要继续完善生态法律法规，使生态红线制度具有法律保障。第五，用制度保障制度，生态红线制度的有效设立和运行，要与生态文明绩效评价制度、生态文明责任追究制度、自然资源资产负债表等制度协调一致，针对生态红线的变化，有奖有惩，赏罚分明，这样，才能在实践中发挥制度的实效。唯此，才能使生态保护红线制度真正为维护我国的生态安全保驾护航。

（张云飞，周鑫）

12.17　耕地草原森林河流湖泊休养生息制度

我国的基本国情决定了开展耕地森林草原森林河流湖泊休养生息制度的必要性。由于我国的基本国情之一就是人多资源少，尤其是耕地数量少、水资源紧缺。虽然长期以来我国的法律法规和各项政策一直在规划和管理耕地草原森林河流湖泊，并取得了一定的进展，但是，随着经济社会的快速发展，对资源的索取和环境的压力也与日俱增。耕地草原森林河流湖泊资源的过度开发和利用，导致资源承载力下降，甚至出现水土流失、土地石漠化、沙化等诸多问题。局部地区耕地质量下降、土壤污染严重；草原生态恶化趋势没有明显好转；森林过度砍伐；河流湖泊污染加剧，水域生态质量下降。尤其是在人口数量膨胀到 13.7 亿之际，如何保证耕地、草原、森林河流湖泊的数量和质量，及其对人口和经济社会发展的承载力，具有重要的战略意义。如何有效开发资源、保证资源环境的承载能力，进而促进农业的可持续发展、维护生态安全，成为我国未来发展必须面临和思考的问题。耕地草原森林河流湖泊休养生息制度，成为破解这一难题的必然选择之一。

所谓耕地草原森林河流湖泊休养生息制度，是在尊重自然规律和兼顾我国经济社会发展需求的基础之上，按照资源的自然特性和功能要求，对耕地实行养护、退耕还林还草、休耕、轮作和污染防控治理；对草原实行禁牧、休牧、轮牧、人工种草；对森林实行封山育林，完善天然林保护制度，扩大退耕还林面积；对河流湖泊实行治理水质、保障用水、退还合理空间、控制超采量以及保护水域生物资源等措施；实现耕地草原森林河流湖泊资源和环境的有效改善，促使生态系统健康稳定，这样一种人与自然和谐共生的制度。

目前，对于土地的休耕轮作等制度的探索，国外有一些国家已经取得了比较好的效果，值得我国在探索耕地草原森林河流湖泊休养生息制度时予以借鉴。第一次世界大战后，小麦价格昂贵，美国开始实施大力移民南部大平原政策，并在广袤的土地上大量开垦种植，将土地肥力榨取殆尽后转而开垦新土地。结果，导致了 20 世纪 30 年代著名的"黑风暴"（Dust Bowl），以俄克拉荷马州、堪萨斯州和科罗拉多州为起源的黑风暴遮天蔽日，影响美国本土近三分之二的区域，造成了土壤的荒漠化和惨重的经济社会损失。美国痛下决心，采取了一系列手段治理黑风暴，除了立法整治等基础手段外，还进行休牧返林，鼓励农户退耕休牧、返林返草，数年内即返林超过 1000 万公顷；通过种植树木避难所，即在田边种植树木从而减少大风对土壤的侵蚀；此外，提高农耕技术，如大力推行免耕法、分条轮作等农业技术手段，有效地使土地得到休养生息并治理了黑风暴。到了 1985 年，国会在环境界的支持下，制定了《休耕保育计划》（Conservation Reserve Program，CRP）。CRP 是美国农业部农业服务局推行的一个土地保护项目。签署项目（一般为期 10～15 年）的农民需要承诺对于环境敏感类型的土地免于农业生产而种植能够改善环境健康和质量的物种。《休耕保育计划》的长期目标在于重建宝贵的土地覆被，进而改善水质、阻止水土流失并降低野生动物栖息地的减少；短期目的则在于减少水土流失和控制基本商品的过度生产。到 1990 年，约有 1400 万公顷特别容易受侵蚀的土地获得具有永久植被覆盖率的 10

年期合同。在 CRP 的计划下，支持农民在脆弱的农田种植草或树木。这 1400 万公顷土地的休耕，以及对所有农田中 37% 部分的保护措施的使用，使美国的土壤侵蚀在 1982 ~ 1997 年从 31 亿吨减少到 19 亿吨。而美国的方法也为全世界其他地区提供了有益的模板，休耕的做法在西半球迅速蔓延，巴西、阿根廷、加拿大、澳大利亚等国纷纷效仿。可以说，美国的《休耕保育计划》对于我国耕地草原森林河流湖泊休养生息制度的建设来说，具有很强的参考和借鉴意义。

近些年，我国在政策制定方面，在耕地草原森林河流湖泊休养生息制度方面已经做了很多工作。2013 年，《中共中央关于全面深化改革若干重大问题的决定》强调，要稳定和扩大退耕还林、退牧还草范围，调整严重污染和地下水严重超采区耕地用途，有序实现耕地、河湖休养生息。同年 11 月 15 日，习近平总书记在《关于〈中共中央关于全面深化改革若干重大问题的决定〉的说明》当中进一步指出，山水林田湖是一个生命共同体，人的命脉在田，田的命脉在水，水的命脉在山，山的命脉在土，土的命脉在树。用途管制和生态修复必须遵循自然规律，如果种树的只管种树、治水的只管治水、护田的单纯护田，很容易顾此失彼，最终造成生态的系统性破坏。由一个部门负责领土范围内所有国土空间用途管制职责，对山水林田湖进行统一保护、统一修复是十分必要的。可以看出，对于耕地、草原、森林河流湖泊进行统一治理、统一修复是一项系统工程。在 2015 年《中共中央 国务院关于加快推进生态文明建设的意见》中，进一步提出了耕地、草原、森林河流湖泊等几大生态领域的治理和修复的举措。《意见》要求保护和修复自然生态系统。实施重大生态修复工程，扩大森林、湖泊、湿地面积，提高沙区、草原植被覆盖率，有序实现休养生息。严格落实禁牧休牧和草畜平衡制度，加快推进基本草原划定和保护工作；加大退牧还草力度，继续实行草原生态保护补助奖励政策；稳定和完善草原承包经营制度。启动湿地生态效益补偿和退耕还湿。加强水生生物保护，开展重要水域增值放流活动。强化农田生态保护，实施耕地质量保护与提升行动，加大退化、污染、损毁农田改良和修复力度，加强耕地质量调查监测与评价。在《生态文明体制改革总体方案》中，则首次明确要求建立耕地草原河湖休养生息制度。编制耕地、草原、河湖休养生息规划，调整严重污染和地下水严重超采地区的耕地用途，逐步将 25 度以上不适宜耕种且有损生态的陡坡地退出基本农田。建立巩固退耕还林还草、退牧还草成果长效机制。开展退田还湖还湿试点，推进长株潭地区土壤重金属污染修复试点、华北地区地下水超采综合治理试点。十八届五中全会要求筑牢屏障，坚持保护优先、自然恢复为主，实施山水林田湖生态保护和修复工程。2016 年中央一号文件强调要加强农业生态保护和修复；实施山水林田湖生态保护和修复工程，进行整体保护、系统修复、综合治理；编制实施耕地、草原、河湖休养生息规划。2016 年 11 月，《"十三五"生态环境保护规划》要求继续实施新一轮退耕还林还草和退牧还草，根据具体条件实施和完善耕地、草原的治理和修复工作。同年底，国家发展改革委、国土资源部、环境保护部等 8 部门联合印发《耕地草原河湖休养生息规划（2016 ~ 2030 年）》，提出了耕地草原河湖休养生息的阶段性目标和政策措施，从而为推动农业资源永续利用和维护国家资源环境以及生态安全做出了战略安排。2017 年 10 月，党的十九大报告提出，必须统筹山水林田湖草系统治理，健全耕地草原森林河流湖泊休养生态制度。

由于我国总体上耕地草原森林河流湖泊生态系统质量和功能较低、环境脆弱，因此，尽管近些年持续通过相关政策进行疏导和治理，但耕地、草原森林与河流湖泊的生态恶化趋势没有从根本上得到改变，守住耕地红线、改善草原森林河流湖泊生态质量压力仍然较大。未来，如何进一步完善耕地草原森林河流湖泊休养生息制度，还应从以下几方面予以考虑。其一，建立约束机制，加强制度建设的法治基础，力求权责清晰，依法有序。通过建立和完善一系列保障土地、草原、森林及河流湖泊生态保护的指导性法案和规划，建立政府的目标责任制和违法污染环境、破坏生态的惩戒机制。其二，完善相关领域的补贴机制。让农民在参与改善生态环境的同时实现生活质量的不下降，才是促使其积极参与维护资源、保护环境的基本动力。通过政策引导农民按照制度规划科学种植、生态养殖。其三，加强耕地草原森林河流湖泊的污染防控预警机制，坚持预防为主、防治并重、合理休养，进而达到预期目标。耕地草原森林河流湖泊资源的开发有度和持续利用，既是满足当代、后代人需求的基本要求，也是实现我国经济社会可持续发展和生态安全的重要保障。因此，有必要积极建立和进一步完善耕地草原森林河流湖泊休养生息制度。

（张云飞，周鑫）

12.18　生态修复（恢复）制度

在生态文明制度的构建中，生态修复（恢复）制度是必不可少的一个构成部分。所谓生态修复（恢复）制度，是指对于遭到破坏的资源和生态环境，采取生物技术或生态工程的措施，使受到损害的生态系统逐渐恢复到原来的或与原来相似功能和结构的状态。生态修复和生态恢复具有类似和对应的意味，因此，可以互换使用。总体上，生态修复包括生态系统的自我修复和人工修复两种形式。生态系统的自我修复指的是减少或不受人类活动的干预，利用生态系统的自然恢复能力和特性，逐渐自我修复受损的生态系统功能和结构的过程。生态系统的人工修复，则是在生态系统自我修复的过程中，强调人类的干预作用。二者的最终结果和目标则是一致的。

一些国家在生态修复方面的经验，可以在我国建立生态修复（恢复）制度之际予以参考借鉴。例如，美国在煤矿废弃地进行的生态恢复和环境重建当中，就是通过专项法律、建立专门机构、从事专门工作以恢复生态水平的。美国从 20 世纪 30 年代开始大规模地进行露天采矿。由于各州法律不同，采矿要求和标准不一，因此，法律要求较宽松的州往往更能吸引采矿企业的到来。但是，随着露天开采越来越多，对于环境的破坏也越来越重。最终，在 1977 年，美国国会通过了《露天矿开采管理与修复法案》(Surface Mining Control and Reclamation Act，SMCRA)；与此同时，在内政部下设了露天矿复垦与执行管理局(Office of Surface Mining Reclamation and Enforcement，OSMRE)。OSMRE 负责建立一个全国性的计划，以保护社会和环境免受地面采矿作业的不利影响，从而平衡经济社会发展对于煤炭的需求以及环境保护之间的关系。OSMRE 与各州和部落合作，确保公民和环境在采煤期间得到保护，并在煤炭开采完成后确保土地恢复有益用途。同时，OSMRE 还和它的合作伙伴负责回收和恢复土地，并对 1977 年以前由于采煤作业而进行降解的地区进行监测。机构设立之初，OSMRE 直接执行采矿法律并安排清理废矿区。现在，正如国会当时所期望的，大多数采矿州都有了自己的清理矿区的计划；而 OSMRE 则专注于监督国家计划和开发新手段来帮助各州和部落来完成这些工作。OSMRE 还与一些大专院校和州以及联邦机构合作，推动回收再利用矿区土地和保护环境的科学研究，例如，种植更多的树木和建立亟须的野生动物栖息地等。在废弃矿区的回收和恢复问题上，《露天矿开采管理与修复法案》第四章进行了专门的规定，要求恢复和重建环境。"被遗弃矿区再生计划"是 OSMRE 的最大项目，也是其在 SMCRA 下的最主要的职责。自从 1977 年 SMCRA 专项法律通过以来，"被遗弃矿区再生计划"已经从在产矿业处筹集到超过 100.5 亿美元资金；其中用来向州和部落分配了超过 80 亿美元的赠款，强制分配给美国联合矿工工会（UMWA）退休人员健康和养老金计划，以及在 SMCRA 通过以前 OSMRE 运作被采矿破坏的土地和水域的恢复计划。露天矿复垦与执行管理局的矿区土地恢复规划之所以能够取得成效，在于一套完整的规划手段。首先，依靠大量的法律、规则和指导文件，除了 SMCRA，还包括联邦法规、联邦援助手册、州协议和规划等。其次，借助一系列行之有效手段，包括建立废弃采矿区土地清查系统、撰写州和部落年度评估报告、建立申请人/违约者系统、建立全国矿业地图资源库、颁发土地回收利用奖等。正是通过一套严密而有效的工作手段，露天矿复垦与执行管理局起到了对于煤炭开采矿区土地和生态进行恢复利用的设立初衷。尽管目前煤炭开采矿区还有很多问题需要解决，但美国露天矿区土地恢复的工作手段和生态恢复模式，已经取得了丰硕的成果。2016 年年底，经国务院批复，国土资源部、环境保护部等联合发布实施《全国矿产资源规划（2016~2020）》，其中明确强调要加强废弃矿山矿井监督管理，防止废弃尾矿、建设设施等污染土壤地下水等周边环境，对于煤矿等矿井矿坑，要实施封井回填，防止污染地下水，对废弃矿山实施生态修复。而美国的采煤废弃矿区的处理经验和生态修复模式，值得我们在接下来的生态修复工作中加以借鉴。

事实上，我国的生态修复（恢复）工作开展得也比较早。1978 年，党的十一届三中全会召开之后，党中央和国务院决定，在东北、华北和西北地区开始三北防护林体系建设工程，即著名的三北工程。三北地区分布着我国 83% 的沙化土地，水土流失面积占我国水土流失总面积的 39%，是我国生态问题最突出、生态产品最匮乏、林地植被最稀少的地区。因此，在当时的经济社会发展相对落后、生态治理经验相对匮乏的条件下，我国能够提出这样一个生态修复和改善工程，是十分难得的。三北防护林工程的建设周期为 1978~2050 年，长达 73 年，工程范围占我国陆地总面积的 42.4%，规划造林 3508 万公顷。在 30 多年的实践中，已经取得了很大的成效，并且形成了一套人工治理与自然修复相结合的防护林体系，可以说，三北防护林工程开创了我国生态修复制度建设实践的先河。此外，世纪之交，党中央和国务院在 1999 年启动的退耕还林政策，也是我国生态修复实践的重大举措。我国从 1999 年开始实施第一轮退耕还林工程，实施范围涉及 25 个省区共 1897 个县市；从 2014 年开始实施第二轮退耕还林工程，已经确定到 2020 年的退耕还林工程目标。根据国家林业局数据，退耕还林工程启动至今，国家投入资金累计达 4500 多亿元，完成退耕还林任务 4.47 亿亩，使我国水土流失、沙化以及沙尘天气等自然灾害发生率大为降低，有效维护了国家的生态安全。在生态修复的法律层面，我国的《环境保护法》等法律基本明确了政府在生态修复当中的责任和主导作用。

近几年，随着生态文明建设的推进，我国对于生态修复的理论创新和政策指导也日益加强和完善。2007 年，党的十七大报告中就明确提出，要重点加强水、大气、土壤等污染防治，改善城乡人居环境；加强水利、林业、草原建设，加强荒漠化石漠化治理，促进生态修复。2013 年，习近平同志在主持中共中央政治局第六次集体学习时强调，要正确处理好经济发展同生态环境保护的关系，牢固树立保护生态环境就是保护生产力、改善生态环境就是发展生产力的理念；要实施重大生态修复工程，增强生态产品生产能力，因为良好生态环境是人和社会持续发展的根本基础。在《中共中央关于全面深化改革若干重大问题的决定》中，明确强调要改革生态环境保护管理体制；建立和完善严格监管所有污染物排放的环境保护管理制度，独立进行环境监管和行政执法；建立陆海统筹的生态系统保护修复和污染防治区域联动机制。这样，就为生态修复(恢复)制度的建立明确了方向。2015年，《中共中央 国务院关于加快推进生态文明建设的意见》指出，在生态建设与修复中，以自然恢复为主，与人工修复相结合；明确了将生态自然修复和人工修复相结合的方针，为建立生态修复(恢复)制度明确了基本路径。同时，《意见》还指出，实施重大生态修复工程，扩大森林、湖泊、湿地面积，提高沙区、草原植被覆盖率，实现有序休养生息。2016 年年底，《"十三五"生态环境保护规划》要求要贯彻"山水林田湖是一个生命共同体"理念，坚持保护优先、自然恢复为主，推进重点区域和重要生态系统保护与修复；针对国家生态安全屏障进行保护修复，开展山体生态修复，加强矿产资源开发集中地区地质环境治理和生态修复，统筹点源、面源污染防治和河湖生态修复，推进备用水源建设、水源涵养和生态修复等；构建生态廊道和生物多样性保护网络，全面提升各类生态系统稳定性和生态服务功能，筑牢生态安全屏障。这样，为未来五年生态修复工程明确了基本要求。2017 年 10 月，党的十九大报告提出，要实施重要生态系统修复工程。

当然，我国在生态修复工作开展的过程中，还存在一些不足。例如，有关生态修复的立法工作还不完善，没有对于生态修复工作承担主体进行相应规范，容易出现修复责任不明确的情况。此外，生态修复监测网络还不完善，对于需要进行修复的各类资源、生态和环境还没有统一的数据库，从而导致数据资源的不统一，等等。

未来，建立生态修复(恢复)制度，需要从以下几方面进一步努力。其一，加强生态修复立法工作，从《环境保护法》到各领域相关法律以及地方政府规章等，应出台关于生态修复的总则和细则，从法律上明确生态修复的主体及权、责、利等，为生态修复工作提供基础法律保障。其二，生态修复虽然政府主导，但是要明确企业的责任，尤其是开发资源和破坏环境的企业主体，要积极承担生态修复的责任；与此同时，积极与大专院校和科研院所合作，研发各领域生态修复的科学技术，提高人工修复的能力。其三，加强生态修复的社会宣传，促进公众参与，形成维护生态安全、共建生态文明的局面。　　(张云飞，周鑫)

12.19　生态补偿制度

在生态文明制度建设的系统工程中，生态补偿制度是必不可少的一项基础性内容。生态补偿制度不同于环境污染损害赔偿制度。相较于后者，生态补偿制度指的是人类生产或生活活动所产生的之于生态环境的正的外部性的补偿，也就是生态服务或产品的受益者对提供者所给予的经济上的补偿。当然，在广义上，也包括受益者对受损者的经济补偿。具体来看，第一，由于我国采用自然资源公有或国有制度，那么，国家对于开发利用自然资源的主体进行收费，以体现所有者的权益；并对费用进行合理安排，用于生态恢复或生态修复，从而实现对于自然资源或环境因开采而受损的补偿。第二，对于保护资源或环境者进行补偿，或以此鼓励并实现对于资源和环境保护的目的。第三，由资源环境生态保护之受益者向受损者进行经济补偿，有助于促进生态正义，促进生态文明建设。因此，在经济社会发展过程中，生态补偿制度有利于将资源和环境责任与受益进一步市场化，通过市场机制调节生态行为，进行生态调控。当然，在市场化的前提下，应探索建立多元化的补偿机制。

我国所提出的生态补偿机制，部分上类似于国外的生态服务付费制度（payment for ecosystem service，PES），即，以生态系统的服务为基础，通过经济等手段来调整生态保护者和受益者在生态和环境方面的利益。在美国，政府有关保护和环境管理的规划历史显示，其政策已经从维护农场生产力转向奖励农民自愿保护和提供生态系统服务。因此，虽然美国还没有达到高效的 PES 系统的状态，但是已经在类似于 PES 系统的政策上走了很长的实践道路。20 世纪 30 年代的"黑风暴"危机使美国开始实施水土资源保护的政策，这些政策已经在近些年有了显著的发展。早期环境保护计划主要关注通过控制水土流失保有土地生产力，对于采用这些政策的农民进行适当补助，采用土壤保护行为也会受到商业补贴。1985 年的《农场法案》（Farm Bill）采用了一些新规定，开始从关注农场生产力转向非农场环境效益。它建立了保护储备计划（Conservation Reserve Program，CRP），由生产者将环境敏感的农田转为保护性使用，为期十到十五年，政府向其提供补偿。法案也适用于其他符合条款的草地和湿地拥有者，只要在脆弱土地实施土地和湿地保护计划的都会获得以与农场相应价格和收入支持的资格。1990 年，《农场法案》继续实施并创立了"湿地保护区计划"（Wetland Reserve Program，WRP），以恢复和放置湿地保护地役权。此外，它还授权了"水质奖励计划"（Water Quality Incentives Program，WQIP）。除了美国的生态补偿政策和实践，英国、加拿大等其他国家的水域生态补偿等政策也值得我们在建立生态补偿制度时予以参考和借鉴。

在我国，在建立生态补偿制度政策方面，目前已经进行了不少有益的探索。2005 年，党的十六届五中全会《关于制定国民经济和社会发展第十一个五年规划的建议》当中首次提出，按照谁开发谁保护、谁受益谁补偿的原则，加快建立生态补偿机制。2007 年，党的十七大报告中提出，要实行有利于科学发展的财税制度，建立健全资源有偿使用制度和生态环境补偿机制。2012 年，十八大报告进一步指出，保护生态环境必须依靠制度。要把资源消耗、环境损害、生态效益纳入经济社会发展评价体系，要深化资源性产品价格和税费改革，建立反映市场供求和资源稀缺程度、体现生态价值和代际补偿的资源有偿使用制度和生态补偿制度。《中共中央关于全面深化改革若干重大问题的决定》中明确指出，实行生态补偿制度，坚持谁受益、谁补偿原则，完善对重点生态功能区的生态补偿机制，推动地区间建立横向生态补偿制度。发展环保市场，推行节能量、碳排放权、排污权、水权交易制度，建立吸引社会资本投入生态环境保护的市场化机制，推行环境污染第三方治理。2015年，《中共中央 国务院关于加快推进生态文明的意见》强调，要健全生态保护补偿机制。要求科学界定生态保护者与受益者权利义务，加快形成生态损害者赔偿、受益者付费、保护者得到合理补偿的运行机制。结合深化财税体制改革，完善转移支付制度，归并和规范现有生态保护补偿渠道，加大对重点生态功能区的转移支付力度，逐步提高其基本公共服务水平。建立地区间横向生态保护补偿机制，引导生态受益地区与保护地区之间、流域上游与下游之间，通过资金补助、产业转移、人才培训、共建园区等方式实施补偿。建立独立公正的生态环境损害评估制度。随后，《生态文明体制改革总体方案》要求进一步完善生态补偿机制，要求探索建立多元化补偿机制，逐步增加对重点生态功能区转移支付，完善生态保护成效与资金分配挂钩的激励约束机制。制定横向生态补偿机制办法，以地方补偿为主，中央财政给予支持。《方案》鼓励各地区开展生态补偿试点，继续推进新安江水环境补偿试点，推动在京津冀水源涵养区、桂粤九洲江、闽粤汀江—韩江等开展跨地区生态补偿试点，在长江流域水环境敏感地区探索开展流域生态补偿试点。2016 年 11 月，《"十三五"生态环境保护规划》要求加快建立多元化生态保护补偿机制。加大对重点生态功能区的转移支付力度，合理提高补偿标准，向生态敏感和脆弱地区、流域倾斜，推进有关转移支付分配与生态保护成效挂钩，探索资金、政策、产业及技术等多元互补方式。《规划》要求在"十三五"期间，进一步完善补偿范围，逐步实现森林、草原、湿地、荒漠、河流、海洋和耕地等重点领域和禁止开发区域、重点生态功能区等重要区域全覆盖。中央财政支持引导建立跨省域的生态受益地区和保护地区、流域上游与下游的横向补偿机制，推进省级区域内横向补偿。在长江、黄河等重要河流探索开展横向生态保护补偿试点。深入推进南水北调中线工程水源区对口支援、新安江水环境生态补偿试点，推动在京津冀水源涵养区、桂粤九洲江、闽粤汀江—韩江、赣粤广东东江、云贵桂粤西江等开展跨地区生态保护补偿试点。到 2017 年，建立京津冀区域生态保护补偿机制，将北京、天津支持河北开展生态建设与环境保护制度化。通过试点地区生态保护补偿机制的建立，探索我国生态补偿制度的建设，进而推向全国。2017 年 10 月，党的十九大报告提出，建立市场化、多元化生态补偿机制。

在法律层面，我国也陆续修订和出台了一些法律。2014 年新修订的《环境保护法》第31 条明确规定：国家建立、健全生态保护补偿制度。国家加大对生态保护地区的财政转移支付力度。有关地方人民政府应当落实生态保护补偿资金，确保其用于生态保护补偿。国家指导受益地区和生态保护地区人民政府通过协商或者按照市场规则进行生态保护补偿。这样，在环境保护立法方面，生态补偿制度具有了基本的法律保障。我国在一些生态保护基本领域也进行了生态补偿法条的相应探索。《森林法》第八条规定，根据国家和地方人民政府有关规定，对集体和个人造林、育林给予经济扶持或者长期贷款；煤炭、造纸等部门，按照煤炭和木浆纸张等产品的产量提取一定数额的资金，专门用于营造坑木、造纸等用材林；国家设立森林生态效益补偿基金，用于提供生态效益的防护林和特种用途林的森林资源、林木的营造、抚育、保护和管理。森林生态效益补偿基金必须专款专用，不得挪作他用。在生态补偿机制、生态补偿试点和补偿资金的投入等方面，以及森林、草原、湿地等具体生态领域，我国都进行了大力的探索，并取得了一定的成果。

当然，生态补偿制度的建立不是一朝一夕能够完成的，涉及多个领域，是资源、环境、市场、民生、法治等多个领域的交叉工程，尤其是其法制基础的建立，需要长期的研究和探索。尽管我国在《环境保护法》当中对生态补偿机制的建立予以强调，但我国还没有生态补偿方面的专门立法，亟须生态补偿基本条例的出台。事实上，我国于2010年就把研究和制定生态补偿条例列入了立法计划，但迟迟没有出台。此外，生态保护者和生态受益者的权责落实不到位，受益者履行生态补偿的义务和意识不明确，而对于生态保护者的合理补偿不到位，等等。这些都是在生态补偿制度建立过程中亟须解决的问题。

未来，探索生态补偿制度的建立，还需要从以下几个方面着手。第一，进一步加强生态补偿力度。补偿标准应进一步提升、补偿范围应进一步扩大。补偿标准应随着市场价格机制有所调整，不能让保护者吃亏。我国补偿领域之前仅限于森林、草原、矿产等领域，未来还应扩展到湿地、海洋等阶段。第二，加快完善生态补偿配套基础制度。要完善主体功能区建设，建立健全产权制度，加强生态补偿标准体系建设、建立生态服务价值核算体系等。第三，完善多元的生态补偿方案，建立健全横向、纵向生态补偿平台和机制。第四，进一步完善受益者和保护者的权、责、利，加快实现生态损害者赔偿、受益者付费、保护者得到合理补偿的合理运行机制。第五，应将共享发展和共同富裕列为生态补偿的一般政策，将生态补偿与统筹城乡、区域协调发展统一起来。

（张云飞，周鑫）

12.20 环保信用评价制度

党的十九大提出，加强社会主义生态文明建设，必须健全环保信用评价制。环保信用评价制度是解决突出环境问题，全面防治污染的重要制度保障。这一制度主要适用于企业这一环境行为主体，环保部门根据企业的环境行为信息，按照统一的指标、方法和程序，对企业的环境行为进行信用评价，确定企业环保信用等级，并面向社会公开，以供社会公众和环境有关部门、组织监督。在广义上，环保信用评价制度包括环境信用等级制度、环境信息公开制度、环境保护监督和举报制度、环境新闻发言人制度等。

信用评价（Credit Rating），也称为信用评估、信用评级、资信评级等，是经济学术语，指的是专业机构根据规范、公正、权威、科学的指标体系和评估方法，对企业、金融机构等市场参与主体的基本素质、经营水平、财务状况、营利能力、管理水平和发展前景等情况进行综合分析和评价，以考察其履行各类经济承诺的能力和可信任程度，并用国际通用符号标明信用等级，向社会公示。从传统意义上讲，企业信用评级一般是指经济活动中的借贷信用、贸易征信、品牌宣传等，但从广义上来看，也包含企业的环境保护信用。而企业的环保信用评价结果也会影响企业其他方面的信用，影响企业经济行为。根据企业环保信用评价结果对企业实行鼓励和惩戒也依赖于其他信用金融主体，如银行发布贷款等。因而，企业环境信用评价制度与传统的企业信用评价有共通之处。其区别在于，环保信用评价制度是由政府权威部门即环保部门根据企业环境行为信息，按照规范的指标和科学的方法对企业环境行为进行信用评价，确定信用等级。其中，企业环境行为是指企业在生产经营活动中遵守环保法律、法规、规章、规范性文件、环境标准和履行环保社会责任等方面的表现，企业通过合同等方式委托其他机构或组织实施的具有环境影响的行为，同样视为该企业的环境行为。

根据2013年12月由环境保护部、国家发展改革委、中国人民银行、中国银监会等四个部门共同发布的《企业环境信用评价办法（试行）》，企业环境信用评价包括以下四个方面内容：污染防治、生态保护、环境管理和社会监督，环保部门按照企业环境信用评价指标及评分办法，得出参评企业的评分结果，确定企业的环境信用等级。根据现行的评价办法，将企业环保信用评价分为环保诚信企业、环保良好企业、环保警示企业和环保不良企业这四个等级，依次以绿牌、蓝牌、黄牌、红牌表示。对环保诚信企业实行激励和优待，优先安排此类企业的资助、补助、立项和其他支持，并授予有关荣誉称号；对环保良好企业要持续引导其改进环境行为和内部环境管理，推动其向环保诚信企业努力；对环保警示企业实行严格管理，严令整改，并加大执法监测频次和执法力度，从严审批资金补助申请，约束相关企业活动；对环保不良企业要实行惩戒性措施，从严审查相关经营资格和许可证情况，责令企业整改，建议银行业金融机构对其审慎授信，在环境信用等级提升之前，不予新增贷款，并视情况逐步压缩贷款，直至退出贷款。同时，该办法还十分重视对评价结果的公开与共享，通过政府网站、报纸等媒体或者新闻发布会等方式，向公众公布评价结果，接受群众举报，对于具有严重破坏环境行为的企业实行"一票否决"办法，直接将其降为最低等级。

总的来说，环保信用评价制度，是由党领导的，以政府为主导、企业为主体、社会公众广泛参与的，对企业的生产行为的生态化和绿色化程度所做的信用评价制度，考察内容包括企业在生产过程中的排污状况、治理污染状况、资源使用效率状况、遵守环境法律法规状况等。

西方发达国家在现代化过程中积累了丰富的治理污染、保护环境的经验，其环境信用体系建设起步较早，到目前已经形成了比较成熟的环保信用评价办法，出现了一些专业权威的环保信用评价机构，建立了完善的法律法规约束下的环境信用评价制度和体系，通过环境部门和金融部门联手，用财政、税收、价格、信贷、投资、市场等经济杠杆影响企业经营生产方式，引导企业环境行为。与中国不同，西方国家对企业环境行为的引导和约束很大程度上是通过金融手段和政策来实现的。他们将企业环保信用评价与企业其他信用挂钩，将企业环境行为与企业经济行为挂钩，将信用的原初意义运用在环保信用评价中。1989年5月，美国对环境负责的经济体联盟（Coalition for Environmentally Responsible Economies，CERES）投资集团发表并启动对地球环境负责的伯尔第斯原则，受到了社会的广泛追捧，凡认可此原则并在其上签字的企业，都要遵守该原则所规定的保护环境的各项内容。集团根据企业的环境行为来决定对企业的具体投资计划，引导企业保护环境、治理污染。2002年10月，世界银行下属的国际金融公司和荷兰银行，在伦敦召开国际商业银行会议，会议上提出一项建议企业贷款准则，即要求金融机构在向一个项目投资时，要对该项目可能对环境和社会的影响进行综合评估，并且利用金融杠杆促进该项目在环境保护以及相关社会和谐发展方面发挥积极作用。该原则就是已经成为国际项目融资的一个新标准的著名的赤道原则（Equator Principles），有40余家大型跨国银行实际实行了赤道原则。赤道原则要求需要投资融资的项目必须出示环境影响报告，根据企业项目可能出现的环境行为等级来决定企业能否获得投资。德国、英国、日本等发达国家纷纷加入并采用赤道原则，以引导企业在生产经营过程中主动保护环境、减少污染。可以看出，发达国家对企业环境行为的引导、支持和惩戒是通过金融手段来实现的。如果把从金融信贷着手规范企业环境行为看作是侧面引导的话，那么大型权威机构直接发布企业环境信用评级则是正面指示。在国外，发布企业环境信用评级的主体往往不是政府，而是第三方机构。国际上现有的环境信用评级机构有联合国环境规划署、世界可持续发展企业委员会、加拿大特许会计师协会、德国准则协会、欧盟等，各机构实行的评价标准并不一致，简单来说，这些标准包含对原料、能源、水、生物多样性、废弃污水和废物、产品服务、法律、成本、运输、环保投资等9个方面的考察，按照17个核心指标和13个附加指标对企业环境行为进行评级。2001年，欧盟委员会资助了"工业环境绩效测量项目"（Measuring Environmental Performance of Industry，MEPI），在英国、德国、奥地利、荷兰、意大利、比利时六个国家开展该项目，在化肥、染制、印刷、计算机、制浆造纸、发电等6大工业行业430家工厂提供的生产数据的基础上建立了一套新的企业环境绩效（environmental performance）指标体系，分为物理指标、商业/管理指标、影响指标三大类。2002年，美国环保总局开展了国家环境绩效跟踪计划（National Environmental Performance Track Program，NEPT），在此计划中，企业采取自愿原则，自觉应用环境绩效评价体系，对企业实施激励和开除机制。在亚洲国家中，印度尼西亚是发展中国家中首个实行企业环境绩效信息公开制度的国家。1995年，印尼环境影响管理局推行了一个"污染控制、评价、评级计划"（Pollution Control, Evaluation, and Rating Program）。该计划通过对企业环境行为的现场监测、抽查和自主汇报等信息的整合，对企业的环境绩效进行评级，用金、绿、蓝、红、黑五种颜色标记评级结果，并将结果向社会公布。

　　我国环保信用评价制度最早可追溯至2005年11月由国家环保总局出台的《关于加快推进企业环境行为评价工作的意见》。该意见对如何建立一套指标体系，如何对企业环境行为作出综合、客观、方便大众理解的评价给出了详细说明，提出要将评价结果综合运用到环境管理和企业市场经济活动中去，以供人们监督和参考。在此之后，各省市政府纷纷出台关于环境保护信用评价管理办法。广东省于2006年出台《重点污染源环境保护信用管理试行办法》，详细规定了对重点污染源的评价程序，将评价等级分为"环保诚信企业""环保警示企业"和"环保严管企业"三种，并以绿牌、黄牌和红牌示之。在此基础上，广东省各地市政府也出台了符合地方需要、具有地方特色的环保评价管理办法。例如，中山市率先提出强制实行和自愿参与两种办法，并细致地区分了两种企业的范围和评价办法；深圳市则采取两级评审制，由市环境人居委和区环保局双管齐下，对企业环境行为进行评级。2007年，浙江省印发《浙江省企业环境行为信用等级评价实施方案（试行）》，建立了基本完备的环保行为评价体系，对企业排污行为、环境管理行为、环境社会行为、环境守法或违法行为进行考察，并形成了规范的运作程序：告知、填报、初评、反馈、公示、复核，评价结果分为很好（绿色）、好（蓝色）、一般（黄色）、差（红色）、很差（黑色）五个级别。比较而言，环保信用评价办法更加严格，同时成果也更加显著。除此之外，江苏省、河北省、湖北省、辽宁省沈阳市等省市也纷纷开展了环保信用评价工作。2009年，江苏、浙江、上海三地还推出了区域性的环保评价标准——《长江三角洲地区企业环境行为信息评价标准(暂行)》,在小范围内统一了企业环境行为评价标准,使评价结果能够在一定区域内得到相互认可。2011 年,面对新时期严峻的环境挑战,我国发布了《国务院关于加强环境保护重点工作的意见》,明确提出要提高环境保护监督管理水平。其中,尤为重要的是要建立企业环境行为信用评价制度,提高社会主义生态文明建设水平。十八大召开后,中共中央和国务院于 2015 年印发《生态文明体制改革总体方案》,提出为建立系统完整的生态文明制度体系,加快生态文明建设,增强生态文明体制改革的系统性、整体性、系统性,解决生态问题,规范企业环境行为,必须完善环保信用评价制度。十九大报告中再次强调了健全和实行环保信用评价制度在建设社会主义生态文明中的重要地位和重要作用。

总的来说,我国环保信用评价制度的建立和实施已经初显雏形,但是就其在现实中的运行结果来看,效果还不尽如人意。比照西方发达国家的企业环境行为评价机制的运行现状来看,还有很大的完善空间。首先,我国可以借鉴西方发达国家运用赤道原则对企业环境行为进行引导的方法,用金融手段从侧面督促企业保护环境、降低污染、节约资源。目前来看,这种方法在我国已有基础,但是效果并不明显。2007 年,国家环保总局、中国人民银行、银监会三部门联合发布的《关于落实环境保护政策法规防范信贷风险的意见》提出,通过金融杠杆来解决国内日益艰巨的节能减排、保护环境的任务。该《意见》规定,各金融机构必须将企业环保守法纳入审批贷款的必备条件中,对未通过环境审批的项目,不得提供任何形式的授信支持。在此之后,各省市陆续出台了具体细则和实施方案。中国建设银行、中国工商银行、中国银行、国家开发银行、中国农业发展银行、兴业银行、浦发银行等金融机构纷纷响应,严格审批环境行为不符合规定的企业的贷款申请。但在现实的推进过程中,存在着审批不够严格,企业弄虚作假等情况。因此,在完善制度机制的同时要加强执法,从严监察。

其次,就企业环境信用评价的机构来看,我国主要是通过环保部门下属的专门机构来对企业的环境行为做考评打分。而国外的社会信用评价主体则不止局限于政府部门,相反,有些民间机构和组织由于其科学的方法和标准的规范而更具权威性,其评价结果受到社会的广泛认可。具体而言,有三种普遍运用的信用评价模式:一是以欧洲国家如德国、法国等为代表,以中央银行建立信贷登记中心为主体的公共模式;二是以美国为代表,以私营征信公司为主体的市场模式;三是以日本为代表的以行业协会为主体的会员制模式。在资本主义制度的影响下,发达国家普遍采取以具有公信力的第三方组织对企业进行信用评价的模式,而甚少以政府为评价主体。同时,在发达的市场经济下,发达国家的第三方组织发展比较成熟,具有对企业环境行为进行科学评分的能力,其评价结果也被社会普遍接受。相对而言,我国目前的环保行为评价制度还处在发展初期,各项制度还不够成熟,市场中并不存在能够对企业环保信用进行公正、规范、科学评价的权威机构,因此,只能由政府部门凭借其公信力和权威性对企业环保信用进行评价。但是,第三方主体的存在对我国目前的环保信用评价制度的完善和推行而言也是非常必要的。在环保信用评价办法试行过程中,仍然存在很多问题。因此,应该鼓励第三方主体进入环保信用评价中来,二者互相补充,以满足不同用户、不同层次的社会需求,丰富评价和监督机制。

当然,制度的健全并非朝夕之事。环保信用评价制度更需要在实践中查漏补缺,不断纠正错误，弥补不足，同时，好的制度关键在于落实。在生态文明制度建设过程中，必须做到政策与实际相结合，从严执法，严格执行环保信用评价制度，这样，才能真正解决突出环境问题，保障群众的基本环境权和国家生态安全，建设美丽中国。　　（张云飞，王凡）

12.21　环境影响评价（评估）制度

环境影响评价（评估）制度，指的是在进行对环境可能有影响的开发或建设活动时，对于这类活动可能给周边环境带来的影响，通过自然科学或社会科学的手段进行预测及评估，并拟定相应的防止或减少环境损害的有效措施、编制环境影响报告书或填写环境影响报告表，报环保部门审批通过后再进行有关开发和建设的过程的总称（环境影响评价和环境影响评估在这一制度上具有等同的意义，往往不加区别使用）。一般来讲，涉及农业、工业、林业、畜牧业、自然资源、能源、水利、交通、城市建设和旅游等开发有关的建设活动，都需要进行环境影响评价，填写环境影响报告书（表）报经环保部门审批。因此，环境影响评价书（表）的基本内容会包括建设项目所在地自然和社会环境简况和环境质量状况、建设项目工程分析、项目主要污染物产生及预计排放情况、环境影响分析、建设项目拟采取的防治措施及预期治理效果以及结论和建议等。具有环境影响评价资质的机构要经环保部按照《建设项目环境影响评价资质管理办法》审核确定。

环境影响评价制度主要涉及建设和施工等人类生产性活动。作为防止产生环境污染及生态破坏的有效法律措施，这一制度最早是由美国的《国家环境政策法案》（National Environmental Policy Act，NEPA）提出实施和推行的。该法案于1970年开始实施，首次规定了环境影响评价制度。法案要求所有政府部门在采取任何影响环境的重大联邦行动之前相应地考虑环境。在机场、建筑物、军事复合体、高速公路、园区采购和其他联邦活动被提出时，都需要遵循《国家环境政策法案》。环境评估（Environmental Assessments，EAs）和环境影响报告（Environmental Impact Statements，EISs）是对可供选择的行动方案的可能性影响的评估，对所有联邦机构都具有这类要求，也是NEPA最明确而基本的要求。根据《清洁空气法案》第309条，美国环保局负责审查其他联邦机构的环境影响报告书，并对提案行动的环境影响的充分性和可接受性提出意见。联邦机构可以决定绝对排除（CATEX）不适用于拟议提案，然后可以准备环境评估。环境评估决定了联邦行动是否有可能造成严重的环境影响，而每个联邦机构都采用了自己的NEPA程序来编写环境影响评价报告。一般来说，环境影响评估包括：提案、替代方案（当可用资源的替代用途出现未解决的冲突时）、拟议行动和替代方案的环境影响、已咨询的机构和个人的名单。如果机构确定该行动不会对环境产生重大影响，该机构将发布《无重大影响的意见》（FONSI）。FONSI是一份文件，说明该机构得出结论认为，在实施该行动时预计不会发生重大环境影响的原因。如果环评认为拟议的联邦行动将会对环境具有重大影响，则需要编制一份环境影响报告书。在美国环保局的网站上，还建有环境影响报告书的数据库等多项系统资料。随后，美国又通过几项法律对该法案的作用进行了进一步补充，完善了环境影响评估制度。美国的环境影响评估制度迫使联邦机构等行政机关将环境利益纳入行政决策的进程，要求行政机构在法律层面上就要开始考虑经济社会发展与环境保护之间的利益平衡，从而有效地保证了环境利益。美国环境评估制度对于世界上其他国家具有深远的影响，尤其是1992年的《里约宣言》也确认了这一制度的重要性，强调应该要由一个有关国家机关对可能会对环境产生重大影响的活动做出环境影响评估。日本环境省也实施环境影响评估制度，要求企业自主对项目进行环境影响调查、预测和评价并公布结果，同时听取国民、地方公共团体等的意见；根据所反映的意见，制定出更优的项目规划。环境省为了保证环保措施到位，对其环境影响评估手续进行进一步核查，同时对制度进行充实和强化。可以说，这一制度对世界各国建设环境影响评价制度都产生了深远的影响，值得参考和借鉴。

1979年，我国颁布《中华人民共和国环境保护法（试行）》，正式建立了环境影响评价制度。第六条明确规定，在进行新建、改建和扩建工程时，必须提出对环境影响的报告书，经环境保护部门和其他有关部门审查批准后才能进行设计。第七条规定，在老城市改造和新城市建设中，应当根据气象、地理、水文、生态等条件，对工业区、居民区、公用设施、绿化地带等做出环境影响评价。1981年5月，国家经济委员会、国务院环境保护领导小组、国家发展计划委员会和国家基本建设委员会联合下发了《基本建设项目环境保护管理办法》。其中，第四条规定，建设单位及其主管部门，必须在基本建设项目可行性研究的基础上，编制基本建设项目环境影响报告书，经环境保护部门审查同意后，再编制建设项目的计划任务书。这样，就把环境影响评价制度统筹纳入了基本项目审批程序。1986年，国务院环境保护委员会等部门下发《建设项目环境保护管理办法》，对环境影响评价的审批部门、程序、范围以及环评报告书等都做了相应的规定。2002年，我国颁布了《中华人民共和国环境影响评价法》，对建设项目环境影响评价等多方面问题进行了详细规定，是我国第一部专门、全面的环境影响评价法律文本。2015年4月，环境保护部部务会议修订通过了《建设项目环境影响评价资质管理办法》，对环评机构做了进一步的严格规定。此外，《中共中央 国务院关于加快推进生态文明建设的意见》进一步强调，要完善生态环境监管制度，健全环境影响评价、清洁生产审核、环境信息公开等制度，要求建立环境影响评价制度。《生态文明体制改革总体方案》则进一步明确，要健全建设项目环境影响评价信息公开机制，这样，环境影响评价制度将成为生态文明建设制度体系的重要组成部分。2016年11月，《"十三五"生态环境保护规划》进一步指出，推进战略和规划环评，加强项目环评和规划环评联动，建设四级环保部门环评审批信息联网系统，严格规划环评责任追究，加强对地方政府和有关部门规划环评工作开展情况的监督。从建设项目环评到规划项目环评，再到对于环评责任追究等制度内容的建立，体现了我国在环境影响评价制度建设方面的不断进步。

当然，我国在进行环境影响评价制度建设时，还有很多方面有待进一步改进。尽管有了相应的政策体系和法律制度的架构，但在实际推进环境影响评价时，还有落实不到位甚至忽略环境影响评价的情况，包括专家论证与公众参与得不充分。《环境影响评价法》第五条明确规定，国家鼓励有关单位、专家和公众以适当方式参与环境影响评价。第十一条规定，专项规划的编制机关对可能造成不良环境影响并直接涉及公众环境权益的规划，应当在该规划草案报送审批前，举行论证会、听证会，或者采取其他形式，征求有关单位、专家和公众对环境影响报告书草案的意见。四川什邡、江苏启东等环境群体性事件，正是企业和一些地方政府忽略环评的真正程序和意义所导致的社会不和谐事件。因此，如何真正有效落实环境影响评价制度，还有待进一步予以完善。

　　未来，在建立和完善环境影响评价制度时，可以从以下几个方面着手。一方面，加强环境影响评价的专家参与论证、公众参与监督的程序，尤其是在增加公众知情权方面，要进一步完善。另一方面，在环境影响评价报告书的内容当中，进一步完善资源、环境和生态整体利益的考量，包括对于空气等环境要素的影响，都应该纳入考虑范围。随着我国生态文明建设的推进，环境影响评价制度将发挥越来越重要的作用。　　　　　（张云飞，周鑫）

12.22　生态保护修复和污染防治区域联动机制

　　党的十八届三中全会提出，要改革生态环境保护管理体制，建立陆海统筹的生态系统保护修复和污染防治区域联动机制。所谓生态保护修复和污染防治区域联动机制，指的是在探索生态环境保护部门体制改革的进程中，综合污染防治、生态修复和生态保护等任务和职能，建立起来的一种陆地、海洋领域相统筹的一种跨地区、跨领域的联动机制，其根本目的是增强区域及流域环境治理和生态保护的统筹协调能力、监督管理能力以及生态共建能力。生态系统具有整体性的特征。这就决定了生态保护修复和污染防治必须统筹陆地与海洋，打破传统区域界限，控制陆地污染、提高海洋污染防治能力，进而把陆地污染防治和海洋环境保护相结合，促进森林、湿地和海洋等重要生态系统要素的保护和修复，提升海、陆生态环境保护的互动能力。此外，环境问题往往是跨地域性的，尤其是近些年，流域和区域复合污染日趋严峻，而针对流域、区域统筹环境监管的机制还没有建立起来，区域合作的法律依据、政策指导都相对匮乏，导致跨地区环境问题的应对和解决举步维艰。生态保护修复和污染防治区域联动机制，主要针对的就是过去各地环境保护职能分散、缺乏统一监督和统筹协调的问题而提出来的。

　　在防治污染和生态修复的区域联动问题上，一些国家的经验值得参考和借鉴。例如美国从 20 世纪 70 年代开始，对于海域环境保护就开始了一体化管理与协调。1972 年，美国国会通过了《海岸带管理法》(Coastal Zone Management Act)，因为国会意识到通过这项法案对于应对沿海地区持续增长的挑战的重要性。这项法案由国家海洋和大气管理局管理，规定了管理国家沿海资源包括五大湖。其目标是"保育、保护、发展，并在可能的情况下，恢复或增强国家沿海地区的资源"。《海岸带管理法》强调三项国家计划，即，国家海岸带管理计划(旨在通过州和领海沿岸的管理计划平衡相互竞争的土地和水问题)、国家河口研究储备系统(作为现场实验室，提供对于河口地区的更好地了解，以及人类是如何影响这一地区的)、沿海和河口土地保护计划(向州和地方政府提供配套资金来购买受威胁的沿海和河口土地，或获得保育地役权)。国家海洋和大气管理局按照《海岸带管理法》的要求，对州和领海管理计划以及国家河口研究储备系统进行定期评价，评价需要评估成就和需要，以及方案改进的建议。而公众则有机会提供书面意见或参加公开会议，最终形成的报告对进程和结果进行总结。美国的《海岸带管理法》是世界上第一部综合性沿海地区管理法律，使美国对海岸带进行综合管理作为政府活动具有了法律赋权，因此，具有重要的里程碑意义。而美国对于沿海地区综合管理的实践经验，对于我国建立陆海统筹的生态保护修复和污染防治区域联动机制具有重要的参考价值。此外，从管理体制上，促进地方协调与合作，有利于形成区域联动的环保体制。这方面，加拿大具有比较完备的经验可以参考。加拿大地方政府合作具有比较长的历史，设置了很多独立的议事协调机构，面对和处理许多地方共同事务。1961 年，加拿大成立环境部长理事会(Canadian Council of Ministers of the Environment，CCME)。该理事会主要涉及国家和国际关注的环境问题，由联邦、省和地区政府的环境部长组成，是倡导集体行动的主要部长主导的政府间论坛。理事会目前共有 14 位部长，每年至少开会一次，讨论国家环境优先事项，并确定在理事会主持下开展的工作。理事会的议事重点是加拿大范围内的问题。由于环境在宪法上是共同管辖的领域，因此通过这种合作实现积极的结果是有意义的。14 个不同政府部门的利益由这 14 位部长代表，理事会将共识决策作为其基本运作原则之一，注重通过合作行动来实现环境目标，以最大限度地提供解决分歧的机会。此外，理事会还及时向公众提供信息，并开展适当的磋商，为利益相关者提供有意义的参与，且每位部长在其任期和管辖范围内向公众提供相关咨询。而理事会也会定期审查其工作的结果和有效性，以确保其继续满足每位部长(及其代表地区)的需求和优先事项。该理事会目前的工作组包括空气管理委员会、气候变化委员会、土壤质量指南任务组、废物管理任务组和水管理委员会。而理事会目前的优先工作范畴，包括减缓和适应气候变化，制定和实施空气质量管理，水的管理以确保加拿大人获得安全饮用水，保持生态系统的完整性，开发工具和数据以及最佳做法以帮助减少和回收废物，提升管理受污染场地的管辖能力。此外，理事会还负责就加拿大的标准作报告，监测加拿大范围内城市污水排放战略的实施情况等。由此可见，加拿大的环境部长理事会制度，事实上既涉及了陆海统筹，也涉及了地区合作；既涉及生态保护，也涉及污染防治。因此，在我国建立生态保护修复和污染防治区域联动制度过程中，可以充分参考加拿大的相关制度，予以吸收借鉴。

我国在进行陆海统筹的生态系统保护修复以及污染防治区域联动机制方面，已经进行了一些有益探索。1978 年开展的三北防护林工程，就是典型的区域联动和生态保护修复工程。此外，2010 年，环保部印发的《中国生物多样性保护战略与行动计划》(2011~2030年)提出了我国未来 20 年生物多样性的总体保护目标和优先行动，有效推动了生态系统的保护和修复。其中，规定了内陆陆地和水域生物多样性保护优先区域，以及海洋与海岸生物多样性保护优先区域；同时，要求完善跨部门协调机制，加强国家和地方管理机构之间的沟通和协调，建立打击破坏生物多样性违法行为的跨部门协作机制；加强生物多样性保护优先区域内的自然保护区建设，优化空间布局，提高自然保护区间的联通性和整体保护能力，等等。2015 年 4 月，国务院印发《水污染防治行动计划》。该《计划》规定，要加强部门协调联动，建立全国水污染防治工作协作机制，定期研究解决重大问题。要完善流域协作机制。健全跨部门、区域、流域、海域水环境保护议事协调机制，发挥环境保护区域督查派出机构和流域水资源保护机构作用，探索建立陆海统筹的生态系统保护修复机制。

此外，近两年，在有关生态文明建设的指导性文件当中，明确提及了建立生态保护修复和污染防治区域联动机制。例如，2015 年，《中共中央 国务院关于加快推进生态文明建设的意见》中提到，要完善生态环境监管制度，建立生态保护修复和污染防治区域联动机制。《生态文明体制改革总体方案》则将建立污染防治区域联动机制作为生态文明体制改革的重点内容之一。《方案》要求完善京津冀、长三角、珠三角等重点区域大气污染防治联防联控协作机制，其他地方要结合地理特征、污染程度、城市空间分布以及污染物输送规律，建立区域协作机制。在部分地区开展环境保护管理体制创新试点，统一规划、统一标准、统一环评、统一监测、统一执法。开展按流域设置环境监管和行政执法机构试点，构建各流域内相关省级涉水部门参加、多形式的流域水环境保护协作机制和风险预警防控体系。建立陆海统筹的污染防治机制和重点海域污染物排海总量控制制度。完善突发环境事件应急机制，提高与环境风险程度、污染物种类等相匹配的突发环境事件应急处置能力。2015 年 11 月，京津冀三地环保部门协商建立了环境执法联动机制，在发生跨区域、流域环境污染或空气质量重污染等时期，京津冀三地环保部门将开展联动执法，共同打击区域内环境违法行为，推动环境质量改善。同年 12 月 6 日，受空气重污染影响，京津冀三地环保部门启动了环境执法联动机制，在各自区域内按照统一的方案针对秋冬季节污染物排放等问题，开展统一执法行动。这也是京津冀环境执法联动机制建立以来首次正式启动三地环境执法联动工作。

在建立生态保护修复和污染防治区域联动机制方面，虽然已经取得了一些进步，但是，还缺乏整体的规划机制和详细的行动方案。目前，还只是在个别试点地区和个别生态领域进行制度探索，因此，还缺乏针对全国的、陆海统筹的生态保护修复区域联动机制和陆海统筹的污染防治区域联动机制。此外，配套法律还不充分，法治基础尚不够健全，对于联动机制的法律支撑还不够。

未来，在建立生态保护修复和污染防治区域联动机制方面，还需要做好以下几方面的工作：第一，做好顶层制度设计，建立和完善陆海统筹的生态保护修复和污染防治区域联动机制。第二，加强区域联合执法力度，在区域合作网络内，对于违法行为进行联合查处。第三，加强大数据建设，建立生态信息共享平台，做到生态保护信息和污染防治数据的互换共享。第四，在污染防治方面，建立区域污染监测网络和预警体系，促进综合防治和管理模式的建立和完善。

(张云飞，周鑫)

12.23　生态环境损害赔偿制度

生态环境是公有资源，也是人们生存和生活所必需的基本要素。因此，人们享有在安全、和谐的生态环境下生存和发展的权利。这样，如果存在破坏生态环境的行为，事实上产生的结果不仅是对生态系统的破坏，更是对人们生存权、发展权和环境权的损害。因此，我国近些年开始逐步构建生态环境损害赔偿制度，这一制度的宗旨和目标就是为了保障人民群众的生态权益。所谓生态环境损害赔偿制度，就是将生态损害行为、生态损害范围和生态损害结果予以确定，依据相关法律和制度标准对生态损害行为做出评估，并通过生态恢复、损害赔偿等措施实现生态救济，保障人们的生态权益。生态环境损害赔偿制度有利于促使破坏生态环境的违法企业承担应有的赔偿责任，促进受损生态环境得到及时的修复和保护，从而改变以往企业污染、公众受害、政府埋单的不良局面。

在国外，生态环境损害赔偿也经历了从法律到制度的建构过程。在美国，构成生态环境损害赔偿的法律依据涉及多部法律文本。一部是《清洁水法》（Clean Water Act，CWA），其基础是1948年颁布的《联邦水污染控制法》。1972年美国对后者进行了重大重组和扩展，《清洁水法》成为对这部法律的通称。这部法律规定了保障公民享有清洁水资源的权利，规定了很多对于水污染的处理办法及损害赔偿等相关内容。此外，在海洋生态损害中，海洋溢油是污染最重、影响最宽的一类。所以，如何进行海上溢油的生态赔偿，也是生态损害赔偿的重点领域。美国环保局是美国内陆水域发生溢油的主要联邦反应机构，而海岸警卫队是沿海水域和深水港口发生泄漏事件的主要应急机构，前者的首要任务之一就是防止、准备和应对在美国内陆及其周围发生的石油泄漏事件。1990年，美国通过了著名的《石油污染法》（Oil Pollution Act，OPA），简化和加强了美国环保局防止和应对灾难性石油泄漏的能力。该法案要求储油设施和船舶方向联邦政府提交计划，详细说明它们将如何应对大型排放；与此同时，由石油税提供资金的信托资金可用于在责任方无能力或不愿意清理石油泄漏时完成环境修复和保护的工作；法案对于海洋溢油的预防和处理机制、油污损害责任和赔偿等做出了详细规定。此外，在土地污染修复和生态损害赔偿方面，1980年12月，美国国会颁布的《综合环境反应、赔偿和责任法》（Comprehensive Environmental Response，Compensation，and Liability Act，CERCLA，俗称《超级基金》）确立的"超级基金制度"，成为美国推动受污染土地治理和修复以及生态损害赔偿的有力法律武器。CERCLA对释放或可能危及公共卫生和环境的有害物质提供直接的联邦回应，法案明确规定了负责在这些场址释放危险废物的人的责任，并设立一个信托基金，以便在无法确定责任方时对受污土地提供清理。法案对化学和石油工业征税，其他资金来源含常规拨款、从污染者处追讨的修复和管理费用以及其他投资收入等。法案通过五年后，即征集了16亿美元，税款转到了一个信托基金，用于清理废弃或不受控制的危险废物场址。目前，超级基金的主要来源是联邦的常规拨款。该法案最明显的特点是：其一，环保局被赋予绝对权力，在敦促责任方以及开展受损土地修复时具有绝对权威；其二，超级基金来源清晰，运作明确；其三，对污染行为规定连带责任和追本溯源，且责任为无限责任。这样，就为土地损害赔偿和生态修复提供了明确的保障。此外，芬兰对于环境损害赔偿也有严格的立法和规定。根据芬兰《环境保护法》，恢复污染环境的责任主要在于造成损害的一方，监督机构可以采取措施恢复受污染的环境；对个人和财产损失以及恢复工作的费用的赔偿由《环境损害赔偿法》（Act on Compensation for Environmental Damage）规定，而非一般性的立法。芬兰《环境损害赔偿法》颁布于1994年，其中对于赔偿主体、赔偿程序、赔偿责任等做了明确规定，有助于在生态环境损害赔偿中发挥法律支撑的作用。

目前，我国对于生态环境损害赔偿的立法，具有一些基础性规定。1982年通过的《中华人民共和国海洋环境保护法》第四十一条规定，凡违反本法，造成或者可能造成海洋环境污染损害的，本法第五条规定的有关主管部门可以责令限期治理，缴纳排污费，支付消除污染费用，赔偿国家损失；并可以给予警告或者罚款。第四十二条规定，因海洋环境污染受到损害的单位和个人，有权要求造成污染损害的一方赔偿损失。1986 年通过的《民法通则》第一百二十四条规定，违反国家保护环境防止污染的规定，污染环境造成他人损害的，应当依法承担民事责任。此外，在政策上，目前我国已经具有了一定的制度模型。2012 年，党的十八大明确指出，要加强环境监管，健全生态环境损害赔偿制度。2013 年，《中共中央关于全面深化改革若干重大问题的决定》强调，要实行最严格的源头保护制度、损害赔偿制度、责任追究制度，完善环境治理和生态修复制度，用制度保护生态环境。2015 年，《中共中央 国务院关于加快推进生态文明建设的意见》指出，要基本形成源头预防、过程控制、损害赔偿、责任追究的生态文明制度体系。《生态文明体制改革总体方案》明确要求严格实行生态环境损害赔偿制度。强化生产者环境保护法律责任，大幅度提高违法成本。健全环境损害赔偿方面的法律制度、评估方法和实施机制，对违反环保法律法规的，依法严惩重罚；对造成生态环境损害的，以损害程度等因素依法确定赔偿额度；对造成严重后果的，依法追究刑事责任。为了贯彻和落实《生态文明体制改革总体方案》对于建立生态环境损害赔偿制度的设计，2015 年 12 月，我国出台了《生态环境损害赔偿制度试点方案》。试点方案的基本目标，就是通过试点逐步明确生态环境损害赔偿范围、责任主体、索赔主体和损害赔偿解决途径等，形成相应的鉴定评估管理与技术体系、资金保障及运行机制，探索建立生态环境损害的修复和赔偿制度。该试点方案要求 2015 年至 2017 年，选择部分省份开展生态环境损害赔偿制度改革试点。从 2018 年开始，在全国试行生态环境损害赔偿制度。到 2020 年，力争在全国范围内初步构建责任明确、途径畅通、技术规范、保障有力、赔偿到位、修复有效的生态环境损害赔偿制度。2016 年 11 月，《"十三五"生态环境保护规划》进一步指出，要建立健全生态环境损害评估和赔偿制度。推进生态环境损害鉴定评估规范化管理，完善鉴定评估技术方法。要在 2017 年底前，完成生态环境损害赔偿制度改革试点，以及 2020 年初步构建我国的生态环境损害赔偿制度。

尽管我国已经从生态环境损害赔偿制度的顶层设计上做了不少工作，但是纵观这一制度的设计与运行，还有很多不足之处，需要加快弥补和完善。一方面，涉及生态环境损害赔偿的法律只有几项法律的寥寥数语，还没有生态环境损害赔偿方面的专门法律法规。这就导致出现生态环境损害时很难从法律上充分地寻求赔偿依据，群众身体权益无法切实保障。另一方面，我国对于生态环境损害赔偿的评估标准、评估技术体系以及量化手段等还不够健全，难以在应对生态环境损害事件时予以充分评估。

因此，在建立和完善生态环境损害赔偿制度方面，可以考虑从以下几方面加强设计和规划。第一，加强生态环境损害赔偿方面的基础理论、技术标准的研究，不仅涉及受损群众人身和财产、生态环境的质和量的评估，还要研究对于资源和生态环境的间接破坏的评估，从而最大限度地保障资源环境和人民群众的生态权益。第二，加强生态环境损害赔偿立法工作，抓紧出台《生态环境损害赔偿》专项法律，明确个体责任和义务、明确司法处理和行政处理的关系、明确生态环境损害赔偿的具体标准和进程；考虑建立生态环境损害赔偿信托基金。第三，加强相关法律、经济和环境等领域人才队伍建设，培养一批生态环境损害赔偿领域的专家和技术人才。第四，加强公众参与，引导公众了解生态环境损害赔偿的法律、程序以及权、责、利等，促进公众参与和支持生态环境损害赔偿，这样，有利于形成全社会共建生态环境、共享生态文明的局面。

（张云飞，周鑫）

12. 24 环境信息公开制度

环境信息公开制度是生态文明制度体系的重要构成部分，主要是指政府或企业依法就有关环境的政策、工程建设或环境行为等事项公布涉及环境的有关信息，让公众享有环境知情权并能够参与监督，从而充分意识到他们面对的环境风险，并做出适当调整来确保其环境权益的实现。环境信息公开的主体，主要涉及政府和企业，包括政府环境信息公开和企业环境信息公开。前者主要指环境保护部门在实施环境管理权力、履行环境保护职责时掌握并留存的环境信息。后者指企业保存的、与其经营活动相关的环境行为及其产生的环境影响的信息。环境信息公开制度的建立，有利于促进政府依法行政、企业依法开展经济活动以及公众维护自身环境权益，有利于消除社会矛盾隐患，建设环境友好型社会。

在环境信息公开制度的建设方面，很多国家都具有比较早的探索经验。在美国，1967年通过的《信息自由法》(The Freedom of Information Act, FOIA)规定了公民有权从联邦政府那里获取信息，为公众提供了从任何联邦机构请求访问记录的权利。除了有关国家安全和执法以及个人隐私等九条豁免，联邦机构必须根据《信息自由法》披露公民所要求知晓的任何信息。这部法律为美国环境信息公开奠定了基本的法律基础。1969年出台的《国家环境政策法案》，要求联邦机构将环境问题纳入决策进程予以考虑，这一立法使社会公众参与对环境有重大影响的联邦行动具有了基础性法律保障，当然这部法律主要是针对政府机构的。此外，《清洁水法》要求企业要向环保主管机构依法报告其环境行为信息。1986年的《应急规划和社区知情权法案》(The Emergency Planning and Community Right-to-Know Act, EPCRA)旨在帮助社区规划化学紧急情况，它还要求企业向联邦、州和地方政府报告有害物质的储存、使用和释放；社区的"知情权"(Community Right-to-Know)条款有助于增加公众对各个设施的化学品信息及其使用和释放到环境中的有关信息的了解和获取。国家和社区以及企业合作，可以利用这些信息改善化学品安全，保护公众健康和环境。尽管近些年，美国的很多企业抱怨在披露环境信息的同时有可能会泄漏企业机密，但是经过一系列立法，公众依然可以向国家环保局、企业以及一些环境非政府组织要求公开相关环境信息，享有环境知情权和参与权。1992年，《里约环境与发展宣言》指出，环境议题最好得到有关各方公民的参与：每一个人都应能适当地获得关于环境的资料，或是由公共部门，包括自己的社区的有害材料和运动的信息，并有机会参与环境议题的决策过程，各国应促进和鼓励公众认识和参与决策。可以说，这为近些年各国开展环境信息公开制度的建设提供了一个范本。1998年6月25日，联合国欧洲经济委员会起草的《在环境领域获取信息、公众参与决策和诉诸司法的公约》(Convention on Access to Information, Public Participation in Decision-Making and Access to Justice in Environmental Matters)在丹麦奥胡斯市通过(俗称"奥胡斯公约"，the Aarhus Convention)，公约规定了公众(包括个人及其协会)在环境方面的一些权利，即人人有权获得公共当局持有的环境信息的权利(即获取环境信息)，包括环境状态、所采取的政策和措施以及人类健康和安全的状态；申请人有权在请求后一个月内获得此信息，而无需说明为什么需要这些信息。此外，当局有义务积极传播其拥有和掌握的环境信息。欧洲委员会在 2003 年通过了关于《奥胡斯公约》的第一和第二个支柱指令。其一是 2003 年 1 月 28 日制定的《关于公众获取环境信息和废止 90/313 指令的 2003/4 指令》（Directive 2003/4/EC of the European Parliament and of the Council on Public Access to Environmental Information and Repealing Council Directive 90/313/EEC），其二是 2003 年 5 月 26 日通过的 2003/35/EC 号指令，该指令规定公众参与制定与环境有关的某些计划和方案，以及修改公众参与和诉诸司法的权利。公众参与环境决策和了解环境信息的权利还可以在其他一些指令中找到。总体上，《奥胡斯公约》以及 2003 年通过的这两项指令，构成了欧盟地区公众环境信息知情权的法律基础和框架，而政府和企业亦需要依据这些法律文本和指令履行公开环境信息的职责和义务。

我国在环境信息公开制度的建设上，也取得了一系列成绩。2007 年 4 月，国务院公布了《中华人民共和国政府信息公开条例》。该《条例》规定，县级以上人民政府应当依照条例重点公开一系列政府信息。其中，第十条第十一款即为环境保护的监督检查状况。当时的环境保护总局（现为环境保护部）依照《政府信息公开条例》和《清洁生产促进法》及其他相关规定，随后制定了《环境信息公开办法（试行）》，规定了环境信息公开的主体及组织机构、政府环境信息公开的方式和程序、企业环境信息公开的范围等内容。这为我国政府环境信息公开奠定了一定的法制基础。2014 年修订的《中华人民共和国环境保护法》第五十三条规定，公民、法人和其他组织依法享有获取环境信息、参与和监督环境保护的权利。各级人民政府环境保护主管部门和其他负有环境保护监督管理职责的部门，应当依法公开环境信息、完善公众参与程序。为了进一步维护《中华人民共和国环境保护法》等法规对于公民、法人和其他组织享有获取环境信息等权利，2014 年底，环境保护部审议通过了《企业事业单位环境信息公开办法》，对于企业事业单位环境信息公开的相关内容进行了详细规定。

西方国家环境信息公开制度的建立，往往走的是自下而上的路线，政府被动公开环境信息；我国则是自上而下的，政府将环境信息公开作为一系列规范的重心，要求政府公开相关环境信息、鼓励公众积极参与环境建设，因此，不同于一般国家环境信息公开制度的建立过程。在建立环境信息公开制度的法制基础上，我国还进行了一系列政策方面的探索和指导。2015 年，《中共中央 国务院关于加快推进生态文明建设的意见》明确要求要健全环境信息公开等制度。完善公众参与制度，及时准确披露各类环境信息，扩大公开范围，保障公众知情权，维护公众环境权益。随后，《生态文明体制改革总体方案》中强调了要建立健全环境信息公开制度。《方案》要求全面推进大气和水等环境信息公开、排污单位环境信息公开、监管部门环境信息公开，健全建设项目环境影响评价信息公开机制。健全环境新闻发言人制度。引导人民群众树立环保意识，完善公众参与制度，保障人民群众依法有序行使环境监督权。建立环境保护网络举报平台和举报制度，健全举报、听证、舆论监督等制度。通过一系列细则明确健全环境信息公开制度的整体框架。2016 年底，《"十三五"生态环境保护规划》进一步要求强化信息公开。建立生态环境监测信息统一发布机制。全面推进大气、水、土壤等生态环境信息公开，推进监管部门生态环境信息、排污单位环境信息以及建设项目环境影响评价信息公开。各地要建立统一的信息公开平台，健全反馈机制。同时，要求建立健全环境保护新闻发言人制度。2017 年 10 月，党的十九大报告提出，必须强化信息强制性披露制度。这样，从加强顶层设计到强化具体规划，进一步完善了环境信息公开制度。

尽管我国已经逐渐开始重视并加强环境信息公开制度的建设，但是，目前还存在一些问题亟须解决。其一，政府主动公开环境信息，虽然有利于政府转变职能和服务理念，但是，在实践中由于可能受到政府自身利益的影响，容易使环境信息公开缺乏动力，甚至只选择公布积极、正向的信息，而涉及负面影响的则不愿主动公开。因此，如何在实践中规避这一现象，值得研究。其二，针对政府环境信息公开和企事业环境信息公开，目前还仅限于国务院出台的几部条例，还缺乏一部系统的、专门的环境信息公开法。第三，对于公众的环境信息知情权宣传力度还不够，公众更多时候还处于被动接受信息的状态。

因此，建立环境信息公开制度，还需要从以下几方面加强努力：第一，研究环境信息公开立法，从专项法律建设的角度，为环境信息公开制度谋求有力的法制基础。第二，将环境信息公开制度和其他生态文明制度，如生态环境监管制度、环境影响评价制度以及政府部门考核的相关制度联系起来，通过制度规范制度，从而督促环保部门和地方政府加强环境信息公开制度建设，使主动公开更有实践意义。第三，应进一步推动信息强制性披露，除非关乎国家安全和经济安全，任何单位和个人不得阻止信息披露；同样，任何单位和个人不得以商业秘密和国家安全为借口，阻挠环境信息披露。第四，加强公众宣传，引导公众积极了解环境信息，从而更加积极主动参与政府和企事业的环境行为、保障自身环境权益，克服社会不和谐因素，共建共享生态文明。

（张云飞，周鑫）

12.25　生态环境监管制度

生态环境监管制度是整个生态文明制度建设工程的重要一环，也为生态文明建设提供了重要的保障。所谓生态环境监管制度，主要指的就是政府环境主管机构（公民、法人和其他组织具有举报监督权）为了维护国家生态安全，对于自然资源和生态环境进行监测与管理的制度。完善的法律、有效的监管技术和工具、各项协调机制等是否完善和合理，都对生态环境的监管具有决定性作用。1989 年颁布的《中华人民共和国环境保护法》第七条规定，国务院环境保护行政主管部门，对全国环境保护工作实施统一监督管理；县级以上地方人民政府环境保护行政主管部门，对本辖区的环境保护工作实施统一监督管理；国家海洋行政主管部门、港务监督、渔政渔港监督、军队环境保护部门和各级公安、交通、铁道、民航管理部门，依照有关法律的规定对环境污染防治实施监督管理；县级以上人民政府的土地、矿产、林业、农业、水利行政主管部门，依照有关法律的规定对资源的保护实施监督管理。这种生态环境监管模式也比较符合当时的经济社会发展特点，因为当时整体社会环保意识还不强，环境监管难度较大、环境监管水平还不高，多头管理是必然的趋势，因此，当时我国的生态环境监管体制主要是环保部门统一监管、相关部门分工负责以及地方机构负责相结合的责任机制和监管模式。2014 年新修订的《中华人民共和国环境保护法》第十条规定，国务院环境保护主管部门，对全国环境保护工作实施统一监督管理；县级以上地方人民政府环境保护主管部门，对本行政区域环境保护工作实施统一监督管理。县级以上人民政府有关部门和军队环境保护部门，依照有关法律的规定对资源保护和污染防治等环境保护工作实施监督管理。第二十四条明确规定，县级以上人民政府环境保护主管部门及其委托的环境监察机构和其他负有环境保护监督管理职责的部门，有权对排放污染物的企业事业单位和其他生产经营者进行现场检查。第五十七条规定，公民、法人和其他组织发现地方各级人民政府、县级以上人民政府环境保护主管部门和其他负有环境保护监督管理职责的部门不依法履行职责的，有权向其上级机关或者监察机关举报。这事实上显示了经过二十余年的实践，我国的生态环境监管模式发生了很大变化；尽管我国环境监管工作形势更为复杂，但环境保护行政主管部门的专业程度和监管权限在增加，生态环境监测和管理水平已经有了很大提升。

在生态环境监管制度建设方面，随着经济社会形势的发展和资源、生态环境情况的变化，各国都在不断地探索和调整过程中，并且表现出了一些典型的特征。一方面，生态环境监管的范围不断扩大。随着近些年生态安全的概念不断强化以及资源和生态环境状况的不断变化，各国逐渐加强了生态环境监管力度，也逐渐调整了生态环境监管的范围。传统生态环境监管，仅限定于污染物排放等领域；近些年，生态环境监管的范围逐渐扩展到了化学物质的复杂监测、转基因物种的严格监测、外来物种的防范以及核安全防范等。例如，日本环境省认为，当今社会有数万种化学物质，物质销毁时也会产生许多化学物质，这些化学物质在生产和日常生活中广泛应用，在为经济社会发展做贡献的同时，也带来了巨大的环境污染，对人类健康和生态系统造成极其不良的影响，即产生所谓的"环境荷尔蒙"问题。因此，日本环境省非常重视对化学物质的环境实态监测以及化学物质的环境风险评估等方面的工作。日本目前已经具有对化学物质进行严格监管的《有关化学物质审查及限制制造等的法律》(简称《化审法》)，对于新制造和新进口的化学物质进行严格的事前审查，并根据其有害性程度，进行必要的限制等。同时，还通过一系列制度进行化学物质的配套监管，如 2001 年开始实施的污染物释放和转移注册制度(Pollutant Release and Transfer Register)，即企业把握可能有害的化学物质的排放量及移动量，并进行申请，同时每年度与国家推算的排放量一起进行统计公布的机制；通过这一制度进行数据的公布，让公众了解具体信息，督促企业进行自主管理。此外，日本环境省还推进风险通报制度，让行政部门、市民和产业界等所有方面共享有关化学物质及其环境风险的有关信息，推进信息互通的风险通报制度，全社会沟通监管化学物质及其风险。另一方面，生态环境监管机构不断整合，协调运行机制不断完善。例如，美国在 20 世纪 70 年代成立国家环保局(EPA)后，其监管环境的权力通过法律赋权的形式不断加强，统领联邦及国土范围内的诸多环境事务；与此同时，EPA 在其统一监管的形式下，还运用了分工负责的方法，例如，农业部下设的农业服务局也有相应的机构负责土地的环境监管问题，防治固体和医疗垃圾污染等。这样，将 EPA 的统一监管和各部门分工负责相结合，逐步完善了生态环境监管的制度。

我国在生态环境监管方面，也在不断探索和完善一套相对科学的生态环境监管制度。2013 年，《中共中央关于全面深化改革若干重大问题的决定》中指出，要改革生态环境保护管理体制。建立和完善严格监管所有污染物排放的环境保护管理制度，独立进行环境监管和行政执法。《决定》对于生态环境监管的执法建设和独立性做出了明确规定。2015 年，《中共中央 国务院关于加快推进生态文明建设的意见》明确指出：要完善生态环境监管制度，与污染物排放许可制度、落后工艺设备和产品的淘汰制度、企业事业单位污染物排放总量控制制度、环境影响评价制度和环境信息公开制度等制度建设相配套，从而加强生态环境监管。随后，在《生态文明体制改革总体方案》中进一步强调，生态文明体制改革的目标之一，就是构建监管统一、执法严明、多方参与的环境治理体系，着力解决污染防治能力弱、监管职能交叉、权责不一致、违法成本过低等问题。而解决这一系列问题的重要手段，就是要进行大部制改革，完善生态环境监管制度的各方面机制。《方案》要求建立和完善严格监管所有污染物排放的环境保护管理制度，将分散在各部门的环境保护职责调整到一个部门，逐步实行城乡环境保护工作由一个部门进行统一监管和行政执法的体制。有序整合不同领域、不同部门、不同层次的监管力量，建立权威、统一的环境执法体制，充实执法队伍，赋予环境执法强制执行的必要条件和手段。完善行政执法和环境司法的衔接机制。2016 年 11 月，《"十三五"生态环境保护规划》再一次明确提出，要加强环境监管执法能力建设。实现环境监管网格化管理，优化配置监管力量，推动环境监管服务向农村地区延伸。完善环境监管执法人员选拔、培训、考核等制度，充实一线执法队伍，保障执法装备，加强现场执法取证能力，加强环境监管执法队伍职业化建设。实施全国环保系统人才双向交流计划，加强中西部地区环境监管执法队伍建设。到 2020 年，基本实现各级环境监管执法人员资格培训及持证上岗全覆盖，全国县级环境执法机构装备基本满足需求。由此可见，如何有效实行生态环境监管，加强环境监管执法建设是重中之重，也是未来生态环境监管制度建设的基础保障之一。2017 年 10 月，党的十九大报告提出，要改革生态环境监管体制，完善生态环境管理制度。

当然，目前在生态环境监管实践当中，还存在一些突出问题，成为建设生态环境监管制度的障碍，如生态环境监测监管数据的有效性和统一性不完善、生态环境监管执法不严、公众参与不够等。针对这些问题，未来要从以下几个方面努力：其一，未来要加强生态环境监测监管的大数据建设，形成全国统一的数据规划和管理。2015 年 7 月，国务院办公厅下发了《生态环境监测网络建设方案》，重点解决我国生态环境监测网络存在范围和要素覆盖不全，建设规划、标准规范与信息发布不统一，信息化水平和共享程度不高，监测与监管结合不紧密，监测数据质量有待提高等突出问题。这样，通过加强生态环境监测网络建设，为统一规划布局监测网络、强化监测质量监管、提高生态环境监测监管水平提供了坚实的保障。其二，针对生态环境监管的法治基础不牢，以及监管执法存在执法不严格、执法不规范等问题，要进一步加强生态环境监管法治队伍和法治环境建设，加强生态环境守法、执法建设。2014 年年底，国务院办公厅下发了《关于加强环境监管执法的通知》，要求严格依法保护环境，推动监管执法全覆盖，对破坏生态环境的行为"零容忍"；与此同时，要求健全执法责任制，规范行政裁量权，强化对监管执法行为的约束。这样，通过从加强生态环境监管的执法主体、执法客体和执法程序等方面入手做好法律工作，可完善法治环境，从而可建立并巩固生态环境监管的法治基础。其三，要设立自然生态监管机构，统一行使国土空间用途管制和生态保护修复职责，统一行使监管城乡各类污染排放和行政执法职责。其四，以往生态环境监管更多是政府环保主管部门在做，而公众参与较少。未来，在加强环境信息公开制度建设的基础上，还要加强公众参与生态环境监管的工作建设，从而形成企事业单位自我加强生态环境责任建设、政府环保主管部门主动加强生态环境监测监管、公众积极参与生态文明监管的格局，形成全社会共建共享美好生态环境的局面。

（张云飞，周鑫）

相关生态学名词解释

一、生理生态学、行为生态学、进化生态学

生态因子与环境因子

生态因子是指对生物生长、发育、生殖、行为和分布等生命活动有直接或间接影响的环境因子。生态因子可依其性质归纳为五类：气候因子、土壤因子、地形因子、生物因子、人为因子。生态因子中对生物生长、发育、繁殖或扩散等起限制作用的关键性因子，称为限制因子。

环境因子则是指生物体外部的全部环境要素。其中，引起生物生殖、换羽、迁徙等过程的直接环境因子称为近因，又称直接原因；在物种进化过程中对于保证物种生存和繁衍有决定性意义的环境因子称为远因，又称终极导因或最终原因。

利比希最低量法则

又称"利比希最小因子定律"。该法则认为，植物的生长发育及整个健康情况都取决于那些处于最少量状态的必需的营养成分。现在这个概念已经扩展为关于所有生物限制因子的一般模型，并被通俗地称为短板理论。

谢尔福德耐受性定律

生物在一个地区的出现和成功生存依赖于气候、地质和生物需求等复合条件所满足的程度，接近生物耐受极限的任何一种因子无论在数量和质量上的不足还是过剩都会影响生物的生存。

胁迫与适应

胁迫是指条件不利于生物生长、繁殖的环境状况。

适应是指生物面对所有的环境胁迫所采取的降低生理压力的改变。

耐性

指生物对不利环境条件的忍耐力。一个物种能够应付的环境变化程度是那个物种的耐受范围。一个生物能够存活的特定环境因子的上限和下限是那个生物的耐受极限。

避逆性、抗逆性、耐逆性

避逆性是指生物通过自身结构、运动或调节生理特征来避免胁迫伤害的能力。

抗逆性是指生物在不利环境下通过特定的代谢机制而存活的能力。

耐逆性是指生物通过阻止、减小或修复因胁迫导致的变化而不受伤害的能力。

能量代谢

指生物在物质代谢过程中能量的释放、转换和利用过程。

汇源关系

就植物体而言，光合作用器官是物质生产的源，而不断生长的器官和贮藏器官则是消耗利用有机物的汇，这两者的相互制约关系称汇源关系。

行为

指动物所做的有利于眼前自身存活和未来基因存活（包括利他活动）的一切事情，或者说是在个体层次上，动物对来自体内的生理变化和来自体外的环境变化所做出的整体性反应。

经济权衡

指在两种行为对策或两种以上行为对策所获得的利益之间求得的平衡。如很多动物都要在取食和安全之间求得一种最佳平衡。

最优化理论

指自然选择总是倾向于使动物最有效地传递其基因，因而外在上就是最有效地采取各种行为或从事各种活动，包括使它们活动时的时间分配和能量利用达到最佳状态。

最适模型

指依据最优化理论建立的数学模型，可用于预测动物采取行为或从事活动时在投入和收益之间做出何种权衡才能使个体获得最大净收益。

亲缘选择

指基因水平上的自然选择，是选择广义适合度最大的个体，而不管这个个体的行为是否对自身的存活和生殖有利。

自私基因与利他行为

自私基因用于解释生物进化中的绝对自私性，是对动物行为功能的基本解释，即动物的行为可以是利他的，但基因是绝对自私的，基因同其等位基因竞争，只有自私基因方能被自然选择所保存，利他基因必然被淘汰。

利他行为指有利于其他个体存活和生殖而不利于自身存活和生殖的行为，这种行为在自然界普遍存在，可用广义适合度和亲缘选择加以解释。

领域与领域行为

领域指动物占有和保卫的一定区域，其中含有占有者所需要的各种资源，是与动物竞争有关的概念。

领域行为又称领域性，指动物在竞争中占有领域的行为和现象。

生境选择

指动物对生活地点类型的偏爱。生境选择可使动物只生活在某一特定环境中，这有利于动物积累生活经验及其表型的定向改变。

进化与进化论

进化指生物与其生存环境相互作用，其遗传结构发生改变，并产生相应的表型以适应环境变化的过程。生物所呈现的巨大的多样性，以及其形态学、生理学和行为的变异丰富性，都是亿万年进化的结果。我们今天发现的各种生物模式，按照进化论的观点才可能解释清楚。进化论是研究生物界发展规律的理论，认为生物最初从非生物进化而来，现存的各种生物是从共同祖先通过变异、遗传和自然选择等进化而来。

协同进化

由美国生态学家埃利希和雷文1964年研究植物和植食昆虫的关系时提出的学说，指一个物种的性状作为对另一物种性状的反应而进化，而后一物种的性状又对前一物种性状的反应而进化的现象。

退化

又称退行，指动物发育到一定阶段后，其体型出现退缩性变化的现象。退化可出现在组织分化过程，也可出现于生长过程，前者为分化退化，后者为生长退化。

物种

是基本的分类单元，能相互交配而繁殖后代、享有一个共同基因库的一群个体；物种与物种之间是生殖隔离的。

基因库

是相当长的时间内一个物种的全部个体所拥有的全部基因。

生态对策

又称生活史对策，指各种生物在进化过程中形成针对不同环境的各种特有的对策。

瓶颈效应

指由于种群变小，有害基因被清除，种群基因频率与种群数量急剧减少前的基因频率相差很大的现象；通常发生在那些种群数量先急剧减少，后又增加的种群中。

生态同源

指生物体占据着相同生态位的现象。

生态时间

指生态过程发生的时间跨度，通常用几十年、几百年或者几千年计。

生态变异

指物种、群落类型对不同环境条件综合

反映的差异。

二、种群生态学、群落生态学

种群

指在一定空间中生活，相互影响，彼此能交配繁殖的同种个体的集合。

生物入侵

指某种外来生物进入新分布区成功定居，并得到迅速扩展蔓延的现象。

外来侵入种

当外来物种在自然或半自然生态系统中建立了种群，并导致改变或威胁本地物种多样性，就称之为外来侵入种。

灾变性因子

指不管种群密度如何，几乎总是杀死一定比例的个体的因子，主要指气候因子。

密度制约、非密度制约

密度制约指生态系统中种群大小的调解机制受该种群密度制约的现象。

非密度制约指生态系统中种群的大小的调解机制与密度无关的现象。

互利共生

又称互惠共生，指两物种长期共同生活在一起，彼此相互依赖，双方获利且达到了彼此不能离开独立生存之程度的一种共生现象。

竞争

指同种或不同种生物争夺食物、空间等资源的行为或生态对策，分为种内竞争和种间竞争。种内竞争是指同种个体间利用同一资源而发生的竞争。种间竞争是指两种或更多种生物共同利用同一资源而发生的竞争。

生态位

指生物在生物群落或生态系统中的作用和地位，以及与栖息空间、食物、天敌等诸多环境因子的关系。

栖息地、生境

两者为同一概念，指生物出现在环境中的空间范围，且其生活必须利用的环境条件之总和。栖息地一般包括许多生态位并支持许多不同的物种。

生物群落

简称群落，指在相同时间聚集在一定生境中的各种生物种群的集合。

郁闭度

指单位面积上林冠覆盖林地的面积与林地总面积之比。

物种多样性

指一定时间、一定空间中全部生物或某一生物类群的物种数目以及各个物种的个体分布特点。一般是以物种丰富度和物种均匀度描述。

乔木、灌木、草本

乔木是具有直立主干、树冠广阔、成熟植株在 3 米以上的多年生木本植物，是描述植物群落和用于植物群落分类的主要概念之一。

灌木是成熟植株在 3 米以下的多年生木本植物。

草本一般指具有木质部不甚发达的草质或肉质的茎，而其地上部分大都于当年枯萎的植物。

纯林、混交林

纯林指仅由一个乔木树种组成林冠的森林。

混交林指由两个或多个优势乔木树种或不同生活型的乔木组成林冠的森林。

生态过渡带

又称群落交错区或生态交错带，指两个不同群落交界的区域。

边缘效应

一是指在生态过渡带中生物种类和种群密度增加的现象；二是指在群落边缘的生物个体因得到更多的光照等资源而生长特别旺盛的现象。

关键种、先锋种

关键种是指对群落结构和功能有重要影响的物种。这些物种从群落中消失会使得群落结构发生严重改变，可能导致物种的灭绝和物种丰富度的剧烈变化。

先锋种是指在演替过程中首先出现的、能够耐受极端局部环境条件且具有较高传播力的物种。

演替、重建

演替是自然过程，重建是人工过程。

演替指某一地域的群落由一种类型自然演变为另一类型的有顺序的更替过程。其中，开始于原生裸地的群落演替称为原生演替；在原有群落被去除的次生裸地上开始的演替称为次生演替；植物个体数量增多、群落结构复杂化、群落生产力不断增强的演替称为进展演替；由于自然的或人为的原因而使群落发生与原来演替方向相反的演替称为退化演替，亦称逆行演替。

重建指在原生或次生裸地上使植物定居并最终形成群落的过程。

共生

指生物间密切联系、互有益处地共同生活在一起的现象。

社群

指同种动物个体共同生活在一起，通过社会等级、领域行为和社会分工而相互作用形成的群体组织。

原生群落、次生群落

原生群落指未受人类影响和改变之前就已存在的自然群落。

次生群落指原生群落遭到破坏后经过次生演替形成的群落。

植被

指某一地域全部植物群落的总和。其中，位于高山森林线以上的植被称为高山植被；在干旱基质上生长的由旱生植物构成的植被称为旱生植被；极端大陆性干旱地区的地带性植被称为荒漠植被；由沼泽等地表常年积水的地域上的所有群落组成的复合体称为沼泽植被；发生在流动或不甚稳定的沙质基质上、多具发达的根系及水平匍匐茎或有强大营养繁殖能力的耐旱植物组成的植物群落称为沙丘植被；生长于冻原的植被称为冻原植被，通常为常绿多年生草本；受到人类影响和改变之后又恢复到原来状态的植被称为复原植被。

生物区系

指一定区域内的所有生物种类。其中，某一地区所有植物种类的总和称为植物区系，是组成各种植被类型的基础，也是研究自然历史特征和变迁的依据之一；生活在某一地区的全部动物种类称为动物区系；与一定的气候、土壤、动植物体等条件相联系的微生物类群的总体称为微生物区系。

小气候

又称微气候，指地表以上 1.5 ~ 2.0 米空气层内因局部地形、土壤和植被等影响所产生的特殊气候。

三、生态系统生态学

生态系统与生态系统环境

生态系统是指特定空间中生物群落与其环境相互作用的统一体。这里所提到的环境是作为生态系统组成部分的环境，有别于下面定义的生态系统环境。

生态系统环境指存在于生态系统外部与

生态系统发生作用的各种因子的总称，是为生态系统提供输入的或接受生态系统输出的环境。生态系统是开放系统，所以环境的属性、状态和变化都对生态系统产生影响。

自然生态系统

指在没有人类干扰的特定环境中形成的生态系统。

半自然生态系统

指介于人工生态系统和自然生态系统之间，既有人类干扰，同时又受自然规律支配的生态系统。

人工生态系统

指由人类所建立的生态系统。

陆地生态系统

指特定陆地生物群落与其环境通过能量流动和物质循环所形成的一个彼此关联、相互作用并具有自动调节机制的统一整体，如温带森林生态系统、热带雨林生态系统、针叶林生态系统、典型草原生态系统、高寒草甸生态系统、荒漠生态系统、冻原生态系统等。

农田生态系统

指在陆地上，岩石、水文、植被、土壤、地貌和气候等要素与人类相互作用而形成的统一整体，为人类生产各种食物、工业原材料和能源。

深海生态系统

指大陆架以外深水水域的海底区和水层区所有海洋生物群落与其周围无光、低温、压力大而无植物分布的环境进行物质交换和能量传递所形成的统一整体。

大陆架生态系统

指大陆架内海底区和水层区所有海洋生物群落与其周围环境进行物质交换和能量传递所形成的统一整体。

湖泊生态系统

指湖泊生物群落与大气、湖水及湖底沉积物之间连续进行物质交换和能量传递，形成结构复杂、功能协调的统一整体。

河流生态系统

指河流生物群落与大气、河水及底质之间连续进行物质交换和能量传递，形成结构、功能统一的统一整体。

河口生态系统

指河口水层区与底栖带所有生物与其环境进行物质交换和能量传递所形成的统一整体。

珊瑚生态系统

指热带、亚热带海洋中由造珊瑚的石灰质遗骸和石灰质藻类堆积而成的礁石及其生物群落形成的整体，是全球初级生产量最高的生态系统之一。

红树林生态系统

指热带、亚热带海滩以红树林为主的生物群落所形成独特的海陆边缘生态系统，在全球生态平衡中起着不可替代的作用。

藻菌生态系统

指藻类与菌类彼此协同而形成的自然生态系统。有时，人们运用其共生作用，组建净化污水的人工生态系统。

可持续生态系统

指将经济发展与环境保护协调一致，使之满足当代人的需求，又不对后代人需求的发展构成危害的永续的生态系统。

退化生态系统

指在自然因素或人为因素干扰下，导致生态要素和生态系统整体发生不利于生物和人类生存的量变和质变。

濒危生态系统

指由于各种威胁而处于濒危状态的生态系统。

生态元

指从基因到生物圈内任何一种具有一定

生命力或生态学结构和功能的组织单元，是构成上一层次生态系统的基本组分。

生态库

指能为目标生态系统提供、运输和储存物质、能量、信息，或能降解、缓冲、消纳目标生态系统输出的不利影响，并对该生态系统的生存、发展和演替发挥重要作用的外部系统。

反馈机制

指生态系统中种群以及群落与环境之间存在着多种多样的联系，主要通过正、负反馈相互交替，相辅相成，自行调节，使系统维持着稳态。其中，正反馈是系统输出会促进系统的输入，使系统偏离强度愈来愈大，不能维持稳态的过程；负反馈是系统输出会抑制系统的输入，使系统对付外部输入所施加的影响并返回到稳定状态的过程。

生物因子、非生物因子

生物因子，又称生物成分，是生态系统中有生命的组分，包括生产者(如植物)、消费者(如动物)、分解者(如微生物等)。

非生物因子，又称非生物成分，是生态系统中的物理、化学因子和其他非生命物质。

生命支持系统

又称支持生命的环境，包括太阳辐射热、气、水、土和营养物等。它们提供了生物生存的场所、食物和能量。

生产者

指能利用无机物质合成为有机物质的生物，是自养者。

初级生产者

又称第一性生产者，是能利用二氧化碳、水和营养物质，通过光合作用固定太阳能，合成有机物质的生物，通常是生态系统中的绿色植物。

分解者

又称还原者，是以动植物残体或排泄物

中的有机物质为生命活动的能源，并把复杂的有机物逐步分解为简单的无机物的生物，主要是细菌、真菌等微生物和一些无脊椎动物。

消费者

指吃其他生物而营生的生物，包括一切异养生物。

食草动物

又称初级消费者，主要以食草动物为食物的动物。

食肉动物

又称次级及消费者，主要认食草动物为食物的动物。

顶级食肉动物

又称三级消费者，是以食肉动物为食的动物。通常是位于食物链的最高营养级的物种。

消费者—资源相互作用

指消费者和资源(被食者)在长期历史演化进程中，形成协同进化的关系。

营养互利共生

指两种生物在食物的联系中双方都能彼此获益的共生现象。

关键互利共生者

指某一生物为其他生物提供重要的生活物质，亦依赖其他物种为其传播、繁衍后代，当该物种消失，可导致依赖其生存的物种消失。

食物链、食物网

食物链是由生产者和各级消费者组成的能量运转序列，是生物之间食物关系的体现。

食物网是根据能量利用关系，不同的食物链彼此相互连结而形成复杂的网络结构，形象地反映了生态系统内各种生物的营养位置和它们之间的营养相互关系。

营养级

指生物在生态系统食物链中所处的层次。

营养联系

指生态系统内或生态系统间，生产者、消费者、分解者及其非生物环境之间的营养传输和交流的关系。

营养结构

指生态系统中生产者、各级消费者和分解者之间的取食和被取食的关系网络。

生态场

指生物与生物之间以及生物与环境之间相互作用形成生态势的时空范围，是由光、温、水、二氧化碳、营养成分等物质性因子构成的作用空间。

生物能

指太阳能通过绿色植物的光合作用转换成化学能，储存在生物体内部的能量。

累积效应

指某些物质被多次吸收进入生物体后沿食物链和食物网产生蓄积、累加作用的现象。

微生物分解

指微生物把复杂有机物质经过代谢降解变成简单有机物甚或无机物的过程。

生物谱

是标明某个地区或者群落中所有的物种名称及其百分比多度的一种表述，常以植物群落为主要内容。

生物量

指在一定时间内生态系统中在单位面积上所产生的特定生物组分之总量。

生物生产量

指一定时间内生态系统中所产生的总生物量。

净生产量

指个体、种群或群落所形成的有机物质总量扣除生物呼吸消耗后所剩余的有机物质的总量。

初级生产量

又称第一性生产量，是生态系统中植物通过光合作用将无机物转化为有机物的总量。

次级生产量

又称第二性生产量，是动物采食植物或捕食其他动物之后，经体内消化和吸收，把有机物再次合成的总量。

生物生产力

指单位面积、单位时间内生物群落所产生的有机物质总量。

初级生产力

又称第一性生产力，是生态系统中植物群落在单位时间、单位面积上所产生有机物质的总量。

次级生产力

又称第二性生产力，是在单位时间内各级消费者（动物）所产生的有机物质总量。

林德曼定律

又称百分之十定律，由美国学者林德曼于 1942 年提出，大意为在生态系统中一个营养级到另一个营养级的能量转化效率通常为 10% 左右。

生产力—多样性关系

是指生态系统的群落生产力与其生物多样性之间存在的关系，通常认为，具有中等生产力的生态系统常具有较高的生物多样性。

生物量锥体

又称生物量金字塔，指在一个生态系统中，生产者的生物量，一般大于食草动物的生物量，食草动物的生物量一般又大于食肉性动物的生物量，形成一个金字塔状；在某些生态系统中有时呈倒置的金字塔。

能量锥体

又称能量金字塔，指在一个生态系统中能量通过营养级逐渐减少，如果把通过各营养级的能流量，由低到高制成图，就成为一个金字塔形，称为能量锥体。

数量锥体

又称数量金字塔，指在一个生态系统中，生产者的数量总是大于食草动物，食草动物的数量又大于食肉动物，而顶级食肉动物的数量，往往是最小的，这样就形成金字塔状。

生态锥体

又称生态金字塔，是生物量锥体、能量锥体和数量锥体三者之合称。

能量流动

指生态系统中从太阳的光能被生产者（绿色植物）转变为化学能开始，经过食草动物、食肉动物和微生物参与的食物链而转化，从某一营养级向下一个营养级过渡时部分能量以热能形式而散失的单向流动。

单向能流

指能量以光能的状态进入生态系统后，就不能再以光的形式存在，而是以热的形式不断地逸散于环境中的不可逆的流动。

能流通道

指生态系统中能量流动的渠道，实际上就是指食物链。

能流速率

指单位时间内能量流经生态系统的平均速度。

能量转化者

又称能量转换器，指生态系统中进行着能量传递和转化的各类生物。

能量枯竭

指生态系统由于耗散和其他一些胁迫所引发能量极度耗尽的现象。

平衡状态

指生态系统处于或接近于成熟期的时候便呈现能量和物质的输入与输出趋于相等的状态。

物质循环

又称物流，指地球表面物质在自然力和生物活动作用下在生态系统内或其间进行储存、转化、迁移的往复流动。

生物地球化学循环

指生物圈中的化学物质在其生物部分与非生命环境之间的转移、转化等往复的过程。

水循环

指大气降水通过蒸发、蒸腾又进入大气的往复过程。全球水循环是由太阳能驱动的。水是地球上一切物质循环和生命活动的介质。没有水循环，生态系统就无法启动，生命就会死亡。

气态物循环

又称气体型循环，是指生物地球化学循环中氮、二氧化碳和氧等气体元素循环的现象，其流动性较大，与大气和海洋密切相关，不会发生元素过分聚集或短缺。

气体调节

指自然生态系统在不同空间尺度上对大气化学成分产生的效应，它有利于生物的生存。

碳循环

指绿色植物（生产者）在光合作用时从大气中取得碳，合成糖类，然后经过消费者和分解者，通过呼吸作用和残体腐烂分解，碳又返回大气的过程。

氮循环

指氮在大气、土壤和生物体中迁移和转化的往复过程。大气是最大的氮库，但一般生物不能直接利用大气中的氮，必须通过高能、生物和工业三个主要途径固氮。

沉积型循环

主要是指生物地球化学循环中磷、钾、钠、镁等元素的循环。这些物质主要以固体状态参与循环，其主要存储库是岩石、土壤和沉积物。

磷循环

在生物地球化学循环中，磷几乎没有气态成分，主要以固态成分依赖于缓慢的地质过程和人类活动而流动。

硫循环

指硫在大气、土壤和生物体中迁移和转化的往复过程。

矿物质循环

指矿物质在环境、生态系统中的生产者、消费者和分解者之间传递和循环过程。

物质良性循环

指生态系统通过物种共生和物质不断循环，朝向高效、无污染和可持续的方向发展的过程。

循环库

指在生物地球化学循环过程中，某种元素集合达到一定数量的场所。

交换库、储存库

交换库指生物因子（如植物库、动物库等）所在的场所，容量小、较活跃。

储存库指非生物因子（如岩石、沉积物等）所在的场所，容积大，活动慢。

有机碳库

指有机物质的集中场所。

养分

指生物在生长发育过程中不断吸收、摄食赖以生存的各种物质。能够被植物吸收利用的养分性质称为养分有效性，一般指水溶性、交换性和易活化的养分。生态系统中养分以一定数量由一个库转移到另一个库的过程，称为养分流。生态系统在某一时间，养分（单种或多种）的需求量与供给量基本相等的状态称为养分平衡。

平衡等值线

指一定时间或一个区域中，水、氮等可利用性元素在生物地球化学循环中所具有输入输出数值的等值线，显示生态系统中动态的平衡性。

信息流

指生态系统中产生着大量复杂的信息，经过信道不断运送和交流汇成了信息流。

生态流

指反映生态系统中生态关系的物质代谢、能量转换、信息交流、价值增减以及生物迁徙等的功能流。

生态系统边界

指生态系统与环境的分界线。边界的确定既要考虑能量与物质的输入输出，也要注意植物群落的巨大变化，在空间尺度上作调整。边界的划定是实施生态系统管理的关键原则之一。

生态系统结构

指生态系统生物和非生物组分保持相对稳定的相互联系、相互作用而形成的组织形式、结合方式和秩序。

生态系统功能

指生态系统整体在其内部和外部的联系中表现出的作用和能力；随着能量和物质等的不断交流，生态系统亦产生不断变化和动态的过程。

生态系统复杂性

指生态系统由大量单元组成，单元之间存在大量非线性联系，形成具有开放性、自组织、自修复、自维持、自调控功能的情况。因此，生态系统是极其复杂的网络系统。

生态系统整体性

指生态系统是一个整体的功能单元，其存在方式、目标和功能都表现出统一的整体性，是生态系统最重要的特征之一。

生态平衡

指生态系统处于成熟期的相对稳定状态。

此时，系统中能量和物质的输入和输出接近于相等，即系统中的生产过程与消费和分解过程处于平衡状态。

生态系统稳定性

指生态系统抵抗外界环境变化、干扰和保持系统平衡的能力。

抵抗力、恢复力

与生态系统稳定性有关的两个概念。抵抗力又称抗性，指生态系统可抵制干扰的能力。恢复力又称弹性，指生态系统受干扰后可在一定时间内恢复原有平衡的能力。抵抗力强或者恢复力强，都是生态系统稳定性强的表现。

脆弱性

指生态系统抗外界干扰能力低、自身稳定性差，只有在环境改变不大的条件下才能够保持相对稳定的状态。

不稳定平衡

指生态系统的输入和输出，生产和呼吸之间存在较大差距，稍受干扰就发生大的动荡而不能保持稳定平衡的状态。

生态系统动态

指生态系统在发育过程中，生物群落不断发生变化，使生态系统的外貌和内部结构发生不断演变的过程。

动态稳定状态

指进入生态系统的能量和物质与输出的量处于相对平衡的状态。

生态冲击

又称生态报复，指人类对自然生态系统干扰、破坏，常常造成始料未及的有害后果，抵消了原计划想得到的效益，导致环境恶化甚至产生了人们难以处置的灾难。

最大动力原理

又称最大功率原理，指生态系统发育中获得更多的能量，并使全部有用的能量发挥最大作用的原则。

自然资本

指自然生态系统所提供的各种财富，如金属矿产、能源、农业耕地等。

自然服务

指地球上众多自然生态系统产生的物质及其维持良好的生态条件与环境状态对人类所产生的各种公益服务。

生态系统恢复

指通过人工措施，使受损生态系统恢复合理的结构和功能，使其达到能够自我维持的状态。生态系统恢复有狭义和广义两种涵义。狭义的生态系统恢复是恢复到受损前生态系统的原貌；广义的生态系统恢复是再建一个与原先不同的但与当地环境相适应的、符合发展要求的生态系统。

生态系统重建

指将生态系统现有的状态进行改善，增加人类所期望的某些特点，改善的结果使生态系统远离其初始状态，但能提供更多的生态服务功能。

生态系统修补

指对受损生态系统的受损部分进行修复，使其恢复原有的结构和功能。

生态系统改建

指将生态系统恢复和生态系统重建措施有机结合起来，对受损系统进行改进，以改进某些人类期望的结构与功能，使不良状态得到改善。

生态系统管理

指具有明确和可适应的目标，通过政策、协议和实践活动而实施的对生态系统的管理。

生态系统过获

指人类对陆地、水体生态系统生物资源进行过度的收获，其主要后果是物种消失。

生态系统健康

指生态系统没有病患反应，稳定且可持

续发展，即生态系统随着时间的进程有活力并且能维持其组织及自主性，在外界胁迫下容易恢复。

生态系统服务

又称生态系统公益，指生态系统为人类社会的生产、消费、流通、还原和调控活动提供的有形或无形的自然产品、环境资源和生态损益的能力。

生态系统服务价值

指对生态系统的服务和自然资本用经济法则所做的估计。美国学者科斯坦萨等人首先作了尝试。据估计，其总价值每年平均至少为 33 万亿美元(按 1994 年价格计算)。

生态系统服务功能

指生态系统在能流、物流的生态过程中，对外部显示的重要作用。如改善环境，提供产品等。

生态系统服务功能维持

指人类评价生态系统健康与否的一条重要标准。一般是对人类有益的方面，如降解有毒化学物质、净化水、减少水土流失等，不健康的生态系统的上述服务功能的质和量均会减少。

淡水生态系统服务

淡水生态系统是重要的水资源库，给人类提供用水，并向集水区、含水岩层供水，促进物质循环，调节气候和维护良好的水域环境。

生态系统综合评估

指对生态系统进行健康诊断，并对其生产及服务能力做出综合的生态和经济分析，对今后的发展趋势做出评价。

千年生态系统评估

指 2000 年结束，联合国呼吁要对全球生态系统的过去和目前"自然的、社会的、生态的、经济的以及利用的自然资源"做认真调查、研究和评估，使可持续发展成为现实。

管理模式

指对生态系统进行管理流程特点的简要描述。主要包括：健康评估要点、监测指标、管理步骤、方法以及总的管理目标等。

侵蚀控制

指通过生物和工程等措施有效地防治风、水等外营力对地表土层的冲刷和破坏。

森林产品及服务

又称森林服务公益，指森林生态系统保持着最高的物种多样性和基因库，给人类提供物质资源，调节气候，保护环境，维护良好的自然环境。

生态伦理观

指人与自然之间整体协调发展关系的行为准则，是人对自然界应遵守的行为准则。

战略环境评价

指以生态学规律和理论在战略层次上，对法规、政策、计划、规划及各种替代方案作为环境影响的综合分析和评价。

土地健康

指土地具有自我更新的能力，稳定的生产力以及足够的肥力以保持服务功能的状态。土壤健康质量是指土壤维持生产力、维持土壤环境质量和促进生物健康的能力，是土壤系统健康的主要标志。

土地处理系统

指利用土地进行着各种物理、化学和生物的作用，对污染物进行分解、转化和吸收。

土地利用改变

指人类根据土地的位置、性质和类型，改变经营特点和利用方式。

土地利用格局

指人类社会所利用土地的分类面积、权属及其分布状况。通常是按土地的经济用途划分，如耕地、园地、林地等。

最大持续产量

又称最大持续收获量，指人们在不减少种群大小时可以从种群中获得个体的最大收获量。

最大经济产量

又称最大经济收获量，指对于正处于密度下降的种群应采用降低收获努力的对策，即在低于最大持续产量收获努力的一个最适经济努力水平下获得的收获量。

快速诊断测试

指在生态系统退化症状未出现前就对生态系统做出程序化的诊断测试，尽早提出治疗方法，如水域富营养化。

空间协调、时间协调

空间协调指对被人为分割的生态系统加以调整，使之形成整体的生态系统。

时间协调指对不同时间和空间发生着的各种生态过程顺应时间进行管理。

资源管理决策

指从社会经济持续发展的目标出发，制定实现资源优化配置和代际公平的开发、利用和保护的决策。

报偿反馈

指保护大自然的投资将在经济上产生巨额汇报。

风险分析

指对可能遇到的自然环境的灾难和危害的潜在频率和后果，所提出的各种备选方案，做出评估和分析。

河流连续体概念

指预测沿温带河流长度而发生的自然结构、优势生物和生态系统过程变化的一种模式。即在源头或近岸边，生物多样性较高；在河中间或中游因生境异质性高，因而生物多样性最高；在下游因生境缺少变化而生物多样性最低。

可持续管理和利用

可持续管理指对资源管理方式不仅满足短期利益，更要着眼于长远的利益。可持续利用指对可更新资源的利用以不导致环境及资源退化为前提，进行科学地、适当地利用。

流域管理

指作为水系集水区要加强流域整治、环境治理、各种资源的适量开采和保护，并提出趋势预测。

流水生境管理

指重点保护流水生境的特定属性，发挥水陆纽带作用，做好水生生物和流水的相互关联性，流水资源合理利用和水文整治工作。

四、景观生态学

景观

指土地及土地上的空间和物体所构成的综合体，具有空间可量测性。在生态学中景观是由不同生态系统类型所组成的异质性地理单元。

景观组分

指构成景观类型的气候、土壤、植被等特征组成。

景观要素

指景观镶嵌体水平上可以辨识的空间要素或相对均质单元。一般认为有斑块、廊道和基质三大要素。斑块是与周围环境在外貌或性质上有所不同，并具有一定内部均质性的空间单元。景观尺度上的斑块通常为某一生态系统。廊道是景观中为不同类型生境围绕的线形或带状的景观单元。基质是面积最大、连通性最好、在景观功能上起控制作用的景观要素。

空间格局

指生态或地理要素的空间分布与配置。

空间梯度

指景观要素或景观生态过程的特定测度沿某一方向有规律变化的现象。

生态立地

指在一个区域内的特定生境类型。

生态单元

是生物圈的最小地理单元，由代表性生物群落所确定的生境。

自然景观

指天然的很少受到人类活动干扰影响的原始景观。

半自然景观

指受到一定程度人为活动干扰影响，同时表现出较多自然属性的景观类型。

人工景观

又称为人为景观或人造景观，是由人类活动直接建造的、完全不同于自然基质的景观类型。

城市景观

指人口高度聚集、由大量规则的景观要素（如建筑物、道路、绿化带等）组成的人造景观集合体。

文化景观

指历史时期以来为人类活动所塑造并具有特殊文化价值的景观。

湿地景观

指介于陆地与水域之间的，为水体暂时或永久覆盖的景观，包括沼泽、河滩、湖泊、河口和水深小于6米的海域。

生态景观

指由地理景观（地形、地貌、水文、气候）、生物景观（植被、动物、微生物、土壤和各类生态系统的组合）、经济景观（能源、交通、基础设施、土地利用、产业过程）和人文景观（人口、体制、文化、历史等）组成的多维复合生态体。它不仅包括有形的地理和生物景观，还包括了无形的个体与整体、内部与外部、过去和未来以及主观与客观间的系统耦合关系。

景观设计

指按生态学与美学原理对局地景观的结构与形态进行具体配置与布局的过程，包括对视觉景观的塑造。

景观保护

指防止或治理对自然与文化景观的破坏所造成的景观结构与功能上的损失，包括生态系统与视觉景观两方面的保护。

景观评价

指从社会经济、生态学和美学角度对景观生态系统的功能与效益进行的价值评估。

景观生态建设

指景观尺度上的生态建设，主要通过景观单元的结构调整和构建来改善景观生态系统的功能和效率。

小流域综合治理

指以小流域为单元，采取工程、生物等措施对水土流失和生态退化进行的治理与开发活动，是景观生态建设的一种。

五、全球生态学

全球变暖

指由于二氧化碳、甲烷以及其他温室气体在大气中含量的增加而导致的全球气温升高的现象。

温室效应

指大气中的温室气体通过对长波辐射的

吸收而阻止地表热能耗散,从而导致地表温度增高的现象。

荒漠化

指干旱、半干旱和亚湿润干旱区由气候变化和人类活动等多种因素引起的土地退化现象。

海平面变化

指由于热膨胀、冰盖在温暖条件下的消融或在寒冷条件下的扩张而引起的相对海平面的长期变化。

土地覆盖变化

指由于气候变化和人类活动而导致的地表的植被覆盖(森林、草原、耕作植被等)和非植被覆盖物(冰雪等)的面积变化和类型间的相互转换。

水圈

是地球上水的总称,包括海洋、河流、湖泊以及地壳中的所有水。

岩石圈

指固体地球的最外层,由地壳和上地幔的岩石所组成。

地质循环

指地球物质的形成和破坏及相关过程,包括水循环、构造循环、岩石循环及地球化学循环等次级循环。

土壤—植物—大气连续体

指土壤水分通过植物根系吸收、导管传输、蒸腾作用进入大气层,大气降水进入土壤后再次被植物所吸收,从而形成一个水分传输的体系。

碳源

指有机碳释放超出吸收的系统或区域,如热带毁林、化石燃料燃烧等。

碳汇

指有机碳吸收超出释放的系统或区域,如大气、海洋等。

碳库

指系统中的总碳储量。

生物量碳

指活的有机体所含的碳量。植物的生物量中碳通常为生物量的 45% ~ 50%。

碳信用

指国际有关机构依据《京都议定书》等国际公约,发给温室气体减排国、用于进行碳贸易的凭证。一个单位的碳信用通常等于 1 吨或相当于 1 吨二氧化碳的减排量。

碳贸易

指为削减大气二氧化碳浓度,在国家或企业间进行的二氧化碳排放量的交易。

生物质燃料

指包括植物材料和动物废料等有机物质在内的燃料,是人类使用的最古老燃料的新名称。

化石燃料

指由地质时期生物所形成的、现存于地层中的碳氢化合物,如煤、石油、天然气等。

气溶胶

指空气中的液态或固态微粒悬浮物。

温室气体

指大气中由自然或人为产生的能够吸收长波辐射的气体成分。如水汽(H_2O)、二氧化碳(CO_2)、氧化亚氮(N_2O)、甲烷(CH_4)、臭氧(O_3)和氯氟烃(CFC)是地球大气中的主要温室气体。

臭氧

是氧气的同素异形体,每个分子由三个氧原子组成。当其存在于平流层时有助于保护地球上的生物免受紫外线的伤害,而当其在地球表面附近时,是城市光化学烟雾的一种组分,对植被和人类有伤害作用。

臭氧损耗

指主要由人类活动造成的二氧化氮、水

汽、氧化亚氮、氯氟烃（CFC）等气态物的增加以及大的火山喷发排放的氯化氢等分解臭氧层中的臭氧造成的平流层的臭氧减少。

臭氧洞

指在一些地区，特别是在南极极地涡旋上空，春、冬季出现一个臭氧总量的低值区。

臭氧伤害

指臭氧层变薄导致地球表面太阳辐射，特别是远紫外线增加，从而对动植物和人类健康产生的危害。

臭氧层

指在平流层中距地表 10～50 公里高度的臭氧圈层。

臭氧屏障

指平流层大气中的臭氧通过吸收太阳的紫外辐射，使对生物有杀伤力的短波辐射保持较低的浓度，从而保护地表的生物和人类。

光化学烟雾

指大气中的氮氧化物和碳氢化合物等一次污染物及其受紫外线照射后产生的以臭氧为主的二次污染物所组成的混合污染物。

生态梯度

指生物的某些特征或属性沿单个或多个生态因子在空间上的连续变化。

气候

指一个地区长期平均的天气状况。

气候带

指由于地球自转和公转的相互作用使得地球表面的太阳辐射从赤道向两极逐渐减少，从而出现不同气候的带状分布。

厄尔尼诺

指赤道东太平洋冷水域中海温异常升高现象。这种周期性的海洋事件产生的异常热量进入大气后影响全球气候。

拉尼娜

指与厄尔尼诺相反的现象，即赤道东太平洋海温较常年偏低。

再造林

指在原本森林覆盖，但由于自然或人为因素而遭到破坏的立地上造林。

政府间气候变化专门委员会

指由世界气象组织（WMO）和联合国环境规划署（UNEP）于 1988 年组织设立的专门机构，其作用是对与人类引起的气候变化相关的科学、技术和社会经济信息进行评估。

国际地圈—生物圈计划

指由国际科学联合会（ICSU）组织的针对整个地球系统的跨学科的国际合作项目，侧重地圈和生物圈的相互作用，于 1986 年正式确立。

全球变化与陆地生态系统

指国际地圈—生物圈计划（IGBP）的核心研究计划之一，旨在分析全球尺度上大气成分、气象、人类活动和其他环境变化对陆地生态系统结构和功能的影响，预测未来全球变化对农业、林业、土壤和生态系统复杂性的影响。

全球环境变化的人文因素计划

又称 HDP 计划，由国际远景研究机构联合会（IFIAS）、国际社会科学联合会（ISSC）和联合国教科文组织（UNESCO）联合制定、组织和协调的一个国际性研究计划，其目标为加强对人—地系统复杂相互作用的认识，探索和预测全球环境下的社会变化，确定社会战略以减缓全球变化的不利影响。

京都议定书

指 1997 年在日本京都召开的《气候框架公约》第三次缔约方大会上通过的国际性公约，为各国的二氧化碳排放量规定了标准，即：在 2008 年至 2012 年间，全球主要工业国家的工业二氧化碳排放量比 1990 年的排放量平均要低 5.2%。

六、数学生态学、化学生态学、分子生态学

反馈

指系统过去的行为结果返回给系统，以控制未来的行为。

稳定性

指一个系统受到环境扰动后，能多次回复到原来的状态。

变异性

指系统某些波动的频率和幅度。

博弈论

又称对策论。研究竞争中参加者为争取，应当如何做出决策的数学方法。

生态位转移

指受到物种状态、物种间相互作用以及对环境资源的利用影响而形成的生态位变化。

熵

指系统中无序或无效能状态的度量。熵在信息系统中作为事物不确实性的表征。

信息化学物质

指生物释放的能引起其他生物行为或生理反应的化学物质。

利己素

指一种生物释放的，能引起他种生物产生对释放者有利的反应的信息化学物质。

利他素

指一种生物释放的，能引起他种生物产生对接受者有利的反应的信息化学物质。

互利素

指一种生物释放的，能引起他种生物产生对释放者和接受者均有利的反应的信息化学物质。

杂交衰退

指与亲本相比，遗传上不同的两个品系的杂交种在生长、育性和种子产量等特征减弱的现象。根据亲本亲缘关系的远近分近交衰退和远交衰退。

杂合优势

指由于杂合个体其基因型与双亲基因型不同而表现出生命力增强的现象。

杂种优势

指杂交子代在生长活力、育性和种子产量等方面都优于双亲均值的现象。

杂交育种

通常指远缘杂交，或两个遗传上不相关个体间进行繁殖后代的行为。

基因流

又称基因扩散，指由于交配或迁移而导致的基因从一个繁殖种群向另外一个种群扩散，使得繁殖种群中的等位基因频率发生变化的现象。基因流是双向的。

超级杂草

指驯化作物逸生或与野生近缘种杂交而产生的有害植物，一般具有很高的选择优势，难以根除。

七、保护生态学

环境伦理

指的是与环境有关的道德、价值和行为规范问题。

生物多样性

指生物类群层次结构和功能的多样性，包括遗传多样性、物种多样性、生态系统多

样性和景观多样性。

生态多样性

指物种生态特征的多种多样性。

栖息地多样性

又称生境多样性，指生物栖息环境的多种多样性。

濒危种

指由于生态环境变化、人类活动影响而濒临灭绝的物种。

灭绝

当一个物种的最后一个个体死亡后，即称该物种灭绝。

局部灭绝

指一个物种在某一地区灭绝的现象。

聚群灭绝

又称大灭绝，指生物区系的大部分突然消失的现象，其引起的原因可能是环境灾变，如流星的影响等。在二叠纪末和白垩纪曾出现过聚群灭绝。

次生灭绝

指由于生态系统中的食物链或食物网关系，生态系统中一个物种的灭绝而导致食物链或食物网中另一个物种或另一些物种灭绝的现象。

人为灭绝

指由于人类直接利用或者破坏生境引起的物种灭绝。

生境廊道

又称生境走廊，指动物交配、繁殖、取食、运动时使用的通道或在集合种群中个体在不同种群间的迁进迁出通道。

生境破碎

指人类活动改变了生物生境的形状、类型及其在景观中空间排列的现象。即在人类活动的影响下一个生境缩小并分割成两个或更多生境斑块的现象。

生境评价程序

指评价生物生存环境的过程，可分为总体评价和局部评价。首先通过分析资料建立生境适宜度模型，然后根据研究样点或样方研究资料，建立生物与生境关系的数学模型，对不同地点的生境进行综合评判。

生境管理

指对野生生物的生境进行的人工管理，以利于野生生物种群的生存和繁衍。

环境退化

指人类或其他物种生存的环境由于某种原因而发生的不利于人类或其他物种生存的环境改变。

自然灾害

指对自然生态环境、人居环境和人类及其生命财产造成破坏和危害的自然现象，如飓风、地震、海啸、干旱、洪水、火山爆发、小行星撞击地球等。

自然禁猎区

指为保护一个特定区域的自然生态系统、特有物种、濒危物种以及地质遗迹而设立禁止人类狩猎的区域。

自然保护

指对自然生态系统、特有种、濒危种、地质遗迹、自然遗产地以及风景名胜的保护活动。

自然保护区

指对有代表性的自然生态系统、珍稀濒危野生生物种群的天然生境的集中分布区、特殊意义的自然遗迹等保护对象所在的陆地、陆地水体或者海域，依法划出一定面积予以特殊保护和管理的区域。

严格自然保护区

指拥有代表性的或巨大价值的生态系统、地质学或生理学特征和（或）种类的陆地和

(或)海洋地区。除科学研究、环境监测或必要的管理外，严禁一切人类活动的干扰。

保护地

泛指所有受到人类保护的地区，如自然保护区、国家公园、世界自然遗产地、天然公园、风景名胜区、禁猎区等。

核心生境

指一个物种生境的关键区域。

缓冲区

指自然保护区内围绕核心保护区的区域，为缓冲人类活动对自然保护区核心区的影响而设立。

保护物种

指受到地方、国家法律法规或国际法保护的野生生物物种。

就地保护

指将濒危种在其自然生境中进行保护的形式。

易地保护

指将濒危物种迁出其原来生活的自然生境，在异地进行保护的形式。

沙尘暴

通常指大风扬起地面的尘沙使空气浑浊，水平能见度小于 1 公里的风沙现象。

野生生物

指自然界中生存的各种生物。早期野生动物管理学中，仅指野生动物。

可再生资源

又称可更新资源，指在社会生产、流通、消费过程中的物质，不再具有原使用价值而以各种形式储存，但可通过不同加工途径而使其重新获得使用价值的各种物料的总称。

非再生资源

又称不可更替资源或可耗竭自然资源，为地球演化的一定阶段形成的一类自然资源，其数量有限，资源蕴藏量保持恒定无增；在开发利用后，其储量逐渐减少，不会自我恢复。

联合国生物多样性公约

简称生物多样性公约，是 1991 年在联合国第二次环境与发展大会上为保护和持续利用生物多样性而签订的一项条约。

世界遗产公约

指联合国教科文组织大会于 1972 年 11 月 16 日通过的公约，认为国际社会有必要采用公约形式以保护具有突出的普遍价值的文化和遗产。

世界自然遗产

指从审美或科学角度看具有突出的普遍价值的由物质和生物结构或该结构群组成的自然面貌、地质和自然地理结构、天然名胜或明确划分的自然区域以及明确划分为受威胁的动物和植物的生境区。

拉姆萨尔湿地公约

即关于特别是水禽栖息地的国际重要湿地公约，是 1971 年在伊朗拉姆萨尔为保护那些国际重要湿地，特别是作为水禽重要栖息地的湿地而签订的国际公约，要求各缔约国至少指定一块湿地列入国际重要湿地名录，同时设立湿地自然保护区。我国为缔约国。

濒危野生动植物种国际贸易公约

简称华盛顿公约（CITES），指为了控制野生动植物国际贸易，1973 年在华盛顿签署的国际公约。现有 162 个签约国。公约（CITES）管制的国际贸易野生动植物物种分别列入公约（CITES）附录一、附录二和附录三。

生物安全

指安全转移、处理和使用那些利用现代生物技术而获得的遗传修饰生物体，避免其对生物多样性和人类健康可能产生的潜在影响。

八、污染生态学

污染

指外来物质或能量的作用导致生物体或环境产生不良效应的现象。

大气污染

指自然或人为原因使大气圈层中某些成分超过正常含量或排入有毒有害的物质，对人类、生物和环境造成危害的现象。

空气污染

一般指近地面或低层的大气污染，有时仅指居室内空气的污染。

空气质量分级

指将一系列复杂的空气质量监测数据综合为空气污染指数，据此进行的分级。我国现行空气质量划分为优、良、轻度污染、中度污染和重度污染等5级。

水污染

指进入水中的污染物超过了水体自净能力而导致天然水的物理、化学性质发生变化，使水质下降，并影响到水的用途以及水生生物生长的现象，包括水污染和水体污染两层含义。

地表水污染

又称地面水污染，指污染物进入江、河、湖泊和水库等地球表面各种形式的水体并导致水质下降的过程。

地下水污染

指工业"三废"（废气、废水、固体废弃物）排放以及其他途径使污染物进入地下水并由此导致其水质下降的过程。

沉积物污染

指污染物及其转化降解产物在水底沉积物中的积累，并直接或间接对生态系统产生不良影响的现象。

土壤污染

指各种外来物质进入土壤并积累到一定程度，超过土壤本身的自净能力，而导致土壤性状变劣、质量下降的现象。

生物污染

指由病原微生物、霉菌、寄生虫以及某些有害生物过量生长引起的各种环境单元质量下降或失去利用价值的现象。

放射性污染

指由放射物质释放的放射线造成的污染。

辐射污染

指电磁辐射的强度达到一定程度时，对生物机体功能或生态系统的破坏作用。

热污染

指因能源消费引起环境增温效应，达到损害环境质量的程度，以致危害人体健康和生物生存的现象。

光污染

指过量的光辐射对人类生活和生产环境造成不良影响的现象，包括可见光、红外线和紫外线造成的污染。

噪声污染

指因自然过程或人为活动引起各种不需要的声音，超过了人类所能允许的程度，以致危害人畜健康的现象。

农药污染

指农药及其在自然环境中的降解产物污染大气、水体和土壤，并破坏生态系统，引起人和动物、植物的急性或慢性中毒的一种有机污染。

复合污染

通常指两种以上不同性质的污染物或几种来源不同的污染物，在同一环境单元同时存在，并同时对生物体产生胁迫作用的环境污染现象。

污染物

指人类活动直接或间接产生的，以及自

然界突发的，能导致生物体或生态系统产生不良效应的物质或能量。

无机污染物

指能导致生物体或生态系统产生不良效应的无机化合物。

有机污染物

指能导致生物体或生态系统产生不良效应的有机化合物。可分为天然有机污染物和人工合成有机污染物两大类。

持久性有机污染物

指化学性质稳定、在环境中能持久残留，易于在人体、生物体和沉积物中积累并能致癌、致畸的有机化学物质。

营养性污染物

主要指氮、磷及其化合物，包括铵盐、硝酸盐、糖类、蛋白质、氨基酸和含磷洗涤剂等，进入天然水体后能导致水体富营养化，使水质恶化。

生物性污染物

指细菌、病毒和寄生虫等能导致不良生态效应的活体物质。

潜在污染物

指对生物具有间接伤害作用，或者由于环境中存在量的关系暂时尚未显示出直接危害性的污染物。

污染物形态

指污染物存在的形式与状态，随环境条件的变化而发生转化。例如，土壤中重金属形态可分为水溶态、可交换态、碳酸盐结合态、铁锰氧化物结合态、有机质—硫化物结合态和残渣态等。

重金属

一般指比重大于 4.0，且工业上常用的、对生物体有毒性的金属元素，如汞、镉、铅、铜和铬等。

空气污染物

指通常以气态形式进入近地面或低层大气环境的外来物质，如氮氧化物、硫氧化物和碳氧化物以及飘尘、悬浮颗粒等；有时还包括甲醛、氡以及各种有机溶剂，它们对人体或生态系统具有不良效应。

酸雨

指硫、氮等氧化物所引起的雨、雪和冰雹等大气降水酸化以及 pH 值小于 5.6 的大气降水。

污染源

指污染物发生源，分自然污染源和人为污染源两大类。

点污染源

指呈点状分布、易于辨别的污染源，如工厂、医院排污口等。

非点污染源

又称面污染源，是呈广泛的大面积、易于扩散的污染源。例如，农田施用过量的化肥或农药，因暴雨形成的地表径流而扩散开来，其特点是位点分散难于确定和定量的污染源。

农业污染源

指因使用化肥和农药等农业生产活动造成的环境污染发生源。

污染负荷

指在单位时间、单位面积或单位体积环境单元内所接纳、承受污染物的量。

指示生物

指对环境中的污染物或某些因素能产生非一般性反应或特殊信息的生物体。它可以将自身受到的各种影响以不同症状表现出来，以此表征环境质量状况。

生物退化

指由于生物的活动导致非生命物质的性质发生不利于人类需求的变化，即非生命物质的内在价值受到削弱。

污染指示生物

指对污染反应灵敏，用来监测和评价污

染状况的生物。

环境指标

指表征环境质量的物理、化学、生物学和生态学的参数。

环境容量

指在不产生不良效应的前提下，某一生态系统单元或环境介质对污染物的最大容纳量。

环境质量

指在一定的时间内，环境的总体或其某些要素对生物生存特别是人类的生存、繁衍和社会经济发展的适宜程度。

环境质量标准

指国际或地区权力机构为保障人体健康、保护生物资源和环境，根据人群和生态系统的综合要求，而制定的各种环境参数允许水平的法规。

污染控制

指采用技术的、经济的、法律的以及其他管理手段和方法，以杜绝、削减污染物排放的环保措施。

污染物预防

指采用各种方法防止污染物向环境系统排放的综合措施。

生态安全

指生态系统完整性和健康的整体水平，尤其是指能使生态系统的生存与发展受到不良影响的风险最小或者不受威胁的状态。

富营养化

指水体中氮、磷等营养物质的富集以及有机物质的作用，造成藻类大量繁殖和死亡，水中溶解氧不断消耗，水质不断恶化，鱼类大量死亡的现象。

赤潮

又称红潮，是因海洋中的浮游生物暴发性急剧繁殖造成蓝色的海水变红的异常现象。

水质

指水对生物体的适宜程度，是其物理、化学和生物学特征的综合反映。

水质评价

指依据人类对水体的不同利用功能，运用参数、标准和方法对水体的质量进行定性或定量的评定。

水质监测

指对水体中各种水质指标、污染物及微生物进行定点、定时检测与分析。

生化需氧量

指地面水体中的有机物经微生物分解所消耗水中溶解氧的总量，用毫克/升（mg/L）表示。通常采用一定体积的水样在20℃条件下培养5天后，测定水体中溶解氧消耗的毫克数。

化学需氧量

指水中有机物和还原性物质被化学氧化剂氧化所消耗的氧化剂量，折算成每升水样消耗氧的毫克数，用毫克/升（mg/L）表示。该指标主要反映水体受有机物污染的程度。

污水处理

指用各种方法将污水中所含的污染物分离出来或将其转化为无害物，从而使污水得到净化的过程。

固态废物

指以固体形式存在的废弃物，尤以城市垃圾为常见。

生活废物

指城镇生活、市政建筑和商业活动等遗弃的各种固体废弃物。

有机废物

是环境中被废弃的固体有机物的总称。

生物气溶胶

是含有生物性粒子的气溶胶，包括细菌、

病毒以及致敏花粉、霉菌孢子、蕨类孢子和寄生虫卵等。它们除具有一般气溶胶的特性以外，还具有传染性、致敏性等危害。

原生病原体

指废物中原来含有的细菌、病毒、原生动物和蠕虫卵等病原体。

次生病原体

指在废物处理过程中新产生的病原体。例如，在废物堆置过程中产生的真菌和放线菌可以造成呼吸系统疾病的微生物。

废物再循环

指采取管理和工艺措施从废物中回收有用的物质和能源的过程。

废物资源化

指采用管理和工艺等措施，从废物中分选、回收有利用价值的物质，变废为宝的过程。

垃圾处理

指运用填埋、焚烧、综合处理和回收利用等多种形式，对城市垃圾进行减量化、资源化和无害化处理的过程。

土壤退化

又称土壤恶化，指在各种自然的，特别是人为的因素影响下所发生的导致土壤的农业生产能力或土地利用和环境调控潜力，即土壤质量及其可持续性暂时或永久性的下降，甚至完全丧失其原有的良好物理、化学和生物学特征的过程。

农药残留

指在农业生产中施用农药后一部分农药直接或间接残存于谷物、蔬菜、果品、畜产品、水产品以及土壤和水体中的现象。

污染耐受性

指生物对进入其体内的有害元素积累的忍耐能力。

生态风险

指环境自然变化，尤其是人类活动导致的自然环境破坏而引起不良生态效应的或然性，或者说可能的危险性。

生态风险评价

又称生态风险评估，指应用定量的方法评估、预测各种环境污染物对生物系统可能产生的风险及评估该风险可接受的程度。

最大允许剂量

指污染物在环境中允许存在的最高浓度，为最低有影响剂量和最大无影响剂量之间的剂量。

生态效应

指生物因子或非生物因子在其存在或活动过程中对其所在生态系统中的结构、功能所产生的影响。

生物积累

指生物在其整个代谢活跃期内通过呼吸、吸收、吸附和吞食等作用，把污染物从其周围环境集聚到生物体内的过程。

生物浓缩

又称生物富集，指生物机体或处于同一营养级上的许多生物种群，从周围环境中蓄积某种元素或难分解的化合物，使生物体内该物质的浓度超过环境浓度的现象。

生物放大

指在生态系统的同一食物链上，由于高营养级生物以低营养级生物为食物，某种元素或难分解化合物在机体中的浓度随着营养级的提高而逐步增大的现象。

生物修复

指通过具有降解功能的细菌和真菌等微生物的作用，使环境介质中的污染物得以去除的过程。

植物修复

指以植物能够忍耐和超量积累某种或某些化学元素的理论为基础，通过植物及其共存微生物体系清除环境中污染物的一种环境污染治理技术。

生态修复

指以生物修复为基础，强调生态学原理在污染土壤和地下水以及地表水修复中的应用，是物理—生物修复、化学—生物修复、微生物—植物修复等各种修复技术的综合。

自净作用

指生态系统一种自我调节的机制，通过其自身的物理、化学和生物学作用使污染环境逐渐恢复到原来状态的过程。

生物净化

指通过生物类群的代谢作用，使环境中的污染物趋于无害化的过程。

生物降解

指有机污染物在生物或其酶的作用下分解的过程。

扩散过程

指污染物以微粒子形式在同一相或不同相之间由高浓度向低浓度方向迁移，直至混合均匀为止的物理运动过程。

九、农业生态学

中国传统农业

指体现和贯彻中国传统的天时、地利、人和以及自然界各种物质与事物之间相生相克关系的阴阳五行思想，精耕细作，轮种套种，用地与养地结合，农、林、牧相结合的一类典型的有机农业。

有机农业

指在生产中完全或基本不用人工合成的肥料、农药、生长调节剂和畜禽饲料添加剂，而采用有机肥满足作物营养需求的种植业，或采用有机饲料满足畜禽营养需求的养殖业，并采用生物防治和物理防治等方法解决病虫害防治问题。

可持续农业

又称永续农业，指通过管理和保护自然资源，调整农作制度和技术，以确保获得并持续地满足当代和今后世世代代人们需要的农业，是一种能维护和合理利用土地、水和动植物资源，不会造成环境退化，同时在技术上适当可行、经济上有活力、能够被社会广泛接受的农业。

节水农业

是节约并高效用水的农业，其根本目的是在水资源有限的条件下实现农业生产的效益最大化。

生态林业

指遵循生态学和经济学的基本原理，应用多种技术组合，实现最少化的废弃物输出以及尽可能大的生产（经济）输出或生态输出，保护、合理利用和开发森林资源，实现森林的多效益的永续利用。

生态农场

指依据生态经济学原理，实施生态农业的新型农业生产模式。因地制宜地保护和合理开发利用农业自然资源，并利用多种生产技术提高太阳能的转化率、生物能的利用率和再循环率，同步获取高的经济、生态、社会效益。

农业区划

指依据自然和社会经济条件的空间差异，将一个特定的农业地区划分出不同的农业发展类型区，而同一类型区内农业生产条件相似，农业发展方向亦相同。

土壤因子

是影响植物生长发育的土壤质地、结构、理化性状及生物学特征等因子的统称。

水土保持

指通过各种工程措施、生物措施和经营

管理措施，防止水分和土壤流失的综合性科学技术。

水土流失

指缺少有效保护的土壤不能有效地将水分保持在土壤中而造成水分流失的现象，同时伴随水的流失，产生对土壤的侵蚀和冲刷，也使土壤流失。

水分平衡

指植物吸水、用水、排水的和谐动态关系或者是在某一特定时段进入某一特定空间范围内的水量等于流出该空间范围的水量。

绿色能源

指绿色植物通过光合作用将太阳能转化并储存于体内的化学能。人们直接或加工利用这些化学能作为能源，代替煤、石油等不可再生的能源。在可持续发展的理念下，绿色能源体现了与环境友好相容的自然资源的开发利用原则。

有机食品

指来自于有机农业生产体系，根据国际或国内权威机构对有机农业生产要求和相应的标准生产加工的，通过独立的有机食品认证机构认证并许可使用有机食品标志的食品。

绿色食品

指在无污染的生态环境中种植及全过程标准化生产或加工的农产品，严格控制其有毒有害物质含量，使之符合国家健康安全食品标准，并经专门机构认定，许可使用绿色食品标志的食品。

绿色革命

指20世纪60年代起，国际农业发展组织将高产谷物品种和与之配套的施肥、灌溉等技术推广到亚洲、非洲、南美洲的部分地区促使其粮食增产的一项技术改革活动。

人工气候

指人为控制某些气象要素或模拟自然界一定的气候条件所形成的气候。

适度放牧量

指草场的放牧量与草场的承载能力达到一种动态平衡，保持家畜正常生产的放牧程度。

过度放牧

指放牧超过了草场的承载能力而使草场植物不能恢复正常生长，造成草场退化，甚至半荒漠化、荒漠化的现象。

载畜量

指在单位时间内、单位草地面积上保持正常畜牧生产所能容纳的放牧牲畜的头数。

防护林

指以发挥防护作用，保护和改善生态和环境为主要功能的森林。依防护功能和对象不同可分为防风林、固沙林、水土保持林等。

农田防护林

指以保护农田免受风沙等自然灾害，改善农田小气候环境为目的而建立的人工林，通常为带状，在农田上纵横交错，构成农田防护林网。

综合防治

指从农田生态系统的整体性出发，本着预防为主的指导思想和安全有效、经济、简易的原则，合理应用农业的、化学的、生物的、物理的以及其他有效的防治技术，将有害生物控制在经济损害允许水平之下，以达到保护作物、人畜健康，增加生产和保护环境的目的。

经济阈值

指有害生物种群达到对被害作物造成经济损失仍处于可接受的水平时的临界密度。在此密度下应采取控制措施，以防止有害生物种群继续发展而达到经济上不可接受的危害水平。

害虫抗药性

指害虫具有耐受杀死正常种群大部分个体的药量的能力，并且该能力可在后代种群中遗传的现象。

植物抗虫性

指植物在进化过程中形成的对害虫危害所产生的一定程度的避害、耐害或抗生的生态适应性。

十、水域生态学

湿地

指陆地上有长期或季节性薄层积水或间歇性积水、生长有沼生或湿生植物的土壤过湿地段；是陆地、流水、静水、河口和海洋系统中各种沼生、湿生区域的总和。

沼生湿地

指由地下水、地表径流和雨水供给、土壤全年被水饱和的湿地，一般位于水位线以上。除内陆和沿海盐沼外，大部分沼生湿地属于淡水范畴，包括草沼、树沼、酸沼和小浅水塘等。

湖沼湿地

指湖泊等净水水域沿岸或浅水湖泊沼泽化过程而形成的湿地，包括浅水湖、水库和大池塘。拉姆萨尔湿地公约把湖泊本身也包括在湿地范畴之内。

河流湿地

指河流等流水水域沿岸、浅滩缓流河湾等沼泽化过程而形成的湿地，包括河流、小溪、运河及沟渠等。拉姆萨尔湿地公约把河流本身也包括在湿地范畴内。

河口湿地

指海水回水上限至海口之间咸淡水河段、沿岸与河漫滩地形成的湿地，包括有半咸水和咸水沼泽、草本和木本沼泽。

海洋湿地

又称海岸湿地，是从潮上带至低潮线之间的海滩形成的湿地。拉姆萨尔湿地公约将该湿地范围扩大到低潮线以下水深6米处。

沿岸湿地

指由河流、湖泊和海洋等敞水水体形成并补给的湿地，包括水边湿地和洪涝湿地。

水边湿地

指每天都能维持与水源水接触的湖泊周围和流速缓慢的河流边缘，挺水植物占优势的区域。

洪涝湿地

指受堤岸阻隔，平时在水文上不与水源水相通，只在洪水期间高水位时才与水源水相连接的湿地。

河岸湿地

是洪涝湿地之一，指洪水过后因排涝和蒸发作用而完全干枯的湿地。

泥炭沼泽

指水源由地下水、地表径流和雨水供给、土壤发育有泥炭层的湿地，包括矿质泥炭沼泽和酸性泥炭沼泽。

红树林沼泽

指热带和亚热带半咸水域潮间带软底质环境中以红树植物为主要群种的生物群落繁茂的盐沼地带。

淡水

指含盐量小于 0.5 克/升（g/L）的水。

寒流

指水温显著低于流经海域的海流。

暖流

指水温显著高于流经海域的海流。

产卵场

指鱼类集群产卵的场所，具有鱼类产卵所需的理化和生物条件。产卵场内可能包含许多产卵地。

育幼场

指养育鱼苗的水域，具丰富的饵料和适宜的环境条件，适合鱼苗生长。

水生生物

指全部或部分生活在各种水域中的动物和植物，包括淡水生物和海洋生物。

洄游

指一些水生动物为了繁殖、索饵或越冬的需要，定期定向地从一个水域到另一个水域集群迁移的现象。

产卵洄游

又称生殖洄游，指一些水生动物性成熟临近产卵前离开越冬场或索饵场沿一定路线和方向到产卵场的集群迁移。

溯河洄游

又称溯河繁殖，指一些水生动物在海洋中生长、性成熟时沿河流到淡水水域产卵繁殖的洄游。

降海洄游

又称降河繁殖，指一些水生动物在淡水生长、性成熟时沿河流到海洋产卵繁殖的洄游。

索饵洄游

指一些水生动物从越冬场和产卵场到饵料生物丰富的索饵场的集群迁移。

越冬洄游

又称冬季洄游，指一些水生动物离开索饵场到温度、地形适宜的越冬场的集群迁移。

河川洄游

指一些水生动物只在河川中进行的洄游。

海洋洄游

指一些水生动物在海洋中生活并在海洋中进行的洄游。

海淡水洄游

指一些水生动物在生命周期中含有海洋和淡水两种生境的生活阶段，并以洄游行为往返于两种生境。

水生植物

指至少有一部分生命阶段是在水中度过的植物，包括种子植物、蕨类和藻类。其中，肉眼能看得见的水生植物称为水生大型植物，又称大型水生植物，主要包括沉水、漂浮和挺水植物，也包括水生苔藓、地钱、蕨类植物和多细胞大型藻类；肉眼看不见的单细胞藻类和自养细菌称为水生微型植物，又称微型水生植物。

水生动物

指在水中生活的异养生物。它们自身不能制造食物，营养靠摄食植物、其他动物和有机残体。

红树群落

指热带和亚热带低盐度河口淤泥质高中潮区海岸所特有的红树植物为主体的生物群落。

水域生产力

又称水体生产力，指在一定时间周期内单位面积水域中生物合成有机物质的量。不同水域生产力水平不同：湿地最高，浅水湖泊、河口、沿岸带次之，深水湖泊及大洋生产力最低。

海洋生物生产力

指海洋植物合成有机物质的能力。近岸水域生产力高于远洋，海洋水层初级生产力主要发生在表层 30 米内。总初级生产力由再生生产力和新生产力两部分构成。

十一、城市生态学

社会—经济—自然复合生态系统

是一类以人的行为为主导，由社会、经济、自然子系统在时、空、量、构及序耦合而成，是人类种群与其栖息劳作环境、区域生态环境及社会文化环境间相生相克、协同进化的矛盾统一体。

复合生态系统动力学

为驱动复合生态系统的物质代谢、能量聚散、信息交流、价值增减以及生物迁徙的基本动因，包括自然和社会两种作用力，自然力和社会力的耦合导致不同层次复合生态系统特殊的运动规律。

复合生态系统控制论

按照复合生态系统发育、演化、兴衰的规律而采取系统整合、适应、循环、自生机制，即对有效资源及可利用的生态位的竞争称效率原则，人与自然之间、不同人类活动间以及个体与整体间的共生称公平性原则，通过循环再生与自组织行为维持系统结构、功能和过程稳定性的自生称生命力原则。

开拓适应原理

指任一企业、地区或部门的发展都有其特定的生态位，由主导系统发展的利导因子和抑制系统发展的限制因子组成。资源的稀缺性孕育生物的改造环境、对外开拓、提高环境容量的能力和适应环境、调整需求、改变自身生态位的能力。成功的发展必须善于拓展资源生态位和调整需求生态位，以改造和适应环境。优胜劣汰是自然及人类社会发展的普遍规律。

竞争共生原理

指系统的资源承载力和环境容纳总量在一定时空范围内是恒定的，但其分布是不均匀的。差异导致生态元之间的竞争，竞争促进资源的高效利用。持续竞争的结果形成生态位的分异，分异导致共生，共生促进系统的稳定发展。生态系统这种相生相克作用是提高资源利用效率、增强系统自生活力、实现持续发展的必要条件，缺乏其中任何一种机制的系统都是没有生命力的系统。

乘补自生原理

指当整体功能失调时，系统中某些组分会趁机膨胀成为主导组分，使系统疯长或畸变；而有些组分则能自动补偿或代替系统的原有功能，使整体功能趋于稳定。要推进一个系统的演化，应使乘强于补；要维持一个系统的稳定，应使补胜于乘。

循环再生原理

指世间一切产品最终都要变成废物，世间任一"废物"必然是对生物圈中某一组分或生态过程有用的"原料"或缓冲剂；人类一切行为最终都会以某种信息的形式反馈到作用者本身，或者有利，或者有害。物资的循环再生和信息的反馈调节是复合生态系统持续发展的根本动因。

连锁反馈原理

指复合生态系统的发展受两种反馈机制所控制，一是作用和反作用彼此促进，相互放大的正反馈，导致系统当前发展状态的持续增长或衰退；另一种是作用和反作用彼此抑制，相互抵消的反馈使系统维持在稳态附近。正反馈导致发展，负反馈维持稳定。系统发展的初期一般正反馈占优势，晚期负反馈占优势，达到持续发展时期的系统中正负反馈机制相互平衡。

生态发育原理

指发展是一种渐近的有序的系统发育和功能完善过程。系统演替的目标在于功能的完善，而非结构或组分的增长；系统生产的目的在于对社会的服务功效，而非产品的数量或质量。系统发展初期需要开拓与适应环境，速度较慢；在找到最适应生态位后增长最快，呈指数式上升；接着受环境容量的限制，速度放慢，呈逻辑斯蒂曲线的 S 型增长。但人能改造环境，扩展瓶颈，使系统出现新的 S 型增长，并出现新的限制因子或瓶颈。

多样性主导原理

指系统必须以优势组分和拳头产品为主导，才会有发展的实力和刚度；必须以多元化的结构和多元化的产品为基础，才能分散风险，增强系统的柔度和稳定性。结构、功能和过程的主导性和多样性的合理匹配是实现生态系统持续发展的前提。

最小风险原理

指系统发展的风险和机会是均衡的，高的机会往往伴随大的风险。强的生命系统要善于抓住一切适宜的机会，利用一切可以利用甚至对抗性、危害性的力量为系统服务，变害为利；善于利用中庸思想和半好对策避开风险，减缓危机，化险为夷。

最大功率原则

指系统的自组织过程或结构的自我设计通常会朝向引入更多能量和更有效地使用能量的方向发展。任何一个开放系统的进化策略，都是在维持其上层母系统生存的前提下，使本系统能得到的有用能流最大化；自然选择倾向于选择那些能产生最大有用功率的系统。

多样性—稳定性假说

该假说认为生态系统组成的多样性与稳定性存在某种程度的相关性，在多数情况下，通过增加生态系统内的多样性，可促进系统的稳定性。但美国生态学家梅（R. May）从数学上给出了多样性有时会导致稳定性的反例。

生态滞留

指生态代谢过程中系统输入远远大于其输出时，过量物质或能量滞留于系统内，打破原有生态平衡的现象。如过量营养物质进入水生态系统后的富营养化现象以及由于过度密集的人类活动所造成的城市热岛效应和污染效应等。

生态耗竭

指生态代谢过程中生态系统的输出远远大于其输入，系统结构长期失衡，功能得不到更新，过程得不到补偿，自我调节赶不上外部破坏的现象。如过度渔牧导致的水产枯竭、草地退化以及矿山滥采导致的区域生态退化等。

生态胁迫

又称生态压力，指来自人类或自然的对生态系统正常结构性和功能性干扰，这些干扰往往超出生态系统承受能力范围，导致生态系统发生不可逆的变化甚至退化或崩溃。

生态敏感性

指生态系统或环境对各种自然和人类干扰的变异程度，用来反映区域生态环境遇到干扰时偏离平衡态的概率，以及产生生态退化征兆的难易程度或可能性。

生态序

指生态系统演替是一种从原生走向成熟的信息积累、环境适应、结构整合和功能完善过程，其中逐步形成的高效占用生态位的竞争序，以及协同进化的共生序和自组织、自调节、自优化的自生序，共同组成生态序。

竞争序

指生物与环境斗争中形成的争夺利导因子的一种生存进取策略，旨在实现对可利用能源的最大攫取和可再生资源的最有效利用，通常表现为与生物环境竞争和对非生物环境的开拓行为。

共生序

指生物与环境协同进化中形成的克服限制因子约束的一种生存妥协策略，通常表现为与其他生物的共生、对资源的再循环和对环境的适应行为。

生态(性)灾难

指在各种瞬时性或累积性的生态效应中，对人类的生活、生产和生态系统产生显著的不可逆生态影响和灾变性效果的生态效应。

生态功能区划

指根据区域生态环境要素、生态环境敏感性与生态服务功能空间分异规律，将区域划分成不同生态功能区的过程。

生态整合

指按生态学原理将破碎的过程、景观、产业和文化在生态系统尺度上重新耦合的过程。

生态需水

指为满足区域生态系统正常运行并提供正常生态服务的功能性自然需水，包括生物生产、消费、蒸腾需水，水域、土壤蒸发或地下水文循环需水，以及景观调蓄、环境净化和下游常年径流需水。

生态足迹

又称生态占用，指维持一个人、地区、国家或者全球的生存所需要的以及能够吸纳人类所排放的废物、具有生态生产力的地域面积，是对一定区域内人类活动的自然生态影响的一种测度。

生态赤字

一是指一定地域（如国家或地区）的人口的生态足迹超过了该地域空间的生物供给能力，表示现存的自然资本不足以支持当地人口消费和生产的状况；二是指生态系统或社会—经济—自然复合生态系统中某些物质或能量的需求大于供给能力而产生的生态失衡状况。

生物供给能力

是与生态足迹相对应的概念，指一定地域内可能提供的生物生产性土地面积之和，体现该地域为当地人口提供产品和消纳环境影响的能力。

生态承载力

指一定条件下生态系统为人类活动和生物生存所能持续提供的最大生态服务能力，特别是资源与环境的最大供容能力。

城市承载力

一般指一定范围和一定环境标准下的城市生命支持系统可支撑的城市社会经济活动强度的大小和一定生活质量下的人口数量。

人体健康风险评估

指预测环境污染物对人体健康产生有害影响可能性的过程，包括致癌风险评估、致畸风险评估、化学品健康风险评估、发育毒物健康风险评估、生殖环境影响评估和暴露评估等。

生态健康

指人与环境关系的健康，是测度人的生产生活环境及其赖以生存的生命支持系统的代谢过程和服务功能完好程度的系统指标，包括人体和人群的生理和心理生态健康，人居物理环境、生物环境和代谢环境（包括衣食住行玩、劳作、交流等）的健康，以及产业和区域生态服务功能（包括水、土、气、生、矿和流域、区域、景观等）的健康。

生态卫生

狭义的生态卫生是指通过生态系统方法处理和利用人粪尿，包括生态合理的卫生厕所及其外围设施、环境、废弃物处理、循环方式和行为习惯。广义的生态卫生指人居活动产生的粪便、垃圾、污水等废弃物的排放、收集、处理和循环利用的生态技术、设施、方式，生态规划、管理的办法和能力建设手段。生态卫生旨在保障人体健康、居室健康、农田健康、环境健康和区域生态系统的健康。

城市生态系统

是人为改变了结构、改造了物质循环和部分改变了能量转化过程、以人类活动为主导的一类开放型人工生态系统。

生态城市

是社会、经济、自然协调发展，物质、能量、信息高效利用，技术、文化与景观充分融合，人与自然的潜力得到充分发挥，居民身心健康，生态持续和谐的集约型人类聚居地。

生态政区建设

是运用生态经济学原理和系统工程方法

去统筹规划、建设和管理政域范围内的人口、资源、环境，通过挖掘市域内外一切可以利用的资源潜力，改变生产和消费方式、决策和管理方法，建设一类经济发达、生态高效的产业，体制合理、社会和谐的文化以及生态健康、景观适宜的环境，实现在区域生态承载能力范围内经济腾飞与环境保护、物质文明与精神文明、自然生态与人类生态的高度统一和可持续发展。

健康城市

指城市发展所追求的一种模式。是由健康的人群、健康的环境和健康的社会有机结合发展的整体。1996 年，世界卫生组织（WHO）规定了健康城市的 10 条标准。

田园城市

是英国城市规划师霍华德于 1898 年针对英国快速城市化所出现的交通拥堵、环境恶化以及农民大量涌入大城市的城市病所设计的，以宽阔的农田林地环抱美丽的人居环境，把积极的城市生活的一切优点同乡村的美丽和一切福利结合在一起的生态城市模式。

城市湿地

是城市及其周边地区被浅水或暂时性积水所覆盖的低地，有周期性的水生植物生长，基质以排水不良的水成土为主，是城市排毒养颜的肾器官，具有重要的水源涵养、环境净化、气候调节、生物多样性保护、教育科普等生态服务功能。

城市生态安全

是城市人与环境关系可持续程度的表征，是测度人与其生产、生活环境及其赖以生存的生命支持系统的耦合关系、代谢过程和服务功能完好程度、风险大小的系统状态指标。

城市化

指人类生产和生活方式由乡村型向城市型转化的历史过程，表现为乡村人口向城市人口转化以及城市不断发展和完善的过程。

逆城市化

指一些大都市区人口迁向离城市郊区更远的农村和小城镇的过程。我国的逆城市化首先表现为现代化基础设施开始向农村延伸，其次表现为城市市民福利制度开始覆盖农村。

再城市化

指面对经济结构老化、人口减少，发达国家一些城市调整产业结构，开发市中心衰落区，吸引年轻的专业人员或国内外移民回城居住，实现中心城区人口增长的过程。

城市覆盖层

指地面至城市建筑物屋顶的空气层，该空间范围受人类活动影响最大，是导致城市热岛效应、灰霾效应、温室效应和污染效应的重要因素。城市覆盖层与建筑物密度、高度、几何形状、门窗朝向、外壁涂料颜色、街道宽度和走向、路面铺砌材料、人为热以及人为水气的排放量关系密切。

城市边界层

指由城市建筑物屋顶向上到积云中部高度的空气层，其上限高度因白昼与夜晚而异，而且受区域气候、城市空气污染物性质及浓度和参差不齐的屋顶热力和动力作用影响。该空间范围湍流混合作用显著，与城市覆盖层间存在着物质和能量交换。

城市气候

指由于城市的存在产生了特殊下垫面条件和人类活动，而形成的有别于区域气候背景的一种局地气候条件，是城市规划、城市建筑、城市生态调控、城市环境保护、城市医疗保健和城市灾害预防等必须考虑的基础条件。

城市逆温层

指在城市地区的秋末和冬季晴朗无风的天气里，傍晚时分由于地面强烈地向空中辐射热量，使地面和近地层空气温度迅速下降，而上层空气降温较慢，从而出现气温上高下低的现象，不利于大气污染的扩散。

城市热岛效应

指城市温度高于郊野温度的现象。由于城市地区水泥、沥青等所构成的下垫面导热率高，加之空气污染物多，能吸收较多的太阳能，有大量的人为热进入空气；另一方面又因建筑物密集，不利于热量扩散，形成高温中心，并由此向外围递减。

城市大气环流

指由于热岛效应造成的温差，使城市与其周围地区形成的空气流动状态。

城市峡谷效应

又称城市狭管效应，指在城市地区，由于整齐划一的建筑物的影响，使气流速度明显高于周围地区的现象。

灰霾

指空气中的灰尘、硫酸、硝酸、有机碳氢化合物等气溶胶粒子形成的大气浑浊现象，使水平能见度小于10公里。

城市绿化

指栽种植物以改善城市环境的活动，一般不包括耕地和无植被的水域。

生态材料

指产品生产、运输、储存、消费和循环再生的整个生命周期过程中符合地方和国家相关环境标准，环境影响低、资源利用率高、生态服务功能强、经济成本低的环境友好型材料。

人居环境

指人类聚居生活的地方，是与人类生存活动密切相关的地表空间，包括自然、人群、社会、居住、支撑五大系统。

共轭生态规划

指协调人与自然、资源与环境、生产与生活、城市与乡村以及空间与时间之间共轭关系的复合生态系统规划。包括与城镇总体规划相呼应的区域生态整合规划；与建设用地规划相对应的非建设用地规划；与二维土地利用规划相呼应的地下和地上三维空间资源利用规划；与物理环境污染控制规划相呼应的生态服务功能建设规划；与自然保护规划相呼应的人文生态保护规划，以及与纵向管理体制相对应的横向耦合机制规划等。

区域生态规划

是城市生态规划的上位规划。以生态学原理为指导，对城市发展所依赖的流域、区域或政域内的基础生态因子、生态演替过程、景观生态格局和生态服务功能进行系统分析，辨识区域发展的利导和限制因子、生态敏感和适宜性区域，开展生态功能区划，为区域未来可能的社会经济发展提出控制性的诱导性的资源利用、环境保护与生态建设战略和措施。

城市生态规划

是在上位区域生态规划指导下开展的市域生态系统发展规划，包括城市生态概念规划(自然和人类生态因子、生态关系、生态功能和生态网络的发展战略规划)、城市生态工程规划(水、能源、景观、交通和建筑等生态工程建设规划)以及城市生态管理规划(生态资产、生态服务、生态代谢、生态体制和生态文明的管理规划)。

生态适宜性分析

指根据区域发展目标运用生态学、经济学、地学、农学及其他相关学科的理论和方法，分析区域发展所涉及的生态系统敏感性与稳定性，了解自然资源的生态潜力和对区域发展可能产生的制约因子，对资源环境要求与区域资源现状进行匹配分析，确定适应性的程度，划分适宜性等级，从而为制定区域生态发展战略，引导区域空间的合理发展提供科学依据。

生态建筑

指基于生态学原理规划、建设和管理的

群体和单体建筑及其周边的环境体系。其设计、建造、维护与管理必须以强化内外生态服务功能为宗旨，达到经济、自然和人文三大生态目标，实现生态健康的净化、绿化、美化、活化、文化五化需求。

城市特色危机

指在快速城市化过程中，城市格局、风貌正走向雷同，千城一面，由不同国家、地域、民族和历史等多维特点形成的城市文脉、肌理、自然生态特征和乡土文化标识正在迅速消失的现象。

生态管理

又称管理的生态系统方法，是按生态学的整体、协同、循环、自生原理去系统规范和调节人类对其赖以生存的生态支持系统的各种开发、利用、保护和破坏活动，使复合生态系统的结构、功能、格局和水、土、气、生物、能源和地球化学循环的复合生态过程得以高效、和谐、持续运行的系统方法。

城市林业

是研究林木与城市环境关系，合理配置、培育、经营和管理城区及城近郊的森林、树木和植物，服务城市生态，调节城市气候，活化城市景观，以生态服务功能为主旨，融生态、经济、社会效益为一体的特殊形态林业。

都市农业

是分布在城市工业、商业、居住区及城郊结合部等生境中的特殊形态农业，可分布在地表、屋顶和地下。其功能除了生产生物质外，更主要的是提供水文循环，调节气候，净化环境，维持生物多样性，以及教育、观光等生态服务功能。

生态旅游

是以吸收自然和文化知识为取向，尽量减少对生态环境的不利影响，确保旅游资源的可持续利用，将生态环境保护与公众教育同促进地方经济社会发展有机结合的旅游活动。

国家公园

是国家为合理地保护和利用自然、文化遗产而设立的大规模的陆地或海洋保护区域。其功能是为当代人和子孙后代保护一个或多个生态系统的生态完整性，排除与保护目标相抵触的开采或占有行为；提供在环境上和文化上相容的精神的、科学的、教育的、娱乐的和游览的机会。

地质公园

是以具有特殊地质科学意义，稀有的自然属性、较高的美学观赏价值，具有一定规模和分布范围的地质遗迹景观为主体，并融合其他自然景观与人文景观而构成的一种独特的自然区域。是地质遗迹景观和生态环境的重点保护区，地质科学研究与普及的基地。

森林游憩

是人们利用休闲时间，在森林环境中自由选择地进行的、以恢复体力和获得愉悦感受为主要目的同时又不破坏森林的所有活动的总和。

森林公园

是以良好的森林景观和生态环境为主体，融合自然景观与人文景观，利用森林的多种功能，以开展森林旅游为宗旨，为人们提供具有一定规模的游览、度假、休憩、保健疗养、科学教育、文化娱乐的场所。

湿地公园

是保持该湿地区域独特的近自然景观特征，维持系统内部不同动植物物种的生态平衡和种群协调发展，并在不破坏湿地生态系统的基础上建设不同类型的辅助设施，将生态保护、生态旅游和生态教育的功能有机结合，突出主题性、自然性和生态性三大特点，集湿地生态保护、生态观光休闲、生态科普教育、湿地研究等多功能的生态型主题公园。

十二、生态工程学、产业生态学

生态工程

指模拟自然生态的整体、协同、循环、自生原理，并运用系统工程方法去分析、设计、规划和调控人工生态系统的结构要素、工艺流程、信息反馈关系及控制机构，疏通物质、能量、信息流通渠道，开拓未被有效利用的生态位，使人与自然双双受益的系统工程技术。

生态设计

指按生态学原理进行的人工生态系统的结构、功能、代谢过程和产品及其工艺流程的系统设计。生态设计遵从本地化、节约化、自然化、进化式、人人参与和天人合一等原则，强调减量化、再利用和再循环。

农业生态工程

指在大农业（种植业、养殖业、林业、副业、加工业）中，通过产业要素组合和生态工艺技术的实施使废物得以有效利用、转化、再生及资源化，形成生产（链）优化组合、多层分级利用的网络化体系。

湿地生态工程

指运用生态工程原理，通过人工湿地建设或天然湿地改良，利用湿地生态系统的净化能力达到污水净化处理、生物多样性保护、湿地生物质生产与强化"生态系统肾"的生态服务功能的目的。

农林复合系统

又称农林复合经营，指在同一土地管理单元上，人为地把多年生木本植物（如乔木或灌木）与其他栽培植物（如农作物、药用植物、经济植物以及真菌等）和（或）饲养家畜，合理地安排在一起而进行管理的土地综合利用体系。

物质多层分级利用

指物质在生态系统内多个组分和多层生态链中的连锁利用过程，其中上一环节或上层不同环节的成品、半成品或废弃物以串联或并联形式作为下一环节原料予以利用，使资源利用效率最大化和废弃物排放的最小化。

绿色化工

又称环境友好化工，指在化工产品生产过程中，从工艺源头上就运用环保的理念，推行源消减、进行生产过程的优化集成，废物再利用与资源化，从而降低了成本与消耗，减少废弃物的排放和毒性，减少产品全生命周期对环境的不良影响。绿色化工的兴起，使化学工业环境污染的治理由先污染后治理转向从源头上根治环境污染。

生态资产

指自然界中生物与其环境相互作用所形成的有形、无形收益的总和，其中包括对人类的服务收益。生态资产起源于自然，它通常具有一定的产权归属，以存量来表示，可采用货币价值或生物物理价值等尺度来计量。

生态资本

指生态资产中用于进行价值再生产或再创造的部分或全部投入份额。

生态生产力

指生态系统从外界环境中吸收为生命过程所必需的物质和能量并转化为新的生物质和生物能量的能力。

生态产业

指按生态经济原理和知识经济规律组织起来的基于生态系统承载能力、具有完整的生命周期、高效的代谢过程及和谐的生态功能的网络型、进化型、复合型产业。

产业生态系统

指将生产、流通、消费、回收、环境保护及能力建设纵向结合，将不同行业、不同企业的生产工艺横向耦合，将生产基地与周边环境包括生物质的第一性生产、社区发展、区域环境保护以及当地原住民纳入生态产业园统一管理，谋求资源的高效利用、社会的充分就业和有害废弃物向系统外的零排放或无害排放。

生态产业园

指在一定区域内建立的若干行业、企业与当地自然和社会生态系统构成的社会—经济—自然复合生态系统。企业、社区以及园区环境之间通过资源的交换和再循环网络，实现物质最大程度的再利用和再循环，达到一种比各企业效益之和更大的整合效益。生态产业园具有多样化的产业结构和柔性的自适应功能，其组分包括当地农业、服务业、原住居民及基础设施等一切自然和人文生态资源。

循环经济

指模仿大自然的整体、协同、循环和自适应功能去规划、组织和管理人类社会的生产、消费、流通、还原和调控等一系列行为的活动，是一类融自生、共生和竞争经济为一体、具有高效的资源代谢过程、完整的系统耦合结构的网络型、进化型复合型生态经济。

服务替代产品

指人类消费并非真正需要物理的产品，而是需要产品所提供的功能（服务）。企业以社会的终端服务而不是物质产品为核心，在提供终端产品的同时，提供并不断更新和扩展与产品功能相关的柔性服务，承担维护、培训、处置和再循环以及生态和人文服务等责任，从而不断扩展自身的经营范围和可持续能力，减缓资源和市场环境变化带来的风险。

非物质化

指通过技术创新、体制改革和行为诱导，在保障生产和消费质量的前提下，减少社会生产和消费过程中物质资源投入量，将不必要的物质消耗过程降到最低限度的现象。

再利用

指尽可能分级多层利用物质，并尽可能多次或多种方式地利用产品，延长产品的服务时间和强度，避免产品过早、过多地成为废物和垃圾的过程。

再循环

指在生态产业、生态工程及循环经济中，针对输出端，通过废弃物回收、综合利用、将废物变成可用资源再利用的过程，以减少最终废物处理量和成本。

产业化

指将所设计和实施的生态工程，形成创造和满足人类经济需要的物质和非物质性生产的、从事盈利性经济活动并提供产品和服务的产业。

无害化

指在生态工程或生态产业中，减少乃至去除某些对人体或生态环境有害的生产、消费过程中的环节和产品，变废物为无害等，形成新的工艺或措施及产品。

产品生命周期

指一种产品从原料采集、原料制备、产品制造和加工、包装、运输、分销，消费者使用、回用和维修，最终再循环或作为废物处理等环节组成的整个过程的生命链。

产品生态学

指通过辨识和诊断，确定影响产品竞争能力的生态环境参数，制定产品进入市场的产品生态规范，使整个产品商业价值中包含生态环境价值，如设计并生产低能耗、无氟冰箱等。

产品生态辨识

指在产品整个生命周期内，对相关生态环境干扰、各种环境因子影响大小及产品的总体潜在环境影响进行定量识别和科学评估。

产品生态诊断

指分析与所设计的产品有关的重要的潜在环境影响及其主要来源，并识别其干扰环境的主要因子。

生态产品评价

指根据生态诊断、产品生态指标辨识，提出改善现有产品环境特征的具体技术方案，设计出对环境友好的产品方案，重新进行生命周期评价，弥合生命周期模拟，提出进一步改进的途径和方案。

环境绩效评估

指按照一定的环境管理标准，系统地观测、分析、报告和交流特定组织的环境绩效的规范化过程。它是包括收集该组织的环境信息和有效管理环境问题的方式方法，对行为主体在特定时段、地点的环境行为及其长期发展趋势和影响进行评估。

环境审计

又称绿色审计。一是指对一个团体遵照现行环境要求的状态进行独立评估；二是指对目标团体遵守环境政策、实施环境保护、开展环境控制状况进行独立评估。

生态审计

指评价当事企业的生态指标与当地推行的环境法规的背向程度，其基本内容是对安全和健康保障的生态风险评价；其基本目标是避免被审计单位因生态风险的范围和水平估计不足而可能引致的财务损失，以及减少环境损失。

清单分析

指针对生命周期而分析其基本数据的一种表达。它是对产品整个生命周期阶段的资源和能源消耗以及向环境排放（包括废气、废水和固体废物及其他环境释放物）的量化分析。

综合性政策评价

是面向可持续发展目标，对政策建议的经济、社会和环境影响综合进行集成性评估，包括财政支出和经济影响、法规影响、乡村及区域影响、健康影响、环境评估、政策公平性，以及气候变化影响评估等，注重其相互间的关联性架构，以支撑大的时空尺度和多部门交叉的战略影响分析。

清洁生产

指生态产业和生态工程中的一类生产方式。1997 年，联合国环境规划署重新定义为：在工艺、产品、服务中持续地应用整合且预防的环境策略，以增加生态效益和减少对于人类和环境的危害和风险。

清洁生产技术

指减少整个产品生命周期对环境的影响的技术，包括节省原材料，消除有毒原材料，消减一切排放，减少废物数量与毒性。

清洁能源

指在生产和使用过程不产生有害物质排放的能源，或可再生的、消耗后可得到恢复的能源，或非再生的（如风能、水能、天然气等）及经洁净技术处理过的能源（如洁净煤油等）。

绿色国内生产总值

又称绿色 GDP，是将经济发展中资源成本、环境污染损失成本、生态成本纳入国内生产总值统计口径所形成的国内生产总值。

（摘编：陈薇　审稿：沈佐锐）

资料来源：

生态学名词（2006）［M］. 北京：科学出版社，2007 年.

尚玉昌. 普通生态学（第三版）［M］. 北京：北京大学出版社，2010 年.

A·麦肯齐，等. 生态学［M］. 孙儒泳，等译. 北京：科学出版社，2000 年.

参考文献

艾琳・M・麦克高蒂. 从 NIMBY 到公民权利[M]. 环境史, 1997.

安德鲁・多布森. 绿色政治思想[M]. 郇庆治译. 济南：山东大学出版社, 2005.

巴里・康芒纳. 与地球和平共处[M]. 王喜六等译. 上海：上海译文出版社, 2002.

芭芭拉・沃德, 勒内・杜博斯. 只有一个地球——对一个小小行星的关怀和维护[M]. 《国外公害丛书》编委会译校. 长春：吉林人民出版社, 1997.

别涛. 泰州"天价环境公益诉讼案"始末及评析[N]. 中国环境报, 2015 - 01 - 14.

蔡登谷. 森林文化初论[J]. 世界林业研究, 2002(1)：12 - 18.

蔡拓. 全球治理的中国视角与实践[J]. 中国社会科学, 2004(1).

蔡晓明, 蔡博峰. 生态系统的理论与实践[M]. 北京：化学工业出版社, 2012.

蔡晓明. 有关"生态环境"词义的探讨[J]. 中国科技术语, 2005(02).

陈柳钦. 国内外绿色信贷发展动态分析[J]. 全球科技经济瞭望, 2010(6).

陈柳钦. 未来产业发展的新趋势：集群化、融合化和生态化[J]. 商业经济与管理, 2015(7).

陈庆立. 生态法制要跟上现代化步伐[N]. 中国经济导报, 2007 - 09 - 15(B07).

陈湘舸, 解仁美. 对资源节约型社会的深层解读[J]. 经济研究, 2006(1), 76 - 79.

陈幼君. 生态文化的内涵与构建[J]. 求索, 2007(9)：88.

陈玉佳. 中国信息产业发展及其对就业影响的研究[D]. 重庆大学, 2009. 34.

程瑾, 蔡筱英. 信息产业与可持续发展战略[J]. 情报科学, 2000(03)210 - 213.

程相占. 论环境美学与生态美学的联系与区别[J]. 学术研究, 2013(1)：123.

程翔. 日本"环境正义"运动述评[J]. 东南司法评论, 2009.

戴斯・贾丁斯. 环境伦理学(第3版)[M]. 林官明, 杨爱民译. 北京：北京大学出版社, 2002.

戴维・赫尔德, 等. 全球大变革[M]. 杨雪冬等译. 北京：社会科学文献出版社, 2001.

但新球. 森林文化的社会、经济及系统特征[J]. 中南林业调查规划, 2002(3)：58 - 61.

邓可祝. 共和主义视角下的环境公益诉讼——理论基础与实践价值[J]. 法治研究, 2015(5).

段昌群, 杨雪清, 等. 生态约束与生态支撑[M]. 北京：科学出版社, 2006.

恩格斯. 自然辩证法[M]. 北京：人民出版社, 1971.

樊浩. 伦理精神的价值生态[M], 北京：中国社会科学出版社, 2001.

樊辛欣. 信息产业的特点及其在经济发展中的作用[J]. 现代情报, 1993, (01)15 - 16.

范亚东. 论美国的环境保护运动[D]. 南宁：广西师范大学, 2007.

冯士筰, 李凤岐, 李少菁. 海洋科学导论[M]. 北京：高等教育出版社, 2002.

福泽谕吉. 文明论概略[M]. 北京编译社译. 北京：商务印书馆, 1995.

盖光. 生态审美合理性论要[C]. 范跃进. 生态文化研究：第1辑. 北京：文化艺术出版社, 2004.

高国荣. 美国环境史学研究[M]. 北京：中国社会科学出版社, 2014.

关音. 我国环保 NGO 的发展与生态环境保护[J]. 环境教育, 2012(4).

郭艳菊. 新加坡城市规划建设管理的经验及启示[N]. 三亚日报, 2015 - 08 - 03.

韩德才, 王延伟. 从"爱它"到"爱己"——西方动物保护运动及其影响[J]. 环境保护, 2011(18)：65 - 67.

何怀宏. 生态伦理[M]. 保定：河北大学出版社，2002.

何平立，沈瑞英. 资源、体制与行动：当前中国环境保护社会运动析论[J]. 上海大学学报（社会科学版），2012(01).

洪大用，马国栋，等. 生态现代化与文明转型[M]. 北京：中国人民大学出版社，2014.

侯佳儒. 论我国环境行政管理体制存在的问题及其完善[J]. 行政法学研究，2013(2)：31 – 36.

侯文蕙. 20世纪90年代的美国"环境保护运动和环境保护主义"[J]. 世界历史，2000(06).

侯文蕙. 征服的挽歌[M]. 北京：东方出版社，1999.

胡聃. 从生产资产到生态资产—资产—资本完备性[J]. 地球科学进展，2004(19)：289 – 296.

胡王云. 日本现代环境治理体系分析[J]. 日本研究，2015(4).

郇庆治. 发展主义的伦理维度及其批判[J]. 中国地质大学学报（社科版），2012(4)：52 – 57.

郇庆治. "共同但有区别的责任"原则的再阐释与落实困境[J]. 国际社会科学杂志，2013(2)：76 – 85.

郇庆治. 环境人权在中国的法制化及其政治障碍[J]. 南京工业大学学报（社科版），2014(1)：14 – 21.

郇庆治. 环境政治视角下的生态文明体制改革[J]. 探索，2015(3)：41 – 47.

郇庆治. 环境政治学：理论与实践[M]. 约翰·巴里. 从环境公民权到可持续公民权. 济南：山东大学出版社，2007.

郇庆治. 环境政治学视角下的生态文明体制改革与制度建设[J]. 中共云南省委党校学报，2014(1)：80 – 84.

郇庆治，李宏伟，林震. 生态文明建设十讲[M]. 北京：商务印书馆，2014.

郇庆治，马丁·耶内克. 生态现代化理论：回顾与展望[J]. 马克思主义与现实，2010(1).

郇庆治. 欧洲绿党研究[M]. 济南：山东人民出版社，2000.

郇庆治. 强化环保公众参与、推进生态文明体制改革[J]. 环境保护，2013(12)：5 – 7.

郇庆治. 生态现代化理论与绿色变革[J]. 马克思主义与现实，2006(2).

郇庆治. 中国区域环保督查中心：功能与局限[J]. 绿叶，2010(10)：9 – 18.

郇庆治. "终结无边界的发展：环境正义视角"[J]. 绿叶，2009(10)：114 – 121.

郇庆治. 重建现代文明的根基：生态社会主义研究[M]. 北京：北京大学出版社，2010.

黄安年. 当代发达资本主义国家的环境污染和环境保护运动[J]. 兰州学刊，1994(06).

黄秉维. 陆地系统科学与地理综合研究——黄秉维院士学术思想研讨会论文集[M]. 北京：科学出版社，1999.

黄鼎成，等. 人与自然关系导论[M]. 武汉：湖北科学技术出版社，1997.

黄江平，王展. 发挥民间文化团体在文化建设中的积极作用——上海民间文化团体的现状调研与政策建议[J]. 上海文化，2014(08)：93 – 102.

黄锴. 政府文化职能的公共性[D]. 复旦大学，2009.

黄正福. 高校生态教育浅析[J]. 黑龙江教育学院学报，2007(2)：36.

姬振海. 生态文明论[M]. 北京：人民出版社，2007.

基佐. 欧洲文明史[M]. 程洪逵，沅芷译. 北京：商务印书馆，1998.

季芳. 论生态美理想与生态文艺[J]. 中南民族大学学报（人文社会科学版），2009(04)：158 – 162.

加快建设资源节约型社会. 人民日报，2004 – 04 – 26.

简·汉考克. 环境人权：权力、伦理与法律[M]. 李隼译. 重庆：重庆出版社，2007.

江春波，惠二青，孔庆蓉，等. 天然湿地生态系统评价技术研究进展[J]. 生态环境，2007(16)：1304 – 1309.

江泽慧. 生态文明时代的主流文化[M]. 北京：人民出版社，2013.

姜春云. 姜春云调研文集·生态文明与人类发展卷[M]. 北京：中央文献出版社，新华出版社，2010.

姜春云. 拯救地球生物圈[M]. 北京：新华出版社，2012.

姜文来. 自然资源资产折补研究[J]. 中国人口、资源与环境，2004，14：8-11.

解振华. 解读"环境友好型社会"[N]. 人民日报，2005-11-03(05版).

金书秦，Arthur P. J. Mol，Bettina Bluemling. 生态现代化理论：回顾和展望[J]. 理论学刊，2011，(07)：59-62.

进一步加强生态文明宣传教育[N]. 人民日报，2014-11-24(07).

阚耀平. 人类与森林文化[J]. 广西林业，2004(5)：34-36.

可华明. 我国的湿地[J]. 地理教学，2002(1)：6-7.

克里斯托弗·卢茨. 西方环境运动：地方、国家和全球向度[M]. 徐凯译. 济南：山东大学出版社，2005.

蕾切尔·卡逊. 寂静的春天[M]. 吕瑞兰译. 北京：科学出版社，1979.

黎祖交. 党政领导干部生态文明建设读本[M]. 北京：中国林业出版社，2014.

黎祖交. 关于"两山理论"的对话[J]. 绿色中国，2015(20).

黎祖交. 关于绿色财富及其创造途径的几点看法. 生态文明·绿色崛起——中国生态前沿报告[M]. 海口：海南出版社，2011.

黎祖交. 关于美丽中国的对话[J]. 绿色中国，2012(12).

黎祖交. 建议用"生态建设和环境保护"替代"生态环境建设"//中国社会科学院文献信息中心编. 坚持科学发展观构建和谐社会[M]. 北京：红旗出版社，2007.

黎祖交. "两山理论"蕴含的绿色新观念[J]. 生态文化，2016(2).

黎祖交. 绿色财富：时代的呼唤[J]. 绿色中国，2004(11).

黎祖交. 论"生态建设"提法的科学性//国家行政学院研究室编，落实科学发展观的伟大实践[M]. 北京：中国档案出版社，2006.

黎祖交，缪宏. 协同推进六个"绿色化"[N]. 人民日报，2015-05-17.

黎祖交. 准确把握"绿色化"的科学涵义[J]. 绿色中国，2015(04).

黎祖交. 资源、环境、生态的涵义及其相互关系//生态文明建设·理论卷[M]. 北京：学习出版社，2014.

黎祖交. 作为词组的生态环境是偏正还是联合[J]. 中国生态文明，2017(02).

李干杰. 牢固树立社会主义生态文明观[N]. 学习时报，2017-12-08(001)

李继侗. 植物地理学、植物生态学和地植物学的发展[M]. 北京：科学出版社，1958.

李俊瑛. 我国环保非政府组织的兴起及其发展[J]. 环境教育，2006(10).

李鸣. 绿色财富观：生态文明时代人类的理性选择[J]. 生态经济，2007(08).

李庆本. 国外生态美学状况[J]. 中南民族大学学报（人文社会科学版），2008(5)：115.

李锐. 产业生态学[M]. 北京：中国人民大学出版社，2000.

李文华. 中国当代生态学研究[M]. 北京：科学出版社，2013.

李佐军. 中国绿色转型发展报告[M]. 北京：中共中央党校出版社，2012.

厉以宁. 经济学的伦理问题[M]. 北京：生活·读书·新知三联书店，1995.

廖福霖，等. 生态文明建设理论与实践[M]. 北京：中国林业出版社，2001.

廖福霖，等. 生态文明经济研究[M]. 北京：中国林业出版社，2010.

廖福霖，等. 生态文明学[M]. 北京：中国林业出版社，2012.

刘海，张军. 西部湿地资源现状、问题及可持续发展研究[J]. 四川环境，2001，20(4)：47-50.

刘建雄，张丽. 生态文明宣传教育应变无形为有形[J]. 环境教育，2012(4)：50.

刘菁. 论大众文化和精英文化的联系和区别[J]. 文学教育(中)，2014(08)：12-13.

刘静. 生态教育的内涵、意义以及实施路径[J]. 哈尔滨市委党校校报，2010(6)：93.

刘坤，等. 科学技术的生态功能——可持续发展战略的科学. 视角[J]. 南京师范大学学报，2002(3)．12.

柳和勇，叶云飞. 试论我国非物质海洋渔捕文化资源的开发[A]. 中国海洋学会2007年学术年会论文汇编[C]. 北京：中国海洋学会，2007：277-278.

龙金晶. 中国现代环境保护运动的先声——20世纪50年代"绿化祖国、植树造林"运动历史考察[D]. 北京大学，2007.

卢风，等. 生态文明新论[M]. 北京：中国科学技术出版社，2013.

卢风，肖巍. 应用伦理学概论[M]. 北京：中国人民大学出版社，2007.

鲁枢元. 生态文艺学[M]. 西安：陕西人民教育出版社，2000.

吕宪国，刘晓辉. 中国湿地研究进展[J]. 地理科学，2008(28)：301-308.

罗宾·艾克斯利. 绿色国家：重思民主与主权[M]. 郇庆治译. 济南：山东大学出版社，2012.

罗伊·莫里森. 生态民主[M]. 刘仁胜、张甲秀、李艳君译. 北京：中国环境出版社，2016.

马丁·耶内克，克劳斯·雅各布. 全球视野下的环境管治：生态与政治现代化的新方法[M]. 李慧明，李昕蕾译. 济南：山东大学出版社，2012.

马克·史密斯，皮亚·庞萨帕. 环境与公民权：整合正义、责任和公民参与[M]. 侯燕芳、杨晓燕译. 济南：山东大学出版社，2012.

马克思，恩格斯. 德意志意识形态[M]. 北京：人民出版社，1961.

马克思恩格斯全集. 第46卷上册. 北京：人民出版社，1979.

马克思恩格斯选集. 第1卷. 北京：人民出版社，1995.

马林诺斯基. 科学的文化理论[M]. 黄建波等译. 北京：中央民族大学出版社，1999.

马敏，杜方. 中国文化体制改革的进程评估及其发展方向——以艺术表演团体为中心的观察[J]. 华中师范大学学报(人文社会科学版)，2008(04)：101-109.

马世骏，王如松. 社会—经济—自然复合生态系统[J]. 生态学报，1984(1)：1-9.

麦金托什·格波特，蒲红. 旅游学：要素·实践基本原理[M]. 上海文化出版社，1985.

梅多斯，等. 增长的极限[M]. 李涛等译. 北京：机械工业出版社，2006.

孟范例. 环保志愿者礼赞[J]. 环境教育，2009(7).

聂彩寿. 公益文化表演活动的运作模式[J]. 四川戏剧，2003(04)：44-46.

欧阳志云，王如松，赵景柱. 生态系统服务功能及其生态经济价值评价[J]. 应用生态学报，1999，10(5)：635-639.

潘岳. 和谐社会与环境友好型社会[N]. 中国改革报，2006-07-21(05版).

潘岳. 论生态社会主义[J]. 思想前沿，2006(10)：45.

彭光华. 论环境权利[J]. 江西社会科学，2009(6)：170-173.

蒲昌伟，李广辉. 刍论加强生态文明法制建设[J]. 理论导刊，2016(12)：105.

齐树洁. 论我国环境纠纷解决机制之重构[J]. 法律适用，2006(9).

钱正英，沈国舫，刘昌明. 建议逐步改正"生态环境建设"一词的提法[J]. 中国科技语，2005(02).

乔永平. 实践成长中的中国动物保护组织[J]. 南京林业大学学报(人文社会科学版)，2012(2)：17-19.

曲金良. 中国海洋文化观的重建[M]. 北京：中国社会科学出版社，2009.

全国科学技术名词审定委员会审定. 生态学名词[M]. 北京：科学出版社，2007.

冉琼，苏智先. 生态文化旅游发展中的问题与对策[J]. 前沿，2010(19)：163－166.

任浩. 中国产业园区发展须跨向2.0[N]. 国际金融报，2014－12－15.

茸宇. 中国环境纠纷调解制度研究[J]. 清华法治论衡，2015(2).

汝信，陆学艺，谷树忠. 社会蓝皮书：2012中国社会形势分析与预测[M]. 北京：社会科学文献出版社，2011.

尚玉昌. 普通生态学(第三版)[M]. 北京：北京大学出版社，2010.

沈国舫. 植被建设是我国生态环境建设的主题·中国环境问题院士谈[M]. 北京：中国纺织出版社，2001.

生态文明建设目标评价考核办法[N]. 人民日报，2016－12－23(01).

生态学名词(2006)[M]. 北京：科学出版社，2007.

石山. 恪守生态规律[M]. 北京：中国林业出版社，2011.

世界环境与发展委员会等. 我们共同的未来[M]. 王之佳等译. 长春：吉林人民出版社，1997.

苏贤贵. 梭罗的自然思想及其生态伦理意蕴[J]. 北京大学学报(哲学社会科学版). 2002，39(2).

苏祖荣，苏孝同. 森林文化学简论[M]. 上海：学林出版社，2004.

汤因比. 历史研究(上)[M]. 曹未风等译. 上海：上海人民出版社，1997.

唐纳德·沃斯特. 自然的财富[M]. 伦敦：牛津大学出版社，1993.

唐忠辉. 以公益诉讼促环境维权[J]. 环境教育，2010(2).

涂同明，涂俊一. 生态文明建设知识简明读本(概念篇)[M]. 武汉：湖北科学技术出版社，2013.

王伯荪. 植物群落学[M]. 北京：高等教育出版社，1987.

王聪聪. 生态现代化的理论内涵探析[J]. 鄱阳湖学刊，2014(01)：35－41.

王东辉. 社会风尚——社会和谐的风向标[J]. 沈阳干部学刊，2013(5).

王建华，等. 城市湿地概念和功能及中国城市湿地保护[J]. 生态学杂志，2007(4)：23.

王立红. 精英文化与大众文化矛盾探源[J]. 北方论丛，2005(06)：83－85.

王如松，胡聃，等. 城市生态服务[M]. 北京：气象出版社，2004.

王如松，欧阳志云. 社会—经济—自然复合生态系统与可持续发展[J]. 中国科学院院刊，2012(03)：337－345.

王思宁. 培养未来绿色NGO优秀成员的实践[J]. 中国校外教育，2008(S1).

王韬洋. "环境正义运动"及其对环境伦理的影响[J]. 求索，2003(05).

王伟伟. 加快中国文化创意产业发展研究[D]. 辽宁大学，2012.

王霞. 论我国社区生态文化建设[J]. 甘肃农业，2009(4)：22.

王向红. 美国的环境正义运动及其影响[J]. 福建师范大学学报(哲学社会科学版)，2007(04).

王亚玲，尹志辉，门珊珊. 生态文化旅游的价值评价研究[J]. 价值工程，2004(2)：50－52.

吴季松. 生态文明建设[M]. 北京：北京航空航天大学出版社，2016.

吴卫星. 环境人权的跨学科审视：《环境人权：权力、伦理与法律介述》[J]. 绿叶，2011(3)，108－113.

吴征镒. 中国植被[M]. 北京：科学出版社，1980.

西格德·F·奥尔森. 低吟的荒野[M]. 程虹，译. 北京：生活·读书·新知三联书店，2012.

小弗兰克·格雷厄姆. 《寂静的春天》续篇[M]. 罗进德，薛励廉译. 北京：科学技术文献出版社，1988.

肖建国，黄忠顺. 环境公益诉讼基本问题研究[J]. 法律适用，2014(4).

谢芳，李慧明. 非物质化与循环经济[J]. 城市环境与城市生态，2006(01)：30-32.

辛格. 所有的动物都是平等的[J]. 江娅译. 哲学译丛，1994(5)：25-32.

荀天然，王小萍. 政府责任：推进资源节约型社会建设. 光明日报，2008-11-03(11版).

严耕，杨志华. 生态文明的理论与系统建构[M]. 北京：中央编译出版社，2009.

杨朝飞. 我国环境法律制度与环境保护若干问题. 中国环境报. 2012-11-05.

杨朝霞. 生态文明法制建设的五大挑战[J]. 决策与信息，2013(10)：11-13.

杨京平. 环境与可持续发展科学导论[M]. 北京：中国环境出版社，2014.

杨莉. 我国环境公益诉讼面临的问题与对策研究，2013.4.

杨淑红. 谈群众文化活动的样式与类型[J]. 戏剧之家(上半月)，2012(02)：86.

姚志勇. 环境经济学[M]. 北京：中国发展出版社，2002.

叶文铠. 森林文化若干问题思考——一种被遗忘的价值体系[J]. 学会，1989(3)：6-8.

易凡. 再论大众文化与精英文化[J]. 胜利油田党校学报，2008，(01)：91-94.

易芳. 生态心理学之界说[J]. 心理学探新，2005(2)：15.

尹世杰. 关于发展文化产业的几个问题[J]. 经济科学，2002(05)：122-128.

英瓦尔·卡尔松，什里达特·兰法尔. 天涯成比邻——全球治理委员会的报告[M]. 赵仲强译. 北京：中国对外翻译出版公司，1995.

于颖，林一. 我国海洋环境公益诉讼规则的差异化配置：以海洋环境公益类型化为视角[J]. 行政与法，2015(4).

余谋昌. 生态文化论[M]. 石家庄：河北教育出版社，2001.

俞可平. 全球化：全球治理[M]. 北京：社会科学文献出版社，2003.

俞可平. 全球治理引论[J]. 马克思主义与现实，2002(1).

约翰·巴勒斯. 醒来的森林[M]. 程虹，译. 北京：生活·读书·新知三联书店，2012.

曾繁仁. 生态美学建设的反思与未来发展[J]. 马克思主义美学研究，2010(1)：32.

曾繁仁. 试论生态美学[J]. 文艺研究，2002(5)：11.

詹姆斯·N·罗西瑙. 没有政府的治理[M]. 张胜军，刘小林等译. 南昌：江西人民出版社，2001.

张春霞，等. 绿色经济发展研究[M]. 北京：中国林业出版社，2002.

张春霞，郑晶，廖福霖. 低碳经济与生态文明[M]. 北京：中国林业出版社，2015.

张福德. 美国环境犯罪的刑事政策及其借鉴[J]. 社会科学家，2008(1).

张福寿. 森林文化，一个推动林业建设的新杠杆[J]. 生态文化，2007(1)：26-27.

张开城. 哲学视野下的文化和海洋文化[J]. 社科纵横，2010(11)：128-130.

张思扬. 论我国环境纠纷的ADR解决机制[J]. 法制与社会，2014(8).

张艳蕊. 公益诉讼的本质及其理论基础[J]. 行政法学研究，2006(3).

张宇燕. 全球治理的中国视角[J]. 世界经济与政治，2016(9).

张云飞. 试论有中国特色的生态治理体制现代化的方向[J]. 山东社会科学，2016(6).

赵海月，韩冰. 非物质劳动与非物质化经济：产业结构转型升级的新动能[J]. 贵州社会科学，2016(09)：130-134.

赵士洞. 新千年生态系统评估计划第一次技术会议在荷兰召开[J]. 生态学报，2001(21)：862-864.

赵晓红. 生态现代化的理论发展与战略转型[J]. 新远见，2008，(10)：64-73.

郑风田. 美丽乡村需要打破三大制度障碍[J]. 人民论坛，2015(30).

郑杭生. 社会建设和社会管理研究与中国社会学使命[J]. 社会学研究，2011(4).

郑诗琦. 结果具有强制执行力的环境纠纷解决途径的研究[J]. 法制与经济，2016(9).

郑小贤. 森林文化——森林美学与森林经营管理[J]. 北京林业大学学报, 2001(3): 93 - 95.

中共中央宣传部. 习近平总书记系列重要讲话读本[M]. 北京: 学习出版社, 人民出版社, 2014.

中国共产党贵州省第十二次代表大会报告关键词解读[M]. 贵阳: 贵州人民出版社, 2017.

中国科学技术协会. 生态学学科发展报告 2009 - 2010[M]. 北京: 中国科学技术出版社, 2010.

中国科学技术协会. 生态学学科发展报告 2011 - 2012[M]. 北京: 中国科学技术出版社, 2012.

中国社会科学院课题组. 努力构建社会主义和谐社会[J]. 中国社会科学, 2005(3).

中国现代化战略研究课题组等. 实施生态现代化建设绿色新家园[J]. 环境经济, 2007(3).

中国现代化战略研究组. 中国现代化报告 2007——生态现代化报告[M]. 北京: 北京大学出版社, 2007.

周宏春. 建设资源节约型社会: 中国现代化的唯一出路[N]. 中国经济时报, 2005 - 05 - 26.

周健宇. 环境纠纷行政调解存在问题及其对策研究——基于政治传统、文化传统的视角[J]. 生态经济, 2016(1).

朱芳芳. 生态现代化的多重解读[J]. 马克思主义与现实, 2010(3).

朱红英. 生态文明建设中宣传思想工作的内容与方法[J]. 经济研究导刊, 2009(21).

诸大建. 从"里约 + 20"看绿色经济的新观念和新趋势[J]. 中国人口·资源环境, 2012(9).

A·麦肯齐, 等. 生态学[M]. 孙儒泳, 等译. 北京: 科学出版社, 2000.

Alan E. Boyle and Michael R. Anderson (eds.), Human Rights Approaches to Environmental Protection (Oxford: Clarendon Press, 1998).

Andrew Dobson, Citizenship and the Environment (Oxford: Oxford University Press, 2003).

Andrew Dobson, Justice and the Environment (Oxford: Oxford University Press, 1998).

A P J Mol, D A Sonnenfeld. EcologicalModernisation around the World: Perspectives and Critical Debates, London and Portland: Frank Cass & Co. Ltd., 2000, p. 5 转引自洪大用. 经济增长、环境保护与生态现代化——以环境社会学为视角[J]. 中国社会科学, 2012(09).

Chapman J L, Reiss M J. Ecology: Principles and applications[M]. Cambridge University Press, Cambridge, 1999.

Costanza R, d 'Arge R, Rudolf de Groot, et al. The value of the world's ecosystem services and natural capital. Nature, 1997, 387: 253 - 260.

Daly, H. "Toward Some Operational Principles of Sustainable Development". Ecological Economics. 1990: 1 - 6.

David Pepper. 'Anthropocentrism, humanism and ecosocialism: A blueprint for the survival of ecological politics'. *Environmental Politics* 2/3 (1993), p. 439.

Gifford Pinchot, The Fight for Conservation[M]. University of Washington Press, 1967. 引自: 龙金晶. 中国现代环境保护运动的先声——20 世纪 50 年代"绿化祖国、植树造林"运动历史考察. 北京大学 2007 学位论文.

J J Gibson. The ecological approachto visual perception[M]. Boston: HoughtonMifflin, 1979: 8.

John Hannigan, Environmental Sociology, pp. 26 - 27.

John M. Antle, Payment for Ecosystem Services and U. S. Farm Policy, http: //aic. ucdavis. edu/.

John Muir. Our National Parks[M]. The University of Wisconsin Press, 1981.

John Rawls. Political Liberalism[M]. New York: Columbia University Press, 1993.

John Rawls, The Theory of Justice (Cambridge, MA: Harvard University Press, 1971/1999).

Jürgen Habermas. Reconciliation through the public use of reason: Remarks on John Rawls' political liberalism. Journal of Philosophy, 92, 1995.

Kirchhoff, Thomas, Vicenzotti, Vera. A Historical and Systematic Survey of European Perceptions of Wilderness. Environmental Values 23(4): 443 – 464

Kirchhoff, Thomas, Vicenzotti, Vera. A Historical and Systematic Survey of European Perceptions of Wilderness[J]. Environmental Values 23(4): 443 – 464

Linnie Marsh Wolf. The life of John Muir: Son of the wilderness. The University of Wisconsin Press, 1981, p. 176.

MillenniumEcosystem Assessment: Sub-global Assessment Selection Process. Draft for Boardand Panel Review, 2001. 1 – 40.

Nicholas Hanley. 可持续生产与消费的革新[J]. UNEP 产业与环境, 1997, 19(3): 11 – 12.

Okereke, Chukwumerije. 2008. Global Justice and Neoliberal Environmental Governance: Ethics, Sustainable Development and International Co – operation, London and New York: Routledge. p. 14; Saunier, Richard E. and Meganck, Richard A. 2009(2007). Dictionary and Introduction to Global Environmental Governance(Second Edition). London · Sterling, VA: Earthscan. p3.

Rockström J. , et al. "A safe operating space for humanity". Nature, 2009: 472 – 475.

Rolston, Holmes, III. A New Environmental Ethics: The next Millennium for Life on Earth, New York and London: Routledge, 2012, 158.

S J Beck. The science of personality: Nomothetic or idiographic? [J]. Psychology Review, 1953: 353 – 359.

Stuart S, et al. Threatened Amphibians of the World. Barcelona: Lynx Edicions, 2008. p. XI.

U. Simonis, "Ecological Modernization of Industrial Society: Three Strategic Elements," International Social Science Journal, vol. 41, no. 121, 1989, pp. 347 – 361; G. Spaargaren and A. 转引自洪大用. 经济增长、环境保护与生态现代化——以环境社会学为视角. 中国社会科学, 2012(09).

Weale, Albert. The New Politics of Pollution. Manchester University Press, 1992, 75.

WWF. Living Planet Report 2016. Risk and resilience in a new era. WWF International, Gland, Switzerland, 2016.

正文索引

附录索引

后 记

自 2014 年 1 月由我主编的国家新闻出版广电总局深入学习宣传贯彻党的十八大精神主题出版重点出版物、国家出版基金项目《党政领导干部生态文明建设读本》出版以后，我就有个设想：根据党中央国务院关于"加强生态文明基础研究"的指示精神，再邀请国内生态文明研究领域一些知名专家学者共同编撰一本《生态文明关键词》，以"关键词"的形式全面解读生态文明建设的相关内容，用简洁、严谨的文字阐释每个关键词的科学涵义、产生背景和重要意义。其中，既包含对学术界已形成共识的关键词的陈述，也包含作者对尚未形成共识的关键词的见解；既注重科学性和权威性，又讲求可读性和实用性。这样，不仅可为广大读者提供一本学习领会党和国家关于生态文明建设重大部署的实用手册，也可为各级党校、干校和大中专院校师生提供一本生态文明教学的参考书，并为我国学术理论界构建系统完整的生态文明思想、理论、知识库尽一点绵薄之力。

令人高兴的是，我的这一设想很快得到中共中央党校教授、博士生导师赵建军，国务院发展研究中心研究员周宏春，中国科学院研究员、博士生导师蒋高明，中国社会科学院研究员、博士生导师余谋昌，北京大学教授、博士生导师郇庆治，清华大学教授、博士生导师卢风，中国人民大学教授、博士生导师张云飞，北京师范大学教授、博士生导师王德胜，福建师范大学教授、博士生导师廖福霖，福建农林科技大学教授、博士生导师张春霞，南京晓庄学院教授、博士生导师王国聘，中国农业大学教授、博士生导师、全国生态学名词审定委员会副主任沈佐锐等知名专家学者的积极响应。在全书撰写过程中，还得到华东师范大学教授、博士生导师达良俊，北京林业大学教授、博士生导师林震，中共中央党校教授薛伟江，中国生态文明研究与促进会研究部主任、研究员胡勘平等专家学者的热情参与。现在奉献给读者的这本《生态文明关键词》，就是我和这些专家学者共同努力的结果。

本书由本人任主编，负责项目选题、立项申请和筛选关键词、拟定编撰框架、邀请撰稿专家、提出撰稿要求、明确体例格式、主持大纲审定会和书稿审稿统稿会，并负责全书统稿、定稿。余谋昌、王德胜、廖福霖、张春霞、沈佐锐应邀参加了全书审稿统稿。

全书共录入关键词 251 个，共分十二篇。各篇主编依次为：蒋高明、余谋昌、卢风、廖福霖、王德胜、黎祖交、周宏春、张春霞、郇庆治、赵建军、王国聘、张云飞。

除上述专家学者外，还有兰州大学哲学社会学院副教授张言亮，北京林业大学马列主义学院副教授杨志华，湖南师范大学伦理学研究所副教授文贤庆，华中师范大学马列主义学院副教授张卫，山西农业大学马列主义学院副教授甘霞，北京物资学院马克思主义学院讲师雷爱民，清华大学哲学系博士研究生陈杨、谢承琚参与了第三篇部分关键词的撰写；北京师范大学副教授宋洁参与了第五篇关键词的撰写；中国人民大学博士研究生周鑫、王凡参与了第十二篇关键词的撰写；中共中央党校博士研究生尚晨光、张一粟、杨永浦和硕士研究生徐敬博协助赵建军教授为第十篇关键词的撰写做了部分工作。为体现对书稿内容负责，并便于读者与作者的交流，所有撰稿人都在所撰关键词尾部实名标出。

考虑到生态学知识对于推进生态文明建设的重要作用和绝大部分读者的非生态学专业背景，方便读者学习补充相关生态学知识，本书还增加了附录"相关生态学名词解释"，共收录生态学名词523个，由绿色中国杂志社记者、编辑陈薇摘编，由全国生态学名词审定委员会副主任、中国农业大学教授、博士生导师沈佐锐审定。

本书的编写工作，得到了曾任党和国家领导同志的亲切关怀和指导。中共中央原政治局委员、国务院原副总理、九届全国人大常委会副委员长、中国生态文明研究与促进会总顾问姜春云对书稿提出了重要指导意见；十一届全国政协副主席、中国生态文明研究与促进会会长陈宗兴对本书编写工作给予了悉心指导和勉励，并拨冗为本书作序。

国家林业局及国家林业局经济发展研究中心高度重视本书的编撰工作，于2016年1月将本项目正式列入国家林业软科学研究先导性项目，并给予资金支持，国家林业局副局长刘东生、彭有冬，国家林业局办公室主任李金华和国家林业局经济发展研究中心党委书记王永海，主任李冰等领导对本项目研究和《生态文明关键词》一书的编撰工作给予了悉心指导。国家林业局经济发展研究中心还成立了以绿色中国杂志社社长兼总编辑缪宏副编审为组长的"生态文明关键词研究"课题组，为本项目的顺利开展发挥了重要作用。

本书的组织编撰，还得到了财政部2016年度国有资本经营预算项目"国家生态文明建设电子书包系统平台建设"经费的支持。本书的编撰完成，作者致力构建生态文明建设的知识体系，是该项目建设的重要内容，也是该项目的阶段成果之一，为项目的建设实施奠定了基础。

本书在编撰过程中，始终得到中国林业出版社党政领导和"国家生态文明建设电子书包系统平台建设"项目负责人金旻编审的关心和支持；该项目组组长、科技出版分社社长徐小英编审，项目组成员沈登峰、李伟等不仅为编撰本书组织召开了大纲审定会、书稿审稿统稿会等，而且从编撰工作的组织协调和书稿编辑、设计、编务、统筹、校对、审读等方面付出了巨大辛劳，做出了积极贡献。

为确保本书的科学性和权威性，各关键词撰稿人还学习、参考了国内已经出版的许许多多生态文明建设研究方面的论著、资料和国外部分学者的相关著述，吸收和借鉴了其中许多研究成果。本书正文后部列出的那份长长的参考书目（可能还有遗漏，望谅解并指出），就足以说明这一点。

在此，我们一并表示衷心的感谢！

编撰《生态文明关键词》在国内外尚属首次，没有成功经验可供借鉴，加之我们水平有限，难免有许多不足甚至错漏之处，还望读者不吝赐教。

黎祖交

2018年1月9日